Reinhard Starkl

Materie – Feld – Struktur

Errata

S. 25, Z. 16	lies	$(q^1, q^2, \ldots, q^n)$	statt	(q^1, q^2, q^3)
S. 34, Z. 14	lies	Kapitel 5	statt	Kapitel Abschnitt 2.2
S. 92, Z. 12	lies	Kapitel 4	statt	Unterkapitel I
S. 125, Z. 4	lies	Kapitel 21	statt	Kapitel 4, III
S. 128, Z. 1	lies	Satz 10.1	statt	Satz III.1
S. 128, Z. 15	lies	Satz 10.2	statt	Satz III.2
S. 211–232	lies	$\mathrm{d}^3\boldsymbol{r}$	statt	$\ddot{\boldsymbol{r}}$
S. 241, Z. 15	lies	$-m_0^2c^4$	statt	$+m_0^2c^4$
S. 242, Z. 14	lies	Kapitel 11	statt	Teil IV
S. 250, Z. 4	lies	Kapitel	statt	Unterkapitel
S. 259, Z. 25	lies	Kapitel 17	statt	Unterkapitel II
S. 268, (19.0.3)	lies	$\pi_{A'}$	statt	π_A
S. 271, (19.1.14a)	lies	$\hat{a}_j^\dagger$	statt	$\hat{a}_i^\dagger$
S. 304, Z. 8	lies	Kap. 16	statt	Kap. 1/I
S. 315, Z. 2	lies	Kapitel 19	statt	Unterkapitel I
S. 332 , Z. 14	lies	Teil VIII	statt	Unterkapitel III
S. 358, Z. 21	lies	(22.2.6)	statt	(22.2.4)
S. 378, Z. 31	lies	Kapitel 21	statt	Unterkapitel I
S. 383, Z. 16	lies	Kapitel 21	statt	Unterkapitel I
S. 401, Z. 10	lies	Satz 23.1	statt	Satz A.1.1
S. 406, Z. 5	lies	Satz 23.2	statt	Satz A.1.2
S. 423, Z. 18	lies	Bild 24.1	statt	Bild 24.2
S. 451, (25.1.2a)	lies	δ_n	statt	δ
S. 448, Z. 14	lies	[37]	statt	[32]
S. 471, Z. 19	lies	26.2 und 26.3	statt	II.2 und II.3
S. 479, Z. 20	lies	Satz 26.14	statt	Satz II.14
S. 484, Z. 16	lies	Beispiel 26.14	statt	Beispiel 2.3
S. 489, Z. 2	lies	Kapitel 27	statt	Kapitel VII/5
S. 490, Z. 1	lies	Kap. 25.5	statt	Kap. V/5
S. 496, Z. 11–16	streiche	Verweis auf Bild V.4		
S. 503, Z. 10	lies	Kap. 25	statt	Kap. III
S. 503, Z. 12	lies	Kap. 26	statt	Kap IV
S. 508, Z. 22	lies	Kapitel 26	statt	Kapitel VI
S. 531, Z. 9	lies	Kapitel 25	statt	Kapitel III

Starkl, Materie – Feld – Struktur, ISBN 3-528-03104-2

Reinhard Starkl

Materie – Feld – Struktur

Repetitorium
der Theoretischen Physik

vieweg

Der Verlag Vieweg ist ein Unternehmen der Bertelsmann Fachinformation GmbH.

http://www.vieweg.de

Umschlaggestaltung: Klaus Birk, Wiesbaden
Druck und buchbinderische Verarbeitung: Lengericher Handelsdruckerei, Lengerich
Gedruckt auf säurefreiem Papier
Printed in Germany

ISBN 3-528-03104-2

Vorwort

Der Weg von der Newtonschen Mechanik über die Allgemeine Relativitätstheorie zu den Quantentheorien mit Hilfe der Standardliteratur erfordert vom physikalisch und mathematisch ungebildeten Leser das Studium mehrerer tausend Seiten!

Dieses Buch soll bei Wahrung einer gewissen Vollständigkeit Abkürzungsdienste leisten. Es versucht, den harten Kern der physikalischen und mathematischen Theorien auf ca. 10–20% des gewöhnlichen Umfangs darzustellen. Konkret sind die Zielsetzungen folgende:

1.) Die Darstellung der wichtigsten physikalischen Theorien und der für ihr Verständnis notwendigen mathematischen Methoden auf knappem Raum.

2.) Die Vermittlung einer ganzheitlichen Sicht: Der weitgespannte Rahmen des Buches erlaubt die vergleichende Gegenüberstellung verschiedener Theorien, die Diskussion begrifflicher und formaler Analogien.

3.) Die leichte Lesbarkeit für Anfänger: An physikalischen Grundlagen wird der Mittelschulstoff vorausgesetzt, an mathematischer Vorbildung benötigt man Kenntnisse, wie sie den Studenten technischer Fächer in den ersten drei Semestern des Mathematik-Grundkurses vermittelt werden.

Ein Lehrbuch, das allen drei scheinbar widersprüchlichen Forderungen genügt, scheint gegenwärtig auf dem Markt nicht vorhanden zu sein. Ein Blick auf das Inhaltsverzeichnis zeigt jedoch, daß eine derartige Darstellung tatsächlich möglich ist. Diese gleichzeitig knappe und umfassende Darstellung prädestiniert das Buch als Repetitorium für Physikstudenten und Absolventen.

Darüber hinaus werden viele physikalische Theorien in mehreren Formulierungen auf verschiedenen Abstraktionsstufen präsentiert. Damit soll ein breiterer Leserkreis angesprochen werden: Lehramtskandidaten, sowie Studierende und Absolventen technischer Fächer können sich bei Beschränkung auf die jeweils ersten Abschnitte ein Überblickswissen aneignen, während die anspruchsvolleren Kapitel Physikern und Mathematikern vorbehalten bleiben.

Abschnitte über die historische Entwicklung physikalischer Theorien und die Beiträge hervorragender Persönlichkeiten runden das faszinierende Bild einer lebendigen physikalischen Landschaft ab.

Bei der Breite des Stoffgebietes ist es beinahe selbstverständlich, daß einzelne Kapitel deutlich von fremden Darstellungen beeinflußt sind. So wurden beispielsweise die Abschnitte über die historischen Entwicklungen verschiedener physikalischer Theorien in enger Anlehnung an [7], [40] und [41] geschrieben. Weiters ist die Präsentation der Quantentheorien an vielen Stellen [13]–[21] verpflichtet.

Der großangelegte Rahmen erlaubt eine gesonderte Darstellung der für den Naturwissenschafter notwendigen mathematischen Grundlagen und Modellbildungen. Das Studium dieser in Teil 3 zusammengefaßten „mathematischen Methoden der theoretischen Physik“ setzt keinerlei physikalische Grundkenntnisse voraus, kann also unabhängig von den beiden anderen Teilen betrieben werden. Eine Darstellung der Theorie partieller Differentialgleichungen und der Funktionalanalysis auf jeweils bescheidenen 40 Seiten dürfte auch dem Ingenieur hochwillkommen sein.

Die stete Bereitschaft meiner Gattin, mich von den Mühen des täglichen Lebens freizuhalten, hat mir die Arbeit an diesem Buch erst ermöglicht. Die komplizierte LaTeX-Druckvorlage erstellte Herr Mag.A.Ulovec, dem ich etliche Verbesserungsvorschläge verdanke. Weiters danke ich dem Verlag Vieweg für sein Interesse und die harmonische Zusammenarbeit.

Bad Leonfelden, im Oktober 1997 Reinhard Starkl

Inhaltsverzeichnis

IV Lagrangesche Feldtheorie 133

V Klassische Thermodynamik und Statistik 171

Klassische Physik

Teil I
Klassische Mechanik

Die klassische Mechanik läßt sich in folgender Weise gliedern:

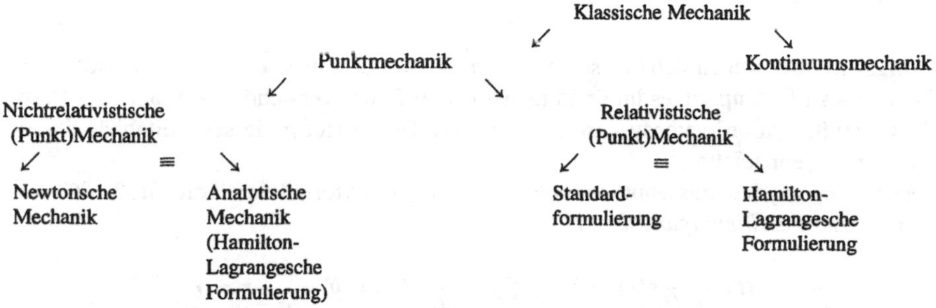

Die *Punktmechanik* beschreibt die Bewegung von Massenpunkten in Abhängigkeit von den wirkenden Kräften, d.h. die Dynamik von Massenpunkten. Die Materie wird idealisiert durch strukturlose Massenpunkte beschrieben.

Dagegen entwickelt die *Kontinuumsmechanik* die Vorstellung einer kontinuierlichen Massenverteilung. Ihre Teilgebiete sind Elastomechanik, Hydromechanik und Gasdynamik. Wir werden uns ausschließlich mit der Punktmechanik beschäftigen. Sie läßt sich weiter unterteilen in die *nichtrelativistische Mechanik** und die *relativistische Mechanik*. Der Gültigkeitsbereich der nichtrelativistischen Mechanik ist auf Geschwindigkeiten, die als klein gegenüber der Lichtgeschwindigkeit angesehen werden können, beschränkt. Hier existieren mehrere mathematisch äquivalente Formulierungen, was in der obigen Abbildung durch das Symbol „≡" markiert ist. Die historisch älteste Formulierung geht auf Isaac *Newton* (1642–1727) zurück. In der *analytischen Mechanik* tritt uns derselbe physikalische Sachverhalt in einer anderen mathematischen Einkleidung entgegen. Ihre Schöpfer sind der Franzose Joseph Louis *Lagrange* (1736–1813) und der Ire William Rowan *Hamilton* (1805–1865).

Während der nichtrelativistischen Mechanik die Newtonschen Vorstellungen von Raum und Zeit zugrundeliegen, steht die relativistische Mechanik auf dem Fundament der Speziellen Relativitätstheorie. Ebenso wie in der nichtrelativistischen Mechanik existiert auch hier neben der Standardformulierung die Möglichkeit einer Formulierung im Hamilton-Lagrangeschen Kalkül.

---

* Die gängige Bezeichnung lautet „Mechanik" und nicht „Punktmechanik"

1 Newtonsche Mechanik

1.1 Das Newtonsche Grundgesetz

Erfahrungsgemäß bewegen sich Massenpunkte unter dem Einfluß von Kräften. Zur Beschreibung des Ortes eines Massenpunktes im dreidimensionalen Raum verwenden wir den vom Ursprung 0 eines gewählten Koordinatensystems ausgehenden Ortsvektor $\boldsymbol{r}$, dessen Zeitabhängigkeit wir durch $\boldsymbol{r} = \boldsymbol{r}(t)$ kennzeichnen.

Die Bewegung des Massenpunktes beschreiben wir vektoriell durch die Größen *Geschwindigkeit* $\boldsymbol{v}(t)$ und *Beschleunigung* $\boldsymbol{a}(t)$ mit

$$\boldsymbol{v}(t) = \frac{d}{dt}\boldsymbol{r}(t) = \dot{\boldsymbol{r}}, \quad \boldsymbol{a}(t) = \frac{d}{dt}\boldsymbol{v}(t) = \dot{\boldsymbol{v}} = \frac{d^2}{dt^2}\boldsymbol{r} = \ddot{\boldsymbol{r}}.$$

Der Zusammenhang zwischen der Bewegung eines Massenpunktes m und der auf ihn wirkenden Kraft $\boldsymbol{F}$ wird durch das *Newtonsche Grundgesetz* beschrieben:

$$m\boldsymbol{a} = \boldsymbol{F}(\boldsymbol{r},\dot{\boldsymbol{r}},t). \tag{1.1.1}$$

Mit den Begriffen Masse und Kraft werden wir uns erst im nächsten Abschnitt genauer auseinandersetzen. Wegen $\boldsymbol{a} = \ddot{\boldsymbol{r}}$ stellt (1.1.1) eine Differentialgleichung zweiter Ordnung für die Bahnkurve $\boldsymbol{r}(t)$ dar. Für eine eindeutige Lösbarkeit benötigt man die beiden Anfangsbedingungen

$$\boldsymbol{r}(t = t_0) = \boldsymbol{r}_0, \quad \boldsymbol{v}(t = t_0) = \boldsymbol{v}_0, \tag{1.1.2}$$

d.h. Anfangslage und Anfangsgeschwindigkeit. Die Struktur der Differentialgleichung wird durch die funktionale Abhängigkeit der Kraft $\boldsymbol{F}$ von $\boldsymbol{r},\dot{\boldsymbol{r}}$ und t festgelegt. Ist $\boldsymbol{F}$ sowohl von $\boldsymbol{r}$ als auch von $\dot{\boldsymbol{r}}$ linear abhängig (oder unabhängig), so ist die Differentialgleichung (1.1.1) linear, ansonsten ist sie nichtlinear.

Wir geben nun eine zu (1.1.1) äquivalente Formulierung. Definiert man den *Impuls* $\boldsymbol{p}$ eines Massenpunktes m durch

$$\boldsymbol{p} := m\boldsymbol{v}, \tag{1.1.3}$$

so folgt wegen

$$m\boldsymbol{a} = \frac{d}{dt}(m\boldsymbol{v}) = \frac{d}{dt}\boldsymbol{p} \tag{1.1.4}$$

aus der Grundgleichung (1.1.1)

$$\frac{d}{dt}\boldsymbol{p} = \boldsymbol{F}(\boldsymbol{r},\dot{\boldsymbol{r}},t). \tag{1.1.1'}$$

Die Gleichung (1.1.4) ist unter der Voraussetzung gültig, daß die Masse m zeitunabhängig ist. In der Newtonschen Mechanik wird die Masse als Konstante aufgefaßt, weshalb die Gleichungen (1.1.1) und (1.1.1′) in diesem Rahmen als äquivalent anzusehen sind. Die Relativitätstheorie zeigt jedoch eine Abhängigkeit der Masse vom Bewegungszustand, d.h. es gilt $m = m(t)$. Daher ist die Äquivalenz von (1.1.1) und (1.1.1′) im relativistischen Bereich nicht mehr gegeben. In Worten lautet das Newtonsche Grundgesetz in der Form (1.1.1′):

Die zeitliche Änderung des Impulses eines Massenpunktes ist gleich der auf ihn wirkenden Kraft.

1.2 Das Gravitationsgesetz

Erfahrungsgemäß üben zwei Massen aufeinander Kräfte aus, deren Richtung durch die Verbindungslinie zwischen den beiden Massenpunkten festgelegt ist: Bezeichnen $\boldsymbol{r}_1$ und $\boldsymbol{r}_2$ die Lage der Massenpunkte m_1 und m_2, $\boldsymbol{F}_{12}$ die auf den Massenpunkt m_1 von m_2 ausgeübte Kraft, $\boldsymbol{F}_{21}$ analog die auf m_2 von m_1 ausgeübte Kraft, so gilt:

$$\boldsymbol{F}_{12} = \gamma \frac{m_1 m_2}{|\boldsymbol{r}_1 - \boldsymbol{r}_2|^2} \boldsymbol{r}_{12}. \qquad (1.2.1)$$

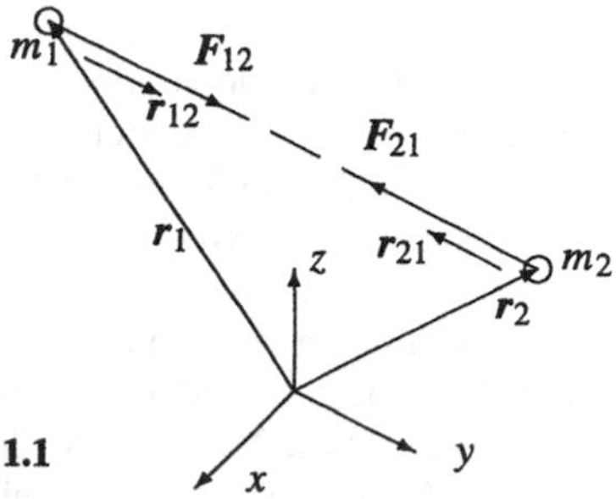

Bild 1.1

Dies ist das *Newtonsche Gravitationsgesetz*. Dabei bezeichnet $\boldsymbol{r}_{12}$ den von $\boldsymbol{r}_1$ nach $\boldsymbol{r}_2$ gerichteten Einheitsvektor

$$\boldsymbol{r}_{12} = \frac{\boldsymbol{r}_2 - \boldsymbol{r}_1}{|\boldsymbol{r}_2 - \boldsymbol{r}_1|},$$

γ die *Gravitationskonstante*:

$$\gamma = 6.670.10^{-11} \mathrm{m}^3 \mathrm{kg}^{-1} \mathrm{s}^{-2}. \qquad (1.2.2)$$

Es gilt also: Der Betrag der auf m_1 von m_2 ausgeübten Kraft $\boldsymbol{F}_{12}$ ist proportional zum Produkt der beiden Massen und umgekehrt proportional zum Abstandsquadrat. Der Proportionalitätsfaktor wird durch die Gravitationskonstante beschrieben. Die Kraftrichtung ist durch die Verbindungslinie der beiden Massen festgelegt. Analog gilt:

$$\boldsymbol{F}_{21} = \gamma \frac{m_1 m_2}{|\boldsymbol{r}_2 - \boldsymbol{r}_1|^2} \boldsymbol{r}_{21},$$

und somit wegen $\boldsymbol{r}_{12} = -\boldsymbol{r}_{21}$:

$$\boldsymbol{F}_{21} = -\boldsymbol{F}_{12}. \qquad (1.2.3)$$

Diese Beziehung wird als Gesetz von „*actio = reactio*“ bezeichnet: die von zwei Massenpunkten aufeinander ausgeübten Kräfte sind betragsmäßig gleich groß, ihre Richtungen entgegengesetzt gleich.

Während die Newtonsche Bewegungsgleichung (1.1.1) die Dynamik von Massen in Abhängigkeit der wirkenden Kräfte beschreibt, liefert das Newtonsche Gravitationsgesetz den Zusammenhang zwischen der analytischen Struktur der Kräfte und den „krafterzeugenden“ Massen. Beide Gesetze sind *Fundamentalgesetze*, d.h. sie lassen sich nicht beweisen. Alle anderen wichtigen Gesetze der Mechanik werden als *Sekundärgesetze* bezeichnet. Die wichtigsten Sekundärgesetze (Erhaltung von Impuls, Drehimpuls und Energie) werden wir in einem späteren Abschnitt kennenlernen. Zunächst wollen wir jedoch die Begriffe Kraft und Masse noch etwas genauer betrachten.

1.3 Fundamentale Begriffsbildungen

1.3.1 Kraft und Feld

Wir betrachten das Gravitationsgesetz (1.2.1). Es läßt sich auf zweierlei Art interpretieren. Einerseits kann man sich vorstellen, daß die auf m_1 wirkende Kraft $\boldsymbol{F}_{12}$ den zwischen den Massenpunkten m_1 und m_2 befindlichen Raum überspringt und direkt auf m_1 wirkt (und umgekehrt). Die Frage nach einem Mechanismus der Kraftübertragung wird hier nicht gestellt. Diese zu Newtons Zeit vetretene Auffassung heißt *Fernwirkungstheorie*.

Eine modernere Auffassung der Kraftübertragung wurde beim Studium elektromagnetischer Phänomene entwickelt. Sie wird als *Nahwirkungstheorie* bezeichnet und kann in gleicher Weise auch auf die Newtonsche Gravitationstheorie angewendet werden. Dabei wird beispielsweise die Masse m_2 als Ursache eines den ganzen Raum ausfüllenden, materiefreien Mediums angesehen. Dieses Medium existiert auch bei Abwesenheit der Masse m_1 und wird als „Feld" bezeichnet. Bringt man nun die Masse m_1 aus dem Unendlichen in einen endlichen Abstand zu m_2, so wird durch das Feld auf die Masse m_1 eine Kraft $\boldsymbol{F}_{12}$ ausgeübt. Man beachte: Das von m_2 „erzeugte" Feld existiert im ganzen unendlichen Raum, eine Kraftwirkung jedoch nur an jenen Stellen des Raumes, wo sich andere Massen befinden.

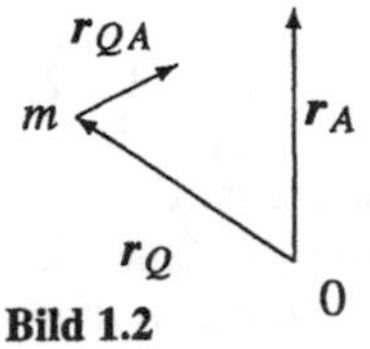

Bild 1.2

Um diese Anschauungsweise mathematisch zu formulieren, betrachten wir einen beliebigen Massenpunkt m. Seine Existenz bildet die Ursache des Feldes. Daher bezeichnen wir seinen Ort als *Quellpunkt* des Feldes und den entsprechenden Ortsvektor mit $\boldsymbol{r}_Q$. Den Ort, wo das Feld betrachtet wird, bezeichnen wir als *Aufpunkt*, und ordnen ihm den Ortsvektor $\boldsymbol{r}_A$ zu. Das durch m erzeugte Gravitationsfeld definieren wir als Vektorfeld

$$\boldsymbol{G}(\boldsymbol{r}_A) = \frac{\gamma m}{|\boldsymbol{r}_A - \boldsymbol{r}_Q|^2}\boldsymbol{r}_{QA}. \tag{1.3.1}$$

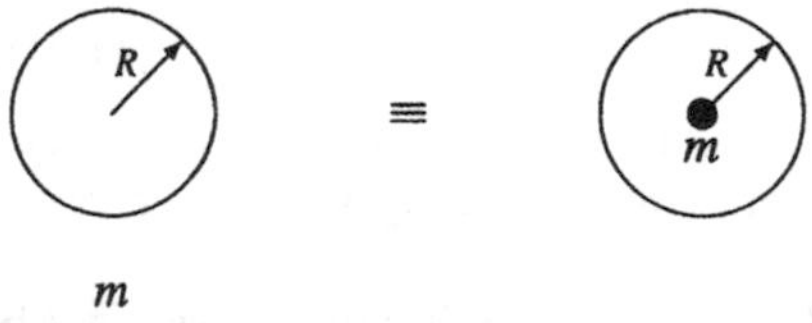

Bild 1.3

$\boldsymbol{r}_{QA}$ ist der vom Quellpunkt $\boldsymbol{r}_Q$ zum Aufpunkt $\boldsymbol{r}_A$ weisende Einheitsvektor

$$\boldsymbol{r}_{QA} = \frac{\boldsymbol{r}_A - \boldsymbol{r}_Q}{|\boldsymbol{r}_A - \boldsymbol{r}_Q|}.$$

Durch (1.3.1) ist also jedem Punkt $\boldsymbol{r}_A$ des dreidimensionalen Raumes ein Vektor zugeordnet, dessen Betrag proportional der felderzeugenden Masse und verkehrt proportional zum Abstandsquadrat der Masse ist. Eine Ausnahme stellt der Punkt $\boldsymbol{r}_A = \boldsymbol{r}_Q$ dar, wo das Feld singulär wird. In der Realität besitzen Massen jedoch eine endliche Ausdehnung. Es zeigt sich, daß das Gravitationsfeld einer kugelförmigen Masse mit dem Radius R außerhalb des Körpers gleich bleibt, wenn man sich das Volumen des Körpers unverändert, die Gesamtmasse jedoch im Kugelmittelpunkt konzentriert vorstellt.
Der Kugelmittelpunkt stellt dann den Quellpunkt $\boldsymbol{r}_Q$ dar, während der Aufpunkt $\boldsymbol{r}_A$ außerhalb der Kugel variiert. Der Fall $\boldsymbol{r}_A = \boldsymbol{r}_Q$ kann daher bei Betrachtungen von Feldern im Außenraum eines realen Körpers niemals auftreten, weshalb wir (1.3.1) immer nur für $\boldsymbol{r}_A \neq \boldsymbol{r}_Q$ betrachten wollen.

Mit Hilfe von $\boldsymbol{G}$ erhält man für die Kraftwirkung auf eine im Punkt $\boldsymbol{r}_A$ befindlichen Masse M

$$\boldsymbol{F}(\boldsymbol{r}_A) = M\boldsymbol{G}(\boldsymbol{r}_A). \qquad (1.3.2)$$

Setzt man (1.3.1) in (1.3.2) ein, so ergibt sich genau die Kraftwirkung gemäß dem Gravitationsgesetz (1.2.1). Die Gleichungen (1.3.1) und (1.3.2) stellen formal bloß eine Zerlegung des Gravitationsgesetzes dar. Die Stärke dieser Darstellung beruht jedoch in der damit verbundenen Interpretationsmöglichkeit der Kraftwirkung durch das Feld!

1.3.2 Träge Masse und schwere Masse

Wir betrachten nochmals die beiden fundamentalen Gleichungen der Mechanik – die Newtonsche Bewegungsgleichung und das Gravitationsgesetz – in der Form

$$m\ddot{\boldsymbol{r}} = \boldsymbol{F}, \quad \text{(a)} \quad \boldsymbol{G}_2 = \frac{\gamma m_2}{r^3}\boldsymbol{r}, \quad \text{(b)} \quad \boldsymbol{F}_{12} = m_1\boldsymbol{G}_2. \quad \text{(c)} \qquad (1.3.3)$$

In allen drei Gleichungen kommen Massen vor, allerdings im Zusammenhang mit verschiedenen Eigenschaften. In (1.3.3a) kommt zum Ausdruck, daß sich Masse unter dem Einfluß einer Kraft bewegt, wobei diese Bewegung gewissermaßen „träge" erfolgt: Starke Änderungen von $\boldsymbol{F}$ übertragen sich direkt nur auf $\ddot{\boldsymbol{r}}$, nicht jedoch auf die durch zweimalige Integration „geglättete" Bewegung $\boldsymbol{r}(t)$. Masse besitzt also Trägheit, und wir bezeichnen die in (1.3.3a) auftretende Masse als *träge Masse* m_t.

Dies ist jedoch nur ein Aspekt der Masse! Gemäß (1.3.3b) ist Masse auch „felderzeugend".

Darüber hinaus wird durch (1.3.3c) auf einen Massenpunkt durch das Feld eine Kraft übertragen. So drückt beispielsweise ein Körper im Gravitationsfeld der Erde mit einem Gewicht mg (g = Erdbeschleunigung) auf die Erdoberfläche. Diese Gewichtseigenschaft („Schwere") stellt eine zur Trägheit verschiedene Eigenschaft dar. Wir bezeichnen die in (1.3.3c) auftretende Masse als *schwere Masse* m_s.

Somit besitzt ein Massenpunkt scheinbar drei voneinander verschiedene Eigenschaften:

— Trägheit	(1.3.3a)	... träge Masse
— Die Fähigkeit der Felderzeugung	(1.3.3b)	
— Schwere	(1.3.3c)	... schwere Masse

Aufgrund des Gesetzes von „actio = reactio" können die in (1.3.3b) und (1.3.3c) auftretenden Eigenschaften als gleichartig angesehen werden, und es bleiben als fundamentale Masseneigenschaften nur die Trägheit und Schwere. Bewegungsgleichung und Gravitationsgesetz schreiben sich damit in der Form

$$m_t\ddot{\boldsymbol{r}} = \boldsymbol{F}, \quad \text{(a)} \quad \boldsymbol{F}_{12} = \gamma\frac{m_{1s}m_{2s}}{|\boldsymbol{r}_1 - \boldsymbol{r}_2|^2}\boldsymbol{r}_{12}. \quad \text{(b)} \qquad (1.3.4)$$

Im Bewegungsgesetz steht die träge Masse, im Gravitationsgesetz die schweren Massen.

Diese Überlegungen zeigen, daß die bisherige Annahme, Masse könne durch Angabe eines einzigen skalaren Wertes m erfaßt werden, nicht selbstverständlich ist. Experimentelle Untersuchungen, die im Lauf der Jahrhunderte mit immer größerer Genauigkeit durchgeführt wurden, lassen jedoch keinen meßbaren Unterschied zwischen träger Masse und schwerer Masse erkennen. Wir setzen daher

$$m_t = m_s := m. \qquad (1.3.5)$$

Man beachte, daß diese Gleichheit in der Newtonschen Theorie nicht organisch enthalten ist, sondern auf experimentelle Erfahrung zurückgeht.

Abschließend sei darauf hingewiesen, daß durch diese Ausführungen weder Masse noch Kraft lupenrein definiert wurden. Die Schwierigkeit besteht darin, daß sich diese beiden fundamentalen Begriffe nicht voneinander unabhängig definieren lassen, worauf wir aber nicht näher eingehen wollen.

1.3.3 Arbeit, Leistung

Wir betrachten eine differentielle Verschiebung des Massenpunktes m in einem beliebigen Kraftfeld $\boldsymbol{F}$. Die an m geleistete *differentielle Arbeit* dA definiert man als skalares Produkt:

$$dA = \boldsymbol{F} \cdot d\boldsymbol{r}. \qquad (1.3.6a)$$

Für eine makroskopische Verschiebung von einem Raumpunkt $\boldsymbol{r}_1$ zu einem Raumpunkt $\boldsymbol{r}_2$ erhält man durch Integration die durch das Feld an einem Massenpunkt geleistete Arbeit

$$A = \int_{\boldsymbol{r}_1}^{\boldsymbol{r}_2} \boldsymbol{F} \cdot d\boldsymbol{r}. \qquad (1.3.6b)$$

Da das Feld im allgemeinen ortsabhängig ist ($\boldsymbol{F} = \boldsymbol{F}(\boldsymbol{r}, \ldots)$), hängt der Wert des Integrals vom gewählten Verschiebungsweg ab. Für eine konkrete Berechnung muß also zunächst immer der Integrationsweg angegeben werden. Man erkennt dies schon aus (1.3.6a): Maximale Arbeit wird am Massenpunkt geleistet, wenn die Vektoren $\boldsymbol{F}$ und $d\boldsymbol{r}$ parallel sind, keine Arbeit, wenn $\boldsymbol{F}$ und $d\boldsymbol{r}$ aufeinander senkrecht stehen.

Als *Leistung* definiert man den Differentialquotienten

$$L := \frac{dA}{dt}. \qquad (1.3.7)$$

1.4 Galileitransformation, Relativität

Die durch die Newtonsche Grundgleichung und das Gravitationsgesetz beschriebenen physikalischen Erscheinungen sind unabhängig von der räumlichen Lage des Koordinatensystems (x,y,z). Mathematisch kommt dies in der *vektoriellen Formulierbarkeit* dieser Gesetze im dreidimensionalen Euklidischen Raum zum Ausdruck:

> *Zusammenhänge zwischen Vektoren sind unabhängig von der Lage des Koordinatensystems.*

Wie sieht es nun bei bewegten Systemen aus? Zur Beantwortung dieser Frage betrachten wir ein System I (x,y,z) und ein System II (x',y',z'), das sich gegenüber I mit einer konstanten Geschwindigkeit $\boldsymbol{v}_0$ bewegen soll. Man spricht von einer gleichförmigen, translatorischen Bewegung. Der Zusammenhang zwischen diesen beiden Systemen wird durch die Koordinatentransformation

$$\boldsymbol{r}' = \boldsymbol{r} + \boldsymbol{v}_0 t \qquad (1.4.1)$$

beschrieben.

Dabei bezeichnet $\boldsymbol{r}$ den zu einem beliebigen Raumpunkt gehörigen Ortsvektor des Systems I, $\boldsymbol{r}'$ jenen des Systems II. Weiter ist angenommen, daß sich für $t = 0$ die beiden Systeme am gleichen Ort befinden.

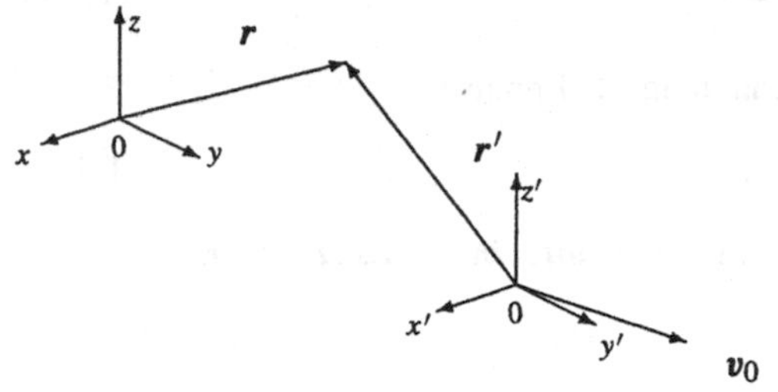

Bild 1.4

Die Transformation (1.4.1) heißt *Galileitransformation.* Wir untersuchen nun, wie sich physikalische Gesetze der Mechanik in diesen beiden Systemen darstellen. Dazu differenzieren wir (1.4.1) zweimal nach der Zeit und erhalten

$$\boldsymbol{v}' = \boldsymbol{v} + \boldsymbol{v}_0, \tag{1.4.2}$$

und

$$\boldsymbol{a}' = \boldsymbol{a}. \tag{1.4.3}$$

(1.4.2) stellt das *Additionstheorem für Geschwindigkeiten* dar: Die Geschwindigkeit $\boldsymbol{v}'$ eines Massenpunktes im gestrichenen System entspricht jener im ungestrichenen System plus der Relativgeschwindigkeit $\boldsymbol{v}_0$.
Aus (1.4.3) erkennt man, daß die Beschleunigung eines Massenpunktes in beiden Systemen als gleich groß gemessen wird. Die Relativbeschleunigung der Systeme ist Null wegen $\boldsymbol{v}_0 =$ konstant, und somit auch die auf ihn wirkende Kraft. Daher gilt das Newtonsche Grundgesetz samt allen Folgerungen (Erhaltungssätzen) in beiden Systemen in gleicher Weise. Dieser Sachverhalt wird als *Relativitätsprinzip der klassischen Mechanik* bezeichnet:

Die Gesetze der klassischen Mechanik sind invariant gegenüber Galileitransformationen.

Alle mit konstanter Geschwindigkeit zueinander gleichförmig bewegten Systeme sind als äquivalent zu betrachten: es ist nicht möglich, durch irgendwelche (auf den Gesetzen der klassischen Mechanik fußenden) Messungen einen grundlegenden Unterschied zwischen diesen Systemen zu konstatieren. Wir bezeichnen diese nichtbeschleunigten Bezugssysteme auch als *Inertialsysteme*.

1.5 Sekundärgesetze

Das Newtonsche Grundgesetz enthält die gesamte dynamische Systeminformation. Daraus ableitbar sind sogenannte *Sekundärgesetze*. Sie zeigen, daß sich unter gewissen Bedingungen bestimmte physikalische Größen wie Impuls, Drehimpuls und Energie nicht ändern. Man spricht daher auch von *Erhaltungssätzen.*

1.5.1 Die Erhaltung des Impulses

Wir betrachten das Newtonsche Grundgesetz für den Spezialfall $\boldsymbol{F} = 0$:

$$\frac{d}{dt}\boldsymbol{p} = 0. \tag{1.5.1}$$

Durch Integration erhält man den Satz von der Erhaltung des Impulses:

$$\boldsymbol{p} = \text{const.} \tag{1.5.1'}$$

Wenn auf einen Massenpunkt keine Kraft einwirkt, bleibt sein Impuls konstant.

1.5.2 Die Erhaltung des Drehimpulses

Wir betrachten einen Massenpunkt m der sich im Gravitationsfeld einer Masse M bewegt, wobei wir annehmen, daß $M \gg m$ gilt. Wir wollen nun die Dynamik dieses mechanischen Systems beschreiben.
Zunächst erhebt sich die Frage nach einer passenden Wahl des Koordinatensystems. Vom physikalischen Standpunkt ist es gleichgültig, welches Koordinatensystem man verwendet, solange man sich auf Inertialsysteme beschränkt. Für die mathematische Analyse empfiehlt sich jedoch die Wahl eines speziellen, die Aufgabenstellung vereinfachenden Systems, falls ein derartiges System überhaupt existiert und explizit angegeben werden kann. Für unsere konkrete Aufgabenstellung bedeutet dies folgendes:

Fixieren wir den Ursprung des Koordinatensystems an einem beliebigen Punkt des Raumes, so stellt sich unser Problem als *Zweikörperproblem* dar, dessen mathematische Analyse nicht ganz einfach ist (Bild 1.5 links). Wählt man hingegen den Ort der Masse M als Systemursprung, so kommt man zu einem *Einkörperproblem*, dessen mathematische Beschreibung sich wesentlich einfacher gestaltet (Bild 1.5 rechts).

Nach dem Gravitationsgesetz üben die beiden Massen m und M aufeinander gleichgroße Kräfte aus, die nach dem Newtonschen Grundgesetz zu massenabhängigen Beschleunigungen führen. Daher ist ein mit der Masse M verbundenes Koordinatensystem kein Inertialsystem. Wegen der Voraussetzung $M \gg m$ ist jedoch die Beschleunigung der Masse M vernachlässigbar gegenüber jener der Masse m, so daß die Wahl des Koordinatensystems gemäß Bild 1.5 (rechts) näherungsweise gerechtfertigt ist.

Die Bewegungsgleichung für den Massenpunkt m lautet dann

$$m\ddot{\boldsymbol{r}} = -\gamma\frac{Mm}{r^2}\boldsymbol{e}_r. \tag{1.5.2}$$

Für die weitere Behandlung schreiben wir sie in der Form

$$m\ddot{\boldsymbol{r}} = R(r)\boldsymbol{r}, \tag{1.5.3}$$

mit der skalaren Funktion

$$R(r) = -\gamma\frac{Mm}{r^3}. \tag{1.5.4}$$

Wir bilden nun für beide Seiten von (1.5.3) das vektorielle Produkt mit dem Ortsvektor $\boldsymbol{r}$ und erhalten

$$m(\ddot{\boldsymbol{r}} \times \boldsymbol{r}) = R(r)(\boldsymbol{r} \times \boldsymbol{r}) = 0. \tag{1.5.5}$$

Berücksichtigt man

$$\frac{d}{dt}(\dot{\boldsymbol{r}} \times \boldsymbol{r}) = (\ddot{\boldsymbol{r}} \times \boldsymbol{r}) + (\dot{\boldsymbol{r}} \times \dot{\boldsymbol{r}}) = \ddot{\boldsymbol{r}} \times \boldsymbol{r}, \tag{1.5.6}$$

so folgt aus (1.5.5) wegen $\boldsymbol{p} = m\dot{\boldsymbol{r}}$:

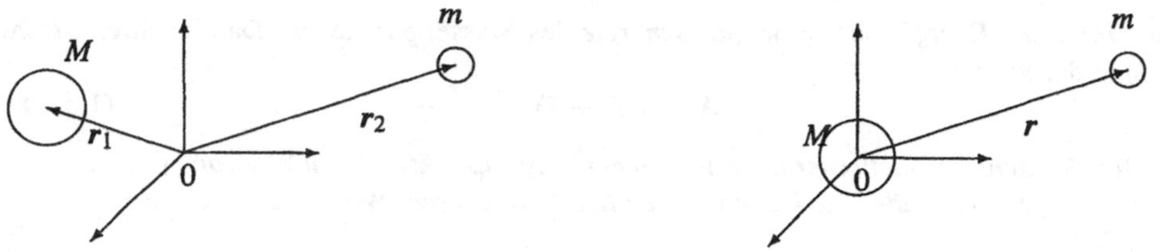

Bild 1.5

$$\frac{d}{dt}(\boldsymbol{p} \times \boldsymbol{r}) = 0 = \frac{d}{dt}(\boldsymbol{r} \times \boldsymbol{p}). \qquad (1.5.7)$$

Wir definieren die Größe

$$\boldsymbol{l} := \boldsymbol{r} \times \boldsymbol{p} \qquad (1.5.8)$$

als *Drehimpuls* des Massenpunktes m. Damit lautet die Beziehung (1.5.7) schließlich

$$\frac{d}{dt}\boldsymbol{l} = 0. \qquad (1.5.9)$$

Dies ist das Gesetz von der *Erhaltung des Drehimpulses*. Bei seiner Herleitung hat die konkrete Gestalt der Funktion $R(r)$ keine Rolle gespielt! Wichtig war alleine die Tatsache, daß die auf m wirkende Kraft in Richtung des Vektors $\boldsymbol{r}$, d.h. in der Verbindungslinie der beiden Massenpunkte lag. Eine derartige Kraft wird *Zentralkraft* genannt. Die Gleichung (1.5.9) ist daher nicht nur für die Gravitationskraft sondern für beliebige Zentralkräfte (z.B. die Coulombkraft) gültig. In Worten lautet der Drehimpulserhaltungssatz:

Ist die auf einen Massenpunkt wirkende Kraft eine Zentralkraft, so ist sein Drehimpuls ein konstanter Vektor.

1.5.3 Die Erhaltung der Energie

Die kinetische Energie

Für die an einem Massenpunkt m im Kraftfeld $\boldsymbol{F}$ geleistete Arbeit gilt unter Benutzung des Newtonschen Grundgesetzes

$$dA = m\ddot{\boldsymbol{r}} \cdot d\boldsymbol{r}. \qquad (1.5.10)$$

Mit der Umformung

$$\ddot{\boldsymbol{r}} \cdot d\boldsymbol{r} = \ddot{\boldsymbol{r}} \cdot \dot{\boldsymbol{r}} dt = \frac{1}{2}\frac{d}{dt}(\dot{\boldsymbol{r}})^2 dt = \frac{1}{2} d(\dot{\boldsymbol{r}})^2 \qquad (1.5.11)$$

folgt aus (1.5.10) für ein endliches Wegstück zwischen den Punkten $\boldsymbol{r}_1$ und $\boldsymbol{r}_2$

$$A = \int_{\boldsymbol{r}_1}^{\boldsymbol{r}_2} m\ddot{\boldsymbol{r}} \cdot d\boldsymbol{r} = \int_{\boldsymbol{r}_1}^{\boldsymbol{r}_2} \frac{m}{2} d(\dot{\boldsymbol{r}})^2 = \frac{m}{2}(\dot{\boldsymbol{r}}_2^2 - \dot{\boldsymbol{r}}_1^2). \qquad (1.5.12)$$

Es gilt also: Die Änderung der Größe $\frac{m}{2}\dot{\boldsymbol{r}}^2$ von einem Punkt $\boldsymbol{r}_1$ zu einem Punkt $\boldsymbol{r}_2$ ist gleich der auf diesem Weg von der bewegenden Kraft geleisteten Arbeit. Wir definieren

$$T = \frac{m}{2}\dot{r}^2 \tag{1.5.13}$$

als die *kinetische Energie* oder *Bewegungsenergie* des Massenpunktes m. Damit schreibt sich (1.5.12) in der Form

$$A_{12} = T_2 - T_1. \tag{1.5.14}$$

Der Zuwachs an kinetischer Energie, den ein Massenpunkt auf dem Weg von $\boldsymbol{r}_1$ nach $\boldsymbol{r}_2$ erfährt, ist gerade gleich der von der Kraft auf diesem Weg an ihm geleisteten Arbeit.

Das Potential

Wir betrachten nun ein rein ortsabhängiges Kraftfeld $\boldsymbol{F} = \boldsymbol{F}(\boldsymbol{r})$ mit der Eigenschaft

$$\operatorname{rot} \boldsymbol{F}(\boldsymbol{r}) = 0. \tag{1.5.15}$$

Derartige Kraftfelder bezeichnet man als *konservative Felder*, oder als *wirbelfreie Felder*. Sie können als Gradient einer skalaren Ortsfunktion $U(\boldsymbol{r})$ dargestellt werden:

$$\boldsymbol{F}(\boldsymbol{r}) = -\operatorname{grad} U(\boldsymbol{r}). \tag{1.5.15'}$$

$U(\boldsymbol{r})$ wird als *skalares Potential* oder *Potential* schlechthin bezeichnet. (Das Minuszeichen ist Konvention.) Die Aussagen (1.5.15) und (1.5.15′) sind äquivalent.

Wir betrachten nun die Arbeit an einem Massenpunkt für Felder mit der Eigenschaft (1.5.15) bzw. (1.5.15′). Berücksichtigt man

$$\operatorname{grad} U(\boldsymbol{r})\cdot d\boldsymbol{r} = (\nabla U)\cdot d\boldsymbol{r} = \begin{pmatrix} \frac{\partial U}{\partial x} \\ \frac{\partial U}{\partial y} \\ \frac{\partial U}{\partial z} \end{pmatrix} \cdot \begin{pmatrix} dx \\ dy \\ dz \end{pmatrix} = \frac{\partial U}{\partial x}dx + \frac{\partial U}{\partial y}dy + \frac{\partial U}{\partial z}dz = dU, \tag{1.5.16}$$

so folgt für die Arbeit in einem konservativen Feld

$$A_{12} = \int_{\boldsymbol{r}_1}^{\boldsymbol{r}_2} \boldsymbol{F}(\boldsymbol{r}) \cdot d\boldsymbol{r} = -\int_{\boldsymbol{r}_1}^{\boldsymbol{r}_2} \operatorname{grad} U(\boldsymbol{r}) \cdot d\boldsymbol{r} = -\int_{\boldsymbol{r}_1}^{\boldsymbol{r}_2} dU = U_1 - U_2. \tag{1.5.17}$$

Die geleistete Arbeit hängt in diesem Fall also nicht vom Integrationsweg, sondern ausschließlich von den Potentialwerten im Anfangs- und Endpunkt ab. Sie ist *wegunabhängig*! Wir fassen zusammen:

Verschiebt man in einem konservativen Feld einen Massenpunkt vom Ort $\boldsymbol{r}_1$ zum Ort $\boldsymbol{r}_2$ so ist die an ihm geleistete Arbeit wegunabhängig gleich der entsprechenden Potentialdifferenz.

Der Energiesatz

Mit den Gleichungen (1.5.14) und (1.5.17) haben wir zwei verschiedene Darstellungen für die an einem Massenpunkt durch ein Kraftfeld geleistete Arbeit gefunden:

$A_{12} = T_2 - T_1$ ... gültig für allgemeine Kraftfelder,
$A_{12} = U_1 - U_2$ ... gültig für konservative Kraftfelder.

Für ein konservatives Feld folgt durch Gleichsetzen

$$T_2 - T_1 = U_1 - U_2, \tag{1.5.18}$$

bzw.

$$T_1 + U_1 = T_2 + U_2. \tag{1.5.19}$$

Da diese Beziehung bei beliebiger Wahl von $\boldsymbol{r}_1$ und $\boldsymbol{r}_2$ gelten muß, gilt weiter

$$T(\boldsymbol{r}) + U(\boldsymbol{r}) = E = \text{ konstant.} \tag{1.5.20}$$

Die Konstante E wird als Gesamtenergie des Massenpunktes m, das Potential $U(\boldsymbol{r})$ daher auch als *potentielle Energie* bezeichnet. (1.5.20) ist der Satz von der *Erhaltung der Energie*. In Worten gilt:

In einem konservativen Kraftfeld ist die Gesamtenergie eines Körpers immer konstant. Sie ergibt sich als Summe seiner kinetischen und seiner potentiellen Energie.

Es sei nochmals darauf hingewiesen, daß die Definition der Gesamtenergie gemäß (1.5.20) nur für konservative Kraftfelder sinnvoll ist, da nur in diesem Fall ein Potential existiert. Differenziert man (1.5.20) nach der Zeit t, so folgt

$$\frac{dT}{dt} = -\frac{dU}{dt}, \tag{1.5.21}$$

und damit wegen (1.5.17)

$$\frac{dT}{dt} = \frac{dA}{dt}. \tag{1.5.22}$$

Einsetzen der Definitionsgleichung (1.3.6a) ergibt

$$\frac{dT}{dt} = \frac{d}{dt}(\boldsymbol{F} \cdot d\boldsymbol{r}), \tag{1.5.23}$$

woraus man bei einer reinen Ortsabhängigkeit des Kraftfeldes die Beziehung

$$\frac{dT}{dt} = \boldsymbol{F} \cdot \boldsymbol{v} \tag{1.5.24}$$

erkennt. In einem zeitunabhängigen Kraftfeld berechnet sich die zeitliche Änderung der kinetischen Energie als skalares Produkt von Feldvektor und Geschwindigkeitsvektor des Massenpunktes. Ebenso wie (1.5.20) wird auch (1.5.24) fallweise als Energiesatz bezeichnet.

1.5.4 Zusammenfassung

Bild 1.6 zeigt eine Zusammenfassung der Voraussetzungen und Ergebnisse von Abschnitt 1.5:

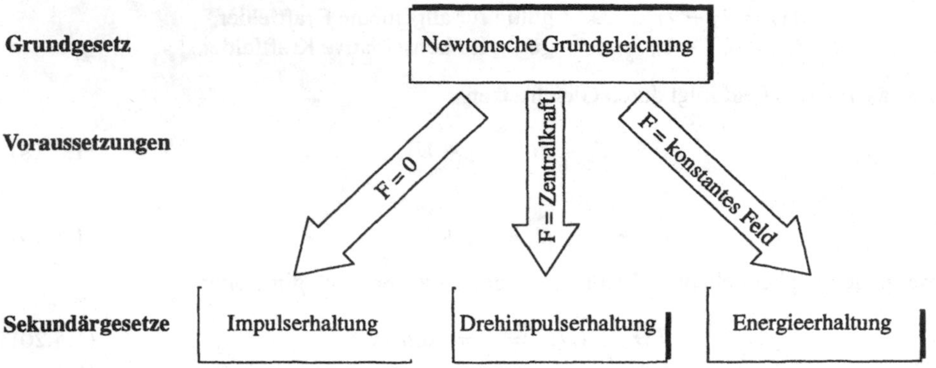

Bild 1.6

1.6 Die Wechselwirkung von Feld und Materie

Als Fundamentalgesetze der Mechanik haben wir das Newtonsche Grundgesetz und das Gravitationsgesetz kennengelernt. Während das Newtonsche Grundgesetz die Bewegung der Materie unter dem Einfluß von Kräften beschreibt (Bewegungsgleichung), gibt das Gravitationsgesetz in der Formulierung von (1.3.1) und (1.3.2) den durch die Materie erzeugten Feldzustand an (Feldgleichung). An der Beschreibung eines physikalischen Problems sind grundsätzlich beide Gleichungen beteiligt.

Mathematisch gesehen stellen sie ein gekoppeltes System von Differentialgleichungen für die Unbekannten $\boldsymbol{r}(t)$ (Bahnkurve) und $\boldsymbol{F}(\boldsymbol{r},\dot{\boldsymbol{r}},t)$ (Kraft) dar. Die *Kopplung* repräsentiert den physikalischen Sachverhalt der *Wechselwirkung*:

$$\left.\begin{array}{c}\text{Feld}\\ +\\ \text{Bewegungsgleichung}\end{array}\right\} \longrightarrow \begin{array}{c}\boldsymbol{r}(t)\\ \boldsymbol{F}(\boldsymbol{r},\dot{\boldsymbol{r}},t)\end{array}$$

Als Beispiel betrachten wir ein System von n Massenpunkten, das sich für $t = 0$ in Ruhe befinden soll. Für $t > 0$ ziehen sich die Massenpunkte unter dem Einfluß der Gravitationskräfte an. Daher wirken auf jeden Massenpunkt m_i, $i = 1,\ldots,n$ die von den Massen m_j, $j = 1,\ldots,n$, $j \neq i$ herrührenden Gravitationskräfte $\boldsymbol{F}_{ij}$, die man sich zur resultierenden Kraft

$$\boldsymbol{F}_i = \sum_{\substack{j=1\\ j\neq i}}^{n} \boldsymbol{F}_{ij}$$

zusammengesetzt denken kann. Wäre nun die analytische Gestalt der Kräfte $\boldsymbol{F}_i$ als Funktion von $\boldsymbol{r}$ und t bekannt,* so könnte das Problem allein durch Verwendung der Newtonschen Grundgleichung

$$m_i \boldsymbol{a}_i = \boldsymbol{F}_i(\boldsymbol{r},t), \quad i = 1,\ldots,n \tag{1.6.1}$$

beschrieben werden, wobei $\boldsymbol{a}_i$ die Beschleunigung des Massenpunktes m_i bedeutet.

* Bei Beschränkung auf Gravitationskräfte entfällt die Abhängigkeit von $\dot{\boldsymbol{r}}$

Das Gleichungssystem (1.6.1) ist *linear* und *entkoppelt*. Leider ist die analytische Gestalt aller $\boldsymbol{F}_i$ von vorneherein nicht bekannt, da sich durch die Bewegung der Massen ständig neue Feldverhältnisse ergeben. Die notwendige Information wird durch das Newtonsche Gravitationsgesetz

$$\boldsymbol{F}_{ij}(\boldsymbol{r},t) = \gamma \frac{m_i m_j}{|\boldsymbol{r}_i(t) - \boldsymbol{r}_j(t)|^2} \boldsymbol{r}_{ij} \tag{1.6.2}$$

gegeben. Zur vollständigen Beschreibung des physikalischen Sachverhaltes benötigen wir also das durch die Gleichungen (1.6.1) *und* (1.6.2) gebildete Gleichungssystem. Als Unbekannte treten die Bahnkurven $\boldsymbol{r}_i(t)$, $i = 1, \ldots, n$ und die Kräfte $\boldsymbol{F}_{ij}$ $i = 1, \ldots, n$, $j = 1, \ldots, n$, $j \neq i$ auf. Wegen „actio = reactio" gilt

$$\boldsymbol{F}_{ij} = -\boldsymbol{F}_{ji}. \tag{1.6.3}$$

Somit verbleiben als Unbekannte:

$$\begin{array}{rll} n & \text{Vektoren } \boldsymbol{r}_i(t) & i = 1, \ldots, n, \\ n(n-1) & \text{Vektoren } \boldsymbol{F}_{ij} & i = 1, \ldots, n,\ j = 1, \ldots, (i-1), \end{array}$$

das sind n^2 vektorielle Unbekannte. Wegen der obigen Indexverhältnisse stellen die Gleichungen (1.6.1) und (1.6.2) ein System von n^2 Gleichungen dar, das wir nochmals in der Form

$$\begin{aligned} m_i \boldsymbol{a}_i &= \sum_{\substack{i=1 \\ j \neq i}}^{n} \boldsymbol{F}_{ij}(\boldsymbol{r},t), && i = 1, \ldots, n, && \text{(a)} \\ \boldsymbol{F}_{ij}(\boldsymbol{r},t) &= \gamma \frac{m_i m_j}{|\boldsymbol{r}_i(t) - \boldsymbol{r}_j(t)|^2} \boldsymbol{r}_{ij}, && i = 1, \ldots, n,\ j = 1, \ldots, (i-1) && \text{(b)} \end{aligned} \tag{1.6.4}$$

notieren. Eliminiert man die Kräfte durch Einsetzen von (1.6.4b) in (1.6.4a), so folgt für die Bahnkurven $\boldsymbol{r}_i(t)$

$$m_i \ddot{\boldsymbol{r}}_i = \sum_{\substack{j=1 \\ j \neq i}}^{n} \gamma \frac{m_i m_j}{|\boldsymbol{r}_i(t) - \boldsymbol{r}_j(t)|^2} \boldsymbol{r}_{ij}, \quad i = 1, \ldots, n. \tag{1.6.5}$$

Dies ist ein *nichtlineares, gekoppeltes* System von n Differentialgleichungen zweiter Ordnung für die n Unbekannten $\boldsymbol{r}_i(t)$. Seine Lösung erfordert die Verwendung numerischer Methoden. Setzt man die Lösungen $\boldsymbol{r}_i(t)$ in (1.6.4b) ein, so erhält man die Kräfte $\boldsymbol{F}_{ij}$.

An diesem Beispiel erkennt man die folgenden allgemeingültigen Verhältnisse:

(1) Zur Beschreibung der physikalischen Wirklichkeit benötigt man sowohl die Feldgleichung, als auch die Bewegungsgleichung der Materie.

(2) Die Wechselwirkung Feld/Materie spiegelt sich mathematisch im Kopplungsverhalten der Gleichungen und im Auftreten von Nichtlinearitäten.

Diese Verhältnisse sind nicht nur auf die klassische Mechanik beschränkt, sondern treten uns in der klassischen Feldphysik und in der Quantenphysik in ähnlicher Weise entgegen. Wir werden darauf noch öfter zurückkommen.

1.7 Planetenbewegung

Die Bewegung der Planeten um die Sonne genügt den von *J. Kepler* empirisch gefundenen und nach ihm benannten *Keplerschen Gesetzen*.

1. Keplersches Gesetz: Ein Planet bewegt sich im Bereich der Sonne auf einer in einer Ebene liegenden Ellipsenbahn, wobei die Sonne in einem der beiden Brennpunkte steht.

2. Keplersches Gesetz: Zu gleichen Zeiten überstreicht der Fahrstrahl Sonne-Planet gleiche Flächen.

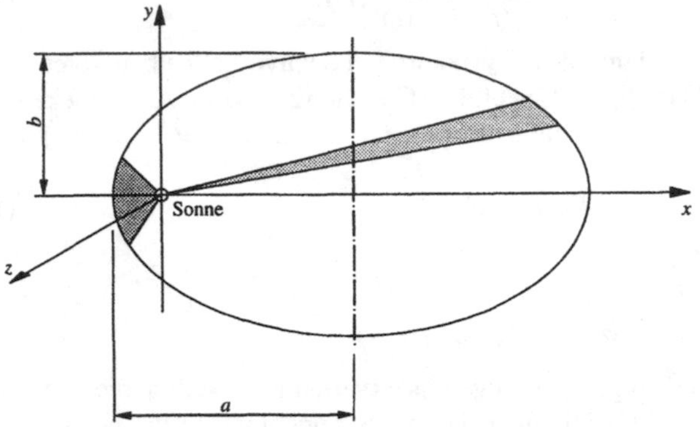

Bild 1.7

3. Keplersches Gesetz: Die Quadrate der Umlaufzeiten der Planeten um die Sonne sind proportional den Kuben der großen Halbachsen der entsprechenden Ellipsen.

Newton gelang die Herleitung dieser Aussage auf der Grundlage seiner Bewegungsgleichung und des Gravitationsgesetzes. Die folgende Darstellung orientiert sich stark an [51]. Zunächst wollen wir nach dem Vorbild von Abschnitt 1.5.2 das vorliegende Zweikörperproblem idealisiert als Einkörperproblem beschreiben. Diese Idealisierung ist zulässig, da die Masse m jedes Planeten unseres Sonnensystems im Vergleich zur Sonnenmasse M sehr klein ist. Wir nehmen also den Ort der Sonne als Ursprung unseres Koordinatensystems an. Die Planetenbewegung wird dann durch die Gleichung (1.5.2) beschrieben. Ihre Integration wird uns u.a. auf die Keplerschen Gesetze führen.

Als vektorielles Integral von (1.5.2) haben wir bereits den Drehimpulserhaltungssatz (1.5.9) kennengelernt: Bei Anwesenheit einer Zentralkraft ändert sich der Vektor $\boldsymbol{r} \times \dot{\boldsymbol{r}}$ zeitlich nicht. Nun stellt $\boldsymbol{r} \times \dot{\boldsymbol{r}}$ aber die momentane Bewegungsebene des Planeten dar:

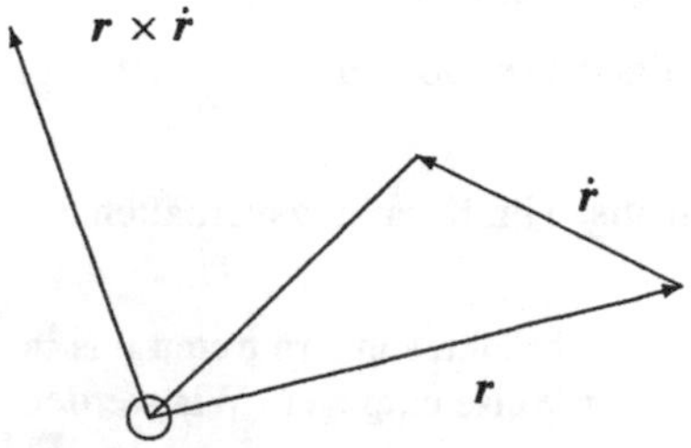

Bild 1.8

Aus dem Drehimpulserhaltungssatz im Zentralfeld folgt also, daß die Bewegung des Planeten stets in einer Ebene verläuft, womit wir bereits eine Teilaussage des 1. Keplerschen Gesetzes bewiesen haben.

Weiter erkennt man aus Bild 1.8 die vom Fahrstrahl $\boldsymbol{r}$ überstrichene Fläche pro Zeiteinheit als

$$c = \frac{1}{2}|\boldsymbol{r} \times \dot{\boldsymbol{r}}| = \frac{1}{2m}|\boldsymbol{l}|. \tag{1.7.1}$$

Die zeitliche Konstanz von $\boldsymbol{r} + d\boldsymbol{r}$ zeigt, daß in gleichen Zeiten stets gleiche Flächen vom Fahrstrahl überstrichen werden, womit das zweite Keplersche Gesetz bewiesen ist.

Für die weiteren Untersuchungen drehen wir das Koordinatensystem in Bild 1.7 derart, daß die Planetenbewegung stets in der x-y-Ebene erfolgt, was nach den vorangegangenen Ausführungen immer möglich ist. Damit haben wir das ursprünglich dreidimensionale Problem auf ein zweidimensionales Problem zurückgeführt. Man beachte, daß durch diese Vorgangsweise die Lage der x-y-Achsen nicht eindeutig festgelegt ist: Man hat noch die Freiheit einer beliebigen Drehung in der x-y-Ebene. Wir werden auf diesen Freiheitsgrad später zurückkommen. Es sei darauf hingewiesen, daß die bisherigen Überlegungen allein auf dem Drehimpulserhaltungssatz im Zentralfeld fußen, der ein Vektorintegral der Bewegungsgleichung (1.5.2) darstellt. Ein skalares Integral von (1.5.2) haben wir in Form des Energiesatzes (1.5.20) konstruiert. Für den vorliegenden Fall gilt

$$U(\boldsymbol{r}) = -\gamma \frac{Mm}{|\boldsymbol{r}|}, \tag{1.7.2}$$

und somit

$$\frac{m}{2}\dot{\boldsymbol{r}}^2 - \gamma \frac{Mm}{|\boldsymbol{r}|} = E. \tag{1.7.3}$$

Der Leser überzeuge sich explizit, daß negative Gradientenbildung von $U(\boldsymbol{r})$ tatsächlich auf die Gravitationskraft $\boldsymbol{F}(\boldsymbol{r}) = -\operatorname{grad} U(\boldsymbol{r}) = -\gamma \frac{Mm}{|\boldsymbol{r}^2|}\boldsymbol{e}_r$ führt. Für die weitere Rechnung empfiehlt sich die Verwendung ebener Polarkoordinaten:

$$x = r\cos\varphi, \qquad y = r\sin\varphi. \tag{1.7.4}$$

Aus zeitlicher Differentiation erhält man

$$\dot{x} = \dot{r}\cos\varphi - r\dot{\varphi}\sin\varphi, \quad \dot{y} = \dot{r}\sin\varphi + r\dot{\varphi}\cos\varphi, \tag{1.7.5}$$

woraus

$$\dot{\boldsymbol{r}}^2 = \dot{x}^2 + \dot{y}^2 = \dot{r}^2 + r^2\dot{\varphi}^2 \tag{1.7.6}$$

folgt. Damit lautet der Energiesatz (1.7.3)

$$\frac{m}{2}(\dot{r}^2 + r^2\dot{\varphi}^2) - \gamma\frac{Mm}{r} = E. \tag{1.7.7}$$

In dieser Gleichung kann $\dot{\varphi}(t)$ eliminiert werden. Dazu betrachten wir den Drehimpulsvektor $\boldsymbol{l}$:

$$\boldsymbol{l} = m(\boldsymbol{r} \times \dot{\boldsymbol{r}}) = m \begin{vmatrix} \boldsymbol{e}_x & \boldsymbol{e}_y & \boldsymbol{e}_z \\ x & y & z \\ \dot{x} & \dot{y} & \dot{z} \end{vmatrix} =$$

$$= m(\boldsymbol{e}_x(y\dot{z} - z\dot{y}) + \boldsymbol{e}_y(z\dot{x} - x\dot{z}) + \boldsymbol{e}_z(x\dot{y} - y\dot{x})). \tag{1.7.8}$$

Da wir die x-y-Ebene in die Ebene der Bahnbewegung gedreht haben, existiert nur die z-Komponente des Drehimpulses, d.h.

$$\boldsymbol{l} = \boldsymbol{e}_z l_z = \boldsymbol{e}_z m(x\dot{y} - y\dot{x}). \tag{1.7.9}$$

In Polarkoordinaten lautet die Komponente l_z wegen (1.7.5)

$$l_z = mr^2\dot{\varphi}. \tag{1.7.10}$$

Unter Beachtung von (1.7.1) ergibt sich daher

$$\dot{\varphi} = \frac{2c}{r^2}. \tag{1.7.11}$$

Die zeitliche Änderung des polaren Winkels ist damit zurückgeführt auf den Momentanwert der radialen Komponente $r(t)$ und die zeitlich konstante Flächengeschwindigkeit c. Damit kann $\dot{\varphi}(t)$ in (1.7.7) eliminiert werden:

$$\frac{m}{2}\left(\dot{r}^2 + \frac{(2c)^2}{r^2}\right) - \gamma\frac{Mm}{r} = E. \tag{1.7.12}$$

Dies ist eine nichtlineare Differentialgleichung erster Ordnung für $r(t)$. Setzt man ihre Lösung in (1.7.11) ein, so erhält man nach Durchführung der Integration die beiden Funktionen $r(t)$, $\varphi(t)$, womit die Bahnbewegung der Planeten für passende Anfangsbedingungen eindeutig festgelegt ist. Diese Vorgangsweise besitzt allerdings zwei Nachteile: Erstens ist sie ziemlich umständlich, und zweitens erhält man auf diesem Wege keine Aussage über die geometrische Form der Bahnkurve $r = r(\varphi)$.

Wir versuchen nun, aus der Differentialgleichung (1.7.12) eine Gleichung für den die Bahnkurve beschreibenden analytischen Zusammenhang $r = r(\varphi)$ zu erhalten. Dazu betrachten wir die aus (1.7.11) folgende Beziehung

$$\frac{d}{dt} = \frac{2c}{r^2}\frac{d}{d\varphi}. \tag{1.7.13}$$

Sie erlaubt die Rückführung der zeitlichen Änderung auf eine Winkeländerung. Damit nimmt (1.7.12) die Gestalt

$$\frac{m}{2}\frac{(2c)^2}{r^4}\left(\left(\frac{dr}{d\varphi}\right)^2 + r^2\right) - \gamma\frac{Mm}{r} = E \tag{1.7.14}$$

an. Zur Vereinfachung schreiben wir in Zukunft $r_{,\varphi} := \frac{dr}{d\varphi}$, etc. Mit den Substitutionen

$$r = \frac{1}{w}, \qquad r_{,\varphi} = -\frac{1}{w^2}w_{,\varphi} \tag{1.7.15}$$

lautet (1.7.14)

$$w_{,\varphi} = \frac{1}{2c}\sqrt{\frac{2E}{m} + 2\gamma Mw - (2c)^2w^2}. \tag{1.7.16}$$

Dies ist wiederum eine gewöhnliche, nichtlineare Differentialgleichung erster Ordnung für die transformierte Funktion $w(\varphi)$. Zu ihrer Integration schreiben wir sie in der Form

$$2c\frac{dw}{\sqrt{\frac{2E}{m} + 2\gamma Mw - (2c)^2w^2}} = d\varphi. \tag{1.7.17}$$

Die Integration liefert dann

$$\varphi(w) = 2c\int\frac{dw}{\sqrt{\frac{2E}{m} + 2\gamma Mw - (2c)^2w^2}} + K, \tag{1.7.18}$$

mit einer beliebigen Integrationskonstante K. Die Berechnung des Integrals ergibt (siehe z.B. [28])

$$\varphi(w) = \arccos\left(\frac{1-pw}{\epsilon}\right) + K, \tag{1.7.19}$$

mit den Abkürzungen

$$p := \frac{(2c)^2}{\gamma M}, \quad \text{(a)} \qquad \epsilon := \sqrt{1 + \frac{2E}{m}\left(\frac{2c}{\gamma M}\right)^2}. \quad \text{(b)} \tag{1.7.20}$$

Für die Bildung der Umkehrfunktion $w(\varphi)$ beachtet man

$$\cos(\varphi - K) = \frac{1-pw}{\epsilon},$$

woraus

$$w(\varphi) = \frac{1 - \epsilon\cos(\varphi - K)}{p} \tag{1.7.21}$$

folgt. Nach der Rücksubstitution $w = r^{-1}$ erhält man schließlich die gesuchte Lösung von (1.7.14)

$$r(\varphi) = \frac{p}{1 - \epsilon\cos(\varphi - K)}. \tag{1.7.22}$$

Die Konstante K ist noch frei wählbar und kann zur Vereinfachung von (1.7.22) geeignet festgelegt werden. In diesem Zusammenhang sei daran erinnert, daß die x-y-Achsen nur bis auf eine Drehung eindeutig festgelegt sind. Wählt man die x-Achse derart, daß

$$K = \pi$$

gilt, so liefert (1.7.22) die Hauptachsenform der Bahnkurve

$$r(\varphi) = \frac{p}{1 + \epsilon\cos\varphi}. \tag{1.7.23}$$

Es handelt sich dabei um die Gleichung eines Kegelschnittes mit der Exzentrizität ϵ. Für $\epsilon < 1$ repräsentiert (1.7.23) eine Ellipse, für $\epsilon = 1$ eine Parabel, für $\epsilon > 1$ eine Hyperbel. Ein Blick auf (1.7.20b) zeigt, daß diese Fallunterscheidung ausschließlich durch das Vorzeichen der Gesamtenergie E festgelegt wird. Im Fall $E < 0$ ergibt sich also eine *Ellipse*, für $E = 0$ eine *Parabel*, für $E > 0$ eine *Hyperbel*. Für die Planeten unseres Sonnensystems ist die Ellipsenbahn maßgeblich. Bild 1.9 verdeutlicht die geometrischen Zusammenhänge zwischen den obigen Größen für eine Ellipse mit den Halbachsen a, b:

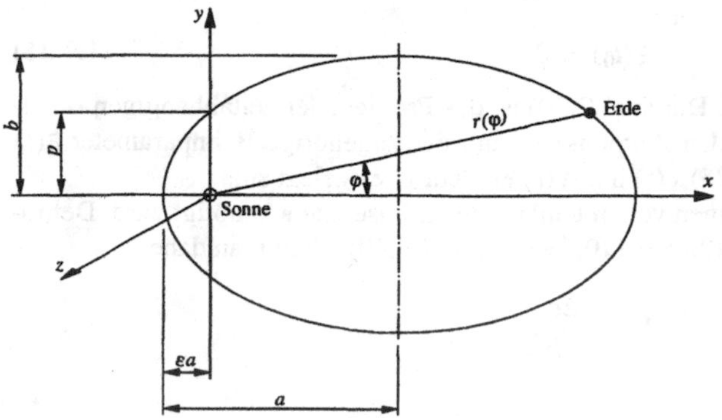

Bild 1.9

Dabei gilt

$$a = \frac{p}{1-\epsilon^2}, \qquad b = \frac{p}{\sqrt{1-\epsilon^2}}. \tag{1.7.24}$$

Mit diesen Überlegungen ist nach dem zweiten nun auch das erste Keplersche Gesetz vollständig bewiesen. Ausständig ist noch die Beschreibung der Dynamik durch die Angabe der zeitabhängigen Funktionen $r(t)$, $\varphi(t)$ und der Nachweis des dritten Keplerschen Gesetzes.

Für die Lösung dieser Aufgabe empfiehlt sich der Übergang zu einer neuen Parameterdarstellung der Ellipse

$$x = a(\cos\xi - \epsilon), \qquad y = b\sin\xi, \qquad \xi \in [0,2\pi], \tag{1.7.25}$$

mit dem Parameter ξ. Die zeitabhängige Bewegung auf der Ellipsenkontur wird also durch die Funktion $\xi = \xi(t)$ beschrieben, deren funktionale Gestalt wir nun ermitteln wollen. Die zeitliche Differentiation von (1.7.25) ergibt

$$\dot{x} = -a\dot{\xi}\sin\xi, \qquad \dot{y} = b\dot{\xi}\cos\xi. \tag{1.7.26}$$

Wir betrachten die aus (1.7.1) und (1.7.9) folgende Formulierung des Flächensatzes

$$x\dot{y} - y\dot{x} = 2c. \tag{1.7.27}$$

Setzt man in diese Gleichung die Parameterdarstellung (1.7.25) und ihre Ableitung (1.7.26) ein, so erhält man

$$ab\dot{\xi}\left((\cos\xi - \epsilon)\cos\xi + \sin^2\xi\right) = 2c,$$

und wegen $\sin^2\xi + \cos^2\xi = 1$:

$$\dot{\xi}(1 - \epsilon\cos\xi) = \frac{2c}{ab}. \tag{1.7.28}$$

Dies ist eine nichtlineare Differentialgleichung erster Ordnung für die Funktion $\xi(t)$. Mit $\dot{\xi}\cos\xi = \frac{d}{dt}(\sin\xi)$ läßt sie sich auch in der Form

$$\frac{d}{dt}(\xi - \epsilon\sin\xi) = \frac{2c}{ab} \tag{1.7.29}$$

schreiben, womit die Integration problemlos durchgeführt werden kann. Es gilt

$$\xi(t) - \epsilon\sin\xi(t) = \frac{2c}{ab}(t - t_0), \tag{1.7.30}$$

wobei die Anfangsbedingung

$$\xi(t_0) = 0 \tag{1.7.31}$$

bereits implizit berücksichtigt wurde. Durch (1.7.30) ist das Problem der zeitabhängigen Bahnbewegung vollständig gelöst: Für jeden Zeitpunkt t kann der zugehörige Bahnparameter $\xi(t)$ ermittelt werden, womit wegen (1.7.25) $x(t)$ und $y(t)$ eindeutig festgelegt sind.

Es sei nun T jene Zeit, die für einen vollen Umlauf der Ellipsenbahn benötigt wird. Definitionsgemäß gilt für $t_0 = 0$: $\xi(T) = \xi(2\pi) = \xi(0) = 0$. Aus (1.7.30) erhält man daher

$$2\pi = \frac{2c}{ab}T$$

bzw.

$$T = \frac{ab}{c}\pi. \tag{1.7.32}$$

Nun gilt unter Beachtung von (1.7.24)

$$b = \sqrt{ap}.$$

Berücksichtigt man ferner (1.7.20a), so folgt

$$\frac{b}{c} = \frac{\sqrt{ap}}{c} = 2\sqrt{\frac{a}{\gamma M}},$$

und somit

$$T = \frac{2\pi}{\sqrt{\gamma M}} a^{\frac{3}{2}}. \tag{1.7.33}$$

Schreibt man dieses Ergebnis in der Form

$$T^2 = \frac{4\pi^2}{\gamma M} a^3, \tag{1.7.33'}$$

so erkennt man die Gültigkeit des dritten Keplerschen Gesetzes: Da γ und M vom speziell betrachteten Planeten unabhängig sind, repräsentiert $\frac{4\pi^2}{\gamma M}$ in (1.7.33') einen in unserem Sonnensystem konstanten Proportionalitätsfaktor. Die Aussage (1.7.33') läßt sich daher auch in der Gestalt

$$\left(\frac{T_2}{T_1}\right)^2 = \left(\frac{a_2}{a_1}\right)^3 \tag{1.7.34}$$

für zwei verschiedene Planeten „1" und „2" schreiben.

1.8 Formelsammlung

Grundlegende Begriffe

Geschwindigkeit	$\boldsymbol{v} = \dfrac{d\boldsymbol{r}}{dt}$
Beschleunigung	$\boldsymbol{a} = \dfrac{d\boldsymbol{v}}{dt}$
Impuls	$\boldsymbol{p} = m\boldsymbol{v}$
kinetische Energie	$T = \dfrac{m\boldsymbol{v}^2}{2} = \dfrac{\boldsymbol{p}^2}{2m}$
Arbeit	$A_{12} = \displaystyle\int_{\boldsymbol{r}_1}^{\boldsymbol{r}_2} \boldsymbol{F} \cdot d\boldsymbol{r} = T_2 - T_1$
Leistung	$L = \dfrac{dA}{dt} = \boldsymbol{F} \cdot \boldsymbol{v}$

Fundamentalgesetze

Newtonsches Gravitationsgesetz

$$\boldsymbol{F}_{21} = \gamma \frac{m_1 m_2}{|\boldsymbol{r}_2 - \boldsymbol{r}_1|^2} \boldsymbol{r}_{21} = -\gamma \frac{m_1 m_2}{|\boldsymbol{r}_2 - \boldsymbol{r}_1|^2} \boldsymbol{r}_{12} = -\boldsymbol{F}_{12},$$

$$\boldsymbol{r}_{12} = \frac{\boldsymbol{r}_1 - \boldsymbol{r}_2}{|\boldsymbol{r}_1 - \boldsymbol{r}_2|}, \quad \gamma = 6.670 \cdot 10^{-11} \mathrm{m}^3 \mathrm{kg}^{-1} \mathrm{s}^{-2}.$$

Newtonsches Grundgesetz

$$m\boldsymbol{a} = \boldsymbol{F}, \text{ bzw. } \frac{d\boldsymbol{p}}{dt} = \boldsymbol{F}.$$

Sekundärgesetze

Impulserhaltung $\quad \frac{d}{dt}\boldsymbol{p} = 0$, für $\boldsymbol{F} = 0$

Drehimpulserhaltung $\quad \frac{d}{dt}\boldsymbol{l} = 0$, für $\boldsymbol{F} =$ Zentralkraft,

mit $\quad \boldsymbol{l} = \boldsymbol{r} \times \boldsymbol{p}.$

Energieerhaltung $\quad T(\boldsymbol{r}) + U(\boldsymbol{r}) = E = \text{const.}$, für $\boldsymbol{F} = -\operatorname{grad} U(\boldsymbol{r})$,

bzw. $\quad \frac{dE}{dt} = 0.$

2 Analytische Mechanik

2.1 Das Prinzip von Hamilton

Das Newtonsche Grundgesetz ist ein Fundamentalgesetz, d.h. es läßt sich aus keinem anderen „fundamentaleren" Gesetz herleiten. Es existiert jedoch ein gleichrangiges Prinzip mit einer physikalisch äquivalenten Aussage: das *Hamiltonsche Prinzip*. Es lautet:

> *Bewegt sich ein Massenpunkt unter dem Einfluß von Kräften, die ein Potential besitzen, in der Zeit t_1 bis t_2 vom Punkt $\mathbf{r}_1$ zum Punkt $\mathbf{r}_2$, so erfolgt die Bewegung derart, daß der über die Zeit gemittelte Unterschied zwischen kinetischer und potentieller Energie ein Minimum wird.*

Mathematisch formuliert bedeutet das

$$\delta \int_{t_1}^{t_2} (T - U)dt = 0, \tag{2.1.1}$$

mit

$$T = \frac{m}{2}\dot{\mathbf{r}}^2, \quad U = U(\mathbf{r},t).$$

2.1.1 Der Fall kartesischer Koordinaten

Wir untersuchen die Eulerschen Differentialgleichungen des Problems (2.1.1) bei Vorlage kartesischer Koordinaten $(x,y,z) := (x^1,x^2,x^3) := (\mathbf{x})$. Dann gilt

$$(T - U)_{x^i} - \frac{d}{dt}(T - U)_{\dot{x}^i} = 0, \quad i = 1,\ldots,3, \tag{2.1.2}$$

mit

$$T = T(\mathbf{x}), \quad U = U(\mathbf{x},t).$$

Die Lösungen $x^i(t)$, $i = 1,2,3$ repräsentieren die Bahnkurve des Massenpunktes in Parameterdarstellung. Für alles Weitere verwenden wir die verallgemeinerte Indizierung $i = 1,\ldots,n$. Solange wir uns auf die Bewegung eines einzelnen Massenpunktes im dreidimensionalen Raum beschränken, gilt $n = 3$. Setzen wir in (2.1.2) die kinetische Energie

$$T = \frac{m}{2}\sum_{k=1}^{n}(\dot{x}^k)^2 \tag{2.1.3}$$

ein, so folgt $T_{x^i} = 0$, $\quad T_{\dot{x}^i} = m\dot{x}^i$, und somit unter Berücksichtigung von $U_{\dot{x}^i} = 0$:

$$\frac{d}{dt}(m\dot{x}^i) = -U_{x^i}, \quad i = 1,\ldots,n. \tag{2.1.4}$$

Dies ist gerade das Newtonsche Grundgesetz in Komponentenschreibweise. Es gilt also:

Für konservative Kraftfelder sind das Hamiltonsche Prinzip und das Newtonsche Grundgesetz äquivalent. Die Newtonsche Bewegungsgleichung ist die Eulersche Differentialgleichung des Variationsproblems (2.1.1).

2.1.2 Der Fall krummliniger Koordinaten

In vielen Fällen ist es ökonomischer, die Bewegung eines Massenpunktes nicht durch kartesische sondern durch krummlinige Koordinaten zu beschreiben. Man denke beispielsweise an einen Massenpunkt, der in seiner Bewegung durch einen Faden auf eine Kugelfläche fixiert ist. In diesem Fall ist die Verwendung kartesischer Koordinaten sicherlich nicht so günstig, wie die Verwendung von Kugelkoordinaten.

Geht man nun von der Newtonschen Grundgleichung aus, so muß man sie auf die jeweiligen Koordinaten umschreiben, was oft ziemlich umständlich ist. In vielen Fällen ist es einfacher, von den Eulerschen Differentialgleichungen auszugehen, deren Äquivalenz mit der Newtonschen Grundgleichung auch für den Fall allgemeiner krummliniger Koordinaten gegeben ist.

Um dies einzusehen, untersuchen wir in diesem Abschnitt die Gestalt der Eulerschen Differentialgleichungen in einem krummlinigen Koordinatensystem $(\boldsymbol{q}) := (q^1, q^2, \ldots q^n)$, mit

$$q^i = f^i(\boldsymbol{x}), \tag{2.1.5a}$$

oder ausführlich

$$\begin{aligned} q^1 &= f^1(x^1, x^2, \ldots x^n), \\ q^2 &= f^2(x^1, x^2, \ldots x^n), \\ &\vdots \\ q^n &= f^n(x^1, x^2, \ldots x^n). \end{aligned} \tag{2.1.5b}$$

Die Funktionen f^i, $i = 1, \ldots, n$ seien nur insofern eingeschränkt, als wir eine reguläre Abbildung, d.h. eine eindeutige Zuordnungsmöglichkeit $(\boldsymbol{x}) \leftrightarrow (\boldsymbol{q})$ verlangen. Die Determinante der Funktionalmatrix $\dfrac{\partial(q^1, \ldots, q^n)}{\partial(x^1, \ldots, x^n)}$ muß also regulär sein, d.h.

$$\frac{\partial(q^1, \ldots, q^n)}{\partial(x^1, \ldots, x^n)} = \begin{vmatrix} \dfrac{\partial q^1}{\partial x^1} & \dfrac{\partial q^1}{\partial x^2} & \cdots & \dfrac{\partial q^1}{\partial x^n} \\ \dfrac{\partial q^2}{\partial x^1} & \dfrac{\partial q^2}{\partial x^2} & \cdots & \dfrac{\partial q^2}{\partial x^n} \\ \vdots & \vdots & & \vdots \\ \dfrac{\partial q^n}{\partial x^1} & \dfrac{\partial q^n}{\partial x^2} & \cdots & \dfrac{\partial q^n}{\partial x^n} \end{vmatrix} \neq \left\{ \begin{array}{l} 0 \\ \infty \end{array} \right. . \tag{2.1.6}$$

Die Bahnkurve des Massenpunktes wird durch die Funktionen $q^i(t)$, $i = 1, \ldots, n$ in Parameterform beschrieben. Die krummlinigen Koordinaten q^i werden auch als *generalisierte Koordinaten* bezeichnet.

Aus der Invarianz der Eulerschen Differentialgleichungen gegenüber Koordinatentransformationen folgt in Analogie zu (2.1.2)

$$(T - U)_{q^i} - \frac{d}{dt}(T - U)_{\dot{q}^i} = 0, \quad i = 1, \ldots, n. \tag{2.1.7}$$

Für eine weitere Analyse benötigen wir die funktionale Abhängigkeit von T und U bezüglich $\boldsymbol{q}$ und $\dot{\boldsymbol{q}}$. Im Spezialfall kartesischer Koordinaten galt $T = T(\boldsymbol{x})$, $U = U(\boldsymbol{x},t)$. Wir werden sehen, daß sich diese Abhängigkeiten nicht ungeändert auf krummlinige Koordinaten übertragen lassen. Zunächst transformieren wir den Ausdruck (2.1.3). Wegen

$$\dot{x}^i = \frac{dx^i}{dt} = \frac{\partial x^i}{\partial q^1}\frac{dq^1}{dt} + \frac{\partial x^i}{\partial q^2}\frac{dq^2}{dt} + \frac{\partial x^i}{\partial q^3}\frac{dq^3}{dt} = \sum_{k=1}^{n} \frac{\partial x^i}{\partial q^k}\dot{q}^k \tag{2.1.8}$$

gilt

$$(\dot{x}^i)^2 = \left(\sum_{k=1}^{n} \frac{\partial x^i}{\partial q^k}\dot{q}^k\right)^2 = \left(\sum_{j=1}^{n} \frac{\partial x^i}{\partial q^j}\dot{q}^j\right)\left(\sum_{k=1}^{n} \frac{\partial x^i}{\partial q^k}\dot{q}^k\right) = \sum_{j=1}^{n}\sum_{k=1}^{n} \frac{\partial x^i}{\partial q^j}\frac{\partial x^i}{\partial q^k}\dot{q}^j\dot{q}^k. \tag{2.1.9}$$

Für die kinetische Energie erhalten wir daher folgende Darstellung im krummlinigen System ($\boldsymbol{q}$):

$$T = \frac{m}{2}v^2 = \frac{m}{2}\sum_{i=1}^{n}(\dot{x}^i)^2 = \frac{m}{2}\sum_{i=1}^{n}\sum_{j=1}^{n}\sum_{k=1}^{n} \frac{\partial x^i}{\partial q^j}\frac{\partial x^i}{\partial q^k}\dot{q}^j\dot{q}^k = \frac{m}{2}\sum_{j=1}^{n}\sum_{k=1}^{n}\left(\sum_{i=1}^{n} \frac{\partial x^i}{\partial q^j}\frac{\partial x^i}{\partial q^k}\right)\dot{q}^j\dot{q}^k. \tag{2.1.10}$$

Zur Abkürzung definieren wir die zweifach indizierte Größe

$$g_{jk} := \sum_{i=1}^{n} \frac{\partial x^i}{\partial q^j}\frac{\partial x^i}{\partial q^k}. \tag{2.1.11}$$

Damit wird (2.1.10) zu

$$T = \frac{m}{2}\sum_{j=1}^{n}\sum_{k=1}^{n} g_{jk}\dot{q}^j\dot{q}^k. \tag{2.1.12}$$

In einem krummlinigen Koordinatensystem stellt sich die kinetische Energie als *quadratische Form* bezüglich der zeitlichen Ableitungen der krummlinigen Koordinaten dar.

Die Größen g_{ij}, $i,j = 1,\ldots,n$ heißen *Metrikkoeffizienten* des Systems (q^1,q^2,q^3). Gemäß (2.1.11) gelten die Symmetriebeziehungen

$$g_{ij} = g_{ji}, \quad i,j = 1,\ldots,n. \tag{2.1.13}$$

Da im allgemeinen jede Koordinate x^i von allen n Koordinaten q^k, $k = 1,\ldots,n$ abhängt, sind im allgemeinen auch die Metrikkoeffizienten g_{ij} von allen drei Koordinaten q^k abhängig, d.h. $g_{ij} = g_{ij}(\boldsymbol{q})$, $\quad i,j = 1,\ldots,n$. Aus (2.1.12) folgt dann, daß in einem beliebigen krummlinigen Koordinatensystem die kinetische Energie sowohl von $\boldsymbol{q}$ als auch von $\dot{\boldsymbol{q}}$ abhängt:

$$T = T(\boldsymbol{q},\dot{\boldsymbol{q}}). \tag{2.1.14}$$

Die Übertragung des Potentials U ist einfacher. Aus $U = U(\boldsymbol{x},t)$ wird im krummlinigen System

$$U = U(\boldsymbol{q},t). \tag{2.1.15}$$

Wir kehren nun zu den Eulerschen Gleichungen (2.1.7) zurück. Den Ausdruck $T - U$ bezeichnen wir als *Lagrangefunktion L*

$$L := T - U, \tag{2.1.16}$$

wobei nach den vorangegangenen Ausführungen

$$L = L(\boldsymbol{q}, \dot{\boldsymbol{q}}, t) \tag{2.1.17}$$

gilt. (2.1.7) schreibt sich dann in der Form

$$L_{q^i} - \frac{d}{dt} L_{\dot{q}^i} = 0, \quad i = 1, \ldots, n. \tag{2.1.18}$$

Ebenso wie für kartesische Systeme gilt auch für beliebige krummlinige Koordinatensysteme, daß die Eulerschen Differentialgleichungen (2.1.2) bzw. (2.1.18) genau die Newtonsche Grundgleichung repräsentieren. Dies kann aus der Invarianz beider Gleichungen gegenüber Koordinatentransformationen und ihrer Übereinstimmung für den kartesischen Spezialfall gefolgert werden.

2.2 Die kanonischen Differentialgleichungen

Die Eulerschen Differentialgleichungen sind ein System von n Differentialgleichungen zweiter Ordnung für die n unbekannten Funktionen $q^i(t)$, $i = 1, \ldots, n$. Wir können daraus in bekannter Weise ein System von $2n$ Differentialgleichungen erster Ordnung machen, indem wir etwa die $\dot{q}^i$ als zusätzliche neue Variable p^i einführen. An Stelle der $\dot{q}^i$ können wir auch irgendeine Linearkombination von ihnen bilden, und diese Linearkombination als neue Unbekannte p^i einführen. Wir setzen

$$p^i = T_{\dot{q}^i}, \quad i = 1, \ldots, n. \tag{2.2.1}$$

Da die kinetische Energie gemäß (2.1.12) eine homogene, *quadratische* Differentialform bezüglich $\dot{q}^i$ ist, so sind die partiellen Ableitungen von T nach den $\dot{q}^i$ homogene *lineare* Ausdrücke bezüglich $\dot{q}^i$. Im Spezialfall eines kartesischen Koordinatensystems folgt unter Berücksichtigung von (2.1.12′)

$$p^i = m\dot{x}^i, \quad i = 1, \ldots, n,$$

d.h. wir erhalten die Impulskomponenten. In der Verallgemeinerung (2.2.1) werden die Funktionen p^i daher als die zu q^i gehörigen *kanonisch konjugierten Impulse* bezeichnet. Aus (2.1.7) und (2.2.1) folgt unter Beachtung von

$$U_{\dot{q}^i} = 0 \tag{2.2.2}$$

die Beziehung

$$\dot{p}^i = (T - U)_{q^i}, \quad i = 1, \ldots, n. \tag{2.2.3}$$

Die beiden Gleichungssysteme (2.2.1) und (2.2.3) bilden die Grundlage für unser gewünschtes System von $2n$ Gleichungen für die $2n$ Unbekannten $q^i(t)$, $i = 1, \ldots, n$, und p^i, $i = 1, \ldots, n$.

Wir müssen nun alle Terme als Funktionen von q^i, p^i und t darstellen, d.h. die Funktionen $\dot{q}^i$ müssen eliminiert werden. Da $\dot{q}^i$ in U nicht vorkommt, beschränkt sich die Elimination auf T_{q^i} (in 2.2.3) und $T_{\dot{q}^i}$ (in 2.2.1).

Um die folgende Rechnung zu vereinfachen, setzen wir zunächst ein *orthogonales* Koordinatensystem

$$g_{ij} = 0, \text{ für } i \neq j \tag{2.2.4}$$

voraus. Aus (2.1.12) folgt dann für die kinetische Energie der Ausdruck

$$T = T(\boldsymbol{q},\dot{\boldsymbol{q}}) = \frac{m}{2}\sum_{k=1}^{n} g_{kk}(\dot{q}^k)^2. \tag{2.2.5}$$

Für die zu q^i kanonisch konjugierten Impulse p^i erhält man damit

$$p^i = T_{\dot{q}^i} = m g_{ii}\dot{q}^i. \tag{2.2.6a}$$

Die Elimination von $\dot{q}^i$ durch Verwendung der Impulse p^i geschieht durch

$$\dot{q}^i = \frac{p^i}{m g_{ii}}. \tag{2.2.6b}$$

Für die kinetische Energie aus (2.2.5) folgt mit (2.2.6b)

$$T = T(\boldsymbol{q},\dot{\boldsymbol{q}}) = \hat{T}(\boldsymbol{q},\boldsymbol{p}) = \frac{1}{2m}\sum_{k=1}^{n}\frac{(p^k)^2}{g_{kk}}. \tag{2.2.7}$$

Wir benötigen nun noch T_{q^i} und $T_{\dot{q}^i}$ als Funktionen von $\boldsymbol{q}$ und $\boldsymbol{p}$. Aus (2.2.5) erhält man zunächst

$$T_{q^i} = \frac{m}{2}\sum_{k=1}^{n}\frac{\partial g_{kk}}{\partial q^i}(\dot{q}^k)^2. \tag{2.2.8}$$

Ersetzt man $\dot{\boldsymbol{q}}$ wieder durch $\boldsymbol{p}$ gemäß (2.2.6b), so folgt

$$T_{q^i} = \frac{1}{2m}\sum_{k=1}^{n}\frac{\partial g_{kk}}{\partial q^i}(p^k)^2\frac{1}{(g_{kk})^2}. \tag{2.2.9}$$

Andererseits gilt bei Differentiation von (2.2.7)

$$\hat{T}_{q^i} = -\frac{1}{2m}\sum_{k=1}^{n}\frac{(p^k)^2}{(g_{kk})^2}\frac{\partial g_{kk}}{\partial q^i}. \tag{2.2.10}$$

Ein Vergleich von (2.2.9) und (2.2.10) zeigt die Relation

$$\hat{T}_{q^i} = -T_{q^i}. \tag{2.2.11}$$

Die Beziehung (2.2.3) nimmt daher die Gestalt

$$\dot{p}^i = (T-U)_{q^i} = -(\hat{T}+U)_{q^i} \tag{2.2.12}$$

an. Auf der rechten Seite steht die Summe aus kinetischer Energie und potentieller Energie, dargestellt als Funktion von $\boldsymbol{q},\boldsymbol{p},t$. Diese Darstellung der Gesamtenergie bezeichnet man als *Hamilton-Funktion* H:

$$H(\boldsymbol{q},\boldsymbol{p},t) = \hat{T}(\boldsymbol{q},\boldsymbol{p}) + U(\boldsymbol{q},t). \tag{2.2.13}$$

(2.2.12) wird damit zu

$$\dot{p}^i = -H_{q^i}. \tag{2.2.14}$$

Beachtet man weiter die aus (2.2.13), (2.2.6) und (2.2.7) folgende Beziehung

$$H_{p^i} = \hat{T}_{p^i} = \frac{1}{m}\frac{p^i}{g_{ii}} = \dot{q}^i,$$

so erhält man als zweites System

$$\dot{q}^i = H_{p^i}. \tag{2.2.15}$$

Die beiden Differentialgleichungen

$$\begin{aligned} \dot{p}^i &= -H_{q^i}, & i &= 1,\dots,n, & \text{(a)} \\ \dot{q}^i &= H_{p^i}, & i &= 1,\dots,n & \text{(b)} \end{aligned} \tag{2.2.16}$$

werden als *Hamiltons kanonische Bewegungsgleichungen* bezeichnet. Sie stellen ein System von $2n$ Differentialgleichungen erster Ordnung für die unbekannten Funktionen $p^i(t)$, $q^i(t)$, $i = 1,\dots,n$ dar.

Bei der Herleitung haben wir uns auf orthogonale Koordinatensysteme beschränkt. Eine ausführliche Rechnung zeigt, daß die Ergebnisse von dieser Beschränkung unabhängig sind. Die Beziehungen (2.2.13) und (2.2.16) gelten für beliebige krummlinige Koordinatensysteme. Das System (2.2.16) ist somit eine mathematisch äquivalente Darstellung der Eulerschen Gleichung (2.1.7) bzw. (2.1.18).

2.3 Zusammenfassung

In den beiden vorigen Abschnitten haben wir Prinzipien und Folgerungen kennengelernt, die äquivalente Darstellungen des Newtonschen Grundgesetzes bilden. Die Voraussetzung für diese Äquivalenzen* war die Beschränkung auf konservative Kraftfelder. Wir veranschaulichen diese Verhältnisse in Bild 2.1.

Newtonsches Grundgesetz

⇑ ⇑

Konservatives Feld Konservatives Feld

⇓ ⇓

Hamiltonsches Prinzip Hamiltons kanonische Dgln.

⇕ ⇕

Eulersche Differentialgleichungen

Bild 2.1

Zur Berechnung der Bahnkurve $q^i(t)$, $i = 1,\dots,n$ eines Massenpunktes stehen also außer dem Newtonschen Grundgesetz noch zwei andere Möglichkeiten zur Verfügung:

1. Die Lösung von n Eulerschen Differentialgleichungen zweiter Ordnung bei bekannter Lagrangefunktion $L(\boldsymbol{q},\dot{\boldsymbol{q}},t)$.
2. Die Lösung von $2n$ kanonischen Differentialgleichungen erster Ordnung bei bekannter Hamiltonfunktion $H(\boldsymbol{q},\boldsymbol{p},t)$.

In der folgenden Gegenüberstellung sind die Lösungsverhältnisse und ihr Zusammenhang nochmals kurz zusammengefaßt:

* Vom mathematischen Standpunkt betrachtet stellen die Eulerschen Differentialgleichungen und die kanonischen Differentialgleichungen nur notwendige Bedingungen für die Lösbarkeit der zugeordneten Variationsaufgabe dar (siehe dazu auch Teil 3, Kapitel I).

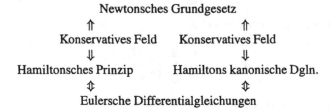

Gegeben sei $L = L(\boldsymbol{q}, \dot{\boldsymbol{q}}, t)$.

Die *Lagrangefunktion* L ist die *Differenz* von kinetischer und potentieller Energie, dargestellt als Funktion von $\boldsymbol{q}, \dot{\boldsymbol{q}}, t$.

Die *Eulerschen Differentialgleichungen* $L_{q^i} - \frac{d}{dt} L_{\dot{q}^i} = 0$, $i = 1, \ldots, n$, stellen ein System von $\boldsymbol{n}$ Differentialgleichungen *zweiter Ordung* für die Funktionen $q^i(t)$, $1, \ldots, n$ dar.

Gegeben sei $H = (\boldsymbol{q}, \boldsymbol{p}, t)$.

Die *Hamiltonfunktion* H ist die *Summe* von kinetischer und potentieller Energie, dargestellt als Funktion von $\boldsymbol{q}, \boldsymbol{p}, t$.

Die *Hamiltonschen Differentialgleichungen* $\dot{p}^i = -H_{q^i}$, $i = 1, \ldots, n$, $\dot{q}^i = H_{p^i}$, stellen ein System von $\boldsymbol{2n}$ Differentialgleichungen *erster Ordnung* für die Funktionen $q^i(t), p^i(t)$, $i = 1, \ldots, n$ dar.

Übergang zwischen den beiden Darstellungen:

$$p^i = L_{\dot{q}^i},$$
$$\dot{q}^i = u^i(\boldsymbol{q}, \boldsymbol{p}, t), \text{ für } |L_{\dot{q}^i \dot{q}^k}| \neq 0,$$
$$H(\boldsymbol{q}, \boldsymbol{p}, t) = \sum_{i=1}^{n} p^i \dot{q}^i - L(\boldsymbol{q}, \dot{q}^i, t)\Big|_{q^i = u^i(\boldsymbol{q}, \boldsymbol{p}, t)}.$$

Auf den Übergang zwischen den beiden Darstellungen müssen wir noch kurz eingehen. Wegen $p^i = T_{\dot{q}^i}$ und $U_{\dot{q}^i} = 0$ gilt

$$p^i = L_{\dot{q}^i}(\boldsymbol{q}, \dot{\boldsymbol{q}}, t). \tag{2.3.1}$$

Aus dieser Gleichung läßt sich $\dot{q}^i$ eliminieren, wenn die Determinante $|L_{\dot{q}^i \dot{q}^k}|$ der Bedingung

$$|L_{\dot{q}^i \dot{q}^k}| \neq 0 \tag{2.3.2}$$

genügt, was wir voraussetzen wollen. Man erhält dann eine Darstellung der Form

$$\dot{q}^i = u^i(\boldsymbol{q}, \boldsymbol{p}, t) \tag{2.3.3}$$

mit bestimmten Funktionen u^i. Dieser Eliminationsvorgang stellt eine Verallgemeinerung des im vorigen Kapitel gezeigten, für orthogonale Koordinatensysteme gültigen Eliminationsverfahrens dar: (2.3.3) ist die entsprechende Verallgemeinerung von (2.2.6b). Mit Hilfe der Darstellung (2.3.3) können die Lagrangefunktion $L(\boldsymbol{q}, \dot{\boldsymbol{q}}, t)$ und die Hamiltonfunktion $H(\boldsymbol{q}, \boldsymbol{p}, t)$ ineinander überführt werden. Es gilt

$$H(\boldsymbol{p}, \boldsymbol{q}, t) = \sum_{i=1}^{n} p^i \dot{q}^i - L(\boldsymbol{q}, \dot{\boldsymbol{q}}, t)|_{\dot{q}^i = u^i(\boldsymbol{q}, \boldsymbol{p}, t)}. \tag{2.3.4}$$

Die Formulierung $L(\boldsymbol{q}, \dot{\boldsymbol{q}}, t)|_{\dot{q}^i = u^i(\boldsymbol{p}, \boldsymbol{q}, t)}$ bedeutet, daß die in L auftretenden Funktionen $\dot{q}^i$ durch die von $\dot{\boldsymbol{q}}$ unabhängigen Funktionen $u^i(\boldsymbol{q}, \boldsymbol{p}, t)$ ersetzt werden müssen.

2.4 Erhaltungssätze

In Kapitel 1 haben wir aus dem Newtonschen Grundgesetz sogenannte „Sekundärgesetze" abgeleitet, die sämtlich die Form von Erhaltungssätzen aufweisen: die zeitliche Ableitung bestimmter mechanischer Größen (Impuls, Drehimpuls, Energie) war unter bestimmten Voraussetzungen (kräftefreie Bewegung, Existenz einer Zentralkraft, Existenz einer konservativen Kraft) gleich Null. Wir untersuchen nun diese Verhältnisse im Rahmen des kanonischen Formalismus.

Dazu betrachten wir eine beliebige, mechanische Größe $F = F(\boldsymbol{q},\boldsymbol{p},t)$. Für die totale zeitliche Ableitung gilt nach der Kettenregel

$$\dot{F} = \frac{dF}{dt} = \frac{\partial F}{\partial t} + \sum_{i=1}^{n} \left(\frac{\partial F}{\partial q^i}\dot{q}^i + \frac{\partial F}{\partial p^i}\dot{p}^i \right). \tag{2.4.1}$$

Unter Berücksichtigung der kanonischen Gleichungen (2.2.16) folgt daraus

$$\dot{F} = \frac{\partial F}{\partial t} + \sum_{i=1}^{n} \left(\frac{\partial F}{\partial q^i}\frac{\partial H}{\partial p^i} - \frac{\partial F}{\partial p^i}\frac{\partial H}{\partial q^i} \right). \tag{2.4.2}$$

Wir definieren nun für zwei beliebige mechanische Größen $A(\boldsymbol{q},\boldsymbol{p},t)$ und $B(\boldsymbol{q},\boldsymbol{p},t)$ die *Poissonklammer*

$$\{A,B\} := \sum_{i=1}^{n} \left(\frac{\partial A}{\partial q^i}\frac{\partial B}{\partial p^i} - \frac{\partial A}{\partial p^i}\frac{\partial B}{\partial q^i} \right). \tag{2.4.3}$$

Die Poissonklammer zweier von $\boldsymbol{q},\boldsymbol{p},t$ abhängigen Funktionen stellt also wieder eine von $\boldsymbol{q},\boldsymbol{p},t$ abhängige Funktion dar. Mit Hilfe dieses Symbols erhält man aus (2.4.2)

$$\dot{F} = \frac{\partial F}{\partial t} + \{F,H\}. \tag{2.4.4}$$

Die totale zeitliche Ableitung einer beliebigen mechanischen Größe $F(\boldsymbol{q},\boldsymbol{p},t)$ ergibt sich also als Summe ihrer partiellen zeitlichen Ableitung und der Poissonklammer von F mit der Hamiltonfunktion.

Verschwindet die rechte Seite von (2.4.4) identisch, so gilt

$$\dot{F} = 0, \tag{2.4.5}$$

d.h. die Größe F ist konstant. Man sagt in diesem Fall auch: F ist eine *Konstante der Bewegung*. (2.4.5) ist sicherlich dann erfüllt, wenn gilt

$$1.\quad \frac{\partial F}{\partial t} = 0 \quad \text{und} \quad 2.\quad \{F,H\} = 0. \tag{2.4.6}$$

Hängt eine mechanische Größe F nicht explizit von der Zeit ab ($F = F(\boldsymbol{q},\boldsymbol{p})$), und verschwindet für diese Größe die Poissonklammer mit der Hamiltonfunktion, so ist F eine Konstante der Bewegung, d.h. es gilt der Erhaltungssatz $\dot{F} = 0$.

Die Herleitung der in Kapitel 1 formulierten Erhaltungssätze sei dem Leser als nützliche Übung empfohlen. Wir zeigen hier nur die Energieerhaltung im zeitunabhängigen konservativen Kraftfeld $\boldsymbol{K} = \boldsymbol{K}(\boldsymbol{r}) = -\operatorname{grad} U(\boldsymbol{r})$:

Äquivalent für konservative Kraftfelder

Newtonsches Grundgesetz ↔ kanonische Differentialgleichungen

↓ ↓

Erhaltungssätze Erhaltungssätze

Bild 2.2

$$H(q,p,t) = \hat{T}(q,p) + U(q) = H(q,p).$$

Es gilt also $\frac{\partial H}{\partial t} = 0$. Außerdem folgt aus der Definition der Poissonklammer (2.4.3) sofort $\{H,H\}=0$. Somit ist H eine Konstante der Bewegung:

$$\dot{H} = 0. \tag{2.4.7}$$

Die wichtigsten Rechenregeln für die Poissonsche Klammer sind

$$\begin{aligned} &\{A,B\} = -\{B,A\}, && \text{(a)} \\ &\{A_1 + A_2,B\} = \{A_1,B\} + \{A_2,B\}, && \text{(b)} \\ &\{A_1A_2,B\} = \{A_1,B\}A_2 + A_1\{A_2,B\}, && \text{(c)} \\ &\{A,\{B,C\}\} + \{B,\{C,A\}\} + \{C,\{A,B\}\} = 0. && \text{(d)} \end{aligned} \tag{2.4.8}$$

(2.4.8d) wird als *Jacobische Identität* bezeichnet. Wir werden ihr in der Feldphysik wieder begegnen.

Abschließend weisen wir darauf hin, daß bei der Herleitung von (2.4.4) die kanonischen Differentialgleichungen herangezogen wurden. Im kanonischen Formalismus ergeben sich die Erhaltungssätze also als Konsequenz der grundlegenden kanonischen Gleichungen, wogegen sich die Formulierung der Erhaltungssätze von Kapitel 1 auf das Newtonsche Grundgesetz stützt:

Aufgrund der in Bild 2.1 verdeutlichten Äquivalenzen könnte man nun fragen, ob sich die Erhaltungssätze nicht auch direkt aus dem Hamiltonschen Prinzip, bzw. aus der das physikalische Problem vollständig beschreibenden Lagrangefunktion herleiten lassen.

Dies ist tatsächlich möglich. Es zeigt sich, daß die Erhaltungssätze als Folge von *Symmetrieeigenschaften* der Lagrangefunktion existieren müssen. Da wir im Rahmen der Feldphysik auf diese Verhältnisse ausführlicher eingehen werden, verzichten wir an dieser Stelle auf eine weitere Beschreibung und begnügen uns mit einer Ergänzung von Bild 2.2:

Newtonsches Grundgesetz	↔	Lagrangefunktion und Hamilton-Prinzip	↔	kanonische Differentialgleichungen
↓		↓		↓
Erhaltungssätze		Erhaltungssätze		Erhaltungssätze

Bild 2.3

2.5 Historische Entwicklung der nichtrelativistischen Mechanik

Galileo Galilei (1564–1642) wird oftmals als erster Physiker in der modernen Bedeutung des Wortes bezeichnet. In seiner 1636 erschienenen Schrift *„Discorsi e dimostrazioni matematiche intorno a due Nuove Scienze attenenti alla Mecanica e i Movimenti locali“* (Unterredungen und mathematische Demonstrationen über zwei neue Wissenszweige, die Mechanik und die Fallgesetze betreffend) formuliert er wichtige Grundlagen der Mechanik.

Galilei verwendete die Mathematik in einem modernen Sinn, um Probleme quantitativ zu beschreiben. Dies unterscheidet ihn von seinem großen Zeitgenossen *Johannes Kepler* (1571–1630), der sie als Instrument zur Entdeckung der Harmonie in der Schöpfung auffaßte. Neben seinen physikalischen Untersuchungen war Galilei als Astronom tätig. Er entdeckte die Jupitermonde, den Saturnring u.a.m. Seine astronomischen Beobachtungen sah er als Beweis für die kopernikanische Hypothese an, was ihn schließlich in Konflikt mit der katholischen Kirche brachte.

Im Todesjahr von Galilei wurde *Isaac Newton* (1642–1727) geboren, der neben Einstein als die Inkarnation der Physik gilt. Sein 1686 erschienenes Hauptwerk *„Philosophiae naturalis principia mathematica"* (Mathematische Prinzipien der Naturlehre) ist vielleicht das bedeutendste wissenschaftliche Werk, das je geschrieben wurde. Es ist in drei Bücher unterteilt:

Am Beginn werden die Grundlagen der Mechanik geschaffen. Newton „definiert" Masse, Raum und Zeit, und formuliert die drei Gesetze der Bewegung:

1. „Jeder Körper beharrt in seinem Zustand der Ruhe oder der gleichförmigen geradlinigen Bewegung, wenn er nicht durch einwirkende Kräfte gezwungen wird, seinen Zustand zu ändern."

2. „Die Änderung der Bewegung ist der Einwirkung der bewegenden Kraft proportional und geschieht nach der Richtung derjenigen geraden Linie, nach welcher jene Kraft wirkt."

3. „Die Wirkung ist stets der Gegenwirkung gleich, oder die Wirkungen zweier Körper aufeinander sind stets gleich und von entgegengesetzter Richtung."

Anschließend folgen Abhandlungen über Mathematik, Mechanik, Hydrostatik, Wellen und rotierende Flüssigkeiten. Im letzten Buch beschreibt Newton die Dynamik der Planeten im Sonnensystem mit Hilfe der universellen Gravitation. Das Werk ist unter ausschließlicher Verwendung geometrischer Beweise formuliert, obwohl viele Resultate mit Hilfe analytischer Verfahren gefunden wurden.

Newtons direkte Nachfolger waren *Leonard Euler* (1707–1783), *Alexis Claude Clairaut* (1713–1765) und *Jean Le Rond d'Alembert* (1717–1783), die seine Gedanken weiterentwickelten. Die Principia wurde in analytische Form gebracht und damit einem wesentlich größeren Kreis zugänglich gemacht, als in ihrer ursprünglichen Formulierung.

Der nächste große Schritt in der Entwicklung der Mechanik gelang dem Mathematiker *Joseph Louis Lagrange* (1736–1813) in seiner 1788 erschienenen Schrift *„Mécanique analytique"* (Analytische Mechanik), wo er Newtons Mechanik eine neue Gestalt gab. Sein Verfahren war für Systeme mit einer endlichen Zahl von Freiheitsgraden ebenso geeignet, wie für kontinuierliche Systeme. Diese abstrakte Formulierung der Mechanik erwies sich für ihre späteren Entwicklungen (relativistische Mechanik, Quantenmechanik) als sehr günstig. Darüber hinaus ist der Lagrangesche Formalismus nicht nur auf die Mechanik beschränkt, sondern spielt auch in den klassischen und modernen Feldtheorien eine große Rolle.

Der Ire *William Rowan Hamilton* (1805–1865) setzte Lagranges Arbeit fort. Ausgehend von der Minimalisierung gewisser Funktionen der Koordinaten und Impulse entdeckte er 1832 eine Analogie zwischen dem Weg der Lichtstrahlen und den Bahnkurven von Massenpunkten.

2.6 Formelsammlung

Hamiltonsches Prinzip

$$\delta \int L dt = 0,$$

mit

$$L(\boldsymbol{q},\dot{\boldsymbol{q}},t) = T(\boldsymbol{q},\dot{\boldsymbol{q}}) - U(\boldsymbol{q},t) \ldots \text{ Lagrangefunktion}$$

Eulersche Differentialgleichungen

$$L_{q^i} - \frac{d}{dt} L_{\dot{q}^i} = 0, \quad i = 1, \ldots, n$$

Hamiltons kanonische Differentialgleichungen

$$\dot{p}^i = -H_{q^i}, \quad \dot{q}^i = H_{p^i}, \quad i = 1, \ldots, n,$$

mit

$$H(q,p,t) := \hat{T}(q,p) + U(q,t) \ldots \text{ Hamiltonfunktion}$$

$$\hat{T}(q,p) = T(q,\dot{q})\Big|_{\dot{q}=\dot{q}(p)}$$

Kanonisch konjugierte Größen

$q^i(t) \ldots$ generalisierte Koordinaten, $p^i(t) \ldots$ kanonisch konjugierte Impulse,

mit

$$p^i = T_{\dot{q}^i} = L_{\dot{q}^i}$$

Hamiltonfunktion und Lagrangefunktion

$$H(q,p,t) = \sum_{i=1}^{n} p^i \dot{q}^i - L(q,\dot{q},t)\Big|_{\dot{q}=\dot{q}(p)}$$

Poissonklammer

$$\{A,B\} := \sum_{i=1}^{n} \left(\frac{\partial A}{\partial q^i} \frac{\partial B}{\partial p^i} - \frac{\partial A}{\partial p^i} \frac{\partial B}{\partial q^i} \right)$$

Totale Zeitableitung:

$$\dot{F} = \frac{\partial F}{\partial t} + \{F,H\}, \quad \text{mit} \quad F = F(q,p,t)$$

Erhaltungssätze

$$\dot{F} = 0, \quad \text{falls} \quad F = F(q,p), \quad \text{und} \quad \{F,H\} = 0.$$

3 Relativistische Mechanik

Die Gleichungen der klassischen Mechanik sind invariant gegenüber *Galileitransformationen*, sie genügen dem *klassischen Relativitätsprinzip*. Beim Studium elektromagnetischer Erscheinungen erkannte man um die Jahrhundertwende, daß die Grundgleichungen der Elektrodynamik (die Maxwellgleichungen) nicht invariant gegenüber Galileitransformationen, sondern invariant gegenüber einer anderen linearen Transformationsklasse, den *Lorentztransformationen* sind. Die scheinbar selbstverständliche Annahme, daß nicht nur die Gesetze der klassischen Mechanik, sondern alle Naturgesetze dem klassischen Relativitätsprinzip genügen müssen, war damit hinfällig geworden. Nach Einsteins Spezieller Relativitätstheorie müssen alle Naturgesetze so beschaffen sein, daß sie invariant gegenüber Lorentztransformationen sind – mithin auch die Gesetze der klassischen Mechanik.

Damit stehen wir vor der Aufgabe, die Begriffsbildungen und Grundgleichungen der klassischen Mechanik derart abzuändern, daß sie das geforderte Transformationsverhalten besitzen. Dabei setzen wir die Kenntnis der in Kapitel Abschnitt 2.2 behandelten Speziellen Relativitätstheorie voraus.

3.1 Geschwindigkeit und Beschleunigung

Wir definieren die kontravariante *Vierergeschwindigkeit* u^μ als

$$u^\mu := \frac{d}{d\tau}x^\mu, \quad \mu = 0,1,2,3. \tag{3.1.1}$$

Dabei ist $d\tau$ das infinitesimale Eigenzeitintervall

$$d\tau = dt\sqrt{1-\beta^2}, \tag{3.1.2}$$

mit dem relativistischen Faktor $\beta = \frac{v}{c}$ und $v := |\boldsymbol{v}|$.

Aus dem kontravarianten Vektor $x^\mu := (ct, x, y, z)$ erhält man gemäß (3.1.1) durch Differentiation

$$u^\mu = \frac{d}{dt}\frac{dt}{d\tau}x^\mu = \frac{dx^\mu}{dt}\frac{1}{\sqrt{1-\beta^2}},$$

und somit als Komponenten der kontravarianten Vierergeschwindigkeit

$$u^\mu = \left(\frac{c}{\sqrt{1-\beta^2}}, \frac{v_x}{\sqrt{1-\beta^2}}, \frac{v_y}{\sqrt{1-\beta^2}}, \frac{v_z}{\sqrt{1-\beta^2}}\right). \tag{3.1.3}$$

Analog ergibt sich die kovariante Vierergeschwindigkeit $u_\mu = \frac{d}{d\tau}x_\mu$ aus dem kovarianten Vektor $x_\mu := (ct, -x, -y, -z)$ zu

$$u_\mu = \left(\frac{c}{\sqrt{1-\beta^2}}, \frac{-v_x}{\sqrt{1-\beta^2}}, \frac{-v_y}{\sqrt{1-\beta^2}}, \frac{-v_z}{\sqrt{1-\beta^2}}\right). \tag{3.1.4}$$

Wir können die Gleichungen (3.1.3) und (3.1.4) auch in der Form

$$u^\mu = \frac{1}{\sqrt{1-\beta^2}}(c, \boldsymbol{v}), \ (3.1.3') \qquad u_\mu = \frac{1}{\sqrt{1-\beta^2}}(c, -\boldsymbol{v}) \ (3.1.4')$$

schreiben. Mit Hilfe dieser Darstellung erhält man für das Betragsquadrat des Vierervektors u^μ

$$u^\mu u_\mu = u_\mu u^\mu = c^2. \tag{3.1.5}$$

Das Betragsquadrat einer beliebigen Vierergeschwindigkeit u^μ ist immer gleich groß dem Quadrat der Lichtgeschwindigkeit.

Nach der Verallgemeinerung des Geschwindigkeitsbegriffes beschäftigen wir uns nun mit der Beschleunigung. Wir definieren die kontravariante *Viererbeschleunigung* b^μ als

$$b^\mu := \frac{du^\mu}{d\tau} = \frac{d^2x^\mu}{d\tau^2} \quad \mu = 0,1,2,3. \tag{3.1.6}$$

Damit folgt aus (3.1.3)

$$b^\mu = \left(\frac{\boldsymbol{v}\cdot\boldsymbol{a}}{c(1-\beta^2)^2}, \frac{\boldsymbol{a}}{1-\beta^2} + \frac{\boldsymbol{v}(\boldsymbol{v}\cdot\boldsymbol{a})}{c^2(1-\beta^2)^2}\right). \tag{3.1.7}$$

Die kovariante Viererbeschleunigung b_μ ergibt sich in gleicher Weise aus der kovarianten Vierergeschwindigkeit zu

$$b_\mu = \left(\frac{\boldsymbol{v}\cdot\boldsymbol{a}}{c(1-\beta^2)^2}, \frac{-\boldsymbol{a}}{1-\beta^2} - \frac{\boldsymbol{v}(\boldsymbol{v}\cdot\boldsymbol{a})}{c^2(1-\beta^2)^2}\right). \tag{3.1.8}$$

Für das Betragsquadrat $b^\mu b_\mu$ erhält man nach elementarer Zwischenrechnung

$$b^\mu b_\mu = b_\mu b^\mu = -\frac{\boldsymbol{a}^2 - (\boldsymbol{v}\times\boldsymbol{a})^2/c^2}{(1-\beta^2)^3}. \tag{3.1.9}$$

Weiter gilt für das skalare Produkt von Vierergeschwindigkeit und Viererbeschleunigung

$$u^\mu b_\mu = u_\mu b^\mu = 0, \tag{3.1.10}$$

d.h. Vierergeschwindigkeit und Viererbeschleunigung sind immer orthogonal. Man erhält diese Beziehung durch Differentiation von (3.1.5) nach der Eigenzeit.

3.2 Die Minkowskigleichung, Kraft, Energie

Um ein relativistisches Analogen der Newtonschen Bewegungsgleichung zu finden, betrachten wir die von *H. Minkowski* angegebene Gleichung

$$m_0 \frac{du^\mu}{d\tau} = F^\mu, \tag{3.2.1}$$

wobei m_0 die Ruhemasse bezeichnet. Der Vierervektor F^μ heißt *Minkowskischer Kraftvektor*. Um seinen Zusammenhang mit dem gewöhnlichen, dreidimensionalen Kraftvektor $\boldsymbol{F}$ zu klären, schreiben wir (3.2.1) zunächst in der Form

$$m_0 \frac{d}{dt} u^\mu = F^\mu \sqrt{1-\beta^2}. \tag{3.2.1'}$$

Wir beschränken uns nun auf die Indizes $\mu = 1,2,3$ und setzen in die linke Seite von (3.2.1′) die Darstellung der kontravarianten Vierergeschwindigkeit (3.1.3′) ein. Dann folgt

$$m_0 \frac{d}{dt} \left(\frac{\boldsymbol{v}}{\sqrt{1-\beta^2}} \right) = \boldsymbol{F}, \tag{3.2.2}$$

mit dem dreidimensionalen Kraftvektor

$$\boldsymbol{F} = (F_x, F_y, F_z) = \sqrt{1-\beta^2}(F^1, F^2, F^3). \tag{3.2.3}$$

Die Komponenten F^1, F^2, F^3 des Minkowskischen Kraftvektors entsprechen also den mit einer relativistischen Korrektur versehenen Komponenten des gewöhnlichen, dreidimensionalen Kraftvektors $\boldsymbol{F}$. Für $\mu = 1,2,3$ stellt (3.2.1) die gesuchte *relativistische Verallgemeinerung des Newtonschen Grundgesetzes* dar.

Um die Bedeutung der Komponente F^0 zu erkennen, bilden wir für beide Seiten von (3.2.1) das skalare Produkt mit der Vierergeschwindigkeit

$$m_0 u_\mu b^\mu = u_\mu F^\mu. \tag{3.2.4}$$

Wegen der Orthogonalitätsrelation (3.1.10) folgt

$$u_\mu F^\mu = 0, \tag{3.2.5}$$

und somit

$$\frac{F^0 c}{\sqrt{1-\beta^2}} - \frac{\boldsymbol{F} \cdot \boldsymbol{v}}{1-\beta^2} = 0. \tag{3.2.6}$$

Es gilt also

$$F^0 = \frac{\boldsymbol{F} \cdot \boldsymbol{v}}{c\sqrt{1-\beta^2}}. \tag{3.2.7}$$

Für $\mu = 0$ erhält man damit aus (3.2.1) die Gleichung

$$m_0 \frac{d}{dt} \left(\frac{c^2}{\sqrt{1-\beta^2}} \right) = \boldsymbol{F} \cdot \boldsymbol{v}. \tag{3.2.8}$$

Zur Interpretation dieser Gleichung betrachten wir den klassischen Energiesatz in der Formulierung (3.4.24):

$$\frac{d}{dt} E_{\text{kin}} = \boldsymbol{F} \cdot \boldsymbol{v}. \tag{3.2.9}$$

Die rechten Seiten der Gleichungen (3.2.8) und (3.2.9) sind identisch. Sie repräsentieren die Arbeitsleistung der Kraft $\boldsymbol{F}$. Es liegt daher nahe, die Größe $\frac{m_0 c^2}{\sqrt{1-\beta^2}}$ als *relativistische Energie* zu interpretieren:

$$E = \frac{m_0 c^2}{\sqrt{1-\beta^2}}. \tag{3.2.10}$$

Um den Zusammenhang zwischen (3.2.10) und den bisher verwendeten Energiebegriffen zu klären, entwickeln wir den Term $\frac{1}{\sqrt{1-\beta^2}}$ nach Potenzen von β für $|\beta| < 1$:

$$\frac{1}{\sqrt{1-\beta^2}} = 1 + \frac{1}{2}\beta^2 - \frac{3}{8}\beta^3 + \ldots \tag{3.2.11}$$

Damit folgt aus (3.2.10)

$$E = \underbrace{\underbrace{m_0 c^2}_{\text{Ruheenergie}} + \underbrace{\underbrace{\frac{1}{2} m_0 v^2}_{\text{klassische kinetische Energie}} + \cdots}_{\text{relativistische kinetische Energie}}}_{\text{Gesamtenergie}} \tag{3.2.12}$$

Wir bezeichnen die vom Bewegungszustand des Massenpunktes unabhängige Größe

$$E = m_0 c^2 \tag{3.2.13}$$

als *Ruheenergie* des Massenpunktes. Die relativistische Gesamtenergie setzt sich daher aus der Ruheenergie und der relativistischen kinetischen Energie eines Massenpunktes zusammen. Die Formel (3.2.13) läßt aber noch eine viel allgemeinere Deutung zu:

> *Jedes abgeschlossene physikalische System mit der Ruheenergie E besitzt gleichzeitig eine träge Masse vom Betrag*

$$m_0 = \frac{E}{c^2}. \tag{3.2.14}$$

Nach dieser Aussage sind träge Masse und Energie als *äquivalent* anzusehen.

Wir kehren zur Formel (3.2.8) zurück und schreiben sie in der Form

$$\frac{dE}{dt} = \boldsymbol{F} \cdot \boldsymbol{v}. \tag{3.2.15}$$

Nach den vorhergegangenen Ausführungen können wir (3.2.15) als *relativistische Verallgemeinerung des klassischen Energiesatzes* (3.2.9) ansehen.

Die Minkowski-Gleichung (3.2.1) enthält also sowohl die relativistische Verallgemeinerung der Newtonschen Grundgleichung ($\mu = 1,2,3$), als auch die relativistische Verallgemeinerung des Energiesatzes ($\mu = 0$):

Minkowski-Gleichung $\nearrow^{\mu=1,2,3}$ Newtonsche Grundgleichung (relativistisch)

Minkowski-Gleichung $\searrow_{\mu=0}$ Energiesatz (relativistisch)

Bild 3.1

Abschließend wollen wir das Betragsquadrat des Minkowskischen Kraftvektors F^μ bestimmen. Aus

$$F^\mu = \frac{1}{\sqrt{1-\beta^2}}\left(\frac{\boldsymbol{F}\cdot\boldsymbol{v}}{c}, \boldsymbol{F}\right), \tag{3.2.16}$$

$$F_\mu = \frac{1}{\sqrt{1-\beta^2}}\left(\frac{\boldsymbol{F}\cdot\boldsymbol{v}}{c}, -\boldsymbol{F}\right) \tag{3.2.17}$$

ergibt sich

$$F^\mu F_\mu = F_\mu F^\mu = -\boldsymbol{F}^2. \tag{3.2.18}$$

3.3 Impuls, Energie, Masse

Multipliziert man die Ruhemasse m_0 mit der Vierergeschwindigkeit u^μ, so erhält man den Vierervektor

$$p^\mu = m_0 u^\mu. \tag{3.3.1}$$

Beachtet man (3.1.3′), so folgt

$$p^\mu = \frac{1}{\sqrt{1-\beta^2}}(m_0 c, m_0 \boldsymbol{v}), \tag{3.3.2}$$

und bei Berücksichtigung der Beziehung (3.2.10)

$$p^\mu = \left(\frac{E}{c}, \frac{m_0 \boldsymbol{v}}{\sqrt{1-\beta^2}}\right). \tag{3.3.3}$$

Für $\mu = 1,2,3$ stellen die Komponenten des Vierervektors p^μ bis auf den relativistischen Term $\frac{1}{\sqrt{1-\beta^2}}$ die klassischen Impulskomponenten dar. Der Dreierimpuls war bisher als

$$\boldsymbol{p} = m\boldsymbol{v} \tag{3.3.4}$$

definiert, wobei man m als m_0 interpretierte, da in der klassischen Mechanik die Masse als eine vom Bewegungszustand unabhängige Größe aufgefaßt wird. Belassen wir die Definition (3.3.4) auch für relativistische Verhältnisse, und interpretieren wir die Komponenten p^μ für $\mu = 1,2,3$ in (3.3.3) als Komponenten des Dreierimpulses (3.3.4), d.h.

$$p^\mu = \left(\frac{E}{c}, \boldsymbol{p}\right), \tag{3.3.5}$$

so folgt als Resultat die Bewegungsabhängigkeit der Masse gemäß

$$m = \frac{m_0}{\sqrt{1-\beta^2}}. \tag{3.3.6}$$

Für die Geschwindigkeiten $v \ll c$ gilt $m \sim m_0$, bei Annäherung an die Lichtgeschwindigkeit wird die Masse unendlich groß.

Im Vierervektor p^μ sind Energie und Impuls als höhere Einheit verschmolzen. Beachten wir die aus (3.3.5) folgende Beziehung

$$p_\mu = \left(\frac{E}{c}, -\boldsymbol{p}\right), \tag{3.3.7}$$

so erhalten wir als Betragsquadrat des Viererimpulses

$$p^\mu p_\mu = p_\mu p^\mu = \frac{E^2}{c^2} - \boldsymbol{p}^2. \tag{3.3.8}$$

Setzt man in (3.3.8) die aus (3.2.10) und (3.3.4) resultierenden Beziehungen ein, so folgt wegen

$$\frac{E^2}{c^2} = \frac{m_0^2 c^2}{1-\beta^2},$$

$$p^2 = m^2 \boldsymbol{v}^2 = \frac{m_0^2}{1-\beta^2}\boldsymbol{v}^2,$$

$$\frac{E^2}{c^2} - \boldsymbol{p}^2 = \frac{m_0^2}{1-\beta^2}(c^2 - \boldsymbol{v}^2) = m_0^2 c^2$$

schließlich

$$p^\mu p_\mu = p_\mu p^\mu = \frac{E^2}{c^2} - \boldsymbol{p}^2 = m_0^2 c^2. \tag{3.3.9}$$

Die Beziehung (3.3.9) wird als *relativistischer Energiesatz* bezeichnet.*

3.4 Formelsammlung: Gegenüberstellung von Newtonscher Mechanik und relativistischer Mechanik

Newtonsche Mechanik | **Relativistische Mechanik**

Geschwindigkeit

$\boldsymbol{v} = (v_x, v_y, v_z),$

$$u^\mu = \frac{dx^\mu}{d\tau}, \quad \mu = 0,1,2,3,$$

mit

$$d\tau = dt\sqrt{1-\beta^2},$$

$$u^\mu = \left(\frac{c}{\sqrt{1-\beta^2}}, \frac{\boldsymbol{v}}{\sqrt{1-\beta^2}}\right) = \frac{1}{\sqrt{1-\beta^2}}(c, v_x, v_y, v_z),$$

$$u_\mu = \left(\frac{c}{\sqrt{1-\beta^2}}, \frac{-\boldsymbol{v}}{\sqrt{1-\beta^2}}\right) = \frac{1}{\sqrt{1-\beta^2}}(c, -v_x, -v_y, -v_z),$$

$u^\mu u_\mu = c^2 \ldots$ Betragsquadrat.

Beschleunigung

$\boldsymbol{a} = (b_x, b_y, b_z),$

$$b^\mu = \frac{\partial u^\mu}{\partial \tau} = \frac{d^2 x^\mu}{d\tau^2},$$

$$b^\mu = \left(\frac{\boldsymbol{v}\cdot\boldsymbol{a}}{c(1-\beta^2)^2}, \frac{\boldsymbol{a}}{1-\beta^2} + \frac{\boldsymbol{v}(\boldsymbol{v}\cdot\boldsymbol{a})}{c^2(1-\beta^2)^2}\right),$$

$$b_\mu = \left(\frac{\boldsymbol{v}\cdot\boldsymbol{a}}{c(1-\beta^2)^2}, \frac{-\boldsymbol{a}}{1-\beta^2} - \frac{\boldsymbol{v}(\boldsymbol{v}\cdot\boldsymbol{a})}{c^2(1-\beta^2)^2}\right),$$

* Dieselbe Bezeichnung wird fallweise auch für (3.2.15) verwendet.

$$b^\mu b_\mu = -\frac{\boldsymbol{a}^2 - (\boldsymbol{v}\times\boldsymbol{a})^2/c^2}{(1-\beta^2)^3} \ldots \text{ Betragsquadrat}$$

$$u^\mu b_\mu = b_\mu u^\mu = 0 \ldots \text{ Orthogonalität von Vierergeschwindigkeit und Viererbeschleunigung}$$

Kraft

$$\boldsymbol{F} = (F_x, F_z, F_z), \qquad F^\mu = \left(\frac{\boldsymbol{F}\cdot\boldsymbol{v}/c}{\sqrt{1-\beta^2}}, \frac{\boldsymbol{F}}{\sqrt{1-\beta^2}}\right),$$

$$F_\mu = \left(\frac{\boldsymbol{F}\cdot\boldsymbol{v}/c}{\sqrt{1-\beta^2}}, \frac{-\boldsymbol{F}}{\sqrt{1-\beta^2}}\right),$$

$$F_\mu F^\mu = -\boldsymbol{F}^2 \qquad \ldots \text{Betragsquadrat}$$

Energie, Impuls

$$\boldsymbol{p} = m\boldsymbol{v}, \qquad p^\mu = m_0 u^\mu,$$

mit

$$\boldsymbol{p} = (p_x, p_y, p_z), \qquad p^\mu = \left(\frac{E}{c}, \boldsymbol{p}\right),$$

$$p_\mu = \left(\frac{E}{c}, -\boldsymbol{p}\right).$$

Energie-Impuls-Beziehung	**Energie – Impuls – Beziehung**
$E_{\text{kin}} = \frac{\boldsymbol{p}^2}{2m};$	$p^\mu p_\mu = \frac{E^2}{c^2} - \boldsymbol{p}^2 = m_0^2 c^2 \quad \ldots$ Betragsquadrat
Dabei gilt	Dabei gilt
$E_{\text{kin}} = \frac{m\boldsymbol{v}^2}{2},$	$E = \frac{m_0 c^2}{\sqrt{1-\beta^2}} = \quad \ldots$ Gesamtbetrag

$$= \underbrace{m_0 c^2}_{\text{Ruheenergie}} + \underbrace{\underbrace{\frac{m\boldsymbol{v}^2}{2}}_{\text{klass. kinetische Energie}} + \ldots\ldots\ldots\ldots}_{\text{relativistische kin. Energie}}$$

Teil II
Klassische Theorien des Elektromagnetismus

Die Theorie der elektrischen und magnetischen Erscheinungen auf klassischem Niveau (d.h. ohne Berücksichtigung von Quanteneffekten) wird als *klassische Elektrodynamik* bezeichnet. Dabei unterscheidet man die *Elektrodynamik im leeren Raum* von der *Elektrodynamik in materiellen Medien*. Die grundlegende Theorie ist die erstere. Sie läßt sich folgender Einteilung unterwerfen:

Klassische Elektrodynamik im leeren Raum

- ↙ Nichtrelativistische Elektrodynamik („Maxwelltheorie")
  - ↙ Standardformulierung
  - ↘ Formulierung als Lagrangesche Feldtheorie
- ↘ Relativistische Elektrodynamik
  - ↙ Standardformulierung
  - ↘ Formulierung als Lagrangesche Feldtheorie

Die Entwicklung der nichtrelativistischen Elektrodynamik geht u.a. auf Ampère, Faraday und Maxwell zurück. Bei dieser Theorie handelt es sich um die nichtrelativistische Formulierung einer relativistischen Theorie: die Maxwellgleichungen und ihre Folgerungen genügen den Forderungen der Speziellen Relativitätstheorie.

In der Relativistischen Elektrodynamik wird der relativistische Charakter der Theorie physikalisch und mathematisch transparent gemacht. Anders als beim Übergang von der nichtrelativistischen zur relativistischen Mechanik, wo die klassischen Grundgleichungen einer relativistischen Korrektur unterworfen werden, ist der Übergang von der nichtrelativistischen zur relativistischen Elektrodynamik durch eine tiefgreifende Änderung in den Anschauungen über Raum und Zeit geprägt: die Grundgleichungen der Elektrodynamik bleiben jedoch gültig.

Ähnlich wie in der klassischen Mechanik existieren für die Elektrodynamik verschiedene, mathematisch äquivalente Formulierungen: neben den Standardformulierungen lassen sich die Theorien auch im Lagrangeschen Kalkül darstellen. Dasselbe gilt für die Gravitationstheorie, weshalb wir den Lagrangeschen Formalismus in einem eigenen Teil auf allgemeiner Grundlage entwickeln.

Für die Elektrodynamik in materiellen Medien liegen die Verhältnisse komplizierter. Strenggenommen hat die Beschreibung der Wechselwirkung von elektromagnetischem Feld und endlich ausgedehnter Materie auf mikroskopisch fundamentalem Niveau, d.h. auf quantentheoretischer Grundlage zu geschehen. Um im Rahmen der klassischen Physik zu verbleiben, kann die Materie als „Kontinuum" aufgefaßt, und in ihrem Verhalten durch „Materialkonstante" (Dielektrizitätskonstante, Permeabilität, Leitfähigkeit) beschrieben werden. Dabei sind diese Materialkonstanten als empirisch vorgegeben anzusehen. Eine exakte Begründung für das Verhalten dieser „Konstanten" erhält man im Rahmen der klassischen Physik nicht. Die so entstandene Theorie ist eine „phänomenologische" Theorie. Sie kann formal in eine kovariante Form gebracht werden, womit man eine relativistische Elektrodynamik für bewegte Medien erhält. Da wir uns in diesem Buch auf die Darstellung grundlegender Theorien beschränken, gehen wir auf die phänomenologische Theorie nicht näher ein.

4 Maxwelltheorie

4.1 Grundlagen

4.1.1 Experimentelle Grundlagen

Bevor wir uns den Begriffsbildungen der Theorie zuwenden, notieren wir einige experimentelle Resultate:

1. Zwei ruhende, geladene Körper mit den Ladungen Q_1 und Q_2 üben aufeinander Kräfte aus, die vom Betrag der Ladungen und dem Abstand der beiden Körper abhängen. Der genaue Zusammenhang wird durch das *Coulombsche Gesetz* beschrieben:

$$\boldsymbol{F}_{12} = k\frac{Q_1 Q_2}{|\boldsymbol{r}_1 - \boldsymbol{r}_2|^2}\boldsymbol{r}_{21}. \qquad (4.1.1a)$$

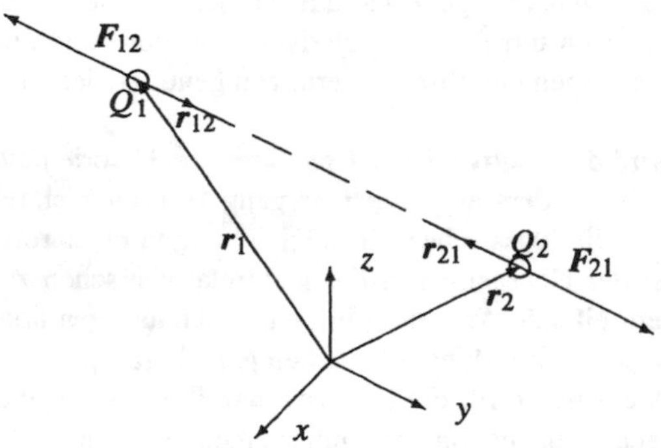

Bild 4.1

Dabei bezeichnet $\boldsymbol{F}_{12}$ die auf die Ladung Q_1 von Q_2 ausgeübte Kraft, $\boldsymbol{r}_1,\boldsymbol{r}_2$ die entsprechenden Ortsvektoren, $\boldsymbol{r}_{21}$ den in der Verbindungslinie der beiden Körper liegenden Einheitsvektor des Differenzvektors $\boldsymbol{r}_1 - \boldsymbol{r}_2$:

$$\boldsymbol{r}_{21} = \frac{\boldsymbol{r}_1 - \boldsymbol{r}_2}{|\boldsymbol{r}_1 - \boldsymbol{r}_2|}.$$

Die an Q_1 angreifende Kraft $\boldsymbol{F}_{12}$ liegt ebenfalls in der Verbindungslinie der beiden Körper. Sie nimmt umgekehrt proportional zum Entfernungsquadrat ab:

$$\boldsymbol{F}_{21} \sim \frac{1}{|\boldsymbol{r}_1 - \boldsymbol{r}_2|^2}.$$

Der Wert der Dimensionskonstanten k hängt vom verwendeten Maßsystem ab. Wir verwenden das CGS System, in dem $k = 1$ ist. (4.1.1a) gilt für ruhende Ladungen, deren räumliche Ausdehnung klein gegenüber ihrem Abstand ist. Analoge Verhältnisse gelten für die auf die Ladung Q_2 von Q_1 ausgeübte Kraft $\boldsymbol{F}_{21}$:

$$\boldsymbol{F}_{21} = k\frac{Q_1 Q_2}{|\boldsymbol{r}_2 - \boldsymbol{r}_1|^2}\boldsymbol{r}_{12}. \qquad (4.1.1b)$$

Wegen

$$|\boldsymbol{r}_1 - \boldsymbol{r}_2| = |\boldsymbol{r}_2 - \boldsymbol{r}_1|, \quad \boldsymbol{r}_{12} = -\boldsymbol{r}_{21},$$

erhält man

$$\boldsymbol{F}_{12} = -\boldsymbol{F}_{21}. \qquad (4.1.2)$$

Für Coulombkräfte gilt also die Newtonsche Forderung „actio = reactio“.

2. Es gibt anziehende und abstoßende Ladungen, also zwei Ladungsvorzeichen. Ladungen mit ungleichem Vorzeichen ziehen sich an, Ladungen mit gleichem Vorzeichen stoßen sich ab. In Bild 4.1 ist diese Situation verdeutlicht:* Die Vektoren $\boldsymbol{F}_{21}$ und $\boldsymbol{r}_{12}$ sind entgegengesetzt orientiert.

Weiter tritt Ladung in der Natur nicht kontinuierlich sondern quantisiert auf. Die kleinste bisher beobachtete Ladung ist die des Elektrons, die sogenannte *Elementarladung*

$$q_e = -e = -1.6021892 \cdot 10^{-19}\,\mathrm{C} \tag{4.1.3}$$

Alle bisher beobachteten stabilen geladenen Teilchen weisen die Ladung $\pm e$ auf.

Das Coulombsche Gesetz (4.1.1) besitzt dieselbe Struktur wie das Newtonsche Gravitationsgesetz. Der einzige Unterschied besteht in der Tatsache, daß sich Massen stets anziehen, Ladungen jedoch sowohl anziehen als auch abstoßen können.

4.1.2 Grundlegende Begriffsbildungen

Kraft und Feld

Die Begriffe „Fernwirkungstheorie", „Nahwirkungstheorie" und „Feld" haben wir schon in Abschnitt 1.1 im Zusammenhang mit der Gravitationskraft besprochen. Entwickelt wurden diese Vorstellungen jedoch erst beim Studium elektromagnetischer Phänomene, weshalb wir sie an dieser Stelle aus Gründen der Vollständigkeit nochmals kurz skizzieren wollen.

Die Gleichung (4.1.1a) kann auf zwei verschiedene Arten interpretiert werden. Einerseits kann man sich vorstellen, daß die Kraftwirkung von Q_1 auf Q_2 unmittelbar ist, d.h. den dazwischenliegenden leeren Raum überspringt. Diese bis in die Mitte des 19. Jahrhunderts geläufige Interpretation wird als *Fernwirkungstheorie* bezeichnet.

Eine andere Möglichkeit wäre, die (zunächst allein vorhandene) Ladung Q_1 als Ursache eines den unendlichen Raum erfüllenden, materiefreien und unsichtbaren „Spannungszustandes" aufzufassen. Wir bezeichnen diesen Zustand als elektrisches Feld. Sobald nun die Ladung Q_2 in den Raum gebracht wird, übt das von Q_1 herrührende Feld eine Kraft auf Q_2, das von Q_2 herrührende Feld eine Kraft auf Q_1 aus. Diese auf den englischen Physiker Michael *Faraday* (1791–1867) zurückgehende Anschauungsweise wird als *Feldwirkungstheorie* oder *Nahwirkungstheorie* bezeichnet.

Ladung und Strom

Das Experiment zeigt, daß die Kraft zwischen elektrisch geladenen Körpern mit der Stärke ihrer Elektrisierung wächst. Um dieses Phänomen quantitativ zu beschreiben, definiert man die Größe der „elektrischen Ladung" Q. Nach dem *Atommodell von Rutherford und Bohr* besteht ein Atom aus einem positiv geladenen Atomkern und einer Hülle aus negativ geladenen Elektronen, wobei normalerweise die Anzahl der Elektronen mit der Anzahl positiver Elementarladungen des Kerns (Protonen) übereinstimmt. Aus diesem Modell erkennt man, daß im *Mikrobereich* der Materie Ladungen stets in diskreter Verteilung vorkommen, und die Gesamtladung eines Körpers immer ein ganzzahliges Vielfaches der winzigen Elementarladung q_e beträgt.

* In Bild 4.1 ist $sign(Q_1) = sign(Q_2)$ angenommen.

Trotzdem erscheint es zweckmäßig, im *Makrobereich* mit kontinuierlichen Ladungsverteilungen zu rechnen. Dazu stellt man sich ein Gebiet mit dem Volumen V vor, das makroskopisch im Sinn der Infinitesimalrechnung als differentiell klein anzusehen ist, mikroskopisch gesehen jedoch groß genug ist, um eine zur Mittelwertbildung genügend große Anzahl von Elementarladungen zu beinhalten:

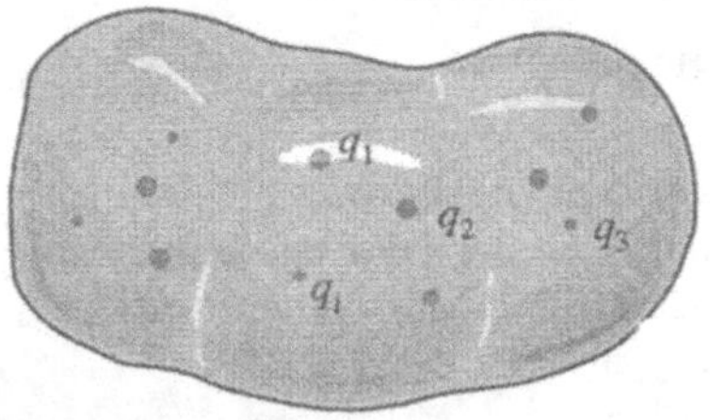

Bild 4.2 q_i ... positiv oder negativ geladene Elementarladung

Als *Ladungsdichte* ρ definiert man den Mittelwert

$$\rho := \lim_{V \to 0} \frac{1}{V} \sum_i q_i = \frac{dQ}{dV}. \tag{4.1.4}$$

Die Ladungsdichte ist somit in jedem „Punkt" des Raumes definiert, solange dieser Punkt groß genug gedacht werden kann, um eine Zelle von Elementarladungen gemäß Bild 4.2 zu umfassen. ρ erscheint dann als eine stetige Funktion des Ortes, der diskrete Charakter der Ladungen tritt nicht mehr in Erscheinung. Dieser Vorgang der „Verschmierung" einer diskreten Verteilung zu einer kontinuierlichen Verteilung kennzeichnet den Standpunkt der *Kontinuumsphysik*.

Die Berechnung der makroskopischen Ladung Q eines endlich ausgedehnten Körpers mit dem Volumen V bei gegebener Ladungsdichte ρ gelingt durch Integration

$$Q = \int \rho dV. \tag{4.1.5}$$

Eine weitere wichtige physikalische Größe ist der Strom I. Zu seiner Definition betrachten wir Bild 4.3:

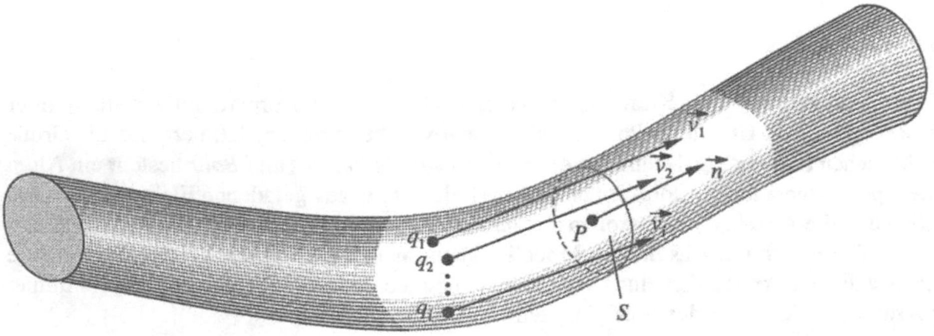

Bild 4.3 q_i ... positiv oder negativ geladene Elementarladung, $\boldsymbol{v}_i$ ... Geschwindigkeit von q_i.

S bezeichnet eine endlich große Fläche, $\boldsymbol{n}$ ihren Normalvektor im Punkt P. Im Falle bewegter Ladungen tritt in einem bestimmten Zeitintervall Δt durch die Fläche S eine gewisse Ladungsmenge

$$Q = \sum_i q_i$$

hindurch. Der Quotient aus dieser Ladungsmenge und dem Zeitintervall Δt definiert den durch die Fläche S fließenden Strom I:

$$I := \frac{1}{\Delta t} \sum_i q_i . \tag{4.1.6}$$

Die Definition (4.1.6) ist für einen zeitlich unveränderlichen Stromfluß gültig. Bei einer zeitlichen Abhängigkeit muß der Quotient durch den Differentialquotient ersetzt werden. Es gilt dann

$$I := \lim_{\Delta t \to 0} \frac{1}{\Delta t} \sum_i q_i = \frac{dQ}{dt} . \tag{4.1.7}$$

Man beachte, daß die Definition des Stromes gemäß (4.1.7) die Vorgabe einer Fläche erfordert.

So wie wir zur Ladung Q als korrespondierende Dichtegröße die Ladungsdichte ρ eingeführt haben, definieren wir nun die *Stromdichte* $\boldsymbol{j}$ als eine zum Strom I korrespondierende Dichtegröße. Dazu stellen wir uns in 4.3 die Fläche S um den Punkt P geschrumpft vor, wobei sie einerseits makroskopisch als differentiell klein anzusehen ist, mikroskopisch gesehen jedoch groß genug sein soll, um eine zur Mittelwertbildung genügend große Zahl von Elementarladungen hindurchtreten zu lassen. Dann beschreibt

$$j_n = \lim_{S \to 0} \frac{I}{S} = \frac{dI}{dS} \tag{4.1.8}$$

die Projektion der Stromdichte $\boldsymbol{j}$ auf die Flächennormale $\boldsymbol{n}$. Um auch die Richtung von $\boldsymbol{j}$ festzulegen, drehen wir das Flächenelement $d\boldsymbol{S} = dS\boldsymbol{n}$ so lange, bis der Differentialquotient (4.1.8) seinen maximalen Wert annimmt. $\boldsymbol{n}_{\max}$ bezeichne die Richtung der Flächennormalen $\boldsymbol{n}$ in dieser Stellung. Dann gilt

$$\boldsymbol{j} := j_{n_{\max}} \boldsymbol{n}_{\max} . \tag{4.1.9}$$

Die Berechnung des Stromes I durch eine endliche Fläche S bei gegebener Stromdichte $\boldsymbol{j}$ gelingt durch Integration

$$I = \int \boldsymbol{j} \cdot d\boldsymbol{S} . \tag{4.1.10}$$

4.2 Die Maxwellschen Gleichungen

Neben dem elektrischen Feld existiert in der Elektrodynamik ein zweites Feld, das auf Ladungen eine Kraft ausüben kann: das Magnetfeld. Der Zusammenhang zwischen den Feldern und der „felderzeugenden" Materie wird durch die fundamentalen Maxwellgleichungen beschrieben

4.2.1 Die Maxwellgleichungen in Differentialform

In klassischer, dreidimensionaler Notation lauten die Maxwellgleichungen

$$\begin{aligned} \operatorname{rot} \boldsymbol{E} &= -\frac{1}{c}\frac{\partial \boldsymbol{B}}{\partial t}, && (1) \\ \operatorname{rot} \boldsymbol{B} &= \frac{1}{c}\frac{\partial \boldsymbol{E}}{\partial t} + \frac{4\pi}{c}\boldsymbol{j}, && (2) \\ \operatorname{div} \boldsymbol{E} &= 4\pi\rho, && (3) \\ \operatorname{div} \boldsymbol{B} &= 0. && (4) \end{aligned} \tag{4.2.1}$$

Dabei bezeichnet $\boldsymbol{E} = \boldsymbol{E}(\boldsymbol{r},t)$ das elektrische, $\boldsymbol{B} = \boldsymbol{B}(\boldsymbol{r},t)$ das magnetische Feld (auch magnetische Induktion genannt), $\rho = \rho(\boldsymbol{r},t)$ die gesamte vorhandene Ladungsdichte, $\boldsymbol{j} = \boldsymbol{j}(\boldsymbol{r},t)$ die gesamte vorhandene Stromdichte und c die Lichtgeschwindigkeit. Im allgemeinen sind alle Größen orts- und zeitabhängig. Für die weitere Diskussion schreiben wir die Feldgleichungen für das elektrische und das magnetische Feld nochmals getrennt an:

$$\begin{aligned} \operatorname{rot} \boldsymbol{E} &= -\frac{1}{c}\frac{\partial \boldsymbol{B}}{\partial t}, \\ \operatorname{div} \boldsymbol{E} &= 4\pi\rho, \end{aligned} \tag{4.2.2}$$

$$\begin{aligned} \operatorname{rot} \boldsymbol{B} &= \frac{1}{c}\frac{\partial \boldsymbol{E}}{\partial t} + \frac{4\pi}{c}\boldsymbol{j}, \\ \operatorname{div} \boldsymbol{B} &= 0. \end{aligned} \tag{4.2.3}$$

Als Ursache für die Existenz des elektrischen Feldes $\boldsymbol{E}$ erscheint in (4.2.2) die Ladung (ruhend oder bewegt) sowie die zeitliche Änderung des Magnetfeldes. Als Ursache für die Existenz des magnetischen Feldes $\boldsymbol{B}$ erscheint in (4.2.3) der Strom (= bewegte Ladung) sowie die zeitliche Änderung des elektrischen Feldes.

Während sich das elektrische Feld aus einem Quellen- und einem Wirbelanteil zusammensetzt, ist das Magnetfeld immer ein reines Wirbelfeld: es existieren keine magnetischen Quellen!

Wir betrachten nun *stationäre* und *statische* Felder. Unter einem stationären Zustand versteht man einen zeitlich unveränderlichen Zustand. Bewegungen, solange sie zeitunabhängig sind, werden zugelassen (z.B. ein zeitlich konstanter Stromfluß). Für einen statischen Zustand wird zusätzlich völlige Bewegungslosigkeit verlangt (ein Stromfluß ist nicht mehr zulässig). Beide Fälle werden mathematisch durch die Forderung $\frac{\partial}{\partial t} = 0$ charakterisiert. Für den stationären Fall erhält man aus (4.2.3)

$$\begin{aligned} \operatorname{rot} \boldsymbol{E} &= 0, \\ \operatorname{div} \boldsymbol{E} &= 4\pi\rho, \end{aligned} \tag{4.2.4}$$

$$\begin{aligned} \operatorname{rot} \boldsymbol{B} &= \frac{4\pi}{c}\boldsymbol{j}, \\ \operatorname{div} \boldsymbol{B} &= 0. \end{aligned} \tag{4.2.5}$$

Hier ist $\boldsymbol{E}$ ein *wirbelfreies Quellenfeld*, das ausschließlich vom Strom erzeugt wird. Die „Symmetrie" der Feldgleichungen ist in diesem Fall besonders augenfällig. Für den statischen Fall ($\frac{\partial}{\partial t} = 0, \boldsymbol{j} = 0$) folgt

$$\begin{aligned} \operatorname{rot} \boldsymbol{E} &= 0, \\ \operatorname{div} \boldsymbol{E} &= 4\pi\rho, \end{aligned} \tag{4.2.6}$$

$$\begin{aligned} \operatorname{rot} \boldsymbol{B} &= 0, \\ \operatorname{div} \boldsymbol{B} &= 0. \end{aligned} \tag{4.2.7}$$

Im statischen Fall existiert kein Magnetfeld!

Nun sind Begriffe wie „bewegte Ladung" und „ruhende Ladung" vom gewählten Bezugssystem abhängig. Betrachten wir beispielsweise ein fest gewähltes Koordinatensystem, in dem sich ein Elektron mit der konstanten Geschwindigkeit $\boldsymbol{v}$ bewegt. Dieses Elektron wird von zwei

Physikern beobachtet, wobei sich der erste mit dem Elektron mitbewegt, der zweite im Koordinatenursprung sitzt. Physiker 1 sieht eine ruhende Ladung und daher kein Magnetfeld. Er nimmt nur ein elektrisches Feld wahr. Physiker 2 hingegen sieht eine bewegte Ladung, somit ein elektrisches Feld und ein magnetisches Feld. Der gemessene Feldzustand ist also vom Bewegungszustand des Beobachters abhängig! Daher sprechen wir in Hinkunft nur mehr vom *elektromagnetischen Feld.*

Elektrisches und magnetisches Feld sind Teilaspekte einer höheren Einheit. Diese Gedanken werden wir in der relativistischen Elektrodynamik ausführlicher verfolgen, wo sich die scheinbare Unsymmetrie der Formeln (4.2.2) und (4.2.3) als Ausdruck einer viel tiefgründigeren Symmetrie deuten läßt, die uns unter anderem zu einem neuen Verständnis von Raum und Zeit führen wird.

4.2.2 Die Maxwellgleichungen in Integralform

Als Divergenz- und Rotationsgleichungen fordern die Maxwellgleichungen in ihrer differentiellen Formulierung (4.2.1) die Anwendung der Integralsätze von Gauß und Stokes heraus.

(1) Integrieren wir die erste Maxwellgleichung über eine Fläche S mit der geschlossenen Berandung $\mathring{\mathcal{L}}$, so erhalten wir mit Hilfe des Stokesschen Integralsatzes

$$\int_S \operatorname{rot} \boldsymbol{E} \cdot d\boldsymbol{S} = \oint_{\mathring{\mathcal{L}}} \boldsymbol{E} \cdot d\boldsymbol{s} = -\frac{1}{c}\frac{\partial}{\partial t}\int_S \boldsymbol{B} \cdot d\boldsymbol{S}. \tag{4.2.8}$$

Wir stellen uns nun einen materiellen Leiter entlang der Berandung $\mathring{\mathcal{L}}$ geführt vor. Das elektrische Feld $\boldsymbol{E}$ übt auf die im Leiter vorhandenen freien Ladungsträger eine Kraft aus. Das Ringintegral dieser Kraft pro Ladungseinheit definieren wir als *induzierte Spannung*

$$U_{\text{ind}} = \oint_{\mathring{\mathcal{L}}} \boldsymbol{E} \cdot d\boldsymbol{s}. \tag{4.2.9}$$

Der Term $\int_S \boldsymbol{B} \cdot d\boldsymbol{S}$ stellt als Flächenintegral des magnetischen Induktionsfeldes den *magnetischen Induktionsfluß* Φ dar:

$$\Phi := \int_S \boldsymbol{B} \cdot d\boldsymbol{S}. \tag{4.2.10}$$

Damit erhalten wir aus (4.2.8)

$$U_{\text{ind}} = -\frac{1}{c}\frac{\partial}{\partial t}\Phi. \tag{4.2.11}$$

Dies ist das *Faradaysche Feldinduktionsgesetz:*

> *Sei $\mathring{\mathcal{L}}$ die geschlossene Berandungskurve einer Fläche **S**, $\boldsymbol{B}(\boldsymbol{r},t)$ das die Fläche durchdringende magnetische Induktionsfeld, so ist die auf $\mathring{\mathcal{L}}$ induzierte Spannung gleich der negativen zeitlichen Änderung des Flusses von **B** durch **S**, dividiert durch die Lichtgeschwindigkeit.*

(2) Integriert man die zweite Maxwellgleichung über eine Fläche S mit geschlossener Berandung $\mathring{\mathcal{L}}$, so liefert der Stokessche Integralsatz

$$\oint_{\mathring{\mathcal{L}}} \boldsymbol{B} \cdot d\boldsymbol{s} = \frac{1}{c}\int_S \frac{\partial \boldsymbol{E}}{\partial t} \cdot d\boldsymbol{S} + \frac{4\pi}{c}\int_S \boldsymbol{j} \cdot d\boldsymbol{S}. \tag{4.2.12}$$

Man kann den Term

$$j_f = \frac{1}{4\pi}\frac{\partial \boldsymbol{E}}{\partial t} \tag{4.2.13}$$

als *„Feldstromdichte“* auffassen. Im Unterschied zur Stromdichte $\boldsymbol{j}$, die durch bewegliche Ladungsträger repräsentiert wird, ist die Existenz von $\boldsymbol{j}_f$ nicht an Materie gebunden. Sie existiert auch im leeren Raum bei $\frac{\partial}{\partial t} \neq 0$. (4.2.12) läßt sich damit in der Form

$$\oint_{\mathring{\mathcal{L}}} \boldsymbol{B} \cdot d\boldsymbol{s} = \frac{4\pi}{c} \int_S (\boldsymbol{j}_f + \boldsymbol{j}) \cdot d\boldsymbol{S} \tag{4.2.14}$$

schreiben.

(3) Integrieren wir die dritte Maxwellgleichung über ein Volumen V mit geschlossener Hüllfläche $\mathring{S}$, so erhalten wir mit dem Gaußschen Integralsatz

$$\oint_{\mathring{S}} \boldsymbol{E} \cdot d\boldsymbol{S} = 4\pi \int_V \rho dV = 4\pi Q. \tag{4.2.15}$$

Der Fluß des elektrischen Feldes durch eine geschlossene Oberfläche ist gleich dem 4π-fachen der in diesem Volumen befindlichen Gesamtladung.

(4) Für die vierte Maxwellgleichung erhalten wir bei einer zu (4.2.15) analogen Vorgangsweise

$$\oint_{\mathring{S}} \boldsymbol{B} \cdot d\boldsymbol{S} = 0. \tag{4.2.16}$$

Der magnetische Induktionsfluß durch eine geschlossene Oberfläche ist gleich Null.

Wir fassen die Integraldarstellungen nochmals zusammen:

$$\begin{aligned}
&\oint_{\mathring{\mathcal{L}}} \boldsymbol{E} \cdot d\boldsymbol{s} = -\frac{1}{c}\frac{\partial}{\partial t} \int_S \boldsymbol{B} \cdot d\boldsymbol{S}, && (1)\\
&\oint_{\mathring{\mathcal{L}}} \boldsymbol{B} \cdot d\boldsymbol{s} = \frac{4\pi}{c} \int_S (\boldsymbol{j}_f + \boldsymbol{j}) \cdot d\boldsymbol{S}, && (2)\\
&\oint_{\mathring{S}} \boldsymbol{E} \cdot d\boldsymbol{S} = 4\pi Q, && (3)\\
&\oint_{\mathring{S}} \boldsymbol{B} \cdot d\boldsymbol{S} = 0. && (4)
\end{aligned} \tag{4.2.17}$$

4.2.3 Die elektrodynamischen Potentiale

Die Maxwellgleichungen stellen ein System partieller Differentialgleichungen 1. Ordnung dar, aus denen man bei gegebenen Quellen (Inhomogenitäten) die 6 unbekannten Funktionen $\boldsymbol{E}(\boldsymbol{r},t)$, $\boldsymbol{B}(\boldsymbol{r},t)$ berechnen kann.

Durch Einführung der sogenannten *elektrodynamischen Potentiale* läßt sich das Gleichungssystem und damit der folgende Lösungsweg stark vereinfachen. Als Ausgangspunkt betrachten wir die 4. Maxwellgleichung in differentieller Form. Mit dem Ansatz

$$\boldsymbol{B} = \operatorname{rot} \boldsymbol{A} \tag{4.2.18}$$

ist sie wegen div rot $= 0$ identisch erfüllt. Wir leiten also das Magnetfeld aus den Wirbeln eines Vektorfeldes $\boldsymbol{A}$ her. Über die Quellen von $\boldsymbol{A}$ treffen wir zunächst keine Aussage, d.h. $\boldsymbol{A}$ ist noch nicht eindeutig festgelegt. Setzt man (4.2.18) in die 1. Maxwellgleichung ein, so folgt

$$\operatorname{rot}\left(\boldsymbol{E} + \frac{1}{c}\frac{\partial \boldsymbol{A}}{\partial t}\right) = 0. \tag{4.2.19}$$

Daher kann der Klammerausdruck als Gradient eines skalaren Potentials φ geschrieben werden:

$$\boldsymbol{E} + \frac{1}{c}\frac{\partial \boldsymbol{A}}{\partial t} = -\operatorname{grad}\varphi, \tag{4.2.20}$$

bzw.

$$\boldsymbol{E} = -\operatorname{grad}\varphi - \frac{1}{c}\frac{\partial \boldsymbol{A}}{\partial t}. \tag{4.2.21}$$

(Das Minuszeichen ist Konvention!) Wir bezeichnen das Vektorfeld $\boldsymbol{A}$ hinfort als *Vektorpotential*. Während sich das Magnetfeld allein aus dem Vektorpotential $\boldsymbol{A}$ herleiten läßt, ist für das elektrische Feld sowohl das Vektorpotential $\boldsymbol{A}$, als auch das skalare Potential φ maßgeblich. Man beachte, daß auch φ nicht eindeutig festgelegt ist, da für jede Konstante K $\operatorname{grad}(\varphi + K) = \operatorname{grad}\varphi$ gilt. Die Zusammenhänge (4.2.18) und (4.2.21) zwischen den Feldern und den Potentialen wurden mit Hilfe der Maxwellgleichungen (1) und (4) hergeleitet.

Nun setzen wir (4.2.18) und (4.2.21) in die beiden verbliebenen Maxwellgleichungen (2) und (3) ein:

$$\operatorname{rot}\boldsymbol{B} = \operatorname{rot}\operatorname{rot}\boldsymbol{A} = \frac{1}{c}\frac{\partial \boldsymbol{E}}{\partial t} + \frac{4\pi}{c}\boldsymbol{j} = -\frac{1}{c^2}\frac{\partial^2 \boldsymbol{A}}{\partial t^2} - \frac{1}{c}\frac{\partial}{\partial t}\operatorname{grad}\varphi + \frac{4\pi}{c}\boldsymbol{j}, \tag{4.2.22}$$

$$\operatorname{div}\boldsymbol{E} = -\frac{1}{c}\frac{\partial}{\partial t}\operatorname{div}\boldsymbol{A} - \Delta\varphi = 4\pi\rho. \tag{4.2.23}$$

Mit Hilfe der Umformung rot rot $=$ grad div $- \Delta$ folgt aus (4.2.22)

$$\Delta\boldsymbol{A} - \frac{1}{c^2}\frac{\partial^2 \boldsymbol{A}}{\partial t^2} - \operatorname{grad}\left(\frac{1}{c}\frac{\partial\varphi}{\partial t} + \operatorname{div}\boldsymbol{A}\right) = -\frac{4\pi}{c}\boldsymbol{j}. \tag{4.2.24}$$

Das Gleichungssystem (4.2.23) und (4.2.24) stellt ein System partieller Differentialgleichungen zweiter Ordnung für die vier Funktionen $\boldsymbol{A}(\boldsymbol{r},t)$, $\varphi(\boldsymbol{r},t)$ dar. Allerdings sind die Potentiale nicht entkoppelt, d.h. es treten in beiden Gleichungen sowohl $\boldsymbol{A}$ als auch φ auf.

Um eine Entkoppelung der Potentiale zu erreichen, machen wir uns die Tatsachen zunutze, daß wir über die Quellen von $\boldsymbol{A}$ noch nicht verfügt haben. Wir legen die Quellen von $\boldsymbol{A}$ nun folgendermaßen fest:

$$\operatorname{div}\boldsymbol{A} = -\frac{1}{c}\frac{\partial\varphi}{\partial t}. \tag{4.2.25}$$

Damit verschwindet der Klammerausdruck in (4.2.24), und auch (4.2.23) enthält nach der Substitution keinen von $\boldsymbol{A}$ abhängigen Term mehr. Es gelten daher die Gleichungen

$$\Delta\varphi - \frac{1}{c^2}\frac{\partial^2\varphi}{\partial t^2} = -4\pi\rho, \quad \text{(a)}$$
$$\Delta\boldsymbol{A} - \frac{1}{c^2}\frac{\partial^2\boldsymbol{A}}{\partial t^2} = -\frac{4\pi}{c}\boldsymbol{j}. \quad \text{(b)} \tag{4.2.26}$$

Die Differentialgleichungen der beiden Potentiale sind vollständig *entkoppelt* und weisen dieselbe Struktur auf. Es handelt sich um Wellengleichungen. Die Potentiale φ und $\boldsymbol{A}$ werden auch als *elektrodynamische Potentiale*, die Festlegung (4.2.25) als *Lorentz-Konvention* oder *Lorentz-Eichung* bezeichnet.

Das Gleichungssystem (4.2.26) ersetzt zusammen mit (4.2.18) und (4.2.21) das System der Maxwellschen Gleichungen. Erstaunlicherweise existieren Gleichungen der Bauart (4.2.26) auch für das elektrische Feld $\boldsymbol{E}$ und das Magnetfeld $\boldsymbol{B}$. Wenden wir die Operation „rot“ auf die erste Maxwellgleichung an, so erhalten wir unter Berücksichtigung von $\operatorname{rot}\operatorname{rot} = \operatorname{grad}\operatorname{div} - \Delta$

$$\operatorname{grad}\operatorname{div}\boldsymbol{E} - \Delta\boldsymbol{E} = -\frac{1}{c}\frac{\partial}{\partial t}\operatorname{rot}\boldsymbol{B} = -\frac{1}{c^2}\frac{\partial^2\boldsymbol{E}}{\partial t^2} - \frac{4\pi}{c^2}\frac{\partial\boldsymbol{j}}{\partial t},$$

bzw. bei Berücksichtigung von $\operatorname{div}\boldsymbol{E} = 4\pi\rho$:

$$\Delta\boldsymbol{E} - \frac{1}{c^2}\frac{\partial^2\boldsymbol{E}}{\partial t^2} = 4\pi\operatorname{grad}\rho + \frac{4\pi}{c^2}\frac{\partial\boldsymbol{j}}{\partial t}. \tag{4.2.27}$$

Die analoge Vorgangsweise liefert für die zweite Maxwellgleichung

$$\operatorname{grad}\operatorname{div}\boldsymbol{B} - \Delta\boldsymbol{B} = \frac{1}{c}\frac{\partial}{\partial t}\operatorname{rot}\boldsymbol{E} + \frac{4\pi}{c}\operatorname{rot}\boldsymbol{j} = -\frac{1}{c^2}\frac{\partial^2\boldsymbol{B}}{\partial t^2} + \frac{4\pi}{c}\operatorname{rot}\boldsymbol{j},$$

bzw. bei Berücksichtigung von $\operatorname{div}\boldsymbol{B} = 0$:

$$\Delta\boldsymbol{B} - \frac{1}{c^2}\frac{\partial^2\boldsymbol{B}}{\partial t^2} = -\frac{4\pi}{c}\operatorname{rot}\boldsymbol{j}. \tag{4.2.28}$$

Elektrische und magnetische Felder lassen sich also aus den elektrodynamischen Potentialen (die Lösungen von Wellengleichungen darstellen) gemäß (4.2.18) und (4.2.21) aufbauen, sind andererseits jedoch selbst Lösungen von Wellengleichungen.

4.3 Lösungsverhältnisse der Feldgleichungen

Wir gehen von den Wellengleichungen (4.2.26) für die elektrodynamischen Potentiale aus, und betrachten $\rho(\boldsymbol{r},t)$ und $\boldsymbol{j}(\boldsymbol{r},t)$ in ihrem raumzeitlichen Verhalten als vorgegeben. Dann handelt es sich bei diesen Gleichungen um lineare, partielle Differentialgleichungen zweiter Ordnung. Die folgende Darstellung der Lösungsverhältnisse hat einen übersichtsmäßigen Charakter. Für eine genauere Analyse sei auf Kapitel 27 verwiesen.

4.3.1 Die Lösungsverhältnisse im unendlichen Raum

$\rho(\boldsymbol{r},t)$ und $\boldsymbol{j}(\boldsymbol{r},t)$ seien für alle Zeiten und für alle Raumpunkte des dreidimensionalen euklidischen Raumes $\mathbb{R}^3$ bekannt.

Der stationäre Fall

Für $\frac{\partial}{\partial t} = 0$ folgen aus (4.2.26) die Differentialgleichungen

$$\left.\begin{aligned} \Delta\varphi(\boldsymbol{r}) &= -4\pi\rho(\boldsymbol{r}), && \text{(a)} \\ \Delta\boldsymbol{A}(\boldsymbol{r}) &= -\frac{4\pi}{c}\boldsymbol{j}(\boldsymbol{r}), && \text{(b)} \end{aligned}\right\} \quad \boldsymbol{r} \in \mathbb{R}^3. \tag{4.3.1}$$

Das Potential φ und jede Komponente des Vektorpotentials $\boldsymbol{A}$ genügen also einer *Poisson-Gleichung*

$$\Delta\psi = f, \quad \boldsymbol{r} \in \mathbb{R}^3. \tag{4.3.2}$$

Ihre Lösung lautet

$$\psi(\boldsymbol{r}) = \int_{\mathbb{R}^3} G(\boldsymbol{r},\boldsymbol{r}')f(\boldsymbol{r}')d^3r', \tag{4.3.3}$$

wobei $G(\boldsymbol{r},\boldsymbol{r}')$ die *Greensche Funktion des Laplace-Operators für den unendlichen Raum* darstellt. Sie ist durch die (formale) Differentialgleichung

$$\Delta G(\boldsymbol{r},\boldsymbol{r}') = \delta^3(\boldsymbol{r},\boldsymbol{r}'), \quad \boldsymbol{r},\boldsymbol{r}' \in \mathbb{R}^3 \tag{4.3.4}$$

definiert, wobei $\delta^3(\boldsymbol{r},\boldsymbol{r}')$ die dreidimensionale Delta-Funktion bezeichnet. Bei Vorgabe natürlicher Randbedingungen erster Art lautet die Lösung von (4.3.4)

$$G(\boldsymbol{r},\boldsymbol{r}') = -\frac{1}{4\pi}\frac{1}{|\boldsymbol{r}-\boldsymbol{r}'|}, \tag{4.3.5}$$

womit sich die Lösung der Poissongleichung (für dieselben Randbedingungen) zu

$$\psi(\boldsymbol{r}) = -\frac{1}{4\pi}\int_{\mathbb{R}^3} \frac{f(\boldsymbol{r}')}{|\boldsymbol{r}-\boldsymbol{r}'|}d^3r \tag{4.3.6}$$

ergibt. Für die elektrodynamischen Potentiale aus (4.3.1) erhalten wir damit die Darstellungen

$$\begin{aligned} \varphi(\boldsymbol{r}) &= \int_{\mathbb{R}^3} \frac{\rho(\boldsymbol{r}')}{|\boldsymbol{r}-\boldsymbol{r}'|}d^3r', && \text{(a)} \\ \boldsymbol{A}(\boldsymbol{r}) &= \frac{1}{c}\int_{\mathbb{R}^3} \frac{\boldsymbol{j}(\boldsymbol{r}')}{|\boldsymbol{r}-\boldsymbol{r}'|}d^3r'. && \text{(b)} \end{aligned} \tag{4.3.7}$$

Zur Berechnung der Felder $\boldsymbol{E}(\boldsymbol{r})$ und $\boldsymbol{B}(\boldsymbol{r})$ beachten wir die aus (4.2.18) und (4.2.21) folgenden Beziehungen

$$\boldsymbol{E} = -\operatorname{grad}\varphi, \quad \text{(a)} \qquad \boldsymbol{B} = \operatorname{rot}\boldsymbol{A}. \quad \text{(b)} \tag{4.3.8}$$

Daraus folgt mit (4.3.7)

$$\begin{aligned} \boldsymbol{E}(\boldsymbol{r}) &= -\nabla_{\boldsymbol{r}}\varphi(\boldsymbol{r}) = \int_{\mathbb{R}^3} \frac{\rho(\boldsymbol{r}')(\boldsymbol{r}-\boldsymbol{r}')}{|\boldsymbol{r}-\boldsymbol{r}'|^3}d^3r', && \text{(a)} \\ \boldsymbol{B}(\boldsymbol{r}) &= \nabla_{\boldsymbol{r}} \times \boldsymbol{A}(\boldsymbol{r}) = \frac{1}{c}\int_{\mathbb{R}^3} \boldsymbol{j}(\boldsymbol{r}') \times \frac{(\boldsymbol{r}-\boldsymbol{r}')}{|\boldsymbol{r}-\boldsymbol{r}'|^3}d^3r'. && \text{(b)} \end{aligned} \tag{4.3.9}$$

Wir betrachten die Lösungen (4.3.9) für den speziellen Fall einer Punktladung q am Ort $\boldsymbol{r}_0$ und einen stationären Strom J in einem Linienleiter $\mathcal{L}$ mit dem Linienelement $d\boldsymbol{r}$:

$$\rho(\boldsymbol{r}) = q\delta(\boldsymbol{r} - \boldsymbol{r}_0), \quad \text{(a)} \qquad \boldsymbol{j}(\boldsymbol{r})d^3r = J d\boldsymbol{r}. \quad \text{(b)} \tag{4.3.10}$$

Damit folgen aus den Gleichungen (4.3.9) die Spezialisierungen

$$\begin{aligned} \boldsymbol{E}(\boldsymbol{r}) &= q\frac{(\boldsymbol{r} - \boldsymbol{r}_0)}{|\boldsymbol{r} - \boldsymbol{r}_0|^3}, && \text{(a)} \\ \boldsymbol{B}(\boldsymbol{r}) &= \frac{J}{c}\int_{\mathcal{L}} d\boldsymbol{r}' \times \frac{(\boldsymbol{r} - \boldsymbol{r}')}{|\boldsymbol{r} - \boldsymbol{r}'|^3}. && \text{(b)} \end{aligned} \tag{4.3.11}$$

(4.3.11a) stellt das in Abschnitt 4.1.1 besprochene *Coulombsche Gesetz* dar, (4.3.11b) wird als *Biot-Savartsches Gesetz* bezeichnet. Es repräsentiert das magnetische Analogen zum Coulombschen Gesetz. Die Gleichungen (4.3.9) sind Verallgemeinerungen des Coulombschen Gesetzes und des Biot-Savartschen Gesetzes für kontinuierliche Ladungs- und Stromverteilungen.

Der allgemeine, zeitabhängige Fall

Für $\frac{\partial}{\partial t} \neq 0$ sind die Gleichungen (4.2.26) zu lösen, die wir nochmals in der Form

$$\begin{aligned} \Box\varphi(\boldsymbol{r},t) &= 4\pi\rho(\boldsymbol{r},t), && \text{(a)} \\ & && \boldsymbol{r} \in \mathbb{R}^3,\ t \in [0,\infty[\\ \Box\boldsymbol{A}(\boldsymbol{r},t) &= \frac{4\pi}{c}\boldsymbol{j}(\boldsymbol{r},t), && \text{(b)} \end{aligned} \tag{4.3.12}$$

notieren wollen. Der Operator

$$\Box := -\Delta + \frac{1}{c^2}\frac{\partial^2}{\partial t^2} \tag{4.3.13}$$

heißt *D'Alembert-Operator*. Das Potential φ und jede Komponente des Vektorpotentials $\boldsymbol{A}$ genügen also einer Wellengleichung der Gestalt

$$\Box\psi = f, \quad \boldsymbol{r} \in \mathbb{R}^3, \quad t \in [0,\infty[. \tag{4.3.14}$$

Eine (von etwaigen Anfangsbedingungen unabhängige) partikuläre Lösung lautet

$$\psi(\boldsymbol{r},t) = \int_{\mathbb{R}^3} G(\boldsymbol{r},\boldsymbol{r}',t,t')f(\boldsymbol{r}',t')d^3r'dt', \tag{4.3.15}$$

wobei $G(\boldsymbol{r},\boldsymbol{r}',t,t')$ die *Greensche Funktion des D'Alembert-Operators für den unendlichen Raum darstellt.* Sie ist durch die Differentialgleichung

$$\Box G(\boldsymbol{r},\boldsymbol{r}',t,t') = \delta^3(\boldsymbol{r},\boldsymbol{r}')\delta(t,t'), \qquad \boldsymbol{r},\boldsymbol{r}' \in \mathbb{R}^3, \quad t,t' \in [0,\infty[\tag{4.3.16}$$

definiert. Bei Vorgabe natürlicher Randbedingungen erster Art lautet die Lösung von (4.3.16)

$$G(\boldsymbol{r},\boldsymbol{r}',t,t') = \frac{1}{4\pi|\boldsymbol{r} - \boldsymbol{r}'|}\delta\left(t - t' - \frac{1}{c}|\boldsymbol{r} - \boldsymbol{r}'|\right), \tag{4.3.17}$$

womit sich als partikuläre Lösung der Wellengleichung (für dieselben Randbedingungen)

$$\begin{aligned}\psi(\boldsymbol{r},t) &= \frac{1}{4\pi}\int\limits_{\mathbb{R}^3}\frac{f(\boldsymbol{r}',t')}{|\boldsymbol{r}-\boldsymbol{r}'|}\delta\left(t-t'-\frac{1}{c}|\boldsymbol{r}-\boldsymbol{r}'|\right)d^3r'dt' \\ &= \frac{1}{4\pi}\int\limits_{\mathbb{R}^3}\frac{f(\boldsymbol{r}',t-\frac{1}{c}|\boldsymbol{r}-\boldsymbol{r}'|)}{|\boldsymbol{r}-\boldsymbol{r}'|}d^3r' \qquad (4.3.18)\end{aligned}$$

ergibt. Für die elektrodynamischen Potentiale aus (4.3.12) gelten daher die Darstellungen

$$\begin{aligned}\varphi(\boldsymbol{r},t) &= \int\limits_{\mathbb{R}^3}\frac{\rho(\boldsymbol{r}',t-\frac{1}{c}|\boldsymbol{r}-\boldsymbol{r}'|)}{|\boldsymbol{r}-\boldsymbol{r}'|}d^3r', \qquad (a) \\ \boldsymbol{A}(\boldsymbol{r},t) &= \frac{1}{c}\int\limits_{\mathbb{R}^3}\frac{\boldsymbol{j}(\boldsymbol{r}',t-\frac{1}{c}|\boldsymbol{r}-\boldsymbol{r}'|)}{|\boldsymbol{r}-\boldsymbol{r}'|}d^3r'. \qquad (b)\end{aligned} \qquad (4.3.19)$$

$\varphi(\boldsymbol{r},t)$ und $\boldsymbol{A}(\boldsymbol{r},t)$ werden auch als *retardierte Potentiale* bezeichnet. Befindet sich eine Ladung zum Zeitpunkt t' am Ort $\boldsymbol{r}'$, so erreicht ihre Wirkung den Ort $\boldsymbol{r}$ erst nach Überbrückung des Abstandes $|\boldsymbol{r}-\boldsymbol{r}'|$, und dies kann nicht schneller als mit Lichtgeschwindigkeit geschehen. Deshalb kommt die Wirkung am Ort $\boldsymbol{r}$ erst mit der Verspätung $\Delta t = \frac{1}{c}|\boldsymbol{r}-\boldsymbol{r}'|$ an (Retardierung).

Es sei nochmals hingewiesen, daß die Integrale (4.3.19) partikuläre Integrale der Wellengleichungen (4.3.12) darstellen: sie erfüllen die Differentialgleichungen, die (natürlichen) Randbedingungen und homogene Anfangsbedingungen der Form $\psi(\boldsymbol{r},0)=0$, $\dot{\psi}(\boldsymbol{r},0)=0$. Hinsichtlich der allgemeinen Lösungsverhältnisse verweisen wir auf Kapitel 27.

4.3.2 Die Lösungsverhältnisse in Teilräumen

Bei vielen Aufgabenstellungen sind die Ladungs- und Stromdichten nicht im ganzen Raum, sondern nur in einem (beschränkten oder unbeschränkten) Teilraum $B \subset \mathbb{R}^3$ bekannt. Für eine eindeutige Lösbarkeit von (4.2.26) benötigt man in diesen Fällen konkrete Randbedingungen für die zu konstruierenden Lösungsfunktionen.

Der stationäre Fall

Es gelten wieder die Differentialgleichungen

$$\begin{aligned}\Delta\varphi(\boldsymbol{r}) &= -4\pi\rho(\boldsymbol{r}), \qquad (a) \\ \Delta\boldsymbol{A}(\boldsymbol{r}) &= -\frac{4\pi}{c}\boldsymbol{j}(\boldsymbol{r}), \qquad (b)\end{aligned} \qquad \boldsymbol{r}\in B, \qquad (4.3.20)$$

wobei allerdings die unabhängige Veränderliche $\boldsymbol{r}$ nicht im gesamten Raum $\mathbb{R}^3$, sondern in $B \subset \mathbb{R}^3$ variiert. Zu lösen ist also wieder eine Poissongleichung

$$\Delta\psi = f, \quad \boldsymbol{r}\in B, \qquad (4.3.21a)$$

wobei für eine eindeutige Lösbarkeit noch die Randbedingung

$$\psi|_{\mathring{S}} = h \tag{4.3.21b}$$

zu beachten ist. Die Lösung des Problems (4.3.21) lautet*

$$\psi(\boldsymbol{r}) = \int_B G(\boldsymbol{r},\boldsymbol{r}')f(\boldsymbol{r}')d^3r' - \oint_{\mathring{S}} \frac{\partial}{\partial \boldsymbol{n}} G(\boldsymbol{r},\boldsymbol{r}')h(\boldsymbol{r}')d^2r', \tag{4.3.22}$$

mit der *Greenschen Funktion $G(\boldsymbol{r},\boldsymbol{r}')$ des Laplace-Operators für den Bereich B*. Sie ist durch die (formale) Differentialgleichung

$$\Delta G(\boldsymbol{r},\boldsymbol{r}') = \delta^3(\boldsymbol{r},\boldsymbol{r}'), \quad \boldsymbol{r},\boldsymbol{r}' \in B, \tag{4.3.23a}$$

und die homogene Randbedingung

$$G(\boldsymbol{r},\boldsymbol{r}')|_{\mathring{S}} = 0 \tag{4.3.23b}$$

definiert. Die Lösung des Problems (4.3.23) kann im allgemeinen Fall nicht explizit angegeben werden. Sie hängt empfindlich von der Berandung $\mathring{S}$ ab.

Der allgemeine, zeitabhängige Fall

Für $\frac{\partial}{\partial t} \neq 0$ gilt

$$\begin{aligned} \Box\varphi(\boldsymbol{r},t) &= 4\pi\rho(\boldsymbol{r},t), && \text{(a)} \\ && \boldsymbol{r} \in B,\, t \in [0,\infty[. \\ \Box \boldsymbol{A}(\boldsymbol{r},t) &= \frac{4\pi}{c}\boldsymbol{j}(\boldsymbol{r},t), && \text{(b)} \end{aligned} \tag{4.3.24}$$

Zu lösen ist daher eine Wellengleichung der Form

$$\Box\psi = f, \quad \boldsymbol{r} \in B, \quad t \in [0,\infty[, \tag{4.3.25a}$$

unter Berücksichtigung einer Randbedingung

$$\psi|_{\mathring{S}} = h(t). \tag{4.3.25b}$$

Anfangsbedingungen wollen wir dabei wieder unberücksichtigt lassen. Die Lösung dieses Problems kann wieder mit Hilfe der *Greenschen Funktion des D'Alembert-Operators $G(\boldsymbol{r},\boldsymbol{r}',t,t')$ für den Bereich B* erfolgen. $G(\boldsymbol{r},\boldsymbol{r}',t,t')$ ist durch die Differentialgleichung

$$\Box G(\boldsymbol{r},\boldsymbol{r}',t,t') = \delta^3(\boldsymbol{r},\boldsymbol{r}')\delta(t,t'), \qquad \boldsymbol{r},\boldsymbol{r}' \in B, \quad t \in [0,\infty[\tag{4.3.26a}$$

und die homogene Randbedingung

$$G(\boldsymbol{r},\boldsymbol{r}',t,t')|_{\mathring{S}} = 0 \tag{4.3.26b}$$

festgelegt. Die Lösung von (4.3.26) kann im allgemeinen ebenfalls nicht explizit angegeben werden. Eine ausführliche Diskussion der Lösungsverhältnisse findet sich in Kapitel 27

* Die Normalableitung $\frac{\partial}{\partial n}$ ist definiert als $\frac{\partial}{\partial n}() := \boldsymbol{n} \cdot \text{grad}\,()$

4.3.3 Allgemeine Lösungsverhältnisse

Im allgemeinsten Fall unterliegen $\rho(\boldsymbol{r},t)$ und $\boldsymbol{j}(\boldsymbol{r},t)$ der Kraftwirkung des elektromagnetischen Feldes, und können daher in ihrem raumzeitlichen Verhalten nicht vorgegeben werden. Es gilt dann $\rho = \rho(\boldsymbol{r},t,\boldsymbol{E},\boldsymbol{B})$, $\boldsymbol{j} = \boldsymbol{j}(\boldsymbol{r},t,\boldsymbol{E},\boldsymbol{B})$, wobei der genaue funktionale Zusammenhang von der jeweiligen physikalischen Problemstellung abhängt, und durch „Bewegungsgleichungen" der Materie vermittelt wird, die uns an dieser Stelle noch nicht bekannt sind. Wir wollen daher sorgfältig zwischen den beiden folgenden Problemen unterscheiden:

(1) Kann das raumzeitliche Verhalten der Materie als vorgegeben angesehen werden, so wird die elektromagnetische physikalische Realität vollständig durch die Maxwellschen Feldgleichungen beschrieben. In diesen Fällen können dann die in Abschnitt 4.3.1 und 4.3.2 konstruierten Lösungen verwendet werden.

(2) In allen anderen Fällen, wo die Materie der Kraftwirkung der Felder $\boldsymbol{E}$ und $\boldsymbol{B}$ unterliegt (was meistens der Fall ist), müssen die Maxwellschen Feldgleichungen durch „Bewegungsgleichungen" der Materie ergänzt werden. Das wechselwirkende System Feld/Materie wird dann durch das gekoppelte Gleichungssystem Feldgleichungen/Bewegungsgleichungen der Materie beschrieben.

Die Aufstellung dieser „Bewegungsgleichungen" kann andere physikalische Disziplinen miteinschließen (klassische Mechanik, Quantenmechanik, Thermodynamik ...), so daß man in diesen Fällen nicht im Rahmen der reinen Elektrodynamik verbleibt. Im folgenden Abschnitt beschreiben wir das Verhalten punktförmiger Materie mit den Mitteln der Newtonschen Mechanik. Die Ergebnisse gelten dann unter der Voraussetzung nichtrelativistischer Geschwindigkeiten und Vernachlässigung von Quanteneffekten.

4.4 Die Wechselwirkung von Feld und Materie

4.4.1 Punktförmige Materie

Wir betrachten die Wechselwirkung eines elektromagnetischen Feldes mit punktförmigen Ladungsträgern. Das Verhalten eines Massenpunktes m wird durch die Newtonsche Grundgleichung

$$m\boldsymbol{b} = \boldsymbol{F} \tag{4.4.1}$$

festgelegt. Bisher haben wir diese Gleichung nur im Zusammenhang mit der Gravitationskraft diskutiert. Sie bleibt aber auch für elektromagnetische Kraftwirkungen gültig. Wir schreiben sie daher in der Form

$$m\boldsymbol{b} = \boldsymbol{F}_G + \boldsymbol{F}_{Em}, \tag{4.4.2}$$

wobei $\boldsymbol{F}_G$ die von Gravitationswirkungen herrührende Kraft, $\boldsymbol{F}_{Em}$ die durch das elektromagnetische Feld vermittelte Kraft bezeichnet. (4.4.2) stellt die gesuchte Bewegungsgleichung für die Materie dar. Sie ergänzt das System der Maxwellgleichungen zu einem die Wechselwirkung Feld/Materie vollständig beschreibenden Gleichungssystem.* Analog zu den Ausführungen von Abschnitt 1.1.6 gilt also auch für den Bereich elektromagnetischer Erscheinungen:

* Dabei wurde vorausgesetzt, daß die Dynamik der Materie im Rahmen der nichtrelativistischen Mechanik behandelt werden kann.

$$\left.\begin{array}{c}\text{Feldgleichung}\\ +\\ \text{Bewegungsgleichung}\end{array}\right\} \rightarrow \begin{array}{l} \boldsymbol{r}(t),\\ \boldsymbol{F}(\boldsymbol{r},\dot{\boldsymbol{r}},t)\ (\text{bzw. } \boldsymbol{E}(\boldsymbol{r},t),\ \boldsymbol{B}(\boldsymbol{r},t)).\end{array}$$

Wir untersuchen nun den Aufbau der Kraft $\boldsymbol{F}_{Em}$. Jene Kraft, die ein elektrisches Feld auf eine punktförmige Probeladung Q ausübt, haben wir in Abschnitt 4.1.1 bereits kennengelernt. Es handelt sich um die *Coulombkraft*

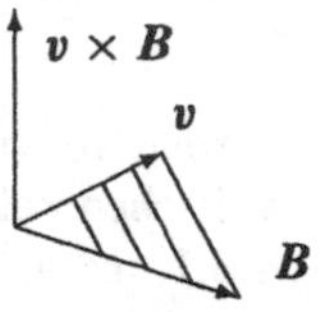

Bild 4.4

$$\boldsymbol{F}_c = Q\boldsymbol{E}. \tag{4.4.3}$$

Weiter zeigen experimentelle Versuche eine Kraftwirkung des Magnetfeldes auf bewegte Ladungen. Sei Q eine mit der Geschwindigkeit $\boldsymbol{v}$ im Magnetfeld $\boldsymbol{B}$ bewegte Ladung, so wirkt auf die Ladung eine Kraft

$$\boldsymbol{F}_L = \frac{Q}{c}\boldsymbol{v} \times \boldsymbol{B}. \tag{4.4.4}$$

Sie wird nach dem Physiker H.A. Lorentz als *Lorentzkraft* bezeichnet. Diese Kraft steht immer senkrecht auf der von $\boldsymbol{v}$ und $\boldsymbol{B}$ aufgespannten Ebene.

Die gesamte, auf eine punktförmige Ladung im elektromagnetischen Feld ausgeübte Kraft ergibt sich zu

$$\boldsymbol{F}_{Em} = Q\left(\boldsymbol{E} + \frac{\boldsymbol{v}}{c} \times \boldsymbol{B}\right). \tag{4.5}$$

Für einen Massenpunkt m mit der Ladung Q gilt daher die Newtonsche Grundgleichung in der Form

$$m\boldsymbol{b} = \boldsymbol{F}_G + \boldsymbol{F}_{Em} = m\boldsymbol{g} + Q\left(\boldsymbol{E} + \frac{\boldsymbol{v}}{c} \times \boldsymbol{B}\right). \tag{4.6}$$

Da die Gravitationskraft $\boldsymbol{F}_G$ in der Regel etliche Größenordnungen kleiner ist als die elektromagnetische Kraft $\boldsymbol{F}_{Em}$, kann sie in (4.4.6) vernachlässigt werden. Als Bewegungsgleichung punktförmiger Materie im elektromagnetischen Feld erhalten wir somit

$$m\boldsymbol{b} = \boldsymbol{F}_{Em} = Q\left(\boldsymbol{E} + \frac{\boldsymbol{v}}{c} \times \boldsymbol{B}\right). \tag{4.4.7}$$

4.4.2 Materie als Kontinuum

Bringt man Materie mit einer endlichen Ausdehnung in einen felderfüllten Raum, so wird sich der Feldzustand im Außenraum des Körpers ändern. Auch in der Materie wird sich ein von den ursprünglichen Feldverhältnissen unterschiedlicher Feldzustand ausbilden. Materie verzerrt mithin das elektromagnetische Feld! Für eine exakte quantitative Beschreibung dieser Verhältnisse müßte die Wechselwirkung zwischen Materie und Feld auf mikroskopisch fundamentalem Niveau durchgeführt werden, d.h. auf quantentheoretischer Grundlage. Eine Untersuchung elektromagnetischer Materialeigenschaften im Rahmen der Quantentheorie geht jedoch weit über den Rahmen dieses Buches hinaus.

Eine andere, phänomenologische Beschreibungsmöglichkeit wäre es, die Materie als Kontinuum aufzufassen, dessen elektromagnetische Eigenschaften durch *Materialkonstanten* (Dielektrizitätskonstante, Permeabilitätskonstante, Leitfähigkeit) charakterisiert werden, die auf diesem Beschreibungsniveau als empirisch gegeben aufgefaßt werden müssen. Diese phänomenologische Theorie nimmt in den meisten Lehrbüchern der Elektrodynamik einen unverhältmäßig breiten Raum ein. Man entwickelt „phänomenologische" Maxwellgleichungen, die eine Beschreibung elektromagnetischer Vorgänge in materiellen Medien liefern. Die Lösungsverhältnisse der

Gleichungen hängen stark von der geometrischen Situation eines konkreten Problems ab. Weil sich die Felder an den Grenzflächen verschiedener Medien unstetig ändern, müssen Randbedingungen formuliert werden, die dieses Verhalten beschreiben. Da wir uns in diesem Buch mit der Darstellung fundamentaler theoretischer Zusammenhänge begnügen, wollen wir auf die phänomenologische Theorie nicht näher eingehen und verweisen auf die Literatur.

4.5 Erhaltungssätze

Aus der klassischen Mechanik kennen wir die Begriffe Impuls und Energie, sowie die dazugehörigen Erhaltungssätze. Wir formulieren nun einige Konsequenzen der Maxwellgleichungen, die sich als Prinzip der Erhaltung von Ladung, Strom, Energie und Impuls deuten lassen.

4.5.1 Die Erhaltung von Ladung und Strom

Wir wenden die Operation „div" auf die 2. Maxwellgleichung an und berücksichtigen die Gleichung $\operatorname{div}\operatorname{rot} = 0$:

$$\operatorname{div}\operatorname{rot}\boldsymbol{B} = 0 = \frac{1}{c}\frac{\partial}{\partial t}\operatorname{div}\boldsymbol{E} + \frac{4\pi}{c}\operatorname{div}\boldsymbol{j}. \tag{4.5.1}$$

Setzen wir für $\operatorname{div}\boldsymbol{E}$ die 3. Maxwellgleichung ein, so erhalten wir

$$\frac{\partial\rho}{\partial t} + \operatorname{div}\boldsymbol{j} = 0. \tag{4.5.2}$$

(4.5.2) wird als *Kontinuitätsgleichung* bezeichnet. Eine positive zeitliche Änderung der Ladungsdichte (Vergrößerung) existiert nur für Senken der Strömung, eine negative zeitliche Ladungsänderung (Verringerung) nur für Quellen der Strömung. Ohne Strömung bleibt die Ladungsdichte zeitlich konstant. In der integralen Formulierung wird dieser Sachverhalt noch durchsichtiger. Unter Verwendung des Gaußschen Satzes wird (4.5.2) zu

$$\frac{\partial}{\partial t}\int_V \rho\, dV = -\oint_{\mathring{A}} \boldsymbol{j}\cdot d\boldsymbol{A}. \tag{4.5.3}$$

Rechts steht der Fluß durch die geschlossene Fläche nach innen (Minuszeichen), links die zeitliche Änderung der im Volumen vorhandenen Gesamtladung. Die Gesamtladung nimmt zu, wenn ein Ladungsstrom in das Gebiet fließt, und umgekehrt.

4.5.2 Die Erhaltung der Energie

Multipliziert man die 1. Maxwellgleichung skalar mit $-\boldsymbol{B}$ und die 2. Maxwellgleichung skalar mit $\boldsymbol{E}$ so erhält man nach Addition beider Gleichungen

$$\boldsymbol{E}\cdot\operatorname{rot}\boldsymbol{B} - \boldsymbol{B}\cdot\operatorname{rot}\boldsymbol{E} = \frac{1}{2c}\frac{\partial}{\partial t}(\boldsymbol{E}^2 + \boldsymbol{B}^2) + \frac{4\pi}{c}\boldsymbol{E}\cdot\boldsymbol{j}. \tag{4.5.4}$$

Berücksichtigt man

$$\boldsymbol{E}\cdot\operatorname{rot}\boldsymbol{B} - \boldsymbol{B}\cdot\operatorname{rot}\boldsymbol{E} = -\operatorname{div}(\boldsymbol{E}\times\boldsymbol{B}), \tag{4.5.5}$$

so folgt

$$\frac{1}{2c}\frac{\partial}{\partial t}(\boldsymbol{E}^2+\boldsymbol{B}^2)+\operatorname{div}(\boldsymbol{E}\times\boldsymbol{B})=-\frac{4\pi}{c}\boldsymbol{E}\cdot\boldsymbol{j}, \tag{4.5.6}$$

bzw.

$$\frac{\partial}{\partial t}\frac{1}{8\pi}(\boldsymbol{E}^2+\boldsymbol{B}^2)+\operatorname{div}\frac{c}{4\pi}(\boldsymbol{E}\times\boldsymbol{B})=-\boldsymbol{E}\cdot\boldsymbol{j}. \tag{4.5.7}$$

Wir definieren nun die elektromagnetische *Energiedichte*

$$w=\frac{1}{8\pi}(\boldsymbol{E}^2+\boldsymbol{B}^2), \tag{4.5.8}$$

und den *Poytingvektor*

$$\boldsymbol{S}:=\frac{c}{4\pi}(\boldsymbol{E}\times\boldsymbol{B}). \tag{4.5.9}$$

Er stellt die *Energiestromdichte* des elektromagnetischen Feldes dar. Zur Erklärung dieser Festlegung betrachten wir die rechte Seite von (4.5.7). Es gilt

$$\boldsymbol{E}\cdot\boldsymbol{j}=\boldsymbol{E}\cdot\rho\boldsymbol{v}.$$

$\boldsymbol{E}\rho$ stellt die durch das elektrische Feld definierte Kraftdichte $\boldsymbol{f}$ (Kraft/Volumen) dar. Bei Verschiebung der Ladungsträger um ein differentielles Wegstück $d\boldsymbol{r}$ wird daher mechanische Arbeit geleistet. Für ihre Dichte a (Arbeit/Volumen) gilt $a=\boldsymbol{f}\cdot d\boldsymbol{r}$. Die Leistungsdichte l (Leistung/Volumen) ist dann durch

$$l=\frac{da}{dt}=\boldsymbol{f}\cdot\frac{d\boldsymbol{r}}{dt}=\boldsymbol{f}\cdot\boldsymbol{v}=\boldsymbol{E}\cdot\rho\boldsymbol{v}$$

gegeben. Die rechte Seite von (4.5.7) stellt daher die auf das Volumen bezogene, von dem elektrischen Feld $\boldsymbol{E}$ an den Ladungsträgern verrichtete mechanische Arbeit dar. Da das Magnetfeld wegen

$$\frac{\rho}{c}(\boldsymbol{v}\times\boldsymbol{b})\cdot\boldsymbol{v}=0$$

über die Lorentzkraft an den bewegten Ladungsträgern keine Leistung erbringen kann, repräsentiert der Ausdruck $\boldsymbol{E}\cdot\boldsymbol{j}$ sogar die vom gesamten elektromagnetischen Feld an den Ladungsträgern verrichtete Leistungsdichte. Aus Dimensionsgründen ist dann auch $\frac{\partial}{\partial t}(\frac{(\boldsymbol{E}^2+\boldsymbol{B}^2)}{8\pi})$ eine Leistungsdichte, womit die Interpretation von w als Energiedichte verständlich wird.

Mit den Definitionen (4.5.8) und (4.5.9) schreibt sich (4.5.7) in der Form

$$\frac{\partial}{\partial t}w+\operatorname{div}\boldsymbol{S}=-\boldsymbol{E}\cdot\boldsymbol{j}. \tag{4.5.10}$$

Für eine weitere Diskussion betrachten wir diese Beziehung im Zusammenhang mit der Kontinuitätsgleichung (4.5.2)

$$\frac{\partial}{\partial t}\rho+\operatorname{div}\boldsymbol{j}=0.$$

Die formale Analogie ist augenfällig. In der Kontinuitätsgleichung existiert eine zeitliche Ladungsänderung nur im Zusammenhang mit einer Strömung der Ladungsträger. In (4.5.10) existiert eine zeitliche Änderung der Feldenergie im Zusammenhang mit

1. Strömung von Feldenergie;

2. Mechanischen Verlusten durch die Leistung an beweglichen Ladungsträgern.

Aus dieser Analogie wird auch die Definition von $\boldsymbol{S}$ als „Energiestromdichte" verständlich.

(4.5.10) wird als ***Energiesatz der Elektrodynamik*** bezeichnet. Er beschreibt die Energieverhältnisse des wechselwirkenden Gesamtsystems Feld/Materie: die im elektromagnetischen Feld gespeicherte Energie w kann sich ändern, steckt aber dann in gewandelter Form in der Energieströmung bzw. in den mechanischen Verlusten.

Die integrale Aussage erhalten wir wiederum mit Hilfe des Gaußschen Satzes

$$\frac{\partial}{\partial t}\int_V w\,dV + \oint_{\mathring{A}} \boldsymbol{S}\cdot d\boldsymbol{A} = -\int_V \boldsymbol{E}\cdot \boldsymbol{j}\,dV. \qquad (4.5.11)$$

Die zeitliche Änderung der im Volumen V gespeicherten Feldenergie plus Energiefluß durch die geschlossene Oberfläche A entsprechen der mechanischen Leistung des elektrischen Feldes an der im Volumen V befindlichen Ladung.

4.5.3 Der Impulssatz

Der Maxwellsche Spannungstensor

Wir betrachten ein stationäres elektromagnetisches Feld. In einem begrenzten Raumgebiet G sollen Ladungsdichten und Stromdichten existieren:

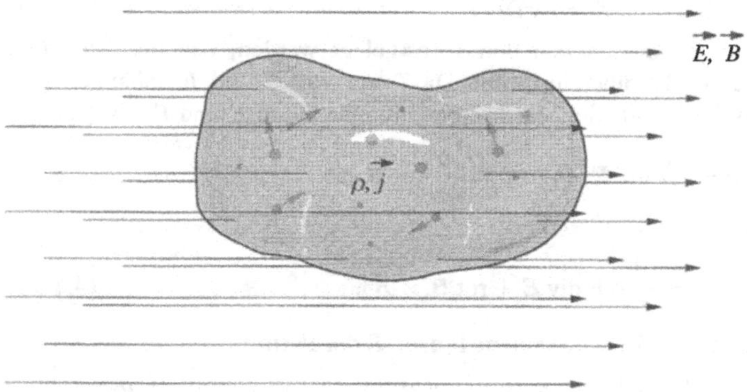

Bild 4.5

Wir interessieren uns für die auf das Gebiet G ausgeübte Gesamtkraft. Gemäß (4.4.4) beträgt die Kraft auf einen punktförmigen Ladungsträger mit der Ladung Q

$$\boldsymbol{F} = Q\boldsymbol{E} + Q\frac{\boldsymbol{v}}{c}\times\boldsymbol{B}.$$

Dementsprechend wirkt auf die Ladungsdichte ρ eine Kraftdichte

$$\boldsymbol{f} = \rho\boldsymbol{E} + \rho\frac{\boldsymbol{v}}{c}\times\boldsymbol{B},$$

was sich mit Hilfe der Beziehung $\boldsymbol{j} = \rho\boldsymbol{v}$ auch in der Form

$$\boldsymbol{f} = \rho\boldsymbol{E} + \frac{\boldsymbol{j}}{c}\times\boldsymbol{B} \qquad (4.5.12)$$

schreiben läßt. Die auf das Gebiet G wirkende Gesamtkraft ergibt sich dann durch Integration zu

$$\boldsymbol{F} = \int_G \boldsymbol{f} dV. \tag{4.5.13}$$

Eine Berechnung der Gesamtkraft gemäß (4.5.13) benötigt also die Ladungs- und Stromverteilung im Inneren des Gebietes. Es existiert jedoch noch eine andere, von *Maxwell* aufgezeigte Möglichkeit der Berechnung. Er versuchte die Kraftwirkung allein durch die an der Oberfläche des Gebietes G existierenden Feldverhältnisse zu beschreiben:*

$$\boldsymbol{F} = -c \oint_{\mathring{A}} \boldsymbol{T} \cdot d\boldsymbol{A}. \tag{4.5.14}$$

Dabei soll die Größe $\boldsymbol{T}$ ausschließlich von den Feldvektoren $\boldsymbol{E}$ und $\boldsymbol{B}$ abhängen. Zunächst stellt sich die Frage nach der Interpretation von $\boldsymbol{T}$. Falls $\boldsymbol{T}$ ein Vektor wäre, würde die Skalarproduktbildung $\boldsymbol{T} \cdot d\boldsymbol{A}$ und das Integral auf einen Skalar führen. Damit die Integration einen Vektor ergibt, muß $\boldsymbol{T}$ ein *Tensor 2. Stufe* sein. Er wird als *Maxwellscher Spannungstensor* bezeichnet.

Zur Berechnung seiner Komponenten formen wir (4.5.14) unter Benützung des Gaußschen Satzes um

$$\boldsymbol{F} = -c \int_G (\operatorname{Div} \boldsymbol{T}) \cdot d\boldsymbol{A}, \tag{4.5.14'}$$

woraus sich die differentielle Form

$$\boldsymbol{f} = -c \operatorname{Div} \boldsymbol{T} \tag{4.5.15}$$

ergibt. Die Komponenten von $\boldsymbol{T}$ müssen nun derart festgelegt werden, daß der Ausdruck $-c\operatorname{Div} \boldsymbol{T}$ mit der Kraftdichte (4.5.12) übereinstimmt. Da $\boldsymbol{T}$ nur von $\boldsymbol{E}$ und $\boldsymbol{B}$ abhängen soll, drücken wir in (4.5.12) ρ und $\boldsymbol{j}$ mit Hilfe der Maxwellgleichungen durch $\boldsymbol{E}$ und $\boldsymbol{B}$ aus. Mit

$$\rho = \frac{1}{4\pi} \operatorname{div} \boldsymbol{E}, \text{ (a)} \quad \boldsymbol{j} = \frac{c}{4\pi} \operatorname{rot} \boldsymbol{B} \text{ (b)} \tag{4.5.16}$$

erhalten wir für die Kraftdichte

$$\boldsymbol{f} = \frac{1}{4\pi} (\boldsymbol{E} \operatorname{div} \boldsymbol{E} + \operatorname{rot} \boldsymbol{B} \times \boldsymbol{B}). \tag{4.5.17}$$

Diese Kraftdichte läßt sich gemäß (4.5.15) aus einem Tensor $\boldsymbol{T}$ der Form

$$\boldsymbol{T} = -\frac{1}{4\pi c} \begin{pmatrix} E_x^2 + B_x^2 - \frac{1}{2}(\boldsymbol{E}^2 + \boldsymbol{B}^2), & E_x E_y + B_x B_y, & E_x E_z + B_x B_z \\ E_x E_y + B_x B_y, & E_y^2 + B_y^2 - \frac{1}{2}(\boldsymbol{E}^2 + \boldsymbol{B}^2), & E_y E_z + B_y B_z \\ E_x E_z + B_x B_z, & E_y E_z + B_y B_z, & E_z^2 + B_z^2 - \frac{1}{2}(\boldsymbol{E}^2 + \boldsymbol{B}^2) \end{pmatrix} \tag{4.5.18}$$

herleiten. In Komponentenschreibweise gilt für den Maxwellschen Spannungstensor

$$T^{kl} = -\frac{1}{4\pi c} \left(E^k E^l + B^k B^l - \frac{1}{2} \delta^{kl} (\boldsymbol{E}^2 + \boldsymbol{B}^2) \right), \quad k,l = 1,2,3. \tag{4.5.19}$$

Wie man sich nach längerer Zwischenrechnung überzeugen kann, erfüllt dieser Ansatz tatsächlich die Gleichung (4.5.15). Mit dem Nachweis, daß sich die Kraftwirkung auf einen Körper durch Flächenkräfte darstellen läßt, gelang Maxwell die mathematische Formulierung des von *Faraday* entwickelten Bildes der Feldwirkungstheorie: alle Kraftwirkungen werden in kontinuierlicher Weise durch das elektromagnetische Feld von einem Körper zum anderen übertragen.

---

* Die Multiplikation mit $-c$ erweist sich im Rahmen relativistischer Betrachtungen als nützlich.

Der Impulssatz

Wir verallgemeinern nun unsere Betrachtungen für ein beliebiges zeitabhängiges elektromagnetisches Feld. Für die Berechnung der Gesamtkraft gehen wir wieder von dem Ansatz

$$\boldsymbol{F} = -c \oint_{\mathring{A}} \boldsymbol{T} \cdot d\boldsymbol{A} \tag{4.5.20}$$

aus. Die Komponenten des Maxwellschen Spannungstensors sind nun i.a. zeitabhängige Funktionen. Die differentielle Form von (4.5.20) lautet

$$\bar{\boldsymbol{f}} = -c \operatorname{Div} \boldsymbol{T}, \tag{4.5.21}$$

wobei wir die Möglichkeit einräumen, daß sich $\bar{\boldsymbol{f}}$ von der Kraftdichte $\boldsymbol{f}$ aus (4.5.12) um einen vorerst unbekannten Betrag unterscheidet:

$$\bar{\boldsymbol{f}} = \boldsymbol{f} + \hat{\boldsymbol{f}}. \tag{4.5.22}$$

Ersetzt man in der Kraftdichte (4.5.12) die Quellen ρ und $\boldsymbol{j}$ durch die aus den zeitabhängigen Maxwellgleichungen folgenden Beziehungen

$$\rho = \frac{1}{4\pi} \operatorname{div} \boldsymbol{E}, \text{ (a)} \quad \boldsymbol{j} = \frac{c}{4\pi}\left(\operatorname{rot} \boldsymbol{B} - \frac{1}{c}\frac{\partial \boldsymbol{E}}{\partial t}\right), \text{ (b)} \tag{4.5.23}$$

so erhält man an Stelle der für stationäre Verhältnisse gültigen Gleichung (4.5.17)

$$\boldsymbol{f} = \frac{1}{4\pi}\left(\boldsymbol{E} \operatorname{div} \boldsymbol{E} + \left(\operatorname{rot} \boldsymbol{B} - \frac{1}{c}\frac{\partial \boldsymbol{E}}{\partial t}\right) \times \boldsymbol{B}\right). \tag{4.5.24}$$

Setzt man diesen Ausdruck für die Kraftdichte $\boldsymbol{f}$ in

$$\hat{\boldsymbol{f}} = -c \operatorname{Div} \boldsymbol{T} - \boldsymbol{f} \tag{4.5.25}$$

ein, so folgt

$$\hat{\boldsymbol{f}} = \frac{\partial}{\partial t}\frac{1}{4\pi c}(\boldsymbol{E} \times \boldsymbol{B}). \tag{4.5.26}$$

Für die auf das Gebiet G wirkende Gesamtkraft gilt daher

$$\boldsymbol{F} = \int_G \boldsymbol{f}\, dV + \frac{d}{dt}\int_G \frac{1}{4\pi c}(\boldsymbol{E} \times \boldsymbol{B})\, dV. \tag{4.5.27}$$

Zur Integration dieser Gleichung beachten wir, daß die aus dem Integral $\int \boldsymbol{f}\, dV$ folgende Kraft zu einer zeitlichen Änderung des Impulses $\boldsymbol{P}_K$ des Körpers führt:

$$\frac{d\boldsymbol{P}_K}{dt} = \int_G \boldsymbol{f}\, dV. \tag{4.5.28}$$

Die Gleichung (4.5.27) läßt sich dann in der Form

$$\boldsymbol{F} = \frac{d}{dt}\left(\boldsymbol{P}_K + \int_G \frac{1}{4\pi c}(\boldsymbol{E} \times \boldsymbol{B})\, dV\right) \tag{4.5.29}$$

schreiben. Definiert man

$$p_F := \frac{1}{4\pi c}(\boldsymbol{E} \times \boldsymbol{B}) \tag{4.5.30}$$

als *Impulsdichte* des elektromagnetischen Feldes, so repräsentiert $\boldsymbol{P}_F = \int_G \boldsymbol{p}_F dV$ den im Gebiet G enthaltenen Feldimpuls und die Gleichung (4.5.29) lautet

$$\boldsymbol{F} = \frac{d}{dt}(\boldsymbol{P}_K + \boldsymbol{P}_f). \tag{4.5.31}$$

Dies ist der *Impulssatz der Elektrodynamik*: Die auf einen Körper ausgeübte Kraft ist gleich der zeitlichen Änderung des gesamten Impulses. Der Gesamtimpuls des wechselwirkenden Systems Feld/Materie setzt sich additiv aus dem mechanischen Impuls $\boldsymbol{P}_k$ und dem Feldimpuls $\boldsymbol{P}_F$ zusammen.

Vergleicht man die Definition der Impulsdichte (4.5.30) mit jener des Poyntingvektors $\boldsymbol{S}$ aus (4.5.9), so erkennt man die Gültigkeit der Beziehung

$$\boldsymbol{S} = c^2 \boldsymbol{p}_F. \tag{4.5.32}$$

Bis auf den Faktor c^2 ist die Energiestromdichte $\boldsymbol{S}$ mit der Impulsdichte $\boldsymbol{p}_F$ identisch.

(4.5.27) und (4.5.31) stellen integrale Formulierungen des Impulssatzes dar. Für die lokale Formulierung setzten wir (4.5.27) und (4.5.20) gleich. Dann gilt zunächst

$$\frac{d}{dt}\int_G \boldsymbol{p}_F dV + c\oint_{\mathring{A}} \boldsymbol{T}\cdot d\boldsymbol{A} = -\int_G \boldsymbol{f} dV,$$

woraus nach Benützung des Gaußschen Satzes

$$\frac{\partial \boldsymbol{p}_F}{\partial t} + c\,\mathrm{Div}\,\boldsymbol{T} = -\left(\rho\boldsymbol{E} + \frac{\boldsymbol{j}}{c}\times\boldsymbol{B}\right) \tag{4.5.33}$$

folgt. (4.5.33) ist die differentielle Formulierung des Impulssatzes. Man beachte die formale Ähnlichkeit der linken Seite dieser Gleichung mit jener des Energiesatzes! Wir werden darauf in der relativistischen Elektrodynamik zurückkommen.

4.6 Historische Entwicklung

4.6.1 Elektrostatik und Magnetostatik

Die Erforschung der Elektrizität setzte im 18. Jahrhundert ein. Ungefähr um das Jahr 1770 lag die Phänomenologie der Elektrostatik vor: Man wußte zu dieser Zeit um die Existenz von Leitern und Nichtleitern, daß sich gleiche Ladungen abstoßen, ungleiche hingegen anziehen.

Die Zeit war reif für ein quantitatives Gesetz der Anziehung (bzw. der Abstoßung). Die Formulierung dieses Gesetzes gelang *Charles Augustin Coulomb* (1736–1806), nach dem es benannt ist. Allerdings hatten schon vorher zwei andere Forscher dieses Gesetz entdeckt: der Schotte *John Robinson* (1739–1805), der jedoch Jahre verstreichen ließ, bevor er seine Ergebnisse veröffentlichte, sowie Englands führender Elektrizitätsforscher *Henry Cavendish* (1731–1810), der seine diesbezügliche Entdeckung überhaupt nicht veröffentlichte.

Als die Phänomenologie der Elektrostatik vorlag und das Coulombsche Gesetz bekannt war, wurde eine vollständige mathematische Beschreibung der elektrostatischen Erscheinungen im Rahmen der Newtonschen Fernwirkungstheorie möglich: *Joseph Louis Lagrange* (1736–1813) führte den Begriff des „Potentials" ein (1772), *Pierre-Simone Laplace* (1749–1827) stellte die Gleichung für das Potential im Vakuum auf (1782), und *Simon Denis Poisson* (1781–1840) verallgemeinerte diese Ergebnisse für den Fall existierender Ladungen (1813). *Carl Friedrich Gauß* und *George Green* entwickelten die nach ihnen benannten berühmten Integralsätze. Die Entwicklung auf dem Gebiet des Magnetismus verlief ähnlich, nur entdeckte man keine freien magnetischen Ladungen sondern lediglich Ladungspaare.

Gegen Ende des 18. Jahrhunderts hatte ein großer Teil der Elektrizitätslehre einen ersten Höhepunkt erreicht: die mathematische Formulierung der statischen Theorie war in einer Form entwickelt, die sich bis in die Gegenwart behauptet hat, als experimentelle Ergebnisse auftauchten, die im Rahmen der statischen Theorie nicht erklärbar waren.

4.6.2 Elektrischer Strom

Luigi Galvani (1737–1798), ein Anatomie- und Biologieprofessor, beschäftigte sich mit dem Zusammenhang von elektrischen und biologischen Erscheinungen. Er beobachtete an toten Fröschen Kontraktionen der Muskeln, wenn er sie unter Spannung setzte. Damit hatte Galvani zwei Problemkreise angeschnitten: die Lehre von den elektrischen Strömen und die Elektrophysiologie.

Sein Landsmann *Alessandro Volta* (1745–1827), der sich intensiv mit Galvanis Arbeit beschäftigt hatte, fand heraus, daß elektrische Leiter in zwei Klassen unterteilt werden konnten. In der ersten waren Metalle, die in Kontakt verschiedene Potentiale annahmen, in der zweiten waren Flüssigkeiten. Dieser Sachverhalt führte Volta zur Entdeckung der nach ihm benannten Säule, wo er eine Anzahl Leiter der ersten und zweiten Sorte so miteinander kombinierte, daß sich die bei jedem Kontakt hervorgerufenen Potentialdifferenzen addierten. Diese Säule erzeugte einen stetigen elektrischen Strom von wesentlich größerer Stärke als die bisher verwendeten elektrostatischen Maschinen. Damit nahm die Elektrizitätsforschung eine neue Dimension an.

4.6.3 Elektromagnetismus

1820 entdeckte der Kopenhagener Physikprofessor *Hans Christian Örsted* (1777–1851), daß ein elektrischer Strom eine ursprünglich parallel zu ihm ausgerichtete Magnetnadel ablenkt. Die mathematische Beschreibung dieses Phänomens gelang dem brillanten Mathematiker *André-Marie Ampère* (1775–1836), der damit das Fundament zu einer mathematischen Theorie des Elektromagnetismus legte. In seinem 1827 erschienenen Werk *Mémoire sur la theorie mathematique des phénoménes electro-dynamiques, uniquements déduite de l'experience* (Abhandlung über die mathematische Theorie der elektrodynamischen Phänomene, ausschließlich aus dem Experiment abgeleitet) leitete er aus vier grundlegenden Experimenten ein Gesetz für die Kraft zwischen zwei stromdurchflossenen Leiterelementen ab, und zeigte, daß außerhalb des Körpers ein Dauermagnet der magnetischen Wirkung einer stromdurchflossenen Spule völlig äquivalent ist.

4.6.4 Der Abschied von der Fernwirkungstheorie

Die Entdeckung Ampères, Poissons und anderen Elektrizitätsforscher waren mathematisch im Sinne der Newtonschen Fernwirkungstheorie formuliert – man beschrieb Kraftwirkungen ohne Einführung eines Zwischenmediums. Das Konzept der Feldwirkung wurde von Faraday und Maxwell entwickelt.

Michael Faraday (1791–1867) gilt als der größte Experimentalphysiker des 19. Jahrhunderts. Er gewann die Überzeugung, daß man die Beziehung zwischen Elektrizität und Magnetismus weiter fassen müsse als bisher, daß nicht nur ein elektrischer Strom Magnetismus erzeugen kann (Versuch von Örsted), sondern auch Magnetismus in der Lage sein müsse, einen elektrischen Strom zu erzeugen. 1831 entdeckte er die elektromagnetische Induktion. Innerhalb weniger Monate erfand er einfache Motoren und Generatoren, und legte so den Grundstein für die zukünftige Elektrotechnik. Bei seinen Untersuchungen hatte Faraday die Kraftlinien gesehen, die durch Eisenfeilspäne in der Nähe eines Magneten sichtbar gemacht werden können. Bei der Entdeckung der elektromagnetischen Induktion stellte er fest, daß der Leiter die Kraftlinien schneiden muß, damit eine Induktion auftritt. So entwickelte er die Vorstellung einer kontinuierlichen Kraftübertragung – die Idee der Feldwirkung war geboren. Nach vielen anderen bedeutsamen Entdeckungen versuchte Faraday am Ende seines Lebens eine Wechselwirkung zwischen Gravitation und Elektrizität zu entdecken, doch ohne Ergebnis.

Faraday formulierte seine Gedanken intuitiv, ohne mathematische Hilfsmittel. Die Erweiterung und mathematische Formulierung seiner Vorstellungen blieb dem schottischen Physiker *James Clerk Maxwell* (1831–1879) vorbehalten. Er gilt als der größte Theoretiker des 19. Jahrhunderts und tritt uns als Begründer der modernen Elektrizitätslehre sowie als einer der Begründer der Thermodynamik und der statistischen Mechanik entgegen. Sein erster größerer Aufsatz über Elektrizität erschien 1856 unter dem Titel *"On Faraday's Lines of Force"*. Fünf Jahre später hatte Maxwell seine Vorstellungen weiterentwickelt. Er führte ein Medium ein, welches die elektromagnetischen Kräfte durch seine Elastizität produzierte. Mit Hilfe dieses Äthermodells kam er zu zwei bedeutsamen Entdeckungen: Erstens die Existenz des Verschiebungsstromes, und zweitens die Tatsache, daß Licht aus transversalen Wellenbewegungen desselben Mediums besteht, welches die Ursache von elektromagnetischen Erscheinungen ist. 1864 folgte dann die Schrift *„A Dynamical Theory of the Electromagnetic Field"*. In dieser Arbeit wird die Theorie wesentlich abstrakter. Das Äthermodell wird fallengelassen und die Feldgleichungen werden zu Beginn formuliert. Eine endgültige Form fanden Maxwells Arbeiten in seinem *„Treatise of Electricity and Magnetism"*, einem 1873 erstmals aufgelegten Lehrbuch, womit die klassische Elektrizitätslehre ihren Höhepunkt erreicht. Den zeitgenössischen Physikern erschien dieses Werk als ein zwar großartiges, aber unzugängliches Monument, so daß Maxwells Theorie Europa erst durch die Vermittlung zweier großer Nachfolger eroberte: Poincaré in Frankreich und Hertz in Deutschland.

Heinrich Hertz (1857–1894) verband eine ungewöhnliche analytische Fähigkeit mit experimenteller Begabung. Aus seinen Beschäftigungen mit Maxwells Arbeiten folgerte er die Existenz elektromagnetischer Wellen. 1886, sieben Jahre nach Maxwells Tod, gelang es ihm, hochfrequente elektromagnetische Wellen im Labor zu erzeugen, womit er die Richtigkeit der Maxwellschen Theorie experimentell nachgewiesen hatte. Später beschäftigte sich Hertz mit der Elektrodynamik bewegter Körper, wobei er aber auf unüberwindliche Schwierigkeiten stieß. Erst 15 Jahre später fand Einstein den Schlüssel. Wir werden die weitere Entwicklung der Elektrodynamik in Unterkapitel III beschreiben.

4.7 Maßsysteme und Formelsammlung

In der Elektrodynamik finden zwei Maßsysteme Verwendung: das Gaußsche CGS-System und das internationale Maßsytem oder SI-System (Système International d'Unités).

In der folgenden Formelsammlung sind die wichtigsten Beziehungen der Elektrodynamik in beiden Systemen dargestellt. Dabei werden die physikalischen Größen im SI-System mit einem Sternchen (∗) gekennzeichnet. Für die Umrechnung gilt

$$\rho = \sqrt{\frac{1}{4\pi\epsilon_0}}\rho^*, \quad \boldsymbol{j} = \sqrt{\frac{1}{4\pi\epsilon_0}}\boldsymbol{j}^*, \quad \boldsymbol{E} = \sqrt{4\pi\epsilon_0}\boldsymbol{E}^*, \quad \boldsymbol{B} = \sqrt{\frac{4\pi}{\mu_0}}\boldsymbol{B}^*,$$

mit

$$\begin{aligned} \epsilon_0 &= 8.8543 \cdot 10^{-12}\,\mathrm{As/Vm} \quad \ldots \quad \text{Elektrische Feldkonstante,} \\ \mu_0 &= 4\pi \cdot 10^{-7}\,\mathrm{Vs/Am} \quad \ldots \quad \text{Magnetische Feldkonstante.} \end{aligned}$$

Die beiden universellen Feldkonstanten sind durch die Beziehung

$$\epsilon_0\mu_0 = \frac{1}{c^2}$$

mit der Vakuumlichtgeschwindigkeit verknüpft.

Gaußsches System — SI-System

Maxwellgleichungen

Gaußsches System	SI-System
$\operatorname{rot}\boldsymbol{E} = -\frac{1}{c}\frac{\partial \boldsymbol{B}}{\partial t},$	$\operatorname{rot}\boldsymbol{E}^* = -\frac{\partial \boldsymbol{B}^*}{\partial t},$
$\operatorname{rot}\boldsymbol{B} = \frac{1}{c}\frac{\partial \boldsymbol{E}}{\partial t} + \frac{4\pi}{c}\boldsymbol{j},$	$\operatorname{rot}\boldsymbol{B}^* = \mu_0\epsilon_0\frac{\partial \boldsymbol{E}^*}{\partial t} + \mu_0\boldsymbol{j}^*,$
$\operatorname{div}\boldsymbol{E} = 4\pi\rho,$	$\operatorname{div}\boldsymbol{E}^* = \frac{\rho}{\epsilon_0},$
$\operatorname{div}\boldsymbol{B} = 0.$	$\operatorname{div}\boldsymbol{B}^* = 0.$

Erhaltungssätze

Kontinuitätsgleichung

$$\frac{\partial\rho}{\partial t} + \operatorname{div}\boldsymbol{j} = 0, \qquad \frac{\partial\rho^*}{\partial t} + \operatorname{div}\boldsymbol{j}^* = 0.$$

Energiesatz

$$\frac{\partial w}{\partial t} + \operatorname{div}\boldsymbol{S} = -\boldsymbol{E}\cdot\boldsymbol{j}, \qquad \frac{\partial w^*}{\partial t} + \operatorname{div}\boldsymbol{S}^* = -\boldsymbol{E}^*\cdot\boldsymbol{j}^*,$$

mit — mit

$$w = \frac{1}{8\pi}(\boldsymbol{E}^2 + \boldsymbol{B}^2), \qquad w^* = \frac{1}{2}\left(\epsilon_0\boldsymbol{E}^{*2} + \frac{1}{\mu_0}\boldsymbol{B}^{*2}\right),$$

$$\boldsymbol{S} = \frac{c}{4\pi}(\boldsymbol{E}\times\boldsymbol{B}), \qquad \boldsymbol{S}^* = \frac{1}{\mu_0}(\boldsymbol{E}^*\times\boldsymbol{B}^*).$$

Impulssatz

$$\frac{\partial \boldsymbol{p}_F}{\partial t} + \mathbf{Div}\, \boldsymbol{T} = -\left(\rho \boldsymbol{E} + \frac{\boldsymbol{j}}{c} \times \boldsymbol{B}\right),$$

$$\text{mit} \qquad \boldsymbol{p}_F = \frac{1}{4\pi c}(\boldsymbol{E} \times \boldsymbol{B}),$$

Potentiale und Felder

$$\boldsymbol{E} = -\operatorname{grad}\varphi - \frac{1}{c}\frac{\partial \boldsymbol{A}}{\partial t}, \qquad \boldsymbol{E}^* = -\operatorname{grad}\varphi^* - \frac{\partial \boldsymbol{A}^*}{\partial t},$$

$$\boldsymbol{B} = \operatorname{rot}\boldsymbol{A}, \qquad \boldsymbol{B}^* = \operatorname{rot}\boldsymbol{A}^*.$$

Lorentzeichung

$$\operatorname{div}\boldsymbol{A} + \frac{1}{c}\frac{\partial \varphi}{\partial t} = 0, \qquad \operatorname{div}\boldsymbol{A}^* + \epsilon_0\mu_0\frac{\partial \varphi^*}{\partial t} = 0.$$

Potentialgleichungen im stationären Fall

$$\Delta\varphi = -4\pi\rho, \qquad \Delta\varphi^* = -\frac{1}{\epsilon_0}\rho^*,$$

$$\Delta\boldsymbol{A} = -\frac{4\pi}{c}\boldsymbol{j}, \qquad \Delta\boldsymbol{A}^* = -\mu_0\boldsymbol{j}^*.$$

Freiraumlösungen

$$\varphi(\boldsymbol{r}) = \int\limits_{\mathbb{R}^3} \frac{\rho(\boldsymbol{r}')}{|\boldsymbol{r}-\boldsymbol{r}'|}d^3r', \qquad \varphi^*(\boldsymbol{r}) = \frac{1}{4\pi\epsilon_0}\int\limits_{\mathbb{R}^3} \frac{\rho^*(\boldsymbol{r}')}{|\boldsymbol{r}-\boldsymbol{r}'|}d^3r',$$

$$\boldsymbol{A}(\boldsymbol{r}) = \frac{1}{c}\int\limits_{\mathbb{R}^3} \frac{\boldsymbol{j}(\boldsymbol{r}')}{|\boldsymbol{r}-\boldsymbol{r}'|}d^3r', \qquad \boldsymbol{A}^*(\boldsymbol{r}) = \frac{\mu_0}{4\pi}\int\limits_{\mathbb{R}^3} \frac{\boldsymbol{j}^*(\boldsymbol{r}')}{|\boldsymbol{r}-\boldsymbol{r}'|}d^3r'.$$

Felder im stationären Fall

$$\boldsymbol{E}(\boldsymbol{r}) = \int\limits_{\mathbb{R}^3} \rho(\boldsymbol{r}')\frac{(\boldsymbol{r}-\boldsymbol{r}')}{|\boldsymbol{r}-\boldsymbol{r}'|^3}d^3r', \quad \boldsymbol{E}^*(\boldsymbol{r}) = \frac{1}{4\pi\epsilon_0}\int\limits_{\mathbb{R}^3} \rho^*(\boldsymbol{r}')\frac{(\boldsymbol{r}-\boldsymbol{r}')}{|\boldsymbol{r}-\boldsymbol{r}'|^3}d^3r'.$$

Biot-Savartsches Gesetz

$$\boldsymbol{B}(\boldsymbol{r}) = \frac{1}{c}\int\limits_{\mathbb{R}^3} \boldsymbol{j}(\boldsymbol{r}') \times \frac{(\boldsymbol{r}-\boldsymbol{r}')}{|\boldsymbol{r}-\boldsymbol{r}'|}d^3r', \quad \boldsymbol{B}^*(\boldsymbol{r}) = \frac{\mu_0}{4\pi}\int\limits_{\mathbb{R}^3} \boldsymbol{j}^*(\boldsymbol{r}') \times \frac{(\boldsymbol{r}-\boldsymbol{r}')}{|\boldsymbol{r}-\boldsymbol{r}'|}d^3r.'$$

Potentialgleichungen im nichtstationären Fall

$$\left(\Delta - \frac{1}{c^2}\frac{\partial^2}{\partial t^2}\right)\varphi = -4\pi\rho, \qquad \left(\Delta - \epsilon_0\mu_0\frac{\partial^2}{\partial t^2}\right)\varphi^* = -\frac{1}{\epsilon_0}\rho^*,$$

$$\left(\Delta - \frac{1}{c^2}\frac{\partial^2}{\partial t^2}\right)\boldsymbol{A} = -\frac{4\pi}{c}\boldsymbol{j}, \qquad \left(\Delta - \epsilon_0\mu_0\frac{\partial^2}{\partial t^2}\right)\boldsymbol{A}^* = -\mu_0\boldsymbol{j}^*.$$

Freiraumlösungen

$$\varphi(\boldsymbol{r},t) = \int\limits_{\mathbb{R}^3} \frac{\rho(\boldsymbol{r}',t - \frac{1}{c}|\boldsymbol{r}-\boldsymbol{r}'|)}{|\boldsymbol{r}-\boldsymbol{r}'|}d^3r', \quad \varphi^*(\boldsymbol{r},t) = \frac{1}{4\pi\epsilon_0}\int\limits_{\mathbb{R}^3} \frac{\rho^*(\boldsymbol{r}',t - \frac{1}{c}|\boldsymbol{r}-\boldsymbol{r}'|)}{|\boldsymbol{r}-\boldsymbol{r}'|}d^3r',$$

$$\boldsymbol{A}(\boldsymbol{r},t) = \frac{1}{c}\int\limits_{\mathbb{R}^3} \frac{\boldsymbol{j}(\boldsymbol{r}',t - \frac{1}{c}|\boldsymbol{r}-\boldsymbol{r}'|)}{|\boldsymbol{r}-\boldsymbol{r}'|}d^3r', \quad \boldsymbol{A}^*(\boldsymbol{r},t) = \frac{\mu_0}{4\pi}\int\limits_{\mathbb{R}^3} \frac{\boldsymbol{j}^*(\boldsymbol{r}',t - \frac{1}{c}|\boldsymbol{r}-\boldsymbol{r}'|)}{|\boldsymbol{r}-\boldsymbol{r}'|}d^3r'.$$

5 Spezielle Relativitätstheorie

5.1 Relativitätsprinzipien in Mechanik und Elektrodynamik

Wir erinnern an das *klassische Relativitätsprinzip*:

> *Zwei in relativer Translationsbewegung befindliche Systeme sind physikalisch äquivalent. Die Transformation zwischen den beiden Systemen wird durch die Galileitransformation* $\boldsymbol{r}' = \boldsymbol{r} - \boldsymbol{v}t$, $t' = t$ *vermittelt.*

Dabei bedeuten $\boldsymbol{r}$ und t den Ortsvektor und die Zeit im ungestrichenen, $\boldsymbol{r}'$ und t' den Ortsvektor und die Zeit im gestrichenen System, $\boldsymbol{v}$ die Relativgeschwindigkeit des gestrichenen Systems bezüglich des ungestrichenen Systems.

Wir betrachten nun die Maxwellschen Gleichungen. In ihnen erscheint die Lichtgeschwindigkeit c, ohne daß über das Bezugssystem irgendeine Aussage gemacht wurde. Daraus muß man folgern, daß sich im materiefreien Raum das Licht stets mit der Geschwindigkeit c ausbreitet, unabhängig vom Bewegungszustand des Beobachters. Diese Folgerung ist nun unverträglich mit der Galileitransformation, nach der sich die Eigengeschwindigkeit eines Systems zur Lichtgeschwindigkeit addieren müßte. In diesem Dilemma betrachen wir (unabhängig von der historischen Entwicklung) drei mögliche Antworten:

1. Die Maxwellschen Gleichungen gelten in ihrer bisherigen Form nur für ein ausgezeichnetes Bezugssystem, und müssen derart korrigiert werden, daß sie galileiinvariant sind.

Nun zeigt der Versuch von *Michelson-Morley*, daß die Lichtgeschwindigkeit tatsächlich als eine vom speziellen Bezugssystem unabhängige Konstante anzusehen ist. Da dieses Experiment in den meisten Lehrbüchern über Spezielle Relativitätstheorie ausführlich beschrieben ist, gehen wir auf die Versuchsanordnung nicht weiter ein. Das Ergebnis des Michelson-Morley-Versuches legt es also nahe, die Maxwellschen Gleichungen in ihrer bisherigen Form als universell gültig anzusehen.

2. Für elektromagnetische Vorgänge gibt es ein vom klassischen Relativitätsprinzip abweichendes Relativitätsprinzip, mit einer von der Galileitransformation abweichenden zugehörigen Transformation.

Ohne zunächst die physikalischen Konsequenzen dieser Aussage näher zu diskutieren, versuchen wir die formale Konstruktion einer Transformation, bezüglich der sich die Gesetze der Lichtausbreitung invariant zeigen. Konkreter fordern wir

(i) Die Transformation ist linear;

(ii) Eine Messung der Lichtgeschwindigkeit im Vakuum ergibt in beiden Bezugssystemen nach jeder Richtung den Wert c.

(iii) Es soll durch keine physikalische Messung möglich sein, einen prinzipiellen Unterschied zwischen zwei in relativer Translationsbewegung befindlichen Systemen festzustellen.

Die Forderung (i) bewirkt, daß nicht irgendein Punkt vor allen übrigen Punkten physikalisch ausgezeichnet ist. Die Forderung (iii) geht über die in (ii) ausschließlich für die Lichtgeschwindigkeit verlangte Invarianzforderung noch weit hinaus, indem sie die Gültigkeit dieser Verhältnisse für die Gesamtheit aller physikalischen Erscheinungen fordert.

5.1.1 Die Konstruktion der Lorentztransformation

Wie wir sehen werden, legen die Forderungen (i) - (iii) die analytische Form der Transformation bereits eindeutig fest. Wir betrachten zwei Systeme $I(x,y,z,t)$ und $II(x',y',z',t')$, wobei sich II bezüglich I mit der konstanten Relativgeschwindigkeit $\boldsymbol{v}$, I bezüglich II mit der Relativgeschwindigkeit $-\boldsymbol{v}$ bewegen soll. Zur Vereinfachung legen wir fest, daß $\boldsymbol{v}$ stets die Richtung der positiven x-Achse hat, und daß die x-Achse mit der x'-Achse zusammenfällt. Es gilt also

$$v_y = v_z = 0, \qquad |\boldsymbol{v}| = v_x := v.$$

Wegen der Gleichberechtigung der y- und der z-Richtung müssen die Transformationsformeln die Gestalt $y' = \alpha y$, $z' = \alpha z$ haben. Im Fall $\alpha \neq 1$ wäre ein objektiver Unterschied zwischen den Systemen I und II vorhanden: Ein in y-Richtung des Systems I ruhender Stab der Länge L würde dem in II befindlichen Beobachter mit der Länge αL erscheinen. Umgekehrt würde ein in y-Richtung des Systems II ruhender Stab der Länge L dem in I befindlichen Beobachter mit der Länge $\frac{1}{\alpha}L$ erscheinen. Für $\alpha \neq 1$ könnten I und II somit objektiv unterschieden werden, was nach Punkt (iii) nicht erlaubt ist. Es gilt daher

$$y' = y, \qquad z' = z,$$

und die gesuchten Transformationsgleichungen müssen von der Form

$$x' = x'(x,t), \qquad t' = t'(x,t)$$

sein. Voraussetzungsgemäß bewegt sich der Punkt $x' = 0$ mit der Geschwindigkeit v entlang der positiven x-Achse, d.h. $x' = 0$ bedeutet im System I $x = vt$. Analog dazu bedeutet $x = 0$ im System II $x' = -vt'$. Die Transformationsgleichungen besitzen also die Gestalt

$$x' = \gamma(x - vt), \qquad x = \gamma'(x' + vt'),$$

wobei γ und γ' reelle Zahlen sind. Wir wollen diese Zahlen nun mit Hilfe der Forderungen (i) - (iii) festlegen. Zunächst gilt wegen (iii) $\gamma = \gamma'$. Die Bestimmung von γ gelingt durch (ii). Dazu betrachten wir ein zur Zeit $t = t' = 0$ bei $x = x' = 0$ gegebenes Lichtsignal. Im System I trifft das Signal nach der Zeit t am Ort x, im System II nach der Zeit t' am Ort x' ein. Dabei gilt gemäß (ii) $x = ct$ und $x' = ct'$. Setzt man diese Werte in die obigen Transformationsgleichungen ein, so erhält man

$$ct' = \gamma t(c - v), \qquad ct = \gamma t'(c + v).$$

Multiplikation dieser Gleichungen liefert schließlich den gesuchten Wert

$$\gamma = \frac{1}{\sqrt{1 - \left(\frac{v}{c}\right)^2}}.$$

Setzt man diesen Wert in die Transformationsformeln ein, so erhält man nach elementarer Umformung

$$x' = \frac{x - vt}{\sqrt{1-\beta^2}}, \quad y' = y, \quad z' = z, \quad t' = \frac{t - \frac{vx}{c^2}}{\sqrt{1-\beta^2}}, \tag{5.1.1}$$

mit

$$\beta = \frac{v}{c}. \tag{5.1.2}$$

(5.1.1) heißt *Lorentztransformation*. Damit $\sqrt{1-\beta^2}$ stets reell ist, muß $v \leq c$ gefordert werden, was wir in Hinkunft immer als gegeben annehmen wollen. Man erkennt, daß für $c \to \infty$ die Lorentztransformation (5.1.1) formal in die Galileitransformation übergeht. Der Unterschied zwischen den beiden Transformationsformeln wird also durch den endlichen Wert der Lichtgeschwindigkeit bewirkt. Ebenso erkennt man, daß für $v \ll c$ die Lorentztransformation zahlenmäßig beinahe dieselben Ergebnisse wie die Galileitransformation ergibt. Trotzdem besteht ein fundamentaler qualitativer Unterschied, da sich Orts- und Zeitkoordinaten nicht getrennt transformieren! Speziell folgt aus $t' = t'(t, v)$, daß der gemessene Zeitablauf im gestrichenen System vom Bewegungszustand des Beobachters abhängt.

5.1.2 Das „richtige" Relativitätsprinzip

Bevor wir die physikalische Bedeutung von (5.1.1) diskutieren, wollen wir die Invarianz der Lichtausbreitung bezüglich (5.1.1) explizit zeigen. Dazu betrachten wir eine im Ursprung des ungestrichenen Systems befindliche, punktförmige Strahlungsquelle. Ein kurzzeitiger Strahlungsimpuls pflanzt sich als Kugelwelle mit der Lichtgeschwindigkeit nach allen Richtungen gleichförmig fort. Nach einer Laufzeit t hat der Impuls die Kugelfläche

$$x^2 + y^2 + z^2 = (ct)^2 \tag{5.1.3}$$

erreicht. Nun betrachten wir diese Situation von einem mit der Geschwindigkeit v in x-Richtung bewegten gestrichenen System. Setzt man in (5.1.3) die Transformationsformeln (5.1.1) ein, so folgt nach elementarer Zwischenrechnung

$$x'^2 + y'^2 + z'^2 = (ct')^2. \tag{5.1.3'}$$

Der Impuls hat also im gestrichenen System ebenfalls die Form einer Kugelwelle mit der Ausbreitungsgeschwindigkeit c! Hingegen erhält man bei Anwendung der Galileitransformation an Stelle von (5.1.3′) die Beziehung

$$(x' + vt')^2 + y'^2 + z'^2 = (ct')^2. \tag{5.1.4}$$

Der Strahlungsimpuls läuft also in positiver x-Richtung mit der Geschwindigkeit $c + v$, was der Maxwellschen Theorie widerspricht.

Die Invarianz der Lichtausbreitung läßt sich auch in differentieller Form zeigen. Bekanntlich wird die Lichtausbreitung im Vakuum durch die Differentialgleichung

$$\Box\psi = 0 \tag{5.1.5}$$

beschrieben, wobei $\Box$ den *D'Alembert-Operator*

$$\Box := -\Delta + \frac{1}{c^2}\frac{\partial^2}{\partial t^2} = -\frac{\partial^2}{\partial x^2} - \frac{\partial^2}{\partial y^2} - \frac{\partial^2}{\partial z^2} + \frac{1}{c^2}\frac{\partial^2}{\partial t^2} \tag{5.1.6}$$

bezeichnet. Wir betrachten nun den Differentialausdruck $\Box$ in einem mit der Geschwindigkeit v in x-Richtung relativ bewegten, gestrichenen System. Aus den Transformationsformeln (5.1.1) folgt

$$\begin{aligned}\frac{\partial}{\partial x} &= \frac{1}{\sqrt{1-\beta^2}}\frac{\partial}{\partial x'} - \frac{v/c^2}{\sqrt{1-\beta^2}}\frac{\partial}{\partial t'},\\ \frac{\partial}{\partial t} &= \frac{v}{\sqrt{1-\beta^2}}\frac{\partial}{\partial x'} + \frac{1}{\sqrt{1-\beta^2}}\frac{\partial}{\partial t'}.\end{aligned} \tag{5.1.7}$$

Nach nochmaliger Differentiation und elementarer Zwischenrechnung erhält man daraus

$$\Box = \Box'. \tag{5.1.8}$$

Der die Lichtausbreitung beschreibende D'Alembert-Operator ist also invariant gegenüber Lorentz-Transformationen, die Lichtgeschwindigkeit ist in allen zueinander gleichförmig bewegten Systemen konstant.

Die bisherigen Überlegungen gipfeln in einem *Relativitätsprinzip der Elektrodynamik*:

Elektromagnetische (optische) Phänomene laufen in allen zueinander gleichförmig bewegten Bezugssystemen in gleicher Weise ab. Es ist nicht möglich, mit Hilfe elektromagnetischer Versuche zwischen zwei in relativer Translationsbewegung befindlichen Systemen einen prinzipiellen Unterschied festzustellen. Die zugehörige Transformation ist die Lorentztransformation.

Allerdings ist die Situation noch immer unbefriedigend. Existieren nun zwei grundlegende Relativitätsprinzipien nebeneinander? Wie läßt sich die Lorentztransformation, die bisher eher den Rang eines mathematischen Taschenspielertricks einnimmt, physikalisch deuten?

Es war Einstein, der den gordischen Knoten löste und mit seiner tiefschürfenden Analyse des Raum-Zeit-Begriffes einen Wendepunkt in der Physik markierte: Seine Antwort auf die obige Problematik lautet:

3. *Es gibt nur ein verbindliches Relativitätsprinzip – jenes der Elektrodynamik. Alle Naturgesetze müssen derart beschaffen sein, daß sie invariant gegenüber Lorentztransformationen sind. Die galileiinvarianten Gleichungen der Newtonschen Mechanik müssen derart abgeändert werden, daß sie in ihrer neuen Form lorentzinvariant sind. Die Vakuumlichtgeschwindigkeit ist die höchste in der Natur vorkommende Geschwindigkeit.*

Die althergebrachten Vorstellungen, wie sie sich in der Galilei-Transformation spiegeln, müssen also revidiert werden. Diese Revision des Raum-Zeit-Begriffes bildet das eigentliche Kernstück der Speziellen Relativitätstheorie. Vor Einstein waren die Begriffe Raum und Zeit als etwas absolut Gegebenes angenommen worden. Die Vorstellung von der Zeit als etwas gleichmäßig Fließendes, vom Bewegungszustand des Beobachters Unabhängiges, sowie die Vorstellung einer absoluten Gleichzeitigkeit für zwei an verschiedenen Stellen stattfindende Ereignisse waren im zeitgenössischen Denken fest verankert. Wir diskutieren die Revision dieser Anschauungen im Zusammenhang mit den Konsequenzen und Deutungen der Lorentztransformation.

5.2 Konsequenzen der Lorentztransformation

5.2.1 Die Längenkontraktion

Wir betrachen einen Maßstab, der im Zustand der Ruhe die Länge L besitzt, und fragen nach der Länge, die ein relativ zu ihm in seiner Richtung bewegter Beobachter feststellt. Dabei sei das ungestrichene System das Ruhesystem des Beobachters, das gestrichene System das Ruhesystem des Stabes. x_1' und x_2' bezeichnen die Endpunkte des Stabes im gestrichenen, x_1 und x_2 die korrespondierenden Punkte im ungestrichenen System. Die entsprechenden Längen bezeichnen wir mit l' und l. Da das gestrichene System das Ruhesystem des Stabes darstellt gilt

$$l' = x_2' - x_1' = L. \tag{5.2.1}$$

Zur Berechnung der Länge $l = x_2 - x_1$ im ungestrichenen System gehen wir von der Lorentztransformation (5.1.1) aus. Man erhält

$$x_1 = \frac{x_1' + vt_1'}{\sqrt{1-\beta^2}}, \quad x_2 = \frac{x_2' + vt_2'}{\sqrt{1-\beta^2}}, \tag{5.2.2}$$

und somit

$$l = x_2 - x_1 = \frac{x_2' - x_1' + v(t_2' - t_1')}{\sqrt{1-\beta^2}}, \tag{5.2.3}$$

wobei t_1' und t_2' die Zeitpunkte der Messung von Anfangspunkt x_1' und Endpunkt x_2' bezeichnen. Zur Längenbestimmung im ungestrichenen System müssen beide Punkte x_1, x_2 natürlich gleichzeitig vermessen werden, es gilt also

$$t_1 = t_2. \tag{5.2.4}$$

Beachtet man die den beiden Zeitpunkten t_1' und t_2' durch (5.1.1) zugeordneten Zeitpunkte

$$t_1 = \frac{t_1' + vx_1'/c^2}{\sqrt{1-\beta^2}}, \quad t_2 = \frac{t_2' + vx_2'/c^2}{\sqrt{1-\beta^2}}, \tag{5.2.5}$$

so folgt aus (5.2.4)

$$t_2' - t_1' = -\frac{v}{c^2}(x_2' - x_1'). \tag{5.2.6}$$

Damit erhält man aus (5.2.3)

$$l = x_2 - x_1 = \frac{x_2' - x_1' - \frac{v^2}{c^2}(x_2' - x_1')}{\sqrt{1-\beta^2}} = \frac{(x_2' - x_1')(1-\beta^2)}{\sqrt{1-\beta^2}} = (x_2' - x_1')\sqrt{1-\beta^2},$$

bzw.

$$l = l'\sqrt{1-\beta^2} = L\sqrt{1-\beta^2} \tag{5.2.7}$$

Ein Maßstab, der im Zustand der Ruhe die Länge L besitzt, weist für einen relativ zu ihm in seiner Richtung bewegten Beobachter die verkürzte Länge $L\sqrt{1-\beta^2}$ auf. Dieser Effekt wird als *Lorentz-Kontraktion* bezeichnet.

Das Ergebnis erscheint zunächst ziemlich unglaubwürdig. Um die Verwirrung zu mildern, wollen wir uns vergegenwärtigen, daß Längenmessung die gleichzeitige Markierung von Anfangs- und Endpunkt bedeutet. Im ungestrichenen System ist dies tatsächlich der Fall, während im gestrichenen System wegen (5.2.6) für $v \neq 0$ $t_1' \neq t_2'$ gilt, womit die Längenänderung verständlich wird.

Darüber hinaus erkennt man, daß es unsinnig ist, von einer *absoluten Gleichzeitigkeit* zu sprechen. Gleichzeitigkeit ist ein Begriff, der nur innerhalb eines Bezugssystems einen Sinn hat. Zwei Ergebnisse, die von einem Bezugssystem als gleichzeitig erkannt werden, finden von einem dazu relativ bewegten Bezugssystem aus gesehen i.a. nicht gleichzeitig statt. Man erkennt aus (5.2.6), daß für $c \to \infty$ stets $t_1 = t_2$ gelten würde, unabhängig von v, d.h. wir erhielten in diesem Fall absolute Gleichzeitigkeit. Der Begriff der absoluten Gleichzeitigkeit enthält also implizit die Annahme der Existenz von Signalen unendlich großer Fortpflanzungsgeschwindigkeit.

5.2.2 Die Zeitdilatation

So wie wir im vorigen Abschnitt eine räumliche Distanz von zwei verschiedenen Systemen aus betrachtet haben, untersuchen wir nun eine zeitliche Distanz. Seien t_1' und t_2' zwei für einen Ort $x_1' = x_2'$ markierte Zeitpunkte. Für die gemäß (5.1.1) transformierten Zeitpunkte t_1 und t_2 gilt (5.2.5), und somit

$$t_2 - t_1 = \frac{t_2' - t_1'}{\sqrt{1-\beta^2}}. \tag{5.2.8}$$

Dieser Effekt wird als *Zeitdilatation* bezeichnet. Zur Veranschaulichung des Ergebnisses betrachten wir die Ganggeschwindigkeit einer mit dem gestrichenen System fest verbundenen Uhr vom ungestrichenen System aus. Gemäß (5.2.8) geht eine bewegte Uhr um den Faktor $1/\sqrt{1-\beta^2}$ langsamer als eine ruhende Uhr. Als *Eigenzeit T* eines bewegten Körpers definiert man die Anzeige einer mit dem Körper mitbewegten Uhr. (5.2.8) läßt sich dann in der Form

$$\Delta t = \frac{\Delta T}{\sqrt{1-\beta^2}} \tag{5.2.8'}$$

schreiben. Analog zu den Ausführungen in 2.1 läßt sich zeigen, daß den Punkten $x_1' = x_2'$ im ungestrichenen System zwei verschiedene Punkte $x_1 \neq x_2$ entsprechen. Aus den Transformationsbeziehungen (5.2.2) folgt mit $x_1' = x_2'$

$$x_2 - x_1 = \frac{v(t_2' - t_1')}{\sqrt{1-\beta^2}}, \tag{5.2.9}$$

d.h. für $v \neq 0$ gilt $x_2 \neq x_1$.

5.2.3 Geometrische Darstellung der Lorentztransformation

Wir betrachten alle möglichen Punktereignisse im ungestrichenen System als Raum-Zeit-Diagramm, wobei die Abszisse den Ort x und die Ordinate die mit c multiplizierte Zeit $w := ct$ angibt.

Jede Bewegung eines materiellen Punktes stellt sich als Kurve dar, die wir als *Weltlinie* des Punktes bezeichnen wollen. Sei u die Geschwindigkeit eines Punktes in x-Richtung. Wegen

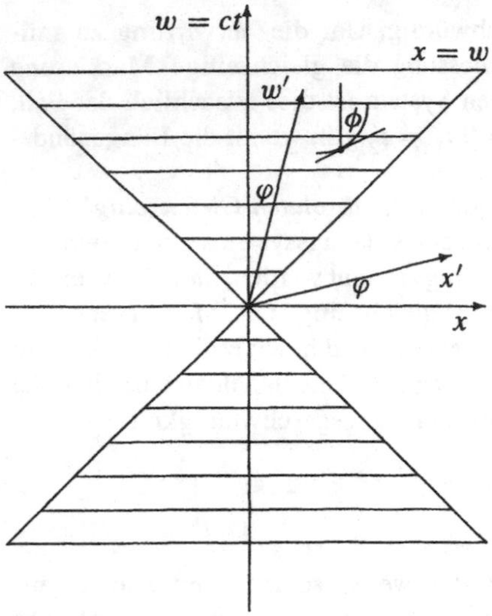

Bild 5.1

$$\frac{dx}{dw} = \frac{1}{c}\frac{dx}{dt} = \frac{u}{c} \tag{5.2.10}$$

gilt dann für den Winkel ϕ zwischen der w-Achse und der Tangente der Weltlinie des Punktes:

$$\tan\phi = \frac{dx}{dw} = \frac{u}{c}. \tag{5.2.11}$$

Der Winkel ϕ ist also proportional zur Geschwindigkeit u des Punktes. Wegen $|u| \leq c$ gilt $|\tan\phi| \leq 1$ und somit

$$-45° \leq \phi \leq 45°. \tag{5.2.12}$$

Alle Weltlinien müssen daher im schraffierten Bereich von Bild 5.1 verlaufen. Die Weltlinie eines in x-Richtung laufenden Lichtstrahls ist eine Gerade, die unter 45° gegen die Achse geneigt ist.

Wir betrachten nun das gestrichene System. Mit $w' = ct'$ folgt aus (5.1.1) die Darstellung

$$x' = \frac{x - \beta w}{\sqrt{1-\beta^2}}, \quad w' = \frac{w - \beta x}{\sqrt{1-\beta^2}}. \tag{5.2.13}$$

Man beachte den durch Multiplikation der Zeitkoordinate t mit c induzierten symmetrischen Aufbau der Lorentztransformation: Ortskoordinate x und normierte Zeitkoordinate w erscheinen in (5.2.13) praktisch gleichberechtigt. Wir werden diese Tatsache in Abschnitt 5.3 zum Ausgangspunkt einer vertiefenden Betrachtung machen. Zunächst jedoch leiten wir aus (5.2.13) die graphische Darstellung der Abszisse $x'(w' = 0)$ und der Ordinate $w'(x' = 0)$ her. Definitionsgemäß fallen die Punkte $x = 0$, $w = 0$, $x' = 0$ $w' = 0$ zusammen. Der Punkt $x' = 0$ bewegt sich gegen das ungestrichene System voraussetzungsgemäß mit der Geschwindigkeit v. Seine Weltlinie und damit die w'-Achse ist daher eine Gerade durch den Ursprung, die gemäß (5.2.11) mit der w-Achse einen Winkel

$$\varphi = \arctan\frac{v}{c} = \arctan\beta \tag{5.2.14}$$

einschließt. Ebenso stellt die Weltlinie des Punktes $w' = 0$ die x'-Achse dar. Setzt man in (5.2.13) $w' = 0$, so folgt als Darstellung der x'-Achse die Gleichung

$$w = \beta x. \tag{5.2.15}$$

Für den von dieser Geraden mit der x-Achse eingeschlossenen Winkel ϕ gilt daher $\phi = \tan\beta$, und wegen (5.2.14) $\phi = \varphi$.

Aus Bild 5.1 erkennt man deutlich den relativen Charakter der Gleichzeitigkeit: Alle auf der x'-Achse liegenden Punktereignisse erscheinen dem im gestrichenen System befindlichen Beobachter gleichzeitig, während sie für den im ungestrichenen System befindlichen Beobachter nacheinander erfolgen. Ebenso lassen sich auch die Längenkontraktion und die Zeitdilatation sofort veranschaulichen, was dem Leser als Übungsaufgabe empfohlen sei.

5.2.4 Vergangenheit, Gegenwart, Zukunft und Kausalität

Die bisherigen Betrachtungen führen uns dazu, die übliche Zeiteinteilung und den Begriff der Kausalität im neuen Rahmen nochmals zu überdenken. Dazu betrachten wir zwei durch die Weltpunkte (x_1,t_1) und (x_2,t_2) markierte Ereignisse. Wir bezeichnen sie als zueinander

$$\begin{array}{lll} \textit{zeitartig} & \text{liegend, falls} & c^2(t_2-t_1)^2-(x_2-x_1)^2>0, \quad \text{(a)} \\ \textit{lichtartig} & \text{liegend, falls} & c^2(t_2-t_1)^2-(x_2-x_1)^2=0, \quad \text{(b)} \\ \textit{raumartig} & \text{liegend, falls} & c^2(t_2-t_1)^2-(x_2-x_1)^2<0. \quad \text{(a)} \end{array} \tag{5.2.16}$$

Der wesentliche Unterschied zwischen zueinander zeitartig und zueinander raumartig liegenden Ereignissen ist der, daß die zeitliche Aufeinanderfolge zueinander zeitartig liegender Ereignisse von der Wahl des Bezugssystems unabhängig ist, während die zeitliche Reihenfolge zueinander raumartig liegender Ereignisse von der Wahl des Bezugssystems abhängt. Zur graphischen Veranschaulichung betrachten wir wieder den Lichtkegel, dessen Ursprung wir mit dem Ereignis (x_1,t_1) zusammenfallen lassen:

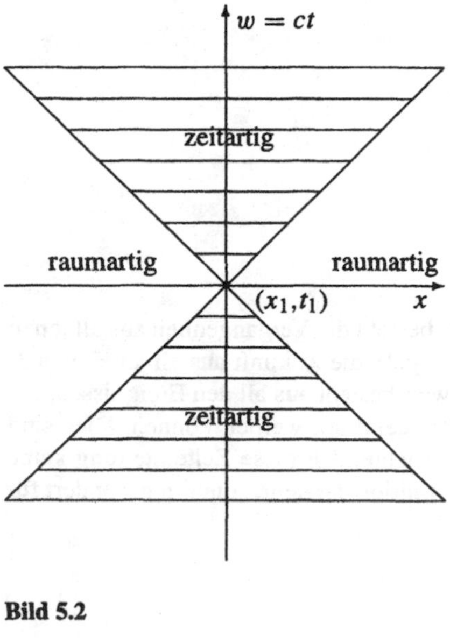

Bild 5.2

Nach der obigen Definition liegen alle im schraffierten Bereich befindlichen Ereignisse zu (x_1,t_1) zeitartig, und alle außerhalb des schraffierten Bereiches befindlichen Ereignisse zu (x_1,t_1) raumartig. Wenn nun zwischen zwei Ereignissen eine kausale Beziehung besteht (d.h. wenn ein Ereignis die Ursache des anderen darstellt), dann muß die zeitliche Reihenfolge dieser Ereignisse vom Bezugssystem unabhängig sein. Es gilt also

Kausal verknüpfte Ereignisse liegen zueinander zeitartig.

In der graphischen Darstellung von Bild 5.2 befinden sich die kausal verknüpften Ereignisse alle im schraffierten Bereich. Wenn (x_1,t_1) das Ursache-Ereignis ist, so muß das Wirkungs-Ereignis (x_2,t_2) in dem nach oben gerichteten Teil des Lichtkegels – dem *Vorwärtskegel* – liegen. Andererseits kann (x_1,t_1) nur Wirkungs-Ereignis sein, wenn das Ursache-Ereignis (x_2,t_2) im unteren Teil des Lichtkegels – dem *Rückwärtskegel* – liegt. Die Grenze zwischen zeitartigen und raumartigen Bereichen wird gemäß Bild 5.2 durch die Lichtgeschwindigkeit definiert. Wäre $v > c$ möglich, so würden Bezugssysteme existieren, in denen sich die zeitliche Reihenfolge von Ursache- und Wirkungsereignissen verschieden darstellen würde. Dies wäre eine Verletzung des Kausalitätsprinzips!

Die bisherigen Überlegungen führen uns zu folgender Definition von Vergangenheit, Gegenwart und Zukunft:

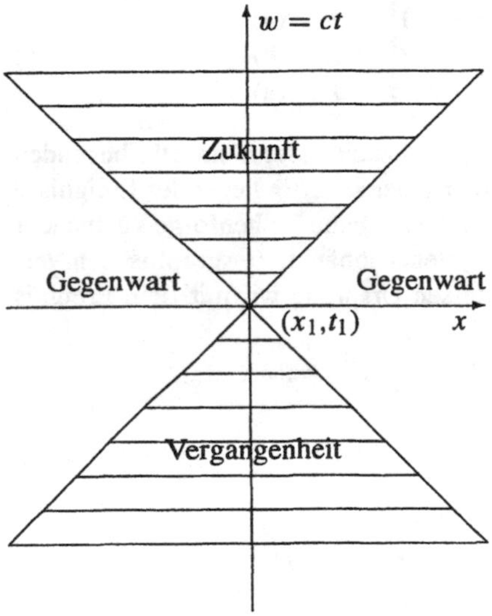

Bild 5.3

Für ein bestimmtes Ereignis E im Weltpunkt (x_1,t_1) besteht die Vergangenheit aus all jenen Ereignissen, die E beeinflußt haben können (Rückwärtskegel), die Zukunft aus all jenen von E beeinflußbaren Ereignissen (Vorwärtskegel). Die Gegenwart besteht aus all den Ereignissen, die auf E keinen Einfluß haben, und ihrerseits von E nicht beeinflußt werden können. Dies sind gerade alle zu E raumartig liegenden Ereignisse. Man beachte, daß diese Zeiteinteilung keine globale, vom physikalischen Geschehen unabhängige Definition darstellt, sondern gesondert für jedes Ereignis definiert ist.

5.3 Das vierdimensionale Raum-Zeit-Kontinuum

In der Lorentztransformation (5.2.18) erscheinen die Ortskoordinate x und die Zeitkoordinate ct gleichberechtigt. Es liegt daher nahe, (5.2.18) als Transformation eines vierdimensionalen Raumes mit den Koordinaten

$$x^{\mu} := (ct,\, x, y, z) \tag{5.3.1}$$

und dem Bogenelement

$$ds^2 = (cdt)^2 - (dx^2 + dy^2 + dz^2) \tag{5.3.2}$$

aufzufassen. Aus der allgemeinen Definition des Bogenelementes

$$ds^2 = g_{\mu\nu} dx^{\mu} dx^{\nu} \tag{5.3.3}$$

erhält man den zu (5.3.1) gehörigen kovarianten Metriktensor

$$g_{\mu\nu} = \begin{pmatrix} 1 & 0 & 0 & 0 \\ 0 & -1 & 0 & 0 \\ 0 & 0 & -1 & 0 \\ 0 & 0 & 0 & -1 \end{pmatrix}. \tag{5.3.4}$$

Der kontravariante Metriktensor ergibt sich aus der Forderung

$$g_{\mu\nu} g^{\nu\beta} = \delta_{\mu}^{\beta} \tag{5.3.5}$$

zu

$$g^{\mu\nu} = \begin{pmatrix} 1 & 0 & 0 & 0 \\ 0 & -1 & 0 & 0 \\ 0 & 0 & -1 & 0 \\ 0 & 0 & 0 & -1 \end{pmatrix}. \tag{5.3.6}$$

Ko- und kontravarianter Metriktensor besitzen also dieselbe Gestalt. Ein vierdimensionaler Raum, in dem die Metrik die Form (5.3.4) bzw. (5.3.6) besitzt, heißt *Minkowskiraum.* Zwei verschiedene Ereignisse definieren zwei verschiedene Punkte im Minkowskiraum. In Abschnitt 5.2.4 haben wir eine Klassifizierung von Ereignissen nach dem Vorzeichen von $c^2(t_2 - t_1)^2 - (x_2 - x_1)^2$ durchgeführt. In unserer neuen Schreibweise bedeutet für zwei infinitesimal benachbarte Punkte

$$\begin{aligned} ds^2 > 0: &\quad \text{die Ereignisse liegen zueinander zeitartig;} \\ ds^2 = 0: &\quad \text{die Ereignisse liegen zueinander lichtartig;} \\ ds^2 < 0: &\quad \text{die Ereignisse liegen zueinander raumartig.} \end{aligned} \tag{5.3.7}$$

Während in einem Euklidischen Raum
R^n das Abstandsquadrat zweier Punkte stets größer als Null ist, kann im Minkowskiraum ds^2 größer, gleich oder kleiner als Null werden. Die Metrik ist *indefinit,* man spricht von einem *Pseudoeuklidischen Raum.*

5.3.1 Lorentztransformationen als orthogonale Transformationen des Minkowskiraumes

Mit Hilfe der Lorentztransformation überzeugt man sich von der Gültigkeit der Beziehung

$$(ct)^2 - (x^2 + y^2 + z^2) = (ct')^2 - (x'^2 + y'^2 + z'^2). \tag{5.3.8}$$

Das differentielle Analogon lautet

$$(cdt)^2 - (dx^2 + dy^2 + dz^2) = (cdt')^2 - (dx'^2 + dy'^2 + dz'^2), \tag{5.3.8'}$$

was sich mit Hilfe des Bogenelementes auch in der Gestalt

$$ds^2 = ds'^2 \tag{5.3.9}$$

schreiben läßt. Die Lorentztransformationen (5.2.18) lassen somit das Quadrat des Linienelementes invariant. Im Euklidischen Raum $\mathbb{R}^n$ werden Transformationen mit der Eigenschaft (5.3.9) als *orthogonale Transformationen* bezeichnet. Die Lorentztransformationen (5.2.18) stellen also orthogonale Transformationen des Minkowskiraumes dar. Im Fall des $\mathbb{R}^3$ kann man die Wirkungsweise einer orthogonalen Transformation als Drehung veranschaulichen. Analog dazu können die Lorentztransformationen (5.2.18) als Drehungen im Vierdimensionalen charakterisiert werden.

Die bisher betrachtete Transformation (5.1.2) bzw. (5.2.18) repräsentiert einen sehr speziellen Typ orthogonaler Transformationen. Wir wollen nun die Gleichung (5.3.9) im Minkowskiraum als Definitionsgleichung für Lorentztransformationen auffassen, d.h. wir definieren Lorentztransformationen als diejenige Teilmenge aller linearen Transformationen des Minkowskiraumes, die das Quadrat des Linienelementes invariant lassen. Dazu gehen wir von einer allgemeinen, linearen Transformation

$$x'^\mu = a^\mu{}_\nu x^\nu \tag{5.3.10}$$

aus, wobei die Zuordnung eindeutig sein soll, d.h. es muß $|(a^\mu{}_\nu)| \neq 0$ gelten. Die Invarianz des Abstandes gemäß

$$s = \sqrt{x_\mu x^\mu} = s' = \sqrt{x'_\mu x'^\mu} \tag{5.3.11}$$

bedeutet

$$x'_\mu x'^\mu = a_\mu{}^\nu x_\nu a^\mu{}_\beta x^\beta = x_\mu x^\mu,$$

woraus für die Matrix a^μ_ν die Beziehungen

$$a^\mu{}_\nu a^\beta{}_\mu = \delta^\beta_\nu, \quad \nu,\beta = 0,1,2,3 \tag{5.3.12}$$

folgen. Die Gleichung (5.3.12) kann ebenso wie (5.3.9) als Definitionsgleichung für orthogonale Transformationen aufgefaßt werden. Die Matrix $(a^\mu{}_\nu)$, $\mu,\nu = 0,1,2,3$ besteht aus 16 Elementen. Wegen der 10 einschränkenden Orthogonalitätsbedingungen (5.3.12) bleiben 6 frei wählbare Parameter zur Konstruktion einer beliebigen, orthogonalen Transformation. Bei Verwendung der Koordinaten $x^\mu := (ct,\boldsymbol{x})$, $x_\mu := (ct, -\boldsymbol{x})$ sind die Transformationskoeffizienten durchwegs reell. Da die Determinante einer transponierten Matrix mit jener der Ausgangsmatrix übereinstimmt, folgt aus (5.3.12)

$$|(a^\mu{}_\nu)||(a^\beta{}_\mu)| = |(a^\mu{}_\nu)|^2 = |(\delta^\beta_\mu)| = 1,$$

mit den Lösungen

$$|(a^\mu{}_\nu)| = \pm 1. \tag{5.3.13}$$

Unterscheiden wir ferner die beiden Fälle $a^0{}_0 \geq 1$, bzw. $a^0{}_0 \leq -1$, so ergeben sich die vier folgenden Möglichkeiten:

$$\begin{aligned} \det a = +1, \quad a_0{}^0 \geq +1 : \quad \ldots \quad L^\uparrow_+, \\ \det a = -1, \quad a_0{}^0 \geq +1 : \quad \ldots \quad L^\uparrow_-, \\ \det a = -1, \quad a_0{}^0 \leq -1 : \quad \ldots \quad L^\downarrow_-, \\ \det a = +1, \quad a_0{}^0 \leq -1 : \quad \ldots \quad L^\downarrow_+. \end{aligned} \tag{5.3.14}$$

Die zu $L_+^\uparrow$ gehörigen Transformationen werden als *eigentliche Lorentztransformationen* bezeichnet. Dazu gehören u.a. die Einheitstransformation, alle infinitesimalen Transformationen und ihre Iterationen, somit auch alle räumlichen Rotationen und die speziellen Lorentztransformationen des Minkowskiraumes („Lorentz-Boosts").

Die zu $L_-^\uparrow, L_-^\downarrow, L_+^\downarrow$ gehörigen Transformationen werden als *uneigentliche Lorentztransformationen* bezeichnet. Sie enthalten entweder eine (diskrete) Raumspiegelung oder eine (diskrete) Zeitspiegelung. Die Einheitstransformation ist jedoch nirgends enthalten. Wir besprechen kurz die wichtigsten Repräsentanten der uneigentlichen Lorentztransformationen:

Aus $L_-^\uparrow$: **Rauminversion:**

$$\boldsymbol{x}' = -\boldsymbol{x}, \quad t' = t. \tag{5.3.15}$$

Die zugehörige Transformationsmatrix lautet

$$a^\mu{}_\nu = \begin{pmatrix} 1 & 0 & 0 & 0 \\ 0 & -1 & 0 & 0 \\ 0 & 0 & -1 & 0 \\ 0 & 0 & 0 & -1 \end{pmatrix}, \tag{5.3.16}$$

sie besitzt dieselbe Form wie der Metriktensor.

Aus $L_-^\downarrow$: **Zeitspiegelung:**

$$\boldsymbol{x}' = \boldsymbol{x}, \quad t' = -t. \tag{5.3.17}$$

Die zugehörige Transformationsmatrix lautet

$$a^\mu{}_\nu = \begin{pmatrix} -1 & 0 & 0 & 0 \\ 0 & 1 & 0 & 0 \\ 0 & 0 & 1 & 0 \\ 0 & 0 & 0 & 1 \end{pmatrix}. \tag{5.3.18}$$

Aus $L_+^\downarrow$: **Totale Inversion:**

$$\boldsymbol{x}' = -\boldsymbol{x}, \quad t' = -t, \tag{5.3.19}$$

mit der Transformationsmatrix

$$a^\mu{}_\nu = \begin{pmatrix} -1 & 0 & 0 & 0 \\ 0 & -1 & 0 & 0 \\ 0 & 0 & -1 & 0 \\ 0 & 0 & 0 & -1 \end{pmatrix}. \tag{5.3.20}$$

5.3.2 Gruppentheoretische Gesichtspunkte

Eine Menge linearer Transformationen mit von Null verschiedener Determinante heißt eine *Gruppe*, wenn die folgenden Bedingungen erfüllt sind:

1. Wenn eine Transformation der Menge angehört, so gehört ihr auch die inverse Transformation an;
2. Das Produkt zweier zur Menge gehörigen Transformationen gehört (bei beliebiger Reihenfolge der Faktoren) wieder zur Menge.

Eine Gruppe, deren Elemente bezüglich der Produktbildung das Kommutativgesetz erfüllen, heißt eine *Abelsche Gruppe*. Da das Produkt jeder Transformation mit ihrer Inversen die identische Transformation darstellt, muß eine Gruppe notwendigerweise die identische Transformation beinhalten.

Für die durch (5.3.14) definierte Gesamtheit der Lorentztransformationen erkennt man, daß sie eine Gruppe bilden, da das Produkt zweier orthogonaler Transformationen wieder eine orthogonale Transformation ergibt. Wir bezeichnen diese Gruppe als *Lorentzgruppe* L. $L_+^\uparrow$ ist ebenfalls eine Gruppe: das Produkt zweier orthogonaler Transformationen mit Determinante $+1$ ergibt wieder eine orthogonale Transformation mit Determinante $+1$. Die Mengen $L_-^\uparrow$, $L_-^\downarrow$, $L_+^\downarrow$ bilden hingegen keine Gruppe, da sie kein Einselement (identische Transformation) besitzen. Hingegen stellt die Vereinigung von $L_+^\uparrow$ mit $L_-^\uparrow$ wieder eine Gruppe dar, die sogenannte *volle Lorentzgruppe* L_f.

Die Überlegungen aus Abschnitt 3.1 und 3.2 behalten ihre Gültigkeit, wenn man an Stelle der linearen, homogenen Transformation (5.3.10) von einer linearen, inhomogenen Transformation

$$x'^\mu = a^\mu{}_\nu x^\nu + b^\mu \tag{5.3.10'}$$

ausgeht. Wie man sich leicht überzeugt, bleiben die Orthogonalitätsrelationen (5.3.12) ungeändert bestehen. Zu den 6 frei wählbaren Parametern der Lorentztransformation kommen nun noch die 4 frei wählbaren Parameter b^μ hinzu, so daß man insgesamt 10 Freiheitsgrade zur Verfügung hat. Orthogonale Transformationen der Gestalt (5.3.10′) werden als *Poincarétransformationen* bezeichnet.

5.3.3 Naturgesetze im Minkowskiraum

Das Relativitätsprinzip besagt, daß physikalische Sachverhalte stets so formuliert werden können, daß sie vom gewählten Bezugssystem unabhängig sind. Ein geeigneter Formalismus für die koordinateninvariante Formulierung ist die Tensorrechnung. So können beispielsweise die Grundgleichungen der klassischen Mechanik als Vektorgleichungen im dreidimensionalen Euklidischen Raum formuliert werden, womit die Invarianz dieser Gleichungen bezüglich Transformationen der Ortskoordinaten und Galileitransformationen sichergestellt ist. Das Relativitätsprinzip der Speziellen Relativitätstheorie verlangt nun die Invarianz aller Naturgesetze gegenüber Lorentztransformationen, d.h. gegenüber orthogonalen Transformationen des Minkowskiraumes. Daher ist die Invarianz der entsprechenden Gleichungen sichergestellt, wenn sie sich als Tensorgleichungen im Minkowskiraum formulieren lassen. Für die Grundgleichungen der Elektrodynamik werden wir dieses Programm in Kapitel 6 konsequent durchführen. Für die Formulierung der Grundgleichungen der Mechanik im Minkowskiraum sei auf Kapitel 3 verwiesen.

Abschließend wollen wir eine Klassifizierung der Vektoren des Minkowskiraumes vornehmen. Dazu betrachten wir für einen beliebigen Vierervektor $A^\mu := (A^0, \boldsymbol{A})$ sein Betragsquadrat $A^\mu A_\mu$. Dann heißt A^μ *zeitartig* für $A^\mu A_\mu > 0$, *lichtartig* für $A^\mu A_\mu = 0$, und *raumartig* für $A^\mu A_\mu < 0$.

5.4 Infinitesimale Transformationen

5.4.1 Infinitesimale Lorentztransformationen, Generatoren

Für viele Untersuchungen erweist es sich als nützlich, eine endliche eigentliche Lorentztransformation durch wiederholte Anwendung infinitesimaler Transformationen gemäß

$$a^{\nu}{}_{\mu} = a^{\nu}{}_{\mu_1}^{(1)} \quad a^{\mu_1}{}_{\mu_2}^{(2)} \quad a^{\mu_2}{}_{\mu_3}^{(3)} \ldots \tag{5.4.1}$$

darzustellen. Dabei bezeichnen $a^{\nu}{}_{\mu}^{(n)}$ infinitesimale Lorentztransformationen der Gestalt

$$a^{\nu}{}_{\mu}^{(n)} = \delta^{\nu}{}_{\mu} + \epsilon^{\nu}{}_{\mu}^{(n)}, \quad |\epsilon^{\nu}{}_{\mu}^{(n)}| \ll 1. \tag{5.4.2}$$

Eigentliche Lorentztransformationen können also durch wiederholte infinitesimale Transformationen aus der Identität erzeugt werden. (Für uneigentliche Lorentztransformationen ist dies nicht möglich, da sie die Einheitstransformation nicht enthalten.) Für die weiteren Ausführungen vernachlässigen wir in (5.4.2) den Index n und schreiben

$$a^{\nu}{}_{\mu} = \delta^{\nu}{}_{\mu} + \epsilon^{\nu}{}_{\mu}, \quad |\epsilon^{\nu}{}_{\mu}| \ll 1. \tag{5.4.2'}$$

Eine infinitesimale Koordinatentransformation lautet dann

$$x'^{\nu} = a^{\nu}{}_{\mu} x^{\mu} = (\delta^{\nu}{}_{\mu} + \epsilon^{\nu}{}_{\mu}) x^{\mu}. \tag{5.4.3}$$

Aus den Orthogonalitätsrelationen (5.3.12) folgen die Bedingungen

$$a_{\mu}{}^{\nu} a^{\mu}{}_{\sigma} = \delta^{\nu}{}_{\sigma} = (\delta^{\nu}{}_{\mu} + \epsilon_{\mu}{}^{\nu})(\delta^{\mu}{}_{\sigma} + \epsilon^{\mu}{}_{\sigma}) = \delta^{\nu}{}_{\mu}\delta^{\mu}{}_{\sigma} + \delta_{\mu}{}^{\nu}\epsilon^{\mu}{}_{\sigma} + \epsilon_{\mu}{}^{\nu}\delta^{\mu}{}_{\sigma} = \delta^{\nu}{}_{\sigma} + \epsilon^{\nu}{}_{\sigma} + \epsilon_{\sigma}{}^{\nu}, \tag{5.4.4}$$

wobei wir die in ϵ quadratischen Anteile vernachlässigt haben. Damit die Orthogonalitätsrelationen in erster Ordung erfüllt sind, muß also

$$\epsilon^{\nu}{}_{\sigma} = -\epsilon_{\sigma}{}^{\nu} \tag{5.4.5}$$

gelten. Mit $\epsilon^{\nu}{}_{\sigma} = g^{\nu\mu}\epsilon_{\mu\sigma}$ und $\epsilon^{\nu}{}_{\sigma} = g^{\nu\mu}\epsilon_{\sigma\mu}$ folgt aus (5.4.5) die Antisymmetrie für die kovarianten Komponenten

$$\epsilon_{\mu\nu} = -\epsilon_{\nu\mu}. \tag{5.4.5'}$$

Es existieren also 6 unabhängige Zahlen $\epsilon_{\mu\nu}$ als Parameter für infinitesimale Lorentztransformationen, in Übereinstimmung mit den Freiheitsgraden bei endlichen Lorentztransformationen. Ein wichtiges Hilfsmittel für das Studium infinitesimaler orthogonaler Transformationen sind ihre Erzeugenden oder Generatoren. Zu ihrer Definition gehen wir von der Transformationsformel (5.4.3) aus, und machen für die Parameter $\epsilon_{\nu\mu}$ den Ansatz

$$\epsilon^{\nu}{}_{\mu} = \frac{1}{2}\sum_{\sigma,\rho} \epsilon_{\sigma\rho}(I^{\nu}{}_{\mu})^{\sigma\rho}, \quad \nu\mu = 0,1,2,3. \tag{5.4.6}$$

Die Größen $(I^{\nu}{}_{\mu})^{\sigma\rho}$ heißen die *Erzeugenden* oder *Generatoren* der Gruppe $L_{+}^{\uparrow}$. Um eine Verwechslung mit den Matrizenindizes ν,μ zu vermeiden, werden die Matrizenindizes ν,μ zusammen mit dem Symbol I in Klammer gesetzt. In (5.4.6) wird über $\sigma,\rho = 0,1,2,3$ summiert. Für jeden festen Index σ,ρ stellt $(I^{\nu}{}_{\mu})^{\sigma\rho}$, $\nu,\mu = 0,1,2,3$ eine 4×4 Matrix dar.

Zur expliziten Berechnung der Generatoren gehen wir von den kontravarianten Komponenten $\epsilon_{\beta\mu}$ aus:

$$\epsilon_{\beta\mu} = g_{\beta\nu}\epsilon^{\nu}{}_{\mu} = \frac{1}{2}\sum_{\sigma\rho}\epsilon_{\sigma\rho}g_{\beta\nu}(I^{\nu}{}_{\mu})^{\sigma\rho} = \frac{1}{2}\sum_{\sigma\rho}\epsilon_{\sigma\rho}(I_{\beta\mu})^{\sigma\rho}. \tag{5.4.7}$$

Weiter wählen wir die $(I_{\nu\mu})^{\sigma\rho}$ in den Indizes σ und ρ antisymmetrisch, da symmetrische Anteile wegen der Antisymmetrie von $\epsilon_{\sigma\rho}$ nichts beitragen würden. Dann lautet die Lösung der Gleichung (5.4.7)

$$(I_{\mu\nu})^{\sigma\rho} = g^{\sigma}_{\mu}g^{\rho}_{\nu} - g^{\sigma}_{\nu}g^{\rho}_{\mu}, \tag{5.4.8}$$

wie man durch Einsetzen sofort nachprüft. Die Größen $(I_{\mu\nu})^{\sigma\rho}$ sind daher sowohl in den Generatorindizes σ, ρ als auch in den Matrizenindizes μ, ν antisymmetrisch, es gilt

$$\begin{aligned} (I_{\mu\nu})^{\sigma\rho} &= -(I_{\mu\nu})^{\rho\sigma}, \quad &\text{(a)} \\ (I_{\mu\nu})^{\sigma\rho} &= -(I_{\nu\mu})^{\sigma\rho}. \quad &\text{(b)} \end{aligned} \tag{5.4.9}$$

In expliziter Notation erhält man aus (5.4.9) folgende Matrixdarstellung der Generatoren:

$$\begin{aligned}
(I_{\mu\nu})^{10} &= \begin{pmatrix} 0 & 1 & 0 & 0 \\ -1 & 0 & 0 & 0 \\ 0 & 0 & 0 & 0 \\ 0 & 0 & 0 & 0 \end{pmatrix}, &
(I_{\mu\nu})^{20} &= \begin{pmatrix} 0 & 0 & 1 & 0 \\ 0 & 0 & 0 & 0 \\ -1 & 0 & 0 & 0 \\ 0 & 0 & 0 & 0 \end{pmatrix}, \\
(I_{\mu\nu})^{30} &= \begin{pmatrix} 0 & 0 & 0 & 1 \\ 0 & 0 & 0 & 0 \\ 0 & 0 & 0 & 0 \\ -1 & 0 & 0 & 0 \end{pmatrix}, &
(I_{\mu\nu})^{12} &= \begin{pmatrix} 0 & 0 & 0 & 0 \\ 0 & 0 & -1 & 0 \\ 0 & 1 & 0 & 0 \\ 0 & 0 & 0 & 0 \end{pmatrix}, \\
(I_{\mu\nu})^{13} &= \begin{pmatrix} 0 & 0 & 0 & 0 \\ 0 & 0 & 0 & -1 \\ 0 & 0 & 0 & 0 \\ 0 & 1 & 0 & 0 \end{pmatrix}, &
(I_{\mu\nu})^{23} &= \begin{pmatrix} 0 & 0 & 0 & 0 \\ 0 & 0 & 0 & 0 \\ 0 & 0 & 0 & -1 \\ 0 & 0 & 1 & 0 \end{pmatrix}.
\end{aligned} \tag{5.4.10}$$

Bekanntlich ist die Matrizenmultiplikation nicht kommutativ, d.h. es gilt $AB \neq BA$ für zwei beliebige $n \times n$-Matrizen A und B. Wir definieren nun den Kommutator

$$[A,B] := AB - BA, \tag{5.4.11}$$

der wiederum eine $n \times n$-Matrix darstellt. Speziell für die den Generatoren zugeordneten Kommutatoren gelten die Relationen

$$\begin{aligned} [I^{\alpha\beta}, I^{\mu\nu}] &= -g^{\alpha\mu}I^{\beta\nu} + g^{\alpha\nu}I^{\beta\mu} + g^{\beta\mu}I^{\alpha\nu} - g^{\beta\nu}I^{\alpha\mu}, \quad &\text{(a)} \\ [I_{\alpha\beta}, I_{\mu\nu}] &= -g_{\alpha\mu}I_{\beta\nu} + g_{\alpha\nu}I_{\beta\mu} + g_{\beta\mu}I_{\alpha\nu} - g_{\beta\nu}I_{\alpha\mu}, \quad &\text{(b)} \end{aligned} \tag{5.4.12}$$

wobei wir der Einfachheit halber die Tensorindizes weggelassen haben. Mit Hilfe der Generatoren schreibt sich die Koordinatentransformation (5.4.3) unter Berücksichtigung der Einsteinschen Summationskonvention (sowohl für Tensor- als auch Generatorindizes) in der Form

$$x'^{\nu} = \left(\delta^{\nu}{}_{\mu} + \frac{1}{2}\epsilon_{\sigma\rho}(I^{\nu}{}_{\mu})^{\sigma\rho}\right)x^{\mu}. \tag{5.4.13}$$

5.4.2 Infinitesimale Feldtransformationen

Gegeben sei ein beliebiges Tensorfeld $\psi^A(x)$ des Minkowskiraumes, wobei der Index A ein beliebiges Tupel von Indizes $\mu_1, \ldots, \mu_n$, und x einen beliebigen Aufpunkt des Minkowskiraumes bezeichnen. In dieser Schreibweise lautet die Transformation (5.4.3)

$$x' = ax, \text{ bzw. } x = a^{-1}x'. \tag{5.4.14}$$

Wir untersuchen nun das Transformationsverhalten des Tensorfeldes $\psi^A(x)$ bei einer infinitesimalen Lorentztransformation.

Für einen Skalar gilt bekanntlich

$$\psi'(x') = \psi(x). \tag{5.4.15}$$

Ein Vektor transformiert sich gemäß

$$\psi'^{\mu}(x') = a^{\mu}{}_{\nu}\psi^{\nu}(x),$$

woraus wegen (5.4.2′)

$$\psi'^{\mu}(x') = (\delta^{\mu}{}_{\nu} + \epsilon^{\mu}{}_{\nu})\psi^{\nu}(x) \tag{5.4.16}$$

folgt. Für einen Tensor 2. Stufe erhalten wir aus

$$\psi'^{\mu\nu}(x') = a^{\mu}{}_{\alpha}a^{\nu}{}_{\beta}\psi^{\alpha\beta}(x)$$

mit (5.4.2′) bei Beschränkung auf Elemente von infinitesimal erster Ordnung

$$\psi'^{\mu\nu}(x') = (\delta^{\mu}{}_{\alpha}\delta^{\nu}{}_{\beta} + \delta^{\mu}{}_{\alpha}\epsilon^{\nu}{}_{\beta} + \delta^{\nu}{}_{\beta}\epsilon^{\mu}{}_{\alpha})\psi^{\alpha\beta}(x). \tag{5.4.17}$$

Schließlich gilt für einen Tensor n-ter Stufe

$$\psi'^{A}(x') = \delta^{A}{}_{B}\psi^{B}(x) + \Big(\sum \ldots\Big)^{A}{}_{B}\psi^{B}(x),$$

wobei der Summenterm durch Aufsummierung endlich vieler infinitesimaler Größen erster Ordnung entsteht. Es läßt sich leicht zeigen, daß dieser Term mit Hilfe der Generatoren in der Form

$$\Big(\sum \ldots\Big)^{A}{}_{B} = \frac{1}{2}\epsilon_{\sigma\rho}(I^{A}{}_{B})^{\sigma\rho} \tag{5.4.18}$$

darstellbar ist, womit sich die infinitesimale Lorentztransformation eines Tensorfeldes beliebiger Stufe in der Gestalt

$$\psi^{A}(x') = \left(\delta^{A}{}_{B} + \frac{1}{2}\epsilon_{\sigma\rho}(I^{A}{}_{B})^{\sigma\rho}\right)\psi^{B}(x) \tag{5.4.19}$$

schreiben läßt.

6 Relativistische Elektrodynamik

Die Spezielle Relativitätstheorie verlangt die Lorentzinvarianz aller Naturgesetze. Die entsprechenden Gleichungen müssen sich daher als Tensorgleichungen im Minkowskiraum formulieren lassen. In den folgenden Abschnitt en führen wir dieses Programm für die Maxwellgleichungen und ihre bedeutsamsten Folgerungen konsequent durch. Anders als bei der klassischen Mechanik, wo die relativistische Formulierung eine Korrektur der Gleichungen verlangt, handelt es sich im Fall der Elektrodynamik um eine neuartige mathematische Einkleidung.

6.1 Der elektromagnetische Feldtensor

6.1.1 Die relativistische Formulierung von Kontinuitätsgleichung und Lorentzkonvention

Wir betrachten die Kontinuitätsgleichung

$$\frac{\partial \rho}{\partial t} + \operatorname{div} \boldsymbol{j} = \frac{\partial \rho}{\partial t} + \nabla \cdot \boldsymbol{j} = 0. \tag{6.1.1}$$

Unser für vierdimensionale Verhältnisse bereits geschärfter Blick erkennt, daß in (6.1.1) die Raumableitung und die Zeitableitung gleichberechtigt vorkommen. Der Versuch einer Formulierung als Divergenzaussage im Vierdimensionalen erscheint daher nicht illegitim. Dazu definieren wir den vierdimensionalen Nabla-Operator

$$\begin{aligned} \nabla^\mu = \partial^\mu &:= \left(\frac{\partial}{\partial ct}, -\nabla\right) \quad \ldots \quad \text{kontravariante Darstellung,} \\ \nabla_\mu = \partial_\mu &:= \left(\frac{\partial}{\partial ct}, \nabla\right) \quad \ldots \quad \text{kovariante Darstellung,} \end{aligned} \tag{6.1.2}$$

mit $\partial^\mu = g^{\mu\nu}\partial_\mu$. Neben der Darstellung (6.1.2) trifft man noch folgende Notationen an:

$$\partial^\mu := \left(\frac{\partial}{\partial ct}, -\frac{\partial}{\partial x^1}, -\frac{\partial}{\partial x^2}, -\frac{\partial}{\partial x^3}\right) = \left(\frac{\partial}{\partial ct}, \frac{\partial}{\partial x_1}, \frac{\partial}{\partial x_2}, \frac{\partial}{\partial x_3}\right),$$

$$\partial_\mu := \left(\frac{\partial}{\partial ct}, \frac{\partial}{\partial x^1}, \frac{\partial}{\partial x^2}, \frac{\partial}{\partial x^3}\right) = \left(\frac{\partial}{\partial ct}, -\frac{\partial}{\partial x_1}, -\frac{\partial}{\partial x_2}, -\frac{\partial}{\partial x_3}\right),$$

oder

$$\partial^\mu := \left(\frac{\partial}{\partial ct}, \nabla^k\right), \quad \partial_\mu := \left(\frac{\partial}{\partial ct}, \nabla_k\right),$$

oder noch kürzer

$$\partial^\mu := \frac{\partial}{\partial x_\mu}, \quad \partial_\mu := \frac{\partial}{\partial x^\mu},$$

wobei für die Viererkoordinaten

$$x^\mu := (x^0, \boldsymbol{x}) = (ct, \boldsymbol{x}) = (ct, x^1, x^2, x^3),$$
$$x_\mu := (x^0, -\boldsymbol{x}) = (ct, -\boldsymbol{x}) = (ct, x_1, x_2, x_3) \tag{6.1.3}$$

gilt. Für alles Weitere sollen griechische Indizes wieder von $0, \ldots 3$, lateinische Indizes von $1, \ldots, 3$ laufen. Im Dreidimensionalen gilt

$$\nabla^k \nabla_k = \partial_k \partial^k = \Delta .$$

Analog dazu erhalten wir für das Skalarprodukt vierdimensionaler Nabla-Operatoren

$$\nabla^\mu \nabla_\mu = \partial^\mu \partial_\mu = \left(\frac{\partial}{\partial ct}, -\nabla\right)\left(\frac{\partial}{\partial ct}, \nabla\right) = \frac{1}{c^2}\frac{\partial^2}{\partial t^2} - \Delta = \Box . \tag{6.1.4}$$

Für die vierdimensionale Formulierung der Kontinuitätsgleichung benötigen wir neben dem vierdimensionalen Nabla-Operator noch den geeigneten Vierervektor. Wir ergänzen nun den dreidimensionalen Stromdichtvektor zu einem Vierervektor wie folgt:

$$j^\mu := (c\rho, \boldsymbol{j}) \quad \ldots \quad \text{kontravariante Darstellung,}$$
$$j_\mu := (c\rho, -\boldsymbol{j}) \quad \ldots \quad \text{kovariante Darstellung.} \tag{6.1.5}$$

Dieser Vierervektor wird als *Viererstromdichte* bezeichnet. Die Kontinuitätsgleichung (6.1.1) läßt sich dann in der Form

$$\partial_\mu j^\mu = \left(\frac{\partial}{\partial ct}, \nabla\right)(c\rho, \boldsymbol{j}) = \frac{\partial \rho}{\partial t} + \nabla \cdot \boldsymbol{j} = 0, \tag{6.1.6a}$$

oder auch

$$\partial^\mu j_\mu = \left(\frac{\partial}{\partial ct}, -\nabla\right)(c\rho, -\boldsymbol{j}) = \frac{\partial \rho}{\partial t} + \nabla \cdot \boldsymbol{j} = 0 \tag{6.1.6b}$$

schreiben. Im Dreidimensionalen bedeutet der Skalar

$$\nabla_k j^k = \nabla^k j_k$$

die Divergenz des Dreiervektros $\boldsymbol{j}$. Analog dazu bedeutet der Skalar

$$\nabla_\mu j^\mu = \nabla^\mu j_\mu$$

die Divergenz des Vierervektors $(c\rho, \boldsymbol{j})$ im Minkowskiraum. Die Gleichungen (6.1.6) drücken die *Quellenfreiheit der Viererstromdichte* aus.

Als nächstes fassen wir die Lorentzkonvention

$$\frac{1}{c}\frac{\partial \varphi}{\partial t} + \operatorname{div} \boldsymbol{A} = 0 \tag{6.1.7}$$

ins Auge. Wir ergänzen den Dreiervektor $\boldsymbol{A}$ zu einem Vierervektor

$$A^\mu := (\varphi, \boldsymbol{A}) \quad \ldots \quad \text{kontravariante Darstellung,}$$
$$A_\mu := (\varphi, -\boldsymbol{A}) \quad \ldots \quad \text{kovariante Darstellung.} \tag{6.1.8}$$

Dieser Vierervektor wird als *Viererpotential* bezeichnet. Damit schreibt sich (6.1.7) in der Gestalt

$$\partial_\mu A^\mu = \left(\frac{\partial}{\partial ct}, \nabla\right)(\varphi, \boldsymbol{A}) = \frac{1}{c}\frac{\partial \varphi}{\partial t} + \nabla \cdot \boldsymbol{A} = 0, \tag{6.1.9a}$$

oder

$$\partial^\mu A_\mu = \left(\frac{\partial}{\partial ct}, -\nabla\right)(\varphi, -\boldsymbol{A}) = \frac{1}{c}\frac{\partial \varphi}{\partial t} + \nabla \cdot \boldsymbol{A} = 0. \tag{6.1.9b}$$

Die Lorentzkonvention läßt sich also als *Quellenfreiheit des Viererpotentials* deuten.

6.1.2 Die relativistische Formulierung der Zusammenhänge von Feldern und Potentialen

Der Zusammenhang zwischen dem elektromagnetischen Feld und den Potentialen φ, $\boldsymbol{A}$ lautet in klassischer Schreibweise

$$\boldsymbol{B} = \operatorname{rot} \boldsymbol{A}, \quad \text{(a)} \qquad \boldsymbol{E} = -\frac{1}{c}\frac{\partial \boldsymbol{A}}{\partial t} - \operatorname{grad} \varphi. \quad \text{(b)} \tag{6.1.10}$$

Unter Berücksichtigung von

$$\operatorname{rot} \boldsymbol{A} = \nabla \times \boldsymbol{A} = \begin{vmatrix} \boldsymbol{e}_x & \boldsymbol{e}_y & \boldsymbol{e}_z \\ \frac{\partial}{\partial x} & \frac{\partial}{\partial y} & \frac{\partial}{\partial z} \\ A_x & A_y & A_z \end{vmatrix} =$$

$$= \boldsymbol{e}_x \left(\frac{\partial A_z}{\partial y} - \frac{\partial A_y}{\partial z}\right) - \boldsymbol{e}_y \left(\frac{\partial A_z}{\partial x} - \frac{\partial A_x}{\partial z}\right) + \boldsymbol{e}_z \left(\frac{\partial A_y}{\partial x} - \frac{\partial A_x}{\partial y}\right)$$

lauten die Gleichungen (6.1.10) in Komponentenschreibweise

$$B_x = \frac{\partial A_z}{\partial y} - \frac{\partial A_y}{\partial z}, \qquad B_y = \frac{\partial A_x}{\partial z} - \frac{\partial A_z}{\partial x}, \qquad B_z = \frac{\partial A_y}{\partial x} - \frac{\partial A_x}{\partial y}, \tag{6.1.11a}$$

$$E_x = -\frac{\partial \varphi}{\partial x} - \frac{1}{c}\frac{\partial A_x}{\partial t}, \qquad E_y = -\frac{\partial \varphi}{\partial y} - \frac{1}{c}\frac{\partial A_y}{\partial t}, \qquad E_z = -\frac{\partial \varphi}{\partial z} - \frac{1}{c}\frac{\partial A_z}{\partial t}. \tag{6.1.11b}$$

Mit Hilfe des Viererpotentials (6.1.8) und den Koordinaten $x^\mu := (x^0, \boldsymbol{x}) = (ct, \boldsymbol{x})$, $x_\mu := (x^0, -\boldsymbol{x}) = (ct, -\boldsymbol{x})$ schreibt sich (6.1.11) in der Form

$$\begin{aligned} B_x &= \frac{\partial A^3}{\partial x^2} - \frac{\partial A^2}{\partial x^3} = \frac{\partial A_2}{\partial x^3} - \frac{\partial A_3}{\partial x^2}, \\ B_y &= \frac{\partial A^1}{\partial x^3} - \frac{\partial A^3}{\partial x^1} = \frac{\partial A_3}{\partial x^1} - \frac{\partial A_1}{\partial x^3}, \\ B_z &= \frac{\partial A^2}{\partial x^1} - \frac{\partial A^1}{\partial x^2} = \frac{\partial A_1}{\partial x^2} - \frac{\partial A_2}{\partial x^1}, \end{aligned} \tag{6.1.12a}$$

$$E_x = -\frac{\partial A^0}{\partial x^1} - \frac{\partial A^1}{\partial x^0} = -\frac{\partial A_0}{\partial x^1} + \frac{\partial A_1}{\partial x^0},$$

$$E_y = -\frac{\partial A^0}{\partial x^2} - \frac{\partial A^2}{\partial x^0} = -\frac{\partial A_0}{\partial x^2} + \frac{\partial A_2}{\partial x^0}, \tag{6.1.12b}$$

$$E_z = -\frac{\partial A^0}{\partial x^3} - \frac{\partial A^3}{\partial x^0} = -\frac{\partial A_0}{\partial x^3} + \frac{\partial A_3}{\partial x^0}.$$

Wir definieren nun durch

$$F_{\mu\nu} = \frac{\partial A_\mu}{\partial x^\nu} - \frac{\partial A_\nu}{\partial x^\mu} = A_{\mu,\nu} - A_{\nu,\mu} \tag{6.1.13}$$

einen kovarianten Tensor zweiter Stufe. Er ist antisymmetrisch, denn es gilt

$$F_{\mu\nu} = A_{\mu,\nu} - A_{\nu,\mu} = -(A_{\nu,\mu} - A_{\mu,\nu}) = -F_{\nu\mu}. \tag{6.1.14}$$

Damit folgt aus den Gleichungen (6.1.12)

$$\begin{aligned} B_x &= F_{23} = -F_{32}, \qquad & E_x &= -F_{01} = F_{10},\\ B_y &= F_{31} = -F_{13}, & E_y &= -F_{02} = F_{20},\\ B_z &= F_{12} = -F_{21}, & E_z &= -F_{03} = F_{30}. \end{aligned} \tag{6.1.15}$$

Es lassen sich also sowohl die elektrischen als auch die magnetischen Feldkomponenten durch den Tensor $F_{\mu\nu}$ ausdrücken. Er wird als *kovarianter elektromagnetischer Feldtensor* bezeichnet und besitzt die Form

$$F_{\mu\nu} = \begin{pmatrix} 0 & -E_x & -E_y & -E_z \\ E_x & 0 & B_z & -B_y \\ E_y & -B_z & 0 & B_x \\ E_z & B_y & -B_x & 0 \end{pmatrix}. \tag{6.1.16}$$

Den *kontravarianten elektromagnetischen Feldtensor* $F^{\mu\nu}$ erhält man gemäß

$$F^{\mu\nu} = g^{\mu\alpha} g^{\nu\beta} F_{\alpha\beta}. \tag{6.1.17}$$

Er besitzt die Gestalt

$$F^{\mu\nu} = \begin{pmatrix} 0 & -E_x & -E_y & -E_z \\ E_x & 0 & -B_z & B_y \\ E_y & B_z & 0 & -B_x \\ E_z & -B_y & B_x & 0 \end{pmatrix}, \tag{6.1.18}$$

d.h.

$$\begin{aligned} B_x &= -F^{23} = F^{32}, \qquad & E_x &= -F^{01} = F^{10},\\ B_y &= -F^{31} = F^{13}, & E_y &= -F^{02} = F^{20},\\ B_z &= -F^{12} = F^{21}, & E_z &= -F^{03} = F^{30}. \end{aligned} \tag{6.1.19}$$

Ein Vergleich von (6.1.18) mit (6.1.16) zeigt, daß sich $F^{\mu\nu}$ und $F_{\mu\nu}$ nur hinsichtlich der Vorzeichen ihrer Komponenten unterscheiden: Die Vorzeichen für die Komponenten des Magnetfeldes werden vertauscht, jene für die Komponenten des elektrischen Feldes bleiben gleich.

Man kann den kontravarianten Feldtensor auch direkt aus dem Viererpotential herleiten. Dazu setzen wir (6.1.13) in (6.1.17) ein, und erhalten

$$F^{\mu\nu} = g^{\mu\alpha} g^{\nu\beta}(A_{\alpha,\beta} - A_{\beta,\alpha}) = A^{\mu}{}_{,\beta} g^{\nu\beta} - A^{\nu}{}_{,\alpha} g^{\mu\alpha} = A^{\nu,\mu} - A^{\mu,\nu}. \tag{6.1.20}$$

Man beachte in (6.1.20) die gegenüber (6.1.15) geänderte Reihenfolge der Indizes.

6.1.3 Eigenschaften des Feldtensors

Die Antisymmetrie

Wie schon in früheren Abschnitt en gezeigt wurde, ist der elektromagnetische Feldtensor ein *antisymmetrischer Tensor zweiter Stufe*:

$$F_{\mu\nu} = -F_{\nu\mu}, \quad \text{bzw.} \quad F^{\mu\nu} = -F^{\nu\mu}. \tag{6.1.21}$$

Daher existieren nicht $4^2 = 16$ sondern nur $\frac{4(4-1)}{2} = 6$ unabhängige Komponenten, die (bis auf die Vorzeichen) mit den 6 Komponenten $B_x, B_y, B_z, E_x, E_y, E_z$ des elektromagnetischen Feldes identisch sind. Man beachte, wie stark diese Verhältnisse von der vorgelegten Vierdimensionalität abhängig sind: Im Dreidimensionalen hat ein antisymmetrischer Tensor zweiter Stufe $\frac{3(3-1)}{2} = 3$, im Fünfdimensionalen $\frac{5(5-1)}{2} = 10$ unabhängige Komponenten. Nur im Vierdimensionalen kann jede der 6 Vektorkomponenten durch genau eine Tensorkomponente ausgedrückt werden.

Der duale Tensor

Neben der Antisymmetrie haben die Definitionsgleichungen (6.1.13) bzw. (6.1.20) noch weitere Konsequenzen. So folgt aus (6.1.13) durch zyklischen Indextausch die Identität

$$F_{\alpha\beta,\gamma} + F_{\beta\gamma,\alpha} + F_{\gamma\alpha,\beta} = 0. \tag{6.1.22}$$

Zum Beweis setzen wir die Definitionsgleichung (6.1.13) in die Beziehung (6.1.22) ein:

$$\begin{aligned} F_{\alpha\beta,\gamma} + F_{\beta\gamma,\alpha} + F_{\gamma\alpha,\beta} &= (A_{\alpha,\beta} - A_{\beta,\alpha})_{,\gamma} + (A_{\beta,\gamma} - A_{\gamma,\beta})_{,\alpha} + (A_{\gamma,\alpha} - A_{\alpha,\gamma})_{,\beta} \\ &= A_{\alpha,\beta\gamma} - A_{\beta,\alpha\gamma} + A_{\beta,\gamma\alpha} - A_{\gamma,\beta\alpha} + A_{\gamma,\alpha\beta} - A_{\alpha,\gamma\beta} \\ &= (A_{\alpha,\beta\gamma} - A_{\alpha,\gamma\beta}) + (A_{\beta,\gamma\alpha} - A_{\beta,\alpha\gamma}) + (A_{\gamma,\alpha\beta} - A_{\gamma,\beta\alpha}). \end{aligned}$$

Berücksichtigt man, daß wegen der Vertauschbarkeit der partiellen Ableitungen

$$A_{\alpha,\beta\gamma} = A_{\alpha,\gamma\beta}, \quad \alpha,\beta,\gamma = 0,1,2,3 \tag{6.1.23}$$

gilt, so folgt aus der obigen Beziehung die Gleichung (6.1.22). Zur Vereinfachung der Schreibweise definieren wir das Symbol

$$F_{[\alpha\beta,\gamma]} := F_{\alpha\beta,\gamma} + F_{\beta\gamma,\alpha} + F_{\gamma\alpha,\beta}. \tag{6.1.24}$$

Damit schreibt sich die Gleichung (6.1.22) als

$$F_{[\alpha\beta,\gamma]} = 0. \tag{6.1.25}$$

Ganz analog gelten natürlich auch die Beziehungen

$$F^{\alpha\beta,\gamma} + F^{\beta\gamma\,\alpha} + F^{\gamma\alpha,\beta} = 0, \tag{6.1.22'}$$

bzw.

$$F^{[\alpha\beta,\gamma]} = 0, \tag{6.1.25'}$$

mit

$$F^{[\alpha\beta,\gamma]} := F^{\alpha\beta,\gamma} + F^{\beta\gamma,\alpha} + F^{\gamma\alpha,\beta}. \tag{6.1.24'}$$

Wir untersuchen nun die Gleichungen (6.1.22) noch etwas genauer.

Wegen $\alpha,\beta,\gamma = 0,\ldots 3$ sind dies $4^3 = 64$ Gleichungen, die jedoch nicht alle voneinander unabhängig sind. Zunächst folgt bei $\alpha = \beta = \gamma$ stets eine triviale Identität, d.h. 4 Gleichungen ($\alpha = \beta = \gamma = 0,\ldots 3$) sind bedeutungslos. Weiter folgen aus jeder Gleichung durch zyklischen Indextausch 2 zusätzliche Gleichungen, z.B.

$$F^{01,2} + F^{12,0} + F^{20,1} = F^{12,0} + F^{20,1} + F^{01,2} = F^{20,1} + F^{01,2} + F^{12,0}.$$

Das bedeutet, daß von den $4^3 - 4 = 60$ Gleichungen nur ein Drittel, also 20 Gleichungen gültig bleiben. Berücksichtigt man noch die Antisymmetrie von $F^{\mu\nu}$, so erkennt man schließlich nur 4 Gleichungen als linear unabhängig, nämlich

$$\begin{aligned} F^{12,0} + F^{20,1} + F^{01,2} &= 0, \\ F^{13,0} + F^{30,1} + F^{01,3} &= 0, \\ F^{23,0} + F^{30,2} + F^{02,3} &= 0, \\ F^{12,3} + F^{23,1} + F^{31,2} &= 0. \end{aligned} \tag{6.1.26}$$

Es liegt daher die Vermutung nahe, daß die ursprünglich als Gleichung für einen Tensor 3. Stufe aufzufassende Beziehung (6.1.22) als Gleichung für einen durch $F_{\mu\nu}$ definierten Vierervektor (4 Gleichungen (6.1.26) für 4 Komponenten) darstellbar ist. Dazu definieren wir den zu $F^{\mu\nu}$ *dualen Tensor* $\hat{F}^{\mu\nu}$ als

$$\hat{F}^{\mu\nu} := \frac{1}{2}\epsilon^{\mu\nu\alpha\beta}F_{\alpha\beta}. \tag{6.1.27}$$

Dabei ist $\epsilon^{\mu\nu\alpha\beta}$ der *Levi-Civita-Tensor*. Er ist definiert durch

$$\epsilon^{\mu\nu\alpha\beta} = \begin{cases} +1, & \text{wenn } (\mu,\nu,\alpha,\beta) \text{ eine gerade Permutation von } (0,1,2,3) \text{ ist.} \\ -1, & \text{wenn } (\mu,\nu,\alpha,\beta) \text{ eine ungerade Permutation von } (0,1,2,3) \text{ ist.} \\ 0, & \text{für zwei gleiche Indizes.} \end{cases} \tag{6.1.28}$$

Aus (6.1.22) und (6.1.23) folgt für den dualen Tensor $\hat{F}^{\mu\nu}$ die Gestalt

$$\hat{F}^{\mu\nu} = \begin{pmatrix} 0 & -B_x & -B_y & -B_z \\ B_x & 0 & E_z & -E_y \\ B_y & -E_z & 0 & E_x \\ B_z & E_y & -E_x & 0 \end{pmatrix}. \tag{6.1.29}$$

Ein Vergleich mit (6.1.16) zeigt, daß der kontravariante duale Tensor $\hat{F}^{\mu\nu}$ dieselbe Struktur wie der kovariante Feldtensor $F_{\mu\nu}$ besitzt, nur daß die Rollen von $\boldsymbol{E}$ und $\boldsymbol{B}$ vertauscht sind. Die Vorzeichen sind dieselben! Der duale Tensor ist ebenfalls antisymmetrisch:

$$\hat{F}^{\mu\nu} = -\hat{F}^{\nu\mu}, \qquad \hat{F}_{\mu\nu} = -\hat{F}_{\nu\mu}. \tag{6.1.30}$$

Mit Verwendung des dualen Tensors schreiben sich die Gleichungen (6.1.26) in der Form

$$\hat{F}^{\mu\nu}{}_{,\mu} = 0. \tag{6.1.31}$$

Der duale Tensor ist quellenfrei!

Die Eichinvarianz

Wie in Kapitel 6.1 gezeigt wurde, sind durch ein eindeutig vorgegebenes elektromagnetisches Feld die elektrodynamischen Potentiale $\boldsymbol{A},\varphi$ nicht eindeutig festgelegt. Wir formulieren diesen Tatbestand relativistisch: A^μ und $\bar{A}^\mu$ seien zwei Viererpotentiale mit

$$\bar{A}^\mu = A^\mu + \psi'^\mu. \tag{6.1.32}$$

Dabei bezeichne ψ eine beliebige skalare Funktion. Die entsprechenden Feldtensoren lauten

$$\begin{aligned} F^{\mu\nu} &= A^{\nu,\mu} - A^{\mu,\nu}, \\ \bar{F}^{\mu\nu} &= \bar{A}^{\nu,\mu} - \bar{A}^{\mu,\nu} = A^{\nu,\mu} - A^{\mu,\nu} + \psi'^{\nu\mu} - \psi'^{\mu\nu}. \end{aligned}$$

Wegen der Vertauschbarkeit der partiellen Ableitungen gilt $\psi'^{\nu\mu} - \psi'^{\mu\nu} = 0$, und somit

$$\bar{F}^{\mu\nu} = F^{\mu\nu}. \tag{6.1.33}$$

Die Beziehung (6.1.32) heißt *Eichtransformation zweiter Art*. Die Invarianz des Feldtensors bezüglich dieser Transformation wird als *Eichinvarianz zweiter Art* bezeichnet.

6.1.4 Zusammenfassung

Wir fassen die Vorgangsweise von 6.1 nochmals zusammen: Zunächst legt die Struktur der Kontinuitätsgleichung und der Lorentzkonvention eine kompakte Formulierung in Viererschreibweise nahe. Damit werden wir zum Begriff des Viererstroms j^μ und des Viererpotentials A^μ geführt. Mit diesen Größen läßt sich der Zusammenhang zwischen Potentialen und Feldkomponenten ebenfalls in sehr einheitlicher Weise darstellen, wobei wir als Mittel zur Vereinheitlichung den Feldtensor definieren. Dieser Tensor baut sich aus dem Viererpotential durch eine „Kommutatorbeziehung“:

$$F^{\mu\nu} = A^{\nu,\mu} - A^{\mu,\nu}, \text{ bzw. } F_{\mu\nu} = A_{\mu,\nu} - A_{\nu,\mu} \text{ auf.}$$

Konsequenzen dieser Kommutatorbeziehung sind die Antisymmetrie des Feldtensors und die Identität $F^{[\alpha\beta,\gamma]} = 0$. Der Versuch, diese Beziehung mathematisch transparent zu machen führt uns zum Begriff des dualen Tensors, dessen Quellenfreiheit sich als direkte Folge der Kommutatorbeziehung verstehen läßt.

6.2 Die Feldgleichungen

6.2.1 Die Feldgleichungen in Differentialform

In klassischer, dreidimensionaler Schreibweise lauten die Maxwellgleichungen

$$\left.\begin{aligned} \operatorname{rot} \boldsymbol{B} &= \frac{1}{c}\frac{\partial \boldsymbol{E}}{\partial t} + \frac{4\pi}{c}\boldsymbol{j}, && (1) \\ \operatorname{rot} \boldsymbol{E} &= -\frac{1}{c}\frac{\partial \boldsymbol{B}}{\partial t}, && (2) \\ \operatorname{div} \boldsymbol{E} &= 4\pi\rho, && (3) \\ \operatorname{div} \boldsymbol{B} &= 0. && (4) \end{aligned}\right. \tag{6.2.1}$$

Das Gleichungssystem (6.2.1) enthält zwei skalare Gleichungen (Divergenzaussagen) und zwei Vektorgleichungen (Rotationsaussagen). Wir schreiben nun die Gleichungen (1) und (3) unter Verwendung des Feldtensors $F^{\mu\nu}$ und der Viererstromdichte j^μ an. Wegen

$$\operatorname{rot} \boldsymbol{B} = \boldsymbol{e}_x\left(\frac{\partial B_z}{\partial y} - \frac{\partial B_y}{\partial z}\right) - \boldsymbol{e}_y\left(\frac{\partial B_z}{\partial x} - \frac{\partial B_x}{\partial z}\right) + \boldsymbol{e}_z\left(\frac{\partial B_y}{\partial x} - \frac{\partial B_x}{\partial y}\right),$$

und

$$\operatorname{div} \boldsymbol{E} = \frac{\partial E_x}{\partial x} + \frac{\partial E_y}{\partial y} + \frac{\partial E_z}{\partial z},$$

folgen unter Beachtung von (6.1.19) die Beziehungen

$$\left.\begin{aligned} -F^{12}{}_{,2} - F^{13}{}_{,3} &= -F^{01}{}_{,0} + \frac{4\pi}{c} j^1, \\ +F^{12}{}_{,1} - F^{23}{}_{,3} &= -F^{02}{}_{,0} + \frac{4\pi}{c} j^2, \\ +F^{13}{}_{,1} + F^{23}{}_{,2} &= -F^{03}{}_{,0} + \frac{4\pi}{c} j^3, \end{aligned}\right\} \quad \text{Gleichung (1)}$$

$$-F^{01}{}_{,1} - F^{02}{}_{,2} - F^{03}{}_{,3} = \frac{4\pi}{c} j^0. \quad \text{Gleichung (3)} \tag{6.2.2}$$

Setzt man die letzte Gleichung an die Spitze, so erhält man aus (6.2.2) unter Beachtung der Antisymmetrie von $F^{\mu\nu}$ die Gleichungen

$$\begin{aligned} F^{10}{}_{,1} + F^{20}{}_{,2} + F^{30}{}_{,3} &= \frac{4\pi}{c} j^0, \\ F^{01}{}_{,0} + F^{21}{}_{,2} + F^{31}{}_{,3} &= \frac{4\pi}{c} j^1, \\ F^{02}{}_{,0} + F^{12}{}_{,1} + F^{32}{}_{,3} &= \frac{4\pi}{c} j^2, \\ F^{03}{}_{,0} + F^{13}{}_{,1} + F^{23}{}_{,2} &= \frac{4\pi}{c} j^3. \end{aligned} \tag{6.2.3}$$

In kompakter Formulierung gilt

$$F^{\mu\nu}{}_{,\mu} = \frac{4\pi}{c} j^\nu. \tag{6.2.4}$$

In (6.2.4) sind also die vektorielle erste Maxwellgleichung (die Aussage über die *Wirbel des Magnetfeldes*), und die skalare dritte Maxwellgleichung (die Aussage über die *Quellen des elektrischen Feldes*), in Viererschreibweise zusammengefaßt:

> *Die Quellen des elektromagnetischen Feldtensors $F^{\mu\nu}$ werden durch die Viererstromdichte j^ν gebildet.*

Eine analoge Vorgangsweise zeigt, daß sich die Gleichungen (2) und (4) in der Form

$$\hat{F}^{\mu\nu}{}_{,\mu} = 0 \tag{6.2.5}$$

zusammenfassen lassen. Der Nachweis bleibt dem Leser als nützliche Übungsaufgabe überlassen. Es gilt also

Der duale elektromagnetische Feldtensor $\hat{F}^{\mu\nu}$ ist quellenfrei!

Es sei nochmals darauf hingewiesen, daß diese Gleichung eine Folge der Kommutatorbeziehung $F^{\mu\nu} = A^{\nu,\mu} - A^{\mu,\nu}$ ist. Das System der Maxwellgleichungen (6.2.1) vereinfacht sich also in relativistischer Schreibweise zu

$$F^{\mu\nu}{}_{,\mu} = \frac{4\pi}{c} j^{\nu}, \quad (a) \qquad \hat{F}^{\mu\nu}{}_{,\mu} = 0. \quad (b) \tag{6.2.6}$$

Die Aussagen (6.2.1) über die *Quellen- und Wirbeldichte von Vektoren* finden in der relativistischen Formulierung (6.2.6) ihren Niederschlag als Aussage über die *Quellendichte von Tensoren zweiter Stufe*. Bei Abwesenheit von Materie sind die beiden Gleichungen in (6.2.6) strukturell identisch, es gilt

$$F^{\mu\nu}{}_{,\mu} = 0, \quad (a) \qquad \hat{F}^{\mu\nu}{}_{,\mu} = 0. \quad (b) \tag{6.2.7}$$

6.2.2 Die elektrodynamischen Potentiale

Wie in Unterkapitel I gezeigt wurde, kann das System der Maxwellgleichungen unter Verwendung der elektrodynamischen Potentiale durch ein entkoppeltes System von Differentialgleichungen zweiter Ordnung äquivalent ersetzt werden. Es gilt

$$\begin{aligned} \Box\varphi &= 4\pi\rho \quad \ldots \quad \text{Wellengleichung für das skalare Potential,} \quad \text{(a)} \\ \Box \boldsymbol{A} &= \frac{4\pi}{c}\boldsymbol{j} \quad \ldots \quad \text{Wellengleichung für das Vektorpotential.} \quad \text{(b)} \end{aligned} \tag{6.2.8}$$

Dabei sind die Quellen des Vektorpotentials durch die Lorentzkonvention folgendermaßen festgelegt:

$$\operatorname{div}\boldsymbol{A} + \frac{1}{c}\frac{\partial\varphi}{\partial t} = 0.$$

Wir leiten nun die Beziehungen (6.2.8) aus dem System der Maxwellgleichungen (6.2.6) in relativistischer Notation her. Mit den Definitionsgleichungen $F^{\mu\nu} = A^{\nu,\mu} - A^{\mu,\nu}$ folgt aus (6.2.6a)

$$A^{\nu,\mu}{}_{,\mu} - A^{\mu,\nu}{}_{,\mu} = \frac{4\pi}{c} j^{\nu}. \tag{6.2.9}$$

In halbsymbolischer Schreibweise lautet diese Gleichung

$$\partial_\mu \partial^\mu A^\nu - \partial_\mu \partial^\nu A^\mu = \frac{4\pi}{c} j^\nu. \tag{6.2.9'}$$

Nun gilt

$$\partial_\mu \partial^\mu = \frac{1}{c^2}\frac{\partial^2}{\partial t^2} - \Delta = \Box,$$

und somit

$$\Box A^\nu - \partial_\mu \partial^\nu A^\mu = \frac{4\pi}{c} j^\nu. \tag{6.2.10}$$

Dieses Gleichungssystem ist noch nicht entkoppelt. Vertauscht man im zweiten Term der linken Seite von (6.2.10) die partiellen Ableitungen, so folgt

$$\Box A^\nu - \partial^\nu \partial_\mu A^\mu = \frac{4\pi}{c} j^\nu. \tag{6.2.11}$$

Wegen der Eichinvarianz des Feldtensors können die Quellen des Vierervektors A^μ beliebig festgelegt werden. Bei Lorentzgleichung

$$\partial_\mu A^\mu = 0 \tag{6.2.12}$$

erhält man aus (6.2.11) schließlich das entkoppelte System

$$\Box A^\nu = \frac{4\pi}{c} j^\nu . \tag{6.2.13}$$

In (6.2.13) sind die beiden Gleichungen (6.2.8) in relativistischer Schreibweise zusammengefaßt: für $\nu = 0$ erhält man (6.2.8a), für $\mu = 1,2,3$ (6.2.8b).

6.3 Erhaltungssätze

6.3.1 Ladung und Strom

In der klassischen Elektrodynamik wird die Kontinuitätsgleichung aus den Maxwellgleichungen (1) und (3) des Systems (6.2.1) hergeleitet. Nun gehen wir von der relativistischen Zusammenfassung der beiden Gleichungen aus:

$$F^{\mu\nu}{}_{,\mu} = \frac{4\pi}{c} j^\nu .$$

Daraus folgt durch Differentiation und Summation (= Divergenzbildung)

$$F^{\mu\nu}{}_{,\mu\nu} = \frac{4\pi}{c} j^\nu{}_{,\nu} . \tag{6.3.1}$$

Wegen der Antisymmetrie von $F^{\mu\nu}$ und der Vertauschbarkeit der partiellen Ableitungen gilt

$$F^{\mu\nu}{}_{,\mu\nu} = -F^{\nu\mu}{}_{,\nu\mu} = 0. \tag{6.3.2}$$

Ein Vergleich von (6.3.1) mit (6.3.2) zeigt, daß

$$j^\nu{}_{,\nu} = 0 \tag{6.3.3}$$

gelten muß. Die Kontinuitätsgleichung (6.3.3) kann auch als *Integrabilitätsbedingung* für das System (6.2.6) aufgefaßt werden: nur bei Einhaltung der Bedingung (6.3.3) sind die Feldgleichungen (6.2.6) in sich widerspruchsfrei!

6.3.2 Energie und Impuls

Die Kraftdichte

Als Vierervektoren haben wir bisher die Viererstromdichte j^μ und das Viererpotential A^μ kennengelernt. Wir versuchen nun, die durch

$$\boldsymbol{f} = \rho\left(\boldsymbol{E} + \frac{\boldsymbol{v}}{c} \times \boldsymbol{B}\right) = \rho \boldsymbol{E} + \frac{\boldsymbol{j}}{c} \times \boldsymbol{B} \tag{6.3.4}$$

gegebene Kraftdichte auf eine räumlich begrenzte Ladung ρ mit der Geschwindigkeit $\boldsymbol{v}$ zu einem Vierervektor zu ergänzen. In (6.3.4) findet eine Produktbildung der Quellen ρ und $\boldsymbol{j}$ mit den Feldern $\boldsymbol{E}$ und $\boldsymbol{B}$ statt (skalare Multiplikation von ρ mit $\boldsymbol{E}$, äußere Produktbildung von $\boldsymbol{j}$ mit $\boldsymbol{B}$). Ein möglicher Ansatz für eine vierdimensionale Verallgemeinerung von (6.3.4) wäre daher z.B.

$$f^\nu = K\, j_\mu F^{\mu\nu}. \tag{6.3.5}$$

Hier findet eine tensorielle Produktbildung des die Quellen beschreibenden Vierervektors j^μ mit dem Feldtensor $F^{\mu\nu}$ statt. Legt man die Konstante K durch $K = -1/c$ fest, so stimmen die Komponenten f^ν für $\nu = 1,2,3$ tatsächlich mit den Komponenten des Vektors $\boldsymbol{f}$ überein. Die Kraftdichte $\boldsymbol{f}$ läßt sich daher als räumlicher Anteil des Vierervektors

$$f^\nu = -\frac{1}{c} j_\mu F^{\mu\nu} \tag{6.3.6}$$

schreiben. Für die Komponente f^0 erhalten wir

$$f^0 = -\frac{1}{c} j_\mu F^{\mu 0} = -\frac{1}{c}(j_0 F^{00} + j_k F^{k0}) = -\frac{1}{c}(-j_x E_x - j_y E_y - j_z E_z) = \frac{1}{c}\boldsymbol{j}\cdot\boldsymbol{E}. \tag{6.3.7}$$

Die nullte Komponente von f^ν stellt also bis auf den Faktor $1/c$ die Leistung der Kraftdichte $\boldsymbol{f}$ dar.

Der Energie-Impuls-Tensor

Wir gehen vom Energiesatz (I.5.10) und vom Impulssatz (I.5.34) aus:

$$\begin{aligned} &\frac{\partial}{\partial t} w + \operatorname{div} \boldsymbol{S} = -\boldsymbol{E}\cdot\boldsymbol{j}, && \text{(a)} \\ &\frac{\partial}{\partial t}\boldsymbol{p}_f + c\,\mathbf{Div}\,\boldsymbol{T} = -\left(\rho\boldsymbol{E} + \frac{\boldsymbol{j}}{c}\times\boldsymbol{B}\right). && \text{(b)} \end{aligned} \tag{6.3.8}$$

Multipliziert man die erste Gleichung mit $-1/c$ und die zweite Gleichung mit -1, so lassen sich die Beziehungen (6.3.8) in der Form

$$\begin{aligned} &-c\left(\frac{\partial}{\partial ct}\frac{w}{c} + \nabla\cdot\frac{1}{c^2}\boldsymbol{S}\right) = \frac{\boldsymbol{E}\cdot\boldsymbol{j}}{c}, && \text{(a)} \\ &-c\left(\frac{\partial}{\partial ct}\boldsymbol{p}_f + \nabla\cdot\boldsymbol{T}\right) = \rho\boldsymbol{E} + \frac{\boldsymbol{j}}{c}\times\boldsymbol{B} && \text{(b)} \end{aligned} \tag{6.3.9}$$

schreiben. Auf der rechten Seite von (6.3.9a) erscheint die nullte Komponente des Vierervektors f^ν, auf der rechten Seite von (6.3.9b) steht der räumliche Anteil $\boldsymbol{f}$ des Vierervektors f^ν. Betrachtet man die linken Seiten von (6.3.9), so ist man versucht, beide Gleichungen in der Form

$$f^\nu = -c\, T^{\mu\nu}{}_{,\mu} \tag{6.3.10}$$

zusammenzufassen, d.h. f^ν soll sich als Divergenz eines Tensors zweiter Stufe schreiben lassen. Nehmen wir die Existenz eines derartigen Tensors an, so können wir seine Komponenten sofort durch Vergleich der Gleichungen (6.3.9) und (6.3.10) bestimmen. Dazu schreiben wir (6.3.10) zunächst durch Trennung der räumlichen und zeitlichen Ableitungen als

$$f^\nu = -c\left(\frac{\partial}{\partial ct}T^{0\nu} + \nabla \cdot T^{l\nu}\right). \tag{6.3.10'}$$

Für $\nu = 0$ folgt durch Vergleich von (6.3.10′) mit (6.3.9a)

$$T^{00} = w, \quad \text{(a)} \qquad T^{k0} = \frac{1}{c^2}S^k, \quad k = 1,2,3. \quad \text{(b)} \tag{6.3.11}$$

Für $\nu = 1,2,3$ liefert der Vergleich von (6.3.10′) mit (6.3.9b)

$$\begin{aligned} T^{0k} &= p_F^k, && k = 1,2,3, && \text{(a)} \\ T^{lk} &= \text{Maxwellscher Spannungstensor} && k,l = 1,2,3. && \text{(b)} \end{aligned} \tag{6.3.12}$$

Berücksichtigt man noch die Beziehung zwischen Impulsdichte und Poyntingvektor (I.5.32)

$$\boldsymbol{p}_F = \frac{1}{c^2}\boldsymbol{S},$$

so erkennt man die Gültigkeit von

$$T^{k0} = T^{0k}, \qquad k = 1,2,3. \tag{6.3.13}$$

Wegen der Symmetrie des Maxwellschen Spannungstensors folgt aus (6.3.13) die Symmetrie des Tensors $T^{\mu\nu}$, es gilt

$$T^{\mu\nu} = T^{\nu\mu}, \qquad \mu,\nu = 0,1,2,3. \tag{6.3.14}$$

Bild 6.1 möge die Verhältnisse nochmals verdeutlichen:

Energiedichte w/c ↓

$$T^{\mu\nu} = \left(\begin{array}{c|ccc} T^{00} & T^{01} & T^{02} & T^{03} \\ \hline T^{10} & T^{11} & T^{12} & T^{13} \\ T^{20} & T^{21} & T^{22} & T^{23} \\ T^{30} & T^{31} & T^{32} & T^{33} \end{array}\right) \quad \leftarrow \text{Feldimpulsdichte } \boldsymbol{p}_F$$

↑ Feldimpulsdichte $\boldsymbol{p}_F$ ↑ Maxwellscher Spannungstensor T^{kl} $k,l = 1,2,3.$

Bild 6.1

Im Tensor $T^{\mu\nu}$ erscheinen also die Energiedichte w, die Feldimpulsdichte $\boldsymbol{p}_F$ (bzw. die Energiestromdichte $\boldsymbol{S}$) und die Maxwellschen Spannungen zu einer vierdimensionalen Einheit zusammengefaßt. Er wird daher als *Energie-Impuls-Tensor* bezeichnet. Seine Divergenzbildung führt gemäß (6.3.10) auf die Viererkraftdichte f^ν. Diese Tatsache stellt eine Analogie zu den im dreidimensionalen Raum für ein stationäres Feld geltenden Beziehung

$$f^l = -cT^{lk}{}_{,k}, \qquad k = 1,2,3 \tag{6.3.15}$$

dar, wo die Divergenzbildung des Maxwellschen Spannungstensors auf die Kraftdichte $\boldsymbol{f}$ führt. Die bisherigen Ausführungen lassen die Fragen offen, ob es sich bei $T^{\mu\nu}$ tatsächlich um einen Tensor handelt, und wie seine Komponenten von den Komponenten des Feldtensors $F^{\mu\nu}$ abhängen. Wir versuchen nun, die linke Seite von (6.3.6) als Divergenz eines Tensors zweiter Stufe darzustellen:

$$f^\nu = -\frac{1}{c} j_\mu F^{\mu\nu} = -\frac{1}{c} g_{\mu\beta} j^\beta F^{\mu\nu}.$$

Ersetzt man die Stromdichte mit Hilfe der Maxwellgleichung (6.2.6a) durch

$$j^\beta = \frac{c}{4\pi} F^{\alpha\beta}{}_{,\alpha},$$

so folgt

$$f^\nu = -\frac{1}{4\pi} g_{\mu\beta} F^{\mu\nu} F^{\alpha\beta}{}_{,\alpha} = -\frac{1}{4\pi} g_{\mu\beta}((F^{\mu\nu} F^{\alpha\beta})_{,\alpha} - F^{\mu\nu}{}_{,\alpha} F^{\alpha\beta}). \tag{6.3.16}$$

Berücksichtigt man die Antisymmetrie von $F^{\mu\nu}$, so läßt sich der zweite Term in (6.3.16) mit Hilfe der Maxwellgleichung (6.2.6b) umformen. Man erhält

$$-g_{\mu\beta} F^{\mu\nu}{}_{,\alpha} F^{\alpha\beta} = \frac{1}{4} g^{\mu\nu} (F^{\alpha\beta} F_{\alpha\beta})_{,\mu}. \tag{6.3.17}$$

Aus (6.3.16) folgt dann nach Umbenennung der Indizes

$$f^\nu = -\frac{1}{4\pi} \left(F^{\mu\beta} F^\nu{}_\beta + \frac{1}{4} g^{\mu\nu} F^{\alpha\beta} F_{\alpha\beta} \right)_{,\mu}. \tag{6.3.18}$$

Mit der Festlegung

$$T^{\mu\nu} = \frac{1}{4\pi c} \left(F^{\mu\beta} F^\nu{}_\beta + \frac{1}{4} g^{\mu\nu} F^{\alpha\beta} F_{\alpha\beta} \right) \tag{6.3.19}$$

läßt sich die Gleichung (6.3.18) in der Form

$$f^\nu = -c T^{\mu\nu}{}_{,\mu} \tag{6.3.20}$$

schreiben. Aus (6.3.19) folgt sofort die Tensoreigenschaft von $T^{\mu\nu}$ und die Symmetrie.

6.4 Wechselwirkung zwischen elektromagnetischem Feld und Materie

Wir erinnern an die Ausführungen von Abschnitt 4.1, wo wir die Wechselwirkung zwischen dem elektromagnetischen Feld und punktförmiger Materie mathematisch durch eine Kombination der Maxwellgleichungen mit dem Newtonschen Grundgesetz beschrieben haben. Für eine relativistische Beschreibung muß das Newtonsche Grundgesetz durch die Minkowskigleichung ersetzt werden.

Im Falle einer endlich ausgedehnten Materie liegen die Verhältnisse wesentlich komplizierter. Nach den Ausführungen von Abschnitt 4.2 existieren im nichtrelativistischen Fall prinzipiell zwei Beschreibungsmöglichkeiten:
Eine fundamentale, auf quantentheoretischer Grundlage basierende Theorie, und eine phänomenologische Theorie, wo die Materie als Kontinuum aufgefaßt und in ihren elektromagnetischen Eigenschaften durch „Materialkonstante" beschrieben wird.

Nun ist eine relativistische Beschreibung der Wechselwirkung zwischen dem elektromagnetischen Feld und endlich ausgedehnter Materie auf mikroskopisch fundamentalem Niveau dzt. noch nicht möglich: es existiert keine zufriedenstellende relativistische Quantentheorie der Festkörper.
Die phänomenologische Theorie kann zwar in eine relativistisch kovariante Form gebracht werden, stellt allerdings keine mikroskopisch fundamentale Beschreibung dar. Mit diesen betrüblichen Feststellungen wollen wir den Abschnitt beschließen.

6.5 Historische Entwicklung

Im Kapitel 4 haben wir die Entwicklung der Elektrodynamik von ihren Anfängen bis zu ihrer klassischen Vollendung, der Maxwelltheorie, verfolgt. In diesem Abschnitt beschreiben wir die Entwicklung der Speziellen Relativitätstheorie und der relativistischen Elektrodynamik.

6.5.1 Die Vorläufer der Relativitätstheorie

Der nächste Schritt in der Entwicklung der Physik wurde von *Hendrik Antoon Lorentz* (1853–1928) vollzogen. Er repräsentiert eine Übergangsfigur zwischen der klassischen Physik und der „modernen" Physik der Relativitätstheorie und der Quantenmechanik. Mit seiner wichtigsten Arbeit, der „Elektronentheorie", gelang ihm eine Neuformulierung der Elektrizitätslehre, die verschiedene im Vagen verbliebene Vorstellungen der Maxwellschen Theorie transparent machte. Fundamentale Stütze seiner Überlegungen war dabei der Begriff des Äthers. Später, 1895 und 1904 entwickelte er die berühmte Lorentztransformation, den Vorläufer der Relativitätstheorie. Allerdings war man sich vor Einstein der physikalischen Bedeutung dieser Transformation nicht bewußt.

Andere bedeutende Physiker wie *Hertz, Fitzgerald* und *Poincaré* beschäftigten sich u.a. mit der Elektrodynamik bewegter Körper und stießen auf unüberwindliche Schwierigkeiten. Alle Theorien verwendeten die Äthervorstellung. In einigen Theorien wurden ihm spezifisch mechanische Eigenschaften wie etwa ein Elastizitätskoeffizient zugeschrieben. Da Licht auf elektromagnetische Schwingungen des Äthers zurückgeführt wurde, mußte man bei einer Bewegung relativ zum Äther eine „Lichtmitnahme" beobachten können. Es konnte jedoch nichts gefunden werden, was eine relative Bewegung zum Äther angezeigt hätte. Der Versuch des amerikanischen Physikers *A.A. Michelson* (1852–1931), der später von *W. Morley* unter genaueren Bedingungen wiederholt wurde ergab, daß die Lichtgeschwindigkeit im Vakuum stets den Wert $c = 2.997924 \cdot 10^{10} cm/s$ besitzt, unabhängig vom Bewegungszustand der Lichtquelle.

Um dieses negative Ergebnis zu erklären, postulierten Lorentz und Fitzgerald 1892, daß sich die Länge eines durch den Äther bewegten Körpers in der Bewegungsrichtung um den Faktor $\beta = v/c$ verkürzt (Lorentzkontraktion).

Noch einen Schritt weiter ging *Henri Poincaré* (1854–1912). In seiner im Juli 1905 veröffentlichten Arbeit *„Sur la dynamique de l'électron"* formulierte er das Relativitätsprinzip: „Es scheint, daß die Unmöglichkeit, die absolute Bewegung der Erde im Äther zu bestimmen, ein allgemeines Naturgesetz ist; wir werden dazu geführt, dieses Gesetz, das wir „Relativitätspostulat" nennen, ohne Einschränkung anzunehmen." In dieser Arbeit führt Poincaré auch die Begriffe „Lorentztransformation" und „Lorentzgruppe" erstmals ein, und fordert die Kovarianz der Naturgesetze unter Lorentztransformationen. Allerdings ließ er die Rolle der formal eingeführten neuen Zeitkoordinate im Dunklen.

6.5.2 Die Spezielle Relativitätstheorie

Es hat gewisse Auseinandersetzungen darüber gegeben, wie weit die Spezielle Relativitätstheorie Einstein zuzuschreiben ist und wie weit sie der Verdienst von anderen Physikern wie Lorentz und Poincaré ist. Die meisten bedeutenden Physiker sind sich jedoch einig, daß Einsteins 1905 erschienene Arbeit *„Zur Elektrodynamik bewegter Körper"* weit über die Arbeiten seiner Vorgänger hinausging, indem er den physikalischen Begriffen Raum, Zeit und Äther teils einen neuen Inhalt gab, bzw. sie als irrelevant hinstellte.

Albert Einstein (1879–1955) dürfte Michelsons Versuchsergebnis nicht gekannt haben, da er ihn in seiner 1905 erschienenen Arbeit nicht erwähnt. Er postulierte das Relativitätsprinzip axiomatisch:

„1. Die Gesetze, nach denen sich die Zustände der physikalischen Systeme ändern, sind unabhängig davon, auf welches von zwei relativ zueinander in gleichförmiger Transformationsbewegung befindlichen Koordinatensystemen diese Zustandsänderungen bezogen werden.

2. Jeder Lichtstrahl bewegt sich im „ruhenden" Koordinatensystem mit der bestimmten Geschwindigkeit $V(c)$, unabhängig davon, ob der Lichtstrahl von einem ruhenden oder bewegten Körper emittiert ist." (Annalen der Physik, 1905)

Die Begründung lieferte er durch eine unerwartete Auslegung der Lorentztransformation und durch den Verzicht auf den Äther, der Stütze aller bisheriger Theorien des Elektromagnetismus. Er analysierte die Konzepte von Raum und Zeit sorgfältig, wobei er bei jedem Begriff, den er einführte, eine konkrete Meßmöglichkeit der betreffenden Größe verlangte. Diese Untersuchung ergab völlig unerwartete Resultate, unter anderem die Relativität der Gleichzeitigkeit und das Zwillingsparadoxon.

Hermann Minkowski (1864–1909), ein ehemaliger Professor Einsteins führte den nach ihm benannten vierdimensionalen Raum mit drei Raum- und einer Zeitkoordinate ein. In diesem Raum stellt sich die Lorentztransformation als Verallgemeinerung der Drehung im Dreidimensionalen dar (orthogonale Transformation). Die Entdeckung des vierdimensionalen Formalismus veranlaßte Minkowski zu den berühmten Eröffnungsworten seiner epochemachenden Vorlesung im September 1908:

„Meine Herren! Die Anschauungen über Raum und Zeit, die ich Ihnen entwickeln möchte, sind auf experimentell-physikalischem Boden erwachsen. Darin liegt ihre Stärke. Ihre Tendenz ist eine radikale. Von Stund an sollen Raum für sich und Zeit für sich völlig zu Schatten herabsinken, und nur noch eine Art Union der beiden soll Selbständigkeit bewahren."

Im selben Jahr entdeckte Minkowski die Vereinigung von Energiedichte, Poyntingvektor und Maxwellschen Spannungstensor zum Energie-Impuls-Tensor – ein Triumph des vierdimensionalen Formalismus.

6.6 Formelsammlung

Feldgleichungen

$$F^{\alpha\beta}{}_{,\alpha} = \frac{4\pi}{c} j^\beta, \qquad \hat{F}^{\alpha\beta}{}_{,\alpha} = 0,$$

mit

$$\hat{F}^{\alpha\beta} := F^{[\alpha\beta,\gamma]} := F^{\alpha\beta,\gamma} + F^{\beta\gamma,\alpha} + F^{\gamma\alpha,\beta}.$$

„Kommutatorbeziehung"

$$F^{\alpha\beta} := A^{\beta,\alpha} - A^{\alpha,\beta}.$$

Folgerungen aus der Kommutatorbeziehung

a) **„Jacobi-Identität":**

$$F^{\alpha\beta,\gamma} + F^{\beta\gamma,\alpha} + F^{\gamma\alpha,\beta} = 0,$$

oder

$$\hat{F}^{\alpha\beta}{}_{,\alpha} = 0.$$

b) **Antisymmetrie von $F^{\alpha\beta}$ und $\hat{F}^{\alpha\beta}$:**

$$F^{\alpha\beta} = -F^{\beta\alpha}, \qquad \hat{F}^{\alpha\beta} = -\hat{F}^{\beta\alpha}.$$

c) **Eichinvarianz zweiter Art:**

$$\bar{A}^{\beta} \to A^{\beta} + \wedge'^{\beta}, \quad \bar{F}^{\alpha\beta} = F^{\alpha\beta}.$$

Damit existiert die Möglichkeit der Lorentzeichung:

$$A^{\beta}{}_{,\beta} = 0.$$

Wellengleichungen

a) **Gekoppelt:**

$$\Box A^{\beta} - \partial^{\beta}\partial_{\alpha}A^{\alpha} = \frac{4\pi}{c} j^{\beta}$$

... folgt aus Feldgleichung + Kommutatorbeziehung.

b) **Entkoppelt:**

$$\Box A^{\beta} = 0$$

... folgt aus Feldgleichung + Kommutatorbeziehung [+Lorentzeichung].*

Inhomogenität

$$j^{\beta}{}_{,\beta} = 0$$

... folgt aus Feldgleichung [+ Antisymmetrie des Feldtensors].

* In eckiger Klammer enthaltene Voraussetzungen sind ihrerseits wieder Folge der Kommutatorbeziehung

7 Elektrodynamik in gekrümmten Räumen

Strenggenommen setzt das Studium dieses Abschnitts bereits Kenntnisse aus der Allgemeinen Relativitätstheorie voraus. Aus Gründen der Vollständigkeit besprechen wir die Theorie des elektromagnetischen Feldes in gekrümmten Räumen jedoch an dieser Stelle, wobei wir die notwendigen physikalischen Grundlagen der Allgemeinen Relativitätstheorie kurz skizzieren wollen:

Bisher haben wir das physikalische Geschehen im Minkowski-Raum betrachtet. Er besitzt eine pseudoeuklidische Struktur, die unabhängig vom Ablauf des physikalischen Geschehens angenommen wird. Alle physikalische Grundgesetze müssen sich als Tensorgleichungen im Minkowskiraum formulieren lassen. Die Lichtausbreitung erfolgt längs geodätischer Linien des Minkowskiraumes, das heißt geradlinig.

Nach Einsteins Allgemeiner Relativitätstheorie stellt diese Anschauung nur einen Spezialfall der physikalischen Wirklichkeit dar. Im allgemeinen besitzt die Raum-Zeit keine pseudoeuklidische sondern eine Riemannsche Struktur, die durch das darin ablaufende physikalische Geschehen festgelegt wird. Konkreter: Die Anwesenheit von Materie und Strahlung krümmt die Raumzeit. Der genaue Zusammenhang wird durch die Einsteinschen Feldgleichungen definiert.

Nach der Allgemeinen Relativitätstheorie müssen sich alle physikalischen Grundgesetze als Tensorgleichungen in einem Riemannschen Raum formulieren lassen. Die Lichtausbreitung erfolgt wieder längs geodätischer Linien der Riemannschen Mannigfaltigkeit. Im Unterschied zum Minkowskiraum sind dies jedoch im allgemeinen keine Geraden mehr.

Zusammenfassend gilt also:

	Spezielle Relativitätstheorie:	**Allgemeine Relativitätstheorie:**
Physikalischer Rahmen:	*Minkowskiraum;* seine Struktur ist *unabhängig* vom physikalischen Geschehen.	*Riemannscher Raum;* seine Struktur ist *abhängig* vom physikalischen Geschehen.
Physikalische Gesetze:	Tensorgleichungen im Minkowskiraum (*partielle* Ableitungen).	Tensorgleichungen im Riemannschen Raum (*kovariante* Ableitungen).
Lichtstrahlen und kräftefrei bewegte Massen:	Breiten sich längs geodätischer Linien des Minkowskiraumes aus. Dies sind *Geraden.*	Breiten sich längs geodätischen Linien des Riemannschen Raumes aus. Dies sind i.a. *keine Geraden.*

In diesem Abschnitt stellen wir uns die Aufgabe, die Gleichungen des elektromagnetischen Feldes und ihre wichtigsten Konsequenzen im Riemannschen Raum zu formulieren. Falls diese Gleichungen tatsächlich kovariant formulierbar sind – was wir annehmen wollen – brauchen wir bloß die partiellen Ableitungen durch kovariante Ableitungen ersetzen. Diese Vorgangsweise stellt ein Beispiel für die *Komma-Semikolon-Regel*(Kovarianzprinzip) dar:

Man formuliere physikalische Gesetze, die nichts mit der Gravitation zu tun haben, in ihrer speziell-relativistischen Form und ersetze anschließend die partiellen Ableitungen durch kovariante Ableitungen (Kommas durch Semikolons).

7.1 Der elektromagnetische Feldtensor

Im Minkowskiraum gilt

$$F^{\mu\nu} := A^{\nu,\mu} - A^{\mu,\nu}. \tag{7.1.1}$$

Die Verallgemeinerung für einen Riemannschen Raum lautet dann

$$F^{\mu\nu} := A^{\nu;\mu} - A^{\mu;\nu}. \tag{7.1.2}$$

Aus der Symmetrie der Christoffelsymbole folgt jedoch

$$A^{\nu;\mu} - A^{\mu;\nu} = A^{\nu,\mu} - A^{\mu,\nu}. \tag{7.1.3}$$

Für den Feldtensor gilt somit auch im Riemannschen Raum die Beziehung (7.1.1). Daher bleibt auch die Antisymmetrie des Feldtensors erhalten:

$$F^{\mu\nu} = -F^{\nu\mu}, \quad F_{\mu\nu} = -F_{\nu\mu}. \tag{7.1.4}$$

Weiter folgt aus (7.1.1) und (7.1.2) die Beziehung

$$F^{[\alpha\beta;\gamma]} = F^{\alpha\beta;\gamma} + F^{\beta\gamma;\alpha} + F^{\gamma\alpha;\beta} = F^{\alpha\beta,\gamma} + F^{\beta\gamma,\alpha} + F^{\gamma\alpha,\beta}. \tag{7.1.5}$$

Wir untersuchen nun, ob die im Minkowskiraum gültige Eichinvarianz auch für den Riemannschen Raum erhalten bleibt. Seien $A^\alpha, \bar{A}^\alpha$ zwei Potentiale mit

$$\bar{A}^\alpha = A^\alpha + \psi^{;\alpha}.$$

Da die kovariante Ableitung eines Skalars identisch mit seiner partiellen Ableitung ist, folgt

$$\bar{A}^\alpha = A^\alpha + \psi^{,\alpha}.$$

Wegen (7.1.1) bleibt die Eichinvarianz des Feldes auch im Riemannschen Raum gültig:

$$\bar{F}^{\alpha\beta} = \bar{A}^{\beta;\alpha} - \bar{A}^{\alpha;\beta} = \bar{A}^{\beta,\alpha} - \bar{A}^{\alpha,\beta} = A^{\beta,\alpha} - A^{\alpha,\beta} + \underbrace{\psi^{,\beta\alpha} - \psi^{,\alpha\beta}}_{=0} = F^{\alpha\beta}. \tag{7.1.6}$$

Die in Kap. 6.1 formulierten Eigenschaften des Feldtensors: Antisymmetrie / $F^{[\alpha\beta,\gamma]} = 0$ / Eichinvarianz / gelten also ungeändert im Riemannschen Raum!

7.2 Die Feldgleichungen

7.2.1 Die Feldgleichungen in Differentialform

Die kovariante Verallgemeinerung der Maxwellgleichungen (6.2.6) lautet

$$F^{\mu\nu}{}_{;\mu} = \frac{4\pi}{c} j^\nu, \quad \text{(a)} \qquad F^{[\alpha\beta;\gamma]} = 0, \quad \text{(b)} \tag{7.2.1}$$

oder wegen (7.1.5)

$$F^{\mu\nu}{}_{;\mu} = \frac{4\pi}{c} j^\nu, \quad \text{(a)} \qquad F^{[\alpha\beta,\gamma]} = 0. \quad \text{(b)} \tag{7.2.2}$$

Die Gleichung (7.2.2b) ist strukturell identisch mit (6.2.6b). Hingegen tritt in (7.2.2a) im Unterschied zu (6.2.6a) die kovariante Ableitung auf. Dies hat Konsequenzen für die Feldausbreitung die wir im nächsten Abschnitt untersuchen wollen.

7.2.2 Die elektrodynamischen Potentiale

Zur Herleitung einer Differentialgleichung für den Vierervektor A^β setzen wir die Definitionsgleichung (7.1.1) in die Maxwellgleichung (7.2.2a) ein:

$$A^{\nu,\mu}{}_{;\mu} - A^{\mu,\nu}{}_{;\mu} = \frac{4\pi}{c} j^\nu. \tag{7.2.3}$$

Es gilt

$$A^{\nu,\mu}{}_{;\mu} = A^{\nu;\mu}{}_{;\mu} = \nabla_\mu \nabla^\mu A^\nu = \Box_g A^\nu. \tag{7.2.4}$$

Der Index g in $\Box_g$ soll auf die Abhängigkeit des D'Alembertoperators von der Metrik g^{ik} des Riemannschen Raumes hinweisen. Mit (7.2.4) erhält man aus (7.2.3)

$$\Box_g A^\nu - A^{\mu,\nu}{}_{;\mu} = \frac{4\pi}{c} j^\nu. \tag{7.2.5}$$

Abgesehen vom Auftreten der kovarianten Ableitungen gestaltet sich bisher alles wie im Minkowskiraum. Nun tritt jedoch ein bedeutsamer Unterschied zutage: Im Minkowskiraum erlaubt der Term $A^{\mu,\nu}{}_{,\mu}$ eine Vertauschung der partiellen Ableitungen zu $A^\mu{}_{,\mu}{}^{,\nu}$. Daher kann die Lorentzeichung vorteilhaft zur Entkoppelung des Gleichungssystems verwendet werden.

Anders liegen die Verhältnisse im Riemannschen Raum. Wegen der Eichinvarianz besteht zwar die Möglichkeit einer Eichung der Form

$$A^\mu{}_{;\mu} = 0, \tag{7.2.6}$$

die jedoch nicht zur Entkoppelung des Systems (7.2.5) verwendet werden kann, da die kovarianten Ableitungen nicht vertauschbar sind: $A^{\mu,\nu}{}_{;\mu} \neq A^\mu{}_{;\mu}{}^{,\nu}$!

Aus (7.2.5) folgt

$$\Box_g A^\nu + R^\nu{}_\alpha A^\alpha = \frac{4\pi}{c} j^\nu. \tag{7.2.7}$$

*Das Auftreten des Ricci-Tensors verhindert die Entkoppelung der Differentialgleichungen im Riemannschen Raum.*Nach der Einsteinschen Theorie wird der Ricci-Tensor in seinem raumzeitlichen Verhalten durch jenes der vorhandenen Materie und Strahlung festgelegt. Für die Lichtausbreitung ergibt sich damit ein „rückgekoppeltes“ Problem: Einerseits beeinflußt elektromagnetische Strahlung die Raum-Zeit-Geometrie (diese Einflußnahme ist aus den Einsteinschen Feldgleichungen ersichtlich), andererseits wird ihre Ausbreitung durch die Raum-Zeit-Geometrie mitbestimmt, wie dies in Gleichung (7.2.7) zum Ausdruck kommt. Genaugenommen muß daher die Ausbreitung des elektromagnetischen Feldes unter Beachtung der damit verbundenen Krümmung der Raum-Zeit studiert werden. Es muß das Gesamtsystem Einsteinsche Feldgleichungen + Maxwellsche Feldgleichungen gelöst werden.

Bei Vernachlässigung der Raum-Zeit-Krümmung ($R^{\nu}{}_{\alpha} = 0$) folgt aus (7.2.7) die Wellenausbreitung im Minkowskiraum. Die elektromagnetischen Phänomene werden in diesem Fall also allein durch die Grundgleichungen der Elektrodynamik beschrieben. Es tritt uns hier wieder das schon öfter angeschnittene Problem der Wechselwirkung entgegen. Während wir bisher nur Wechselwirkungen zwischen Feld und Materie besprochen haben, stoßen wir nun auf das Problem der *Wechselwirkung verschiedener Felder*: abgesehen von idealisierten Problemstellungen können elektromagnetische Phänomene und Gravitationsphänomene nicht isoliert betrachtet werden! Eine mathematisch elegante Beschreibungsmöglichkeit für Wechselwirkungsprobleme werden wir in Abschnitt 11 kennenlernen.

7.3 Erhaltungssätze

Im Minkowskiraum gelten für das isolierte elektromagnetische Feld die Erhaltungssätze

$$j^{\mu}{}_{,\mu} = 0 \quad \ldots \quad \text{Erhaltung von Ladung und Strom,} \tag{7.3.1}$$

und

$$T^{\mu\nu}{}_{,\mu} = 0 \quad \ldots \quad \text{Erhaltung von Energie und Impuls.} \tag{7.3.2}$$

Wir untersuchen, ob analoge Beziehungen im Riemannschen Raum gelten. Dazu gehen wir zunächst von der inhomogenen Maxwellgleichung

$$F^{\mu\nu}{}_{;\mu} = \frac{4\pi}{c} j^{\nu} \tag{7.3.3}$$

aus. Durch Divergenzbildung folgt

$$F^{\mu\nu}{}_{;\mu\nu} = \frac{4\pi}{c} j^{\nu}{}_{;\nu}. \tag{7.3.4}$$

Wegen der Antisymmetrie des Feldtensors ergibt sich die Summe der linken Seite von (7.3.4) zu Null, und es gilt

$$j^{\mu}{}_{;\mu} = 0. \tag{7.3.5}$$

Für eine Verallgemeinerung der Beziehung (7.3.2) benötigt man Kenntnisse aus der Allgemeinen Relativitätstheorie. Formal gilt wiederum

$$T^{\mu\nu}{}_{;\mu} = 0, \tag{7.3.6}$$

wobei $T^{\mu\nu}$ den Energie-Impuls-Tensor der „gesamten Materie“ bezeichnet.

7.4 Formelsammlung

Feldgleichungen

$$F^{\alpha\beta}{}_{;\alpha} = \frac{4\pi}{c} j^{\beta}, \qquad F^{[\alpha\beta;\gamma]} = 0,$$

mit

$$F^{[\alpha\beta;\gamma]} = F^{[\alpha\beta,\gamma]} := F^{\alpha\beta,\gamma} + F^{\beta\gamma,\alpha} + F^{\gamma\alpha,\beta}.$$

„Kommutatorbeziehung"

$$F^{\alpha\beta} := A^{\beta;\alpha} - A^{\alpha;\beta} = A^{\beta,\alpha} - A^{\alpha,\beta}.$$

Folgerungen aus der Kommutatorbeziehung

a) **„Jacobi-Identität":**

$$F^{\alpha\beta,\gamma} + F^{\beta\gamma,\alpha} + F^{\gamma\alpha,\beta} = 0,$$

oder

$$F^{[\alpha\beta,\gamma]} = 0.$$

b) **Antisymmetrie von $F^{\alpha\beta}$:**

$$F^{\alpha\beta} = -F^{\beta\alpha}.$$

c) **Eichinvarianz zweiter Art:**

$$A^{\beta} \rightarrow A^{\beta} + \wedge^{;\beta} = A^{\beta} + \wedge^{,\beta}, \quad \bar{F}^{\alpha\beta} = F^{\alpha\beta}.$$

Damit existiert die Möglichkeit der Lorentzeichung:

$$A^{\beta}{}_{;\beta} = 0.$$

Wellengleichungen

$$\Box_g A^{\beta} + R^{\beta}{}_{\alpha} A^{\alpha} = \frac{4\pi}{c} j^{\beta}$$

... folgt aus Feldgleichung + Kommutatorbeziehung + Definition des Ricci-Tensors.

Inhomogenität

$$j^{\beta}{}_{;\beta} = 0$$

... folgt aus Feldgleichung + Antisymmetrie des Feldtensors.

Teil III
Klassische Theorien der Gravitation

Die klassische Physik kennt zwei Beschreibungsformen der Gravitationswirkung: die *Newtonsche Gravitationstheorie* und *Einsteins Allgemeine Relativitätstheorie*.

In Kapitel 8 behandeln wir die auf den nichtrelativistischen Vorstellungen von Raum und Zeit fußende Newtonsche Gravitationstheorie. Sie besitzt eine zur Elektrostatik formal äquivalente Gestalt. Der Rahmen des physikalischen Geschehens ist der von diesem Geschehen unabhängige dreidimensionale Euklidische Raum, der mathematische Formalismus die relativ einfache Vektoranalysis.

Während jedoch eine speziell-relativistische Verallgemeinerung der Elektrostatik auf die „richtige" relativistische Theorie des Elektromagnetismus führt, kann eine relativistische Theorie der Gravitation nicht durch eine speziell-relativistische Verallgemeinerung der Newtonschen Gravitationstheorie gewonnen werden.

Die relativistische Theorie der Gravitation ist die in Kapitel 9 behandelte Allgemeine Relativitätstheorie, die als Höhepunkt der klassischen Physik bezeichnet werden kann. Hier wird die Gravitationswirkung nicht durch den üblichen Kraftbegriff, sondern durch eine Krümmung der vierdimensionalen Raum-Zeit beschrieben. Im Unterschied zur Newtonschen Gravitationstheorie ist der Rahmen des physikalischen Geschehens durch einen von diesem Geschehen in seiner Struktur abhängigen vierdimensionalen Riemannschen Raum gegeben. Daher ist auch der notwendige mathematische Formalismus ziemlich kompliziert, man benötigt die Tensoranalysis im Riemannschen Raum.

Kapitel 10 präsentiert die *relativistische Kosmologie*, wo Ursprung und Form unseres Universums mit Hilfe der Allgemeinen Relativitätstheorie untersucht werden.

8 Newtonsche Gravitationstheorie

Die wesentlichen Inhalte der Newtonschen Gravitationstheorie haben wir bereits in Kapitel 1 besprochen, wobei wir die Materie als Massenpunkte beschrieben haben. Wir verallgemeinern nun die Überlegungen für ausgedehnte Körper, denen wir im Sinne der Kontinuumsphysik eine kontinuierlich veränderliche Massendichte ρ_m zuschreiben.

8.1 Newtonsche Gravitationstheorie und Elektrostatik

Das Coulombsche Gesetz

$$\boldsymbol{F}_{12} = k \frac{Q_1 Q_2}{|\boldsymbol{r}_1 - \boldsymbol{r}_2|^2} \boldsymbol{r}_{21} \tag{8.1.1}$$

und das Newtonsche Gravitationsgesetz

$$\boldsymbol{F}_{12} = \gamma \frac{m_1 m_2}{|\boldsymbol{r}_1 - \boldsymbol{r}_2|^2} \boldsymbol{r}_{12} \tag{8.1.2}$$

besitzen dieselbe Struktur: in beiden Fällen handelt es sich um ein reziprok quadratisches Kraftgesetz. Ein Unterschied besteht im Auftreten des Einheitsvektors $\boldsymbol{r}_{12}$ in (8.1.2) gegenüber dem entgegengesetzten Einheitsvektor $\boldsymbol{r}_{21}$ in (8.1.1), was der Tatsache Rechnung trägt, daß sich Massen stets anziehen, Ladungen gleichen Vorzeichens jedoch abstoßen. Weiter tritt in (8.1.2) die Gravitationskonstante

$$\gamma = 6{,}670 \cdot 10^{-11} m^3 kg^{-1} s^{-2}$$

auf, während in (8.1.1) für die Konstante k im Gaußschen Maßsystem

$$k = 1$$

gilt. In Kapitel 4 haben wir gesehen, daß sich das für zwei elektrische Ladungen gültige Coulombgesetz als Konsequenz der Konzeption eines wirbelfreien Quellenfeldes ergibt. Somit muß dies auch für das Newtonsche Gravitationsgesetz gelten, d.h. wir erwarten für die Gravitationstheorie einen zur Elektrostatik äquivalenten mathematischen Formalismus.

Zur Verdeutlichung dieser Analogie sei nochmals an die Verhältnisse der Elektrostatik erinnert: aus den für ein stationäres elektrisches Feld gültigen Maxwellgleichungen

$$\operatorname{div} \boldsymbol{E} = 4\pi\rho, \qquad \operatorname{rot} \boldsymbol{E} = 0 \tag{8.1.3}$$

folgt durch Einführung eines skalaren Potentials gemäß

$$\boldsymbol{E} = -\operatorname{grad} \varphi \tag{8.1.4}$$

die Potentialgleichung (Poissongleichung)

$$\Delta\varphi = -4\pi\rho, \tag{8.1.5}$$

mit der Lösung

$$\varphi = \int_{\mathbb{R}^3} \frac{\rho(\boldsymbol{r}')}{|\boldsymbol{r}-\boldsymbol{r}'|} d^3r', \quad \text{(a)} \qquad \boldsymbol{E} = -\nabla_{\boldsymbol{r}}\varphi = \int_{\mathbb{R}^3} \frac{\rho(\boldsymbol{r}')(\boldsymbol{r}-\boldsymbol{r}')}{|\boldsymbol{r}-\boldsymbol{r}'|^3} d^3r'. \quad \text{(b)} \tag{8.1.6}$$

Für eine im Punkt $\boldsymbol{r} = \boldsymbol{r}_2$ konzentrierte Ladung Q_2 erhält man für die Ladungsdichte

$$\rho(\boldsymbol{r}) = Q_2\delta(\boldsymbol{r}-\boldsymbol{r}_2), \tag{8.1.7}$$

womit aus (8.1.6) dic Lösung

$$\boldsymbol{E} = \frac{Q_2}{|\boldsymbol{r}-\boldsymbol{r}_2|^3}(\boldsymbol{r}-\boldsymbol{r}_2) \tag{8.1.8}$$

folgt. Sie beschreibt das Feld der in $\boldsymbol{r} = \boldsymbol{r}_2$ befindlichen Punktladung Q_2. Die Kraft auf eine im Punkt $\boldsymbol{r} = \boldsymbol{r}_1$ konzentrierte Ladung Q_1 ergibt sich gemäß

$$\boldsymbol{F}_{12} = Q_1\boldsymbol{E}(\boldsymbol{r}_1) \tag{8.1.9}$$

zu

$$\boldsymbol{F}_{12} = \frac{Q_1Q_2}{|\boldsymbol{r}_1-\boldsymbol{r}_2|^3}(\boldsymbol{r}_1-\boldsymbol{r}_2) = \frac{Q_1Q_2}{|\boldsymbol{r}_1-\boldsymbol{r}_2|^2}\boldsymbol{r}_{21}. \tag{8.1.10}$$

Das Coulombgesetz (8.1.10) resultiert also aus den Feldgleichungen (8.1.3) bei Spezialisierung der kontinuierlichen auf punktförmig konzentrierte Ladungen, wobei man die Kraftübertragung durch (8.1.9) darstellt.

Für das Gravitationsfeld kann man völlig analog vorgehen. Man beschreibt die von einer in $\boldsymbol{r}_2$ befindlichen Masse m_2 auf eine in $\boldsymbol{r}_1$ befindliche Masse m_1 ausgeübte Kraft durch

$$\boldsymbol{F}_{12} = m_1\boldsymbol{G}(\boldsymbol{r}_2), \tag{8.1.9$'$}$$

mit einem wirbelfreien Quellenfeld $\boldsymbol{G}(\boldsymbol{r})$, d.h. es gilt analog zu (8.1.3)

$$\operatorname{div}\boldsymbol{G} = 4\pi\gamma\rho_m, \qquad \operatorname{rot}\boldsymbol{G} = 0. \tag{8.1.3$'$}$$

Dabei bezeichnet ρ_m die kontinuierlich veränderliche Massendichte. Führt man durch

$$\boldsymbol{G} = \operatorname{grad} u \tag{8.1.4$'$}$$

das Gravitationspotential u ein, so erhält man aus (8.1.3′)

$$\Delta u = 4\pi\gamma\rho_m, \tag{8.1.5$'$}$$

mit der Lösung

$$u = -\gamma\int_{\mathbb{R}^3} \frac{\rho_m(\boldsymbol{r}')}{|\boldsymbol{r}-\boldsymbol{r}'|} d^3r', \text{(a)} \quad \boldsymbol{G} = +\nabla_{\boldsymbol{r}}u = \gamma\int_{\mathbb{R}^3} \frac{\rho_m(\boldsymbol{r}')(\boldsymbol{r}-\boldsymbol{r}')}{|\boldsymbol{r}-\boldsymbol{r}'|^3} d^3r'. \text{(b)} \tag{8.1.6$'$}$$

Abgesehen vom Auftreten des Faktors γ gestaltet sich die mathematische Beschreibung der Newtonschen Gravitationstheorie völlig analog zu jener der Elektrostatik.

8.2 Fernwirkung und Nahwirkung

Wie wir schon in Kapitel 1 ausgeführt haben, ist die Newtonsche Gravitationstheorie in ihrer ursprünglichen Form eine Fernwirkungstheorie. Zur Vorstellung der Nahwirkung gelangt man über die Feldkonzeption und den damit verbundenen Kraftangriff gemäß (8.1.9′). Nun bewirkt nach dieser Vorstellung beispielsweise eine Verschiebung der in $\boldsymbol{r}_1$ befindlichen felderzeugenden Masse m_1 nach einem infinitesimal benachbarten Ort $\boldsymbol{r}_1 + d\boldsymbol{r}$ eine sofortige Änderung der Kraftwirkung im Ort $\boldsymbol{r}_2$. Nach den Gesetzen der Speziellen Relativitätstheorie dürfen sich Wirkungen jedoch nicht schneller als mit Lichtgeschwindigkeit ausbreiten. Es scheint daher naheliegend, eine speziell-relativistische Verallgemeinerung der Newtonschen Gravitation zu suchen, ähnlich wie die (speziell-relativistische) Elektrodynamik die entsprechende Verallgemeinerung der dem Relativitätsprinzip nicht genügenden Elektrostatik darstellt. Nach den bisherigen Ausführungen könnte man erwarten, daß eine derartige Verallgemeinerung formal eine völlig analoge Struktur wie die Elektrodynamik besitzt, d.h. das relativistische Gravitationspotential sollte durch einen Vierervektor beschrieben werden können, etc..

Wie sich zeigt, ist dies aus mehreren Gründen nicht möglich (unter anderem würde eine Vektortheorie der Gravitation stets die Abstoßung von Massen ergeben). Eine relativistische Formulierung der Gravitation kann nicht auf vektorieller Basis durchgeführt werden, und sprengt den bisher betrachteten speziell-relativistischen Rahmen.

9 Allgemeine Relativitätstheorie

9.1 Physikalische Grundlagen

9.1.1 Das Äquivalenzprinzip

Im Rahmen der Newtonschen Mechanik sind wir auf die Begriffe „träge Masse“ und „schwere Masse“ gestoßen. Die Trägheit der Masse tritt im Zusammenhang mit Beschleunigungseffekten auf, die Schwere der Masse im Zusammenhang mit einem Gravitationsfeld. Nach der Newtonschen Theorie besteht also ein qualitativer Unterschied zwischen den beiden Begriffen. Die experimentell (im Rahmen der möglichen Meßgenauigkeit) festgestellte Gleichheit zwischen träger und schwerer Masse ist in der Newtonschen Theorie nicht organisch enthalten, sondern stellt ein zusätzliches Faktum dar.

Nach Einstein sind nun Schwerkraft und Beschleunigungseffekte als äquivalent anzusehen, somit auch die damit verknüpften Begriffe der trägen und schweren Masse. Man bezeichnet dieses Postulat als *Äquivalenzprinzip*.

Zur Erläuterung machen wir folgendes Gedankenexperiment: Wir betrachten einige Personen in einem geschlossenen Fahrstuhl. Zunächst möge sich der Fahrstuhl auf der Erdoberfläche in Ruhe befinden. Durch die Schwerkraft der Erde werden die Personen auf den Boden des Fahrstuhls gedrückt, sie haben die Empfindung ihres normalen Gewichtes (Bild 9.1a).

Nun bringen wir den Fahrstuhl an einen Punkt des Raumes, in dem keine Schwerkraft wirkt, und beschleunigen ihn genau mit der Erdbeschleunigung gemäß Bild 9.1b. Die Testpersonen werden dann mit der gleichen Kraft auf den Fahrstuhlboden gedrückt wie in Bild 9.1a. Sie können also nicht unterscheiden, ob die Schwerkraft der Erde oder eine Beschleunigung des Fahrstuhls auf sie eingewirkt hat: Schwerkraft und Beschleunigung erweisen sich als ununterscheidbar.

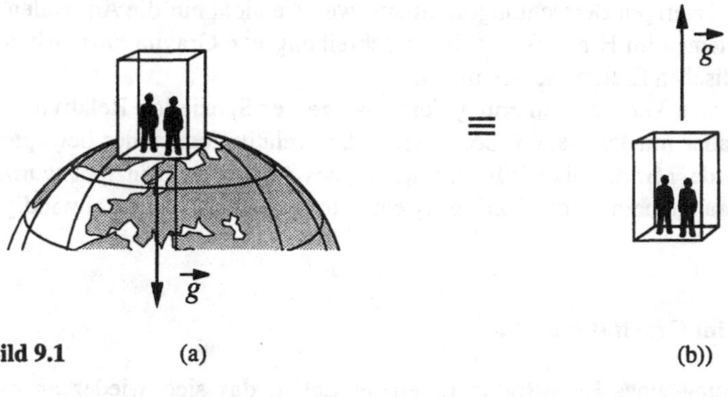

Bild 9.1 (a) (b))

Man kann dieses Beispiel noch weiter ausführen:
Dazu betrachten wir den Fahrstuhl frei fallend im Schwerefeld der Erde. Die Testpersonen werden dann im Fahrstuhl schweben, sie besitzen kein Gewicht (Bild 9.2a). Nun bringen wir den Fahrstuhl wieder an einen Punkt des Raumes, in dem keine Schwerkraft existiert. Dann sind die Insassen ebenfalls schwerelos. Wiederum ist für die Testpersonen eine Unterscheidung zwischen

dem frei fallenden System in einem Gravitationsfeld und einer nichtbeschleunigten Bewegung bei Abwesenheit eines Gravitationsfeldes nicht möglich.

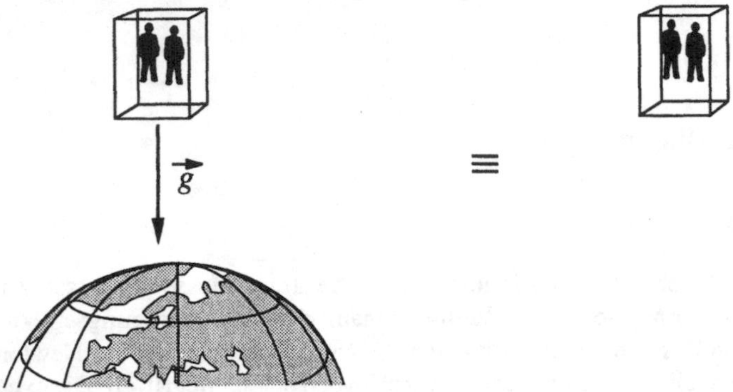

Bild 9.2 (a) (b)

Die bisherigen Überlegungen lassen eine Äquivalenz zwischen Beschleunigungseffekten und Gravitation erkennen. Es muß nun darauf hingewiesen werden, daß diese Äquivalenz nur lokal, d.h. an einem bestimmten Punkt gültig ist. Dazu betrachten wir beispielsweise nochmals Bild 9.1. Das Gravitationsfeld der Erde ist *inhomogen*, d.h. es existiert in jedem Punkt im Fahrstuhlinneren genaugenommen ein leicht unterschiedliches Gravitationsfeld. Gemäß Bild 9.1b kann dem Lift jedoch nur eine Beschleunigung erteilt werden. Die Gleichheit zwischen Gravitation und Beschleunigung ist daher *nur in einem Punkt* des Fahrstuhlinneren exakt erfüllbar, in allen anderen Punkten nur näherungsweise. Man spricht aus diesem Grund von einer *lokalen Äquivalenz* zwischen Beschleunigung und Gravitation.

Wir wollen nun das Äquivalenzprinzip mit Einsteins eigenen Worten formulieren:

Alle lokalen, frei fallenden, nichtrotierenden Laboratorien sind für die Durchführung aller physikalischen Experimente völlig gleichwertig.

Diese Aussage geht über die bisherigen Betrachtungen hinaus, weil sie nicht nur die Äquivalenz von frei fallenden Bezugssystemen im Hinblick auf die Beschreibung von Gravitationswirkungen, sondern für alle physikalischen Ereignisse postuliert.

Man erkennt außerdem eine Verallgemeinerung der Aussage der Speziellen Relativitätstheorie, wo die Äquivalenz aller mit konstanter Geschwindigkeit relativ zueinander bewegter Bezugssysteme postuliert wurde. Mit der obigen Formulierung des Äquivalenzprinzipes wurde der Relativitätsbegriff also verallgemeinert: die Forderung einer konstanten Relativgeschwindigkeit entfällt.

9.1.2 Die Lichtablenkung im Gravitationsfeld

Wir betrachten die Ausbreitung eines Lichtstrahls in einem Labor, das sich wieder an einem schwerkraftfreien Punkt des Raumes befinden soll. Für ein nichtbeschleunigtes Labor (Bild 9.3a) würde sich der Lichtstrahl geradlinig fortbewegen. Für ein mit $\boldsymbol{g}$ beschleunigtes Labor (Bild 9.3b) folgt beim Durchqueren des Labors eine Abweichung von der Geraden, die sich elementar aus den Gesetzen der Newtonschen Mechanik berechnen läßt:

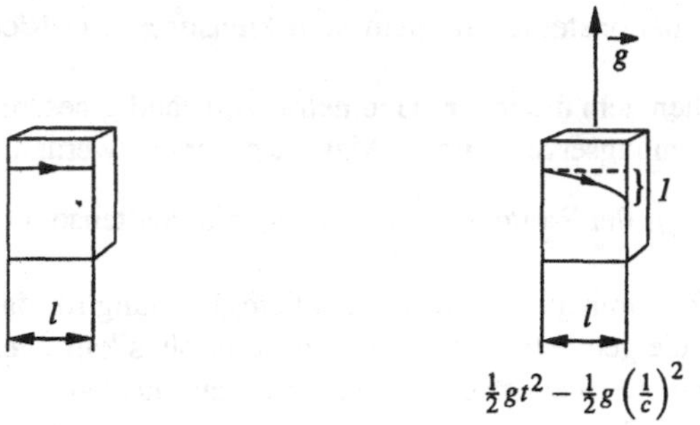

Bild 9.3 (a) (b)

(a) Labor im Raum ohne Gravitationswirkung, unbeschleunigt.
(b) Gleiches Labor beschleunigt.

Nach dem Äquivalenzprinzip ist nun der Fall Bild 9.3b identisch mit einem auf der Erdoberfläche ruhenden Labor (vgl. Bild 9.1a). Daraus folgt, daß der Lichtstrahl im Schwerefeld der Erde in gleicher Weise gekrümmt ist.

Es gilt also: Lichtstrahlen werden bei Anwesenheit von Massen gekrümmt! Dabei ist die Stärke der Krümmung durch die Stärke des Gravitationsfeldes, somit durch die Größe der Masse definiert.

Bevor wir diese Überlegungen weiter verfolgen, wollen wir das Phänomen der Lichtausbreitung und der Bewegung eines kräftefreien Massenpunktes vom Standpunkt der klassischen Optik und der klassischen Mechanik betrachten:

Nach den Anschauungen der klassischen Optik breitet sich ein Lichtstrahl zwischen zwei Punkten des dreidimensionalen Raumes längs der kürzesten Verbindungslinie zwischen den beiden Punkten aus. Diese kürzeste Verbindungslinie zwischen zwei Punkten wird auch als *geodätische Linie* bezeichnet. Man kann daher sagen, daß sich Licht im dreidimensionalen Euklidischen Raum längs geodätischer Linien ausbreitet, wobei diese geodätischen Linien Gerade darstellen – eine Eigenschaft der Euklidischen Geometrie.

Dieselben Verhältnisse gelten auch noch im vierdimensionalen Minkowskiraum der Speziellen Relativitätstheorie: die geodätischen Linien in dieser Struktur sind wiederum Gerade – eine Eigenschaft der pseudoeuklidischen Geometrie, die Ausbreitung eines Lichtstrahls kann wieder als geodätische Linie in der vorliegenden Raum-Zeit-Mannigfaltigkeit beschrieben werden.

Gleiches gilt für einen kräftefrei bewegten Massenpunkt: in der klassischen Physik bewegt er sich längs einer geodätischen Linie im dreidimensionalen Euklidischen Raum, in der relativistischen Mechanik längs einer geodätischen Linie im Minkowskiraum.

Einstein hatte nun die Idee, die durch Massenwirkung hervorgerufene Krümmung des Lichtes, sowie die Krümmung der Bahn von Massenpunkten durch Verwendung einer Riemannschen Raum-Zeit-Mannigfaltigkeit zu beschreiben:

Lichtstrahlen und Massenpunkte bewegen sich längs geodätischer Linien eines vierdimensionalen Riemannschen Raumes. Diese geodätischen Linien sind i.a. keine Geraden mehr. Damit wird die in der Nähe von Massen auftretende Krümmung von Licht und Bahnkurven der Massenpunkte durch entsprechende Krümmungsverhältnisse des Riemannschen Raumes beschrieben.

Die Gravitation erscheint also als eine Folge der Raum-Zeit-Krümmung. Nun kann die „innere Geometrie" einer Riemannschen Mannigfaltigkeit vollständig durch den Metriktensor g_{ij} dieses Raumes beschrieben werden. Das Gravitationsfeld muß daher auf irgendeine Weise mit dem Metriktensor g_{ij} der Raum-Zeit zusammenhängen. Es stellen sich somit zwei Probleme:

1) Es ist der Zusammenhang des Gravitationsfeldes mit dem Metriktensor g_{ij} der Riemannschen Raum-Zeit zu klären.
2) Es muß der Zusammenhang zwischen dem die innere Geometrie vollständig beschreibenden Metriktensor g_{ij} und der „krümmungserzeugenden" Materie gefunden werden.

Nach Einstein kann nun der Metriktensor g_{ij} der Raum-Zeit gleichzeitig als Feldtensor des Gravitationsfeldes aufgefaßt werden.

Daher ist der in 2) angesprochene Zusammenhang sowohl als Feldgleichung für das Gravitationsfeld, wie auch als Gleichung für die geometrische Struktur unserer physikalischen Welt in Abhängigkeit von der Materieverteilung interpretierbar. Der genaue Zusammenhang ist durch die Einsteinschen Feldgleichungen gegeben, die wir im nächsten Abschnitt diskutieren wollen.

9.2 Die Einsteinschen Feldgleichungen

Die Einsteinschen Feldgleichungen lauten

$$R_{ik} - \frac{1}{2} g_{ik} R = -\kappa T_{ik}, \qquad i,k = 0,\ldots 3.^{*} \tag{9.2.1}$$

Dabei bedeutet T_{ik} den Energie-Impuls-Tensor der Materie, R_{ik} den Ricci-Tensor und R den Krümmungsskalar der durch die Metrik g_{ik} beschriebenen Raum-Zeit-Mannigfaltigkeit (siehe Kapitel 24: Tensorrechnung). Die Zusammenhänge seien hier nochmals notiert:

$$\begin{aligned} R_{ik} &= R^{h}{}_{ikh}, \\ R &= g^{ik} R_{ik}, \end{aligned} \tag{9.2.2}$$

mit dem Riemannschen Krümmungstensor

$$R^{h}{}_{ikj} = \Gamma^{h}{}_{ij,k} - \Gamma^{h}{}_{ik,j} + \Gamma^{h}{}_{mk}\Gamma^{m}{}_{ji} - \Gamma^{h}{}_{mj}\Gamma^{m}{}_{ki}, \tag{9.2.3}$$

und den Christoffelsymbolen zweiter Art

$$\Gamma^{h}{}_{lm} = \frac{1}{2} g^{hn}(g_{mn,l} + g_{nl,m} - g_{lm,n}). \tag{9.2.4}$$

κ ist eine Konstante, die sich aus der Newtonschen Gravitationskonstante γ und der Lichtgeschwindigkeit errechnet:

$$\kappa = \frac{8\pi}{c^2} = 1.86 \cdot 10^{-27} cm/g. \tag{9.2.5}$$

Durch (9.2.1) werden die Energie-Impuls-Verhältnisse der Materie in Beziehung zur Metrik g_{ik} der Raum-Zeit-Mannigfaltigkeit gesetzt. Bevor wir die Feldgleichungen (9.2.1) in ihrer physikalischen Bedeutung diskutieren, wollen wir sie zunächst vom mathematischen Standpunkt etwas näher beleuchten.

* In der ART werden üblicherweise keine griechischen Indizes verwendet.

9.2.1 Die Einsteinschen Feldgleichungen aus mathematischer Sicht

Die Einsteinschen Feldgleichungen stellen ein System partieller Differentialgleichungen zur Bestimmung der Metrikkoeffizienten g_{ik} dar. Aus den Beziehungen (9.2.2) – (9.2.4) erkennt man, daß in R_{ik} und R höchstens zweite Ableitungen des Metriktensors auftreten können, und zwar in linearer Form. Die ersten Ableitungen hingegen sind wegen der beiden letzten Terme des Riemannschen Krümmungstensors im allgemeinen nichtlinear enthalten.

Das bedeutet, daß die Differentialgleichungen (9.2.1) bei vorgegebener Inhomogenität ein *System partieller, nichtlinearer Differentialgleichungen zweiter Ordnung* zur Bestimmung der g_{ik} darstellen.

Die linke Seite von (9.2.1) repräsentiert einen Tensor zweiter Stufe, der als *Einsteinscher Feldtensor* G_{ik}

$$G_{ik} := R_{ik} - \frac{1}{2} g_{ik} R \tag{9.2.6}$$

bezeichnet wird. Die Feldgleichungen (9.2.1) können damit auch in der Form

$$G_{ik} = -\kappa T_{ik} \tag{9.2.1'}$$

geschrieben werden. Im folgenden führen wir einige Eigenschaften von G_{ik} an, die für das Lösungsverhalten und die Interpretation von (9.2.1) bestimmend sind:

(1) *Der Einsteinsche Feldtensor ist symmetrisch:*

$$G_{ik} = G_{ki}. \tag{9.2.7}$$

Dies folgt sofort aus der Symmetrie von g_{ik} und R_{ik}. Damit muß auch der Energie-Impulstensor T_{ik} symmetrisch sein, es gilt also auch

$$T_{ik} = T_{ki}. \tag{9.2.8}$$

Wegen der Symmetrie von T_{ik} existieren nur $\frac{n(n+1)}{2} = 10$ unabhängige Elemente des Energie-Impulstensors, die für die Festlegung der 10 unabhängigen Elemente g_{ik}, $i = 0,1,2,3$, $k = 0,\ldots i$ herangezogen werden können. Man könnte nun annehmen, daß damit die Elemente des Metriktensors eindeutig festgelegt sind. Dies ist jedoch nicht der Fall, da die Gleichungen (9.2.1) nicht alle voneinander unabhängig sind, was wir im folgenden zeigen wollen.

(2) *Der Einsteinsche Feldtensor ist quellenfrei:*

$$G_{ik}{}^{;i} = 0. \tag{9.2.9}$$

Zum Beweis erinnern wir an die Definition des Riemannschen Krümmungstensors:

$$A_{i;kj} - A_{i;jk} := R^h{}_{ikj} A_h. \tag{9.2.10}$$

Der Riemann-Tensor ist also als „Kommutator" definiert, und für Kommutatoren gilt die Jakobi-Identität. Im vorliegenden Fall (9.2.10) lautet diese Identität

$$R^h{}_{ijk;l} + R^h{}_{ikl;j} + R^h{}_{ilj;k} = 0. \tag{9.2.11}$$

Diese Beziehungen werden als *Bianchi-Identitäten* bezeichnet (siehe dazu auch Abschnitt 24.2.). Kontrahiert man die Bianchi-Identitäten über h und j, so folgt

$$R_{ik;l} - R^h{}_{ikl;h} - R_{il;k} = 0, \tag{9.2.12}$$

und daher durch Multiplikation mit g^{il}

$$R^h{}_{k;h} = \frac{1}{2} R_{;k}. \qquad (9.2.13)$$

Berücksichtigt man nun die aus der Definition (9.2.6) resultierende Beziehung

$$G^i{}_k = R^i{}_k - \frac{1}{2} g^i{}_k R, \qquad (9.2.14)$$

so folgt durch kovariante Differentiation nach i mit (9.2.13)

$$G^i{}_{k;i} = R^i{}_{k;i} - \frac{1}{2} g^i{}_k R_{;i} = 0, \qquad (9.2.15)$$

womit (9.2.9) bewiesen ist. Man beachte, daß sich (9.2.9) bzw. (9.2.15) als direkte Folge der Bianchi-Identitäten ergeben, die ihrerseits auf die Kommutatoreigenschaft der Definition des Riemann-Tensors zurückzuführen sind.

Die Quellenfreiheit des Einstein-Tensors hat nun zwei bedeutsame Konsequenzen. Zunächst folgt daraus die Quellenfreiheit des Energie-Impuls-Tensors

$$T_{ik}{}^{;i} = 0. \qquad (9.2.16)$$

Die Einsteinschen Feldgleichungen sind also nur für einen Energie-Impuls-Tensor mit der Eigenschaft (9.2.16) widerspruchsfrei. In diesem Zusammenhang sei an das System der Maxwellgleichungen erinnert, das auch nur für einen Strömungsvektor j^k mit

$$j^k{}_{,k} = 0$$

widerspruchsfrei ist. Diese Beziehung ist eine direkte Folge der Antisymmetrie des Feldtensors F^{jk}, die wiederum sofort aus der Kommutatordefinition $F^{jk} = A^{k,j} - A^{j,k}$ folgt. Wir werden auf diese Analogien in Kapitel 13 nochmals zurückkommen.

Außer (9.2.16) folgt aus der Quellenfreiheit von G_{ik} noch die Tatsache, daß die bisher verbliebenen 10 Feldgleichungen (9.2.1) nicht sämtlich voneinander unabhängig sind. Wegen der 4 Beziehungen (9.2.9) existieren tatsächlich nur 6 voneinander unabhängige Gleichungen zur Bestimmung der 10 Koeffizienten g_{ik}, $i = 0, \dots 3$, $k = 0, \dots i$, die somit nicht eindeutig festgelegt werden können. Dies ist weiter nicht verwunderlich, da die Struktur der g_{ik} noch durch beliebige Koordinatentransformationen beeinflußt werden kann. Die 4 Freiheitsgrade entsprechen genau den Transformationen der g_{ik}, die durch Koordinatentransformationen $x^i = f^i(x^k)$, $i = 0,1,2,3$, zustandekommen. Zusammenfassend gilt also:

Die Einsteinschen Feldgleichungen stellen ein System von 6 i.a. nichtlinearen, partiellen Differentialgleichungen zweiter Ordnung zur Bestimmung der 10 Koeffizienten des symmetrischen Metriktensors g_{ik}, $i = 0, \dots 3$, $k = 0, \dots i$ dar. Dabei sind die Koeffizienten g_{ik} bis auf beliebige Koordinatentransformationen eindeutig festgelegt.

(3) *In einem vierdimensionalen Riemannschen Raum ist der Tensor G_{ik} neben g_{ik} der einzige quellenfreie Tensor zweiter Stufe, der aus g_{ik} und dessen ersten beiden Ableitungen gebildet werden kann.*

Wir wollen diese Eigenschaft nicht beweisen. Auf ihre Bedeutung für die Allgemeine Relativitätstheorie braucht nach den vorangegangenen Ausführungen nicht extra hingewiesen werden.

9.2.2 Die Einsteinschen Feldgleichungen aus physikalischer Sicht

Die Einsteinschen Gleichungen stellen ein Beispiel für eine *Geometrisierung der Physik* dar: Das Gravitationsfeld wird als eine geometrische Eigenschaft der Raum-Zeit gedeutet. Auf der rechten Seite von (9.2.1) steht der Energie-Impuls-Tensor T_{ik} der Materie, wobei unter „Materie" alle physikalischen Erscheinungen zu verstehen sind, denen durch die Einsteinsche Beziehung $E = mc^2$ eine Masse zugeordnet werden kann. Die Raum-Zeit-Geometrie wird also nicht nur durch die Verteilung und Dynamik der „kompakten" Körper wie Sonne, Planeten etc. festgelegt, sondern auch durch elektromagnetische Felder etc.. Aus diesen Gründen wird der Energie-Impuls-Tensor zeitweise in der Literatur auch als „Welttensor" bezeichnet. Ist dieser Tensor bekannt, so kann er als Inhomogenität der Einsteinschen Gleichungen aufgefaßt werden, womit das Problem der Geometrie- und Feldbestimmung gelöst wäre. Für die weiteren Ausführungen wollen wir den Tensor T_{ik} als vorgegeben annehmen.

9.3 Lösungsverhältnisse der Feldgleichungen

Wegen der Nichtlinearität der Feldgleichungen ist das Auffinden spezieller Lösungen eine sehr schwierige Aufgabe. Wir behandeln hier die beiden wichtigsten Fälle:

— im Falle kleiner Gravitationskräfte gelingt eine Linearisierung der Theorie, wobei große formale Ähnlichkeiten mit der Theorie des elektromagnetischen Feldes ins Auge fallen. Mit zusätzlichen Einschränkungen läßt sich daraus die Newtonsche Gravitationstheorie als nichtrelativistischer Grenzfall der Einsteinschen Theorie herleiten.

— Anschließend diskutieren wir die Lösung der Einsteinschen Gleichungen für den speziellen Fall der Kugelsymmetrie.

9.3.1 Die linearisierten Feldgleichungen

Wir betrachten den Fall eines schwachen Gravitationsfeldes, für den die Raum-Zeit annähernd eine Minkowskische Struktur hat. Der Metriktensor g_{ik} soll also nur um einen Faktor erster Ordnung von der Minkowski-Metrik η_{ik} abweichen, d.h.

$$g_{ik} = \eta_{ik} + 2\psi_{ik}, \tag{9.3.1}$$

wobei ψ eine Größe von infinitesimal erster Ordnung ist, d.h. $\psi^2 \sim 0$, und η_{ik} die Minkowski-Metrik

$$\eta_{ik} = \begin{pmatrix} 1 & 0 & 0 & 0 \\ 0 & -1 & 0 & 0 \\ 0 & 0 & -1 & 0 \\ 0 & 0 & 0 & -1 \end{pmatrix} \tag{9.3.2}$$

repräsentiert. Für die Christoffelsymbole gilt dann

$$\Gamma_{jik} = \frac{1}{2}(g_{ij,k} + g_{kj,i} - g_{ik,j}) = \psi_{ij,k} + \psi_{kj,i} - \psi_{ik,j}. \tag{9.3.3}$$

Γ ist also von infinitesimal erster Ordnung. Daher folgt für den Riemann-Tensor (9.2.3) mit $\Gamma^2 \sim 0$:

$$R^i{}_{kjm} = \Gamma^i{}_{km,j} - \Gamma^i{}_{kj,m}, \tag{9.3.4}$$

und für den Ricci-Tensor unter Beachtung von (9.3.3)

$$R_{km} = R^i{}_{kmi} = \Gamma^i{}_{ki,m} - \Gamma^i{}_{km,i} = \psi_{km,}{}^i{}_i + \psi^i{}_{i,km} - \psi^i{}_{m,ik} - \psi^i{}_{k,mi}. \tag{9.3.5}$$

Der Krümmungsskalar ergibt sich zu

$$R = \eta^{km} R_{km} = 2\psi^i{}_{i,}{}^k{}_k - 2\psi^{ik}{}_{,ik}. \tag{9.3.6}$$

Dabei wurden in (9.3.5) und (9.3.6) die Indizes immer mit η_{ik}, nicht mit g_{ik} hinauf- und hinuntergezogen.

Die Einsteinschen Feldgleichungen nehmen dann folgende Gestalt an:

$$\psi_{km,i}{}^i + \psi^i{}_{i,km} - \psi^i{}_{m,ik} - \psi^i{}_{k,im} + \eta_{km}\psi^{ij}{}_{,ij} - \eta_{km}\psi^i{}_{i,}{}^j{}_j = -\kappa T_{mk}. \tag{9.3.7}$$

ψ tritt hier nur linear auf, die Gleichungen (9.3.7) werden als *linearisierte Einsteinsche Feldgleichungen* bezeichnet.

Allerdings ist dieses Gleichungssystem auf sehr komplizierte Art gekoppelt. Wir erinnern an die Verhältnisse der Elektrodynamik wo bei Einführung des Viererpotentials die Gleichungen zunächst ebenfalls gekoppelt erscheinen. Dort gab uns die *Eichinvarianz* der Gleichungen die Möglichkeit durch eine spezielle Eichung (Lorentzeichung) die Gleichungen zu entkoppeln.

Wie sich zeigen wird, ist für das Gleichungssystem (9.3.7) eine ähnliche Vorgangsweise zielführend. Dazu untersuchen wir das Verhalten der Größen ψ_{ik} bei Koordinatentransformationen der Form

$$x^i = x^{\bar{i}} + 2\Lambda^{\bar{i}}(x). \tag{9.3.8}$$

Dabei soll Λ wiederum eine infinitesimale Größe erster Ordnung sein, d.h. $\Lambda^2 \sim 0$. Betrachten wir den Metriktensor des transformierten Systems, so gilt

$$\begin{aligned} g_{\bar{i}\bar{k}} &= \eta_{ik} + 2\psi_{\bar{i}\bar{k}} = \frac{\partial x^j}{\partial x^{\bar{i}}}\frac{\partial x^m}{\partial x^{\bar{k}}} g_{mj} \\ &= (\delta^j{}_{\bar{i}} + 2\Lambda^j{}_{,\bar{i}})(\delta^m{}_{\bar{k}} + 2\Lambda^m{}_{,\bar{k}})(\eta_{jm} + 2\psi_{jm}). \end{aligned} \tag{9.3.9}$$

Vernachlässigt man den Unterschied zwischen den Größen $\Lambda^{\bar{i}}$ und Λ^i, so folgt aus (9.3.8) für das Transformationsverhalten von ψ

$$\psi_{\bar{i}\bar{k}} = \psi_{ik} + \Lambda_{i,k} + \Lambda_{k,i}. \tag{9.3.10}$$

Ersetzt man im System (9.3.7) die Größen ψ_{ik} durch $\psi_{\bar{i}\bar{k}}$, so erkennt man, daß die Gleichungen auch für $\psi_{\bar{i}\bar{k}}$ erfüllt sind, wenn sie für ψ_{ik} erfüllt sind. Das bedeutet, die Feldgleichungen (9.3.7) sind *invariant* gegenüber Transformationen (9.3.10). Wir erinnern an die Verhältnisse der Elektrodynamik, wo die Feldgleichungen invariant gegenüber den Eichtransformationen

$$A_i = \bar{A}_i + \Lambda_{,i} \tag{9.3.11}$$

waren. Wir bezeichnen daher auch die Transformationen (9.3.10) als *Eichtransformationen.*

Wie in der Elektrodynamik haben wir jetzt die Möglichkeit, die Divergenz von ψ_{ik} beliebig festzulegen, wobei wir die Festlegung unter dem Gesichtspunkt einer Entkoppelung des Gleichungssystems (9.3.7) treffen. In der Elektrodynamik gelingt diese Entkoppelung durch die Festlegung

$$A^i{}_{,i} = 0 \quad \text{(Lorentzeichung).}$$

Im vorliegenden Fall ist die Wahl *harmonischer Koordinaten* zielführend. Sie sind durch

$$\psi_{ik,}{}^k = \frac{1}{2}\psi^k{}_{k,i} \tag{9.3.12}$$

definiert. Für den Ricci-Tensor und den Krümmungsskalar (9.3.6) folgt dann

$$R_{ik} = \Box\psi_{ik}, \quad R = \Box\psi_i{}^i, \tag{9.3.13}$$

und somit für die Feldgleichungen (9.3.7)

$$\Box\left(\psi_{km} - \frac{1}{2}\eta_{km}\psi_l{}^l\right) = -\kappa T_{km}. \tag{9.3.14}$$

Für eine vollständige Entkoppelung stört nur mehr der Term ψ_l auf der linken Seite von (9.3.14). Durch Überschiebung mit η_{mj} folgt zunächst

$$\Box\left(\psi_k{}^j - \frac{1}{2}\eta_{km}\eta^{mj}\psi_l{}^l\right) = -\kappa T_k{}^j,$$

und für $k = j$

$$\Box\psi_k{}^k = -\kappa T_k{}^k. \tag{9.3.15}$$

Setzt man diese Beziehung in (9.3.14) ein, so lauten die linearisierten Einsteinschen Gleichungen schließlich

$$\Box\psi_{km} = -\kappa\left(T_{km} - \frac{1}{2}\eta_{km}T_l{}^l\right). \tag{9.3.16}$$

Sie stellen ein *entkoppeltes System linearer, partieller Differentialgleichungen* für die Tensorkomponenten ψ_{km} dar.

Man beachte die analoge Struktur der Feldgleichung für das Viererpotential aus der Elektrodynamik:

$$\Box A^k = \frac{4\pi}{c}j^k. \tag{9.3.17}$$

9.3.2 Der Newtonsche Grenzfall

Wir gehen von den entkoppelten linearisierten Feldgleichungen (9.3.15) aus, und stellen zusätzlich zu der bisherigen Voraussetzung (9.3.1) noch zwei weitere Forderungen:

(1) Die das Gravitationsfeld erzeugenden Massen bewegen sich langsam.
(2) Die durch T_{ik} definierten Energie-Impulsverhältnisse werden hauptsächlich durch die Massendichte ρ beschrieben.

Wegen der Forderung (1) folgt $\frac{\partial}{\partial t} = 0$, so daß sich in (9.3.16) der D'Alembertoperator $\Box$ auf den Laplaceschen Operator Δ reduziert. Aus der Forderung (2) folgt für den Energie-Impuls-Tensor die spezielle Gestalt

$$T_{ik} = \begin{pmatrix} \rho & 0 & 0 & 0 \\ 0 & 0 & 0 & 0 \\ 0 & 0 & 0 & 0 \\ 0 & 0 & 0 & 0 \end{pmatrix}, \tag{9.3.18}$$

wobei ρ die Massendichte bezeichnet. Es existiert also nur $T_{00} = \rho$ und es gilt $T_l{}^l = \rho$. Die Gleichungen (9.3.16) nehmen dann die Form

$$\begin{aligned} -\Delta\psi_{00} &= -\kappa\left(T_{00} - \frac{1}{2}\eta_{00}\rho\right) = -\frac{\kappa\rho}{2}, \\ -\Delta\psi_{jj} &= -\kappa\left(T_{jj} - \frac{1}{2}\eta_{jj}\rho\right) = -\frac{\kappa\rho}{2}, \quad \forall j = 1,2,3, \\ -\Delta\psi_{kj} &= -\kappa\left(T_{kj} - \frac{1}{2}\eta_{kj}\rho\right) = 0, \qquad \forall k \neq j \end{aligned} \tag{9.3.19}$$

an. Es gilt daher

$$\psi_{00} = \psi_{11} = \psi_{22} = \psi_{33},$$

mit

$$\Delta\psi_{00} = \frac{\kappa}{2}\rho. \tag{9.3.20}$$

Betrachtet man die Newtonsche Gravitationsgleichung

$$\Delta U = 4\pi\gamma\rho, \tag{9.3.21}$$

so erkennt man durch Vergleich der beiden Formeln die Bedeutung von ψ_{00} als

$$\psi_{00} = \frac{U}{c^2}. \tag{9.3.22}$$

Das Gravitationsfeld wird also in diesem Fall nur durch eine einzige Komponente ψ_{00} beschrieben, die dem Newtonschen Gravitationspotential entspricht. Für den Metriktensor (9.3.1) findet man

$$\begin{aligned} g_{00} &= 1 + 2\psi_{00} = 1 + \frac{2U}{c^2}, \\ g_{jj} &= -1 + 2\psi_{00} = -1 + \frac{2U}{c^2}, \qquad \forall j = 1,2,3, \\ g_{jk} &= 0, \qquad \forall j \neq k. \end{aligned} \tag{9.3.23}$$

Das Linienelement $ds^2 = g_{\alpha\beta}x^\alpha x^\beta$ nimmt damit die Form

$$\begin{aligned} ds^2 &= g_{00}(dx^0)^2 + g_{11}(dx^1)^2 + g_{22}(dx^2)^2 + g_{33}(dx^3)^2 = \\ &= c^2\left(1 + \frac{2U}{c^2}\right)dt^2 - \left(1 - \frac{2U}{c^2}\right)dr^2 \end{aligned} \tag{9.3.24}$$

an.

9.3.3 Die Schwarzschildsche Lösung

Wir suchen nun eine Lösung der Einsteinschen Feldgleichungen, die dem Gravitationsfeld im Außenraum einer kugelförmigen Massenverteilung entspricht, d.h. wir suchen eine kugelsymmetrische Lösung der Vakuumgleichung

$$G_{ik} = 0. \tag{9.3.25}$$

Wir wollen auf die Herleitung verzichten und verweisen auf die einschlägige Literatur (z.B. [10], [43]). Unter Benützung von räumlichen Kugelkoordinaten erhält man für den Metriktensor

$$\begin{aligned} g_{00} &= 1-\frac{2M}{r}, \quad g_{11} = -\left(1-\frac{2M}{r}\right)^{-1}, \quad g_{22} = -r^2, \quad g_{33} = -r^2\sin^2\vartheta, \\ g_{ik} &= 0, \qquad \forall i \neq k, \end{aligned} \tag{9.3.26}$$

und damit für das Linienelement

$$ds^2 = \left(1-\frac{2M}{r}\right)dt^2 - \left(1-\frac{2M}{r}\right)^{-1} dr^2 - r^2 d\Omega^2, \tag{9.3.27}$$

mit

$$d\Omega^2 = d\vartheta^2 + \sin^2\vartheta d\varphi^2.$$

Die Metrik (9.3.26) wird als *Schwarzschild-Metrik* bezeichnet, das Linienelement (9.3.27) als *Schwarzschild-Linienelement*. Die Integrationskonstante $2M$ heißt *Schwarzschild-Radius* der betrachteten Masse m. Dabei gilt der Zusammenhang

$$2M = \frac{2m}{c^2}. \tag{9.3.28}$$

Man erkennt, daß der Schwarzschild-Radius für die Sonne, die Planeten und alle irdischen Körper sehr viel kleiner ist, als der tatsächliche Radius dieser Körper. (Beispielsweise gilt für die Sonne $2M \sim 3km$.) Wir diskutieren nun kurz die Lösung (9.3.26), wobei wir auf Beweise verzichten:

(1) Die Schwarzschild-Metrik ist die einzige kugelsymmetrische Lösung der Einsteinschen Vakuumsgleichungen (9.3.25) (Birkhoff-Theorem).

(2) Die Schwarzschild-Metrik ist statisch.

(3) Das Schwarzschild-Linienelement weist für $r = 2M$ eine Singularität auf.

Nach den obigen Ausführungen liegt diese Singularität für gewöhnlich im Innenraum des Körpers, wo die Lösungen (9.3.26), (9.3.27) ohnehin nicht mehr gelten. Physikalisch bedeutsam ist diese Singularität daher nur für Körper, die auf einen Radius der kleiner als der Schwarzschild-Radius ist, komprimiert sind. Diese „Schwarzen Löcher" sind Objekte gegenwärtiger Forschung.

9.4 Die Wechselwirkung zwischen Gravitationsfeld und Materie

Wir erinnern wieder an die Verhätnisse der Elektrodynamik, wo die Materie durch den Vierervektor j^k beschrieben wird: wenn j^k in seinem raumzeitlichen Verhalten vollkommen bekannt ist, so gilt dasselbe auch für das elektromagnetische Feld. Nun ist diese Voraussetzung im allgemeinen nicht erfüllt, da das elektromagnetische Feld auf die Materie Kräfte ausübt, d.h. es existiert eine Wechselwirkung zwischen Feld und Materie. Daher muß das System der Maxwellgleichungen durch eine „Bewegungsgleichung der Materie" ergänzt werden. Erst dann ist die elektromagnetische physikalische Wirklichkeit vollständig beschreibbar.

Dieselben Verhältnisse gelten auch für die Einsteinsche Theorie: Die lokale Geometrie der Raum-Zeit beeinflußt das Verhalten der Materie, d.h. die Bewegung von Massen, und die Ausbreitung elektromagnetischer Strahlung (Lichtstrahlen). Somit existiert eine Wechselwirkung zwischen der Raum-Zeit-Geometrie (bzw. dem Gravitationsfeld) und dem Energie-Impuls-Tensor T_{ik}, die durch eine zusätzliche „Bewegungsgleichung der Materie" beschrieben werden muß. Wir werden diese Bewegungsgleichung im 4. Teil unter Benützung der Lagrangeschen Formulierung der Einsteinschen Theorie herleiten. In diesem Abschnitt untersuchen wir nur die Bewegung eines Massenpunktes im Gravitationsfeld. Seine Bewegungsgleichung lautet

$$\frac{d^2x^i}{ds^2} + \Gamma^i{}_{kl}\frac{dx^k}{ds}\frac{dx^l}{ds} = 0, \quad i = 0, \dots 3. \tag{9.4.1}$$

Die Bahnkurve $x^i(s)$, $i = 0, \dots 3$ wird also durch die geodätischen Linien des Riemannschen Raumes festgelegt.

Zusammen mit der in Kapitel 12 präsentierten Formulierung als Lagrangesche Feldtheorie bildet der Inhalt des vorliegenden Abschnitts das Kernstück der Allgemeinen Relativitätstheorie. Weitere wichtige Teilgebiete sind die relativistische Kosmologie, die Theorie der Gravitationswellen, die Verbindungen der Gravitationstheorie zur Eichtheorie, etc.. Zum Abschluß dieses Abschnitts wollen wir kurz auf die Theorie der Gravitationswellen eingehen, während die relativistische Kosmologie in Kapitel 10 behandelt wird.

9.5 Gravitationswellen

9.5.1 Schwache Gravitationswellen in der flachen Raum-Zeit

Die folgende Darstellung ist in enger Anlehnung an [38] geschrieben. Wir erinnern uns an die Ausführungen von Abschnitt 9.3.1. Dort erhielten wir für die Abweichung $2\psi_{ik}$ eines schwachen Gravitationsfeldes von der Minkowskimetrik η_{ik} die Feldgleichungen

$$\Box\psi_i{}^k = -\kappa\left(T_i{}^k - \frac{1}{2}\eta_i{}^k T^l{}_l\right), \tag{9.5.1}$$

mit dem D'Alembert-Operator $\Box = -\Delta + \frac{1}{c^2}\frac{\partial}{\partial t^2}$. Im Vakuum gilt daher

$$\Box\psi_i{}^k = 0. \tag{9.5.2}$$

Dies sind gewöhnliche Wellengleichungen, wie sie uns aus der Elektrodynamik bekannt sind. Ein schwaches Gravitationsfeld breitet sich im Vakuum also wie das elektromagnetische Feld mit Lichtgeschwindigkeit aus. Man bezeichnet die „ungestörte" Minkowski-Metrik auch als „Hintergrundmetrik", und spricht von einer Ausbreitung von Gravitationswellen auf dem Hintergrund einer ebenen Raum-Zeit.

Spezielle Lösungen der Gleichung (9.5.2) werden durch ebene Wellen gebildet, wobei eine Feldänderung nur in einer räumlichen Richtung existiert. Wählt man das Koordinatensystem derart, daß die x-Achse mit dieser Richtung übereinstimmt, so besitzen sie die Gestalt

$$\psi_i{}^k = \psi_i{}^k\left(t \pm \frac{x}{c}\right). \tag{9.5.3}$$

Für alles weitere beschränken wir uns auf Wellen, die sich in positiver x-Richtung ausbreiten, womit in (9.5.3) das Minuszeichen zu wählen ist. Gemäß den Ausführungen von Abschnitt 9.3.1 muß $\psi_i{}^k$ neben der Feldgleichung (9.5.2) auch den Bedingungen (9.3.12) genügen. Für den gegenwärtigen Fall des Vakuums bedeutet dies

$$\psi_i{}^k{}_{,k} = 0. \tag{9.5.4}$$

Einsetzen von (9.5.4) liefert

$$\dot{\psi}_i{}^1 - \dot{\psi}_i{}^0 = 0, \tag{9.5.5}$$

wobei die Ableitungen nach dem Argument mit einem Punkt bezeichnet sind. Integration dieser Gleichungen ergibt

$$\psi_0{}^0 = \psi_0{}^1 = -\psi_1{}^0 = -\psi_1{}^1, \quad \psi_2{}^0 = \psi_2{}^1, \quad \psi_3{}^0 = \psi_3{}^1. \tag{9.5.6}$$

Dabei haben wir die Integrationskonstante gleich Null gesetzt, da uns nur das veränderliche Feld interessiert. Als symmetrischer Vektor zweiter Stufe besitzt $\psi_i{}^k$ ursprünglich $4(4+1)/2 = 10$ unabhängige Komponenten. Die Beziehungen (9.5.6) reduzieren diese Anzahl auf $10-4 = 6$. Allerdings ist damit das Koordinatensystem noch immer nicht eindeutig festgelegt. Es besteht noch die Freiheit in der Wahl von Koordinatentransformationen der Gestalt $x^{\bar{i}} = x^i - 2\Lambda^i\left(t - \dfrac{x}{c}\right)$ (siehe Abschnitt 9.3.1), wegen

$$\Box\Lambda^i\left(t - \frac{x}{c}\right) = 0. \tag{9.5.7}$$

Die vier Funktionen Λ^i können so gewählt werden, daß die vier Komponenten $\psi_0{}^1$, $\psi_0{}^2$, $\psi_0{}^3$, $\psi_2{}^3 + \psi_3{}^3$ verschwinden. Wegen (9.5.8) folgt damit auch das Verschwinden von $\psi_0{}^0$, $\psi_1{}^0$, $\psi_1{}^1$, $\psi_2{}^0$, $\psi_2{}^1$, $\psi_3{}^0$, $\psi_3{}^1$. Es verbleiben also nur zwei nichttriviale unabhängige Komponenten $\psi_2{}^2$ und $\psi_2{}^3$:

$$\psi_{ik} = \begin{pmatrix} 0 & 0 & 0 & 0 \\ 0 & 0 & 0 & 0 \\ 0 & 0 & \psi_{22} & \psi_{23} \\ 0 & 0 & \psi_{23} & -\psi_{22} \end{pmatrix}. \tag{9.5.8}$$

Eine ebene Gravitationswelle ist somit durch die zwei Größen ψ_{22} und ψ_{23} charakterisiert. Es handelt sich um eine transversale Welle, deren Polarisation durch die symmetrische, spurlose 2×2-Matrix

$$\begin{pmatrix} \psi_{22} & \psi_{23} \\ \psi_{23} & -\psi_{22} \end{pmatrix}$$

festgelegt ist. Diese Matrix repräsentiert einen Tensor zweiter Stufe der y-z-Ebene.

9.5.2 Schwache Gravitationswellen in der gekrümmten Raum-Zeit

Wir untersuchen nun die Ausbreitung schwacher Gravitationsfelder auf dem Hintergrund einer beliebigen Raum-Zeit. Dabei können wir nicht mehr an die Aussagen von Abschnitt 9.3.1 anknüpfen, sondern müssen entsprechend verallgemeinerte Gleichungen neu herleiten. Analog zu 3.1 setzen wir

$$g_{ik} = g_{ik}^{(0)} + 2\psi_{ik}, \tag{9.5.9}$$

wobei $g_{ik}^{(0)}$ die „ungestörte“, nun als beliebig angenommene Metrik, und ψ_{ik} wieder eine Größe von infinitesimal erster Ordnung bezeichnet. Das Heben und Senken der Indizes wird wieder mit Hilfe der ungestörten Metrik ausgeführt. Für die Christoffelsymbole ergeben sich dann die Zusatzterme erster Ordnung

$$\Gamma^{i\,(1)}_{kl} = \psi^i{}_{k;l} + \psi^i{}_{l;k} - \psi_{kl}{}^{;i}. \tag{9.5.10}$$

Die Korrekturen erster Ordnung zum Riemann-Tensor und zum Ricci-Tensor lauten

$$R^{i\,(1)}_{klm} = \psi^i{}_{k;ml} + \psi^i{}_{m;kl} - \psi_{km}{}^{;i}{}_l - \psi^i{}_{k;lm} - \psi^i{}_{l;km} + \psi_{kl}{}^{;i}{}_m, \tag{9.5.11}$$

$$R^{(1)}_{ik} = R^{l\,(1)}_{ilk} = \psi^l{}_{i;kl} + \psi^l{}_{k;il} - \psi_{ik}{}^{;l}{}_l - \psi^l{}_{l;ik}, \tag{9.5.12}$$

$$R_i{}^{k(1)} = g^{kl(0)} R^{(1)}_{il} - \frac{1}{2}\psi^{kl} R^{(0)}_{il}. \tag{9.5.13}$$

Im Vakuum gelten die Einsteinschen Gleichungen

$$R_{ik} = 0. \tag{9.5.14}$$

Definitionsgemäß genügt die ungestörte Metrik $g^{(0)}_{ik}$ den Gleichungen $R^{(0)}_{ik} = 0$, womit ψ_{ik} die Gleichungen $R^{(1)}_{ik} = 0$ erfüllen muß. Aus (9.5.12) folgen daher die Beziehungen

$$\psi^l{}_{i;kl} + \psi^l{}_{k;il} - \psi_{ik}{}^{;l}{}_l - \psi^l{}_{l;ik} = 0. \tag{9.5.15}$$

Sie bilden das Pendant zu den Wellengleichungen (9.5.2). Es stellt sich nun die Frage, ob physikalische Problemstellungen existieren, für die (9.5.15) eine ähnlich einfache Gestalt wie (9.5.2) annimmt. Bezeichne L jene Entfernungen, für die sich das Hintergrundfeld merkbar ändert. Wir betrachten nun den Fall hochfrequenter Wellen ψ_{ik}, wobei für die Wellenlänge λ

$$\lambda \ll L \tag{9.5.16}$$

gelten soll. Unter Beachtung der zu (9.3.12) analogen Zusatzbedingung

$$\psi_i{}^k{}_{;k} = \frac{1}{2}\psi_k{}^k{}_{;i} \tag{9.5.17}$$

erhält man aus (9.5.15) näherungsweise

$$\psi_{ik}{}^{;l}{}_l = 0, \tag{9.5.18}$$

also eine zu (9.5.2) analoge Struktur. Die Einzelheiten der Beweisführung findet der interessierte Leser in [38]. Dort werden u.a. auch die Energieverhältnisse und die Ausbreitung starker Gravitationswellen ausführlich diskutiert, worauf wir hier nicht mehr näher eingehen wollen.

9.6 Historische Entwicklung

Während andere Physiker der Entdeckung der Speziellen Relativitätstheorie nahegekommen waren, ging *Albert Einstein* (1879–1955) die allgemeine Theorie ganz alleine an. Seine fundamentale Einsicht bestand darin, die Gravitation durch geeignete Transformationen zwischen beschleunigten Bezugssystemen zu ersetzen. Einstein wurde von den mathematischen Problemen lange aufgehalten, bis ihn sein Freund *Großmann* mit den Arbeiten von *Riemann, Christoffel, Ricci* und *Levi-Civita* bekanntmachte. Die Tensorrechnung war das geeignete Werkzeug für die Allgemeine Relativitätstheorie. Einstein konnte damit die Beziehung zwischen Gravitation, Raum-Zeit-Geometrie und der Materie formulieren. 1915 veröffentlichte er seine Feldgleichungen der Gravitation.

Weniger bekannt ist, daß *David Hilbert* (1862–1943) fast gleichzeitig mit Einstein die allgemeinen Feldgleichungen aufstellte, indem er sie aus einem Variationsprinzip herleitete (siehe Kapitel 12). Hilbert hat stets darauf hingewiesen, daß die Priorität Einstein gebührt und daß er auf früheren Arbeiten von Einstein aufgebaut hat.

In den folgenden Jahren suchte man experimentelle Überprüfungen von Einsteins Ergebnissen. Die drei klassischen Tests der Allgemeinen Relativitätstheorie sind

— Die Rotverschiebung von Spektrallinien im Gravitationsfeld,

— Die Lichtablenkung im Gravitationsfeld,

— Die Perihelverschiebung.

Die Ergebnisse dieser Untersuchungen stützten, wenn auch nicht völlig zweifelsfrei, die Einsteinsche Theorie. Die Verbesserung der Zeitmessung und der Radartechnik haben es erlaubt, die klassischen Tests zu ergänzen, wobei die Vorhersagen der Allgemeinen Relativitätstheorie teilweise mit hoher Genauigkeit bestätigt werden.

9.7 Formelsammlung

Allgemeine Theorie
Feldgleichungen

$$G^{ik} = -\kappa T^{ik},$$

mit

$$G^{ik} = R^{ik} - \frac{1}{2} g^{ik} R.$$

Kommutatorbeziehung

$$R^h{}_{ijk} A_h := A_{i;jk} - A_{i;kj}.$$

Folgerungen aus der Kommutatorbeziehung

a) **Jacobi-Identität:**

$$R^h{}_{ijk;l} + R^h{}_{ikl;j} + R^h{}_{ilj;k} = 0,$$

... Bianchi-Identitätenbzw.

$$G^{ik}{}_{;i} = 0$$

... Quellenfreiheit des Einstein-Tensors.

b) **Symmetrie von G^{ik}:**

$$G^{ik} = G^{ki}.$$

Inhomogenität

a) **Symmetrie**

$$T^{ik} = T^{ki}$$

... folgt aus Feldgleichung und Symmetrie des Einstein-Tensors.

b) **Erhaltungssatz:**

$$T^{ik}{}_{;i} = 0$$

... folgt aus Feldgleichung + Bianchi-Identitäten.

Linearisierte Theorie

Linearisierung

$$g_{ik} = \eta_{ik} + 2\psi_{ik}.$$

Eichinvarianz

$$\psi_{\bar{i}\bar{k}} = \psi_{ik} + \Lambda_{i,k} + \Lambda_{k,i}.$$

Damit existiert die Möglichkeit einer Eichung auf harmonische Koordinaten:

$$\psi_{ik},^{k} = \frac{1}{2}\psi^{k}{}_{k,i}.$$

Feldgleichungen

a) **Gekoppelt:**

$$\psi_{km}{}^{i}{}_{,i} + \psi^{i}{}_{i,km} - \psi^{i}{}_{m,ik} - \psi^{i}{}_{k,im} + \eta_{km}\psi^{ij}{}_{,ij} - \eta_{km}\psi^{i}{}_{i,}{}^{j}{}_{j} = -\kappa T_{km}$$

... folgt aus allgemeinen Feldgleichungen + Linearisierung.

b) **Entkoppelt:**

$$\Box\psi_{km} = -\kappa\left(T_{km} - \frac{1}{2}\eta_{km}T_{l}{}^{l}\right)$$

... folgt aus allgemeinen Feldgleichungen + Linearisierung + Eichung auf harmonische Koordinaten.

10 Relativistische Kosmologie

Die Kosmologie versucht, Aussagen über die Welt als Ganzes zu machen. Dabei ist zu beachten, daß von den vier fundamentalen Kräften – Gravitation, elektromagnetische, schwache und starke Wechselwirkung (siehe Kapitel 4, III) – für kosmische Distanzen nur die Gravitation zu berücksichten ist, da die anderen Kräfte entweder kurzreichweitig sind, oder sich wegen der Ladungsneutralität kompensieren. In der Kosmologie herrscht also uneingeschränkt die Allgemeine Relativitätstheorie, man sucht globale Lösungen der Einsteinschen Feldgleichungen.

Wir stehen damit vor dem Problem, den Energie-Impuls-Tensor für das Weltall als Ganzes anzusetzen. Mittelt man über Regionen, die groß gegenüber dem Abstand der Galaxien sind, so ist die „Mikrostruktur“ des Weltalls vernachlässigbar, man rechnet also im Sinn der Kontinuumsphysik mit kontinuierlich veränderlichen Größen. In diesem Modell ist die Materie des Weltalls durch ein Gas ersetzt, wobei die Galaxien die Rolle der Atome übernehmen. Weitere vereinfachende Annahmen sind im Einklang mit grundlegenden astronomischen Beobachtungen zu treffen, die wir im folgenden Abschnitt besprechen wollen.

10.1 Experimentelle Daten

10.1.1 Die Isotropie des Universums

Mittelt man über Distanzen, die groß gegenüber dem Abstand von Galaxien sind, so zeigt sich, daß die Materiedichte in dem unserer Beobachtung zugänglichen Weltall (ca. $3 \cdot 10^9$ Lichtjahren) örtlich konstant und richtungsunabhängig ist. Die Eigenschaft der Konstanz bezeichnet man als *Homogenität*, jene der Richtungsunabhängigkeit als *Isotropie*. Der beobachtbare Teil unseres Universums ist also homogen und isotrop.

Im *kosmologischen Prinzip* verallgemeinert man diese Tatsache für das gesamte Weltall: Die Welt sieht von allen ihren Punkten gleich aus, es gibt keine ausgezeichneten Richtungen.

Eine starke experimentelle Stütze für die Annahme einer globalen Isotropie des Universums ist die 1965 von *Penzias* und *Wilson* entdeckte *Mikrowellenhintergrundstrahlung* ($3K$-Strahlung). Dabei handelt es sich um eine elektromagnetische Strahlung, die von einem frühen, sehr heißen Zustand des Universums übriggeblieben ist. Bedeutsam für ihre Interpretation ist ihre extreme Isotropie: die Strahlung weist in allen Richtungen die gleiche Intensität auf, mit einer Abweichung von weniger als einem Tausendstel auf allen Skalenlängen von einer Bogenminute bis 360°.

Diese Tatsachen legen es nahe, *isotrope und homogene* Modelle des Weltalls zu untersuchen (Friedmann-Modelle). Nun folgt aus Isotropie die Homogenität, die Umkehrung gilt nicht (siehe auch 6.3)! Formuliert man das kosmologische Prinzip in einer schwächeren Form, wo an Stelle der globalen Isotropie nur eine globale Homogenität gefordert wird, so wird man zum Studium der *anisotropen homogenen* Weltmodelle geführt (neun Typen). Wir werden uns auf die Darstellung der Friedmann-Modelle beschränken.

10.1.2 Das Olberssche Paradoxon

Wir betrachten ein unendliches, statisches, homogenes Universum. Bezeichne L die Leuchtkraft eines Sterns, so beträgt die auf der Erde gemessene Strahlungsintensität S

$$S = \frac{L}{4\pi r^2}. \qquad (10.1.1)$$

Bezeichne weiter n die räumliche Dichte der Sterne, so ergibt sich die Anzahl der Sterne im Bereich von r bis $r + dr$ zu $4\pi r^2 n dr$. Für die Gesamtintensität der auf der Erde gemessenen Strahlung erhält man daher

$$I = \int_0^\infty \frac{L}{4\pi r^2} 4\pi r^2 n dr = Ln \int_0^\infty dr = \infty. \qquad (10.1.2)$$

In einem unendlichen, statischen, homogenen Universum nimmt die Hintergrundstrahlung einen unendlichen großen Wert an, was in krassem Widerspruch zur Erfahrung steht.

Die Überlegungen des vorigen Abschnitt es legten ein homogenes Universum nahe. Das Olberssche Paradoxon zeigt nun, daß bei vorausgesetzter Homogenität das Universum nicht gleichzeitig unendlich und statisch sein kann.

10.1.3 Das Hubblesche Gesetz

1929 zeigte *E. Hubble*, daß das Universum dynamisch ist. Er entdeckte, daß die Geschwindigkeiten entfernter Galaxien proportional zu ihrer Entfernung sind. Es gilt das *Hubblesche Gesetz*

$$v = H_0 r, \qquad (10.1.3)$$

wobei die *Hubble-Konstante* H_0 die Dimension einer inversen Zeit hat:

$$H_0{}^{-1} = 2 \cdot 10^{10} \text{ Jahre } = 6 \cdot 10^{17} s. \qquad (10.1.4)$$

Tatsächlich handelt es sich bei H_0 nicht um eine Konstante, sondern um eine zeitabhängige Größe. Der Index Null verdeutlicht, daß H_0 den Wert dieser Größe in der gegenwärtigen kosmischen Epoche $t = t_0$ angibt. Der in (10.1.4) angeführte Wert ist mit großen Unsicherheiten behaftet, als Grenzwerte nimmt man heute $1 \cdot 10^{10}$ Jahre $< H_0{}^{-1} < 4 \cdot 10^{10}$ Jahre an.

Eine andere Formulierung des Hubbleschen Gesetzes lautet: die Frequenzen ν der Spektrallinien des Lichts weit entfernter Galaxien sind um den Betrag $\Delta\nu$ verkleinert, es gilt

$$\frac{\Delta\nu}{\nu} = -H_0 r. \qquad (10.1.5)$$

Dieses Phänomen wird als *Rotverschiebung* bezeichnet. Deutet man die Rotverschiebung als Doppler-Effekt, so erhält man eine Fluchtgeschwindigkeit der Galaxien, die proportional zur Entfernung ist, also genau (10.1.3).

Das Hubble-Gesetz legt die Vorstellung eines expandierenden Universums nahe. In den folgenden Abschnitten zeigen wir, daß bei vorausgesetzter Isotropie (bzw. Homogenität) die Einsteinschen Gleichungen tatsächlich globale Lösungen besitzen, die dynamische Weltmodelle (expandierendes, kontrahierendes Universum) charakterisieren.

10.2 Die kosmologische Konstante

Für kosmologische Untersuchungen werden die Einsteinschen Gleichungen oft in der erweiterten Form

$$R_{kl} - \frac{1}{2} g_{kl} R = -\kappa \left(T_{kl} + \frac{\Lambda}{\kappa} g_{kl} \right) \tag{10.2.1}$$

verwendet, wobei Λ die *kosmologische Konstante* ist. Die Begründung für die Einführung dieses Termes ist folgende: Während man in der Mechanik und der Elektrodynamik nur Energiedifferenzen als physikalisch sinnvoll betrachtet, benötigt man in der Gravitationstheorie für die Aufstellung des Energie-Impuls-Tensors auch die Absolutwerte, d.h. man muß auch dem Vakuum willkürlich eine Energiedichte zuschreiben. Auf dem Boden der klassischen Physik ist man versucht, diese Energiedichte als Null anzusetzen. Dagegen zeigt die Quantenfeldtheorie, daß die Erzeugung und Rekombination virtueller Teilchenpaare (Fluktuationen) zu einem Energie-Impuls-Tensor ${T^V}_{kl}$ der Form

$$ {T^V}_{kl} = \frac{\Lambda}{\kappa} g_{kl} \tag{10.2.2}$$

führen kann, wobei Λ/κ die Energiedichte des Vakuums angibt. Der mögliche Wertebereich von Λ läßt sich derzeit nur sehr grob eingrenzen. Abgesehen von kosmologischen Untersuchungen wird der Term ${T^V}_{kl}$ gegenüber dem Energie-Impuls-Tensor der Materie stets vernachlässigt.

Der kosmologische Term wurde bereits von Einstein 1917 in seiner ersten Arbeit zur relativistischen Kosmologie eingeführt, um ein statisches Universum zu erhalten. Nach der Hubbleschen Entdeckung der Expansion des Universums betrachtete Einstein die Enführung des kosmologischen Terms als einen schweren Fehler, und setzte sich in den folgenden Jahren stets dafür ein, nur dem Fall $\Lambda = 0$ physikalische Bedeutung beizumessen.

10.3 Die Robertson-Walker-Metrik

Wir suchen nun globale Lösungen der Einsteinschen Feldgleichungen (10.1.6) und diskutieren die daraus folgenden Weltmodelle. Wegen Einzelheiten der zeitweise umfangreichen Rechnungen sei auf [42] verwiesen.

Wie eingangs erwähnt wurde, haben wir für den Energie-Impuls-Tensor des Weltalls näherungsweise den Energie-Impuls-Tensor einer idealen Flüssigkeit anzusetzen. Die relativistische Hydrodynamik zeigt, daß T_{ik} die Form

$$T_{ik} = (\mu + p) u_i u_k - p g_{ik} \tag{10.3.1}$$

besitzen muß. Dabei bezeichnet μ die Energiedichte, p den Druck und u^i die Vierergeschwindigkeit der Flüssigkeit. Der Erhaltungssatz ${T_{ik;}}^k = 0$ liefert dann

$$((\mu + p) u^k)_{;k} u_i + (\mu + p) u_{i;k} u^k - p_{,i} = 0. \tag{10.3.2}$$

Im Sinne des kosmologischen Prinzips setzen wir weiter voraus, daß μ und p nicht vom Ort, sondern nur von der Zeit abhängen, d.h. $\mu = \mu(t)$, $p = p(t)$.

Zur Bestimmung der globalen Struktur des Weltalls sind also die Einsteinschen Gleichungen für den Energie-Impuls-Tensor (10.3.1) zu lösen, wobei die Relationen (10.3.2) erfüllt sein müssen. Das entstehende System kann jedoch weiter vereinfacht werden. Dazu definieren wir die folgenden drei Kenngrößen des Geschwindigkeitsfeldes u^i: *Dilatation* ${u^k}_{;k}$, *Rotation* $(u_{k;l} - u_{l;k})/2$ und *Scherung* (Schub) $(u_{k;l} + u_{l;k})/2 - {u^l}_{;l}/3$. Es gilt der

Satz III.1 *Ein rotationsfreies und schubfreies Weltmodell läßt sich als* Robertson-Walker-Metrik

$$ds^2 = dt^2 - S^2(t)d\sigma^2 \tag{10.3.3}$$

darstellen. Dabei ist $d\sigma^2$ ein dreidimensionales Linienelement der Gestalt

$$d\sigma^2 = \frac{dr^2}{1-kr^2} + r^2(d\theta^2 + \sin^2\theta d\phi^2), \quad \textit{mit}\ k = -1,0,1. \tag{10.3.4}$$

Schnitte $\theta = \pi/2$ sind Kugeln mit dem Radius S. Es zeigt sich, daß der Raum ein endliches Volumen hat:

$$V = \int_0^1 dr \int_0^{2\pi} d\phi \int_0^{\pi} d\theta \frac{S^3}{\sqrt{1-r^2}} r^2 \sin\theta = 2\pi^2 S^3. \tag{10.3.5}$$

Der Raum ist also endlich, aber unbegrenzt. Die Modelle $k = -1,0$ bezeichnet man auch als *offene Modelle*, im Fall $k = 1$ spricht man von einem *geschlossenen Modell.*

10.4 Der Staubkosmos

Wir stehen nun vor der Aufgabe, die Funktion $S(t)$ in Abhängigkeit vom Krümmungsskalar k festzulegen. Dazu verwendet man folgenden Ansatz, der als *Staubkosmos* bezeichnet wird: man setzt in (10.3.1)

$$p(t) = 0, \quad \mu(t) = \rho(t), \tag{10.4.1}$$

wobei $\rho(t)$ die mittlere Massendichte im Kosmos ist. Man schätzt ihren Wert auf $10^{-31} g/cm^3 < \rho < 10^{-29} g/cm^3$. Unter diesen Voraussetzungen gilt der **Satz III.2:** *Im Staubkosmos gelten die Beziehungen*

$$\begin{aligned} S^3(t)\rho(t) &= M, && \text{(a)} \\ \dot{S}^2(t) &= \frac{\kappa}{3}\frac{M}{S(t)} + \frac{\Lambda}{3}S^2(t) - k. && \text{(b)} \end{aligned} \tag{10.4.2}$$

Man erhält diese Gleichungen aus (10.3.2) – (10.3.4). $S(t)$ wird als *Radius der Welt* bezeichnet, wie es die obige Diskussion der Robertson-Walker-Metrik nahelegt. Die Integrationskonstante M ist dann ein Maß für die Gesamtmasse des Weltalls. Gemäß (10.4.2a) ist M von der Zeit unabhängig. Daher kann (10.4.2a) als Massenerhaltungssatz interpretiert werden. (10.4.2b) ist die *Friedmannsche Differentialgleichung*. Mit ihren Lösungen und Interpretationen beschäftigen wir uns im nächsten Abschnitt.

10.5 Die Friedmannschen Weltmodelle

Wir untersuchen die Friedmannsche Differentialgleichung für die Fälle $k = -1,0,1$ und $\Lambda < 0, \Lambda = 0, \Lambda > 0$.

10.5.1 Der Fall $\Lambda = 0$

In diesem Fall läßt sich die Friedmann-Gleichung für $k = -1, 0, 1$ mit Hilfe elementarer Funktionen lösen.

1. $\underline{k = 0}$

$$S(t) = \left(\frac{3\kappa M}{4}\right)^{1/3} t^{2/3}. \qquad (10.5.1)$$

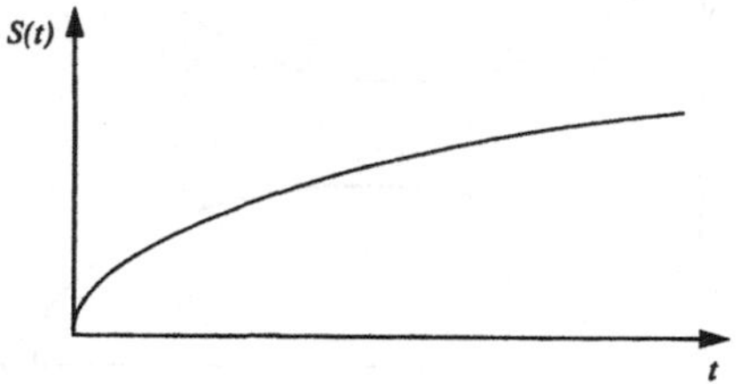

Bild 10.1

Das flache Universum expandiert also für alle Zeiten. Dieses Modell wird als *Einstein-De-Sitter-Universum* bezeichnet.

2. $\underline{k = 1}$

$$t = \frac{S_{\max}}{2} \arccos\left(1 - 2\frac{S}{S_{\max}}\right) - \sqrt{S_{\max} S - S^2}, \qquad (10.5.2)$$

$$S_{\max} = \kappa \frac{M}{3}. \qquad (10.5.3)$$

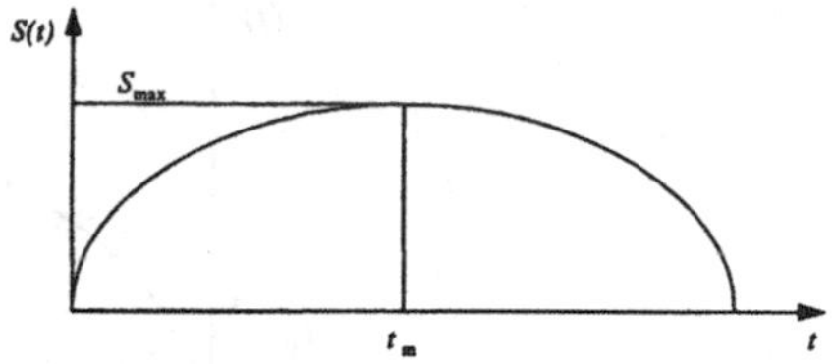

Bild 10.2

Das *pulsierende Universum* ist in Bild 10.2 veranschaulicht: es expandiert für $0 < t < t_m$ und kontrahiert für $t_m < t < 2t_m$. $S_{\max}$ gibt die maximale Ausdehnung des Universums zum Zeitpunkt $t = t_m$ an. Die durch (10.5.2) beschriebene Funktion ist eine Zykloide.

3. $\underline{k = -1}$

$$t = \sqrt{S(S_{\max} + S)} - \frac{S_{\max}}{2} \operatorname{ar\,cosh}\left(1 + \frac{2S}{S_{\max}}\right). \qquad (10.5.4)$$

Man erhält ein für alle Zeiten expandierendes Universum.

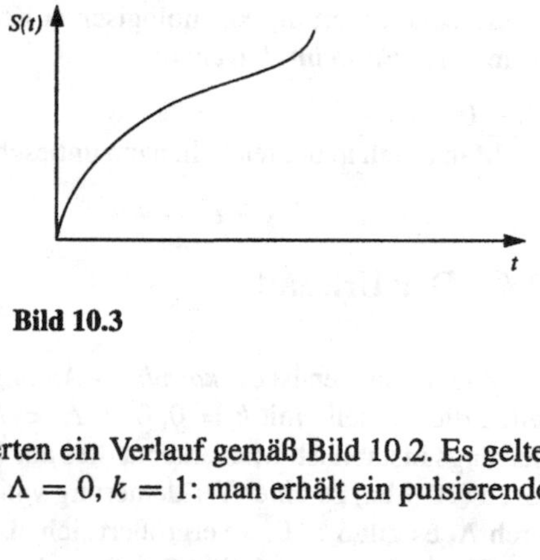

Bild 10.3

10.5.2 Der Fall $\Lambda < 0$

In diesem Fall ergibt sich unabhängig von den k-Werten ein Verlauf gemäß Bild 10.2. Es gelten also die qualitativ gleichen Verhältnisse wie im Fall $\Lambda = 0$, $k = 1$: man erhält ein pulsierendes Universum.

10.5.3 Der Fall $\Lambda > 0$

1. $\underline{k = 1}$

Hier müssen noch weitere Fallunterscheidungen im Hinblick auf die Größenordnung von Λ getroffen werden. Wir unterscheiden die Fälle $0 < \Lambda < \Lambda_c$, $\Lambda = \Lambda_c$ und $\Lambda > \Lambda_c$, wobei

$$\Lambda_c = \frac{4}{(\kappa M)^2} \qquad (10.5.5)$$

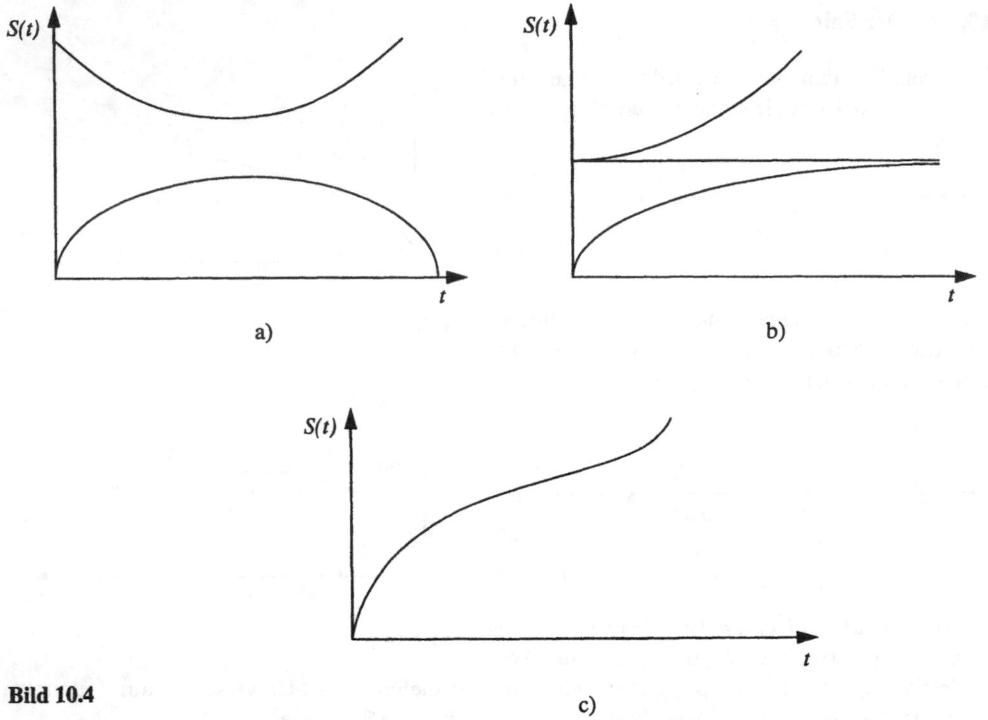

Bild 10.4

den kritischen Wert der kosmologischen Konstante angibt. Für $\Lambda = \Lambda_c$ existiert eine statische Lösung, das *Einstein-Universum*.

2. $\underline{k = 0,\ k = -1}$
Man erhält in beiden Fällen ein unbeschränkt expandierendes Universum gemäß Bild 10.4c.

10.6 Der Urknall

Fast allen Lösungen ist die *kosmische Anfangssingularität* $S(0) = 0$ gemeinsam. Eine Ausnahme stellen die Modelle mit $k = 0$, $0 < \Lambda < \Lambda_c$, sowie das statische Einstein-Universum dar, das allerdings instabil ist. Man erkennt dies aus (10.4.2): eine geringfügige Vergrößerung von S führt wegen (10.4.2a) zu einer Verkleinerung von ρ. Gemäß (10.4.2b) dominiert daher die Abstoßung durch Λ, es gilt $\ddot{S} > 0$, S vergrößert sich also weiter.

Die Anfangssingularität $S = 0$ wird als *Urknall* („Big Bang") bezeichnet: Raumzeit, Druck und Dichte sind singulär. Bis in die Sechzigerjahre war man im Zweifel, ob diese Singularität eine reale physikalische Bedeutung hat, oder nur eine Folge der hohen Symmetrievoraussetzungen (Isotropie) sei. Nach 1965 konnten jedoch *R. Penrose* und *S. Hawking* zeigen, daß bei Vernachlässigung von Quanteneffekten die Anfangssingularität eine unvermeidliche Konsequenz der Einstein-Gleichungen ist. Eben zu dieser Zeit entdeckten *Penzias* und *Wilson* die $3K$-Hintergrundstrahlung, eine eindrucksvolle experimentelle Absicherung der Urknalltheorie.

Um genauere Aussagen über die globale Geometrie des Universums zu erhalten, benötigt man die Werte von Λ und k. Leider ist derzeit eine genaue Bestimmung dieser Größen noch nicht möglich, wir wissen nicht, ob wir in einem offenen oder einem geschlossenen Universum leben.

10.7 Weltradius und Weltalter

Die normierte Ableitung des Weltradius $S(t)$ läßt sich mit Hilfe der Hubbleschen Konstante ausdrücken, es gilt

$$H_0 = \frac{\dot{S}}{S}. \qquad (10.7.1)$$

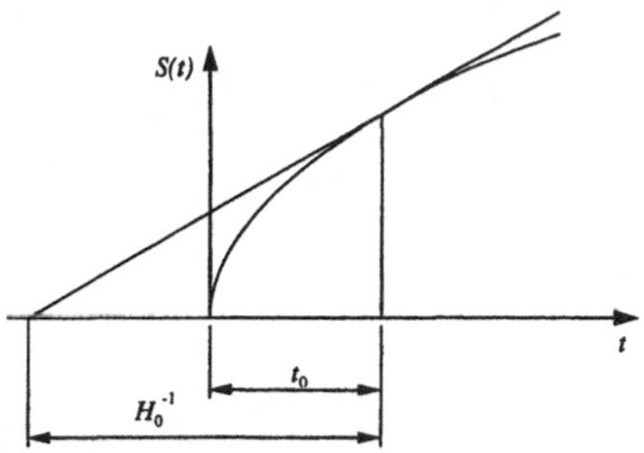

Bild 10.5

Bild 10.5 verdeutlicht den physikalischen Gehalt dieser Aussage für Modelle mit $\Lambda \leq 0$.

Man erkennt, daß für $\Lambda \leq 0$ $H_0{}^{-1}$ größer als das Weltalter t_0 ist. Für genauere Aussagen über t_0 und $S(t_0)$ gehen wir von dem Gesamtsystem (10.4.2) aus. Dividiert man (10.4.2b) durch S^2 und berücksichtigt (10.4.2a) und (10.7.1), so folgt

$$S^3(t)\rho(t) = M, \qquad \text{(a)}$$
$$H_0{}^2 = \frac{\kappa}{3}\rho + \frac{\Lambda}{3} - \frac{k}{S^2(t)}. \qquad \text{(b)} \qquad (10.7.2)$$

Zum gegenwärtigen Zeitpunkt $t = t_0$ können H_0 und ρ wenigstens näherungsweise bestimmt werden. Aus (10.7.2b) folgt damit für vorgegebenes k der momentane Weltradius $S(t_0)$. Damit erhält man aus (10.7.2a) die Konstante M. Mit diesen Größen kann die Funktion $S(t)$ aus (10.4.2b) (in Abhängigkeit von Λ) eindeutig festgelegt werden. Aus der Kenntnis von $S(t)$ und $S(t_0)$ folgt dann t_0.

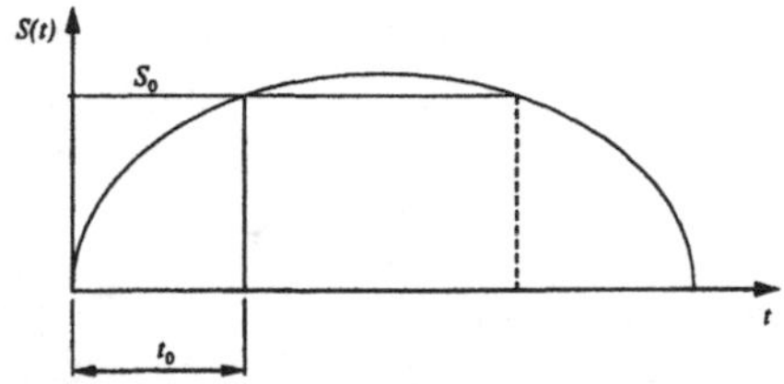

Bild 10.6

Bei den pulsierenden Weltmodellen gibt es zwei Lösungen. Da wir in einem expandierenden Weltall leben, muß in diesen Fällen der kleinere Wert genommen werden. Diese Überlegungen führen zu folgenden Ergebnissen:

$$S(t_0) = 1.8 \cdot 10^{10}\ \text{Lichtjahre}, \quad t_0 = 1.2 \cdot 10^{10}\ \text{Jahre}. \qquad (10.7.3)$$

Dabei wird für die Hubblekonstante $H_0{}^{-1} = 2 \cdot 10^{10}$ Jahre angesetzt. Da der Wert dieser Konstanten nicht genau bekannt ist, sind die obigen Angaben mit Unsicherheiten behaftet. Hinweise auf die untere Grenze der Hubblekonstante sind natürlich das meßbare Alter kosmischer Objekte. Das Alter der Erde wird mit maximal $4.5 \cdot 10^9$ Jahren, das der Galaxis mit etwa 10^{10} Jahren angenommen. $H_0{}^{-1}$ muß also auf jeden Fall größer als diese Zahlenwerte sein.

Teil IV
Lagrangesche Feldtheorie

In Kapitel 1 haben wir die nichtrelativistische Punktmechanik auf zwei verschiedene Arten formuliert. Es stellt sich die Frage, ob man bei Feldtheorien ähnlich vorgehen kann. Wie wir sehen werden, ist dies tatsächlich möglich: Die grundlegenden Feldgleichungen lassen sich als Eulersche Differentialgleichungen eines zugeordneten Variationsproblems gewinnen. Weiters erlaubt der Lagrangesche Kalkül eine elegante Formulierung von Erhaltungssätzen und Wechselwirkungsphänomenen.

In Kapitel 11 betrachten wir lorentzkovariante Feldtheorien im Minkowskiraum. Die klassische Physik kennt zwei derartige Theorien: Die Theorie des elektromagnetischen Feldes und die Theorie des linearisierten Gravitationsfeldes. Im Hinblick auf die Darstellung der Quantentheorie im zweiten Teil ist dieser Abschnitt jedoch völlig allgemein gehalten.

Kapitel 12 bringt die Lagrangesche Formulierung der Einsteinschen Gravitationstheorie.

In Kapitel 13 werden die beiden klassischen Feldtheorien nochmals gegenübergestellt und ihre Analogien und Unterschiede deutlich gemacht.

11 Lagrangesche Feldtheorie im Minkowskiraum

11.1 Der kanonische Formalismus für Wellenfelder

Wir geben zunächst eine kurze Zusammenfassung des kanonischen Formalismus der Partikelmechanik (siehe auch Kapitel 2). Gegeben sei ein System mit n Freiheitsgraden, dessen Dynamik durch die n zeitabhängigen Koordinaten $q_i(t)$, $i = 1, \ldots, n$ festgelegt ist. Die Berechnung der Koordinaten gelingt mit Hilfe des *Hamiltonschen Prinzips*

$$\delta \int L(q_i(t), \dot{q}_i(t), t) dt = 0, \tag{11.1.1}$$

wobei L die Lagrangefunktion des Problems repräsentiert. Als notwendige Bedingung für die Lösung dieser Variationsaufgabe müssen die *Eulerschen Differentialgleichungen*

$$\frac{\partial L}{\partial q_i} - \frac{d}{dt}\frac{\partial L}{\partial \dot{q}_i} = 0, \quad i = 1, \ldots, n \tag{11.1.2}$$

erfüllt sein. Dieses System von n gewöhnlichen Differentialgleichungen zweiter Ordnung stellt die Bewegungsgleichungen für die Funktionen $q_i(t)$, $i = 1, \ldots, n$ dar.

Äquivalent zu (11.1.2) sind die Hamiltonschen kanonischen Differentialgleichungen. Zu ihrer Konstruktion definieren wir zunächst den zu $q_i(t)$ kanonisch konjugierten Impuls

$$p_i(t) = \frac{\partial L}{\partial \dot{q}_i} \tag{11.1.3}$$

und die Hamiltonfunktion

$$H = \sum_{i=1}^{n} p_i \dot{q}_i - L. \tag{11.1.4}$$

Die *Hamiltonschen kanonischen Differentialgleichungen* lauten dann

$$\dot{p}_i = -\frac{\partial H}{\partial q_i}, \qquad \dot{q}_i = \frac{\partial H}{\partial p_i}. \tag{11.1.5}$$

Sie stellen ein System von $2n$ gewöhnlichen Differentialgleichungen erster Ordnung dar.

Abschließend betrachten wir die zeitliche Änderung einer Funktion $F = F(p_i, q_i, t)$. Mit Hilfe der Kettenregel und den kanonischen Gleichungen (11.1.5) erhält man

$$\dot{F} = \frac{\partial F}{\partial t} + \{F, H\}, \tag{11.1.6}$$

wobei

$$\{F, H\} := \frac{\partial F}{\partial q_i}\frac{\partial H}{\partial p_i} - \frac{\partial F}{\partial p_i}\frac{\partial H}{\partial q_i} \tag{11.1.7}$$

die *Poissonklammer* der Funktionen F und H darstellt. Die Definition (11.1.7) läßt sich auf zwei beliebige Funktionen übertragen.

Wir versuchen nun, diese im Zusammenhang mit endlich vielen zeitabhängigen Koordinaten $q_i(t)$ formulierten Verhältnisse auf Felder (skalare Felder, Vektorfelder, Tensorfelder) zu übertragen. Der Einfachheit halber betrachten wir zunächst ein skalares Feld und stellen folgende Analogiebeziehung zwischen den Koordinaten $q_i(t)$, $i = 1, \ldots, n$, und der Feldfunktion $\psi(\boldsymbol{r},t)$ fest:

Für einen festen Zeitpunkt ist der Zustand des Partikelsystems bekannt, wenn die n Zahlen q_i bekannt sind. Analog dazu ist für einen festen Zeitpunkt der Feldzustand bekannt, wenn für jeden Raumpunkt $\boldsymbol{r}$ die zugeordnete Zahl ψ bekannt ist. Da wir ein Kontinuum von Raumpunkten haben, ist das Wellenfeld als ein System mit unendlich vielen Freiheitsgraden im Sinne der Partikelmechanik aufzufassen.

Unter Beachtung der kontinuierlichen Verhältnisse definieren wir nun eine Lagrange-Dichte $\mathcal{L}$. So wie L von den Koordinaten $q_i(t)$, ihren zeitlichen Ableitungen $q_i(t)$ und der Zeit t abhängt, ist $\mathcal{L}$ von den „Feldkoordinaten" $\psi(\boldsymbol{r},t)$, ihren zeitlichen Ableitungen $\dot{\psi}(\boldsymbol{r},t)$ und der Zeit abhängig. Außerdem ist noch wegen der kontinuierlichen Ortsabhängigkeit die erste Ableitung von ψ nach den Ortskoordinaten (Gradientenbildung) zu berücksichtigen. Wir treffen daher den Ansatz

$$\mathcal{L} = \mathcal{L}(\psi(\boldsymbol{r},t),\ \dot{\psi}(\boldsymbol{r},t),\ \operatorname{grad}\psi(\boldsymbol{r},t),t). \tag{11.1.8}$$

Durch Integration über den gesamten Raum erhalten wir die Lagrange-Funktion L des Wellenfeldes $\psi(\boldsymbol{r},t)$:

$$L = \int \mathcal{L}(\psi, \operatorname{grad}\psi, \dot{\psi}, t)\,dV. \tag{11.1.9}$$

Wir weisen darauf hin, daß in (11.1.8) die Beschränkung auf Ableitungen erster Ordnung Feldgleichungen höchstens zweiter Ordnung zur Folge hat, wie wir sie bisher gewohnt sind. Weiter nehmen wir an, daß sich in (11.1.8) die Funktion und ihre Ableitungen auf ein und denselben Ort beziehen. Dies bedeutet eine Beschränkung auf sogenannte *lokale Feldtheorien*. Mit dem Ansatz (11.1.9) läßt sich nun der kanonische Formalismus analog zur Punktmechanik auf Wellenfelder übertragen.

Zunächst suchen wir die „Bewegungsgleichung" des Feldes $\psi(\boldsymbol{r},t)$, die sich als Eulersche Differentialgleichung der Variationsaufgabe

$$\delta \int_{t_1}^{t_2} L\,dt = \delta \int_{t_1}^{t_2} \int_V \mathcal{L}\,dV\,dt = \int_{t_1}^{t_2} \int_V (\delta\mathcal{L})\,dV\,dt = 0, \tag{11.1.10a}$$

mit

$$\psi(\boldsymbol{r},t_1) = \psi(\boldsymbol{r},t_2) = 0 \tag{11.1.10b}$$

ergibt. Für die Variation $\delta\mathcal{L}$ der Lagrangedichte $\mathcal{L}(\psi, \operatorname{grad}\psi, \dot{\psi}, t)$ erhalten wir („Kettenregel" für Variationsbildung)

$$\delta\mathcal{L} = \frac{\partial \mathcal{L}}{\partial \psi}\delta\psi + \sum_{k=1}^{3} \frac{\partial \mathcal{L}}{\partial\left(\frac{\partial \psi}{\partial x_k}\right)} \delta\left(\frac{\partial \psi}{\partial x_k}\right) + \frac{\partial \mathcal{L}}{\partial \dot{\psi}}\delta\dot{\psi}. \tag{11.1.11}$$

Wegen der Vertauschbarkeit von Variation und Differentiation gilt

$$\delta\left(\frac{\partial \psi}{\partial x_k}\right) = \frac{\partial}{\partial x_k}\delta\psi, \qquad \delta\dot{\psi} = \frac{\partial}{\partial t}(\delta\psi). \tag{11.1.12}$$

Mit (11.1.11) folgt aus (11.1.10) unter Benützung von (11.1.12)

$$\int_{t_1}^{t_2}\int_V \left(\frac{\partial \mathcal{L}}{\partial \psi}\delta\psi + \sum_{k=1}^{3} \frac{\partial \mathcal{L}}{\partial\left(\frac{\partial \psi}{\partial x_k}\right)}\left(\frac{\partial \delta\psi}{\partial x_k}\right) + \frac{\partial \mathcal{L}}{\partial \dot{\psi}}\frac{\partial}{\partial t}(\delta\psi)\right) dV dt = 0. \tag{11.1.13}$$

Damit wir aus der integralen Aussage eine solche über den Integranden alleine erhalten, müssen wir in (11.1.13) die räumlichen und zeitlichen Ableitungen von $\delta\psi$ im zweiten und dritten Term wegschaffen. Dies gelingt durch partielle Integrationen. Es gilt

$$\int_{t_1}^{t_2}\int_V \frac{\partial \mathcal{L}}{\partial\left(\frac{\partial \psi}{\partial x_k}\right)}\frac{\partial}{\partial x_k}\delta\psi dV dt = -\int_{t_1}^{t_2}\int_V \frac{\partial}{\partial x_k}\frac{\partial \mathcal{L}}{\partial\left(\frac{\partial \psi}{\partial x_k}\right)}\delta\psi dV dt,$$

und

$$\int_{t_1}^{t_2}\int_V \frac{\partial \mathcal{L}}{\partial \dot{\psi}}\frac{\partial}{\partial t}\delta\psi dV dt = -\int_{t_1}^{t_2}\int_V \frac{\partial}{\partial t}\left(\frac{\partial \mathcal{L}}{\partial \dot{\psi}}\right)\delta\psi dV dt.$$

Berücksichtigen wir diese Umformungen in (11.1.13), so erscheint in allen Summanden die Variation $\delta\psi$ ohne Ableitungen und wir erhalten

$$\int_{t_1}^{t_2}\int_V \left(\frac{\partial \mathcal{L}}{\partial \psi} - \sum_{k=1}^{3} \frac{\partial}{\partial x_k}\frac{\partial \mathcal{L}}{\partial\left(\frac{\partial \psi}{\partial x_k}\right)} - \frac{\partial}{\partial t}\left(\frac{\partial \mathcal{L}}{\partial \dot{\psi}}\right)\right)\delta\psi dV dt = 0.$$

Da diese Beziehung für jede beliebige Variation $\delta\psi$ in jedem Raumpunkt Gültigkeit besitzt, muß der Integrand identisch verschwinden. Es gilt also

$$\frac{\partial \mathcal{L}}{\partial \psi} - \sum_{k=1}^{3} \frac{\partial}{\partial x_k}\frac{\partial \mathcal{L}}{\partial\left(\frac{\partial \psi}{\partial x_k}\right)} - \frac{\partial}{\partial t}\frac{\partial \mathcal{L}}{\partial \dot{\psi}} = 0. \tag{11.1.14}$$

So wie in (11.1.2) die Bewegungsgleichung für die Koordinaten $q_i(t)$ darstellte, repräsentiert (11.1.14) die Feldgleichung für die gesuchte Feldfunktion $\psi(\boldsymbol{r},t)$. Sie stellt eine notwendige Bedingung für die Lösbarkeit der Variationsaufgabe zweiter Ordnung dar. Damit kennen wir eine formale Struktur, wie sie für alle Feldgleichungen – unabhängig von den speziellen physikalischen Teilgebieten (Elektrodynamik, Quantenmechanik, Quantenelektrodynamik, ...) – gelten muß, solange das Hamiltonsche Prinzip der „kleinsten Wirkung" gilt.

Analog zur Partikelmechanik definieren wir nun den „konjugierten Impuls" als

$$\pi(\boldsymbol{r},t) = \frac{\partial \mathcal{L}}{\partial \dot{\psi}}, \tag{11.1.15}$$

und die Hamiltondichte

$$\mathcal{H} = \pi\dot{\psi} - \mathcal{L}. \tag{11.1.16}$$

Durch Integration über den gesamten Raum erhalten wir daraus die Hamiltonfunktion

$$H = \int_V \mathcal{H} dV. \tag{11.1.17}$$

Die Funktionen $\psi(\boldsymbol{r},t)$ und $\pi(\boldsymbol{r},t)$ bezeichnen wir in Zukunft nicht mehr als kanonisch konjugierte „Impulse", sondern als *kanonisch konjugierte Feldgrößen*.

Man beachte, daß die aus den Dichtegrößen $\mathcal{L}$ und $\mathcal{H}$ berechneten Größen L und H als Funktionale aufgefaßt werden können, da sie eine Abbildung von Funktionen ($\psi(\boldsymbol{r},t)$, $\pi(\boldsymbol{r},t)$ bzw. deren Ableitungen) auf einen Zahlenkörper vermitteln. Nach einigen hier nicht durchgeführten Zwischenrechnungen ergeben sich in Analogie zu (11.1.5) die Hamiltonschen kanonischen Feldgleichungen zu

$$\begin{aligned} \dot{\psi} &= \frac{\partial \mathcal{H}}{\partial \pi} - \sum_{k=1}^{3} \frac{\partial}{\partial x_k}\left(\frac{\partial \mathcal{H}}{\partial\left(\frac{\partial \pi}{\partial x_k}\right)}\right), \\ \dot{\pi} &= -\frac{\partial \mathcal{H}}{\partial \psi} + \sum_{k=1}^{3} \frac{\partial}{\partial x_k}\left(\frac{\partial \mathcal{H}}{\partial\left(\frac{\partial \psi}{\partial x_k}\right)}\right). \end{aligned} \tag{11.1.18}$$

Die eine Abweichung von der Struktur (11.1.5) darstellenden Summenausdrücke existieren wegen der kontinuierlichen Ortsabhängigkeit von $\psi(\boldsymbol{r},t)$. Außerdem scheint in (11.1.18) die Hamiltondichte $\mathcal{H}$, in (11.1.5) dagegen die Hamiltonfunktion H auf.

Wir definieren nun die *Funktionalableitungen*

$$\begin{aligned} \frac{\delta H}{\delta \psi} &= \frac{\partial \mathcal{H}}{\partial \psi} - \sum_{k=1}^{3} \frac{\partial}{\partial x_k}\left(\frac{\partial \mathcal{H}}{\partial\left(\frac{\partial \psi}{\partial x_k}\right)}\right), \\ \frac{\delta H}{\delta \pi} &= \frac{\partial \mathcal{H}}{\partial \pi} - \sum_{k=1}^{3} \frac{\partial}{\partial x_k}\left(\frac{\partial \mathcal{H}}{\partial\left(\frac{\partial \pi}{\partial x_k}\right)}\right). \end{aligned} \tag{11.1.19}$$

Damit erhält man aus (11.1.18) in formaler Übereinstimmung mit (11.1.5)

$$\dot{\psi} = \frac{\delta H}{\delta \pi}, \qquad \dot{\pi} = -\frac{\delta H}{\delta \psi}. \tag{11.1.20}$$

Abschließend betrachten wir ein Funktional

$$F = \int \mathcal{F}(\psi(\boldsymbol{r},t),\pi(\boldsymbol{r},t),t)dV.$$

Der Einfachheit halber soll es zunächst nicht von den räumlichen Ableitungen von ψ und π abhängen. Die zeitliche Änderung von F berechnet sich dann zu

$$\dot{F} = \frac{\partial F}{\partial t} + \int \left(\frac{\partial \mathcal{F}}{\partial \psi}\dot{\psi} + \frac{\partial \mathcal{F}}{\partial \pi}\dot{\pi}\right) dV.$$

Ersetzen wir ψ und π mit Hilfe der Hamiltonschen Gleichungen (11.1.20) und berücksichtigen wir weiter, daß wegen der vorausgesetzten alleinigen Abhängigkeit der Größe $\mathcal{F}$ von ψ und π die Beziehungen

$$\frac{\partial \mathcal{F}}{\partial \psi} = \frac{\delta F}{\delta \psi}, \qquad \frac{\partial \mathcal{F}}{\partial \pi} = \frac{\delta F}{\delta \pi}$$

bestehen, so folgt

$$\dot{F} = \frac{\partial F}{\partial t} + \int \left(\frac{\delta F}{\delta \psi}\frac{\delta H}{\delta \pi} - \frac{\delta F}{\delta \pi}\frac{\delta H}{\delta \psi}\right) dV. \tag{11.1.21}$$

Definieren wir den *Poissonschen Klammerausdruck* für die beiden Funktionale F und H als

$$\{F,H\} := \int \left(\frac{\delta F}{\delta \psi} \frac{\delta H}{\delta \pi} - \frac{\delta F}{\delta \pi} \frac{\delta H}{\delta \psi} \right) dV, \tag{11.1.22}$$

so erhalten wir schließlich

$$\dot{F} = \frac{\partial F}{\partial t} + \{F,H\}, \tag{11.1.23}$$

in Übereinstimmung mit (11.1.6). Dieselben Verhältnisse gelten auch dann, wenn F zusätzlich von den räumlichen Ableitungen der kanonisch konjugierten Feldgrößen ψ und π abhängt. Weiter bleibt die Definition (11.1.22) sinngemäß für zwei beliebige Funktionale gültig.

In der folgenden Gegenüberstellung sind die besprochenen Verhältnisse nochmals zusammengefaßt:

Partikelmechanik	**Feldphysik**
$q_i(t)$	$\psi(\boldsymbol{r},t)$
Lagrangefunktion	
	$\mathcal{L} = \mathcal{L}(\psi, \operatorname{grad}\psi, \dot{\psi}, t)$ ... Lagrangedichte
$L = L(q_i, \dot{q}_i, t)$ ... Funktion von $q_i, \dot{q}_i, t$	$L = \int \mathcal{L} dV$ ... Funktional von $\psi, \operatorname{grad}\psi, \dot{\psi}, t$
Variationsprinzip	
$\delta \int_{t_1}^{t_2} L dt = 0$	$\delta \int_{t_1}^{t_2} L dt = 0$
Eulersche Differentialgleichungen	
$\frac{\partial L}{\partial q_i} - \frac{d}{dt} \frac{\partial L}{\partial \dot{q}_i} = 0$	$\frac{\partial \mathcal{L}}{\partial \psi} - \sum_{k=1}^{3} \frac{\partial}{\partial x_k} \frac{\partial \mathcal{L}}{\partial \left(\frac{\partial \psi}{\partial x_k} \right)} - \frac{\partial}{\partial t} \left(\frac{\partial \mathcal{L}}{\partial \dot{\psi}} \right) = 0$
Kanonisch konjugierte Größen	
$p_i = \frac{\partial L}{\partial \dot{q}_i}$ ... zur Koordinate $q_i(t)$ kanonisch konjugierter Impuls	$\pi = \frac{\partial \mathcal{L}}{\partial \dot{\psi}}$ ... zur Feldgröße $\psi(\boldsymbol{r},t)$ konjugierte Feldgröße.
Hamiltonfunktion	
$H = \sum_{i=1}^{n} p_i \dot{q}_i - L$	$H = \int \mathcal{H} dV = \int \pi \dot{\psi} dV - L$

Kanonische Differentialgleichungen

$$\dot{p}_i = -\frac{\partial H}{\partial q_i}, \quad \dot{q}_i = \frac{\partial H}{\partial p_i}, \qquad \dot{\pi} = -\frac{\delta H}{\delta \psi}, \quad \dot{\psi} = \frac{\delta H}{\delta \pi}.$$

Poissonklammern

$$\{F,G\} := \sum_{i=1}^{n} \left(\frac{\partial F}{\partial q_i}\frac{\partial G}{\partial p_i} - \frac{\partial F}{\partial p_i}\frac{\partial G}{\partial q_i} \right), \quad \{F,G\} := \int_V \left(\frac{\delta F}{\delta \psi}\frac{\delta G}{\delta \pi} - \frac{\delta F}{\delta \pi}\frac{\delta G}{\delta \psi} \right) dV,$$

mit
$F = F(q_i, p_i, t)$,
$G = G(q_i, p_i, t)$,

mit
$\mathcal{F} = \mathcal{F}(\psi, \pi, \operatorname{grad}\psi, \operatorname{grad}\pi, t)$,
$\mathcal{G} = \mathcal{G}(\psi, \pi, \operatorname{grad}\psi, \operatorname{grad}\pi, t)$.

Totale zeitliche Änderung

$$\dot{F} = \frac{\partial F}{\partial t} + \{F,H\} \qquad \dot{\mathcal{F}} = \frac{\partial \mathcal{F}}{\partial t} + \{\mathcal{F},H\}$$

Bisher haben wir unseren Überlegungen ein einkomponentiges (skalares) Feld $\psi(\boldsymbol{r},t)$ zugrundegelegt. Es lassen sich jedoch mehrkomponentige Felder (Vektorfelder, Tensorfelder) nach genau demselben Prinzip behandeln:

Bezeichnen $\psi_1(\boldsymbol{r},t) \ldots \psi_n(\boldsymbol{r},t)$ die Komponenten eines Vektorfeldes, so gehen wir von der verallgemeinerten Lagrangedichte

$$\mathcal{L} = \mathcal{L}(\psi_1, \operatorname{grad}\psi_1, \dot{\psi}_1, \psi_2, \operatorname{grad}\psi_2, \dot{\psi}_2, \ldots, t)$$

aus. Es ist jede Komponente $\psi_A (A = 1,2,\ldots)$ unabhängig zu variieren, so daß ein System von Eulerschen Differentialgleichungen

$$\frac{\partial \mathcal{L}}{\partial \psi_A} - \sum_{k=1}^{3} \frac{\partial}{\partial x_k} \left(\frac{\partial \mathcal{L}}{\partial \left(\frac{\partial \psi_A}{\partial x_k} \right)} \right) - \frac{\partial}{\partial t}\frac{\partial \mathcal{L}}{\partial \dot{\psi}_A} = 0, \quad A = 1,2,\ldots n \tag{11.1.24}$$

entsteht. Alles bisher Gesagte bleibt aufrecht, wenn man an Stelle der skalaren Feldfunktion ψ die mehrkomponentige Feldfunktion $\psi_{\boldsymbol{A}}$ einsetzt, und die entstehenden Beziehungen komponentenweise interpretiert. Für einen Tensor k-ter Stufe repräsentiert der Index $\boldsymbol{A}$ ein k-Tupel von Indizes. Um den Tensorcharakter der Feldfunktion ψ zu unterstreichen, schreiben wir den Index $\boldsymbol{A}$ fettgedruckt.

11.2 Kontinuierliche Symmetrietransformationen und Erhaltungssätze

In den folgenden Abschnitten betrachten wir ausschließlich relativistische Feldtheorien. Dann müssen die Feldgrößen $\psi_{\boldsymbol{A}}$ als Tensoren im Minkowskiraum interpretiert werden können, und die Feldgleichungen (11.1.24) lorentzinvariant sein.

11.2.1 Lorentz-kovariante Feldgleichungen

Zunächst notieren wir (11.1.24) in relativistischer Schreibweise. Mit

$$x^\mu := (ct, \boldsymbol{x}), \qquad x_\mu := (ct, -\boldsymbol{x})$$

formen wir den letzten Term von (11.1.24) um. Wegen

$$\frac{\partial}{\partial t} = \frac{\partial}{\partial x_0}\frac{\partial x_0}{\partial t} = \frac{\partial}{\partial x^0}\frac{\partial x^0}{\partial t} = c\frac{\partial}{\partial x_0} = c\frac{\partial}{\partial x^0},$$

und

$$\frac{\partial \mathcal{L}}{\partial \dot{\psi}_A} = \frac{\partial \mathcal{L}}{\partial\left(\frac{\partial \psi_A}{\partial t}\right)} = \frac{\partial \mathcal{L}}{\partial\left(c\frac{\partial \psi_A}{\partial x^0}\right)} = \frac{1}{c}\frac{\partial \mathcal{L}}{\partial\left(\frac{\partial \psi_A}{\partial x^0}\right)},$$

erhalten wir

$$\frac{\partial}{\partial t}\frac{\partial \mathcal{L}}{\partial \dot{\psi}_A} = \frac{\partial}{\partial x^0}\frac{\partial \mathcal{L}}{\partial\left(\frac{\partial \psi_A}{\partial x^0}\right)}. \tag{11.2.1}$$

Berücksichtigt man ferner, daß die Variablen x_k, $k = 1,2,3$ gemäß der Definition $x^\mu := (ct, x_k)$ Komponenten des kontravarianten Vierervektors darstellen, so erkennt man die strukturelle Identität des obigen Ausdrucks mit den summierten Termen in (11.1.24). Unter Benützung der Einsteinschen Summationskonvention erhalten wir daher

$$\frac{\partial \mathcal{L}}{\partial \psi_A} - \frac{\partial}{\partial x^\mu}\frac{\partial \mathcal{L}}{\partial\left(\frac{\partial \psi_A}{\partial x^\mu}\right)} = 0, \tag{11.2.2}$$

wobei über $\mu = 0,1,2,3$ zu summieren ist. (11.2.2) stellt die Feldgleichung (11.1.24) in relativistischer Notation dar: Raum- und Zeitkoordinaten erscheinen gleichberechtigt. Damit ist die Lorentzkovarianz von (11.2.2) natürlich noch nicht gesichert. Wir müssen zunächst noch fordern, daß die Lagrangedichte derart aus den Tensoren ψ_A und ihren Ableitungen aufgebaut ist, daß sie einen Skalar darstellt. Erst dann ist sichergestellt, daß alle in (11.2.2) aufscheinenden Größen als Vierertensoren des Minkowskiraumes aufgefaßt werden können, wie es für eine lorentzkovariante Gleichung gefordert ist. Wir wollen diese Forderung immer als erfüllt ansehen!

11.2.2 Das Noether-Theorem

Bei den bisher besprochenen Feldtheorien (Elektrodynamik, Gravitationstheorie) haben wir aus den fundamentalen Feldgleichungen Erhaltungssätze hergeleitet. Wir werden nun einen allgemeinen, auf dem Lagrangeschen Formalismus fußenden Zugang zu den Erhaltungssätzen aufzeigen, wobei sich neue, vertiefende Einsichten ergeben.

Dazu gehen wir wieder von der Lagrangedichte $\mathcal{L}$ und dem zugehörigen „Wirkungsintegral"

$$\mathcal{A} = \int L\,dt = \iint \mathcal{L}\,dV\,dt = \frac{1}{c}\int_\Omega \mathcal{L}\,dw \tag{11.2.3}$$

aus, wobei dw das vierdimensionale infinitesimale Volumselement

$$dw = dx^0 dx^1 dx^2 dx^3 = c\,dV\,dt,$$

Ω den vom vorliegenden System eingenommenen Raum-Zeit-Bereich bezeichnet. Wir unterwerfen nun $\mathcal{A}$ gewissen Transformationen der Koordinaten

$$x^\mu \to x^{\mu'} \tag{11.2.4}$$

und der Feldgrößen

$$\psi_A(x) \to \psi_A{}'(x'). \tag{11.2.5}$$

Dabei können die Transformationen der Feldgrößen durch die Transformationen der Koordinaten eindeutig festgelegt sein (z.B. transformiert sich ein Tensor bei Koordinatentransformationen auf eine vorgeschriebene Art und Weise), oder auch nicht (z.B. wenn gar keine Koordinatentransformation vorliegt, und trotzdem eine Feldtransformation durchgeführt wird). Wir werden auf diese Dinge später ausführlicher eingehen. Zunächst jedoch lassen wir die etwaigen Zusammenhänge von (11.2.4) und (11.2.5) völlig offen.

Nun definieren wir den Begriff einer Symmetrietransformation wie folgt:

Def. 11.1 *Transformationen (11.2.4) und (11.2.5) mit der Eigenschaft*

$$\int\limits_{\Omega'} \mathcal{L}\left(\psi_A{}'(x'), \frac{\partial \psi_A{}'(x')}{\partial x^{\mu'}}\right) dw' = \int\limits_{\Omega} \mathcal{L}\left(\psi_A(x), \frac{\partial \psi_A(x)}{\partial x^\mu}\right) dw \tag{11.2.6}$$

werden als **Symmetrietransformationen** *bezeichnet.*

Die Bedingung (11.2.6) bedeutet, daß die „Wirkung“ $\mathcal{A}$ beim Zusammenwirken der Transformationen (11.2.4) und (11.2.5) keine Änderung erfahren soll, d.h. invariant unter diesen Transformationen ist.

Eine Symmetrietransformation kennen wir bereits: die Lorentztransformation. Nach den Ausführungen des vorigen Abschnitts repräsentiert $\mathcal{L}$ für lorentzkovariante Feldgleichungen eine Invariante (einen Skalar), womit natürlich auch die „Wirkung“ $\mathcal{A}$ eine Invariante darstellt, und (11.2.6) erfüllt ist.

Nun läßt sich zeigen, daß zwischen Symmetrietransformationen und Erhaltungsgrößen ein tiefliegender Zusammenhang besteht. Es gilt das *Noether-Theorem*:

Jeder speziellen Symmetrietransformation entspricht ein Erhaltungssatz für eine spezielle physikalische Größe.

Die Darstellung des Zusammenhanges zwischen Symmetrietransformationen und Erhaltungssätzen ist Aufgabe des vorliegenden Unterkapitels.

Dabei beschränken wir uns auf *kontinuierliche Tranformationen*, d.h. wir nehmen an, daß jede Symmetrietransformation als unendliche Folge infinitesimaler Symmetrietransformationen aufgefaßt werden kann. In diesem Fall könenn wir uns auf die Untersuchung solcher infinitesimaler Transformationen beschränken. Für (11.2.4) und (11.2.5) schreiben wir dann

$$x^{\mu'} = x^\mu + \delta x^\mu = x^\mu + \epsilon^\mu{}_\nu x^\nu + \epsilon^\mu, \tag{11.2.4$'$}$$

$$|\epsilon^\mu{}_\nu| \ll 1, \quad |\epsilon^\mu| \ll 1,$$

$$\psi_A{}'(x') = \psi_A(x) + \delta\psi_A(x). \tag{11.2.5$'$}$$

In (11.2.4′) bewirken die Terme ϵ^μ eine Translation, $\epsilon^\mu{}_\nu x^\nu$ eine Drehstreckung im Minkowskiraum. Wir haben damit die allgemeinste lineare infinitesimale Transformation um die Identität $x^{\mu'} = x^\mu$ zugelassen. Einsetzen in (11.2.6) ergibt

$$\begin{aligned}&\int\limits_{\Omega'} \mathcal{L}\left(\psi_A{}'(x') + \delta\psi_A(x'), \frac{\partial\psi_A(x')}{\partial x^\mu} + \delta\Big(\frac{\partial\psi_A(x')}{\partial x^\mu}\Big)\right) dw' - \\ &- \int\limits_{\Omega} \mathcal{L}\left(\psi_A(x), \frac{\partial\psi_A(x)}{\partial x^\mu}\right) dw = 0.\end{aligned} \tag{11.2.7}$$

Damit die Differenzbildung der beiden Integrale durchführbar ist, müssen wir den variierten Bereich Ω' auf den Ausgangsbereich Ω transformieren. Bekanntlich gilt für die Transformation infinitesimaler Volumselemente

$$dw' = \left|\left(\frac{\partial x^{\mu'}}{\partial x^\nu}\right)\right| dw, \tag{11.2.8}$$

wobei $\left|\left(\frac{\partial x^{\mu'}}{\partial x^\nu}\right)\right|$ die Funktionaldeterminante der Abbildung $x^{\mu'}(x^\nu)$ bezeichnet. Wir berechnen die Funktionaldeterminante, wobei wir infinitesimale Glieder von höherer als erster Ordnung vernachlässigen. Aus (11.2.4′) folgt zunächst

$$\frac{\partial x^{\mu'}}{\partial x^\nu} = \delta^\mu{}_\nu + \frac{\partial}{\partial x^\nu}\delta x^\mu. \tag{11.2.9}$$

Damit nimmt die Funktionalmatrix $\left(\frac{\partial x^{\mu'}}{\partial x^\nu}\right)$ folgende Gestalt an:

$$\left(\frac{\partial x^{\mu'}}{\partial x^\nu}\right) = \begin{pmatrix} 1 + \frac{\partial}{\partial x^0}\delta x^0 & \frac{\partial}{\partial x^1}\delta x^0 & \frac{\partial}{\partial x^2}\delta x^0 & \frac{\partial}{\partial x^3}\delta x^0 \\ \frac{\partial}{\partial x^0}\delta x^1 & 1 + \frac{\partial}{\partial x^1}\delta x^1 & \frac{\partial}{\partial x^2}\delta x^1 & \frac{\partial}{\partial x^3}\delta x^1 \\ \frac{\partial}{\partial x^0}\delta x^2 & \frac{\partial}{\partial x^1}\delta x^2 & 1 + \frac{\partial}{\partial x^2}\delta x^2 & \frac{\partial}{\partial x^3}\delta x^2 \\ \frac{\partial}{\partial x^0}\delta x^3 & \frac{\partial}{\partial x^1}\delta x^3 & \frac{\partial}{\partial x^2}\delta x^3 & 1 + \frac{\partial}{\partial x^3}\delta x^3 \end{pmatrix}. \tag{11.2.10}$$

Man erkennt, daß bei der Determinantenberechnung sämtliche Elemente, die nicht in der Hauptdiagonale stehen, Terme von infinitesimal höherer als erster Ordnung erzeugen. Daher können diese Elemente vernachlässigt werden, es ist nur die Hauptdiagonale zu berücksichtigen, wobei wir uns auch hier wiederum auf Terme erster Ordnung beschränken. Damit ergibt sich schließlich

$$\left|\left(\frac{\partial x^{\mu'}}{\partial x^\nu}\right)\right| = 1 + \frac{\partial \delta x^\mu}{\partial x^\mu}. \tag{11.2.11}$$

(Summation über μ!) Aus (11.2.7) erhalten wir damit

$$\int\limits_{\Omega} \left(\mathcal{L}\left(\psi_A + \delta\psi_A, \frac{\partial\psi_A}{\partial x^\mu} + \delta\left(\frac{\partial\psi_A}{\partial x^\mu}\right)\right)\left(1 + \frac{\partial\delta x^\mu}{\partial x^\mu}\right) - \mathcal{L}\left(\psi_A, \frac{\partial\psi_A}{\partial x^\mu}\right)\right) dw = 0. \tag{11.2.12}$$

Zur weiteren Verarbeitung entwickeln wir den ersten Term gemäß

$$\mathcal{L}\left(\psi_A + \delta\psi_A, \frac{\partial \psi_A}{\partial x^\mu} + \delta\left(\frac{\partial \psi_A}{\partial x^\mu}\right)\right) = \mathcal{L}\left(\psi_A, \frac{\partial \psi_A}{\partial x^\mu}\right) + \frac{\partial \mathcal{L}}{\partial \psi_A}\delta\psi_A + \frac{\partial \mathcal{L}}{\partial\left(\frac{\partial \psi_A}{\partial x^\mu}\right)}\delta\left(\frac{\partial \psi_A}{\partial x^\mu}\right). \tag{11.2.13}$$

Einsetzen in (11.2.12) liefert bei fortwährender Beschränkung auf Elemente von infinitesimal erster Ordnung

$$\int_\Omega \left(\frac{\partial \mathcal{L}}{\partial \psi_A}\delta\psi_A + \frac{\partial \mathcal{L}}{\partial\left(\frac{\partial \psi_A}{\partial x^\mu}\right)}\delta\left(\frac{\partial \psi_A}{\partial x^\mu}\right) + \mathcal{L}\frac{\partial \delta x^\mu}{\partial x^\mu}\right) dw = 0. \tag{11.2.14}$$

Dreimalige partielle Integration, die Beachtung der Relation

$$\frac{\partial \mathcal{L}}{\partial x^\mu} = \frac{\partial \mathcal{L}}{\partial \psi_A}\frac{\partial \psi_A}{\partial x^\mu} + \frac{\partial \mathcal{L}}{\partial\left(\frac{\partial \psi_A}{\partial x^\mu}\right)}\frac{\partial}{\partial x^\mu}\left(\frac{\partial \psi_A}{\partial x^\mu}\right), \tag{11.2.15}$$

und der Definition

$$\hat{\delta}\psi_A := \psi'{}_A - \psi_A = \delta\psi_A - \frac{\partial \psi_A}{\partial x^\mu}\delta x^\mu \tag{11.2.16}$$

liefert nach einigen Umrechnungen schließlich

$$\int_\Omega \left(\frac{\partial}{\partial x^\mu}\left(\mathcal{L}\delta x^\mu + \frac{\partial \mathcal{L}}{\partial\left(\frac{\partial \psi_A}{\partial x^\mu}\right)}\hat{\delta}\psi_A\right) + \left(\frac{\partial \mathcal{L}}{\partial \psi_A} - \frac{\partial}{\partial x^\mu}\frac{\partial \mathcal{L}}{\partial\left(\frac{\partial \psi_A}{\partial x^\mu}\right)}\right)\hat{\delta}\psi_A\right) dw = 0. \tag{11.2.17}$$

Der zweite Term verschwindet identisch, weil ψ_A der Feldgleichung (11.2.2) genügt. Da der Bereich Ω beliebig wählbar ist, folgt aus (11.2.17) weiter das Verschwinden des verbliebenen Integranden, d.h. es gilt

$$\frac{\partial}{\partial x^\mu} f^\mu = f^\mu{}_{,\mu} = 0, \tag{11.2.18}$$

mit dem Vierervektor

$$f^\mu := \mathcal{L}\delta x^\mu + \frac{\partial \mathcal{L}}{\partial\left(\frac{\partial \psi_A}{\partial x^\mu}\right)}\hat{\delta}\psi_A, \tag{11.2.19}$$

und der durch (11.2.16) definierten Größe $\hat{\delta}\psi_A$. Daß f^μ tatsächlich einen Vierervektor darstellt, erkennt man aus der Tatsache, daß in (11.2.19) nur Tensoren aufscheinen. Die Formel (11.2.18) stellt die differentielle Form eines Erhaltungssatzes dar. Sie besitzt die Struktur einer Kontinuitätsgleichung.

Die integrale Form erhalten wir durch Integration über den gesamten dreidimensionalen Raum und anschließender Anwendung des Gaußschen Satzes. Es gilt also

$$\int_V \frac{\partial f^\mu}{\partial x^\mu} dV = \int_V \frac{\partial f^0}{\partial x^0} dV + \oint_{\overset{\circ}{S}} f^k dS_k, \tag{11.2.20}$$

wobei die Hüllfläche $\overset{\circ}{S}$ im Unendlichen liegt. Da die Funktionen ψ_A und ihre Ableitungen voraussetzungsgemäß im Unendlichen verschwinden, verschwindet auch das Oberflächenintegral und man erhält aus (11.2.20) bei Vertauschung von Differentiation und Integration

$$\int_V \frac{\partial f^\mu}{\partial x^\mu} dV = \frac{1}{c}\frac{d}{dt}\int_V f^0 dV. \tag{11.2.21}$$

Die integrale Form des Erhaltungssatzes (11.2.18) lautet somit

$$\frac{d}{dt}\int_V f^0 dV = 0, \tag{11.2.22}$$

bzw.

$$\int_V f^0 dV = \text{const.} \tag{11.2.22'}$$

Wir fassen zusammen: Ausgehend von einer durch $\mathcal{A} := \frac{1}{c}\int \mathcal{L} dw$ definierten „Wirkung" des Feldes ψ_A erhält man aus den Forderungen

1) $\delta\mathcal{A} = 0$, bei Variation aller zur Konkurrenz stehenden Feldfunktionen:

   die gesuchte Feldfunktion ψ_A aus der Feldgleichung

$$\frac{\partial}{\partial\psi_A} - \frac{\partial}{\partial x^\mu}\frac{\partial\mathcal{L}}{\partial\left(\frac{\partial\psi_A}{\partial x^\mu}\right)} = 0,$$

2) $\delta\mathcal{A} = 0$, für eine kontinuierliche Koordinaten- und Feldtransformation:

   den Erhaltungssatz

$$\frac{\partial}{\partial x^\mu}\left(\mathcal{L}\delta x^\mu + \frac{\partial\mathcal{L}}{\partial\left(\frac{\partial\psi_A}{\partial x^\mu}\right)}\hat{\delta}\psi_A\right) = 0.$$

Im nächsten Abschnitt berechnen wir die in (11.2.19) vorkommenden Variationen δx^μ, $\hat{\delta}\psi_A$ für spezielle kontinuierliche Symmetrietransformationen.

11.3 Spezielle kontinuierliche Symmetrietransformationen und die dazugehörigen Erhaltungssätze

11.3.1 Die Translation und der Energie-Impulstensor

Die Homogenität des Minkowskiraumes fordert die Invarianz gegenüber einer Verschiebung des Koordinatenursprungs (Translation):

$$x^{\mu'} = x^\mu + b^\mu. \tag{11.3.1}$$

Die zugehörige infinitesimale Transformation lautet

$$x^{\mu'} = x^\mu + \epsilon^\mu, \tag{11.3.2}$$

mit den infinitesimalen Konstanten ϵ^μ. Aus den Beziehungen (11.1.26′) und (11.1.35):

$$\begin{aligned} x^{\mu'} &= x^\mu + \delta x^\mu, \quad \psi_A{}'(x') = \psi_A(x) + \delta\psi_A(x), \\ \hat{\delta}\psi_A &= \delta\psi_A - \frac{\partial\psi_A}{\partial x^\mu}\delta x^\mu \end{aligned}$$

folgt dann

$$\delta x^\mu = \epsilon^\mu, \qquad \hat{\delta}\psi_A = -\frac{\partial \psi_A}{\partial x^\mu}\epsilon^\mu. \tag{11.3.3}$$

Damit erhält der Vierervektor f^μ aus (11.2.19) die Gestalt

$$f^\mu = \mathcal{L}\epsilon^\mu - \frac{\partial \mathcal{L}}{\partial\left(\frac{\partial \psi_A}{\partial x^\mu}\right)}\frac{\partial \psi_A}{\partial x^\nu}\epsilon^\nu = \left(\mathcal{L}\delta_\nu{}^\mu - \frac{\partial \mathcal{L}}{\partial\left(\frac{\partial \psi_A}{\partial x^\mu}\right)}\frac{\partial \psi_A}{\partial x^\nu}\right)\epsilon^\nu. \tag{11.3.4}$$

Die Beziehung $f^\mu{}_{,\mu} = 0$ lautet daher

$$\frac{\partial}{\partial x^\mu}T_\nu{}^\mu = T_\nu{}^\mu{}_{,\mu} = 0, \tag{11.3.5}$$

mit

$$T_\nu{}^\mu := \frac{\partial \mathcal{L}}{\partial\left(\frac{\partial \psi_A}{\partial x^\mu}\right)}\frac{\partial \psi_A}{\partial x^\nu} - \mathcal{L}\delta_\nu{}^\mu. \tag{11.3.6}$$

$T_\nu{}^\mu$ wird als *kanonischer Energie-Impuls-Tensor* bezeichnet. Gemäß (11.3.5) ist er divergenzfrei. Die integrale Form des Erhaltungssatzes (11.3.5) lautet unter Benützung von (11.1.41)

$$\frac{d}{dt}\int\limits_V T_k{}^0 dV = 0, \quad k = 1,2,3, \tag{11.3.7}$$

bzw.

$$\int\limits_V T_k{}^0 dV = \text{const}, \quad k = 1,2,3. \tag{11.3.7'}$$

Der Energie-Impuls-Tensor $T_\nu{}^\mu$ beschreibt die Energie- und Impulsverhältnisse des Feldes ψ_A vollständig. Seine Komponenten haben folgende Bedeutung: Der Skalar $T_0{}^0$ gibt die *Energiedichte* des Feldes an; Den Dreiervektor $T_k{}^0$, $k = 1,2,3$ bezeichnet man als *Impulsdichte* des Feldes; Der Vierervektor $T_\nu{}^0$, $\nu = 0,1,2,3$ heißt sinngemäß *Energie-Impulsdichte*;

Der Dreiervektor $T_0{}^k$, $k = 1,2,3$ stellt die *Energieströmung* dar;Die restlichen Komponenten werden als *Impulsströmung* bezeichnet.Im folgenden Bild sind die Beziehungen nochmals zusammengefaßt:

Energiedichte (Skalar) ↘ — Energieströmung ↙ (Dreiervektor)

Energie-Impulsdichte (Vierervektor)

$$T_\nu{}^\mu = \left(\begin{array}{c|ccc} T_0{}^0 & T_0{}^1 & T_0{}^2 & T_0{}^3 \\ \hline T_1{}^0 & T_1{}^1 & T_1{}^2 & T_1{}^3 \\ T_2{}^0 & T_2{}^1 & T_2{}^2 & T_2{}^3 \\ T_3{}^0 & T_3{}^1 & T_2{}^2 & T_3{}^3 \end{array}\right)$$

↑ Impulsdichte (Dreiervektor) — ↑ Impulsströmung (3 dim. Tensor 2. Stufe)

Bild 11.1

Zusammenfassend gilt:

Für die spezielle kontinuierliche Symmetrietransformation *Translation des Minkowskiraumes* folgt als zugehöriger Erhaltungssatz die *Erhaltung des Energie-Impuls-Tensors*. Dabei impliziert die Invarianz gegenüber einer Veränderung des Nullpunktes der Zeitskala *Energieerhaltung*, und die Invarianz gegenüber einer Verschiebung des Koordinatenursprunges *Impulserhaltung*.

11.3.2 Die Lorentztransformation und der Momententensor

Die Isotropie des Minkowskiraumes fordert die Invarianz gegenüber Drehungen, d.h. die Invarianz gegenüber Lorentztransformationen.

Da wir nur kontinuierliche Symmetrietransformationen betrachten, beschränken wir uns hier auf die Gruppe der *eigentlichen Lorentztransformationen*. Nach den Ausführungen von Kapitel 5 sind sie durch

$$x^{\mu'} = a^{\mu}{}_{\nu} x^{\nu}, \tag{11.3.8}$$

mit der Orthonormalitätsbedingung

$$a^{\mu}{}_{\nu} a_{\mu}{}^{\sigma} = \delta^{\sigma}{}_{\nu}, \quad \nu,\sigma = 0,1,2,3, \tag{11.3.9}$$

und den Eigenschaften

$$\det a = 1, \qquad a^{0}{}_{0} \geq +1 \tag{11.3.10}$$

charakterisiert. Für die zugehörigen infinitesimalen Transformationen folgt daraus die Darstellung

$$a^{\mu}{}_{\nu} = \delta^{\mu}{}_{\nu} + \epsilon^{\mu}{}_{\nu}, \tag{11.3.11}$$

mit

$$\epsilon_{\mu\nu} = -\epsilon_{\nu\mu}. \tag{11.3.12}$$

Die Beziehungen (11.1.26′) und (11.1.35) nehmen daher folgende Form an:

$$\begin{aligned} \delta x^{\nu} &= \epsilon^{\nu}{}_{\mu} x^{\mu}, && \text{(a)} \\ \hat{\delta}\psi_A &= \frac{1}{2}\epsilon_{\sigma\lambda}(I_A{}^B)^{(\sigma\lambda)}\psi_B - \frac{\partial \psi_A}{\partial x^{\sigma}}\epsilon^{\sigma}{}_{\lambda} x^{\lambda}. && \text{(b)} \end{aligned} \tag{11.3.13}$$

Damit wird der Erhaltungssatz (11.2.18) zu

$$\frac{\partial M^{\mu\nu\sigma}}{\partial x^{\mu}} = M^{\mu\nu\sigma}{}_{,\mu} = 0, \tag{11.3.14}$$

mit

$$M^{\mu\nu\sigma} := T^{\mu\nu} x^{\sigma} - T^{\mu\sigma} x^{\nu} + \frac{\partial \mathcal{L}}{\partial\left(\frac{\partial \psi_A}{\partial x^{\mu}}\right)}(I_A{}^B)^{(\nu\sigma)}\psi_B. \tag{11.3.15}$$

$M^{\mu\nu\sigma}$ stellt einen Tensor 3. Ordnung dar. Er ist *antisymmetrisch* in den Indizes ν,σ:

$$M^{\mu\nu\sigma} = -M^{\mu\sigma\nu}. \tag{11.3.16}$$

Die integrale Form des Erhaltungssatzes (11.3.14) lautet

$$\frac{d}{dt}\int_V M^{o\nu\sigma} dV = 0, \tag{11.3.17}$$

bzw.

$$\int_V M^{o\nu\sigma} dV = \text{const.} \tag{11.3.17'}$$

Der Tensor

$$M^{\nu\sigma} := M^{o\nu\sigma} = T^{o\nu}x^{\sigma} - T^{o\sigma}x^{\nu} + \frac{\partial \mathcal{L}}{\partial\left(\frac{\partial\psi_A}{\partial x^0}\right)}(I_A{}^B)^{(\nu\sigma)}\psi_B \tag{11.3.18}$$

wird als *Momententensor* bezeichnet, der natürlich wieder antisymmetrisch in seinen Indizes ist:

$$M^{\nu\sigma} = -M^{\sigma\nu}. \tag{11.3.19}$$

Wegen der Antisymmetrie besitzt er 6 unabhängige Komponenten M^{12}, M^{13}, M^{23}, M^{0l}, $l = 1,2,3$. Die Komponenten M^{12}, M^{13}, M^{23} geben die *Drehimpulsdichte* des Feldes an. Setzt man in (11.3.18) den aus (11.3.6) folgenden kontravarianten Energie-Impuls-Tensor ein, so folgt für die Komponenten der Drehimpulsdichte

$$M^{kl} = L^{kl} + S^{kl} = \frac{\partial \mathcal{L}}{\partial\left(\frac{\partial\psi_A}{\partial x^0}\right)}\left(\left(x^k\frac{\partial\psi_A}{\partial x_l} - x^l\frac{\partial\psi_A}{\partial x_k}\right) + (I_A{}^B)^{(kl)}\psi_B\right), \quad kl = 12,13,23. \tag{11.3.20}$$

Dabei erscheint (11.3.20) als Summe von zwei Beiträgen: Der erste Summand hängt explizit vom Koordinatenursprung ab, und wird als *Bahndrehimpulsdichte*

$$L^{kl} := \frac{\partial \mathcal{L}}{\partial\left(\frac{\partial\psi_A}{\partial x^0}\right)}\left(x^k\frac{\partial\psi_A}{\partial x_l} - x^l\frac{\partial\psi_A}{\partial x_k}\right) \tag{11.3.21}$$

bezeichnet. Der zweite Summand ist vom Bezugspunkt unabhängig, stellt also eine innere Eigenschaft des Feldes dar. Er wird als *Spindrehimpulsdichte*

$$S^{kl} := \frac{\partial \mathcal{L}}{\partial\left(\frac{\partial\psi_A}{\partial x^0}\right)}(I_A{}^B)^{(kl)}\psi_B \tag{11.3.22}$$

bezeichnet. Die restlichen 3 Konstanten M^{ol}, $l = 1,2,3$ kennzeichnen den „*Schwerpunkt*" des Feldes. Der Erhaltungssatz (11.3.14) bedeutet also

— Drehimpulserhaltung (=Erhaltung des Bahndrehimpulses+ Erhaltung des Spindrehimpulses)
— Schwerpunkterhaltung

des Feldes. In Bild 11.2 sind die Verhältnisse nochmals zusammengefaßt:

Schwerpunktsdichte

$$M^{\mu\nu} = \begin{pmatrix} 0 & M^{01} & M^{02} & M^{03} \\ M^{10} & 0 & M^{12} & M^{13} \\ M^{20} & M^{21} & 0 & M^{23} \\ M^{30} & M^{31} & M^{32} & 0 \end{pmatrix}$$

← Drehimpulse

Bild 11.2

11.3.3 Die Poincarétransformation

Kombiniert man die Translationstransformation mit der Lorentztransformation so bezeichnet man die daraus hervorgehende Transformation als *Poincarétransformation*:

$$x^{\mu'} = a^{\mu}{}_{\nu} x^{\nu} + b^{\mu}. \tag{11.3.23}$$

Invarianz gegenüber Poincarétransformationen bedeutet also Erhaltung des Energie-Impuls-Tensors und des Momententensors, d.h.

— Energie/Impulserhaltung

— Drehimpulserhaltung

— Schwerpunkterhaltung.

Die Poincarétransformationen sind ebenfalls orthogonale Transformationen. Sie werden durch die Vorgabe von 10 Parametern (6 Parameter $a^{\mu}{}_{\nu}$ und 4 Translationsparameter b^{μ}) festgelegt, und stellen im Minkowskiraum die allgemeinste, durch Koordinatentransformationen vermittelte Symmetrietransformation dar. Im nächsten Abschnitt betrachten wir eine Symmetrietransformation, die nicht aus Koordinatentransformationen hervorgeht.

11.3.4 Die Eichtransformation erster Art und der Strömungsvektor

Bisher haben wir ψ_A immer als ein System reeller Felder interpretiert. Falls wir auch komplexwertige Felder zulassen, enthält die Lagrangedichte sowohl ψ_A als auch $\psi^*{}_A$ nebst den entsprechenden Ableitungen. Da das Wirkungsintegral

$$\mathcal{A} = \int L dt$$

reell sein muß, gilt das auch für die Lagrangedichte $\mathcal{L}$. Daher können ψ_A und $\psi^*{}_A$ nur in *bilinearer Kombination* auftreten. Das bedeutet Invarianz gegenüber der Transformation

$$\begin{array}{rcccl} \psi_A & \rightarrow & \psi'{}_A & = & e^{-i\alpha}\psi_A, \\ \psi^*{}_A & \rightarrow & \psi^{*'}{}_A & = & e^{i\alpha}\psi^*{}_A, \end{array} \tag{11.3.24}$$

wobei α ein beliebiger reeller Parameter ist. Für die entsprechende infinitesimale Transformation mit dem infinitesimalen Parameter ϵ folgt durch Reihenentwicklung

$$\begin{array}{rcccl} \psi_A & \rightarrow & \psi'{}_A & = & \psi_A - i\epsilon\psi_A, \\ \psi^*{}_A & \rightarrow & \psi^{*'}{}_A & = & \psi^*{}_A + i\epsilon\psi^*{}_A. \end{array} \tag{11.3.25}$$

Die Beziehungen (11.2.4') und (11.2.16) nehmen die Form

$$\delta x^{\mu} = 0, \qquad \hat{\delta}\psi_A = -i\epsilon\psi_A, \qquad \hat{\delta}\psi^*{}_A = i\epsilon\psi^*{}_A \tag{11.3.26}$$

an. Damit wird der Erhaltungssatz (11.2.18) zu

$$\frac{\partial j^{\mu}}{\partial x^{\mu}} = j^{\mu}{}_{,\mu} = 0, \tag{11.3.27}$$

mit dem Vierervektor

$$j^\mu = C\left(\frac{\partial\mathcal{L}}{\partial\left(\frac{\partial\psi_A}{\partial x^\mu}\right)}\psi_A - \psi^*{}_A\frac{\partial\mathcal{L}}{\partial\left(\frac{\partial\psi^*{}_A}{\partial x^\mu}\right)}\right), \tag{11.3.28}$$

wobei C zunächst eine beliebige komplexe Zahl repräsentiert. Der Vektor j^μ wird *Vierervektor von Ladung und Stromdichte*, oder kurz *Viererstromdichte* genannt. Dabei repräsentiert der Skalar j^0 die Ladungsdichte ρ und der Dreiervektor j^k, $k = 1,2,3$ die Stromdichte j des Feldes. Diese physikalische Interpretation wird durch eine geeignete Festlegung der Konstanten C im Rahmen quantentheoretischer Überlegungen verständlich, worauf wir an dieser Stelle nicht näher eingehen wollen.

Die integrale Form des Erhaltungssatzes (11.3.27) lautet

$$\frac{d}{dt}\int\limits_V j^0 dV = 0, \tag{11.3.29}$$

bzw.

$$\int\limits_V j^0 dV = \text{konst.}, \tag{11.3.29'}$$

d.h. die Gesamtladung des Systems bleibt erhalten. Wir fassen die bisherigen Voraussetzungen und Ergebnisse nochmals kurz zusammen:

(1) Die Lagrangedichte enthält höchstens erste Ableitungen der Feldfunktionen. (→ Feldgleichungen *zweiter Ordnung!*)

(2) Die in der Lagrangedichte auftretenden Feldfunktionen und ihre Ableitungen sollen sich auf ein und denselben Ort und dieselbe Zeit beziehen. (→ *lokale Theorie!*)

(3) Wir betrachten im Minkowskiraum kovariant formulierbare Theorien. Dann folgt aus Invarianz bezüglich einer kontinuierlichen Symmetrietransformation die Erhaltung einer physikalischen Größe.
So folgt aus Invarianz gegenüber Drehungen (= *Lorentzinvarianz*) die Erhaltung des Momententensors, aus *Translationsinvarianz* die Erhaltung des Energie-Impuls-Tensors, aus *Eichinvarianz* die Erhaltung der Ladung.

11.4 Theorie der Wechselwirkung

Unseren bisherigen Überlegungen lag ein isoliertes (d.h. nicht wechselwirkendes) Tensorfeld ψ_A mit der dazugehörigen Feldgleichung (11.2.2)

$$\frac{\partial}{\partial\psi_A} - \frac{\partial}{\partial x^\mu}\frac{\partial\mathcal{L}}{\partial\left(\frac{\partial\psi_A}{\partial x^\mu}\right)} = 0$$

zugrunde. Nun wirken Felder i.a. auf die felderzeugenden Ursachen zurück (in der Elektrodynamik unterliegen j und ρ der Kraftwirkung des elektromagnetischen Feldes, in der Gravitationstheorie wird der Energie-Impuls-Tensor T_{ik} durch die Raum-Zeit-Metrik g_{ik} beeinflußt). Diese Rückwirkung wird durch eine „Bewegungsgleichung" der Materie beschrieben. Zur vollständigen Beschreibung eines physikalischen Systems benötigt man sowohl die Feldgleichung als auch die Bewegungsgleichung der Materie.

Ähnlich verhält es sich mit der Wechselwirkung von Feldern. Im Rahmen der klassischen Physik haben wir nur zwei Felder kennengelernt, die im Minkowskiraum kovariant formuliert werden können: das elektromagnetische Feld und das linearisierte Gravitationsfeld.

Hingegen wird in der Quantenphysik auch Materie durch Felder beschrieben, womit sich die Wechselwirkung Feld/Materie ebenfalls als Wechselwirkung zwischen verschiedenen Feldern darstellen läßt.

Im vorliegenden Unterkapitel beschreiben wir zunächst ganz allgemein die Wechselwirkung von Feldern im Lagrangeschen Kalkül, ohne auf die physikalische Interpretation einzugehen, d.h. wir betrachten zwei Felder ψ_A und ψ_B, wobei wir offenlassen, ob es sich bei ψ_B um ein klassisches Feld oder ein die Materie beschreibendes Feld handelt. Im zweiten Fall liefert die Feldgleichung für ψ_B die Bewegungsgleichung der Materie.

Für die Beschreibung der Wechselwirkung von ψ_A und ψ_B können wir die bisherigen Überlegungen beibehalten, wenn wir von einer erweiterten Lagrangedichte ausgehen, die neben den Feldgrößen ψ_A und ihren Ableitungen auch die Feldgrößen ψ_B nebst ihren Ableitungen enthält, d.h.

$$\mathcal{L} = \mathcal{L}(\psi_A, \psi_B)^*. \tag{11.4.1}$$

Die Feldgleichungen ergeben sich dann durch unabhängige Variationen zu:

$$\begin{aligned} \frac{\partial \mathcal{L}(\psi_A, \psi_B)}{\partial \psi_A} - \frac{\partial}{\partial x^\mu} \frac{\partial \mathcal{L}(\psi_A, \psi_B)}{\partial \left(\frac{\partial \psi_A}{\partial x^\mu}\right)} &= 0 \ldots \text{ Feldgleichung für } \psi_A, && \text{(a)} \\ \frac{\partial \mathcal{L}(\psi_A, \psi_B)}{\partial \psi_B} - \frac{\partial}{\partial x^\mu} \frac{\partial \mathcal{L}(\psi_A, \psi_B)}{\partial \left(\frac{\partial \psi_B}{\partial x^\mu}\right)} &= 0 \ldots \text{ Feldgleichung für } \psi_B && \text{(b)} \end{aligned} \tag{11.4.2}$$

(bzw. Bewegungsgleichung der Materie).

(11.4.2a) repräsentiert die Feldgleichung für das Feld ψ_A, (11.4.2b) die Feldgleichung für ψ_B (Bewegungsgleichung der Materie). Das System (11.4.2a) und (11.4.2b) bildet ein i.a. gekoppeltes System, d.h. die Differentialgleichungen für das Feld ψ_A und die Differentialgleichungen (11.4.2b) für das Feld ψ_B können nicht isoliert behandelt werden – dies ist der mathematische Ausdruck der physikalischen Wechselwirkung.

Zur Konstruktion der erweiterten Lagrangedichte $\mathcal{L}$ beachten wir, daß $\mathcal{L}$ bei Abwesenheit von Materie durch die Lagrangedichte des freien Feldes (bisher mit $\mathcal{L}$ bezeichnet) beschrieben wird. Wir machen daher den Ansatz

$$\mathcal{L} = \mathcal{L}_f + \mathcal{L}_m. \tag{11.4.3}$$

$\mathcal{L}_f$ bezeichnet dabei die freie Lagrangedichte $\mathcal{L}_f = \mathcal{L}_f(\psi_A)$, $\mathcal{L}_m = \mathcal{L}_m(\psi_A, \psi_B)$ eine durch die Materie zusätzlich auftretende Lagrangedichte. Sie muß neben den Feldvariablen ψ_B und ihren Ableitungen auch die Feldvariablen ψ_A nebst Ableitungen beinhalten. Der Sachverhalt, daß $\mathcal{L}_m$ *beide* Variablentypen enthält, charakterisiert die Kopplung. Einsetzen von (11.4.3) in (11.4.2a) liefert

$$\frac{\partial \mathcal{L}_f(\psi_A)}{\partial \psi_A} - \frac{\partial}{\partial x^\mu} \frac{\partial \mathcal{L}_f(\psi_A)}{\partial \left(\frac{\partial \psi_A}{\partial x^\mu}\right)} = -\left(\frac{\partial \mathcal{L}_m(\psi_A, \psi_B)}{\partial \psi_A} - \frac{\partial}{\partial x^\mu} \frac{\partial \mathcal{L}_m(\psi_A, \psi_B)}{\partial \left(\frac{\partial \psi_A}{\partial x^\mu}\right)}\right) \tag{11.4.4a}$$

$\ldots$ Feldgleichung für ψ_A.

* Die Abhängigkeit von den Ableitungen wird im weiteren Verlauf nicht mehr explizit angeführt.

Die linke Seite der Gleichung (11.4.4) entspricht jener des materiefreien Falles (11.2.2). Die rechte Seite repräsentiert die durch Anwesenheit von Materie induzierte Inhomogenität. Man erkennt, daß sie neben ψ_B auch von ψ_A abhängen muß, da sonst eine Rückwirkung des Feldes ψ_A auf die felderzeugende Inhomogenität prinzipiell nicht möglich wäre. Quantitativ wird diese Wirkung durch die Bewegungsgleichung (11.4.2b) bei Verwendung von (11.4.3) erfaßt:

$$\frac{\partial \mathcal{L}_m(\psi_A, \psi_B)}{\partial \psi_B} - \frac{\partial}{\partial x^\mu} \frac{\partial \mathcal{L}_m(\psi_A, \psi_B)}{\partial \left(\frac{\partial \psi_B}{\partial x^\mu}\right)} = 0 \tag{11.4.4b}$$

... Feldgleichung für ψ_B (bzw. Bewegungsgleichung der Materie).

Die tatsächliche Struktur von $\mathcal{L}_m(\psi_A, \psi_B)$ hängt von der konkreten physikalischen Situation ab, und wird hier nicht weiter diskutiert.

Für die Formulierung von Erhaltungssätzen hat man nun von der gesamten Lagrangedichte $\mathcal{L}$ auszugehen. Man erhält die Divergenzfreiheit von Energie-Impulstensor und Momententensor des abgeschlossenen Gesamtsystems. (Die entsprechenden Tensoren für die Teilsysteme brauchen nicht divergenzfrei zu sein, da die Systeme miteinander wechselwirken.)

Abschließend wollen wir noch auf den Zusammenhang zwischen den Lagrangedichten $\mathcal{L}_f$ und $\mathcal{L}_m$, und den Lagrangedichten $\mathcal{L}_A$ und $\mathcal{L}_B$ der freien Felder ψ_A und ψ_B eingehen. Es gilt

$$\begin{aligned} \mathcal{L}_f(\psi_A) &= \mathcal{L}_A(\psi_A), \\ \mathcal{L}_m(\psi_A, \psi_B) &= \mathcal{L}_B(\psi_B) + \mathcal{L}_{AB}(\psi_A, \psi_B), \end{aligned} \tag{11.4.5}$$

wobei $\mathcal{L}_{AB}(\psi_A, \psi_B)$ ein Wechselwirkungsglied definiert, das von der konkreten physikalischen Situation abhängt.

11.5 Anwendungen für klassische Feldtheorien

Wir haben bisher zwei im Minkowskiraum kovariant formulierbare Felder kennengelernt: das elektromagnetische Feld und das linearisierte Gravitationsfeld.

In den beiden folgenden Abschnitten wollen wir die Lagrange-Theorie auf beide Felder anwenden. Dazu schreiben wir zunächst die Gleichungen (11.4.4) nochmals in leicht geänderter Form an:

$$\frac{\partial \mathcal{L}_f}{\partial \psi_A} - \frac{\partial}{\partial x^\mu} \frac{\partial \mathcal{L}_f}{\partial \psi_{A,\mu}} = t^A \quad \text{... Feldgleichung für } \psi_A \tag{11.5.1}$$

mit

$$t^A := -\left(\frac{\partial \mathcal{L}_m}{\partial \psi_A} - \frac{\partial}{\partial x^\mu} \frac{\partial \mathcal{L}_m}{\partial \psi_{A,\mu}}\right), \tag{11.5.2}$$

$$\frac{\partial \mathcal{L}_m}{\partial \psi_B} - \frac{\partial}{\partial x^\mu} \frac{\partial \mathcal{L}_m}{\partial \psi_{B,\mu}} = 0 \quad \text{... Feldgleichung für } \psi_B. \tag{11.5.3}$$

Der Tensor t^A stellt die Inhomogenität der Feldgleichung (11.5.1) dar.

11.5.1 Das elektromagnetische Feld

Das elektromagnetische Feld wird durch Angabe eines Viererpotentials A^μ festgelegt. Wir werden daher versuchen, die freie Lagrangedichte $\mathcal{L}_f$ aus dem Vektor A_μ und seinen ersten Ableitungen $A_{\mu,\nu}$ aufzubauen. Der Tensor ψ_A wird also durch den Vektor A_μ gegeben, und t^A stellt ebenfalls einen Vektor dar. Nachdem die Feldgleichungen linear sein sollen, kann die Lagrangedichte $\mathcal{L}_f$ die Ableitungen $A_{\mu,\nu}$ nur in quadratischer Form enthalten (vgl. den Term $\frac{\partial \mathcal{L}_f}{\partial \psi_{A,\mu}}$ in (11.5.1)). Der allgemeinste Ansatz lautet dann

$$\mathcal{L}_f = aA^\mu A_\mu + bA_{\mu,\nu}A^{\mu,\nu} + cA_{\mu,\nu}A^{\nu,\mu} + dA_{\mu,}{}^{\mu}A^{\nu}{}_{,\nu} + \ldots \quad \text{gemischte Anteile.} \tag{11.5.4}$$

Die Invariante $A_{\mu,}{}^{\mu}A^{\nu}{}_{,\nu}$ kann durch partielle Integration in $A_{\mu,\nu}A^{\nu,\mu}$ umgewandelt werden, so daß $d = 0$ gesetzt werden kann. Fordert man, daß die Lagrangedichte $\mathcal{L}_f$ unter Eichtransformationen

$$\bar{A}_\mu = A_\mu + \phi_{,\mu}$$

invariant sein soll, so folgt in (11.5.4) $a = 0$, $b = -c$, und das Verschwinden aller gemischten Anteile. Man kommt damit zu folgendem Ansatz für $\mathcal{L}_f$:

$$\mathcal{L}_f = A_{\mu,\nu}A^{\mu,\nu} - A_{\mu,\nu}A^{\nu,\mu}. \tag{11.5.5}$$

Man beachte, daß sich diese Struktur allein aus der Forderung nach Linearität und Eichinvarianz der Feldgleichungen ergibt. Mit

$$\frac{\partial \mathcal{L}_f}{\partial A_\mu} = 0, \qquad \frac{\partial \mathcal{L}_f}{\partial A_{\mu,\nu}} = A^{\mu,\nu} - A^{\nu,\mu} \tag{11.5.6}$$

erhält man für die Feldgleichung (11.5.1)

$$(A^{\nu,\mu} - A^{\mu,\nu})_{,\mu} = t^\nu, \tag{11.5.7}$$

und somit

$$F^{\mu\nu}{}_{,\mu} = t^\nu, \tag{11.5.8}$$

mit der Definition

$$F^{\mu\nu} = A^{\nu,\mu} - A^{\mu,\nu}. \tag{11.5.9}$$

Zur Konstruktion des Vektors t^ν benötigen wir die Lagrangedichte $\mathcal{L}_m = \mathcal{L}_m(A_\mu, \psi_B)$, wobei ψ_B das wechselwirkende Feld beschreibt. Um die funktionale Gestalt der Lagrangedichte $\mathcal{L}_m$ als Funktion von A_μ und ψ_B angeben zu können, muß man die konkrete physikalische Situation kennen. Wir wollen daher die Wirkung von ψ_B summarisch durch den Strömungsvektor $j_\mu = j_\mu(\psi_B, A_\mu)$ erfassen, und die Lagrangedichte $\mathcal{L}_m$ aus den beiden Vektoren A_μ und j_μ aufbauen.

Wenn wir uns auf Kopplungen beschränken, die in Quelle und Feld jeweils linear sind, existiert nur eine einzige Möglichkeit der Skalarbildung aus zwei Vektoren:

$$\mathcal{L}_m = C\, j^\mu A_\mu = C\, j_\mu A^\mu, \tag{11.5.10}$$

wobei C eine aus Dimensionsgründen eingeführte Konstante ist. Für den Vektor t^ν aus (11.5.2) erhalten wir daher unter Berücksichtigung von

$$\frac{\partial \mathcal{L}_m}{\partial A_\mu} = C\, j^\mu, \qquad \frac{\partial \mathcal{L}_m}{\partial A_{\nu,\mu}} = 0 \tag{11.5.11}$$

die Gleichung

$$t^{\nu} = -C\, j^{\nu}. \tag{11.5.12}$$

Mit der Festlegung $C = -\frac{4\pi}{c}$ folgt aus (11.5.8) die erste Maxwellgleichung in relativistischer Form

$$F^{\mu\nu}{}_{,\mu} = \frac{4\pi}{c} j^{\nu}. \tag{11.5.13}$$

Die zweite Maxwellgleichung ergibt sich sofort aus der Definitionsgleichung (11.5.9) zu

$$\hat{F}^{\mu\nu}{}_{,\mu} = 0. \tag{11.5.14}$$

11.5.2 Das linearisierte Gravitationsfeld

Das linearisierte Gravitationsfeld wird durch Angabe eines symmetrischen Tensors ψ_{ik} festgelegt. Die freie Langrangedichte $\mathcal{L}_f$ wird daher aus ψ_{ik} und den ersten Ableitungen $\psi_{ik,l}$ aufgebaut sein. Ähnliche Überlegungen wie in 11.5.1 führen zu dem Ansatz

$$\mathcal{L}_f = \frac{1}{2}(\psi_{ik,j}\psi^{ik,j} - 2\psi_{ik,j}\psi^{jk,i} - \psi^{j}{}_{j,i}\psi^{k}{}_{k}{}^{,i} + 2\psi^{ik}{}_{,k}\psi^{j}{}_{j,i}). \tag{11.5.15}$$

Für die Konstruktion der Lagrangedichte $\mathcal{L}_m$ setzen wir wieder eine bezüglich Quelle und Feld lineare Kopplung voraus, d.h.

$$\mathcal{L}_m = K\, \psi_{ik}T^{ik} = K\, \psi^{ik}T_{ik}, \tag{11.5.16}$$

mit der Kopplungskonstanten K. Setzt man diese Lagrangedichten in die Feldgleichung (11.5.1) ein, so erhält man bei Berücksichtigung der Beziehungen

$$\psi_{ik}{}^{,k} = \frac{1}{2}\psi^{k}{}_{k,i} \tag{11.5.17}$$

und einer Festlegung der Kopplungskonstanten durch $K = -\kappa$ die linearisierten Einsteinschen Gravitationsgleichungen

$$\Box\psi_{jk} = \kappa(T_{jk} - \frac{1}{2}\eta_{km}T_l{}^{l}). \tag{11.5.18}$$

11.6 Formelsammlung

Feldgleichungen in äquivalenten Darstellungen

$$\delta\int_{t_1}^{t_2} L dt = \delta\int_{t_1}^{t_2}\int_V \mathcal{L} dV dt = 0$$ ... Hamiltonprinzip

$$\frac{\partial\mathcal{L}}{\partial\psi_A} - \frac{\partial}{\partial x^{\mu}}\frac{\partial\mathcal{L}}{\partial\left(\frac{\partial\psi_A}{\partial x^{\mu}}\right)} = 0$$ ... Eulersche Differentialgleichungen

$$\dot{\pi} = -\frac{\delta H}{\delta \psi}, \quad \dot{\psi} = \frac{\delta H}{\delta \pi}$$ ... Kanonische Differentialgleichungen

mit

$$\frac{\delta H}{\delta \psi} := \frac{\partial \mathcal{H}}{\partial \psi} - \frac{\partial}{\partial x^k} \frac{\partial \mathcal{H}}{\partial \left(\frac{\partial \psi}{\partial x^k}\right)}$$ ... Funktionalableitung nach ψ

$$\frac{\delta H}{\delta \pi} := \frac{\partial \mathcal{H}}{\partial \pi} - \frac{\partial}{\partial x^k} \frac{\partial \mathcal{H}}{\partial \left(\frac{\partial \pi}{\partial x^k}\right)}$$ ... Funktionalableitung nach π

$$\mathcal{H} = \pi \dot{\psi} - \mathcal{L}$$ ... Hamiltondichte

Poissonklammer

$$\{F,G\} := \int\limits_V \left(\frac{\delta F}{\delta \psi} \frac{\delta G}{\delta \pi} - \frac{\delta F}{\delta \pi} \frac{\delta G}{\delta \psi} \right) dV$$

Erhaltungssätze

$$\dot{F} = \frac{\partial F}{\partial t} + \{F,H\}$$

Noether-Theorem

$$f^\mu{}_{,\mu} = 0$$ ... Erhaltungssatz in Differentialform

$$\frac{d}{dt} \int\limits_V f^0 dV = 0$$ ... Erhaltungssatz in Integralform

$$f^\mu := \mathcal{L} \delta x^\mu + \frac{\partial \mathcal{L}}{\partial \left(\frac{\partial \psi_A}{\partial x^\mu}\right)} \hat{\delta} \psi_A, \qquad \hat{\delta} \psi_A = \delta \psi_A - \frac{\partial \psi_A}{\partial x^\nu} \delta x^\nu$$

Translationsinvarianz/Energie-Impuls-Tensor

$$T_\nu{}^\mu := -\mathcal{L} \delta_\nu{}^\mu + \frac{\partial \mathcal{L}}{\partial \left(\frac{\partial \psi_A}{\partial x^\mu}\right)} \frac{\partial \psi_A}{\partial x^\nu}$$

$$T^{\nu\mu} = T^{\mu\nu}$$ ... Symmetrie

$$T_\nu{}^\mu{}_{,\mu} = 0$$ ... Erhaltungssatz in Differentialform

$$\frac{d}{dt} \int\limits_V T_k{}^0 dV = 0, \quad k = 1,2,3$$ ... Erhaltungssatz in Integralform

Lorentzinvarianz/Momententensor

$$M^{\mu\nu\sigma} := T^{\mu\nu}x^\sigma - T^{\mu\sigma}x^\nu + \frac{\partial\mathcal{L}}{\partial\left(\frac{\partial\psi_A}{\partial x^\mu}\right)}(I^B{}_A)^{(\nu\sigma)}\psi_B$$ ... Tensor 3. Stufe

$$M^{\mu\nu\sigma} = -M^{\mu\sigma\nu}$$ ... Antisymmetrie

$$M^{\mu\nu\sigma}{}_{,\mu} = 0$$ ... Erhaltungssatz in Differentialform

$$\frac{d}{dt}\int_V M^{o\nu\sigma}dV = 0,$$ ... Erhaltungssatz in Integralform

$$M^{\nu\sigma} := M^{o\nu\sigma} = T^{o\nu}x^\sigma - T^{o\sigma}x^\nu + \frac{\partial\mathcal{L}}{\partial\left(\frac{\partial\psi_A}{\partial x^o}\right)}(I^B{}_A)^{(\nu\sigma)}\psi_B$$ ... Tensor 2. Stufe

$$M^{kl} = L^{kl} + S^{kl}, \quad kl = 12,13,23$$

$$L^{kl} := \frac{\partial\mathcal{L}}{\partial\left(\frac{\partial\psi_A}{\partial x^0}\right)}\left(x^k\frac{\partial\psi_A}{\partial x_l} - x^l\frac{\partial\psi_A}{\partial x_k}\right)$$ ... Bahndrehimpulsdichte

$$S^{kl} := \frac{\partial\mathcal{L}}{\partial\left(\frac{\partial\psi_A}{\partial x^0}\right)}(I_A{}^B)^{(kl)}\psi_B$$ ... Spindrehimpulsdichte

Eichinvarianz/Viererstromdichte

$$j^\mu = C\left(\frac{\partial\mathcal{L}}{\partial\left(\frac{\partial\psi_A}{\partial x^\mu}\right)}\psi_A - \psi^*{}_A\frac{\partial\mathcal{L}}{\partial\left(\frac{\partial\psi^*{}_A}{\partial x^\mu}\right)}\right)$$ ... Viererstromdichte

$$j^\mu{}_{,\mu} = 0$$ ... Erhaltungssatz in Differentialform

$$\frac{d}{dt}\int_V j^0 dV = 0$$ ... Erhaltungssatz in Integralform

$$Q := \int_V j^0 dV$$ ... Gesamtladung des Systems

Wechselwirkende Felder

$$\psi_A(x^\mu), \qquad \psi_B(x^\mu)$$

$\mathcal{L}_f + \mathcal{L}_m$ ... gesamte Lagrangedichte

$\mathcal{L}_f = \mathcal{L}_f(\psi_A)$ ... Lagrangedichte des freien Feldes ψ_A

$\mathcal{L}_m = \mathcal{L}_m(\psi_A, \psi_B)$ ... Zusatzterm, der die Wechselwirkung beschreibt

$$\frac{\partial \mathcal{L}_f}{\partial \psi_A} - \frac{\partial}{\partial x^\mu} \frac{\partial \mathcal{L}_f}{\partial \left(\frac{\partial \psi_A}{\partial x^\mu}\right)} = -\left(\frac{\partial \mathcal{L}_m}{\partial \psi_A} - \frac{\partial}{\partial x^\mu} \frac{\partial \mathcal{L}_m}{\partial \left(\frac{\partial \psi_A}{\partial x^\mu}\right)}\right) \quad \ldots \text{ Feldgleichung für } \psi_A$$

$$\frac{\partial \mathcal{L}_m}{\partial \psi_B} - \frac{\partial}{\partial x^\mu} \frac{\partial \mathcal{L}_m}{\partial \left(\frac{\partial \psi_B}{\partial x^\mu}\right)} = 0 \quad \ldots \text{ Feldgleichung für } \psi_B .$$

12 Die Allgemeine Relativitätstheorie als Lagrangesche Feldtheorie

In Kapitel 11 haben wir uns auf die Darstellung von Theorien, die im Minkowskiraum kovariant formulierbar sind, beschränkt. Die Metrik des Raumes war dabei unabhängig von den dynamischen Variablen fest vorgegeben.

In der Gravitationstheorie repräsentiert nun die Metrik selbst eine dynamische Variable: die Struktur des Riemannschen Raumes wird durch die Energie-Impuls-Verhältnisse der wechselwirkenden Felder (Materie) definiert. Damit kann die im letzten Kapitel dargelegte Vorgangsweise nicht in völliger Analogie für das Gravitationsfeld beibehalten werden. Sowohl die Herleitung der Einsteinschen Gravitationsgleichungen aus einem Variationsprinzip, als auch die Formulierung von Erhaltungssätzen gestalten sich im Riemannschen Raum andersartig.

12.1 Die Einsteinschen Feldgleichungen als Eulersche Differentialgleichungen eines Variationsproblems

Wir betrachten wieder das „Wirkungsintegral" des Gesamtsystems: Gravitation und wechselwirkende Materie (Felder):

$$\mathcal{A} = \int \sqrt{-g}(\mathcal{L}_f + \mathcal{L}_m)d^4x, \tag{12.1.1}$$

mit der Lagrangedichte $\mathcal{L}_f$ des freien Gravitationsfeldes und der die Wechselwirkung mit der Materie beschreibenden Lagrangedichte $\mathcal{L}_m$. $\sqrt{-g}d^4x$ repräsentiert das vierdimensionale, infinitesimale Volumselement. $\mathcal{L}_f$ hängt ausschließlich von der das Gravitationsfeld beschreibenden Feldgröße g_{ik} und ihren Ableitungen ab. In $\mathcal{L}_m$ treten zusätzlich noch die Materie beschreibenden Feldgrößen ψ_B und ihre Ableitungen auf, d.h.

$$\begin{aligned} \mathcal{L}_f &= \mathcal{L}_f(g_{ik}), \\ \mathcal{L}_m &= \mathcal{L}_m(g_{ik}, \psi_B). \end{aligned} \tag{12.1.2}$$

Die Abhängigkeit von den Ableitungen wurde dabei nicht mehr explizit notiert!

Die „Bewegungsgleichungen" des Feldes g_{ik} (= Einsteinschen Gravitationsgleichungen) lassen sich dann aus der Bedingung

$$\delta\mathcal{A} = 0 \tag{12.1.3}$$

bei Variation nach der Feldgröße g_{ik} herleiten. Ebenso ergeben sich die „Bewegungsgleichungen" der Felder ψ_B aus der Bedingung

$$\delta\mathcal{A} = 0 \tag{12.1.4}$$

bei Variation nach den Feldgrößen ψ_B.

Wir wollen zunächst die Gravitationsgleichungen herleiten. Dazu setzen wir voraus, daß in $\mathcal{L}_f$ und $\mathcal{L}_m$ nur Ableitungen erster Ordnung des Metriktensors auftreten. Dann folgt aus (12.1.1) in bekannter Weise

$$\begin{aligned}\delta\mathcal{A} &= \delta\int\sqrt{-g}(\mathcal{L}_f+\mathcal{L}_m)d^4x = \int\delta(\sqrt{-g}(\mathcal{L}_f+\mathcal{L}_m))d^4x \\ &= \int\left(\frac{\partial}{\partial g^{ik}}(\sqrt{-g}(\mathcal{L}_f+\mathcal{L}_m)) - \frac{\partial}{\partial x^l}\frac{\partial}{\partial g^{ik}{}_{,l}}(\sqrt{-g}(\mathcal{L}_f+\mathcal{L}_m))\right)\delta g^{ik}d^4x,\end{aligned} \tag{12.1.5}$$

bzw.

$$\begin{aligned}&\int\left(\frac{\partial}{\partial g^{ik}}(\sqrt{-g}\mathcal{L}_f) - \frac{\partial}{\partial x^l}\frac{\partial}{\partial g^{ik}{}_{,l}}(\sqrt{-g}\mathcal{L}_f)\right)\delta g^{ik}d^4x \\ &= -\int\left(\frac{\partial}{\partial g^{ik}}(\sqrt{-g}\mathcal{L}_m) - \frac{\partial}{\partial x^l}\frac{\partial}{\partial g^{ik}{}_{,l}}(\sqrt{-g}\mathcal{L}_m)\right)\delta g^{ik}d^4x.\end{aligned} \tag{12.1.6}$$

Aus der Gleichheit der Integrale folgt unter Verwendung des *Fundamentallemmas der Variationsrechnung* die Gleichheit der Integranden

$$\frac{\partial}{\partial g^{ik}}(\sqrt{-g}\mathcal{L}_f) - \frac{\partial}{\partial x^l}\frac{\partial}{\partial g^{ik}{}_{,l}}(\sqrt{-g}\mathcal{L}_f) = -\left(\frac{\partial}{\partial g^{ik}}(\sqrt{-g}\mathcal{L}_m) - \frac{\partial}{\partial x^l}\frac{\partial}{\partial g^{ik}{}_{,l}}(\sqrt{-g}\mathcal{L}_m)\right) \tag{12.1.7}$$

... Feldgleichung für g_{ik}.

Dies sind die Eulerschen Differentialgleichungen des Problems (12.1.3) die man natürlich auch sofort hätte anschreiben können. Die ausführliche Formulierung geschah im Hinblick auf eine spätere Betrachtung.

Damit man aus (12.1.7) tatsächlich die Einsteinschen Gleichungen erhält, muß

1. die richtige Lagrangefunktion $\mathcal{L}_f$ gefunden werden;
2. ein Rezept für den Aufbau der die jeweilige physikalische Wechselwirkung repräsentierenden Lagrangefunktion $\mathcal{L}_m$ gegeben werden;
3. ein Zusammenhang zwischen $\mathcal{L}_m$ und dem die Materie beschreibenden Energie-Impuls-Tensor T_{ik} gefunden werden. (Der Zusammenhang zwischen dem kanonischen Energie-Impuls-Tensor und $\mathcal{L}_m$ ist ja nur im Minkowskiraum definiert.)

Mit diesen Problemen werden wir uns in den nächsten Abschnitten beschäftigen. Vorher leiten wir noch die Feldgleichungen für die Felder ψ_B her. Wir setzen wieder voraus, daß in $\mathcal{L}_m$ nur Ableitungen erster Ordnung von ψ_B vorkommen. Dann gilt analog zu (12.1.5)

$$\begin{aligned}\delta\mathcal{A} &= \delta\int\sqrt{-g}(\mathcal{L}_f+\mathcal{L}_m)d^4x = \int\delta(\sqrt{-g}(\mathcal{L}_f+\mathcal{L}_m))d^4x \\ &= \int\sqrt{-g}\delta\mathcal{L}_m d^4x = \int\sqrt{-g}\left(\frac{\partial\mathcal{L}_m}{\partial\psi_B} - \frac{\partial}{\partial x^l}\frac{\partial\mathcal{L}_m}{\partial\psi_{B,l}}\right)\delta\psi_B d^4x,\end{aligned} \tag{12.1.8}$$

und damit

$$\frac{\partial\mathcal{L}_m}{\partial\psi_B} - \frac{\partial}{\partial x^l}\frac{\partial\mathcal{L}_m}{\partial\psi_{B,l}} = 0 \quad \ldots \text{ Feldgleichungen für } \psi_B. \tag{12.1.9}$$

Bei der Herleitung von (12.1.8) wurde berücksichtigt, daß $\sqrt{-g}$ und $\mathcal{L}_f$ von ψ_B nicht abhängen, weshalb $\delta(\sqrt{-g}\mathcal{L}_f) = 0$, und $\delta(\sqrt{-g}\mathcal{L}_m) = \sqrt{-g}\delta\mathcal{L}_m$ gilt.

Weiter wurden die Feldgleichungen (12.1.7) und (12.1.9) unter der Voraussetzung hergeleitet, daß die Lagrangedichten $\mathcal{L}_f$ und $\mathcal{L}_m$ neben den Feldgrößen nur ihre Ableitungen erster Ordnung enthalten. Die so entstehenden Differentialgleichungen sind dann Differentialgleichungen zweiter Ordnung.

Für $\mathcal{L}_m \neq 0$, d.h. bei Wechselwirkung des Gravitationsfeldes mit Materie sind die Differentialgleichungen (12.1.7) und (12.1.9) gekoppelt: $\mathcal{L}_m$ enthält sowohl g^{ik} als auch ψ_B. Eine Entkopplung ist nur für $\mathcal{L}_m = 0$ möglich. In diesem Fall ist nur die Feldgleichung (12.1.7) für das freie Gravitationsfeld zu lösen:

$$\frac{\partial}{\partial g^{ik}}(\sqrt{-g}\mathcal{L}_f) - \frac{\partial}{\partial x^l}\frac{\partial}{\partial g^{ik}{}_{,l}}(\sqrt{-g}\mathcal{L}_f) = 0. \tag{12.1.10}$$

Da gemäß den Einsteinschen Gleichungen für ein freies Gravitationsfeld

$$R^{ik} - \frac{1}{2}g^{ik}R = 0, \tag{12.1.11}$$

gelten muß, ist diese Überlegung bereits ein erster Hinweis für die Bildung der Lagrangedichte $\mathcal{L}_f$.

Die bisherigen Überlegungen sind formal völlig analog zu jenen von Kapitel 11. Im weiteren Verlauf werden wir jedoch auf Unterschiede stoßen.

12.1.1 Die Konstruktion der Lagrangedichte $\mathcal{L}_f$

Wir vermuten, daß die skalare Funktion $\mathcal{L}_f$ irgendwie aus dem Krümmungsskalar R kovariant gebildet wird. Daher machen wir den Ansatz

$$\mathcal{L}_f = \frac{1}{2\kappa}R. \tag{12.1.12}$$

Allerdings enthält eine derartige Lagrangedichte neben dem Metriktensor g^{ik} und seinen ersten Ableitungen auch die Ableitungen zweiter Ordnung, womit die Voraussetzung für die Herleitung der Feldgleichungen (12.1.7) nicht erfüllt ist. Diese zweiten Ableitungen lassen sich jedoch durch eine partielle Integration eliminieren, da sie in R *nur linear enthalten* sind. Zunächst gilt

$$\begin{aligned}\sqrt{-g}\mathcal{L}_f &= \frac{1}{2\kappa}\sqrt{-g}R = \frac{1}{2\kappa}\sqrt{-g}g^{ik}R_{ik}\\ &= \frac{1}{2\kappa}\sqrt{-g}(g^{ik}\Gamma^m{}_{im,k} - g^{ik}\Gamma^m{}_{ik,m} + g^{ik}\Gamma^m{}_{ir}\Gamma^r{}_{km} - g^{ik}\Gamma^m{}_{ik}\Gamma^r{}_{mr}).\end{aligned} \tag{12.1.13}$$

Wir definieren nun

$$\begin{aligned} F(g^{ik},g^{ik}{}_{,l},g^{ik}{}_{,lm}) &:= g^{ik}\Gamma^m{}_{im,k} - g^{ik}\Gamma^m{}_{ik,m}, && \text{(a)}\\ G(g^{ik},g^{ik}{}_{,l}) &:= g^{ik}\Gamma^m{}_{ir}\Gamma^r{}_{km} - g^{ik}\Gamma^m{}_{ik}\Gamma^r{}_{mr}, && \text{(b)}\end{aligned} \tag{12.1.14}$$

und formen den Term $\sqrt{-g}F$ um. Es gilt

$$\sqrt{-g}g^{ik}\Gamma^m{}_{ik,m} = (\sqrt{-g}g^{ik}\Gamma^m{}_{ik})_{,m} - \Gamma^m{}_{ik}(\sqrt{-g}g^{ik})_{,m}. \tag{12.1.15}$$

Für die Differentiation im letzten Term beachten wir

$$\Gamma_{ikl} + \Gamma_{lki} = g_{il,k}. \tag{12.1.16}$$

Es resultieren wieder in Γ quadratische Terme, und man erhält schließlich

$$\sqrt{-g}\mathcal{L}_f = \frac{1}{2\kappa}\sqrt{-g}G - (\sqrt{-g}g^{ik}\Gamma^m{}_{ik} - \sqrt{-g}g^{im}\Gamma^r{}_{ir})_{,m}. \tag{12.1.17}$$

Der zweite Term stellt eine Divergenz dar und spielt daher bei der Variation keine Rolle*. Somit gilt

$$\delta \int \frac{1}{2\kappa}\sqrt{-g}R d^4x = \delta \int \frac{1}{2\kappa}\sqrt{-g}G d^4x. \tag{12.1.18}$$

Obwohl G kein Skalar ist (beachte (12.1.14b) im Zusammenhang mit dem Transformationsverhalten der Christoffelsymbole), kann wegen (12.1.18) $G/2$ als freie Lagrangedichte des Gravitationsfeldes interpretiert werden, d.h. wir setzen an Stelle von (12.1.12)

$$\mathcal{L}_f = \frac{1}{2\kappa}G. \tag{12.1.19}$$

Setzt man (12.1.19) in (12.1.10) ein, so erhält man nach mühevollen Zwischenrechnungen (G enthält die g^{ik} und ihre Ableitungen in sehr komplizierter Form) tatsächlich die homogenen Einsteinschen Feldgleichungen. Man kommt wesentlich schneller zum Ziel, wenn man die erforderlichen Variationen im Zusammenhang mit $\mathcal{L}_f$ direkt durchführt und nicht den Weg über die Eulerschen Gleichungen nimmt. Zunächst gilt

$$\int \delta\left(\sqrt{-g}(\mathcal{L}_f + \mathcal{L}_m)\right) d^4x = \int \frac{1}{2\kappa}\Big((\delta\sqrt{-g}G) + \delta(\sqrt{-g}\mathcal{L}_m)\Big) d^4x. \tag{12.1.20}$$

Die Variation von $\sqrt{-g}G$ führen wir direkt durch:

$$\delta(\sqrt{-g}G) = \delta(\sqrt{-g}g^{ik}R_{ik}) = (\delta\sqrt{-g})g^{ik}R_{ik} + \sqrt{-g}(\delta g^{ik})R_{ik} + \sqrt{-g}g^{ik}(\delta R_{ik}).$$

Beachtet man

$$\delta\sqrt{-g} = -\frac{1}{2}\frac{\delta g}{\sqrt{-g}} = -\frac{1}{2}\sqrt{-g}g_{ik}\delta g^{ik}, \tag{12.1.21}$$

so folgt

$$\delta(\sqrt{-g}G) = \sqrt{-g}\left(\left(R_{ik} - \frac{1}{2}g_{ik}R\right)\delta g^{ik} + g^{ik}R_{ik}\right). \tag{12.1.22}$$

Der Term $g^{ik}R_{ik}$ kann wiederum in einen Divergenzterm umgeformt werden. Wir führen dies nicht näher aus und verweisen z.B. auf [10]. Man erhält

$$\int g^{ik}\delta R_{ik}\sqrt{-g}d^4x = \int (\sqrt{-g}v^m)_{,m}d^4x, \tag{12.1.23}$$

mit dem Vektor

$$v^m = g^{im}\delta\Gamma^k{}_{ik} - g^{ik}\delta\Gamma^m{}_{ik}. \tag{12.1.24}$$

Aus (12.1.22) folgt daher

$$\int \frac{1}{2\kappa}(\delta\sqrt{-g}G)d^4x = \int \frac{1}{2\kappa}\sqrt{-g}\left(R_{ik} - \frac{1}{2}g_{ik}R\right)\delta g^{ik}d^4x. \tag{12.1.25}$$

* Bei der Integration gelingt durch Anwendung des Gaußschen Satzes die Umwandlung in ein Hüllenintegral, das wegen der geforderten homogenen Randbedingungen keinen Beitrag liefert.

Für den Spezialfall $\mathcal{L}_m = 0$ erhält man also bei Variation des Wirkungsintegrals (12.1.1) nach den g^{ik} tatsächlich die homogenen Einsteinschen Gravitationsgleichungen:

$$\delta \int \sqrt{-g}\mathcal{L}_f d^4x = \int \frac{1}{2\kappa}(\delta\sqrt{-g}G)d^4x = \int \frac{1}{2\kappa}\sqrt{-g}\left(R_{ik} - \frac{1}{2}g_{ik}R\right)\delta g^{ik} d^4x = 0, \tag{12.1.26}$$

und somit

$$R_{ik} - \frac{1}{2}g_{ik}R = 0. \tag{12.1.27}$$

12.1.2 Die Wechselwirkung von Gravitationsfeld und Materie

Zunächst wollen wir uns mit der Konstruktion der Lagrangedichte $\mathcal{L}_m$ beschäftigen. Dazu betrachten wir beispielsweise eine Lagrangedichte eines freien skalaren Feldes ψ im Minkowskiraum:

$$\mathcal{L} = \psi_{,i}\psi^{;i} = \psi_{,i}\psi_{,k}\eta^{ik}, \tag{12.1.28}$$

wobei η^{ik} die Minkowskimetrik bezeichnet. Bei Verwendung krummliniger Koordinaten gilt

$$\mathcal{L} = \psi_{,i}\psi_{,k}g^{ik}. \tag{12.1.29}$$

Interpretiert man nun g^{ik} als Metriktensor eines beliebigen Riemannschen Raumes (d.h. es existiert im allgemeinen keine Koordinatentransformation, mit deren Hilfe g^{ik} durch die Minkowskimetrik η^{ik} dargestellt werden kann), so stellt die Lagrangefunktion (12.1.29) genau die gesuchte Lagrangefunktion $\mathcal{L}_m(g^{ik}, \psi)$ dar. Als allgemeingültiges (auch für nichtskalare Felder gültiges) Rezept gilt:

> *Man schreibe die Lagrangedichte der (freien) Materiefelder im Minkowskiraum in kartesischen Koordinaten an und führe anschließend krummlinige Koordinaten ein. Die so erhaltene kovariante Lagrangedichte stellt dann die Lagrangedichte $\mathcal{L}_m$ der Materie im Gravitationsfeld dar.*

Nun wollen wir den Zusammenhang zwischen $\mathcal{L}_m$ und dem Energie-Impuls-Tensor herleiten. Dazu gehen wir von der Gleichung (12.1.6) aus. Wie wir bereits in Abschnitt 12.1.1 gezeigt haben gilt

$$\begin{aligned}\int \left(\frac{\partial}{\partial g^{ik}}(\sqrt{-g}\mathcal{L}_f) - \frac{\partial}{\partial x^l}\frac{\partial}{\partial g^{ik}{}_{,l}}(\sqrt{-g}\mathcal{L}_f)\right)\delta g^{ik} d^4x \\ = \frac{1}{2\kappa}\int \left(R_{ik} - \frac{1}{2}g_{ik}R\right)\delta g^{ik}\sqrt{-g}d^4x.\end{aligned} \tag{12.1.30}$$

Damit sich aus (12.1.6) unter Berücksichtigung von (12.1.30) die Einsteinschen Gravitationsgleichungen ergeben, muß sich die rechte Seite von (12.1.6) in der Form

$$-\int \left(\frac{\partial}{\partial g^{ik}}(\sqrt{-g}\mathcal{L}_m) - \frac{\partial}{\partial x^l}\frac{\partial}{\partial g^{ik}{}_{,l}}(\sqrt{-g}\mathcal{L}_m)\right)\delta g^{ik} d^4x = -\int \frac{1}{2}T_{ik}\delta g^{ik}\sqrt{-g}d^4x. \tag{12.1.31}$$

schreiben lassen. Daraus folgt für den Energie-Impuls-Tensor der Materie die Darstellung

$$T_{ik} := \frac{2}{\sqrt{-g}}\left(\frac{\partial}{\partial g^{ik}}(\sqrt{-g}\mathcal{L}_m) - \frac{\partial}{\partial x^l}\frac{\partial}{\partial g^{ik}{}_{,l}}(\sqrt{-g}\mathcal{L}_m)\right). \tag{12.1.32}$$

Auf den Beweis, daß es sich bei dem durch (12.1.32) definierten Tensor tatsächlich um den Energie-Impuls-Tensor der Materie handelt, gehen wir nicht ein. Es sei jedoch erwähnt, daß die Beziehung (12.1.32) nicht nur für die bisher ausnahmslos besprochene klassische Beschreibung der Materie gültig ist, sondern auch bei einer quantentheoretischen Beschreibung der Materie verwendet werden kann.

Natürlich ist die hier gezeigte Herleitung des Energie-Impuls-Tensors auch für Felder im flachen Raum gültig. Dabei ist g^{ik} dann als eine durch krummlinige Koordinatentransformationen erzeugte Metrik des Minkowskiraumes zu interpretieren.

12.2 Symmetrietransformationen und Erhaltungssätze

Im Minkowskiraum sind wir auf einen Zusammenhang zwischen kontinuierlichen Symmetrietransformationen und Erhaltungssätzen gestoßen. Dies wirft die Frage auf, ob im Riemannschen Raum ähnliche Zusammenhänge existieren. Zur Beantwortung betrachten wir die kontinuierliche, infinitesimale Transformation

$$\bar{x}^i = x^i + \epsilon v^i(x). \tag{12.2.1}$$

Dabei bedeutet v^i ein beliebiges Vektorfeld, ϵ einen infinitesimalen Parameter. Durch die Transformation (12.2.1) wird jedem Punkt x ein neuer Punkt $\bar{x}$ des Riemannschen Raumes zugeordnet. Falls dabei alle Abstände ungeändert bleiben, so wird (12.2.1) als *Symmetrietransformation* des Riemannschen Raumes bezeichnet.

Man vergleiche zu dieser Definition die Situation für den Spezialfall des Minkowski-Raumes: Sowohl die Translation als auch die Drehung des Minkowskiraumes sind Symmetrietransformationen im obigen Sinn.

Wir untersuchen nun, welche Eigenschaften für das Vektorfeld v^i aus der Forderung nach der Erhaltung aller Abstände gegenüber Transformationen der Form (12.2.1) folgen. Zunächst muß gelten

$$ds^2 = g_{ik}(x)dx^i dx^k = g_{ik}(\bar{x})d\bar{x}^i d\bar{x}^k = d\bar{s}^2. \tag{12.2.2}$$

Wir entwickeln nun $g^{ik}(\bar{x})$ und $d\bar{x}^i$ gemäß

$$\begin{aligned} g_{ik}(\bar{x}) &= g_{ik}(x) + \epsilon g_{ik,j} v^j, \\ d\bar{x}^i &= dx^i + \epsilon v^i{}_{,m} dx^m, \end{aligned} \tag{12.2.3}$$

wobei nur Elemente von infinitesimal erster Ordnung berücksichtigt wurden. Daraus folgt

$$d\bar{s}^2 = ds^2 + \epsilon(g_{mn,j}v^j + g_{in}v^i{}_{,m} + g_{mk}v^k{}_{,n})dx^m dx^n, \tag{12.2.4}$$

wobei die Elemente ϵ^2 wieder vernachläßigt wurden. Die Invarianz der Abstände ist daher nur für Vektorfelder v^i gegeben, die den Bedingungen

$$g_{mn,j}v^j + g_{in}v^i{}_{,m} + g_{mk}v^k{}_{,n} = 0 \tag{12.2.5}$$

genügen. Dies läßt sich auch in der Form

$$v_{j;k} + v_{k;j} = 0 \tag{12.2.6}$$

schreiben, wie man durch Anwendung der Rechenregeln für die kovariante Ableitung sofort nachprüft. Die Gleichung (12.2.6) wird als *Killing-Gleichung* bezeichnet, ihre Lösungen v_j heißen *Killing-Vektoren*.

In einem allgemeinen Riemannschen Raum wird die Killinggleichung keine Lösung haben, da die zu dem System von partiellen Differentialgleichungen gehörigen Integrabilitätsbedingungen im allgemeinen nicht erfüllt sein werden. Lösungen von (12.2.6) existieren also nur für spezielle Raumstrukturen.

Als Beispiel betrachten wir wieder den Minkowski-Raum. Die Gleichungen (12.2.6) lauten dann

$$v_{j,k} + v_{k,j} = 0. \tag{12.2.7}$$

Als Lösung ergibt sich

$$v_j = a_{jk}x^k + b_j, \tag{12.2.8}$$

mit

$$a_{jk} = -a_{kj}. \tag{12.2.9}$$

Die Lösung (12.2.8) stellt also genau die Poincarétransformation dar. Sie besitzt 10 freie Parameter.

Im allgemeinen Fall hängt die Parameterzahl der Lösungen von (12.2.6) falls überhaupt welche existieren) von der Struktur des Riemannschen Raumes ab.

12.3 Formelsammlung

Wechselwirkende Felder

$$g^{ik}(x), \quad \psi_B(x)$$

$\mathcal{L} = \mathcal{L}_f + \mathcal{L}_m$ ... gesamte Lagrangedichte

Lagrangedichten: $\mathcal{L}_f = \mathcal{L}_f(g^{ik})$ ... Lagrangedichte des freien Gravitationsfeldes

$\mathcal{L}_m = \mathcal{L}_m(g^{ik}, \psi_B)$ ... die Wechselwirkung beschreibender Zusatzterm

Feldgleichungen:

$$\frac{\partial(\sqrt{-g}\mathcal{L}_f)}{\partial g^{ik}} - \frac{\partial}{\partial x^l}\frac{\partial(\sqrt{-g}\mathcal{L}_f)}{\partial g^{ik}{}_{,l}} = -\left(\frac{\partial(\sqrt{-g}\mathcal{L}_m)}{\partial g^{ik}} - \frac{\partial}{\partial x^l}\frac{\partial(\sqrt{-g}\mathcal{L}_m)}{\partial g^{ik}{}_{,l}}\right)$$

... Feldgleichungen für g^{ik}
= Einsteinsche Gravitationsgleichungen.

$$\frac{\partial\mathcal{L}_m}{\partial\psi_B} - \frac{\partial}{\partial x^l}\frac{\partial\mathcal{L}_m}{\partial\psi_{B,l}} = 0,$$ ... Feldgleichungen für ψ_B.

Energie-Impuls-Tensor der Materie:

$$T_{ik} := \frac{2}{\sqrt{-g}}\left(\frac{\partial}{\partial g^{ik}}(\sqrt{-g}\mathcal{L}_m) - \frac{\partial}{\partial x^l}\frac{\partial}{\partial g^{ik}{}_{,l}}(\sqrt{-g}\mathcal{L}_m)\right).$$

Freie Lagrangedichte:

$$\mathcal{L}_f = \frac{1}{2\kappa} R$$

... In dieser Darstellung enthält $\mathcal{L}_f$ Ableitungen zweiter Ordnung des Metriktensors.

$$\mathcal{L}_f = \frac{1}{2\kappa} G, \text{ mit} \qquad G = g^{ik} \Gamma^m{}_{ij} \Gamma^j{}_{km} - g^{ik} \Gamma^m{}_{ik} \Gamma^j{}_{mj}$$

... in dieser Darstellung scheinen die zweiten Ableitungen nicht mehr auf.

Symmetrien, Erhaltungssätze

$$v_{j;k} + v_{k;j} = 0$$

... Killing-Gleichung:
= Bedingung für die Existenz von Killingvektoren bzw. Symmetrietransformation

13 Elektromagnetismus und Gravitation: Analogien und Unterschiede

In diesem Abschnitt wollen wir die bisher besprochenen Verhältnisse nochmals zusammenfassen, wobei wir besonderes Augenmerk auf die strukturellen Analogien und Unterschiede der beiden klassischen Feldtheorien legen.

13.1 Gegenüberstellung der allgemeinen Theorien

Elektrodynamik		**Gravitationstheorie**
	Feldgleichungen	
$F^{\mu\nu}{}_{,\mu} = \frac{4\pi}{c} j^{\nu}$,		$R^{ik} - \frac{1}{2} g^{ik} R = -\kappa T^{ik}$,
$\hat{F}^{\mu\nu}{}_{,\mu} = 0$,	mit	
$\hat{F}^{\alpha\beta} = \frac{1}{2}\epsilon^{\alpha\beta\mu\nu} F_{\mu\nu} = F^{[\alpha\beta,\gamma]}$ $= F^{\alpha\beta,\gamma} + F^{\beta\gamma,\alpha} + F^{\gamma\alpha,\beta}$.		$R_{ik} = R^{h}{}_{ikh}, \quad R = g^{ik} R_{ik}$.
	Kommutatorbeziehung	
$F^{\alpha\beta} := A^{\beta,\alpha} - A^{\alpha,\beta}$		$R^{l}{}_{ijk} A_l := A_{i;jk} - A_{i;kj}$
	Jacobi-Identität	
$F^{\alpha\beta,\gamma} + F^{\beta\gamma,\alpha} + F^{\gamma\alpha,\beta} = 0$,		$R^{h}{}_{ijk;l} + R^{h}{}_{ikl;j} + R^{h}{}_{ilj;k} = 0$, ... Bianchi-Identitäten
	bzw.	
$\hat{F}^{\alpha\beta}{}_{,\alpha} = 0$,		$G^{i}{}_{k;i} = 0$,
	mit	
$\hat{F}^{\alpha\beta} := F^{[\alpha\beta,\gamma]} := \frac{1}{2}\epsilon^{\alpha\beta\mu\nu} F_{\mu\nu}$ $= F^{\alpha\beta,\gamma} + F^{\beta\gamma,\alpha} + F^{\gamma\alpha,\beta}$		$G^{i}{}_{k} := R^{i}{}_{k} - \frac{1}{2}\delta^{i}{}_{k} R$

Symmetrien

$F^{\alpha\beta} = -F^{\beta\alpha}, \quad \hat{F}^{\alpha\beta} = -\hat{F}^{\beta\alpha}$

$G^{ik} = G^{ki}, \quad T^{ik} = T^{ki}$

Wichtige Invarianten

$F^{\mu\nu}F_{\mu\nu} = -F^{\nu\mu}F_{\mu\nu}$

$R = g^{ik}R_{ik}$

Inhomogenität

$j^{\beta}{}_{,\beta} = 0$ (wegen $F^{\alpha\beta}{}_{,\alpha\beta} = 0$)

$T^{ik}{}_{;i} = 0$ (wegen $G^{ik}{}_{;i} = 0$)

Variationsprinzip

$\delta\mathcal{A} = 0$, mit

$$\mathcal{A} = \int\limits_{\Omega} (\mathcal{L}_f + \mathcal{L}_m) d^4x,$$

$$\mathcal{A} = \int\limits_{\Omega} \sqrt{-g}(\mathcal{L}_f + \mathcal{L}_m) d^4x,$$

$\mathcal{L}_f = \mathcal{L}_f(\psi_A), \quad \mathcal{L}_m = \mathcal{L}_m(\psi_A, \psi_B),$

$\mathcal{L}_f = \mathcal{L}_f(g^{ik}), \quad \mathcal{L}_m = \mathcal{L}_m(g^{ik}, \psi_B),$

$\psi_A = A_\nu \ldots$ Viererpotential

Freie Lagrangedichte

$$\mathcal{L}_f = A_{\mu,\nu}A^{\mu,\nu} - A_{\mu,\nu}A^{\nu,\mu}$$

$$\mathcal{L}_f = \frac{1}{2\kappa}G,$$

$$G = g^{ik}(\Gamma^m{}_{ij}\Gamma^j{}_{km} - \Gamma^m{}_{ik}\Gamma^j{}_{mj})$$

Feldgleichungen aus Variationsprinzip

$$\frac{\partial\mathcal{L}_f}{\partial\psi_A} - \left(\frac{\partial\mathcal{L}_f}{\partial\psi_{A,\mu}}\right)_{,\mu} = -\left(\frac{\partial\mathcal{L}_m}{\partial\psi_A} - \left(\frac{\partial\mathcal{L}_m}{\partial\psi_{A,\mu}}\right)_{,\mu}\right)$$

... Feldgleichung für ψ_A
(Maxwellgleichungen)

$$\frac{\partial(\sqrt{-g}\mathcal{L}_f)}{\partial g^{ik}} - \left(\frac{\partial(\sqrt{-g}\mathcal{L}_f)}{\partial g^{ik}{}_{,l}}\right)_{,l} = -\left(\frac{\partial(\sqrt{-g}\mathcal{L}_m)}{\partial g^{ik}} - \left(\frac{\partial(\sqrt{-g}\mathcal{L}_m)}{\partial g^{ik}{}_{,l}}\right)_{,l}\right)$$

... Feldgleichung für g^{ik}
(Einsteinsche Gleichungen)

$$\frac{\partial\mathcal{L}_m}{\partial\psi_B} - \left(\frac{\partial\mathcal{L}_m}{\partial\psi_{B,\mu}}\right)_{,\mu} = 0 \ldots \text{ Feldgleichungen für } \psi_B.$$

Während sich in der Elektrodynamik der Feldtensor des elektromagnetischen Feldes $F^{\mu\nu}$ aus einer Kommutatorbeziehung herleiten läßt, gilt dies in der Gravitationstheorie nicht für den Einsteintensor G^{ik}, sondern für den Riemannschen Krümmungstensor $R^h{}_{ijk}$.

Die aus den Kommutatorbeziehungen folgende Jacobi-Identität führt in der Elektrodynamik auf einen Satz von Feldgleichungen, der sich auch als Erhaltungssatz für den dualen Tensor $\hat{F}^{\mu\nu}$ schreiben läßt.

In der Gravitationstheorie führt die Jacobi-Identität auf die Bianchi-Identitäten, die sich als Erhaltungssatz des Einsteinschen Tensors G^{ik} formulieren lassen.

In der Elektrodynamik wird j^β, in der Gravitationstheorie T^{ik} als felderzeugende Größe aufgefaßt. Für beide Tensoren gilt ein Erhaltungssatz:

In der Elektrodynamik ist die Divergenzfreiheit von j^β eine direkte Folge der Antisymmetrie des Feldtensors $F^{\mu\nu}$, die ihrerseits in der Kommutatorbeziehung

$$F^{\mu\nu} = A^{\nu,\mu} - A^{\mu,\nu}$$

begründet liegt. In der Gravitationstheorie folgt die Divergenzfreiheit von T^{ik} direkt aus jener des Einsteintensors G^{ik}, die wiederum auf die Gültigkeit der Kommutatorbeziehung

$$R^l{}_{ijk} A_l := A_{i;jk} - A_{i;kj}$$

zurückzuführen ist.

13.2 Gegenüberstellung der linearen Theorien

Elektrodynamik	**Linearisierte Gravitationstheorie**
Gekoppelte Feldgleichungen	
$\Box A^i - \partial_k \partial^i A^k = \frac{4\pi}{c} j^i$	$\psi_{km,}{}^i{}_i + \psi^i{}_{i,km} - \psi^i{}_{m,ik} - \psi^i{}_{k,im} +$ $\eta_{km}\psi^{ij}{}_{,ij} - \eta_{km}\psi^i{}_{i,}{}^j{}_j = -\kappa T_{km}$
Eichinvarianz	
$\bar{A}_i = A_i + \Lambda_{,i}$	$\bar{\psi}_{ik} = \psi_{ik} + \Lambda_{i,k} + \Lambda_{k,i}$
Eichung	
$A^i{}_{,i} = 0$ ... Lorentzeichung	$\psi_{ik,}{}^k = \frac{1}{2}\psi^k{}_{k,i}$ ... Eichung auf harmonische Koordinaten
Entkoppelte Feldgleichungen	
$\Box A^i = \frac{4\pi}{c} j^i$	$\Box \psi_{km} = -\kappa \left(T_{km} - \frac{1}{2}\eta_{km} T_l{}^l \right)$

13.3 Eine vereinheitlichte Feldtheorie?

Wie wir gesehen haben, existieren zwischen Elektromagnetismus und Gravitation bedeutsame grundlegende Unterschiede, aber auch viele formale Ähnlichkeiten. Zum Abschluß wollen wir kurz auf die Versuche der Konstruktion einer vereinheitlichten Feldtheorie eingehen, die über Einstein bis in die Gegenwart reicht. Dabei müssen wir uns allerdings mit einer stichwortartigen Skizzierung dieses Gegenstandes begnügen.

13.3.1 Die Theorie von Kaluza und Klein

In der Allgemeinen Relativitätstheorie war Einstein die Rückführung der Gravitation auf reine Geometrie gelungen. In den folgenden Jahren versuchte er die Konstruktion einer einheitlichen Feldtheorie, in der sowohl die Gravitation als auch der Elektromagnetismus in einem ausschließlich auf reiner Geometrie basierenden Schema beschrieben werden sollten. Bei diesem Programm war ihm leider kein Erfolg beschieden.

Ein interessanter Schritt in dieser Richtung gelang dem polnischen Physiker Theodor *Kaluza* (1885–1954) im Jahre 1921. Er versuchte eine geometrische Formulierung des Elektromagnetismus, ohne die Maxwellgleichungen abzuändern. Einstein war die Geometrisierung der Gravitation gelungen, indem er Zerrungen der Raum-Zeit zuließ. Kaluza bemerkte, daß eine Umwandlung von Maxwells Theorie in eine Geometrie auch dann nicht möglich war, wenn er eine Verzerrung der Raum-Zeit zuließ. So erweiterte er die Geometrie derart, daß er neben den bisher verwendeten vier Dimensionen – drei Raumdimensionen und die Zeit – noch eine weitere Raumdimension zuließ. Kaluza konnte zeigen, daß in diesem Fall Elektromagnetismus mathematisch als ein Teil der Gravitation darstellbar ist, der in der fünften Dimension operiert. Damit hatte er eine einheitliche Feldtheorie gefunden, in der Elektromagnetismus und Gravitation verschmolzen waren und eine geometrische Formulierung erlaubten.

Der Haken an dieser brillianten Idee war, daß der Raum unserer Wahrnehmung klar und deutlich dreidimensional ist.

Im Jahr 1926 stellte der schwediche Physiker Oscar *Klein* (1894–1974) folgende Hypothese zur Rettung von Kaluzas Theorie auf: wir bemerken die vierte Dimension deshalb nicht, weil sie zu einer winzigen Größe „aufgerollt" ist. Jeder Punkt des dreidimensionalen Raumes ist in Wirklichkeit ein winziger Kreis, der die vierte Dimension umrundet. Der Grund, warum diese Schleifen noch nicht bemerkt wurden, liegt an ihrem kleinen Durchmesser. Klein berechnete sogar den Radius dieser Schleifen um die vierte Raumdimension, wobei er als Ergebnis 10^{-32} Zentimeter erhielt. Dieser Wert ist viel kleiner als die kleinste bisher bekannte atomare Struktur.

13.3.2 Ein Blick auf die gegenwärtige Situation

In den dreißiger Jahren entdeckte man die schwachen und starken Kräfte, womit der Wunschtraum einer einheitlichen Feldtheorie für lange Zeit ausgeträumt schien. Jeder Versuch der Vereinheitlichung von Naturkräften mußte nun die vier Wechselwirkungen

Elektromagnetismus	schwache Wechselwirkung
Gravitation	starke Wechselwirkung

berücksichtigen. 1967 gelang Abdus *Salam* und Steven *Weinberg* unabhängig voneinander die Vereinheitlichung von Elektromagnetismus und der schwachen Wechselwirkung zur elektroschwachen Kraft. Der nächste, bislang noch nicht gelungene Schritt wäre die Einbeziehung der starken Wechselwirkung. Theorien dieser Art werden als GUT's (Grand unified theories) bezeichnet.

Noch einen Schritt weiter als die in den siebziger Jahren formulierten GUT's gehen die neuen und neuesten Konzepte der Supergravitation und der Superfäden („superstrings"), in denen eine Verschmelzung der Gravitation mit den übrigen Kräften versucht wird.

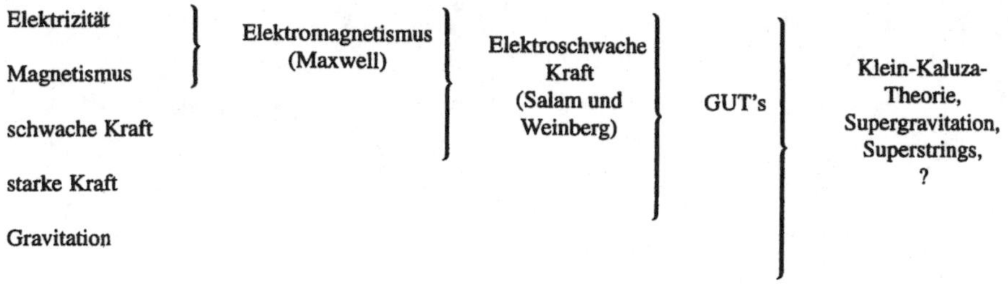

Bild 13.1

Auch die Klein-Kaluza Theorie taucht wieder aus der Versenkung auf, allerdings ist sie in ihrer modernen Formulierung elfdimensional, um die erweiterte Palette der Kräfte aufnehmen zu können. Dieser Übergang zu einer höheren Dimensionszahl zeichnet auch alle anderen gegenwärtigen Versuche der Vereinheitlichung aus. Eine leicht lesbare Einführung in diese hochinteressante Entwicklung findet sich in [7]. Wir werden darauf in Teil 8 zurückkommen.

Teil V
Klassische Thermodynamik und Statistik

Im Unterschied zu den bisher behandelten Theorien beschreibt die in Kapitel 14 behandelte *Klassische Thermodynamik* keine Vorgänge in Raum und Zeit. Eine ihrer grundlegenden Erkenntnisse ist, daß Wärme eine Energieform darstellt, und in mechanische Arbeit umgewandelt werden kann. Weiters handelt es sich bei der Klassischen Thermodynamik um eine phänomenologische Theorie: sie beschreibt nur makroskopische Eigenschaften der Materie, und interessiert sich nicht für ihren mikroskopischen Aufbau. Daher spricht man auch von der „Phänomenologischen Thermodynamik".

Die mikroskopische Begründung phänomenologischer Aussagen der Klassischen Thermodynamik wird durch die *Statistische Thermodynamik* vorgenommen, die häufiger als Statistische Mechanik bezeichnet wird. Mit ihrer Hilfe wird eine Beschreibung von Systemen möglich, deren innerer Aufbau weitgehend unbekannt ist. Je nach Beschreibungsniveau unterscheidet man die *Klassische Statistische Mechanik* von der *Quantenstatistik*.

Die folgende Darstellung orientiert sich teilweise an [19] und [51].

14 Thermodynamik

14.1 Fundamentale Begriffsbildungen

14.1.1 Thermisches Gleichgewicht und Zustandsgrößen

Bringt man zwei makroskopische Körper in Kontakt, so wird sich nach einer gewissen Zeit ein Zustand einstellen, der dadurch charakterisiert ist, daß zwischen den beiden Körpern kein Wärmeaustausch mehr stattfindet. Diesen Gleichgewichtszustand bezeichnet man als *thermisches Gleichgewicht.*

Man sagt in diesem Fall, daß sich beide Körper im thermischen Gleichgewicht befinden. Unter dem thermischen Gleichgewicht eines einzelnen Körpers versteht man das thermische Gleichgewicht mit seiner Umwelt.

Die Aussagen der klassischen Thermodynamik beziehen sich sämtlich auf im thermischen Gleichgewicht befindliche Systeme. Nun sind die meisten Prozesse der Physik ihrer Natur nach nichtstationär. Trotzdem sind sie einer thermodynamischen Beschreibung zugänglich, wenn sie nicht allzu schnell verlaufen. Eine genügend langsame Änderung legitimiert die Näherung, das betrachtete System zu allen Zeiten im thermischen Gleichgewicht befindlich anzusehen. Bei schnellen Veränderungen kann hingegen nur eine Aussage über den Anfangs- und Endzustand des Systems gemacht werden.

Alle physikalischen Größen eines Systems, die im Zustand des thermischen Gleichgewichts einen fest definierten Wert besitzen, heißen *Zustandsgrößen* des betrachteten Systems. Wichtige Zustandsgrößen sind die *Temperatur* T, der *Druck* p, das *Volumen* V, die *Entropie* S, die *innere Energie* U, die *Enthalpie* H, die *Helmholtzsche freie Energie* F, und das *Gibbssche Potential* G. Die Definition dieser Begriffe wird uns in den folgenden Abschnitten beschäftigen. Wir wollen hier nur den Begriff der Temperatur kurz skizzieren. Nach der Definition des thermischen Gleichgewichts zweier Körper ist es naheliegend, beiden Körpern dieselbe, den Zustand quantitativ beschreibende Größe zuzuordnen. Diese Größe ist die Temperatur. Eine exakte Definition werden wir erst auf der Basis des zweiten Hauptsatzes geben.

Neben den obigen fundamentalen Zustandsgrößen können bei komplexer aufgebauten Systemen auch noch weitere Zustandsgrößen existieren, wie beispielsweise das magnetische Moment, Molekülzahlen, etc.

Es ist nun keineswegs so, daß die Zustandsgrößen eines Systems sämtlich voneinander unabhängig sind. Je nach Komplexität des Systems existiert eine bestimmte Anzahl voneinander unabhängiger Zustandsgrößen, während alle anderen Zustandsgrößen von den ersteren abhängig sind. Diese unabhängigen Zustandsgrößen bezeichnet man als *Zustandsvariable.* Man beachte, daß nur die Anzahl n der Zustandsvariablen durch das System festgelegt ist, nicht jedoch die Variablen selbst: jeder Satz von n Zustandsgrößen kann als Zustandsvariable verwendet werden.

Wie schon eingangs erwähnt wurde, beschäftigt sich die klassische Thermodynamik nicht mit den mikroskopischen Eigenschaften des Systems. Um diese inneren Eigenschaften makroskopisch zu erfassen, benötigt man die sogenannte *Zustandsgleichung* des betrachteten Systems. Im Falle von n Zustandsvariablen $z_1, \ldots, z_n$ und einer davon abhängigen weiteren Zustandsfunktion lautet die Zustandsgleichung in impliziter Form

$$f(z_1, z_2, \dots z_n, z_{n+1}) = 0. \tag{14.1.1}$$

Diese Zustandsgleichung wird auch als *Materialgleichung* bezeichnet. Ihre Festlegung kann im Rahmen der klassischen Thermodynamik nur empirisch erfolgen. Die statistische Mechanik erlaubt hingegen eine theoretische Herleitung aufgrund der mikroskopischen Systemeigenschaften. In diesem Zusammenhang sei auf die klassische Elektrodynamik in Medien hingewiesen, wo Leitfähigkeit, Dielektrizitäts- und Permeabilitätskonstante ebenfalls empirisch durch entsprechende „Materialgesetze" festgelegt werden.

Für alles Weitere wollen wir aus Gründen der Vereinfachung unsere Betrachtungen auf Systeme mit zwei Zustandsvariablen beschränken. Die fundamentalen Aussagen gelten jedoch ungeändert auch für Systeme mit beliebiger Variablenzahl. Als Beispiel betrachten wir die *Zustandsgleichung des idealen Gases*

$$pV = NkT. \tag{14.1.2}$$

Dabei bezeichnet p den Gasdruck, V das Gasvolumen, T die in Kelvin gemessene absolute Temperatur, N die Zahl der im Volumen V enthaltenen Gasmoleküle, und

$$k = 1.3805 \cdot 10^{-23} JK^{-1} \tag{14.1.3}$$

die *Boltzmann-Konstante.* Das ideale Gas wird also durch zwei unabhängige Zustandsvariable – beispielsweise p und V – beschrieben, während T von p und V abhängt.

14.1.2 Zustandsänderungen. Variablenwechsel und Legendretransformation

Thermodynamische Gesetzmäßigkeiten werden differentiell formuliert. Dabei wird die Änderung einer interessierenden Zustandsgröße in Abhängigkeit von den gewählten Zustandsvariablen beschrieben. Bezeichnen X und Y die beiden Zustandsvariablen, ϕ die davon abhängige Zustandsgröße $\phi(X,Y)$, so lautet das totale Differential

$$d\phi = \left(\frac{\partial\phi}{\partial X}\right)_Y dX + \left(\frac{\partial\phi}{\partial Y}\right)_X dY, \tag{14.1.4}$$

wobei der rechte untere Index auf die festgehaltene Variable hinweisen soll. Für einen geschlossenen Weg in der X,Y-Ebene gilt dann

$$\oint d\phi = 0. \tag{14.1.4'}$$

Dies ist aber bekanntlich eine Potentialeigenschaft. Daher bezeichnet man eine thermodynamische Zustandsgröße auch als *thermodynamisches Potential.* Die Bewegung eines Prozesses auf einem geschlossenen Weg der X,Y-Ebene verdeutlicht einen sogenannten *Kreisprozeß.*

Für viele Anwendungen ist ein Variablenwechsel von Bedeutung. Wir betrachten dazu eine Zustandsgröße $\phi(X,Y)$, die wir als Funktion $\phi(X,Z)$ der beiden unabhängigen Zustandsvariablen X und Z darstellen wollen. Nun ist Z als Zustandsgröße seinerseits durch X und Y, bzw. Y durch X und Z vollständig festgelegt, es gilt also

$$dY = \left(\frac{\partial Y}{\partial X}\right)_Z dX + \left(\frac{\partial Y}{\partial Z}\right)_X dZ. \tag{14.1.5}$$

Setzt man diesen Term in (14.1.4) ein, so folgt

$$d\phi = \left(\left(\frac{\partial\phi}{\partial X}\right)_Y + \left(\frac{\partial\phi}{\partial Y}\right)_X \left(\frac{\partial Y}{\partial X}\right)_Z\right) dX + \left(\frac{\partial\phi}{\partial Y}\right)_X \left(\frac{\partial Y}{\partial Z}\right)_X dZ. \qquad (14.1.6)$$

Andererseits muß

$$d\phi = \left(\frac{\partial\phi}{\partial X}\right)_Z dX + \left(\frac{\partial\phi}{\partial Z}\right)_X dZ \qquad (14.1.7)$$

gelten. Vergleicht man die beiden Darstellungen für $d\phi$, so erhält man wegen der Unabhängigkeit der Differentiale dX und dZ die Beziehungen

$$\left(\frac{\partial\phi}{\partial X}\right)_Z = \left(\frac{\partial\phi}{\partial X}\right)_Y + \left(\frac{\partial\phi}{\partial Y}\right)_X \left(\frac{\partial Y}{\partial X}\right)_Z, \qquad \text{(a)}$$

$$\left(\frac{\partial\phi}{\partial Z}\right)_X = \left(\frac{\partial\phi}{\partial Y}\right)_X \left(\frac{\partial Y}{\partial Z}\right)_X. \qquad \text{(b)} \qquad (14.1.8)$$

Bei der obigen Herleitung wurde für eine fest gewählte Zustandsfunktion eine Zustandsvariable ausgetauscht. Wir betrachten nun einen speziellen gleichzeitigen Wechsel von Variabler und Zustandsfunktion. Dazu schreiben wir (14.1.4) in der Gestalt

$$d\phi = A dX + B dY, \qquad (14.1.9)$$

mit

$$A = \left(\frac{\partial\phi}{\partial X}\right)_Y, \quad \text{(a)} \qquad B = \left(\frac{\partial\phi}{\partial Y}\right)_X. \quad \text{(b)} \qquad (14.1.10)$$

Unter Verwendung der Produktregel für totale Differentiale

$$d(AX) = A dX + X dA \qquad (14.1.11)$$

läßt sich die obige Gleichung auch als

$$d\phi = d(AX) - X dA + B dY \qquad (14.1.12)$$

schreiben, was wiederum

$$d(\phi - AX) = -X dA + B dY \qquad (14.1.13)$$

impliziert. Definiert man eine neue Zustandsvariable ϕ_1 durch

$$\phi_1 := \phi - AX, \qquad (14.1.14)$$

so lautet ihr totales Differential gemäß (14.1.13)

$$d\phi_1 = -X dA + B dY. \qquad (14.1.15)$$

Während die Zustandsvariablen für ϕ durch X und Y gegeben waren, sind sie für ϕ_1 durch A und Y gegeben. Es wurde also X durch A ersetzt, und gleichzeitig eine Änderung der Zustandsfunktion durchgeführt.

Wiederholt man diese Vorgangsweise für eine Ersetzung von Y durch B, so erhält man in gleicher Weise

$$\phi_2 := \phi - BY, \qquad (14.1.16)$$

mit

$$d\phi_2 = A dX - Y dB. \qquad (14.1.17)$$

Schließlich können auch beide Variablen X und Y gleichzeitig gewechselt werden. Damit ergibt sich

$$\phi_3 := \phi - AX - BY, \tag{14.1.18}$$

mit

$$d\phi_3 = -XdA - YdB. \tag{14.1.19}$$

Nun gelten für die Funktionen A und B aus (14.1.9) wegen $\frac{\partial^2\phi}{\partial X \partial Y} = \frac{\partial^2\phi}{\partial Y \partial X}$ die Relationen

$$\left(\frac{\partial A}{\partial Y}\right)_X = \left(\frac{\partial B}{\partial X}\right)_Y. \tag{14.1.20}$$

In gleicher Weise erhält man dann aus den Gleichungen (14.1.14) - (14.1.19) die Zusammenhänge

$$-X = \left(\frac{\partial \phi_1}{\partial A}\right)_Y, \quad \text{(a)} \qquad B = \left(\frac{\partial \phi_1}{\partial Y}\right)_A, \quad \text{(b)} \tag{14.1.21}$$

$$-Y = \left(\frac{\partial \phi_2}{\partial B}\right)_X, \quad \text{(a)} \qquad A = \left(\frac{\partial \phi_2}{\partial X}\right)_B, \quad \text{(b)} \tag{14.1.22}$$

$$-X = \left(\frac{\partial \phi_3}{\partial A}\right)_B, \quad \text{(a)} \qquad -Y = \left(\frac{\partial \phi_3}{\partial B}\right)_A. \quad \text{(b)} \tag{14.1.23}$$

Die Umformungen zwischen (14.1.12) und (14.1.23) bezeichnet man als *Legendresche Transformation.*

14.1.3 Wärme

Bisher haben wir uns ausschließlich mit Zustandsgrößen beschäftigt. Sie sind durch eine hinreichend große Anzahl von Zustandsvariablen eindeutig festgelegt. Es existieren jedoch auch thermodynamische Größen, die nicht eindeutig durch Zustandsvariable festgelegt werden können und somit keine Zustandsgrößen sind. Derartige Größen können nur differentiell definiert werden. Die wichtigste dieser Größen ist die Wärmezufuhr eines Systems. Betrachten wir wieder ein durch die zwei Zustandsvariablen T und V festgelegtes System, so ist die dem System bei Variation von T und V zugeführte Wärme differentiell durch

$$\delta Q = A(T,V)dV + B(T,V)dT \tag{14.1.24}$$

gegeben. Die Schreibweise „δQ" soll verdeutlichen, daß es sich bei diesem differentiellen Wert nicht um ein totales Differential handelt. Es gilt also i.a.

$$\left(\frac{\partial A}{\partial T}\right)_V \neq \left(\frac{\partial B}{\partial V}\right)_T. \tag{14.1.25}$$

Makroskopisch gesehen bedeutet dies, daß Q nicht als eindeutige Funktion von T und V festgelegt werden kann.

Eine fundamentale Einsicht der Thermodynamik besteht in der folgenden Aussage:

Wärme ist eine Energieform

Diese Erkenntnis geht auf *R. Mayer* zurück. Für alles Weitere wollen wir alle Energieformen in thermische Energieformen (=Wärme) und nichtthermische Energieformen unterteilen. Da wir hier nur einfache Systeme betrachten, die durch p und V charakterisiert werden können, erscheint als einzige nichtthermische Energieform stets nur die durch eine Volumsänderung geleistete mechanische Arbeit $\delta A = pdV$. Die grundlegenden Aussagen dieses Unterkapitels gelten jedoch völlig allgemein.

14.1.4 Fundamentale Prozesse einfacher Systeme

Wir betrachten ein mit seiner Umgebung in energetischem Austausch befindliches thermodynamisches System. Je nach Komplexität des Systems existiert dabei eine Vielfalt an grundlegenden Prozessen, die dadurch definiert sind, daß je eine wichtige thermodynamische Größe konstant gehalten wird. Diese thermodynamische Größe muß nicht immer eine Zustandsvariable sein, ja nicht einmal eine Zustandsgröße. Als Beispiel wollen wir unser einfaches System mit den Zustandsvariablen p und V untersuchen. Hier existieren vier verschiedene, grundlegende Prozesse:

1. *Der isotherme Prozeß:* Er ist durch
$$\delta T = 0$$
charakterisiert: Das System befindet sich mit seiner Umgebung im thermischen Gleichgewicht.
2. *Der adiabatische Prozeß:* Er ist durch
$$\delta Q = 0$$
definiert. Das System ist also gegenüber seiner Umwelt wärmeisoliert.
3. *Der isobare Prozeß:* Hier gilt
$$\delta p = 0.$$
4. *Der isochore Prozeß:* Seine Definitionsgleichung lautet
$$\delta V = 0.$$

Beim adiabatischen Prozeß kann mit der Umwelt keine Wärme, wohl aber Arbeit ausgetauscht werden ($\delta Q = 0$, $\delta A \neq 0$). Beim isochoren Prozeß kann umgekehrt wegen $\delta A = p\delta V$ keine Arbeit, wohl aber Wärme ausgetauscht werden ($\delta Q \neq 0$, $\delta A = 0$). Bei den beiden übrigen Prozessen kann sowohl Wärme als auch Arbeit ausgetauscht werden.

Im p, V-Diagramm werden die Prozesse durch *Isothermen*, *Adiabaten*, *Isobaren* und *Isochoren* verdeutlicht. Man beachte, daß die Steigung der Adiabaten stets steiler als jene der Isothermen sein muß.

Man beachte, daß die Steigung der Adiabaten stets steiler als jene der Isothermen sein muß.

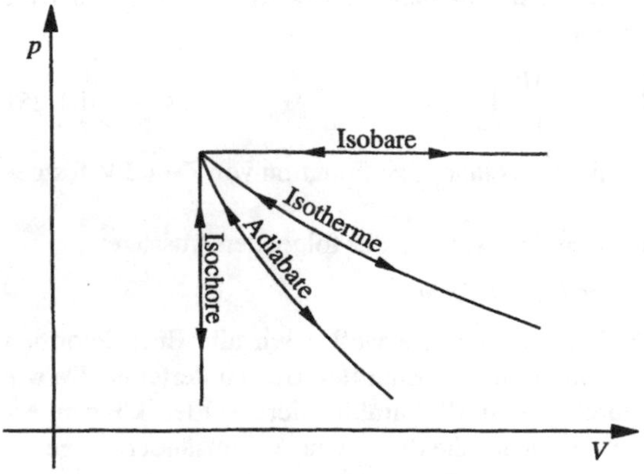

Bild 14.1

14.2 Der erste Hauptsatz der Thermodynamik

Ein fundamentales Gesetz der Physik ist das Gesetz von der Erhaltung der Energie. Wir sind diesem Gesetz bereits im Rahmen der Klassischen Mechanik und der Elektrodynamik begegnet. Nach R. Mayer ist auch Wärme eine Energieform. Ihre Einbeziehung in den Energieerhaltungssatz führt zum ersten Hauptsatz der Thermodynamik.

14.2.1 Formulierungen des ersten Hauptsatzes

Bezeichne δQ die einem physikalischen System zugeführte infinitesimale Wärme, δA die von der Umwelt am System geleistete Arbeit (darunter verstehen wir nicht nur mechanische Arbeit, sondern alle möglichen nichtthermischen Energieformen), so gilt

$$dU = \delta Q + \delta A. \tag{14.2.1}$$

Dabei ist U die *innere Energie* des Systems. Wenn das System mit seiner Umgebung keine Wärme oder Arbeit austauscht, so ist U durch die aus der Mechanik und Elektrodynamik bekannte Gesamtenergie des Systems gegeben. In (14.2.1) wurde explizit darauf hingewiesen, daß ausgetauschte Wärme und Arbeit von der Art der Prozeßführung abhängen, weshalb wir „δ" an Stelle von „d" geschrieben haben. Im Unterschied dazu ist die innere Energie U eine Zustandsfunktion, ihre Änderung hängt nur von Anfangs- und Endzustand des Systems ab. Weiter sei darauf hingewiesen, daß δQ und δA als dem System *zugeführte* Energiemengen definiert wurden. In diesem Fall gilt also $\delta Q > 0$, $\delta A > 0$. Falls das System Wärme abgibt, bzw. Arbeit leistet, so sind δQ bzw. δA negativ.

Der erste Hauptsatz ist ein Erfahrungssatz. Seine Entdeckung geht auf *Mayer*, *Joule* und *Helmholtz* zurück (siehe Abschnitt 14.5). Neben der Formulierung (14.2.1) existieren noch andere äquivalente Formulierungen. In diesem Zusammenhang definieren wir ein *perpetuum mobile erster Art* als eine Maschine, die stetig Energie erzeugt, ohne ihre Umgebung zu verändern. Mit diesem Begriff läßt sich (14.2.1) auch folgendermaßen ausdrücken:

Es existiert kein perpetuum mobile erster Art.

Eine weitere, zu (14.2.1) äquivalente Formulierung des ersten Hauptsatzes lautet:

Die innere Energie U eines Systems ist eine Zustandsfunktion; es gilt

$$\oint dU = 0. \tag{14.2.1'}$$

14.2.2 Adiabatisch-isochore Kreisprozesse

Wir wollen nun die Aussage des ersten Hauptsatzes anhand eines adiabatisch-isochoren Kreisprozesses veranschaulichen.

Dazu betrachten wir ein System im Zustand (p_1, T_1), und entziehen ihm die Wärmemenge ΔQ_1 bei konstantem Volumen. In Bild 14.2 bewegen wir uns dabei auf der von Punkt 1 nach Punkt 2 laufenden Isochore. Sobald das System den Zustand (p_2, T_2) erreicht hat, isolieren wir es thermisch ($\Delta Q = 0$) und lassen es expandieren. Dabei leistet das System die Arbeit ΔA_2. Dieser Vorgang ist im Bild durch eine Bewegung längs der Adiabate von Punkt 2 nach Punkt 3 dargestellt. Im Zustand $(p_3, T_3 = T_2)$ wird eine Wärmemenge ΔQ_3 zugeführt (isochore Druckzunahme bis (p_4, T_4)), und schließlich adiabatisch die Arbeit ΔA_4 geleistet (adiabatische Kompression bis $(p_1, T_1 = T_4)$).

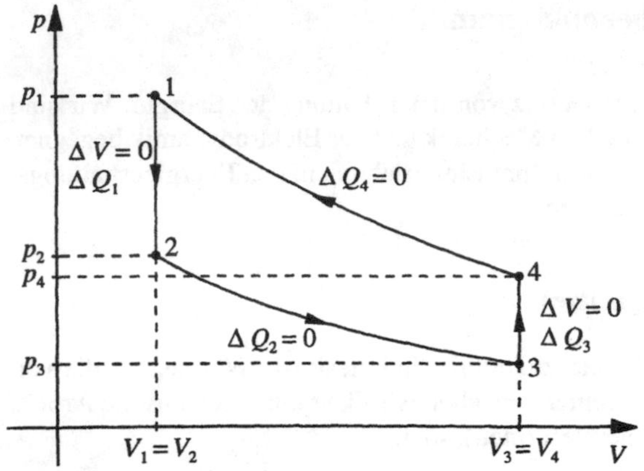

Bild 14.2

Die Änderung der inneren Energie ist durch $\Delta Q_1 + \Delta Q_3 + \Delta A_2 + \Delta A_4$ gegeben, wobei definitionsgemäß $\Delta Q_1 < 0$, $\Delta Q_3 > 0$, $\Delta A_2 < 0$, $\Delta A_4 > 0$ ist. Falls nun $\Delta Q_1 + \Delta Q_3 + \Delta A_2 + \Delta A_4 < 0$ gelten würde, so hätte das System nach einem vollen Umlauf Energie an die Umgebung abgegeben, obwohl es sich wieder im gleichen thermodynamischen Zustand (p_1, T_1) befindet, wie beim Start. Durch Wiederholung dieses Vorganges könnte man dem System beliebig viel Energie entziehen. Man hätte damit ein perpetuum mobile erster Art, im Widerspruch zur Erfahrung. Daher muß

$$\Delta Q_1 + \Delta Q_3 + \Delta A_2 + \Delta A_4 = 0$$

gelten, im Einklang mit (14.2.1') bzw. (14.2.1).

14.2.3 Die Wärmekapazitäten

Die Differentialquotienten

$$C_V = \left(\frac{\delta Q}{\partial T}\right)_V, \quad \text{(a)} \qquad C_p = \left(\frac{\delta Q}{\partial T}\right)_p \quad \text{(b)} \tag{14.2.2}$$

bezeichnet man als *Wärmekapazitäten*. C_V gibt die Wärmezufuhr pro Temperatureinheit bei konstantem Volumen, C_p jene bei konstantem Druck an.

Um genauere Aussagen über die funktionale Gestalt von C_V zu erhalten, müssen wir δQ in der Gestalt $AdT + BdV$ darstellen. Mit Hilfe des ersten Hauptsatzes $\delta Q = dU + pdV$ ergibt sich bei Berücksichtigung des totalen Differentials

$$dU = \left(\frac{\partial U}{\partial T}\right)_V dT + \left(\frac{\partial U}{\partial V}\right)_T dV \tag{14.2.3}$$

die gesuchte Beziehung als

$$\delta Q = \left(\frac{\partial U}{\partial T}\right)_V dT + \left(\left(\frac{\partial U}{\partial V}\right)_T + p\right) dV. \tag{14.2.4}$$

Damit lautet die Wärmekapazität bei konstantem Volumen C_V $(dV = 0)$

$$C_V = \left(\frac{\partial U}{\partial T}\right)_V . \tag{14.2.5}$$

Für die Berechnung von C_p gehen wir völlig analog vor, d.h. wir suchen eine Darstellung $\delta Q = DdT + Edp$. Dazu berechnen wir in (14.2.4) das totale Differential dV:

$$dV = \left(\frac{\partial V}{\partial T}\right)_p dT + \left(\frac{\partial V}{\partial p}\right)_T dp. \tag{14.2.6}$$

Einsetzen in (14.2.5) liefert dann

$$\delta Q = \left\{\left(\frac{\partial U}{\partial T}\right)_V + \left(\left(\frac{\partial U}{\partial V}\right)_T + p\right)\left(\frac{\partial V}{\partial T}\right)_p\right\} dT + \left(\left(\frac{\partial U}{\partial V}\right)_T + p\right)\left(\frac{\partial V}{\partial p}\right)_T dp. \tag{14.2.7}$$

Damit erhält man für die Wärmekapazität bei konstantem Druck C_p $(dp = 0)$

$$C_p = C_v + \left(\left(\frac{\partial U}{\partial V}\right)_T + p\right)\left(\frac{\partial V}{\partial T}\right)_p . \tag{14.2.8}$$

Auf dem Niveau des ersten Hauptsatzes müssen wir C_V und C_p als unabhängige, das betrachtete System beschreibende „Materialgrößen" ansehen. Im Zusammenhang mit dem zweiten Hauptsatz wird sich jedoch herausstellen, daß C_V und C_p nicht voneinander unabhängig sind.

14.3 Der zweite Hauptsatz der Thermodynamik

14.3.1 Der Carnot-Prozeß

Die Aussage des ersten Hauptsatzes haben wir uns am Beispiel eines adiabatisch-isochoren Kreisprozesses bequem verdeutlicht. Als Vorbereitung für die Formulierungen des zweiten Hauptsatzes benötigen wir den Carnotschen Kreisprozeß.

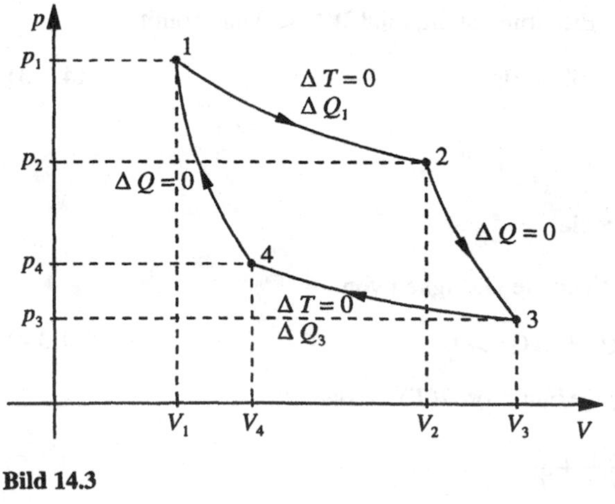

Bild 14.3

Wir betrachten zwei Wärmereservoire R_1 und R_3 mit den Temperaturen T_1 und T_3 ($T_1 > T_3$), zusammen mit einem physikalischen System. Im Ausgangszustand 1 soll das System die Zustandsgrößen (p_1, T_1) besitzen.

Schließt man das System an R_1 an, so nimmt es vom Reservoir eine Wärmemenge ΔQ_1 auf, und *expandiert isotherm* zum Punkt 2. Dabei leistet es die Arbeit ΔA_{12}.

Im zweiten Schritt wird das System vom Reservoir R_1 getrennt, wonach es *adiabatisch* ($\Delta Q = 0$) bis zum Zustand (p_3, T_3) *expandiert*. Dabei leistet es die Arbeit ΔA_{23}.

Im dritten Schritt wird das System an das Reservoir R_3 mit der Temeratur T_3 angeschlossen, und *isotherm* bis zum Zustand $(p_4, T_4 = T_3)$ *komprimiert*, wobei am System die Arbeit ΔA_{34} geleistet werden muß. Dabei wird an R_3 die Wärmemenge ΔQ_3 abgegeben.

Im letzten Schritt wird das System wieder thermisch isoliert ($\Delta Q = 0$) und durch Leistung der Arbeit ΔA_{41} bis zum Ausgangszustand (p_1, T_1) *adiabatisch komprimiert*.

Ein derartiger Kreisprozeß heißt *Carnot-Prozeß*, nach dem französischen Ingenieur *S. Carnot*. Seine Diskussion führt unmittelbar zum zweiten Hauptsatz der Thermodynamik. Zunächst wollen wir die Energiebilanz des Prozesses mit Hilfe des ersten Hauptsatzes untersuchen:

$$\Delta A_{12} + \Delta A_{23} + \Delta A_{34} + \Delta A_{41} + \Delta Q_1 + \Delta Q_3 = 0.$$

Nach unserer Vorzeichenkonvention ergibt sich für die vom System nach einem vollen Umlauf aufgenommene Arbeit

$$W := -\sum_{ij} \Delta A_{ij}, \tag{14.3.1}$$

und somit

$$W = \Delta Q_1 + \Delta Q_3. \tag{14.3.2}$$

Nun sind alle Einzelschritte des Carnot-Prozesses reversibel, weshalb der Prozeß auch in umgekehrter Richtung durchlaufen werden kann. In diesem Fall ändern alle Wärmemengen und Arbeitsanteile ihr Vorzeichen, und es ergibt sich an Stelle von (14.3.2)

$$W^- = -\Delta Q_1 - \Delta Q_2 = -W.$$

Dabei bezeichnet W^- die vom System an der Umwelt geleistete Arbeit, falls ihm bei der tieferen Temperatur T_3 über das Reservoir R_3 Wärme zugeführt, und bei der höheren Temperatur T_1 an R_1 Wärme abgegeben wird. Im Fall $W^- > 0$ hätte man dann eine Maschine, die fortlaufend Arbeit leistet, indem sie das kältere Reservoir R_3 weiter abkühlt, und das wärmere Reservoir R_1 weiter erhitzt. Da dies im Widerspruch zur Erfahrung steht, muß $W^- < 0$ und somit

$$W > 0 \tag{14.3.3}$$

gelten.

14.3.2 Temperaturdefinition und Entropie

Die Überlegungen von Abschnitt 14.3.1 zeigen die Gültigkeit von

$$\Delta Q_1 + \Delta Q_3 > 0. \tag{14.3.4}$$

Wir definieren nun eine temperaturabhängige Funktion $\theta(T)$, so daß

$$\frac{\Delta Q_1}{\theta(T_1)} + \frac{\Delta Q_3}{\theta(T_3)} = 0 \tag{14.3.5}$$

ist. Aus (14.3.4) folgt dann

$$\frac{\theta(T_3)}{\theta(T_1)} > 0, \quad \text{für } T_3 > T_1. \tag{14.3.6}$$

d.h. $\theta(T)$ ist eine monotone Funktion der Temperatur. Weiter läßt sich zeigen, daß $\theta(T)$ substanzunabhängig ist. Deshalb stellt $\theta(T)$ ein universelles Maß für die Temperatur T dar, die wir bisher noch gar nicht exakt definiert haben. Es ist naheliegend, die Definition

$$T := \theta \tag{14.3.7}$$

zu verwenden. Dies setzt natürlich die prinzipielle Meßbarkeit von $\theta(T)$ voraus. Dazu betrachten wir den als

$$\eta := \frac{W}{\Delta Q_1} \tag{14.3.8}$$

definierten *Wirkungsgrad* des Carnot-Prozesses. Bei Berücksichtigung von (14.3.2) und (14.3.5) folgt daraus

$$\eta = 1 + \frac{\Delta Q_3}{\Delta Q_1} = 1 - \frac{\theta(T_3)}{\theta(T_1)}. \tag{14.3.9}$$

Da der Wirkungsgrad eines Carnot-Prozesses gemessen werden kann, gilt dies auch für die Funktion $\theta(T)$. Natürlich haben diese Überlegungen weniger praktische als prinzipielle Bedeutung.

Wir wenden uns nun wieder der Gleichung (14.3.5) zu, die wir in der Gestalt

$$\frac{\Delta Q_1}{T_1} + \frac{\Delta Q_3}{T_3} = 0 \tag{14.3.10}$$

schreiben können. Erfahrungsgemäß ist diese Relation nicht nur für einen Carnot-Prozeß, sondern für beliebige reversible Kreisprozesse erfüllt. Denkt man sich einen derartigen Kreisprozeß in infinitesimale Teilschritte zerlegt, so folgt aus (14.3.10) die integrale Beziehung

$$\oint \frac{\delta Q}{T} = 0. \tag{14.3.11}$$

Die Größe $\frac{\delta Q}{T}$ muß somit das totale Differential einer Zustandsgröße S sein:

$$dS = \frac{\delta Q_{\text{rev}}}{T}. \tag{14.3.12}$$

Die Zustandsgröße S heißt *Entropie*. Mit diesem fundamentalen Begriff werden wir uns in den folgenden Abschnitten noch näher beschäftigen. Der Index „rev“ soll auf die Reversibilität des Prozesses hinweisen, die wir ausdrücklich vorausgesetzt haben.

14.3.3 Formulierungen des zweiten Hauptsatzes

Wie für den ersten Hauptsatz existieren auch für den zweiten Hauptsatz mehrere äquivalente Formulierungen, von denen wir hier die wichtigsten anführen wollen. Dazu definieren wir den Begriff eines *perpetuum mobile zweiter Art* als eine periodisch arbeitende Maschine, die mechanische Arbeit ausschließlich durch Abkühlung eines Wärmereservoirs erzeugt. Aus den im Zusammenhang mit dem Carnot-Prozeß angestellten Überlegungen folgt unmittelbar eine Formulierung des zweiten Hauptsatzes als:

Es existiert kein perpetuum mobile zweiter Art.

Äquivalent dazu ist das *Prinzip von Clausius:*

Wärme kann nicht spontan von einem kälteren zu einem heißeren Körper übergehen, ohne daß andere Veränderungen verursacht werden, z.B. mechanische Arbeit aufgewendet wird.

Mit Hilfe des Entropiebegriffes läßt sich der zweite Hauptsatz folgendermaßen formulieren:

Durch $dS = \frac{\delta Q_{\mathrm{rev}}}{T}$ *ist eine Zustandsgröße - die Entropie S - definiert.*

14.3.4 Reversibilität und Irreversibilität

Bisher haben wir uns weitgehend auf die Betrachtung reversibler, d.h. umkehrbarer thermodynamischer Prozesse beschränkt. Als Beispiel eines irreversiblen Prozesses betrachten wir ein in einem Behälter eingeschlossenes Gas, das sich nach Öffnen des Behälters gleichmäßig im Raum verteilt. Der umgekehrte Vorgang, daß sich in einem Raum verteiltes Gas spontan in den Behälter zurückzieht, ist zwar energetisch möglich, widerspricht jedoch gänzlich der Alltagserfahrung.

Die für eine irreversible Prozeßführung benötigte Arbeit δA_{irr} ist erfahrungsgemäß immer größer, als die für eine reversible Prozeßführung benötigte Arbeit δA_{rev}:

$$\delta A_{\mathrm{irr}} > \delta A_{\mathrm{rev}}. \tag{14.3.13}$$

Für die ausgetauschten Wärmemengen muß dann

$$\delta Q_{\mathrm{irr}} < \delta Q_{\mathrm{rev}} \tag{14.3.14}$$

gelten, da nach dem ersten Hauptsatz

$$dU = \delta A_{\mathrm{rev}} + \delta Q_{\mathrm{rev}} = \delta A_{\mathrm{irr}} + \delta Q_{\mathrm{irr}} \tag{14.3.15}$$

erfüllt sein muß. In engem Zusammenhang mit den Begriffen Reversibilität und Irreversibilität steht der Begriff der Entropie. Zunächst folgt aus (14.3.12) und (14.3.14)

$$\delta Q_{\mathrm{irr}} < T dS. \tag{14.3.16}$$

Wir betrachten nun abgeschlossene Systeme ($\delta Q_{\mathrm{rev}} = 0$). Hier gilt wegen (14.3.12) $dS = 0$, d.h. die Entropie ist konstant. Wie die Erfahrung zeigt, ist sie sogar *maximal.* Falls irreversible Prozesse ablaufen, so können sie nur ins thermische Gleichgewicht führen, womit eine Entropieerhöhung verbunden ist. Im thermischen Gleichgewicht ist die Entropie schließlich maximal. Damit läßt sich der zweite Hauptsatz auch auf folgende Weise formulieren:

In einem abgeschlossenen System gilt im thermischen Gleichgewicht

$$dS = 0, \quad S = S_{max}. \tag{14.3.17}$$

und für irreversible Prozesse

$$dS > 0. \tag{14.3.18}$$

14.4 Die thermodynamischen Potentiale U, H, F, G

14.4.1 Definition und Bedeutung

Wir gehen von den beiden Hauptsätzen in der Gestalt

$$dU = \delta Q - pdV, \qquad \delta Q = TdS$$

aus. Eliminiert man hier die Wärmemenge δQ, so erhält man die *Gibbssche Fundamentalbeziehung*

$$dU = TdS - pdV \tag{14.4.1}$$

als Kombination beider Hauptsätze. Sie stellt einen Pfeiler der klassischen Thermodynamik dar. Man erkennt, daß die natürlichen Variablen der inneren Energie die Zustandsgrößen S und V sind. Da S die Zustandsgröße einer so wichtigen Begriffsbildung darstellt, bezeichnet man das Quartett S, T, V, p als *natürliche Variable der Thermodynamik.* Aus (14.4.1) folgt sofort

$$\left(\frac{\partial U}{\partial S}\right)_V = T, \quad \text{(a)} \qquad \left(\frac{\partial U}{\partial V}\right)_S = -p. \quad \text{(b)} \tag{14.4.2}$$

Man wird nun versucht sein, mit Hilfe der vier natürlichen Variablen S, T, V, p alle möglichen Potentiale zu bilden. In Abschnitt 14.1.2 haben wir mit der Legendretransformation eine Möglichkeit kennengelernt, Änderungen der Variablen und der Zustandsfunktion vorzunehmen. Im vorliegenden Fall existieren die drei Möglichkeiten $V \to p$, $S \to T$ und der gleichzeitige Wechsel $V \to p$ und $S \to T$, womit man drei neue Zustandsgrößen erhält.

Die Transformation $V \to p$ ergibt die Relation

$$dH = TdS + Vdp, \tag{14.4.3}$$

mit der als *Enthalpie* bezeichneten Zustandsgröße

$$H = U + pV. \tag{14.4.4}$$

Aus (14.4.3) folgt sofort

$$\left(\frac{\partial H}{\partial S}\right)_p = T, \quad \text{(a)} \qquad \left(\frac{\partial H}{\partial p}\right)_S = V. \quad \text{(b)} \tag{14.4.5}$$

Für den Variablenwechsel $S \to T$ liefert (14.4.1) die Relation

$$dF = -SdT - pdV, \tag{14.4.6}$$

mit der *Helmholtzschen freien Energie*

$$F = U - TS. \tag{14.4.7}$$

Hier zeigt die Form des totalen Differentials (14.4.6) die Gültigkeit von

$$\left(\frac{\partial F}{\partial T}\right)_V = -S, \quad \text{(a)} \qquad \left(\frac{\partial F}{\partial V}\right)_T = -p. \quad \text{(b)} \tag{14.4.8}$$

Schließlich erhält man bei gleichzeitigem Variablenwechsel

$$dG = -SdT + Vdp, \tag{14.4.9}$$

mit dem *Gibbsschen Potential*

$$G = U + pV - TS, \tag{14.4.10}$$

und den dazugehörigen Bedingungen

$$\left(\frac{\partial G}{\partial T}\right)_p = -S, \quad \text{(a)} \qquad \left(\frac{\partial G}{\partial p}\right)_T = V. \quad \text{(b)} \tag{14.4.11}$$

Neben den aus der Potentialstruktur von U, H, F, G folgenden 8 Differentialbedingungen existieren noch vier weitere, die die partiellen Ableitungen der zwei Zustandsvariablen S und p nach Temperatur und Volumen angeben. Es gilt

$$\left(\frac{\partial S}{\partial T}\right)_V = \frac{1}{T}C_V, \quad \text{(a)} \qquad \left(\frac{\partial S}{\partial T}\right)_p = \frac{1}{T}C_p, \quad \text{(b)} \tag{14.4.12}$$

$$\left(\frac{\partial p}{\partial V}\right)_T = -\frac{1}{V}K_T, \quad \text{(a)} \qquad \left(\frac{\partial p}{\partial V}\right)_S = -\frac{1}{V}K_s. \quad \text{(b)} \tag{14.4.13}$$

Hier treten neben den Wärmekapazitäten C_V und C_p die *Kompressionsmodule* K_T und K_S auf. Jedes der vier Potentiale U, H, F, G enthält die gesamte thermodynamische Information des Systems, falls es als Funktion seiner natürlichen Variablen gegeben ist. Das heißt, daß bei Kenntnis eines einzigen Potentials sofort die Zustandsgleichung des Systems, die restlichen natürlichen Zustandsvariablen, die restlichen drei Potentiale und die Wärmekapazitäten errechnet werden können. Für den Nachweis dieser Behauptung benötigen wir die im folgenden Abschnitt angegebenen Maxwell-Relationen, die eine direkte Konsequenz der obigen Überlegungen sind.

14.4.2 Die Maxwellrelationen und andere Differentialbeziehungen

Nach dem *Satz von Schwarz* muß für jede eindeutig festgelegte, hinreichend glatte Funktion zweier reeller Veränderlicher $f = f(x,y)$ die Relation $f_{,xy} = f_{,yx}$ gelten. Für die Potentiale $U = U(S,V)$, $H = H(S,p)$, $F = F(T,V)$, $G = G(T,p)$ gilt also

$$U_{,SV} = U_{,VS}, \quad \text{(a)} \quad H_{,Sp} = H_{,pS}, \quad \text{(b)} \quad F_{,TV} = F_{,VT}, \quad \text{(c)} \quad G_{,Tp} = G_{,pT}. \quad \text{(d)} \tag{14.4.14}$$

Unter Berücksichtigung der Beziehungen (14.4.2), (14.4.5), (14.4.7) und (14.4.11) erhält man aus (14.4.14) die *Maxwell-Relationen*

$$\left(\frac{\partial T}{\partial V}\right)_S = -\left(\frac{\partial p}{\partial S}\right)_V, \quad \text{(a)} \qquad \left(\frac{\partial T}{\partial p}\right)_S = \left(\frac{\partial V}{\partial S}\right)_p, \quad \text{(b)} \tag{14.4.15}$$

$$\left(\frac{\partial S}{\partial V}\right)_T = \left(\frac{\partial p}{\partial T}\right)_S, \quad \text{(a)} \qquad -\left(\frac{\partial S}{\partial p}\right)_T = \left(\frac{\partial V}{\partial T}\right)_p. \quad \text{(b)} \tag{14.4.16}$$

Wendet man die obigen Beziehungen auf die Zustandsgrößen S und p an, so gilt zunächst

$$S_{,TV} = S_{,VT}, \quad \text{(a)} \qquad p_{,TV} = p_{,VT}, \quad \text{(b)} \tag{14.4.17}$$

und bei Berücksichtigung der Beziehungen (14.4.12) und (14.4.13) sowie der Maxwellrelationen

$$\frac{1}{T}\left(\frac{\partial C_V}{\partial V}\right)_T = \left(\frac{\partial^2 p}{\partial T^2}\right)_V, \quad \text{(a)} \qquad \frac{1}{T}\left(\frac{\partial C_p}{\partial p}\right)_T = -\left(\frac{\partial^2 V}{\partial T^2}\right)_p, \quad \text{(b)} \qquad (14.4.18)$$

$$-\frac{1}{V}\left(\frac{\partial K_T}{\partial T}\right)_V = \left(\frac{\partial^2 S}{\partial V^2}\right)_T, \quad \text{(a)} \qquad -\frac{1}{V}\left(\frac{\partial K_S}{\partial S}\right)_V = -\left(\frac{\partial^2 T}{\partial V^2}\right)_S. \quad \text{(b)} \qquad (14.4.19)$$

Bisher haben wir die Wärmekapazitäten als unabhängige Materialgrößen angenommen. Aus (14.4.18a,b) erkennt man jedoch, daß sie nicht unabhängig von der Zustandsgleichung $p = p(T,V)$ sind.

Wir wollen nun den angekündigten Nachweis bringen, daß ein einziges der vier Potentiale U, H, F, G als Funktion seiner natürlichen Variablen die gesamte thermodynamische Information enthält. Dazu gehen wir von der Helmholtzschen freien Energie $F = F(T,V)$ aus. Dann folgen der Druck p und die Entropie S sofort aus den Ableitungen (14.4.8), womit der Zusammenhang aller vier natürlichen Zustandsvariablen bekannt ist. Da F als Funktion der Variablen T und V gegeben ist, gilt dies gemäß (14.4.8b) auch für den Druck, d.h. (14.4.8b) repräsentiert die Zustandsgleichung $p = p(T,V)$ des betrachteten Systems. Durch $p = p(T,V)$ und $S = S(T,V)$ sind aber die übrigen drei thermodynamischen Potentiale U, H, G über die Bestimmungsgleichungen (14.4.7), (14.4.4) und (14.4.10) eindeutig festgelegt. Zusammenfassend erhält man

Zustandsvariable:

$$S = -\left(\frac{\partial F}{\partial T}\right)_V, \quad \text{(a)} \qquad p = -\left(\frac{\partial F}{\partial V}\right)_T, \quad \text{(b)} \ldots \text{Zustandsgleichung} \qquad (14.4.20)$$

Potentiale:

$$U = F - T\left(\frac{\partial F}{\partial T}\right)_V, \quad \text{(a)} \qquad G = F - V\left(\frac{\partial F}{\partial V}\right)_T, \quad \text{(b)}$$

$$H = F - T\left(\frac{\partial F}{\partial T}\right)_V - V\left(\frac{\partial F}{\partial V}\right)_T. \quad \text{(c)} \qquad (14.4.21)$$

Wir kommen nun zu den Wärmekapazitäten. Für C_V gilt

$$C_V = \left(\frac{\partial U}{\partial T}\right)_V = -T\left(\frac{\partial^2 F}{\partial T^2}\right)_V. \qquad (14.4.22)$$

Die Berechnung der Wärmekapazität C_p gestaltet sich wesentlich komplizierter. Dazu gehen wir von (14.2.9) aus:

$$C_p = C_V + \left(\left(\frac{\partial U}{\partial V}\right)_T + p\right)\left(\frac{\partial V}{\partial T}\right)_p.$$

Nun müssen die auftretenden Differentialquotienten als Ableitungen von F dargestellt werden. Für $(\frac{\partial V}{\partial T})_p$ erhält man bei Verwendung von (14.4.16b) und der Kettenregel

$$\left(\frac{\partial V}{\partial T}\right)_p = -\left(\frac{\partial S}{\partial p}\right)_T = -\left(\frac{\partial S}{\partial V}\right)_T\left(\frac{\partial V}{\partial p}\right)_T = -\frac{(\frac{\partial S}{\partial V})_T}{(\frac{\partial p}{\partial V})_T}.$$

Die Ableitungen von p und S führen gemäß (14.4.8) auf zweite Ableitungen von F:

$$\left(\frac{\partial V}{\partial T}\right)_p = -\frac{\frac{\partial^2 F}{\partial V \partial T}}{\left(\frac{\partial^2 F}{\partial V^2}\right)_T}.$$

Der Differentialquotient $(\frac{\partial U}{\partial V})_T$ ergibt sich direkt aus (14.4.21a), so daß man schließlich die gesuchte Beziehung erhält:

$$C_p = C_V + T\frac{\left(\frac{\partial^2 F}{\partial V \partial T}\right)^2}{\left(\frac{\partial^2 F}{\partial V^2}\right)_T} \tag{14.4.23}$$

14.5 Historische Entwicklung

Der Begriff der Wärmemenge entstand im 18. Jahrhundert. Die Physiker stellten sich die Frage nach der Natur der Wärme, und ob sie sich auf grundlegendere Begriffe zurückführen ließe. In den folgenden hundert Jahren existierten zwei verschiedene Anschauungen, zwischen denen keine Entscheidung getroffen werden konnte. Nach der ersten war Wärme eine Substanz, nach der zweiten eine Bewegung.

Ein Anhänger der zweiten Anschauung war der Newton-Zeitgenosse *Robert Boyle* (1627–1691). Seine bedeutendste Entdeckung war die Aufstellung der Zustandsgleichung eines idealen Gases im Jahre 1662, weshalb dieses Gesetz auch als *Boylesches Gesetz* bekannt ist. Die Franzosen bezeichnen es hingegen als *Mariottesches Gesetz*, nach dem Abb"e *Edme Mariotte* (1620?–1684), der die fundamentale Beziehung im Jahre 1679 entdeckte.

Auch die Anschauung der Wärme als Substanz hatte bedeutende Fürsprecher. Einer davon war *Laplace*, und in seinem Buch über die Wärmeleitung faßte *Joseph Fourier* 1822 Wärme als unzerstörbare Substanz auf. Die Erkenntnis, daß Wärme eine Energieform sei, und die Aufstellung der beiden Hauptsätze gelang erst im Laufe des 19. Jahrhunderts, und ist vorwiegend mit den Namen Carnot, Mayer, Joule und Helmholtz verknüpft. Interessanterweise wurde der zweite Hauptsatz einige Zeit vor dem ersten Hauptsatz entdeckt, obwohl er problematischer ist.

Der zweite Hauptsatz geht auf den Franzosen *Sadi Carnot* (1796–1832) zurück. Carnot war Offizier und Ingenieur, und begann sich 1824 für Dampfmaschinen zu interessieren. Beim tieferen Studium der theoretischen Grundlagen stellte er die Frage, ob Arbeit aus Wärme, die von einer Temperatur auf die andere fällt, gewonnen werden könnte. Die Analyse dieses Problems führte ihn auf seinen berühmten Kreisprozeß, und damit zum Inhalt des zweiten Hauptsatzes.

Interessanterweise leitete Carnot seine Überlegungen teilweise aus einer falschen Voraussetzung ab. Er postulierte nämlich die Erhaltung der Wärme, was im Widerspruch zum Inhalt des damals noch nicht entdeckten ersten Hauptsatzes von der Erhaltung der Energie steht. Allerdings wurden Carnots Ergebnisse durch diesen Fehler kaum beeinträchtigt.

Diese Ergebnisse legte Carnot in dem 1824 erschienenen Bändchen *R" eflexions sur la puissance motrice du feu et sur les machines propres a d" evelopper cette puissance* (Betrachtungen über die bewegende Kraft des Feuers und die zur Entwicklung dieser Kraft geeigneten Maschinen) nieder. Dieses Meisterwerk blieb jedoch mehrere Jahre völlig unbeachtet.

1833 entdeckte der französische Ingenieur und Lehrer *Emile Clapeyron* (1799–1864) Carnots Werk, und gab den wesentlichsten Abschnitten eine mehr analytisch geprägte Form. Auf Clapeyron geht auch die Darstellung des Carnotschen Kreisprozesses im p, V-Diagramm zurück, wie sie heute üblich ist.

In dieser neuen Formulierung lernte *William Thomson* (1824–1907), der spätere *Lord Kelvin*, Carnots Vermächtnis kennen und schätzen. Thomson war ein Frühvollendeter. Mit 12 Jahren besuchte er bereits die Universität, mit 15 studierte er die damaligen theoretischen Gipfel der Physik, Lagranges *Méchanique analytique* und Fouriers *Théorie analytique de la chaleur.* Mit 22 war er bereits Professor an der Universität von Glasgow. Kurz nach seiner Berufung fiel Thomson Clapeyrons Abhandlung in die Hände. Er erkannte, daß sich mit Hilfe einer substanzunabhängigen Carnot-Maschine eine substanzunabhängige Temperaturdefinition bewerkstelligen läßt. Diesen Gedanken arbeitete er in der Folgezeit zusammen mit dem um sechs Jahre älteren Joule aus. Von Joule wird im Zusammenhang mit der Entdeckung des ersten Hauptsatzes noch die Rede sein.

Später betätigte sich Thomson als Unternehmer, wobei er ebenso erfolgreich war wie als Wissenschaftler. 1892 wurde er geadelt, und führte seitdem den Namen Lord Kelvin. Die Einheit der absoluten Temperatur trägt seinen Namen. Thomson gab auch treffende Formulierungen der beiden Hauptsätze. In seiner Schrift *Über die dynamische Theorie der Wärme* heißt es:

> *Wenn gleiche Mengen mechanischer Arbeit auf irgendeine Weise durch rein thermische Ursachen hervorgebracht oder für rein thermische Effekte verbraucht sind, so werden gleiche Mengen Wärme vernichtet oder erzeugt.*

> *Es ist unmöglich, mittels unbelebter Stoffe mechanische Arbeit aus einem Material zu erhalten, wenn man es unter die Temperatur des kältesten ihn umgebenden Körpers abkühlt.*

Für den ersten Hauptsatz der Thermodynamik standen im wesentlichen drei Männer Pate: *Robert Mayer* (1814–1878), *James Prescott Joule* (1818–1889) und *Hermann von Helmholtz* (1821–1894). Mayer war Mediziner, dem trotz Fehlens einer fundierten physikalischen Ausbildung erstaunliche Einsichten gelangen. Allerdings blieb er bei der Darstellung quantitativer Zusammenhänge ziemlich im Vagen. Der Nachweis einer quantitativen Beziehung zwischen Wärme und mechanischer Arbeit ist Joules Verdienst. Seine Stärke lag nicht in der Theorie - er verstand nur wenig Mathematik - sondern im experimentellen Bereich. Als Würdigung seiner Leistung trägt die Energieeinheit Joules Namen.

Als der bedeutendste in dem Dreigestirn darf Hermann v. Helmholtz angesehen werden. Helmholtz war Arzt, und versuchte sich sechsundzwanzigjährig zum erstenmal in der Physik mit einem Aufsatz, der auf den Überlegungen Mayers und Joules aufbaute, und der Maxwell Bewunderung abnötigte. Helmholtz war ähnlich vielseitig und erfolgreich wie Thomson, mit dem ihn auch eine lebenslange Freundschaft verband. 1855 wurde er als Anatomieprofessor nach Bonn berufen, 1870 folgte er einer Berufung als Physikprofessor nach Berlin. Er galt als der größte deutsche Physiker, wurde vom Kaiser geadelt und mit den Titeln Geheimrat und Exzellenz versehen.

Die Systematisierung und Vollendung der klassischen Thermodynamik geht im wesentlichen auf *Rudolf Clausius* (1822–1888) zurück. Als Achtundzwanzigjähriger hielt er vor der Preußischen Akademie der Wissenschaften in Berlin einen Vortrag über Thermodynamik, wo er Carnots Überlegungen mit dem ersten Hauptsatz der Thermodynamik in Einklang brachte (Carnot war von der Erhaltung der Wärme ausgegangen). Etwa zur selben Zeit begann er das Konzept der Entropie zu entwickeln, das er 1865 fertigstellte. Auf Clausius gehen auch verschiedene Formulierungen der beiden Hauptsätze zurück. In seiner 1850 erschienenen Abhandlung *Über die bewegende Kraft der Wärme und die Gesetze, welche sich daraus für die Wärmelehre selbst ableiten lassen* formulierte er den ersten Hauptsatz mit den Worten:

> ... *daß in allen Fällen, wo durch Wärme Arbeit entstehe, eine der erzeugten Arbeit proportionale Wärmemenge verbraucht werde, und daß umgekehrt durch Verbrauch einer ebenso großen Arbeit dieselbe Wärmemenge erzeugt werden könne.*

In einem zwanzig Jahre später gehaltenen Vortrag faßt er den zweiten Hauptsatz in der folgenden Gestalt:

> ... *Wärme nicht von selbst aus einem kälteren in einen wärmeren Körper übergehen kann.*

Eine noch wesentlich knappere, ebenfalls auf Claudius zurückgehende Einkleidung der beiden Hauptsätze lautet:

> *Die Energie der Welt ist konstant. Die Entropie der Welt strebt einem Maximum zu.*

14.6 Formelsammlung

Thermodynamischer Kalkül

Variablenwechsel: $\phi(X,Y) \to \phi(X,Z)$, mit $Y = Y(X,Z)$:

$$\left(\frac{\partial\phi}{\partial X}\right)_Z = \left(\frac{\partial\phi}{\partial X}\right)_Y + \left(\frac{\partial\phi}{\partial Y}\right)_X \left(\frac{\partial Y}{\partial X}\right)_Z, \quad \left(\frac{\partial\phi}{\partial Z}\right)_X = \left(\frac{\partial\phi}{\partial Y}\right)_X \left(\frac{\partial Y}{\partial Z}\right)_X$$

Legendretransformation: $\phi(X,Y) \to \phi_1(A,Y), \phi_2(X,B), \phi_3(A,B)$:

$$d\phi = AdX + BdY,$$

$$\phi_1 = \phi - AX, \quad d\phi_1 = -XdA + BdY,$$

$$\phi_2 = \phi - BY, \quad d\phi_2 = AdX - YdB,$$

$$\phi_3 = \phi - AX - BY, \quad d\phi_3 = -XdA - YdB,$$

$$X = -\left(\frac{\partial\phi_1}{\partial A}\right)_Y, \quad B = \left(\frac{\partial\phi_1}{\partial Y}\right)_A,$$

$$Y = -\left(\frac{\partial\phi_2}{\partial B}\right)_X, \quad A = \left(\frac{\partial\phi_2}{\partial X}\right)_B,$$

$$X = -\left(\frac{\partial\phi_3}{\partial A}\right)_B, \quad Y = \left(\frac{\partial\phi_3}{\partial B}\right)_A.$$

Erster Hauptsatz

$dU = \delta Q + \delta A$, bzw. $\oint dU = 0$ ... allgemeine Formulierung,

$dU = \delta Q - pdV$ ... spezielle Formulierung für spezielle Systeme.

Zweiter Hauptsatz

$$\delta Q = T\delta S, \text{ bzw. } \oint \frac{\delta Q}{T}.$$

Thermodynamische Potentiale U, H, F, G

$$dU = TdS - pdV, \quad \ldots \text{ innere Energie}$$

$$\left(\frac{\partial U}{\partial S}\right)_V = T, \quad \left(\frac{\partial U}{\partial V}\right)_S = -p,$$

$$H = U + pV, \quad dH = TdS + Vdp, \quad \ldots \text{ Enthalpie}$$

$$\left(\frac{\partial H}{\partial S}\right)_p = T, \quad \left(\frac{\partial H}{\partial p}\right)_S = V,$$

$$F = U - TS, \quad dF = -SdT - pdV, \quad \ldots \text{ Helmholtzsche freie Energie}$$

$$\left(\frac{\partial F}{\partial T}\right)_V = -S, \quad \left(\frac{\partial F}{\partial V}\right)_T = -p,$$

$$G = U + pV - TS, \quad dG = -SdT + Vdp, \quad \ldots \text{ Gibbssches Potential}$$

$$\left(\frac{\partial G}{\partial T}\right)_p = -S, \quad \left(\frac{\partial G}{\partial p}\right)_T = V.$$

Maxwell-Relationen

$$\left(\frac{\partial T}{\partial V}\right)_S = -\left(\frac{\partial p}{\partial S}\right)_V, \quad \left(\frac{\partial T}{\partial p}\right)_S = \left(\frac{\partial V}{\partial S}\right)_p,$$

$$\left(\frac{\partial S}{\partial V}\right)_T = \left(\frac{\partial p}{\partial T}\right)_S, \quad -\left(\frac{\partial S}{\partial p}\right)_T = \left(\frac{\partial V}{\partial T}\right)_p.$$

Ergänzende Relationen

$$\left(\frac{\partial S}{\partial T}\right)_V = \frac{1}{T}C_V, \quad \left(\frac{\partial S}{\partial T}\right)_p = \frac{1}{T}C_p, \quad \left(\frac{\partial p}{\partial V}\right)_T = -\frac{1}{V}K_T, \quad \left(\frac{\partial p}{\partial V}\right)_S = -\frac{1}{V}K_s.$$

15 Statistische Mechanik

Die Klassische Thermodynamik ist eine phänomenologische Theorie. Sie läßt sich axiomatisch formulieren, macht aber keine Aussagen über die Einzelheiten der betrachteten Systeme. Die Begründung der phänomenologischen Gesetze der Thermodynamik auf mikroskopischem Niveau ist Aufgabe der Statistischen Mechanik.

15.1 Die Ensemblevorstellung

15.1.1 Ensemble gleichartiger Systeme

In der Statistischen Mechanik verwendet man mit Vorteil die Ensemblevorstellung. Unter einem Ensemble versteht man eine Menge von N gleichartigen physikalischen Systemen, wobei N_j Systeme die Energie E_j, $j = 1,2,\ldots$ besitzen. Es müssen also stets die Beziehungen

$$\sum_j N_j = N, \quad \text{(a)} \qquad \sum_j N_j E_j = E \quad \text{(b)} \tag{15.1.1}$$

erfüllt sein, wobei E die Gesamtenergie des Ensembles bezeichnet. Bei einer quantentheoretischen Betrachtungsweise repräsentieren die diskreten Energien E_j die Energieeigenwerte. Wie wir später sehen werden, ist (15.1.1b) jedoch auch für das in der Klassischen Mechanik maßgebliche Energiekontinuum brauchbar.

Zur Verdeutlichung der Ensemblevorstellung betrachten wir ein klassisches ideales Gas aus N Teilchen, deren Wechselwirkung vernachlässigbar sein soll. Es existieren nun zwei Möglichkeiten der Beschreibung. Einerseits läßt sich das Gas als Ensemble von N Einzelsystemen auffassen, d.h. jedes Teilchen wird als ein System interpretiert. Andererseits läßt sich das Gas auch als ein einziges System mit N Teilchen auffassen. Beide Auffassungen sind in der Ensemblevorstellung enthalten.

Wir interessieren uns nun für die Anzahl der Realisierungsmöglichkeiten der Situation, daß sich N_j Systeme im Zustand E_j, $j = 1,2,\ldots$ befinden. Wir bezeichnen diese Anzahl mit $W_N(N_1,N_2,\ldots)$. Sie ist eine Funktion der diskreten Variablen $N_1,N_2,\ldots$. Für die Anzahl sämtlicher Realisierungsmöglichkeiten schreiben wir

$$\Omega(E,N) = \sum_{N_1,N_2,\ldots}^{(E,N)} W_N(N_1,N_2,\ldots) \tag{15.1.2}$$

Bei der Bildung der Funktion $\Omega(E,N)$ müssen natürlich die Nebenbedingungen (15.1.1) berücksichtigt werden, was in (15.1.2) als Summenobergrenze vermerkt wurde.

Physikalisch kann $W_N(N_1,N_2,\dots)$ als Maß für die Wahrscheinlichkeit der durch N_j angegebenen Verteilung der N Systeme auf die Energien E_j interpretiert werden. Der wahrscheinlichkeitstheoretische Aspekt ist ein Grundzug jeder statistischen Analyse. Die detaillierten physikalischen Abläufe im Mikrobereich sind unbekannt, weshalb über die „Besetzung" der Energien durch Systeme nur Wahrscheinlichkeitsaussagen gemacht werden können. (In der Quantenmechanik ist diese Unkenntnis sogar eine prinzipielle.)

$W_N(N_1,N_2,\dots)$ läßt sich mit Hilfe kombinatorischer Überlegungen berechnen. Im ersten Schritt nehmen wir an, daß genau N Energiezustände E_j, $j=1,\dots,N$ besetzt sind, d.h. daß ein Energiezustand nur jeweils von einem einzigen System angenommen wird. Speziell für die Energie E_N existieren dann N Besetzungsmöglichkeiten, da sie von jedem der N Systeme angenommen werden kann. Reserviert man ein ganz spezielles System für die Energie E_N, so bleiben $N-1$ Systeme für $N-1$ andere Energien über. Wir befinden uns somit wieder in der Ausgangssituation, allerdings nur mehr für $N-1$ Systeme und Energien. Man erkennt daraus

$$W_N(1_1,1_2,\dots,1_N) = N W_{N-1}(1_1,1_2,\dots 1_{N-1}),$$

und weiter durch fortlaufende Anwendung

$$W_N(1_1,1_2,\dots 1_N) = N!.$$

Wir gehen nun einen Schritt weiter, und reservieren zwei Systeme für die Energie E_1. Die Anzahl der Wahlmöglichkeiten ist durch

$$(N-1)+(N-2)+\dots+1 = \sum_{j=1}^{N-1}(N-j) = \frac{N(N-1)}{2}$$

gegeben. Nach Festlegung des Paares bleiben $N-2$ Systeme übrig, die auf die restlichen $N-2$ Energien verteilt werden können. Die obigen Überlegungen zeigen, daß dafür $(N-2)!$ Möglichkeiten existieren. Es gilt daher

$$W_N(2_1,1_2,\dots 1_N) = \frac{N(N-1)}{2}(N-2)!.$$

Reserviert man im dritten Schritt N_1 Systeme für die Energie E_1, so ist die Anzahl der Wahlmöglichkeiten durch

$$\binom{N}{N_1} = \frac{N!}{(N-N_1)!N_1!}$$

gegeben. Es bleiben dann $N-N_1$ Systeme für $N-N_1$ Energien übrig, wofür $(N-N_1)!$ Möglichkeiten existieren. Somit gilt

$$W_N(N_1,1_2,\dots 1_{N-N_1+1}) = \binom{N}{N_1}(N-N_1)! = \frac{N!}{N_1!}. \tag{15.1.3}$$

Eine analoge Vorgangsweise für die weiteren Besetzungszahlen ergibt die gesuchte Anzahl der Realisierungsmöglichkeiten:

$$W_N(N_1,N_2,\dots) = \frac{N!}{N_1!N_2!\dots}. \tag{15.1.4}$$

Für die Gesamtzahl aller Realisierungsmöglichkeiten erhält man daher

$$\Omega(E,N) = \sum_{N_1,N_2,\ldots}^{(E,N)} \frac{N!}{N_1!N_2!,\ldots}. \qquad (15.1.5)$$

Bei der Bildung von (15.1.4) muß natürlich (15.1.1a), bei jener von (15.1.5) (15.1.1a,b) berücksichtigt werden.

15.1.2 Gemischtes Ensemble

Bisher haben wir ein Ensemble aus gleichartigen Systemen betrachtet. Wir wollen nun verallgemeinernd unterschiedliche Systemsorten zulassen. Dazu beginnen wir mit zwei Systemsorten X und Y. Jede Systemsorte bildet ein Ensemble gleichartiger Systeme, wie es im letzten Abschnitt behandelt wurde: Das X-Ensemble besteht aus $N^{(X)}$ Systemen der Sorte X, die auf die Energien $E_j^{(X)}$ verteilt sind. Das Y-Ensemble wird durch $N^{(Y)}$ Systeme gebildet, die auf $E_j^{(Y)}$ Energien verteilt sind.

Wir fragen nun nach der Anzahl der Realisierungsmöglichkeiten W_{XY} des XY-Gesamtensembles. Da jede Energiebesetzung im Ensemble X mit jeder Energiebesetzung im Ensemble Y kombiniert werden kann, gilt

$$W_{XY}\left(N_1^{(X)},N_2^{(X)},\ldots N_1^{(Y)},N_2^{(Y)},\ldots\right) = W_X\left(N_1^{(X)},N_2^{(X)},\ldots\right)W_Y\left(N_1^{(Y)},N_2^{(Y)},\ldots\right), \qquad (15.1.6)$$

mit

$$W_X\left(N_1^{(X)},N_2^{(X)},\ldots\right) = \frac{N^{(X)}!}{N_1^{(X)}!N_2^{(X)}!\ldots}, \quad \text{(a)}$$

$$W_Y\left(N_1^{(Y)},N_2^{(Y)},\ldots\right) = \frac{N^{(Y)}!}{N_1^{(Y)}!N_2^{(Y)}!\ldots}. \quad \text{(b)} \qquad (15.1.7)$$

Die Randbedingungen (15.1.1) sind durch die Relationen

$$\sum_j N_j^{(X)} = N^{(X)}, \quad \text{(a)} \qquad \sum_j N_j^{(Y)} = N^{(Y)}, \quad \text{(b)} \qquad (15.1.8)$$

$$\sum_j \left(N_j^{(X)}E_j^{(X)} + N_j^{(Y)}E_j^{(Y)}\right) = E \qquad (15.1.9)$$

zu ersetzen.

15.2 Die kanonische Verteilung

Die wahrscheinlichste Verteilung der Systeme auf die vorgegebenen Energien wird durch das Maximum $\overline{W}_N$ aller $W_N(N_1,N_2,\ldots)$ charakterisiert. Die entsprechenden Werte von N_j bezeichnen wir mit $\overline{N}_j$. Man spricht in diesem Fall auch von einer *kanonischen Verteilung*. Das Maximum $\overline{W}_N$ ergibt sich als Lösung des Variationsproblems

$$\delta \ln W_N = 0, \qquad (15.2.1)$$

mit den Nebenbedingungen (15.1.1). Die Einführung des natürlichen Logarithmus hat rechentechnische Vorteile, die uns im weiteren Verlauf deutlich werden. Aus (15.1.4) folgt zunächst

$$\ln W_N = \ln N! - \ln \prod_j (N_j!) = \ln N! - \sum_j \ln(N_j!). \tag{15.2.2}$$

Für die weitere Verarbeitung dieser Gleichung beachten wir, daß N als sehr groß angenommen werden muß. Für große Argumente kann der unhandliche Term $\ln(N!)$ bequem durch die *Stirlingsche Formel* ausgedrückt werden:

$$\ln(N!) = N(\ln N - 1) + \frac{1}{2}\ln N + \ln\sqrt{2\pi} + O\left(\frac{1}{N}\right) \sim N(\ln N - 1). \tag{15.2.3}$$

Damit erhält man aus (15.2.2)

$$\ln W_N \sim N(N-1) - \sum_j N_j(\ln N_j - 1) = N\ln N - \sum_j N_j \ln N_j. \tag{15.2.4}$$

Da N fest gewählt ist, gilt

$$\delta N = 0, \qquad \sum_j \delta N_j = 0, \tag{15.2.5}$$

weshalb sich für die Variation von (15.2.4)

$$\delta \ln W_N = -\delta \sum_j N_j \ln N_j = -\sum_j (\ln N_j)\delta N_j \tag{15.2.6}$$

ergibt. Die Variationsaufgabe (15.2.1) mit den Nebenbedingungen (15.1.1) lautet daher endgültig

$$\sum_j (\ln N_j)\delta N_j = 0, \quad \text{(a)} \quad \sum_j \delta N_j = 0, \quad \text{(b)} \quad \sum_j E_j \delta N_j = 0. \quad \text{(c)} \tag{15.2.7}$$

Dies sind die Grundgleichungen zur Bestimmung der kanonischen Verteilung $\overline{N}_j$ und des Maximums $\overline{W}_N := W_N(\overline{N}_1, \overline{N}_2, \ldots)$.

Zur Lösung der Variationsaufgabe (15.2.7) verwendet man die *Methode der Lagrange-Parameter.* Wir betrachten zwei zunächst beliebige reelle Zahlen α und β, und multiplizieren (15.2.7b) mit $-\alpha$, sowie (15.2.7c) mit $-\beta$. Addiert man die so entstandenen Gleichungen zu (15.2.7a), so erhält man

$$\sum_j (\ln N_j + \alpha + \beta E_j)\delta N_j = 0. \tag{15.2.8}$$

Wegen der beiden Beziehungen (15.2.7b,c) sind zwei der Variationen δN_j von den übrigen Variationen abhängig. Ohne Beschränkung der Allgemeinheit können wir dafür die Variationen δN_1 und δN_2 wählen. Dann sind die Variationen N_j, $j \geq 3$ voneinander unabhängig, weshalb die Gleichungen (15.2.8) die Bedingungen

$$\ln N_j + \alpha + \beta E_j = 0, \quad j \geq 3 \tag{15.2.9}$$

implizieren. Die beiden Lagrange-Parameter α und β werden nun derart festgelegt, daß

$$\ln N_j + \alpha + \beta E_j = 0, \quad j = 1,2 \tag{15.2.10}$$

gilt. Insgesamt erhalten wir somit die Gleichungen

$$\ln N_j + \alpha + \beta E_j = 0, \quad j = 1,2,3,\ldots. \tag{15.2.11}$$

Ihre Lösung lautet

$$N_j = \mathrm{e}^{-\alpha-\beta E_j}, \quad j = 1,2,\ldots. \tag{15.2.12}$$

Setzt man dies in die Nebenbedingungen (15.1.1) ein, so folgt

$$\mathrm{e}^{-\alpha}\sum_j \mathrm{e}^{-\beta E_j} = N, \quad \text{(a)} \qquad \mathrm{e}^{-\alpha}\sum_j \mathrm{e}^{-\beta E_j} E_j = E. \quad \text{(b)} \tag{15.2.13}$$

Diese Relationen können als Bestimmungsgleichungen der Lagrange-Parameter aufgefaßt werden. Aus (15.2.13a) folgt

$$\mathrm{e}^{-\alpha} = \frac{N}{\sum_j \mathrm{e}^{-\beta E_j}},$$

und damit

$$\alpha = \ln \sum_j \mathrm{e}^{-\beta E_j} - \ln N. \tag{15.2.14}$$

Abschließend wollen wir die wahrscheinlichste Verteilung $\overline{W}_N$ berechnen. Aus (15.2.4) und (15.2.12) erhält man

$$\begin{aligned}
\overline{W}_N &= N\ln N - \sum_j \mathrm{e}^{-\alpha-\beta E_j} \ln\left(\mathrm{e}^{-\alpha-\beta E_j}\right) = \\
&= N\ln N + \sum_j (\alpha + \beta E_j)\mathrm{e}^{-\alpha-\beta E_j} = \\
&= N\ln N + \alpha\sum_j \mathrm{e}^{-\alpha-\beta E_j} + \beta\sum_j E_j \mathrm{e}^{-\alpha-\beta E_j} = \\
&= N\ln N + \alpha N + \beta E.
\end{aligned}$$

Einsetzen von α aus (15.2.14) liefert schließlich

$$\overline{W}_N = N\ln N + \ln\sum_j \mathrm{e}^{-\beta E_j} - N\ln N + \beta E = \ln\sum_j \mathrm{e}^{-\beta E_j} + \beta E. \tag{15.2.15}$$

15.3 Die Zustandssumme

Wir bezeichnen die Summe

$$Z(\beta) := \sum_j \mathrm{e}^{-\beta E_j} \tag{15.3.1}$$

als *Zustandssumme*. Sie repräsentiert die wichtigste Größe der statistischen Mechanik, da sich mit ihrer Hilfe die thermodynamischen Potentiale aus I/4 aufbauen lassen. Mit Hilfe der Zustandssumme gelingt also der Brückenschlag von der mikroskopischen zur phänomenologischen Betrachtung.

Zur Verdeutlichung dieser Aussage wollen wir die innere Energie U eines Systems auf mikroskopischer Grundlage analysieren. Es ist plausibel, sie als mittlere Energie pro System zu definieren, d.h.

$$U = \frac{E}{N}. \tag{15.3.2}$$

Einsetzen von (15.2.13) liefert dann mit (15.3.1)

$$U = \frac{\sum\limits_j E_j \mathrm{e}^{-\beta E_j}}{\sum\limits_j \mathrm{e}^{-\beta E_j}} = -\frac{\partial}{\partial\beta} \ln \sum_j \mathrm{e}^{-\beta E_j} = -\frac{\partial}{\partial\beta} \ln Z. \tag{15.3.3}$$

Die innere Energie U eines Systems kann also tatsächlich mit Hilfe der Zustandssumme Z beschrieben werden. Da Z meistens im Zusammenhang mit dem natürlichen Logarithmus auftritt, empfiehlt sich die Enführung der Abkürzung

$$X := \ln Z. \tag{15.3.4}$$

Damit lautet (15.3.3)

$$U = -X_{,\beta}. \tag{15.3.5}$$

Die bisherigen Überlegungen sind formaler Natur, da die physikalische Bedeutung des Parameters β noch nicht geklärt ist. Als Vorbereitung dazu benötigen wir das totale Differential von $X = X(\beta, E_j)$:

$$dX = X_{,\beta} + X_{,E_j} dE_j. \tag{15.3.6}$$

Wegen (15.3.5) läßt sich dafür auch

$$dX = -U d\beta + X_{,E_j} dE_j = -d(U\beta) + \beta dU + X_{E_j} dE_j \tag{15.3.7}$$

schreiben. Ferner gilt

$$X_{,E_j} dE_j = X_{,Z} Z_{,E_j} dE_j = -\beta \frac{1}{Z} \sum_j \mathrm{e}^{-\beta E_j} dE_j. \tag{15.3.8}$$

Dieser Term ist physikalisch interpretierbar. Dazu erinnern wir an den ersten Hauptsatz

$$dU = \delta Q + \delta A.$$

An einem System infinitesimale Arbeit zu leisten bedeutet nichts anderes, als seine Energiestufen E_j um infinitesimale Beträge dE_j zu verschieben. Um den Zusammenhang zwischen δA und dE_j quantitativ zu fassen, benötigen wir die Wahrscheinlichkeit w_j, mit der sich ein System im Zustand E_j befindet. Sie ist durch

$$w_j = \frac{N_j}{N} \tag{15.3.9}$$

gegeben. Man beachte die aus dieser Definition folgende Relation

$$\sum_j w_j = 1. \tag{15.3.10}$$

Setzt man in (15.3.9) die Ausdrücke (15.2.12) und (15.2.13a) für N_j und N ein, so erhält man

$$w_j = \frac{\mathrm{e}^{-\beta E_j}}{\sum\limits_l \mathrm{e}^{-\beta E_l}} = \frac{1}{Z}\mathrm{e}^{-\beta E_j}. \tag{15.3.11}$$

Mit Hilfe der Wahrscheinlichkeiten w_j lautet die am System durch Verschiebung der Energien E_j geleistete Arbeit

$$\delta A = \sum_j w_j dE_j = \sum_j \frac{\mathrm{e}^{-\beta E_j}}{Z} dE_j. \tag{15.3.12}$$

Einsetzen in (15.3.7) liefert wegen (15.3.8)

$$dX + d(U\beta) = \beta dU - \beta\delta A,$$

und somit

$$d(X + U\beta) = \beta\delta Q, \tag{15.3.13}$$

wobei wir im letzten Schritt den ersten Hauptsatz verwendet haben. Auf der linken Seite steht ein totales Differential, weshalb auch die rechte Seite ein totales Differential repräsentiert. β ist somit der integrierende Faktor für δQ. Mit Hilfe der Entropiedefinition $dS = \delta Q/T$, und der Abkürzung

$$Y := X + U\beta \tag{15.3.14}$$

läßt sich (15.3.13) auch in der Form

$$dY = (\beta T)dS \tag{15.3.15}$$

schreiben. Daher ist Y allein von S abhängig. Verschärfend läßt sich zeigen, daß der Differentialquotient dY/dS eine Konstante ist. Es gilt

$$\frac{dY}{dS} = \frac{1}{k}, \tag{15.3.16}$$

wobei k die *Boltzmann-Konstante* bezeichnet. Diese Überlegung läßt sich sehr einfach aus der Ensembletheorie für unterschiedliche Systemsorten herleiten, worauf wir hier nicht näher eingehen wollen. Einsetzen von (15.3.16) in (15.3.15) liefert schließlich den gesuchten Zusammenhang

$$\beta = \frac{1}{kT}. \tag{15.3.17}$$

Damit lautet die fundamentale Größe der statistischen Mechanik

$$Z = \sum_j \mathrm{e}^{-\frac{E_j}{kT}}. \tag{15.3.18}$$

Bisher haben wir uns auf ein Ensemble N gleichartiger Systeme beschränkt. Wie sieht nun die Zustandsfunktion Z_{AB} eines aus zwei Systemsorten A und B bestehenden gemischten Ensembles aus? Dazu hat man von den Beziehungen (15.1.6) - (15.1.9) auszugehen. Eine zu den obigen Überlegungen völlig analoge Analyse liefert dann

$$Z_{AB} = Z_A Z_B, \tag{15.3.19}$$

mit

$$Z_A = \sum_j \mathrm{e}^{-\frac{E_j^{(A)}}{kT}}, \qquad Z_B = \sum_j \mathrm{e}^{-\frac{E_j^{(B)}}{kT}}. \tag{15.3.20}$$

15.4 Die thermodynamischen Zustandsgrößen aus statistischer Sicht

Im letzten Abschnitt haben wir gezeigt, daß die innere Energie U eines Systems vollständig mit Hilfe der Zustandssumme Z beschrieben werden kann. In diesem Abschnitt werden wir zeigen, daß dies für alle thermodynamischen Potentiale gilt, womit man Z als eine die gesamte thermodynamische Systeminformation enthaltende Größe erkennt. Vorher wollen wir jedoch noch die berühmte *Boltzmannsche Hypothese* formulieren, die sich sofort aus den obigen Überlegungen ableiten läßt.

15.4.1 Die Boltzmannsche Hypothese

Durch Integration der Gleichung (15.3.16) und Rücksubstitution auf die Zustandssumme Z erhält man

$$S = kY + c = k\left(X + \frac{U}{kT}\right) + c = k\ln Z + \frac{U}{T} + c. \qquad (15.4.1)$$

Dabei bezeichnet c eine beliebige Integrationskonstante. Es läßt sich nun zeigen, daß c keinerlei physikalische Bedeutung hat, weshalb man (15.4.1) in der Form

$$S = k\ln Z + \frac{U}{T} \qquad (15.4.2)$$

schreiben kann. Die Entropie S_{ges} des gesamten Ensembles beträgt dann

$$S_{\text{ges}} = NS = N\left(k\ln Z + \frac{U}{T}\right). \qquad (15.4.3)$$

Wir betrachten nun die wahrscheinlichste Verteilung $\overline{W}_N$ aus (15.2.15), und ersetzen dort die Energie E durch die innere Energie U:

$$\ln\overline{W}_N = N\ln Z + \frac{E}{kT} = N\left(\ln Z + \frac{U}{kT}\right). \qquad (15.4.4)$$

Ein Vergleich von (15.4.4) mit (15.4.3) liefert

$$S_{\text{ges}} = k\ln\overline{W}_N. \qquad (15.4.5)$$

Weiter läßt sich zeigen, daß $\overline{W}_N$ der weitaus dominierende Anteil der Summe (15.1.2) ist, es gilt also näherungsweise

$$\Omega(E,N) \sim \overline{W}_N. \qquad (15.4.6)$$

(Ein Beweis findet sich z.B. in [51].) Daher kann (15.4.6) auch in der Gestalt

$$S_{\text{ges}} = k\ln\Omega \qquad (15.4.7)$$

formuliert werden. Dies ist die Boltzmannsche Hypothese. Ihr wird in der Statistik eine ähnlich fundamentale Rolle zugeschrieben, wie den Maxwellgleichungen in der Elektrodynamik.

15.4.2 Die thermodynamischen Potentiale

In Abschnitt 14.4 haben wir gesehen, daß jedes thermodynamische Potential die volle thermodynamische Information enthält, und daß man bei Kenntnis der Helmholtzschen freien Energie F die anderen Potentiale und Wärmekapazitäten rechentechnisch bequem ermitteln kann. Die entsprechenden Ergebnisse sollen hier nochmals zusammengefaßt werden:

$$S = -\left(\frac{\partial F}{\partial T}\right)_V, \quad \text{(a)} \quad p = -\left(\frac{\partial F}{\partial V}\right)_T, \quad \text{(b)} \tag{15.4.8}$$

$$U = F + TS, \quad \text{(a)} \quad G = F + pV, \quad \text{(b)} \quad H = U + pV. \quad \text{(c)} \tag{15.4.9}$$

Es zeigt sich nun, daß F als Funktion der Temperatur und der Zustandssumme Z dargestellt werden kann. Dazu gehen wir von (15.4.2) aus, und bilden

$$F = U - TS.$$

Dann erhält man sofort

$$F = -kT \ln Z. \tag{15.4.10}$$

Für S, p, U, G, H ergibt sich damit aus (15.4.8) und (15.4.9)

$$S = k\left(\frac{\partial}{\partial T}\ln Z\right)_V, \quad \text{(a)} \quad p = kT\left(\frac{\partial}{\partial V}\ln Z\right)_T, \quad \text{(b)} \tag{15.4.11}$$

$$\begin{aligned} U &= kT^2\left(\frac{\partial}{\partial T}\ln Z\right)_V, \quad \text{(a)} \quad G = kT\left\{-\ln Z + V\left(\frac{\partial}{\partial V}\ln Z\right)_T\right\}, \quad \text{(b)} \\ H &= kT\left\{T\left(\frac{\partial}{\partial T}\ln Z\right)_V + V\left(\frac{\partial}{\partial V}\ln Z\right)_T\right\}. \quad \text{(c)} \end{aligned} \tag{15.4.12}$$

Damit ist die Verbindung zwischen statistischer Betrachtung und phänomenologischer Thermodynamik vollzogen.

15.5 Das klassische Einteilchen-System

Den bisherigen Überlegungen lag die allgemeine Ensemblevorstellung zugrunde. In den beiden folgenden Abschnitten wollen wir die allgemeinen Betrachtungen auf das Einteilchen- und das Vielteilchensystem anwenden.

15.5.1 Das Teilchen im Potentialtopf

Wir beginnen mit dem einfachsten, aus einem einzigen Teilchen bestehenden System, das sich in einem Würfel der Seitenlänge a frei bewegen soll.

Im Inneren des Würfels ist die potentielle Energie Null, am Rand soll sie divergieren. Diese idealisierte Annahme wird als *Potentialtopf* bezeichnet. Die Energie des Teilchens wird daher nicht durch die ausschließlich impulsabhängige kinetische Energie

$$E(p_x, p_y, p_z) = \frac{1}{2m}\left(p_x{}^2 + p_y{}^2 + p_z{}^2\right) \tag{15.5.1}$$

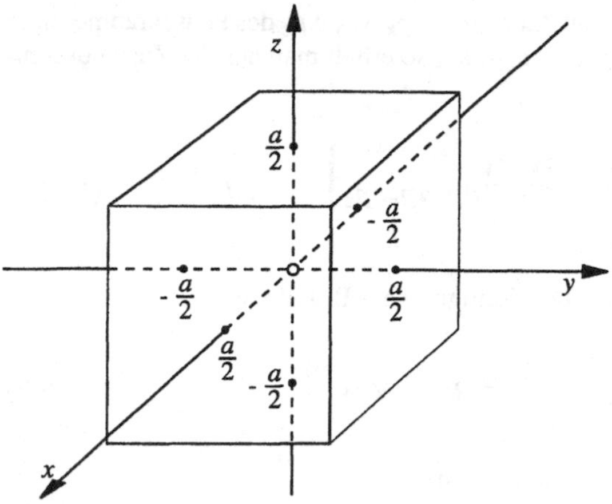

Bild 15.1

definiert, sondern es muß auch die vom Rand herrührende Ortsabhängigkeit berücksichtigt werden. Die Vereinigung von Impuls- und Ortsraum bezeichnet man als *Phasenraum*. Für das betrachtete einzelne Teilchen wird er durch die Koordinaten x, y, z, p_x, p_y, p_z beschrieben, ist also sechsdimensional. Bei der Bildung der Zustandssumme kann die Ortsabhängigkeit der Energie durch eine Gewichtsfunktion berücksichtigt werden. Dazu zerlegen wir den sechsdimensionalen Phasenraum in lauter infinitesimale Elementarzellen $\Delta x \, \Delta y \, \Delta z \Delta p_x \Delta p_y \Delta p_z$, die durch die sechs diskreten „Koordinaten" $j, l, m, \mu, \nu, \sigma$ lokalisiert werden. Dann läßt sich die Zustandssumme Z ohne Beschränkung der Allgemeinheit in der Gestalt

$$Z = \sum_{j,l,m} \sum_{\mu,\nu,\sigma} g^{jlm}_{\mu\nu\sigma} \mathrm{e}^{-\frac{E_{\mu\nu\sigma}}{kT}} \tag{15.5.2}$$

schreiben. Dabei bezeichnet $g^{jlm}_{\mu\nu\sigma}$ das zunächst nicht näher festgelegte „Gewicht" der Energie

$$E_{\mu\nu\sigma} = \frac{1}{2m}\left(p_x^{(\mu)^2} + p_y^{(\nu)^2} + p_z^{(\sigma)^2}\right). \tag{15.5.3}$$

Es ist nun plausibel, das Gewicht in der Gestalt

$$g^{jlm}_{\mu\nu\sigma} = g_0 \Delta x \, \Delta y \, \Delta z \Delta p_x \Delta p_y \Delta p_z \tag{15.5.4}$$

anzusetzen, wobei g_0 eine beliebige Konstante bedeutet: Das Gewicht der in einer Elementarzelle des Phasenraumes befindlichen „freien" Energiezustände (15.5.3) ist proportional zur Größe der Elementarzelle. Im folgenden Abschnitt wollen wir diese Zustandssumme, und die daraus resultierenden thermodynamischen Potentiale explizit berechnen.

15.5.2 Die Zustandsgrößen

Aus (15.5.2) folgt nach Einsetzen der Gewichtsfunktion und der freien Energie

$$Z = g_0 \sum_{j,l,m} \sum_{\mu,\nu,\sigma} \mathrm{e}^{-\frac{\left(p_x^{(\mu)^2} + p_y^{(\nu)^2} + p_z^{(\sigma)^2}\right)}{2mkT}} \Delta x \, \Delta y \, \Delta z \Delta p_x \Delta p_y \Delta p_z . \tag{15.5.5}$$

Geht man vom makroskopischen Volumselement $\Delta x \Delta y \Delta z \Delta p_x \Delta p_y \Delta p_z$ des Phasenraumes zum infinitesimalen Volumselement $dx\, dy\, dz\, dp_x\, dp_y\, dp_z$ über, so erhält man aus der Zustandssumme (15.5.5) das *Zustandsintegral*

$$Z = g_0 \int\limits_{-\frac{a}{2}}^{\frac{a}{2}} \int\limits_{-\frac{a}{2}}^{\frac{a}{2}} \int\limits_{-\frac{a}{2}}^{\frac{a}{2}} \left\{ \int\limits_{-\infty}^{+\infty} \int\limits_{-\infty}^{+\infty} \int\limits_{-\infty}^{+\infty} \mathrm{e}^{\frac{-({p_x}^2+{p_y}^2+{p_z}^2)}{2mkT}} dp_x dp_y dp_z \right\} dx\, dy\, dz. \tag{15.5.6}$$

Die Berechnung dieses Integrals gelingt bei Berücksichtigung der Beziehung

$$\int\limits_{-\infty}^{+\infty} \mathrm{e}^{-cx^2} dx = \sqrt{\frac{\pi}{c}}, \quad c \in R, \quad c \neq 0. \tag{15.5.7}$$

Man erhält so für das Zustandsintegral die einfache Formel

$$Z = g_0 V (2\pi mkT)^{\frac{3}{2}}, \quad \text{mit } V = a^3. \tag{15.5.8}$$

Durch $\ln Z$ sind bekanntlich die wichtigsten thermodynamischen Zustandsgrößen eindeutig festgelegt. Unter Beachtung der Beziehungen (15.4.10) und (15.4.11) folgt

$$S = \frac{3}{2} k \ln T + \frac{3}{2} k + k \ln \left\{ g_0 V (2\pi mk)^{\frac{3}{2}} \right\}, \quad \text{(a)}$$

$$p = \frac{kT}{V}, \quad \text{(b)} \qquad U = \frac{3}{2} kT, \quad \text{(c)} \tag{15.5.9}$$

$$F = -\frac{3}{2} kT \ln T - kT \ln \left\{ g_0 V (2\pi mk)^{\frac{3}{2}} \right\}. \quad \text{(d)}$$

15.5.3 Die Maxwell-Boltzmannsche Geschwindigkeitsverteilung

Wir erinnern an die Definition der kanonischen Wahrscheinlichkeit (15.3.11). Setzt man hier für die Energie die freie Energie ein, so muß die Ortsabhängigkeit der tatsächlichen Energie wieder durch die Gewichtsfunktion berücksichtigt werden. Man erhält so

$$w_{\mu\nu\sigma}^{jlm} = \frac{1}{Z} g_{\mu\nu\sigma}^{jlm} \mathrm{e}^{-\frac{E_{\mu\nu\sigma}}{kT}}. \tag{15.5.10}$$

Einsetzen von Gewichtsfunktion und freier Energie liefert nach dem Übergang zum Kontinuum

$$w dx\, dy\, dz\, dp_x\, dp_y\, dp_z = \frac{1}{Z} \mathrm{e}^{\frac{-({p_x}^2+{p_y}^2+{p_z}^2)}{2mkT}} g_0 dx\, dy\, dz\, dp_x\, dp_y\, dp_z. \tag{15.5.11}$$

w kann als *Aufenthaltswahrscheinlichkeitsdichte* des Systems *im Phasenraum* interpretiert werden. Aus der Aufenthaltswahrscheinlichkeitsdichte w im Phasenraum läßt sich die *Aufenthaltswahrscheinlichkeitsdichte im Ortsraum* w_O, und die *Aufenthaltswahrscheinlichkeitsdichte im Impulsraum* w_I durch

$$w_O = \int\limits_{-\infty}^{+\infty} \int\limits_{-\infty}^{+\infty} \int\limits_{-\infty}^{+\infty} w dp_x dp_y dp_z, \quad \text{(a)} \quad w_I = \int\limits_{-\frac{a}{2}}^{\frac{a}{2}} \int\limits_{-\frac{a}{2}}^{\frac{a}{2}} \int\limits_{-\frac{a}{2}}^{\frac{a}{2}} w dx\, dy\, dz \quad \text{(b)} \tag{15.5.12}$$

definieren. Für w_I folgt aus (15.5.11) und (15.5.8)

$$w_I(p_x, p_y, p_z) = (2\pi mkT)^{-\frac{3}{2}} e^{\frac{-(p_x{}^2+p_y{}^2+p_z{}^2)}{2mkT}}. \tag{15.5.13}$$

Dies ist die *Maxwell-Boltzmannsche Geschwindigkeitsverteilung* für ein einzelnes Teilchen. Man beachte, daß sich der Faktor $g_0 V$ herausgehoben hat.

15.6 Das klassische Vielteilchensystem

Abschließend wollen wir als Beispiel eines Vielteilchensystems ein ideales klassisches Gas bei Vernachlässigung von Wechselwirkungen zwischen den Partikeln betrachten. Wie wir schon in Abschnitt 1 besprochen haben, kann es auf zweierlei Arten analysiert werden. Man kann das Gas als ein aus N Teilchen bestehendes Einzelsystem ansehen, oder als Hypersystem von N Untersystemen, wobei jedes Untersystem durch ein einziges Teilchen repräsentiert wird. Die zweite Anschauung ist legitim, da wir die Vernachlässigbarkeit von Wechselwirkungen postuliert haben, und die N Untersysteme als gleichartige Systeme im Sinne der Ensembledefinition angesehen werden können.

Wir wollen hier der zweiten Anschauung folgen. Dann ist die Zustandssumme des Hypersystems durch

$$Z = (Z_0)^N \tag{15.6.1}$$

gegeben, wobei Z_0 jene eines Einzelsystems bezeichnet. Aus (15.4.10) - (15.4.13) erkennt man, daß die thermodynamischen Potentiale und der Druck alle durch $\ln Z$ definiert sind. Wegen

$$\ln Z = N \ln Z_0 \tag{15.6.2}$$

folgt, daß die Größen S, p, U, F, G, H des Vielteilchensystmes aus jenen des Einteilchensystems $S_0, p_0, U_0, F_0, G_0, H_0$ durch Multiplikation mit N hervorgehen:

$$S = NS_0, \quad U = NU_0, \quad F = NF_0, \quad H = NH_0, \quad G = NG_0. \tag{15.6.3}$$

Dieselben Verhältnisse ergeben sich auch dann, wenn man der ersten Interpretation folgt, und das Gas als ein Einzelsystem aus N Partikeln betrachtet, wobei die Herleitung allerdings mühsamer ist. Die Ergebnisse (15.6.3) scheinen auf den ersten Blick plausibel, stehen aber nicht alle im Einklang mit dem Experiment. Es gilt nämlich, daß die ein ideales Gas beschreibenden Größen linear mit der Partikelzahl N zunehmen müssen. Für die aus (15.6.3) folgende Entropie ist dies jedoch nicht der Fall. Ausführlich angeschrieben lautet die Entropie eines aus N Teilchen bestehenden klassischen Gases wegen (15.5.9a)

$$S = \frac{3}{2} Nk(\ln T + 1) + Nk \ln V + Nk \ln \left(\frac{\sqrt{2\pi mk}}{h} \right)^3. \tag{15.6.4}$$

Wegen des Boyle-Mariotteschen Gesetzes gilt

$$V = \frac{kT}{p} N,$$

womit der zweite Term in (15.6.4) das Wachstum $Nk \ln N$ aufweist. Er weicht also von der geforderten Linearität ab. Dieser Widerspruch kann erst im Rahmen der Quantenstatistik geklärt werden. Dort zeigt sich, daß die richtige Beziehung für die Entropie aus (15.6.3) durch Streichen des Termes $Nk \ln N$ hervorgeht.

15.7 Historische Entwicklung

Etwa ab der Mitte des 19. Jh. versuchten die Physiker eine Rückführung thermodynamischer Begriffsbildungen auf die Klassische Mechanik. Nach einigen Jahrzehnten erkannte man, daß dies nur mit gewissen Einschränkungen möglich ist, wobei der Klassischen Mechanik fremde statistische Gesichtspunkte berücksichtigt werden müssen.

In seiner Arbeit *Über die Art der Bewegung, welche wir Wärme nennen* verwendete Clausius die Vorstellung von Molekülen als komplex strukturierte, aus Atomen aufgebaute Teilchen. Er stellte sich die Frage, wie die Schwingungen der Atome nebst zusätzlichen Rotationen der Moleküle zum Druck und zur Wärme beitragen. In diesem Zusammenhang machte er erstmals quantitative Aussagen über die Abmessung von Molekülen, und die mittlere freie Weglänge.

Clausius' Arbeit inspirierte Maxwell zur intensiven Beschäftigung mit diesem Problemkreis, wobei er neben seinen Ergebnissen in der Elektrizitätslehre weitere Triumphe feiern konnte. 1859 gelang ihm die Aufstellung der Geschwindigkeitsverteilung von Molekülen eines Gases. In dieser Arbeit formulierte Maxwell auch den Gleichverteilungssatz, wonach die kinetische Energie pro Freiheitsgrad für alle Teilchen im thermischen Gleichgewicht gleich ist.

Die weitere Entwicklung der statistischen Mechanik ist mit dem Namen von *Ludwig Boltzmann* (1844–1906) verbunden. Bei Verwendung eines geeigneten Molekülmodells läßt sich der erste Hauptsatz der Thermodynamik auf Effekte der Klassischen Mechanik zurückführen, nämlich auf die Gesetze des elastischen Stoßes. Boltzmann versuchte nun eine ähnliche Rückführung des zweiten Hauptsatzes. Dabei stand er jedoch gleich am Beginn vor einem großen Problem: nach dem zweiten Hauptsatz nimmt die Entropie eines abgeschlossenen Systems mit der Zeit zu, womit die Existenz eines Zeitpfeils verbunden ist. Dagegen sind die Gesetze der Klassischen Mechanik zeitinvariant. Konnte man makroskopisch irreversible Prozesse durch mikroskopisch reversible Prozesse erklären? Einen ersten Anlauf unternahm Boltzmann 1866, wobei er sich allerdings auf reversible Prozesse beschränkte. 1871 gelang ihm ein großer Schritt mit der Entdeckung der nach ihm benannten „Boltzmannverteilung". Ein Jahr später schuf er die langersehnte Verbindung zwischen Thermodynamik und statistischer Mechanik. Allerdings enthielt sein Beweis einige unklare Punkte (Ergodenhypothese), die in der Folgezeit Ursachen für kritische Auseinandersetzungen mit anderen Physikern und Mathematikern sein sollten.

In der Zwischenzeit war Maxwell zu der Ansicht gekommen, daß der zweite Hauptsatz ein statistisches Gesetz sei, das sich nur im Rahmen der Wahrscheinlichkeitsrechnung behandeln ließe. Diese Anschauung war fundamental - Boltzmann hatte sich in seinen Arbeiten nicht auf statistische Argumente, sondern ausschließlich auf die Klassische Mechanik gestützt. Da der zweite Hauptsatz nach Maxwells Ansicht nur mit einer wenn auch sehr großen Wahrscheinlichkeit gültig war, konnte er zumindest im Prinzip verletzt werden. In einem Brief an Lord Rayleigh schreibt er 1870 unter anderem: „Der zweite Hauptsatz der Thermodynamik hat den gleichen Wahrheitsgehalt wie die Feststellung, daß man, schüttet man ein Glas Wasser ins Meer, nicht dasselbe Glas Wasser wieder herausholen kann."

Daß sich Boltzmann zur gleichen Ansicht bekannte, zeigt seine Arbeit von 1877, wo er einen Beweis seines Verteilungssatzes weitgehend auf der Basis statistischer Argumentation durchführte.

Zu einem gewissen Abschluß kam die Statistische Mechanik durch den amerikanischen Physiker *Josiah Willard Gibbs* (1839–1903). Er studierte Maschinenbau, und erwarb den zweiten Doktortitel, der in den Vereinigten Staaten verliehen wurde. Nach einem Europaaufenthalt wurde Gibbs zum Professor für mathematische Physik an der Universität Yale berufen. 1901 erschien sein Buch *Elementary Principles of Statistical Mechanics*, wo er die statistische Mechanik in eine elegante, knappe Form brachte.

15.8 Formelsammlung

Ensemble

$$W_N(N_1,N_2,\ldots) = \frac{N!}{N_1!N_2!\ldots}, \quad \Omega(E,N) = \sum_{N_1,N_2,\ldots}^{(E,N)} \frac{N!}{N_1!N_2!\ldots},$$

mit

$$\sum_j N_j = N, \qquad \sum_j N_j E_j = E;$$

$$W_{XY}\left(N_1^{(X)},N_2^{(X)},\ldots N_1^{(Y)},N_2^{(Y)},\ldots\right) = W_X\left(N_1^{(X)},N_2^{(X)},\ldots\right)W_Y\left(N_1^{(Y)},N_2^{(Y)},\ldots\right),$$

mit

$$W_X\left(N_1^{(X)},N_2^{(X)},\ldots\right) = \frac{N^{(X)}!}{N_1^{(X)}!N_2^{(X)}!\ldots}, \quad W_Y\left(N_1^{(Y)},N_2^{(Y)},\ldots\right) = \frac{N^{(Y)}!}{N_1^{(Y)}!N_2^{(Y)}!\ldots}.$$

Kanonische Verteilung

Grundgleichungen:
$$\sum_j \ln N_j \delta N_j = 0, \quad \sum_j \delta N_j = 0, \quad \sum_j E_j \delta N_j = 0;$$

Lösungen:
$$N_j = \mathrm{e}^{-\alpha-\beta E_j}, \quad N = \mathrm{e}^{-\alpha}\sum_j \mathrm{e}^{-\beta E_j},$$

$$E = \mathrm{e}^{-\alpha}\sum_j \mathrm{e}^{-\beta E_j} E_j,$$

$$\overline{W}_N = \ln \sum_j \mathrm{e}^{-\beta E_j} + \beta E.$$

Boltzmann-Hypothese

$$S = k \ln \Omega(E,N) \sim k \ln \overline{W}_N.$$

Zustandssumme, thermodynamische Potentiale, Entropie

$$Z(\beta) = \sum_j \mathrm{e}^{-\beta E_j}, \qquad \beta = \frac{1}{kT}, \qquad k = 1.3806 \cdot 10^{-23} JK^{-1},$$

$$F = -kT \ln Z, \qquad U = kT^2 \left(\frac{\partial}{\partial T} \ln Z\right)_V,$$

$$G = kT\left\{-\ln Z + V\left(\frac{\partial}{\partial V}\ln Z\right)_T\right\},$$

$$H = kT\left\{T\left(\frac{\partial}{\partial T}\ln Z\right)_V + V\left(\frac{\partial}{\partial V}\ln Z\right)_T\right\},$$

$$S = k\left(\frac{\partial}{\partial T} T \ln Z\right)_V.$$

Klassisches Einteilchensystem

$$Z = g_0 V (2\pi mkT)^{\frac{3}{2}}$$

$$W = \frac{g_0}{Z} \mathrm{e}^{\frac{-(p_x{}^2+p_y{}^2+p_z{}^2)}{2mkT}} dx\, dy\, dz\, dp_x\, dp_y\, dp_z$$

... Phasenraumwahrscheinlichkeitsdichte

$$w_O = \int w dp_x dp_y dp_z \qquad w_I = \int w\, dx\, dy\, dz$$

... Ortsraumwahrscheinlichkeitsdichte ... Impulsraumwahrscheinlichkeitsdichte

$$w_I = w_I(p_x, p_y, p_z) = (2\pi mkT)^{-\frac{3}{2}} \mathrm{e}^{\frac{-(p_x{}^2+p_y{}^2+p_z{}^2)}{2mkT}}$$

... Maxwell-Boltzmannsche Geschwindigkeitsverteilung

Klassisches Vielteilchensystem

$$Z = \left\{ g_0 V (2\pi mkT)^{\frac{3}{2}} \right\}^N .$$

Quantentheorie

Teil VI
Quantenmechanik

Die Quantenmechanik bildet die theoretische Grundlage einer Beschreibung der physikalischen Vorgänge im atomaren Bereich. Sie läßt sich in die *nichtrelativistische* (für niederenergetische Problemstellungen ausreichende) und die *relativistische* Quantenmechanik unterteilen.

Die erste Formulierung der nichtrelativistischen Quantenmechanik gelang W. *Heisenberg* (1901–1976) mit seiner *Matrizenmechanik*, wo die *Heisenbergsche Unschärfe* als fundamentales Postulat benützt wird. 1926 erschienen E. *Schrödingers* (1887–1961) erste Arbeiten zu seiner *Wellenmechanik*, wobei sich Heisenbergs Postulat als Konsequenz des Wellencharakters der Materie erwies. Später erkannte man beide Theorien als äquivalente Formulierungen ein und derselben Sachverhalte. Ihre abstrakte Formulierung geschieht unter Benützung der Theorie linearer Operatoren im Hilbertraum.

Der Schöpfer der relativistischen Quantenmechanik ist P.A.M. *Dirac* (1902–1984). Seine berühmte Gleichung zeigt die Existenz des (bereits früher hypothetisch eingeführten) Elektronenspins und jene des Positrons auf.

16 Nichtrelativistische Quantenmechanik

16.1 Experimentelle Grundlagen

Am Beginn des 20. Jahrhunderts zeigten verschiedene Experimente die Unzulänglichkeit der klassischen Mechanik für mikroskopische Verhältnisse auf. Sie werden in jedem Standardwerk der Quantenmechanik ausführlich besprochen, weshalb wir uns hier mit einer skizzenhaften Darstellung begnügen.

Die Doppelnatur des Lichtes

Im 19. Jahrhundert dominierte die Wellenvorstellung des Lichtes, die in Maxwells elektromagnetischer Feldtheorie ihren krönenden Abschluß fand. Am Beginn dieses Jahrhunderts ließen verschiedene Versuche (photoelektrischer Effekt, Comptoneffekt) wiederum einen Teilchencharakter des Lichtes vermuten. Man sah sich somit zu einer dualistischen Beschreibung gezwungen: je nach Beobachtung muß Licht durch Teilchen (Lichtquanten = Photonen) oder Wellen beschrieben werden. Dabei handelt es sich bei den Photonen um Teilchen mit der Ruhemasse Null (eine endliche Ruhemasse würde bei einer Bewegung mit Lichtgeschwindigkeit eine unendlich große Masse ergeben).

A. *Einstein* (1879–1955) gelang die Zuordnung zwischen den für die Wellenauffassung maßgeblichen Größen (Frequenz ω und Wellenvektor $\boldsymbol{k}$) und den für die Teilchenbeschreibung notwendigen Größen (Energie und Impuls) in der Form

$$E = \hbar\omega, \qquad \boldsymbol{p} = \hbar\boldsymbol{k}, \tag{16.1.1}$$

mit $\hbar = h/2\pi$ und dem *Planckschen Wirkungsquantum*

$$h = 6.626 \cdot 10^{-34}\,\mathrm{J\,s}\,. \tag{16.1.2}$$

Die De Broglie'sche Hypothese

Die dualistische Auffassung des Lichtes regte *De Broglie* dazu an, der bislang als Teilchen betrachteten Materie einen Wellencharakter zuzuschreiben. 1924 hatte er die Idee, die Einsteinschen Beziehungen (16.1.2) für die Materiewellen zu übernehmen. Für ein Teilchen der Ruhemasse m, dem Impuls $\boldsymbol{p}$ und der damit verbundenen kinetischen Energie $E = p^2/2m$ postulierte er die Gültigkeit von

$$E = \hbar\omega, \qquad \boldsymbol{p} = m\boldsymbol{v} = \hbar\boldsymbol{k}, \tag{16.1.3}$$

womit jedem Materieteilchen eine durch ω und $\boldsymbol{k}$ definierte Welle zugeordnet ist. Wegen der Winzigkeit des Planckschen Wirkungsquantums sind die auftretenden Wellenlängen extrem klein. Sie kommen erst im atomaren Bereich zur Geltung. Aus der Beziehung zwischen kinetischer Energie und Impuls folgt aus (16.1.1) ein Zusammenhang zwischen Frequenz und Wellenvektor:

$$\omega = \frac{1}{\hbar}\frac{p^2}{2m} = \frac{\hbar}{2m}k^2. \qquad (16.1.4)$$

(16.1.4) stellt eine *Dispersionsbeziehung* dar, d.h. es existiert eine Abhängigkeit zwischen Wellenvektor und Frequenz. Materiewellen sind also auch im leeren Raum dispersionsbehaftet. Es sei nochmals darauf hingewiesen, daß (16.1.4) aus den De Broglie-Beziehungen und der Interpretation von E als kinetische Energie resultiert.

Die Heisenbergsche Unschärfe

Aus dem Wellencharakter der Materie und der De Broglie'schen Hypothese folgerte Heisenberg eine prinzipielle Unschärfe für Orts- und Impulsangaben, d.h. die Unmöglichkeit einer gleichzeitigen Meßbarkeit, die nicht in der Unzulänglichkeit der Meßapparatur begründet liegt, sondern naturgegeben ist. Es gilt

$$\Delta p_x \cdot \Delta x \geq \hbar. \qquad (16.1.5)$$

Daher kann auch die Newtonsche Grundgleichung im atomaren Bereich nicht mehr gelten, da sie für einen bestimmten Zeitpunkt die gleichzeitige Angabe von Ort und Impuls als Anfangsbedingung benötigt.

Der Versuch von Davisson und Germer

1927 stellten *Davisson* und *Germer* beim Durchgang eines Elektronenstrahls durch eine Blendenöffnung Beugungserscheinungen fest, die den Interferenzeigenschaften des Lichtes ähnlich waren. Damit wurde die De Broglie'sche Hypothese und die inzwischen von Schrödinger entwickelte Wellenmechanik experimentell bestätigt.

Der Stern-Gerlach Versuch

1921 zeigten *Stern* und *Gerlach*, daß ein Strahl neutraler Silberatome beim Durchgang durch ein inhomogenes Magnetfeld in zwei getrennte Teilstrahlen aufgespalten wird. Dieses Ergebnis stand im Widerspruch zur klassischen Physik, nach der eine Verbreiterung des Strahles, entsprechend der Stärke des Magnetfeldes zu erwarten stand. Es lag die Annahme nahe, daß das magnetische Moment des Silberatoms nur zwei zueinander entgegengesetzte Einstellungen zum Feld erlaubt, d.h. es liegt eine Richtungsquantelung des Drehimpulses vor.

Der Spin

Weitere Experimente, die im Rahmen der klassischen Physik nicht erklärbar waren (Einstein-De Haas Versuch, Dublettaufspaltung) veranlaßten *Goudsmit* und *Uhlenbeck* zu der Hypothese eines Spins (1925). Danach besitzt jedes Elektron einen inneren Drehimpuls (Spin) der Größe $\hbar/2$, und somit ein magnetisches Moment von einem *Bohrschen Magneton*

$$\mu_B = |e|\hbar/2mc. \qquad (16.1.6)$$

16.2 Die Schrödingergleichung

Wir suchen nun ein quantenmechanisches Analogon zur Newtonschen Grundgleichung. Eine derartige Gleichung muß folgende Eigenschaften aufweisen:

1) als Lösungen sollen sich Wellen ergeben (wie dies durch die Experimente gefordert wird), d.h. räumlich und zeitlich periodische Verläufe der Form

$$\sin(\boldsymbol{k}\cdot\boldsymbol{r}-\omega t),\quad \cos(\boldsymbol{k}\cdot\boldsymbol{r}-\omega t),\quad \exp(i(\boldsymbol{k}\cdot\boldsymbol{r}-\omega t)),\quad \exp(-i(\boldsymbol{k}\cdot\boldsymbol{r}-\omega t)) \tag{16.2.1}$$

bzw. Überlagerungen davon,

2) es soll die De Broglie'sche Hypothese gelten.

16.2.1 Die Schrödingergleichung für ein freies Teilchen

Wir betrachten ein mit keinerlei Kraftfeldern wechselwirkendes Teilchen der Masse m. Die Forderung 1 legt den Ansatz einer partiellen Differentialgleichung nahe. In der klassischen Physik tritt die Wellengleichung

$$\frac{\partial^2}{\partial t^2}\psi(\boldsymbol{r},t)=\mu\Delta\psi(\boldsymbol{r},t) \tag{16.2.2}$$

mit der Konstanten μ auf, und es ist naheliegend, zunächst die Tauglichkeit dieser Struktur für die quantenmechanischen Verhältnisse zu überprüfen. Setzt man Wellen der Gestalt (16.2.1) in (16.2.2) ein, so erkennt man, daß es sich genau dann um Lösungen handelt, wenn die Beziehung

$$\mu=\omega^2/k^2 \tag{16.2.3}$$

mit $k := |\boldsymbol{k}|$ gilt, d.h. die Forderung 1 ist mit der klassischen Wellengleichung erfüllbar. Die Gültigkeit der De Broglie'schen Beziehungen würde jedoch zusätzlich

$$\mu=\frac{\omega^2}{k^2}=\frac{E^2}{p^2}=\frac{p^2}{4m^2}=\frac{\hbar^2k^2}{4m^2} \tag{16.2.4}$$

erfordern, d.h. Wellenvektor und Frequenz der Welle müßten stets konstant sein, womit die Differentialgleichung nur für ein Teilchen mit einem bestimmten, vorgegebenen Impuls, nicht jedoch für Teilchen mit beliebigem Impuls erfüllt werden könnte. Die klassische Wellengleichung kann daher der Forderung 2 nicht genügen.

Wir betrachten nun die Differentialgleichung

$$\frac{\partial}{\partial t}\psi(\boldsymbol{r},t)=\mu\Delta\psi(\boldsymbol{r},t). \tag{16.2.5}$$

Setzt man (16.2.1) in (16.2.5) ein, so erkennt man sofort, daß die reellwertigen Funktionen keine Lösungen von (16.2.5) darstellen, wohl aber die komplexen Exponentialfunktionen, falls

$$\mu=+\frac{i\omega}{k^2} \tag{16.2.6}$$

gilt. Einsetzen der Broglie'schen Beziehungen liefert

$$\mu=+\frac{i\hbar}{2m}, \tag{16.2.7}$$

d.h. μ enthält nicht mehr die Größe $\boldsymbol{p}$, die Wellengleichung gilt somit für beliebigen Impuls. Wählt man in (16.2.7) das positive Vorzeichen (die physikalischen Aussagen werden dadurch nicht beeinflußt), so erhält man aus (16.2.5) nach Multiplikation mit $i\hbar$ schließlich

$$i\hbar\frac{\partial}{\partial t}\psi(\boldsymbol{r},t) = -\frac{\hbar^2}{2m}\Delta\psi(\boldsymbol{r},t). \tag{16.2.8}$$

Dies ist die *Schrödingergleichung für ein freies Teilchen*. Es handelt sich um eine partielle Differentialgleichung zweiter Ordnung, deren Lösung durch die konkreten Rand- und Anfangsbedingungen mitbestimmt wird. Im Unterschied zur klassischen Wellengleichung tritt also nicht die zweite, sondern die erste Zeitableitung auf. Weiter ist die Konstante μ nicht reell, sondern komplex. Als Folge davon stellen Real- und Imaginärteil der komplexen Exponentialfunktion keine Lösungen mehr dar: die Lösung muß also komplexwertig sein! Nach der *Bornschen Deutung* der Quantenmechanik bedeutet

$$w(\boldsymbol{r},t) := |\psi(\boldsymbol{r},t)|^2 \tag{16.2.9}$$

die *Aufenthaltswahrscheinlichkeitsdichte* des Teilchens, während ψ als *Wellenfunktion* bezeichnet wird. Als Konsequenz dieser Deutung folgt

$$\int\limits_{\mathbb{R}^3} w(\boldsymbol{r},t)d^3r = \int\limits_{\mathbb{R}^3} |\psi(\boldsymbol{r},t)|^2\ddot{\boldsymbol{r}} = 1, \tag{16.2.10}$$

d.h. die Wahrscheinlichkeit, das Teilchen irgendwo im Raum anzutreffen, ist gleich 1. Man bezeichnet (16.2.10) auch als *Normierungsbedingung* der Wellenfunktion.

Für die Lösung der Gleichung (16.2.8) beachten wir, daß quantenmechanische Problemstellungen prinzipiell Freiraumprobleme sind (solange nicht eine Wechselwirkung als Randbedingung formuliert wird (z.B. Potentialwall)), d.h. der zugrundeliegende Raum ist der gesamte $\mathbb{R}^3$, die Randbedingungen sind qualitativer Natur (siehe dazu Kapitel 27). Da die Zeitableitung erster Ordnung ist, existiert nur eine einzige Anfangsbedingung $\psi(\boldsymbol{r},0) = \psi_0(\boldsymbol{r})$. Die Lösung von (16.2.8) lautet somit

$$\psi(\boldsymbol{r},t) = \int c(\boldsymbol{k}) \exp i(\boldsymbol{k}\cdot\boldsymbol{r} - \omega(\boldsymbol{k})t)d^3k, \tag{16.2.11}$$

mit

$$c(\boldsymbol{k}) = \int \psi_0(\boldsymbol{r}) \exp(-i\boldsymbol{k}\cdot\boldsymbol{r})\ddot{\boldsymbol{r}}. \tag{16.2.12}$$

Wir zeigen nun, daß sich die Heisenbergsche Unschärferelation zwingend aus den Welleneigenschaften der Materie ergibt. Zunächst folgt aus der Theorie der Fourierintegrale, daß eine stark lokalisierte Glockenkurve im Ortsraum als Fouriertransformierte stets eine schwach lokalisierte Kurve im $\boldsymbol{k}$-Raum aufweist, und umgekehrt. Es ist also nicht möglich, daß eine stark lokalisierte Kurve auch eine derartige Fouriertransformierte besitzt. Wegen $\boldsymbol{p} = \hbar\boldsymbol{k}$ sind diese Verhältnisse sofort auf Ort und Impuls übertragbar, d.h. starke Lokalisierung des Ortes entspricht großer Impulsschärfe und umgekehrt. Die Extremfälle sind durch die ebene Welle ($c(\boldsymbol{k}) = \delta(\boldsymbol{k} - \boldsymbol{k}_0)$: scharfer Impuls, völlige Unbestimmtheit des Ortes) und das punktförmige Wellenpaket ($\psi(\boldsymbol{r},0) = \delta(\boldsymbol{r} - \boldsymbol{r}_0)$: scharfe Lokalisierung des Ortes, völlige Unbestimmtheit des Impulses) gegeben.

16.2.2 Die Schrödingergleichung für ein Teilchen im konservativen Kraftfeld

Wir suchen eine Verallgemeinerung der Gleichung (16.2.8) für ein Teilchen in einem durch ein rein ortsabhängiges Potential $V(\boldsymbol{r})$ definierten, konservativen Kraftfeld. Dazu betrachten wir eine ebene Welle $\psi(\boldsymbol{r},t) = \exp i(\boldsymbol{k}\cdot\boldsymbol{r} - \omega t)$ mit scharfem Impuls. Wendet man den Differentialoperator $-i\hbar\nabla$ auf ψ an, so folgt

$$-i\hbar\nabla\psi(\boldsymbol{r},t) = \hbar\boldsymbol{k}\psi(\boldsymbol{r},t). \tag{16.2.13}$$

Die Anwendung des Operators $-i\hbar\nabla$ auf eine Wellenfunktion mit scharfem Impuls ergibt also genau den Zahlenwert des Impulses. Dies legt die Deutung von $-i\hbar\nabla$ als *Impulsoperator*

$$\hat{\boldsymbol{p}} := -i\hbar\nabla \tag{16.2.14}$$

nahe. Wendet man die für die kinetische Energie gültige nichtrelativistische Beziehung $E = p^2/2m$ auf den Impulsoperator $\hat{\boldsymbol{p}}$ an, so erhält man den *Operator der kinetischen Energie*

$$\hat{T} := \frac{\hat{\boldsymbol{p}}^2}{2m} = -\frac{\hbar^2}{2m}\Delta. \tag{16.2.15}$$

Dies ist gerade der auf der rechten Seite von (16.2.8) auftretende Operator. Seine Anwendung auf die obige Wellenfunktion ergibt bei Berücksichtigung der Dispersionsbeziehung

$$\hat{T}\psi(\boldsymbol{r},t) = \hbar\omega\psi(\boldsymbol{r},t), \tag{16.2.16}$$

man erhält also wiederum den scharf definierten Zahlenwert der kinetischen Teilchenenergie. Mit Hilfe von $\hat{T}$ kann die Schrödingergleichung (16.2.8) in der Form

$$i\hbar\frac{\partial}{\partial t}\psi(\boldsymbol{r},t) = \hat{T}\psi(\boldsymbol{r},t) \tag{16.2.8$'$}$$

geschrieben werden. Die Gesamtenergie eines Teilchens im konservativen Kraftfeld setzt sich bekanntlich aus seiner kinetischen Energie und seiner potentiellen Energie zusammen. Daher liegt für die gesuchte Erweiterung von (16.2.8) der Ansatz

$$i\hbar\frac{\partial}{\partial t}\psi(\boldsymbol{r},t) = (\hat{T}(\boldsymbol{p}) + V(\boldsymbol{r}))\psi(\boldsymbol{r},t) \tag{16.2.17}$$

nahe. In dieser Form wurde die Gleichung von E. Schrödinger 1926 (ein Jahr vor dem Versuch von Davisson und Germer) aufgestellt. Für alles Weitere wollen wir sie in der Gestalt

$$i\hbar\frac{\partial}{\partial t}\psi(\boldsymbol{r},t) = \hat{H}(\boldsymbol{p},\boldsymbol{r})\psi(\boldsymbol{r},t) \tag{16.2.18}$$

schreiben, wobei $\hat{H}$ den die Gesamtenergie des quantenmechanischen Systems beschreibenden *Hamiltonoperator* bezeichnet. Im Fall eines rein ortsabhängigen Potentials gilt

$$\hat{H}(\boldsymbol{p},\boldsymbol{r}) = \hat{T}(\boldsymbol{p}) + V(\boldsymbol{r}), \tag{16.2.19}$$

in Übereinstimmung mit der Darstellung (16.2.17), während für allgemeinere Fälle der Hamiltonoperator unter Benützung des kanonischen Formalismus konstruiert werden muß (siehe dazu Abschnitt 16.7).

16.2.3 Die Schrödingergleichung aus mathematischer und physikalischer Sicht

Zunächst beschäftigen wir uns mit der Lösung der allgemeinen Schrödingergleichung (16.2.18). Da der Hamiltonoperator nicht explizit von der Zeit abhängt, kann die Lösungsfunktion als Produkt

$$\psi(\boldsymbol{r},t) = \psi(\boldsymbol{r})\mathrm{e}^{-i\omega t} \tag{16.2.20}$$

angesetzt werden. Setzt man (16.2.20) in (16.2.18) ein, so kürzt sich auf beiden Seiten der die Zeit beinhaltende Exponentialanteil heraus, und man erhält mit $E = \hbar\omega$ die *zeitunabhängige Schrödingergleichung*

$$\hat{H}(\boldsymbol{r},\boldsymbol{p})\psi(\boldsymbol{r}) = E\psi(\boldsymbol{r}). \tag{16.2.21}$$

Es handelt sich dabei um eine Eigenwertgleichung: die zulässigen Energien eines quantenmechanischen Systems sind durch die Eigenwerte des Hamiltonoperators gegeben. Wie wir später noch genauer ausführen werden, ist $\hat{H}$ stets hermitesch, sein Spektrum daher stets reell (in Übereinstimmung mit der physikalischen Situation). Nach den Ausführungen von Kapitel 27 lautet die Lösung von (16.2.18) im Fall eines diskreten Spektrums von H

$$\psi(\boldsymbol{r},t) = \sum_n c_n\psi_n(\boldsymbol{r})\exp\left(-i\frac{E_n}{\hbar}t\right), \tag{16.2.22a}$$

mit

$$c_n = \int \psi_0(\boldsymbol{r})\overset{*}{\psi}_n(\boldsymbol{r})\ddot{\boldsymbol{r}}, \tag{16.2.22b}$$

und im Falle eines kontinuierlichen Spektrums

$$\psi(\boldsymbol{r},t) = \int c(\boldsymbol{k})\psi(\boldsymbol{k},\boldsymbol{r})\exp\left(-i\frac{E(\boldsymbol{k})}{\hbar}t\right)d^3k, \tag{16.2.23a}$$

mit

$$c(\boldsymbol{k}) = \int \psi_0(\boldsymbol{r})\overset{*}{\psi}(\boldsymbol{k},\boldsymbol{r})\ddot{\boldsymbol{r}}. \tag{16.2.23b}$$

Nach diesem kurzen mathematischen Exkurs betrachten wir die Schrödingergleichung (16.2.18) nochmals aus physikalischer Sicht. Da $\hat{H}$ den Operator der Gesamtenergie repräsentiert, muß dies auch für den Operator $i\hbar\partial/\partial t$ gelten, womit (16.2.18) als Gleichsetzung zweier Energieoperatoren interpretiert werden kann. Für ein Teilchen im konservativen Kraftfeld stellt (16.2.18) ein quantenmechanisches Analogon zum klassischen Energiesatz

$$T(\boldsymbol{p}) + V(\boldsymbol{r}) = \text{konst.} := E$$

in Operatorform dar.

Falls es sich bei (16.2.18) tatsächlich um eine der Newtonschen Grundgleichung entsprechende Gleichung auf quantenmechanischer Ebene handelt, so muß die Wellenfunktion $\psi(\boldsymbol{r},t)$ die gesamte dynamische Systeminformation beinhalten. Im nächsten Abschnitt beschäftigen wir uns u.a. mit der Ableitung dieser Informationen aus der Wellenfunktion.

16.3 Erwartungswerte und Operatoren

Wie die obigen Ausführungen gezeigt haben, können den mechanischen Größen Impuls und Energie entsprechende Operatoren zugeordnet werden. Im Falle einer scharfen Meßbarkeit ergibt sich der Zahlenwert dieser Größen aus der Anwendung der korrespondierenden Operatoren auf die Wellenfunktion. Diese Aussagen lassen sich auf allgemeine mechanische Größen übertragen.

16.3.1 Jordansche Regeln. Hermitesche Operatoren

Jeder physikalischen Größe, die in der klassischen Mechanik als Funktion von Ort und Impuls gegeben ist, wird in der Quantenmechanik ein hermitescher Operator zugeordnet. Dabei gelten die beiden folgenden *Jordanschen Regeln*:

1. Regel: *Der experimentelle Meßwert einer physikalischen Größe L wird durch den* **Erwartungswert** $\langle A\rangle$ *des zugehörigen Operators* $\hat{A}$ *durch*

$$\langle A\rangle := \int \overset{*}{\psi}(\boldsymbol{r},t)\hat{A}\psi(\boldsymbol{r},t)\ddot{\boldsymbol{r}} \tag{16.3.1}$$

definiert.

2. Regel: *Die Operatoren für Ort* $\boldsymbol{r}$ *und Impuls* $\boldsymbol{p}$ *lauten*

$$\hat{\boldsymbol{r}} := \boldsymbol{r}, \quad \text{(a)} \qquad \hat{\boldsymbol{p}} := -i\hbar\nabla. \quad \text{(b)} \tag{16.3.2}$$

Den einer beliebigen mechanischen Größe $A(\boldsymbol{r},\boldsymbol{p},t)$ zugeordneten Operator $\hat{A}(\boldsymbol{r},\boldsymbol{p},t)$ findet man durch Ersetzung der Orts- und Impulsvariablen durch die entsprechenden Operatoren:

$$\hat{A} := A(\hat{\boldsymbol{r}},\hat{\boldsymbol{p}},t) = A(\boldsymbol{r},\hat{\boldsymbol{p}},t). \tag{16.3.3}$$

Bevor wir uns mit der Konstruktion der wichtigsten Operatoren beschäftigen, diskutieren wir kurz die verwendeten Begriffsbildungen. Eine fundamentale Forderung an alle quantenmechanischen Operatoren ist ihre *Hermitizität*. Damit ist gewährleistet, daß ihr Spektrum und die Erwartungswerte reell sind, im Einklang mit der physikalischen Interpretation dieser Größen. Aus (16.3.1) erkennt man, daß im Falle $\hat{A}\psi = a\psi$ die Erwartungswerte von $\hat{A}$ durch die Elemente des Spektrums von $\hat{A}$ gegeben sind. In diesem Fall gilt also $\langle A\rangle = a$.

Wir wollen nun die etwas formal anmutende Definition (16.3.1) genauer begründen. Dazu betrachten wir zunächst den Erwartungswert

$$\langle\boldsymbol{r}\rangle = \int \overset{*}{\psi}(\boldsymbol{r},t)\boldsymbol{r}\psi(\boldsymbol{r},t)\ddot{\boldsymbol{r}} = \int \boldsymbol{r}|\psi(\boldsymbol{r},t)|^2\ddot{\boldsymbol{r}} = \int \boldsymbol{r}w(\boldsymbol{r},t)\ddot{\boldsymbol{r}}. \tag{16.3.4}$$

Die durch (16.3.1) induzierte Berechnung von $\langle\boldsymbol{r}\rangle$ stellt sich somit als Mittelung (Integration) von $\boldsymbol{r}$, gewichtet mit der Aufenthaltswahrscheinlichkeitsdichte $|\psi(\boldsymbol{r},t)|^2$ dar. Für $\langle\boldsymbol{p}\rangle$ erhält man dagegen nach einigen Umformungen mit Hilfe von Fouriertransformationen und der Verwendung der Delta-Funktion

$$\begin{aligned}\langle\boldsymbol{p}\rangle &= \int \overset{*}{\psi}(\boldsymbol{r},t)(-i\hbar\nabla)\psi(\boldsymbol{r},t)\ddot{\boldsymbol{r}} = (2\pi)^3\hbar\int c(\boldsymbol{k})\boldsymbol{k}c(\boldsymbol{k})d^3k \\ &= (2\pi)^3\int \boldsymbol{p}|c(\boldsymbol{k})|^2 d^3k.\end{aligned} \tag{16.3.5}$$

Man erkennt, daß $\langle\boldsymbol{p}\rangle$ im $\boldsymbol{k}$-Raum dieselbe Struktur wie $\langle\boldsymbol{r}\rangle$ im Ortsraum aufweist. Die Berechnung von $\langle\boldsymbol{p}\rangle$ stellt sich somit als Mittelung (Integration) von $\boldsymbol{p}$, gewichtet mit der die Wahrscheinlichkeitsdichte im $\boldsymbol{k}$-Raum repräsentierenden Funktion $|c(\boldsymbol{k})|^2$ dar.

Klassische Größe	Quantenmechanischer Operator
$\boldsymbol{r}$	$\boldsymbol{r}$
$\boldsymbol{p}$	$\hat{\boldsymbol{p}} = -i\hbar\nabla$
$T(\boldsymbol{p})$	$\hat{T} = -\frac{\hbar^2}{2m}\Delta$
$V(\boldsymbol{r})$	$V(\boldsymbol{r})$
$H(\boldsymbol{r},\boldsymbol{p}) = T(\boldsymbol{p}) + V(\boldsymbol{r})$	$\hat{H} = \hat{T} + V = -\frac{\hbar^2}{2m}\Delta + V$
$\boldsymbol{L} = \boldsymbol{r} \times \boldsymbol{p}$	$\hat{\boldsymbol{L}} = -i\hbar(\boldsymbol{r} \times \nabla)$
$L^2 = L_x{}^2 + L_y{}^2 + L_z{}^2$	$\hat{L}^2 = \hat{L}_x{}^2 + \hat{L}_y{}^2 + \hat{L}_z{}^2$

Bild 16.1

Obenstehende Übersicht zeigt die Korrespondenz zwischen den wichtigsten mechanischen Größen und den zugeordneten Operatoren der Quantenmechanik.

Es sei darauf hingewiesen, daß die zweite Jordan-Regel nicht immer eindeutig ist, da bei Operatoren i.a. die Reihenfolge eine Rolle spielt. Man transformiert vertauschbare (kommutierende) Zahlen in nichtvertauschbare (nichtkommutierende) Operatoren. Die Situation ist ähnlich wie bei der *Komma-Semikolon-Regel* (siehe Kapitel 7), wo kommutierende partielle Ableitungen in nicht kommutierende kovariante Ableitungen übersetzt werden. In beiden Fällen wird durch eine formale Vorgangsweise eine höher entwickelte Theorie aus einer elementareren abzuleiten versucht, wobei die Transformation in beiden Fällen oft nicht eindeutig ist. Um Eindeutigkeit zu erhalten ist physikalische Intuition in Verbindung mit experimenteller Bestätigung notwendig.

16.3.2 Gleichzeitige Meßbarkeit. Kommutator und Antikommutator

Bisher haben wir nur die Unmöglichkeit einer gleichzeitigen Meßbarkeit von Ort und Impuls besprochen. Es stellt sich nun die Frage, wie es sich mit der gleichzeitigen Meßbarkeit zweier beliebiger mechanischer Größen verhält. Dazu betrachten wir den durch

$$[\hat{A},\hat{B}] := \hat{A}\hat{B} - \hat{B}\hat{A} \tag{16.3.6}$$

definierten *Kommutator* der Operatoren $\hat{A}$ und $\hat{B}$. Mit seiner Hilfe läßt sich die gleichzeitige Meßbarkeit zweier physikalischer Größen A und B charakterisieren:

> *Zwei physikalische Größen A und B sind genau dann gleichzeitig meßbar, wenn der Kommutator der zugeordneten Operatoren $\hat{A}$ und $\hat{B}$ verschwindet.*

Zum Beweis dieser Aussage zeigen wir zunächst, daß aus der gleichzeitigen Meßbarkeit das Verschwinden des Kommutators folgt. Die gleichzeitige Meßbarkeit erfordert, daß in beiden Fällen die Wellenfunktion eine Eigenfunktion des entsprechenden Operators ist, d.h. es muß gelten

$$\hat{A}\psi = a\psi, \quad \text{(a)} \qquad \hat{B}\psi = b\psi. \quad \text{(b)} \tag{16.3.7}$$

Wendet man auf (16.3.7a) den Operator $\hat{B}$ an, so erhält man $\hat{B}\hat{A}\psi = a\hat{B}\psi = ab\psi$. Wendet man auf (16.3.7b) den Operator $\hat{A}$ an, so folgt in gleicher Weise $\hat{A}\hat{B}\psi = b\hat{A}\psi = ba\psi$. Daraus erhält man wegen $ab = ba$ $(\hat{A}\hat{B} - \hat{B}\hat{A}) = 0$.

Wir zeigen nun, daß umgekehrt aus dem Verschwinden des Kommutators die gleichzeitige Meßbarkeit folgt. Zunächst gilt wegen $\hat{A}\hat{B} - \hat{B}\hat{A} = 0$ für jede beliebige Funktion ψ: $\hat{A}\hat{B}\psi = \hat{B}\hat{A}\psi$. Falls ψ eine Eigenfunktion von $\hat{A}$ ist, so gilt $\hat{A}(\hat{B}\psi) = a(\hat{B}\psi)$, weshalb auch $\psi' := \hat{B}\psi$ eine Eigenfunktion von $\hat{A}$ sein muß. Bei einem nichtentarteten Eigenwert ist dies nur dann möglich, wenn ψ' ein Vielfaches von ψ ist, woraus man $\hat{B}\psi = b\psi$ folgert.

Für spätere Anwendungen benötigen wir auch den Antikommutator $[\hat{A},\hat{B}]_+$ zweier Operatoren $\hat{A}$ und $\hat{B}$. Er ist durch

$$[\hat{A},\hat{B}]_+ := \hat{A}\hat{B} + \hat{B}\hat{A} \tag{16.3.8}$$

definiert. Da das Produkt und die Summe hermitescher Operatoren wieder einen hermiteschen Operator ergibt, sind die Operatoren $[\hat{A},\hat{B}]$ und $[\hat{A},\hat{B}]_+$ hermitesch, falls $\hat{A}$ und $\hat{B}$ hermitesch sind.

16.3.3 Die zeitliche Änderung von Erwartungswerten

Wir betrachten die zeitliche Änderung des Erwartungswertes $\langle A\rangle$ einer Observablen A. Nach der Kettenregel gilt

$$\frac{d}{dt}\langle A\rangle = \frac{d}{dt}\int \overset{*}{\psi}\,\hat{A}\psi\ddot{r} = \int \overset{*}{\psi}\,\dot{\hat{A}}\psi\ddot{r} + \int \overset{*}{\psi}\,\hat{A}\dot{\psi}\ddot{r} + \int \dot{\overset{*}{\psi}}\hat{A}\psi\ddot{r}.$$

Setzt man die aus der Schrödingergleichung folgenden Beziehungen

$$\dot{\psi} = \frac{1}{i\hbar}\hat{H}\psi \qquad \dot{\overset{*}{\psi}} = -\frac{1}{i\hbar}\hat{H}\,\overset{*}{\psi}$$

ein, so folgt

$$\frac{d}{dt}\langle A\rangle = \int \overset{*}{\psi}\,\dot{\hat{A}}\psi\ddot{r} + \frac{1}{i\hbar}\int \overset{*}{\psi}\,\hat{A}\hat{H}\psi\ddot{r} - \frac{1}{i\hbar}\int(\hat{H}\,\overset{*}{\psi})\hat{A}\psi\ddot{r}.$$

Wegen der Hermitizität von H läßt sich das letzte Integral in der Gestalt

$$\int \overset{*}{\psi}\,\hat{H}\hat{A}\psi\ddot{r}$$

schreiben, womit man

$$\frac{d}{dt}\langle A\rangle = \int \overset{*}{\psi}\,\dot{\hat{A}}\psi\ddot{r} + \frac{1}{i\hbar}\left(\int \overset{*}{\psi}\,(\hat{A}\hat{H}\psi - \hat{H}\hat{A}\psi)\ddot{r}\right)$$

erhält. Mit den Definitionen von Erwartungswert und Kommutator folgt schließlich

$$\frac{d}{dt}\langle A\rangle = \left\langle\frac{\partial\hat{A}}{\partial t}\right\rangle + \frac{1}{i\hbar}\langle[\hat{A},\hat{H}]\rangle. \tag{16.3.9}$$

Die totale zeitliche Ableitung des Erwartungswertes $\langle A\rangle$ einer Observablen A ergibt sich somit als Summe des Erwartungswertes der partiellen zeitlichen Ableitung und des Erwartungswertes des Kommutators $[\hat{A},\hat{H}]/i\hbar$. Im nächsten Abschnitt werden wir uns mit den Konsequenzen dieser wichtigen Beziehung auseinandersetzen. Abschließend bemerken wir, daß (16.3.9) die Definition der zeitlichen Ableitung von Operatoren ermöglicht:

$$\frac{d}{dt}\hat{A} = \frac{\partial\hat{A}}{\partial t} + \frac{1}{i\hbar}[\hat{A},\hat{H}]. \tag{16.3.9'}$$

16.4 Analogien zwischen klassischer Mechanik und Quantenmechanik

Nachdem wir nun die wesentlichsten Begriffsbildungen und Regeln der Quantenmechanik kennen, beschäftigen wir uns in diesem Abschnitt beschäftigen wir uns mit strukturellen Analogien zwischen der klassischen Mechanik und der Quantenmechanik. Anschließend bringen wir den Nachweis, daß für makroskopische Objekte die Quantentheorie in den Grenzfall der Newtonschen Theorie übergeht.

16.4.1 Kommutator und Poissonklammer

Im Rahmen der klassischen Mechanik erhält man für die totale zeitliche Ableitung einer mechanischen Größe $L(\boldsymbol{p},\boldsymbol{r},t)$

$$\dot{L} = \frac{\partial L}{\partial t} + \{L,H\}, \tag{16.4.1}$$

wobei H die Hamiltonfunktion des Systems bezeichnet. Somit stellt (16.3.9) bzw. (16.3.10) das quantenmechanische Analogon zu (16.4.1) dar. Der Übergang geschieht durch Ersetzung der mechanischen Größen durch ihre korrespondierenden Operatoren bzw. Erwartungswerte und durch die formale Ersetzung der Poissonklammer { } durch den Kommutator $(1/i\hbar)[\ ]$. Man rechnet leicht nach, daß Kommutatoren gleichartige Rechenregeln wie Poissonklammern erfüllen. Diese Entdeckung geht auf *P.A. Dirac* zurück, der damit die formale Analogie zwischen analytischer Mechanik und Quantenmechanik aufzeigte. Weiter sei darauf hingewiesen, daß bei der Herleitung von (16.3.9) essentiell von der Schrödingergleichung Gebrauch gemacht wurde, ebenso wie für die Herleitung von (16.4.1) die kanonischen Gleichungen verwendet wurden.

16.4.2 Das Ehrenfestsche Theorem

Wir betrachten ein Teilchen in einem konservativen Kraftfeld, d.h. es gelte $\hat{H} = \hat{T} + V$. Wendet man die Beziehung (16.3.9) auf den Impulsoperator $\hat{\boldsymbol{p}} = -i\hbar\nabla$ an, so erhält man

$$\frac{d}{dt}\langle \boldsymbol{p}\rangle = -\langle \operatorname{grad} V\rangle. \tag{16.4.2}$$

Dies ist das *Theorem von Ehrenfest*:

> *Die Erwartungswerte von Impuls und Potentialgradienten genügen der Newtonschen Grundgleichung.*

Es sei nochmals betont, daß zur Herleitung dieses Theorems nur von der Definition der Erwartungswerte und der Schrödingergleichung Gebrauch gemacht wurde. Für makroskopische Objekte führt daher die Schrödingergleichung unmittelbar auf die fundamentale Grundgleichung der klassischen Mechanik.

16.5 Drehimpuls

16.5.1 Der Bahndrehimpuls

Aus der klassischen Beziehung $\boldsymbol{L} = \boldsymbol{r} \times \boldsymbol{p}$ erhält man für den Drehimpulsoperator

$$\hat{\boldsymbol{L}} = -i\hbar(\boldsymbol{r} \times \nabla). \tag{16.5.1}$$

In kartesischen Koordinaten folgt daraus für die einzelnen Komponenten

$$\hat{L}_x = -i\hbar\left(y\frac{\partial}{\partial z} - z\frac{\partial}{\partial y}\right), \hat{L}_y = -i\hbar\left(z\frac{\partial}{\partial x} - x\frac{\partial}{\partial z}\right), \hat{L}_z = -i\hbar\left(x\frac{\partial}{\partial y} - y\frac{\partial}{\partial x}\right). \tag{16.5.2}$$

Vertauschungsrelationen

Mit Hilfe dieser Beziehungen verifiziert man die folgenden Vertauschungsregeln der Impulskomponenten:

$$\begin{aligned} \hat{L}_x\hat{L}_y - \hat{L}_y\hat{L}_x &= i\hbar\hat{L}_z, \\ \hat{L}_y\hat{L}_z - \hat{L}_z\hat{L}_y &= i\hbar\hat{L}_x, \\ \hat{L}_z\hat{L}_x - \hat{L}_x\hat{L}_z &= i\hbar\hat{L}_y. \end{aligned} \tag{16.5.3}$$

Mit Hilfe des Kommutators und des vollständig antisymmetrischen ϵ-Tensors (siehe Kapitel 24) läßt sich (16.5.3) in der Form

$$[\hat{L}_j, \hat{L}_k] = i\hbar\epsilon_{jkl}\hat{L}_l, \quad j,k,l \text{ zyklisch } 1,2,3 \tag{16.5.3'}$$

schreiben. Die einzelnen Komponenten des Bahndrehimpulses können also nicht gleichzeitig gemessen werden. Weiter gelten die Vertauschungsrelationen

$$[\hat{L}^2, \hat{L}_j] = 0, \quad j = 1,2,3, \tag{16.5.4}$$

wie man sofort mit Hilfe von (16.5.3) überprüfen kann. Das Quadrat des Drehimpulses und jede beliebige Komponente können damit gleichzeitig gemessen werden. Weitere wichtige Vertauschungsrelationen von $\hat{L}$ mit anderen Operatoren sind durch

$$[\hat{L}_j, \hat{r}] = 0, \quad [\hat{L}_j, \hat{p}^2] = 0, \quad \left[\hat{L}_j, \frac{\hat{p}^2}{2m} + \hat{V}(r)\right] = 0 \tag{16.5.5}$$

$j = 1,2,3$ gegeben.

Das Eigenwertproblem für den Bahndrehimpulsoperator

Wir wollen das Spektrum und die Eigenfunktionen des Problems

$$\hat{L}^2\psi = L^2\psi \tag{16.5.6}$$

in Kugelkoordinaten für den gesamten Winkelbereich bestimmen. Mit $x = r\sin\vartheta\,\cos\varphi$, $y = r\sin\vartheta\sin\varphi$, $z = r\cos\vartheta$ erhält man für die kartesischen Komponenten (16.5.2) des Drehimpulsoperators

$$\begin{aligned} \hat{L}_x &= -i\hbar\left(\sin\varphi\frac{\partial}{\partial\vartheta} + \cot\vartheta\cos\varphi\frac{\partial}{\partial\varphi}\right), \\ \hat{L}_y &= -i\hbar\left(\cos\varphi\frac{\partial}{\partial\vartheta} - \cot\vartheta\sin\varphi\frac{\partial}{\partial\varphi}\right), \\ \hat{L}_z &= -i\hbar\frac{\partial}{\partial\varphi}, \end{aligned} \tag{16.5.7}$$

und für das Drehimpulsquadrat nach längerer, aber elementarer Rechnung

$$\hat{L}^2 = -\hbar^2 \left(\frac{1}{\sin\vartheta} \frac{\partial}{\partial\vartheta} \left(\sin\vartheta \frac{\partial}{\partial\vartheta} \right) + \frac{1}{\sin^2\vartheta} \frac{\partial^2}{\partial\varphi^2} \right) = -\hbar^2 \Delta_{\vartheta,\varphi}. \tag{16.5.8}$$

Das Eigenwertproblem (16.5.1) führt also auf die Bestimmung der Eigenwerte und Eigenfunktionen des Operators $\Delta_{\vartheta,\varphi}$. Sie sind durch die *Kugelflächenfunktionen*

$$Y_{lm} = \sqrt{\frac{(l-m)!(2l+1)}{4\pi(l+m)!}} P_{lm}(\cos\vartheta) e^{im\varphi}, \quad \begin{array}{rcl} m & = & -l, \dots l, \\ l & = & 0,1,2,\dots \end{array} \tag{16.5.9}$$

gegeben, wobei $P_{lm}(\cos\vartheta)$ die *zugeordneten Legendreschen Polynome* bezeichnet. Die Eigenwerte des Operators $\Delta_{\vartheta,\varphi}$ in Kugelkoordinaten lauten $\mu = l(l+1)$, $l = 0,1,2,\dots$, womit man jeden Eigenwert als $2l+1$-fach entartet erkennt. Für das Ausgangsproblem ergeben sich somit die Eigenwerte

$$L^2 = \hbar^2 l(l+1), \quad l = 0,1,2,\dots, \tag{16.5.10}$$

während die Eigenfunktionen durch (16.5.9) dargestellt werden. Gemäß (16.5.4) besitzen die Operatoren $\hat{L}^2$ und $\hat{L}_z$ dieselben Eigenfunktionen. Es gilt

$$\hat{L}_z Y_{lm} = \hbar m Y_{lm}, \quad m = -l, \dots l. \tag{16.5.11}$$

Die Spektren von $\hat{L}^2$ und $\hat{L}_z$ sind also immer diskret. Man beachte, daß für einen Drehimpuls mit dem Betrag $\hbar\sqrt{l(l+1)}$ die z-Komponente nur $2l+1$ verschiedene Werte $\hbar m$ annehmen kann. Dieser Effekt heißt *Richtungsquantelung*. l wird als *Drehimpulsquantenzahl*, m als *magnetische Quantenzahl* bezeichnet.

In der folgenden Übersicht sind die Kugelflächenfunktionen für $l \leq 2$ explizit angeschrieben:

Quantenzahl:			**Drehimpulseigenfunktionen:**
$l = 0;$	(s)	$m = 0:$	$Y_{00} = (4\pi)^{-1/2}$
$l = 1;$	(p)	$m = 0:$	$Y_{10} = (3/4\pi)^{1/2} \cos\vartheta$
		$m = \pm 1:$	$Y_{1\pm1} = (3/8\pi)^{1/2} \sin\vartheta \exp(\pm i\varphi)$
$l = 2;$	(d)	$m = 0:$	$Y_{20} = (5/4\pi)^{1/2} \left(\frac{3}{2}\cos^2\vartheta - \frac{1}{2}\right)$
		$m = \pm 1:$	$Y_{2\pm1} = (15/8\pi)^{1/2} \sin\vartheta \cos\vartheta \exp(\pm i\varphi)$
		$m = \pm 2:$	$Y_{2\pm2} = (15/32\pi)^{1/2} \sin^2\vartheta \exp(\pm i2\varphi)$

Bild 16.2

Die in Klammer gesetzten Buchstaben s,p,d verdeutlichen den Quantenzustand des Systems. Sie orientieren sich an der Bahndrehimpulsquantenzahl l.

Parität

Allgemein bezeichnet man Eigenfunktionen mit der Eigenschaft $\psi(-\boldsymbol{r}) = \psi(\boldsymbol{r})$ als von *gerader*, im Fall $\psi(-\boldsymbol{r}) = \psi(\boldsymbol{r})$ als von *ungerader Parität*. In Kugelkoordinaten bedeutet ein Übergang $\boldsymbol{r} \to -\boldsymbol{r}$ eine Transformation $\vartheta \to \pi - \vartheta, \varphi \to \varphi + \pi$. Nun gilt für Kugelflächenfunktionen

$$Y_{lm}(\pi - \vartheta, \varphi + \pi) = (-1)^l Y_{lm}(\vartheta, \varphi), \tag{16.5.12}$$

d.h. die Drehimpulseigenfunktionen zeigen für geradzahliges l gerade, für ungeradzahliges l ungerade Parität.

Abschließend wollen wir auch den Operator der kinetischen Energie in Polarkoordinaten darstellen. Definitionsgemäß gilt

$$\hat{T} = -\frac{\hbar^2}{2m}\Delta = -\frac{\hbar^2}{2m}\left(\frac{1}{r^2}\frac{\partial}{\partial r}\left(r^2\frac{\partial}{\partial r}\right) + \frac{1}{r^2}\Delta_{\vartheta,\varphi}\right). \tag{16.5.13}$$

Ein Vergleich mit (16.5.8) zeigt die Gültigkeit der Beziehung

$$\hat{T} = \hat{T}_r + \frac{1}{2mr^2}\hat{L}^2, \tag{16.5.14}$$

wobei

$$T_r := \frac{1}{r^2}\frac{\partial}{\partial r}\left(r^2\frac{\partial}{\partial r}\right) \tag{16.5.15}$$

als Operator der „radialen kinetischen Energie“ interpretierbar ist. Aus der Beziehung (16.5.14) folgen sofort die beiden letzten Vertauschungsrelationen in (16.5.5).

16.5.2 Der Spin

Wie schon in 16.1 beschrieben wurde, folgt aus verschiedenen Experimenten die Existenz eines Spinvektors $\boldsymbol{S}$, dessen Komponenten ausschließlich die Werte $\pm\hbar/2$ annehmen können. Man ordnet den Spinkomponenten hermitesche Operatoren $\hat{S}_j$ zu, die den Vertauschungsregeln (16.5.3) genügen, d.h. es gilt wiederum

$$\begin{aligned} \hat{S}_x\hat{S}_y - \hat{S}_y\hat{S}_x &= i\hbar\hat{S}_z, \\ \hat{S}_y\hat{S}_z - \hat{S}_z\hat{S}_y &= i\hbar\hat{S}_x, \\ \hat{S}_z\hat{S}_x - \hat{S}_x\hat{S}_z &= i\hbar\hat{S}_y, \end{aligned} \tag{16.5.16}$$

bzw.

$$[\hat{S}_j, \hat{S}_k] = i\hbar\epsilon_{jkl}\hat{S}_l, \quad j,k,l \text{ zyklisch.} \tag{16.5.16'}$$

Die verschiedenen Spinkomponenten vertauschen also nicht, während gemäß

$$[\hat{S}^2, \hat{S}_j] = 0, \quad j = 1,2,3 \tag{16.5.17}$$

das Quadrat des Spins mit jeder Spinkomponente kommutiert. Mit Hilfe der hermiteschen *Pauli-Matrizen*

$$\hat{\sigma}_j := \frac{\hbar}{2}\hat{S}_j, \quad j = 1,2,3 \tag{16.5.18}$$

lassen sich die Vertauschungsrelationen (16.5.16') in der Gestalt

$$[\hat{\sigma}_j,\hat{\sigma}_k] = 2i\epsilon_{jkl}\hat{\sigma}_l, \quad j,k,l \text{ zyklisch} \tag{16.5.19}$$

schreiben. Aus den Bedingungen (16.5.19) und der Tatsache, daß jede Spinkomponente nur zwei Einstellungsmöglichkeiten besitzt, lassen sich die Spinmatrizen $\hat{\sigma}_j$ explizit konstruieren. Da jede Matrix nur die beiden Eigenwerte ± 1 besitzt, muß es sich um zweireihige Matrizen handeln. Wir gehen von der Diagonaldarstellung der Matrix $\hat{\sigma}_z$

$$\hat{\sigma}_z = \begin{pmatrix} 1 & 0 \\ 0 & -1 \end{pmatrix} \tag{16.5.20}$$

aus, und versuchen, die Matrizen $\hat{\sigma}_x$ und $\hat{\sigma}_y$ in der Eigendarstellung von $\hat{\sigma}_z$ zu finden. Zunächst folgert man $\hat{\sigma}_z{}^2 = \hat{I}$. Dasselbe Ergebnis muß auch für die Matrizen $\hat{\sigma}_j$ in ihrer Eigendarstellung gelten, womit ganz allgemein

$$\hat{\sigma}_j{}^2 = \hat{I}, \quad j = 1,2,3 \tag{16.5.21}$$

folgt, da die Einsmatrix gegenüber Transformationen invariant ist. Wir studieren nun eine wichtige Konsequenz der Vertauschungsrelationen (16.5.19). Multipliziert man (16.5.19) einmal von links und einmal von rechts mit $\hat{\sigma}_m$, $m \neq k$, so erhält man nach Addition der beiden neuen Gleichungen bei Berücksichtigung von (16.5.21)

$$\hat{\sigma}_k\hat{\sigma}_m + \hat{\sigma}_m\hat{\sigma}_k = 0, \quad k \neq m. \tag{16.5.22}$$

Mit Hilfe des Antikommutators nimmt diese Beziehung die Gestalt

$$[\hat{\sigma}_j,\hat{\sigma}_k]_+ = 0, \quad j \neq k \tag{16.5.23}$$

an. (16.5.21) und (16.5.23) lassen sich in der Form

$$[\hat{\sigma}_j,\hat{\sigma}_k]_+ = 2\delta_{jk}, \quad j,k = 1,2,3 \tag{16.5.24}$$

zusammenfassen. Zur Bestimmung der hermiteschen Matrizen $\hat{\sigma}_x$ und $\hat{\sigma}_y$ gehen wir von dem Ansatz

$$\hat{\sigma}_x = \begin{pmatrix} a_{11} & a_{12} \\ a_{12}^* & a_{22} \end{pmatrix}, \qquad \hat{\sigma}_y = \begin{pmatrix} b_{11} & b_{12} \\ b_{12}^* & b_{22} \end{pmatrix} \tag{16.5.25}$$

aus. Setzt man (16.5.25) in die Gleichungen (16.5.24) ein, so erhält man nach elementarer Rechnung die Darstellungen

$$\hat{\sigma}_x = \begin{pmatrix} 0 & 1 \\ 1 & 0 \end{pmatrix}, \quad \hat{\sigma}_y = \begin{pmatrix} 0 & -i \\ i & 0 \end{pmatrix}, \quad \hat{\sigma}_z = \begin{pmatrix} 1 & 0 \\ 0 & -1 \end{pmatrix}. \tag{16.5.26}$$

16.6 Das Wasserstoffatom

16.6.1 Die Lösung der Schrödingergleichung für zentralsymmetrische Potentiale

In diesem Abschnitt beschäftigen wir uns mit der Lösung der Schrödingergleichung für ein Teilchen in einem zentralsymmetrischen Potential. In Kugelkoordinaten lautet die zeitunabhängige Schrödingergleichung unter Verwendung von (16.5.13) und (16.5.14)

$$\left(\hat{T}_r + \frac{1}{2mr^2}\hat{L}^2 + V(r)\right)\psi(\boldsymbol{r}) = E\psi(\boldsymbol{r}). \tag{16.6.1}$$

Mit Hilfe des Produktansatzes $\psi(\boldsymbol{r}) = R(r)S(\vartheta,\varphi)$ erhält man daraus die beiden Differentialgleichungen

$$\begin{aligned} \left(\hat{T}_r + \frac{K}{2mr^2} + V(r)\right) R(r) &= ER(r), \quad \text{(a)} \\ \text{und} \qquad \hat{L}^2 S(\vartheta,\varphi) &= KS(\vartheta,\varphi), \quad \text{(b)} \end{aligned} \tag{16.6.2}$$

mit dem zunächst beliebigen Separationsparameter K. Die Gleichung (16.6.2b) ist gerade die Eigenwertgleichung für den Drehimpulsoperator $\hat{L}^2$. Es gilt daher

$$S(\vartheta,\varphi) = Y_{lm}(\vartheta,\varphi), \quad K = \hbar^2 l(l+1), \quad |m| \leq l, \quad l = 0,1,2,\ldots, \tag{16.6.3}$$

womit das verbleibende radiale Problem die Gestalt

$$\left(\hat{T}_r + \frac{\hbar^2 l(l+1)}{2mr^2} + V(r)\right) R(r) = ER(r) \tag{16.6.4}$$

annimmt. Die Annahme eines ausschließlich von der radialen Koordinate r abhängigen Potentials erlaubt also die Lösung der Schrödingergleichung mit Hilfe des Separationsansatzes, wobei die Lösung des winkelabhängigen Teils stets durch die Eigenwerte und Eigenfunktionen des Operators $\hat{L}^2$ gegeben ist.

Für gewöhnlich normiert man die Eigenfunktionen auf 1, d.h. es muß

$$\int |\psi(\boldsymbol{r})|^2 \ddot{\boldsymbol{r}} = 1 \tag{16.6.5}$$

gelten. In Kugelkoordinaten lautet diese Forderung

$$\int |R(t)|^2 r^2 dr \iint |Y_{lm}|^2 \sin\vartheta d\vartheta d\varphi = 1. \tag{16.6.6}$$

Da die Kugelflächenfunktionen auf 1 normiert sind, folgt daraus für die Funktion $R(r)$

$$\int |R(r)|^2 r^2 dr = 1. \tag{16.6.7}$$

16.6.2 Das Wasserstoffatom

Das Wasserstoffatom besteht aus einem Proton und einem Elektron, die sich gegenseitig mit der Kraft e^2/r^2 anziehen. Das Potential ist somit durch

$$V(r) = -\frac{\mathrm{e}^2}{r} \tag{16.6.8}$$

gegeben, womit das radiale Problem (16.6.4) nach Einsetzen des Operators $\hat{T}_r$ die Gestalt

$$\left(-\frac{\hbar^2}{2m}\frac{1}{r^2}\frac{d}{dr}\left(r^2\frac{d}{dr}\right) + \frac{\hbar^2 l(l+1)}{2mr^2} - \frac{\mathrm{e}^2}{r}\right) R(r) = ER(r) \tag{16.6.9}$$

annimmt. (16.6.9) besitzt zwei linear unabhängige Lösungen, die sich für $r \to 0$ wie r^{-l-1} und r^l verhalten. Aus physikalischen Gründen ist somit nur die zweite Lösung zulässig. Sie lautet in normierter Form

$$R_{nl}(r) = (2n!N(N+l)!b^3)^{-1/2} \left(\frac{r}{b}\right)^l L_n^{(2l+1)} \left(\frac{r}{b}\right) \mathrm{e}^{-r/2b}, \tag{16.6.10}$$

mit $n = 0,1,2,\ldots$ und den Abkürzungen

$$b = \hbar/2\sqrt{-2mE}, \quad \text{(a)} \qquad N = n + l + 1, \quad \text{(b)} \tag{16.6.11}$$

wobei $L_n{}^{(k)}(x)$ die *modifizierten Laguerrepolynome* beschreiben. Da wir gebundene Zustände untersuchen, ist die Energie stets negativ, (16.6.11a) somit immer definiert. Die Zahl N wird als *Hauptquantenzahl*, n als radiale Quantenzahl bezeichnet. Gemäß (16.6.11b) nimmt N die Werte $1,2,3,\ldots$ an.

Die Energien E ergeben sich zu

$$E_N = -N^{-2} R_b, \tag{16.6.12}$$

mit der *Rydberg-Konstanten*

$$R_b := \frac{me^4}{2\hbar^2}. \tag{16.6.13}$$

Sie werden also allein durch die Hauptquantenzahl N definiert. Die folgende Übersicht verdeutlicht die zulässigen Werte von n, l und m bei vorgegebenem N:

N	n	l	m
1	0	0	0
2	0	1	$-1,0,1$
	1	0	0
3	0	2	$-2,-1,0,1,2$
	1	1	$-1,0,1$
	2	0	0

Bild 16.3

Man erkennt, daß jeder Energieeigenzustand E_N N^2-fach entartet ist. Mit wachsender Hauptquantenzahl rücken die Energieniveaus immer enger zusammen, d.h. es gilt $E_N \to 0$, für $N > \infty$. Für $E > 0$ liegt ein kontinuierliches Spektrum vor, das Atom ist ionisiert.

16.7 Die Wechselwirkung von Feld und Materie

Die Wechselwirkung eines Teilchens mit einem konservativen Kraftfeld haben wir bereits früher beschrieben. Im vorliegenden Abschnitt untersuchen wir die Wechselwirkung eines Teilchens mit dem elektromagnetischen Feld. Nun haben wir mit der Lagrangeschen Formulierung relativistischer Feldtheorien eine elegante und leistungsfähige Methode zur Beschreibung von Wechselwirkungen besprochen.

Wir werden davon in der relativistischen Quantenmechanik und Quantenelektrodynamik ausgiebig Gebrauch machen. Für das gegenwärtig vorliegende, nichtrelativistische Schrödingerfeld diskutieren wir die Wechselwirkung mit dem elektromagnetischen Feld auf einem elementareren Niveau. Dies gilt auch für die im nächsten Abschnitt zu besprechenden Erhaltungssätze.

Da das elektromagnetische Feld nicht konservativ ist, kann der Hamiltonoperator nicht mehr als Summe zweier, die kinetische und potentielle Energie beschreibender Operatoren dargestellt werden. Für die Konstruktion des richtigen Hamiltonoperators benötigen wir zunächst die klassische Hamiltonfunktion für ein Teilchen im elektromagnetischen Feld. Dazu gehen wir von der Lorentzkraft

$$\boldsymbol{F} = e\left(\boldsymbol{E} + \frac{\boldsymbol{v}}{c} \times \boldsymbol{B}\right) \tag{16.7.1}$$

aus. Ersetzt man die Feldvektoren durch die gemäß

$$\boldsymbol{E} = -\nabla\phi - \frac{1}{c}\frac{\partial \boldsymbol{A}}{\partial t}, \qquad \boldsymbol{B} = \nabla \times \boldsymbol{A}$$

definierten Potentiale ϕ und $\boldsymbol{A}$, so erhält man

$$\boldsymbol{F} = e\left(-\nabla\phi - \frac{1}{c}\frac{\partial \boldsymbol{A}}{\partial t} + \frac{\boldsymbol{v}}{c} \times (\nabla \times \boldsymbol{A})\right). \tag{16.7.2}$$

Mit Benützung der Kettenregel und der Rechenregeln für das Vektorprodukt verifiziert man die Beziehungen

$$\frac{d\boldsymbol{A}}{dt} = \frac{\partial \boldsymbol{A}}{\partial t} + (\boldsymbol{v} \cdot \nabla)\boldsymbol{A}, \quad \text{(a)} \qquad \boldsymbol{v} \times (\nabla \times \boldsymbol{A}) = \nabla(\boldsymbol{v} \cdot \boldsymbol{A}) - (\boldsymbol{v} \cdot \nabla)\boldsymbol{A}. \quad \text{(b)} \tag{16.7.3}$$

Damit folgt aus (16.7.2)

$$\boldsymbol{F} = e\Big(-\nabla\phi + \frac{1}{c}\nabla(\boldsymbol{v} \cdot \boldsymbol{A}) - \frac{1}{c}\frac{d\boldsymbol{A}}{dt}\Big). \tag{16.7.4}$$

Diese Gleichung läßt sich noch weiter umformen. Dazu beachtet man die Identität $\dot{\boldsymbol{A}} = \frac{d}{dt}(\nabla_{\boldsymbol{v}}(\boldsymbol{A} \cdot \boldsymbol{v}))$, wobei $\nabla_{\boldsymbol{v}}$ die Differentiation nach den Geschwindigkeitskomponenten angibt. Damit läßt sich (16.7.4) wegen der Unabhängigkeit des elektrostatischen Potentials von der Geschwindigkeit in der Gestalt

$$\boldsymbol{F} = -\nabla\left(e\phi - \frac{e}{c}\boldsymbol{v} \cdot \boldsymbol{A}\right) + \frac{d}{dt}\nabla_{\boldsymbol{v}}\left(e\phi - \frac{e}{c}\boldsymbol{v} \cdot \boldsymbol{A}\right) \tag{16.7.5}$$

schreiben. Im Lagrangeformalismus lassen sich die generalisierten Kräfte F_i aus einem generalisierten Potential U gemäß

$$F_i = -\frac{\partial U}{\partial q_i} + \frac{d}{dt}\left(\frac{\partial U}{\partial \dot{q}_i}\right) \tag{16.7.6}$$

herleiten (siehe Kapitel 2). Ein Vergleich von (16.7.5) mit (16.7.6) liefert für das generalisierte Potential U

$$U = e\phi - \frac{e}{c}\boldsymbol{v} \cdot \boldsymbol{A}, \tag{16.7.7}$$

woraus die Lagrangefunktion

$$L = T - U = \frac{m}{2}\boldsymbol{v}^2 - e\phi + \frac{e}{c}\boldsymbol{v} \cdot \boldsymbol{A} \tag{16.7.8}$$

folgt. Für den kanonischen Impuls $p_i = \partial L/\partial q_i$ erhält man damit in Vektorschreibweise

$$\boldsymbol{p} = m\boldsymbol{v} + \frac{e}{c}\boldsymbol{A}, \tag{16.7.9}$$

und für die Hamiltonfunktion

$$H = \sum_i p_i \dot{q}_i - L = \frac{1}{2m}\left(\boldsymbol{p} - \frac{e}{c}\boldsymbol{A}\right)^2 + e\phi. \tag{16.7.10}$$

Bei Abwesenheit eines Magnetfeldes stimmt (16.7.10) mit (16.2.19) überein, wobei $V = e\phi$ gilt. Für $\boldsymbol{A} \neq 0$ wird $\boldsymbol{p}$ durch $\boldsymbol{p} - (e/c)\boldsymbol{A}$ ersetzt. Diese Substitution wird auch als *minimale Kopplung* bezeichnet.

Wir konstruieren nun aus der Hamiltonfunktion (16.7.10) den quantenmechanischen Hamiltonoperator. Dazu braucht bloß $\hat{\boldsymbol{p}}$ durch $-i\hbar\nabla$ ersetzt werden. Man erhält

$$\hat{H} = \frac{1}{2m}\left(-i\hbar\nabla - \frac{e}{c}\boldsymbol{A}\right)^2 + e\phi. \tag{16.7.11}$$

Dies ist der Hamiltonoperator eines Teilchens im elektromagnetischen Feld. Es läßt sich zeigen, daß auch in diesem Fall das Ehrenfest-Theorem gilt.

Der Differentialoperator (16.7.11) kann noch wesentlich vereinfacht werden. Eine Auflösung der Klammer liefert zunächst

$$\hat{H} = -\frac{\hbar^2}{2m}\Delta - \frac{e\hbar}{imc}(\nabla\cdot\boldsymbol{A} + \boldsymbol{A}\cdot\nabla) + \frac{e^2}{2mc^2}A^2 + e\phi. \tag{16.7.12}$$

Für den vorliegenden nichtrelativistischen Fall können wir die Coulombeichung
$\nabla\cdot\boldsymbol{A} = 0$ verwenden. Damit folgt aus (16.7.12)

$$\hat{H} = \frac{p^2}{2m} + e\phi - \frac{e}{mc}\boldsymbol{A}\cdot\boldsymbol{p} + \frac{e^2}{2mc^2}A^2. \tag{16.7.13}$$

Im letzten Term tritt der Ausdruck e/c quadratisch auf, kann somit bei normalen Feldstärken gegenüber den anderen Summanden vernachläßigt werden. Näherungsweise gilt daher

$$\hat{H} = \hat{H}_0 - \frac{e}{mc}\boldsymbol{A}\cdot\boldsymbol{p}, \tag{16.7.14}$$

wobei $\hat{H}_0$ den Hamiltonoperator ohne Magnetfeld bezeichnet.

16.8 Erhaltungssätze

16.8.1 Die Erhaltung von Ladung und Masse im konservativen Feld

Wir gehen von der Schrödingergleichung und ihrer konjugiert komplexen Gleichung

$$\frac{\partial\psi}{\partial t} = \frac{1}{i\hbar}\hat{H}\psi, \quad \text{(a)} \qquad \frac{\partial\overset{*}{\psi}}{\partial t} = -\frac{1}{i\hbar}\overset{*}{\hat{H}}\overset{*}{\psi} \quad \text{(b)} \tag{16.8.1}$$

aus. Multipliziert man (16.8.1a) mit $\overset{*}{\psi}$ und (16.8.1b) mit ψ, so erhält man nach Addition der neuentstandenen Gleichungen

$$\frac{\partial}{\partial t}(\overset{*}{\psi}\,\psi) + \frac{i}{\hbar}(\overset{*}{\psi}\,\hat{H}\psi - \psi\,\overset{*}{\hat{H}}\overset{*}{\psi}) = 0. \tag{16.8.2}$$

Da ein konservatives Feld vorausgesetzt ist, besitzt $\hat{H}$ die Gestalt $\hat{H} = \hat{p}^2/2m + V(\boldsymbol{r})$. Damit folgt aus (16.8.2)

$$\frac{\partial}{\partial t}(\overset{*}{\psi}\,\psi) + \frac{i\hbar}{2m}(\psi\nabla^2\,\overset{*}{\psi} - \overset{*}{\psi}\,\nabla^2\psi) = 0. \tag{16.8.3}$$

Um daraus einen differentiellen Erhaltungssatz (Kontinuitätsgleichung) zu gewinnen, versuchen wir die Umwandlung des zweiten Termes in einen Divergenzausdruck. Wegen

$$\begin{aligned} \psi\nabla^2\,\overset{*}{\psi} - \overset{*}{\psi}\,\nabla^2\psi &= \psi\nabla^2\,\overset{*}{\psi} + (\nabla\psi)\cdot(\nabla\,\overset{*}{\psi}) - (\nabla\psi)\cdot(\nabla\,\overset{*}{\psi}) - \overset{*}{\psi}\,\nabla^2\psi \\ &= \nabla\cdot(\psi\nabla\,\overset{*}{\psi} - \overset{*}{\psi}\,\nabla\psi) \end{aligned} \tag{16.8.4}$$

erhält man aus (16.8.3)

$$\frac{\partial}{\partial t}(\overset{*}{\psi}\,\psi) + \nabla\cdot\boldsymbol{j} = 0, \tag{16.8.5}$$

mit der Stromdichte

$$\boldsymbol{j} := \frac{i\hbar}{2m}(\psi\nabla\,\overset{*}{\psi} - \overset{*}{\psi}\,\nabla\psi). \tag{16.8.6}$$

Die integrale Formulierung von (16.8.5) lautet

$$\frac{\partial}{\partial t}\int \overset{*}{\psi}\,\psi\,dV + \oint j^k dS_k = 0, \tag{16.8.7}$$

d.h. der Teilchenstrom durch die geschlossene Oberfläche eines Gebietes ist gleich der Abnahme der Teilchendichte im Gebiet. Wird als zugrundeliegendes Gebiet der gesamte Raum $\mathbb{R}^3$ betrachtet, so erkennt man die Normierungsbedingung als konsistent mit der Forderung, daß der Teilchenstrom durch eine unendlich weit entfernte Oberfläche verschwinden muß. Für die Massendichte ρ_m und die Ladungsdichte ρ_e gilt

$$\rho_m = m\,\overset{*}{\psi}\,\psi, \quad \text{(a)} \qquad \rho_e = e\,\overset{*}{\psi}\,\psi. \quad \text{(b)} \tag{16.8.8}$$

Multipliziert man (16.8.7) mit e bzw. m, so erhält man die entsprechenden Erhaltungssätze für Masse und Ladung.

16.8.2 Die Erhaltung von Energie, Impuls und Drehimpuls

Wir betrachten die Gleichung (16.3.9) für die zeitliche Änderung der Erwartungswerte. Daraus erhält man unmittelbar folgende Aussage:

Hängt ein Operator $\hat{A}$ nicht explizit von der Zeit ab, und verschwindet der Kommutator $[\hat{A}, \hat{H}]$, so ist $\hat{A}$ eine Konstante der Bewegung, d.h. es gilt der Erhaltungssatz

$$\frac{d}{dt}\langle A\rangle = 0. \tag{16.8.9}$$

Man vergleiche dazu die analoge Aussage der klassischen Mechanik. Speziell gilt für den Hamiltonoperator im konservativen Feld wegen $\hat{H} = \hat{H}(\hat{\boldsymbol{p}},\boldsymbol{r})$ und $[\hat{H},\hat{H}] = 0$

$$\frac{d}{dt}\langle H\rangle = 0. \tag{16.8.10}$$

Ebenso folgert man aus dem Ehrenfesttheorem im Fall $\nabla V = 0$

$$\frac{d}{dt}\langle \boldsymbol{p}\rangle = 0. \tag{16.8.11}$$

Weiter gilt wegen (16.5.5)

$$\frac{d}{dt}\langle A\rangle = 0 \tag{16.8.12}$$

für freie Teilchen und Teilchen in einem zentralsymmetrischen Potentialfeld, womit unter den genannten Voraussetzungen die Energie-, Impuls- und Drehimpulserhaltung auch in der Quantenmechanik gültig bleibt.

16.9 Bilder der zeitlichen Entwicklung

In diesem Abschnitt wollen wir uns genauer mit der zeitlichen Entwicklung eines quantenmechanischen Systems auseinandersetzen.

16.9.1 Die S-Matrix

Bezeichnet ψ_0 die Wellenfunktion zum Zeitpunkt $t = 0$, ψ_t jene zu einem beliebigen Zeitpunkt t. Wir suchen nun einen Operator $\hat{S}(t)$, der ψ_0 in ψ_t überführt, d.h. es soll

$$\psi_t = \hat{S}(t)\psi_0 \tag{16.9.1}$$

gelten. Nun ist die zeitliche Entwicklung eines quantenmechanischen Systems durch die Schrödingergleichung festgelegt, weshalb $\hat{S}(t)$ in irgendeiner Form vom Hamiltonoperator $\hat{H}$ abhängen muß. Aus der Schrödingergleichung

$$-\frac{\hbar}{i}\dot{\psi}_t = \hat{H}\psi_t \tag{16.9.2}$$

folgt

$$\frac{d}{dt}\int \overset{*}{\psi}_t\,\psi_t\dot{r} = \frac{i}{\hbar}\int(\hat{H}\psi_t)\,\overset{*}{\psi}_t\,\dot{r} - \frac{i}{\hbar}\int \psi_t\hat{H}\,\overset{*}{\psi}_t\,\dot{r} = 0. \tag{16.9.3}$$

Faßt man ψ_t als Vektor im Hilbertraum der auf $\mathbb{R}^3$ quadratisch integrierbaren Funktionen auf, so besagt (16.9.3), daß die Länge des Vektors ψ_t zeitlich konstant ist. Diese Eigenschaft ermöglicht überhaupt erst die Normierung der Wellenfunktionen und die damit zusammenhängende Wahrscheinlichkeitsinterpretation. (16.9.3) zeigt, daß $\hat{S}(t)$ eine längentreue Abbildung sein muß. Weiter ergibt sich aus der Linearität der Schrödingergleichung die Linearität des Operators $\hat{S}(t)$, d.h. wir erwarten für $\hat{S}(t)$ einen unitären Operator. Zu seiner Konstruktion setzen wir (16.9.1) in (16.9.2) ein, und erhalten die Operatorgleichung

$$-\frac{\hbar}{i}\dot{\hat{S}}(t) = \hat{H}\hat{S}(t). \tag{16.9.4}$$

Falls $\hat{H}$ nicht explizit zeitabhängig ist, besitzt (16.9.4) die Lösung

$$\hat{S}(t) = \mathrm{e}^{-\frac{i}{\hbar}\hat{H}t} = \sum_n \frac{1}{n!}\left(-\frac{i}{\hbar}\hat{H}t\right)^n. \tag{16.9.5}$$

Daraus erkennt man sofort die aus der Hermitizität von $\hat{H}$ folgende Unitarität von $\hat{S}(t)$:

$$\hat{S}^\dagger(t) = \mathrm{e}^{\left(-\frac{i}{\hbar}\hat{H}t\right)^\dagger} = \mathrm{e}^{\frac{i}{\hbar}\hat{H}^\dagger t} = \mathrm{e}^{\frac{i}{\hbar}\hat{H}t} = \hat{S}^{-1}(t). \tag{16.9.6}$$

Während die Schrödingergleichung die zeitliche Entwicklung in infinitesimaler Form beschreibt, vermittelt der Operator $\hat{S}(t)$ den zeitlichen Zusammenhang für makroskopische Zeitdifferenzen. Für eine physikalische Interpretation von $\hat{S}(t)$ projizieren wir die Wellenfunktion $\psi_t = \psi(\boldsymbol{r},t)$ auf eine vollständige Orthonormalbasis $\{u_n(\boldsymbol{r})\}$ gemäß

$$\psi(\boldsymbol{r},t) = \sum_n c_n(t)u_n(\boldsymbol{r}),$$

und erhalten bei Berücksichtigung von (16.9.1)

$$\sum_n c_n(t)u_n(\boldsymbol{r}) = \sum_n \hat{S}(t)c_n(0)u_n(\boldsymbol{r}).$$

Multiplikation mit $\overset{*}{u}_m(\boldsymbol{r})$ und anschließende Integration liefert dann eine entsprechende Beziehung zwischen den Entwicklungskoeffizienten:

$$c_n(t) = \sum_n S_{mn}(t)c_n(0). \tag{16.9.7}$$

Dabei bezeichnet

$$S_{mn} := \int_{\mathbb{R}^3} \overset{*}{u}_m(\boldsymbol{r})\hat{S}(t)u_n(\boldsymbol{r})\ddot{\boldsymbol{r}} \tag{16.9.8}$$

die Matrixdarstellung des Operators $\hat{S}(t)$ bezüglich der Basis $\{u_n\}$. Wir nehmen an, daß $\psi_0 := \psi(\boldsymbol{r},0) = u_k(\boldsymbol{r})$ für einen fest vorgegebenen Index k gilt. Für diesen speziellen Fall besitzen die Entwicklungskoeffizienten $c_n(0)$ wegen der Normierung von ψ_0 die Gestalt $c_n(0) = 0, \forall n \neq k$ und $c_k(0) = 1$, d.h. $c_n(0) = \delta_{nk}$, und somit

$$c_m(t) = S_{mk}(t). \tag{16.9.9}$$

$|S_{mk}(t)|^2$ repräsentiert also die Übergangswahrscheinlichkeit vom Zustand u_k in den Zustand u_m.

16.9.2 Schrödingerbild, Heisenbergbild und Wechselwirkungsbild

Im vorigen Abschnitt haben wir die zeitliche Entwicklung eines quantenmechanischen Systems unter Verwendung von zeitabhängigen Zustandsfunktionen und zeitunabhängigen Operatoren beschrieben. Diese Form der Beschreibung wird als *Schrödinger-Bild* bezeichnet. Sie ist jedoch nicht die einzig mögliche Darstellungsform.

Im sogenanten *Heisenberg-Bild* verwendet man zeitunabhängige Zustandsfunktionen und zeitabhängige Operatoren. Der Übergang zwischen den beiden äquivalenten Darstellungsformen ist durch die Beziehung

$$\psi_H(r) := \hat{S}^{-1}(t)\psi_S(\boldsymbol{r},t), \quad \text{(a)} \qquad \hat{A}_H := \hat{S}^{-1}(t)\hat{A}_S\hat{S}(t) \quad \text{(b)} \tag{16.9.10}$$

gegeben. Dabei steht der Index H für Heisenberg, der Index S für Schrödinger. Mit Hilfe des Operators $\hat{S}(t)$ läßt sich also einer zeitabhängigen Wellenfunktion $\psi_S(\boldsymbol{r},t)$ im Schrödinger-Bild eine zeitunabhängige Wellenfunktion $\psi_H(\boldsymbol{r},t)$ im Heisenberg-Bild zuordnen. Ebenso korrespondiert ein zeitunabhängiger Operator $\hat{A}_S$ im Schrö-dinger-Bild mit einem zeitabhängigen Operator $\hat{A}_H$ im Heisenberg-Bild. Um die Sinnhaftigkeit der Festlegungen (16.9.10) einzusehen, betrachten wir das Matrixelement

$$A_{mn} = \int\limits_{\mathbb{R}^3} \overset{*}{\psi}_m(\boldsymbol{r},t)\hat{A}\psi_n(\boldsymbol{r},t)\ddot{\boldsymbol{r}}, \tag{16.9.11}$$

mit

$$\psi_n(\boldsymbol{r},t) = \psi_n(\boldsymbol{r})\mathrm{e}^{-\frac{i}{\hbar}E_n t}. \tag{16.9.12}$$

Dabei bezeichnet $\{\psi_n(\boldsymbol{r})\}$ das System der Eigenfunktionen des Hamiltonoperators zu den Eigenwerten E_n. Setzt man (16.9.12) in (16.9.11) ein, so erhält man

$$A_{mn} = \int\limits_{\mathbb{R}^3} \overset{*}{\psi}_m(\boldsymbol{r})\hat{A}\mathrm{e}^{\frac{i}{\hbar}(E_m-E_n)t}\psi_n(\boldsymbol{r})\ddot{\boldsymbol{r}} = \int\limits_{\mathbb{R}^3} \overset{*}{\psi}_{mH}(\boldsymbol{r})\hat{A}_H\psi_{nH}(\boldsymbol{r})\ddot{\boldsymbol{r}},$$

im Einklang mit den Definitionen (16.9.10). Differenziert man (16.9.10b), so erkennt man, daß $\hat{A}_H$ der Gleichung

$$\frac{\hbar}{i}\frac{\partial \hat{A}_H}{\partial t} = [\hat{A}_H, \hat{H}] \tag{16.9.13}$$

genügt. Dies ist die *Heisenbergsche Bewegungsgleichung* für den Operator $\hat{A}_H$ im Heisenberg-Bild. In diesem Zusammenhang sei an die klassische Bewegungsgleichung

$$\frac{dA}{dt} = \{A, H\} \tag{16.9.14}$$

erinnert. Auf ihre Analogie zu (16.9.13) wurde bereits im Abschnitt 16.4 hingewiesen.

Eine dritte Darstellung der zeitlichen Entwicklung ist das *Wechselwirkungs-Bild.* Dabei sind i.a. sowohl die Zustandsfunktionen als auch die Operatoren zeitabhängig. Läßt sich der Hamiltonoperator $\hat{H}$ in der Gestalt $\hat{H} = \hat{H}_0 + V$ mit einem nicht explizit zeitabhängigen Operator $\hat{H}_0$ aufspalten, so geht das Wechselwirkungs-Bild aus dem Schrödinger-Bild durch die unitäre Transformation

$$\hat{S}(t) = \mathrm{e}^{\frac{i}{\hbar}\hat{H}_0 t} \tag{16.9.15}$$

hervor.

16.10 Die Postulate der Quantenmechanik

Die Lektüre dieses Abschnitts setzt die Kenntnis der in Kapitel 26 dargestellten Theorie linearer Operatoren im Hilbertraum voraus.

Die Grundlagen der Quantenmechanik lassen sich in Form einiger Postulate zusammenfassen. Bisher haben wir uns bei der mathematischen Formulierung der Quantenmechanik auf den Funktionenraum $L^2(\mathbb{R}^3)$ und den Folgenraum l^2 beschränkt. Die Charakterisierung eines physikalischen Zustandes durch eine in Raum und Zeit gegebene Wellenfunktion $\psi(\boldsymbol{r},t)$, sowie die Darstellung von Operatoren als Differentialoperatoren entspricht der *Schrödingerschen Wellenmechanik.*

Eine durch einen Differentialoperator vermittelte Transformation des Funktionenraumes $L^2(\mathbb{R}^3)$ kann jedoch auch im Folgenraum l^2 beschrieben werden: dabei wird der physikalische Zustand durch einen Vektor des l^2, der Operator durch eine i.a. unendliche Matrix dargestellt. Dieses „diskrete“ Bild entspricht der *Heisenbergschen Matrizenmechanik.* Beide Darstellungen sind äquivalent, da die Räume $L^2(\mathbb{R}^3)$ und l^2 nur zwei spezielle Realisierungen eines abstrakten Raumes – des Hilbertraumes – sind.

Die allgemeinste Formulierung der Quantenmechanik erhält man unter Benützung der Hilbertraumtheorie. Dabei wird der physikalische Zustand eines Systems durch einen Vektor $|\psi\rangle$ im Hilbertraum charakterisiert. Die Zustandsvektoren sind auf 1 normiert, um die Wahrscheinlichkeitsinterpretation zu ermöglichen. Die Formulierung der folgenden Postulate gilt nicht nur für das bisher betrachtete Einteilchensystem, sondern auch für die später zu diskutierenden Mehrteilchensysteme.

Postulat 1: *Den Observablen eines physikalischen Systems entsprechen eindeutig die selbstadjungierten Operatoren im Hilbertraum. Die möglichen Meßwerte sind durch das Eigenwertspektrum des der Observablen zugeordneten selbstadjungierten Operators gegeben.*

Dabei bezeichnet man jede mit einer experimentellen Anordnung meßbare Größe eines physikalischen Systems als *Observable.*

Postulat 2: *Operatoren $\hat{A}$ und $\hat{B}$, die den klassischen dynamischen Größen A und B entsprechen, erfüllen die Vertauschungsrelation*

$$[\hat{A},\hat{B}] = \hat{A}\hat{B} - \hat{B}\hat{A} = i\hbar\{A,B\}_{op}. \tag{16.10.1}$$

Dabei bezeichnet $\{A,B\}_{op}$ jenen Operator, der aus der klassischen Poisson-Klammer

$$\{A,B\} = \sum_i \left(\frac{\partial A}{\partial q_i}\frac{\partial B}{\partial p_i} - \frac{\partial A}{\partial p_i}\frac{\partial B}{\partial q_i} \right)$$

durch Ersetzung von A,B durch die Operatoren $\hat{A},\hat{B}$ hervorgeht.

Dieses Produkt bringt das *Bohrsche Korrespondezprinzip* zum Ausdruck: Zwischen den klassischen und quantenmechanischen Größen besteht eine Korrespondenz. Speziell folgen aus (16.10.1) für die den kartesischen Orts- und Impulskoordinaten q_j und p_j zugeordneten Operatoren $\hat{q}_j$ und $\hat{p}_j$ die *Heisenbergschen Vertauschungsrelationen*

$$[\hat{q}_j,\hat{q}_k] = [\hat{p}_j,\hat{p}_k] = 0, \quad \text{(a)} \qquad [\hat{q}_j,\hat{p}_k] = i\hbar\delta_{jk}\hat{I}. \quad \text{(b)} \tag{16.10.2}$$

Dabei bezeichnet $\hat{I}$ den Einheitsoperator. Eine weitere Konsequenz von (16.10.1) ist die *Heisenbergsche Unschärferelation* für beliebige Observable. Definiert man die Unbestimmtheit einer Observablen durch

$$\Delta A := \sqrt{\langle (A - \langle A\rangle)^2\rangle}, \tag{16.10.3}$$

so folgt

$$(\Delta A)^2(\Delta B)^2 \geq -\frac{1}{4}\langle [\hat{A},\hat{B}]\rangle^2. \tag{16.10.4}$$

Postulat 3: *Über das Ergebnis einer Messung an einem physikalischen System sind nur Wahrscheinlichkeitsaussagen möglich. Der Erwartungswert $\langle A\rangle$ einer Observablen A ist durch*

$$\langle A\rangle = \int_{-\infty}^{\infty} \lambda d(E_\lambda \psi|\psi) \tag{16.10.5}$$

gegeben.

Dabei bezeichnet E_λ, $-\infty < \lambda < \infty$ die Spektralschar des selbstadjungierten Operators $\hat{A}$. In der Beschränkung auf Wahrscheinlichkeitsaussagen spiegelt sich eine naturgegebene, nicht überschreitbare Grenze der Erkenntnis wider, wie sie auch im Zusammenhang mit der Heisenbergschen Unschärferelation deutlich wird.

Postulat 4: *Die zeitliche Entwicklung eines quantenmechanischen Systems wird durch einen zeitabhängigen, unitären Operator $\hat{S}(t)$ beschrieben, der die Differentialgleichung*

$$\dot{\hat{S}}(t) = -\frac{i}{\hbar}\hat{H}\hat{S}(t), \quad (a) \qquad \text{mit} \qquad \hat{S}(t_0) = \hat{I} \quad (b) \tag{16.10.6}$$

erfüllt. Bezeichnet $|\psi_{t_0}\rangle$ den Systemzustand zum Zeitpunkt t_0, $|\psi_t\rangle$ jenen zum Zeitpunkt t, so gilt

$$|\psi_t\rangle = \hat{S}(t - t_0)|\psi_{t_0}\rangle. \tag{16.10.7}$$

Für einen nicht explizit zeitabhängigen Hamilton-Operator $\hat{H}$ besitzt $\hat{S}(t)$ die Gestalt

$$\hat{S}(t) = \mathrm{e}^{-\frac{i}{\hbar}\hat{H}(t-t_0)}. \tag{16.10.8}$$

Spezialisiert man (16.10.6) – (16.10.8) auf ein infinitesimales Zeitintervall $dt = t - t_0, d|\psi\rangle = |\psi_{t_0+dt}\rangle - |\psi_{t_0}\rangle, \hat{S}(dt) = \hat{I} - (i\hat{H}dt)/\hbar$, so erhält man für $|\psi\rangle$ die Schrödingergleichung

$$i\hbar\frac{\partial|\psi\rangle}{\partial t}\hat{H}|\psi\rangle. \tag{16.10.9}$$

Wie schon bemerkt wurde, repräsentiert sie die zeitliche Entwicklung in infinitesimaler Form. Für die Formulierung des nächsten Postulats benötigen wir den Begriff einer vollständigen Menge vertauschbarer Operatoren (Observabler): eine Menge vertauschbarer Operatoren heißt vollständig, wenn die gemeinsamen Eigenfunktionen nicht entartet sind.

Postulat 5: *Die Operatoren $\hat{q}_j$, $j = 1,2,3$ bilden zusammen mit dem die 3-Komponente des Spins beschreibenden Operator $\hat{S}_3$ eine vollständige Menge vertauschbarer Operatoren.*

16.11 Mehrteilchensysteme

Die Beschreibung eines physikalischen Systems, das aus mehreren voneinander verschiedenen Teilchen besteht, ergibt sich direkt aus den bisherigen Überlegungen. Dagegen benötigt man für die Beschreibung eines aus identischen Teilchen bestehenden physikalischen Systems einige zusätzliche Einsichten.

16.11.1 Systeme verschiedener Teilchen

Wir betrachen ein aus n verschiedenen Teilchen bestehendes System. Für die Orts- Impuls und Spinoperatoren gelten dann in Übereinstimmung mit dem Postulat 2

$$[\hat{q}_j^\mu, \hat{q}_k^\nu] = [\hat{p}_j^\mu, \hat{p}_k^\nu] = 0, \qquad [\hat{q}_j^\mu, \hat{p}_k^\nu] = i\hbar\delta_{\mu\nu}\delta_{jk}, \tag{16.11.1}$$

$$[\hat{S}_j^\mu, \hat{S}_k^\nu] = 0, \quad \mu \neq \nu, \quad [\hat{S}_j^\mu, \hat{S}_k^\mu] = i\hat{S}_l^\mu, \quad j,k,l \text{ zyklisch}, \tag{16.11.2}$$

$$[\hat{S}_j^\mu, \hat{q}_k^\nu] = [\hat{S}_j^\mu, \hat{p}_k^\nu] = 0. \tag{16.11.3}$$

Dabei bezeichnen die hochgestellten Indizes die Teilchen, die tiefgestellten Indizes in üblicher Weise die Vektorkomponenten. Die zu verschiedenen Teilchen gehörigen Operatoren kommutieren also durchwegs, während für jedes einzelne Teilchen die bekannten Vertauschungsrelationen für $\hat{q}_j$, $\hat{p}_j$ und $\hat{S}_j$ gelten. Die zu Gesamtimpuls, Gesamtdrehimpuls und Gesamtspin gehörigen Operatoren ergeben sich als Summe der Einzeloperatoren. Der Zustandsvektor ψ kann in der Form

$$\psi = \psi(\boldsymbol{r}^1, {m_s}^1, \boldsymbol{r}^2, {m_s}^2, \ldots \boldsymbol{r}^n, {m_s}^n)$$

dargestellt werden. Dies ist die sogenannte Orts-Spin-Darstellung: jedes Teilchen wird durch Angabe seines Ortes und seines Spins charakterisiert. Aus dem Postulat 5 folgt, daß diese Beschreibung vollständig ist. Die Zahlen ${m_s}^1$ bis ${m_s}^n$ variieren über die Eigenwerte der Spinkomponenten S_3^1 bis S_3^n. Der entsprechende Hilbertraum wird durch all jene Funktionen gebildet, für die

$$\sum_{{m_s}^1 \ldots {m_s}^n} \int_{\mathbb{R}^3} |\psi(\boldsymbol{r}^\mu, {m_s}^\mu)|^2 \ddot{\boldsymbol{r}}^1 \ldots \ddot{\boldsymbol{r}}^n \tag{16.11.4}$$

existiert. Ferner ist das Innenprodukt zweier Vektoren ψ_1 und ψ_2 durch

$$\sum_{{m_s}^1 \ldots {m_s}^n} \int_{\mathbb{R}^3} \overset{*}{\psi}_1 (\boldsymbol{r}^\mu, {m_s}^\mu) \psi_2(\boldsymbol{r}^\mu, {m_s}^\mu) \ddot{\boldsymbol{r}}^1 \ldots \ddot{\boldsymbol{r}}^n \tag{16.11.5}$$

definiert. Wir wollen nun den Hamiltonoperator für ein System aus n spinlosen Teilchen der Massen M^μ ohne äußeres Magnetfeld konstruieren. Dazu gehen wir wieder von der klassischen Hamiltonfunktion

$$H = \sum_{\mu=1}^{n} \left(\frac{(\boldsymbol{p}^\mu)^2}{2M^\mu} + V^\mu(\boldsymbol{r}^\mu, t) \right) + \sum_{\substack{\mu,\nu \\ \mu\neq\nu}}^{n} V^{\mu\nu}(\boldsymbol{r}^\mu, \boldsymbol{r}^\nu) \tag{16.11.6}$$

aus. $V^\mu(\boldsymbol{r}^\mu, t)$ bezeichnet das für das Teilchen μ am Ort $\boldsymbol{r}^\mu$ wirkende Potential, $V^{\mu\nu}(\boldsymbol{r}^\mu, \boldsymbol{r}^\nu) = V^{\mu\nu}(|\boldsymbol{r}^\mu - \boldsymbol{r}^\nu|)$ das Wechselwirkungspotential zwischen Teilchen μ und ν. Der Hamiltonoperator lautet dann

$$\hat{H} = \sum_{\mu=1}^{n} \left(-\frac{\hbar^2}{2M^\mu} \Delta^\mu + V^\mu(\boldsymbol{r}^\mu, t) \right) + \sum_{\substack{\mu,\nu \\ \mu\neq\nu}}^{n} V^{\mu\nu}(\boldsymbol{r}^\mu, \boldsymbol{r}^\nu), \tag{16.11.7}$$

wobei in Δ^μ der Index auf die Differentiation am Ort $\boldsymbol{r}^\mu$ hinweist.

16.11.2 Systeme identischer Teilchen

Unter identischen Teilchen versteht man Teilchen, die in sämtlichen physikalischen Eigenschaften übereinstimmen. In der klassischen Mechanik kann man zwei derartige Teilchen anhand ihrer Bahnbewegung unterscheiden: zwei Teilchen, die zu einem festen Zeitpunkt als Teilchen Nr. 1 und Teilchen Nr. 2 erkannt werden, können auch nach einer bestimmten Zeit durch die verschiedenen Bahnkurven identifiziert werden. In der Quantenmechanik wäre dies nur dann möglich, wenn die Aufenthaltswahrscheinlichkeiten der beiden Teilchen für alle Zeiten im $\mathbb{R}^3$ getrennt lägen. Nun führt das Zerfließen der Wellenpakete zu einer Überlappung der Wahrscheinlichkeitsdichten, so daß zu einem späteren Zeitpunkt nicht mehr festgestellt werden kann, ob Teilchen Nr. 1 oder Teilchen Nr. 2 angetroffen wurde. Aus diesem Grund kann die Vorgangsweise des obigen Abschnitts bei der Behandlung von Systemen identischer Teilchen nicht ungeändert übernommen werden.

Wir betrachten nun ein aus n identischen Teilchen bestehendes System, das wir in der Orts-Spin-Darstellung durch den Vektor

$$\psi = \psi(\boldsymbol{r}^1, {m_s}^1, \boldsymbol{r}^2, {m_s}^2, \ldots \boldsymbol{r}^n, {m_s}^n)$$

charakterisieren. Wegen der identischen Teilcheneigenschaften darf sich der Systemzustand nicht ändern, wenn man die Teilchen μ und ν vertauscht. Diese Vertauschung kann mit Hilfe des durch

$$\begin{aligned} &\hat{\pi}_{\mu\nu}\psi(\boldsymbol{r}^1, {m_s}^1, \ldots, \boldsymbol{r}^\mu, {m_s}^\mu, \ldots, \boldsymbol{r}^\nu, {m_s}^\nu, \ldots, \boldsymbol{r}^n, {m_s}^n) := \\ &\lambda\psi(\boldsymbol{r}^1, {m_s}^1, \ldots, \boldsymbol{r}^\nu, {m_s}^\nu, \ldots, \boldsymbol{r}^\mu, {m_s}^\mu, \ldots, \boldsymbol{r}^n, {m_s}^n) \end{aligned} \tag{16.11.8}$$

definierten Transpositionsoperators $\hat{\pi}_{\mu\nu}$ beschrieben werden: bei einer Anwendung auf ψ vertauscht $\hat{\pi}_{\mu\nu}$ die Koordinaten an der μ-ten Stelle mit jenen der ν-ten Stelle. Eine nochmalige Vertauschung der beiden Teilchen führt wieder auf den ursprünglichen Systemzustand, weshalb

$${\hat{\pi}_{\mu\nu}}^2\psi = \lambda^2\psi = \psi, \tag{16.11.9}$$

und somit

$$\lambda = \pm 1 \tag{16.11.10}$$

gelten muß. Die Wellenfunktion identischer Teilchen muß also entweder symmetrisch ($\lambda = +1$) oder antisymmetrisch ($\lambda = -1$) gegenüber der Vertauschung zweier Teilchen sein. Welcher Fall tatsächlich gegeben ist, hängt von der Teilchenart ab. Teilchen mit symmetrischer Wellenfunktion heißen *Bosonen*, Teilchen mit antisymmetrischer Wellenfunktion heißen *Fermionen*.

Es scheint eine verblüffende Tatsache, daß das Symmetrieverhalten der Wellenfunktion in engem Zusammenhang mit dem Spin der betrachteten Teilchen steht: Bosonen haben ganzzahligen Spin (z.B π-Mesonen, Photonen, α-Teilchen), Fermionen besitzen halbzahligen Spin (z.B. Elektronen, Protonen, Neutronen). Dieser *Spin-Statistik Zusammenhang* kann erst im Rahmen der Quantenfeldtheorie begründet werden.

Wir wollen nun für ein System aus n identischen Teilchen bei Vernachlässigung der Wechselwirkungen ($V^{\mu\nu} = 0$) die Wellenfunktionen für Bosonen und Fermionen konstruieren. Dazu gehen wir von der aus (16.11.7) folgenden Schrödingergleichung

$$\sum_{\mu=1}^{n} \hat{H}^\mu \psi(\boldsymbol{r}^1, {m_s}^1, \ldots, \boldsymbol{r}^n, {m_s}^n) = E\psi(\boldsymbol{r}^1, {m_s}^1, \ldots, \boldsymbol{r}^n, {m_s}^n) \tag{16.11.11}$$

aus. Wegen der speziellen Gestalt des Hamiltonoperators kann ψ in der Produktform

$$\psi(\boldsymbol{r}^1,m_s{}^1,\ldots,\boldsymbol{r}^n,m_s{}^n)=\psi_{i_1}(\boldsymbol{r}^1,m_s{}^1)\psi_{i_2}(\boldsymbol{r}^2,m_s{}^2)\ldots\psi_{i_n}(\boldsymbol{r}^n,m_s{}^n) \qquad (16.11.12)$$

angesetzt werden. Dabei bezeichnen ψ_{i_μ} die normierten Eigenfunktionen des Problems

$$\hat{H}^\mu\psi_{i_\mu}(\boldsymbol{r}^\mu,m_s{}^\mu)=E_{i_\mu}\psi_{i_\mu}(\boldsymbol{r}^\mu,m_s{}^\mu),\quad \mu=1,\ldots,n,\quad i_\mu=1,2,\ldots \qquad (16.11.13)$$

Sei weiter n_{i_μ} die Anzahl der Teilchen im Zustand ψ_{i_μ}, so gilt

$$n=\sum n_{i_\mu},\qquad E=\sum n_{i_\mu}E_{i_\mu}. \qquad (16.11.14).$$

Wir definieren nun die Permutationsoperatoren $\hat{\pi}$ durch

$$\hat{\pi}\psi(\boldsymbol{r}^1,m_s{}^1,\boldsymbol{r}^2,m_s{}^2,\ldots,\boldsymbol{r}^n,m_s{}^n):=\psi(\boldsymbol{r}^{i_1},m_s{}^{i_1},\boldsymbol{r}^{i_2},m_s{}^{i_2},\ldots,\boldsymbol{r}^{i_n},m_s{}^{i_n}), \qquad (16.11.15)$$

wobei die Zahlen $i_1,\ldots,i_n$ die Zahlen $1,\ldots,n$ in irgendeiner Reihenfolge durchlaufen. $\hat{\pi}$ kann durch fortlaufende Produktbildung der Transpositionsoperatoren dargestellt werden. Da die Transpositionsoperatoren nur die Eigenwerte ± 1 besitzen, trifft dies auch für $\hat{\pi}$ zu. Mit Hilfe von $\hat{\pi}$ läßt sich die Lösung von (16.11.11) für Bosonen in der Gestalt

$$\begin{aligned}&\psi(\boldsymbol{r}^1,m_s{}^1,\ldots,\boldsymbol{r}^n,m_s{}^n)\\ &=\frac{1}{\sqrt{n!n_1!n_2!\ldots}}\sum_{\pi=1}^{n!}\hat{\pi}\psi_{i_1}(\boldsymbol{r}^1,m_s{}^1)\psi_{i_2}(\boldsymbol{r}^2,m_s{}^2)\ldots\psi_{i_n}(\boldsymbol{r}^n,m_s{}^n)\end{aligned} \qquad (16.11.16)$$

anschreiben. Dabei bedeutet die Summenbildung, daß über alle $n!$ Permutationen zu summieren ist, und $\sqrt{n!n_1!n_2!\ldots}$ einen Normierungsfaktor.

Die Konstruktion der Fermionenwellenfunktion hat unter dem Gesichtspunkt zu erfolgen, daß die Vertauschung zweier Teilchen eine Vorzeichenänderung bewirkt. Dies legt die Verwendung einer Determinante nahe:

$$\psi(\boldsymbol{r}^1,m_s{}^1,\ldots,\boldsymbol{r}^n,m_s{}^n)=\frac{1}{\sqrt{n!}}\begin{vmatrix}\psi_{i_1}(\boldsymbol{r}^1,m_s{}^1) & \psi_{i_1}(\boldsymbol{r}^2,m_s{}^2) & \ldots & \psi_{i_1}(\boldsymbol{r}^n,m_s{}^n)\\ \psi_{i_2}(\boldsymbol{r}^1,m_s{}^1) & \psi_{i_2}(\boldsymbol{r}^2,m_s{}^2) & \ldots & \psi_{i_2}(\boldsymbol{r}^n,m_s{}^n)\\ \vdots & \vdots & & \vdots\\ \psi_{i_n}(\boldsymbol{r}^1,m_s{}^1) & \psi_{i_n}(\boldsymbol{r}^2,m_s{}^2) & \ldots & \psi_{i_n}(\boldsymbol{r}^n,m_s{}^n)\end{vmatrix}. \qquad (16.11.17)$$

Die verwendete Determinante heißt *Slater-Determinante*. Falls zwei Teilchen den gleichen Zustand annehmen, verschwindet die Fermionenwellenfunktion, da in der Slaterdeterminante zwei identische Spalten auftreten. Dieses Ergebnis ist eine Verallgemeinerung des ursprünglich für Elektronen aufgestellten *Paulischen Ausschließungsprinzips*:

Jeder Einteilchenzustand kann nur von einem Elektron besetzt sein.

Gemäß Postulat 5 wird der Zustand eines Elektrons eindeutig durch die Angabe der drei Ortskomponenten und einer Spinkomponente charakterisiert. Genauso könnte man zur Definition des Zustandes die vier Größen Energie, Drehimpuls, 3-Komponente von Drehimpuls und 3-Komponente von Spin verwenden. Sie werden durch die Quantenzahlen n,m,m_l,m_s beschrieben. Das Pauli-Prinzip besagt dann, daß ein bestimmter Satz von Werten n,m,m_l,m_s nur von einem einzelnen Elektron angenommen werden kann.

Dieses Prinzip wurde von Pauli 1925 bei der Untersuchung von Atomspektren empirisch gefunden. Die Darstellung (16.11.17) zeigt, daß dieses Prinzip nicht nur für Elektronen, sondern für beliebige Fermionen zutrifft! Für Bosonen ist das Pauliprinzip hingegen nicht gültig.

16.12 Paradoxien, Interpretationen und philosophische Implikationen der Quantenmechanik

Waren Schrödinger und Heisenberg für die theoretische Ausgestaltung der Quantenmechanik verantwortlich, so ist ihre Interpretation vor allem mit den Namen von *M. Born* und *N. Bohr* verbunden. Bohrs Interpretation (Kopenhagener Interpretation) ist auch heute die offizielle Sicht, und für die meisten Physiker verbindlich.

In diesem Abschnitt wollen wir uns mit dieser und anderen Anschauungen auseinandersetzen, und verschiedene Paradoxien samt den damit verbundenen philosophischen Konsequenzen besprechen.

16.12.1 Die Kopenhagener Interpretation

Ein fundamentaler Aspekt der Quantenmechanik ist ihre Unbestimmtheit, die in der Heisenbergschen Unschärferelation ihren mathematischen Ausdruck findet: Es ist nicht möglich, über ein Teilchen alles gleichzeitig zu wissen. Es entzieht sich dem Zugriff, ist also gewissermaßen „unberührbar". Die Frage ist, ob diese Verschmiertheit eine der Natur innewohnende Eigenschaft ist, oder bloß eine Fassade darstellt, hinter der auf einer tieferen Ebene wieder die Vernunft regiert.

Der dänische Physiker N. Bohr war der Sprecher jener Physikergemeinde, die der ersten Anschauung anhing, während Einstein sein ganzes Leben lang von der zweiten Möglichkeit überzeugt war, obwohl er schließlich beinahe allein dastand.

Bohrs Interpretation kann als Umsturz des „naiven Realismus" in der Physik angesehen werden. Die Natur der „Wirklichkeit" ist im mikroskopischen Bereich geradezu eine Beleidigung für den gesunden Menschenverstand. Ohne Beobachtung repräsentiert ein Quantensystem eine Überlagerung verschiedener Geisterbilder. Erst durch die Beobachtung erhält es eine feste Kontur, d.h. in gewisser Weise „schöpft" der Experimentator die Realität.

Natürlich stellt sich hier die Frage, wie aus diesen schattenhaften Geisterbildern konkrete Gegenstände der makroskopischen Realität entstehen können, und mit Hilfe welcher Macht der Beobachter die der Quantenphysik innewohnende Unschärfe aufhebt, um ein klares Ergebnis zu erhalten. Auf diese Probleme werden wir in Abschnitt 16.12 näher eingehen. Zunächst jedoch wollen wir ein auf Einstein und seine Kollegen *B. Podgolsky* und *N. Rosen* zurückgehendes Gedankenexperiment besprechen, mit dem sie die Bohrsche Interpretation zu Fall bringen wollten.

16.12.2 Das EPR-Experiment

Mit dem nach ihnen benannten Gedankenexperiment versuchten Einstein, Podolsky und Rosen, bei der Orts- und Impulsbestimmung eines Teilchens die Heisenbergsche Unschärfe zu umgehen. Da man Ort und Impuls eines einzelnen Teilchens nicht direkt gleichzeitig messen kann, führten sie ein zweites Teilchen ein, in der Hoffnung, von zwei Teilchen gleichzeitig mehr Eigenschaften bestimmen zu können, als dies bei einem isolierten Teilchen möglich sei. Wir betrachten also zwei Quantenteilchen 1 und 2, die in Wechselwirkung treten, und nach der Wechselwirkung wieder weit auseinanderfliegen. Nun messen wir den Impuls des Teilchens 1, womit sein Ort völlig unbestimmt ist. Diese Ortsunbestimmtheit kann aber auf keinen Fall die Position des Teilchens 2 unbestimmt gemacht haben, denn Teilchen 2 kann im Prinzip beliebig weit von Teilchen 1 entfernt sein. Wir bestimmen nun experimentell die Position von Teilchen 2. Natürlich kann bei dieser Messung nichts über seinen Impuls ausgesagt werden. Der Impuls von Teilchen 2 läßt sich jedoch aus jenem von Teilchen 1 über den Impulserhaltungssatz ermitteln! Obwohl also die Ortsmessung an Teilchen 2 keine Impulsangabe erlaubt, kann dieser durch Einführung eines Partnerteilchens *indirekt* gemessen werden.

Falls ein derartiges Experiment tatsächlich praktisch durchgeführt werden kann, so ist damit die Heisenbergsche Unschärfe ausgetrickst worden. Sie ist dann keine der Natur immanente, irreduzible Eigenschaft, wie es von Bohr und seinen Anhängern behauptet wurde. In diesem Zusammenhang ist zu beachten, daß das EPR-Experiment von zwei grundlegenden Annahmen ausgeht:

(1) Es existiert eine objektive Realität, d.h. Ort und Impuls eines Teilchens sind objektiv gegeben;

(2) kein Signal kann sich schneller als mit Lichtgeschwindigkeit ausbreiten;

Die Aussage (1) zu beweisen ist Ziel des Experimentes. In (2) kommt die Annahme zum Ausdruck, daß die an einem Teilchen vorgenommene Messung keinen Einfluß auf das Partnerteilchen hat, da sich dieses in beliebiger Entfernung befinden kann. Eine derartige Einflußnahme würde die Existenz von Signalen fordern, die sich schneller als mit Lichtgeschwindigkeit bewegen. Kein Wunder, daß Einstein eine solche Vorstellung ablehnte, und sie als „spukhafte Fernwirkung“ verspottete.

Um zwischen der Bohrschen und der Einsteinschen Auffassung zu entscheiden, war ein Experiment notwendig. Seine Realisierung war allerdings über Jahrzehnte nicht möglich, da die notwendige präzise Technologie nicht verfügbar war. Die an den Teilchen vorgenommenen Messungen müssen in extrem kurzen Zeitintervallen durchgeführt werden, so daß eine herkömmliche Wechselwirkung zwischen den Teilchen ausgeschlossen ist. 1982 führte der französische Physiker *A. Aspect* schließlich einen Versuch durch, der den Zwiespalt entscheiden sollte. Dabei ging er von der von *J. Bell* in den Sechzigerjahren entwickelten *Bellschen Ungleichung* aus, in der die beiden verschiedenen Standpunkte von Bohr und Einstein ihren mathematischen Niederschlag fanden. Falls Einsteins Anschauung richtig ist, müßte diese Ungleichung in jedem denkbaren Experiment erfüllt sein; falls jedoch Bohr recht hat, so könnte die Ungleichung verletzt werden.

Das Ergebnis von Aspects Experiment zeigt eindeutig, daß die Bellsche Ungleichung verletzt werden kann, womit die Bohrsche Auffassung bestätigt scheint: Die Annahme, daß es sich bei zwei räumlich weit entfernten Teilchen um zwei unabhängige physikalische Systeme handelt, trifft nicht zu. Sie müssen als Teil eines einheitlichen Ganzen gesehen werden! Man bezeichnet diese Eigenschaft als *Quanten-Nichtlokalität.*

Allerdings gibt es auch Physiker, die trotz des für Einstein negativen Versuchsausganges von Aspect die Bohrsche Auffassung zu vermeiden suchen. Ihren Glauben an eine objektive Realität begründen sie durch die Annahme der Existenz von Signalen, die sich mit Überlichtgeschwindigkeit bewegen können. Damit gäbe es die von Einstein geleugnete spukhafte Fernwirkung, aber auch die von Bohr geleugnete objektive Realität. Für die meisten Physiker bleibt jedoch nach wie vor die Kopenhagener Interpretation der Quantenmechanik verbindlich.

In jüngster Zeit werden die Untersuchungen von Aspect mit erhöhter Genauigkeit in allgemeinerem Rahmen durchgeführt. Während Aspect u.a. noch auf Labor-Distanzen beschränkt waren, analysieren *Zeilinger* und seine Mitarbeiter in Innsbruck das Problem der Quanten-Nichtlokalität gegenwärtig bei einer Distanz von 400 m.

16.12.3 Schrödingers arme Katze. Geist und Materie. Vielweltentheorie

Eine harte Nuß für Wissenschaftler und Philosophen stellt das auf Schrödinger zurückgehende Paradoxon der Schrödinger-Katze dar. Dabei stellt man sich eine Katze zusammen mit einer

Höllenmaschine in eine Stahlkammer eingesperrt vor. Der böse Apparat besteht aus einem Geigerzähler, der eine so winzige Menge radioaktiver Substanz enthält, daß die Wahrscheinlichkeit eines Zerfalls nur 50% beträgt. Der Geigerzähler ist mit einem Mechanismus verbunden, der eine Flasche mit tödlichem Zyanidgas zerschlagen kann. Falls der Geigerzähler einen atomaren Zerfall feststellt, wird die Flasche zerschmettert, andernfalls bleibt sie ganz. Beide Möglichkeiten sind gleich wahrscheinlich.

Es stellt sich nun die Frage nach dem Versuchsergebnis, falls man die Tür der Stahlkammer nach Ablauf einer bestimmten Zeit wieder öffnet: Entweder lebt die Katze (es fand kein atomarer Zerfall statt), oder die Katze ist tot (es fand ein atomarer Zerfall statt). Nach den Gesetzen der Quantenmechanik in Verbindung mit der Kopenhagener Interpretation ist die Katze jedoch in einem lebendig-toten Mischzustand! Betrachtet man nämlich die Katze als Quantensystem, so setzt sich ihre Wellenfunktion aus der Wellenfunktion der lebendigen Katze und jener der toten Katze additiv zusammen (die beiden Wahrscheinlichkeiten für den atomaren Zerfall waren gleich groß angenommen worden).

Zur Lösung dieses Paradoxons gibt es mehrere Antworten. Der bedeutende Quantentheoretiker *E. Wigner* stellt die These auf, daß die Gesetze der Quantenmechanik zusammenbrechen, wenn das menschliche Bewußtsein ins Spiel kommt. Der Eintritt der Information über das Quantensystem in den Geist des Beobachters löst einen als *Reduktion der Wellenfunktion* bezeichneten Prozeß aus. Dabei wird die Summe beider Wellenfunktionen entweder auf die Wellenfunktion der lebenden, oder auf jene der toten Katze reduziert, womit der schizophrene Mischzustand eine scharf umrissene Kontur erhält.

Dieser Ansicht schließt sich auch *R. Penrose* an, während andere führende Theoretiker wie *J.A. Wheeler* der Ansicht sind, eine derartige Reduktion könne von jedem makroskopischen Objekt durchgeführt werden.

Wigners These impliziert, daß Geist auf Materie einwirken kann, und öffnet damit den Parapsychologen Erklärungsmöglichkeiten für Phänomene wie Psychokinese, etc. Weiter läßt sie eine Verwandtschaft der Dualismen Teilchen/Welle, Materie/Geist (Körper/Seele) erkennen. Möglicherweise läßt sich das Körper/Seele Problem in der Zukunft mit Hilfe quantentheoretischer Argumentationen einer Lösung zuführen.

Ein anderer, noch spektakulärerer Vorschlag zur Lösung des Paradoxons ist die auf *H. Everett* zurückgehende, und später von *B. de Witt* weiterentwickelte *Vielwelten-Theorie*. Nach dieser Theorie kommt es zu keiner Reduktion der Wellenfunktion. Die Vielwelten-Interpretation löst das Paradoxon durch die Behauptung, daß sich die Katze samt allen anderen Teilen der Versuchsanordnung in zwei verschiedene Welten aufspaltet: In der einen Welt lebt die Katze, in der anderen ist sie tot. Dieser Aufspaltungsprozeß setzt sich bei der Beobachtung fort: In der einen Welt existiert ein Beobachter, der eine lebende Katze sieht, in der anderen sieht er eine tote Katze. Das Universum spaltet sich also ständig in eine Unzahl paralleler, physikalisch nicht verbundener Universen auf, die alle real sind. Dies gilt auch für den Geist des Beobachters. Diese spektakuläre Auffassung teilen, wenn auch nicht völlig zweifelsfrei, Physiker wie *R. Feynman, M. Gell-Mann, S. Hawking, F. Tipler* und *S. Weinberg*. Sie spielt auch in der Quantenkosmologie eine bedeutsame Rolle.

16.13 Formelsammlung

Grundlagen

$$\boldsymbol{p} = \hbar \boldsymbol{k}, \quad E = \hbar\omega, \qquad \text{... De-Broglie-Beziehungen}$$

$$\Delta p_x \Delta x \geq \hbar, \qquad \text{... Heisenbergsche Unschärfe}$$

Schrödinger-Gleichung

$$i\hbar\dot{\psi}(\boldsymbol{r},t) = \hat{H}(\boldsymbol{r},\boldsymbol{p})\psi(\boldsymbol{r},t), \qquad \text{... allgemeine Schrödinger-Gleichung}$$

$$\hat{H}\psi(\boldsymbol{r}) = E\psi(\boldsymbol{r}), \qquad \text{... zeitfreie Schrödinger-Gleichung}$$

Erwartungswerte

$$\langle A\rangle = \int \overset{*}{\psi}(\boldsymbol{r},t)\hat{A}\psi(\boldsymbol{r},t)d^3r,$$

$$\frac{d}{dt}\langle A\rangle = \langle\frac{\partial \hat{A}}{\partial t}\rangle + \frac{1}{i\hbar}\langle[\hat{A},\hat{H}]\rangle,$$

$$\frac{d}{dt}\langle p\rangle = -\langle \text{grad}\, V\rangle \qquad \text{... Theorem von Ehrenfest}$$

Bahndrehimpuls

$$\hat{\boldsymbol{L}} = -i\hbar(\boldsymbol{r}\times\nabla),$$

$$[\hat{L}_j,\hat{L}_k] = i\hbar\epsilon_{jkl}\hat{L}_l, \quad j,k,l \text{ zyklisch}, \quad [\hat{L}^2,\hat{L}_j] = 0,$$

$$\hat{L}^2 = -\hbar^2\Delta_{\vartheta,\varphi} = -\hbar\left(\frac{1}{\sin\vartheta}\frac{\partial}{\partial\vartheta}\left(\sin\vartheta\frac{\partial}{\partial\vartheta}\right) + \frac{1}{\sin^2\vartheta}\frac{\partial^2}{\partial\varphi^2}\right),$$

$$\hat{L}^2 Y_{lm} = \hbar^2 l(l+1)Y_{lm}, \quad \hat{L}_z Y_{lm} = \hbar m Y_{lm},$$

$$Y_{lm}(\vartheta,\varphi) = \sqrt{\frac{(l-m)!(2l+1)}{4\pi(l+m)!}}P_{lm}(\cos\vartheta)\mathrm{e}^{im\varphi}, \quad m = -l,\cdots+l, \quad l = 0,1,2,\ldots$$

$$Y_{00} = \sqrt{\frac{1}{4\pi}}, \quad Y_{10} = \sqrt{\frac{3}{4\pi}}\cos\vartheta, \quad Y_{1\pm1} = \sqrt{\frac{3}{8\pi}}\sin\vartheta\mathrm{e}^{\pm i\varphi},$$

$$Y_{20} = \sqrt{\frac{5}{4\pi}}\left(\frac{3}{2}\cos^2\vartheta - \frac{1}{2}\right), \quad Y_{2\pm1} = \sqrt{\frac{15}{8\pi}}\sin\vartheta\cos\vartheta\mathrm{e}^{\pm i\varphi},$$

$$Y_{2\pm2} = \sqrt{\frac{15}{32\pi}}\sin^2\vartheta\mathrm{e}^{\pm2i\varphi}$$

Spindrehimpuls

$$[\hat{S}_j,\hat{S}_k] = i\hbar\epsilon_{jkl}\hat{S}_l, \quad j,k,l \text{ zyklisch}, \quad [\hat{S}^2,\hat{S}_j] = 0,$$

$$\hat{\sigma}_j := \frac{\hbar}{2}\hat{S}_j, \quad \ldots \text{ Pauli-Matrizen}$$

$$[\hat{\sigma}_j,\hat{\sigma}_k] = 2i\epsilon_{jkl}\hat{\sigma}_l, \quad j,k,l \text{ zyklisch}, \quad [\hat{\sigma}_j,\hat{\sigma}_k]_+ = 2\delta_{jk}$$

Erhaltungssätze im konservativen Feld

$$\frac{\partial}{\partial t}\left(\psi \overset{*}{\psi}\right) + \nabla \cdot \boldsymbol{j} = 0 \qquad \ldots \text{ Erhaltung von Masse und Ladung,}$$

mit

$$\boldsymbol{j} = \frac{i\hbar}{2m}(\psi\nabla \overset{*}{\psi} - \overset{*}{\psi}\nabla\psi), \qquad \rho_m = m\psi\overset{*}{\psi}, \quad \rho_e = e\psi\overset{*}{\psi}.$$

$$\frac{d}{dt}\langle H\rangle = 0 \qquad \ldots \text{ Erhaltung der Energie}$$

$$\frac{d}{dt}\langle \boldsymbol{p}\rangle = 0 \qquad \ldots \text{ Erhaltung des Impulses}$$

$$\frac{d}{dt}\langle \boldsymbol{L}\rangle = 0 \qquad \ldots \text{ Erhaltung des Drehimpulses}$$

Vielteilchensysteme

$$\psi(\boldsymbol{r}^1,m_s{}^1,\ldots \boldsymbol{r}^n,m_s{}^n) = \frac{1}{\sqrt{n!n_1!n_2!\ldots}}\sum_{\pi=1}^{n!}\hat{\pi}\,\psi_{i_1}(\boldsymbol{r}^1,m_s{}^1)\psi_{i_2}(\boldsymbol{r}^2,m_s{}^2)\ldots\psi_{i_n}(\boldsymbol{r}^n,m_s\,n)$$

... Bosonenwellenfunktion

$$\psi(\boldsymbol{r}^1,m_s{}^1,\ldots \boldsymbol{r}^n,m_s{}^n) =$$

$$= \frac{1}{\sqrt{n!}}\begin{vmatrix} \psi_{i_1}(\boldsymbol{r}^1,m_s{}^1) & \psi_{i_1}(\boldsymbol{r}^2,m_s{}^2) & \ldots & \psi_{i_1}(\boldsymbol{r}^n,m_s{}^n) \\ \psi_{i_2}(\boldsymbol{r}^1,m_s{}^1) & \psi_{i_2}(\boldsymbol{r}^2,m_s{}^2) & \ldots & \psi_{i_2}(\boldsymbol{r}^n,m_s{}^n) \\ \vdots & \vdots & & \vdots \\ \psi_{i_n}(\boldsymbol{r}^1,m_s{}^1) & \psi_{i_n}(\boldsymbol{r}^2,m_s{}^2) & \ldots & \psi_{i_n}(\boldsymbol{r}^n,m_s{}^n) \end{vmatrix}$$

... Fermionenwellenfunktion

17 Relativistische Quantenmechanik für Spin-0-Teilchen

Die Gültigkeit der nichtrelativistischen Quantenmechanik beschränkt sich auf niederenergetische Teilchen. Mathematisch spiegelt sich der nichtrelativistische Charakter in der Unmöglichkeit einer kovarianten Formulierung der Schrödingergleichung. Bei hohen Energien und großen Geschwindigkeiten muß die Beschreibung der Dynamik auf relativistischem Niveau geschehen, und die entsprechende Grundgleichung im Minkowskiraum kovariant formulierbar sein. Für Spin 0-Teilchen ist dies die Klein-Gordon-Gleichung, für Spin 1/2-Teilchen die Dirac-Gleichung. In diesem Kapitel wollen wir uns ausschließlich mit der Klein-Gordon-Gleichung beschäftigen.

17.1 Die freie Klein-Gordon-Gleichung

17.1.1 Der relativistische Energiesatz in Operatorform

Im letzten Kapitel haben wir gezeigt, daß sich die Schrödingergleichung als nichtrelativistischer Energiesatz in Operatorform deuten läßt. Für die Aufstellung einer entsprechenden relativistischen Verallgemeinerung der Schrödingergleichung scheint es naheliegend, vom relativistischen Energiesatz auszugehen. Mit der ko- und kontravarianten Darstellung des Viererimpulses

$$p^{\mu} = \left(\frac{E}{c}, \boldsymbol{p}\right), \qquad p_{\mu} = \left(\frac{E}{c}, -\boldsymbol{p}\right)$$

lautet er

$$p^{\mu} p_{\mu} = \frac{E^2}{c^2} - \boldsymbol{p}^2 = m_0{}^2 c^2, \tag{17.1.1}$$

wobei m_0 die Ruhemasse des Teilchens und c die Vakuumlichtgeschwindigkeit angeben. Mit Hilfe der Energie- und Impulsoperatoren

$$\hat{E} = i\hbar \frac{\partial}{\partial t}, \qquad \hat{\boldsymbol{p}} = -i\hbar \nabla$$

erhält man für den Operator des Viererimpulses

$$\hat{p}^{\mu} = i\hbar \left(\frac{\partial}{\partial ct}, -\nabla\right), \qquad \hat{p}_{\mu} = i\hbar \left(\frac{\partial}{\partial ct}, \nabla\right), \tag{17.1.2}$$

und für die Invariante $\hat{p}^{\mu} \hat{p}_{\mu}$

$$\hat{p}^{\mu} \hat{p}_{\mu} = -\hbar^2 \Box, \tag{17.1.3}$$

wobei $\Box$ den Wellenoperator (D'Alembert-Operator)

$$\Box = \frac{1}{c^2} \frac{\partial^2}{\partial t^2} - \Delta \tag{17.1.4}$$

bezeichnet. Die Operatorform von (17.1.1) lautet somit

$$\left(\Box + \frac{m_0^2 c^2}{\hbar^2}\right)\psi = 0. \tag{17.1.5}$$

Dies ist die *Klein-Gordon-Gleichung*, deren Kovarianz unmittelbar aus jener von (17.1.1) folgt. Bevor wir uns mit der Interpretation ihrer Lösungen beschäftigen, betrachten wir eine „nichtrelativistische Näherung" von (17.1.5).

17.1.2 Der nichtrelativistische Grenzfall

Wir setzen die Lösungsfunktion $\psi(\boldsymbol{r},t)$ in der Gestalt

$$\psi(\boldsymbol{r},t) = u(\boldsymbol{r},t)\exp\left(-i\frac{m_0c^2}{\hbar}t\right) \tag{17.1.6}$$

an, d.h. wir spalten die Ruheenergie ab. Weiter setzen wir voraus, daß die kinetische Energie des Teilchens klein gegenüber die Ruheenergie sein soll, was bei nichtrelativistischen Geschwindigkeiten immer der Fall ist. Es gilt daher für den Operator der kinetischen Energie

$$\left|i\hbar\frac{\partial u}{\partial t}\right| \ll m_0c^2u. \tag{17.1.7}$$

Leitet man (17.1.6) nach der Zeit ab, so erhält man unter Berücksichtigung von (17.1.7)

$$\frac{\partial\psi}{\partial t} = \left(\frac{\partial u}{\partial t} - i\frac{m_0c^2}{\hbar}u\right)\exp\left(-i\frac{m_0c^2}{\hbar}t\right) = -i\frac{m_0c^2}{\hbar}u\exp\left(-i\frac{m_0c^2}{\hbar}t\right),$$

und für die zweite Zeitableitung bei nochmaliger Verwendung von (17.1.7)

$$\frac{\partial^2\psi}{\partial t^2} = \left(-i\frac{2m_0c^2}{\hbar}\frac{\partial u}{\partial t} + \frac{m_0{}^2c^4}{\hbar^2}u\right)\exp\left(-i\frac{m_0c^2}{\hbar}t\right).$$

Setzt man diesen Ausdruck in die Klein-Gordon-Gleichung ein, so folgt

$$i\hbar\frac{\partial u}{\partial t} = \frac{\hbar^2}{2m_0}\Delta u. \tag{17.1.8}$$

Der nichtrelativistische Grenzfall führt also auf die für ein spinloses Teilchen gültige Schrödingergleichung, woraus man die Gültigkeit der Klein-Gordon-Gleichung für spinlose Teilchen (Mesonen, Photonen, etc.) folgern kann.

17.1.3 Interpretation der Lösungen

Für die nichtrelativistische Schrödingergleichung gibt $\psi\psi^*$ die Aufenthaltswahrscheinlichkeitsdichte an. Es zeigt sich nun, daß diese Interpretation für die Klein-Gordon-Gleichung nicht möglich ist. Um dies einzusehen, konstruieren wir die zu (17.1.5) gehörige Viererstromdichte: aus

$$(\hat{p}^\mu\hat{p}_\mu - m_0^2c^2)\psi = 0, \quad \text{(a)} \qquad (\hat{p}^\mu\hat{p}_\mu - m_0^2c^2)\psi^* = 0 \quad \text{(b)} \tag{17.1.9}$$

erhält man durch Multiplikation der ersten Gleichung mit ψ^* und der zweiten Gleichung mit ψ von links, sowie anschließender Subtraktion

$$\begin{aligned}&\psi^*(\hat{p}^\mu \hat{p}_\mu - m_0^2c^2)\psi - \psi(\hat{p}^\mu \hat{p}_\mu - m_0^2c^2)\psi^* \\ &= -\psi^*\hbar^2\nabla^\mu\nabla_\mu\psi + \psi\hbar^2\nabla^\mu\nabla_\mu\psi^* = \hbar^2\nabla_\mu(\psi^*\nabla^\mu\psi - \psi\nabla^\mu\psi^*) = 0.\end{aligned}$$

Dies läßt sich in der Form

$$\nabla_\mu j^\mu = 0, \tag{17.1.10}$$

mit der Viererstromdichte

$$j^\mu := \frac{i\hbar}{2m_0}(\psi^*\nabla^\mu\psi - \psi\nabla^\mu\psi^*) = (c\rho, -\boldsymbol{j}) \tag{17.1.11}$$

schreiben. Die nullte Komponente besitzt die Gestalt

$$\rho := \frac{i\hbar}{2m_0c^2}\left(\psi^*\frac{\partial\psi}{\partial t} - \psi\frac{\partial\psi^*}{\partial t}\right), \tag{17.1.12}$$

der räumliche Anteil wird durch

$$\boldsymbol{j} := -\frac{i\hbar}{2m_0}(\psi^*\nabla\psi - \psi\nabla\psi^*) \tag{17.1.13}$$

gebildet. Integriert man die Kontinuitätsgleichung (17.1.11) über den gesamten Raum, so erhält man in bekannter Weise (siehe Teil IV

$$\int\limits_{\mathbb{R}^3} \rho dV = \text{const.}$$

Auf den ersten Blick scheint die Interpretation von ρ als Wahrscheinlichkeitsdichte nahezuliegen. Nun besitzt die Klein-Gordon-Gleichung im Unterschied zur Schrödingergleichung eine zweite Zeitableitung, weshalb für einen festen Zeitpunkt t_0 die Werte von ψ und $\partial\psi/\partial t$ beliebig vorgegeben werden können (Anfangsbedingungen). Daher kann ρ gemäß (17.1.12) positiv, negativ oder Null werden, d.h. ρ ist nicht positiv definit, womit die für eine Wahrscheinlichkeitsinterpretation notwendige Voraussetzung nicht erfüllt ist.

Um eine Interpretation für ρ zu finden, konstruieren wir die freien Lösungen von (17.1.5). Mit dem Ansatz

$$\psi = A\exp\left(-\frac{i}{\hbar}p_\mu x^\mu\right) = A\exp\left(\frac{i}{\hbar}(\boldsymbol{p}\cdot\boldsymbol{x} - Et)\right) \tag{17.1.14}$$

folgt aus (17.1.5)

$$E = \pm c\sqrt{m_0{}^2c^2 + \boldsymbol{p}^2}. \tag{17.1.15}$$

Die Gesamtlösung läßt sich also als Linearkombination zweier Lösungen der Gestalt (17.1.14) darstellen, wobei für E einmal der positive und einmal der negative Wert von (17.1.15) eingesetzt werden muß. Die zu diesen beiden Lösungen ψ_+ bzw. ψ_- korrespondierenden Werte ergeben sich aus (17.1.12) zu

$$\rho_\pm = \pm\frac{E_p}{m_0c^2}\psi_\pm^*\psi_\pm, \tag{17.1.16}$$

mit

$$E_p = c\sqrt{m_0{}^2c^2 + \boldsymbol{p}^2}. \tag{17.1.17}$$

Die mit e multiplizierte nullte Komponente

$$\rho' := e\rho = \frac{i\hbar e}{2m_0c^2}\left(\psi^*\frac{\partial\psi}{\partial t} - \psi\frac{\partial\psi^*}{\partial t}\right) \tag{17.1.18}$$

kann als *Ladungsdichte* interpretiert werden: ψ_+ beschreibt Teilchen mit der Masse m_0 und der Ladung $+e$, ψ_- beschreibt Teilchen derselben Masse, aber negativer Ladung $-e$ (Antiteilchen). Die zugehörige *Ladungsstromdichte* ergibt sich aus (17.1.13) zu

$$\boldsymbol{j}' := e\boldsymbol{j} := -\frac{i\hbar e}{2m_0}(\psi^*\nabla\psi - \psi\nabla\psi^*). \tag{17.1.19}$$

Aus (17.1.8) erkennt man, daß neutrale Teilchen durch ein reelles Klein-Gordon-Feld

$$\psi = \psi^* \tag{17.1.20}$$

beschrieben werden müssen. In diesem Fall verschwindet auch die Ladungsstromdichte $\boldsymbol{j}'$, es existiert mithin kein Erhaltungssatz.

Während in der nichtrelativistischen Quantenmechanik das Verhalten eines freien, spinlosen Teilchens allein durch die Angabe von $\boldsymbol{p}$ festgelegt ist, führt die relativistische Quantenmechanik auf neue Freiheitsgrade: für ein freies, spinloses Teilchen gibt es zu jedem Impuls $\boldsymbol{p}$ drei Ladungsfreiheitsgrade.

Die bisherigen Überlegungen lassen vermuten, daß die Lösungen ψ_- Teilchen mit negativer Energie beschreiben. Zur Diskussion der Energieverhältnisse gehen wir von der Lagrangedichte

$$\mathcal{L}(\psi, \psi^*, \psi_{,\mu}, \psi^*{}_{,\nu}) = \frac{\hbar^2}{2m_0}\left(g^{\mu\nu}\psi^*{}_{,\mu}\psi_{,\nu} - \frac{m_0{}^2c^2}{\hbar^2}\psi^*\psi\right) \tag{17.1.21}$$

des freien Klein-Gordon-Feldes aus. Für den Energie-Impuls-Tensor

$$T_\mu{}^\nu = \psi_{,\mu}\frac{\partial}{\partial(\psi_{,\nu})} + \psi^*{}_{,\mu}\frac{\partial}{\partial(\psi^*{}_{,\nu})} - \mathcal{L}\delta_\mu{}^\nu \tag{17.1.22}$$

folgt damit

$$T_\mu{}^\nu = \frac{\hbar^2}{2m_0}\left(g^{\alpha\nu}\psi^*{}_{,\alpha}\psi_{,\mu} + g^{\alpha\nu}\psi_{,\alpha}\psi^*{}_{,\mu} - \left(g^{\alpha\beta}\psi^*{}_{,\alpha}\psi_{,\beta} - \frac{m_0{}^2c^2}{\hbar^2}\psi^*\psi\right)\right)\delta_\mu{}^\nu, \tag{17.1.23}$$

woraus sich die Energiedichte nach elementarer Zwischenrechnung zu

$$\mathcal{H} = T_0{}^0 = \frac{\hbar^2}{2m_0}\left(\frac{1}{c^2}\frac{\partial\psi^*}{\partial t}\frac{\partial\psi}{\partial t} + (\nabla\psi^*)\cdot(\nabla\psi) + \frac{m_0{}^2c^2}{\hbar^2}\psi^*\psi\right) \tag{17.1.24}$$

ergibt. Setzt man in (17.1.24) die Lösungen ψ_+ bzw. ψ_- ein, so erhält man nach Integration in beiden Fällen

$$E = \int T_0{}^0 dV = E_p. \tag{17.1.25}$$

Die Energie ist also stets positiv! ψ_+ beschreibt Teilchen mit positiver Ladung und positiver Energie, ψ_- beschreibt Teilchen mit negativer Ladung und positiver Energie.

17.1.4 Die Klein-Gordon-Gleichung in Schrödingerform

Wir betrachten zwei Funktionen $u_1(\boldsymbol{r},t)$ und $u_2(\boldsymbol{r},t)$, die den Differentialgleichungen

$$\begin{aligned} i\hbar\frac{\partial u_1}{\partial t} &= -\frac{\hbar^2}{2m_0}\Delta(u_1+u_2)+m_0c^2u_1, \quad \text{(a)} \\ i\hbar\frac{\partial u_2}{\partial t} &= \frac{\hbar^2}{2m_0}\Delta(u_1+u_2)-m_0c^2u_2 \quad \text{(b)} \end{aligned} \tag{17.1.26}$$

genügen. Addition und Subtraktion dieser Gleichungen ergeben die Beziehungen

$$\begin{aligned} i\hbar\frac{\partial}{\partial t}(u_1+u_2) &= m_0c^2(u_1-u_2), \quad \text{(a)} \\ \left(\Box+\frac{m_0^2c^2}{\hbar^2}\right)(u_1+u_2) &= 0. \quad (b) \end{aligned} \tag{17.1.27}$$

Die zweite Gleichung (17.1.27b) ist gerade die Klein-Gordon-Gleichung für die Funktion $\psi = u_1+u_2$. Die Klein-Gordon-Gleichung kann somit durch das gekoppelte Differentialgleichungssystem (17.1.26) äquivalent ersetzt werden. Dieses System läßt sich nun in Schrödingerscher Form darstellen. Dazu definieren wir den Spaltenvektor

$$\boldsymbol{\psi} := \begin{pmatrix} u_1 \\ u_2 \end{pmatrix}, \tag{17.1.28}$$

und den im entsprechenden Vektorraum wirkenden Hamiltonoperator

$$\hat{H}_f := (\sigma_3+i\sigma_2)\frac{\hat{\boldsymbol{p}}^2}{2m_0}+m_0c^2\sigma_3 \tag{17.1.29}$$

mit den in Abschnitt 16.5 definierten Pauli-Matrizen σ_k, $k=1,2,3$.* Im vorliegenden Fall wirken die σ_k natürlich nicht im Spinraum, sondern in dem durch u_1 und u_2 aufgespannten Vektorraum. Wie man sofort nachrechnet, erfüllt $\hat{H}_f$ die Beziehung

$$\hat{H}_f{}^2 = (c^2\hat{\boldsymbol{p}}^2+m_0{}^2c^4)\hat{I}, \tag{17.1.30}$$

wobei $\hat{I}$ die 2×2 Einheitsmatrix bezeichnet. Mit Hilfe von $\boldsymbol{\psi}$ und $\hat{H}_f$ lassen sich die beiden gekoppelten Gleichungen (17.1.26) in der Form

$$i\hbar\frac{\partial\boldsymbol{\psi}}{\partial t} = \hat{H}_f\boldsymbol{\psi} \tag{17.1.31}$$

zusammenfassen. (17.1.31) besitzt die Struktur der Schrödingergleichung, wobei der Operand allerdings keine skalare, sondern eine zweikomponentige Größe repräsentiert. Mit Hilfe von (17.1.30) läßt sich zeigen, daß jede Komponente des Vektors $\boldsymbol{\psi}$ der Klein-Gordon-Gleichung genügt: aus

$$\left(i\hbar\frac{\partial}{\partial t}+\hat{H}_f\right)\left(i\hbar\frac{\partial}{\partial t}-\hat{H}_f\right)\boldsymbol{\psi} = \left(-\hbar^2\hat{I}\frac{\partial^2}{\partial t^2}-\hat{H}_f{}^2\right)\boldsymbol{\psi}$$

---

* Auf das Operatorsymbol wollen wir in den relativistischen Theorien bewußt verzichten. Dies gilt auch für die später definierten Dirac-Matrizen

$$= \left(-\hbar^2 \frac{\partial^2}{\partial t^2} + \hbar^2 c^2 \Delta - m_0{}^2 c^4 \right) \hat{I} \boldsymbol{\psi} = 0$$

folgt

$$\left(\Box + \frac{m_0{}^2 c^2}{\hbar^2} \right) \boldsymbol{\psi} = 0. \tag{17.1.32}$$

Die Schrödingersche Formulierung der Klein-Gordon-Gleichung wird auch als *Feshbach-Villars-Darstellung* bezeichnet. Für die Ladungsdichte ρ' und die Ladungsstromdichte $\boldsymbol{j}'$ des Klein-Gordon-Feldes erhält man

$$\rho' = \frac{e}{2}((u_1{}^* + u_2{}^*)(u_1 - u_2) + (u_1 + u_2)(u_1{}^* - u_2{}^*)) = e\boldsymbol{\psi}^\dagger \sigma_3 \boldsymbol{\psi}, \tag{17.1.33}$$

$$\boldsymbol{j}' = -\frac{ie\hbar}{2m_0}(\boldsymbol{\psi}^\dagger \sigma_3(\sigma_3 + i\sigma_1)\nabla\boldsymbol{\psi} - \nabla\boldsymbol{\psi}^\dagger \sigma_3(\sigma_3 + i\sigma_2)\boldsymbol{\psi}), \tag{17.1.34}$$

wobei $\boldsymbol{\psi}^\dagger$ den adjungierten Spaltenvektor bezeichnet.

17.1.5 ϕ-Produkt. Verbindung zur klassischen Mechanik

In der nichtrelativistischen Quantenmechanik wird der Meßwert einer physikalischen Größe durch den Erwartungswert des zugeordneten Operators beschrieben. Dabei ist der Erwartungswert $\langle A \rangle$ eines hermiteschen Operators durch $\langle A \rangle = \langle \psi | \hat{A} \psi \rangle$ gegeben, wobei ψ die der Schrödingergleichung genügende skalare Wellenfunktion ist. In der relativistischen Quantenmechanik muß man diese Aussage modifizieren. Dazu definieren wir zunächst das ϕ-Produkt zweier zweikomponentiger Spaltenvektoren $\boldsymbol{\psi}_1$ und $\boldsymbol{\psi}_2$ durch

$$\langle \boldsymbol{\psi}_1 | \boldsymbol{\psi}_2 \rangle_\phi := \int \boldsymbol{\psi}_1{}^\dagger \sigma_3 \boldsymbol{\psi}_2 dV. \tag{17.1.35}$$

Der Unterschied zum gewöhnlichen Skalarprodukt ist also durch die Verwendung der Pauli-Matrix σ^3 bedingt. Mit Hilfe dieses verallgemeinerten Skalarproduktes lassen sich auch die Begriffe der adjungierten, hermiteschen und unitären Operatoren verallgemeinern. Bezeichne $\hat{A}^\dagger$ den zu $\hat{A}$ adjungierten Operator, so definieren wir den ϕ-adjungierten Operator $\hat{A}^{\dagger\dagger}$ durch

$$\langle \hat{A}^{\dagger\dagger} \boldsymbol{\psi}_1 | \boldsymbol{\psi}_2 \rangle_\phi = \langle \boldsymbol{\psi}_1 | \hat{A} \boldsymbol{\psi}_2 \rangle_\phi, \tag{17.1.36}$$

und die ϕ-Hermitizität sinngemäß durch

$$\langle \hat{A} \boldsymbol{\psi}_1 | \boldsymbol{\psi}_2 \rangle_\phi = \langle \boldsymbol{\psi}_1 | \hat{A} \boldsymbol{\psi}_2 \rangle_\phi. \tag{17.1.37}$$

Aus (17.1.36) folgt sofort die explizite Bedingung

$$\hat{A}^{\dagger\dagger} = \sigma^3 \hat{A}^\dagger \sigma_3, \tag{17.1.38a}$$

womit die ϕ-Hermitizität durch

$$\hat{A} = \sigma_3 \hat{A}^\dagger \sigma_3 \tag{17.1.38b}$$

gegeben ist. In gleicher Weise lautet die Bedingung für die ϕ-Unitarität eines Operators $\hat{A}$

$$\langle \boldsymbol{\psi}_1 | \boldsymbol{\psi}_2 \rangle_\phi = \langle \hat{A} \boldsymbol{\psi}_1 | \hat{A} \boldsymbol{\psi}_2 \rangle_\phi, \tag{17.1.39}$$

bzw. explizit

$$\hat{A}^{-1} = \sigma_3 \hat{A}^\dagger \sigma_3. \tag{17.1.40}$$

Den Erwartungswert eines ϕ-hermiteschen Operators $\hat{A}$ legt man gemäß

$$\langle \hat{A} \rangle_\phi := \langle \boldsymbol{\psi} | \hat{A} \boldsymbol{\psi} \rangle_\phi = \int \boldsymbol{\psi}^\dagger \sigma_3 \hat{A} \boldsymbol{\psi} dV \tag{17.1.41}$$

fest. Der Sinn dieser neuen Begriffsbildungen liegt darin, daß der Anschluß der relativistischen Quantenmechanik für Spin 0-Teilchen an die klassische Mechanik nicht durch die gewöhnliche, sondern nur mit Hilfe der verallgemeinerten Definition des Erwartungswertes ermöglicht wird.

17.2 Die Wechselwirkung des Klein-Gordon-Feldes mit dem elektromagnetischen Feld

In der nichtrelativistischen Quantenmechanik gelang die Ankopplung des elektromagnetischen Feldes durch minimale Kopplung, wobei der Energieoperator $i\hbar\partial/\partial t$ und der Impulsoperator $-i\hbar\boldsymbol{\nabla}$ durch die Operatoren

$$\hat{E} = i\hbar\frac{\partial}{\partial t} - c\varphi, \qquad \hat{\boldsymbol{p}} = -i\hbar\boldsymbol{\nabla} - \frac{e}{c}\boldsymbol{A}$$

ersetzt wurden. In Viererschreibweise bedeutet dies einen Übergang vom Viererimpuls $\hat{p}^\mu$ zum modifizierten Impuls $\hat{p}^\mu - (e/c)A^\mu$. Führen wir diese Transformation bei der freien Klein-Gordon-Gleichung durch, so erhalten wir die *Klein-Gordon-Gleichung mit elektromagnetischem Feld*

$$\left(\hat{p}^\mu - \frac{e}{c}A^\mu\right)\left(\hat{p}_\mu - \frac{e}{c}A_\mu\right)\psi = {m_0}^2c^2\psi. \tag{17.2.1}$$

Analog zu den Ausführungen von Abschnitt 1.2 läßt sich explizit zeigen, daß der nichtrelativistische Grenzfall dieser Gleichung durch die Schrödingergleichung mit angekoppeltem elektromagnetischem Feld dargestellt wird.

Natürlich können wir auch die Lagrangedichte entsprechend erweitern. Die freie Lagrangedichte (17.1.21) läßt sich in der Gestalt

$$\mathcal{L}(\psi, \psi^*, \psi_{,\mu}, \psi^*{}_{,\nu}) = \frac{1}{2m_0}(\hat{p}_\mu \psi^* \hat{p}^{\mu^*} \psi - {m_0}^2 c^2 \psi^* \psi) \tag{17.1.21$'$}$$

schreiben, woraus sich bei minimaler Kopplung die Lagrangedichte des mit dem elektromagnetischen Feld wechselwirkenden Klein-Gordon-Feldes zu

$$\begin{aligned} \mathcal{L}(\psi, \psi^*, \psi_{,\mu}, \psi^*{}_{,\nu}, A^\mu, A^\mu{}_{,\nu}) &= -\frac{1}{4}F_{\mu\nu}F^{\mu\nu} \\ +\frac{1}{2m_0}\left(\left(i\hbar\nabla_\mu - \frac{e}{c}A_\mu\right)\psi^*\right.&\left.\left(-i\hbar\nabla^\mu - \frac{e}{c}A^\mu\right)\psi - m_0^2c^2\psi^*\psi\right) \end{aligned} \tag{17.2.2}$$

ergibt. Wir wollen nun noch den aus (17.1.2) resultierenden kanonischen Energie-Impuls-Tensor und die Stromdichte explizit anführen. Der Energie-Impuls-Tensor besitzt die Form

$$T_\nu{}^\mu = \frac{1}{4}\delta_\nu{}^\mu F_{\sigma\rho}F^{\sigma\rho} - A_{\rho,\nu}F^{\rho\mu} + \frac{1}{2m_0}\Bigg(\left(i\hbar\nabla^\mu - \frac{e}{c}A^\mu\right)\psi^*(-i\hbar\psi_{,\nu})$$

$$+i\hbar\psi^*{}_{,\nu}\left(-i\hbar\nabla^\mu - \frac{e}{c}A^\mu\right)\psi - \delta_\nu{}^\mu\left(i\hbar\nabla_\rho - \frac{e}{c}A_\rho\right)\psi^* \tag{17.2.3}$$

$$\left(-i\hbar\nabla^\rho - \frac{e}{c}A^\rho\right)\psi + \delta_\nu{}^\mu m_0{}^2c^2\psi^*\psi\Bigg).$$

Die ersten beiden Terme stellen den Energie-Impuls-Tensor des isolierten Maxwellfeldes dar, die restlichen Terme setzen sich aus dem Energie-Impuls-Tensor des isolierten Klein-Gordon-Feldes und einem Wechselwirkungsterm zusammen (siehe dazu auch Kapitel 11). Die Viererstromdichte ergibt sich zu

$$j_\mu{}' = (c\rho', -j') = \frac{i\hbar e}{2m_0}(\psi^*\psi_{,\mu} - \psi\psi^*{}_{,\mu}) - \frac{e^2}{m_0c}A_\mu\psi^*\psi, \tag{17.2.4}$$

woraus man für die Ladungsdichte

$$\rho' = \frac{i\hbar e}{2m_0c^2}\left(\psi^*\frac{\partial\psi}{\partial t} - \psi\frac{\partial\psi^*}{\partial t}\right) - \frac{e^2}{m_0c^2}A_0\psi^*\psi, \tag{17.2.5}$$

und für die Ladungsstromdichte

$$j' = -\frac{i\hbar e}{2m_0}(\psi^*\nabla\psi - \psi\nabla\psi^*) - \frac{e^2}{m_0c}A\psi^*\psi \tag{17.2.6}$$

erhält.

17.3 Formelsammlung

Viererimpuls

$$\hat{p}^\mu = i\hbar\left(\frac{\partial}{\partial ct}, -\nabla\right), \quad \hat{p}_\mu = i\hbar\left(\frac{\partial}{\partial ct}, \nabla\right), \quad \hat{p}^\mu\hat{p}_\mu = -\hbar^2\Box$$

Freie Klein-Gordon-Gleichung

$\hat{p}^\mu\hat{p}_\mu - m_0{}^2c^2 = 0$ ... relativistischer Energiesatz in Operatorform

$$\left(\Box + \frac{m_0{}^2c^2}{\hbar^2}\right) = 0$$

Kanonischer Formalismus für freies Klein-Gordon-Feld

$$\mathcal{L} = \frac{\hbar^2}{2m_0}\left(g^{\mu\nu}\,\overset{*}{\psi}_{,\mu}\,\psi_{,\nu} - \frac{{m_0}^2c^2}{\hbar^2}\,\overset{*}{\psi}\,\psi\right),$$

$$T_\mu{}^\nu = \frac{\hbar^2}{2m_0}\left(g^{\alpha\nu}\,\overset{*}{\psi}_{,\alpha}\,\psi_{,\mu} + g^{\alpha\nu}\psi_{,\alpha}\,\overset{*}{\psi}_{,\mu} - \delta_\mu{}^\nu\left(g^{\alpha\beta}\,\overset{*}{\psi}_{,\alpha}\,\psi_{,\beta} - \frac{{m_0}^2c^2}{\hbar^2}\,\overset{*}{\psi}\,\psi\right)\right),$$

$$\mathcal{H} = T_0{}^0 = \frac{\hbar^2}{2m_0}\left(\frac{1}{c^2}\frac{\partial\,\overset{*}{\psi}}{\partial t}\frac{\partial\psi}{\partial t} + (\nabla\,\overset{*}{\psi})\cdot(\nabla\psi) + \frac{{m_0}^2c^2}{\hbar^2}\,\overset{*}{\psi}\,\psi\right),$$

$$j^{\mu'} = ej^\mu = \frac{i\hbar e}{2m_0}(\overset{*}{\psi}\,\nabla^\mu\psi - \psi\nabla^\mu\,\overset{*}{\psi}),$$

$$\rho' = j^{0'} = \frac{i\hbar e}{2m_0c^2}\left(\overset{*}{\psi}\,\frac{\partial\psi}{\partial t} - \psi\frac{\partial\,\overset{*}{\psi}}{\partial t}\right),$$

$$j' = \left(j^{1'}, j^{2'}, j^{3'}\right) = -\frac{i\hbar e}{2m_0}(\overset{*}{\psi}\,\nabla\psi - \psi\nabla\,\overset{*}{\psi})$$

Freie Klein-Gordon-Gleichung in Schrödingerform

$$i\hbar\frac{\partial\boldsymbol{\psi}}{\partial t} = \hat{H}_f\boldsymbol{\psi}, \qquad \text{... gekoppelt}$$

$$\text{mit } \hat{H}_f = \sigma_3 + i\sigma_2\frac{\hat{p}^2}{2m_0} + m_0c^2\sigma^3 = (c^2\hat{p}^2 + {m_0}^2c^4)\hat{I},$$

$$\left(\Box + \frac{{m_0}^2c^2}{\hbar^2}\right)\boldsymbol{\psi} = 0, \qquad \text{... entkoppelt}$$

Wechselwirkung mit dem elektromagnetischen Feld

$$\left(\hat{p}^\mu - \frac{e}{c}A^\mu\right)\left(\hat{p}_\mu - \frac{e}{c}A_\mu\right)\psi = {m_0}^2c^2\psi,$$

$$\mathcal{L} = -\frac{1}{4}F_{\mu\nu}F^{\mu\nu} + \frac{1}{2m_0}\left(\left(i\hbar\nabla_\mu - \frac{e}{c}A_\mu\right)\overset{*}{\psi}\left(-i\hbar\nabla^\mu - \frac{e}{c}A^\mu\right)\psi - m_0^2c^2\,\overset{*}{\psi}\,\psi\right),$$

$$\begin{aligned} T_\nu{}^\mu =& \frac{1}{4}\delta_\nu{}^\mu F_{\sigma\rho}F^{\sigma\rho} - A_{\rho,\sigma}F^{\rho\mu} + \frac{1}{2m_0}\Bigg(\left(i\hbar\nabla^\mu - \frac{e}{c}A^\mu\right)\overset{*}{\psi}\,(-i\hbar\psi_{,\nu}) \\ &+ i\hbar\,\overset{*}{\psi}_{,\nu}\left(-i\hbar\nabla^\mu\psi - \frac{e}{c}A^\mu\right)\psi - \delta_\nu{}^\mu\left(i\hbar\nabla_\rho - \frac{e}{c}A_\rho\right)\overset{*}{\psi}\left(-i\hbar\nabla^\rho - \frac{e}{c}A^\rho\right)\psi \\ &+ \delta_\nu{}^\mu {m_0}^2c^2\,\overset{*}{\psi}\,\psi\Bigg), \end{aligned}$$

$$j^{\mu'} = ej^{\mu} = \frac{i\hbar e}{2m_0}\left(\overset{*}{\psi}\,\nabla^{\mu}\psi - \psi\nabla^{\mu}\,\overset{*}{\psi}\right) - \frac{e^2}{m_0 c}A^{\mu}\,\overset{*}{\psi}\,\psi,$$

$$\rho' = j^{0'} = \frac{i\hbar e}{2m_0 c^2}\left(\overset{*}{\psi}\,\frac{\partial\psi}{\partial t} - \psi\frac{\partial\,\overset{*}{\psi}}{\partial t}\right) - \frac{e^2}{m_0 c^2}A_0\,\overset{*}{\psi}\,\psi,$$

$$\boldsymbol{j}' = \left(j^{1'}, j^{2'}, j^{3'}\right) = -\frac{i\hbar e}{2m_0}(\overset{*}{\psi}\,\nabla\psi - \psi\nabla\,\overset{*}{\psi}) - \frac{e^2}{m_0 c}\boldsymbol{A}\,\overset{*}{\psi}\,\psi.$$

18 Relativistische Quantenmechanik für Spin-1/2-Teilchen

Die relativistische Grundgleichung für Spin-1/2-Teilchen ist die Dirac-Gleichung, mit der wir uns in diesem Unterkapitel auseinandersetzen wollen. Die folgende Darstellung lehnt sich stark an [16] an.

18.1 Die freie Dirac-Gleichung

18.1.1 Die Dirac-Gleichung in Schrödingerform

1928 stellte P.A. Dirac eine kovariante Wellengleichung der Gestalt

$$i\hbar\frac{\partial\psi}{\partial t} = \hat{H}\psi \tag{18.1.1}$$

auf, wobei der freie Hamiltonoperator die Gestalt

$$\hat{H} = \frac{\hbar c}{i}\left(\alpha_1\frac{\partial\psi}{\partial x^1} + \alpha_2\frac{\partial\psi}{\partial x^2} + \alpha_3\frac{\partial\psi}{\partial x^3}\right) + \beta m_0 c^2 \tag{18.1.2}$$

besitzt. Er ist linear in den Ortskoordinaten, womit Orts- und Zeitkoordinaten in (18.1.1) gleichberechtigt aufscheinen. Die Größen α_i und β sind keine gewöhnlichen Zahlen, sondern 4×4-Matrizen, womit auch ψ kein Skalar, sondern eine durch den Spaltenvektor

$$\psi = \begin{pmatrix} \psi_1(\boldsymbol{x},t) \\ \psi_2(\boldsymbol{x},t) \\ \psi_3(\boldsymbol{x},t) \\ \psi_4(\boldsymbol{x},t) \end{pmatrix} \tag{18.1.3}$$

definierte Größe sein muß. Wie wir sehen werden, handelt es sich bei dieser Größe um keinen Vektor, da sie ein andersartiges Transformationsverhalten besitzt. Wir bezeichnen ψ als vierdimensionalen *Spinor*. Damit (18.1.1) mit (18.1.2) tatsächlich eine relativistische Grundgleichung für Spin 1/2-Teilchen darstellt, müssen folgende Eigenschaften erfüllt sein:

(1) Es muß die relativistische Energie-Impulsbeziehung für ein freies Teilchen

$$E^2 = p^2c^2 + {m_0}^2c^4$$

gelten.

(2) Die Dirac-Gleichung muß lorentzinvariant sein.

(3) Für den nichtrelativistischen Grenzfall muß die Dirac-Gleichung in die nichtrelativistische Grundgleichung für ein Teilchen mit Spin 1/2 – die Pauli-Gleichung – übergehen.

(4) Es muß eine zufriedenstellende physikalische Interpretation möglich sein.

Wir betrachten nun die *Dirac-Matrizen*

$$\alpha_i = \begin{pmatrix} 0 & \sigma_i \\ \sigma_i & 0 \end{pmatrix}, \qquad \beta = \begin{pmatrix} I & 0 \\ 0 & -I \end{pmatrix}. \tag{18.1.4}$$

Dabei bezeichnen σ_i die 2×2 Pauli-Matrizen, und I die 2×2 Einheitsmatrix. In ausführlicher Schreibweise erhält man aus (18.1.4) die Darstellungen

$$\alpha_1 = \begin{pmatrix} 0 & 0 & 0 & 1 \\ 0 & 0 & 1 & 0 \\ 0 & 1 & 0 & 0 \\ 1 & 0 & 0 & 0 \end{pmatrix}, \quad \alpha_2 = \begin{pmatrix} 0 & 0 & 0 & -i \\ 0 & 0 & i & 0 \\ 0 & -i & 0 & 0 \\ i & 0 & 0 & 0 \end{pmatrix}, \quad \alpha_3 = \begin{pmatrix} 0 & 0 & 1 & 0 \\ 0 & 0 & 0 & -1 \\ 1 & 0 & 0 & 0 \\ 0 & -1 & 0 & 0 \end{pmatrix}, \tag{18.1.5}$$

$$\beta = \begin{pmatrix} 1 & 0 & 0 & 0 \\ 0 & 1 & 0 & 0 \\ 0 & 0 & -1 & 0 \\ 0 & 0 & 0 & -1 \end{pmatrix}.$$

Die Dirac-Matrizen sind *hermitesch*, und erfüllen die folgenden *Antikommutationsregeln*

$$\begin{aligned} \alpha_i\alpha_j + \alpha_j\alpha_i &= 2\delta_{ij}\mathbf{1}, && \text{(a)} \\ \alpha_i\beta + \beta\alpha_i &= 0, && \text{(b)} \\ {\alpha_i}^2 = \beta^2 &= \mathbf{1}, && \text{(c)} \end{aligned} \tag{18.1.6}$$

mit der 4×4-Matrix $\mathbf{1}$.

Faßt man umgekehrt die Antikommutationsregeln als Definitionsgleichungen für die 4×4 Dirac-Matrizen auf, so läßt sich zeigen, daß neben (18.1.5) noch unendlich viele andere Darstellungen existieren, die den Bedingungen (18.1.6) genügen: Jede unitäre Transformation U transformiert die Matrizen α_i und β in Matrizen

$$\alpha'_i = U\alpha_i U^{-1}, \qquad \beta' = U\beta U^{-1},$$

die ebenfalls die Antikommutationsregeln (18.1.6) erfüllen. Die Dirac-Matrizen sind also bis auf unitäre Transformationen eindeutig festgelegt.

Setzt man die Darstellungen (18.1.5) in die Dirac-Gleichung (18.1.1) mit (18.1.2) ein, so erhält man nach Bildung der zweiten Zeitableitung

$$\begin{aligned} -\hbar^2\frac{\partial^2\psi}{\partial t} &= -\hbar^2c^2\sum_{i,j}^{3}\frac{\alpha_i\alpha_j + \alpha_j\alpha_i}{2}\frac{\partial^2\psi}{\partial x^i \partial x^j} \\ &+ \frac{\hbar m_0 c^3}{i}\sum_{i}^{3}(\alpha_i\beta + \beta\alpha_i)\frac{\partial\psi}{\partial x^i} + \beta^2 {m_0}^2 c^4\psi, \end{aligned}$$

woraus wegen der Antikommutationsregeln (18.1.6)

$$-\hbar^2\frac{\partial^2\psi^\mu}{\partial t^2} = (-\hbar^2c^2\nabla^2 + {m_0}^2c^4)\psi^\mu \tag{18.1.7}$$

folgt. Jede einzelne Komponente des Spinors genügt mithin der Klein-Gordon-Gleichung, womit die Forderung (1) erfüllt ist! In den folgenden Abschnitten zeigen wir, daß sich auch die Forderungen (2) und (4) erfüllen lassen.*

18.1.2 Die Dirac-Gleichung in kovarianter Form

Wir schreiben (18.1.1) in der Gestalt

$$\left(i\hbar\frac{\partial}{\partial t}+i\hbar c\sum_{k=1}^{3}\alpha_k\frac{\partial}{\partial x^k}-\beta m_0c^2\right)\psi=0, \tag{18.1.8}$$

und multiplizieren von links mit β/c. Damit folgt

$$\beta i\hbar\frac{\partial}{\partial ct}+\sum_{k=1}^{3}\beta\alpha_k i\hbar\frac{\partial}{\partial x^k}-m_0c)\psi=0.$$

Mit Hilfe der Matrizen

$$\gamma^0:=\beta,\quad \gamma^i:=\beta\alpha_i,\quad i=1,\ldots,3 \tag{18.1.9}$$

läßt sich diese Beziehung in der Gestalt

$$i\hbar\left(\gamma^0\frac{\partial}{\partial x^0}+\gamma^1\frac{\partial}{\partial x^1}+\gamma^2\frac{\partial}{\partial x^2}\gamma^3\frac{\partial}{\partial x^3}\right)\psi-m_0c\psi=0, \tag{18.1.10}$$

oder noch kürzer als

$$(i\hbar\gamma^\mu\partial_\mu-m_0c)\psi=0 \tag{18.1.11}$$

schreiben. Dies ist die Dirac-Gleichung in kovarianter Form. Raum- und Zeitkoordinaten treten völlig gleichberechtigt auf. Daß es sich dabei tatsächlich um eine lorentzinvariante Gleichung handelt, werden wir im nächsten Abschnitt im Zusammenhang mit dem Transformationsgesetz für Spinoren einsehen.

Wir wollen uns nun mit den γ^μ-Matrizen noch etwas genauer beschäftigen. Aus der Darstellung (18.1.4) folgt die Darstellung

$$\gamma^i=\begin{pmatrix}0 & \sigma_i\\ -\sigma_i & 0\end{pmatrix},\qquad \gamma^0=\begin{pmatrix}\mathbf{1} & 0\\ 0 & -\mathbf{1}\end{pmatrix}. \tag{18.1.12}$$

Man erkennt, daß γ^0 unitär und hermitesch ist, d.h. es gelten die Beziehungen

$$(\gamma^0)^\dagger=(\gamma^0)^{-1},\quad \text{(a)}\qquad (\gamma^0)^\dagger=\gamma^0.\quad \text{(b)} \tag{18.1.13}$$

Dagegen sind die Matrizen γ^i, $i=1,2,3$ unitär und antihermitesch:

$$(\gamma^i)^\dagger=(\gamma^i)^{-1},\quad \text{(c)}\qquad (\gamma^i)^\dagger=-\gamma^i.\quad \text{(d).} \tag{18.1.13}$$

Weiter gelten die aus (18.1.6) folgenden Antikommutationsregeln

$$\gamma^\mu\gamma^\nu+\gamma^\nu\gamma^\mu=2g^{\mu\nu}\mathbf{1}, \tag{18.1.14}$$

* Ein Nachweis der Gültigkeit von (3) findet sich z.B. in [15].

wobei **1** wieder die 4 × 4 Einheitsmatrix bezeichnet. Mit Hilfe der γ-Matrizen lassen sich also die Antikommutationsrelationen wesentlich eleganter formulieren.

Ebenso wie die Matrizen α_i und β nur bis auf unitäre Transformationen festgelegt waren, gilt dies auch für die Matrizen γ^μ: jede Matrix der Gestalt

$$g'^\mu = U^\dagger \gamma^\mu U$$

erfüllt die Antikommutationsrelationen (18.1.14), wobei U eine beliebige unitäre Transformation $U^\dagger = U^{-1}$ bezeichnet.

18.1.3 Das Transformationsgesetz für Spinoren

Wir betrachten zwei zueinander in relativer Translationsbewegung befindliche Systeme S und S'. Die Koordinaten x^μ und x'^μ hängen über die Lorentztransformation

$$x'^\mu = a^\mu{}_\nu x^\nu \tag{18.1.15}$$

zusammen, wobei die Transformationskoeffizienten $a^\mu{}_\nu$ den Orthogonalitätsrelationen

$$a^\mu{}_\nu a_\mu{}^\beta = \delta_\nu{}^\beta$$

genügen müssen (siehe Teil 1, Kapitel 2, II). Für alles Weitere schreiben wir die Transformationsgleichung (18.1.15) in der Kurzform

$$x' = a\,x. \tag{18.1.15'}$$

Damit die Dirac-Gleichung lorentzkovariant ist, muß im System S die Gleichung

$$\left(i\hbar\gamma^\mu \frac{\partial}{\partial x^\mu} - m_0 c\right)\psi(x) = 0, \tag{18.1.16}$$

und im System S' die Gleichung

$$\left(i\hbar g'^\mu \frac{\partial}{\partial x'^\mu} - m_0 c\right)\psi'(x') = 0 \tag{18.1.17}$$

gelten. Nun ist zunächst zu berücksichtigen, daß die Matrizen g'^μ ebenfalls den Antikommutationsregeln (18.1.14) genügen müssen, weil sonst die Inertialsysteme S und S' unterscheidbar wären. Dabei sind alle diesen Antikommutationsregeln genügenden Matrizen bis auf unitäre Transformationen eindeutig bestimmt. Da aber unitäre Transformationen an den grundlegenden physikalischen Aussagen nichts ändern, können wir im System S' dieselben γ-Matrizen wie im System S verwenden, d.h. wir können die Gleichung (18.1.17) in der Form

$$\left(i\hbar\gamma^\mu \frac{\partial}{\partial x'^\mu} - m_0 c\right)\psi'(x') = 0 \tag{18.1.17'}$$

schreiben. Das aus den Forderungen (18.1.16) und (18.1.17') resultierende Transformationsverhalten

$$\psi'(x') = S(a)\psi(x) = S(a)\psi(a^{-1}x') \tag{18.1.18}$$

des Spinors ψ wollen wir nun herleiten. In der formalen Transformationsbeziehung (18.1.18) bedeutet $S(a)$ eine von der Lorentz-Transformationsmatrix $a^{\nu}{}_{\mu}$ abhängige 4×4 Matrix, die auf die 4 Komponenten des Spinors ψ wirkt. Daß man mit einer linearen Transformation das Auslangen findet, folgt aus der Tatsache, daß sowohl die Lorentz-Transformation, als auch die Dirac-Gleichung linear sind.

Für die umgekehrte Transformationsrichtung gilt in ähnlicher Weise

$$\psi(x) = S(a^{-1})\psi'(x') = S(a^{-1})\psi'(ax). \tag{18.1.18'}$$

Wendet man auf (18.1.18) die inverse Transformation $S^{-1}(a)$ an, so erhält man

$$\psi(x) = S^{-1}(a)\psi'(x') = S^{-1}(a)\psi'(ax). \tag{18.1.18''}$$

Vergleicht man nun (18.1.18′) mit (18.1.18″), so erkennt man die Gültigkeit der Beziehung

$$S^{-1}(a) = S(a^{-1}). \tag{18.1.19}$$

Setzt man (18.1.18′) in die im System S gültige Diracgleichung (18.1.16) ein, so folgt zunächst

$$\left(i\hbar\gamma^{\mu}S^{-1}(a)\frac{\partial}{\partial x^{\mu}} - m_0 c S^{-1}(a)\right)\psi'(x') = 0,$$

und nach Multiplikation mit $S(a)$

$$\left(i\hbar S(a)\gamma^{\mu}S^{-1}(a)\frac{\partial}{\partial x^{\mu}} - m_0 c\right)\psi'(x') = 0.$$

Beachtet man ferner

$$\frac{\partial}{\partial x^{\mu}} = a^{\nu}{}_{\mu}\frac{\partial}{\partial x'^{\nu}},$$

so nimmt die obige Beziehung die Gestalt

$$\left(i\hbar S(a)\gamma^{\mu}S^{-1}(a)a^{\nu}{}_{\mu}\frac{\partial}{\partial x'^{\nu}} - m_0 c\right)\psi'(x') = 0 \tag{18.1.20}$$

an. Damit diese Gleichung mit der im System S' gültigen Dirac-Gleichung (18.1.17′) identisch ist, muß die Transformation $S(a)$ den Bedingungen

$$S(a)\gamma^{\mu}S^{-1}(a)a^{\nu}{}_{\mu} = \gamma^{\nu} \tag{18.1.21}$$

genügen. Dies läßt sich wegen der Orthogonalitätsrelationen auch als

$$a_{\mu}{}^{\nu}\gamma^{\mu} = S(a)\gamma^{\nu}S^{-1}(a) \tag{18.1.21'}$$

schreiben. Die Lösung der Gleichung (18.1.21′) legt die Spinortransformation $S(a)$ fest. Wir können nun den Begriff eines Spinors exakt definieren:

Eine Wellenfunktion heißt ein Lorentz-Spinor, wenn sie sich gemäß

$$\psi'(x') = S(a)\psi(x)$$

mit dem durch (18.1.21′) festgelegten Operator $S(a)$ transformiert.

Zur Lösung der Gleichung (18.1.21) beschränken wir uns zunächst auf infinitesimale eigentliche Lorentztransformationen

$$a^{\nu}{}_{\mu} = \delta^{\nu}{}_{\mu} + \epsilon^{\nu}{}_{\mu}$$

mit

$$\epsilon^{\nu\mu} = -\epsilon^{\mu\nu},$$

wobei $\epsilon^{\mu\nu}$ die infinitesimalen Transformationskoeffizienten darstellen (siehe Kapitel 7.1). Weiter entwickeln wir $S(a) = S(\epsilon^{\mu\nu})$ nach Potenzen von $\epsilon^{\mu\nu}$, und vernachlässigen alle Elemente von höherer als erster Ordnung:

$$S(\epsilon^{\mu\nu}) = \mathbf{1} - \frac{i}{4}\sigma_{\mu\nu}\epsilon^{\mu\nu}. \tag{18.1.22}$$

Dabei bezeichnen $s_{\mu\nu}$, $\mu\nu = 1,\ldots,4$ 4×4 Matrizen, $\mathbf{1}$ die 4×4 Einheitsmatrix. Wegen der Antisymmetrie von $\epsilon^{\mu\nu}$ können die Matrizen $\sigma_{\mu\nu}$ ebenfalls antisymmetrisch gewählt werden, da symmetrische Anteile nichts beitragen würden. Es gilt also

$$s_{\mu\nu} = -s_{\nu\mu}, \tag{18.1.23}$$

womit die Bestimmung von $S(\epsilon^{\mu\nu})$ auf jene von sechs 4×4 Matrizen $s_{\mu\nu}$, $\mu < \nu$ zurückgeführt wurde. Aus der Darstellung (18.1.22) folgt für den inversen Operator $S^{-1}(\epsilon^{\mu\nu})$

$$S^{-1}(\epsilon^{\mu\nu}) = \mathbf{1} + \frac{i}{4}s_{\mu\nu}\epsilon^{\mu\nu}. \tag{18.1.24}$$

Setzt man die Beziehungen (18.1.22) – (18.1.24) in die Bestimmungsgleichung (18.1.21′) ein, so erhält man

$$(\delta_{\mu}{}^{\nu} + \epsilon_{\mu}{}^{\nu})\gamma^{\mu} = \left(\mathbf{1} - \frac{i}{4}\sigma_{\alpha\beta}\epsilon^{\alpha\beta}\right)\gamma^{\nu}\left(\mathbf{1} + \frac{i}{4}\sigma_{\alpha\beta}\epsilon^{\alpha\beta}\right).$$

Bei Vernachlässigung der in $\epsilon^{\mu\nu}$ quadratischen Glieder und Beachtung der Antisymmetriebedingung von $\epsilon^{\mu\nu}$ folgt daraus

$$-2i(g^{\nu}{}_{\alpha}\gamma_{\beta} - g^{\nu}{}_{\beta}\gamma_{\alpha}) = [\sigma_{\alpha\beta}, \gamma^{\nu}]. \tag{18.1.25}$$

Die Lösung der Gleichung lautet

$$\sigma_{\alpha\beta} = \frac{i}{2}[\gamma_{\alpha}, \gamma_{\beta}], \tag{18.1.26}$$

wie man sofort durch Einsetzen und Verwendung der Antikommutationsregeln (18.1.14) nachprüfen kann. Für infinitesimale eigentliche Lorentztransformationen besitzt der Operator $S(a) = S(\epsilon^{\mu\nu})$ somit die Gestalt

$$S(\epsilon^{\mu\nu}) = \mathbf{1} + \frac{1}{8}[\gamma_{\mu}, \gamma_{\nu}]\epsilon^{\mu\nu}. \tag{18.1.27}$$

Wir wollen nun $S(a)$ für endliche eigentliche Lorentztransformationen konstruieren. Dazu definieren wir zunächst den „infinitesimalen Drehwinkel" ϵ durch

$$\epsilon^{\mu\nu} = \epsilon(I_n)^{\mu\nu}, \tag{18.1.28}$$

und erhalten damit

$$S(a) = \mathrm{e}^{-\frac{i}{4}\epsilon s_{\mu\nu}(I_n)^{\mu\nu}}. \tag{18.1.29}$$

Es existiert also ein Transformationsgesetz für Lorentz-Spinoren, so daß die Dirac-Gleichung in jedem Inertialsystem dieselbe Gestalt aufweist, womit die Forderung (2) erfüllt ist. Eine wichtige Folgerung von (18.1.29) ist die häufig verwendete Beziehung

$$S^{-1} = \gamma_0 S^\dagger \gamma_0. \tag{18.1.30}$$

Spezialisiert man die Beziehung (18.1.29) für Raumdrehungen, so erkennt man, daß ein Spinor erst bei einer Drehung um 4π wieder in sich selbst übergeht. Daher müssen die aus Spinoren aufgebauten physikalisch beobachtbaren Größen immer bilinear in den Spinoren sein. Da sie sich außerdem lorentzkovariant transformieren müssen, spricht man von *bilinearen Kovarianten*. Im nächsten Abschnitt werden wir uns mit dem Aufbau wichtiger bilinearer Kovarianten aus Spinoren beschäftigen.

18.1.4 Bilineare Kovarianten

Zunächst definieren wir durch

$$\bar\psi := \psi^\dagger \gamma^0 \tag{18.1.31}$$

den zu ψ *adjungierten Spinor* $\bar\psi$, sowie die 4×4-Matrix

$$\gamma_5 := i\gamma_1\gamma_2\gamma_3\gamma_0. \tag{18.1.32}$$

Wegen (18.1.30) transformiert sich $\bar\psi$ in der Form

$$\bar\psi \to \overline{S\psi} = \bar\psi S^{-1}. \tag{18.1.33}$$

Im Zusammenhang mit der Matrix γ_5 gilt die Beziehung

$$S\gamma_5 = |(a)|\gamma_5 S, \tag{18.1.34}$$

wobei $|(a)|$ die Determinante der Matrix $(a^\mu{}_\nu)$ bezeichnet. Wegen der Orthogonalitätsrelationen (18.1.16) kann sie nur die Werte $+1$ (eigentliche Lorentztransformationen) oder -1 (uneigentliche Lorentztransformationen) annehmen.

Wir wollen nun das Transformationsverhalten der aus Lorentz-Spinoren gebildeten Bilinearformen $\bar\psi\psi$, $\bar\psi\gamma_5\psi$, $\bar\psi\gamma_\mu\psi$, $\bar\psi\gamma_5\gamma_\mu\psi$ und $\bar\psi\sigma^{\mu\nu}\psi$ untersuchen. Unter Berücksichtigung der Beziehungen (18.1.21′), (18.1.30) und (18.1.34) rechnet man

$$\bar\psi\psi \to \bar\psi S^{-1} S\psi = \bar\psi\psi; \qquad \ldots \text{ Skalar} \tag{18.1.35}$$

$$\bar\psi\gamma_5\psi \to \bar\psi S^{-1}\gamma_5 S\psi = \bar\psi|(a)|S^{-1}S\gamma_5\psi = |(a)|\bar\psi\gamma_5\psi; \qquad \ldots \text{ Pseudoskalar} \tag{18.1.36}$$

$$\bar\psi\gamma^\mu\psi \to \bar\psi S^{-1}\gamma^\mu S\psi = a^\mu{}_\nu\bar\psi\gamma^\nu\psi; \qquad \ldots \text{ Vektor} \tag{18.1.37}$$

$$\begin{aligned}\bar\psi\gamma_5\gamma^\mu\psi &\to \bar\psi S^{-1}\gamma_5\gamma^\mu S\psi = |(a)|\bar\psi\gamma_5 S^{-1}\gamma^\mu S\psi = \\ &= |(a)|a^\mu{}_\nu\bar\psi\gamma^\nu\psi; \qquad \ldots \text{ Pseudovektor}\end{aligned} \tag{18.1.38}$$

$$\begin{aligned}\bar\psi\sigma^{\mu\nu}\psi &\to \bar\psi S^{-1}\sigma^{\mu\nu}S\psi = \\ &= \tfrac{i}{2}\bar\psi S^{-1}(\gamma^\mu S S^{-1}\gamma^\nu - \gamma^\nu S S^{-1}\gamma^\mu)S\psi \\ &= \tfrac{i}{2}\bar\psi(a^\mu{}_\beta\gamma^\beta a^\nu{}_\rho\gamma^\rho - a^\nu{}_\rho\gamma^\rho a^\mu{}_\beta\gamma^\beta)\psi \\ &= \tfrac{i}{2}a^\mu_\beta a^\nu_\rho\bar\psi\sigma^{\beta\rho}\psi; \qquad \ldots \text{ Tensor 2. Stufe}\end{aligned} \tag{18.1.39}$$

Die γ_5 nicht enthaltenen Bilinearformen sind „echte“ Tensoren, die anderen Pseudotensoren. Aus Spinoren können also Tensoren aufgebaut werden; die Umkehrung ist jedoch nicht möglich.

18.1.5 Interpretation der Dirac-Gleichung. Löchertheorie

Wir gehen von der freien Lagrangedichte

$$\mathcal{L} = \bar{\psi}(ci\hbar\gamma^\mu\partial_\mu - m_0c^2)\psi \tag{18.1.40}$$

aus. Aus der Eichinvarianz folgt der Erhaltungssatz

$$j^\mu{}_{,\mu} = 0, \tag{18.1.41}$$

mit dem Stromdichtevektor

$$j^\mu = c\bar{\psi}\gamma^\mu\psi. \tag{18.1.42}$$

Der Vektorcharakter von j^μ ist auch nach den Untersuchungen des letzten Abschnitts evident. Spaltet man j^μ in seinen zeitlichen und räumlichen Anteil auf, so erhält man

$$(j^\mu) = (j^0, \boldsymbol{j}) = (c\rho, \boldsymbol{j}), \tag{18.1.43}$$

mit

$$\rho = \psi^\dagger\psi, \quad \text{(a)} \qquad \boldsymbol{j} = c\psi^\dagger\vec{\alpha}\psi, \quad \text{(b)} \tag{18.1.44}$$

wobei $\vec{\alpha}$ den symbolischen Dreiervektor

$$\vec{\alpha} := (\alpha^1, \alpha^2, \alpha^3) = (-\alpha_1, -\alpha_2, -\alpha_3) \tag{18.1.45}$$

bezeichnet: jede Komponente dieses „Dreiervektors“ repräsentiert eine 4×4-Matrix. Aus der Kontinuitätsgleichung (18.1.41) folgt in üblicher Weise die zeitliche Konstanz des Integrals

$$\frac{\partial}{\partial t}\int \rho dV = \frac{\partial}{\partial t}\int \psi^\dagger\psi dV = 0. \tag{18.1.46}$$

Wie ist der bilineare Ausdruck $\rho = \psi^\dagger\psi$ nun zu interpretieren? In der nichtrelativistischen Quantenmechanik konnte $\rho = \psi\psi^* = |\psi^2|$ als Wahrscheinlichkeitsdichte interpretiert werden, da es sich um eine positiv definite Größe handelte. Dagegen war diese Deutung im Zusammenhang mit der Klein-Gordon-Gleichung nicht möglich, da ρ nicht positiv definit war. In der gegenwärtigen Situation gilt nun

$$\psi^\dagger\psi = (\psi_1{}^*, \psi_2{}^*, \psi_3{}^*, \psi_4{}^*)\begin{pmatrix}\psi_1\\ \psi_2\\ \psi_3\\ \psi_4\end{pmatrix} = \sum_{k=1}^4 \psi_k{}^*\psi_k = \sum_{k=1}^4 |\psi_k|^2, \tag{18.1.47}$$

d.h. ρ ist positiv definit. Aus diesem Grund kann die klassische Wahrscheinlichkeitsinterpretation auch im Einteilchen-Bild der Dirac-Theorie zunächst beibehalten werden.

Es zeigt sich jedoch, daß die Dirac-Theorie aus dem bisher verwendeten Einteilchen-Bild hinausführt. Um dies einzusehen, diskutieren wir zunächst die Energieverhältnisse eines relativistischen Elektrons. Der aus (18.1.40) folgende kanonische Energie-Impuls-Tensor besitzt die Gestalt

$$T^\mu{}_\nu = \bar{\psi}i\hbar c\gamma^\mu\psi_{,\nu} - \delta^\mu{}_\nu\bar{\psi}i\hbar c\gamma^\beta\psi_{,\beta} + \delta^\mu{}_\nu m_0c^2\bar{\psi}\psi, \tag{18.1.48}$$

woraus für die Energiedichte

$$T_0{}^0 = \psi^\dagger H\psi \tag{18.1.49}$$

folgt. Die Energie berechnet sich damit zu

$$E = \int T_0{}^0 dV = \langle\psi|H\psi\rangle, \tag{18.1.50}$$

wird also gerade durch den Erwartungswert des freien Hamiltonoperators H im Zustand ψ dargestellt. Setzt man die Lösungen der freien Dirac-Gleichung in (18.1.50) ein, so erhält man

$$E = \pm\sqrt{p^2c^2 + m_0{}^2c^4}. \tag{18.1.51}$$

Anders als bei der Klein-Gordon-Gleichung, wo nur positive Energien auftraten, läßt die Dirac-Gleichung sowohl positive als auch negative Energien zu. Bild 18.1 verdeutlicht die beiden Energiekontinua.

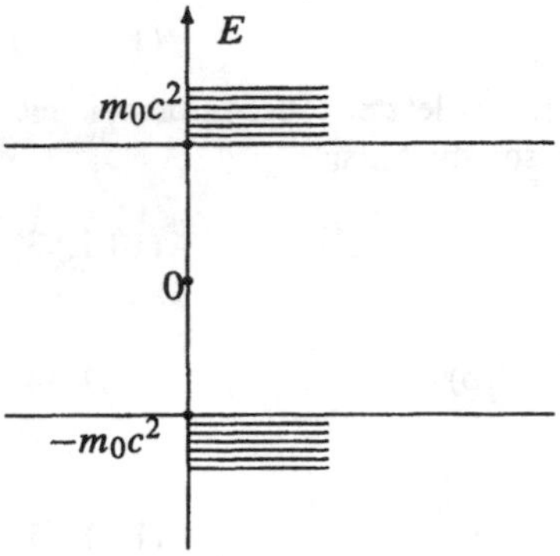

Bild 18.1

Der Abstand $2m_0c^2$ zwischen den beiden kontinuierlichen Energiezuständen wird als Energiegap bezeichnet. Die zwischen $E = 0$ und $E = m_0c^2$ liegenden gebundenen Zustände stimmen in der Regel sehr gut mit dem Experiment überein.

Wie sind nun die Lösungen negativer Energien physikalisch zu deuten? Unter anderem würde die Existenz unendlich vieler negativer Energiezustände eine unendlich hohe Übergangswahrscheinlichkeit von einem Zustand positiver Energie in einen Zustand negativer Energie implizieren: ein Elektron würde also unter ständiger Abgabe von Strahlung immer „tiefer rutschen", womit die Existenz stabiler Atome gar nicht möglich wäre. P.A. Dirac hat einen Ausweg vorgeschlagen, der aus dem bisher verwendeten Einteilchen-Bild hinausführt. Er postulierte, daß im Vakuum gemäß Bild 18.2a alle Zustände negativer Energie mit Elektronen besetzt seien, während die Zustände positiver Energie unbesetzt sind:

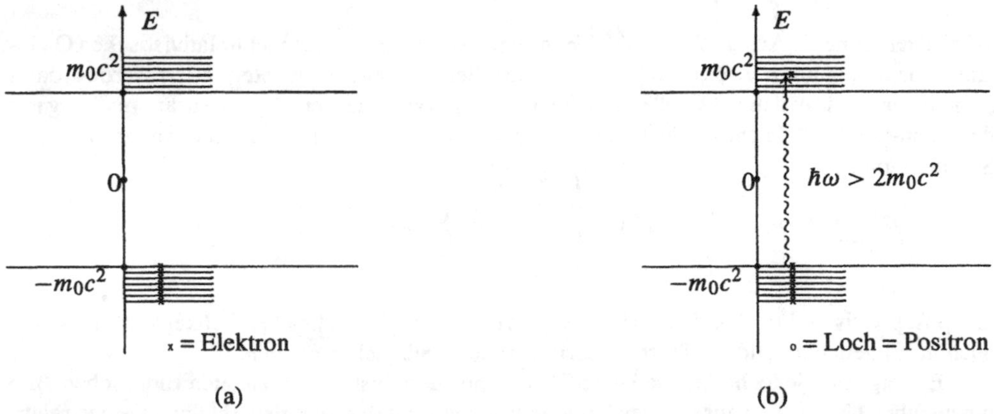

Bild 18.2

Das mit Elektronen voll besetzte negative Kontinuum wird auch *Dirac-See* genannt. Mit diesem Modell ist zunächst die oben beschriebene Strahlungskatastrophe unmöglich geworden. Falls nun eine Strahlung mit $\hbar w > 2m_0c^2$ existiert, so kann ein Elektron durch Absorption der Strahlungsenergie aus dem Zustand negativer Energie in den Bereich des positiven Energiekontinuums gehoben werden (siehe Bild 18.2b). Dabei entsteht ein *Loch* im Dirac-See, das sich wie ein Teilchen mit der positiven Ladung $+|e|$ verhält. Dieses Loch wird *Positron* genannt. Es ist das Antiteilchen des Elektrons.

Neben dieser *Paarerzeugung* eines Elektron-Positron-Paares existiert auch eine *Paarvernichtung* (Rekombination), wo ein Elektron unter Abgabe einer Strahlungsenergie $\hbar w > 2m_0c^2$ von einem Zustand positiver Energie in ein Loch zurückfällt.

Man erkennt, daß diese Interpretation aus dem Einteilchenbild hinausführt, weshalb wir die Einteilchen-Wahrscheinlichkeitsinterpretation aufgeben. Die Diracsche Vorhersage von Positronen wurde 1933 durch D.C. *Anderson* experimentell bestätigt.

Als wichtigstes Ergebnis der Lörchertheorie muß das von ihr erstellte Modell des Vakuums gelten. Es ist durch die mit Elektronen negativer Energie voll besetzte Dirac-See gegeben. Da das Vakuum massefrei (Energie = 0) und ladungsfrei ist, müssen diese Forderungen auch an die Dirac-See gestellt werden. In der momentanen Darstellung besitzt diese See jedoch eine unendlich große negative Energie und eine unendlich große negative Ladung. Daher *renormiert* man die Energie und die Ladung zu Null, d.h. man legt den Energie- und Ladungsnullpunkt derart fest, daß die voll besetzte Dirac-See masse- und ladungsfrei erscheint.

In diesem Modell wird also das Vakuum durch äußere Felder modifizierbar. Ein äußeres Feld manipuliert die Wellenfunktionen der besetzten Zustände negativer Energie, womit Ladung „erzeugt" werden kann. Man spricht in diesem Zusammenhang auch von *Vakuumpolarisation*.

18.2 Wechselwirkung des Dirac-Feldes mit dem elektromagnetischen Feld

Im Rahmen der Löchertheorie haben wir bereits die Wechselwirkungsphänomene von Paarerzeugung und Paarvernichtung im Zusammenhang mit dem Auftreten elektromagnetischer Strahlung qualitativ beschrieben. Die derzeit beste quantitative Beschreibung dieser Prozesse gelingt mit Hilfe der in Kapitel 20 besprochenen Quantenelektrodynamik (QED).

Im Rahmen des Einteilchen-Bildes läßt sich die Wechselwirkung zwischen dem Elektron und dem elektromagnetischen Feld ganz analog zu der in Unterkapitel II besprochenen Vorgangsweise beschreiben. Dazu schreiben wir die Dirac-Gleichung (18.1.11) mit Hilfe des Viererimpulsoperators $p_\mu = i\hbar\partial/\partial x^\mu$ in der Gestalt

$$(\gamma^\mu p_\mu - m_0c)\psi = 0. \tag{18.2.1}$$

Bei Existenz eines durch das Viererpotential $(A^\mu) = (A_0, \boldsymbol{A})$ beschriebenen elektromagnetischen Feldes ist im Sinne minimaler Kopplung der Übergang

$$p_\mu \to p_\mu - \frac{e}{c}A_\mu$$

durchzuführen. Damit erhält man die *Dirac-Gleichung mit elektromagnetischem Feld*

$$\left(\gamma^\mu\left(p_\mu - \frac{e}{c}A_\mu\right) - m_0c\right)\psi = 0. \tag{18.2.2}$$

Zur Abkürzung benützt man den für beliebige Vektoren durch

$$\not{t} := \gamma^\mu t_\mu \tag{18.2.3}$$

definierten *Feynman-dagger* (Feynman-Dolch). Damit läßt sich (18.2.2) in der Form

$$\left(\not{p} - \frac{e}{c}\not{A} - m_0c\right)\psi = 0 \tag{18.2.4}$$

schreiben. Natürlich kann man auch wie in Kapitel 17 von einer erweiterten Lagrangedichte ausgehen, was wir an dieser Stelle nicht mehr näher ausführen wollen.

18.3 Spinortransformation bei diskontinuierlichen Transformationen

Bei der Konstruktion des Operators $S(a)$ sind wir von der Bestimmungsgleichung (18.1.21′)

$$a_\mu{}^\nu \gamma^\mu = S(a)\gamma^\nu S^{-1}(a)$$

ausgegangen. Sie gilt sowohl für eigentliche, als auch für uneigentliche Lorentztransformationen, da an keiner Stelle ihrer Herleitung über die Vorzeichen von $|(a_\mu{}^\nu)|$ und $a^0{}_0$ verfügt wurde. Dagegen wurde die Lösungskonstruktion mit Hilfe infinitesimaler Lorentztransformationen durchgeführt, womit die Lösung nur für eigentliche Lorentztransformationen gültig ist.

In diesem Abschnitt beschäftigen wir uns mit der Konstruktion des Operators $S(a)$ für diskrete Symmetrietransformationen. Dazu zählen zunächst die uneigentlichen Lorentztransformationen (Raumspiegelung, Zeitumkehr), sowie die Ladungskonjugation und die $P\mathcal{C}T$-Symmetrie.

18.3.1 Die Parität

Wir betrachten die durch

$$\boldsymbol{x}' = -\boldsymbol{x}, \qquad t' = t \tag{18.3.1}$$

definierte Raumspiegelung, und suchen den entsprechenden Operator S für die zugehörige Spinortransformation. Im Zusammenhang mit der Raumspiegelung wird S als *Paritätstransformation* bzw. Paritätsoperator P bezeichnet. Es soll also

$$\psi'(\boldsymbol{x}',t') = \psi'(-\boldsymbol{x},t') = P\psi(\boldsymbol{x},t) \tag{18.3.2}$$

gelten. Zur Bestimmung von P gehen wir von der Gleichung (18.1.21′) aus:

$$a_\mu{}^\nu \gamma^\mu = P\gamma^\nu P^{-1}. \tag{18.3.3}$$

Daraus folgt zunächst

$$a^\beta{}_\nu a_\mu{}^\nu \gamma^\mu = \delta^\beta{}_\mu \gamma^\mu = \gamma^\beta = P a^\beta{}_\nu \gamma^\nu P^{-1}.$$

Wegen der speziellen Struktur der Transformationsmatrix $a_\mu{}^\nu$ (siehe Kapitel 5.3) läßt sich diese Beziehung in der Gestalt

$$P^{-1}\gamma^\mu P = a^{\mu\mu}\gamma^\mu \tag{18.3.4}$$

schreiben, wobei über die Indizes μ nicht summiert werden darf. Die Lösung dieser Gleichung lautet

$$P = \mathrm{e}^{i\varphi}\gamma^0, \quad \text{(a)} \qquad P^{-1} = \mathrm{e}^{-i\varphi}\gamma^0, \quad \text{(b)} \tag{18.3.5}$$

mit der zunächst nicht näher bestimmten Phase φ. Zu ihrer Festlegung erinnern wir an die Verhältnisse bei den eigentlichen Lorentztransformationen: dort führte eine Drehung um 4π den Spinor wieder in sich selbst über. In Analogie dazu fordern wir, daß vier Spiegelungen den Spinor wieder in sich überführen sollen, d.h. daß

$$P^4\psi = \psi \tag{18.3.6}$$

gelten soll. Setzt man (18.3.5a) in (18.3.6) ein, so folgt wegen $(\gamma^0)^4 = \mathbf{1}$

$$\mathrm{e}^{i\varphi} = \pm 1, \pm i. \tag{18.3.7}$$

Man erkennt, daß P unitär ist:

$$P^{-1} = P^{\dagger}, \tag{18.3.8}$$

und die zu (18.1.30) analoge Beziehung

$$P^{-1} = \gamma^0 P^{\dagger} \gamma^0 \tag{18.3.9}$$

erfüllt.

Wir untersuchen nun die Wirkung der Paritätstransformation auf wichtige Operatoren. Man erhält

$$\begin{aligned}
\boldsymbol{x}' &= P\boldsymbol{x}P^{-1} = -\boldsymbol{x}, \\
x_0' &= Px_0P^{-1} = x_0, \\
\boldsymbol{p}' &= P\boldsymbol{p}P^{-1} = -\boldsymbol{p}, \\
p_0' &= Pp_0P^{-1} = p_0, \\
A_0' &= PA_0P^{-1} = A_0, \\
\boldsymbol{A}' &= P\boldsymbol{A}P^{-1} = -\boldsymbol{A}.
\end{aligned} \tag{18.3.10}$$

Voraussetzungsgemäß muß die paritätstransformierte Wellenfunktion $P\psi$ ebenso wie die Wellenfunktion ψ der Dirac-Gleichung genügen. Mit Hilfe der Beziehungen (18.3.10) können wir die Paritätsinvarianz der Dirac-Gleichung explizit überprüfen:

$$\begin{aligned}
&P\left(\not{p} - \frac{e}{c}\not{A} - m_0c\right)\psi = \\
&= P\left(p_0\gamma^0 + p_i\gamma^i - \frac{e}{c}A_0\gamma^0 - \frac{e}{c}A_i\gamma^i - m_0c\right)P^{-1}P\psi \\
&= \left(p_0\gamma^0 + (-p_i)(-\gamma^i) - \frac{e}{c}A_0\gamma^0 - \frac{e}{c}(-A_i)(-\gamma^i) - m_0c\right)P\psi \\
&= \left(\not{p} - \frac{e}{c}\not{A} - m_0c\right)P\psi = 0.
\end{aligned} \tag{18.3.11}$$

Zur Veranschaulichung der Paritätsinvarianz betrachen wir einen physikalischen Vorgang in einem Spiegel. Die Paritätsinvarianz bedeutet nun, daß sowohl das Urbild, als auch das Spiegelbild physikalisch realisierbar sind, d.h. es kann nicht unterschieden werden, ob man das Urbild oder das Spiegelbild betrachtet.

Die Realisierung der Raumspiegelung durch einen Spiegel erscheint im ersten Moment fragwürdig, da ein Spiegelbild nur eine Inversion der zur Spiegeloberfläche senkrecht stehenden räumlichen Koordinate repräsentiert. Eine totale Rauminversion kann als Spiegelbild plus einer anschließenden räumlichen Drehung um π veranschaulicht werden. Nun stellt eine räumliche Drehung eine spezielle eigentliche Lorentztransformation dar, für die wir die Invarianz physikalischen Geschehens bereits explizit festgestellt haben. Das Spiegelbild enthält somit die gesamte Aussage über die Paritätsinvarianz.

18.3.2 Die Zeitumkehr

Wir suchen nun den zur Zeitspiegelung

$$\boldsymbol{x}' = \boldsymbol{x}, \qquad t' = -t \tag{18.3.12}$$

gehörigen Operator S für die zugehörige Spinortransformation. Im Zusammenhang mit der Zeitspiegelung wird S als *Zeitumkehrtransformation* bzw. *Operator der Zeitumkehr* T bezeichnet. Es soll also

$$\psi'(\boldsymbol{x}',t') = \psi'(\boldsymbol{x}, -t) = T\psi(\boldsymbol{x},t) \tag{18.3.13}$$

gelten. Für die Konstruktion von T sei auf [15] verwiesen. Als Ergebnis erhält man

$$T = T_0 K, \quad \text{(a)} \quad \text{mit} \quad T_0 = i\gamma^1\gamma^3, \tag{18.3.14}$$

wobei K die komplexe Konjugation bezeichnet. Der Operator T_0 ist hermitesch, es gilt

$$T_0{}^\dagger = T_0. \tag{18.3.15}$$

Zur Veranschaulichung der Zeitumkehr stellen wir uns die ablaufenden physikalischen Prozesse gefilmt vor. Die Zeitumkehrinvarianz bedeutet nun, daß sowohl die gefilmten Ereignisse, als auch jene durch den rückwärtslaufenden Film gezeigten Ereignisse physikalisch realisierbar sind. Man darf also durch eine Betrachtung der gefilmten Ereignisse nicht erkennen, ob der Film vorwärts oder rückwärts läuft.

18.3.3 Die Ladungskonjugation

Mit den eigentlichen Lorentztransformationen und den speziellen uneigentlichen Lorentztransformationen der Raumspiegelung und der Zeitumkehr haben wir alle wichtigen, durch Koordinatentransformationen induzierten Symmetrietransformationen besprochen.

Im Zusammenhang mit der Diracschen Löchertheorie taucht nun eine weitere fundamentale Symmetrie auf: zu jedem Elektron existiert als Antiteilchen ein Positron mit einer betragsmäßig gleich großen, positiven Ladung. Um diese Symmetrie mathematisch zu fassen, definieren wir einen Operator $\mathfrak{C}$, der die Wellenfunktion ψ eines im Dirac-See befindlichen Elektrons negativer Energie in die Wellenfunktion ψ_c eines Positrons überführt. Es soll also

$$\psi_c = \mathfrak{C}\psi \tag{18.3.16}$$

gelten. Für die Konstruktion des Operators $\mathfrak{C}$ sei wieder auf [15] verwiesen. Man erhält

$$\mathfrak{C} = C\gamma^0 K, \quad \text{(a)} \qquad \text{mit} \qquad C = i\gamma^2\gamma^0. \quad \text{(b)} \tag{18.3.17}$$

Der Operator C ist unitär und antihermitesch, es gilt

$$C^{-1} = C^\dagger, \quad \text{(a)} \qquad C^\dagger = -C. \quad \text{(b)} \tag{18.3.18}$$

Die Spinoren ψ und ψ_c bezeichnet man als zueinander *ladungskonjugiert*. Aus den obigen Beziehungen folgt nach kurzer Zwischenrechnung

$$(\psi_c)_c = \psi. \tag{18.3.19}$$

Abschließend wollen wir den Erwartungswert $\langle B \rangle_c$ eines Operators B im ladungskonjugierten Zustand ψ_c berechnen. Es gilt

$$\begin{aligned}
\langle B\rangle_c &= \langle\psi_c|B\psi_c\rangle = \int \psi_c{}^\dagger B\psi_c dV = \int (i\gamma^2\psi^*)^\dagger Bi\gamma^2\psi^* dV \\
&= \int \psi^{*\dagger}\gamma^{2\dagger}B\gamma^2\psi^* dV = \int \psi^{*\dagger}\gamma^0\gamma^2\gamma^0 B\gamma^2\psi^* dV \\
&= -\int \psi^{*\dagger}\gamma^2\gamma^0\gamma^0 B\gamma^2\psi^* dV = -\int \psi^{*\dagger}\gamma^2 B\gamma^2\psi^* dV \\
&= -(\int \psi^\dagger(\gamma^2 B\gamma^2)^*\psi dV)^* = -\langle\psi|\gamma^{2*}B^*\gamma^{2*}\psi\rangle^* \\
&= -\langle\psi|\gamma^2 B^*\gamma^2\psi\rangle^* .
\end{aligned} \tag{18.3.20}$$

Mit Hilfe dieser Beziehung erkennt man die Gültigkeit von

$$\langle \boldsymbol{p}\rangle_c = -\langle \boldsymbol{p}\rangle, \quad \text{(a)} \qquad \langle H(-e)\rangle_c = -\langle H(e)\rangle. \quad \text{(b)} \tag{18.3.21}$$

Der ladungskonjugierte Zustand ψ_c besitzt den negativen Impuls, die negative Energie und die negative Ladung des Zustandes ψ.

Als Antiteilchen von Elektronen negativer Energie besitzen Positronen also stets positive Ladung und positive Energie.

18.3.4 Die PCT-Symmetrie

Wir studieren nun die Zusammensetzung der Paritätstransformation P, der Ladungskonjugation $\mathcal{C}$ und der Zeitumkehrtransformation, d.h. wir betrachten die Transformation

$$\psi_{P\mathcal{C}T} = P\mathcal{C}T\,\psi. \tag{18.3.22}$$

Mit den Ergebnissen der letzten Abschnitte erhalten wir

$$\begin{aligned}
\psi_{P\mathcal{C}T}(x) &= P\mathcal{C}T\,\psi(x) = P\mathcal{C}\gamma^0(T\psi(\boldsymbol{x},t))^* = P\mathcal{C}\gamma^0(i\gamma^1\gamma^3 K\psi(\boldsymbol{x},-t))^* \\
&= P\mathcal{C}\gamma^0(i\gamma^1\gamma^3\psi^*(\boldsymbol{x},-t))^* = -iP\mathcal{C}\gamma^0\gamma^1\gamma^3\psi(\boldsymbol{x},-t) \\
&= -iPi\gamma^2\gamma^0\gamma^0\gamma^1\gamma^3\psi(\boldsymbol{x},-t) = \mathrm{e}^{i\varphi}\gamma^0\gamma^2\gamma^1\gamma^3\psi(-\boldsymbol{x},-t) \\
&= i\mathrm{e}^{i\varphi}i\gamma^0\gamma^1\gamma^2\gamma^3\psi(-\boldsymbol{x},-t) = i\mathrm{e}^{i\varphi}\gamma^5\psi(-x).
\end{aligned} \tag{18.3.23}$$

Falls ψ die Wellenfunktion eines Elektrons negativer Energie ist, repräsentiert $\psi_{P\mathcal{C}T}$ eine Positronenwellenfunktion positiver Energie. Dies legt folgende Interpretation von (18.3.23) nahe: Die Positronenwellenfunktion $\psi_{P\mathcal{C}T}$, die ein sich in Raum und Zeit vorwärtsbewegendes Teilchen positiver Energie beschreibt, ist bis auf den Faktor $i\exp(i\varphi)\gamma^5$ identisch mit der Wellenfunktion ψ, die ein sich in Raum und Zeit rückwärts bewegendes Teilchen negativer Energie beschreibt. *Positronen können somit als Elektronen negativer Energie, die sich rückwärts in Raum und Zeit bewegen, interpretiert werden.*

Wir haben uns bisher ausschließlich mit Elektronen und ihrer Wechselwirkung mit dem elektromagnetischen Feld beschäftigt. Ob die besprochenen Symmetrien auch für andere Spin 1/2-Teilchen und andere Wechselwirkungen gelten, muß durch das Experiment entschieden werden. 1957 zeigten *Lee* und *Yang*, daß die Paritätssymmetrie im Zusammenhang mit der schwachen Welchselwirkung nicht mehr gilt. Es existiert allerdings eine exakte Aussage über das Zusammenwirken der drei Transformationen P, $\mathcal{C}$ und T, die wir ohne Beweis anführen wollen:

Eine Theorie, die unter eigentlichen Lorentztransformationen invariant ist, und die richtige Beziehung zwischen Spin und Statistik aufweist, ist unter der $P\mathcal{C}T$-Transformation invariant.

18.4 Formelsammlung

Dirac-Matrizen α_i, β

$$\alpha_i = \begin{pmatrix} 0 & \sigma_i \\ \sigma_i & 0 \end{pmatrix}, \quad \beta = \begin{pmatrix} I & 0 \\ 0 & -I \end{pmatrix}, \quad \alpha_i = {\alpha_i}^\dagger, \quad \beta = \beta^\dagger$$

$$\alpha_i \alpha_j + \alpha_j \alpha_i = 2\delta_{ij}\mathbf{1},$$

$$\alpha_i \beta + \beta \alpha_i = 0,$$

$$\alpha_i{}^2 = \beta^2 = \mathbf{1}$$

Dirac-Matrizen γ^μ

$$\gamma^0 := \beta, \quad \gamma^i = \beta\alpha_i,$$

$$(\gamma^0)^\dagger = (\gamma^0)^{-1} = \gamma^0, \quad (\gamma^i)^\dagger = (\gamma^i)^{-1} = -\gamma^i,$$

$$\gamma^\mu \gamma^\nu + \gamma^\nu \gamma^\mu = 2g^{\mu\nu}\mathbf{1}$$

Freie Dirac-Gleichung

$$(i\hbar\gamma^\mu \partial_\mu - m_0 c)\psi = 0,$$

$$\mathcal{L} = \bar{\psi}(ci\hbar\gamma^\mu\partial_\mu - m_0c^2)\psi,$$

$$T^\mu{}_\nu = \bar{\psi} i\hbar c\gamma^\mu \psi_{,\nu} - \delta^\mu{}_\nu \bar{\psi} i\hbar c \gamma^\beta \psi_{,\beta} + \delta^\mu{}_\nu m_0 c^2 \bar{\psi}\psi,$$

$$\mathcal{H} = T^0{}_0 = \psi^\dagger \hat{H}\psi, \quad j^\mu = c\bar{\psi}\gamma^\mu\psi,$$

$$\rho = j^0 = \psi^\dagger\psi, \quad \boldsymbol{j} = \left(j^1, j^2, j^3\right) = c\psi^\dagger\vec{\alpha}\psi$$

Wechselwirkung mit dem elektromagnetischen Feld

$$\left(\gamma^\mu\left(p_\mu - \frac{e}{c}A_\mu\right) - m_0 c\right)\psi = \left(\not{p} - \frac{e}{c}\not{A} - m_0 c\right)\psi = 0$$

Kontinuierliche Symmetrietransformationen

$$\psi'(x') = S(a)\psi(x), \quad \text{mit} \quad a_\mu{}^\nu \gamma^\mu = S(a)\gamma^\nu S^{-1}(a),$$

$$S = \mathrm{e}^{-\frac{i}{4}\epsilon\sigma_{\mu\nu}(I_n)^{\mu\nu}}, \quad \text{mit} \quad \sigma_{\mu\nu} = \frac{i}{2}[\,\gamma_\mu, \gamma_\nu\,],$$

$$S^{-1} = \gamma_0 S^\dagger \gamma_0$$

Diskrete Symmetrietransformationen

$$\psi' = S(a)\psi, \quad \text{mit} \quad a_\mu{}^\nu \gamma^\mu = S(a)\gamma^\nu S^{-1}(a)$$

Parität: $\boldsymbol{x}' = -\boldsymbol{x}, \quad t' = t: \quad S := P, \quad P = \mathrm{e}^{i\varphi}\gamma^0;$

Zeitumkehr: $\boldsymbol{x}' = \boldsymbol{x}, \quad t' = -t: \quad S := T, \quad T = i\gamma^1\gamma^3 K;$

Ladungskonjugation: $S := \mathcal{C}, \quad \mathcal{C} = i\gamma^2 K$

$$P^{-1} = P^\dagger, \quad T = T_0 K, \quad T_0{}^\dagger = T_0, \quad \mathcal{C} = C\gamma^0 K, \quad C = i\gamma^2\gamma^0,$$

$$C^{-1} = C^\dagger, \quad C^\dagger = -C$$

Teil VII
Quantenfeldtheorie

Die Quantenmechanik lehrt uns, daß Materie Welleneigenschaften besitzt. Die Beschreibung dieses Dualismus haben wir in Teil VI auf nichtrelativistischer und relativistischer Basis durchgeführt. Völlig unberücksichtigt blieb jedoch die Tatsache, daß umgekehrt ein Strahlungsfeld korpuskularen Charakter aufweist. So haben wir bei der Beschreibung einer Wechselwirkung von Materie mit dem elektromagnetischen Feld bisher ausschließlich die Materie quantentheoretisch betrachtet, während das elektromagnetische Feld klassisch beschrieben wurde.

Die Quantenfeldtheorie beschäftigt sich nun mit der Erweiterung des quantentheoretischen Formalismus auf Wellenfelder. Während der Quantenmechanik bloß die Vereinigung von Teilchen- und Wellenbild der Materie gelingt, erzielt die Quantenfeldtheorie eine Vereinigung von Teilchen- und Wellenbild von *Materie und Strahlung*.

In Kapitel 19 stellen wir den Formalismus der *Feldquantisierung* (auch als Quantisierung von Wellenfeldern, oder als kanonische Quantisierung bezeichnet) für isolierte und wechselwirkende allgemeine Felder (Teilchen) dar.

In Kapitel 20 werden die Ergebnisse für die Wechselwirkung des Dirac-Feldes mit dem Maxwell-Feld spezialisiert. Dies führt zur *Quantenelektrodynamik* (QED), der bislang experimentell am besten bestätigten Feldtheorie.

Die folgende Darstellung ist teilweise stark an [17] orientiert.

19 Feldquantisierung

Wir erinnern an die Verhältnisse der nichtrelativistischen Quantenmechanik. Ihre formale Struktur wurzelt im Übergang von klassischen Größen zu Operatoren eines bestimmten Hilbertraumes, und in der Formulierung von Vertauschungsrelationen. Dabei empfiehlt es sich, von der kanonischen Form der klassischen Mechanik auszugehen: für die kanonisch konjugierten Größen p_i und q_j gilt

$$\{p_i,q_j\} = \delta_{ij}, \quad \{p_i,p_j\} = \{q_i,q_j\} = 0, \tag{19.0.1}$$

und für eine beliebige, ausschließlich von p_i und q_j abhängige mechanische Größe $F = F(p_i,q_j)$

$$\dot{F} = \{F,H\}, \tag{19.0.2}$$

mit der klassischen Hamiltonfunktion H. Der formale Übergang zur Quantenmechanik wird durch die Transformationen $p_i \to \hat{p}_i$, $q_j \to \hat{q}_j$, und $\{\,,\} \to 1/i\hbar\,[\,,]$ vollzogen. Man erhält so die *Kommutationsrelationen*

$$[\hat{p}_i,\hat{q}_j] = i\hbar\delta_{ij}, \quad [\hat{p}_i,\hat{p}_j] = [\hat{q}_i,\hat{q}_j] = 0, \tag{19.0.1'}$$

und die *Heisenbergsche Bewegungsgleichung* eines nicht explizit zeitabhängigen Operators $\hat{F}$

$$i\hbar\dot{\hat{F}} = [\hat{F},\hat{H}]. \tag{19.0.2'}$$

Aus formalen Gründen stellt sich nun die Frage, ob nicht auch aus einer klassischen Feldtheorie in kanonischer Formulierung bei Anwendung der obigen Vorgangsweise eine quantentheoretische Beschreibung deduziert werden kann. Daß dies tatsächlich der Fall ist, werden wir in den folgenden Abschnitten durch physikalische und mathematische Argumente untermauern. An dieser Stelle wollen wir bloß die formale Analogie zwischen den Übergängen klassische Mechanik $\to$ Quantenmechanik einerseits, und klassische Feldtheorie $\to$ Quantenfeldtheorie andererseits betonen.

Dazu gehen wir von einer (tensoriellen oder spinoriellen) Feldfunktion $\psi_A(\boldsymbol{x},t)$, der kanonisch konjugierten Feldfunktion $\pi_A(\boldsymbol{x},t)$, und einem Funktional $F = F(\psi_A,\pi_A)$ aus. Nach den Ausführungen von Kapitel 16 gelten dann die zu (19.0.1) und (19.0.2) analogen, kontinuierlichen Relationen

$$\{\psi_A(\boldsymbol{x},t),\pi_A(\boldsymbol{x},t)\} = \delta_{AA'}\delta(\boldsymbol{x}-\boldsymbol{x}'),$$

$$\{\psi_A(\boldsymbol{x},t),\psi_{A'}(\boldsymbol{x}',t)\} = \{\pi_A(\boldsymbol{x},t),\pi_{A'}(\boldsymbol{x}',t)\} = 0, \tag{19.0.3}$$

und

$$\dot{F} = \{F,H\}, \tag{19.0.4}$$

mit

$$\{A,B\} := \int \left(\frac{\delta A}{\delta\psi}\frac{\delta B}{\delta\pi} - \frac{\delta A}{\delta\pi}\frac{\delta B}{\delta\psi}\right) d^3x,$$

und der Funktionalableitung δ.

Die Anwendung des obigen „Kochrezeptes" verlangt nun den Übergang von den klassischen Feldfunktionen $\psi_A(\boldsymbol{x},t)$, $\pi_A(\boldsymbol{x},t)$ zu den Feldoperatoren $\hat{\psi}_A(\boldsymbol{x},t)$, $\hat{\pi}_A(\boldsymbol{x},t)$, und die Transformation $\{\,,\} \to 1/i\hbar\,[\,,]$, womit die Gleichungen (19.0.3) und (19.0.4) in

$$[\hat{\psi}_A(\boldsymbol{x},t),\hat{\pi}_{A'}(\boldsymbol{x}',t)] = \delta_{AA'}\delta(\boldsymbol{x}-\boldsymbol{x}'),$$
$$[\hat{\psi}_A(\boldsymbol{x},t),\hat{\psi}_{A'}(\boldsymbol{x}',t)] = [\hat{\pi}_A(\boldsymbol{x},t),\hat{\pi}_{A'}(\boldsymbol{x}',t)] = 0, \tag{19.0.3'}$$

und

$$\dot{F} = [F,H] \tag{19.0.4'}$$

übergehen. Daß diese Ergebnisse unseres Analogisierungsexzesses tatsächlich die Grundpfeiler der Quantenfeldtheorie darstellen, werden wir in den folgenden Abschnitten ausführlich begründen.

Bekanntlich bezeichnet man die Aufstellung der Schrödingergleichung zusammen mit der Normierungsforderung

$$\int \psi^*\psi d^3x = 1$$

als *erste Quantisierung*. Im Unterschied dazu spricht man beim Übergang von (19.0.3) zu (19.0.3') von der *zweiten Quantisierung*. Wir werden nun die zweite Quantisierung für das Schrödinger-Feld, das Klein-Gordon-Feld, das Dirac-Feld und das Maxwell-Feld konsequent durchführen.

19.1 Die Quantisierung des Schrödinger-Feldes

Zunächst benötigen wir die kanonische Formulierung des nun als klassisch anzusehenden Schrödinger-Feldes. Aus der Lagrangedichte

$$\mathcal{L} = i\hbar\psi^*\frac{\partial\psi}{\partial t} - \frac{\hbar^2}{2m}(\nabla\psi^*)\cdot(\nabla\psi) - V(\boldsymbol{x},t)\psi^*\psi \tag{19.1.1}$$

erhält man die zu $\psi(\boldsymbol{x},t)$ kanonisch konjugierte Feldfunktion

$$\pi(\boldsymbol{x},t) = \frac{\partial\mathcal{L}}{\partial\dot{\psi}} = i\hbar\psi^*. \tag{19.1.2}$$

Das zu ψ^* kanonisch konjugierte Feld verschwindet identisch, d.h. es gibt nur zwei unabhängige Felder ψ und ψ^*. Die Hamiltondichte $\mathcal{H}$ lautet

$$\mathcal{H} = \pi\dot{\psi} - \mathcal{L} = \frac{\hbar^2}{2m}(\nabla\psi^*)\cdot(\nabla\psi) + V(\boldsymbol{x},t)\psi^*\psi, \tag{19.1.3}$$

woraus sich nach partieller Integration die Hamiltonfunktion

$$H = \int \mathcal{H}d^3x = \int \psi^*(\boldsymbol{x},t)\left(-\frac{\hbar^2}{2m}\Delta + V(\boldsymbol{x},t)\right)\psi(\boldsymbol{x},t)d^3x \tag{19.1.4}$$

ergibt. Die Poissonklammern für die Felder ψ und π lauten

$$i\hbar\{\psi(\boldsymbol{x},t),\psi^*(\boldsymbol{x}',t)\} = \delta^3(\boldsymbol{x}-\boldsymbol{x}'), \qquad (a)$$
$$\{\psi(\boldsymbol{x},t),\psi(\boldsymbol{x}',t)\} = \{\psi^*(\boldsymbol{x},t),\psi^*(\boldsymbol{x}',t)\} = 0. \qquad (b) \tag{19.1.5}$$

19.1.1 Die Feldoperatoren $\hat{\psi}$, $\hat{\psi}^\dagger$

Wir ordnen nun den Funktionen $\psi(\boldsymbol{x},t)$, $\pi(\boldsymbol{x},t) = i\hbar\psi^*(\boldsymbol{x},t)$ die Feldoperatoren $\hat{\psi}(\boldsymbol{x},t)$ und $\hat{\pi}(\boldsymbol{x},t) = i\hbar\hat{\psi}^\dagger(\boldsymbol{x},t)$ zu. (Die komplexe Konjugation bei Funktionen entspricht der Adjungiertenbildung bei Operatoren.) Aus (19.1.5) folgen damit die Kommutationsrelationen

$$[\hat{\psi}(\boldsymbol{x},t),\hat{\psi}^\dagger(\boldsymbol{x}',t)] = \delta^3(\boldsymbol{x}-\boldsymbol{x}'), \qquad (a)$$
$$[\hat{\psi}(\boldsymbol{x},t),\hat{\psi}(\boldsymbol{x}',t)] = [\hat{\psi}^\dagger(\boldsymbol{x},t),\hat{\psi}^\dagger(\boldsymbol{x}',t)] = 0. \qquad (b) \tag{19.1.6}$$

Es handelt sich dabei um *Gleichzeitige Kommutationsrelationen* (GKR), da jeder Faktor der Kommutatoren zum selben Zeitpunkt t betrachtet wird. In relativistischen Theorien werden wir kovariante Verallgemeinerungen von (19.1.6) kennenlernen. Die Heisenberg-Bewegungsgleichung für die Feldoperatoren $\hat{\psi}$, $\hat{\pi}$ lautet

$$\dot{\hat{\psi}} = \frac{1}{i\hbar}[\hat{\psi},\hat{H}], \quad (a) \qquad \dot{\hat{\pi}} = \frac{1}{i\hbar}[\hat{\pi},\hat{H}]. \quad (b) \tag{19.1.7}$$

Die Gleichung (19.1.7b) ist adjungiert zu (19.1.7a). Wegen $\hat{H}^\dagger = \hat{H}$ gilt nämlich

$$\dot{\hat{\psi}}^\dagger = -\frac{1}{i\hbar}[\hat{\psi},\hat{H}]^\dagger = -\frac{1}{i\hbar}(\hat{\psi}\hat{H}-\hat{H}\hat{\psi})^\dagger = \frac{1}{i\hbar}(\psi^\dagger H^\dagger - H^\dagger\psi^\dagger) = \frac{1}{i\hbar}[\hat{\psi}^\dagger,\hat{H}],$$

woraus man mit $\hat{\pi} = i\hbar\hat{\psi}^\dagger$ (19.1.7b) erhält. Für die klassische Feldfunktion $\psi(\boldsymbol{x},t)$ folgt aus der Heisenberg-Gleichung bekannntlich die Schrödinger-Gleichung. Es stellt sich die Frage, ob dies auch für den Feldoperator $\hat{\psi}(\boldsymbol{x},t)$ gilt. Dazu beachten wir die aus (19.1.4) resultierende Gestalt des Hamiltonoperators

$$\hat{H} = \int \hat{\psi}^\dagger(\boldsymbol{x},t)D_x\hat{\psi}(\boldsymbol{x},t)d^3x, \tag{19.1.8}$$

mit der Abkürzung

$$D_x := -\frac{\hbar^2}{2m}\Delta + V(\boldsymbol{x},t).$$

Damit erhält man

$$\begin{aligned}
[\hat{\psi}(\boldsymbol{x},t),\hat{H}] &= \int [\hat{\psi}(\boldsymbol{x},t),\hat{\psi}^\dagger(\boldsymbol{y},t)D_y\hat{\psi}(\boldsymbol{y},t)]d^3y = \\
&= \int \Big([\hat{\psi}(\boldsymbol{x},t),\hat{\psi}^\dagger(\boldsymbol{y},t)]D_y\hat{\psi}(\boldsymbol{y},t) + \hat{\psi}^\dagger(\boldsymbol{y},t)D_y[\hat{\psi}(\boldsymbol{x},t),\hat{\psi}(\boldsymbol{y},t)]\Big)d^3y = \\
&= D_x\hat{\psi}(\boldsymbol{x},t),
\end{aligned}$$

wobei wir die Kommutatorrelationen (19.1.6) verwendet haben. Der Feldoperator $\hat{\psi}(\boldsymbol{x},t)$ erfüllt also ebenso wie die klassische Feldfunktion $\psi(\boldsymbol{x},t)$ die Schrödingergleichung

$$i\hbar\dot{\hat{\psi}}(\boldsymbol{x},t) = D_x\hat{\psi}(\boldsymbol{x},t). \tag{19.1.9}$$

Um den Anschluß an die physikalische Situation herzustellen, beachten wir, daß wir von einer klassischen Auffassung des Schrödinger-Feldes $\psi(\boldsymbol{x},t)$ ausgegangen sind, und nicht die Normierungsbedingung

$$\int \psi^* \psi d^3x = 1$$

gestellt haben. Daher können wir nun nach der zweiten Quantisierung den Operator

$$\hat{N} := \int \hat{\psi}^\dagger \hat{\psi} d^3x \tag{19.1.10}$$

als den *Operator der Teilchenzahl* des Feldes ansehen. Er stellt die Verbindung zwischen dem Feld und den Teilchen (Feldquanten) her. Man erkennt sofort seine Hermitizität

$$\hat{N}^\dagger = \hat{N}. \tag{19.1.11}$$

Für praktische Rechnungen benötigen wir für die Feldoperatoren $\hat{\psi}$, $\hat{\psi}^\dagger$, für die von ihnen abhängigen Operatoren $\hat{H}$, $\hat{N}$, etc., und für den Zustandsraum, in dem diese Operatoren wirken, spezielle Darstellungen. Mit diesem Problem wollen wir uns im nächsten Abschnitt auseinandersetzen.

19.1.2 Erzeugungs- und Vernichtungsoperatoren. Fockraum

Sei $\{u_i(x)\}$ ein in $L^2(\mathbb{R}^3)$ vollständiges Orthonormalsystem, d.h. es gelte

$$\sum_i u_i(\boldsymbol{x}) \overset{*}{u}_i (\boldsymbol{x}') = \delta(\boldsymbol{x} - \boldsymbol{x}'), \quad (a) \qquad \int \overset{*}{u}_i (\boldsymbol{x}) u_j(\boldsymbol{x}) d^3x = \delta_{ij}. \quad (b) \tag{19.1.12}$$

Dann entwickeln wir die Feldoperatoren in der Form

$$\hat{\psi}(\boldsymbol{x},t) = \sum_i \hat{a}_i(t) u_i(\boldsymbol{x}), \qquad \hat{\psi}^\dagger(\boldsymbol{x},t) = \sum_i \hat{a}_i^\dagger(t) \overset{*}{u}_i (\boldsymbol{x}). \tag{19.1.13}$$

Die Operatoreigenschaft steckt also in den rein zeitabhängigen „Entwicklungskoeffizienten" $\hat{a}_i(t)$, $\hat{a}_i^\dagger(t)$. Natürlich kann anstelle des abzählbaren Funktionensystems $u_i(\boldsymbol{x})$ auch ein kontinuierliches Funktionensystem $u(\mu,\boldsymbol{x})$ treten. In diesem Fall sind die Summen durch Integrale über den Parameter μ, und das Kroneckersymbol δ_{ij} in (19.1.12) durch die Dirac-Funktion $\delta(\mu - \gamma)$ zu ersetzen. Die Kommutatorrelationen (19.1.6) gehen nun in solche für die Operatoren $\hat{a}_i(t)$, $\hat{a}_i^\dagger(t)$ über:

$$\begin{aligned} &[\hat{a}_i(t), \hat{a}_i^\dagger(t)] = \delta_{ij}, && (a) \\ &[\hat{a}_i(t), \hat{a}_j(t)] = [\hat{a}_i^\dagger(t), \hat{a}_j^\dagger(t)] = 0. && (b) \end{aligned} \tag{19.1.14}$$

Zum Nachweis dieser Beziehungen betrachten wir die aus (19.1.13) folgenden „Fouriertransformationen"

$$\hat{a}_i(t) = \int \overset{*}{u}_i (\boldsymbol{x}) \hat{\psi}(\boldsymbol{x},t) d^3x, \qquad \hat{a}_j^\dagger(t) = \int u_j(\boldsymbol{y}) \hat{\psi}^\dagger(\boldsymbol{y},t) d^3y. \tag{19.1.15}$$

Einsetzen in (19.1.14a) liefert

$$\begin{aligned} &\int\int [\overset{*}{u}_i (\boldsymbol{x}) \hat{\psi}(\boldsymbol{x},t), u_j(\boldsymbol{y}) \hat{\psi}^\dagger(\boldsymbol{y},t)] d^3x d^3y = \\ &= \int\int \overset{*}{u}_i (\boldsymbol{x}) u_j(\boldsymbol{y}) [\hat{\psi}(\boldsymbol{x},t), \hat{\psi}^\dagger(\boldsymbol{y},t)] d^3x d^3y = \\ &= \int\int \overset{*}{u}_i (\boldsymbol{x}) u_j(\boldsymbol{y}) \delta^3(\boldsymbol{y} - \boldsymbol{x}) d^3x d^3y = \int \overset{*}{u}_i (\boldsymbol{x}) u_j(\boldsymbol{x}) d^3x = \delta_{ij}, \end{aligned}$$

wobei wir die GKR (19.1.6a) und die Orthonormalitätsbedingung (19.1.12) benützt haben. Der Nachweis von (19.1.6) geschieht analog.

Wir spezialisieren die Funktionen $u_i(\boldsymbol{x})$ nun dahingehend, daß es sich dabei um die Eigenfunktionen der zeitunabhängigen Schrödingergleichung handelt, d.h. es soll

$$D_x u_i(\boldsymbol{x}) = e_i u_i(\boldsymbol{x}) \tag{19.1.16}$$

gelten. Für den Hamiltonoperator erhält man dann die Darstellung

$$\begin{aligned}\hat{H} &= \int \hat{\psi}^\dagger(\boldsymbol{x},t) D_x \hat{\psi}(\boldsymbol{x},t) d^3x = \sum_{i,j} \hat{a}_i^\dagger(t)\hat{a}_j(t) \int \overset{*}{u}_i(\boldsymbol{x}) D_x u_j(\boldsymbol{x}) d^3x = \\ &= \sum_{i,j} \hat{a}_i^\dagger(t)\hat{a}_j(t) \int \overset{*}{u}_i(\boldsymbol{x}) e_j u_j(\boldsymbol{x}) d^3x = \sum_{i,j} \hat{a}_i^\dagger(t)\hat{a}_j(t) e_j \delta_{ij} = \\ &= \sum_i \hat{a}_i^\dagger(t)\hat{a}_i(t) e_i,\end{aligned} \tag{19.1.17}$$

wobei neben (19.1.16) wieder die Orthonormalitätsbedingung (19.1.12) einging. In gleicher Weise folgert man für den Operator der Teilchenzahl

$$\hat{N} = \int \hat{\psi}^\dagger(\boldsymbol{x},t)\hat{\psi}(\boldsymbol{x},t) d^3x = \sum_i \hat{a}_i^\dagger(t)\hat{a}_i(t). \tag{19.1.18}$$

Diese Beziehungen lassen sich noch weiter vereinfachen. Dazu beachten wir, daß die Zeitabhängigkeit von $\hat{a}_i(t)$ durch die Heisenberg-Gleichung

$$i\hbar\dot{\hat{a}}_j(t) = [\hat{a}_j(t), \hat{H}] = \sum_k e_j[\hat{a}_j(t), \hat{a}_k^\dagger(t)\hat{a}_k(t)] = e_j \hat{a}_j(t)$$

gegeben ist. Die Lösung dieser operatorwertigen Differentialgleichung erster Ordnung ist gegeben durch

$$\hat{a}_j(t) = \hat{a}_j \exp(-i e_j t/\hbar), \tag{19.1.19}$$

d.h. die Operatoren $\hat{a}_j(t)$ unterscheiden sich bei veränderlicher Zeit von $\hat{a}_j = \hat{a}_j(0)$ nur durch einen zahlenwertigen Phasenfaktor. Speziell folgt $\hat{a}_j(t)\hat{a}_j^\dagger(t) = \hat{a}_j\hat{a}_j^\dagger$, womit die Beziehungen (19.1.17) und (19.1.18) die Gestalt

$$\hat{H} = \sum_i \hat{a}_i^\dagger \hat{a}_i e_i, \tag{19.1.20}$$

$$\hat{N} = \sum_i \hat{n}_i = \sum_i \hat{a}_i^\dagger \hat{a}_i \tag{19.1.21}$$

annehmen. Bekanntlich beschreibt der Hamilton-Operator die Gesamtenergie des physikalischen Systems. Gemäß (19.1.20) setzt sie sich aus den Teilenergien der Teilchen in den Anregungszuständen u_i zusammen. (19.1.21) zeigt, daß $\hat{n}_i = \hat{a}_i^\dagger \hat{a}_i$ als *Operator der Teilchenzahl im Anregungszustand* u_i aufgefaßt werden kann. Aus den Kommutationsrelationen für $\hat{a}_i$, $\hat{a}_i^\dagger$ folgt sofort

$$[\hat{n}_i, \hat{n}_j] = 0, \tag{19.1.22}$$

und

$$\dot{\hat{N}} = \frac{1}{i\hbar}[\hat{N},\hat{H}] = \frac{1}{i\hbar}\sum_{i,j}[\hat{n}_i,\hat{n}_j e_j] = 0. \tag{19.1.23}$$

Der Operator $\hat{N}$ ist also eine Konstante der Bewegung, da er mit dem Hamilton-Operator kommutiert.

In der nichtrelativistischen Quantenmechanik wirken die Operatoren auf einen den physikalischen Zustand repräsentierenden Vektor eines geeigneten Hilbertraumes. In der Quantenfeldtheorie kann man analoge Gebilde den Feldoperatoren zuordnen. Sie werden als *Zustandsvektoren* $|\Phi\rangle$ des Feldes im *Hilbertraum der zweiten Quantisierung* bezeichnet. Eine spezielle Basis dieses Hilbertraumes stellen die Eigenvektoren des Operators $\hat{N}$ dar:

$$\hat{N}|n_1,n_2,\ldots n_k,\ldots\rangle = n|n_1,n_2,\ldots n_k,\ldots\rangle, \tag{19.1.24}$$

mit

$$n = \sum_i n_i.$$

Diese spezielle Wahl der Zustandsvektoren heißt *Besetzungszahldarstellung*. Die damit verbundene spezielle Realisierung des Hilbertraumes bezeichnet man als *Fockraum*. Das Skalarprodukt ist im Fockraum durch

$$\langle n_1',n_2',\ldots|n_1,n_2,\ldots\rangle = \delta_{n_1'n_1}\delta_{n_2'n_2}\cdots \tag{19.1.25}$$

gegeben. Mit diesen Festlegungen befindet man sich im Heisenbergbild: Die Zeitabhängigkeit spiegelt sich im Operator wider, die Zustandsvektoren sind zeitunabhängig!

Wir untersuchen nun, wie sich der Zustandsvektor $|n_1,\ldots\rangle$ bei Anwendung des Operators $\hat{a}_i^\dagger$ verändert. Dazu betrachten wir die Anwendung von $\hat{N}$ auf den neuen Zustandsvektor $\hat{a}_i^\dagger|n_1,\ldots\rangle$. Mit den Vertauschungsrelationen (19.1.17) folgt zunächst

$$\begin{aligned} &\hat{N}\hat{a}_i^\dagger|n_1,\ldots\rangle = \\ &= \sum_j \hat{a}_j^\dagger\hat{a}_j\hat{a}_i^\dagger|n_1,\ldots\rangle = \sum_j \hat{a}_j^\dagger(\delta_{ij} + \hat{a}_i^\dagger\hat{a}_j)|n_1,\ldots\rangle = \\ &= \sum_j \hat{a}_j^\dagger(\delta_{ij} + \hat{a}_j\hat{a}_i^\dagger)|n_1,\ldots\rangle = \left(\hat{a}_i^\dagger + \sum_j \hat{a}_j^\dagger\hat{a}_j\hat{a}_i^\dagger\right)|n_1,\ldots\rangle = \\ &= \hat{a}_i^\dagger(1+\hat{N})|n_1,\ldots\rangle = (n+1)\hat{a}_i^\dagger|n_1,\ldots\rangle. \end{aligned} \tag{19.1.26}$$

In gleicher Weise erhält man

$$\hat{N}\hat{a}_i|n_1,\ldots\rangle = (n-1)|n_1,\ldots\rangle. \tag{19.1.27}$$

Eine Anwendung des Operators $\hat{a}_i^\dagger$ auf den Zustandsvektor $|n_1,\ldots\rangle$ bewirkt also eine Erhöhung der Teilchenzahl um 1, eine Anwendung des Operators $\hat{a}_i$ eine entsprechende Erniedrigung. Man bezeichnet daher $\hat{a}_i^\dagger$ als *Erzeugungsoperator*, und $\hat{a}_i$ als *Vernichtungsoperator*.

Durch fortgesetzte Anwendung der Operatoren $\hat{a}_i$ müßte man schließlich zu negativem n kommen. Dies läßt sich durch die Postulierung eines den Vakuumzustand beschreibenden *Vakuumvektors* $|0\rangle := |0,0,\ldots\rangle$ umgehen. Er ist durch

$$\hat{a}_i|0\rangle = \mathbf{0}, \quad \forall i \tag{19.1.28}$$

definiert. Ausgehend von diesem Vakuum-Vektor kann man sämtliche Basisvektoren $|n_1,\ldots\rangle$ durch fortgesetzte Anwendung der Erzeugungsoperatoren $\hat{a}_i^\dagger$ konstruieren. Es gilt

$$|n_1,n_2,\ldots\rangle = \frac{1}{\sqrt{n_1!n_2!\ldots}}(\hat{a}_1^\dagger)^{n_1}(\hat{a}_2^\dagger)^{n_2}\ldots|0,0,\ldots\rangle, \tag{19.1.29}$$

wobei der Faktor $1/\sqrt{n_1!n_2!\ldots}$ aus der in (19.1.25) enthaltenen Normierungsbedingung von $|n_1,n_2,\ldots\rangle$ auf 1 entspringt. Die Matrixdarstellung der Erzeugungs- und Vernichtungsoperatoren lautet

$$\begin{aligned}
\langle n'_1,n'_2,\ldots|\hat{a}_i|n_1,n_2,\ldots\rangle &= \delta_{n'_1 n_1 -1}\delta_{n'_2 n_2 -1}\cdots, \qquad (a)\\
\langle n'_1,n'_2,\ldots|\hat{a}_i^\dagger|n_1,n_2,\ldots\rangle &= \delta_{n'_1 n_1 +1}\delta_{n'_2 n_2 +1}\cdots, \qquad (b)
\end{aligned} \tag{19.1.30}$$

bzw. in anschaulicher Form

$$\hat{a}_i = \begin{pmatrix} 0 & \sqrt{1} & 0 & 0 & \ldots \\ 0 & 0 & \sqrt{2} & 0 & \ldots \\ 0 & 0 & 0 & \sqrt{3} & \ldots \\ \vdots & \vdots & \vdots & \vdots & \end{pmatrix}, \quad \hat{a}_i^\dagger = \begin{pmatrix} 0 & 0 & 0 & 0 & \ldots \\ \sqrt{1} & 0 & 0 & 0 & \ldots \\ 0 & \sqrt{2} & 0 & 0 & \ldots \\ \vdots & \vdots & \vdots & \vdots & \end{pmatrix}.$$

Matrizenmultiplikation zeigt sofort die Diagonalgestalt der Operatoren $\hat{n}_i = \hat{a}_i^\dagger\hat{a}_i$:

$$\hat{n}_i = \begin{pmatrix} 1 & 0 & 0 & 0 & \ldots \\ 0 & 2 & 0 & 0 & \ldots \\ 0 & 0 & 3 & 0 & \ldots \\ \vdots & \vdots & \vdots & \vdots & \end{pmatrix}.$$

Wir fassen die bisherige Vorgangsweise nochmals zusammen: Ausgehend von der kanonischen Formulierung des als klassisch angesehenen Schrödinger-Feldes kommen wir durch die zweite Quantisierung zu den Feldoperatoren $\hat{\psi}$, $\hat{\psi}^\dagger$ und ihren gleichzeitigen Kommutatorrelationen. Eine Entwicklung dieser Operatoren nach den Eigenfunktionen der stationären Schrödingergleichung führt auf die Erzeugungs- und Vernichtungsoperatoren $\hat{a}_i^\dagger$ und $\hat{a}_i$ mit den zugehörigen Kommutationsregeln. Mit Hilfe von $\hat{a}_i^\dagger$ können Basisvektoren des Fockraumes aus dem Vakuumzustand $|0\rangle$ sukzessive aufgebaut werden. Diese spezielle Hilbertraumbasis repräsentiert die Eigenfunktionen der Teilchenzahloperatoren $\hat{n}_i$ und $\hat{N}$, die somit bezüglich der gewählten Darstellung Diagonalform besitzen. Im Unterschied dazu weisen die Erzeugungs- und Vernichtungsoperatoren keine Diagonalgestalt auf.

19.1.3 Die Äquivalenz zur Mehrteilchentheorie der nichtrelativistischen Quantenmechanik

Mit dem Formalismus der zweiten Quantisierung wurde aus einer Ein-Teilchen-Gleichung eine Vielteilchentheorie (Theorie des Fockraumes) konstruiert. Nun haben wir bereits im Rahmen der nichtrelativistischen Quantenmechanik Vielteilchentheorien betrachtet. Wir erwarten daher, daß die Folgerungen der Feldquantisierung mit diesen Aussagen übereinstimmen. Erst dann kann dem bisher weitgehend mathematisch orientierten Formalismus auch physikalische Bedeutung zugebilligt werden. Diese Übereinstimmung ist nun tatsächlich gegeben. Um dies einzusehen, definieren wir die Größe

$$\Phi^{(n)}_{(n_1,n_2,\dots)}(\boldsymbol{x}_1,\dots,\boldsymbol{x}_n;t) := \langle \boldsymbol{x}_1,\dots,\boldsymbol{x}_n;t|n_1,n_2,\dots\rangle, \tag{19.1.31}$$

mit dem Vektor

$$|\boldsymbol{x}_1,\dots,\boldsymbol{x}_n;t\rangle := \frac{1}{\sqrt{n!}}\hat{\psi}^\dagger(\boldsymbol{x}_1,t)\dots\hat{\psi}^\dagger(\boldsymbol{x}_n,t)|0\rangle. \tag{19.1.32}$$

$|\boldsymbol{x}_1,\dots,\boldsymbol{x}_n;t\rangle$ ist ein neuer orts- und zeitabhängiger n-Teilchen Zustandsvektor. Die Größe $\Phi^{(n)}_{(n_1,n_2,\dots)}$ ist somit als Skalarprodukt des (zeitabhängigen) Zustandsvektors $|\boldsymbol{x}_1,\dots,\boldsymbol{x}_n;t\rangle$ mit dem (zeitunabhängigen) Zustandsvektor der „Besetzungszahldarstellung" $|n_1,n_2,\dots\rangle$ definiert. Mathematisch gesehen repräsentiert $\Phi^{(n)}_{(n_1,n_2,\dots)}$ die Transformationsmatrix bei einem Basiswechsel von Fockraum-Basis zur neuen Basis $|\boldsymbol{x}_1,\dots,\boldsymbol{x}_n;t\rangle$. Die physikalische Bedeutung dieser Transformation liegt darin, daß $\Phi^{(n)}_{(n_1,n_2,\dots)}$ die aus Abschnitt 16.11 bekannte Wellenfunktion eines n-Teilchen-Systems darstellt. Um dies einzusehen, zeigen wir zunächst, daß $\Phi^{(n)}_{(n_1,n_2,\dots)}$ der Vielteilchen-Schrödingergleichung genügt. Es gilt:

$$\begin{aligned}
i\hbar\dot{\Phi}^{(n)}_{(n_1,n_2,\dots)}(\boldsymbol{x}_1,\dots,\boldsymbol{x}_n;t) &= i\hbar\frac{\partial}{\partial t}\langle \boldsymbol{x}_1,\dots,\boldsymbol{x}_n;t|n_1,n_2,\dots\rangle = \\
&= i\hbar\frac{\partial}{\partial t}\frac{1}{\sqrt{n!}}\langle 0|\hat{\psi}(\boldsymbol{x}_n,t)\dots\hat{\psi}(\boldsymbol{x}_1,t)|n_1,n_2,\dots\rangle = \\
&= \sum_i \frac{1}{\sqrt{n!}}\langle 0|\hat{\psi}(\boldsymbol{x}_n,t)\dots D_{x_i}\hat{\psi}(\boldsymbol{x}_i,t)\dots\hat{\psi}(\boldsymbol{x}_1,t)|n_1,n_2,\dots\rangle = \\
&= \sum_i D_{x_i}\Phi^{(n)}_{(n_1,n_2,\dots)}(\boldsymbol{x}_1,\dots,\boldsymbol{x}_n;t),
\end{aligned} \tag{19.1.33}$$

wobei wir berücksichtigt haben, daß der Feldoperator $\hat{\psi}$ gemäß (19.1.9) die Schrödingergleichung erfüllt. $\Phi^{(n)}_{(n_1,n_2,\dots)}$ $(\boldsymbol{x}_1,\dots,\boldsymbol{x}_n;t)$ ist symmetrisch unter beliebigen Permutationen der Koordinaten, weil alle Operatoren $\hat{\psi}^\dagger(\boldsymbol{x}_i,t)$ miteinander kommutieren. Es handelt sich daher um die in Abschnitt 16.11 dargestellte Wellenfunktion für Bosonen.

Das mit den Kommutatorrelationen (19.1.6) quantisierte Schrödinger-Feld beschreibt
Bosonen.

19.1.4 Quantisierung für Fermionen

Nach den bisherigen Ausführungen führt der Formalismus der Quantisierung des Schrödinger-Feldes zur nichtrelativistischen Vielteilchentheorie für Bosonen. Nun haben wir in Abschnitt 16.11 auch das Vielteilchenproblem für Fermionen analysiert. Es stellt sich daher die Frage, ob der bisherige Formalismus auf Fermionen erweitert werden kann. *Jordan* und *Wigner* haben gezeigt, daß dies bei Verwendung der *Gleichzeitigen Antikommutationsrelationen*

$$\begin{aligned}
[\hat{\psi}(\boldsymbol{x},t),\hat{\psi}^\dagger(\boldsymbol{x}',t)]_+ &= \delta^3(\boldsymbol{x}-\boldsymbol{x}'), && (a)\\
[\hat{\psi}(\boldsymbol{x},t),\hat{\psi}(\boldsymbol{x}',t)]_+ = [\hat{\psi}^\dagger(\boldsymbol{x},t),\hat{\psi}^\dagger(\boldsymbol{x}',t)]_+ &= 0 && (b)
\end{aligned} \tag{19.1.34}$$

möglich ist. Auf der Grundlage von (19.1.34) kann die Vorgangsweise der früheren Abschnitte wiederholt werden. An Stelle der Kommutationsrelationen für die Erzeugungs- und Vernichtungsoperatoren $\hat{a}_i^\dagger$, $\hat{a}_i$ treten nun die Antikommutationsrelationen

$$\begin{aligned} [\hat{a}_i,\hat{a}_j^\dagger]_+ &= \delta_{ij}, & (a) \\ [\hat{a}_i,\hat{a}_j]_+ = [\hat{a}_i^\dagger,\hat{a}_j^\dagger]_+ &= 0. & (b) \end{aligned} \tag{19.1.35}$$

Es gilt also $(\hat{a}_i)^2 = (\hat{a}_i^\dagger)^2 = 0$, d.h. die Operatoren $\hat{n}_i$ können nur die Eigenwerte 0 oder 1 annehmen. Dies ist die mathematische Zwangsbedingung für die Erfüllung des *Pauli-Prinzips*, dem die Fermionen unterliegen.

Im weiteren Verlauf kommt man schließlich wieder zu der Definitionsgleichung (19.1.31). Da aber nun alle Operatoren $\hat{\psi}^\dagger$ antikommutieren, ist $\Phi^{(n)}_{(n_1,n_2,\dots)}(\boldsymbol{x}_1,\dots,\boldsymbol{x}_n;t)$ vollständig antisymmetrisch, was die Verwendung der Determinantenschreibweise nahelegt. Man kommt so zu der aus Abschnitt 16.11 bekannten *Slater-Determinante* für das Fermionen-Vielteilchensystem. Zusammenfassend gilt also:

Die Quantisierung des Schrödinger-Feldes mit Kommutatoren führt auf Bosonen, die Quantisierung mit Antikommutatoren führt auf Fermionen.

Diese Überlegungen bestätigen, daß die Quantisierung des Schrödinger-Feldes auf eine zur Mehrteilchentheorie der nichtrelativistischen Quantenmechanik äquivalente Theorie führt.

Wir wollen den Formalismus der Feldquantisierung nun auf relativistische Feldtheorien anwenden. Dabei wird sich herausstellen, daß die im nichtrelativistischen Fall existierende Freiheit in der Wahl Kommutator/Antikommutator dort nicht gegeben ist: In einer relativistischen Theorie müssen Felder mit ganzzahligem Spin durch Kommutatoren, Felder mit halbzahligem Spin durch Antikommutatoren quantisiert werden.

19.2 Die Quantisierung des Klein-Gordon-Feldes

19.2.1 Die Quantisierung des reellen Klein-Gordon-Feldes

Die Lagrangedichte des reellen, freien Klein-Gordon-Feldes $\phi(x) := \phi(\boldsymbol{x},t)$ lautet

$$\mathcal{L} = \frac{1}{2}(\hbar^2\phi_{,\mu}\phi^{,\mu} - m^2c^2\phi^2). \tag{19.2.1}$$

In der Quantenfeldtheorie ist es üblich, die durch $\hbar = c = 1$ definierten natürlichen Einheiten zu verwenden, womit (19.2.1) die Gestalt

$$\mathcal{L} = \frac{1}{2}(\phi_{,\mu}\phi^{,\mu} - m^2\phi^2) \tag{19.2.1'}$$

annimmt. Daraus folgt für das kanonisch konjugierte Feld

$$\pi(x) = \frac{\partial\mathcal{L}}{\partial\dot{\phi}} = \dot{\phi}(x). \tag{19.2.2}$$

Die Viererstromdichte ist durch

$$p_\mu = T_{0\mu} = \pi\phi_{,\mu} - g_{0\mu} \tag{19.2.3}$$

gegeben, woraus die Hamiltondichte

$$\mathcal{H} = p_0 = \frac{1}{2}(\pi^2 + (\nabla\phi)^2 + m^2\phi^2) \tag{19.2.4}$$

und die Impulsdichte

$$p_k = -\pi\phi_{,k}, \quad k = 1,2,3 \tag{19.2.5}$$

folgen. Die Hamiltonfunktion H und der Feldimpuls $\boldsymbol{P}$ ergeben sich daraus durch räumliche Integration zu

$$H = \frac{1}{2}\int \Big(\pi^2(\boldsymbol{x},t) + (\nabla\phi(\boldsymbol{x},t))^2 + m^2\phi^2(\boldsymbol{x},t)\Big)d^3x, \tag{19.2.6}$$

$$\boldsymbol{P} = -\int \pi(\boldsymbol{x},t)\nabla\phi(\boldsymbol{x},t)d^3x. \tag{19.2.7}$$

Für die Feldquantisierung ersetzen wir wieder ϕ und π durch Operatoren und formulieren die entsprechenden *Gleichzeitigen Kommutationsrelationen*. Da es sich beim Klein-Gordon-Feld um Spin 0-Teilchen handelt, verwenden wir den gewöhnlichen Kommutator [,]. Wir werden später sehen, daß eine Quantisierung mit Antikommutatoren beim Klein-Gordon-Feld das Prinzip der Mikrokausalität verletzen würde. Wir fordern also

$$\begin{aligned} &[\hat{\phi}(\boldsymbol{x},t),\hat{\pi}(\boldsymbol{x}',t)] = i\delta^3(\boldsymbol{x}-\boldsymbol{x}'), && (a)\\ &[\hat{\phi}(\boldsymbol{x},t),\hat{\phi}(\boldsymbol{x}',t)] = [\hat{\pi}(\boldsymbol{x},t),\hat{\pi}(\boldsymbol{x}',t)] = 0. && (b) \end{aligned} \tag{19.2.8}$$

Wie bei der Schrödingergleichung zeigt man auch für den vorliegenden Fall, daß aus der Gültigkeit der Heisenbergschen Bewegungsgleichungen

$$\dot{\hat{\phi}} = -i[\hat{\phi},\hat{H}], \quad (a) \qquad \dot{\hat{\pi}} = -i[\hat{\pi},\hat{H}] \quad (b) \tag{19.2.9}$$

die Gültigkeit der Klein-Gordon-Gleichung

$$(\Box + m^2)\hat{\phi} = 0 \tag{19.2.10}$$

für den Feldoperator $\hat{\phi}(x)$ resultiert.

Wir suchen nun eine geeignete Darstellung für die Feldoperatoren $\hat{\phi}(x)$ und $\hat{\pi}(x)$, wobei wir uns wieder an der Vorgangsweise von Abschnitt 1 orientieren: Dort hatten wir eine Darstellung

$$\hat{\phi}(\boldsymbol{x},t) = \sum_k \hat{a}_k(t)u_k(\boldsymbol{x}) = \sum_k \hat{a}_k \exp\left(-i\frac{\epsilon_k}{\hbar}t\right)u_k(\boldsymbol{x}) = \sum_k \hat{a}_k u_k(\boldsymbol{x},t)$$

verwendet, wobei $u_k(\boldsymbol{x})$ normierte Lösungen der stationären Schrödingergleichung, und $u_k(\boldsymbol{x},t)$ normierte Lösungen der zeitabhängigen Schrödingergleichung bezeichneten. Ganz analog dazu wollen wir auch jetzt vorgehen. Die Funktionen

$$u_{\boldsymbol{p}}(\boldsymbol{x},t) = C_{\boldsymbol{p}}\mathrm{e}^{\pm i(\omega_p t - \boldsymbol{p}\cdot\boldsymbol{x})} \tag{19.2.11}$$

mit

$$\omega_p := \sqrt{p^2 + m^2} \tag{19.2.12}$$

repräsentieren Lösungen der Klein-Gordon-Gleichung, wie man sich sofort durch Einsetzen überzeugt. Es handelt sich um ebene Wellen mit scharf definiertem Impuls $\boldsymbol{p}$. Für den Aufbau einer beliebigen Funktion ist eine Integralentwicklung vorzunehmen, im Unterschied zu der Reihenentwicklung in Abschnitt 19.1. Die Forderung einer Normierung der ebenen Wellen auf die Delta-Funktion impliziert die Festlegung der Konstanten C_p durch

$$C_p = \frac{1}{\sqrt{(2\pi)^3 2\omega_p}}. \tag{19.2.13}$$

Die Entwicklung des Feldoperators $\hat{\phi}(\boldsymbol{x},t)$ hat also in der Gestalt

$$\hat{\phi}(\boldsymbol{x},t) = \int \frac{1}{\sqrt{(2\pi)^3 2\omega_p}} \left(\hat{a}_{\boldsymbol{p}} \mathrm{e}^{i(\boldsymbol{p}\cdot\boldsymbol{x}-\omega_p t)} + \hat{b}^\dagger_{\boldsymbol{p}} \mathrm{e}^{-i(\boldsymbol{p}\cdot\boldsymbol{x}-\omega_p t)} \right) d^3 p \tag{19.2.14}$$

mit den „Entwicklungskoeffizienten" $\hat{a}_{\boldsymbol{p}}$ und $\hat{b}^\dagger_{\boldsymbol{p}}$ zu erfolgen. (In diesem Fall wird die Abhängigkeit von der kontinuierlich Veränderlichen $\boldsymbol{p}$ als Index, und nicht als $\hat{a}(\boldsymbol{p})$, $\hat{b}(\boldsymbol{p})$ verdeutlicht.) Da das klassische Feld $\phi(\boldsymbol{x},t)$ als reell vorausgesetzt war, muß für $\hat{\phi}(\boldsymbol{x},t)$ die Hermitizität

$$\hat{\phi}(\boldsymbol{x},t) = \hat{\phi}^\dagger(\boldsymbol{x},t) \tag{19.2.15}$$

gefordert werden. Daraus erhält man sofort

$$\hat{b}^\dagger_{\boldsymbol{p}} = \hat{a}^\dagger_{\boldsymbol{p}}, \tag{19.2.16}$$

womit die Entwicklung (19.2.14) die Form

$$\hat{\phi}(\boldsymbol{x},t) = \int \frac{1}{\sqrt{(2\pi)^3 2\omega_p}} \left(\hat{a}_{\boldsymbol{p}} \mathrm{e}^{i(\boldsymbol{p}\cdot\boldsymbol{x}-\omega_p t)} + \hat{a}^\dagger_{\boldsymbol{p}} \mathrm{e}^{-i(\boldsymbol{p}\cdot\boldsymbol{x}-\omega_p t)} \right) d^3 p \tag{19.2.17}$$

annimmt. Die Entwicklung des konjugierten Feldes $\hat{\pi}(\boldsymbol{x},t)$ führt wegen $\hat{\pi} = \dot{\hat{\phi}}$ auf

$$\hat{\pi}(\boldsymbol{x},t) = \int \frac{-i\omega_p}{\sqrt{(2\pi)^3 2\omega_p}} \left(\hat{a}_{\boldsymbol{p}} \mathrm{e}^{i(\boldsymbol{p}\cdot\boldsymbol{x}-\omega_p t)} - \hat{a}^\dagger_{\boldsymbol{p}} \mathrm{e}^{-i(\boldsymbol{p}\cdot\boldsymbol{x}-\omega_p t)} \right) d^3 p. \tag{19.2.18}$$

Man überzeugt sich sofort, daß die Beziehungen (19.2.17) und (19.2.18) den GKR (19.2.8) genügen, falls die Operatoren $\hat{a}_{\boldsymbol{p}}$ und $\hat{a}^\dagger_{\boldsymbol{p}}$ die Kommutationsrelationen

$$\begin{aligned} &[\hat{a}_{\boldsymbol{p}}, \hat{a}^\dagger_{\boldsymbol{p}'}] = \delta^3(\boldsymbol{p}-\boldsymbol{p}'), && (a) \\ &[\hat{a}_{\boldsymbol{p}}, \hat{a}_{\boldsymbol{p}'}] = [\hat{a}^\dagger_{\boldsymbol{p}}, \hat{a}^\dagger_{\boldsymbol{p}'}] = 0 && (b) \end{aligned} \tag{19.2.19}$$

erfüllen. Wie bei der Quantisierung des Schrödinger-Feldes läßt sich auch nun wieder ein Fockraum durch Anwendung von Erzeugungsoperatoren $\hat{a}^\dagger_{\boldsymbol{p}}$ auf den Vakuumzustand $|0\rangle$ konstruieren. Zur Charakterisierung der Feldquanten betrachten wir die Energie- und Impulsverhältnisse des Klein-Gordon-Feldes. Dazu benötigen wir die zu H und $\boldsymbol{P}$ korrespondierenden Operatoren $\hat{H}$ und $\hat{\boldsymbol{P}}$. Der Hamiltonoperator ergibt sich aus (19.2.6) zu

$$\hat{H} = \frac{1}{2} \int \left(\hat{\pi}^2 + (\nabla\hat{\phi})^2 + m^2 \hat{\phi}^2 \right) d^3 x. \tag{19.2.20}$$

Einsetzen der Darstellungen (19.2.17) und (19.2.18) liefert nach längerer, aber elementarer Rechnung bei Berücksichtigung von

$$\begin{aligned} \int \overset{*}{u}_{p'}(x,t)u_p(x,t)d^3x &= \frac{1}{2\omega_p}\delta^3(p-p'), && (a) \\ \int u_{p'}(x,t)u_p(x,t)d^3x &= \frac{1}{2\omega_p}\mathrm{e}^{-2i\omega_p t}\delta^3(p+p') && (b) \end{aligned} \tag{19.2.21}$$

schließlich

$$\hat{H} = \frac{1}{2}\int \omega_p(\hat{a}_p^\dagger\hat{a}_p + \hat{a}_p\hat{a}_p^\dagger)d^3p. \tag{19.2.22}$$

Nun gilt wegen der Kommutatorbeziehung (19.2.19a) $\hat{a}_p\hat{a}_p^\dagger = \hat{a}_p^\dagger\hat{a}_p + \delta^3(\mathbf{0})$, und somit

$$\hat{H} = \int \omega_p\hat{a}_p^\dagger\hat{a}_p d^3p + \frac{1}{2}\int \omega_p\delta^3(\mathbf{0})d^3p. \tag{19.2.23}$$

$\omega_p\hat{a}_p^\dagger\hat{a}_p$ repräsentieren den Energieanteil von Teilchen, deren Anzahl durch den Erwartungswert des Operators $\hat{n}_p = \hat{a}_p^\dagger\hat{a}_p$ gegeben ist. Der erste Term in (19.2.23) stellt somit einen von Feldquanten herrührenden Energieanteil dar. Der zweite Anteil bewirkt, daß der Erwartungswert von $\hat{H}$ bezüglich eines beliebigen Vielteilchensystems stets unendlich groß ist. Dies trifft auch für den Vakuumzustand zu, wo keine Teilchen vorhanden sind! Daher ist der zweite Term in (19.2.23) als *Vakuumenergie* zu interpretieren.

Da in der Natur nur Energiedifferenzen beobachtet werden können, hebt sich der Vakuumenergieanteil bei praktischen Rechnungen stets weg. An Stelle von (19.2.23) könnte man daher auch die Beziehung

$$\hat{H} = \int \omega_p\hat{a}_p^\dagger\hat{a}_p d^3p \tag{19.2.24}$$

verwenden. Es stellt sich nun die Frage, ob nicht schon der Übergang von H auf $\hat{H}$ geeignet modifiziert werden kann, so daß man die Darstellung (19.2.24) als unmittelbare Konsequenz erhält. Dazu beachten wir, daß die Ursache für das Auftreten der divergenten Vakuumenergie mathematisch in der Existenz des Termes $\hat{a}_p\hat{a}_p^\dagger$ aus (19.2.22) wurzelt: Die Tatsache, daß der Erzeugungsoperator $\hat{a}_p^\dagger$ rechts vom Vernichtungsoperator $\hat{a}_p$ steht, bewirkt über die Kommutationsregel (19.2.19a) das Erscheinen der Delta-Funktion. Wir versuchen daher eine Abänderung der Beziehung (19.2.20) dahingehend, daß Erzeuger stets links von Vernichtern auftreten. Dazu betrachten wir die Zerlegung des Feldoperators $\hat{\phi}(x,t)$ nach positiven und negativen Frequenzen

$$\hat{\phi}(x,t) = \hat{\phi}^{(+)}(x,t) + \hat{\phi}^{(-)}(x,t). \tag{19.2.25}$$

Der erste Summand enthält die Vernichtungs- der zweite die Erzeugungsoperatoren. Für die weiteren Überlegungen benötigen wir das *normalgeordnete Produkt* zweier beliebiger Operatoren $\hat{A}$ und $\hat{B}$. Es ist durch

$$:\hat{A}\hat{B}: := \hat{A}^{(-)}\hat{B}^{(-)} + \hat{A}^{(-)}\hat{B}^{(+)} + \hat{B}^{(-)}\hat{A}^{(+)} + \hat{A}^{(+)}\hat{B}^{(+)} \tag{19.2.26}$$

definiert. Bei diesem Produkt müssen also stets die Erzeuger *links* von den Vernichtern stehen. Verwendet man statt (19.2.20) die modifizierte Gleichung

$$\hat{H} =: \frac{1}{2}\int \left(\hat{\pi}^2 + (\nabla\hat{\phi})^2 + m^2\hat{\phi}^2\right)d^3x:, \tag{19.2.27}$$

so erhält man anstelle von (19.2.23) automatisch (19.2.24), da die Terme $\hat{a}_p\hat{a}_p^\dagger$ und somit die Delta-Funktion gar nicht in Erscheinung treten.

Wir kommen nun zum Impulsoperator $\hat{\boldsymbol{P}}$. Die klassische Beziehung (19.2.7) scheint zunächst die Definition

$$\hat{\boldsymbol{P}} = -\int \hat{\pi}(\boldsymbol{x},t)\nabla\hat{\phi}(\boldsymbol{x},t)d^3x \tag{19.2.28}$$

nahezulegen. Nun ist beim Übergang von klassischen Größen zu Operatoren die Reihenfolge der Operatoren nicht festgelegt, d.h. in (19.2.28) könnten die Operatoren $\hat{\pi}$ und $\nabla\hat{\phi}$ mit dem gleichen Recht vertauscht aufscheinen. Auf diese Problematik der Deduktion einer nichtkommutativen Theorie aus einer kommutativen Theorie haben wir schon früher an verschiedenen Stellen hingewiesen (siehe dazu die Komma-Semikolon-Regel). Da $\hat{\boldsymbol{P}}$ überdies hermitesch sein soll, definieren wir an Stelle von (19.2.28)

$$\hat{\boldsymbol{P}} = -\frac{1}{2}\int \Big(\hat{\pi}(\boldsymbol{x},t)\nabla\hat{\phi}(\boldsymbol{x},t) + \nabla\hat{\phi}(\boldsymbol{x},t)\hat{\pi}(\boldsymbol{x},t)\Big)d^3x. \tag{19.2.29}$$

Man spricht in diesem Zusammenhang von einer *Symmetrisierung* von (19.2.28). Damit wird gleichzeitig die Hermitizität von $\hat{\boldsymbol{P}}$ sichergestellt. Einsetzen der Feldoperatoren $\hat{\phi}$ und $\hat{\pi}$ liefert

$$\hat{\boldsymbol{P}} = \frac{1}{2}\int \boldsymbol{p}(\hat{a}_p^\dagger\hat{a}_p + \hat{a}_p\hat{a}_p^\dagger)d^3p = \int \left(\boldsymbol{p}\hat{a}_p^\dagger\hat{a}_p + \frac{1}{2}\boldsymbol{p}\delta^3(\boldsymbol{0})\right)d^3p. \tag{19.2.30}$$

Zunächst scheint hier dieselbe Problematik wie beim Operator $\hat{H}$ vorzuliegen. Da jedoch im letzten Term alle räumlichen Richtungen gleichberechtigt auftreten, hebt sich der Vakuumimpuls aus Symmetriegründen weg, und es verbleibt

$$\hat{\boldsymbol{P}} = \int \boldsymbol{p}\hat{a}_p^\dagger\hat{a}_p d^3p. \tag{19.2.31}$$

Natürlich hätte man in (19.2.29) auch die Operation der Normalordnung verwenden können, wodurch das Auftreten des Vakuumimpulses von vornherein unterdrückt worden wäre.

Die Operatoren $\hat{H}$ und $\hat{\boldsymbol{P}}$ sind also bezüglich der gewählten Darstellung diagonal. In dieser Darstellung besteht das Klein-Gordon-Feld aus Feldquanten mit dem Impuls $\boldsymbol{p}$ und der Energie $\omega_p = \sqrt{\boldsymbol{p}^2 + m^2}$. Ihre Anzahl ist durch den Operator $\hat{n}_p = \hat{a}_p^\dagger\hat{a}_p$ gegeben.

Natürlich lassen sich auch andere Darstellungen angeben. So könnte man beispielsweise die Feldoperatoren $\hat{\phi}$ und $\hat{\pi}$ nach Kugelwellen entwickeln (siehe [17]). In diesem Fall würde der Impulsoperator allerdings keine Diagonalform aufweisen.

19.2.2 Die Quantisierung des komplexen Klein-Gordon-Feldes

Die kanonische Formulierung der klassischen Feldtheorie

Bei der Untersuchung des freien, komplexen Klein-Gordon-Feldes geht man von der Lagrange-Dichte

$$\mathcal{L} = \phi^*{}_{,\mu}\phi^{,\mu} - m^2\phi^*\phi \tag{19.2.32}$$

aus. ϕ und ϕ^* müssen nun als zwei unabhängige Felder betrachtet werden. Die zugehörigen kanonisch konjugierten Felder lauten

$$\pi = \frac{\partial\mathcal{L}}{\partial\dot{\phi}} = \dot{\phi}^*, \quad (a) \qquad \pi^* = \frac{\partial\mathcal{L}}{\partial\dot{\phi}^*} = \dot{\phi}. \quad (b) \tag{19.2.33}$$

Die Hamilton-Funktion und der Feldimpuls $\boldsymbol{P}$ ergeben sich damit zu

$$H = \int \Big(\pi^* \pi + (\nabla \phi^*) \cdot (\nabla \phi) + m^2 \phi^* \phi \Big) d^3x, \tag{19.2.34}$$

$$\boldsymbol{P} = - \int (\pi \nabla \phi^* + \pi^* \nabla \phi) d^3x. \tag{19.2.35}$$

Im Unterschied zum reellen Fall besitzt das komplexe Klein-Gordon-Feld auch eine nichtverschwindende Ladung

$$Q = -i \int \left(\frac{\partial \mathcal{L}}{\partial \pi^*} \phi - \frac{\partial \mathcal{L}}{\partial \pi} \phi^* \right) d^3x = -i \int (\pi \phi - \pi^* \phi^*) d^3x. \tag{19.2.36}$$

Es sei daran erinnert, daß die Ladung formal als Erhaltungsgröße aus dem Noether-Theorem bezüglich einer Eichtransformation zweiter Art definiert ist. Bisher haben wir implizit eine Gleichsetzung der mathematisch definierten Größe (19.2.36) mit der elektrischen Ladung vorgenommen. Bei der Behandlung allgemeiner Felder müssen wir uns von dieser Vorstellung lösen: Es existieren elektrisch neutrale Teilchen, denen eine Ladung im Sinne von (19.2.36) zukommt (z.B. das elektrisch neutrale K-Meson). Daher wollen wir in Zukunft stets zwischen „Ladung" und „elektrischer Ladung" unterscheiden.

Quantisierung. Erzeuger und Vernichter. Energie, Impuls, Ladung

Beim Übergang zur quantisierten Theorie werden den vier Feldern ϕ, ϕ^*, π, π^* die vier Feldoperatoren $\hat{\phi}$, $\hat{\phi}^\dagger$, $\hat{\pi}$, $\hat{\pi}^\dagger$ zugeordnet. Weiter fordern wir die Gültigkeit der gleichzeitigen Kommutationsrelationen

$$[\hat{\phi}(\boldsymbol{x},t), \hat{\pi}(\boldsymbol{x}',t)] = [\hat{\phi}^\dagger(\boldsymbol{x},t), \hat{\pi}^\dagger(\boldsymbol{x}',t)] = i\delta^3(\boldsymbol{x} - \boldsymbol{x}'), \tag{19.2.37}$$

und das Verschwinden aller anderen Kommutatoren.

Für die Entwicklung der Feldoperatoren nach ebenen Wellen gehen wir von (19.2.14) aus. Man erhält so die Darstellungen

$$\begin{aligned}
\hat{\phi}(\boldsymbol{x},t) &= \int \Big(\hat{a}_{\boldsymbol{p}} u_{\boldsymbol{p}}(\boldsymbol{x},t) + \hat{b}^\dagger_{\boldsymbol{p}} u^*_{\boldsymbol{p}}(\boldsymbol{x},t) \Big) d^3p, && (a) \\
\hat{\phi}^\dagger(\boldsymbol{x},t) &= \int \Big(\hat{a}^\dagger_{\boldsymbol{p}} u^*_{\boldsymbol{p}}(\boldsymbol{x},t) + \hat{b}_{\boldsymbol{p}} u_{\boldsymbol{p}}(\boldsymbol{x},t) \Big) d^3p, && (b) \\
\hat{\pi}(\boldsymbol{x},t) &= \int i\omega_p \Big(\hat{a}^\dagger_{\boldsymbol{p}} u^*_{\boldsymbol{p}}(\boldsymbol{x},t) - \hat{b}_{\boldsymbol{p}} u_{\boldsymbol{p}}(\boldsymbol{x},t) \Big) d^3p, && (c) \\
\hat{\pi}^\dagger(\boldsymbol{x},t) &= \int -i\omega_p \Big(\hat{a}_{\boldsymbol{p}} u_{\boldsymbol{p}}(\boldsymbol{x},t) - \hat{b}^\dagger_{\boldsymbol{p}} u^*_{\boldsymbol{p}}(\boldsymbol{x},t) \Big) d^3p. && (d)
\end{aligned} \tag{19.2.38}$$

Für $\hat{\phi}^\dagger \neq \hat{\phi}$ lassen sich die Operatoren $\hat{b}_{\boldsymbol{p}}$ und $\hat{b}^\dagger_{\boldsymbol{p}}$ nicht mehr durch $\hat{a}_{\boldsymbol{p}}$ und $\hat{a}^\dagger_{\boldsymbol{p}}$ ersetzen. Es existieren somit zwei unabhängige Scharen von Erzeugungs- und Vernichtungsoperatoren. Die entsprechenden Kommutationsrelationen ergeben sich nach der üblichen Rechnung zu

$$[\hat{a}_{\boldsymbol{p}},\hat{a}^\dagger_{\boldsymbol{p}'}] = [\hat{b}_{\boldsymbol{p}},\hat{b}^\dagger_{\boldsymbol{p}'}] = \delta^3(\boldsymbol{p}-\boldsymbol{p}'), \qquad (a)$$

$$[\hat{a}_{\boldsymbol{p}},\hat{a}_{\boldsymbol{p}'}] = [\hat{b}_{\boldsymbol{p}},\hat{b}_{\boldsymbol{p}'}] = [\hat{a}^\dagger_{\boldsymbol{p}},\hat{a}^\dagger_{\boldsymbol{p}'}] = [\hat{b}^\dagger_{\boldsymbol{p}},\hat{b}^\dagger_{\boldsymbol{p}'}] = 0, \qquad (b) \qquad (19.2.39)$$

$$[\hat{a}_{\boldsymbol{p}},\hat{b}_{\boldsymbol{p}'}] = [\hat{a}_{\boldsymbol{p}},\hat{b}^\dagger_{\boldsymbol{p}'}] = [\hat{a}^\dagger_{\boldsymbol{p}},\hat{b}_{\boldsymbol{p}'}] = [\hat{a}^\dagger_{\boldsymbol{p}},\hat{b}^\dagger_{\boldsymbol{p}'}] = 0. \qquad (c)$$

Wir betrachten nun die quantisierten Operatoren $\hat{H}$, $\hat{\boldsymbol{P}}$ und $\hat{Q}$, die wir von vornherein in normalgeordneter Form anschreiben wollen. Aus (19.2.34) - (19.2.37) folgt

$$\hat{H} =: \int \left(\hat{\pi}^\dagger\hat{\pi} + (\nabla\hat{\phi}^\dagger)\cdot(\nabla\hat{\phi}) + m^2\hat{\phi}^\dagger\hat{\phi}\right)d^3x :, \qquad (19.2.40)$$

$$\hat{\boldsymbol{P}} = -: \int (\hat{\pi}\nabla\hat{\phi}^\dagger + \hat{\pi}^\dagger\nabla\hat{\phi})d^3x :, \qquad (19.2.41)$$

$$Q = -i : \int (\hat{\pi}\hat{\phi} - \hat{\pi}^\dagger\hat{\phi}^\dagger)d^3x : . \qquad (19.2.42)$$

Eine zu Abschnitt 19.2.1 analoge Rechnung ergibt

$$\hat{H} =: \int \omega_p(\hat{a}_{\boldsymbol{p}}\hat{a}^\dagger_{\boldsymbol{p}} + \hat{b}^\dagger_{\boldsymbol{p}}\hat{b}_{\boldsymbol{p}})d^3p := \int \omega_p(\hat{a}^\dagger_{\boldsymbol{p}}\hat{a}_{\boldsymbol{p}} + \hat{b}^\dagger_{\boldsymbol{p}}\hat{b}_{\boldsymbol{p}})d^3p, \qquad (19.2.43)$$

$$\hat{\boldsymbol{P}} = \int \boldsymbol{p}(\hat{a}^\dagger_{\boldsymbol{p}}\hat{a}_{\boldsymbol{p}} + \hat{b}^\dagger_{\boldsymbol{p}}\hat{b}_{\boldsymbol{p}})d^3p, \qquad (19.2.44)$$

$$\hat{Q} =: \frac{1}{2}\int (\hat{a}^\dagger_{\boldsymbol{p}}\hat{a}_{\boldsymbol{p}} + \hat{a}_{\boldsymbol{p}}\hat{a}^\dagger_{\boldsymbol{p}} - \hat{b}^\dagger_{\boldsymbol{p}}\hat{b}_{\boldsymbol{p}} - \hat{b}_{\boldsymbol{p}}\hat{b}^\dagger_{\boldsymbol{p}})d^3p := \int (\hat{a}^\dagger_{\boldsymbol{p}}\hat{a}_{\boldsymbol{p}} - \hat{b}^\dagger_{\boldsymbol{p}}\hat{b}_{\boldsymbol{p}})d^3p. \qquad (19.2.45)$$

Es treten also zwei unabhängige Teilchenarten a und b auf. Definiert man den Operator der Teilchenzahl für a-Teilchen

$$\hat{n}^{(a)}_{\boldsymbol{p}} := \hat{a}^\dagger_{\boldsymbol{p}}\hat{a}_{\boldsymbol{p}}, \qquad (19.2.46)$$

und den Operator der Teilchenzahl für b-Teilchen

$$\hat{n}^{(b)}_{\boldsymbol{p}} := \hat{b}^\dagger_{\boldsymbol{p}}\hat{b}_{\boldsymbol{p}}, \qquad (19.2.47)$$

so schreiben sich die Operatoren $\hat{H}$, $\hat{\boldsymbol{P}}$, $\hat{Q}$ in der Form

$$\hat{H} = \int \omega_p(\hat{n}^{(a)}_{\boldsymbol{p}} + \hat{n}^{(b)}_{\boldsymbol{p}})d^3p, \qquad (19.2.43')$$

$$\hat{\boldsymbol{P}} = \int \boldsymbol{p}(\hat{n}^{(a)}_{\boldsymbol{p}} + \hat{n}^{(b)}_{\boldsymbol{p}})d^3p, \qquad (19.2.44')$$

$$\hat{Q} = \int (\hat{n}^{(a)}_{\boldsymbol{p}} - \hat{n}^{(b)}_{\boldsymbol{p}})d^3p. \qquad (19.2.45')$$

Damit wird der Charakter der Teilchen a und b offensichtlich: $\hat{a}^\dagger_{\boldsymbol{p}}$ bzw. $\hat{a}_{\boldsymbol{p}}$ erzeugen bzw. vernichten a-Teilchen mit der Energie ω_p, dem Impuls $\boldsymbol{p}$ und der Ladung $+1$; $\hat{b}^\dagger_{\boldsymbol{p}}$ bzw. $\hat{b}_{\boldsymbol{p}}$ erzeugen bzw. vernichten b-Teilchen mit der Energie ω_p, dem Impuls $\boldsymbol{p}$ und der Ladung -1. Die b-Teilchen sind also die *Antiteilchen* der a-Teilchen und umgekehrt.

Im Fall eines reellen Klein-Gordon-Feldes repräsentieren die Teilchen gleichzeitig ihre eigenen Antiteilchen, die Ladung ergibt sich zu Null. Ein reelles Klein-Gordon-Feld beschreibt also neutrale Teilchen, ein komplexes Feld geladene Teilchen.

19.2.3 Die Pauli-Jordan-Funktion Δ. Mikrokausalität

Für die Feldquantisierung sind wir bisher stets von gleichzeitigen Kommutationsrelationen ausgegangen. In relativistischen Theorien interessiert jedoch auch eine kovariante Formulierung dieses fundamentalen Ansatzes. Wir betrachten daher für ein komplexes Klein-Gordon-Feld den Kommutator der Feldoperatoren $\hat{\phi}(x) := \hat{\phi}(\boldsymbol{x},t)$, $\hat{\phi}(x') := \hat{\phi}(\boldsymbol{x}',t')$ zu beliebigen Zeiten t, t':

$$i\Delta(x-y) := [\hat{\phi}(x),\hat{\phi}^\dagger(y)]. \tag{19.2.48}$$

Die Funktion Δ wird als *Pauli-Jordan-Funktion* oder auch als *Schwinger-Funktion* bezeichnet. Wegen der Homogenität des Minkowski-Raumes hängt sie nur von der Koordinatendifferenz $x-y$ ab. Aus der Definition (19.2.48) erkennt man

$$\Delta(x-y) = -\Delta(y-x), \tag{19.2.49}$$

d.h. Δ ist eine *ungerade* Funktion bezüglich ihres Argumentes. Weiter erfüllt sie die homogene Klein-Gordon-Gleichung:

$$(\Box + m^2)\Delta(x) = 0. \tag{19.2.50}$$

Dies folgt sofort aus

$$\Delta(x) = -i[\hat{\phi}(x),\hat{\phi}^\dagger(0)],$$

und der Tatsache, daß der Feldoperator $\hat{\phi}(x)$ der homogenen Klein-Gordon-Gleichung genügt.

Wir wollen nun die verschiedenen Darstellungen von Δ herleiten. Dazu gehen wir von den Integraldarstellungen (19.2.38) der Feldoperatoren $\hat{\phi}$ und $\hat{\phi}^\dagger$ aus. Einsetzen in (19.2.48) liefert bei Berücksichtigung der Kommutationsregeln (19.2.39) für Erzeuger und Vernichter

$$\begin{aligned} i\Delta(x-y) &= \int\int \Big(u_{\boldsymbol{p}'}(x)u^*_{\boldsymbol{p}}(y)[\hat{a}_{\boldsymbol{p}'},\hat{a}^\dagger_{\boldsymbol{p}}] + u^*_{\boldsymbol{p}'}(x)u_{\boldsymbol{p}}(y)[\hat{b}^\dagger_{\boldsymbol{p}'},\hat{b}_{\boldsymbol{p}}]\Big)d^3p\,d^3p' = \\ &= \int \Big(u_{\boldsymbol{p}}(x)u^*_{\boldsymbol{p}}(y) - u^*_{\boldsymbol{p}}(x)u_{\boldsymbol{p}}(y)\Big)d^3p = \\ &= \int \frac{1}{(2\pi)^3 2\omega_p}\Big(\mathrm{e}^{-ip\cdot(x-y)} - \mathrm{e}^{ip\cdot(x-y)}\Big)\,d^3p = \\ &= -i\int \frac{1}{(2\pi)^3\omega_p}\sin p\cdot(x-y)\,d^3p. \end{aligned} \tag{19.2.51}$$

Dies ist eine Integraldarstellung für $\Delta(x-y)$. Allerdings besitzt sie keine kovariante Form, da eine dreidimensionale Impulsintegration auftritt. Um eine relativistisch invariante Integraldarstellung für $\Delta(x-y)$ zu erhalten, muß die dreidimensionale Impulsintegration um eine Integration im vierdimensionalen Impulsraum erweitert werden. Dies gelingt durch folgende Umformung:

$$\begin{aligned} &\int \frac{1}{(2\pi)^3 2\omega_p}\Big(\mathrm{e}^{-i\left(\omega_p(x_0-y_0)-\boldsymbol{p}\cdot(\boldsymbol{x}-\boldsymbol{y})\right)} - \mathrm{e}^{i\left(\omega_p(x_0-y_0)-\boldsymbol{p}\cdot(\boldsymbol{x}-\boldsymbol{y})\right)}\Big)\,d^3p = \\ &= \int \frac{1}{(2\pi)^3 2\omega_p}\Big(\delta(p_0-\omega_p) - \delta(p_0+\omega_p)\Big)\mathrm{e}^{-i\left(p_0(x_0-y_0)-\boldsymbol{p}\cdot(\boldsymbol{x}-\boldsymbol{y})\right)}d^4p, \end{aligned}$$

wobei die Erweiterung auf eine vierdimensionale Integration durch Einführung der Delta-Funktion gelungen ist. Mit Hilfe der Vorzeichenfunktion

$$\epsilon(p) := \operatorname{sgn} p = \begin{cases} +1, & p > 0 \\ -1, & p < 0 \end{cases} \tag{19.2.52}$$

läßt sich der letzte Term als

$$\int \frac{1}{(2\pi)^3 2\omega_p} \epsilon(p_0)\Big(\delta(p_0 - \omega_p) + \delta(p_0 + \omega_p)\Big) e^{-ip\cdot(x-y)} d^4 p$$

schreiben. Die Differenz der Delta-Funktion wurde damit durch eine Summe ersetzt. Dies erlaubt die Zusammenfassung

$$\frac{1}{2\omega_p}\Big(\delta(p_0 - \omega_p) + \delta(p_0 + \omega_p)\Big) = \delta\Big((p_0 - \omega_p)(p_0 + \omega_p)\Big) =$$

$$= \delta(p_0^2 - \omega_p^2) = \delta(p_0^2 - \boldsymbol{p}^2 - m^2) = \delta(p^2 - m^2).$$

Es tritt also der Viererimpuls im Argument der Delta-Funktion auf. Man erhält somit endgültig

$$i\Delta(x - y) = \int \frac{1}{(2\pi)^3} \epsilon(p_0)\delta(p^2 - m^2) e^{-ip\cdot(x-y)} d^4 p. \tag{19.2.53}$$

Dies ist eine *Integraldarstellung für* $\Delta(x - y)$ *in kovarianter Form.* Neben dieser kovarianten Integraldarstellung mit reellem Integrationsweg kann man auch eine kovariante Integraldarstellung im Komplexen angeben. Dazu beachten wir, daß die beiden Summanden in der vorletzten Beziehung von (19.2.51) als Residuen eines Integrals über dp_0 mit Polen bei $p_0 = \pm\omega_p$ bei einem Integrationsweg gemäß Bild 19.1 aufgefaßt werden können:

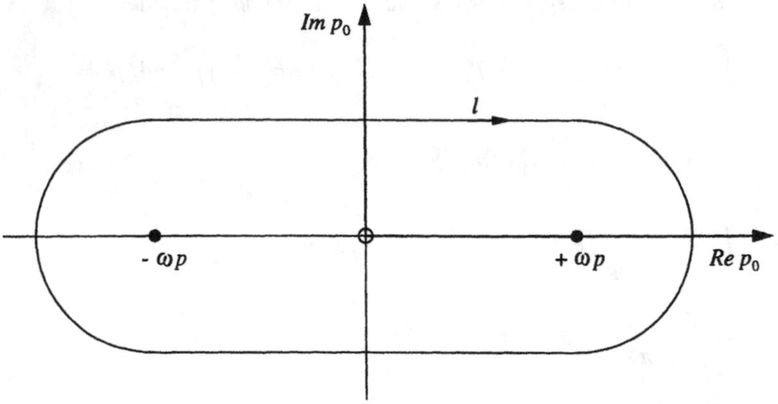

Bild 19.1

Aus dem Residuensatz folgt nämlich

$$\frac{1}{2\pi} \int\limits_{\mathcal{C}} \frac{e^{-p_0 x_0}}{p^2 - m^2} dp_0 = \frac{1}{2\pi} \int \frac{e^{-ip_0 x_0}}{p_0^2 - \omega_p^2} dp_0 =$$

$$= -2\pi i \left(\operatorname{Res}()\Big|_{p_0 = \omega_p} + \operatorname{Res}()\Big|_{p_0 = -\omega_p} \right) = -\frac{i}{2\omega_p}\left(e^{-i\omega_p x_0} - e^{i\omega_p x_0} \right).$$

Vergleicht man diese Relation mit der vorletzten Gleichung in (19.2.51), so erkennt man die Gültigkeit von

$$\Delta(x) = \frac{1}{(2\pi)^4} \int\limits_{\mathcal{C}} \frac{e^{-ip\cdot x}}{p^2 - m^2} d^4 p. \tag{19.2.54}$$

Wir besitzen also drei verschiedene Integraldarstellungen von $\Delta(x-y)$: Die nichtkovariante Darstellung im Reellen (19.2.51), die kovariante Darstellung im Reellen (19.2.53) und die kovariante Darstellung im Komplexen (19.2.54).

Aus diesen Beziehungen läßt sich die wichtige Eigenschaft

$$\Delta(x - y) = 0, \quad \text{für } (x - y)^2 < 0 \tag{19.2.55}$$

ableiten. *Die Pauli-Jordan-Funktion verschwindet identisch für raumartige Viererverktoren!* Wenn aber der Kommutator zweier Operatoren verschwindet, so können die zugehörigen Observablen voneinander unabhängig, d.h. störungsfrei gemessen werden. Physikalische Ereignisse, die im Minkowski-Raum einen raumartigen Abstand besitzen, beeinflussen sich somit gegenseitig nicht, d.h. Störungen können sich auch im mikroskopischen Bereich nicht mit Überlichtgeschwindigkeit ausbreiten. Diese Eigenschaft wird als *Mikrokausalität* bezeichnet.

Man beachte, daß die Funktion Δ durch den gewöhnlichen Kommutator $[\,,\,]$ definiert ist. Es stellt sich nun die Frage, ob eine durch den Antikommutator $[\,,\,]_+$ definierte Funktion auch die Eigenschaft (19.2.55) aufweist, und damit im Einklang mit der Forderung nach Mikrokausalität steht. Wie wir sehen werden, ist dies nicht der Fall:

$$\begin{aligned}
i\Delta_1(x-y) \quad &:= \quad [\hat{\phi}(x),\hat{\phi}^\dagger(x)]_+ = \\
&= \quad \int\int \Big(u_{p'}(x)u_p^*(y)[\hat{a}_{p'},\hat{a}_p^\dagger]_+ + u_{p'}^*(x)u_p(y)[\hat{b}_{p'}^\dagger,\hat{b}_p]_+\Big)d^3p\,d^3p' = \\
&= \quad \int \Big(u_p(x)u_p^*(y) + u_p^*(x)u_p(y)\Big)d^3p = \\
&= \quad \int \frac{1}{(2\pi)^3 2\omega_p}\Big(e^{-ip\cdot(x-y)} + e^{ip\cdot(x-y)}\Big)\,d^3p = \\
&= \quad \int \frac{1}{(2\pi)^3\omega_p}\cos p\cdot(x-y)d^3p.
\end{aligned} \tag{19.2.56}$$

Eine Berechnung dieses Integrals zeigt

$$\Delta_1(x - y) \neq 0, \quad \text{für } (x - y)^2 < 0. \tag{19.2.57}$$

Die Quantisierung des Klein-Gordon-Feldes mit Antikommutatoren ist unverträglich mit der Forderung nach Mikrokausalität.

19.2.4 Die Kommutationsfunktionen Δ, Δ_1, $\Delta^{(+)}$, $\Delta^{(-)}$

Im letzten Abschnitt haben wir die Pauli-Jordan-Funktion als Lösung der homogenen Klein-Gordon-Gleichung erkannt, und verschiedene Integraldarstellungen hergeleitet. Es existieren nun neben Δ noch drei weitere Funktionen, die ebenfalls Lösungen der homogenen Klein-Gordon-Gleichung sind, und die in der Quantenfeldtheorie eine wichtige Rolle spielen. Für jede dieser Funktionen lassen sich wieder verschiedene Integraldarstellungen angeben, die für die praktischen Rechnungen unentbehrlich sind.

Wir betrachten zunächst die Funktion $\Delta_1(x)$. Eine zum vorigen Abschnitt analoge Vorgangsweise zeigt die Darstellungsmöglichkeiten

$$\Delta_1(x) = -i \int \frac{1}{(2\pi)^3 \omega_p} \cos p \cdot x d^3 p, \tag{19.2.58}$$

$$\Delta_1(x) = -i \int \frac{1}{(2\pi)^3} \delta(p^2 - m^2) \mathrm{e}^{-ip\cdot x} d^4 p, \tag{19.2.59}$$

$$\Delta_1(x) = -i \int_{\mathcal{C}_1} \frac{1}{(2\pi)^4} \frac{\mathrm{e}^{-ip\cdot x}}{p^2 - m^2} d^4 p, \tag{19.2.60}$$

mit dem Integrationsweg

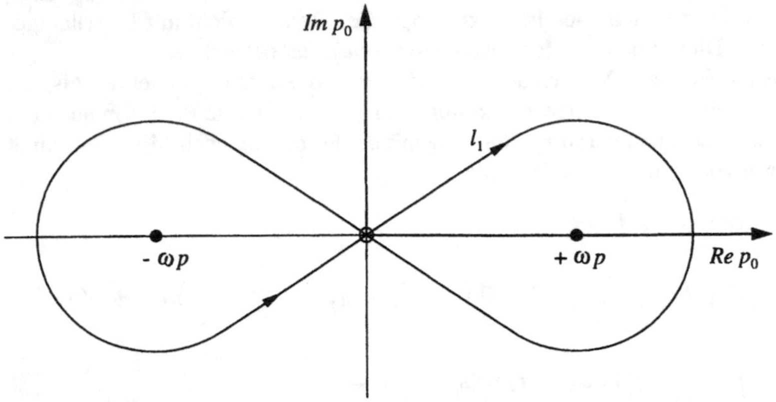

Bild 19.2

Im Unterschied dazu enthalten die Funktionen $\Delta^{(+)}$ und $\Delta^{(-)}$ ausschließlich positive bzw. negative Frequenzen. Sie können aus Δ und Δ_1 gemäß

$$\Delta^{(+)} = \frac{1}{2}(\Delta + \Delta_1), \quad (a)$$
$$\Delta^{(-)} = \frac{1}{2}(\Delta - \Delta_1) \quad (b) \tag{19.2.61}$$

aufgebaut werden.

Man bezeichnet die Funktionen Δ, Δ_1, $\Delta^{(+)}$, $\Delta^{(-)}$ als *Kommutationsfunktionen*. Aus den Integraldarstellungen erhält man sofort das Verhalten aller Funktionen bei Invertierung des Argumentes und bei komplexer Konjugation:

$$\Delta(-x) = -\Delta(x), \qquad \Delta^*(x) = \Delta(x), \qquad (a)$$
$$\Delta_1(-x) = \Delta_1(x), \qquad \Delta_1^*(x) = -\Delta_1(x), \qquad (b) \text{ 19.2.62)}$$
$$\Delta^{(\pm)}(-x) = -\Delta^{(\mp)}(x), \qquad \Delta^{(\pm)*}(x) = \Delta^{(\mp)}(x). \qquad (c)$$

Am Mantel des Lichtkegels sind alle Kommutationsfunktionen singulär. Für $x^2 \to 0$ gilt nämlich

$$\begin{aligned}\Delta(x) &\sim -\frac{1}{2\pi}\epsilon(x_0)\delta(x^2)+\frac{m^2}{8\pi}\epsilon(x_0)\theta(x^2), &(a)\\ \Delta_1(x) &\sim -\frac{1}{2\pi^2x^2}+\frac{m^2}{4\pi^2}\ln\frac{m\sqrt{|x|^2}}{2}. &(b)\end{aligned} \tag{19.2.63}$$

Zur Singularität auf dem Lichtkegel tragen also die vier Funktionen $\delta(x^2)$, $\theta(x^2)$, x^{-2}, $\ln|x^2|$ bei. Bei den Kommutationsfunktionen handelt es sich natürlich nicht um Funktionen im klassischen Sinn (man beachte das Auftreten der Delta-Funktion), sondern um sogenannte *Distributionen*. Eine Einführung in die Theorie der Distributionen findet sich in Kapitel 28. Allerdings ist die Kenntnis dieser Theorie für die weiteren Ausführungen keine notwendige Voraussetzung.

19.2.5 Der skalare Feynman-Propagator

Wir definieren das *zeitgeordnete Produkt* zweier beliebiger Operatoren $\hat{A}(x)$ und $\hat{B}(y)$ als

$$T(\hat{A}(x)\hat{B}(y)) := \hat{A}(x)\hat{B}(y)\theta(x_0-y_0) \pm \hat{B}(y)\hat{A}(x)\theta(y_0-x_0), \tag{19.2.64}$$

wobei

$$\theta(x) := \begin{cases} 1, & x>0 \\ 0, & x<0 \end{cases} \tag{19.2.65}$$

die *Heaviside-Funktion* (oder Sprungfunktion) bezeichnet. In (19.2.64) tritt also je nach Vorzeichen von $x_0 - y_0$ stets nur ein einziger Summand auf: Für $x_0 > y_0$ ist dies $\hat{A}(x)\hat{B}(y)$, für $x_0 < y_0$ $\pm\hat{B}(y)\hat{A}(x)$, wobei für bosonische Quantisierung das Pluszeichen und für fermionische Quantisierung das Minuszeichen steht. Die Reihenfolge der Operatoren orientiert sich also ausschließlich an ihren Zeitargumenten x_0, y_0.

Der Feynman-Propagator ist nun als spezieller Vakuumerwartungswert definiert:

$$i\Delta_F(x-y) := \langle 0|T(\hat{\phi}(x)\hat{\phi}^\dagger(y))|0\rangle. \tag{19.2.66}$$

Diese Festlegung wird bei der Behandlung wechselwirkender Felder ihre Begründung finden, wo der Feynman-Propagator eine fundamentale Rolle spielt. Um für $\Delta_F(x-y)$ eine Integraldarstellung zu erhalten, setzen wir in (19.2.66) wieder die Integraldarstellungen (19.2.38) der Feldoperatoren $\hat{\phi}$ und $\hat{\phi}^\dagger$ ein. Zunächst betrachten wir den Fall $x_0 > y_0$. Eine zum vorigen Abschnitt analoge Rechnung ergibt

$$\begin{aligned} i\Delta_F(x-y) &= \langle 0|\hat{\phi}(x)\hat{\phi}^\dagger(y)|0\rangle = \int u_p(x)u_p^*(y)d^3p = \\ &= \int \frac{1}{(2\pi)^3 2\omega_p} e^{-ip\cdot(x-y)}d^3p, \qquad \text{für } x_0-y_0>0. \end{aligned} \tag{19.2.67}$$

Analog dazu folgt für $x_0 < y_0$:

$$\begin{aligned} i\Delta_F(x-y) &= \langle 0|\hat{\phi}^\dagger(x)\hat{\phi}(y)|0\rangle = \int u_p(y)u_p^*(x)d^3p = \\ &= \int \frac{1}{(2\pi)^3 2\omega_p} e^{ip\cdot(x-y)}d^3p, \qquad \text{für } x_0-y_0<0. \end{aligned} \tag{19.2.68}$$

Mit Hilfe der Heaviside-Funktion lassen sich diese Teilergebnisse zusammenfassen:

$$i\Delta_F(x,y) = \int \frac{1}{(2\pi)^3 2\omega_p}\left(\theta(x_0-y_0)\mathrm{e}^{-ip\cdot(x-y)} + \theta(y_0-x_0)\mathrm{e}^{ip\cdot(x-y)}\right) d^3p. \qquad (19.2.69)$$

Dies ist eine Integraldarstellung für $\Delta_F(x-y)$ in nichtkovarianter Form im Reellen. Man kommt sofort zu einer kovarianten Integraldarstellung im Komplexen, wenn man in (19.2.69) die beiden Summanden als Residuen eines Integrals in der komplexen p_0-Ebene auffaßt:

$$\frac{1}{2\omega_p}\left(\theta(x_0-y_0)\mathrm{e}^{-i\omega_p(x_0-y_0)} + \theta(y_0-x_0)\mathrm{e}^{i\omega_p(x_0-y_0)}\right) = $$
$$= -\frac{1}{2\pi i}\int_{\mathcal{C}_F} \frac{\mathrm{e}^{-ip_0(x_0-y_0)}}{(p_0-\omega_p)(p_0+\omega_p)} dp_0. \qquad (19.2.70)$$

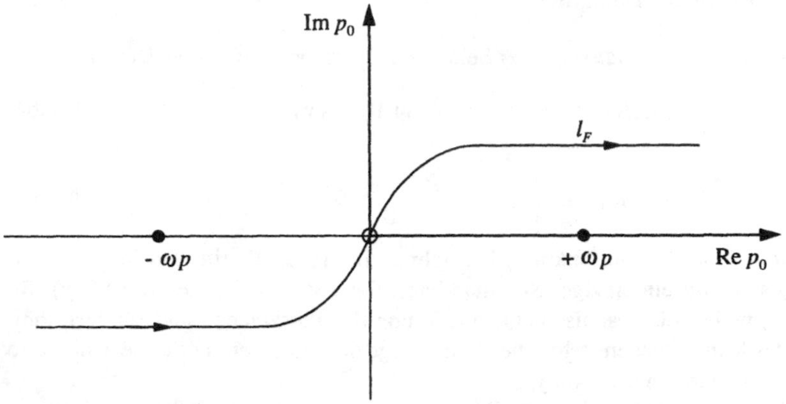

Bild 19.3

Ein Vergleich von (19.2.70) mit (19.2.69) zeigt

$$\Delta_F(x-y) = \frac{1}{(2\pi)^4}\int_{\mathcal{C}_F} \frac{\mathrm{e}^{-ip\cdot(x-y)}}{p^2-m^2} d^4p. \qquad (19.2.71)$$

Dies ist die gesuchte kovariante Integraldarstellung von $\Delta_F(x-y)$ im Komplexen. Anstelle einer Integration längs $\mathcal{C}_F$ kann man auch über die reelle p_0-Achse integrieren, wenn man dafür die Pole um einen infinitesimalen Betrag verschiebt. Dies folgt aus der Analytizität des Integranden in der oberen bzw. unteren Halbebene. Man erhält so die Darstellung

$$\Delta_F(x-y) = \frac{1}{(2\pi)^4}\int \frac{1}{p^2-m^2+i\epsilon}\mathrm{e}^{-ip\cdot(x-y)} d^4p. \qquad (19.2.72)$$

Die Fouriertransformierte $\Delta_F(\boldsymbol{p})$ von $\Delta_F(x)$ ist also durch

$$\Delta_F(\boldsymbol{p}) = \frac{1}{p^2-m^2+i\epsilon} \qquad (19.2.73)$$

gegeben. Für das Klein-Gordon-Feld können die Integraldarstellungen des Feynman-Propagators verhältnismäßig einfach aus der Definitionsgleichung (19.2.66) hergeleitet werden. In anderen Fällen kann eine Herleitung nach obigem Muster allerdings ziemlich aufwendig werden. Es existiert jedoch ein sehr einfaches Verfahren zur Konstruktion von Δ_F, das nicht von der Beziehung (19.2.66), sondern von der Lagrange-Dichte des Feldes ausgeht:

Man erhält die Fouriertransformierte $\Delta_F(\boldsymbol{p})$ des Feynman-Propagators durch Invertieren des fouriertransformierten Differentialoperators in der Lagrange-Dichte.

Auf den Beweis dieser für beliebige Felder gültigen Aussage wollen wir hier verzichten, und nur eine Verifizierung für das Klein-Gordon-Feld vornehmen. Dazu schreiben wir die Lagrange-Dichte (19.2.32) als

$$\mathcal{L} = \frac{1}{2}\overset{*}{\phi}\, D(x)\phi, \tag{19.2.74}$$

mit

$$D(x) := \overleftarrow{\partial}_\mu \overrightarrow{\partial}^\mu - m^2. \tag{19.2.75}$$

Dabei verdeutlichen die Pfeile, daß die Operation ∂^μ auf den rechts stehenden Operanden, die Operation ∂_μ auf den links stehenden Operanden wirkt. Nun entspricht der Differentiation im Minkowski-Raum die Multiplikation mit den entsprechenden i-fachen Impulskomponenten im Impulsraum, d.h. $\partial^\mu \leftrightarrow ik^\mu$, $\partial_\mu \leftrightarrow ik_\mu$. Der zu (19.2.75) fouriertransformierte Operator lautet daher

$$D(p) = p^2 - m^2. \tag{19.2.76}$$

Seine Invertierung liefert dann nach der obigen Aussage

$$\Delta_F(\boldsymbol{p}) = \frac{1}{p^2 - m^2 + i\epsilon}, \tag{19.2.77}$$

wobei die Verschiebung der Pole berücksichtigt wurde.

Aus der Darstellung (19.2.72) erkennt man, daß $\Delta_F(x-y)$ eine Greensche Funktion der Klein-Gordon-Gleichung repräsentiert:

$$\begin{aligned}(\Box_x + m^2)\Delta_F(x-y) &= \frac{1}{(2\pi)^4}\int \frac{-p^2+m^2}{p^2-m^2+i\epsilon} e^{-ip\cdot(x-y)} d^4p = \\ &= -\frac{1}{(2\pi)^4}\int e^{-ip\cdot(x-y)} d^4p = -\delta^4(x-y).\end{aligned} \tag{19.2.78}$$

Natürlich läßt sich für den Feynman-Propagator auch eine kovariante Integraldarstellung im Reellen angeben, wobei der Beweis dem Leser als Übungsaufgabe empfohlen wird:

$$\Delta_F(x) = \frac{1}{2}\Big(\epsilon(x_0)\Delta(x) + \Delta_1(x)\Big). \tag{19.2.79}$$

19.2.6 Die Propagationsfunktionen Δ_F, Δ_R, Δ_A, Δ_D, $\bar{\Delta}$

So wie Δ der wichtigste Repräsentant einer Klasse von der homogenen Klein-Gordon-Gleichung genügenden Funktionen ist, stellt Δ_F den wichtigsten Repräsentanten einer Klasse von Funktionen dar, die sämtlich die inhomogene Klein-Gordon-Gleichung mit der vierdimensionalen Delta-Funktion als Quellterm erfüllen. Dazu gehören neben dem Feynman-Propagator Δ_F der *retardierte Propagator* Δ_R, der *avancierte Propagator* Δ_A, der *Dyson-Propagator* Δ_D und der *Hauptwert-Propagator* $\bar{\Delta}$. Sie alle erfüllen die Gleichung

$$(\Box + m^2)G = -\delta^4, \tag{19.2.80}$$

sind also Greensche Funktionen des Klein-Gordon-Operators. Man bezeichnet diese Funktionen auch als *Propagationsfunktionen* (Propagator = Greensche Funktion). Ebenso wie die Kommutationsfunktionen lassen sich auch die Propagationsfunktionen aus den beiden Funktionen Δ und Δ_1 aufbauen. Dabei gelten die Beziehungen

$$\begin{aligned} \Delta_F(x) &= \frac{1}{2}\Big(\epsilon(x_0)\Delta(x) + \Delta_1(x)\Big), && (a) \\ \Delta_R(x) &= \theta(x_0)\Delta(x), && (b) \\ \Delta_A(x) &= -\theta(-x_0)\Delta(x), && (c) \\ \Delta_D(x) &= \frac{1}{2}\Big(\epsilon(x_0)\Delta(x) - \Delta_1(x)\Big), && (d) \\ \bar{\Delta}(x) &= \frac{1}{2}\epsilon(x_0)\Delta(x). && (e) \end{aligned} \tag{19.2.81}$$

Die Propagationsfunktionen ergeben sich also aus den Kommutationsfunktionen Δ, Δ_1 durch Multiplikation mit der Vorzeichenfunktion $\epsilon(x_0)$ oder der Heaviside-Funktion $\theta(x_0)$. Die Unstetigkeit dieser Funktionen hat die Eigenschaft (19.2.80) zur Folge. Natürlich sind auch die Propagationsfunktionen am Mantel des Lichtkegels singulär.

19.3 Die Quantisierung des Dirac-Feldes

19.3.1 Die kanonische Formulierung der klassischen Theorie

Man erhält die Dirac-Gleichung

$$(i\hbar\gamma^\mu\partial_\mu - mc)\psi = 0 \tag{19.3.1}$$

aus der Lagrange-Dichte

$$\mathcal{L} = \bar{\psi}(i\hbar c\gamma^\mu\partial_\mu - mc^2)\psi, \tag{19.3.2}$$

mit dem adjungierten Spinor $\bar{\psi} := \psi^\dagger\gamma^0$. Bei Verwendung natürlicher Einheiten lautet sie

$$\mathcal{L} = \bar{\psi}(i\gamma^\mu\partial_\mu - m)\psi. \tag{19.3.2'}$$

Diese Lagrange-Dichte ist leider nicht reell. Durch *Symmetrisierung* von (19.3.2') kommt man zu der reellen Lagrange-Dichte

$$\begin{aligned} \mathcal{L}' := \frac{1}{2}(\mathcal{L} + \mathcal{L}^*) &= \frac{1}{2}\bar{\psi}(i\gamma^\mu \overrightarrow{\partial}_\mu - m)\psi + \frac{1}{2}\bar{\psi}(-i\gamma^\mu \overleftarrow{\partial}_\mu - m)\psi = \\ &= \frac{1}{2}\bar{\psi}\gamma^\mu \overleftrightarrow{\partial}_\mu \psi - m\bar{\psi}\psi, \end{aligned} \tag{19.3.3}$$

wobei die Pfeile wieder die Wirkungsrichtung der Differentiationen verdeutlichen. Man überzeugt sich sofort, daß auch (19.3.3) auf die Dirac-Gleichung führt. Für die folgende Herleitung von Energie-Impuls-Tensor, Ladung, etc. müßten wir strenggenommen von der symmetrisierten Lagrange-Dichte (19.3.3) ausgehen. Es läßt sich aber zeigen, daß die Ergebnisse unabhängig davon sind, welche der beiden Lagrange-Dichten (19.3.2), (19.3.3) man vorgibt. Der Einfachheit halber wollen wir daher den weiteren Überlegungen die Lagrange-Dichte (19.3.2) zugrundelegen.

Die zu ψ und $\psi^\dagger$ kanonisch konjugierten Felder lauten

$$\pi_\psi = \frac{\partial \mathcal{L}}{\partial \dot{\psi}} = i\psi^\dagger, \qquad \pi_{\psi^\dagger} = \frac{\partial \mathcal{L}}{\partial \dot{\psi}^\dagger} = 0. \tag{19.3.4}$$

Das Dirac-Feld besitzt also die beiden unabhängigen Freiheitsgrade ψ und $\psi^\dagger$. Der kanonisch konjugierte Energie-Impuls-Tensor $\theta_{\mu\nu}$ ergibt sich zu

$$\begin{aligned}\theta_{\mu\nu} &= \frac{\partial \mathcal{L}}{\partial(\psi^{,\mu})}\psi_{,\nu} + \frac{\partial \mathcal{L}}{\partial(\psi^{\dagger,\mu})}\psi^\dagger_{,\nu} - g_{\mu\nu}\mathcal{L} = \\ &= \bar{\psi} i\gamma_\mu \psi_{,\nu} - g_{\mu\nu}\bar{\psi}(i\gamma^\sigma\partial_\sigma - m)\psi.\end{aligned} \tag{19.3.5}$$

Daraus folgt für Viererimpulsdichte, Hamiltondichte und Impulsdichte des Feldes

$$p_\nu = \theta_{0\nu} = \bar{\psi} i\gamma_0\psi_{,\nu} - g_{0\nu}\bar{\psi}(i\gamma^\sigma\partial_\sigma - m)\psi, \tag{19.3.6}$$

$$\mathcal{H} = p_0 = \bar{\psi}(i\gamma_0\partial_0 - i\gamma^0\partial_0 - i\boldsymbol{\gamma}\cdot\nabla + m)\psi, \tag{19.3.7}$$

$$p_k = -i\psi^\dagger\psi_{,k}, \qquad k = 1,2,3, \tag{19.3.8}$$

wobei im Symbol $\boldsymbol{\gamma}$ die drei Dirac-Matrizen γ^k, $k = 1,2,3$, als „Vektorkomponenten" angesehen werden. Räumliche Integration liefert dann

$$H = \int \bar{\psi}(i\gamma_0\partial_0 - i\gamma^0\partial_0 - i\boldsymbol{\gamma}\cdot\nabla + m)\psi d^3x, \tag{19.3.9}$$

$$\boldsymbol{P} = -i\int \psi^\dagger\nabla\psi d^3x. \tag{19.3.10}$$

Die Viererstromdichte ist durch

$$j_\mu = -ie\left(\frac{\partial \mathcal{L}}{\partial(\psi^{,\mu})}\psi - \frac{\partial \mathcal{L}}{\partial(\psi^{\dagger,\mu})}\psi^\dagger\right) = -ie\bar{\psi}\gamma_\mu\psi \tag{19.3.11}$$

thesection. gegeben, mit der Ladung

$$Q = \int j_0(\boldsymbol{x},t)d^3x = e\int \psi^\dagger\psi d^3x. \tag{19.3.12}$$

19.3.2 Quantisierung. Erzeuger und Vernichter. Energie, Impuls und Ladung

Für die kanonische Quantisierung ersetzen wir ψ, $\psi^\dagger$ durch die Operatoren $\hat{\psi}$, $\hat{\psi}^\dagger$. Nach den Überlegungen von Abschnitt 1 liegt es nahe, die Quantisierung des Dirac-Feldes mit Antikommutatoren durchzuführen, da Fermionen dem Paulischen Ausschließungsprinzip unterliegen. Es sollen also die *Gleichzeitigen Antikommutationsrelationen*

$$\begin{aligned}&[\hat{\psi}_\alpha(\boldsymbol{x},t),\hat{\psi}^\dagger_\beta(\boldsymbol{x}',t)]_+ = \delta_{\alpha\beta}\delta(\boldsymbol{x}-\boldsymbol{x}'), && (a)\\ &[\hat{\psi}_\alpha(\boldsymbol{x},t),\hat{\psi}_\beta(\boldsymbol{x}',t)]_+ = [\hat{\psi}^\dagger_\alpha(\boldsymbol{x},t),\hat{\psi}^\dagger_\beta(\boldsymbol{x}',t)]_+ = 0. && (b)\end{aligned} \tag{19.3.13}$$

thesection. gelten. Die weitere Vorgangsweise orientiert sich an jener der früheren Abschnitte. Zunächst zeigen wir, daß aus der Heisenbergschen Bewegunsgleichung für den Feldoperator $\hat{\psi}$

$$\dot{\hat{\psi}}(\boldsymbol{x},t) = -i[\hat{\psi}(\boldsymbol{x},t),\hat{H}] \tag{19.3.14}$$

die Gültigkeit der Dirac-Gleichung für $\hat{\psi}$ folgt. Mit den in Kapitel 18 eingeführten Matrizen

$$\beta = \gamma^0, \qquad \boldsymbol{\alpha} = \gamma^0\boldsymbol{\gamma}$$

erhält man zunächst mit der quantisierten Form von (19.3.9)

$$\dot{\hat{\psi}}(\boldsymbol{x},t) = -\int [\hat{\psi}(\boldsymbol{x},t),\hat{\psi}^\dagger(\boldsymbol{x}',t)\boldsymbol{\alpha}\cdot\nabla'\hat{\psi}(\boldsymbol{x}',t) + im\hat{\psi}^\dagger(\boldsymbol{x}',t)\beta\hat{\psi}(\boldsymbol{x}',t)]d^3x'.$$

Um die Berechnung des Kommutators mit Hilfe der Antikommutationsregeln (19.3.13) durchführen zu können, benötigen wir die für beliebige Operatoren gültige Beziehung

$$[A,BC] = [A,B]_+C - B[A,C]_+.$$

Damit nimmt die obige Gleichung die Gestalt

$$\begin{aligned}
\dot{\hat{\psi}}_\sigma(\boldsymbol{x},t) = -\int \Big(&[\hat{\psi}_\sigma(\boldsymbol{x},t),\hat{\psi}^\dagger_\mu(\boldsymbol{x}',t)]_+\boldsymbol{\alpha}_{\mu\nu}\cdot\nabla'\hat{\psi}_\nu(\boldsymbol{x}',t) - \\
&-\hat{\psi}^\dagger_\mu(\boldsymbol{x}',t)\boldsymbol{\alpha}_{\mu\nu}\cdot\nabla'[\hat{\psi}_\sigma(\boldsymbol{x},t),\hat{\psi}_\nu(\boldsymbol{x}',t)]_+ + im[\hat{\psi}_\sigma(\boldsymbol{x},t),\hat{\psi}^\dagger_\mu(\boldsymbol{x}',t)]_+\beta_{\mu\nu}\hat{\psi}_\nu(\boldsymbol{x}',t) - \\
&-im\hat{\psi}^\dagger_\mu(\boldsymbol{x}',t)\beta_{\mu\nu}[\hat{\psi}_\sigma(\boldsymbol{x},t),\hat{\psi}_\nu(\boldsymbol{x}',t)]_+\Big)d^3x' = \\
= \; -\int \Big(&\delta_{\sigma\mu}\delta^3(\boldsymbol{x}-\boldsymbol{x}')\boldsymbol{\alpha}_{\mu\nu}\cdot\nabla'\hat{\psi}_\nu(\boldsymbol{x}',t) + im\delta_{\sigma\mu}\delta^3(\boldsymbol{x}-\boldsymbol{x}')\beta_{\mu\nu}\hat{\psi}_\nu(\boldsymbol{x}',t)\Big)d^3x' = \\
= \; (-&\boldsymbol{\alpha}\cdot\nabla - im\beta)_{\sigma\nu}\hat{\psi}_\nu(\boldsymbol{x},t)
\end{aligned} \tag{19.3.15}$$

an, d.h. der Feldoperator erfüllt tatsächlich die homogene Dirac-Gleichung.

Um eine Darstellung der Feldoperatoren $\hat{\psi}$ und $\hat{\psi}^\dagger$ zu erhalten, empfiehlt sich eine Entwicklung nach den auf die Delta-Funktion normierten Lösungen der homogenen Dirac-Gleichung. Am einfachsten gestalten sich die Verhältnisse wieder, wenn ebene Wellen verwendet werden. Diese Lösungen besitzen die Gestalt

$$\psi_{\boldsymbol{p}}^{(r)}(\boldsymbol{x},t) = \frac{1}{\sqrt{(2\pi)^3}}\sqrt{\frac{m}{\omega_p}}W_r(\boldsymbol{p})\mathrm{e}^{-i\epsilon_r(\omega_p t - \boldsymbol{p}\cdot\boldsymbol{x})}, \tag{19.3.16}$$

wobei ϵ_r wieder die Vorzeichenfunktion

$$\epsilon_r = \begin{cases} +1, & r = 1,2, \\ -1, & r = 3,4 \end{cases}$$

und $W_r(\boldsymbol{p})$ die *Diracschen Einheitsspinoren* bezeichnet. ϵ_r gewährleistet, daß die Lösungen für $r = 1,2$ positive Energie $E = +\omega_p$, und die Lösungen für $r = 3,4$ negative Energie $E = -\omega_p$ besitzen. Damit (19.3.16) die Dirac-Gleichung

$$(i\gamma^\mu\partial_\mu - m)\psi_{\boldsymbol{p}}^{(r)}(\boldsymbol{x},t) = 0, \quad r = 1,\ldots 4 \tag{19.3.17}$$

erfüllt, müssen die Einheitsspinoren $W_r(\boldsymbol{p})$ den Gleichungen

$$(\gamma^\mu p_\mu - \epsilon_r m) W_r(p) = 0, \quad r = 1, \ldots, 4 \tag{19.3.18}$$

genügen. Weiter sollen folgende Vollständigkeits- und Orthogonalitätsrelationen gelten:

$$\begin{aligned}
&\sum_{r=1}^{4} W_{r\alpha}(\epsilon_r \boldsymbol{p}) W^\dagger_{r\beta}(\epsilon_r \boldsymbol{p}) = \frac{\omega_p}{m} \delta_{\alpha\beta}, && (a)\\
&\sum_{r=1}^{4} \epsilon_r W_{r\alpha}(p) \bar{W}_{r\beta}(p) = \delta_{\alpha\beta}, && (b)\\
&W^\dagger_{r'}(\epsilon_{r'} \boldsymbol{p}) W_r(\epsilon_r \boldsymbol{p}) = \frac{\omega_p}{m} \delta_{rr'}, && (c)\\
&\bar{W}_{r'}(p) W_r(p) = \epsilon_r \delta_{rr'}. && (d)
\end{aligned} \tag{19.3.19}$$

Durch diese Forderungen sind die Einheitsspinoren eindeutig festgelegt. Speziell folgt aus (19.3.19c), daß die Lösungen (19.3.16) auf die Delta-Funktion normiert sind:

$$\int \psi^{(r')\dagger}_{\boldsymbol{p}'}(\boldsymbol{x},t) \psi^{(r)}_{\boldsymbol{p}}(\boldsymbol{x},t) d^3x = \delta_{rr'} \delta^3(\boldsymbol{p} - \boldsymbol{p}'). \tag{19.3.20}$$

Die Entwicklung der Feldoperatoren kann nun in der Gestalt

$$\hat{\psi}(\boldsymbol{x},t) = \sum_{r=1}^{4} \int \hat{a}(\boldsymbol{p},r) \psi^{(r)}_{\boldsymbol{p}}(\boldsymbol{x},t) d^3p, \tag{19.3.21}$$

$$\hat{\psi}^\dagger(\boldsymbol{x},t) = \sum_{r=1}^{4} \int \hat{a}^\dagger(\boldsymbol{p},r) \psi^{(r)\dagger}_{\boldsymbol{p}}(\boldsymbol{x},t) d^3p \tag{19.3.22}$$

thesection. vorgenommen werden. Zur Herleitung der Antikommutationsrelationen für die Operatoren $\hat{a}(\boldsymbol{p},r)$ und $\hat{a}^\dagger(\boldsymbol{p},r)$ bilden wir die „Fourierumkehr" der obigen Gleichungen:

$$\hat{a}(\boldsymbol{p},r) = \int \psi^{(r)\dagger}_{\boldsymbol{p}}(\boldsymbol{x},t) \hat{\psi}(\boldsymbol{x},t) d^3x, \tag{19.3.23}$$

$$\hat{a}^\dagger(\boldsymbol{p},r) = \int \hat{\psi}^\dagger(\boldsymbol{x},t) \hat{\psi}^{(r)}_{\boldsymbol{p}}(\boldsymbol{x},t) d^3x. \tag{19.3.24}$$

thesection. Unter Benützung der Antikommutationsrelationen (19.3.13) für $\hat{\psi}$ und $\hat{\psi}^\dagger$ erhält man damit

$$\begin{aligned}
&[\hat{a}(\boldsymbol{p},r), \hat{a}^\dagger(\boldsymbol{p}',r')]_+ = \delta_{rr'} \delta^3(\boldsymbol{p} - \boldsymbol{p}'), && (a)\\
&[\hat{a}(\boldsymbol{p},r), \hat{a}(\boldsymbol{p}',r')]_+ = [\hat{a}^\dagger(\boldsymbol{p},r), \hat{a}^\dagger(\boldsymbol{p}',r')]_+ = 0. && (b)
\end{aligned} \tag{19.3.25}$$

Zur Analyse der Energie- und Impulsverhältnisse des quantisierten Dirac-Feldes betrachten wir zunächst den aus (19.3.9) folgenden quantisierten Hamilton-Operator

$$\hat{H} = \int \hat{\psi}^\dagger(\boldsymbol{x},t)(-i\boldsymbol{\alpha} \cdot \nabla + \beta m) \hat{\psi}(\boldsymbol{x},t) d^3x. \tag{19.3.26}$$

Beim Einsetzen der Entwicklungen (19.3.21), (19.3.22) berücksichtigen wir, daß die ebenen Wellen $\psi^{(r)}_{\boldsymbol{p}}(x)$ der Dirac-Gleichung genügen, und auf die Delta-Funktion normiert sind. Dann gilt

$$\begin{aligned}\hat{H} &= \int \sum_{r=1}^{4} \epsilon_r \omega_p \hat{a}^\dagger(\boldsymbol{p},r)\hat{a}(\boldsymbol{p},r) d^3p = \\ &= \int \left(\sum_{r=1}^{2} \omega_p \hat{a}^\dagger(\boldsymbol{p},r)\hat{a}(\boldsymbol{p},r) - \sum_{r=3}^{4} \omega_p \hat{a}^\dagger(\boldsymbol{p},r)\hat{a}(\boldsymbol{p},r) \right) d^3p.\end{aligned} \tag{19.3.27}$$

thesection. Man erkennt, daß bei wachsender Teilchenzahl im Bereich $r = 3,4$ die Gesamtenergie des Systems einen beliebig großen Wert annehmen kann. Wir erinnern an die in Abschnitt 18.1 besprochenen Verhältnisse bei der Interpretation der Dirac-Gleichung. Dort erkannten wir die Diracsche Löchertheorie als eine Möglichkeit, das Auftreten negativer Energien zu vermeiden: Bei Abwesenheit aller beobachtbaren Teilchen (=Vakuumzustand) müssen sämtliche Energieniveaus im unteren Kontinuum von Teilchen besetzt sein. Die unendlich große Energie und Ladung dieser unbeobachtbaren Teilchen kann durch Subtraktion wegrenormiert werden.

Wir wollen nun zeigen, daß der Formalismus der Feldquantisierung diese Deutung zuläßt. Mit Hilfe der Antikommutatorrelation (19.3.25a) schreibt sich der Hamilton-Operator als

$$\hat{H} = \int \left(\sum_{r=1}^{2} \omega_p \hat{a}^\dagger(\boldsymbol{p},r)\hat{a}(\boldsymbol{p},r) + \sum_{r=3}^{4} \omega_p \hat{a}(\boldsymbol{p},r)\hat{a}^\dagger(\boldsymbol{p},r) \right) d^3p - \int \sum_{r=3}^{4} \omega_p \delta^3(\boldsymbol{0}) d^3p. \tag{19.3.28}$$

Der divergente Energieanteil des Vakuums wird durch den letzten Term in (19.3.28) gegeben. Definiert man den *Operator für die Teilchenzahldichte* im Zustand $\psi_{\boldsymbol{p}}^{(r)}$, $r = 1,2$

$$\hat{n}(\boldsymbol{p},r) = \hat{a}^\dagger(\boldsymbol{p},r)\hat{a}(\boldsymbol{p},r), \quad r = 1,2, \tag{19.3.29}$$

und den *Operator für die Anzahl der Löcher* im Zustand $\psi_{\boldsymbol{p}}^{(r)}$, $r = 3,4$

$$\hat{\hat{n}}(\boldsymbol{p},r) = \hat{a}(\boldsymbol{p},r)\hat{a}^\dagger(\boldsymbol{p},r), \quad r = 3,4, \tag{19.3.30}$$

so lautet der Hamilton-Operator (19.3.28) nach Wegstreichen der Vakuumenergie

$$\hat{H} = \int \left(\sum_{r=1}^{2} \omega_p \hat{n}(\boldsymbol{p},r) + \sum_{r=3}^{4} \omega_p \hat{\hat{n}}(\boldsymbol{p},r) \right) d^3p. \tag{19.3.31}$$

Da die Löcher als Antiteilchen aufgefaßt werden können, spielen die Operatoren $\hat{a}(\boldsymbol{p},r)$ und $\hat{a}^\dagger(\boldsymbol{p},r)$ eine Doppelrolle: $\hat{a}(\boldsymbol{p},r)$ kann für $r = 1,2$ als Vernichtungsoperator für Teilchen und für $r = 3,4$ als Erzeugungsoperator für Antiteilchen aufgefaßt werden. In gleicher Weise kann $\hat{a}^\dagger(\boldsymbol{p},r)$ für $r = 3,4$ als Erzeugungsoperator für Teilchen und für $r = 3,4$ als Vernichtungsoperator für Antiteilchen interpretiert werden.

Für die weiteren Überlegungen erweist es sich als günstig, für Erzeugungs- und Vernichtungsoperatoren getrennte Bezeichnungen einzuführen. Dazu ersetzen wir die Einheitsspinoren $W_r(\boldsymbol{p})$ gemäß

$$\begin{aligned} u(p,s) &:= W_1(\boldsymbol{p}), & u(p,-s) &:= W_2(\boldsymbol{p}), \\ v(p,-s) &:= W_3(\boldsymbol{p}), & v(p,s) &:= W_4(\boldsymbol{p}). \end{aligned} \tag{19.3.32}$$

$u(p,s)$ beschreibt Lösungen der Dirac-Gleichung im oberen, $v(p,s)$ Lösungen im unteren Kontinuum. Bei den Antiteilchen-Lösungen erscheint der invertierte Spin. Explizit lauten die Lösungen

$$u(p,s) = \frac{\not{p}+m}{\sqrt{2m(\omega_p+m)}}u(0,s), \quad v(p,s) = \frac{-\not{p}+m}{\sqrt{2m(\omega_p+m)}}v(0,s), \tag{19.3.33}$$

wobei $u(0,s)$ und $v(0,s)$ die Einheitsspinoren im Ruhesystem mit $p(m,0)$ bezeichnen. Weiter definieren wir die Operatoren

$$\begin{aligned} \hat{b}(p,s) &:= \hat{a}(p,1), & \hat{b}(p,-s) &:= \hat{a}(p,2), \\ \hat{d}^\dagger(p,-s) &:= \hat{a}(p,3), & \hat{d}^\dagger(p,s) &:= \hat{a}(p,4), \end{aligned} \tag{19.3.34}$$

mit den aus (19.3.25) resultierenden Antikommutationsrelationen

$$\begin{aligned} [\hat{b}(p,s),\hat{b}^\dagger(p',s')]_+ &= \delta^3(\boldsymbol{p}-\boldsymbol{p}')\delta_{ss'}, \\ [\hat{d}(p,s),\hat{d}^\dagger(p',s')]_+ &= \delta^3(\boldsymbol{p}-\boldsymbol{p}')\delta_{ss'}. \end{aligned} \tag{19.3.35}$$

thesection. Für die Interpretation dieser Operatoren betrachten wir den Hamiltonoperator aus (19.3.31). Mit Hilfe von (19.3.34) schreibt er sich in der Form

$$\hat{H} = \sum_s \int \omega_p \Big(\hat{b}^\dagger(p,s)\hat{b}(p,s) + \hat{d}^\dagger(p,s)\hat{d}(p,s)\Big) d^3p. \tag{19.3.36}$$

Man erkennt $\hat{b}^\dagger$ bzw. $\hat{b}$ als Teilchen-Erzeuger bzw. Teilchen-Vernichter, und $\hat{d}^\dagger$ bzw. $\hat{d}$ als Antiteilchen-Erzeuger bzw. Antiteilchen-Vernichter.

Um Darstellungen des Ladungs- und Impulsoperators zu erhalten, benötigen wir die Entwicklung der Feldoperatoren $\hat{\psi}$, $\hat{\psi}^\dagger$ in der neuen Schreibweise. Aus (19.3.21) und (19.3.22) folgt

$$\begin{aligned} \hat{\psi}(\boldsymbol{x},t) &= \sum_s \frac{1}{(2\pi)^{3/2}} \int \sqrt{\frac{m}{\omega_p}} \Big(\hat{b}(p,s)u(p,s)\mathrm{e}^{-ip\cdot x} + \hat{d}^\dagger(p,s)v(p,s)\mathrm{e}^{ip\cdot x}\Big) d^3p, \\ \hat{\psi}^\dagger(\boldsymbol{x},t) &= \sum_s \frac{1}{(2\pi)^3} \int \sqrt{\frac{m}{\omega_p}} \Big(\hat{b}^\dagger(p,s)u^\dagger(p,s)\mathrm{e}^{ip\cdot x} + \hat{d}(p,s)v^\dagger(p,s)\mathrm{e}^{-ip\cdot x}\Big) d^3p. \end{aligned} \tag{19.3.37}$$

Setzt man diese Darstellung in den Ladungsoperator

$$\hat{Q} = e \int \hat{\psi}^\dagger(x)\hat{\psi}(x) d^3x \tag{19.3.38}$$

ein, so erhält man nach längerer, elementarer Rechnung bei Berücksichtigung der aus (19.3.19c) folgenden Orthogonalitätsrelationen für die Spinoren u und v

$$\hat{Q} = e \sum_s \int \Big(\hat{b}^\dagger(p,s)\hat{b}(p,s) + \hat{d}(p,s)\hat{d}^\dagger(p,s)\Big) d^3p. \tag{19.3.39}$$

thesection. Vertauscht man im zweiten Summanden die Operatoren $\hat{d}$ und $\hat{d}^\dagger$, so ergibt sich ein unendlich großer Kommutationsrest, der der Ladung des Vakuums entspricht. Die Gesamtladung setzt sich also aus einem unendlich hohen Vakuumbeitrag Q_0 und einer endlichen Größe Q' - der beobachtbaren Ladung - zusammen. Es gilt daher

$$Q' = Q - Q_0 = e \sum_s \int \Big(\hat{b}^\dagger(p,s)\hat{b}(p,s) - \hat{d}^\dagger(p,s)\hat{d}(p,s)\Big) d^3p. \tag{19.3.40}$$

thesection. Für den Impulsoperator

$$\hat{\boldsymbol{P}} = -i \int \hat{\psi}^\dagger(x) \nabla \hat{\psi}(x) d^3x \tag{19.3.41}$$

erhält man bei völlig analoger Vorgangsweise

$$\begin{aligned} \hat{\boldsymbol{P}} &= \sum_s \int \boldsymbol{p} \Big(\hat{b}^\dagger(p,s) \hat{b}(p,s) - \hat{d}(p,s) \hat{d}^\dagger(p,s) \Big) d^3p = \\ &= \sum_s \int \boldsymbol{p} \Big(\hat{b}^\dagger(p,s) \hat{b}(p,s) + \hat{d}^\dagger(p,s) \hat{d}(p,s) \Big) d^3p. \end{aligned} \tag{19.3.42}$$

thesection. Ebenso wie bei der Klein-Gordon-Gleichung tritt hier kein unendlich großer Vakuumimpuls in Erscheinung, da sich die divergierenden Anteile aus Symmetriegründen bei der Integration wegheben.

Das Abtrennen divergenter Anteile bei der Berechnung physikalischer Größen wird als *Renormierung* bezeichnet. Wir werden auf diese Problematik im Rahmen der QED zurückkommen. Rein formal läßt sich das Auftreten unendlich großer Vakuumladung unterdrücken, indem man die Vorschrift der Normalordnung verwendet:

$$\hat{H} := \int : \hat{\psi}^\dagger(x)(-i\boldsymbol{\alpha} \cdot \nabla + \beta m) \hat{\psi}(x) : d^3x, \tag{19.3.43}$$

$$\hat{Q} := \int : \hat{\psi}^\dagger(x) \hat{\psi}(x) : d^3x. \tag{19.3.44}$$

19.4 Die Quantisierung des Maxwell-Feldes

19.4.1 Die kanonische Formulierung der klassischen Theorie

In Abschnitt 11.5 haben wir uns mit der kanonischen Formulierung der klassischen Maxwelltheorie beschäftigt, wobei wir von der Lagrange-Dichte

$$\mathcal{L} = -\frac{1}{4} F_{\mu\nu} F^{\mu\nu} = \frac{1}{2} (A_{\mu,\nu} A^{\mu,\nu} - A_{\nu,\mu} A^{\nu,\mu}) \tag{19.4.1}$$

ausgegangen sind. Diese Lagrange-Dichte hat allerdings den Nachteil, daß keine Zeitableitung von A^0, und somit auch kein kanonisch konjugiertes Feld π^0 existiert. Nach der kanonischen Quantisierung erhält man daher keine lorentzinvariante Theorie.

Es empfiehlt sich daher, von einer modifizierten Lagrange-Dichte auszugehen, bei der diese Schwierigkeiten nicht auftreten. Wir versuchen unser Glück mit dem auf *E. Fermi* zurückgehenden Ansatz

$$\mathcal{L} = -\frac{1}{4} F_{\mu\nu} F^{\mu\nu} - \frac{1}{2} (A^\mu{}_{,\mu})^2. \tag{19.4.2}$$

Dieser Ausdruck läßt sich umformen wie folgt:

$$\begin{aligned} \mathcal{L} &= -\frac{1}{2} A_{\mu,\nu} A^{\nu,\mu} + \frac{1}{2} A_{\nu,\mu} A^{\mu,\nu} - \frac{1}{2} A^\mu{}_{,\mu} A^\nu{}_{,\nu} = \\ &= -\frac{1}{2} A_{\nu,\mu} A^{\nu,\mu} + \frac{1}{2} (A_\nu A^{\mu,\nu} - A^\nu{}_{,\nu} A^\mu)_{,\mu}. \end{aligned} \tag{19.4.3}$$

In der zweiten Gleichung stellt der letzte Term eine Divergenz dar. Wenn sich aber zwei Lagrange-Dichten nur um eine Divergenz unterscheiden, so führen sie auf dieselben Feldgleichungen, da bei der Variation der Divergenzterm nach dem Gaußschen Satz zum Wirkungsintegral nichts beiträgt. An Stelle von (19.4.2) kann man daher auch die Lagrange-Dichte

$$\mathcal{L} = -\frac{1}{2} A_{\nu,\mu} A^{\nu,\mu} \tag{19.4.4}$$

verwenden. Man überzeugt sich sofort, daß (19.4.4) tatsächlich auf die Maxwellgleichungen führt. Das kanonisch konjugierte Feld π_μ ergibt sich zu

$$\pi_\mu = \frac{\partial \mathcal{L}}{\partial(\dot{A}^\mu)} = -\dot{A}_\mu . \tag{19.4.5}$$

Es existiert also auch ein Feld π_0, im Unterschied zu (19.4.1), womit der Ansatz (19.4.2) gerechtfertigt ist.

Für den kanonischen Energie-Impuls-Tensor erhält man

$$\theta^{\mu\nu} = -A^{\alpha,\mu} A_\alpha{}^{,\nu} + \frac{1}{2} g^{\mu\nu} A^{\alpha,\beta} A_{\alpha,\beta} , \tag{19.4.6}$$

woraus die Hamiltondichte

$$\mathcal{H} = \theta^{00} = -A^{\alpha,0} A_\alpha{}^{,0} + \frac{1}{2} A^{\alpha,\beta} A_{\alpha,\beta} = -\frac{1}{2}\pi^\mu \pi_\mu + \frac{1}{2} A_{\alpha,k} A^{\alpha,k} \tag{19.4.7}$$

und die Impulsdichte

$$p^k = \theta^{0k} = -A^{\alpha,0} A_{\alpha,k} , \quad k = 1,2,3 \tag{19.4.8}$$

folgen. Räumliche Integration liefert schließlich

$$H = \frac{1}{2} \int (-\pi^\mu \pi_\mu + A_{\alpha,k} A^{\alpha,k}) d^3x , \tag{19.4.9}$$

$$\boldsymbol{P} = \int \dot{A}^\mu \nabla A_\mu d^3x = \int \left(\dot{A}^0 \nabla A^0 - \sum_{k=1}^{3} \dot{A}^k \nabla A^k \right) d^3x . \tag{19.4.10}$$

19.4.2 Transversale und longitudinale Polarisation ebener Wellen

Als Grundlage für die Darstellung der Feldoperatoren beschäftigen wir uns in diesem Abschnitt mit den Ebene-Wellen-Lösungen der Wellengleichung. Diese Lösungen besitzen die Gestalt

$$A_\mu(\boldsymbol{k},\lambda; x) = N_k \mathrm{e}^{-i(\omega_k t - \boldsymbol{k}\cdot\boldsymbol{x})} \epsilon_\mu(\boldsymbol{k},\lambda) = N_k \mathrm{e}^{ik\cdot x} \epsilon_\mu(\boldsymbol{k},\lambda), \tag{19.4.11}$$

mit

$$\omega_k = \sqrt{\boldsymbol{k}^2 + m^2}, \tag{19.4.12}$$

einer zunächst beliebigen Konstante N_k und den Polarisationsvektoren $\epsilon_\mu(\boldsymbol{k},\lambda)$. Vergleicht man (19.4.11) mit den ebenen Dirac-Wellen (19.3.16), so erkennt man, daß beim Maxwell-Feld die Polarisationsvektoren formal die Rolle der Einheitsspinoren übernehmen. Wir fordern für $\epsilon_\mu(\boldsymbol{k},\lambda)$ die Gültigkeit der Orthogonalitätsrelation

$$\epsilon_\mu(\boldsymbol{k},\lambda) \epsilon^\mu(\boldsymbol{k},\lambda') = g_{\lambda\lambda'}, \tag{19.4.13}$$

und der Vollständigkeitsrelation

$$\sum_{\lambda=0}^{3} g_{\lambda\lambda}\epsilon_{\mu}(\boldsymbol{k},\lambda)\epsilon_{\nu}(\boldsymbol{k},\lambda) = g_{\mu\nu}. \tag{19.4.14}$$

Zur Veranschaulichung der Polarisationsvektoren definieren wir in einem fest gewählten Bezugssystem willkürlich den zeitartigen Einheitsvektor $n = (1,0,0,0)$. Dann lassen sich die Polarisationsvektoren in der Gestalt

$$\epsilon(\boldsymbol{k},0) = n, \quad \epsilon(\boldsymbol{k},1) = (0,\boldsymbol{\epsilon}(\boldsymbol{k},1)), \quad \epsilon(\boldsymbol{k},2) = (0,\boldsymbol{\epsilon}(\boldsymbol{k},2)), \quad \epsilon(\boldsymbol{k},3) = \left(0,\frac{\boldsymbol{k}}{|\boldsymbol{k}|}\right) \tag{19.4.15}$$

darstellen. $\boldsymbol{\epsilon}(\boldsymbol{k},0)$ ist also ein zeitartiger Vektor, während die anderen drei Vektoren raumartig sind. Dabei sollen die räumlichen Polarisationsvektoren $\epsilon(\boldsymbol{k},1)$, $\epsilon(\boldsymbol{k},2)$ den Bedingungen

$$\begin{aligned} &\boldsymbol{k}\cdot\boldsymbol{\epsilon}(\boldsymbol{k},1) = \boldsymbol{k}\cdot\boldsymbol{\epsilon}(\boldsymbol{k},2) = 0, && (a)\\ &\boldsymbol{\epsilon}(\boldsymbol{k},i)\cdot\boldsymbol{\epsilon}(\boldsymbol{k},j) = \delta_{ij}, \quad i,j = 1,2 && (b) \end{aligned} \tag{19.4.16}$$

genügen. Bild 19.4 veranschaulicht die Verhältnisse für die räumlichen Polarisationsvektoren:

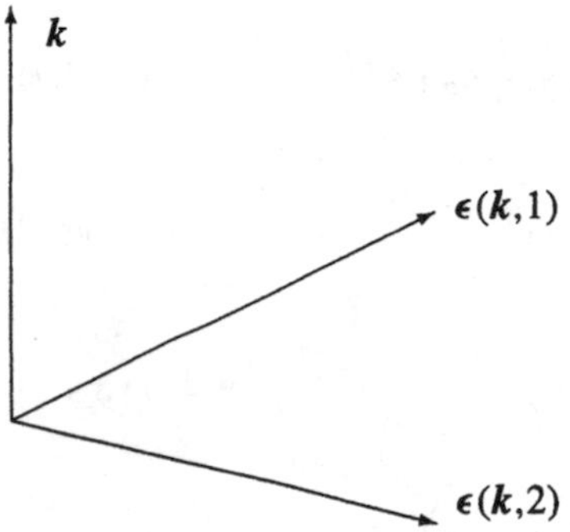

Bild 19.4

$\boldsymbol{\epsilon}(\boldsymbol{k},1)$ und $\boldsymbol{\epsilon}(\boldsymbol{k},2)$ bilden mit dem Wellenvektor $\boldsymbol{k}$ ein orthogonales Dreibein. Sie stehen also senkrecht zur Richtung der Wellenausbreitung. Man beachte, daß die Festlegungen (19.4.16) mit den geforderten Orthogonalitäts- und Vollständigkeitsrelationen (19.4.13) und (19.4.14) verträglich sind.

Für spätere Anwendungen benötigen wir noch das skalare Produkt der vierdimensionalen Polarisationsvektoren mit dem Vierervektor k. Aus der obigen Beziehung folgt sofort

$$\begin{aligned} &k\cdot\epsilon(\boldsymbol{k},1) = k\cdot\epsilon(\boldsymbol{k},2) = 0, && (a)\\ &k\cdot\epsilon(\boldsymbol{k},0) = -k\cdot\epsilon(\boldsymbol{k},3) = k\cdot n. && (b) \end{aligned} \tag{19.4.17}$$

Auch im Vierdimensionalen sind $\epsilon(\boldsymbol{k},1)$, $\epsilon(\boldsymbol{k},2)$ und k orthogonal. Man spricht daher bei $\epsilon(\boldsymbol{k},1)$ und $\epsilon(\boldsymbol{k},2)$ von raumartigen *transversalen Polarisationsvektoren*. Im Unterschied dazu besitzt $\epsilon(\boldsymbol{k},3)$ die Richtung des Wellenvektors k, weshalb $\epsilon(\boldsymbol{k},3)$ als *longitudinaler Polarisationsvektor* bezeichnet wird.

Damit $A^{\mu}(\boldsymbol{k},\lambda,x)$ auf die Delta-Funktion normiert ist, muß die Konstante N_k durch

$$N_k = \frac{1}{\sqrt{(2\pi)^3 2\omega_k}} \tag{19.4.18}$$

festgelegt werden. Diese Beziehung ist schon im Zusammenhang mit der Klein-Gordon-Gleichung aufgetreten.

19.4.3 Quantisierung. Erzeuger und Vernichter. Energie und Impuls

Nun ordnen wir den klassischen Feldern A^μ, π^μ die Operatoren $\hat{A}^\mu$, $\hat{\pi}^\mu$ zu, und fordern die Gültigkeit der *Gleichzeitigen Kommutationsrelationen*

$$\begin{aligned} [\hat{A}^\mu(\boldsymbol{x},t),\hat{\pi}^\nu(\boldsymbol{x}',t)] &= ig^{\mu\nu}\delta^3(\boldsymbol{x}-\boldsymbol{x}'), && (a) \\ [\hat{A}^\mu(\boldsymbol{x},t),\hat{A}^\nu(\boldsymbol{x}',t)] &= [\hat{\pi}^\mu(\boldsymbol{x},t),\hat{\pi}^\nu(\boldsymbol{x}',t)] = 0. && (b) \end{aligned} \tag{19.4.19}$$

Ein Vektorfeld beschreibt Teilchen mit Spin 1, weshalb wir hier die bosonische Quantisierung mit gewöhnlichen Kommutatoren verwendet haben.

Für die Darstellung der Feldoperatoren empfiehlt sich wieder eine Entwicklung nach den auf die Delta-Funktion normierten ebenen Wellen (19.4.11). Im Fall eines reellen klassischen Feldes $A^\mu = A^{\mu^*}$, $\pi^\mu = \pi^{\mu^*}$ sind die Feldoperatoren hermitesch. Daher hat die Entwicklung von A^μ in der Gestalt

$$\begin{aligned} \hat{A}^\mu(x) &= \int \sum_{\lambda=0}^{3} \left(\hat{a}_{\boldsymbol{k}\lambda} A^\mu(\boldsymbol{k},\lambda;x) + \hat{a}^\dagger_{\boldsymbol{k}\lambda} A^{\mu^*}(\boldsymbol{k},\lambda;x)\right) d^3k = \\ &= \frac{1}{\sqrt{(2\pi)^3 2\omega_k}} \int \sum_{\lambda=0}^{3} \left(\hat{a}_{\boldsymbol{k}\lambda}\epsilon^\mu(\boldsymbol{k},\lambda)\mathrm{e}^{-ik\cdot x} + \hat{a}^\dagger_{\boldsymbol{k},\lambda}\epsilon^\mu(\boldsymbol{k},\lambda)\mathrm{e}^{ik\cdot x}\right) d^3k \end{aligned} \tag{19.4.20}$$

zu erfolgen (siehe dazu auch die entsprechende Herleitung in Abschnitt 19.2). Wegen $\hat{\pi}^\mu = -\dot{\hat{A}}^\mu$ erhält man damit sofort

$$\hat{\pi}^\mu(x) = \frac{i\omega_k}{\sqrt{(2\pi)^3 2\omega_k}} \int \sum_{\lambda=0}^{3} \left(\hat{a}_{\boldsymbol{k}\lambda}\epsilon^\mu(\boldsymbol{k},\lambda)\mathrm{e}^{-ik\cdot x} - \hat{a}^\dagger_{\boldsymbol{k},\lambda}\epsilon^\mu(\boldsymbol{k},\lambda)\mathrm{e}^{ik\cdot x}\right) d^3k. \tag{19.4.21}$$

Für die Herleitung der Kommutationsrelationen für $\hat{a}_{\boldsymbol{k}\lambda}$, $\hat{a}^\dagger_{\boldsymbol{k}\lambda}$ empfiehlt sich die Darstellung dieser Operatoren mit Hilfe einer Fouriertransformation

$$\begin{aligned} \hat{a}_{\boldsymbol{k}\lambda} &= \frac{ig_{\lambda\lambda}}{\sqrt{(2\pi)^3 2\omega_k}} \int \mathrm{e}^{ik\cdot x}\epsilon^\mu(\boldsymbol{k},\lambda)\left(\dot{\hat{A}}_\mu(x) - i\omega_k \hat{A}_\mu(x)\right) d^3x, && (a) \\ \hat{a}^\dagger_{\boldsymbol{k}\lambda} &= -\frac{ig_{\lambda\lambda}}{\sqrt{(2\pi)^3 2\omega_k}} \int \mathrm{e}^{-ik\cdot x}\epsilon^\mu(\boldsymbol{k},\lambda)\left(\dot{\hat{A}}^\dagger_\mu(x) + i\omega_k \hat{A}^\dagger_\mu(x)\right) d^3x. && (b) \end{aligned} \tag{19.4.22}$$

Die Kommutatorbildungen führen dann bei Berücksichtigung der Orthogonalitätsrelation (19.4.13) auf die Kommutatorrelationen

$$\begin{aligned} [\hat{a}_{\boldsymbol{k}'\lambda'},\hat{a}^\dagger_{\boldsymbol{k}\lambda}] &= -g_{\lambda\lambda'}\delta^3(\boldsymbol{k}-\boldsymbol{k}'), && (a) \\ [\hat{a}_{\boldsymbol{k}'\lambda'},\hat{a}_{\boldsymbol{k}\lambda}] &= [\hat{a}^\dagger_{\boldsymbol{k}'\lambda'},\hat{a}^\dagger_{\boldsymbol{k}\lambda}] = 0. && (b) \end{aligned} \tag{19.4.23}$$

Wir betrachten nun die Energie-Impulsverhältnisse des quantisierten Maxwell-Feldes. Der Hamilton-Operator lautet wegen (19.4.9)

$$\hat{H} = -:\frac{1}{2}\int\left(\hat{\pi}^\mu\hat{\pi}_\mu + (\nabla\hat{A}^\mu)\cdot(\nabla\hat{A}_\mu)\right)d^3x : . \tag{19.4.24}$$

Setzt man für $\hat{A}^\mu$ und $\hat{\pi}^\mu$ die Integraldarstellungen (19.4.20) und (19.4.21) ein, so folgt:

$$\begin{aligned}\hat{H} &= \frac{1}{2}\frac{1}{\sqrt{(2\pi)^3 2\omega_{k'}}}\frac{1}{\sqrt{(2\pi)^3 2\omega_k}}\int\int\int\sum_{\lambda=0}^{3}\sum_{\lambda'=0}^{3}\epsilon^\mu(\boldsymbol{k}',\lambda')\epsilon_\mu(\boldsymbol{k},\lambda)(\omega_{k'}\omega_k + \boldsymbol{k}'\cdot\boldsymbol{k})\\ &\left(\hat{a}_{\boldsymbol{k}'\lambda'}\hat{a}_{\boldsymbol{k}\lambda}\mathrm{e}^{-i(k'+k)\cdot x} + \hat{a}^\dagger_{\boldsymbol{k}'\lambda'}\hat{a}^\dagger_{\boldsymbol{k}\lambda}\mathrm{e}^{i(k'+k)\cdot x} -\right.\\ &\left.-\hat{a}^\dagger_{\boldsymbol{k}\lambda}\hat{a}_{\boldsymbol{k}'\lambda'}\mathrm{e}^{-i(k'-k)\cdot x} - \hat{a}^\dagger_{\boldsymbol{k}'\lambda'}\hat{a}_{\boldsymbol{k}\lambda}\mathrm{e}^{i(k'-k)\cdot x}\right)d^3k\,d^3k'\,d^3x.\end{aligned} \tag{19.4.25}$$

Die Durchführung der $\boldsymbol{x}$ und $\boldsymbol{k}'$-Integration liefert wegen der Orthogonalität der Polarisationsvektoren schließlich

$$\hat{H} = \int\omega_k\left(\sum_{\lambda=1}^{3}\hat{a}^\dagger_{\boldsymbol{k}\lambda}\hat{a}_{\boldsymbol{k}\lambda} - \hat{a}^\dagger_{\boldsymbol{k}0}\hat{a}_{\boldsymbol{k}0}\right)d^3k. \tag{19.4.26}$$

Zunächst ist man versucht, $\hat{a}^\dagger_{\boldsymbol{k}\lambda}$ und $\hat{a}_{\boldsymbol{k}\lambda}$ als Erzeugungs- bzw. Vernichtungsoperatoren für die Quanten des Maxwell-Feldes aufzufassen. Diese Feldquanten heißen *Photonen.* Je nach dem Wert von λ unterscheidet man *skalare* ($\lambda = 0$), *transversale* ($\lambda = 1,2$) und *longitudinale* ($\lambda = 3$) Photonen. Im Unterschied zu den bisher betrachteten Feldern ist die Konstruktion eines Fockraumes für das Maxwell-Feld jedoch mit Problemen behaftet. Zunächst postulieren wir in üblicher Form einen durch $\hat{a}_{\boldsymbol{k}\lambda}|0\rangle = 0$ definierten, auf 1 normierten Vakuumzustand $|0\rangle$, und bauen Zustandsvektoren durch fortgesetzte Anwendung von $\hat{a}^\dagger_{\boldsymbol{k}\lambda}$ auf $|0\rangle$ auf. Dabei ergibt sich die Schwierigkeit, daß Zustände mit Beimischungen skalarer Photonen eine negative Norm haben können, d.h. die Metrik des solcherart konstruierten Hilbertraumes ist indefinit!

Um dies einzusehen, betrachten wir die Norm eines Ein-Photon-Zustandes. Aus $\langle 1_{\boldsymbol{k}\lambda}| = \langle 0|\hat{a}_{\boldsymbol{k}\lambda}$, $|1_{\boldsymbol{k}\lambda}\rangle = \hat{a}^\dagger_{\boldsymbol{k}\lambda}|0\rangle$ folgt

$$\begin{aligned}\langle 1_{\boldsymbol{k}\lambda}|1_{\boldsymbol{k}\lambda}\rangle &= \langle 0|\hat{a}_{\boldsymbol{k}\lambda}\hat{a}^\dagger_{\boldsymbol{k}\lambda}|0\rangle = \langle 0| - g_{\lambda\lambda}\delta^3(\boldsymbol{0}) + \hat{a}^\dagger_{\boldsymbol{k}\lambda}\hat{a}_{\boldsymbol{k}\lambda}|0\rangle = \\ &= -g_{\lambda\lambda}\delta^3(\boldsymbol{0})\langle 0|0\rangle = -g_{\lambda\lambda}\delta^3(\boldsymbol{0}),\end{aligned} \tag{19.4.27}$$

wobei wir die Kommutationsrelationen (19.4.23a) berücksichtigt haben. Im Fall $\lambda = 0$ ergibt sich für die Norm ein negativer Wert!

Um die physikalischen Konsequenzen dieser Tatsache zu erkennen, schreiben wir den Erwartungswert von $\hat{H}$ bezüglich eines Zustandes $|\Phi\rangle$ in der Gestalt

$$\langle\Phi|\hat{H}|\Phi\rangle = \int\omega_k\sum_{\lambda=1}^{2}\langle\Phi|\hat{a}^\dagger_{\boldsymbol{k}\lambda}\hat{a}_{\boldsymbol{k}\lambda}|\Phi\rangle d^3x + \int\omega_k < \Phi|\hat{a}^\dagger_{\boldsymbol{k}3}\hat{a}_{\boldsymbol{k}3} - \hat{a}^\dagger_{\boldsymbol{k}0}\hat{a}_{\boldsymbol{k}0}|\Phi\rangle d^3x. \tag{19.4.28}$$

Durch die Erzeugung skalarer Photonen könnte man beliebig hohe Energie gewinnen, was natürlich unsinnig ist. Da weiter experimentell nur transversale Photonen nachweisbar sind, erkennt man die skalaren und longitudinalen Photonen als bloße Hilfsvorstellungen, die auf eine Observablenberechnung keinen Einfluß nehmen dürfen.

Die auf *Gupta* und *Bleuer* zurückgehende Lösung dieser Problematik besprechen wir im folgenden Abschnitt. Vorher wollen wir jedoch noch die Impulsverhältnisse des Maxwell-Feldes analysieren. Aus (19.4.10) ergibt sich der Impuls-Operator zu

$$\hat{\boldsymbol{P}} =: \int \dot{\hat{A}}^{\mu} \nabla \hat{A}_{\mu} d^3x \; :. \tag{19.4.29}$$

Die gleiche Vorgangsweise wie beim Hamilton-Operator liefert schließlich

$$\hat{\boldsymbol{P}} = \int \boldsymbol{k} \left(\sum_{\lambda=1}^{3} \hat{a}^{\dagger}_{\boldsymbol{k}\lambda} \hat{a}_{\boldsymbol{k}\lambda} - \hat{a}^{\dagger}_{\boldsymbol{k}0} \hat{a}_{\boldsymbol{k}0} \right) d^3k. \tag{19.4.30}$$

Es tritt hier dieselbe Problematik wie beim Hamilton-Operator auf, die im folgenden Abschnitt ihre Lösung finden wird.

19.4.4 Die Methode von Gupta und Bleuer

Wir erinnern an die Eichvarianz des klassischen Feldes A^{μ} und die damit verbundene Möglichkeit der Lorentz-Eichung

$$A^{\mu}{}_{,\mu} = 0. \tag{19.4.31}$$

Es ist nun nicht möglich, diese Bedingung auch auf den Feldoperator $\hat{A}^{\mu}$ zu übertragen. Dazu beachten wir die Gültigkeit der aus den GKR (19.4.19) folgenden Beziehung

$$\begin{aligned} [\partial_{\mu} \hat{A}^{\mu}(\boldsymbol{x},t), \hat{A}^{\nu}(\boldsymbol{x}',t)] &= [\dot{\hat{A}}^{0} + \nabla \cdot \hat{\boldsymbol{A}}(\boldsymbol{x},t), \hat{A}^{\nu}(\boldsymbol{x}',t)] = \\ = \;& -[\hat{\pi}^{0}(\boldsymbol{x},t), \hat{A}^{\nu}(\boldsymbol{x}',t)] + \nabla \cdot [\hat{\boldsymbol{A}}(\boldsymbol{x},t), \hat{A}^{\nu}(\boldsymbol{x}',t)] = \\ = \;& i g^{\nu 0} \delta^3(\boldsymbol{x} - \boldsymbol{x}'). \end{aligned} \tag{19.4.32}$$

Der Kommutator verschwindet also nicht identisch, weshalb man $\hat{A}^{\mu}{}_{,\mu}$ als nichttrivialen Operator erkennt.

Gupta und Bleuer haben nun eine Abschwächung der Beziehung (19.4.31) gefunden, die sich gleichzeitig als Schlüssel zur Lösung des Problems aus dem letzten Abschnitt erweist. Sie postulierten, daß nur solche Hilbertraumzustände $|\Phi\rangle$ als physikalisch relevant angesehen werden dürfen, die der Bedingung

$$\partial^{\mu} \hat{A}^{(+)}_{\mu}(x) |\Phi\rangle = 0 \tag{19.4.33}$$

genügen. Dabei bezeichnen $\hat{A}^{(+)}_{\mu}$, $\hat{A}^{(-)}_{\mu}$ wie üblich den Erzeugungs- bzw. Vernichtungsanteil des Operators $\hat{A}_{\mu}$. Die zu (19.4.33) adjungierte Gleichung lautet

$$\langle \Phi | \partial^{\mu} \hat{A}^{(-)}_{\mu}(x) = 0, \tag{19.4.34}$$

wegen $\hat{A}^{(+)\dagger}_{\mu} = \hat{A}^{(-)}_{\mu}$. Daraus folgt sofort

$$\langle \Phi | \partial^{\mu} \hat{A}_{\mu} | \Phi \rangle = 0. \tag{19.4.35}$$

Für physikalisch zulässige Zustände verschwindet der Erwartungswert der Eichbedingung.

Damit ist eine Abschwächung für die Bedingung (19.4.31) in Operatorform gefunden. Wir setzen nun in (19.4.33) die Fourierdarstellung für $\hat{A}_\mu^{(+)}$ aus (19.4.20) ein:

$$\frac{1}{\sqrt{(2\pi)^3 2\omega_k}} \int \mathrm{e}^{-ik\cdot x} \sum_{k=0}^{3} k \cdot \epsilon^\mu(\boldsymbol{k},\lambda) \hat{a}_{\boldsymbol{k}\lambda} |\Phi\rangle d^3k = 0. \tag{19.4.36}$$

Da diese Beziehung für alle Werte von μ gelten soll, muß die Summe identisch verschwinden. Unter Beachtung der Relationen (19.4.17) folgt dann

$$(\hat{a}_{\boldsymbol{k}0} - \hat{a}_{\boldsymbol{k}3})|\Phi\rangle = 0, \tag{19.4.37}$$

und somit auch

$$\langle\Phi|(\hat{a}^\dagger_{\boldsymbol{k}0} - \hat{a}^\dagger_{\boldsymbol{k}3}) = 0. \tag{19.4.38}$$

Man erkennt, daß für jeden erlaubten Zustand der Erwartungswert der Teilchenzahl skalarer Photonen gleich dem Erwartungswert der Teilchenzahl longitudinaler Photonen ist:

$$\langle\Phi|\hat{a}^\dagger_{\boldsymbol{k}0}\hat{a}_{\boldsymbol{k}0}|\Phi\rangle = \langle\Phi|\hat{a}^\dagger_{\boldsymbol{k}3}\hat{a}_{\boldsymbol{k}3}|\Phi\rangle. \tag{19.4.39}$$

Wir betrachten nun den Energie-Erwartungswert (19.4.28). Wegen (19.4.39) verschwindet der störende zweite Term, und es verbleibt

$$\langle\Phi|\hat{H}|\Phi\rangle = \int \omega_k \sum_{\lambda=1}^{2} \langle\Phi|\hat{a}^\dagger_{\boldsymbol{k}\lambda}\hat{a}_{\boldsymbol{k}\lambda}|\Phi\rangle d^3k. \tag{19.4.40}$$

Die Energieanteile von skalaren und longitudinalen Photonen kompensieren sich also, und es verbleiben ausschließlich die Beiträge transversaler Photonen. In gleicher Weise erhält man den Erwartungswert des Feldimpulses

$$\langle\Phi|\hat{\boldsymbol{P}}|\Phi\rangle = \int \boldsymbol{k} \sum_{\lambda=1}^{2} \langle\Phi|\hat{a}^\dagger_{\boldsymbol{k}\lambda}\hat{a}_{\boldsymbol{k}\lambda}|\Phi\rangle d^3k. \tag{19.4.41}$$

19.4.5 Der Feynman-Propagator des Maxwell-Feldes

Die Definitionsgleichung des Feynman-Propagators für das Photonenfeld lautet

$$i D_F{}^{\mu\nu}(x-y) = \langle 0|T\big(\hat{A}^\mu(x)\hat{A}^\nu(y)\big)|0\rangle. \tag{19.4.42}$$

Einsetzen in die Fourierentwicklung (19.4.20) liefert

$$\begin{aligned} i D_F{}^{\mu\nu}(x-y) &= \int\!\!\int \frac{1}{\sqrt{(2\pi)^3 2\omega_{k'}}} \frac{1}{\sqrt{(2\pi)^3 2\omega_k}} \sum_{\lambda=0}^{3}\sum_{\lambda'=0}^{3} \epsilon^\mu(\boldsymbol{k}',\lambda')\epsilon^\nu(\boldsymbol{k},\lambda) \\ &\quad \Big(\theta(x_0-y_0)\mathrm{e}^{-i(k'\cdot x - k\cdot y)}\langle 0|\hat{a}_{\boldsymbol{k}'\lambda'}\hat{a}^\dagger_{\boldsymbol{k}\lambda}|0\rangle + \\ &\quad +\theta(y_0-x_0)\mathrm{e}^{i(k'\cdot x - k\cdot y)}\langle 0|\hat{a}_{\boldsymbol{k}\lambda}\hat{a}^\dagger_{\boldsymbol{k}'\lambda'}|0\rangle\Big)\, d^3k d^3k' = \qquad (19.4.43) \\ &= \int \frac{1}{(2\pi)^3 2\omega_k} \sum_{\lambda=0}^{3} -g_{\lambda\lambda}\epsilon^\mu(\boldsymbol{k},\lambda)\epsilon^\nu(\boldsymbol{k},\lambda) \\ &\quad \Big(\theta(x_0-y_0)\mathrm{e}^{-ik\cdot(x-y)} + \theta(y_0-x_0)\mathrm{e}^{ik\cdot(x-y)}\Big)\, d^3k. \end{aligned}$$

Unter Beachtung der Vollständigkeitsrelation (19.4.14) erhält man weiter

$$iD_F{}^{\mu\nu}(x-y) = \int \frac{1}{(2\pi)^3 2\omega_k} g^{\mu\nu} \left(\theta(x_0-y_0)\mathrm{e}^{-ik\cdot(x-y)} + \theta(y_0-x_0)\mathrm{e}^{ik\cdot(x-y)}\right) d^3k. \tag{19.4.43'}$$

Ein Vergleich mit (19.2.69) zeigt

$$D_F{}^{\mu\nu}(x-y) = g^{\mu\nu}\Delta_F(x-y), \tag{19.4.44}$$

d.h. der Feynman-Propagator des Maxwell-Feldes ergibt sich direkt aus jenem des Klein-Gordon-Feldes für $m = 0$. Daher können auch alle im Abschnitt 2 für Δ_F konstruierten Integraldarstellungen für $D_F{}^{\mu\nu}$ übernommen werden.

Abschließend wollen wir den Feynman-Propagator $D_F{}^{\mu\nu}$ noch durch Invertierung des fouriertransformierten Differentialoperators in der Lagrange-Dichte herleiten. Schreibt man (19.4.4) in der Gestalt

$$\mathcal{L} = -\frac{1}{2}\partial_\mu A_\nu \partial^\nu A^\mu = \frac{1}{2} A^\nu D_{\mu\nu} A^\mu, \tag{19.4.45}$$

so lautet der Differentialoperator

$$D_{\mu\nu}(x) = -g_{\mu\nu} \overleftarrow{\partial}_\alpha \overrightarrow{\partial}^\alpha\ , \tag{19.4.46}$$

mit der Fouriertransformierten

$$D_{\mu\nu}(k) = -g_{\mu\nu}k^2. \tag{19.4.47}$$

Die Inverse dieser Matrix ergibt sich zu

$$D^{-1\mu\nu}(k) = -\frac{g^{\mu\nu}}{k^2}. \tag{19.4.48}$$

Für den Feynman-Propagator im Impulsraum erhält man daher nach geeigneter Verschiebung der Pole

$$D_F{}^{\mu\nu}(k) = -\frac{g^{\mu\nu}}{k^2+i\epsilon} = g^{\mu\nu}\Delta_F(k), \tag{19.4.49}$$

woraus sofort die Beziehung im Ortsraum (19.4.44) folgt.

19.5 Quantisierung wechselwirkender Felder

Bisher haben wir uns ausschließlich mit der Quantisierung isolierter Felder beschäftigt. Diese Theorie wollen wir nun für gekoppelte Felder erweitern. In diesem Abschnitt besprechen wir die für beliebige Felder gültigen Begriffsbildungen und Modelle. In Kapitel 20 werden wir die Ergebnisse dann zur Beschreibung der Wechselwirkung zwischen dem Elektron-Positron-Feld und dem elektromagnetischen Feld verwenden.

Bei der Beschreibung isolierter Felder haben wir bisher ausschließlich im Heisenberg-Bild gearbeitet: Die Zeitabhängigkeit wurde von den Operatoren gemäß

$$i\dot{\hat{A}}(t) = [\hat{A}(t), \hat{H}] \tag{19.5.1}$$

getragen, während die Zustandsvektoren $|\Phi\rangle$ zeitunabhängig waren. Bei der Beschreibung wechselwirkender Felder kann man einen Hamilton-Operator in der Gestalt

$$\hat{H} = \hat{H}_0 + \hat{H}_1 \tag{19.5.2}$$

ansetzen, wobei $\hat{H}_0$ den „ungestörten“ Operator freier Felder und $\hat{H}_1$ die durch die Wechselwirkung hervorgerufene „Störung“ beschreibt. Damit verliert der Operator $\hat{A}$ natürlich die spezielle, für freie Felder gültige Zeitabhängigkeit, womit z.B. die Fourierentwicklung eines Feldoperators nach früherem Vorbild nicht mehr möglich ist.

Es wäre daher wünschenswert, wenn in (19.5.1) an Stelle von $\hat{H}$ auch im Falle von Wechselwirkungen stets der ungestörte Operator $\hat{H}_0$ aufscheinen würde. Dies leistet das von *Tomonaga* und *Schwinger* eingeführte *Wechselwirkungsbild* (siehe dazu auch Kapitel 1/I). Es geht aus dem Heisenberg-Bild durch die Transformation

$$\begin{aligned} \hat{A}^W(t) &= \mathrm{e}^{i\hat{H}_0 t}\mathrm{e}^{-i\hat{H}t}\hat{A}^H(t)\mathrm{e}^{i\hat{H}t}\mathrm{e}^{-i\hat{H}_0 t}, && (a) \\ |\Phi\rangle^W(t) &= \mathrm{e}^{i\hat{H}_0 t}\mathrm{e}^{-i\hat{H}t}|\Phi\rangle^H && (b) \end{aligned} \tag{19.5.3}$$

hervor. Im Wechselwirkungsbild sind daher i.a. sowohl die Operatoren, als auch die Zustandsvektoren zeitabhängig. Im Fall $\hat{H}_1 = 0$ ist das Wechselwirkungsbild identisch mit dem Heisenberg-Bild. Für die Zeitableitung des Operators $\hat{A}^W(t)$ gilt

$$\begin{aligned} \dot{\hat{A}}^W &= -i\hat{H}_1\hat{A}^W + \mathrm{e}^{-i\hat{H}_1 t}\dot{\hat{A}}^H\mathrm{e}^{i\hat{H}_1 t} + i\hat{A}^W\hat{H}_1 = \\ &= i[\hat{A}^W,\hat{H}_1] - i\mathrm{e}^{-\hat{H}_1 t}[\hat{A}^H,\hat{H}]\mathrm{e}^{i\hat{H}_1 t} = \\ &= i[\hat{A}^W,\hat{H}_1] - i[\hat{A}^W,\hat{H}_0 + \hat{H}_1] = -i[\hat{A}^W,\hat{H}_0], \end{aligned}$$

und somit

$$i\dot{\hat{A}}^W(t) = [\hat{A}^W(t),\hat{H}_0]. \tag{19.5.4}$$

Im Wechselwirkungsbild wird die Zeitabhängigkeit eines Operators also wie gewünscht durch die Heisenbergsche Bewegungsgleichung mit dem ungestörten Hamilton-Operator beschrieben. Daher genügen die Feldoperatoren den wechselwirkungsfreien Feldgleichungen und den Kommutator- bzw. Antikommutatorrelationen, wie wir sie von den freien Feldern her kennen. In ähnlicher Weise zeigt man

$$i\partial_t|\Phi\rangle^W = \hat{H}_1|\Phi\rangle^W, \tag{19.5.5}$$

d.h. die Zustandsvektoren des Wechselwirkungsbildes genügen der Schrödinger-Gleichung, wobei aber nur der Störanteil $\hat{H}_1$ des Hamilton-Operators auftritt. Da wir im weiteren Verlauf ausschließlich das Wechselwirkungsbild benützen, verzichten wir in Hinkunft auf die Kennung durch den Index W.

19.5.1 Dyson-Operator und Streumatrix

Wir erinnern an die Einführung des Operators $\hat{S}(t_0,t_1)$ in der nichtrelativistischen Quantenmechanik, der die Wellenfunktion $\psi(\boldsymbol{x},t_0)$ in die Wellenfunktion $\psi(\boldsymbol{x},t_1)$ durch $\psi(\boldsymbol{x},t_1) = \hat{S}(t_1,t_0)\psi(\boldsymbol{x},t_0)$ überführt. Analog dazu definiert man in der Quantenfeldtheorie einen *Zeitentwicklungsoperator* $\hat{U}(t_1,t_0)$, der einen Zustandsvektor $|\Phi\rangle(t_0)$ in den Zustandsvektor $|\Phi\rangle(t_1)$ überführt:

$$|\Phi\rangle(t_1) = \hat{U}(t_1,t_0)|\Phi\rangle(t_0). \tag{19.5.6}$$

Der Operator $\hat{U}(t_1,t_0)$ wird auch als *Dyson-Operator* bezeichnet. Seine wichtigsten Eigenschaften sind durch

$$\hat{U}(t_0,t_0) = \hat{I}, \tag{19.5.7}$$

$$\hat{U}(t_2,t_1)\hat{U}(t_1,t_0) = \hat{U}(t_2,t_0), \tag{19.5.8}$$

$$\hat{U}^{-1}(t_0,t_1) = \hat{U}(t_1,t_0), \tag{19.5.9}$$

$$\hat{U}^{\dagger}(t_1,t_0) = \hat{U}^{-1}(t_1,t_0) \tag{19.5.10}$$

gegeben. (19.5.7) folgt automatisch aus der Definitionsgleichung (19.5.6). Ebenso ist die Gruppeneigenschaft (19.5.8) für zeitlich aufeinanderfolgende Transformationen unmittelbar anschaulich. (19.5.9) erhält man direkt aus (19.5.8) für $t_2 = t_0$. die Gültigkeit der Unitarität ist eine Konsequenz von (19.5.8) und der Hermitizität der Hamilton-Operatoren H_0 und H_1. Setzt man (19.5.6) in die Schrödinger-Gleichung (19.5.5) ein, so ergibt sich

$$i\partial_t\hat{U}(t,t_0) = \hat{H}_1\hat{U}(t,t_0), \tag{19.5.11}$$

mit der Nebenbedingung $\hat{U}(t_0,t_0) = \hat{I}$.

Für die weiteren Untersuchungen empfiehlt sich die Umwandlung dieser Differentialgleichung in eine Integralgleichung. Formale Integration beider Seiten liefert unter Beachtung der Nebenbedingung

$$\hat{U}(t,t_0) = \hat{I} + (-i)\int_{t_0}^{t} \hat{H}_1(t')\hat{U}(t',t_0)dt'. \tag{19.5.12}$$

Die unbekannte Funktion $\hat{U}(t,t_0)$ erscheint also sowohl vor als auch hinter dem Integralzeichen. Integralgleichungen dieses Typs bezeichnet man als *Integralgleichungen zweiter Art*, im Unterschied zu den *Integralgleichungen erster Art*, wo die Unbekannte ausschließlich hinter dem Integralzeichen steht. Weiter tritt die unabhängige Veränderliche t als Integral-Obergrenze auf. Eine derartige Gleichung heißt *Volterrasche Integralgleichung* zweiter Art. Lösungsmethoden für diesen und andere Gleichungstypen finden sich in Kapitel 26. Wir wollen die Kenntnis funktionalanalytischer Methoden an dieser Stelle jedoch nicht voraussetzen, und die Lösung von (19.5.12) formal konstruieren. Sukzessives Ersetzen von $\hat{U}(t,t_0)$ durch die rechte Seite von (19.5.12) liefert die *Neumannsche Reihe*

$$\begin{aligned}\hat{U}(t,t_0) &= \hat{I} + (-i)\int_{t_0}^{t} \hat{H}_1(t_1)dt_1 + (-i)^2\int_{t_0}^{t}\int_{t_0}^{t_1} \hat{H}_1(t_1)\hat{H}_1(t_2)dt_2dt_1 + \\ &\quad + \cdots + (-i)^n\int_{t_0}^{t}\int_{t_0}^{t_1}\cdots\int_{t_0}^{t_{n-1}} \hat{H}_1(t_1)\hat{H}_1(t_2)\ldots\hat{H}_1(t_n)dt_n\ldots dt_1 + \ldots\end{aligned} \tag{19.5.13}$$

Für praktische Rechnungen wirken die variablen Grenzen sehr störend. Diese Schwierigkeit läßt sich mit Hilfe des in Abschnitt 19.2.5 eingeführten zeitgeordneten Produktes umgehen. Wir hatten es bisher nur für zwei Operatoren definiert. Verallgemeinernd gilt

$$\begin{aligned}&T\Big(\hat{H}_1(t_1)\hat{H}_1(t_2)\ldots\hat{H}_1(t_n)\Big) = \hat{H}_1(t_{i_1})\hat{H}_1(t_{i_2})\ldots\hat{H}_1(t_{i_n}), \\ &\text{für } t_{i_1} \geq t_{i_2} \geq \cdots \geq t_{i_n}.\end{aligned} \tag{19.5.14}$$

Da für die Zeitargumente n Permutationsmöglichkeiten existieren, gilt

$$n!\int_{t_0}^{t}\int_{t_0}^{t_1}\cdots\int_{t_0}^{t_{n-1}}\hat{H}_1(t_1)\ldots\hat{H}_1(t_n)dt_n\ldots dt_1 =$$
$$= \int_{t_0}^{t}\int_{t_0}^{t}\cdots\int_{t_0}^{t}T\Big(\hat{H}_1(t_1)\hat{H}_1(t_2)\ldots\hat{H}_1(t_n)\Big)dt_1\ldots dt_n. \qquad (19.5.15)$$

Es tritt also nur mehr das Integrationsintervall $[t_0,t]$ auf. Damit erhält man für die Neumannsche Reihe (19.5.13) die Darstellung

$$\hat{U}(t,t_0) = \sum_{n=0}^{\infty}\frac{(-i)^n}{n!}\int_{t_0}^{t}\cdots\int_{t_0}^{t}T\Big(\hat{H}_1(t_1)\hat{H}_1(t_2)\ldots\hat{H}_1(t_n)\Big)dt_1\ldots dt_n. \qquad (19.5.16)$$

(19.5.16) wird als *Dyson-Reihe*, das zeitgeordnete Produkt auch als *Dyson-Produkt* bezeichnet.

Wir betrachten nun folgende physikalisch motivierte Fragestellung: Im Anfangszustand $|\Phi(-\infty)\rangle$ liege ein System freier Teilchen vor, d.h. die Teilchen sollen so weit voneinander entfernt sein, daß sie praktisch nicht wechselwirken. Mit fortlaufender Zeit sollen sich die Teilchen einander nähern und die Wechselwirkung einsetzen. Nach hinreichend langer Zeit ($t = +\infty$) sollen die Teilchen wieder so weit voneinander entfernt sein, daß keine Wechselwirkung mehr auftritt. Im Anfangszustand $|\Phi(-\infty)\rangle$ und im Endzustand $|\Phi(+\infty)\rangle$ liegt also ein System freier Felder vor. Die Transformation zwischen den Zuständen wird durch den *$\hat{S}$-Operator*

$$\hat{S} = \hat{U}(-\infty, +\infty) \qquad (19.5.17)$$

vermittelt. Drückt man in (19.5.16) $\hat{H}_1$ durch die Hamilton-Dichte aus, so lautet der $\hat{S}$-Operator

$$\hat{S} = \sum_{n=0}^{\infty}\frac{(-i)^n}{n!}\int_{-\infty}^{+\infty}\cdots\int_{-\infty}^{+\infty}T\Big(\hat{H}_1(t_1)\hat{H}_1(t_2)\ldots\hat{H}_1(t_n)\Big)dt_1\ldots dt_n =$$
$$= \sum_{n=0}^{\infty}\frac{(-i)^n}{n!}\int\cdots\int T\Big(\mathcal{H}_1(x_1)\mathcal{H}_1(x_2)\ldots\mathcal{H}_1(x_n)\Big)d^4x_1\ldots d^4x_n. \qquad (19.5.18)$$

Das Betragsquadrat eines Matrixelements

$$S_{ij} = \langle\Phi_i|\hat{S}|\Phi_j\rangle \qquad (19.5.19)$$

gibt die Wahrscheinlichkeitsdichte dafür an, daß der durch die Wechselwirkung aus $|\Phi_i\rangle$ hervorgegangene Zustand $\hat{S}|\Phi_i\rangle$ mit dem Zustand $|\Phi_j\rangle$ übereinstimmt. Dieser von Heisenberg 1943 eingeführte $\hat{S}$-Operator wird auch als ***Streumatrix*** oder ***S-Matrix*** bezeichnet. Die Berechnung der S-Matrix erfordert die Auswertung der zeitgeordneten Produkte.

19.5.2 Das Wicksche Theorem

Da die Hamilton-Dichte $\mathcal{H}_1(x)$ eine Wechselwirkung beschreibt, werden in ihr Produkte von Feldoperatoren der wechselwirkenden Quantenfelder auftreten, womit eine praktische Auswertung der zeitgeordneten Produkte für höhere Ordnung ein großes rechentechnisches Problem aufwirft. Das Wicksche Theorem liefert nun eine elegante Möglichkeit, beliebig komplizierte zeitgeordnete Produkte praktisch zu berechnen. Dazu betrachten wir zwei beliebige (tensorielle oder spinorielle) Feldoperatoren $\hat{\phi}_A(x)$, $\hat{\phi}_B(x)$, und definieren die *Kontraktion* von $\hat{\phi}_A$ und $\hat{\phi}_B$ durch

$$\underbrace{\hat{\phi}_A(x_1)\hat{\phi}_B(x_2)} := \langle 0|T\Big(\hat{\phi}_A(x_1)\hat{\phi}_B(x_2)\Big)|0\rangle . \tag{19.5.20}$$

Rechts tritt der Vakuumerwartungswert des zeitgeordneten Produktes auf, den wir früher schon im Zusammenhang mit dem Feynman-Propagator eines Feldes definiert haben. Den Vorteil der durch (19.5.20) vermittelten Schreibweise werden wir bei der Formulierung des *Wickschen Theorems* einsehen:

> *Das zeitgeordnete Produkt einer Menge von Operatoren kann als Summe aller entsprechenden kontrahierten Normalprodukte dargestellt werden, wobei alle kombinatorisch möglichen Kontraktionen von Operatoren auftreten.*

Wir wollen diese Aussage für das zeitgeordnete Produkt von zwei und drei Operatoren verdeutlichen:

$$T\Big(\hat{\phi}_A(x_1)\hat{\phi}_B(x_2)\Big) = :\hat{\phi}_A(x_1)\hat{\phi}_B(x_2): + :\underbrace{\hat{\phi}_A(x_1)\hat{\phi}_B(x_2)}: , \tag{19.5.21}$$

$$\begin{aligned} T\Big(\hat{\phi}_A(x_1)\hat{\phi}_B(x_2)\hat{\phi}_C(x_3)\Big) &= :\hat{\phi}_A(x_1)\hat{\phi}_B(x_2)\hat{\phi}_C(x_3): \\ &+ :\underbrace{\hat{\phi}_A(x_1)\hat{\phi}_B(x_2)}\hat{\phi}_C(x_3): \\ &+ :\hat{\phi}_A(x_1)\underbrace{\hat{\phi}_B(x_2)\hat{\phi}_C(x_3)}: \\ &+ :\underbrace{\hat{\phi}_A(x_1)\hat{\phi}_B(x_2)\hat{\phi}_C(x_3)}: . \end{aligned} \tag{19.5.22}$$

Auf den Beweis dieses fundamentalen Satzes wollen wir hier nicht eingehen (siehe dazu [17]). Es sei darauf hingewiesen, daß sich bei der obigen Umformung des zeitgeordneten Produktes zunächst ganz zwanglos der früher formal eingeführte Vakuumerwartungswert des zeitgeordneten Produktes zweier Operatoren ergibt. Die Definition der Kontraktion dient zur übersichtlichen Erfassung aller möglichen zeitgeordneten Produkte von je zwei Operatoren, wie aus (19.5.20) ersichtlich wird.

Schreibt man den $\hat{S}$-Operator (19.5.17) in der Gestalt

$$\hat{S} = \hat{I} + \sum_{n=1}^{\infty} \hat{S}^{(n)}, \tag{19.5.23}$$

so zeigt das Wick-Theorem, daß jeder Summand $\hat{S}^{(n)}$ als endliche Summe kontrahierter Normalprodukte

$$\hat{S}^{(n)} = \sum_k \hat{S}^{(nk)} \tag{19.5.24}$$

darstellbar ist. Dabei repräsentiert jeder Teilsummand $\hat{S}^{(nk)}$ einen physikalisch möglichen Prozeß.

19.6 Formelsammlung

Quantisierung des Schrödinger-Feldes

Klassische Theorie

$$\mathcal{L} = i\hbar \overset{*}{\psi} \frac{\partial \psi}{\partial t} - \frac{\hbar}{2m}(\nabla \overset{*}{\psi}) \cdot (\nabla \psi) - V(\boldsymbol{x},t) \overset{*}{\psi} \psi,$$

$$\pi = \frac{\partial \mathcal{L}}{\partial \dot{\psi}} = i\hbar \overset{*}{\psi},$$

$$i\hbar\{\psi(\boldsymbol{x},t), \overset{*}{\psi}(\boldsymbol{x}',t)\} = \delta^3(\boldsymbol{x}-\boldsymbol{x}'),$$

$$\{\psi(\boldsymbol{x},t), \psi(\boldsymbol{x}',t)\} = \{\overset{*}{\psi}(\boldsymbol{x},t), \overset{*}{\psi}(\boldsymbol{x}',t)\} = 0,$$

$$\hat{H} = \int \overset{*}{\psi}(\boldsymbol{x},t)\left(-\frac{\hbar^2}{2m}\Delta + V(\boldsymbol{x},t)\right)\psi(\boldsymbol{x},t)d^3x;$$

Quantisierung für Bosonen

$$[\hat{\psi}(\boldsymbol{x},t), \hat{\psi}^\dagger(\boldsymbol{x}',t)] = \delta^3(\boldsymbol{x}-\boldsymbol{x}'),$$

$$[\hat{\psi}(\boldsymbol{x},t), \hat{\psi}(\boldsymbol{x}',t)] = [\hat{\psi}^\dagger(\boldsymbol{x},t), \hat{\psi}^\dagger(\boldsymbol{x}',t)] = 0,$$

$$\dot{\hat{\psi}} = \frac{1}{i\hbar}[\hat{\psi}, \hat{H}] \quad \ldots \quad \text{Heisenbergsche Bewegungsgleichung für } \hat{\psi},$$

$$i\hbar\dot{\hat{\psi}}(\boldsymbol{x},t) = \left(-\frac{\hbar^2}{2m}\Delta + V(\boldsymbol{x},t)\right)\hat{\psi}(\boldsymbol{x},t) \quad \ldots \quad \text{Schrödinger-Gleichung für } \hat{\psi},$$

$$[\hat{a}_i(t), \hat{a}_j^\dagger(t)] = \delta_{ij},$$

$$[\hat{a}_i(t), \hat{a}_j(t)] = [\hat{a}_i^\dagger(t), \hat{a}_j^\dagger(t)] = 0,$$

$$\hat{N} = \sum_i \hat{n}_i = \sum_i \hat{a}_i^\dagger \hat{a}_i, \quad [\hat{n}_i, \hat{n}_j] = 0, \quad \dot{\hat{N}} = 0, \quad \hat{H} = \sum_i \hat{a}_i^\dagger \hat{a}_i e_i;$$

Quantisierung des reellen Klein-Gordon-Feldes

Klassische Theorie

$$\mathcal{L} = \frac{1}{2}(\hbar^2 \phi_{,\mu}\phi^{,\mu} - m^2c^2\phi^2),$$

$$\mathcal{L} = \frac{1}{2}(\phi_{,\mu}\phi^{,\mu} - m^2\phi^2), \quad \ldots \quad \text{in natürlichen Einheiten } (\hbar = c = 1),$$

$$\pi = \frac{\partial \mathcal{L}}{\partial \dot{\phi}} = \dot{\phi},$$

$$H = \frac{1}{2}\int \left(\pi^2 + (\nabla\phi)^2 + m^2\phi^2\right)d^3x,$$

$$\boldsymbol{P} = -\int \pi \nabla\phi d^3x.$$

Quantisierte Theorie

$$[\hat{\phi}(\boldsymbol{x},t),\hat{\pi}(\boldsymbol{x}',t)] = i\delta^3(\boldsymbol{x}-\boldsymbol{x}'),$$

$$[\hat{\phi}(\boldsymbol{x},t),\hat{\phi}(\boldsymbol{x}',t)] = [\hat{\pi}(\boldsymbol{x},t),\hat{\pi}(\boldsymbol{x}',t)] = 0,$$

$\dot{\hat{\phi}} = -i[\hat{\phi},\hat{H}], \quad \dot{\hat{\pi}} = -i[\hat{\pi},\hat{H}]$ ... Heisenbergsche Bewegungsgleichungen für $\hat{\phi}$ und $\hat{\pi}$,

$(\Box + m^2)\hat{\phi}(\boldsymbol{x},t) = 0$ ... Klein-Gordon-Gleichung für $\hat{\phi}$,

$$[\hat{a}_{\boldsymbol{p}},\hat{a}^\dagger_{\boldsymbol{p}'}] = \delta^3(\boldsymbol{p}-\boldsymbol{p}'),$$

$$[\hat{a}_{\boldsymbol{p}},\hat{a}_{\boldsymbol{p}'}] = [\hat{a}^\dagger_{\boldsymbol{p}},\hat{a}^\dagger_{\boldsymbol{p}'}] = 0,$$

$$\hat{H} =: \frac{1}{2}\int\left(\hat{\pi}^2 + (\nabla\hat{\phi})^2 + m^2\hat{\phi}^2\right)d^3x := \int \omega_p \hat{a}^\dagger_{\boldsymbol{p}}\hat{a}_{\boldsymbol{p}} d^3p,$$

$$\hat{\boldsymbol{P}} = -\frac{1}{2}\int\left(\hat{\pi}\nabla\hat{\phi} + (\nabla\hat{\phi})\hat{\pi}\right)d^3x = \int \boldsymbol{p}\hat{a}^\dagger_{\boldsymbol{p}}\hat{a}_{\boldsymbol{p}} d^3p;$$

Quantisierung des komplexen Klein-Gordon-Feldes

Klassische Theorie

$\mathcal{L} = (\phi^*_{,\mu}\phi^{,\mu} - m^2\phi^*\phi),$ ... in natürlichen Einheiten

$$\pi = \frac{\partial\mathcal{L}}{\partial\dot{\phi}} = \dot{\phi}^*, \quad \pi^* = \frac{\partial\mathcal{L}}{\partial\dot{\phi}^*} = \dot{\phi},$$

$$H = \int\left(\pi^*\pi + (\nabla\phi^*)\cdot(\nabla\phi) + m^2\phi^*\phi\right)d^3x,$$

$$\boldsymbol{P} = -\int(\pi\nabla\phi^* + \pi^*\nabla\phi)d^3x,$$

$$Q = -i\int(\pi\phi - \pi^*\phi^*)d^3x;$$

Quantisierte Theorie

$$[\hat{\phi}(\boldsymbol{x},t),\hat{\pi}(\boldsymbol{x}',t)] = [\hat{\phi}^\dagger(\boldsymbol{x},t),\hat{\pi}^\dagger(\boldsymbol{x}',t)] = i\delta^3(\boldsymbol{x}-\boldsymbol{x}'),$$

$$[\hat{a}_{\boldsymbol{p}},\hat{a}^\dagger_{\boldsymbol{p}'}] = [\hat{b}_{\boldsymbol{p}},\hat{b}^\dagger_{\boldsymbol{p}'}] = \delta^3(\boldsymbol{p}-\boldsymbol{p}'),$$

$$\begin{aligned}\hat{H} &= :\int\left(\hat{\pi}^\dagger\hat{\pi} + (\nabla\hat{\phi}^\dagger)\cdot(\nabla\hat{\phi}) + m^2\hat{\phi}^\dagger\hat{\phi}\right)d^3x := \\ &= \int \omega_p(\hat{a}^\dagger_{\boldsymbol{p}}\hat{a}_{\boldsymbol{p}} + \hat{b}^\dagger_{\boldsymbol{p}}\hat{b}_{\boldsymbol{p}})d^3p,\end{aligned}$$

$$\hat{\boldsymbol{P}} = -:\int(\hat{\pi}\nabla\hat{\phi}^\dagger + \hat{\pi}^\dagger\nabla\hat{\phi})d^3x := \int \boldsymbol{p}(\hat{a}^\dagger_{\boldsymbol{p}}\hat{a}_{\boldsymbol{p}} + \hat{b}^\dagger_{\boldsymbol{p}}\hat{b}_{\boldsymbol{p}})d^3p,$$

$$\hat{Q} = -:i\int(\hat{\pi}\hat{\phi} - \hat{\pi}^\dagger\hat{\phi}^\dagger)d^3x := \int(\hat{a}^\dagger_{\boldsymbol{p}}\hat{a}_{\boldsymbol{p}} - \hat{b}^\dagger_{\boldsymbol{p}}\hat{b}_{\boldsymbol{p}})d^3p;$$

Pauli-Jordan-Funktion

$$i\Delta(x-y) := [\hat{\phi}(x),\hat{\phi}^\dagger(y)],$$

$$(\Box + m^2)\Delta(x) = 0,$$

$$\begin{aligned} i\Delta(x-y) &= -i\int \frac{1}{(2\pi)^3\omega_p}\sin p\cdot(x-y)d^3p = \\ &= \int \frac{1}{(2\pi)^3}\epsilon(p_0)\delta(p^2-m^2)\mathrm{e}^{-ip\cdot(x-y)}d^4p = \frac{1}{(2\pi)^4}\int_{\mathcal{C}} \frac{\mathrm{e}^{-ip\cdot(x-y)}}{p^2-m^2}d^4p; \end{aligned}$$

Kommutationsfunktionen Δ, Δ_1, $\Delta^{(+)}$, $\Delta^{(-)}$

$$(\Box + m^2). = 0,$$

$$i\Delta_1(x-y) := [\hat{\phi}(x),\hat{\phi}^\dagger(y)],$$

$$\begin{aligned} i\Delta_1(x-y) &= \int \frac{1}{(2\pi)^3\omega_p}\cos p\cdot(x-y)d^3p = \\ &= \int \frac{1}{(2\pi)^3}\delta(p^2-m^2)\mathrm{e}^{-ip\cdot(x-y)}d^4p = i\int_{\mathcal{C}} \frac{1}{(2\pi)^4}\frac{\mathrm{e}^{-ip\cdot(x-y)}}{p^2-m^2}d^4p, \end{aligned}$$

$$\Delta^{(+)} = \frac{1}{2}(\Delta + \Delta_1), \qquad \Delta^{(-)} = \frac{1}{2}(\Delta - \Delta_1),$$

$$\Delta(-x) = -\Delta(x), \qquad \Delta^*(x) = \Delta(x),$$

$$\Delta_1(-x) = \Delta_1(x), \qquad \Delta_1^*(x) = -\Delta_1(x),$$

$$\Delta^{(\pm)}(-x) = -\Delta^{(\mp)}(x), \qquad \Delta^{(\pm)*}(x) = \Delta^{(\mp)}(x);$$

Feynman-Propagator

$$i\Delta_F(x-y) := \langle 0|T\Big(\hat{\phi}(x)\hat{\phi}^\dagger(y)\Big)|0\rangle,$$

mit

$$T\Big(\hat{A}(x)\hat{B}(y)\Big) := \hat{A}(x)\hat{B}(y)\theta(x_0-y_0) \pm \hat{B}(y)\hat{A}(x)\theta(y_0-x_0),$$

$$(\Box_x + m^2)\Delta_F(x-y) = -\delta^4(x-y),$$

$$\begin{aligned} i\Delta_F(x-y) &= \int \frac{1}{(2\pi)^3 2\omega_p}\Big(\theta(x_0-y_0)\mathrm{e}^{-ip\cdot(x-y)} + \theta(y_0-x_0)\mathrm{e}^{ip\cdot(x-y)}\Big)d^3p \\ &= \frac{-i}{(2\pi)^4}\int_{\mathcal{C}_F} \frac{\mathrm{e}^{-ip\cdot(x-y)}}{p^2-m^2}d^4p = \frac{-i}{(2\pi)^4}\int \frac{1}{p^2-m^2+i\epsilon}\mathrm{e}^{-ip\cdot(x-y)}d^4p; \end{aligned}$$

Propagationsfunktionen Δ_F, Δ_R, Δ_A, Δ_D, $\bar{\Delta}$

$$(\Box + m^2). = -\delta^4,$$

$$\Delta_F(x) = \frac{1}{2}\Big(\epsilon(x_0)\Delta(x) + \Delta_1(x)\Big), \quad \Delta_R(x) = \theta_0\Delta(x),$$

$$\Delta_A(x) = -\theta(-x_0)\Delta(x), \quad \Delta_D(x) = \frac{1}{2}\Big(\epsilon(x_0)\Delta(x) - \Delta_1(x)\Big), \quad \bar{\Delta}(x) = \frac{1}{2}\epsilon(x_0)\Delta(x);$$

Quantisierung des Dirac-Feldes

Klassische Theorie

$$\mathcal{L} = \bar{\psi}(i\gamma^\mu\partial_\mu - m)\psi, \quad \ldots \quad \text{in natürlichen Einheiten } (\hbar = c = 1)$$

$$\mathcal{L}' = \frac{1}{2}\bar{\psi}\gamma^\mu \overleftrightarrow{\partial_\mu} \psi - m\bar{\psi}\psi, \quad \ldots \quad \text{symmetrisierte Lagrangedichte}$$

$$\pi_\psi = \frac{\partial\mathcal{L}}{\partial\dot{\psi}} = i\psi^\dagger, \quad \pi_{\psi^\dagger} = \frac{\partial\mathcal{L}}{\partial\dot{\psi}^\dagger} = 0,$$

$$H = \int \bar{\psi}(i\gamma_0\partial_0 - i\gamma^0\partial_0 - i\boldsymbol{\gamma}\cdot\nabla + m)\psi d^3x,$$

$$\boldsymbol{P} = -i\int \psi^\dagger\nabla\psi d^3x,$$

$$Q = e\int \psi^\dagger\psi d^3x;$$

Quantisierte Theorie

$$[\hat{\psi}_\alpha(\boldsymbol{x},t), \hat{\psi}^\dagger_\beta(\boldsymbol{x}',t)]_+ = \delta_{\alpha\beta}\delta^3(\boldsymbol{x}-\boldsymbol{x}'),$$

$$[\hat{\psi}_\alpha(\boldsymbol{x},t), \hat{\psi}_\beta(\boldsymbol{x}',t)]_+ = [\hat{\psi}^\dagger_\alpha(\boldsymbol{x},t), \hat{\psi}^\dagger_\beta(\boldsymbol{x}',t)]_+ = 0,$$

$$\dot{\hat{\psi}} = -i[\hat{\psi}, \hat{H}] \quad \ldots \quad \text{Heisenbergsche Bewegungsgleichung für } \hat{\psi},$$

$$\dot{\hat{\psi}}_\sigma(\boldsymbol{x},t) = (-\boldsymbol{\alpha}\cdot\nabla - im\beta)_{\sigma\nu}\hat{\psi}_\nu(\boldsymbol{x},t) \quad \ldots \quad \text{Schrödinger-Gleichung für } \hat{\psi},$$

$$[\hat{a}(\boldsymbol{p},r), \hat{a}^\dagger(\boldsymbol{p}',r')]_+ = \delta_{rr'}\delta^3(\boldsymbol{p}-\boldsymbol{p}'),$$

$$[\hat{a}(\boldsymbol{p},r), \hat{a}(\boldsymbol{p}',r')]_+ = [\hat{a}^\dagger(\boldsymbol{p},r), \hat{a}^\dagger(\boldsymbol{p}',r')]_+ = 0,$$

$$\hat{H} = \int \hat{\psi}^\dagger(-i\boldsymbol{\alpha}\cdot\nabla + \beta m)\hat{\psi}d^3x = \int\left(\sum_{r=1}^{2}\omega_p\hat{n}(\boldsymbol{p},r) + \sum_{r=3}^{4}\omega_p\hat{\bar{n}}(\boldsymbol{p},r)\right)d^3p,$$

$$\hat{n}(\boldsymbol{p},r) = \hat{a}^\dagger(\boldsymbol{p},r)\hat{a}(\boldsymbol{p},r), \quad r = 1,2 \qquad \hat{\bar{n}}(\boldsymbol{p},r) = \hat{a}(\boldsymbol{p},r)\hat{a}^\dagger(\boldsymbol{p},r), \quad r = 3,4,$$

$$\begin{aligned}\hat{\boldsymbol{P}} &= \sum_s\int \boldsymbol{p}\Big(\hat{b}^\dagger(p,s)\hat{b}(p,s) - \hat{d}(p,s)\hat{d}^\dagger(p,s)\Big)d^3p = \\ &= \sum_s\int \boldsymbol{p}\Big(\hat{b}^\dagger(p,s)\hat{b}(p,s) + \hat{d}^\dagger(p,s)\hat{d}(p,s)\Big)d^3p,\end{aligned}$$

$$\hat{Q} = e\sum_s\int\Big(\hat{b}^\dagger(p,s)\hat{b}(p,s) + \hat{d}(p,s)\hat{d}^\dagger(p,s)\Big)d^3p;$$

Quantisierung des Maxwell-Feldes

Klassische Theorie

$$\mathcal{L} = -\frac{1}{4}F_{\mu\nu}F^{\mu\nu} = \frac{1}{2}(A_{\mu,\nu}A^{\mu,\nu} - A_{\mu,\nu}A^{\nu,\mu}),$$

$$\mathcal{L} = -\frac{1}{4}F_{\mu\nu}F^{\mu\nu} - \frac{1}{2}(A^{\mu}{}_{,\mu})^2 \quad \ldots \quad \text{modifizierte Lagrange-Dichte},$$

$$\pi_\mu = \frac{\partial\mathcal{L}}{\partial(\dot{A}^\mu)} = -\dot{A}_\mu,$$

$$A^{\mu}{}_{,\mu} = 0, \quad \ldots \quad \text{Lorentz-Eichung}$$

$$H = \frac{1}{2}\int(-\pi^\mu\pi_\mu + A_{\alpha,k}A^{\alpha,k})d^3x,$$

$$\boldsymbol{P} = \int \dot{A}^\mu\nabla A_\mu d^3x = \int\left(\dot{A}^0\nabla A^0 - \sum_{k=1}^{3}\dot{A}^k\nabla A^k\right)d^3x;$$

Quantisierte Theorie

$$[\hat{A}^\mu(\boldsymbol{x},t),\hat{\pi}^\nu(\boldsymbol{x}',t)] = ig^{\mu\nu}\delta^3(\boldsymbol{x}-\boldsymbol{x}'),$$

$$[\hat{A}^\mu(\boldsymbol{x},t),\hat{A}^\nu(\boldsymbol{x}',t)] = [\hat{\pi}^\mu(\boldsymbol{x},t),\hat{\pi}^\nu(\boldsymbol{x}',t)] = 0,$$

$$[\hat{a}_{\boldsymbol{k}'\lambda'},\hat{a}^\dagger_{\boldsymbol{k}\lambda}] = -g_{\lambda\lambda'}\delta^3(\boldsymbol{k}-\boldsymbol{k}'),$$

$$[\hat{a}_{\boldsymbol{k}'\lambda'},\hat{a}_{\boldsymbol{k}\lambda}] = [\hat{a}^\dagger_{\boldsymbol{k}'\lambda'},\hat{a}^\dagger_{\boldsymbol{k}\lambda}] = 0,$$

$$[\hat{A}^{\mu}{}_{,\mu}(\boldsymbol{x},t),A^\nu(\boldsymbol{x}',t)] = ig_{\nu 0}\delta^3(\boldsymbol{x}-\boldsymbol{x}'),$$

$$\hat{A}^{(+),\mu}_{\mu}|\Phi\rangle = \langle\Phi|\hat{A}^{(-),\mu}_{\mu} = 0, \quad \ldots \quad \text{Gupta-Bleuer-Bedingung}$$

$$(\hat{a}_{\boldsymbol{k}0} - \hat{a}_{\boldsymbol{k}3})|\Phi\rangle = \langle\Phi|(\hat{a}^\dagger_{\boldsymbol{k}0} - \hat{a}^\dagger_{\boldsymbol{k}3}) = 0,$$

$$\langle\Phi|\hat{a}^\dagger_{\boldsymbol{k}0}\hat{a}_{\boldsymbol{k}0}|\Phi\rangle = \langle\Phi|\hat{a}^\dagger_{\boldsymbol{k}3}\hat{a}_{\boldsymbol{k}3}|\Phi\rangle,$$

$$\hat{H} = :-\frac{1}{2}\int\Big(\hat{\pi}^\mu\hat{\pi}_\mu + (\nabla\hat{A}^\mu)\cdot(\nabla\hat{A}_\mu)\Big)d^3x :=$$

$$= \int\omega_k\left(\sum_{\lambda=1}^{3}\hat{a}^\dagger_{\boldsymbol{k}\lambda}\hat{a}_{\boldsymbol{k}\lambda} - \hat{a}^\dagger_{\boldsymbol{k}0}\hat{a}_{\boldsymbol{k}0}\right)d^3k,$$

$$\langle\Phi|\hat{H}|\Phi\rangle = \int\omega_k\sum_{\lambda=1}^{2}\langle\Phi|\hat{a}^\dagger_{\boldsymbol{k}\lambda}\hat{a}_{\boldsymbol{k}\lambda}|\Phi\rangle d^3k,$$

$$\hat{\boldsymbol{P}} =: \int \dot{\hat{A}}^{\mu} \nabla \hat{A}_{\mu} d^3x := \int \boldsymbol{k} \left(\sum_{\lambda=1}^{3} \hat{a}^{\dagger}_{\boldsymbol{k}\lambda} \hat{a}_{\boldsymbol{k}\lambda} - \hat{a}^{\dagger}_{\boldsymbol{k}0} \hat{a}_{\boldsymbol{k}0} \right) d^3k,$$

$$\langle \Phi | \hat{\boldsymbol{P}} | \Phi \rangle = \int \boldsymbol{k} \sum_{\lambda=1}^{2} \langle \Phi | \hat{a}^{\dagger}_{\boldsymbol{k}\lambda} \hat{a}_{\boldsymbol{k}\lambda} | \Phi \rangle d^3k;$$

Feynman-Propagator

$$i D_F^{\mu\nu}(x-y) = \langle 0 | T\Big(\hat{A}^{\mu}(x) \hat{A}^{\nu}(y) \Big) | 0 \rangle,$$

$$D_F^{\mu\nu}(x-y) = g^{\mu\nu} \Delta_F(x-y);$$

Quantisierung wechselwirkender Felder

Wechselwirkungsbild

$$\hat{H} = \hat{H}_0 + \hat{H}_1,$$

$$\hat{A}^W(t) = \mathrm{e}^{-(\hat{H}-\hat{H}_0)t} \hat{A}^H(t) \mathrm{e}^{i(\hat{H}-\hat{H}_0)t}, \quad \ldots \quad \text{Operatoren}$$

$$|\Phi\rangle^W(t) = \mathrm{e}^{-i(\hat{H}-\hat{H}_0)t} |\Phi\rangle^H, \quad \ldots \quad \text{Zustandsvektoren}$$

$$\dot{\hat{A}}^W(t) = [\hat{A}^W(t), \hat{H}_0] \quad \ldots \quad \text{Heisenbergsche Bewegungsgleichung für } \hat{A}^W(t),$$

$$i\partial_t |\Phi\rangle^W(t) = \hat{H}_1 |\Phi\rangle^W(t) \quad \ldots \quad \text{Schrödinger-Gleichung für } |\Phi\rangle^W(t);$$

Dyson-Operator und Streumatrix

$$|\Phi\rangle^W(t_1) = \hat{U}(t_1,t_0) |\Phi\rangle^W(t_0),$$

$$\hat{U}(t_1,t_0) = \hat{I}, \quad \hat{U}(t_2,t_1)\hat{U}(t_1,t_0) = \hat{U}(t_2,t_0),$$

$$\hat{U}^{-1}(t_0,t_1) = \hat{U}(t_1,t_0), \quad \hat{U}^{\dagger}(t_1,t_0) = \hat{U}^{-1}(t_1,t_0),$$

$$i\dot{\hat{U}}(t,t_0) = \hat{H}_1 \hat{U}(t,t_0), \quad \ldots \quad \text{Schrödinger-Gleichung für } \hat{U}(t,t_0)$$

$$\hat{U}(t,t_0) = \hat{I} + (-i) \int_{t_0}^{t} \hat{H}_1(t') \hat{U}(t',t_0) dt', \quad \ldots \quad \text{Volterrasche Integralgleichung für } \hat{U}(t,t_0)$$

$$\hat{U}(t,t_0) = \sum_{n=0}^{\infty} \frac{(-i)^n}{n!} \int_{t_0}^{t} \int_{t_0}^{t} \cdots \int_{t_0}^{t} T\Big(\hat{H}_1(t_1) \hat{H}_1(t_2) \ldots \hat{H}_1(t_n) \Big) dt_1 dt_2 \ldots dt_n, \quad \ldots \quad \text{Dyson-Reihe}$$

mit

$$T\Big(\hat{H}_1(t_1) \hat{H}_1(t_2) \ldots \hat{H}_1(t_n) \Big) := \hat{H}_1(t_{i_1}) \hat{H}_1(t_{i_2}) \ldots \hat{H}_1(t_{i_n}), \quad t_{i_1} \geq t_{i_2} \geq \cdots \geq t_{i_n},$$

$$\hat{S} = \hat{U}(-\infty,\infty),$$

$$\hat{S}(t,t_0) = \sum_{n=0}^{\infty} \frac{(-i)^n}{n!} \int_{-\infty}^{\infty} \int_{-\infty}^{\infty} \cdots \int_{-\infty}^{\infty} T\Big(\hat{H}_1(t_1) \hat{H}_1(t_2) \ldots \hat{H}_1(t_n) \Big) dt_1 dt_2 \ldots dt_n;$$

Wick-Theorem

$$\underbrace{\hat{\phi}_A(x_1)\hat{\phi}_B(x_2)} := \langle 0|T\Big(\hat{\phi}_A(x_1)\hat{\phi}_B(x_2)\Big)|0\rangle, \quad \ldots \quad \text{Kontraktion}$$

Wick-Theorem für das zeitgeordnete Produkt dreier Operatoren

$$\begin{aligned} T\Big(\hat{\phi}_A(x_1)\hat{\phi}_B(x_2)\hat{\phi}_C(x_3)\Big) &= \,:\hat{\phi}_A(x_1)\hat{\phi}_B(x_2)\hat{\phi}_C(x_3): \\ &+ \,:\underbrace{\hat{\phi}_A(x_1)\hat{\phi}_B}(x_2)\hat{\phi}_C(x_3): \\ &+ \,:\hat{\phi}_A(x_1)\underbrace{\hat{\phi}_B(x_2)\hat{\phi}_C}(x_3): \\ &+ \,:\underbrace{\hat{\phi}_A(x_1)\hat{\phi}_B(x_2)\hat{\phi}_C}\,(x_3):. \end{aligned}$$

20 Quantenelektrodynamik

In Unterkapitel I haben wir den Formalismus der Feldquantisierung für freie und wechselwirkende Felder besprochen. Nun wollen wir die Ergebnisse für die Wechselwirkung des Dirac-Feldes mit dem Maxwell-Feld spezialisieren. Die resultierende Theorie ist die *Quantenelektrodynamik* (QED). Ihre Aussagen zeigen eine im Rahmen der Rechengenauigkeit (neun Kommastellen) hundertprozentige Übereinstimmung mit den experimentellen Ergebnissen, womit die QED die derzeit bestbestätigte Feldtheorie ist. Die folgende Darstellung lehnt sich großteils an [17] und [32] an.

Zunächst müssen wir die $\hat{S}$-Matrix für die Wechselwirkungs-Hamiltondichte $\hat{\mathcal{H}}_1$ konstruieren. Die klassische Lagrangedichte des wechselwirkenden Gesamtsystems läßt sich in der Gestalt

$$\mathcal{L} = \mathcal{L}_D + \mathcal{L}_M + \mathcal{L}_1$$

schreiben, wobei $\mathcal{L}_D$ die Lagrange-Dichte des freien Dirac-Feldes, $\mathcal{L}_M$ jene des freien Maxwell-Feldes und $\mathcal{L}_1$ die Wechselwirkungs-Lagrangedichte bezeichnen. Bei der üblichen Voraussetzung einer eichinvarianten *minimalen Kopplung* gilt in natürlichen Einheiten

$$\mathcal{L}_1 = -e\bar{\psi}\gamma_\mu\psi A^\mu . \tag{20.0.1}$$

Bei der Quantisierung ist die Reihenfolge der Operatoren zunächst nicht festgelegt. Eine Möglichkeit zur eindeutigen Festlegung bietet die Verwendung der Normalordnung, die sich für spätere Betrachtungen als sehr vorteilhaft zeigen wird:

$$\hat{\mathcal{L}}_1 = -e : \hat{\bar{\psi}}\gamma_\mu\hat{\psi}\hat{A}^\mu : . \tag{20.0.2}$$

Damit ergibt sich die Hamilton-Dichte $\hat{\mathcal{H}}_1$ zu

$$\hat{\mathcal{H}}_1 = -\hat{\mathcal{L}}_1 = e : \hat{\bar{\psi}}\gamma_\mu\hat{\psi}\hat{A}^\mu : , \tag{20.0.3}$$

womit der $\hat{S}$-Operator die Gestalt

$$\begin{aligned} \hat{S} = \sum_{n=0}^{\infty} \hat{S}^{(n)} \;&=\; \sum_{n=0}^{\infty} \frac{(-ie)^n}{n!} \int \cdots \int T\Big(: \hat{\bar{\psi}}(x_1)\gamma_{\mu_1}\hat{\psi}(x_1)\hat{A}^{\mu_1}(x_1)\ldots \\ &\ldots \hat{\bar{\psi}}(x_n)\gamma_{\mu_n}\hat{\psi}(x_n)\hat{A}^{\mu_n}(x_n) : \Big) d^4x_1 \ldots d^4x_n \end{aligned} \tag{20.0.4}$$

annimmt. In den folgenden Abschnitten beschäftigen wir uns mit der Berechnung von (20.0.4).

20.1 Streuprozesse für $n \leq 2$

Mit dem Wick-Theorem haben wir eine Methode zur Berechnung der in (20.1.4) auftretenden zeitgeordneten Produkte kennengelernt. Allerdings wäre die praktische Berechnung der Summanden $\hat{S}^{(n)}$ für große Werte von n eine rechentechnische Unmöglichkeit. In diesem Zusammenhang muß darauf hingewiesen werden, daß der Term in (20.1.4) durch die Verwendung natürlicher Einheiten ($\hbar = c = 1$) entstanden ist. Bei Verwendung üblicher Einheiten erscheint an seiner Stelle $\frac{e}{\sqrt{\hbar c}}$. Diese kleine Kopplungskonstante bewirkt, daß ein Abbruch der Reihe für $n > 2$ bereits Ergebnisse mit großer Genauigkeit liefert.

20.1.1 Streuprozesse erster Ordnung

In diesem Abschnitt wollen wir uns auf Prozesse erster Ordnung beschränken. Dazu betrachten wir die Näherung

$$\hat{S} = \hat{I} + \hat{S}^{(1)}, \tag{20.1.1}$$

mit

$$\hat{S}^{(1)} = -ie \int T\Big(: \hat{\bar{\psi}}(x)\gamma_\mu \hat{\psi}(x)\hat{A}^\mu(x) : \Big) d^4x. \tag{20.1.2}$$

Da in (20.1.2) nur ein einziges Zeitargument auftritt, gilt

$$\hat{S}^{(1)} = -ie\gamma_\mu \int : \hat{\bar{\psi}}(x)\hat{\psi}(x)\hat{A}^\mu(x) : \, d^4x. \tag{20.1.2'}$$

Die Anwendung des Normalproduktes liefert

$$\begin{aligned} : \hat{\bar{\psi}}\hat{\psi}\hat{A}^\mu : \; &= \; (\hat{\bar{\psi}}\hat{\psi})^{(-)}\hat{A}^{\mu(-)} + (\hat{\bar{\psi}}\hat{\psi})^{(-)}\hat{A}^{\mu(+)} + \hat{A}^{\mu(-)}(\hat{\bar{\psi}}\hat{\psi})^{(+)} + (\hat{\bar{\psi}}\hat{\psi})^{(+)}\hat{A}^{\mu(+)} = \\ &= \; \Big(\hat{\bar{\psi}}^{(-)}\hat{\psi}^{(-)} + \hat{\bar{\psi}}^{(-)}\hat{\psi}^{(+)} + \hat{\psi}^{(-)}\hat{\bar{\psi}}^{(+)}\Big)\hat{A}^{\mu(-)} + \Big(\hat{\bar{\psi}}^{(-)}\hat{\psi}^{(-)} + \\ &\quad + \hat{\bar{\psi}}^{(-)}\hat{\psi}^{(+)} + \hat{\psi}^{(-)}\hat{\bar{\psi}}^{(+)}\Big)\hat{A}^{\mu(+)} + \hat{A}^{\mu(-)}\hat{\bar{\psi}}^{(+)}\hat{\psi}^{(+)} + \hat{\bar{\psi}}^{(+)}\hat{\psi}^{(+)}\hat{A}^{\mu(+)}. \end{aligned}$$

Ordnet man die Reihenfolge der Summanden nach $\hat{A}^{\mu(-)}$ und $\hat{A}^{\mu(+)}$, so erhält man schließlich

$$\begin{aligned} : \hat{\bar{\psi}}\hat{\psi}\hat{A}^\mu : \; &= \; \hat{\bar{\psi}}^{(-)}\hat{\psi}^{(-)}\hat{A}^{\mu(-)} + \hat{\bar{\psi}}^{(-)}\hat{\psi}^{(+)}\hat{A}^{\mu(-)} + \hat{\psi}^{(-)}\hat{\bar{\psi}}^{(+)}\hat{A}^{\mu(-)} + \hat{A}^{\mu(-)}\hat{\bar{\psi}}^{(+)}\hat{\psi}^{(+)} \\ &+ \; \hat{\bar{\psi}}^{(-)}\hat{\psi}^{(-)}\hat{A}^{\mu(+)} + \hat{\bar{\psi}}^{(-)}\hat{\psi}^{(+)}\hat{A}^{\mu(+)} + \hat{\psi}^{(-)}\hat{\bar{\psi}}^{(+)}\hat{A}^{\mu(+)} + \hat{\bar{\psi}}^{(+)}\hat{\psi}^{(+)}\hat{A}^{\mu(+)}. \end{aligned} \tag{20.1.3}$$

Der Operator $\hat{S}^{(1)}$ setzt sich aus acht Anteilen zusammen, die jeweils einen physikalisch möglichen Prozeß verdeutlichen. In diesem Zusammenhang empfiehlt sich die Verwendung der von *R. Feynman* (1918–1988) eingeführten *Feynman-Graphen*. Dabei gelten folgende Regeln:

1. Jedem Wechselwirkungspunkt x wird ein in der Zeichenebene liegender Punkt (*Vertex*) mit dem algebraischen Faktor $-ie\gamma^\mu$ zugeordnet.

2. Jedem unkontrahierten Feldoperator $\hat{\psi}^{(+)}$, $\hat{\bar{\psi}}^{(+)}$, $\hat{\psi}^{(-)}$, $\hat{\bar{\psi}}^{(-)}$, $\hat{A}^{\mu(+)}$, $\hat{A}^{\mu(-)}$ wird eine an den Vertex geheftete *äußere Linie* (d.h. zum Rand der graphischen Darstellung führende) zugeordnet, wobei die in Bild 20.1 verdeutlichten Verhältnisse gelten: Die zu $\hat{\psi}^{(+)}$, $\hat{\bar{\psi}}^{(+)}$, $\hat{\psi}^{(-)}$, $\hat{\bar{\psi}}^{(-)}$ gehörigen *Fermionenlinien* sind orientiert und durchgezogen, die zu $\hat{A}^{\mu(+)}$, $\hat{A}^{\mu(-)}$ gehörigen *Photonenlinien* sind nicht orientiert und geschlängelt.

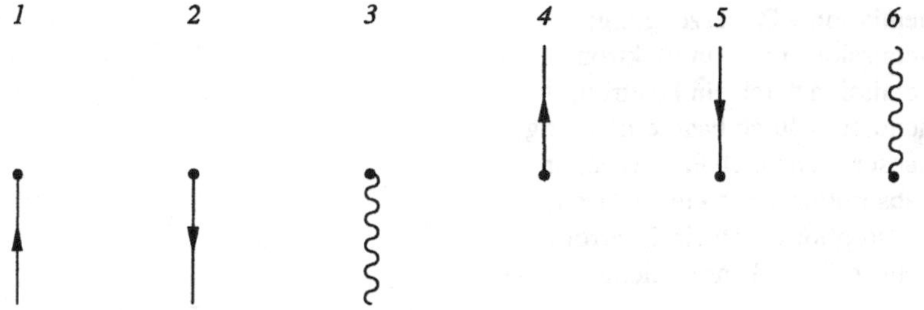

Bild 20.1

3. Der Kontraktion zweier Fermionenoperatoren $\underbrace{\hat{\psi}(x_2)\hat{\bar{\psi}}(x_1)} = i S_F(x_2 - x_1)$ ordnen wir eine *innere Fermionenlinie* von x_1 nach x_2 zu, der Kontraktion zweier Photonenoperatoren $\underbrace{\hat{A}^\mu(x_2)\hat{A}^\nu(x_1)} = i D_F{}^{\mu\nu}(x_2 - x_1)$ gemäß Bild 20.2 eine *innere Photonenlinie* von x_1 nach x_2:

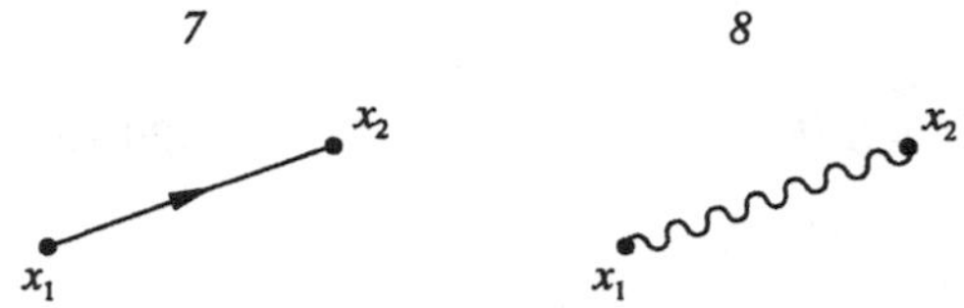

Bild 20.2

Für die Bilder 20.1 und 20.2 wurde die Zeitachse nach oben gerichtet angenommen. Dann liegen die Erzeugungsoperatoren zugeordneten äußeren Linien unterhalb des Vertex. Die Figuren aus Bild 20.1 bedeuten

1 Absorption (Vernichtung) eines Elektrons;
2 Absorption (Vernichtung) eines Positrons;
3 Emission (Erzeugung) eines Elektrons;
4 Emission (Erzeugung) eines Positrons;
5 Absorption (Vernichtung) eines Photons;
6 Emission (Erzeugung) eines Photons.

Die Pfeile der Fermionenlinien weisen auf den Teilchen/Antiteilchencharakter hin. Da das Photon sein eigenes Antiteilchen ist, brauchen die Photonenlinien nicht orientiert gezeichnet werden. Um die praktische Bedeutung der Feynman-Graphen einzusehen, wollen wir mit ihrer Hilfe die acht Anteile des Operators $\hat{S}^{(1)}$ gemäß (20.1.2'), (20.1.3) graphisch darstellen:

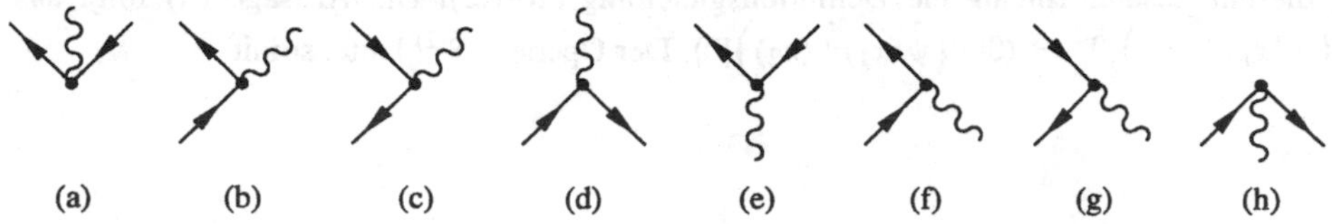

Bild 20.3

Bei den Prozessen aus Bild 20.3a–d wird stets ein Photon erzeugt (äußere Photonenlinie oberhalb des Vertex), bei jenen aus Bild 20.3e–h wird stets ein Photon vernichtet (äußere Photonenlinie unterhalb des Vertex). Konkret werden folgende Prozesse beschrieben:

(a) Photonenemission + Paarerzeugung;
(b) Photonenemission durch ein Elektron;
(c) Photonenemission durch ein Positron;
(d) Photonenemission durch Paarvernichtung;
(e) Photonenabsorption durch Paarerzeugung;
(f) Photonenabsorption durch ein Elektron;
(g) Photonenabsorption durch ein Positron;
(h) Photonenabsorption + Paarvernichtung.

Es ist nun keineswegs so, daß alle diese Prozesse tatsächlich existieren müssen. Die Berechnung der S-Matrix zeigt, daß alle ihre Elemente identisch verschwinden! Die Ursache liegt darin, daß die Energie-Impulserhaltung für die obigen Prozesse nicht gewährleistet ist. Die Streuprozesse erster Ordnung sind also physikalisch nicht realisierbar! Ihre Analyse diente uns nur zu einer ersten Einstimmung auf die vorliegende Problematik.

20.1.2 Streuprozesse zweiter Ordnung

Wir betrachten nun die Näherung

$$\hat{S} = \hat{I} + \hat{S}^{(1)} + \hat{S}^{(2)}, \tag{20.1.4}$$

mit

$$\hat{S}^{(2)} = \frac{(-ie)^2}{2!} \int\int T\Big(: \hat{\bar{\psi}}(x_1)\gamma_\mu \hat{\psi}(x_1)\hat{A}^\mu(x_1) : : \hat{\bar{\psi}}(x_2)\gamma_\nu \hat{\psi}(x_2)\hat{A}^\nu(x_2) : \Big) d^4x_1 d^4x_2. \tag{20.1.5}$$

Bei den Streuprozessen erster Ordnung trat nur eine einzige Veränderliche x und somit auch nur ein Zeitargument auf, weshalb das Symbol T unterdrückt werden konnte. Im Unterschied dazu treten nun zwei Veränderliche x_1 und x_2 auf, weshalb das zeitgeordnete Produkt mit Hilfe des Wick-Theorems berechnet werden muß. Nun besitzt das in (20.1.5) aufscheinende zeitgeordnete Produkt in zweifacher Hinsicht eine spezielle Struktur: Einerseits enthält das T-Produkt normalgeordnete Produkte, andererseits treten in den beiden normalgeordneten Produkten die Operatoren paarweise auf. Bei der Berechnung von (20.1.5) mit Hilfe des Wick-Theorems gelten in diesem Zusammenhang folgende zusätzliche Vereinfachungen:

i.) *Es treten keine Kontraktionen zwischen in einem Normalprodukt stehenden Operatoren auf;*

ii.) *Es treten keine Kontraktionen der Gestalt* $\underbrace{\hat{\bar{\psi}}(x_1)\hat{\bar{\psi}}(x_2)}$, $\underbrace{\hat{\psi}(x_1)\hat{\psi}(x_2)}$ *auf.*

Physikalisch bedeutet (i), daß durch die Vorschrift der Normalordnung *die Wechselwirkung eines Teilchens mit sich selbst am gleichen Raum-Zeitpunkt eliminiert wird.* Man beachte in diesem Zusammenhang die Definitionsgleichung (20.1.2)! Die Aussage (ii) folgt aus $\langle 0|T\Big(\hat{\psi}(x_1)\hat{\psi}(x_2)\Big)|0\rangle = \langle 0|T\Big(\hat{\bar{\psi}}(x_1)\hat{\bar{\psi}}(x_2)\Big)|0\rangle$. Der Operator $\hat{S}^{(2)}$ lautet somit

$$\hat{S}^{(2)} =$$

$$
\begin{aligned}
& \frac{(-ie)^2}{2!}\int\int : \hat{\bar{\psi}}(x_1)\gamma_\mu\hat{\psi}(x_1)\hat{\bar{\psi}}(x_2)\gamma_\nu\hat{\psi}(x_2)\hat{A}^\mu(x_1)\hat{A}^\nu(x_2) : d^4x_1d^4x_2 && (a)\\
+ & \frac{(-ie)^2}{2!}\int\int : \hat{\bar{\psi}}(x_1)\gamma_\mu\underbrace{\hat{\psi}(x_1)\hat{\bar{\psi}}(x_2)}_{}\gamma_\nu\hat{\psi}(x_2)\hat{A}^\mu(x_1)\hat{A}^\nu(x_2) : d^4x_1d^4x_2 && (b)\\
+ & \frac{(-ie)^2}{2!}\int\int : \underbrace{\hat{\bar{\psi}}(x_1)\gamma_\mu\hat{\psi}(x_1)\hat{\bar{\psi}}(x_2)\gamma_\nu\hat{\psi}(x_2)}_{}\hat{A}^\mu(x_1)\hat{A}^\nu(x_2) : d^4x_1d^4x_2 && (c)\\
+ & \frac{(-ie)^2}{2!}\int\int : \hat{\bar{\psi}}(x_1)\gamma_\mu\hat{\psi}(x_1)\hat{\bar{\psi}}(x_2)\gamma_\nu\hat{\psi}(x_2)\underbrace{\hat{A}^\mu(x_1)\hat{A}^\nu(x_2)}_{} : d^4x_1d^4x_2 && (d)\\
+ & \frac{(-ie)^2}{2!}\int\int : \hat{\bar{\psi}}(x_1)\gamma_\mu\underbrace{\hat{\psi}(x_1)\hat{\bar{\psi}}(x_2)}_{}\gamma_\nu\hat{\psi}(x_2)\underbrace{\hat{A}^\mu(x_1)\hat{A}^\nu(x_2)}_{} : d^4x_1d^4x_2 && (e)\\
& && (20.1.6)\\
+ & \frac{(-ie)^2}{2!}\int\int : \underbrace{\hat{\bar{\psi}}(x_1)\gamma_\mu\hat{\psi}(x_1)\hat{\bar{\psi}}(x_2)\gamma_\nu\hat{\psi}(x_2)}_{}\underbrace{\hat{A}^\mu(x_1)\hat{A}^\nu(x_2)}_{} : d^4x_1d^4x_2 && (f)\\
+ & \frac{(-ie)^2}{2!}\int\int : \underbrace{\hat{\bar{\psi}}(x_1)\gamma_\mu\underbrace{\hat{\psi}(x_1)\hat{\bar{\psi}}(x_2)}_{}\gamma_\nu\hat{\psi}(x_2)}_{}\hat{A}^\mu(x_1)\hat{A}^\nu(x_2) : d^4x_1d^4x_2 && (g)\\
+ & \frac{(-ie)^2}{2!}\int\int : \underbrace{\hat{\bar{\psi}}(x_1)\gamma_\mu\underbrace{\hat{\psi}(x_1)\hat{\bar{\psi}}(x_2)}_{}\gamma_\nu\hat{\psi}(x_2)}_{}\underbrace{\hat{A}^\mu(x_1)\hat{A}^\nu(x_2)}_{} : d^4x_1d^4x_2. && (h)
\end{aligned}
$$

Jeder dieser acht Summanden kann nach dem Vorbild von (20.1.3) wieder durch Aufspaltung von $\hat{\bar{\psi}}(x_i)$, $\hat{\psi}(x_i)$, $\hat{A}^\mu(x_i)$, $i = 1{,}2$ in Erzeugungs- und Vernichtungsanteile und bei anschließender Berechnung des Normalproduktes als endliche Summe von Operatorprodukten dargestellt werden.

Wir wollen jedoch zunächst (20.1.6) noch weiter vereinfachen. Da in einem Normalprodukt die Reihenfolge der Feldoperatoren vertauscht werden darf, führen wir in (20.1.6c) eine Umbenennung $x_1 \leftrightarrow x_2$, $\mu \leftrightarrow \nu$ durch, und vertauschen anschließend die neubezeichneten Operatoren $\hat{\bar{\psi}}(x_1)$ mit $\hat{\bar{\psi}}(x_2)$, $\hat{\psi}(x_1)$ mit $\hat{\psi}(x_2)$ und $\hat{A}^\mu(x_1)$ mit $\hat{A}^\mu(x_2)$:

$$
\begin{aligned}
& \frac{(-ie)^2}{2!}\int\int : \hat{\bar{\psi}}(x_1)\gamma_\mu\underbrace{\hat{\psi}(x_1)\hat{\bar{\psi}}(x_2)}_{}\gamma_\nu\hat{\psi}(x_2)\hat{A}^\mu(x_1)\hat{A}^\nu(x_2) : d^4x_1d^4x_2\\
= & \frac{(-ie)^2}{2!}\int\int : \hat{\bar{\psi}}(x_2)\gamma_\nu\underbrace{\hat{\psi}(x_2)\hat{\bar{\psi}}(x_1)}_{}\gamma_\mu\hat{\psi}(x_1)\hat{A}^\nu(x_2)\hat{A}^\mu(x_1) : d^4x_1d^4x_2 \qquad (20.1.7)\\
= & \frac{(-ie)^2}{2!}\int\int : \underbrace{\hat{\bar{\psi}}(x_1)\gamma_\mu\hat{\psi}(x_1)\hat{\bar{\psi}}(x_2)\gamma_\nu\hat{\psi}(x_2)}_{}\hat{A}^\mu(x_1)\hat{A}^\nu(x_2) : d^4x_1d^4x_2.
\end{aligned}
$$

Dies ist gerade der Term (20.1.6b), dessen Gleichheit mit (20.1.6c) damit nachgewiesen ist. In gleicher Weise zeigt man die Gleichheit von (20.1.6e) mit (20.1.6f). Berücksichtigt man ferner $\underbrace{\hat{\psi}(x_1)\hat{\bar{\psi}}(x_2)}_{} = iS_F(x_1 - x_2)$, $\underbrace{\hat{\bar{\psi}}(x_1)\hat{\psi}(x_2)}_{} = -iS_F(x_2 - x_1)$, $\underbrace{\hat{A}^\mu(x_1)\hat{A}^\nu(x_2)}_{} = iD_F{}^{\mu\nu}(x_1 - x_2)$, so lautet (20.1.6)

$$\hat{S}^{(2)} =$$

$$
\begin{aligned}
& \frac{(-ie)^2}{2!} \int\int : \hat{\bar{\psi}}(x_1)\gamma_\mu\hat{\psi}(x_1)\hat{\bar{\psi}}(x_2)\gamma_\nu\hat{\psi}(x_2)\hat{A}^\mu(x_1)\hat{A}^\nu(x_2) : d^4x_1d^4x_2 && (a)\\
+ \; & 2\frac{(-ie)^2}{2!} \int\int : \hat{\bar{\psi}}(x_1)\gamma_\mu iS_F(x_1-x_2)\gamma_\nu\hat{\psi}(x_2)\hat{A}^\mu(x_1)\hat{A}^\nu(x_2) : d^4x_1d^4x_2 && (b)\\
+ \; & \frac{(-ie)^2}{2!} \int\int : \hat{\bar{\psi}}(x_1)\gamma_\mu\hat{\psi}(x_1)\hat{\bar{\psi}}(x_2)\gamma_\nu\hat{\psi}(x_2)iD_F{}^{\mu\nu}(x_1-x_2) : d^4x_1d^4x_2 && (c)\\
& && (20.1.8)\\
+ \; & 2\frac{(-ie)^2}{2!} \int\int : \hat{\bar{\psi}}(x_1)\gamma_\mu iS_F(x_1-x_2)\gamma_\nu\hat{\psi}(x_2)iD_F{}^{\mu\nu}(x_1-x_2) : d^4x_1d^4x_2 && (d)\\
- \; & \frac{(-ie)^2}{2!} \int\int : iS_F(x_2-x_1)\gamma_\mu iS_F(x_1-x_2)\gamma_\nu\hat{A}^\mu(x_1)\hat{A}^\nu(x_2) : d^4x_1d^4x_2 && (e)\\
- \; & \frac{(-ie)^2}{2!} \int\int : iS_F(x_2-x_1)\gamma_\mu iS_F(x_1-x_2)iD_F{}^{\mu\nu}(x_1-x_2) : d^4x_1d^4x_2. && (f)
\end{aligned}
$$

Zusätzlich zu den Produkten aus Erzeugungs- und Vernichtungsanteilen treten als weitere Produktanteile zwischen null und drei Feynman-Propagatoren auf. Eine analytische Berechnung nach dem Muster von (20.1.3) wird hier schon etwas mühsam. Wir werden sie im Abschnitt 2 für die beiden wichtigsten Streuprozesse (20.1.8b) und (20.1.8c) durchführen. Mit Hilfe der Feynman-Graphen läßt sich die Bedeutung von (20.1.8) jedoch leicht veranschaulichen:

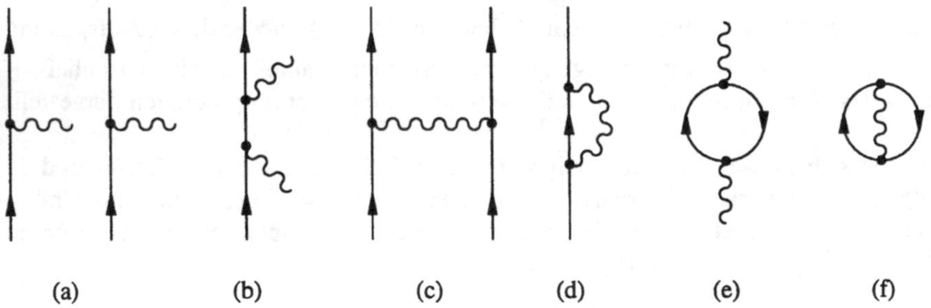

Bild 20.4

Natürlich existieren zu jedem Summanden von (20.1.8) mehrere Feynman-Graphen, wie dies schon beim Streuprozeß erster Ordnung gezeigt wurde. In Bild 20.4 ist aus der möglichen Vielfalt für jeden Summanden von (20.1.8) ein Diagramm gezeichnet. Auf die restlichen wichtigen Graphen werden wir später zurückkommen. Zunächst beschränken wir uns jedoch auf die Diskussion der obigen Diagramme:

(a) Es tritt keine Wechselwirkung auf. Jeweils ein Fermion (Elektron oder Positron) emittiert bzw. absorbiert jeweils ein Photon.

(b) beschreibt die *Compton-Streuung* am Elektron: Vor und nach der Wechselwirkung existiert je ein Elektron und ein Photon.

(c) beschreibt die *Møller-Streuung*: Vor und nach der Wechselwirkung existieren je zwei Elektronen.

(d) Es tritt keine Wechselwirkung auf. Der Graph beschreibt die *Selbstenergie* des Elektrons.

(e) beschreibt die *Vakuumpolarisation* (siehe Kapitel 1,III) durch virtuelle Erzeugung eines Elektron-Positron-Paares.

(f) beschreibt die *Vakuumfluktuation*.

Man kann zeigen, daß die durch (a) und (f) veranschaulichten Anteile des Operators $\hat{S}^{(2)}$ nichts zur S-Matrix beitragen. Im Fall (a) folgt dies daraus, daß wegen der nichtvorhandenen Wechselwirkung die Energie-Impuls-Bilanz für beide Teilgraphen separat erfüllt werden muß, was wir schon bei den Streuprozessen erster Ordnung als unmöglich eingesehen haben. Der Fall (f) ist subtiler. Es gilt folgender Satz:

> *„Geschlossene Blasen" tragen zur S-Matrix nur einen allen Matrixelementen gemeinsamen, physikalisch bedeutungslosen Phasenfaktor bei und brauchen daher bei der Berechnung nicht berücksichtigt zu werden.*

Der folgende grob skizzierte Beweis findet sich detailliert in [17]. Es zeigt sich, daß der $\hat{S}$-Operator in der Gestalt

$$\hat{S} = \langle 0|\hat{S}|0\rangle \sum_{n=0}^{\infty} \frac{(ie)^n}{n!} \int \cdots \int T_{ext}\Big(\hat{\mathcal{H}}(x_1)\ldots\hat{\mathcal{H}}(x_n)\Big) d^4x_1 \ldots d^4x_n \qquad (20.1.9)$$

darstellbar ist, wobei das „externe" zeitgeordnete Produkt T_{ext} derart definiert ist, daß bei der Entwicklung nach dem Wick-Theorem nur jene Beiträge berücksichtigt werden, wo der Vertex eine Verbindung nach außen hat. Der Faktor $\langle 0|\hat{S}|0\rangle$ ist allen Matrixelementen gemeinsam. Er repräsentiert die Wahrscheinlichkeitsdichte dafür, daß das Vakuum in sich selbst übergeht. Wegen der Stabilität des Vakuums kann es sich dabei nur um einen physikalisch bedeutungslosen Phasenfaktor handeln, d.h. $\langle 0|\hat{S}|0\rangle = e^{i\varphi}$. Daher brauchen nur die Matrixelemente des Operators

$$\hat{S}' = \frac{1}{\langle 0|\hat{S}|0\rangle}\hat{S} = \sum_{n=0}^{\infty} \frac{(ie)^n}{n!} \int \cdots \int T_{ext}\Big(\hat{\mathcal{H}}(x_1)\ldots\hat{\mathcal{H}}(x_n)\Big) d^4x_1 \ldots d^4x_n \qquad (20.1.10)$$

berücksichtigt werden. Da hier T_{ext} an Stelle von T steht, gehen Vakuumblasen wie in Bild 20.4f nicht in die Rechnung ein!

Mit diesen Vereinfachungen erhält man aus (20.1.8) für den Operator $\hat{S}^{(2)}$ die Darstellung

$$\begin{aligned}
\hat{S}^{(2)} = \;& 2\frac{(-ie)^2}{2!} \iint : \hat{\bar{\psi}}(x_1)\gamma_\mu i S_F(x_1-x_2)\gamma_\nu \hat{\psi}(x_2)\hat{A}^\mu(x_1)\hat{A}^\nu(x_2) : d^4x_1 d^4x_2 && (a)\\
+ & \frac{(-ie)^2}{2!} \iint : \hat{\bar{\psi}}(x_1)\gamma_\mu \hat{\psi}(x_1)\hat{\bar{\psi}}(x_2)\gamma_\nu \hat{\psi}(x_2) i D_F{}^{\mu\nu}(x_1-x_2) : d^4x_1 d^4x_2 && (b)\\
+ & 2\frac{(-ie)^2}{2!} \iint : \hat{\bar{\psi}}(x_1)\gamma_\mu i S_F(x_1-x_2)\gamma_\nu \hat{\psi}(x_2) i D_F{}^{\mu\nu}(x_1-x_2) : d^4x_1 d^4x_2 && (c)\\
- & \frac{(-ie)^2}{2!} \iint : i S_F(x_2-x_1)\gamma_\mu i S_F(x_1-x_2)\gamma_\nu \hat{A}^\mu(x_1)\hat{A}^\nu(x_2) : d^4x_1 d^4x_2. && (d)
\end{aligned} \qquad (20.1.11)$$

20.2 Die Berechnung der S-Matrix für spezielle Streuprozesse zweiter Ordnung

Die physikalisch interessantesten Streuprozesse zweiter Ordnung werden durch die $\hat{S}$-Operatoranteile (20.1.11a) und (20.1.11b) beschrieben. Die zugehörigen repräsentativen Graphen stehen in Bild 20.4b und c. Wir wollen nun die restlichen, topologisch äquivalenten Graphen und die dadurch veranschaulichten physikalischen Prozesse besprechen. Anschließend wird die S-Matrix für die wichtigsten Prozesse explizit hergeleitet.

Zunächst betrachten wir (20.1.11a). Die physikalisch zulässigen Prozesse werden durch folgende Feynman-Graphen veranschaulicht:

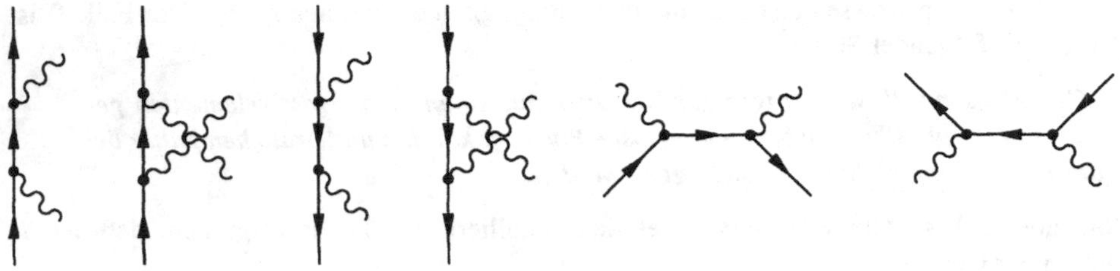

(1) (2) (3) (4)

Bild 20.5

Der erste Graph in (1) ist identisch mit jenem aus Bild 20.4b. In (1) und (2) treten jeweils *Direktgraphen* und *Austauschgraphen* auf, die sich durch Vertauschung ihrer Photonenlinien unterscheiden. Dieser Effekt wird aus den späteren Ableitungen verständlich werden. Die physikalische Bedeutung der obigen Graphen ist folgende:

(1) Compton-Streuung am Elektron: Vor und nach der Wechselwirkung existiert je ein Elektron und ein Photon;

(2) Compton-Streuung am Positron: Vor und nach der Wechselwirkung existiert je ein Positron und ein Photon;

(3) Elektron-Positron-Paarvernichtung in zwei Photonen;

(4) Elektron-Positron-Paarerzeugung in zwei Photonen.

Wir betrachten nun (20.1.11b). Die physikalisch zugehörigen Prozesse werden durch folgende Feynman-Graphen veranschaulicht:

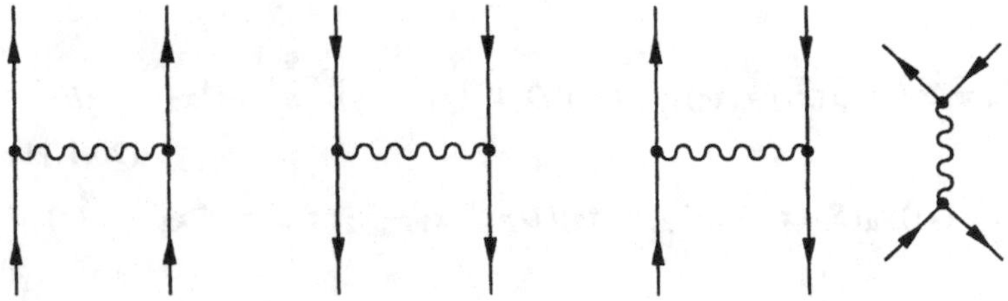

(1) (2) (3)

Bild 20.6

Der Graph (1) ist identisch mit jenem aus Bild 20.4c. In (3) tritt wieder ein Direkt- und ein Austauschgraph auf. Die entsprechenden physikalischen Prozesse sind:

(1) Elektron-Elektron-Streuung (Møller-Streuung): Vor und nach der Wechselwirkung existieren je zwei Elektronen;

(2) Positron-Positron-Streuung: Vor und nach der Wechselwirkung existieren je zwei Positronen;

(3) Elektron-Positron-Streuung: Vor und nach der Wechselwirkung existieren je ein Elektron und ein Positron.

In den folgenden Abschnitt en wollen wir die S-Matrix für die Compton-Streuung am Elektron, die Compton-Streuung am Positron und die Møller-Streuung explizit berechnen.

20.2.1 Die Møller-Streuung

Im Fall der Møller-Streuung liegen vor der Wechselwirkung zwei Elektronen mit den Impulsen p_1, p_2 und dem Spin s_1, s_2 vor. Nach der Wechselwirkung besitzen sie die Impulse p_1', p_2' und den Spin s_1', s_2'. Für die Berechnung der S-Matrix benötigen wir die entsprechenden Zustandsvektoren. Sie können durch Anwendung der entsprechenden Erzeugungsoperatoren auf den Vakuumvektor konstruiert werden. Es gilt also

$$\begin{aligned} |p_1 s_1, p_2 s_2\rangle &= \hat{b}^\dagger_{p_1 s_1} \hat{b}^\dagger_{p_2 s_2} |0\rangle, & (a) \\ \langle p_1' s_1', p_2' s_2'| &= \langle 0| \hat{b}_{p_2' s_2'} \hat{b}_{p_1' s_1'}, & (b) \end{aligned} \tag{20.2.1}$$

womit die Elemente der S-Matrix die Gestalt

$$S_{fi} = \langle 0| \hat{b}_{p_2' s_2'} \hat{b}_{p_1' s_1'} \hat{S} \hat{b}^\dagger_{p_1 s_1} \hat{b}^\dagger_{p_2 s_2} |0\rangle \tag{20.2.2}$$

annehmen. Die Indizes f, i bezeichnen dabei die entsprechenden Tupel. Da wir uns voraussetzungsgemäß auf Prozesse höchstens zweiter Ordnung beschränken und der Summand $\hat{S}^{(1)}$ nichts zur S-Matrix beiträgt, gilt weiter

$$S_{fi} = \langle 0| \hat{b}_{p_2' s_2'} \hat{b}_{p_1' s_1'} \hat{S}^{(2)} \hat{b}^\dagger_{p_1 s_1} \hat{b}^\dagger_{p_2 s_2} |0\rangle . \tag{20.2.3}$$

Einsetzen von (20.1.11b) liefert nach Aufspaltung von $\hat{\bar{\psi}}$ und $\hat{\psi}$ in Erzeugungs- und Vernichtungsanteile

$$\begin{aligned} S_{fi} = \frac{(-ie)^2}{2!} \int\int & \langle 0| \hat{b}_{p_2' s_2'} \hat{b}_{p_1' s_1'} : \hat{\bar{\psi}}^{(-)}(x_1) \gamma_\mu \hat{\psi}^{(+)}(x_1) \hat{\bar{\psi}}^{(-)}(x_2) \gamma_\nu \hat{\psi}^{(+)}(x_2) : \\ & i D_F{}^{\mu\nu}(x_1 - x_2) \hat{b}^\dagger_{p_1 s_1} \hat{b}^\dagger_{p_2 s_2} |0\rangle d^4x_1 d^4x_2 . \end{aligned} \tag{20.2.4}$$

Wir entwickeln nun die auftretenden Feldoperatoren nach ebenen Wellen. Dabei gehen wir von den Darstellungen

$$\begin{aligned}
\hat{\psi}(x) &= \sqrt{\frac{m}{E_p}}\frac{1}{(2\pi)^{3/2}}\int\sum_s\left(\hat{b}_{ps}u(p,s)\mathrm{e}^{-ip\cdot x}+\hat{d}^\dagger_{ps}v(p,s)\mathrm{e}^{ip\cdot x}\right)d^3p, &(a)\\
\hat{\bar{\psi}}(x) &= \sqrt{\frac{m}{E_p}}\frac{1}{(2\pi)^{3/2}}\int\sum_s\left(\hat{d}_{ps}\bar{v}(p,s)\mathrm{e}^{-ip\cdot x}+\hat{b}^\dagger_{ps}\bar{u}(p,s)\mathrm{e}^{ip\cdot x}\right)d^3p, &(b)\\
\hat{A}^\mu(x) &= \frac{1}{\sqrt{(2\pi)^3 2\omega_k}}\int\sum_\lambda\left(\hat{a}_{k\lambda}\epsilon^\mu(k,\lambda)\mathrm{e}^{-ik\cdot x}+\hat{a}^\dagger_{k\lambda}\overset{*}{\epsilon}{}^\mu(k,\lambda)\mathrm{e}^{ik\cdot x}\right)d^3k &(c)
\end{aligned} \tag{20.2.5}$$

aus. Setzt man (20.2.5) in (20.2.4) ein, so folgt

$$\begin{aligned}
S_{fi} &= \frac{(-ie)^2}{2!}\int\int\Bigg(\sum_{\sigma_1\sigma_2\sigma_3\sigma_4}\int\int\int\int\left(\prod_{j=1}^{4}\frac{1}{(2\pi)^{3/2}}\sqrt{\frac{m}{E_{q_j}}}\right)\bar{u}(q_1,\sigma_1)\mathrm{e}^{iq_1\cdot x_1}\gamma_\mu\\
&\quad u(q_2,\sigma_2)\mathrm{e}^{-iq_2\cdot x_1}\bar{u}(q_3,\sigma_3)\mathrm{e}^{iq_3\cdot x_2}\gamma_\nu u(q_4,\sigma_4)\mathrm{e}^{-iq_4\cdot x_2}D_F{}^{\mu\nu}(x_1-x_2)\\
&\quad\langle 0|\hat{b}_{p_2's_2'}\hat{b}_{p_1's_1'}:\hat{b}^\dagger_{q_1\sigma_1}\hat{b}_{q_2\sigma_2}\hat{b}^\dagger_{q_3\sigma_3}\hat{b}_{q_4\sigma_4}:\hat{b}^\dagger_{p_1s_1}\hat{b}^\dagger_{p_2s_2}|0\rangle dq_1dq_2dq_3dq_4\Bigg)d^4x_1d^4x_2.
\end{aligned} \tag{20.2.6}$$

Die Berechnung des hier auftretenden Vakuumerwartungswertes der Erzeuger und Vernichter gelingt durch Vertauschen der Erzeuger nach links und der Vernichter nach rechts:

$$\begin{aligned}
&-\langle 0|\hat{b}_{p_2's_2'}\hat{b}_{p_1's_1'}:\hat{b}^\dagger_{q_1\sigma_1}\hat{b}^\dagger_{q_3\sigma_3}\hat{b}_{q_2\sigma_2}\hat{b}_{q_4\sigma_4}:\hat{b}^\dagger_{p_1s_1}\hat{b}^\dagger_{p_2s_2}|0\rangle =\\
&= \left(\delta_{s_1',\sigma_3}\delta^3(\boldsymbol{p}_1'-\boldsymbol{q}_3)\delta_{s_2'\sigma_1}\delta^3(\boldsymbol{p}_2'-\boldsymbol{q}_1)-\delta_{s_1'\sigma_1}\delta^3(\boldsymbol{p}_1'-\boldsymbol{q}_1)\delta_{s_2'\sigma_3}\delta^3(\boldsymbol{p}_2'-\boldsymbol{q}_3)\right)\\
&\quad\left(\delta_{s_1,\sigma_4}\delta^3(\boldsymbol{p}_1-\boldsymbol{q}_4)\delta_{s_2\sigma_2}\delta^3(\boldsymbol{p}_2-\boldsymbol{q}_2)-\delta_{s_1\sigma_2}\delta^3(\boldsymbol{p}_1-\boldsymbol{q}_2)\delta_{s_2\sigma_4}\delta^3(\boldsymbol{p}_2-\boldsymbol{q}_4)\right).
\end{aligned} \tag{20.2.7}$$

Berücksichtigt man ferner, daß sich jeweils zwei Integranden nur durch eine Vertauschung von x_1 und x_2 unterscheiden, so erhält man schließlich die *S-Matrix im Ortsraum*

$$\begin{aligned}
S_{fi} &= \frac{(-ie)^2}{(2\pi)^6}\sqrt{\frac{m}{E_{p_1}}}\sqrt{\frac{m}{E_{p_2}}}\sqrt{\frac{m}{E_{p_1'}}}\sqrt{\frac{m}{E_{p_2'}}}\int iD_F{}^{\mu\nu}(x_1-x_2)\\
&\quad\Big(\mathrm{e}^{i(p_2'-p_2)\cdot x_2}\mathrm{e}^{i(p_1'-p_1)\cdot x_1}\bar{u}(p_2',s_2')\gamma_\mu u(p_2,s_2)u(p_1',s_1')\gamma_\nu u(p_1,s_1)-\\
&\quad\mathrm{e}^{i(p_2'-p_1)\cdot x_2}\mathrm{e}^{i(p_1'-p_2)\cdot x_1}\bar{u}(p_2',s_2')\gamma_\mu u(p_1,s_1)\bar{u}(p_1',s_1')\gamma_\nu u(p_2,s_2)\Big)\,d^4x_1d^4x_2.
\end{aligned} \tag{20.2.8}$$

Im Impulsraum vereinfachen sich die Verhältnisse bedeutend, da die Ortsintegration in (20.2.5) explizit durchgeführt werden kann. Die Fouriertransformation des ersten Anteils ergibt

$$\begin{aligned}
&\int e^{i(p_2'-p_2)\cdot x_2} e^{i(p_1'-p_1)\cdot x_1} \frac{1}{(2\pi)^4} \int i D_F{}^{\mu\nu}(q) e^{-iq\cdot(x_1-x_2)} d^4q\, d^4x_1\, d^4x_2 = \\
&= \int\int \frac{1}{(2\pi)^4} e^{i(p_1'-p_1-q)\cdot x_1} i D_F{}^{\mu\nu}(q)(2\pi)^4 \delta^4(p_2'-p_2+q) d^4q\, d^4x_1 = \\
&= (2\pi)^4 \delta^4(p_1'-p_1+p_2'-p_2) i D_F{}^{\mu\nu}(p_1'-p_1).
\end{aligned} \tag{20.2.9}$$

Für den zweiten Term ergibt sich analog

$$\begin{aligned}
&\int e^{i(p_2'-p_1)\cdot x_2} e^{i(p_1'-p_2)\cdot x_1} \frac{1}{(2\pi)^4} \int i D_F{}^{\mu\nu}(q) e^{-iq\cdot(x_1-x_2)} d^4q\, d^4x_1\, d^4x_2 = \\
&= (2\pi)^4 \delta^4(p_1'-p_2+p_2'-p_1) i D_F{}^{\mu\nu}(p_1'-p_2).
\end{aligned} \tag{20.2.10}$$

Damit lautet die *S-Matrix im Impulsraum*

$$\begin{aligned}
S_{fi} &= \frac{(-ie)^2}{(2\pi)^6} \sqrt{\frac{m}{E_{p_1}}} \sqrt{\frac{m}{E_{p_2}}} \sqrt{\frac{m}{E_{p_1'}}} \sqrt{\frac{m}{E_{p_2'}}} (2\pi)^4 \delta^4(p_1'+p_2'-p_1-p_2) \\
&\quad \Big(\bar{u}(p_2',s_2')\gamma_\mu u(p_2,s_2) i D_F{}^{\mu\nu}(p_1'-p_1) \bar{u}(p_1',s_1')\gamma_\nu u(p_1,s_1) - \\
&\quad - \bar{u}(p_2',s_2')\gamma_\mu u(p_1,s_1) i D_F{}^{\mu\nu}(p_1'-p_2) \bar{u}(p_1',s_1')\gamma_\nu u(p_2,s_2) \Big).
\end{aligned} \tag{20.2.11}$$

20.2.2 Die Compton-Streuung am Elektron

Bei diesem Prozeß liegen vor der Wechselwirkung ein Elektron mit Impuls p und Spin s, und ein durch den Wellenvektor k und die Polarisation λ charakterisiertes Photon vor. Die Quantenzahlen nach der Wechselwirkung bezeichnen wir mit p', s', k', λ'. Die entsprechenden Zustandsvektoren bauen sich gemäß

$$\begin{aligned}
|ps,\lambda k\rangle &= \hat{a}^\dagger_{k\lambda} \hat{b}^\dagger_{ps} |0\rangle, && (a) \\
\langle p's',\lambda'k'| &= \langle 0|\hat{b}_{p's'} \hat{a}_{k'\lambda'} && (b)
\end{aligned} \tag{20.2.12}$$

auf. Die S-Matrix lautet also

$$S_{fi} = \langle 0|\hat{b}_{p's'} \hat{a}_{k'\lambda'} \hat{S}^{(2)} \hat{a}^\dagger_{k\lambda} \hat{b}^\dagger_{ps} |0\rangle. \tag{20.2.13}$$

Die weitere Vorgangsweise verläuft analog zu Abschnitt 20.2.1. Einsetzen von (20.1.11a) in (20.2.13a), Aufspaltung der Feldoperatoren in Erzeuger und Vernichter und Entwicklung nach ebenen Wellen ergibt:

$$
\begin{aligned}
S_{fi} &= 2\frac{(-ie)^2}{2!}\int\int\Big(\sum_{\sigma_1\sigma_2}\sum_{\lambda_1\lambda_2}\int\int\int\int\Big(\prod_{j=1}^{2}\frac{1}{(2\pi)^{3/2}}\sqrt{\frac{m}{E_{q_j}}}\Big)\Big(\prod_{j=1}^{2}\frac{1}{\sqrt{(2\pi)^3 2\omega_j}}\Big) \\
&\bar{u}(q_1,\sigma_1)e^{iq_1\cdot x_1}\gamma^\mu i S_F(x_1-x_2)\gamma^\nu u(q_2,\sigma_2)e^{-iq_2\cdot x_2}\Big(\overset{*}{\epsilon}_\mu(k_1,\lambda_1) \\
&e^{ik_1\cdot x_1}\epsilon_\nu(k_2,\lambda_2)e^{-ik_2\cdot x_2}\langle 0|\hat{b}_{p's'}\hat{a}_{k'\lambda'} : \hat{b}^\dagger_{q_1\sigma_1}\hat{b}_{q_2\sigma_2} \\
&\hat{a}^\dagger_{k_1\lambda_1}\hat{a}_{k_2\lambda_2} : \hat{a}^\dagger_{k\lambda}\hat{b}^\dagger_{ps}|0\rangle + \epsilon_\mu(k_1,\lambda_1)e^{-ik_1\cdot x_1}\overset{*}{\epsilon}_\nu(k_2,\lambda_2)e^{ik_2\cdot x_2} \\
&\langle 0|\hat{b}_{p's'}\hat{a}_{k'\lambda'} : \hat{b}^\dagger_{q_1\sigma_1}\hat{b}_{q_2\sigma_2}\hat{a}_{k_1\lambda_1}\hat{a}^\dagger_{k_2\lambda_2} : \hat{a}^\dagger_{k\lambda}\hat{b}^\dagger_{ps}|0\rangle\Big)dq_1dq_2dk_1dk_2\Big)d^4x_1d^4x_2.
\end{aligned}
\tag{20.2.14}
$$

Nach Auswertung der Vakuumerwartungswerte erhält man für die *S-Matrix im Ortsraum*

$$
\begin{aligned}
S_{fi} &= \frac{(-ie)^2}{(2\pi)^6}\sqrt{\frac{m}{E_p}}\sqrt{\frac{m}{E_{p'}}}\frac{1}{\sqrt{2\omega_k}}\frac{1}{\sqrt{2\omega_{k'}}}\int u(p',s')\gamma^\mu i S_F(x_1-x_2) \\
&\gamma^\nu u(p,s)e^{ip'\cdot x_1}e^{-ip\cdot x_2}\Big(\overset{*}{\epsilon}_\mu(k',\lambda')\epsilon_\nu(k,\lambda)e^{ik'\cdot x_1}e^{-ik\cdot x_2}+ \\
&+\epsilon_\mu(k,\lambda)\overset{*}{\epsilon}_\nu(k',\lambda')e^{-ik\cdot x_1}e^{ik'\cdot x_2}\Big)d^4x_1d^4x_2.
\end{aligned}
\tag{20.2.15}
$$

Wie in Abschnitt 2.1 lassen sich auch hier die Ortsintegrationen explizit ausführen. Die *S-Matrix im Impulsraum* lautet dann

$$
\begin{aligned}
S_{fi} &= \frac{(-ie)^2}{(2\pi)^6}\sqrt{\frac{m}{E_p}}\sqrt{\frac{m}{E_{p'}}}\frac{1}{\sqrt{2\omega_k}}\frac{1}{\sqrt{2\omega_{k'}}}(2\pi)^4\delta^4(p'+k'-p-k) \\
&\Big(\bar{u}(p',s')\gamma^\mu i S_F(p+k)\gamma^\nu u(p,s)\overset{*}{\epsilon}_\mu(k',\lambda')\epsilon_\nu(k,\lambda)+ \\
&+\bar{u}(p',s')\gamma^\mu i S_F(p-k')\gamma^\nu u(p,s)\epsilon_\mu(k,\lambda)\overset{*}{\epsilon}_\nu(k',\lambda')\Big).
\end{aligned}
\tag{20.2.16}
$$

Die graphische Darstellung der beiden Summanden in S_{fi} führt auf die Direkt- und Austauschgraphen in Bild 20.5(1). Das „Übersetzungsproblem“ zwischen analytischer Form der Streumatrix und den Feynman-Graphen behandeln wir in Abschnitt 20.3.

20.2.3 Die Compton-Streuung am Positron

Hier liegen vor der Wechselwirkung ein Positron und ein Photon mit den Quantenzahlen p, s, k, λ vor. Nach der Wechselwirkung schreiben wir für die Quantenzahlen wieder p', s', k', λ'. Die Zustandsvektoren erhält man gemäß

$$
\begin{aligned}
|ps,\lambda k\rangle &= \hat{a}^\dagger_{k\lambda}\hat{d}^\dagger_{ps}|0\rangle, &&(a) \\
\langle p's',\lambda'k'| &= \langle 0|\hat{d}_{p's'}\hat{a}_{k'\lambda'}, &&(b)
\end{aligned}
\tag{20.2.17}
$$

womit die S-Matrix

$$S_{fi} = \langle 0|\hat{d}_{p's'}\hat{a}_{k'\lambda'}\hat{S}^{(2)}\hat{a}^{\dagger}_{k\lambda}\hat{d}^{\dagger}_{ps}|0\rangle \tag{20.2.18}$$

lautet. Eine zu Abschnitt 2.2 völlig analoge Vorgangsweise liefert für die *S-Matrix im Ortsraum*

$$\begin{aligned} S_{fi} &= -\frac{(-ie)^2}{(2\pi)^6}\sqrt{\frac{m}{E_p}}\sqrt{\frac{m}{E_{p'}}}\frac{1}{\sqrt{2\omega_k}}\frac{1}{\sqrt{2\omega_{k'}}}\int \bar{v}(p,s)\gamma^{\mu} i S_F(x_1-x_2) \\ &\quad \gamma^{\nu}v(p',s')e^{-ip\cdot x_1}e^{ip'\cdot x_2}\Big(\overset{*}{\epsilon}_{\mu}(k',\lambda')\epsilon_{\nu}(k,\lambda)e^{ik'\cdot x_1}e^{-ik\cdot x_2}+ \\ &\quad +\epsilon_{\mu}(k,\lambda)\overset{*}{\epsilon}_{\nu}(k',\lambda')e^{-ik\cdot x_1}e^{ik'\cdot x_2}\Big)d^4x_1 d^4x_2, \end{aligned} \tag{20.2.19}$$

und für die *S-Matrix im Impulsraum*

$$\begin{aligned} S_{fi} &= -\frac{(-ie)^2}{(2\pi)^6}\sqrt{\frac{m}{E_p}}\sqrt{\frac{m}{E_{p'}}}\frac{1}{\sqrt{2\omega_k}}\frac{1}{\sqrt{2\omega_{k'}}}(2\pi)^4\delta^4(p'+k'-p-k) \\ &\quad \Big(\bar{v}(p,s)\gamma^{\mu} i S_F(-p+k')\gamma^{\nu}v(p',s')\overset{*}{\epsilon}_{\mu}(k',\lambda')\epsilon_{\nu}(k,\lambda)+ \\ &\quad +\bar{v}(p,s)\gamma^{\mu} i S_F(-p-k')\gamma^{\nu}v(p',s')\epsilon_{\mu}(k,\lambda)\overset{*}{\epsilon}_{\nu}(k',\lambda')\Big). \end{aligned} \tag{20.2.20}$$

Auch hier treten wieder zwei Summanden auf, deren graphische Darstellung auf die Direkt- und Austauschgraphen in Bild 20.5(2) führt.

20.3 Die Feynman-Regeln der QED

Wie wir schon im vorigen Abschnitt bemerkt haben, ist die Berechnung der S-Matrix auf analytischem Weg ziemlich aufwendig. Dies gilt natürlich verstärkt für Streuprozesse höherer Ordnung, auf die wir bisher nicht eingegangen sind. Es existiert jedoch die Möglichkeit einer formalen Konstruktion der S-Matrix bei Verwendung der Feynman-Diagramme. Die Übersetzung zwischen graphischer Darstellung und analytischer Gestalt der S-Matrix gelingt mit Hilfe der *Feynman-Regeln der QED*. Sie können im Ortsraum und im Impulsraum formuliert werden. Einige dieser Übersetzungsregeln haben wir schon im Abschnitt 20.1 besprochen, allerdings ohne Bezugnahme auf die S-Matrix. Wir wollen sie hier vervollständigen und vertiefen.

Die *Feynman-Regeln der QED im Ortsraum* lauten:

1. Bei einem Streuprozeß n-ter Ordnung wird jedem Wechselwirkungspunkt x_i, $i = 1,\ldots,n$ ein Vertex in der Zeichenebene mit dem algebraischen Faktor $-ie\gamma^{\mu}$ zugeordnet. Man zeichne nun alle topologisch verschiedenen Feynman-Diagramme mit n Vertizes, wobei die vorgegebene Anzahl von Teilchen im Anfangs- und Endzustand durch die *äußeren Linien* der Graphen symbolisiert wird.

2. Den *äußeren Fermionenlinien* ordne man folgende Faktoren zu:

Graph	Faktor
a. einlaufendes Elektron	$\sqrt{\frac{m}{(2\pi)^3 E_p}}\, u(p,s)\mathrm{e}^{-ip\cdot x}$
b. einlaufendes Positron	$\sqrt{\frac{m}{(2\pi)^3 E_p}}\, \bar{v}(p,s)\mathrm{e}^{+ip\cdot x}$
c. auslaufendes Elektron	$\sqrt{\frac{m}{(2\pi)^3 E_p}}\, \bar{u}(p,s)\mathrm{e}^{+ip\cdot x}$
d. auslaufendes Positron	$\sqrt{\frac{m}{(2\pi)^3 E_p}}\, v(p,s)\mathrm{e}^{-ip\cdot x}$

3. Den *äußeren Photonenlinien* ordne man folgende Faktoren zu:

Graph	Faktor
a. einlaufendes Photon	$\sqrt{\frac{1}{(2\pi)^3 2\omega_k}}\, \epsilon^{\mu}(k,\lambda)\mathrm{e}^{-ik\cdot x}$
b. auslaufendes Photon	$\sqrt{\frac{1}{(2\pi)^3 2\omega_k}}\, \overset{*}{\epsilon}{}^{\mu}(k,\lambda)\mathrm{e}^{-ik\cdot x}$

4. Jeder *inneren Fermionenlinie* von x_k nach x_l wird der Faktor $i\,S_F(x_k - x_l)$ zugeordnet.
5. Jeder *inneren Photonenlinie* von x_k nach x_l wird der Faktor $i\,D_F{}^{\mu\nu}(x_k - x_l)$ zugeordnet.
6. Über alle Koordinaten x_i wird integriert.
7. Jede geschlossene Fermionenlinie liefert einen Faktor -1.

Die Summierung aller derart konstruierten Beiträge liefert das S-Matrixelement n-ter Ordnung $\hat{S}^{(n)}$. Dabei ist wesentlich, daß es sich gemäß Punkt 1 um topologisch verschiedene Feynman-Graphen handelt. Solange die Abfolge der Vertizes entlang der Fermionenlinie beibehalten wird, können die Graphen beliebig deformiert werden, ohne daß sich ihre Bedeutung ändert. Man beachte, daß der Faktor $1/n!$ aus der Reihenentwicklung des S-Operators in den Feynman-Regeln und somit in $\hat{S}^{(n)}$ nicht auftritt. Er wird durch einen Permutationsfaktor $n!$ kompensiert, der durch die mehrdeutige Zuordnung der Vertizes $x_1, \ldots, x_n$ entsteht.

Das Minuszeichen der Regel 7 folgt aus der Antikommutation fermionischer Feldoperatoren. Man beachte in diesem Zusammenhang den Term (20.1.11d) und den korrespondierenden Graphen aus Bild 20.4e: (20.1.11d) besitzt im Unterschied zu den übrigen Termen aus (20.1.11) ein relatives negatives Vorzeichen.

Wie wir bereits in Abschnitt 20.2 gesehen haben, lassen sich die Ortsintegrationen aus Regel 6 auf analytischem Wege durchführen. Man erhält so die *Feynman-Regeln der QED im Impulsraum*:

1. Bei einem Streuprozeß n-ter Ordnung wird jedem Wechselwirkungspunkt x_i, $i = 1\ldots n$ ein Vertex in der Zeichenebene mit dem algebraischen Faktor $-ie\gamma^{\mu}$ zugeordnet. Man zeichne nun alle topologisch verschiedenen Feynman-Diagramme mit n Vertizes, wobei die vorgegebene Anzahl von Teilchen im Anfangs- und Endzustand durch die *äußeren Linien* der Graphen symbolisiert wird.

2. Den *äußeren Fermionenlinien* ordne man folgende Faktoren zu:

	Graph	Faktor
a.	einlaufendes Elektron	$\sqrt{\frac{m}{(2\pi)^3 E_p}}u(p,s)$
b.	einlaufendes Positron	$\sqrt{\frac{m}{(2\pi)^3 E_p}}\bar{v}(p,s)$
c.	auslaufendes Elektron	$\sqrt{\frac{m}{(2\pi)^3 E_p}}\bar{u}(p,s)$
d.	auslaufendes Positron	$\sqrt{\frac{m}{(2\pi)^3 E_p}}v(p,s)$

3. Den *äußeren Photonenlinien* ordne man folgende Faktoren zu:

	Graph	Faktor
a.	einlaufendes Photon	$\sqrt{\frac{1}{(2\pi)^3 2\omega_k}}\epsilon^{\mu}(k,\lambda)$
b.	auslaufendes Photon	$\sqrt{\frac{1}{(2\pi)^3 2\omega_k}}\overset{*}{\epsilon}{}^{\mu}(k,\lambda)$

4. Jeder *inneren Fermionenlinie* wird der fouriertransformierte Propagator $i S_F(p_i)$ zugeordnet.

5. Jeder *inneren Photonenlinie* wird der fouriertransformierte Propagator $i D_F{}^{\mu\nu}(k_i)$ zugeordnet.

6. Über alle Impulse der inneren Linien wird integriert: $\int \frac{d^4p}{(2\pi)^4}$

7. Jede geschlossene Fermionenschleife liefert einen Faktor -1.

20.4 Das Renormierungsproblem in der QED

In den Abschnitten 20.1 und 20.2 haben wir uns auf die Streuprozesse zweiter Ordnung beschränkt, womit man in der QED bereits eine sehr gute Übereinstimmung mit dem Experiment erzielt. Man könnte daher annehmen, daß die Beiträge höherer Ordnung in der S-Matrix nur verschwindend kleine Korrekturen liefern. Dies ist aber nur unter gewissen Voraussetzungen der Fall. Zunächst erinnern wir uns an die Aussage in Abschnitt 20.1, nach der Vakuumschleifen zur S-Matrix keinen physikalisch relevanten Anteil beitragen, und daher bei der Berechnung vernachlässigt werden können. Rechentechnisch wird dies durch die Ersetzung des Operators $\hat{S}$ aus (20.1.9) durch den Operator $\hat{S}' := \langle 0|\hat{S}|0\rangle^{-1}\hat{S}$ bewerkstelligt.

Zunächst scheint der Wert dieser Aussage bloß in einer bequemeren Berechnungsmöglichkeit der S-Matrix zu liegen. Tatsächlich rührt sie jedoch an tiefliegende Probleme der Quantenfeldtheorie. Entwickelt man nämlich den Faktor $\langle 0|\hat{S}|0\rangle$ in die Störungsreihe, so erhält man in graphischer Darstellung

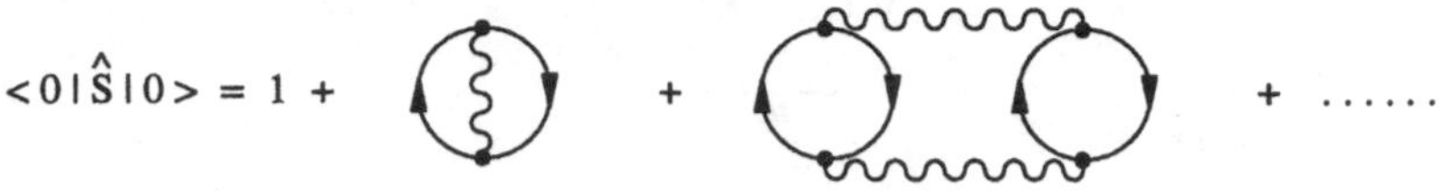

Bild 20.7

Eine Berechnung der Graphen zeigt, daß es sich dabei durchwegs um divergente Ausdrücke handelt:

Geschlossene Schleifen produzieren stets Divergenzen!

Der Übergang vom Operator $\hat{S}$ zum Operator $\hat{S}'$ bedeutet das summarische Wegstreichen all dieser unendlichen Beträge. Man bezeichnet diesen Vorgang des Wegstreichens als *Renormierung*.

Zunächst erinnert diese Vorgangsweise an einen üblen Taschenspielertrick. Zu ihrer Rechtfertigung müssen folgende Fragen geklärt werden:

1. Was bedeuten die auftretenden Unendlichkeiten physikalisch;
2. Welche physikalischen Konsequenzen impliziert die Renormierung;
3. Welchem glücklichen Umstand ist es zu verdanken, daß alle diese Divergenzen in einem einzigen Griff entfernt werden können?

Zur Beantwortung dieser Fragen empfiehlt es sich, die Teilchen- und Feldkonzeption in ihrer historischen Entwicklung Revue passieren zu lassen. Dabei werden wir sehen, daß die oben angesprochenen Probleme bereits in der klassischen Physik versteckt sind.

20.4.1 Das Renormierungsproblem in klassischen Feldtheorien

In der nichtrelativistischen klassischen Physik stellte man sich das Elektron als einen starren Körper endlicher Ausdehnung vor. Durch seine Ladung und seine endliche Ausdehnung würde das Elektron allerdings seiner eigenen Kraftwirkung unterliegen. Wegen des abstoßenden Charakters der elektrischen Kräfte müßte es also auseinanderbrechen, was natürlich Unsinn ist. Dieses Modell stand also im Widerspruch zu der Stabilität des Elektrons.

Nach der Entdeckung der Relativitätstheorie komplizierten sich die Dinge noch. Nun hatte man Probleme mit der Vorstellung eines starren Körpers. Dazu betrachten wir einen auf den Punkt P der Elektronenoberfläche einwirkenden, äußeren Impuls. Dieser Impuls bewirkt, daß sich das als ruhend angenommene Elektron in Bewegung setzt. Da sich Wirkungen nach der Relativitätstheorie nicht schneller als mit Lichtgeschwindigkeit ausbreiten können, werden sich die dem Punkt P benachbarten Punkte rascher in Bewegung setzen als die ferner liegenden Punkte, d.h. die Form des Elektrons ändert sich. Die Stabilität des Elektrons ist neben den oben angeführten Gründen also auch durch relativistische Effekte gefährdet.

Um diesen begrifflichen Schwierigkeiten zu begegnen, nahm man das Elektron als punktförmiges Teilchen an. Diese Konzeption warf aber sofort ein anderes Problem auf. Das elektrische Feld eines geladenen Körpers gehorcht dem invers quadratischen Abstandsgesetz. Im Quellpunkt selbst ist das Feld daher unendlich groß und somit auch seine Energie. Nun folgt aus der divergierenden Energie sofort eine unendliche Masse. *Die Vorstellung einer Punktladung impliziert also jene einer unendlichen Feldenergie und einer unendlichen Masse.* Zu der beobachtbaren endlichen Masse eines Elektrons tragen somit zwei Anteile bei: Das der unendlichen Feldenergie entsprechende Massenäquivalent, und die „nackte" Masse des Elektrons. Da das Massenäquivalent unendlich groß ist, muß dies auch für die nackte Masse gelten, da sonst eine Kompensation zu einer endlichen beobachtbaren Größe nicht möglich wäre.

Problematisch ist die Vorstellung einer unendlich großen Masse nur dann, wenn sie in Erscheinung träte, was ein „Abschalten" des kompensierenden unendlichen Feldes erfordern würde. Nun ist ein derartiger Abschaltvorgang natürlich unmöglich, d.h. der divergente Term kann nie in Erscheinung treten.

Daher besteht die Möglichkeit einer *Massenrenormierung*: Die Massenskala wird derart festgelegt, daß ihr Nullpunkt um den unendlich großen Wert der nackten Masse verschoben wird. Die Unendlichkeiten können also ignoriert werden, man arbeitet ausschließlich mit den beobachtbaren endlichen Größen.

Dieselben Probleme treten natürlich auch im Zusammenhang mit der Ladung auf. Punktförmigen, geladenen Teilchen muß man eine unendlich große „nackte" Ladung zuordnen, was eine Verschiebung des Ladungsnullpunktes um den unendlich großen Wert der nackten Ladung impliziert. Neben einer Massenrenormierung existiert also auch eine *Ladungsrenormierung*.

20.4.2 Das Renormierungsproblem in den Quantenfeldtheorien

Bei der quantenfeldtheoretischen Beschreibung des Elektrons tauchen neue Schwierigkeiten auf: das Elektron tritt in Wechselwirkung mit virtuellen Teilchen. Die Ursache für das Auftreten virtueller Teilchen wird durch das in Abschnitt 18.1 behandelte Vakuummodell erklärt. Wegen der Heisenbergschen Unschärfe der Energie können Teilchen für eine kurze Zeitspanne aus der Dirac-See in die konkrete Welt gehoben werden. Aus der Sicht der Quantentheorie ist das Vakuum somit ein von derartigen Teilchen brodelnder Raum. Reale Elektronen und reale Photonen müssen immer vor dem Hintergrund dieser flimmernden Energie gesehen werden. Sie stehen in ständiger Wechselwirkung mit den virtuellen „Geisterteilchen". Die einfachsten Prozesse zweiter Ordnung haben wir in Bild 20.4 veranschaulicht: in (d) wechselwirkt ein reales Elektron mit einem virtuellen Photon, in (e) ein reales Photon mit einem virtuellen Elektron-Positron-Paar.

Bei komplizierteren Prozessen höherer Ordnung wechselwirken die virtuellen Teilchen untereinander und mit den realen Teilchen in vielfältiger Weise. *Ein reales Teilchen ist also stets in eine Hülle aus virtuellen Teilchen gekleidet*, aus der es nie befreit werden kann. Die Gesamtenergie dieser Hülle ist unendlich groß, was sich wieder in einer unendlich großen nackten Masse und einer unendlich großen nackten Ladung spiegelt: Jede Schleife eines Feynman-Graphen liefert einen unendlich großen Beitrag zur Gesamtenergie des Systems. Es tritt also wiederum das aus der klassischen Physik bekannte Problem der Unendlichkeit auf, allerdings in einer komlizierteren Form. Dem einzelnen unendlichen Term der klassischen Betrachtung stehen nun unendlich viele unendlich große Terme gegenüber, und es scheint zunächst ziemlich unwahrscheinlich, daß sich alle diese Terme nach klassischem Vorbild auf einen einzigen Griff eliminieren lassen.

Das Wunder der QED besteht nun in ihrer Renormierbarkeit. Die auftretenden Unendlichkeiten können tatsächlich durch eine einzige Subtraktion eliminiert werden, wobei die Übereinstimmung der renormierten Theorie mit den experimentellen Ergebnissen im Rahmen der

Rechengenauigkeit (neun Kommastellen) hundertprozentig ist! Physikalisch bedeutet die Renormierung den Übergang von den unbeobachtbaren nackten Massen und Ladungen zu den beobachtbaren Massen und Ladungen.

Im nächsten Unterkapitel werden wir uns mit der quantentheoretischen Beschreibung der übrigen bekannten Wechselwirkungen beschäftigen. Die Vorstellung der Wechselwirkung durch Botenteilchen läßt sich auch dort verwenden. In gleicher Weise gilt die Einbettung der Teilchen in eine Hülle virtueller Begleiter. Das Vakuum erscheint als See virtueller Photonen, Leptonen und Quarks, die miteinander und mit realen Teilchen in kompliziertester Form wechselwirken. Zunächst baute man diese Theorien weitgehend analog zur QED auf, und es stellte sich die Frage, ob die durch die geschlossenen Schleifen der Feynman-Graphen beschriebenen Unendlichkeiten ebenso wie in der QED eliminierbar seien. Dies war leider nicht der Fall! Es zeigte sich, daß die Renormierbarkeit einer Theorie eng mit ihrer Formulierbarkeit als *Eichtheorie* zusammenhängt. Mit diesem Problemkreis und den damit zusammenhängenden Fragen nach einer möglichen Vereinheitlichung aller fundamentalen Kräfte werden wir uns in Unterkapitel III auseinandersetzen.

20.5 Skalare Elektrodynamik

Die QED analysiert die Wechselwirkung zwischen Spin 1/2-Teilchen und Photonen, was sich mathematisch in der Kopplung des quantisierten Dirac-Feldes mit dem quantisierten Maxwell-Feld spiegelt. Im Unterschied dazu beschäftigt sich die *skalare Elektrodynamik* mit der Wechselwirkung zwischen Spin 0-Teilchen und Photonen, was mathematisch in der Kopplung des quantisierten Klein-Gordon-Feldes mit dem quantisierten Maxwell-Feld seinen Niederschlag findet. Da in dieser Theorie der Spin nicht auftritt, ist ihre Struktur einfacher als jene der Spinor-QED. Allerdings treten in der skalaren Elektrodynamik neuartige Probleme dadurch auf, daß der Wechselwirkungsterm im Unterschied zur Spinor-QED Ableitungen des Feldes aufweist. Man erkennt dies bereits in der klassischen Wechselwirkungstheorie: Setzt man die Lagrangedichte des Gesamtsystems in üblicher Weise als

$$\mathcal{L} = \mathcal{L}_{KG} + \mathcal{L}_M + \mathcal{L}_1$$

an, so führt die eichinvariante Vorschrift der minimalen Kopplung auf einen Wechselwirkungsterm der Gestalt

$$\mathcal{L}_1 = -ie \overset{*}{\phi} \overleftrightarrow{\partial}_\mu \phi A^\mu + e^2 \overset{*}{\phi} \phi A_\mu A^\mu .$$

Das Auftreten der Feldableitungen wird als *Gradientenkopplung* bezeichnet. Auf die damit verbundenen Phänomene bei der Quantisierung wollen wir nicht näher eingehen, und verweisen den interessierten Leser auf [17]. Die Berechnung der S-Matrix kann wieder mit Unterstützung entsprechend modifizierter Feynman-Regeln nach üblichen Muster erfolgen.

Im Unterschied zur Spinor-QED ist die praktische Bedeutung der skalaren Elektrodynamik eingeschränkt, da es keine elementaren elektrisch geladenen Spin 0-Teilchen gibt. Man ist daher auf Teilchen mit einer inneren Struktur (z.B. Pionen) angewiesen, die aber der dominierenden starken Wechselwirkung unterliegen (siehe Teil VIII).

20.6 Formelsammlung

Wechselwirkungssysteme

$$\hat{\mathcal{H}}_1 = -\hat{\mathcal{L}}_1 = e : \hat{\bar{\psi}} \gamma_\mu \hat{\psi} A^\mu$$

Streumatrix in zweiter Ordnung

$$\hat{S}^{(2)} =$$

$$\frac{(-ie)^2}{2!} \int\int T\Big(: \hat{\bar{\psi}}(x_1)\gamma_\mu \hat{\psi}(x_1)\hat{A}^\mu(x_1) : : \hat{\bar{\psi}}(x_2)\gamma_\nu \hat{\psi}(x_2)\hat{A}^\nu(x_2) : \Big) d^4x_1 d^4x_2 =$$

$$2\frac{(-ie)^2}{2!} \int\int : \hat{\bar{\psi}}(x_1)\gamma_\mu i S_F(x_1 - x_2)\gamma_\nu \hat{\psi}(x_2)\hat{A}^\mu(x_1)\hat{A}^\nu(x_2) : d^4x_1 d^4x_2$$

$$+ \quad \frac{(-ie)^2}{2!} \int\int : \hat{\bar{\psi}}(x_1)\gamma_\mu \hat{\psi}(x_1)\hat{\bar{\psi}}(x_2)\gamma_\nu \hat{\psi}(x_2) i D_F{}^{\mu\nu}(x_1 - x_2) : d^4x_1 d^4x_2$$

$$+ \quad 2\frac{(-ie)^2}{2!} \int\int : \hat{\bar{\psi}}(x_1)\gamma_\mu i S_F(x_1 - x_2)\gamma_\nu \hat{\psi}(x_2) i D_F{}^{\mu\nu}(x_1 - x_2) : d^4x_1 d^4x_2$$

$$- \quad \frac{(-ie)^2}{2!} \int\int : i S_F(x_2 - x_1)\gamma_\mu i S_F(x_1 - x_2)\gamma_\nu \hat{A}^\mu(x_1)\hat{A}^\nu(x_2) : d^4x_1 d^4x_2$$

Møller-Streuung

Darstellung im Ortsraum

$$S_{fi} = \frac{(-ie)^2}{(2\pi)^6}\sqrt{\frac{m}{E_{p_1}}}\sqrt{\frac{m}{E_{p_2}}}\sqrt{\frac{m}{E_{p'_1}}}\sqrt{\frac{m}{E_{p'_2}}}\int i D_F{}^{\mu\nu}(x_1 - x_2)$$

$$\Big(e^{i(p'_2 - p_2)\cdot x_2} e^{i(p'_1 - p_1)\cdot x_1} \bar{u}(p'_2, s'_2)\gamma_\mu u(p_2, s_2) u(p'_1, s'_1)\gamma_\nu u(p_1, s_1) -$$

$$e^{i(p'_2 - p_1)\cdot x_2} e^{i(p'_1 - p_2)\cdot x_1} \bar{u}(p'_2, s'_2)\gamma_\mu u(p_1, s_1)\bar{u}(p'_1, s'_1)\gamma_\nu u(p_2, s_2)\Big) d^4x_1 d^4x_2.$$

Darstellung im Impulsraum

$$S_{fi} = \frac{(-ie)^2}{(2\pi)^6}\sqrt{\frac{m}{E_{p_1}}}\sqrt{\frac{m}{E_{p_2}}}\sqrt{\frac{m}{E_{p'_1}}}\sqrt{\frac{m}{E_{p'_2}}}(2\pi)^4 \delta^4(p'_1 + p'_2 - p_1 - p_2)$$

$$\Big(\bar{u}(p'_2, s'_2)\gamma_\mu u(p_2, s_2) i D_F{}^{\mu\nu}(p'_1 - p_1)\bar{u}(p'_1, s'_1)\gamma_\nu u(p_1, s_1) -$$

$$-\bar{u}(p'_2, s'_2)\gamma_\mu u(p_1, s_1) i D_F{}^{\mu\nu}(p'_1 - p_2)\bar{u}(p'_1, s'_1)\gamma_\nu u(p_2, s_2)\Big).$$

Compton-Streuung am Elektron

Darstellung im Ortsraum

$$S_{fi} = \frac{(-ie)^2}{(2\pi)^6}\sqrt{\frac{m}{E_p}}\sqrt{\frac{m}{E_{p'}}}\frac{1}{\sqrt{2\omega_k}}\frac{1}{\sqrt{2\omega_{k'}}}\int u(p',s')\gamma^\mu iS_F(x_1-x_2)$$

$$\gamma^\nu u(p,s)\mathrm{e}^{ip'\cdot x_1}\mathrm{e}^{-ip\cdot x_2}\Big(\overset{*}{\epsilon}_\mu(k',\lambda')\epsilon_\nu(k,\lambda)\mathrm{e}^{ik'\cdot x_1}\mathrm{e}^{-ik\cdot x_2}+$$

$$+\epsilon_\mu(k,\lambda)\overset{*}{\epsilon}_\nu(k',\lambda')\mathrm{e}^{-ik\cdot x_1}\mathrm{e}^{ik'\cdot x_2}\Big)d^4x_1d^4x_2$$

Darstellung im Impulsraum

$$S_{fi} = \frac{(-ie)^2}{(2\pi)^6}\sqrt{\frac{m}{E_p}}\sqrt{\frac{m}{E_{p'}}}\frac{1}{\sqrt{2\omega_k}}\frac{1}{\sqrt{2\omega_{k'}}}(2\pi)^4\delta^4(p'+k'-p-k)$$

$$\Big(\bar{u}(p',s')\gamma^\mu iS_F(p+k)\gamma^\nu u(p,s)\overset{*}{\epsilon}_\mu(k',\lambda')\epsilon_\nu(k,\lambda)+$$

$$+\bar{u}(p',s')\gamma^\mu iS_F(p-k')\gamma^\nu u(p,s)\epsilon_\mu(k,\lambda)\overset{*}{\epsilon}_\nu(k',\lambda')\Big).$$

Compton-Streuung am Positron

Darstellung im Ortsraum

$$S_{fi} = -\frac{(-ie)^2}{(2\pi)^6}\sqrt{\frac{m}{E_p}}\sqrt{\frac{m}{E_{p'}}}\frac{1}{\sqrt{2\omega_k}}\frac{1}{\sqrt{2\omega_{k'}}}\int \bar{v}(p,s)\gamma^\mu iS_F(x_1-x_2)$$

$$\gamma^\nu v(p',s')\mathrm{e}^{-ip\cdot x_1}\mathrm{e}^{ip'\cdot x_2}\Big(\overset{*}{\epsilon}_\mu(k',\lambda')\epsilon_\nu(k,\lambda)\mathrm{e}^{ik'\cdot x_1}\mathrm{e}^{-ik\cdot x_2}+$$

$$+\epsilon_\mu(k,\lambda)\overset{*}{\epsilon}_\nu(k',\lambda')\mathrm{e}^{-ik\cdot x_1}\mathrm{e}^{ik'\cdot x_2}\Big)d^4x_1d^4x_2$$

Darstellung im Impulsraum

$$S_{fi} = -\frac{(-ie)^2}{(2\pi)^6}\sqrt{\frac{m}{E_p}}\sqrt{\frac{m}{E_{p'}}}\frac{1}{\sqrt{2\omega_k}}\frac{1}{\sqrt{2\omega_{k'}}}(2\pi)^4\delta^4(p'+k'-p-k)$$

$$\Big(\bar{v}(p,s)\gamma^\mu iS_F(-p+k')\gamma^\nu v(p',s')\overset{*}{\epsilon}_\mu(k',\lambda')\epsilon_\nu(k,\lambda)+$$

$$+\bar{v}(p,s)\gamma^\mu iS_F(-p-k')\gamma^\nu v(p',s')\epsilon_\mu(k,\lambda)\overset{*}{\epsilon}_\nu(k',\lambda')\Big).$$

Teil VIII
Eichtheorie

Moderne Quantenfeldtheorien sind als Eichtheorien formuliert, womit ihre Renormierbarkeit sichergestellt ist. Zur Einführung in diesen Problemkreis werden in Kapitel 21 die wesentlichsten theoretischen Fortschritte der letzten dreißig Jahre in Aufsatzform präsentiert. Kapitel 22 entwickelt darauf das Modell einer nichtabelschen Eichfeld-Theorie, das abschließend zur Beschreibung der elektroschwachen Wechselwirkung spezialisiert wird (Standard-Modell). Dabei stützen wir uns auf [7], [15] und [18].

21 Teilchen und Kräfte, Konzepte der Vereinheitlichung

Gegenwärtig kennen wir vier fundamentale Wechselwirkungen: Die starke, die elektromagnetische und die schwache Wechselwirkung, sowie die Gravitation. Ziel der modernen theoretischen Physik ist die Formulierung einer einheitlichen Feldtheorie, in der diese vier Kräfte zu einer „Urkraft" verschmolzen werden.

Voraussetzung dafür ist ein Verständnis der einzelnen Kraftwirkungen auf quantentheoretischer Grundlage. Die Beschreibung der elektromagnetischen Wechselwirkung ist in diesem Rahmen durch die QED glänzend gelungen. In den folgenden Abschnitten beschäftigen wir uns mit der Beschreibung der schwachen und der starken Wechselwirkung, und besprechen abschließend einige Modelle der Vereinheitlichung.

21.1 Elementarteilchen und Wechselwirkung

Zunächst wollen wir Grundlagenkenntnisse über Elementarteilchen und ihr Verhalten bei Wechselwirkungen erarbeiten.

21.1.1 Einteilung der Elementarteilchen

Die Elementarteilchen lassen sich zunächst willkürlich in zwei Gruppen zerlegen. In der ersten Gruppe erscheinen die kleinsten bis heute bekannten Bausteine der Materie, während die zweite Gruppe die bei Wechselwirkungen auftretenden *Botenteilchen* enthält. Zunächst werden wir uns hauptsächlich mit den Materiebausteinen beschäftigen. Bedeutung und Eigenschaften der Botenteilchen diskutieren wir später im Zusammenhang mit den entsprechenden Quantenfeldtheorien.

Einteilungskriterien für Elementarteilchen sind ihr Spin, ihre Ladung, ihre Stabilität und ihr Verhalten bei Wechselwirkungen. Weiter ist zu beachten, daß zu jedem Teilchen ein Antiteilchen mit gleicher Masse, gleichem Spin, gleicher Lebensdauer aber invertierter Ladung existiert. Wir wollen die aus Bild 21.1 ersichtlichen Gemeinsamkeiten für die Materiebausteine hier nochmals kurz zusammenfassen.

Klassifizierung nach Masse

Bei dieser Einteilung lassen sich die Elementarteilchen in drei Gruppen aufteilen: Die *Leptonen*, die *Mesonen* und die *Baryonen*.

Leptonen

Zu den Leptonen gehört das *Elektron-Neutrino* ν_e, das *Myon-Neutrino* ν_μ, das *Tauon-Neutrino* ν_τ, das *Elektron* e^-, das *Myon* μ^- und das *Tauon* τ. Bemerkenswert sind die vergleichsweise großen Massen von Myon und Tauon. Abgesehen von ihrer Masse verhalten sie sich wie das Elektron.

Die Neutrinos genießen unter allen Elementarteilchen einen besonderen Status. Sie sind die in unserem Universum am häufigsten vorkommenden Teilchen. Bis vor kurzem wurden sie als masselos angenommen. Nach neuesten Überlegungen scheint es jedoch möglich, daß Neutrinos einen winzigen Bruchteil der Elektronenmasse besitzen können. Bei ihrer großen Anzahl wäre

				Teilchen	Antiteilchen	Masse in MeV	Ladung	Spin in $\hbar$	Lebensdauer
Bausteine der Materie	Leptonen		Elektron	e^-	e^+	0.510976	$\mp e$	1/2	∞
			Elektron-Neutrino	ν_e	$\bar{\nu}_e$	0 ?	0	1/2	∞
			Myon	μ^-	μ^+	105.66	$\mp e$	1/2	$2.212 \cdot 10^{-6}$
			Myon-Neutrino	ν_μ	$\bar{\nu}_\mu$	0 ?	0	1/2	∞ ?
			Tauon	τ^-	τ^+	1784(±4)	$\pm e$	1/2	$3 \cdot 10^{-13}$?
			Tauon-Neutrino	ν_τ	$\bar{\nu}_\tau$	0 ?	0	1/2	< 164
	Mesonen		Pion	Π^-	Π^+	139.58	$\mp e$	0	$2.55 \cdot 10^{-8}$
			Pion	Π^0	Π^0	134.97	0	0	$2.3 \cdot 10^{-16}$
			Kaon	K^-	K^+	439.8	$\mp e$	0	$1.22 \cdot 10^{-8}$
			Kaon	K^0	$\bar{K}^0$	497.7		0	
			⋮						
	Baryonen	Nukleonen	Proton	p^+	p^-	938.25	$\pm e$	1/2	∞
			Neutron	n	$\bar{n}$	939.55	0	1/2	1013
		Hyperonen	Lambda-Null	Λ^0	$\bar{\Lambda}^0$	1115.44	0	1/2	$2.36 \cdot 10^{-10}$
			Sigma-Minus	Σ^-	$\bar{\Sigma}^-$	1197.2	e	1/2	$1.61 \cdot 10^{-10}$
			Sigma-Null	Σ^0	$\bar{\Sigma}^0$	1192.3	0	1/2	10^{-18}
			Sigma-Plus	Σ^+	$\bar{\Sigma}^+$	1189.4	e	1/2	$0.81 \cdot 10^{-10}$
			Xi-Minus	Ξ^-	$\bar{\Xi}^-$	1320.8	e	1/2	$1.3 \cdot 10^{-10}$
			Xi-Null	Ξ^0	$\bar{\Xi}^0$	1314.3	0	1/2	$1.5 \cdot 10^{-10}$
			⋮						
Botenteilchen			Photon	γ	γ	0	0	1	∞
			W^+			79751.7	e	1	
			W^-			79751.7	$-e$	1	
			Z			89134.3	0	1	
			⋮						

Bild 21.1

diese Masse ausreichend, um in ferner Zukunft durch die Gravitationswirkung einen Kollaps des Universums herbeizuführen.

Mesonen

Die leichtesten Mesonen sind die *Pionen*. Das Pion Π^- ist positiv, sein Antiteilchen Π^+ negativ geladen, das Pion Π^0 ist *streng neutral*, d.h. es ist elektrisch neutral und gleichzeitig sein eigenes Antiteilchen.

Die nächste Gruppe wird durch die *Kaonen* gebildet. Das Kaon K^+ ist positiv, das Antiteilchen K^- negativ geladen. Im Unterschied zum Pion Π^0 ist das Kaon K^0 *nicht streng neutral*, sondern nur elektrisch neutral: es besitzt das Antiteilchen $\bar{K}^0$.

Baryonen

Die Baryonen werden in zwei Gruppen unterteilt: Die *Nukleonen* und die *Hyperonen*.

Die Nukleonen setzen sich zusammen aus dem *Proton* p, dem *Neutron* n und ihren Antiteilchen. Sie bilden die Bausteine des Atomkerns.

Die Hyperonen umfassen alle Elementarteilchen, die schwerer als das Proton sind.

Klassifizierung nach Spin

Alle Elementarteilchen besitzen einen Spin, der ein ganzzahliges Vielfaches von $\pm 1/2$ beträgt. Teilchen mit halbzahligem Spin bezeichnet man als *Fermionen*, Teilchen mit ganzzahligem Spin als *Bosonen*. Bosonen mit Spin 0 heißen skalare Bosonen, solche mit Spin 1 Vektorbosonen.

Klassifizierung nach Stabilität

Es gibt vier stabile Elementarteilchen: Das Photon, das Neutrino, das Elektron und das Proton. Die entsprechenden Antiteilchen sind ebenfalls stabil, können allerdings durch Wechselwirkung mit dem entsprechenden Teilchen vernichtet werden.

Alle anderen Elementarteilchen sind instabil und zerfallen mit einer charakteristischen Lebensdauer in leichtere Teilchen.

Klassifizierung nach Wechselwirkungen

Die klassische Physik kennt zwei Wechselwirkungen: die gravitative und die elektromagnetische. Im mikroskopischen Bereich werden zusätzlich noch zwei weitere Wechselwirkungen beobachtet: die schwache und die starke Wechselwirkung. Die Reichweite dieser Kräfte veranschaulicht Bild 21.2:

Wechselwirkung	Stärke	Reichweite
Gravitation	10^{-41}	∞
Schwache Wechselwirkung	10^{-15}	$\ll 1$ fm
Elektromagnetische Wechselwirkung	10^{-2}	∞
Starke Wechselwirkung	1	1 fm

Bild 21.2

Die Reichweite von starker und schwacher Wechselwirkung entspricht etwa der Größe von Kernradien, die Reichweite der elektromagnetischen und der Gravitationskraft ist unbegrenzt, wobei die Kraft mit dem Entfernungsquadrat abnimmt. In der Elementarteilchenphysik kann die Gravitationswirkung gegenüber allen anderen Wechselwirkungen vernachlässigt werden. Die elektromagnetische Wechselwirkung tritt bei allen elektrisch geladenen Teilchen auf. Mesonen und Baryonen unterliegen der starken Wechselwirkung. Man bezeichnet diese beiden Teilchensorten daher auch als *Hadronen*. Die schwache Wechselwirkung tritt zwischen Leptonen untereinander, oder zwischen Leptonen und Hadronen auf.

21.1.2 Erlaubte Wechselwirkungen

Wechselwirkungen müssen derart ablaufen, daß die aus den inneren Symmetrien des Gesamtsystems resultierenden Erhaltungssätze nicht verletzt werden. Einen Erhaltungssatz verletzende Reaktionen sind nicht möglich, während alle anderen Reaktionen erlaubt sind, und in der Natur auch tatsächlich vorkommen.

Für eine klassische eichinvariante und Lorentz-Poincaréinvariante Theorie folgt die Erhaltung von Energie, Impuls, Drehimpuls und Ladung des klassischen Feldes. Diese Verhältnisse gelten ungeändert auch in den quantisierten Theorien: Wechselwirkungen müssen stets so ablaufen, daß Energie, Impuls, Ladung, etc. erhalten bleiben. Die Konsequenzen für die Teilchenumwandlungen sind folgende:

Energieerhaltung
Wegen $E = mc^2$ impliziert Energieerhaltung, daß kein Teilchen in schwerere Teilchen zerfallen kann. Daraus folgt die Stabilität des Neutrinos als leichtestes Teilchen.

Impulserhaltung
Sie verhindert die Umwandlung eines einzelnen Teilchens in ein anderes einzelnes Teilchen, da bei einer Massenänderung nicht gleichzeitig Energie- und Impulserhaltung möglich ist.

Ladungserhaltung Zusammen mit den obigen Erhaltungssätzen impliziert sie die Stabilität des Elektrons als leichtestes geladenes Teilchen.

Weiter haben wir im Rahmen der relativistischen Quantenmechanik die „diskontinuierlichen" Symmetrien der Ladungskonjugation $\mathcal{C}$, der Parität $\mathcal{P}$ und der Zeitumkehr $\mathcal{T}$, bzw. ihre Zusammensetzungen $\mathcal{CP}$ und $\mathcal{CPT}$ besprochen. Dabei haben wir uns allerdings auf die Betrachtung isolierter Felder beschränkt. Man könnte nun erwarten, daß diese fundamentalen Symmetrien auch bei Wechselwirkungen stets gültig bleiben. Dies ist jedoch nicht der Fall! Wechselwirkungen können Symmetrien brechen. So wird beispielsweise die Parität in der schwachen Wechselwirkung maximal verletzt. Auch die Zeitumkehr und die $\mathcal{CP}$-Symmetrie gelten nicht exakt. Gültig bleibt jedoch die $\mathcal{CPT}$-Symmetrie!

Weitere Erhaltungsgrößen sind die *Baryonenzahl* B, die *Seltsamkeit* S (Strangeness) und der *Isospin* I: Jedes Baryon hat die Baryonenzahl 1, das Antiteilchen die Baryonenzahl -1, alle anderen Elementarteilchen die Baryonenzahl 0. Es muß also vor und nach jeder Wechselwirkung dieselbe Anzahl von Baryonen existieren.

Im Unterschied zur Baryonenzahl wird die Seltsamkeit und die Isospinsymmetrie fallweise verletzt: die Seltsamkeit wird bei schwachen Wechselwirkungen, die Isospinsymmetrie bei elektromagnetischen Wechselwirkungen gebrochen.

21.1.3 Die Quarktheorie

Während es nur wenige Leptonen gibt, existieren Hunderte von Hadronen. Dies legt die Vermutung nahe, daß es sich bei den Hadronen nicht um elementare Teilchen handelt, sondern daß sie aus noch elementareren Objekten aufgebaut sind. Diese Vorstellung entwickelten 1963 *M. Gell-Mann* und *G. Zweig* in ihrer *Quarktheorie*.

Nach dieser Theorie sind die Hadronen aus *Quarks* aufgebaut, wobei ein Meson durch ein Quark und sein Antiquark, ein Baryon durch drei verschiedene Quarks gebildet wird. Damit das so gebildete Hadron die Ladung ± 1 oder Null hat, muß die Quarkladung ein oder zwei Drittel der Elektronenladung betragen. Weiter besitzen alle Quarks den Spin $1/2$, und werden von der starken Kraft zusammengehalten.

In ihrer ursprünglichen Form postulierte die Quarktheorie die Existenz von drei verschiedenen Quarks: Dem u-Quark („up"), dem d-Quark („down") und dem s-Quark („strange"). Bild 21.3 auf der nächsten Seite zeigt den Aufbau der 1963 bekannten Hadronen.

Die experimentelle Bestätigung der Quarktheorie gelang 1969 am Linearbeschleuniger SLAC in Stanford. Dabei wurden Elektronen ins Innere von Protonen geschossen. Dies ist

Mesonensymbol	Quarkkombination
Π^+	$u\bar{d}$
Π^-	$d\bar{u}$
K^0	$d\bar{s}$
K^+	$u\bar{s}$
K^-	$s\bar{u}$
$\bar{K}^0$	$s\bar{d}$

Baryonensymbol	Quarkkombination
p	uud
n	udd
Σ^0	uds
Σ^-	dds
Σ^+	uus
Ξ^0	uss
Ξ^-	dss
Λ	uds

Bild 21.3

möglich, weil Elektronen nicht mit der die Quarks zusammenhaltenden starken Kraft wechselwirken. Bei einer sehr gleichmäßigen Streuung der Elektronen durch die Protonenladung wäre die Quarkhypothese widerlegt gewesen. Es zeigte sich jedoch ein höchst unregelmäßiges Streumuster, das nur durch die Existenz von Quarks im Protoneninneren erklärt werden konnte.

In der Zwischenzeit wurden weitere Hadronen entdeckt, was die ursprüngliche Quarktheorie zu widerlegen schien, da alle Kombinationsmöglichkeiten von Quarks gemäß Bild 21.3 ausgeschöpft waren. Man begegnete diesem Problem, indem man die Existenz weiterer Quarks annahm. Inzwischen sind zu den drei obigen Quarks noch drei weitere Quarks bekannt: Das c-Quark („charm"), das b-Quark („bottom" oder „beauty") und das t-Quark („top").

Natürlich stellte sich bei dieser Zunahme an Bausteinen die Frage, ob nicht möglicherweise die Quarks wiederum Zusammensetzungen noch elementarerer Teilchen sind. Es gibt jedoch Hinweise, daß die Quarks ebenso wie die Leptonen elementare Grundbausteine sind, die nicht weiter zerlegt werden können. Man bezeichnet solche Teilchen auch als *punktartig* oder *ohne innere Struktur*. Der Aufbau der Materie läßt sich also mit Hilfe von zwölf strukturlosen Teilchen - den sechs Leptonen und den sechs Quarks - beschreiben.

Neben den für den Aufbau der Materie maßgeblichen Leptonen und Quarks gibt es noch eine andere Sorte von Elementarteilchen, die als *Boten* bei Wechselwirkungen fungieren. So ist das Botenteilchen für die elektromagnetische Wechselwirkung das Photon, jene der schwachen Wechselwirkung die Teilchen W^+, W^- und Z^0. Bei der starken Wechselwirkung fungieren acht verschiedene Gluonen als Boten, bei der Gravitation das Graviton und verschiedene Gravitinos. Wir werden auf diese Teilchen bei der Besprechung der diversen Feldtheorien genauer eingehen.

21.2 Die Fermi-Theorie der elektroschwachen Wechselwirkung

Die schwache Wechselwirkung tritt zwischen Leptonen oder zwischen Leptonen und Hadronen auf. Ihre quantentheoretische Formulierung setzt die Kenntnis einer geeigneten Wechselwirkungs-Hamiltondichte voraus. Nun wird in der QED die Wechselwirkung zwischen Fermion und Photon als Strom-Strom-Kopplung formuliert. In Anlehnung an diese Verhältnisse setzte *E. Fermi* (1901–1954) bei der Beschreibung der schwachen Wechselwirkung ebenfalls eine Strom-Strom-Kopplung in der Wechselwirkungs-Hamiltondichte an:

$$\mathcal{H}_w \sim J_\alpha(x) J^\alpha(x).$$

Bei einer Wechselwirkung zwischen den Leptonenhierarchien $e, \nu_e \,/\, \mu, \nu_\mu \,/\, \tau, \nu_\tau$ hat der Gesamtstrom $J_\alpha(x)$ die Gestalt

$$\begin{aligned} J_\alpha(x) &= J_\alpha^{(e)}(x) + J_\alpha^{(\mu)}(x) + J_\alpha^{(\tau)}(x) = \bar{u}_e(x)\gamma_\alpha(1-\gamma_5)u_{\nu_e}(x) + \\ &+ \bar{u}_\mu(x)\gamma_\alpha(1-\gamma_5)u_{\nu_\mu}(x) + \bar{u}_\tau(x)\gamma_\alpha(1-\gamma_5)u_{\nu_\tau}(x), \end{aligned}$$

mit den spinoriellen Wellenfunktionen u_e, u_{ν_e}, u_μ, u_{ν_μ}, u_τ, u_{ν_τ} der entsprechenden Teilchen. Man vergleiche dazu die Gestalt des elektromagnetischen Stromes

$$j_\alpha(x) = e\bar{\psi}(x)\gamma_\alpha\psi(x)$$

Da $\mathcal{H}_w$ quadratisch in J_α aufgebaut ist, kann jede Leptonenhierarchie sowohl mit sich selbst als auch mit jeder anderen wechselwirken.

Mit dieser Hamilton-Dichte kann die Theorie analog zur QED aufgebaut, und Streuprozesse mit Hilfe der Streumatrix berechnet werden. Die folgende Bilder verdeutlicht einige mögliche Prozesse:

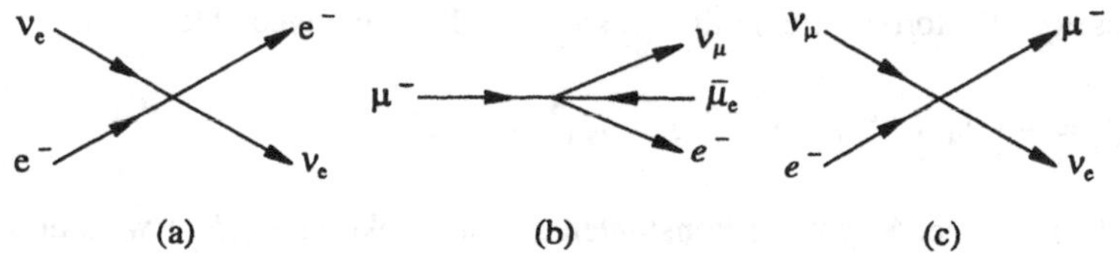

Bild 21.4

Neben den beachtlichen Erfolgen besitzt die Fermi-Theorie jedoch auch einige schwerwiegende Nachteile. Unter anderem ist sie *nicht renormierbar*! Eine mathematische Analyse zeigt, daß die Ursache dieser nichtbehebbaren Divergenzen in der Nichtexistenz eines „Botenteilchens" begründet liegt. Um diese Aussage besser zu verstehen betrachten wir die Bild 21.5(a) veranschaulichte Elektron-Elektron-Streuung der QED:

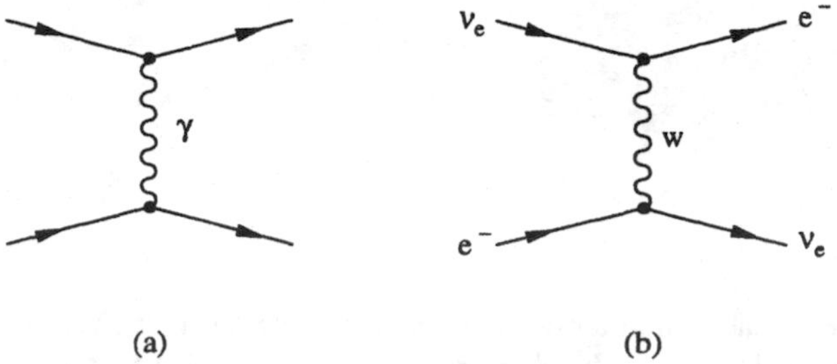

Bild 21.5

Hier tritt als Botenteilchen ein masseloses Vektorboson - das Photon - auf. Es kann gezeigt werden, daß die Existenz dieses Teilchens mit der Renormierbarkeit der QED zusammenhängt. Man wird daher versucht sein, den Graphen aus Bild 21.4(a) gemäß Bild 21.5(b) abzuändern, d.h. man verlangt die Existenz eines Vektorbosons W.

Nun ergeben sich aber neue Schwierigkeiten: Die Renormierbarkeit der Fermi-Theorie gelingt nur für ein masseloses Boson (vgl. die Verhältnisse bei der QED). Eine derartige Theorie würde allerdings in vielen Fällen schlechtere Ergebnisse liefern als die ursprüngliche Theorie. Verwendet man ein massives Boson, so kommt zwar die ursprüngliche Fermi-Theorie als Grenzfall heraus, aber nun ist die Renormierbarkeit wieder nicht gegeben! Den Ausweg aus diesem Dilemma zeigt der im nächsten Abschnitt besprochene *Higgs-Mechanismus der spontanen Symmetriebrechung*.

Weitere Überlegungen zeigen, daß an Stelle eines einzigen Bosons W zwei geladene Bosonen W^+ und W^-, sowie ein neutrales Boson Z^0 existieren müssen.

21.3 Spontane Symmetriebrechung

Der Ausweg aus dem oben beschriebenen Dilemma besteht darin, das ursprünglich masselose Vektorboson an ein komplexes skalares *Higgs-Feld* ϕ zu koppeln. Dieses Feld ist nach *P. Higgs* benannt, der die folgenden Ideen zusammen mit einigen anderen Gruppen 1964 entwickelte. Dabei wird wieder die minimale Kopplung verwendet, um möglichst nahe an der QED zu bleiben. Bezeichnet man das masselose Vektorbosonfeld mit A_μ, so lautet die Lagrangedichte

$$\mathcal{L} = -\frac{1}{4} F_{\mu\nu} F^{\mu\nu} + |(\partial_\mu - igA_\mu)\phi|^2 - U(|\phi|^2),$$

mit $F_{\mu\nu} = \partial_\mu A_\nu - \partial_\nu A_\mu$ und einer Kopplungskonstanten g. Die Funktion $U(|\phi|^2)$ wird nun gemäß Bild 21.6 gewählt.

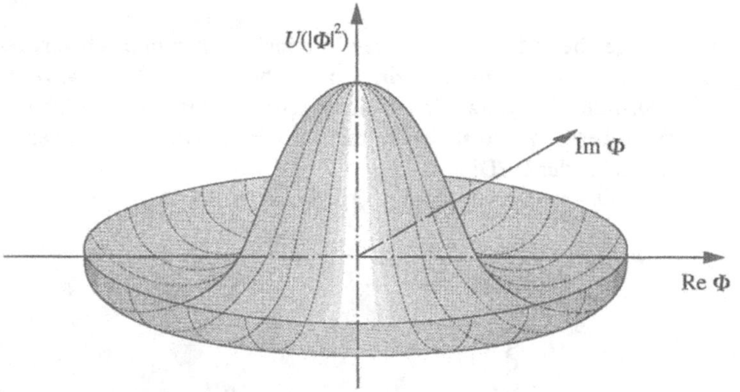

Bild 21.6

Eine mathematische Analyse zeigt, daß sich unter den obigen Voraussetzungen das Vektorboson A_μ so verhält, als wäre es massiv: *Der Higgs-Mechanismus simuliert also eine Masse des Vektorbosons* A_μ, ohne daß deshalb die Renormierbarkeit der Theorie zerstört wird.

Was hat das Ganze nun mit „spontaner Symmetriebrechung" zu tun? Zur Beantwortung dieser Frage fassen wir die in Bild 21.6 veranschaulichte Funktion als Fläche im $\mathbb{R}^3$ auf, und denken uns auf ihr Maximum eine kleine Kugel gelegt. Das System ist rotationssymmetrisch: dabei gilt die Rotationssymmetrie sowohl für die Fläche mit der aufgesetzten Kugel, als auch für die vertikal wirkende Gravitation. Allerdings ist das System nicht stabil! Wenn die Kugel hinunterrutscht und irgendwo am Flächenrand zum Stillstand kommt, so ist das System in seinem Endzustand stabil, aber dafür nicht mehr symmetrisch! *Der Gewinn der Stabilität wurde also durch eine Brechung der Symmetrie bezahlt.* Natürlich ist die Symmetrie der Gravitationskraft nach wie vor vorhanden, allerdings in verborgener Form: Der Endzustand des Systems spiegelt die Symmetrie nicht mehr wieder.

Die tatsächlichen Verhältnisse liegen ähnlich: die dem System innewohnende, für die Renormierbarkeit wichtige Symmetrie bleibt vorhanden, allerdings können die Felder in keinem diese Symmetrie spiegelnden Zustand existieren: Die *Lagrangedichte bleibt invariant unter Eichtransformationen, aber nicht der Vakuumzustand.* Das Feld sinkt in einen stabilen Zustand, der die Symmetrie bricht und für das ursprünglich masselose Boson eine Masse simuliert.

21.4 Die GSW-Theorie

Nach der von Maxwell durchgeführten Vereinigung von Elektrizität und Magnetismus zum Elektromagnetismus ist die *Glashow-Salam-Weinberg-Theorie* der zweite große Schritt einer Vereinheitlichung fundamentaler Naturkräfte. Diese Theorie zeigt, daß sich die elektromagnetische und die schwache Kraft als zwei Erscheinungsformen ein und derselben Einheit - der *elektroschwachen* Kraft - verstehen lassen. Die Anwendung dieser Theorie zur Beschreibung der Wechselwirkung von Leptonen wird als *Standard-Modell* bezeichnet.

Eine der wesentlichen Voraussetzungen der von *A. Salam* und *S. Weinberg* voneinander unabhängig entwickelten, auf frühere Ergebnisse von *S. Glashow* aufbauenden Theorie war die Beschreibung der schwachen Kraft als Eichfeld. Es stellte sich also das Problem, die zu dieser Kraft gehörige Eichsymmetrie aufzufinden. Wir haben bereits erwähnt, daß die einfachste Eichsymmetrie vom elektromagnetischen Feld beansprucht wird. Die Eichsymmetrie der schwachen Kraft wird also komplizierter sein als jene der elektromagnetischen Kraft. Man erkennt dies auch anhand von Bild 21.5b: Während bei einer elektromagnetischen Wechselwirkung die Identität der beteiligten Teilchen stets ungeändert bleibt, kann bei der schwachen Wechselwirkung eine *Identitätsänderung* der beteiligten Teilchen stattfinden.

Die mathematische Beschreibung einer Identitätsänderung war aus der Kernphysik bereits bekannt: In der *Yukawa-Theorie* war mit Hilfe des *Isospinkonzepts* die starke Wechselwirkung zwischen den Kernpartikeln Proton und Neutron beschrieben worden. Dabei ist der Isospin ein Vektor, der mathematisch dieselben Eigenschaften wie der Spin-Vektor hat: Er ist definiert durch einen Betrag und eine Komponente im Isospinraum (siehe Kapitel 22.4). Der Vorteil dieser Darstellung liegt darin, daß bei Elementarteilchen die Aufspaltung in verschiedene Ladungszustände durch die variable z-Komponente im Isospinraum beschrieben werden kann.

Im ersten Schritt versuchten Salam und Weinberg eine Formulierung der schwachen Kraft als Eichfeld mit „Isospinsymmetrie", womit die Identitätsänderung der Teilchen erfaßbar wurde. Mit der Formulierung als Eichfeld war außerdem eine gewisse mathematische Annäherung an die Eichtheorie des elektromagnetischen Feldes gegeben.

Im nächsten Schritt konnten Salam und Weinberg die elektromagnetische und die schwache Wechselwirkung in einer einzigen Eichfeldtheorie verschmelzen. Dabei mußte natürlich die erweiterte Eichsymmetrie sowohl jene der elektromagnetischen, als auch jene der schwachen

Kraft umfassen, d.h. die einfachste Eichsymmetrie + die Isospinsymmetrie. In diesem Zustand der Theorie waren bereits die Felder der drei Bosonen W^+, W^-, Z^0 mit dem elektromagnetischen Feld A^μ verbunden. Allerdings waren die Bosonen W^+, W^- und Z^0 noch masselos. Damit hätten die elektromagnetische und die schwache Kraft eine vergleichbare Stärke, was im Widerspruch zur Erfahrung steht. Die Verwendung massiver Teilchen hätte hingegen die früher besprochenen Nachteile.

Als dritten Schritt mußten Salam und Weinberg daher den Higgs-Mechanismus zur Simulation von Massen bemühen. Er läßt sich in einer geeignet modifizierten Form tatsächlich in die Theorie einbauen. Dabei besteht die Modifizierung in einer Verallgemeinerung des komplex-skalaren Higgs-Feldes zu einem komplex-skalaren Iso-Dublettfeld. Es ist die Symmetriebrechung, die den Unterschied zwischen elektromagnetischer und schwacher Kraft bewirkt: Die großen Massen der Botenteilchen W^+, W^- und Z^0 sind Ursache für die geringe Reichweite der schwachen Kraft.

Die GSW-Theorie kann auch zur Beschreibung der schwachen Wechselwirkung von Quarks und allgemeinen Hadronen verwendet werden.

21.5 Die QCD

Wir wollen uns nun der starken Kraft zuwenden. Wie wir gesehen haben, ist sie für den Zusammenhalt der Quarks in den Hadronen maßgeblich. Damit wird sofort ein struktureller Unterschied zur elektromagnetischen Kraft erkennbar: Elektrische Kräfte können zwei Teilchen unterschiedlicher Ladung aneinanderbinden, wobei die Ladungen als Quellen des Photonenfeldes fungieren. Im Fall der Quarks sind am gebundenen Zustand hingegen drei Teilchen beteiligt, weshalb man eine komplizierter aufgebaute Kraft vermuten kann. Der Erfolg des Eichfeldkonzeptes in der GSW-Theorie legt wieder eine Beschreibung durch ein Eichfeld nahe. Die entsprechende Theorie ist die *Quantenchromodynamik* (QCD), die Quantentheorie der Farben. Ihre Ergebnisse sehen folgendermaßen aus:

Jedes Quark besitzt eine Quarkladung, die als Quelle des Feldes fungiert. Man bezeichnet diese Quarkladung als *Farbe*. Dabei existieren drei mögliche Farben rot, grün und blau. Die Botenteilchen der starken Kraft sind die *Gluonen*. Im Unterschied zur QED und zur GSW-Theorie, wo nur ein bzw. drei Botenteilchen existieren, existieren acht verschiedene Gluonen. Sie sind ebenfalls farbig, allerdings weisen sie im Unterschied zu den Quarks eine Mischfärbung auf (z.B. rot-antiblau, blau-antigrün, etc.)

Die starke Kraft ist also komplizierter aufgebaut als die schwache Kraft. Daher muß auch die zugehörige Eichsymmetrie komplizierter sein als in der GSW-Theorie. Es handelt sich dabei wieder um eine Isospinsymmetrie, aber in einer allgemeineren Form. Bei der eichtheoretischen Beschreibung der schwachen Kraft haben wir das Isospinkonzept im Zusammenhang mit dem Identitätswechsel der Leptonen bei Wechselwirkungen eingeführt. Dieser Identitätswechsel ist auch im vorliegenden Fall gegeben: Bei starken Wechselwirkungen wird die Farbidentität der Quarks geändert, das Aroma bleibt jedoch gleich. Beispielsweise wird ein rotes Quark bei Emission eines rot-antiblauen Gluons blau, ein blaues Quark bei Emission eines blau-antigrünen Gluons grün, etc. Fundamentale Einschränkung bei diesen Farbwechseln ist die Bedingung, daß die Summe aller drei Quarkfarben stets rot + grün + blau (=weiß) ergibt. Die der schwachen Kraft zugrundeliegende Eichsymmetrie fordert also, *daß Hadronen stets weiß bleiben müssen.*

Trotz großer Anstrengungen ist es bisher nicht gelungen, ein Quark zu isolieren, was die Vorstellung nahelegt, daß diese elementaren Bausteine nur im Inneren der Hadronen existieren können. Die QCD liefert eine Erklärung für dieses Verhalten. Sie zeigt, daß im Inneren des

Hadrons die starke Kraft im Unterschied zu den anderen Kräften mit der Entfernung zunimmt. In einem engen Bereich können sich die Quarks frei bewegen, bei zunehmender Entfernung werden sie jedoch zurückgezogen („Confinement" der Quarks).

Zu bemerken bleibt, daß die Quarks nicht nur der starken, sondern auch der schwachen Wechselwirkung unterliegen. Sie wird ebenso wie die schwache leptonische Wechselwirkung durch die GSW-Theorie in einer etwas verallgemeinerten Form beschrieben. Dabei bleibt die Farbe der Quarks konstant, aber das Aroma ändert sich.

21.6 GET's

Nachdem die Beschreibung der elektroschwachen und der starken Kraft im Rahmen der Eichtheorie gelungen war, lag der nächste Schritt im Versuch einer Verschmelzung beider Kräfte durch eine noch umfassendere Eichsymmetrie. Derartige Theorien heißen *GET* („große einheitliche Theorie"; englisch: *GUT*). Zur Zeit sind mehrere GET's im Umlauf. Die einfachste Version ist die von *G. Glashow* und *H. Giorgi* 1973 veröffentlichte „minimale SU(5)". Hier wird die Eichgruppe SU(2) × U(1) der GSW-Theorie mit der Eichgruppe SU(3) der QCD in einfachstmöglicher Weise in die Gruppe SU(5) eingebettet.

Zwischen den verschiedenen GET's gibt es Gemeinsamkeiten, die sich in spektakulären Aussagen niederschlagen. Zunächst liefern sie eine Erklärung für die *Ladungsquantisierung*. Eine weitere gemeinsame Aussage aller GET's besteht darin, daß Identitätsänderungen zwischen den sechs Leptonen und den sechs Quarks möglich sind. Diese zusätzlichen Identitätsänderungen sind Ausdruck der umfassenden Symmetrie, die sich natürlich in einer Zunahme der Botenteilchen ausdrücken muß. Die minimale SU(5) erfordert 24 Botenteilchen. Die zwölf Quanten: Photon, $W^{\pm}$, Z^0 + acht Gluonen sind uns bereits aus der GSW-Theorie und der QCD bekannt. Dazu kommen nun noch zwölf weitere, als *X*- bzw. *Y-Teilchen* bezeichnete Quanten mit der elektrischen Ladung $\frac{4}{3}$ bzw. $\frac{1}{3}$.

Eine interessante Konsequenz der minimalen SU(5) ist die *Instabilität des Protons*. In den folgenden Jahren gab man sich große Mühe, diese Vorhersage experimentell nachzuweisen, was aber bis heute nicht gelang.

Die experimentelle Überprüfung von GET's stellt ein großes Problem dar. Während für die Verschmelzung der elektromagnetischen und der schwachen Kraft eine Energie von 90 Protonenmassen notwendig ist, liegt die Energie zur großen Vereinheitlichung bei 10^{14} Protonenmassen. Die derzeitigen Teilchenbeschleuniger erreichen gerade den ersten Wert, sie können also nur die Welt der Quarks und Leptonen erkunden. Die Welt der GET's ist dagegen experimentell unerreichbar. Die notwendige Energie würde nach dem heutigen Stand der Technik einen Beschleuniger erfordern, der größer als unser Sonnensystem ist.

21.7 AUT's

Das Programm der großen Vereinheitlichung umfaßt die elektromagnetische, die schwache und die starke Kraft. Mit der zusätzlichen Einbeziehung der Gravitation beschäftigen sich die sogenannten AUT's („Allumfassende Theorien"). Einer der vielzitierten Aussprüche Einsteins lautet: „Was mich eigentlich interessiert, ist, ob Gott die Welt hätte anders machen können; das heißt, ob die Forderung der logischen Einfachheit überhaupt eine Freiheit läßt."

Der Anspruch der AUT's besteht nun in einer vollkommenen Beschreibung der physikalischen Welt: alle vier Kraftwirkungen sollen zu einer einzigen fundamentalen Kraft verschmolzen, das Verhalten der Materie ebenso restlos geklärt sein, wie die Frage nach dem Beginn des Universums, und warum es sich gerade in seiner konkreten Form präsentiert. Bevor wir aktuelle Modelle besprechen, beleuchten wir kurz ihre Vorläufer der letzten Jahrzehnte.

21.7.1 Die Quantisierung der Gravitation

Die Einbeziehung der Gravitation in eine umfassende quantisierte Feldtheorie ist aus vielen Gründen problematisch. Während alle anderen Theorien Kraftfelder in Raum und Zeit beschreiben, ist die Gravitation nach Einsteins Allgemeiner Relativitätstheorie eine geometrische Eigenschaft der Raum-Zeit. Die quantenfeldtheoretische Behandlung der Gravitation erfordert daher eine Quantisierung der Metrik und somit der Raum-Zeit.

In den späten Fünfzigerjahren erkannte man formale Analogien zwischen den Eichtheorien der Teilchenphysik und der Allgemeinen Relativitätstheorie, und versuchte in den folgenden Jahrzehnten eine Formulierung der Gravitationstheorie als Eichtheorie. Allerdings zeitigte die Beschreibung der Gravitation durch Austausch eines Botenteilchens - dem Spin-2 Graviton - bis in die Siebzigerjahre keine zufriedenstellenden Ergebnisse: die geschlossenen Schleifen lieferten unendliche Terme, die Theorie war nicht renormierbar. Als Ursache der Schwierigkeiten erkannte man das Fehlen einer geeignet mächtigen Symmetrie.

21.7.2 Die ($N = 8$)-Supergravitation

In den frühen siebziger Jahren entdeckten die Teilchenphysiker die *Supersymmetrie*. Bildhaft gesprochen entspricht sie der Quadratwurzel aus der Poincaré-Symmetrie: Durch zwei aufeinanderfolgende supersymmetrische Operationen erhält man eine geometrische Operation. Diese Verwandtschaft der Supersymmetrie mit der Geometrie legte eine Anwendung für die Eichfeldbeschreibung der Gravitation nahe. Die so entstandene Theorie nannte man *Supergravitation*. Sie unterscheidet sich von den bisherigen Gravitationstheorien unter anderem dadurch, daß das Graviton nicht mehr das einzige Botenteilchen ist, sondern von verschiedenen *Gravitinos* begleitet wird. Dabei charakterisiert die Anzahl der Gravitinos die verschiedenen Varianten der Supergravitation: man unterscheidet zwischen einer (N=1)-Supergravitation mit nur einem einzigen Gravitino bis zur ($N = 8$)-Supergravitation mit acht Gravitinos.

Das spektakuläre an der von *S. Hawking* protegierten ($N = 8$)-Supergravitation war, daß sie einerseits genügend Teilchen enthielt, um dem Elementarhaushalt unserer Welt zu entsprechen, und andererseits renormierbar schien. Die von den Gravitonen erzeugten Unendlichkeiten werden durch die von den Gravitinos erzeugten Unendlichkeiten gerade kompensiert. Dies ist sogar noch mehr als die übliche Renormalisierung, wo verbleibende Unendlichkeiten etwas künstlich eliminiert werden müssen: In der ($N = 8$)-Supergravitation treten durch die innere Kompensation gar keine Unendlichkeiten auf!

Diese Eigenschaften schienen die Theorie als einen vielversprechenden Kandidaten für eine AUT zu nominieren. In der Folgezeit traten aber Schwierigkeiten auf, die diesen schönen Traum begruben. Zunächst verlangte die ($N = 8$)-Supergravitation ein Universum mit zehn Raumdimensionen und einer Zeitdimension. Der Ausweg der Physiker bestand in einer „Kompaktifizierung" der überschüssigen Dimensionen. Dazu rollte man jede der sieben Dimensionen in einen winzigen Kreis auf, so daß sich in Summe eine siebendimensionale Kugel ergab. Nach dieser Anschauung muß jeder Punkt des vierdimensionalen Raum-Zeit-Kontinuums als sogenannte Sieben-Sphäre angesehen werden. In bescheidener Version hatte diese Vorgangsweise schon *O. Klein* im Zusammenhang mit der Kaluza-Theorie verwendet (siehe Abschnitt 13.3).

Nun ist leider eine Kompaktifizierung in Gestalt einer Siebenkugel nicht die einzige Möglichkeit. Man könnte auch eine Elimination der Dimensionen durch andere geometrische Anordnungen vornehmen. In diesem Zusammenhang mußte es als störend erscheinen, daß die ($N = 8$)-Supergravitationstheorie von sich aus keinen Hinweis auf die konkrete Art der vorzunehmenden Kompaktifizierung gab.

Eine weitere Schwierigkeit dieser Theorie lag darin, daß ihre anfangs bewunderte Renormierbarkeit nur für Systeme mit einem einzigen Graviton zutraf. Später zeigte sich, daß im Zusammenhang mit mehreren Gravitonen die vertrackten Divergenzen möglicherweise wieder auftreten, womit die Supergravitation als AUT nicht mehr in Frage kam.

21.7.3 Superstrings

Wie wir bereits früher besprochen haben, liegt die Ursache für die Divergenzen der Feldtheorien im Konzept der punktförmigen Teilchen begründet. Die seit mehr als zehn Jahren kursierenden *String-Theorien* vermeiden diese Schwierigkeiten von vornherein. Sie gehen von der Vorstellung aus, daß Elementarteilchen nicht durch Punkte, sondern durch Fäden („strings“) charakterisiert werden, deren Enden zu einer Schleife verbunden sind. Die Schwingungen des Strings sind die Teilchen der String-Theorie.

Die ersten Versionen dieser Theorien enthielten Teilchen mit Überlichtgeschwindigkeit, was eine peinliche Verletzung des Kausalitätsprinzips darstellte. In der folgenden Entwicklungsphase konnte man zeigen, daß bei Annahme eines Universums mit 26 Raumdimensionen und einer Zeitdimension die Teilchen mit Überlichtgeschwindigkeit nicht auftraten, und daß diese Spezialisierung die einzig mögliche war. Bis zu dem Zeitpunkt galt die Beschäftigung mit dieser Theorie eher als mathematische Spielerei. Im Jahr 1984 änderte sich diese Anschauung radikal, und die String-Theorie wurde als Kandidat Nummer Eins für eine AUT nominiert. Diese Euphorie hatte zwei Ereignisse als Ursache.

Zunächst wurde durch eine Kompaktifizierung von 16 Raumdimensionen aus der 26-dimensionalen String-Theorie eine 10-dimensionale *Superstring-Theorie* geschaffen, die den Regeln der Supersymmetrie gehorchte. Wie wir schon früher besprochen haben, sollte ein Kandidat für eine AUT von sich aus eine Entscheidung über eine fallweise Kompaktifizierung geben. Daß dies im Zusammenhang mit der String-Theorie der Fall war, ist das zweite angesprochene Ereignis der Jahres 1984. Zum besseren Verständnis müssen wir einen Abstecher in die Teilchenphysik der späten fünfziger Jahre machen. Beim Studium des β-Zerfalls zeigte sich, daß die Spiegelsymmetrie verletzt wird. Die diesem Zerfall zugrundeliegende schwache Wechselwirkung konnte also zwischen den Teilchen und ihren Spiegelbildern unterscheiden. Man bezeichnet diese Tatsache auch als *Händigkeit* der schwachen Wechselwirkung. Jede GET und erst recht jede AUT muß diese Händigkeit aufweisen.

J. Schwarz und *M. Green* konnten 1984 zeigen, daß unter allen möglichen zehndimensionalen Superstring-Theorien eine einzige existiert, welche die Händigkeit der schwachen Wechselwirkung enthielt.

Man bezeichnete diese Theorie als SO(32), und war in weiten Kreisen davon überzeugt, daß das Ende der theoretischen Physik in Sicht war. Allerdings fand man kurz darauf eine zweite, als $E_8 \times E_8$ bezeichnete zehndimensionale Superstring-Theorie, die denselben Ansprüchen wie die SO(32) genügte, was die Euphorie wieder etwas milderte. Allerdings scheint es neben diesen beiden Möglichkeiten keine dritte Variante zu geben.

Nun treten auch im Zusammenhang mit diesen beiden String-Theorien grundlegende und technische Schwierigkeiten auf. Zunächst ist die Frage nach der Kompaktifizierung der überschüssigen sechs Dimensionen offen, für die es derzeit tausende Möglichkeiten zu geben scheint. Weiter müssen die den Theorien innewohnenden subtilen Symmetrien derart mehrfach gebrochen werden, daß sich aus der einzigen fundamentalen Kraft die uns bekannten Kräfte ergeben. Es muß also aus der zehndimensionalen Welt hoher Symmetrie in die vierdimensionale Welt unseres physikalischen Kleinkrams projiziert werden, wobei kaum ohne Willkür vorgegangen werden kann. Weiter fehlen in den momentanen Versionen der String-Theorien verschiedene wichtige Fermente und Konsequenzen der Allgemeinen Relativitätstheorie: In der ART wird die Raumkrümmung durch die vorhandene Materie und Strahlung hervorgerufen. Eine Konsequenz dieser Vorstellung ist die Urknalltheorie, die eine Aussage über den Beginn unseres Universums macht. Im Unterschied dazu winden sich die Strings durch einen bereits vorhandenen, absoluten Raum. Die Krümmung einer Raum-Zeit scheint nicht auf, somit auch keine Urknalltheorie und auch keine andere Vorhersage über den Beginn unseres Universums.

Obwohl alle diese Fragen noch lange nicht erschöpfend behandelt wurden, machen sich in jüngster Zeit wieder häufiger pessimistische Stimmen bemerkbar, die eine vollständige Erklärung des Universums auf der Basis physikalisch-mathematischer Analyse für unwahrscheinlich halten.

21.7.4 Quantenkosmologie

S. Hawking und seine Anhänger nähern sich dem Problem der Quantengravitation von einer völlig anderen Seite. Während die Teilchenphysiker eine renormierbare Theorie der Gravitonen mit genügend Freiheitsgraden für die anderen Kräfte suchen, geht Hawking von der klassischen ART aus, und sucht eine Modifizierung mit Hilfe der fundamentalen quantentheoretischen Aussagen. Motiviert wurde diese Vorgangsweise durch seine bahnbrechende Arbeit über Schwarze Löcher auf quantentheoretischem Niveau.

Als *Schwarze Löcher* bezeichnet man Materie, deren Massendichte so groß ist, daß ihr Radius kleiner als der Schwarzschild-Radius ist. Die Oberfläche eines Schwarzen Loches heißt *Ereignishorizont*. Nach den Gesetzen der ART ist jedes Objekt, daß hinter den Ereignishorizont gerät, für unsere Welt auf immer verloren. Die vom Schwarzen Loch angesaugte Materie sammelt sich in seinem Zentrum und stellt damit eine Singularität dar, die der Urknallsingularität ähnlich ist.

1974 untersuchte Hawking dieses klassische Modell auf quantentheoretischer Grundlage. Nach dieser Vorstellung ist eine punktförmige Singularität unmöglich, da die Konzeption einer hundertprozentig scharfen Ortsbestimmung den Regeln der Quantenmechanik widerspricht. Ähnliches gilt für ein punktförmiges Teilchen: Ein vom Schwarzen Loch verschlucktes quantenmechanisches Teilchen besitzt eine Wellenfunktion, die diesseits des Ereignishorizontes nicht identisch verschwindet, und eine kleine Aufenthaltswahrscheinlichkeit zuläßt. Dabei zeigt sich, daß diese Wahrscheinlichkeit zunimmt, je kleiner das Schwarze Loch ist. Ein genügend kleines Schwarzes Loch kann also Teilchen ausschleudern, weshalb man in diesem Zusammenhang auch von *strahlenden Schwarzen Löchern* spricht.

Hawking vereinte also Aussagen der ART mit grundlegenden Prinzipien der Quantentheorie zu einer experimentell überprüfbaren Theorie. Wenn auch bisher keine experimentelle Bestätigung seiner Vorhersagen erfolgte, so ist ihre prinzipielle Nachprüfbarkeit doch kein grundlegendes Problem, wie etwa jene der GET's und der oben besprochenen AUT's.

In der Folgezeit versuchten Hawking und andere Physiker die Anwendung dieser Theorie auf die klassische Urknallsingularität, woraus sich schließlich die *Quantenkosmologie* entwickelte. Das Problem ist ähnlich gelagert wie bei den Schwarzen Löchern. Mit Hilfe der klassischen

ART kann man die Geschichte des Universums zurückverfolgen bis zu einem Zeitpunkt, an dem die Ausdehnung des Universums so gering ist, daß die quantenmechanische Heisenbergsche Unschärfe eine weitere Lokalisierung untersagt. Dieser Zeitpunkt ist die *Planck-Zeit* mit 10^{-43} Sekunden. Jenseits der Planck-Zeit entzieht sich das Universum jeder weiteren Analyse, solange nicht die Verbindung der Gravitation mit der Quantentheorie vollkommen verstanden wurde. Daher kann man auch nicht von einer exakten Urknallsingularität sprechen. Das von Hawking und Penrose Ende der sechziger Jahre gefundene Ergebnis, daß die Urknallsingularität eine zwingende Konsequenz der Einsteinschen Feldgleichungen sei, gilt nur bei Vernachlässigung von Quanteneffekten.

In der Quantenkosmologie wird eine Wellenfunktion betrachtet, die als Träger der Wahrscheinlichkeit für konkrete Geometrien des Universums fungiert. Nach der ART ist eine riesige Vielzahl von Universen möglich. Die klassische Kosmologie geht vom kosmologischen Prinzip aus, als dessen Folge homogene Modelle als wahrscheinlich gelten. Bei diesen homogenen Modellen muß man wieder zwischen expandierenden und pulsierenden Modellen unterscheiden, etc. (siehe dazu auch Kapitel 10). Läßt man das einschränkende kosmologische Prinzip fallen, so kommt man zu inhomogenen Modellen noch größerer Vielfalt. Eine Entscheidung über diese Vielfalt an Möglichkeiten soll nun mit Hilfe der quantenkosmologischen Wellenfunktion getroffen werden. Für die Ermittlung konkreter Lösungen benötigt man natürlich Randbedingungen, die bisher leider wieder extern in die Theorie eingegeben werden müssen. Je nach verwendeter Randbedingung entstehen unterschiedliche Lösungen. Nach Hawking sind die einzig sinnvollen Randbedingungen „Keine-Grenzen-Bedingungen". Bei Verwendung einer derartigen Bedingung ergibt sich die größte Wahrscheinlichkeit für *homogene, geschlossene* Universen. Es tritt also auch hier das bei anderen Theorien störende Problem auf, daß wichtige Kriterien „per Hand" in die Theorie eingeführt werden müssen. Der gegenwärtige Stand der Quantenkosmologie erlaubt somit ebenfalls noch keine Erklärung der Natur aus sich selbst heraus.

22 Eichfeldtheorie

Aus der Klassischen Physik wissen wir, daß ein Zusammenhang zwischen den Symmetrien eines Systems und seinen Erhaltungsgrößen besteht (siehe dazu das Noether-Theorem aus Kapitel 11). So impliziert die Invarianz bezüglich räumlicher Translationen („Homogenität des Raumes") Impulserhaltung, die Invarianz bezüglich zeitlicher Translationen („Homogenität der Zeit") Energieerhaltung und die Invarianz bezüglich räumlicher Drehungen („Isotropie des Raumes") Drehimpulserhaltung. Im folgenden Abschnitt überzeugen wir uns davon, daß gleichartige Verhältnisse auch in der Quantenmechanik gelten. Es ist nun naheliegend, nach allgemeinen, umfassenderen Symmetrien zu suchen, deren zugeordnete Erhaltungsgrößen die möglichen Prozesse zwischen Elementarteilchen charakterisieren. Die wichtigsten mathematischen Grundlagen dafür sind die in Abschnitt 22.2 und 22.3 behandelte Theorie Liescher Gruppen, sowie das Isospin-Konzept aus Abschnitt 22.4. Anschließend wird das Modell allgemeiner Eichtheorien skizziert, und schließlich auf die Beschreibung der elektroschwachen Wechselwirkung angewandt (Standard-Modell).

22.1 Symmetrien in der Quantentheorie

22.1.1 Räumliche Translationsinvarianz

Wir betrachten einen durch die nichtrelativistische Wellenfunktion $\psi_\mu = \psi_\mu(\boldsymbol{x},t)$ charakterisierten physikalischen Zustand, d.h. es soll die Schrödingergleichung

$$i\hbar\frac{\partial}{\partial t}\psi_\mu(\boldsymbol{x},t) = \hat{H}\psi_\mu(\boldsymbol{x},t) \qquad (22.1.1)$$

gelten. Wir stellen uns nun die Frage, unter welchen Voraussetzungen auch die räumlich um einen Vektor $\boldsymbol{x}_0$ verschobene Wellenfunktion

$$\psi'_\mu(\boldsymbol{x},t) = \psi_\mu(\boldsymbol{x}-\boldsymbol{x}_0,t) \qquad (22.1.2)$$

der Schrödingergleichung genügt. Zur Untersuchung dieser Fragestellung ist es günstig, die räumliche Translation als Transformation im Hilbertraum aufzufassen:

$$\psi'_\mu(\boldsymbol{x},t) = \hat{U}_x(\boldsymbol{x}_0)\psi_\mu(\boldsymbol{x},t). \qquad (22.1.3)$$

Den durch die Translationseigenschaft festgelegten *räumlichen Verschiebungsoperator* $\hat{U}_x(\boldsymbol{x}_0)$ wollen wir nun konstruieren (der Index x soll auf die räumliche Translation hinweisen). Dazu entwickeln wir $\psi_\mu(\boldsymbol{x}-\boldsymbol{x}_0,t)$ in eine Taylorreihe, wobei wir zur Vereinfachung zunächst den Verschiebungsvektor $\boldsymbol{x}_0$ parallel zur x-Achse annehmen. In diesem Fall gilt

$$\begin{aligned}\psi'_\mu(\boldsymbol{x},t) &= \psi_\mu(\boldsymbol{x}-\boldsymbol{x}_0,t) = \psi_\mu(x-x_0,y,z,t) = \\ &= \psi_\mu(x,y,z,t) - x_0\frac{\partial\psi_\mu}{\partial x} + \frac{{x_0}^2}{2!}\frac{\partial^2\psi_\mu}{\partial x^2} - \cdots = \\ &= \mathrm{e}^{-x_0\frac{\partial}{\partial x}}\,\psi_\mu(x,y,z,t).\end{aligned}$$

Für einen allgemeinen Vektor $\boldsymbol{x}_0$ erhält man völlig analog

$$\psi_\mu(\boldsymbol{x}-\boldsymbol{x}_0,t) = \mathrm{e}^{-\boldsymbol{x}_0\cdot\nabla}\,\psi_\mu(\boldsymbol{x},t). \tag{22.1.4}$$

Der Vergleich mit (22.1.3) liefert für den räumlichen Translationsoperator

$$\hat{U}_x(\boldsymbol{x}_0) = \mathrm{e}^{-\boldsymbol{x}_0\cdot\nabla} = \mathrm{e}^{-\frac{i}{\hbar}\boldsymbol{x}_0\cdot\hat{\boldsymbol{p}}}. \tag{22.1.5}$$

Wegen der Hermitizität des Impulsoperators ist er unitär:

$$\hat{U}_x^\dagger(\boldsymbol{x}_0) = \hat{U}_x^{-1}(\boldsymbol{x}_0). \tag{22.1.6}$$

Wir kehren nun zu unserem Ausgangsproblem zurück, und untersuchen die Gültigkeit der Schrödingergleichung für den räumlich verschobenen Zustand $\psi'_\mu(\boldsymbol{x},t)$:

$$i\hbar\frac{\partial}{\partial t}\psi'_\mu(\boldsymbol{x},t) = \hat{H}\psi'_\mu(\boldsymbol{x},t). \tag{22.1.7}$$

Die linke Seite von (22.1.7) liefert mit (22.1.1) und (22.1.3)

$$\begin{aligned}i\hbar\frac{\partial}{\partial t}\psi'_\mu(\boldsymbol{x},t) &= i\hbar\frac{\partial}{\partial t}\hat{U}_x(\boldsymbol{x}_0)\psi_\mu(\boldsymbol{x},t) = \hat{U}_x(\boldsymbol{x}_0)i\hbar\frac{\partial}{\partial t}\psi_\mu(\boldsymbol{x},t) = \\ &= \hat{U}_x(\boldsymbol{x}_0)\hat{H}\psi_\mu(\boldsymbol{x},t) = \hat{U}_x(\boldsymbol{x}_0)\hat{H}\hat{U}_x^{-1}(\boldsymbol{x}_0)\psi'_\mu(\boldsymbol{x},t).\end{aligned} \tag{22.1.8}$$

Damit die Schrödingergleichung (22.1.6) für den verschobenen Zustand gültig ist, muß also

$$\hat{H} = U_x(\boldsymbol{x}_0)\hat{H}U_x^{-1}(\boldsymbol{x}_0), \tag{22.1.9}$$

bzw.

$$\hat{H}\hat{U}_x(\boldsymbol{x}_0) = \hat{U}_x(\boldsymbol{x}_0)\hat{H} \tag{22.1.10}$$

gelten. Dies läßt sich auch in der Form

$$[\hat{H},\hat{U}_x(\boldsymbol{x}_0)] = 0 \tag{22.1.11}$$

schreiben. Setzt man hier die Darstellung (22.1.5) ein, so erhält man schließlich

$$[\hat{H},\hat{\boldsymbol{p}}] = 0. \tag{22.1.12}$$

Da der Impulsoperator $\hat{\boldsymbol{p}}$ mit $\hat{H}$ vertauscht, ist er eine Konstante der Bewegung. Es gilt also in Analogie zur Klassischen Physik:

Die räumliche Translationsinvarianz eines Systems impliziert Impulserhaltung.

Bei Anwesenheit von Feldern gilt diese Aussage im allgemeinen nicht mehr. Hier ist wegen der räumlich variablen Feldkonfiguration die Homogenität des Raumes nicht mehr gegeben, und die Schrödingergleichung somit nicht mehr translationsinvariant.

22.1.2 Zeitliche Translationsinvarianz

Wir untersuchen nun das Problem, unter welchen Voraussetzungen ein zeitlich verschobener Zustand

$$\psi'_\mu(\boldsymbol{x},t) = \psi_\mu(\boldsymbol{x},t-t_0) \tag{22.1.13}$$

die Schrödingergleichung erfüllt, falls ihr der Ausgangszustand $\psi_\mu(\boldsymbol{x},t)$ genügt. Dazu benötigen wir zunächst den durch

$$\psi'_\mu(\boldsymbol{x},t) = \hat{U}_t(t_0)\psi_\mu(\boldsymbol{x},t) \tag{22.1.14}$$

definierten *Zeitverschiebungsoperator* $\hat{U}_t(t_0)$ im Hilbertraum. Er läßt sich analog zur Vorgangsweise aus dem letzten Abschnitt konstruieren, d.h. wir entwickeln gemäß

$$\psi'_\mu(\boldsymbol{x},t) = \psi_\mu(\boldsymbol{x},t-t_0) = \psi_\mu(\boldsymbol{x},t) + \frac{(-t_0)}{1!}\frac{\partial\psi_\mu}{\partial t} + \frac{(-t_0)^2}{2!}\frac{\partial^2\psi_\mu}{\partial t^2} + \cdots = \mathrm{e}^{-t_0\frac{\partial}{\partial t}}\psi_\mu(\boldsymbol{x},t). \tag{22.1.15}$$

Es gilt also

$$\hat{U}_t(t_0) = \mathrm{e}^{-t_0\frac{\partial}{\partial t}} = \mathrm{e}^{\frac{i}{\hbar}t_0\hat{E}}. \tag{22.1.16}$$

Wegen der Hermitizität des Energieoperators $\hat{E} = i\hbar\frac{\partial}{\partial t}$ ist $\hat{U}_t(t_0)$ unitär:

$$\hat{U}_t^\dagger(t_0) = \hat{U}_t^{-1}(t_0). \tag{22.1.17}$$

Wir untersuchen nun die Gültigkeit der Schrödingergleichung für den zeitlich verschobenen Zustand $\psi'_\mu(\boldsymbol{x},t)$:

$$i\hbar\frac{\partial}{\partial t}\psi'_\mu(\boldsymbol{x},t) = \hat{H}\psi'_\mu(\boldsymbol{x},t). \tag{22.1.18}$$

Für die linke Seite erhält man analog zum letzten Abschnitt 1.1

$$\begin{aligned} i\hbar\frac{\partial}{\partial t}\psi'_\mu(\boldsymbol{x},t) &= i\hbar\frac{\partial}{\partial t}\hat{U}_t(t_0)\psi_\mu(\boldsymbol{x},t) = \hat{U}_t(t_0)i\hbar\frac{\partial}{\partial t}\psi_\mu(\boldsymbol{x},t) = \\ &= \hat{U}_t(t_0)\hat{H}\hat{U}_t^{-1}(t_0)\psi'_\mu(\boldsymbol{x},t). \end{aligned} \tag{22.1.19}$$

Die Schrödingergleichung ist also für

$$\hat{U}_t(t_0)\hat{H}\hat{U}_t^{-1}(t_0) = \hat{H}, \tag{22.1.20}$$

bzw.

$$[\hat{H},\hat{U}_t(t_0)] = 0 \tag{22.1.21}$$

erfüllt. Diese Aussage läßt sich noch weiter verschärfen: falls $\hat{H}$ zeitunabhängig ist, gilt

$$\hat{E} = i\hbar\frac{\partial}{\partial t} = \hat{H}, \tag{22.1.22}$$

womit an Stelle von (22.1.16) auch

$$\hat{U}_t(t_0) = \mathrm{e}^{\frac{i}{\hbar}t_0\hat{H}}, \quad \text{für } \dot{\hat{H}} = 0 \tag{22.1.23}$$

geschrieben werden kann. Setzt man (22.1.23) in (22.1.21) ein, so verschwindet der Kommutator. Wenn also $\hat{H}$ eine Konstante Bewegung ist, so erfüllt der zeitverschobene Zustand ebenfalls die Schrödingergleichung. Oder anders formuliert:

Die zeitliche Translationsinvarianz eines Systems impliziert Energieerhaltung.

Falls $\hat{H}$ dagegen explizit zeitabhängig ist, ist der Energieerhaltungssatz für das betrachtete System nicht mehr gültig, und die zeitliche Translationssymmetrie gestört.

22.1.3 Räumliche Rotationsinvarianz

In diesem Abschnitt stellen wir uns die Frage, unter welchen Voraussetzungen ein räumlich gedrehter Zustand

$$\psi'_\mu(\boldsymbol{x},t) = \psi_\mu(\hat{R}^{-1}\boldsymbol{x},t) \tag{22.1.24}$$

der Schrödingergleichung genügt, falls sie durch den Ausgangszustand $\psi_\mu(\boldsymbol{x},t)$ erfüllt wird. Dabei bezeichnet $\hat{R}$ eine Drehmatrix des dreidimensionalen Raumes

$$\boldsymbol{x}' = \hat{R}\boldsymbol{x}, \quad \text{(a)} \qquad \boldsymbol{x} = \hat{R}^{-1}\boldsymbol{x}'. \quad \text{(b)} \tag{22.1.25}$$

Bekanntlich können Drehungen des dreidimensionalen Raumes durch orthogonale 3×3 Matrizen dargestellt werden. Sie sind durch die Bedingungen

$$\hat{R}^T = \hat{R}^{-1} \tag{22.1.26}$$

definiert. (22.1.26) stellt die Spezialisierung der Unitaritätsbedingung für reelle Verhältnisse dar: im reellen Fall reduziert sich die Adjungiertenbildung auf die Transposition. Für spätere Überlegungen benötigen wir die Bedingung (22.1.26) in Matrizenform. Dazu beachten wir, daß bei Drehungen zweier beliebiger Vektoren weder die Länge, noch der Winkel beider Vektoren verändert wird. Speziell für zwei beliebige orthogonale Basisvektoren des $\mathbb{R}^3$ muß daher gelten

$$\langle \boldsymbol{g}_j | \boldsymbol{g}_k \rangle = \delta_{jk} \quad \text{(a)} \quad \rightarrow \quad \langle \hat{R}\boldsymbol{g}_j | \hat{R}\boldsymbol{g}_k \rangle = \delta_{jk}. \quad \text{(b)} \tag{22.1.27}$$

(22.1.27) ist nichts anderes, als eine spezielle Einkleidung der aus (22.1.26) folgenden Beziehung $\langle \hat{R}\boldsymbol{x} | \hat{R}\boldsymbol{y} \rangle = \langle \boldsymbol{x} | \boldsymbol{y} \rangle, \forall \boldsymbol{x},\boldsymbol{y} \in \mathbb{R}^3$. Wir projizieren nun die Vektoren $\hat{R}\boldsymbol{g}_j$ und $\hat{R}\boldsymbol{g}_k$ auf die vollständige $\mathbb{R}^3$-Basis $\{\boldsymbol{g}_i\}$:

$$\hat{R}\boldsymbol{g}_j = R_j{}^l \boldsymbol{g}_l, \qquad \hat{R}\boldsymbol{g}_k = R_k{}^n \boldsymbol{g}_n. \tag{22.1.28}$$

Durch Skalarproduktbildung mit dem kontravarianten Basisvektor $\boldsymbol{g}_m$ erkennt man

$$R_j{}^m = \langle \boldsymbol{g}_j | \boldsymbol{g}^m \rangle, \tag{22.1.29}$$

d.h. die Entwicklungskoeffizienten $R_j{}^m$ repräsentieren gerade die Darstellung der Transformation $\hat{R}$ bezüglich der konkreten Basiswahl $\{\boldsymbol{g}_i\}$. Einsetzen von (22.1.28) in (22.1.27b) liefert

$$\langle R_j{}^l \boldsymbol{g}_l | R_k{}^n \boldsymbol{g}_n \rangle = R_j{}^l R_k{}^n \langle \boldsymbol{g}_l | \boldsymbol{g}_n \rangle = \delta_{jn}, \tag{22.1.30}$$

und wegen (22.1.27a)

$$R_j{}^l \delta_{ln} R_k{}^n = R_{jn} R_k{}^n = \delta_{jk}. \tag{22.1.31}$$

Da Transposition die Vertauschung von Zeilen und Spalten bedeutet, läßt sich die obige Beziehung auch in der Form

$$(R_{nj})^T R_k{}^n = \delta_{jk} \tag{22.1.32}$$

schreiben. Sie stellt das Analogon zu

$$\hat{R}^\dagger \hat{R} = \hat{I}, \tag{22.1.33}$$

bzw. zu (22.1.26) dar. (22.1.32) wird auch als Orthogonalitätseigenschaft der Drehmatrizen bezeichnet: die inverse Matrix wird aus der Ausgangsmatrix durch Transposition (=Vertauschen von Zeilen und Spalten) gebildet.

Durch die Orthogonalitätsbedingungen (22.1.33) sind von den $3^2 = 9$ Elementen einer 3×3-Matrix nur 3 Elemente beliebig wählbar. Die übrigen 6 Elemente werden durch (22.1.33) festgelegt. Dies steht im Einklang mit der Tatsache, daß jede räumliche Drehung durch einen dreidimensionalen Drehvektor $\boldsymbol{\phi} = (\phi_x, \phi_y, \phi_z)$ beschrieben werden kann, der die Richtung der Drehachse und den Betrag der Drehung angibt. Für alles Weitere wollen wir daher die drei Größen ϕ_x, ϕ_y, ϕ_z als freie Parameter einer räumlichen Drehung auffassen.

Nach diesem kurzen Abriß über Drehmatrizen kehren wir wieder zu unserem Ausgangsproblem zurück. In Analogie zu den beiden früheren Abschnitten wird man versucht sein, den räumlich gedrehten Zustand mit Hilfe eines *Drehoperators* $\hat{U}_R(\boldsymbol{\phi})$ im Hilbertraum darzustellen:

$$\psi'_\mu(\boldsymbol{x},t) = \hat{U}_R(\boldsymbol{\phi})\psi_\mu(\boldsymbol{x},t). \tag{22.1.34}$$

Dabei soll der Index R auf die räumliche Transformation R und $\boldsymbol{\phi}$ auf den räumlichen Drehwinkel hinweisen. Zur Konstruktion von $\hat{U}_R(\boldsymbol{\phi})$ beschränken wir uns zunächst in gewohnter Weise wieder auf infinitesimale Verhältnisse, d.h. wir betrachten nur infinitesimale Drehungen, denen wir einen infinitesimalen Drehvektor $\delta\boldsymbol{\phi} := (\delta\phi, \delta\phi_y, \delta\phi_z)$ zuordnen. Bei einer infinitesimalen Rotation $\boldsymbol{x}' = \hat{R}\boldsymbol{x}$ ändert sich der Vektor $\boldsymbol{x}$ um einen Anteil $\delta\boldsymbol{x}$, der sich mit Hilfe des Drehvektors als

$$\delta\boldsymbol{x} = \delta\boldsymbol{\phi} \times \boldsymbol{x} \tag{22.1.35}$$

schreiben läßt. Es gelten also die Transformationsbeziehungen

$$\boldsymbol{x}' = \hat{R}\boldsymbol{x} = \boldsymbol{x} + (\delta\boldsymbol{\phi} \times \boldsymbol{x}), \quad \text{(a)} \qquad \boldsymbol{x} = \hat{R}^{-1}\boldsymbol{x}' = \boldsymbol{x}' - (\delta\boldsymbol{\phi} \times \boldsymbol{x}). \quad \text{(b)} \tag{22.1.36}$$

Damit ergibt sich der infinitesimal gedrehte Zustand $\psi'_\mu(\boldsymbol{x},t)$ zu

$$\begin{aligned} \psi'_\mu(\boldsymbol{x},t) &= \psi_\mu(\hat{R}^{-1}\boldsymbol{x},t) = \psi_\mu(\boldsymbol{x} - \delta\boldsymbol{\phi} \times \boldsymbol{x},t) = \\ &= \psi_\mu(\boldsymbol{x},t) - (\delta\boldsymbol{\phi} \times \boldsymbol{x}) \cdot \nabla\psi_\mu(\boldsymbol{x},t) = \\ &= \left(\hat{1} - (\delta\boldsymbol{\phi} \times \boldsymbol{x}) \cdot \nabla\right)\psi_\mu(\boldsymbol{x},t). \end{aligned}$$

Nun gilt für den Drehimpulsoperator

$$\hat{\boldsymbol{L}} = \boldsymbol{x} \times i\hbar\nabla,$$

womit die obige Beziehung die Gestalt

$$\psi'_\mu(\boldsymbol{x},t) = \left(\hat{1} - \frac{i}{\hbar}\delta\boldsymbol{\phi} \cdot \hat{\boldsymbol{L}}\right)\psi_\mu(\boldsymbol{x},t) \tag{22.1.37}$$

erhält. Vergleicht man (22.1.37) mit (22.1.35), so folgt für den Drehoperator bei infinitesimalen Drehungen

$$\hat{U}_R(\delta\boldsymbol{\phi}) = \hat{1} - \frac{i}{\hbar}\delta\boldsymbol{\phi} \cdot \hat{\boldsymbol{L}}. \tag{22.1.38}$$

Für endliche Rotationen erhält man somit endgültig

$$\hat{U}_R(\boldsymbol{\phi}) = \mathrm{e}^{-\frac{i}{\hbar}\boldsymbol{\phi}\cdot\hat{\boldsymbol{L}}}. \tag{22.1.39}$$

Daraus erkennt man sofort die Unitarität von $\hat{U}_R(\boldsymbol{\phi})$. Wegen

$$U_R^{-1}(\boldsymbol{\phi}) = U_R(-\boldsymbol{\phi}) = e^{\frac{i}{\hbar}\boldsymbol{\phi}\cdot\hat{\boldsymbol{L}}}$$

und

$$U_R^{\dagger}(\boldsymbol{\phi}) = e^{\frac{i}{\hbar}\boldsymbol{\phi}\cdot\hat{\boldsymbol{L}}^{\dagger}} = e^{\frac{i}{\hbar}\boldsymbol{\phi}\cdot\hat{\boldsymbol{L}}}$$

gilt

$$U_R^{\dagger}(\boldsymbol{\phi}) = U_R^{-1}(\boldsymbol{\phi}). \tag{22.1.40}$$

Wir untersuchen nun die Gültigkeit der Schrödingergleichung für den gedrehten Zustand $\psi'_\mu(\boldsymbol{x},t)$:

$$i\hbar\frac{\partial}{\partial t}\psi'_\mu(\boldsymbol{x},t) = H\psi'_\mu(\boldsymbol{x},t). \tag{22.1.41}$$

Für die linke Seite erhält man in üblicher Weise

$$\begin{aligned} i\hbar\frac{\partial}{\partial t}\psi'_\mu(\boldsymbol{x},t) &= i\hbar\frac{\partial}{\partial t}\hat{U}_R(\boldsymbol{\phi})\psi_\mu(\boldsymbol{x},t) = \hat{U}_R(\boldsymbol{\phi})i\hbar\frac{\partial}{\partial t}\psi_\mu(\boldsymbol{x},t) = \\ &= \hat{U}_R(\boldsymbol{\phi})\hat{H}\hat{U}_R^{-1}(\boldsymbol{\phi})\psi'_\mu(\boldsymbol{x},t). \end{aligned} \tag{22.1.42}$$

Die Schrödingergleichung ist also für

$$\hat{U}_R(\boldsymbol{\phi})\hat{H}\hat{U}_R^{-1}(\boldsymbol{\phi}) = \hat{H} \tag{22.1.43}$$

bzw.

$$[\hat{H},\hat{U}_R(\boldsymbol{\phi})] = 0 \tag{22.1.44}$$

erfüllt. Da der Drehwinkel $\boldsymbol{\phi}$ beliebig ist, folgt aus (22.1.44)

$$[\hat{H},\hat{\boldsymbol{L}}] = 0. \tag{22.1.45}$$

Die Rotationsinvarianz eines Systems (Isotropie des Raumes) impliziert Drehimpulserhaltung.

In einem sphärisch symmetrischen Kraftfeld ist diese Voraussetzung erfüllt. Derartige Kraftfelder sind richtungsunabhängig (isotrop), weshalb in diesen Fällen stets die Drehimpulserhaltung gewährleistet ist. Beliebig strukturierte Kraftfelder verletzen hingegen die Isotropiebedingung, es existiert hier keine Erhaltung des Drehimpulses.

22.1.4 Allgemeine Symmetrien

Die bisherigen speziellen Betrachtungen lassen sich natürlich sofort verallgemeinern. Sei $\psi_\mu(\boldsymbol{x},t)$ ein physikalischer Zustand mit

$$i\hbar\frac{\partial}{\partial t}\psi_\mu(\boldsymbol{x},t) = \hat{H}\psi_\mu(\boldsymbol{x},t), \tag{22.1.46}$$

ψ' ein aus ψ durch eine nicht näher festgelegte Symmetrieoperation $U(\boldsymbol{\alpha})$ gemäß

$$\psi'(\boldsymbol{x},t) = \hat{U}(\boldsymbol{\alpha})\psi(\boldsymbol{x},t) \tag{22.1.47}$$

definierter Zustand. Dann muß $\hat{U}(\boldsymbol{\alpha})$ mit $\hat{H}$ kommutieren, falls ψ' ebenfalls der Schrödingergleichung genügen soll:

$$[\hat{H},\hat{U}(\boldsymbol{\alpha})] = 0. \tag{22.1.48}$$

Der Beweis verläuft völlig analog zu den früheren Abschnitten.

Invarianz eines Systems unter der Symmetrieoperation $U(\alpha)$ impliziert die Erhaltung der durch $U(\alpha)$ charakterisierten physikalischen Größen.

Es stellt sich somit die Frage nach geeignet umfassenden Symmetrien, die zur Beschreibung der aus der Elementarteilchenphysik bekannten Erhaltungsgrößen tauglich sind. Die Analyse dieses Problemkreises benötigt die Theorie spezieller Liescher Gruppen, mit der wir uns in den beiden folgenden Abschnitten beschäftigen werden.

22.2 Lie-Gruppen

Def. 22.1: Unter einer *abstrakten Gruppe* G versteht man eine Menge von Elementen $g, h, \ldots$, bei der jedem geordneten Paar (g,h) von Elementen eindeutig ein drittes Element der Gruppe zugeordnet ist. Dieses Element gh heißt *Produkt* von g und h. Dabei müssen folgende Rechenregeln gelten:

1. Die Multiplikation genügt dem assoziativen Gesetz:

$$(g_1 g_2) g_3 = g_1 (g_2 g_3), \quad \forall g_i \in G; \tag{22.2.1a}$$

2. In G existiert genau ein Element e mit der Eigenschaft

$$eg = ge = g, \quad \forall g \in G; \tag{22.2.1b}$$

   Das Element e heißt *Einselement* der Gruppe G;

3. Zu jedem Element $g \in G$ gibt es in G genau ein Element g^{-1} mit

$$g^{-1} g = g g^{-1} = e, \quad \forall g \in G; \tag{22.2.1c}$$

   Das Element g^{-1} heißt das zu g *inverse Element.*

Die Gültigkeit des Kommutativgesetzes wird nicht gefordert, d.h. im allgemeinen gilt $g_1 g_2 \neq g_2 g_1$. Gruppen, deren Elemente dem Kommutativgesetz genügen, heißen *Abelsche Gruppen.* Die Elementanzahl einer Gruppe kann endlich oder unendlich sein. Für $g, h, l \in G$ ist auch das Produkt ghl wieder ein Element der Gruppe. Das zu ghl inverse Element ist durch

$$(ghl)^{-1} = l^{-1} h^{-1} g^{-1} \tag{22.2.2}$$

gegeben, denn es gilt $(ghl)^{-1} ghl = l^{-1} h^{-1} g^{-1} ghl = l^{-1} h^{-1} ehl = l^{-1} h^{-1} hl = l^{-1} el = l^{-1} l = e$, wobei wir die Eigenschaften (22.1.1a) - (22.1.1c) benützt haben.

Def. 22.2: Eine Teilmenge $H \subset G$ heißt *Untergruppe* von G, wenn sie bezüglich der in G definierten Multiplikation eine Gruppe bildet.

Wir führen nun kurz einige wichtige Gruppen an. Zunächst betrachten wir die Menge aller Drehungen des reellen, dreidimensionalen Raumes $\mathbb{R}^3$. Man überzeugt sich sofort, daß die Bedingungen (22.1.1) erfüllt sind, wobei die Multiplikation zweier Drehungen als ihre Zusammensetzung definiert ist. Die Menge aller Drehungen im $\mathbb{R}^3$ bildet also eine Gruppe, die wir als $SO(3,R)$ bezeichnen.

Bekanntlich können die eigentlichen Lorentztransformationen $L_+^\uparrow$ als Drehungen im Minkowskiraum interpretiert werden (siehe Abschnitt 5.3.1). Auch die Menge $L_+^\uparrow$ bildet also eine Gruppe. Dasselbe gilt auch für die Menge L sämtlicher Lorentztransformationen (wobei neben den Drehungen auch Spiegelungen auftreten können), die wir als *volle Lorentzgruppe* L bezeichnen. Eine Verallgemeinerung von Lorentztransformationen bilden die Poincarétransformationen (Abschnitt 5.3.2), die als Zusammensetzung von Lorentztransformationen und Translationen des Minkowskiraumes gedeutet werden können. Sie bilden die *Poincarégruppe* P.

Alle diese Gruppen sind Spezialfälle sogenannter *Liescher Gruppen*, mit denen wir uns in einem späteren Abschnitt beschäftigen werden.

Def. 22.3: Zwei Gruppen G und H heißen *isomorph*, wenn eine eineindeutige Abbildung existiert, wobei dem Produkt zweier Elemente aus G stets das Produkt der Bilder in H entspricht.

Zwei isomorphe Gruppen besitzen also dieselbe Struktur und können identifiziert werden. Der Begriff der Isomorphie zweier Gruppen läßt sich verallgemeinern, indem man auf die Forderung der Eineindeutigkeit der Abbildung verzichtet:

Def. 22.4: Eine Gruppe H heißt zur Gruppe G *homomorph*, wenn eine Abbildung existiert, so daß jedem Element aus H mindestens ein Element aus G entspricht, wobei dem Produkt zweier Elemente aus G stets das Produkt der Bilder in H entspricht.

isomorph — homomorph

a) — b)

Bild 22.1

Wir betrachten nun eine Menge von Operatoren $\hat{U}(\boldsymbol{\alpha}) := \hat{U}(\alpha_1, \ldots, \alpha_n)$, mit den reellen, kontinuierlichen Veränderlichen $\alpha_1, \ldots, \alpha_n$. Neben $\boldsymbol{\alpha}$ kann $\hat{U}$ auch noch von weiteren Variablen abhängen (Ortskoordinaten, etc.), was wir aber in Hinkunft nicht extra notieren wollen.

Eine derartige Menge stellt eine *kontinuierliche Gruppe* dar, da jedes Gruppenelement durch einen speziellen Wert der kontinuierlichen Veränderlichen $\alpha_1, \ldots, \alpha_n$ fixiert werden kann. Die n Parameter $\alpha_1, \ldots, \alpha_n$ werden als *Gruppenparameter* bezeichnet. Sie können als „Koordinaten" der Gruppenmannigfaltigkeit aufgefaßt werden. Wenn eine kontinuierliche Veränderung der Gruppenparameter von einem Gruppenelement zu allen anderen führt, so sprechen wir von einer *kontinuierlich verbundenen* Gruppe.

Def. 22.5: Eine kontinuierliche Gruppe, deren Elemente $\hat{U}(\boldsymbol{\alpha})$ analytisch von den Gruppenparametern abhängen, heißt *Liesche Gruppe*.

Diese Definition ist für unsere Zwecke ausreichend. Für eine Präzisierung sei auf die mathematische Literatur verwiesen. Die Forderung der analytischen Abhängigkeit der Gruppenelemente von den Gruppenparametern erlaubt die Durchführung von Differentiationsprozessen.

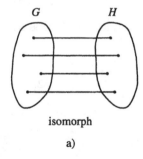

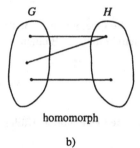

In der theoretischen Physik sind vor allem die halbeinfachen Lieschen Gruppen bedeutsam. Zu ihrer Definition benötigen wir den Begriff des Normalteilers:

Def. 22.6: Sei G eine Lie-Gruppe, A eine Teilmenge von G. Dann heißt A *Normalteiler* oder *invariante Untergruppe* von G, wenn gilt

$$G_k A_i G_k{}^{-1} \in A, \quad \forall G_k \in G. \tag{22.2.3}$$

Falls A eine abelsche Gruppe darstellt, spricht man von einem *abelschen Normalteiler* oder einer *abelschen invarianten Untergruppe.*

Def. 22.7: Eine Lie-Gruppe heißt *einfach*, wenn sie keinen kontinuierlichen Normalteiler besitzt; sie heißt *halbeinfach*, wenn sie keinen kontinuierlichen abelschen Normalteiler besitzt.

22.2.1 Generatoren

Wenn nichts anderes vermerkt ist, soll G für alles Weitere stets eine Lie-Gruppe bezeichnen. Jedes Element $\hat{U}(\boldsymbol{\alpha}) \in G$ kann in der Gestalt

$$\hat{U}(\boldsymbol{\alpha}) = \mathrm{e}^{-i \sum\limits_{j=1}^{n} \alpha_j \hat{L}_j} \tag{22.2.4}$$

dargestellt werden. Die Operatoren L_i heißen *Generatoren* oder *erzeugende* der Lie-Gruppe G. Sie können aus jedem beliebigen Element von G durch

$$\hat{L}_j = i \left. \frac{\partial \hat{U}(\boldsymbol{\alpha})}{\partial \alpha_j} \right|_{\boldsymbol{\alpha} = 0} \tag{22.2.5}$$

hergeleitet werden. Die Generatoren erfüllen die Beziehungen

$$[\hat{L}_j, \hat{L}_k] = C_{jkl} \hat{L}_l, \quad \ldots\ldots\ldots \quad \text{Kommutationsbeziehung,} \tag{22.2.6}$$

$$\left[[\hat{L}_j, \hat{L}_k], \hat{L}_l\right] + \left[[\hat{L}_k, \hat{L}_l], \hat{L}_j\right] + \left[[\hat{L}_l, \hat{L}_j], \hat{L}_k\right] = 0 \quad \ldots \quad \text{Jacobi-Identität.} \tag{22.2.7}$$

Da in (22.2.4) auf der rechten Seite nur Generatoren und keine anderen Operatoren auftauchen, sagt man auch, sie seien *geschlossen unter Kommutation.* Die Koeffizienten C_{jkl} sind die *Strukturkonstanten* der Gruppe. Sie beinhalten die gesamte Information über die Gruppenstruktur. Allerdings sind sie nicht beliebig wählbar, denn wegen $[\hat{L}_j, \hat{L}_k] = -[\hat{L}_k, \hat{L}_j]$ und der Jacobi-Identität müssen sie den Relationen

$$C_{jkl} = -C_{kjl}, \tag{22.2.8}$$

$$C_{ijm} C_{mkn} + C_{jkm} C_{min} + C_{kim} C_{mjn} = 0 \tag{22.2.9}$$

genügen.

Mit Hilfe der Strukturkonstanten läßt sich bequem überprüfen, ob eine Lie-Gruppe halbeinfach ist, oder nicht. Es gilt das *Cartansche Kriterium*:

Satz 22.1: *Eine Lie-Gruppe ist genau dann halbeinfach, wenn die Beziehung*

$$\det(g_{ij}) \neq 0 \tag{22.2.10}$$

erfüllt ist. Dabei bezeichnet g_{ij} den aus den Strukturkonstanten der Gruppe gemäß

$$g_{ij} = C_{ikl}C_{jkl} \tag{22.2.11}$$

gebildeten metrischen Tensor der Lie-Gruppe.

g_{ij} wird auch als *Killing-Form* bezeichnet. Speziell folgt aus Satz 22.1 die Möglichkeit der Definition eines kontravarianten Metriktensors einer halbeinfachen Lie-Gruppe. Wir werden darauf später zurückkommen.

Def. 22.8: Die Anzahl l der kommutierenden Generatoren heißt *Rang der Gruppe G*.

In Abschnitt 22.1.4 haben wir gesehen, daß eine durch einen Operator $\hat{U}(\boldsymbol{\alpha})$ beschriebene Symmetrie die Existenz von Erhaltungsgrößen garantiert. Wir präzisieren diese Aussage nun dahingehend, daß $\hat{U}(\boldsymbol{\alpha})$ ein Element einer Lieschen Gruppe G sein soll. Dann folgt aus

$$[\hat{H}, \hat{U}(\boldsymbol{\alpha})] = 0 \tag{22.2.12}$$

sofort

$$[\hat{H}, \hat{L}_i] = 0, \quad i = 1, \ldots, n, \tag{22.2.13}$$

d.h. die Generatoren $\hat{L}_i$ liefern n Erhaltungsgrößen.

22.2.2 Multipletts

Wir kommen nun zu einem weiteren fundamentalen Begriff der Teilchenphysik. Zu seiner Definition benötigen wir zunächst jene des invarianten Unterraumes einer Gruppe.

Def. 22.9: Sei E ein Hilbertraum, G eine Liesche Gruppe. Dann heißt jener Teilraum von E, der durch die Operatoren der Gruppe auf sich selbst abgebildet wird, ein *invarianter Unterraum* der Gruppe.

Die Operatoren einer vorgegebenen Gruppe G transformieren also die Zustände des invarianten Unterraums ausschließlich untereinander.

Def. 22.10: Ein irreduzibler invarianter Unterraum einer Gruppe heißt *Multiplett* der Gruppe.

Nach dieser Definition läßt sich ein zu einer Gruppe gehöriges Multiplett einfach charakterisieren. Sei ψ_0 ein Zustand des Multipletts, so bestimmen wir alle anderen Zustände des Multipletts durch

$$\psi_\mu = \hat{U}(\boldsymbol{\alpha})\psi_0, \tag{22.2.14}$$

wobei wir sämtliche Gruppenoperatoren durchlaufen. Jede weitere Anwendung eines Gruppenoperators $\hat{U}(\boldsymbol{\beta})$ führt dann auf keinen neuen Zustand, da wegen der Gruppeneigenschaft

$$\hat{U}(\boldsymbol{\beta})\psi_\mu = \hat{U}(\boldsymbol{\beta})\hat{U}(\boldsymbol{\alpha})\psi_0 = \hat{U}(\boldsymbol{\gamma})\psi_0 \tag{22.2.15}$$

gilt, d.h. (22.2.15) ist bereits in (22.2.14) berücksichtigt. Allerdings bildet die Menge $\{\psi_\mu\}$ i.a. keinen Vektorraum. So folgt aus der Normiertheit von ψ_0 auf Eins bei Verwendung unitärer Gruppenoperatoren $\|\psi_\mu\| = 1$. Aus lauter normierten Elementen kann jedoch kein Vektorraum aufgebaut werden. Die Linearkombination aller ψ_μ hingegen bildet einen Vektorraum - das Multiplett der Gruppe.

Lemma 22.2: *Kommutiert ein Operator $\hat{A}$ mit den Generatoren $\hat{L}_i$ einer Lie-Gruppe*

$$[\hat{A},\hat{L}_i] = 0, \quad i = 1,\ldots,n, \tag{22.2.16}$$

so hat $\hat{A}$ jeden Zustand eines Multipletts als Eigenvektor, und ist auf jedem Multiplett entartet.

Zum Beweis gehen wir von der Eigenwertgleichung

$$\hat{A}\psi = a\psi$$

aus. Bei Multiplikation mit $\hat{U}(\alpha)$ von links folgt

$$\hat{U}(\alpha)\hat{A}\psi = a\hat{U}(\alpha)\psi. \tag{22.2.17}$$

Wegen (22.2.16) vertauscht $\hat{A}$ mit allen Operatoren $\hat{U}(\alpha)$ der Gruppe, weshalb

$$\hat{U}(\alpha)\hat{A} = \hat{A}\hat{U}(\alpha) \tag{22.2.18}$$

gelten muß. Einsetzen von (22.2.18) in (22.2.17) ergibt

$$\hat{A}\left(\hat{U}(\alpha)\psi\right) = a\left(\hat{U}(\alpha)\psi\right), \tag{22.2.19}$$

d.h. auch der Zustand $\psi = \hat{U}(\alpha)\psi_0$ ist Eigenzustand von $\hat{A}$ zum selben Eigenwert a, womit die obige Aussage bewiesen ist.

Lemma 22.2 verdeutlicht unter anderem, daß die Entartung von Energiezuständen ($\hat{A} = \hat{H}$) eines physikalischen Systems durch die Existenz einer Symmetrie $\hat{U}(\alpha)$ bewirkt wird. An diesem Beispiel erkennt man bereits die große praktische Bedeutung von Multipletts. Natürlich stellt sich hier sofort die Frage nach ihrer Konstruktion. Nun sind die Multipletts einer Gruppe durch die Gruppenstruktur zwar festgelegt, es existiert jedoch kein allgemeines Konstruktionsprinzip zu ihrer expliziten Darstellung. Speziell für halbeinfache Gruppen gibt es jedoch eine sehr elegante Charakterisierungsmöglichkeit. Dafür benötigen wir den Begriff des Casimir-Operators.

22.2.3 Casimir-Operatoren

Def. 22.11: Jene Operatoren einer Gruppe G, die sowohl untereinander, als auch mit allen Gruppenoperatoren vertauschen, heißen *invariante Operatoren* der Gruppe G oder *Casimir-Operatoren.*

Bezeichnen wir die Casimir-Operatoren mit $\hat{C}_k$, so gilt

$$\begin{aligned} &[\hat{C}_k,\hat{U}(\alpha)] = 0, \quad k = 1,\ldots, \quad \forall \hat{U}(\alpha) \in G, && \text{(a)} \\ &[\hat{C}_j,\hat{C}_k] = 0, \quad j,k = 1,\ldots && \text{(b)} \end{aligned} \tag{22.2.20}$$

Die große physikalische Bedeutung der Casimir-Operatoren zeigt der

Satz 22.3: *Sei G eine halbeinfache Lie-Gruppe vom Rang l. Dann existieren l Casimir-Operatoren $\hat{C}_k$, die Funktionen der Generatoren $\hat{L}_i$ sind:*

$$\hat{C}_k = \hat{C}_k(\hat{L}_1,\ldots,\hat{L}_n), \quad k = 1,\ldots,l. \tag{22.2.21}$$

Die Eigenwerte der Casimir-Operatoren von G charakterisieren eindeutig die Multipletts von G.

Satz 22.3 wird als *Theorem von Racah* bezeichnet. Für halbeinfache Lie-Gruppen existiert also die angesprochene Charakterisierungsmöglichkeit der Multipletts mit Hilfe der Casimir-Operatoren, während dies für allgemeine Gruppen nicht der Fall ist. Wie diese Charakterisierung genau zu verstehen ist, werden wir später untersuchen. Zunächst wollen wir jedoch einige wichtige Eigenschaften der Casimir-Operatoren studieren. So folgt aus Def. 22.7, daß sie nicht eindeutig festgelegt sind. Mit $\hat{C}_1$ und $\hat{C}_2$ sind auch die Operatoren

$$\hat{C}_1' := \hat{C}_1 + \hat{C}_2, \quad \hat{C}_2' := \hat{C}_1 - \hat{C}_2 \tag{22.2.22}$$

Casimir-Operatoren. Auch Potenzen von $\hat{C}_1$ und $\hat{C}_2$ oder das Produkt $\hat{C}_1\hat{C}_2$ sind Casimir-Operatoren. Diesen Freiheitsgrad werden wir im Rahmen der speziellen Lie-Gruppe $SU(n)$ mit Vorteil verwenden. Eine weitere wichtige Eigenschaft der Casimir-Operatoren ist ihre Vollständigkeit.

Lemma 22.4: *Jeder Operator A, der mit allen Operatoren einer Lie-Gruppe G kommutiert, ist eine Funktion der Casimir-Operatoren von G:*

$$\hat{A} = \hat{A}(\hat{C}_j). \tag{22.2.23}$$

Zum Beweis beachten wir, daß aus $[\hat{A},\hat{U}(\alpha)] = 0, \forall U(\alpha) \in G$ zunächst $[\hat{A},\hat{L}_i] = 0$ folgt. Daher können $\hat{A}$ und $\hat{L}_i$ für jeden festen Index i gleichzeitig diagonalisiert werden, sie haben also dieselben Eigenfunktionen. Sei ψ_0 eine dieser Eigenfunktionen, so gilt $\hat{L}_i\psi_0 = l_i\psi_0$, und $\hat{A}\psi_0 = a\psi_0$. Daraus folgt weiter, daß die Operation A für einen beliebigen Zustand $\psi = \hat{U}(\alpha)\psi_0$ eines Multipletts nicht aus diesem Multiplett hinausführt, denn es gilt

$$\hat{A}\psi = \hat{A}\hat{U}(\alpha)\psi_0 = \hat{U}(\alpha)\hat{A}\psi_0 = a\hat{U}(\alpha)\psi_0 = a\psi. \tag{22.2.24}$$

$\hat{A}\psi$ liegt also im Multiplett, und $\hat{A}$ ist für jeden Zustand des Multipletts diagonal. Daher ist $\hat{A}$ ein invarianter Operator, d.h. $\hat{A}$ muß entweder selbst ein Casimir-Operator sein (nach unserer obigen Betrachtung sind die $\hat{C}_k$ ja nicht eindeutig festgelegt), oder eine Kombination dieser Operatoren (die über Summen- und Produktbildung wieder auf invariante Operatoren führen).

Lemma 22.4 wird auch als *Vollständigkeitstheorem* bezeichnet. Es zeigt uns, daß die l invarianten Operatoren $\hat{C}_k$ trotz ihrer Nichteindeutigkeit vollständig sind: sie repräsentieren den größten Satz unabhängiger Operatoren, die mit allen Gruppenelementen von G vertauschen. Aus dem Vollständigkeitstheorem folgt das

Lemma 22.5: *Sei G eine halbeinfache Lie-Gruppe. Dann kann der Hamiltonoperator $\hat{H}$ eines Systems mit einer durch G beschriebenen Symmetrie aus den Casimir-Operatoren von G aufgebaut werden:*

$$\hat{H} = \hat{H}(\hat{C}_1,\hat{C}_2,\ldots\hat{C}_l). \tag{22.2.25}$$

Zum Nachweis beachten wir, daß bei Existenz einer Symmetrie $U(\alpha)$ der Hamiltonoperator $\hat{H}$ mit $U(\alpha)$ kommutiert, womit die Voraussetzungen für das Vollständigkeitstheorem erfüllt sind.

Lemma 22.6: *Für eine abelsche Lie-Gruppe G werden die Casimir-Operatoren von G durch die Generatoren $\hat{L}_i$, $i = 1,\ldots,n$ von G dargestellt.*

Bei einer abelschen Lie-Gruppe kommutieren per definitionem sämtliche Generatoren $\hat{L}_i$, $i = 1,\ldots,n$, und sie kommutieren natürlich sämtlich mit allen Gruppenelementen von G. Es gilt also Rang $l = n$, und die $\hat{L}_i$ sind invariante Operatoren.

Wir wollen auf die im Racah-Theorem angesprochene eindeutige Charakterisierung der Multipletts durch Casimir-Operatoren näher eingehen. Dazu erinnern wir uns an die Aussage von Lemma 22.2, nach der bei Vorgabe einer Symmetrie $\hat{U}(\alpha)$ der Hamiltonoperator auf jedem Multiplett der Gruppe entartet ist: alle Zustände eines Multipletts sind Eigenzustände des Hamiltonoperators $\hat{H}$ zu einem festen Eigenwert E. Da nun die Casimir-Operatoren mit den Generatoren der Symmetriegruppe kommutieren, und jene mit $\hat{H}$, so kommutieren auch die Casimir-Operatoren mit $\hat{H}$. Kommutierende Operatoren können gleichzeitig diagonalisiert werden, d.h. sie haben dieselben Eigenfuntkionen. Die Zustände eines Multiplett sind daher gleichzeitig Eigenfunktionen von $\hat{H}$, $\hat{C}_i$, $i = 1, \dots, n$ und der l untereinander kommutierenden Generatoren $\hat{L}_j$, $j = 1, \dots, l$. Bezeichnen wir die Eigenwerte der Operatoren $\hat{H}$, $\hat{C}_i$, $\hat{L}_j$ mit E, C_i und m_j, so gelten die Gleichungen

$$\begin{aligned}
\hat{H}\psi_{E;C_1,\dots,C_l;m_1,\dots,m_l} &= E\psi_{E;C_1,\dots,C_l;m_1,\dots,m_l}, \\
\hat{C}_i\psi_{E;C_1,\dots,C_l;m_1,\dots,m_l} &= C_i\psi_{E;C_1,\dots,C_l;m_1,\dots,m_l}, \quad i = 1, \dots, l, \\
\hat{L}_i\psi_{E;C_1,\dots,C_l;m_1,\dots,m_l} &= m_i\psi_{E;C_1,\dots,C_l;m_1,\dots,m_l}, \quad i = 1, \dots, l.
\end{aligned} \tag{22.2.26}$$

Die Quantenzahlen $C_1, \dots, C_l$ charakterisieren eindeutig die Multipletts einer Symmetriegruppe, während die Zustände innerhalb eines Multiplett durch die Quantenzahlen $m_1, \dots, m_l$ charakterisiert werden. Weiter folgt aus der Tatsache, daß alle Zustände denselben Energieeigenwert besitzen, daß alle durch die Zustände dieses Multiplett beschriebenen Teilchen dieselbe Masse besitzen.

Bisher haben wir ausschließlich eine einzige Symmetriegruppe betrachtet, wo für ein System wegen der l kommutierenden Generatoren und der l kommutierenden Casimir-Operatoren $2l$ Quantenzahlen $C_1, \dots, C_l, m_1, \dots, m_l$ folgen. Falls mehrere Symmetriegruppen existieren, so erhält man natürlich mehr Quantenzahlen, je nachdem, in welchem Ausmaße die Operatoren der Symmetriegruppen untereinander kommutieren.

Die Bedeutung der Casimir-Operatoren bei der Charakterisierung der Multipletts läßt ihre explizite Konstruktion wünschenswert erscheinen. Dies ist für beliebige halbeinfache Lie-Gruppen leider nicht möglich. Abgesehen von speziellen Fällen gibt es nur für einen einzigen Casimir-Operator ein Rezept für seine Konstruktion:

Satz 22.7: *Sei G eine halbeinfache Gruppe, g die zugehörige Killing-Form (22.2.11). Dann ist durch*

$$\hat{C}_1 := g^{\mu\nu}\hat{L}_\nu\hat{L}_\mu \tag{22.2.27}$$

ein Casimir-Operator definiert.

Für den Beweis dieses wichtigen Satzes benötigen wir das

Lemma 22.8: *Der Tensor*

$$b_{\sigma\mu\nu} := g_{\sigma\lambda}C_{\mu\nu\lambda} \tag{22.2.28}$$

ist vollständig antisymmetrisch.

Zum Nachweis dieser Aussage ersetzen wir zunächst $g_{\sigma\lambda}$ durch die Strukturkonstanten:

$$b_{\sigma\mu\nu} = \sum_\lambda C_{\sigma\rho\tau}C_{\lambda\tau\rho}C_{\mu\nu\lambda} = \sum_\lambda C_{\sigma\rho\tau}C_{\mu\nu\lambda}C_{\lambda\tau\rho}.$$

Mit Hilfe der Jacobi-Identität (22.2.9) kann diese Beziehung in der Gestalt

$$b_{\sigma\mu\nu} = -C_{\sigma\rho\tau}(C_{\nu\tau\lambda}C_{\lambda\mu\rho} + C_{\tau\mu\lambda}C_{\lambda\nu\rho}) = C_{\sigma\rho\tau}C_{\nu\tau\lambda}C_{\mu\lambda\rho} + C_{\rho\sigma\tau}C_{\tau\mu\nu}C_{\lambda\nu\rho}$$

geschrieben werden. Die rechte Seite ist invariant gegenüber zyklischen Vertauschungen der Indizes σ,μ,ν, es gilt also

$$b_{\sigma\mu\nu} = b_{\mu\nu\sigma} = b_{\nu\sigma\mu}. \tag{22.2.29}$$

Wir betrachten nun die Definitionsgleichung (22.2.28). Der Metriktensor $g_{\sigma\lambda}$ ist symmetrisch, die Strukturkonstanten $C_{\mu\nu\lambda}$ jedoch in den beiden ersten Indizes antisymmetrisch. Daher muß der Tensor $b_{\sigma\mu\nu}$ in seinen beiden letzten Indizes antisymmetrisch sein. Aus der zyklischen Indexsymmetrie (22.2.29) folgt dann aber, daß $b_{\sigma\mu\nu}$ vollständig antisymmetrisch ist, w.z.b.w.

Wir kommen nun zum Beweis von Satz 22.7. Da die Lie-Gruppe halbeinfach vorausgesetzt wurde, existiert nach dem Satz von Cartan ($\det(g_{\mu\nu}) \neq 0$) der kovariante Tensor $g^{\mu\nu}$. Der Ausdruck (22.2.27) ist somit wohldefiniert. Als Casimir-Operator muß er mit allen Generatoren vertauschen, d.h.

$$[\hat{C}_1,\hat{L}_\tau] = 0.$$

Einsetzen in (22.2.27) liefert

$$[\hat{C}_1,\hat{L}_\tau] = g^{\mu\nu}[\hat{L}_\mu\hat{L}_\nu,\hat{L}_\tau] = g^{\mu\nu}\left\{\hat{L}_\mu[\hat{L}_\nu,\hat{L}_\tau] + [\hat{L}_\mu,\hat{L}_\tau]\hat{L}_\nu\right\}.$$

Bei Berücksichtigung der Kommutationsbeziehungen (22.2.6) erhält man weiter

$$[\hat{C}_1,\hat{L}_\tau] = g^{\mu\nu}\left\{C_{\nu\tau\lambda}\hat{L}_\mu\hat{L}_\lambda + C_{\mu\tau\lambda}\hat{L}_\lambda\hat{L}_\nu\right\} = g^{\mu\nu}\left\{C_{\nu\tau\lambda}\hat{L}_\mu\hat{L}_\lambda + C_{\nu\tau\lambda}\hat{L}_\lambda\hat{L}_\mu\right\},$$

wobei wir im zweiten Term eine Indexumbenennung $\nu \leftrightarrow \mu$ vorgenommen haben. Es gilt also

$$[\hat{C}_1,\hat{L}_\tau] = g^{\mu\sigma}C_{\sigma\tau\lambda}[\hat{L}_\mu,\hat{L}_\lambda]_+. \tag{22.2.30}$$

Wir betrachten nun den Tensor $g^{\mu\sigma}C_{\sigma\tau\lambda}$, und versuchen eine Darstellung von $C_{\sigma\tau\lambda}$ durch $b_{\sigma\mu\nu}$. Aus der Definitionsgleichung folgt

$$C_{\sigma\tau\lambda} = g^{\nu\lambda}b_{\nu\sigma\tau},$$

und somit

$$g^{\mu\sigma}C_{\sigma\tau\lambda} = g^{\mu\sigma}g^{\nu\lambda}b_{\nu\sigma\tau}.$$

Nach Lemma 22.8 ist $b_{\nu\sigma\tau}$ vollständig antisymmetrisch, weshalb die rechte Seite der obigen Gleichung verschwindet. Somit verschwinden auch alle Komponenten des Tensors $g^{\mu\sigma}C_{\sigma\tau\lambda}$:

$$g^{\mu\sigma}C_{\sigma\tau\lambda} = 0, \quad \forall\mu,\tau,\lambda. \tag{22.2.31}$$

Aus (22.2.30) folgt damit die Kommutation des Operators $\hat{C}_1$ mit $\hat{L}_\tau$:

$$[\hat{C}_1,\hat{L}_\tau] = 0, \tag{22.2.32}$$

d.h. $\hat{C}_1$ ist ein Casimir-Operator, w.z.b.w.

22.3 Die Gruppe $SU(n)$

Die in der Teilchenphysik maßgebliche Lie-Gruppe ist die $SU(n)$. Wir wollen daher die allgemeinen Betrachtungen aus Abschnitt 22.2 für diesen Gruppentyp spezialisieren und vertiefen.

Def. 22.12: Die Menge aller unitärer $n \times n$ Matrizen $\hat{U}$ heißt $U(n)$, die Menge aller unitärer $n \times n$ Matrizen $\hat{U}$ mit

$$\det \hat{U} = 1 \tag{22.3.1}$$

heißt $SU(n)$.

Man erkennt sofort, daß es sich bei $U(n)$ um eine Lie-Gruppe handelt: sie besitzt n^2 komplexe und somit $2n^2$ reelle Parameter, die durch ihre Matrixelemente dargestellt werden können. Wegen der Unitarität von $\hat{U}$ gilt $\hat{U}^\dagger \hat{U} = 1$, und somit

$$\det \hat{U}^\dagger \hat{U} = (\det \hat{U}^\dagger)(\det \hat{U}) = (\det \hat{U})^\dagger \det \hat{U} = \det \mathbf{1} = 1.$$

Daraus folgt $|\det \hat{U}|^2 = 1$, bzw.

$$\det \hat{U} = \pm 1. \tag{22.3.2}$$

Bei der Menge $SU(n)$ handelt es sich um eine Untergruppe von $U(n)$. Der Name leitet sich von „Spezieller $U(n)$" her. Um die Anzahl ihrer Freiheitsgrade zu ermitteln, beachten wir, daß sich jede unitäre $n \times n$ Matrix $\hat{U}$ in die Gestalt

$$\hat{U} = e^{i\hat{H}}, \tag{22.3.3}$$

mit einer hermiteschen $n \times n$ Matrix $\hat{H}$ darstellen läßt (siehe dazu auch die verallgemeinernden Betrachtungen aus Kapitel 26). Wegen der Hermitizitätsbedingung

$$H_{ij} = H_{ji}^*, \quad i,j = 1,\ldots,n \tag{22.3.4}$$

besitzt $\hat{H}$ n^2 reelle Parameter, entsprechend den Freiheitsgraden der $U(n)$. Der Vorteil der Darstellung (22.3.3) liegt darin, daß sich die Bedingung (22.3.1) sehr leicht auf $\hat{H}$ übertragen läßt:

Lemma 22.9: *Die Elemente der $SU(n)$ werden durch Matrizen der Gestalt (22.3.3) mit*

$$\mathrm{Sp}\, \hat{H} = 0 \tag{22.3.5}$$

gebildet.

Zum Beweis beachten wir, daß gemäß (22.3.4) die Elemente der Hauptdiagonale von $\hat{H}$ reell sind, und somit auch die als Summe der Hauptdiagonalelemente definierte Spur von $\hat{H}$:

$$\mathrm{Sp}\, \hat{H} = \gamma, \quad \gamma \in \boldsymbol{R}. \tag{22.3.6}$$

Für die weiteren Überlegungen führen wir $\hat{U}$ mit Hilfe einer Transformation $\hat{S}$ in eine Diagonalmatrix $\hat{U}$ über:

$$\hat{U}' = \hat{S}\hat{U}\hat{S}^{-1}. \tag{22.3.7}$$

Dadurch wird gleichzeitig auch $\hat{H}$ diagonalisiert. Nun sind bekanntlich die Determinante und die Spur einer beliebigen Matrix Invariante bezüglich beliebiger Transformationen. Daher gilt

$$\det \hat{U}' = \det \hat{U}, \quad \text{(a)} \qquad \det \hat{H}' = \det \hat{H}, \quad \text{(b)} \tag{22.3.8}$$

$$\mathrm{Sp}\, \hat{U}' = \mathrm{Sp}\, \hat{U}, \quad \text{(a)} \qquad \mathrm{Sp}\, \hat{H}' = \mathrm{Sp}\, \hat{H}. \quad \text{(b)} \tag{22.3.9}$$

Damit erhält man

$$\det \hat{U} = \det \hat{U}' = \det e^{i\hat{H}'} =$$

$$= \det \exp i \begin{pmatrix} H'_{11} & 0 & \dots & 0 \\ 0 & H'_{22} & \dots & 0 \\ \vdots & & & \\ 0 & 0 & \dots & H'_{nn} \end{pmatrix} = \det \begin{pmatrix} e^{iH'_{11}} & 0 & \dots & 0 \\ 0 & e^{iH'_{22}} & \dots & 0 \\ \vdots & & & \\ 0 & 0 & \dots & e^{iH'_{nn}} \end{pmatrix}$$

$$= \exp i \sum_{j=1}^{n} H'_{jj} = e^{i \operatorname{Sp} \hat{H}'} = e^{i \operatorname{Sp} \hat{H}} = e^{i\gamma}. \qquad (22.3.10)$$

Die Forderung $\det \hat{U} = 1$ wird somit durch $\gamma = 0$ erfüllt, w.z.b.w.

Die Bedingung (22.3.1) schränkt die n^2 Freiheitsgrade der $U(n)$ nur durch eine einzige reelle Bedingung (22.3.5) ein. Daher gilt das

Lemma 22.10: *Die Menge $SU(n)$ stellt eine Lie-Gruppe mit $n^2 - 1$ reellen Parametern dar.*

22.3.1 Die Generatoren der Gruppe $U(n)$

Bevor wir uns den Generatoren der Gruppe $SU(n)$ zuwenden, empfiehlt es sich, jene der Gruppe $U(n)$ zu konstruieren. Da jedes Element aus $U(n)$ gemäß (22.3.3) dargestellt werden kann, lassen sich n^2 beliebige, linear unabhängige, hermitesche Matrizen als Generatoren verwenden. In der Praxis empfiehlt sich jedoch eine speziellere Wahl. Dazu betrachten wir die Matrizen

$$\hat{C}_{\alpha\beta} := \begin{pmatrix} & \beta & \\ & | & \\ \alpha - & 1 & - \\ & | & \end{pmatrix}. \qquad (22.3.11)$$

Sie sind dadurch definiert, daß sie alle nur eine einzige Eins, und ansonsten lauter Nullen enthalten. Dabei steht die Eins in der Zeile α und der Spalte β. (22.3.11) läßt sich daher auch als

$$\left(\hat{C}_{\alpha\beta}\right)_{ik} = \delta_{\alpha i}\delta_{\beta k} \qquad (22.3.12)$$

schreiben. Nun sind die Matrizen $C_{\alpha\beta}$ nicht hermitesch, jedoch die Linearkombinationen

$$\tilde{C}_{\alpha\beta} := \hat{C}_{\alpha\beta} + \hat{C}_{\beta\alpha}, \quad \text{(a)} \qquad \approx{C}_{\alpha\beta} := \frac{1}{i}\left(\hat{C}_{\alpha\beta} - \hat{C}_{\beta\alpha}\right). \qquad (22.3.13)$$

Als Generatoren der Gruppe $U(n)$ können somit n^2 Matrizen der Sorte $\tilde{C}_{\alpha\beta}$ bzw. $\overset{\approx}{C}_{\alpha\beta}$ verwendet werden. Ihr Kommutator läßt sich aus jenem der Matrizen $C_{\alpha\beta}$ herleiten:

$$[\hat{C}_{\alpha\beta}, \hat{C}_{\gamma\nu}] = \delta_{\beta\gamma}\hat{C}_{\alpha\beta} - \delta_{\alpha\nu}\hat{C}_{\gamma\nu}. \qquad (22.3.14)$$

Zur Überprüfung dieser Beziehung beachtet man

$$\hat{C}_{\alpha\beta}\hat{C}_{\gamma\nu} - \hat{C}_{\gamma\nu}\hat{C}_{\alpha\beta} = \sum_l \left(\hat{C}_{\alpha\beta}\right)_{il}\left(\hat{C}_{\gamma\nu}\right)_{lk} - \sum_l \left(\hat{C}_{\gamma\nu}\right)_{il}\left(\hat{C}_{\alpha\beta}\right)_{lk} =$$

$$= \sum_l \left\{\delta_{\alpha i}\delta_{\beta l}\delta_{\gamma l}\delta_{\nu k} - \delta_{\gamma i}\delta_{\nu l}\delta_{\alpha l}\delta_{\beta k}\right\} =$$

$$= \delta_{\alpha i}\delta_{\beta\gamma}\delta_{\nu k} - \delta_{\gamma i}\delta_{\nu\alpha}\delta_{\beta k} =$$

$$= \delta_{\beta\gamma}\left(\hat{C}_{\alpha\nu}\right)_{ik} - \delta_{\nu\alpha}\left(\hat{C}_{\gamma\beta}\right)_{ik}.$$

22.3.2 Die Generatoren der Gruppe $SU(n)$

Nach Lemma 22.9 und 22.10 können $n^2 - 1$ beliebige, linear unabhängige hermitesche Matrizen mit verschwindender Spur als Generatoren der Lie-Gruppe $SU(n)$ gewählt werden. Um die einfachste Darstellung der Generatoren zu erhalten, gehen wir von den einfachen Generatoren der Gruppe $U(n)$ aus, und versuchen, die Matrizen $\hat{C}_{\alpha\beta}$ spurlos zu machen. Dies gelingt durch Subtraktion eines Vielfachen der Einheitsmatrix:

$$\hat{C}'_{\alpha\alpha} = \hat{C}_{\alpha\alpha} - \frac{1}{n}\mathbf{1} = \hat{C}_{\alpha\alpha} - \sum_{j=1}^{n} \hat{C}_{jj}, \quad j = 1, \ldots, n, \qquad \text{(a)}$$

$$\hat{C}'_{\alpha\beta} = \hat{C}_{\alpha\beta}, \quad \forall\alpha \neq \beta, \quad \alpha\beta = 1, \ldots, n. \qquad \text{(b)} \tag{22.3.15}$$

Die Matrizen $\hat{C}'_{\alpha\beta}$ sind also für beliebige Wahl von α und β stets spurlos. Ihre Vertauschungsregeln lassen sich sofort aus jenen der Matrizen $\hat{C}_{\alpha\beta}$ herleiten. Da die Einsmatrix mit allen anderen Matrizen kommutiert, gilt

$$[\hat{C}'_{\alpha\beta}, \hat{C}'_{\gamma\nu}] = \delta_{\beta\gamma}\hat{C}'_{\alpha\beta} - \delta_{\alpha\nu}\hat{C}'_{\gamma\nu}. \tag{22.3.16}$$

Allerdings sind die Matrizen $\hat{C}'_{\alpha\beta}$ nicht hermitesch. Zur Hermitisierung geht man wieder völlig analog zu (22.3.13) vor.

Um den Rang der $SU(n)$ zu bestimmen, benötigen wir die Anzahl der linear unabhängigen, vertauschbaren Generatoren. Da Vertauschbarkeit gleichzeitige Diagonalisierbarkeit bedeutet, suchen wir die Anzahl linear unabhängiger Diagonalmatrizen. Diese Matrizen ergeben sich aus $\hat{C}'_{\alpha\beta}$ durch

$$\hat{C}'_{11} - \hat{C}'_{22}, \quad \hat{C}'_{11} + \hat{C}'_{22}, \quad \hat{C}'_{33} - \hat{C}'_{44}, \quad \hat{C}'_{33} + \hat{C}'_{44}, \quad \ldots$$

wobei man $n - 1$ linear unabhängige Matrizen erhält. Dies folgt aus der Tatsache, daß die Matrizen $\hat{C}'_{\alpha\alpha}$, $\alpha = 1, \ldots, n$ linear unabhängig sind, denn es gilt wegen (22.3.15a)

$$\sum_{\alpha=1}^{n} C'_{\alpha\alpha} = \sum_{\alpha=1}^{n} C_{\alpha\alpha} - \frac{1}{n}\sum_{\alpha=1}^{n} \mathbf{1} = 0. \tag{22.3.17}$$

Lemma 22.11: *Die Gruppe $SU(n)$ besitzt den Rang*

$$l = n - 1. \tag{22.3.18}$$

22.3.3 Die Casimir-Operatoren der Gruppe $SU(n)$

Wir haben bereits darauf hingewiesen, daß es für beliebige halbeinfache Gruppen kein allgemeines Konstruktionsprinzip für die Casimir-Operatoren der Gruppe gibt. Nur $\hat{C}_1$ kann explizit konstruiert werden (siehe (22.2.27)). Diese Aussage bleibt auch für die spezielle Lie-Gruppe $SU(n)$ aufrecht. Allerdings existiert hier eine weitergehende Aussage über die funtkionale Gestalt der Casimir-Operatoren:

Lemma 22.12: *Die Casimir-Operatoren der Gruppe $SU(n)$ sind homogene Polynome der Generatoren:*

$$\hat{C}_k = \sum_{i_1,i_2,\ldots} b_k{}^{i_1 i_2 \ldots} \hat{L}_{i_1} \hat{L}_{i_2} \ldots, \quad k = 1,\ldots,n-1, \tag{22.3.19}$$

wobei die Koeffizienten $b_k{}^{i_1 i_2 \ldots}$ durch die Strukturkonstanten der Gruppe festgelegt sind.

Der Casimir-Operator $\hat{C}_1$ ist quadratisch in den Generatoren aufgebaut. Bei Verwendung der Matrizen $\hat{C}'_{\alpha\beta}$ besitzt er die Gestalt

$$\hat{C}_1 = \sum_{\alpha,\beta} C'_{\alpha\beta} C'_{\beta\alpha}, \tag{22.3.20}$$

denn es gilt

$$\left[\sum_{\alpha,\beta} C'_{\alpha\beta} C'_{\beta\alpha}, C'_{\gamma\nu} \right] = 0,$$

wie man leicht mit Hilfe der Kommutationsregeln (22.3.16) überprüft.

In Abschnitt 22.2 haben wir darauf hingewiesen, daß die Casimir-Operatoren nicht eindeutig festgelegt sind. Im Rahmen der $SU(n)$ ist es üblich, diesen Freiheitsgrad dahingehend zu spezialisieren, die Casimir-Operatoren stets hermitesch zu konstruieren. Wir können also stets

$$\hat{C}_k = \hat{C}_k^\dagger, \quad k = 1,\ldots,n-1 \tag{22.3.21}$$

annehmen. Für die obigen Beziehungen würde dies die Verwendung hermitescher Operatoren implizieren.

22.3.4 Die Gruppen $U(2)$, $SU(2)$ und $SU(3)$

Als Generatoren der Gruppe $U(2)$ können $2^2 = 4$ linear unabhängige hermitesche 2×2-Matrizen verwendet werden. Eine spezielle Möglichkeit wäre die Wahl

$$\hat{\sigma}_1 = \begin{pmatrix} 0 & 1 \\ 1 & 0 \end{pmatrix}, \quad \hat{\sigma}_2 = \begin{pmatrix} 0 & -i \\ i & 0 \end{pmatrix}, \quad \hat{\sigma}_3 = \begin{pmatrix} 1 & 0 \\ 0 & -1 \end{pmatrix}, \quad \hat{\mathbf{1}} = \begin{pmatrix} 1 & 0 \\ 0 & 1 \end{pmatrix}, \tag{22.3.22}$$

wobei $\hat{\sigma}_j$, $j = 1,\ldots,3$ die in Abschnitt 16.5 eingeführten *Pauli-Matrizen* bezeichnen. Sie genügen den Beziehungen

$$\hat{\sigma}_j^\dagger = \hat{\sigma}_j, \quad \text{(a)} \qquad \mathrm{Sp}\, \hat{\sigma}_j = 0, \quad \text{(b)} \tag{22.3.23}$$

und weiter

$$\hat{\sigma}_j \hat{\sigma}_k = i \hat{\sigma}_l, \quad \text{(a)} \qquad [\hat{\sigma}_j, \hat{\sigma}_k] = 2i\epsilon_{jkl} \hat{\sigma}_l, \quad \text{(b)} \qquad [\hat{\sigma}_j, \hat{\sigma}_k]_+ = 2\delta_{jk}. \quad \text{(c)} \tag{22.3.24}$$

Wenden wir uns nun der Gruppe $SU(2)$ zu. Hier können als Generatoren $2^2 - 1 = 3$ linear unabhängige hermitesche Matrizen mit verschwindender Spur Verwendung finden. Aus (22.3.23) erkennt man, daß die drei Pauli-Matrizen diesen Forderungen genügen. Üblicherweise werden jedoch nicht die Pauli-Matrizen, sondern die Matrizen

$$\hat{S}_j := \frac{1}{2}\hat{\sigma}_j, \quad j = 1, \ldots, 3 \tag{22.3.25}$$

verwendet. Damit nehmen die Kommutationsrelationen eine besonders einfache Gestalt an. Man erhält aus (22.3.24)

$$\hat{S}_j \hat{S}_k = 2i \hat{S}_l, \quad \text{(a)} \qquad [\hat{S}_j, \hat{S}_k] = i\epsilon_{jkl}\hat{S}_l, \quad \text{(b)} \qquad [\hat{S}_j, \hat{S}_k]_+ = \frac{1}{2}\delta_{jk}. \quad \text{(c)} \tag{22.3.26}$$

Wegen (22.3.27b) sind die Strukturkonstanten der Gruppe $SU(2)$ in der obigen Darstellung durch

$$C_{jkl} = i\epsilon_{jkl} \tag{22.3.27}$$

festgelegt.

Der Rang l der $SU(2)$ ist durch $l = 2 - 1 = 1$ gegeben, es existiert also nur ein einziger Casimir-Operator:

$$\hat{C}_1 = \sum_{j=1}^{3} \hat{S}_j{}^2 = \frac{3}{4}\hat{\mathbf{1}}. \tag{22.3.28}$$

Wir betrachten nun die Gruppe $SU(3)$. Als Generatoren benötigen wir $3^2 - 1 = 8$ linear unabhängige, spurlose hermitesche Matrizen. Dafür können beispielsweise die *Gell-Mann-Matrizen* λ_j, $j = 1, \ldots, 8$ verwendet werden:

$$\hat{\lambda}_1 = \begin{pmatrix} 0 & 1 & 0 \\ 1 & 0 & 0 \\ 0 & 0 & 0 \end{pmatrix}, \quad \hat{\lambda}_2 = \begin{pmatrix} 0 & -i & 0 \\ i & 0 & 0 \\ 0 & 0 & 0 \end{pmatrix}, \quad \hat{\lambda}_3 = \begin{pmatrix} 1 & 0 & 0 \\ 0 & -1 & 0 \\ 0 & 0 & 0 \end{pmatrix},$$

$$\hat{\lambda}_4 = \begin{pmatrix} 0 & 0 & 1 \\ 0 & 0 & 0 \\ 1 & 0 & 0 \end{pmatrix}, \quad \hat{\lambda}_5 = \begin{pmatrix} 0 & 0 & -i \\ 0 & 0 & 0 \\ i & 0 & 0 \end{pmatrix}, \quad \hat{\lambda}_6 = \begin{pmatrix} 0 & 0 & 0 \\ 0 & 0 & 1 \\ 0 & 1 & 0 \end{pmatrix}, \tag{22.3.29}$$

$$\hat{\lambda}_7 = \begin{pmatrix} 0 & 0 & 0 \\ 0 & 0 & -i \\ 0 & i & 0 \end{pmatrix}, \quad \hat{\lambda}_8 = \frac{1}{\sqrt{3}}\begin{pmatrix} 1 & 0 & 0 \\ 0 & 1 & 0 \\ 0 & 0 & -2 \end{pmatrix}.$$

Sie genügen den Relationen

$$\hat{\lambda}_j^\dagger = \hat{\lambda}_j, \quad \text{(a)} \qquad \operatorname{Sp} \hat{\lambda}_j = 0, \quad \text{(b)} \tag{22.3.30}$$

$$[\hat{\lambda}_j, \hat{\lambda}_k] = 2i f_{jkl}\hat{\lambda}_l, \quad \text{(a)} \qquad [\hat{\lambda}_j, \hat{\lambda}_k]_+ = 2d_{jkl}\hat{\lambda}_l + \frac{4}{3}\delta_{jk}\hat{\mathbf{1}}. \quad \text{(b)} \tag{22.3.31}$$

Dabei sind die Koeffizienten f_{jkl} total antisymmetrisch

$$f_{jkl} = -f_{kjl} = -f_{jlk}, \tag{22.3.32}$$

die Koeffizienten d_{jkl} hingegen total symmetrisch

$$d_{jkl} = d_{kjl} = d_{jlk}. \tag{22.3.33}$$

Die nichtverschwindenden unabhängigen Werte von f_{jkl} und d_{jkl} sind in der folgenden Tabelle angeführt:

ijk	123	147	156	246	257	345	367	458	678
f_{ijk}	1	$\frac{1}{2}$	$-\frac{1}{2}$	$\frac{1}{2}$	$\frac{1}{2}$	$\frac{1}{2}$	$-\frac{1}{2}$	$\frac{\sqrt{3}}{2}$	$\frac{\sqrt{3}}{2}$
ijk	118	146	157	228	247	256	338	344	355
d_{ijk}	$\frac{1}{\sqrt{3}}$	$\frac{1}{2}$	$\frac{1}{2}$	$\frac{1}{\sqrt{3}}$	$-\frac{1}{2}$	$\frac{1}{2}$	$\frac{1}{\sqrt{3}}$	$\frac{1}{2}$	$\frac{1}{2}$
ijk	366	377	448	558	668	778	888		
d_{ijk}	$-\frac{1}{2}$	$-\frac{1}{2}$	$-\frac{1}{2\sqrt{3}}$	$-\frac{1}{2\sqrt{3}}$	$-\frac{1}{2\sqrt{3}}$	$-\frac{1}{2\sqrt{3}}$	$-\frac{1}{\sqrt{3}}$		

Es ist üblich, als Generatoren der $SU(3)$ die Matrizen

$$\hat{F}_j := \frac{1}{2}\hat{\lambda}_j, \quad j = 1,\ldots,8 \tag{22.3.34}$$

zu verwenden. In diesem Fall besitzen die Kommutations- und Antikommutationsrelationen (22.3.31) die Gestalt

$$[\hat{F}_j,\hat{F}_k] = i f_{jkl}\hat{F}_l, \quad \text{(a)} \qquad [\hat{F}_j,\hat{F}_k]_+ = d_{jkl}\hat{F}_l + \frac{1}{3}\delta_{jk}\hat{\mathbf{1}}. \quad \text{(b)} \tag{22.3.35}$$

In dieser Darstellung sind die Strukturkonstanten der $SU(3)$ durch

$$C_{jkl} = i f_{jkl} \tag{22.3.36}$$

gegeben.

Der Rang l der $SU(3)$ beträgt $l = 3 - 1 = 2$, es existieren zwei Casimir-Operatoren. Sie lassen sich mit Hilfe der Koeffizienten f_{jkl} und d_{jkl} in der Form

$$\begin{aligned} \hat{C}_1 &= \sum_{j=1}^{8} \hat{F}_j{}^2 = -\frac{2i}{3}\sum_{j,k,l} f_{jkl}\hat{F}_j\hat{F}_k\hat{F}_l, && \text{(a)} \\ \hat{C}_2 &= \sum_{j,k,l} d_{jkl}\hat{F}_j\hat{F}_k\hat{F}_l && \text{(b)} \end{aligned} \tag{22.3.37}$$

schreiben. Für die Gruppen $SU(2)$ und $SU(3)$ können also alle Casimir-Operatoren konstruiert werden, während dies im allgemeinen Fall nicht möglich ist.

22.4 Die Isospin-Gruppe

22.4.1 Das Nukleonenfeld

Die beiden Baryonen Proton p und Neutron n sind sich in vieler Hinsicht sehr ähnlich: sie besitzen denselben Spin und eine beinahe gleiche Masse, aber eine unterschiedliche Ladung. Da sich die geringe Massendifferenz auf die unterschiedliche elektromagnetische Wechselwirkung von p und n zurückführen läßt, verhalten sich p und n hinsichtlich der starken Wechselwirkung gleichartig. Diese Ähnlichkeit ließ in den dreißiger Jahren die Vermutung aufkommen, daß sich Proton und Neutron als zwei Zustände eines einzigen Teilchens - des *Nukleons* - auffassen lassen. Die folgende Beschreibung des Nukleonenfeldes wird uns zur Isospin-$SU(2)$ führen, eine in der Teilchenphysik fundamental wichtige Gruppe.

Da Proton und Neutron den Spin $1/2$ haben, werden sie in der nichtrelativistischen Quantenmechanik durch je einen Zweierspinor $\phi_p(\boldsymbol{x},t,s)$ bzw. $\phi_n(\boldsymbol{x},t,s)$ beschrieben. Für die Wellenfunktion des Nukleons setzen wir zunächst formal den zweikomponentigen Spaltenvektor

$$\psi := \begin{pmatrix} \phi_1(\boldsymbol{x},t,s) \\ \phi_2(\boldsymbol{x},t,s) \end{pmatrix} \tag{22.4.1}$$

an. Dabei ist zu beachten, daß jede der beiden Komponenten dieses Spaltenvektors ihrerseits zwei Komponenten aufweist. Bei einer nichtrelativistischen Beschreibung besitzt das Nukleonenfeld ψ also insgesamt vier Komponenten. $|\phi_1|^2$ definiert die Wahrscheinlichkeitsdichte für ein Proton, zur Zeit t am Ort $\boldsymbol{x}$ lokalisiert zu werden. $|\phi_2|^2$ übernimmt dieselbe Rolle für das Neutron. Die Nukleonenzustände „Proton" und „Neutron" lassen sich daher mit Hilfe des Nukleonenfeldes in der Form

$$\psi_p = \begin{pmatrix} \phi_1(\boldsymbol{x},t,s) \\ 0 \end{pmatrix}, \quad \text{(a)} \qquad \psi_n = \begin{pmatrix} 0 \\ \phi_2(\boldsymbol{x},t,s) \end{pmatrix} \quad \text{(b)} \tag{22.4.2}$$

schreiben. Wir fragen uns nun, wie ein definierter Protonenzustand in einen gleichartigen Neutronenzustand übergeführt werden kann, bzw. umgekehrt. Mathematisch stellt sich dabei das Problem, eine Transformationsmatrix $\hat{T}$ mit der Eigenschaft

$$\begin{pmatrix} 0 \\ \phi(\boldsymbol{x},t,s) \end{pmatrix} = \hat{T} \begin{pmatrix} \phi(\boldsymbol{x},t,s) \\ 0 \end{pmatrix} \tag{22.4.3}$$

zu finden. Die Lösung gelingt mit Hilfe der Pauli-Matrizen (22.3.23). Man überprüft sofort die Gültigkeit der Beziehungen

$$\hat{\sigma}_1\psi_p = \psi_n, \quad \text{(a)} \qquad \hat{\sigma}_2\psi_p = i\psi_n, \quad \text{(b)} \qquad \hat{\sigma}_3\psi_p = \psi_p, \quad \text{(c)} \tag{22.4.4}$$

$$\hat{\sigma}_1\psi_n = \psi_p, \quad \text{(a)} \qquad \hat{\sigma}_2\psi_n = -i\psi_p, \quad \text{(b)} \qquad \hat{\sigma}_3\psi_n = -\psi_n. \quad \text{(c)} \tag{22.4.5}$$

Die Anwendung von $\hat{\sigma}_1$ und $\hat{\sigma}_2$ bewirkt also einen Übergang vom Protonenzustand zum Neutronenzustand und umgekehrt. Im Unterschied dazu bewirkt die Anwendung von $\hat{\sigma}_3$ keine Identitätsänderung, aber sie kann zur Klassifizierung der Zustände benützt werden: ψ_p ist Eigenvektor der Matrix $\hat{\sigma}_3$ zum Eigenwert $+1$, ψ_n ist Eigenvektor der Matrix zum Eigenwert -1, d.h. die beiden Zustände Proton/Neutron können durch die beiden Eigenwerte der Matrix $\hat{\sigma}_3$ charakterisiert werden.

Wir führen nun die Operatoren

$$\hat{T}_j := \frac{1}{2}\hat{\sigma}_j, \quad j = 1,\ldots,3 \tag{22.4.6}$$

ein. Damit gehen die Beziehungen (22.3.23) in

$$\hat{T}_j\hat{T}_k = \frac{i}{2}\hat{T}_l, \quad \text{(a)} \qquad [\hat{T}_j,\hat{T}_k]_+ = \frac{1}{2}\delta_{jk}, \quad \text{(b)} \qquad [\hat{T}_j,\hat{T}_k] = i\epsilon_{jkl}\hat{T}_l \quad \text{(c)} \tag{22.4.7}$$

über, wobei die Indizes j,k,l zyklisch variieren. Die Operatoren $\hat{T}_j$ genügen also denselben Relationen, wie die Spinoperatoren $\hat{S}_j = \frac{1}{2}\hat{\sigma}_j$.

22.4.2 Isospin-$SU(2)$, Isospinor und Isovektor

Die Gleichung (22.4.7c) definiert eine Lie-Algebra mit den Strukturkonstanten

$$C_{jkl} = i\epsilon_{jkl}. \tag{22.4.8}$$

Die Operatoren $\hat{T}_j$ sind die Generatoren einer Gruppe, die wir zur Unterscheidung von der Spin-$SU(2)$ als *Isospin-$SU(2)$* bezeichnen wollen. Im Unterschied zur Spin-$SU(2)$ wird hier nicht im dreidimensionalen Ortsraum, sondern in einem abstrakten dreidimensionalen Raum - dem *Isospinraum* - operiert. Die durch die Generatoren $\hat{T}_j$ definierten Gruppenelemente $\hat{U}(\boldsymbol{\alpha})$ beschreiben „Drehungen" im Isospinraum:

$$\hat{U}(\boldsymbol{\alpha}) = \mathrm{e}^{i\sum_{j=1}^{3}\alpha_j\hat{T}_j} = \mathrm{e}^{-\frac{i}{2}\sum_{j=1}^{3}\alpha_j\hat{\sigma}_j}. \tag{22.4.9}$$

Das Nukleonenfeld ψ repräsentiert einen zweikomponentigen *Iso-Spinor* im dreidimensionalen Isospinraum, denn es gilt

$$\psi' = \begin{pmatrix} \phi_1'(\boldsymbol{x},t,s) \\ \phi_2'(\boldsymbol{x},t,s) \end{pmatrix} = \hat{U}(\boldsymbol{\alpha}) \begin{pmatrix} \phi_1(\boldsymbol{x},t,s) \\ \phi_2(\boldsymbol{x},t,s) \end{pmatrix}, \tag{22.4.10}$$

mit der unitären Transformationsmatrix aus (22.4.9). Die Isospin-$SU(2)$ ist *isomorph* zur Spin-$SU(2)$, die Gruppen besitzen dieselbe Struktur.

Bei den bisherigen Überlegungen haben wir uns im nichtrelativistischen Rahmen bewegt: Proton und Neutron wurden vor ihrer „Verschmelzung" im Nukleonenfeld durch Zweierspinoren $\phi(\boldsymbol{x},t,s)$ beschrieben. Bei einer relativistischen Theorie bleibt alles früher Gesagte aufrecht, wenn die Zweier-Spinoren durch Dirac-Spinoren ersetzt werden. Das Nukleonenfeld ψ ist wiederum ein Zweier-Spinor im Isospinraum, dessen beide Komponenten nun jedoch vierkomponentige Dirac-Spinoren sind. In relativistischen Theorien wird das Nukleonenfeld also tatsächlich durch acht Komponenten beschrieben.

Die Struktur des Zweier-Spinors ψ im Isospinraum resultierte aus der Vorgabe zweier Teilchen, die als zwei Zustände eines einzigen, fundamentaleren Teilchens aufgefaßt wurden. Dieses Konzept kann natürlich verallgemeinert werden, d.h. man kann formal einen n-komponentigen Isospinor zur Beschreibung n wechselwirkender Teilchen einführen, wobei man in der Folge natürlich auf kompliziertere Gruppen geführt wird. Wir werden darauf im Rahmen der speziellen Eichfeldtheorien näher eingehen.

22.4.3 Die Quantenzahlen T, T_3, Q, Y, B, S, Λ

Die Isospin-$SU(2)$ hat den Rang 1. Somit liefert die Isospin-Symmetrie 2 Quantenzahlen. Die eine Quantenzahl wird durch einen Generator, die zweite durch den einzigen existierenden Casimir-Operator geliefert. Als kommutierender Generator wird $\hat{T}_3$ mit der Quantenzahl T_3 gewählt. Aus den Eigenwerten $+1$ für $\hat{\sigma}_3$ folgen für T_3 die Werte

$$T_3 = \pm\frac{1}{2}. \tag{22.4.11}$$

Der Casimir-Operator der Isospin-$SU(2)$ ist durch

$$\hat{C}_1 = \hat{T}_1{}^2 + \hat{T}_2{}^2 + \hat{T}_3{}^2 := \hat{T}^2 \tag{22.4.12}$$

gegeben. Die zugehörige Quantenzahl bezeichnen wir mit T.

Wir haben schon früher darauf hingewiesen, daß Teilchen durch Multipletts einer Symmetriegruppe charakterisiert werden können. Dies wird am Beispiel des Nukleonenfeldes deutlich: die Quantenzahlen T und T_3 charakterisieren ein Multiplett mit 2 Zuständen. Da es durch eine Isospin-Symmetrie erzeugt wurde, bezeichnet man es als *Iso-Dublett.* Ein Nukleon wird also durch ein Iso-Dublett beschrieben.

Ähnlich der obigen Vorgangsweise können auch die Pionen Π^+, Π^-, Π^0 als Zustände eines fundamentaleren Teilchens interpretiert werden. Die Wellenfunktion dieses Pions kann formal in der Gestalt

$$\psi = \begin{pmatrix} \phi_{\Pi^+} \\ \phi_{\Pi^0} \\ \phi_{\Pi^-} \end{pmatrix} \tag{22.4.13}$$

geschrieben werden. Da die Pionen spinlose Teilchen sind, stellen die Wellenfunktionen ϕ_{Π^+}, ϕ_{Π^0}, ϕ_{Π^-} pseudo-skalare Funktionen dar. Im Unterschied zum Nukleonenfeld repräsentiert das Pionenfeld ψ einen *Isovektor* im Isospinraum. Hier existieren drei Eigenwerte für $\hat{T}_3$: $T_3 = -1, 0, +1$. Die Pionen stellen also ein *Iso-Triplett* dar.

Nach dieser Abschweifung kehren wir wieder zum Nukleon zurück, dem wir den Ladungsoperator $\hat{Q}$ mit der Quantenzahl Q zuordnen wollen. Der Eigenwert von $e\hat{Q}$ soll für das Proton $+e$, und für das Neutron 0 sein. Dies wird durch die Festlegung

$$e\hat{Q} = e\left(\hat{T}_3 + \frac{1}{2}\hat{\mathbf{1}}\right) \tag{22.4.14}$$

ermöglicht. Für die Pionen gilt dagegen

$$e\hat{Q} = e\hat{T}_3. \tag{22.4.15}$$

Mit Hilfe der *Hyperladung* Y lassen sich diese beiden Beziehungen vereinen:

$$e\hat{Q} = e\left(\hat{T}_3 + \frac{1}{2}\hat{Y}\right). \tag{22.4.16}$$

Dies ist die *Gell-Mann-Nishijima-Relation.* Dabei ist

$$Y = \begin{cases} 1, \text{ für Nukleonen} \\ 0, \text{ für Pionen.} \end{cases} \tag{22.4.17}$$

Die Hyperladung läßt sich durch zwei weitere wichtige Quantenzahlen ausdrücken: die *Baryonenzahl* B und die *Strangeness* S. Dabei ist B durch

$$B = \begin{cases} +1, \text{ für alle Baryonen} \\ -1, \text{ für alle Antibaryonen} \\ 0, \text{ sonst} \end{cases} \tag{22.4.18}$$

festgelegt. Der angesprochene Zusammenhang lautet

$$Y = B + S. \tag{22.4.19}$$

Eine weitere wichtige Quantenzahl ist die *Helizität* Λ. Sie ist Eigenwert des Helizitätsoperators

$$\hat{\Lambda} = \frac{\hat{\boldsymbol{S}} \cdot \hat{\boldsymbol{p}}}{|\boldsymbol{p}|}, \tag{22.4.20}$$

und beschreibt die Projektion des Spins in Richtung der Impulsachse. Im Rahmen der Quarktheorie werden wir noch die Quantenzahlen „Flavour" und „Farbe" kennenlernen.

22.5 Modell einer Eichfeldtheorie

In den vergangenen Jahrzehnten waren die Physiker bemüht, die schwache und die starke Wechselwirkung durch renormierbare Quantenfeldtheorien zu beschreiben. Die Lösung dieser diffizilen Problematik bestand in der Verwendung geeigneter Symmetrien - sogenannter *Eichsymmetrien* - im Zusammenhang mit dem Isospin-Konzept. Als Ergebnis dieser Beschreibung besitzen wir heute die experimentell glänzend bestätigte *GSW-Theorie* (Standard-Modell), und die (experimentell noch in verhältnismäßig geringem Maße abgesicherte) *Quantenchromodynamik* (QCD), sowie verschiedene Modelle von *GUT's*. Im vorliegenden Abschnitt wollen wir weitgehend unabhängig von physikalischen Fragestellungen kurz auf die mathematische Struktur von Eichfeldtheorien eingehen.

22.5.1 QED-Eichsymmetrie und Verallgemeinerungsmöglichkeiten

Zunächst sei an die Verhältnisse in der QED erinnert. Hier wird die Elektron-Photon-Wechselwirkung durch die beiden Lagrangedichten

$$L_f = -\frac{1}{4}F_{\mu\nu}F^{\mu\nu}, \quad \text{(a)} \qquad L_w = \bar{\psi}(p_\mu - eA_\mu)\gamma^\mu\psi, \quad \text{(b)} \tag{22.5.1}$$

mit

$$F_{\mu\nu} = \partial_\mu A_\nu - \partial_\nu A_\mu \tag{22.5.2}$$

beschrieben. Dabei bezeichnet L_f die freie Lagrange-Dichte des Photonenfeldes und L_w die Wechselwirkung von Photon und Elektron. Bekanntlich ist die gesamte Lagrange-Dichte invariant gegenüber den Eichtransformationen

$$A_\mu \to A'_\mu = A_\mu - \theta_{,\mu}, \quad \text{(a)} \qquad \psi \to \psi' = \mathrm{e}^{ie\theta}. \quad \text{(b)} \tag{22.5.3}$$

Bei den Feldern $A_\mu(x)$, $F_{\mu\nu}(x)$ und $\theta(x)$ handelt es sich natürlich um operatorwertige Felder. Wir verzichten hier allerdings bewußt auf die Kennung durch das Operatorsymbol „ˆ", da wir dieses Symbol in Kürze in anderem Zusammenhang benötigen werden.

Für die QED existiert also eine *Eichsymmetrie*, sie repräsentiert eine Eichfeldtheorie. Weiter wissen wir, daß die QED renormierbar ist. Dabei zeigt sich, daß die Existenz der Eichsymmetrie für die Renormierbarkeit der Theorie verantwortlich ist. In diesem Zusammenhang stellen sich nun zwei Fragen:

i) Können komplexer strukturierte Quantenfeldtheorien mit Eichsymmetrien in Anlehnung an die QED konstruiert werden?
ii) Sind derartige Quantenfeldtheorien renormierbar?

Beide Fragen können positiv beantwortet werden. Um sich diesem Problemkreis zu nähern, muß zunächst einmal erklärt werden, was man unter einer komplexer strukturierten Quantenfeldtheorie versteht. Dazu erinnern wir an die Ergebnisse von Abschnitt 22.4: Gewisse Elementarteilchen können bezüglich gewisser Wechselwirkungen als verschiedene Zustände eines fundamentaleren Teilchens angesehen werden, dessen Wellenfunktion durch einen Isospinor oder Isovektor im abstrakten Isospinraum beschrieben wird. Bei einer derartigen Feldtheorie werden daher nicht nur Raum-Zeit-Tensoren und Raum-Zeit-Spinoren auftreten, sondern alle diese Größen werden gleichzeitig noch Vektoren oder Spinoren in einem Isospinraum sein. Die Dimension dieses Raumes wird dabei von der Anzahl der Teilchen abhängen.

Wir wollen also zunächst in enger Anlehnung an die Lagrangedichten (22.5.1) und die Eichtransformationen (22.5.3) eine eichinvariante Theorie aufbauen, wobei wir $A_\mu(x)$, $F_{\mu\nu}(x)$ und den „Eichwinkel“ $\theta(x)$ zu matrixwertigen $n \times n$-Operatorfeldern $\hat{A}_\mu(x)$, $\hat{F}_{\mu\nu}(x)$ und $\hat{\theta}(x)$ verallgemeinern. Mit Hilfe von fest gewählten, linear unabhängigen Basismatrizen $\hat{T}_j$ gilt dann

$$\hat{A}_\mu(x) := \sum_{j=1}^{n} A_\mu^j(x)\hat{T}_j, \quad \hat{F}_{\mu\nu}(x) := \sum_{j=1}^{n} F_{\mu\nu}^j(x)\hat{T}_j, \quad \hat{\theta}(x) := \sum_{j=1}^{n} \theta^j(x)\hat{T}_j. \tag{22.5.4}$$

Wir können dies auch in der Gestalt

$$\hat{A}_\mu = \vec{A}_\mu \cdot \hat{\vec{T}}, \qquad \hat{F}_{\mu\nu} = \vec{F}_{\mu\nu} \cdot \hat{\vec{T}}, \qquad \hat{\theta} = \vec{\theta} \cdot \hat{\vec{T}} \tag{22.5.4'}$$

schreiben. $\hat{\psi}$ stellt hingegen bei allen praktisch auftretenden Fällen einen aus Dirac-Spinoren gebildeten Spaltenvektor dar, repräsentiert also keine Matrix. Mit

$$\hat{U} := \mathrm{e}^{ig\hat{\theta}} = \mathrm{e}^{ig\vec{\theta}\cdot\hat{\vec{T}}} = \mathrm{e}^{ig\sum_{j=1}^{n}\theta^j(x)\hat{T}_j} \tag{22.5.5}$$

tranformiert er sich gemäß

$$\psi \to \psi' = \hat{U}\psi, \quad \text{(a)} \qquad \psi' \to \psi = \psi'\hat{U}^{-1}. \quad \text{(b)} \tag{22.5.6}$$

Man erkennt, daß die $n \times n$-Basismatrizen $\hat{T}_j$ als Generatoren einer die *Eichgruppe* beschreibenden Lie-Algebra aufgefaßt werden können. Die in der theoretischen Physik bedeutsamen Fälle sind durch Drehungen des Isospinraumes charakterisiert, d.h. die Eichgruppe wird eine Untergruppe der $U(n)$ sein. Daher können wir für alles Weitere die Generatoren $\hat{T}_j$ als hermitesch annehmen

$$\hat{T}_j^\dagger = \hat{T}_j. \tag{22.5.7}$$

Die physikalische Bedeutung der verallgemeinerten Felder wollen wir zunächst offenlassen. Es gibt auch keinen Grund, den Zusammenhang (22.5.2) zwischen $F_{\mu\nu}$ und A_μ für die matrixwertigen Felder $\hat{F}_{\mu\nu}$ und $\hat{A}_\mu$ zu postulieren. Mathematisch gesehen stellen $\hat{A}_\mu$, $\hat{F}_{\mu\nu}$ und $\hat{\theta}$ „Vektoren“ im Isospinraum dar. Ihre Komponenten sind $A_\mu^j(x)$, $F_{\mu\nu}^j(x)$ und $\theta^j(x)$. Jede dieser „Vektorkomponenten“ repräsentiert jedoch in der Raum-Zeit eine unterschiedlich strukturierte Größe: jede einzelne Isospinraum-Vektorkomponente $A_\mu^j(x)$ stellt in der Raum-Zeit einen Vierervektor dar. Jede Isospinraum-Vektorkomponente $F_{\mu\nu}^j(x)$ stellt in der Raum-Zeit ein Tensorfeld zweiter Stufe dar. Und schließlich repräsentiert jede Isospinraum-Vektorkomponente $\theta^j(x)$ in der Raum-Zeit ein Skalarfeld. Die Bezeichnung „Isospinraum-Vektoren“ ist allerdings mit Vorsicht zu genießen. Sie bezieht sich ausschließlich auf die einfache Indizierung der Komponenten im Isospinraum, aber nicht auf das Transformationsverhalten dieser Größen. Ob es sich tatsächlich um Größen handelt, die bei einer unitären Transformation des Isospinraumes ein einheitliches, invariantes Transformationsverhalten zeigen, ist zur Zeit völlig offen.

Wir wollen nun eine zu (22.5.1) formal gleichartig strukturierte Lagrangedichte aufbauen, und anschließend versuchen, eine zu (22.5.3) analoge Eichsymmetrie und einen zu (22.5.2) analogen Zusammenhang zwischen den Feldern derart zu definieren, daß diese Lagrangedichte eichinvariant ist. Dabei verstehen wir unter Eichinvarianz die Invarianz der Lagrangedichte bezüglich unitärer Transformationen (Drehungen) im Isospinraum.

Die folgenden Abschnitte werden zeigen, daß derartige Feldtheorien tatsächlich konstruiert werden können.

22.5.2 Transformation der Eichfelder und eichinvariante Ableitung

Als Verallgemeinerung von (22.5.1) betrachten wir die Lagrangedichte

$$L = -\frac{1}{2}\mathrm{Sp}\left\{\hat{F}_{\mu\nu}\hat{F}^{\mu\nu}\right\} + i\bar{\hat{\psi}}\gamma^{\mu}\left(\partial_{\mu} - ig\hat{A}_{\mu}\right)\hat{\psi}. \tag{22.5.8}$$

Dabei haben wir natürliche Einheiten verwendet, und die in der QED maßgebliche Kopplungskonstante e durch eine allgemeine Kopplungskonstante g ersetzt. Weiter mußte wegen des Matrixcharakters von $\hat{F}_{\mu\nu}$ die Spurbildung durchgeführt werden. Um die gegenüber (22.5.1) abweichende Wahl des Faktors $1/2$ im ersten Term zu verstehen, beachten wir die Gültigkeit von

$$-\frac{1}{2}\mathrm{Sp}\left\{\hat{F}_{\mu\nu}\hat{F}^{\mu\nu}\right\} = -\frac{1}{2}\mathrm{Sp}\left\{\left(\vec{F}_{\mu\nu}\cdot\hat{\vec{T}}\right)\left(\vec{F}^{\mu\nu}\cdot\hat{\vec{T}}\right)\right\} = -\frac{1}{2}F^{i}_{\mu\nu}F^{\mu\nu j}\,\mathrm{Sp}\left\{\hat{T}_i\hat{T}_j\right\}.$$

Wegen

$$\mathrm{Sp}\left\{\hat{T}_i\hat{T}_j\right\} = \frac{1}{2}\delta_{ij}$$

folgt dann

$$-\frac{1}{2}\mathrm{Sp}\left\{\hat{F}_{\mu\nu}\hat{F}^{\mu\nu}\right\} = -\frac{1}{4}\vec{F}_{\mu\nu}\cdot\vec{F}^{\mu\nu}. \tag{22.5.9}$$

Die Auflösung der Spurbildung führt wegen des Vorfaktors $1/2$ also auf den in der QED üblichen Vorfaktor $1/4$.

Für das Studium der Eichinvarianz von L beachten wir, daß wir gegenwärtig weder etwas über das Transformationsverhalten von $\hat{A}_{\mu}$ noch über jenes von $\hat{F}_{\mu\nu}$ wissen. Wir können nur das Transformationsgesetz (22.5.6) für den Isospinor $\hat{\psi}$ voraussetzen. Es empfiehlt sich nun, die Eichinvarianz der Lagrangedichte in zwei Schritten festzulegen. Dazu zerlegen wir (22.5.8) als

$$L = L_1 + L_2,$$

mit

$$L_1 = -\frac{1}{4}\vec{F}_{\mu\nu}\cdot\vec{F}^{\mu\nu}, \quad \text{(a)} \qquad L_2 = i\bar{\hat{\psi}}\gamma^{\mu}\left(\partial_{\mu} - ig\hat{A}_{\mu}\right)\hat{\psi}. \tag{22.5.10}$$

Im ersten Schritt versuchen wir, aus der Forderung der Eichinvarianz von L_2 eine Aussage über das Tranformationsverhalten der Größe $\hat{A}_{\mu}$ im Isospinraum zu erhalten. Im zweiten Schritt sollte die Forderung der Eichinvarianz von L_1 auf einen geeigneten Zusammenhang zwischen den Feldern $\hat{F}_{\mu\nu}$ und $\hat{A}_{\mu}$ führen. Damit wären die Verallgemeinerungen zu (22.5.1b) und (22.5.2a) konstruiert, und die Eichinvarianz der gesamten Lagrangedichte sichergestellt. Die folgenden Ausführungen werden zeigen, daß dieser Ansatz praktisch durchführbar ist.

Für die separate Eichinvarianz von L_2 muß gelten

$$L_2 = i\bar{\hat{\psi}}\gamma^{\mu}\partial_{\mu}\hat{\psi} + g\bar{\hat{\psi}}\gamma^{\mu}\hat{A}_{\mu}\hat{\psi} = L_2' = i\bar{\hat{\psi}}'\gamma^{\mu}\partial_{\mu}\hat{\psi}' + g\bar{\hat{\psi}}'\gamma^{\mu}\hat{A}_{\mu}'\hat{\psi}'. \tag{22.5.11}$$

Nun folgt durch Einfügen von $I = \hat{U}^{-1}\hat{U}$ auf der linken Seite der Gleichung bei Beachtung von (22.5.6b)

$$\begin{aligned} L_2 &= i\bar{\hat{\psi}}\hat{U}^{-1}\hat{U}\gamma^{\mu}\partial_{\mu}\hat{U}^{-1}\hat{U}\hat{\psi} + g\bar{\hat{\psi}}\hat{U}^{-1}\hat{U}\gamma^{\mu}\hat{A}_{\mu}\hat{U}^{-1}\hat{U}\hat{\psi} = \\ &= i\bar{\hat{\psi}}'\hat{U}\gamma^{\mu}\partial_{\mu}\hat{U}^{-1}\hat{\psi}' + g\bar{\hat{\psi}}'\hat{U}\gamma^{\mu}\hat{A}_{\mu}\hat{U}^{-1}\hat{\psi}' = \\ &= i\bar{\hat{\psi}}'\gamma^{\mu}\hat{U}\partial_{\mu}\hat{U}^{-1}\hat{\psi}' + g\bar{\hat{\psi}}'\gamma^{\mu}\hat{U}\hat{A}_{\mu}\hat{U}^{-1}\hat{\psi}', \end{aligned}$$

wobei wir im letzten Schritt die Vertauschbarkeit von $\hat{U}$ mit γ^μ beachtet haben, da U nur im Isospinraum operiert. Wegen

$$\partial_\mu \hat{U}^{-1}\hat{\psi}' = \hat{U}^{-1}\partial_\mu \hat{\psi}' + \left(\partial_\mu \hat{U}^{-1}\right)\hat{\psi}'$$

folgt weiter

$$\begin{aligned} L_2 &= i\bar{\hat{\psi}}'\gamma^\mu \partial_\mu \hat{\psi}' + i\bar{\hat{\psi}}'\gamma^\mu \left(\hat{U}\left(\partial_\mu \hat{U}^{-1}\right)\right)\hat{\psi}' + g\bar{\hat{\psi}}'\gamma^\mu \hat{U}\hat{A}'_\mu \hat{U}^{-1}\hat{\psi}' = \\ &= i\bar{\hat{\psi}}'\gamma^\mu \partial_\mu \hat{\psi}' + g\bar{\hat{\psi}}'\gamma^\mu \left\{\hat{U}\hat{A}_\mu \hat{U}^{-1} + \frac{i}{g}\hat{U}\left(\partial_\mu \hat{U}^{-1}\right)\right\}\hat{\psi}'. \end{aligned} \tag{22.5.12}$$

Gleichsetzen mit L_2' aus Gleichung (22.5.11) liefert schließlich das gesuchte Tranformationsverhalten von $\hat{A}_\mu$:

$$\hat{A}_\mu \to \hat{A}'_\mu = \hat{U}\hat{A}_\mu \hat{U}^{-1} + \frac{i}{g}\hat{U}\left(\partial_\mu \hat{U}^{-1}\right). \tag{22.5.13}$$

Der zweite Term existiert wegen der raum-zeitlichen Abhängigkeit des Eichwinkels $\theta^j(x)$, denn es gilt

$$\hat{U}^{-1} = \hat{U}^\dagger = \mathrm{e}^{-ig\sum_{j=1}^{n}\theta^j(x)\hat{T}_j^\dagger} = \mathrm{e}^{-ig\sum_{j=1}^{n}\theta^j(x)\hat{T}_j} = \mathrm{e}^{-ig\hat{\theta}}. \tag{22.5.14}$$

(22.5.13) ist das gesuchte Analogon zu (22.5.3a): Unterwirft man die Felder $\hat{A}_\mu$ der Eichtransformation (22.5.13), so ist L_2 invariant. aus (22.5.10b) erkennt man, daß L_2 auch in der Form

$$L_2 = i\bar{\hat{\psi}}\gamma^\mu \hat{D}_\mu \hat{\psi} \tag{22.5.15}$$

mit

$$\hat{D}_\mu = \partial_\mu - ig\hat{A}_\mu \tag{22.5.16}$$

geschrieben werden kann. $\hat{D}_\mu$ heißt *eichinvariante Ableitung*. Sie tranformiert sich gemäß

$$\hat{D}_\mu \to \hat{D}'_\mu = \hat{U}\hat{D}_\mu \hat{U}^{-1}. \tag{22.5.17}$$

22.5.3 Transformation des Feldstärketensoroperators $\hat{F}_{\mu\nu}$

Wir kommen nun zum zweiten Teil der Aufgabe: $\hat{F}_{\mu\nu}$ hat derart durch $\hat{A}_\mu$ festgelegt zu werden, daß L_1 und somit $L = L_1 + L_2$ eichinvariant ist. Es is naheliegend, eine Verallgemeinerung von (22.5.2) mit Hilfe der eichinvarianten Ableitung vorzunehmen. Daher versuchen wir unser Glück mit dem Ansatz

$$\hat{F}_{\mu\nu} = \hat{D}_\mu \hat{A}_\nu - \hat{D}_\nu \hat{A}_\mu. \tag{22.5.18}$$

Setzt man hier (22.5.16) ein, so erhält man

$$\hat{F}_{\mu\nu} = \partial_\mu \hat{A}_\nu - \partial_\nu \hat{A}_\mu - ig[\hat{A}_\mu, \hat{A}_\nu]. \tag{22.5.19}$$

Wir zeigen nun, daß bei diesem Ansatz der Term $\hat{F}_{\mu\nu}\hat{F}^{\mu\nu}$ tatsächlich eichinvariant ist. Dazu beachten wir die aus (22.5.17) folgende Beziehung

$$[\hat{D}'_\mu, \hat{D}'_\nu] = \hat{U}[\hat{D}_\mu, \hat{D}_\nu]\hat{U}^{-1}. \tag{22.5.20}$$

Einsetzen der Definitionsgleichung (22.5.16) liefert

$$\begin{aligned}[\hat{D}_\mu,\hat{D}_\nu] &= [\partial_\mu - ig\hat{A}_\mu,\partial_\nu - ig\hat{A}_\nu] = \\ &= [\partial_\mu,\partial_\nu] + \partial_\mu(-ig\hat{A}_\nu) - (-ig\hat{A}_\nu)\partial_\mu + (-ig\hat{A}_\mu)\partial_\nu \\ &\quad -\partial_\nu(-ig\hat{A}_\mu) + (-ig)^2[\hat{A}_\mu,\hat{A}_\nu] = \\ &= -ig\Big\{\partial_\mu\hat{A}_\nu - \partial_\nu\hat{A}_\mu - ig[\hat{A}_\mu,\hat{A}_\nu]\Big\}.\end{aligned} \tag{22.5.21}$$

Ein Vergleich mit (22.5.19) zeigt

$$\hat{F}_{\mu\nu} = \frac{i}{g}[\hat{D}_\mu,\hat{D}_\nu]. \tag{22.5.22}$$

Somit transformiert sich $\hat{F}_{\mu\nu}$ gemäß

$$\hat{F}_{\mu\nu} \to \hat{F}'_{\mu\nu} = \hat{U}\hat{F}_{\mu\nu}\hat{U}^{-1}, \tag{22.5.23}$$

womit die Invarianz von L_1 bewiesen ist.

Wir fassen zusammen: Die Lagrangedichten

$$\begin{aligned} L_1 &= -\frac{1}{2}\mathrm{Sp}\,\{\hat{F}_{\mu\nu}\hat{F}^{\mu\nu}\} = -\frac{1}{4}\vec{F}_{\mu\nu}\cdot\vec{F}^{\mu\nu}, && \text{(a)} \\ L_2 &= i\bar{\hat{\psi}}\gamma^\mu\Big(\partial_\mu - ig\hat{A}_\mu\Big)\hat{\psi} && \text{(b)}\end{aligned} \tag{22.5.24}$$

mit

$$\hat{F}_{\mu\nu} = \hat{D}_\mu\hat{A}_\nu - \hat{D}_\nu\hat{A}_\mu = \partial_\mu\hat{A}_\nu - \partial_\nu\hat{A}_\mu - ig[\hat{A}_\mu,\hat{A}_\nu] \tag{22.5.25}$$

sind invariant unter den Eichtransformationen

$$\begin{aligned} \hat{A}_\mu &\to \hat{A}'_\mu = \hat{U}\hat{A}_\mu\hat{U}^{-1} + \frac{i}{g}\hat{U}\Big(\partial_\mu\hat{U}^{-1}\Big), && \text{(a)} \\ \hat{\psi} &\to \hat{\psi}' = \hat{U}\hat{\psi}. && \text{(b)}\end{aligned} \tag{22.5.26}$$

Dabei repräsentiert $\hat{U}$ die Elemente einer durch die Generatoren $\hat{T}_j$, $j = 1,\dots,n$ festgelegten unitären Eichgruppe:

$$\hat{U} = \hat{U}(\vec{\theta}) = \mathrm{e}^{ig\hat{\theta}} = \mathrm{e}^{ig\vec{\theta}\cdot\hat{\vec{T}}} = \mathrm{e}^{ig\sum\limits_{j=1}^{n}\theta^j(x)\hat{T}_j}. \tag{22.5.27}$$

Dies ist der allgemeine Rahmen der modernen Eichfeldtheorien. Falls die Generatoren $\hat{T}_j$ kommutieren, spricht man von *abelschen Eichfeldtheorien*, ansonsten von *nichtabelschen Eichfeldtheorien*. Die Konzeption nichtabelscher Eichtheorien wurde 1954 von *C.N. Yang* und *R.L. Mills* im Zusammenhang mit der Beschreibung der schwachen Wechselwirkung von Pionen erstellt. Eine hier nicht durchgeführte Untersuchung zeigt, daß *alle nach dem obigen Rezept aufgebauten Theorien renormierbar sind.* Aus den Lagrangedichten (22.5.24) können in üblicher Weise Feldgleichungen und Feynman-Graphen hergeleitet werden. Eine Konkretisierung der allgemeinen Theorie erfordert eine Festlegung der Dimensionsverhältnisse und der Gruppenstruktur, sowie der Kopplungskonstanten g.

Abschließend wollen wir aus den allgemeinen Gleichungen (22.5.24) - (22.5.27) die Gleichungen der QED herleiten. Hier ist die zugrundeliegende Gruppe die $U(1)$, es gilt

$$\hat{U} = \mathrm{e}^{ig\hat{\theta}(x)}. \tag{22.5.28}$$

Die QED ist eine abelsche Eichfeldtheorie, da keine nichtkommutierenden Generatoren auftreten. Die Eichtransformation (22.5.3a) erhalten wir direkt aus (22.5.26a). Wegen

$$\partial_\mu \hat{U}^{-1} = \partial_\mu \hat{U}^\dagger = \partial_\mu \mathrm{e}^{-ig\theta(x)} = -ig\Big(\partial_\mu \theta(x)\Big)\hat{U}^{-1}$$

nimmt (22.5.26a) die Gestalt

$$\hat{A}'_\mu = \hat{A}_\mu - \partial_\mu \theta$$

an. In (22.5.25) verschwindet der Kommutator, womit die Lagrangedichte L aus (22.5.24) in jene der QED aus (22.5.1) übergeht.

Bisher haben wir ausschließlich die mathematische Struktur von Eichfeldtheorien skizziert, ohne auf die Verbindung zur physikalischen Realität näher einzugehen. Diese Zusammenhänge werden bei der Besprechung konkreter Eichtheorien klar werden. Wir wollen an dieser Stelle nur einige allgemeine Anmerkungen machen. Der Isospinor $\hat{\psi}$ beschreibt die wechselwirkenden Teilchen. Die Felder $\hat{A}_\mu$ hingegen werden als *Eichfelder* bezeichnet. Sie beschreiben die *Botenteilchen* der Wechselwirkung. Gemäß (22.5.4) ist die Anzahl der Botenteilchen durch die Anzahl der Generatoren der zugrundeliegenden Eichgruppe festgelegt. Die QED wird durch die Eichgruppe $U(1)$ beschrieben, es existiert also ein einziger Generator und somit ein Botenteilchen - das Photon. In der GSW-Theorie wird die elektroschwache Wechselwirkung (=Vereinigung von elektromagnetischer und schwacher Wechselwirkung) durch die Eichgruppe $SU(2) \times U(1)$ beschrieben. Diese direkte Produktgruppe besitzt $3+1=4$ Generatoren, mithin also vier Botenteilchen: $W^{(+)}$, $W^{(-)}$, Z^0 und das Photon. In der QCD wird die starke Wechselwirkung durcch die Farbeichgruppe $SU(3)$ beschrieben. Die zugehörigen $3^2-1=8$ Botenteilchen heißen *Gluonen.* Das einfachste Modell einer Vereinheitlichung von elektroschwacher und starker Kraft ist die sogenannte „minimale $SU(5)$“, die $5^2-1=24$ Botenteilchen voraussagt.

Auf einen fundamental wichtigen Begriff sind wir bisher noch nicht eingegangen: die *spontane Symmetriebrechung.* Die obigen Überlegungen zeigen, daß Identitätsänderungen von Teilchen und die Vereinheitlichung verschiedener Wechselwirkungen durch Verwendung einer geeignet umfassenden Symmetrie beschrieben werden können. Da wir jedoch bei den niedrigen Energien des physikalischen Alltags verschiedene Teilchen und verschiedene Kräfte wahrnehmen, muß diese Symmetrie gebrochen sein. In Unterkapitel I haben wir am Beispiel der GSW-Theorie besprochen, wie diese Symmetriebrechung durch Wechselwirkung der Felder mit einem zusätzlich eingeführten *Higgs-Feld* bewirkt wird: durch diese Wechselwirkung können für die ursprünglich masselosen Botenteilchen Massen erzeugt werden. Dieses Prinzip wird nicht nur in der GSW-Theorie verwendet, sondern auch in allen anderen Eichtheorien, wo eine Vereinheitlichung von auf niederenergetischem Niveau unterschiedlich wirkenden Kräften angestrebt wird (minimale $SU(5)$, etc.).

Wir wollen uns daher im folgenden Abschnitt den Mechanismus der Massenerzeugung durch Wechselwirkung an einem einfachen Modell verdeutlichen.

22.6 Massenerzeugung durch Wechselwirkung

Wir betrachten n skalare Felder ψ_j und eine Funktion U als Polynom dieser Felder

$$U = U\Big(\psi_1(x), \dots \psi_n(x)\Big). \tag{22.6.1}$$

Wir wollen nun das Verhalten der Felder ψ_j bei einer durch U beschriebenen Wechselwirkung untersuchen. Dazu müssen wir die aus der Lagrange-Funktion

$$L = \frac{1}{2}\sum_{j=1}^{n} \psi_{j,\mu}(x) \overset{*}{\psi}{}^{j,\mu}(x) - U\Big(\psi_k(x)\Big) = \frac{1}{2}\sum_{j=1}^{n}\Big(\dot{\psi}_j{}^2 - |\nabla\psi_j|^2\Big) - U(\psi_k) \tag{22.6.2}$$

resultierenden Feldgleichungen studieren. Dabei wollen wir uns auf den Fall *schwacher Anregung* beschränken, d.h. Felder sollen nicht zu stark variieren. Es wird sich zeigen, daß sich die durch ψ_j beschriebenen Teilchen im Falle U =const. als masselos, im Falle U $\neq$const. als mit Masse behaftet verhalten. Durch Wechselwirkung wird also Masse erzeugt!

Zunächst muß der energetische „Grundzustand" des Systems festgelegt werden, der durch das Minimum des Potentials definiert ist. Im Rahmen des Lagrange-Formalismus wird das Potential durch den Term

$$\int \left\{ \sum_{j=1}^{n} \frac{1}{2}|\nabla\psi_j|^2 + U(\psi_k) \right\} dV \tag{22.6.3}$$

gegeben. Der Grundzustand entspricht dem Minimum dieser Größe. Man erkennt, daß (22.6.3) ein Minimum für

$$\psi_j(x) = \psi_j^0 \tag{22.6.4}$$

hat, wobei ψ_j^0 räumlich konstante Felder bezeichnen. Dabei sollen diese Felder derart gewählt werden, daß U in ψ_j^0 minimal wird. In diesem Fall verschwindet in (22.6.3) der erste Term, und der zweite Term ist stets kleiner als alle Werte, die (22.6.3) je annehmen kann. Diese Festlegung charakterisiert somit den energetischen Grundzustand des Systems (22.6.2).

Da wir uns voraussetzungsgemäß auf schwache Anregung beschränken, variieren die Felder $\psi_j(x)$ nur wenig um ψ_j^0, weshalb $U(\psi_j)$ als Taylorreihe dargestellt werden kann:

$$\begin{aligned} U(\psi_i) = U(\psi_i^0) &+ \sum_{j=1}^{n} \left.\frac{\partial U}{\partial \psi_j}\right|_{\psi_i=\psi_i^0} (\psi_j - \psi_j^0) + \\ &+ \frac{1}{2!}\sum_{j,k=1}^{n} \left.\frac{\partial^2 U}{\partial\psi_j\partial\psi_k}\right|_{\psi_i=\psi_i^0} (\psi_j - \psi_j^0)(\psi_k - \psi_k^0) + \\ &+ \frac{1}{3!}\sum_{j,k,l=1}^{n} \left.\frac{\partial^3 U}{\partial\psi_j\partial\psi_k\partial\psi_l}\right|_{\psi_i=\psi_i^0} (\psi_j - \psi_j^0)(\psi_k - \psi_k^0)(\psi_l - \psi_l^0) + \dots \end{aligned} \tag{22.6.5}$$

Da U in ψ_j^0 ein Minimum besitzt, gilt

$$\left.\frac{\partial U}{\partial\psi_j}\right|_{\psi_i=\psi_i^0} = 0, \tag{22.6.6}$$

womit die obige Entwicklung

$$U(\psi_i) = U(\psi_i^0) + \frac{1}{2}\sum_{j,k=1}^{n}(M^2)_{jk}(\psi_j - \psi_j^0)(\psi_k - \psi_k^0) + O(\psi^3) \tag{22.6.7}$$

lautet. Dabei haben wir die Matrix

$$(M^2)_{jk} := \left.\frac{\partial^2 U}{\partial\psi_j \partial\psi_k}\right|_{\psi_i=\psi_i^0} \tag{22.6.8}$$

eingeführt. Für die Lagrangedichte (22.6.1) erhalten wir damit

$$L = \frac{1}{2}\sum_{j=1}^{n}\left(\dot{\psi}_j{}^2 - |\nabla\psi_j|^2\right) - \frac{1}{2}\sum_{j,k=1}^{n}(M^2)_{jk}(\psi_j - \psi_j^0)(\psi_k - \psi_k^0) + O(\psi_i{}^3) - U(\psi_i^0). \tag{22.6.9}$$

Die Eigenschaften des Systems werden also durch die aus den zweiten Ableitungen von U gebildete Matrix $(M^2)_{jk}$ festgelegt. Um diese Matrix zu studieren, benötigen wir ihre Eigenwerte, die wir durch Diagonalisierung erhalten. Dabei brauchen wir nur eine geeignete „Drehung" in dem durch die n „Koordinaten" ψ_j definierten Funktionenraum durchführen. Mit Hilfe der Drehmatrix R_{ij} gilt

$$\tilde{\psi}_\mu = \sum_{j=1}^{n} R_\mu{}^j(\psi_j - \psi_j^0), \quad \text{(a)} \qquad \psi_j - \psi_j^0 = \sum_{\mu=1}^{n} \tilde{R}_j{}^\mu \tilde{\psi}_\mu, \quad \text{(b)} \tag{22.6.10}$$

mit den Orthogonalitätsrelationen

$$\sum_{\mu=1}^{n} R^\mu{}_j R_{\mu k} = \delta_{jk}, \quad \text{(a)} \qquad \sum_{j=1}^{n} R_\mu{}^j R_{\nu j} = \delta_{\mu\nu}. \quad \text{(b)} \tag{22.6.11}$$

Ersetzt man in der Lagrangedichte (22.6.9) die Felder ψ_j durch die „gedrehten" Felder $\tilde{\psi}_\mu$, so erhält man

$$L = \frac{1}{2}\sum_{\mu=1}^{n}\left(\dot{\tilde{\psi}}_\mu{}^2 - |\nabla\psi_\mu|^2\right) - \frac{1}{2}\sum_{\mu,\nu=1}^{n}\left(\sum_{j,k=1}^{n}(M^2)_{jk}R_\mu{}^j R_\nu{}^k\right)\tilde{\psi}_\mu\psi_\nu + O(\tilde{\psi}_i{}^3) - U(\psi_i^0). \tag{22.6.12}$$

Da die Matrix $(M^2)_{jk}$ nun in Diagonalgestalt erscheint, gilt

$$\sum_{j,k=1}^{n}(M^2)_{jk}R_\mu{}^j R_\nu{}^k = (M^2)_\mu \delta_{\mu\nu}, \tag{22.6.13}$$

wobei $(M^2)_j$, $j = 1, \ldots, n$ die Eigenwerte von $(M^2)_{jk}$ bezeichnet. Damit lautet die Lagrangedichte endgültig

$$L = \frac{1}{2}\sum_{\mu=1}^{n}\left\{\dot{\tilde{\psi}}_\mu{}^2 - |\nabla\tilde{\psi}_\mu|^2 - (M^2)_\mu\tilde{\psi}_\mu{}^2\right\} + O(\tilde{\psi}_i{}^3) - U(\psi_i^0). \tag{22.6.14}$$

Man überlegt sich leicht, daß die Eigenwerte sämtlich größer oder gleich Null sein müssen:

$$(M^2)_\mu \geq 0, \quad \mu = 1, \ldots, n. \tag{22.6.15}$$

Dazu betrachten wir die Änderung δU der Funktion U bei einer infinitesimalen Änderung $\delta\tilde{\psi}_\mu$ der Felder $\tilde{\psi}_\mu$. Gemäß (22.6.7) gilt

$$\delta U = \frac{1}{2}\sum_{\mu=1}^{n}(M^2)_\mu(\delta\tilde{\psi}_\mu)^2. \tag{22.6.16}$$

Falls die Matrix nur einen einzigen negativen Eigenwert hätte, so könnte der obige Ausdruck bei einer geeigneten Wahl der Felder einen negativen Wert annehmen. Dies steht aber im Widerspruch zu unserer Voraussetzung, daß U für $\psi_j = \psi_j^0$ minimal ist.

Wir wenden uns nun den zu (22.6.14) gehörigen Feldgleichungen zu. Vernachlässigen wir die Terme von dritter und höherer Ordnung, sowie die bei der Variation der Felder bedeutungslose Konstante $U(\psi_i^0)$, so ergeben sich die Feldgleichungen

$$\Box\tilde{\psi}_\mu + (M^2)_\mu\tilde{\psi}_\mu = 0. \tag{22.6.17}$$

Jenes Feld erfüllt also die Klein-Gordon-Gleichung. Bekanntlich repräsentiert in der Klein-Gordon-Gleichung der Koeffizient des linearen Feldanteils die Masse des betrachteten Teilchens. Unter den oben gemachten Einschränkungen ordnet die betrachtete Wechselwirkung den Teilchen Masse zu. Wir fassen zusammen:

> *Unter der Voraussetzung schwacher Anregung und Vernachlässigung von Termen höherer als zweiter Ordnung repräsentiert das System (22.6.1) n Teilchen mit den Massen M_j, $j = 1,\ldots,n$, wobei die Massen durch die Eigenwerte der aus den zweiten Ableitungen von U aufgebauten Matrix (22.6.8) gegeben sind.*

Die vernachlässigten Terme höherer Ordnung können als Wechselwirkungsterme zwischen den n Teilchen aufgefaßt werden. Wie sieht es nun bei einer stärkeren Anregung aus? Dazu betrachten wir Bild 22.2:

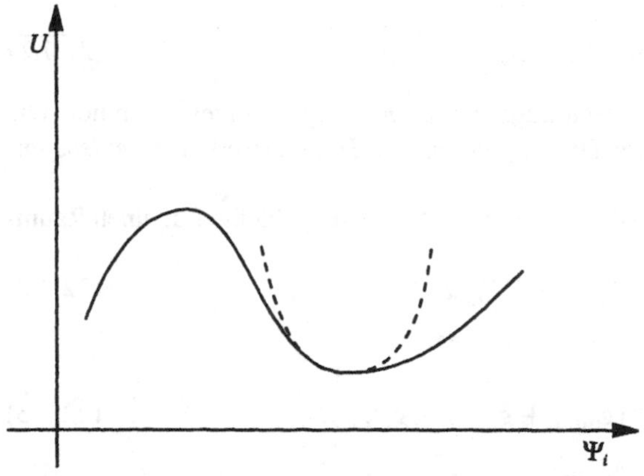

Bild 22.2

Bei einer schwachen Anregung bewegt man sich innerhalb der eingezeichneten Parabel, bei einer starken Anregung können die Felder jedoch großamplitudig über die Minimumsumgebung von $U(\psi_i^0)$ hinwegschwanken. Die Teilchen können daher in diesem Fall wieder masselos werden: für die Massenerzeugung war schließlich die Fixierung in Minimumsnähe maßgeblich.

Der Higgs-Mechanismus der spontanen Symmetriebrechung arbeitet genau nach diesem Prinzip. In der durch die Lagrange-Dichten (22.5.6) gegebenen Theorie sind die Kraftwirkungen vereinheitlicht, und die Botenteilchen masselos. Die obigen Gleichungen werden nun dahingehend ergänzt, daß zusätzlich ein Higgs-Feld über eine nichtlineare Funktion U nach obigem Vorbild angekoppelt wird. Man spricht in diesem Zusammenhang auch von dem *Higgs-Sektor* der Theorie.

Die Kopplung wird derart durchgeführt, daß sich für hochenergetische Verhältnisse die durch (22.5.5) und (22.5.6) beschriebene Theorie ergibt, während sich im niederenergetischen Bereich die vertraute Physik (Trennung von Kräften und Teilchen) ergeben soll. Die Gestalt des Higgs-Feldes ist natürlich an die Erfordernisse der konkret betrachteten Eichtheorie angepaßt. Im obigen, allgemeinen Konzept stellt das Higgs-Feld ein matrixwertiges Feld (genauer: einen matrixwertigen Operator) dar. Bei schwacher Anregung (geringe Energie) rasten die Felder dann im Minimum von U ein, womit einigen Botenteilchen Masse zugeordnet werden kann. So bekommen in der GSW-Theorie die Botenteilchen der schwachen Wechselwirkung $W^{(+)}$, $W^{(-)}$ und Z^0 eine große Masse, die ihre geringe Reichweite erklärt, während das Photon masselos bleibt, und die starke Reichweite der elektromagnetischen Wechselwirkung gewährleistet. Bei starker Anregung schwanken die Felder über das Minimum hinweg, sie sind wieder masselos.

22.7 Eichtheorie und Allgemeine Relativitätstheorie

Abschließend wollen wir auf einige strukturelle Analogien zwischen Eichtheorien und der ART hinweisen. In der zweiteren spielen Lorentztransformationen eine große Rolle:

$$u^{\mu'}(x) = \Lambda^{\mu}{}_{\nu}(x) u^{\nu}(x). \tag{22.7.1}$$

Sie beschreiben *Drehungen* (orthogonale Transformationen) *der vierdimensionalen Raum-Zeit.*

Analog dazu existieren in Eichtheorien Eichtransformationen der Gestalt

$$\hat{\psi}' = \mathrm{e}^{ig\hat{\theta}} \hat{\psi}. \tag{$\overline{22.7.1}$}$$

Hier bezeichnet ψ einen aus n Dirac-Spinoren aufgebauten n-komponentigen Isospinor. Die Eichtransformationen ($\overline{22.7.1}$) repräsentieren *Drehungen* (unitäre Transformationen) *im Isospinraum.*

Weiter ist uns aus der ART der Begriff der *kovarianten Ableitung* geläufig. Für einen Raum-Zeit-Vektor gilt

$$\nabla_{\mu} u^{\nu} = \partial_{\mu} u^{\nu} + \Gamma^{\nu}{}_{\alpha\mu} u^{\alpha}, \tag{22.7.2}$$

mit den Christoffelsymbolen

$$\Gamma^{\nu}{}_{\alpha\mu} = -\frac{1}{2} g^{\nu\sigma} (g_{\alpha\sigma,\mu} + g_{\sigma\mu,\alpha} - g_{\mu\alpha,\sigma}). \tag{22.7.3}$$

In der kovarianten Ableitung wird die Ortsabhängigkeit des konkret verwendeten Koordinatensystems durch die Größen $\Gamma^{\nu}{}_{\alpha\mu}$ kompensiert: $\Gamma^{\nu}{}_{\alpha\mu} u^{\mu}$ beschreibt gerade jene Änderung, die man von $\partial_{\mu} u^{\nu}$ subtrahieren muß, um die koordinatenunabhängige, physikalische Änderung des Vektors $\partial_{\mu} u^{\nu}$ zu erhalten.

Das eichtheoretische Analogon ist die *eichinvariante Ableitung*

$$\hat{D}_{\mu} \hat{\psi} = \left(\partial_{\mu} + \hat{\Gamma}_{\mu}(x)\right) \hat{\psi}, \tag{$\overline{22.7.2}$}$$

mit der ortsabhängigen Matrix

$$\hat{\Gamma}_\mu(x) = -ig\hat{A}_\mu(x). \tag{$\overline{22.7.3}$}$$

Hier beschreibt $\hat{A}'_\mu - \hat{A}_\mu$ jene Änderung von ψ, die durch die Ortsabhängigkeit der Eichung impliziert wird.

In der ART kann der *Riemannsche Krümmungstensor* durch Kommutatorbildung gemäß

$$R^\alpha{}_{\beta\nu\mu}u_\alpha = [\nabla_\mu, \nabla_\nu]u_\alpha \tag{22.7.4}$$

definiert werden. Er beschreibt den physikalischen Anteil der Raumkrümmung, der nicht von der Wahl des Koordinatensystems abhängt.

Das Analogon in der Eichtheorie lautet

$$\hat{F}_{\mu\nu} = \frac{i}{g}[\hat{D}_\mu, \hat{D}_\nu], \tag{$\overline{22.7.4}$}$$

wobei der *Feldstärketensoroperator* $\hat{F}_{\mu\nu}$ den physikalischen eichinvarianten Anteil der Eichfelder beschreibt.

Diese und andere Parallelen ließen die Physiker in den letzten drei Jahrzehnten nach einer eichtheoretischen Formulierung der ART suchen. Letztendliches Ziel wäre die Auffindung einer Eichgruppe, die eine Vereinigung der ART mit den Quantenfeldtheorien der Teilchenphysik erlaubt. Einige Modelle derartiger AUT's haben wir in Unterkapitel I besprochen.

22.8 Eichtheorie der elektroschwachen Wechselwirkung (Standard-Modell)

Die Leptonen unterliegen der schwachen und der elektromagnetischen Wechselwirkung. Die Beschreibung dieser Wechselwirkung gelang Salam und Weinberg unabhängig voneinander im Jahre 1967, wobei sie auf frühere Ergebnisse von Glashow aufbauten. Daher wird diese Theorie als *GSW-Theorie*, oder auch als *Standard-Modell* bezeichnet.

Zu ihrer Formulierung benötigen wir zunächst einige experimentelle Tatsachen. Von den sechs Leptonen e, μ, τ, ν_e, ν_μ, ν_τ findet eine schwache Wechselwirkung sowohl innerhalb jeder einzelnen Leptonenfamilie e, μ, τ statt, als auch unter den Familien. Es liegt daher nahe, die Leptonen in *Iso-Dubletts* zusammenzufassen:

$$\begin{pmatrix}\nu_e\\ e\end{pmatrix}, \begin{pmatrix}\nu_\mu\\ \mu\end{pmatrix}, \begin{pmatrix}\nu_\tau\\ \tau\end{pmatrix}.$$

Nun zeigt sich weiter, daß die Leptonen noch in Hinblick auf ihre Helizität (siehe Abschnitt 22.4.3) unterschieden werden müssen: nur die linkshändigen Leptonen unterliegen der schwachen Wechselwirkung. Daher muß der obige Ansatz durch die Beschränkung auf linkshändige Iso-Dubletts in der Gestalt

$$L_i = \begin{pmatrix}\psi_{\nu_i}\\ \psi_i\end{pmatrix}_L = \frac{1-\gamma_5}{2}\begin{pmatrix}\psi_{\nu_i}\\ \psi_i\end{pmatrix}, \quad i = e, \mu, \tau \tag{22.8.1}$$

modifiziert werden. Für die elektromagnetische Wechselwirkung sind jedoch die rechtshändigen Komponenten der Leptonen e, μ, τ maßgeblich. Sie werden durch die rechtshändigen *Singuletts*

$$R_i = \left(\psi_i\right)_R = \frac{1+\gamma_5}{2}\psi_i, \quad i = e, \mu, \tau \tag{22.8.2}$$

beschrieben.

22.8.1 Die Feldverhältnisse vor der Symmetriebrechung

Wegen der Dublett-Struktur (22.8.1) der Leptonen liegt es nahe, die Gruppe $SU(2)$ als Eichgruppe zu verwenden. Sie besitzt drei Generatoren, somit würden drei Eichfelder zur Beschreibung der elektroschwachen Wechselwirkung existieren, wobei eines das Photon repräsentieren sollte. Es zeigt sich jedoch, daß eine derartige Theorie nicht konsistent wäre. Vielmehr muß ein weiteres Botenteilchen postuliert werden. Eine Möglichkeit wäre die Verwendung der Gruppe $SU(2) \times U(1)$, die vier Generatoren und somit vier Eichfelder besitzt. Die Experimente haben diese Annahme in glänzender Weise unterstützt. Die Eichgruppe der GSW-Theorie ist also die $SU(2) \times U(1)$ mit den Generatoren

$$\hat{T}_j = \frac{\hat{\sigma}_j}{2}, \quad j = 1,2,3, \quad \text{(a)} \qquad \hat{T}_4 = \hat{Y} = Y\,\hat{1}. \quad \text{(b)} \tag{22.8.3}$$

Dabei wollen wir die Zahl Y zunächst nicht festlegen. Ihre Fixierung erfolgt später im Rahmen des Higgs-Sektors der GSW-Theorie. Für alles Weitere bezeichnen wir die Elemente der Gruppe $SU(2)$ mit $\hat{U}_2$, jene der Gruppe $U(1)$ mit $\hat{U}_1$. Es gilt dann

$$\hat{U}_1 = \mathrm{e}^{i\theta(x)Y}, \quad \text{(a)} \qquad \hat{U}_2 = \mathrm{e}^{i\vec{\theta}(x)\cdot\hat{\vec{T}}} = \mathrm{e}^{i\sum_{j=1}^{3}\theta^j(x)\hat{T}_j}. \tag{22.8.4}$$

Die gewünschte Eichinvarianz der Theorie unter $SU(2) \times U(1)$-Transformationen bedeutet für die Iso-Singuletts R_i und die Iso-Dubletts L_i:

$$R_i \to R_i' = \hat{U}_1 R_i, \quad \text{(a)} \qquad L_i \to L_i' = \hat{U}_2 L_i, \quad i = e,\mu,\tau. \quad \text{(b)} \tag{22.8.5}$$

Wir wollen nun die Lagrangedichte (22.5.24) und die Eichtransformationen (22.5.26) der allgemeinen Theorie für den vorliegenden Fall spezialisieren. Dazu benötigen wir zunächst die Eichfelder

$$\hat{A}_\mu = \sum_{j=1}^{4} A_\mu^j(x)\hat{T}_j = \sum_{j=1}^{3} W_\mu^j(x)\hat{T}_j + B_\mu(x)\hat{T}_4 = W_\mu^j\hat{T}_j + B_\mu\hat{Y} = \vec{W}_\mu\cdot\hat{\vec{T}} + B_\mu Y\hat{1}. \tag{22.8.6}$$

Dabei haben wir eine Aufspaltung in zwei Anteile vorgenommen: im ersten Anteil erscheinen nur die nichtkommutierenden Generatoren $\hat{T}_j$, $j = 1,\ldots,3$ der Gruppe $SU(2)$, während der zweite Anteil den mit allen Generatoren der $SU(2)$ kommutierenden Generator $\hat{Y}$ enthält. Um Verwechslungen mit dem später eingeführten Photonenfeld A_μ vorzubeugen, haben wir in (22.8.6) folgende Bezeichnungen verwendet:

$$W_\mu^j = A_\mu^j, \quad j = 1,2,3, \quad B_\mu = A_\mu^4. \tag{22.8.7}$$

Weiter soll $\vec{W}_\mu$ den dreikomponentigen Isovektor

$$\hat{W}_\mu = \sum_{j=1}^{3} W_\mu^j\hat{T}_j = \vec{W}_\mu\cdot\hat{\vec{T}} \tag{22.8.8}$$

bezeichnen. Damit ergibt sich die eichinvariante Ableitung zu

$$\hat{D}_\mu = \partial_\mu - ig\hat{\vec{T}}\cdot\vec{W}_\mu - i\frac{g'}{2}\hat{Y}B_\mu. \tag{22.8.9}$$

Hier haben wir verallgemeinernd zu (22.5.16) das Feld B_μ mit der Kopplungskonstante $g'/2$ versehen, da für elektromagnetische Wechselwirkung eine andere Kopplungskonstante maßgeblich sein wird, als für die schwache Wechselwirkung. Die Einführung des Faktors 1/2 wird sich im weiteren Verlauf der Rechnung als günstig erweisen.

Zur Berechnung des Feldstärketensoroperators gehen wir von der Beziehung

$$\hat{F}_{\mu\nu} = \partial_\mu \hat{A}_\nu - \partial_\nu \hat{A}_\mu - ig[\hat{A}_\mu, \hat{A}_\nu] \tag{22.8.10}$$

aus. Einsetzen von (22.8.9) und Berücksichtigung der Relationen liefert

$$\begin{aligned} &[\hat{T}_j, \hat{T}_k] = i\epsilon_{jkl}\hat{T}_l, \quad j,k,l \text{ zyklisch } 1,2,3, &\text{(a)} \\ &[\hat{T}_j, \hat{Y}] = 0, \quad j = 1,2,3 &\text{(b)} \end{aligned} \tag{22.8.11}$$

$$\begin{aligned} \hat{F}_{\mu\nu} &= \partial_\mu \hat{W}_\nu - \partial_\nu \hat{W}_\mu - ig[\hat{W}_\mu, \hat{W}_\nu] + \partial_\mu \hat{B}_\nu - \partial_\nu \hat{B}_\mu = \\ &= \partial_\mu(\vec{W}_\mu \cdot \hat{\vec{T}}) - \partial_\nu(\vec{W}_\mu \cdot \hat{\vec{T}}) + g\epsilon_{\mu\nu\sigma}\vec{W}_\sigma \cdot \hat{\vec{T}} + (\partial_\mu B_\nu - \partial_\nu B_\mu)\hat{Y} = \\ &= \left[\partial_\mu \vec{W}_\nu - \partial_\nu \vec{W}_\mu + g(\vec{W}_\mu \times \vec{W}_\nu)\right] \cdot \hat{\vec{T}} + (\partial_\mu B_\nu - \partial_\nu B_\mu)\hat{Y}. \end{aligned}$$

Wir schreiben dafür

$$\hat{F}_{\mu\nu} = \vec{W}_{\mu\nu} \cdot \hat{\vec{T}} + B_{\mu\nu}\hat{Y}, \tag{22.8.12}$$

mit

$$\vec{W}_{\mu\nu} = \partial_\mu \vec{W}_\nu - \partial_\nu \vec{W}_\mu + g(\vec{W}_\mu \times \vec{W}_\nu), \tag{22.8.13}$$

$$B_{\mu\nu} = \partial_\mu B_\nu - \partial_\nu B_\mu. \tag{22.8.14}$$

Der Feldstärkeoperator der Produktgruppe $SU(2) \times U(1)$ zerfällt also in zwei Anteile, wobei der erste den Feldstärkeoperator der Gruppe $SU(2)$, der zweite jenen der Gruppe $U(1)$ repräsentiert. Ursache für diese Zerlegungsmöglichkeit ist die Kommutation von $\hat{Y}$ mit $\hat{T}_j$. Für $\hat{W}_{\mu\nu}$ und $B_{\mu\nu}$ gelten die aus Abschnitt 22.5 vertrauten Transformationsbeziehungen

$$\begin{aligned} &\hat{W}_{\mu\nu} \to \hat{W}'_{\mu\nu} = \hat{U}_2 \hat{W}_{\mu\nu} \hat{U}_2^{-1}, &\text{(a)} \\ &B_{\mu\nu} \to B'_{\mu\nu} = B_{\mu\nu}. &\text{(b)} \end{aligned} \tag{22.8.15}$$

Damit lautet die ausschließlich von den Eichfeldern abhängige Lagrangedichte L_1 aus (22.5.24):

$$L_1 = -\frac{1}{2}\mathrm{Sp}\left\{\hat{W}_{\mu\nu}\hat{W}^{\mu\nu}\right\} - \frac{1}{4}B_{\mu\nu}B^{\mu\nu} = -\frac{1}{4}\vec{W}_{\mu\nu} \cdot \vec{W}^{\mu\nu} - \frac{1}{4}B_{\mu\nu}B^{\mu\nu}. \tag{22.8.16}$$

Bei der Bildung der Lagrangedichte L_2 ist zu berücksichtigen, daß sowohl rechtshändige Iso-Singuletts R_l, als auch linkshändige Iso-Dubletts L_l auftreten. L_2 muß daher in der Gestalt

$$L_2 = i\bar{L}_l\gamma^\mu \hat{D}_\mu L_l + i\bar{R}_l\gamma^\mu \hat{D}_\mu R_l \tag{22.8.17}$$

angesetzt werde. Damit lautet die gesamte Lagrangedichte

$$L = -\frac{1}{4}\vec{W}_{\mu\nu} \cdot \vec{W}^{\mu\nu} - \frac{1}{4}B_{\mu\nu}B^{\mu\nu} + i\bar{L}_l\gamma^\mu \hat{D}_\mu L_l + i\bar{R}_l\gamma^\mu \hat{D}_\mu R_l. \tag{22.8.18}$$

Die Eichtransformationen der Eichfelder $\hat{W}_\mu$ und B_μ sind durch

$$\begin{aligned} \hat{W}_\mu \to \hat{W}'_\mu &= \hat{U}_2 \hat{W}_\mu \hat{U}_2^{-1} + \frac{i}{g} \hat{U}_2 \left(\partial_\mu \hat{U}_2^{-1} \right), && \text{(a)} \\ B_\mu \to B'_\mu &= B_\mu + \frac{2i}{g'} \hat{U}_1 \left(\partial_\mu \hat{U}_1^{-1} \right) && \text{(b)} \end{aligned} \qquad (22.8.19)$$

gegeben.

22.8.2 Der Higgs-Sektor des Standard-Modells

Die bisherigen Verhältnisse sind strukturell sehr durchsichtig. Allerdings sind die vier Eichfelder W^j_μ und B_μ derzeit durchwegs masselos. Die Kurzreichweitigkeit der schwachen Wechselwirkung verlangt aber für die Botenteilchen eine große Masse, während das Botenteilchen der elektromagnetischen Wechselwirkung masselos bleiben soll. Zur Beschreibung dieser Symmetriebrechung benötigen wir den sogenannten *Higgs-Mechanismus*. Er wurde in den Jahren 1966 und 1967 von *T. Kibble* und *P. Higgs* entwickelt, und im Rahmen seiner Anwendung zur Beschreibung der elektroschwachen Wechselwirkung von Salam und Weinberg weiter verallgemeinert.

Das Grundprinzip des Higgs-Mechanismus haben wir bereits in Abschnitt 22.6 an einem speziellen Beispiel verdeutlicht. Wir wollen die Ergebnisse hier in einer die weiteren Entwicklungen vorbereitenden Form wiederholen: N masselose, nicht wechselwirkende Bosonen ψ^μ müssen den entkoppelten Wellengleichungen

$$\Box \psi^\mu = 0, \quad \mu = 1, \ldots, N \qquad (22.8.20)$$

genügen. Die Homogenität dieser Gleichungen verdeutlicht, daß es sich um freie Teilchen handelt. Falls die Teilchen jedoch mit einem Hintergrundfeld U wechselwirken, so erhält man an Stelle von (22.8.20) die inhomogenen Wellengleichungen

$$\Box \psi^\mu = j^\mu (U, \psi^\mu), \quad \mu = 1, \ldots, N. \qquad (22.8.21)$$

In Abschnitt 22.5 haben wir gezeigt, daß bei geeigneter Wahl des Hintergrundfeldes (U enthält die Feldvariablen quadratisch) und kleiner Anregung um den Grundzustand die Inhomogenitäten in der Gestalt

$$j^\mu = -(M^2)_\mu \psi^\mu \qquad \text{(keine Summation!)} \qquad (22.8.22)$$

geschrieben werden können, womit (22.8.21) die Form

$$\left(\Box + (M^2)_\mu \right) \psi^\mu = 0, \quad \mu = 1 \ldots N \qquad (22.8.23)$$

annimmt. Dies ist die massive Bosonen beschreibende Klein-Gordon-Gleichung: masselose Teilchen werden durch Wechselwirkung mit einem geeigneten Hintergrundfeld massiv.

Dieses Prinzip ist die Grundlage des Higgs-Mechanismus. Es stellt sich nun die Aufgabe, ein geeignetes Higgs-Feld einzuführen, dessen Wechselwirkung mit den vier masselosen Eichfeldern $W^{\mu j}$ und B^μ vier (andere) Eichfelder generiert, wobei drei massiv sind, während eines masselos bleiben soll. Im Rahmen der GSW-Theorie muß das Higgs-Feld als komplex-skalares Iso-Dublett eingeführt werden:

$$\Phi = \frac{1}{\sqrt{2}} \begin{pmatrix} \phi_1 + i\phi_2 \\ \phi_3 + i\phi_4 \end{pmatrix}, \quad \phi_j \in R. \qquad (22.8.24)$$

Es enthält also vier reelle Freiheitsgrade $\phi_1(x)$, $\phi_2(x)$, $\phi_3(x)$, $\phi_4(x)$. Φ wird dann über die folgenden Zusatzterme an die Lagrangedichte (22.8.18) gekoppelt:

$$U(\Phi) = -\mu^2|\Phi|^2 + h|\Phi|^4, \quad \mu,h \in R, \qquad \text{(a)}$$
$$L_\Phi = \left|\hat{D}_\mu \Phi\right|^2. \qquad \text{(b)} \qquad (22.8.25)$$

Die Festlegung (22.8.25b) ist in enger Anlehnung an (22.8.17) getroffen. (22.8.25a) berücksichtigt die Tatsache, daß Φ quadratisch im Potentialanteil enthalten sein muß. Zur Verdeutlichung des Ansatzes (22.8.25a) nehmen wir vorübergehend an, daß es sich bei Φ um ein skalares Feld ϕ handelt. Dann wird die Funktion $U(|\phi|)$ durch die Bild 21.1 verdeutlicht, wobei auf der x- bzw. y-Achse der Real- bzw. Imaginärteil von ϕ aufgetragen, und die z-Achse für $U(|\phi|)$ reserviert ist. Das Minimum von U ist durch

$$\left|\phi_0\right| = \sqrt{\frac{\mu^2}{2h}} := \frac{\lambda}{2} \qquad (22.8.26)$$

gegeben. Dieses Minimum entspräche dem klassischen Vakuum. Wir kehren nun zum Iso-Dublett-Feld Φ zurück. Für eine weitere Vorgangsweise nach Abschnitt 22.6 benötigen wir den Vakuumerwartungswert $\Phi_0 := \langle\Phi\rangle_0$ des Higgs-Feldes Φ. Nach einem Vorschlag von Weinberg wählen wir dafür

$$\Phi_0 = \begin{pmatrix} 0 \\ \frac{\lambda}{\sqrt{2}} \end{pmatrix}, \quad \lambda \in R \qquad (22.8.27)$$

mit

$$\frac{\lambda}{\sqrt{2}} = \sqrt{\frac{\mu^2}{2h}}, \qquad (22.8.28)$$

in Anlehnung an (22.8.26). Die Motivation für diese Festlegung wird im weiteren Verlauf deutlich werden. Zunächst sei angemerkt, daß dieser Ansatz keine Beschränkung der Allgemeinheit bedeutet: Die Anwendung einer $SU(2) \times U(1)$-Eichtransformation führt zwangsläufig auf (22.8.24). Zum Nachweis dieser Aussage betrachten wir eine $U(1)$-Transformation

$$\Phi' = \mathrm{e}^{i\alpha(x)Y} \begin{pmatrix} 0 \\ \frac{\lambda}{\sqrt{2}} \end{pmatrix},$$

die auf ein Feld der Gestalt

$$\Phi' = \begin{pmatrix} 0 \\ c(x) \end{pmatrix}$$

führt. Eine anschließende $U(2)$-Transformation

$$\Phi'' = \mathrm{e}^{i\vec{\alpha}(x)\cdot\hat{\vec{T}}}\Phi'$$

führt schließlich auf ein Feld mit vier durch $\vec{\alpha}(x) = (\alpha_1(x),\alpha_2(x),\alpha_3(x))$ und $c(x)$ definierten reellen Freiheitsgraden. Diese vier Felder können als zu den Feldern $\phi_1(x)$, $\phi_2(x)$, $\phi_3(x)$, $\phi_4(x)$ äquivalent angesehen werden.

Durch die Kopplung der Eichfelder W^j_μ und B_μ mit dem Higgs-Feld Φ werden die ursprünglichen homogenen Gleichungen

$$\Box\vec{W}^\mu - \partial^\mu\partial_\nu\vec{W}^\nu = 0, \quad \text{(a)} \qquad \Box B^\mu - \partial^\mu\partial_\nu B^\nu = 0 \quad \text{(b)} \qquad (22.8.29)$$

inhomogen:

$$\Box \vec{W}^\mu - \partial^\mu \partial_\nu \vec{W}^\nu = \vec{j}^\mu, \quad \text{(a)} \qquad \Box B^\mu - \partial^\mu \partial_\nu B^\nu = j^\mu. \quad \text{(b)} \tag{22.8.30}$$

Dabei gilt natürlich in üblicher Weise

$$\hat{j}^\mu = \vec{j}^\mu \cdot \hat{\vec{T}} = \sum_{k=1}^{3} j^{k\mu} \hat{T}_k. \tag{22.8.31}$$

In der GSW-Theorie existieren also vier Ströme, entsprechend den vier Generatoren der Gruppe $SU(2) \times U(1)$: die drei *schwachen Isospinströme* $j^{k\mu}$, $k = 1,2,3$ und der dem Generator $\hat{Y}$ zugeordnete *Hyperladungsstrom* j^μ. Der physikalische Grundzustand des Systems wird durch den Vakuumerwartungswert Φ_0 des Higgs-Feldes beschrieben. Die entsprechenden Ströme bezeichnen wir mit

$$\vec{j}_0^\mu := \langle \vec{j}^\mu \rangle_0, \quad \text{(a)} \qquad j_0^\mu := \langle j^\mu \rangle_0. \quad \text{(b)} \tag{22.8.32}$$

Wir knüpfen nun an die bei skalaren Verhältnissen gültige Beziehung (22.8.22) an. In Analogie dazu würde man für die vier Ströme $\vec{j}^\mu$ und j^μ Beziehungen der Form

$$\vec{j}_0^\mu = -M_W{}^2 \vec{W}^\mu, \quad \text{(a)} \qquad j_0^\mu = -M_B{}^2 B^\mu \quad \text{(b)} \tag{22.8.33}$$

für wünschenswert halten. In diesem Fall würden die Gleichungen (22.8.29), (22.8.30) massive Teilchen mit den Massen M_W (für die drei Felder W^μ) und M_B (für das Feld B^μ) beschreiben. Dies kann allerdings nicht in unserer Absicht liegen, da ein Eichfeld masselos bleiben soll. Die aus der Wahl von (22.8.26) resultierenden tatsächlichen Verhältnisse werden wir nun etwas genauer analysieren.

Zunächst benötigen wir die aus Φ_0 resultierenden Vakuumströme $\vec{j}_0^\mu$ und j_0^μ. Für ein Skalarfeld ϕ ist der zugehörige Strom j^μ bekanntlich durch den bilinearen Term

$$j^\mu = iq\left(\overset{*}{\phi}\phi^{,\mu} - \overset{*}{\phi}{}^{,\mu}\phi \right)$$

gegeben, wobei q die Ladung des Feldes bezeichnet. Analog dazu gilt für die Isospinströme $\vec{j}_0^\mu$ und den Hyperladungsstrom j_0^μ

$$\vec{j}_0^\mu = ig\left[\Phi_0^\dagger \hat{\vec{T}} \hat{D}^\mu \Phi_0 - \left(\hat{D}^\mu \Phi_0 \right)^\dagger \hat{\vec{T}} \Phi_0 \right], \quad \text{(a)}$$

$$j_0^\mu = i\frac{g'}{2}\left[\Phi_0^\dagger \hat{Y} \hat{D}^\mu \Phi_0 - \left(\hat{D}^\mu \Phi_0 \right)^\dagger \hat{Y} \Phi_0 \right], \quad \text{(b)} \tag{22.8.34}$$

mit

$$\hat{D}^\mu = \partial^\mu + ig\hat{\vec{T}} \cdot \vec{W}^\mu + i\frac{g'}{2}\hat{Y} B^\mu. \tag{22.8.35}$$

Der Übergang von der partiellen zu der eichinvarianten Ableitung sichert die Eichinvarianz der Ströme. Einsetzen von (22.8.35) in (22.8.34) liefert dann

$$j_0^{k\mu} = ig\left[\Phi_0 \hat{T}^k \Phi^{,\mu} - \Phi^{\dagger,\mu} \hat{T}^k \Phi \right] - \frac{g^2}{2}\Phi_0^\dagger \Phi_0 W^{k\mu} - gg' Y \Phi_0^\dagger \hat{T}^k \Phi_0 B^\mu, \quad \text{(a)}$$

$$j_0^\mu = i\frac{g'}{2} Y\left[\Phi_0^\dagger \Phi_0^{,\mu} - \Phi^{\dagger,\mu}\Phi \right] - gg' Y \Phi_0^\dagger \hat{\vec{T}} \Phi_0 \cdot \vec{W}^\mu - \frac{g'^2}{2} Y^2 \Phi_0^\dagger \Phi B^\mu. \quad \text{(b)} \tag{22.8.36}$$

Setzt man hier den Vakuumerwartungswert Φ_0 ein, so erhält man unter Berücksichtigung von $\Phi^\dagger \hat{T}^k \Phi \sim \delta^{k3}$:

$$
\begin{aligned}
j_0^{k\mu} &= -\frac{g^2\lambda^2}{4} W^{k\mu} + gg'\frac{\lambda^2}{4}\delta^{k3} B^\mu, && \text{(a)} \\
j_0^{\mu} &= gg'Y\frac{\lambda^2}{4}\delta^{k3} W^{k\mu} - \frac{g'^2\lambda^2}{4} Y^2 B^\mu. && \text{(b)}
\end{aligned}
\tag{22.8.37}
$$

Mit den Abkürzungen

$$
M_W := \frac{1}{2} g\lambda, \qquad M_B := \frac{1}{2} g'\lambda Y \tag{22.8.38}
$$

wird daraus

$$
\begin{aligned}
j^{k\mu} &= -{M_W}^2 W^{k\mu} + M_W M_B \delta^{k3} B^\mu, \\
j^{\mu} &= -{M_B}^2 B^\mu + M_W M_B \delta^{k3} W^{k\mu}.
\end{aligned}
$$

Die Gleichungen weichen also für den Fall $k = 3$ von (22.8.22) ab. Diese Abweichung wird sich jedoch im weiteren Verlauf als sehr günstig herausstellen. Zunächst schreiben wir die aus (22.8.37) resultierenden Feldgleichungen auf:

$$
\begin{aligned}
&\Box W^{k\mu} + {M_W}^2 W^{k\mu} - \partial^\mu \partial_\nu W^{k\nu} = M_W M_B \delta^{k3} B^\mu, && \text{(a)} \\
&\Box B^{\mu} + {M_B}^2 B^{\mu} - \partial^\mu \partial_\nu B^{\nu} = M_W M_B \delta^{k3} W^{k\mu}. && \text{(b)}
\end{aligned}
\tag{22.8.39}
$$

Aus (22.8.39a) erkennt man, daß die Eichfelder $W^{1\mu}$, $W^{2\mu}$ die Masse M_W besitzen. Für die Eichfelder $W^{3\mu}$ und B^μ liegen die Dinge komplizierter. (22.8.39) zeigt, daß für $k = 3$ die Massenglieder verkoppelt sind. $W^{3\mu}$ und B^μ besitzen somit keine definierte Masse, können daher auch nicht als physikalische Felder interpretiert werden! Es folgt aber aus (22.8.39) sofort die fundamentale Beziehung

$$
\left(\Box \delta^\mu_\nu - \partial^\mu \partial_\nu\right)\left(M_B W^{3\nu} + M_A B^\nu\right) = 0, \tag{22.8.40}
$$

d.h. $M_B W^{3\mu} + M_W B^\mu$ ist ein masseloses Feld. Dieses Feld wird mit dem Photon identifiziert:

$$
A^\mu = M_B W^{3\mu} + M_W B^\mu. \tag{22.8.41}
$$

Für alles Weitere empfiehlt sich die Einführung des Winkels

$$
\tan\vartheta = \frac{M_A}{M_B}. \tag{22.8.42}
$$

Damit läßt sich (22.8.41) in normierter Form als

$$
A^\mu = W^{3\mu} \sin\vartheta + B^\mu \cos\vartheta \tag{22.8.43}
$$

schreiben. Die zugehörige orthogonale Gleichung

$$
Z^\mu = W^{3\mu} \cos\vartheta - B^\mu \sin\vartheta \tag{22.8.44}
$$

beschreibt das Z^0-Boson. Aus (22.8.39) folgt

$$
\left(\Box \delta^\mu_\nu - \partial^\mu \partial_\nu + {M_Z}^2 \delta^\mu_\nu\right) Z^\nu = 0, \tag{22.8.45}
$$

mit der Masse

$$M_Z{}^2 = M_W{}^2 + M_B{}^2. \tag{22.8.46}$$

Die Teilchen $W^{\mu(\pm)}$ sind durch

$$W^{\mu(\pm)} = \frac{1}{\sqrt{2}}\left(W^{1\mu} \mp i W^{2\mu}\right) \tag{22.8.47}$$

definiert. Man überzeugt sich sofort, daß sie die Masse M_W besitzen.

Wir fassen zusammen: Durch die Kopplung mit dem Higgs-Feld gehen aus den vier ursprünglich masselosen Eichfeldern $W^{j\mu}(x)$, $B^\mu(x)$ drei massive Felder $W^{\mu(\pm)}$, Z^0, sowie das masselose Photonenfeld A^μ hervor. Die Symmetrie ist also gebrochen. Natürlich ist die Eichsymmetrie nach wie vor gegeben, allerdings in versteckter Form. Ursache dafür, daß nach der Kopplung mit dem Higgs-Feld genau ein masseloses Boson existiert, ist die spezielle Phasenwahl von Φ_0 in (22.8.27).

Zur Festlegung des bisher frei wählbaren Wertes Y wollen wir die eichinvariante Ableitung der physikalischen Felder A^μ und Z^0 anschreiben. Dazu beachten wir die Umkehrung von (22.8.43) und (22.8.44):

$$W^{3\mu} = A^\mu \sin\vartheta + Z^\mu \cos\vartheta, \quad \text{(a)} \qquad B^\mu = A^\mu \cos\vartheta - Z^\mu \sin\vartheta. \quad \text{(b)} \tag{22.8.48}$$

Einsetzen in (22.8.35) liefert

$$\begin{aligned}\hat{D}^\mu &= \partial^\mu + ig\left(\hat{T}^1 W^{1\mu} + \hat{T}^2 W^{2\mu}\right) + ig\hat{T}^3 W^{3\mu} - \frac{1}{2} ig'\hat{Y} B^\mu = \\ &= \partial^\mu + ig\left(\hat{T}^1 W^{1\mu} + \hat{T}^2 W^{2\mu}\right) + ig\hat{T}^3\left(A^\mu \sin\vartheta + Z^\mu \cos\vartheta\right) + \\ &\quad + i\frac{g'}{2}\hat{Y}\left(A^\mu \cos\vartheta - Z^\mu \sin\vartheta\right).\end{aligned}$$

Wegen $g'Y = g\tan\vartheta$ folgt für den letzten Term

$$i\frac{g'}{2}\hat{Y}\left(A^\mu \cos\vartheta - Z^\mu \sin\vartheta\right) = i\frac{g}{2}\cos\vartheta\left(A^\mu - Z^\mu \tan^2\vartheta\right),$$

und somit

$$\hat{D}^\mu = \partial^\mu + ig\left(\hat{T}^1 W^{1\mu} + \hat{T}^2 W^{2\mu}\right) + ig\sin\vartheta A^\mu\left(\hat{T}^3 + \frac{1}{2}\right) + ig\cos\vartheta Z^\mu\left(\hat{T}^3 - \frac{1}{2}\tan^2\vartheta\right). \tag{22.8.49}$$

Hier tritt Y also gar nicht mehr auf. Es sei daran erinnert, daß in der eichinvarianten Ableitung der bei den Feldern stehende jeweilige Proportionalitätsfaktor das i-fache der entsprechenden physikalischen Kopplungskonstanten darstellt. Für das Photon A^μ ist dafür der Term $ig\sin\vartheta(\hat{T}^3 + \frac{1}{2})$ zuständig, für den wir den Wert ie erwarten. Es soll also

$$ig\sin\vartheta\left(\hat{T}^3 + \frac{1}{2}\right) = ie \tag{22.8.50}$$

gelten. Nun ist nach der Gell-Mann-Nishijima-Relation die Ladung durch Isospin T_3 und Hyperladung Y gemäß

$$eQ = e\left(T^3 + \frac{1}{2}Y\right) \tag{22.8.51}$$

festgelegt. Ein Vergleich mit (22.8.50) zeigt, daß alle diese Forderungen nur durch

$$Y = 1, \tag{22.8.52}$$

und

$$g \sin \vartheta = e \tag{22.8.53}$$

erfüllt werden können.

Abschließend wollen wir die gesamte Lagrangedichte der GSW-Theorie mit Hilfe der physikalischen Felder $W^{(\pm)}$, Z^0, A^μ anschreiben. Mit Hilfe der Beziehungen (22.8.48) sowie

$$W^{1\mu} = \frac{1}{\sqrt{2}}\left(W^{\mu(+)} + W^{\mu(-)}\right), \quad \text{(a)} \qquad W^{2\mu} = \frac{i}{\sqrt{2}}\left(W^{\mu(+)} - W^{\mu(-)}\right) \quad \text{(b)} \tag{22.8.54}$$

erhält man nach längerer, aber durchaus elementarer Rechnung

$$L = L_f + L_{LB} + L_B^{(3)} + L_B^{(4)} + L_H. \tag{22.8.55}$$

Dabei bezeichnet L_f den Anteil der freien Felder (Leptonen + Botenteilchen), L_{LB} die Leptonen-Botenteilchen-Wechselwirkung, $L_B^{(3)}$ die Wechselwirkung dritter Ordnung zwischen den Botenteilchen, und $L_B^{(4)}$ die Wechselwirkung vierter Ordnung zwischen den Botenteilchen. Es gilt

$$\begin{aligned} L_f = &-\frac{1}{2}\left(W^{(+)}_{\nu,\mu} - W^{(+)}_{\mu,\nu}\right)\left(W^{\nu(-),\mu} - W^{\mu(-),\nu}\right) + \\ &+ {M_W}^2 W^{(+)}_\mu W^{\mu(-)} - \frac{1}{4}\left(Z_{\nu,\mu} - Z_{\mu,\nu}\right)\left(Z^{\nu,\mu} - Z^{\mu,\nu}\right) + \\ &+ {M_Z}^2 Z_\mu Z^\mu - \frac{1}{4}\left(A_{\nu,\mu} - A_{\mu,\nu}\right)\left(A^{\nu,\mu} - A^{\mu,\nu}\right) + \\ &+ \sum_{k=e,\mu,\tau}\left(\bar{\psi}_{\nu_k} i\gamma^\mu \partial_\mu \frac{1-\gamma_5}{2}\psi_{\nu_k} + \bar{\psi}_k\left(i\gamma^\mu\partial_\mu - m_k\right)\psi_k\right), \end{aligned} \tag{22.8.56}$$

$$\begin{aligned} L_{LB} = &\frac{g}{2\sqrt{2}}\left\{\bar{\psi}_k\gamma^\mu(1-\gamma_5)\psi_{\nu_k} W^{(-)}_\mu + \bar{\psi}_{\nu_k}\gamma^\mu(1-\gamma_5)\psi_k W^{(+)}_\mu\right\} + \\ &+ \frac{g}{4\cos\vartheta}\left\{\bar{\psi}_{\nu_k}\gamma^\mu(1-\gamma_5)\psi_{\nu_k} - \bar{\psi}_k\gamma^\mu(1 - 4\sin^2\vartheta - \gamma_5)\psi_k\right\} Z_\mu - \\ &- e\bar{\psi}_k\gamma^\mu\psi_k A_\mu, \end{aligned} \tag{22.8.57}$$

$$\begin{aligned} L_B^{(3)} = &ig\cos\vartheta\left\{\left(W^{(-)}_{\nu,\mu} - W^{(-)}_{\mu,\nu}\right)W^{\mu(+)}Z^\nu - \left(W^{(+)}_{\nu,\mu} - W^{(+)}_{\mu,\nu}\right)W^{\mu(-)}Z^\nu\right\} - \\ &- ie\left(W^{(-)}_{\nu,\mu} - W^{(-)}_{\mu,\nu}\right)W^{\mu(+)}A^\nu + ie\left(W^{(+)}_{\nu,\mu} - W^{(+)}_{\mu,\nu}\right)W^{\mu(-)}A^\nu + \\ &+ ig\cos\vartheta\left(Z_{\nu,\mu} - Z_{\mu,\nu}\right)W^{\mu(+)}W^{\nu(-)} - ie\left(A_{\nu,\mu} - A_{\mu,\nu}\right)W^{\mu(+)}W^{\nu(-)}, \end{aligned} \tag{22.8.58}$$

$$L_B^{(4)} = -g^2\cos^2\vartheta\Big(W_\mu^{(+)}W^{\mu(-)}Z_\nu Z^\nu - W_\mu^{(+)}W_\nu^{(-)}Z^\mu Z^\nu\Big) -$$
$$- e^2\Big(W_\mu^{(+)}W^{\mu(-)}A_\nu A^\nu - W_\mu^{(+)}W_\nu^{(-)}A^\mu A^\nu\Big) +$$
$$+ eg\cos\vartheta\Big(2W_\mu^{(+)}W^{\mu(-)}Z_\nu A^\nu - W_\mu^{(+)}W_\nu^{(-)}Z^\mu A^\nu - W_\mu^{(+)}W_\nu^{(-)}Z^\nu A^\mu\Big) +$$
$$+ g^2\Big(W_\mu^{(+)}W^{\mu(-)}W_\nu^{(+)}W^{\nu(-)} - W_\mu^{(+)}W^{\mu(-)}W_\nu^{(+)}W^{\nu(+)}\Big), \tag{22.8.59}$$

$$L_H = \frac{1}{2}\chi_{,\mu}\chi^{,\mu} - h\lambda^2\chi^2 +$$
$$+ \frac{1}{4}g^2\Big(W_\mu^{(+)}W^{\mu(-)} + (2\cos\vartheta)^{-1}Z_\mu Z^\mu\Big)\Big(2\lambda\chi + \chi^2\Big) - \tag{22.8.60}$$
$$- h\chi^2\Big(\lambda\chi + \frac{1}{4}\chi^2\Big) - \sum_{k=e,\mu,\tau}\bar{\psi}_k\psi_k\chi.$$

Das hier auftretende Feld $\chi(x)$ beschreibt die Abweichung des Higgs-Feldes vom Vakuumerwartungswert. Es gilt also $c(x) = \frac{1}{\sqrt{2}}(\lambda + \chi(x))$. Man vergleiche die Komplexität der obigen Lagrangedichte mit der strukturellen Transparenz von (22.8.18).

22.9 Formelsammlung

Symmetrien und Erhaltungssätze

Translation

$$\psi'_\mu(\boldsymbol{x},t) = \hat{U}_x(\boldsymbol{x}_0)\psi_\mu(\boldsymbol{x},t),$$
$$\hat{U}_x(\boldsymbol{x}_0) = \mathrm{e}^{-\boldsymbol{x}_0\cdot\nabla} = \mathrm{e}^{-\frac{i}{\hbar}\boldsymbol{x}_0\cdot\hat{\boldsymbol{p}}} \ldots \quad \text{Translationsoperator}$$
$$\hat{U}_x^\dagger(\boldsymbol{x}_0) = \hat{U}_x^{-1}(\boldsymbol{x}_0),$$

Homogenität des Raumes $\leftrightarrow [\hat{H},\hat{\boldsymbol{p}}] = 0 \leftrightarrow$ Impulserhaltung.

Zeitverschiebung

$$\psi'_\mu(\boldsymbol{x},t) = \hat{U}_t(t_0)\psi_\mu(\boldsymbol{x},t), \hat{U}_t(t_0) \quad = \mathrm{e}^{-t_0\frac{\partial}{\partial t}} = \mathrm{e}^{\frac{i}{\hbar}t_0\hat{E}} \quad \ldots \text{Zeitverschiebungsoperator}$$
$$\hat{U}_t^\dagger(t_0) = \hat{U}_t^{-1}(t_0),$$

Homogenität der Zeit $\leftrightarrow [\hat{H},\hat{E}] = 0 \leftrightarrow$ Energieerhaltung.

Rotation

$$\psi'_\mu(\boldsymbol{x},t) = \hat{U}_R(\boldsymbol{\phi})\psi_\mu(\boldsymbol{x},t),$$
$$\hat{U}_R(\boldsymbol{\phi}) = \mathrm{e}^{-\frac{i}{\hbar}\boldsymbol{\phi}\cdot\hat{\boldsymbol{L}}} \quad \ldots \text{Drehoperator}$$
$$\hat{U}_R^\dagger(\boldsymbol{\phi}) = \hat{U}_R^{-1}(\boldsymbol{\phi}),$$

Isotropie des Raumes $\leftrightarrow [\hat{H},\hat{\boldsymbol{L}}] = 0 \leftrightarrow$ Drehimpulserhaltung.

Halbeinfache Lie-Gruppen

Cartansches Kriterium

$$\det(g_{ij}) \neq 0, \quad \text{für } g_{ij} := C_{ikl}C_{jkl}.$$

Generatoren

$$\hat{U}(\boldsymbol{\alpha}) = \mathrm{e}^{i\sum_{j=1}^{n}\alpha_j\hat{L}_j}, \quad \forall\hat{U}(\boldsymbol{\alpha}) \in G,$$
$$\hat{L}_j = i\left.\frac{\partial\hat{U}(\boldsymbol{\alpha})}{\partial\alpha_j}\right|_{\boldsymbol{\alpha}=0},$$
$$[\hat{L}_j,\hat{L}_k] = C_{jkl}\hat{L}_l, \ldots \text{Kommutationsbeziehungen}$$
$$\Big[[\hat{L}_j,\hat{L}_k],\hat{L}_l\Big] + \Big[[\hat{L}_k,\hat{L}_l],\hat{L}_j\Big] + \Big[[\hat{L}_l,\hat{L}_j],\hat{L}_k\Big] = 0 \ldots \text{Jacobi-Identität.}$$

Strukturkonstanten

$$C_{jkl} = -C_{kjl},$$
$$C_{ijm}C_{mkn} + C_{jkm}C_{min} + C_{kim}C_{mjn} = 0.$$

Casimir-Operatoren

$$[\hat{C}_j,\hat{U}(\boldsymbol{\alpha})] = 0, \quad \forall\hat{U}(\boldsymbol{\alpha}) \in G, \quad [\hat{C}_j,\hat{C}_k] = 0, \quad j,k = 1,\ldots,l, \quad l \ldots \text{Rang der Gruppe}$$
$$\hat{C}_k = \hat{C}_k\Big(\hat{L}_1,\ldots,\hat{L}_l\Big), \quad k = 1,\ldots,l,$$
$$\hat{H} = \hat{H}\Big(\hat{C}_1,\ldots,\hat{C}_l\Big),$$
$$\hat{C}_1 = g^{\mu\nu}\hat{L}_\mu\hat{L}_\nu, \qquad g^{\mu\nu} = \sum_{\sigma,\rho} C_{\mu\sigma\rho}C_{\nu\rho\sigma}.$$

Die Gruppe $SU(n)$

Generatoren

$$\hat{L}_j^\dagger = \hat{L}_j, \quad \mathrm{Sp}\,\hat{L}_j = 0, \quad j = 1,\ldots,n^2-1.$$

Casimir-Operatoren

$$\hat{C}_k = \sum_{i_1,i_2,\ldots} b_k{}^{i_1 i_2\ldots}\Big(C_{\mu\nu\sigma}\Big)\hat{L}_{i_1}\hat{L}_{i_2}\ldots, \quad k = 1,\ldots,n-1.$$

Die Gruppe $SU(2)$

Generatoren

$$\hat{S}_j = \frac{1}{2}\hat{\sigma}_j, \quad j = 1,\ldots,3,$$

mit den Pauli-Matrizen

$$\hat{\sigma}_1 = \begin{pmatrix} 0 & 1 \\ 1 & 0 \end{pmatrix}, \quad \hat{\sigma}_2 = \begin{pmatrix} 0 & -i \\ i & 0 \end{pmatrix}, \quad \hat{\sigma}_3 = \begin{pmatrix} 1 & 0 \\ 0 & -1 \end{pmatrix},$$

$$\hat{S}_j\hat{S}_k = 2i\hat{S}_l, \qquad [\hat{S}_j,\hat{S}_k] = i\epsilon_{jkl}\hat{S}_l, \qquad [\hat{S}_j,\hat{S}_k]_+ = \frac{1}{2}\delta_{jk}.$$

Casimir-Operatoren

$$\hat{C}_1 = \sum_{j=1}^{3}\hat{S}_j{}^2 = \frac{3}{4}\hat{\mathbf{1}}.$$

Die Gruppe $SU(3)$

Generatoren

$$\hat{F}_j = \frac{1}{2}\hat{\lambda}_j, \quad j = 1,\ldots,8,$$

mit den Gell-Mann-Matrizen

$$\hat{\lambda}_1 = \begin{pmatrix} 0 & 1 & 0 \\ 1 & 0 & 0 \\ 0 & 0 & 0 \end{pmatrix}, \quad \hat{\lambda}_2 = \begin{pmatrix} 0 & -i & 0 \\ i & 0 & 0 \\ 0 & 0 & 0 \end{pmatrix}, \quad \hat{\lambda}_3 = \begin{pmatrix} 1 & 0 & 0 \\ 0 & -1 & 0 \\ 0 & 0 & 0 \end{pmatrix},$$

$$\hat{\lambda}_4 = \begin{pmatrix} 0 & 0 & 1 \\ 0 & 0 & 0 \\ 1 & 0 & 0 \end{pmatrix}, \quad \hat{\lambda}_5 = \begin{pmatrix} 0 & 0 & -i \\ 0 & 0 & 0 \\ i & 0 & 0 \end{pmatrix}, \quad \hat{\lambda}_6 = \begin{pmatrix} 0 & 0 & 0 \\ 0 & 0 & 1 \\ 0 & 1 & 0 \end{pmatrix},$$

$$\hat{\lambda}_7 = \begin{pmatrix} 0 & 0 & 0 \\ 0 & 0 & -i \\ 0 & i & 0 \end{pmatrix}, \quad \hat{\lambda}_8 = \frac{1}{\sqrt{3}}\begin{pmatrix} 1 & 0 & 0 \\ 0 & 1 & 0 \\ 0 & 0 & -2 \end{pmatrix}.$$

$$[\hat{F}_j, \hat{F}_k] = i f_{jkl} \hat{F}_l, \qquad [\hat{F}_j, \hat{F}_k]_+ = d_{jkl} \hat{F}_l + \frac{1}{3}\delta_{jk}\hat{\mathbf{1}},$$

mit

$$f_{jkl} = -f_{kjl} = -f_{jlk}, \qquad d_{jkl} = d_{kjl} = d_{jlk}.$$

Casimir-Operatoren

$$\hat{C}_1 = \sum_{j=1}^{8} \hat{F}_j{}^2 = -\frac{2i}{3} \sum_{j,k,l} f_{jkl} \hat{F}_j \hat{F}_k \hat{F}_l,$$

$$\hat{C}_2 = \sum_{j,k,l} d_{jkl} \hat{F}_j \hat{F}_k \hat{F}_l.$$

Eichfeldtheorie

Lagrangedichte

$$L = -\frac{1}{2} \mathrm{Sp} \left\{ \hat{F}_{\mu\nu} \hat{F}^{\mu\nu} \right\} + i \bar{\hat{\psi}} \gamma^\mu \hat{D}_\mu \hat{\psi},$$

mit

$$\hat{D}_\mu := \partial_\mu - i g \hat{A}_\mu \qquad \text{. . . eichinvariante Ableitung},$$

$$\hat{F}_{\mu\nu} = \partial_\mu \hat{A}_\nu - \partial_\nu \hat{A}_\mu - i g [\hat{A}_\mu, \hat{A}_\nu] = \frac{i}{g} [\hat{D}_\mu, \hat{D}_\nu],$$

$$\hat{A}_\mu = \sum_{j=1}^{n} \hat{A}_\mu^j(x) \hat{T}_j = \vec{A}_\mu \cdot \vec{\hat{T}} \qquad \text{. . . Eichfelder.}$$

Eichtransformationen

$$\hat{A}_\mu \to \hat{A}'_\mu = \hat{U} \hat{A}_\mu \hat{U}^{-1} + \frac{i}{g} \hat{U} \left(\partial_\mu \hat{U}^{-1} \right),$$

$$\hat{\psi} \to \hat{\psi}' = \hat{U} \hat{\psi},$$

mit

$$\hat{U} := \hat{U}(\vec{\theta}) = \mathrm{e}^{i g \hat{\theta}}, \quad \hat{\theta} = \sum_{j=1}^{n} \theta^j(x) \hat{T}_j = \vec{\theta} \cdot \vec{\hat{T}}.$$

Massenerzeugung durch Wechselwirkung

Lagrangedichte für vorgegebene Felder

$$L = \frac{1}{2}\sum_{j=1}^{n}\left(\dot{\psi}_j{}^2 - |\nabla\psi_j|^2\right) - U\left(\psi_1(x), \ldots \psi_n(x)\right) =$$

$$= \frac{1}{2}\sum_{j=1}^{n}\left(\dot{\psi}_j{}^2 - |\nabla\psi_j|^2\right) - \frac{1}{2}\sum_{j,k=1}^{n}(M^2)_{jk}(\psi_j - \psi_j^0)(\psi_k - \psi_k^0) + O(\psi_i{}^3) - U(\psi_i^0),$$

mit

$$(M^2)_{jk} := \left.\frac{\partial^2 U}{\partial\psi_j\partial\psi_k}\right|_{\psi_i=\psi_i^0}.$$

Lagrangedichte für transformierte Felder

$$L = \frac{1}{2}\sum_{\mu=1}^{n}\left\{\dot{\tilde{\psi}}_\mu{}^2 - |\nabla\tilde{\psi}_\mu|^2 - (M^2)_\mu\tilde{\psi}_\mu{}^2\right\} + O(\tilde{\psi}_i{}^3) - U(\psi_i^0).$$

Feldgleichungen

$$\Box\tilde{\psi}_\mu + (M^2)_\mu\tilde{\psi}_\mu = 0, \quad \mu = 1, \ldots, n.$$

Eichtheorie und ART

Transformationen

$$\psi' = \mathrm{e}^{ig\hat{\theta}}\psi, \qquad u^{\mu'} = \Lambda^\mu{}_\nu u^\nu.$$

Ableitungen

$$\hat{D}_\mu\psi = \left(\partial_\mu + \hat{\Gamma}_\mu(x)\right)\psi, \qquad \nabla_\mu u^\nu = \partial_\mu u^\nu + \Gamma^\nu{}_{\alpha\mu}u^\alpha,$$

mit

$$\hat{\Gamma}_\mu(x) = -ig\hat{A}_\mu(x), \qquad \Gamma^\nu{}_{\alpha\mu} = -\frac{1}{2}g^{\nu\sigma}(g_{\alpha\sigma,\mu} + g_{\sigma\mu,\alpha} - g_{\mu\alpha,\sigma}).$$

Kommutatoren

$$\hat{F}_{\mu\nu} = \frac{i}{g}[\hat{D}_\mu, \hat{D}_\nu], \qquad R^\alpha{}_{\beta\nu\mu}u_\alpha = [\nabla_\mu, \nabla_\nu]u_\alpha.$$

Anhang: Mathematische Methoden

Betrachtet man die Entwicklung der theoretischen Physik von ihren Anfängen bis zur Gegenwart, so erkennt man, daß ein Vorstoß in Neuland meist mit einer Komplizierung des mathematischen Instrumentariums verbunden ist.

Die klassische Mechanik beschreibt die Bewegung von Massenpunkten in Raum und Zeit in Abhängigkeit von den wirkenden Kräften. Die notwendigen mathematischen Voraussetzungen sind *Vektoralgebra*, die Theorie *gewöhnlicher Differentialgleichungen* und *Variationsrechnung* für *Funktionen einer Veränderlichen.*

Die nichtrelativistische Elektrodynamik verwendet die Vorstellung von in Raum und Zeit kontinuierlich veränderlichen Feldgrößen. Der passende mathematische Formalismus ist die *Vektoranalysis*, die Grundgleichungen sind *partielle Differentialgleichungen*, die Lagrangesche Formulierung der Theorie benötigt die *Variationsrechnung* für *Funktionen mehrerer Veränderlicher*.

Die relativistische Elektrodynamik beschreibt das elektromagnetische Feld in einem vierdimensionalen Raum-Zeit-Kontinuum vorgegebener Struktur. In dieser Theorie kommt man mit Vektoren nicht mehr aus – man benötigt Grundlagen der *Tensorrechnung in (Pseudo)Euklidischen Räumen.*

In der Allgemeinen Relativitätstheorie wird die Raum-Zeit-Struktur selbst als dynamisches Objekt angesehen, womit sich diese Theorie von allen anderen klassischen Theorien, die „absolute“ Raum-Zeit Theorien repräsentieren, grundlegend unterscheidet. Demzufolge ist auch der mathematische Formalismus der Allgemeinen Relativitätstheorie ziemlich kompliziert: der passende Kalkül ist die *Tensoranalysis in Riemannschen Räumen*, als Grundgleichung erhält man ein System *nichtlinearer, partieller Differentialgleichungen.*

Neben der als bekannt vorausgesetzten Differential- und Integralrechnung für Funktionen mehrerer Veränderlicher benötigen wir somit als mathematische Voraussetzungen für die Formulierung der klassischen physikalischen Theorien und ihrer Grundgleichungen die Variationsrechnung (Kapitel 23), die Vektorrechnung und die Tensorrechnung (Kapitel 24) in gebotener Ausführlichkeit.

In der Quantenphysik spielt die *Theorie linearer Operatoren im Hilbertraum* eine fundamentale Rolle: das physikalische Geschehen wird mit Hilfe spezieller Transformationen unendlichdimensionaler Räume hoher Symmetrie beschrieben. Diese Theorie ist ein spezieller Zweig der in Kapitel 26 behandelten *Funktionalanalysis*.

Die Grundgleichungen der theoretischen Physik sind partielle Differentialgleichungen zweiter Ordnung. Ihre Invertierung stellt das Kernproblem der sogenannten *mathematischen Physik* dar. Diesem Problemkreis sind die Kapitel 25 (Reihen- und Integralentwicklungen), 27 (partielle Differentialgleichungen), und 28 (Theorie der Distributionen) gewidmet.

Die folgende Präsentation des umfangreichen Stoffgebietes berücksichtigt an erster Stelle die Bedürfnisse des Physikers und Ingenieurs. Auf Beweise wird verzichtet, wenn sie in der mathematischen Literatur bequem zugänglich sind, und die rechentechnischen Konsequenzen der Satzaussage nicht unmittelbar fördern.

23 Variationsrechnung

Eine wichtige Problemstellung der gewöhnlichen Differentialrechnung ist die Bestimmung der Extremwerte einer Funktion einer oder mehrerer Veränderlicher. Im Rahmen der Variationsrechnung wird diese Fragestellung verallgemeinert: Es wird ein Extremwert einer von einer oder mehreren Funktionen abhängigen „Funktionenfunktion" gesucht.

Bekannte Variationsprobleme sind das *isoperimetrische Problem*, wo eine geschlossene Kurve vorgegebener Länge mit dem größten Flächeninhalt gesucht wird, die auf *J. Bernoulli* (1667–1748) zurückgehende Bestimmung von Kurven minimaler Länge auf einer vorgegebenen gekrümmten Fläche (geodätische Linien), das *Brachistonenproblem*, wo zwischen zwei vorgegebenen Raumpunkten jene Kurve gesucht wird, die ein unter dem Einfluß der Schwerkraft reibungsfrei gleitender Massenpunkt in kürzester Zeit durchläuft, u.a.m.

Die Methoden zur Lösung allgemeiner Variationsprobleme gehen auf *L. Euler* (1707–1783) und *J.L. Lagrange* (1736–1813) zurück. Der erstere entdeckte für eindimensionale Problemstellungen die nach ihm benannten *Eulerschen Gleichungen*, wobei ihm die Herleitung mit Hilfe eines „Diskretisierungsverfahrens" gelang. Lagrange ersetzte dieses Verfahren durch einen eleganteren, auch für mehrdimensionale Probleme geeigneten Formalismus, den auch wir auf den folgenden Seiten verwenden werden.

Trotz dieser Erfolge blieb man begrifflich ziemlich im Vagen: Gebilde wie „benachbarte Funktionen" und „Funktionenfunktionen" konnten erst im Rahmen funktionalanalytischer Betrachtungsweise exakt definiert werden.

In der theoretischen Physik spielt die Variationsrechnung eine bedeutende Rolle, da viele fundamentale Naturgesetze als „Minimalprinzipien" interpretiert werden können. So lassen sich die Newtonsche Grundgleichung, die Maxwellgleichungen und die Einsteinschen Feldgleichungen ebenso als Eulersche Gleichungen eines zugeordneten Variationsproblems formulieren, wie die Grundgleichungen der Quantentheorien.

23.1 Das einfachste Variationsproblem

Wir betrachten das Integral

$$J := \int_{x_1}^{x_2} F(x, y(x), y'(x))\,dx. \tag{23.1.1a}$$

Dabei bezeichnet $y(x)$ eine auf dem Intervall $[x_1, x_2]$ definierte, stetig differenzierbare Funktion, die den Randbedingungen

$$y(x_1) = y_1, \qquad y(x_2) = y_2 \tag{23.1.1b}$$

genügt. F ist eine vorgegebene, reellwertige Funktion der drei Veränderlichen x, y, y', die wir als zweimal stetig differenzierbar voraussetzen.

Durch (23.1.1a) wird jeder Funktion $y(x)$ eine reelle Zahl J zugewiesen, d.h. es wird die Menge aller stetig differenzierbarer Funktionen mit den Randbedingungen (23.1.1b) auf den Körper der reellen Zahlen abgebildet. Die lineare Abbildung einer Funktionenmenge auf einen Zahlenkörper bezeichnet man auch als *Funktional*. Dieser Begriff stellt eine Verallgemeinerung des gewöhnlichen Funktionsbegriffes dar, wo zwei Zahlenkörper aufeinander abgebildet werden. Wir verdeutlichen dies in der folgenden Schreibweise:

$f(x) : \mathbb{R} \to \mathbb{R}$: ... reellwertige, auf $\mathbb{R}$ definierte Funktion;

$J(y) : C^1[x_1,x_2] \to \mathbb{R}$: ... reellwertiges, auf der Menge aller in $[x_1,x_2]$ stetig differenzierbarer Funktionen $C^1[x_1,x_2]$ definiertes Funktional.

Uns interessiert nun, für welche Funktion $y(x)$ das Integral (23.1.1a) einen größten (oder kleinsten) Wert annimmt, d.h. für welche Funktion $y(x)$ das Funktional $J(y)$ einen Extremwert besitzt. Zur Lösung dieses Problems betrachten wir Bild 23.1:

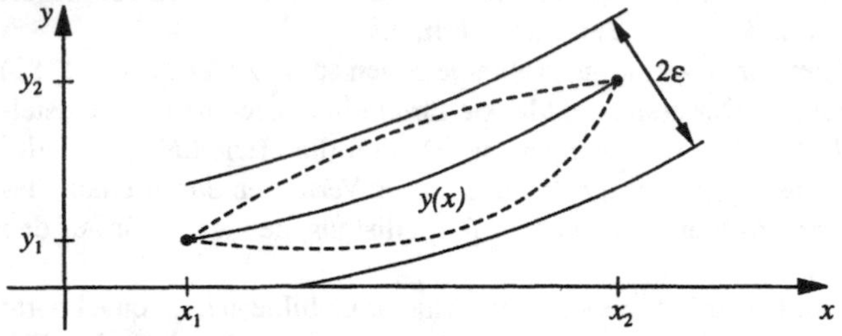

Bild 23.1

Neben der gesuchten Lösungsfunktion $y(x)$ sind hier einige zu $y(x)$ „benachbarte" Funktionen $\bar{y}(x) \in C^1[x_1,x_2]$ angeführt, die ebenfalls den Randbedingungen (23.1.1b) genügen. Der Begriff der „Nachbarschaft" wird dahingehend präzisiert, daß

1. alle zu $y(x)$ benachbarten Funktionen $\bar{y}(x)$ in einem Streifen der Breite 2ϵ liegen.
2. alle zu $y(x)$ benachbarten Funktionen $\bar{y}(x)$ dieselben Randbedingungen wie $y(x)$ erfüllen.

Jede Funktion $\bar{y}(x)$ ist daher darstellbar als

$$\bar{y}(x) = y(x) + \alpha w(x), \tag{23.1.2a}$$

mit

$$w(x_1) = 0, \qquad w(x_2) = 0, \tag{23.1.2b}$$

wobei $w(x)$ eine beliebige Funktion $w \in C^1[x_1,x_2]$, und α einen hinreichend kleinen, von ϵ unabhängigen reellen Parameter bezeichnet. Setzen wir diese Schar von Vergleichsfunktionen in das Integral (23.1.1a) ein, so erhalten wir

$$J(\alpha) = \int_{x_1}^{x_2} F(x, y(x) + \alpha w(x), y'(x) + \alpha w'(x))dx. \tag{23.1.3}$$

Voraussetzungsgemäß nimmt das Integral seinen Extremwert für die Funktion $\bar{y}(x) = y(x)$ an, d.h. für $\alpha = 0$. Daraus folgt als notwendige Bedingung

$$J'(23.0) = \left.\frac{dJ(\alpha)}{d\alpha}\right|_{\alpha=0} = 0. \qquad (23.1.4)$$

Setzt man (23.1.3) in (23.1.4) ein, so erhält man nach Vertauschung von Differentiation und Integration

$$J'(0) = \int_{x_1}^{x_2} (F_y w(x) + F_{y'} w'(x))dx = 0. \qquad (23.1.5)$$

Durch partielle Integration des zweiten Terms ergibt sich damit

$$J'(0) = F_{y'} w(x)|_{x_1}^{x_2} + \int_{x_1}^{x_2} \left(F_y - \frac{d}{dx}F_{y'}\right) w(x)dx = 0, \qquad (23.1.6)$$

und wegen der homogenen Randbedingungen (23.1.2b) für die Funktion $y(x)$:

$$\int_{x_1}^{x_2} \left(F_y - \frac{d}{dx}F_{y'}\right) w(x)dx = 0. \qquad (23.1.7)$$

Für eine weitere Verarbeitung dieser Aussage benötigen wir den

Satz A.1.1: *Sei $f(x) \in C[x_1,x_2]$, und gilt*

$$\int_{x_1}^{x_2} f(x)g(x)dx = 0$$

für alle Funktionen $g \in C^1[x_1,x_2]$, mit

$$g(x_1) = g(x_2) = 0.$$

Dann ist $f(x) = 0$, $\forall x \in [x_1,x_2]$.

Dies ist das *Fundamentallemma der Variationsrechnung*. Für einen Beweis sei z.B. auf [25], [45]IV, verwiesen. Wenden wir das Fundamentallemma auf die Beziehung (23.1.7) an, so folgt

$$F_y - \frac{d}{dx}F_{y'} = 0. \qquad (23.1.8)$$

Dies ist die *Eulersche Differentialgleichung* des Problems (23.1.1). Sie stellt eine notwendige Bedingung für die Existenz eines Extremums des Integrals (23.1.1a) dar. Führen wir die totale Differentiation von F_y nach x durch, so erhalten wir aus (23.1.8) die Darstellung

$$F_{y'y'}y'' + F_{y'y}y' + F_{xy'} - F_y = 0. \qquad (23.1.9)$$

Es handelt sich bei der Eulerschen Differentialgleichung also um eine i.a. nichtlineare Differentialgleichung zweiter Ordnung. Berücksichtigt man noch die Randbedingungen (23.1.1b), so erhält man für die Berechnung der durch das Variationsproblem (23.1.1) definierten Funktion $y(x)$ das *Randwertproblem*

$$F_y - \frac{d}{dx}F_{y'} = 0, \qquad \text{(a)}$$
$$y(x_1) = y_1, \quad y(x_2) = y_2. \qquad \text{(b)} \tag{23.1.10}$$

Die Äquivalenz dieser Aufgabenstellung mit dem Ausgangsproblem (23.1.1) ist dann sichergestellt, wenn man zeigen kann, daß die notwendige Bedingung (23.1.10a) auch hinreichend ist. Wir werden darauf im letzten Abschnitt zurückkommen.

Für die weiteren Ausführungen definieren wir folgende Begriffe

— $\delta y := \alpha w(x)$ heißt *Variation der Funktion* $y(x)$;

— $\delta J := \alpha J'(0)$ heißt *(erste) Variation des Funktionals* (23.1.1a).

Eine notwendige Bedingung für die Existenz eines Extremwertes ist also das Verschwinden der ersten Variation des Funktionals. Mit diesen Begriffen leiten wir die Eulersche Differentialgleichung nochmals auf formale Weise her, wobei wir berücksichtigen, daß für die Variation einer Funktion formal ähnliche Rechenregeln wie für die Differentiation gelten, d.h.

$$\delta F(x, y(x), z(x)) = F_y \delta y + F_z \delta z, \quad \ldots \text{ Kettenregel} \tag{23.1.11}$$

$$\delta\left(\frac{dy}{dx}\right) = \frac{d}{dx}(\delta y), \quad \ldots \text{ Vertauschung von Variation und Differentiation.} \tag{23.1.12}$$

Aus der Bedingung

$$\delta J = \delta \int_{x_1}^{x_2} F dx = 0 \tag{23.1.13}$$

folgt durch *Vertauschung von Variation und Integration* und *Anwendung der „Kettenregel"*

$$\delta \int_{x_1}^{x_2} F dx = \int_{x_1}^{x_2} \delta F dx = \int_{x_1}^{x_2} (F_y \delta y + F_{y'} \delta(y'))dx = 0. \tag{23.1.14}$$

Wegen $\delta(y') = \dfrac{d}{dx}(\delta y)$ folgt nach *partieller Integration* gemäß

$$\int_{x_1}^{x_2} F_{y'} \frac{d}{dx}(\delta y) = F_{y'} \delta y\Big|_{x_1}^{x_2} - \int_{x_1}^{x_2} \left(\frac{d}{dx}F_{y'}\right) \delta y dx \tag{23.1.15}$$

die Beziehung

$$F_{y'} \delta y\Big|_{x_1}^{x_2} + \int_{x_1}^{x_2} \left(F_y - \frac{d}{dx}F_{y'}\right) \delta y dx = 0. \tag{23.1.16}$$

Mit Berücksichtigung der Randbedingungen $y(x_1) = y(x_2) = 0$ und Benützung des *Fundamentallemmas* erhalten wir schließlich die Eulersche Differentialgleichung

$$F_y - \frac{d}{dx}F_{y'} = 0. \tag{23.1.17}$$

Als Merkregel für die Herleitung notieren wir nochmals:

— Vertauschen von Variation und Integration + Kettenregel,

— Vertauschen von Variation und Differentiation + partielle Integration,

— Berücksichtigung der Randbedingungen + Fundamentallemma.

Auch die im folgenden behandelten allgemeineren Probleme (mehrere gesuchte Funktionen, höhere Ableitungen, mehrere unabhängige Veränderliche) werden genau nach dem obigen Rezept abgearbeitet, weshalb wir in den meisten Fällen auf eine ausführliche Herleitung verzichten, und auf die Literatur verweisen werden.

23.2 Der Fall mehrerer gesuchter Funktionen

In Verallgemeinerung zu (23.1.1a) betrachten wir das Integral

$$J := \int_{x_1}^{x_2} F(x, y_1(x), y_2(x), \dots y_n(x), y_1{}'(x), y_2{}'(x), \dots y_n{}'(x))dx, \tag{23.2.1a}$$

mit n Funktionen $y_k(x) \in C^1[x_1,x_2]$, $k = 1, \dots, n$, die den $2n$ Randbedingungen

$$y_k(x_1) = y_{k1}, \quad y_k(x_2) = y_{k2}, \quad \forall k = 1, \dots, n \tag{23.2.1b}$$

genügen. F sei wiederum als zweimal stetig differenzierbar bezüglich aller $n + 1$ Variablen $x, y_1 \dots y_n$ vorausgesetzt. Gesucht sind nun n Funktionen $y_k(x)$, $k = 1, \dots, n$, die den Randbedingungen genügen und das Funktional $J(y_1, \dots, y_n)$ zu einem Extremum machen. Eine zu Abschnitt 23.1 analoge Vorgangsweise ergibt als notwendige Bedingung die Eulerschen Differentialgleichungen

$$F_{y_k} - \frac{d}{dx} F_{y_k'} = 0, \quad \forall k = 1, \dots, n. \tag{23.2.2}$$

(23.2.2) stellt ein System von n gewöhnlichen, i.a. nichtlinearen Differentialgleichungen zweiter Ordnung für die Lösungsfunktionen $y_k(x)$, $k = 1, \dots, n$ dar. Sie sind durch die $2n$ Randbedingungen (23.2.1b) eindeutig festgelegt.

23.3 Der Fall höherer Ableitungen

Wir betrachten das Integral

$$J := \int_{x_1}^{x_2} F(x, y(x), y'(x), y''(x), \dots y^{(n)}(x))dx \tag{23.3.1a}$$

mit der n mal stetig differenzierbaren Funktion $y \in C^n[x_1,x_2]$, die den $2n$ Randbedingungen

$$y^{(k)}(x_1) = y^k{}_1, \quad y^{(k)}(x_2) = y^k{}_2, \quad \forall k = 0, \dots n-1 \tag{23.3.1b}$$

genügt. Die Funktion F wird als n mal stetig differenzierbar vorausgesetzt. Die Eulersche Differentialgleichung lautet

$$F_y - \frac{d}{dx}F_{y'} + \frac{d^2}{dx^2}F_{y''} - \cdots + (-1)^n \frac{d^n}{dx^n}F_{y^{(n)}} = 0. \tag{23.3.2}$$

Dies ist eine gewöhnliche, i.a. nichtlineare Differentialgleichung n-ter Ordnung für die Funktion $y(x)$, die durch (23.3.2) und die $2n$ Randbedingungen (23.3.1b) eindeutig festgelegt ist.

23.4 Der Fall mehrerer unabhängiger Veränderlicher

Sei B ein beschränktes Gebiet des n-dimensionalen Euklidischen Raumes $\mathbb{R}^n$ mit der Berandung $R(B)$. Wir betrachten das Integral

$$\begin{aligned} J \ &:= \ \int \cdots \int_{B\subset\mathbb{R}^n} F\left(x^1,\ldots,x^n, y(x^1,\ldots,x^n), \frac{\partial y}{\partial x^1}, \frac{\partial y}{\partial x^2}, \cdots \frac{\partial y}{\partial x^n}\right) dx^1 \ldots dx^n \\ &= \ \int_B F(\boldsymbol{x}, y(\boldsymbol{x}), \operatorname{grad} y(\boldsymbol{x})) dV. \end{aligned} \tag{23.4.1a}$$

Dabei gelten die Abkürzungen

$$\boldsymbol{x} := (x^1, \ldots, x^n), \quad dV = dx^1 dx^2 \ldots dx^n. \tag{23.4.2}$$

Die partiellen Ableitungen von $y(\boldsymbol{x})$ sind in der Gradientenfunktion symbolisch zusammengefaßt. (23.4.1a) stellt eine Verallgemeinerung des Ausgangsproblems (23.1.1a) auf n Dimensionen dar. Die Funktion $y(\boldsymbol{x})$ wird wieder auf B stetig differenzierbar vorausgesetzt, d.h. $y \in C^1(B)$. Sie soll der Randbedingung

$$y|_{R(B)} = h \tag{23.4.1b}$$

genügen. Für F setzten wir sinngemäß die Existenz stetiger partieller Ableitungen einschließlich zweiter Ordnung voraus. Da mehrdimensionale Probleme obiger Form in der theoretischen Physik häufig auftreten, leiten wir die Eulersche Differentialgleichung nochmals explizit her. Aus Gründen der Übersichtlichkeit schreiben wir dabei die partiellen Ableitungen ausführlich an:

$$\delta J = \delta \int_B F(\boldsymbol{x}, y(\boldsymbol{x}), \operatorname{grad} y(\boldsymbol{x})) dV = \int_B \left(\frac{\partial F}{\partial y}\delta y + \sum_{k=1}^{n} \frac{\partial F}{\partial \left(\frac{\partial y}{\partial x^k}\right)} \delta\left(\frac{\partial y}{\partial x^k}\right)\right) dV = 0. \tag{23.4.3}$$

Durch Vertauschung von Variation und Differentiation und nachfolgender partieller Integration gemäß

$$\int_B \left(\sum_{k=1}^{n} \frac{\partial F}{\partial \left(\frac{\partial y}{\partial x^k}\right)} \frac{\partial}{\partial x^k}(\delta y)\right) dV = \sum_{k=1}^{n} \frac{\partial F}{\partial \left(\frac{\partial y}{\partial x^k}\right)} \delta y|_{R(B)} - \int_B \left(\sum_{k=1}^{n} \frac{\partial}{\partial x^k} \frac{\partial F}{\partial \left(\frac{\partial y}{\partial x^k}\right)} (\delta y)\right) dV \tag{23.4.4}$$

erhalten wir die Beziehung

$$\delta J = \sum_{k=1}^{n} \frac{\partial F}{\partial \left(\frac{\partial y}{\partial x^k}\right)} \delta y|_{R(B)} + \int_B \left(\frac{\partial F}{\partial y} - \sum_{k=1}^{n} \frac{\partial}{\partial x^k} \frac{\partial F}{\partial \left(\frac{\partial y}{\partial x^k}\right)}\right) \delta y dV = 0. \tag{23.4.5}$$

Wegen $\delta y|_{R(B)} = 0$ folgt nach Anwendung des Fundamentallemmas (das für den mehrdimensionalen Fall ebenso wie im eindimensionalen Fall gilt) als notwendige Bedingung

$$\frac{\partial F}{\partial y} - \sum_{k=1}^{n} \frac{\partial}{\partial x^k} \frac{\partial F}{\partial \left(\frac{\partial y}{\partial x^k}\right)} = 0. \tag{23.4.6}$$

In diesem Fall ist die Eulersche Differentialgleichung eine i.a. nichtlineare, partielle Differentialgleichung zweiter Ordnung für die Lösungsfunktion $y(\boldsymbol{x})$. Sie ist durch die Randbedingung (23.4.1b) eindeutig festgelegt.

Wir wollen (23.4.6) noch mit Hilfe einer kompakteren Schreibweise formulieren, wie sie in der Tensoranalysis üblich ist. Dazu notieren wir die partiellen Ableitungen einer beliebigen Funktion f in der Form

$$f_{,k} := \frac{\partial f}{\partial x^k} \tag{23.4.7}$$

und verwenden die *Einsteinsche Summationskonvention:*

> *Über zwei gleichlautende Indizes, von denen der eine unten, der andere oben steht, ist automatisch zu summieren.*

Dabei repräsentiert ein im Nenner oben stehender Index einen „unteren" Index (siehe (23.4.7)). Damit schreibt sich (23.4.6) in der Form

$$F_y - \frac{\partial}{\partial x^k} F_{y,k} = 0. \tag{23.4.8}$$

Man beachte die formale Ähnlichkeit von (23.4.8) mit (23.2.2)!

Falls B ein unbegrenzter Bereich des $\mathbb{R}^n$ ist, gelten prinzipiell dieselben Verhältnisse, wobei allerdings die Randfunktion h derart angenommen werden muß, daß sie im Unendlichen geeignet verschwindet.

23.5 Allgemeinere Problemstellungen

Wir haben bisher nur Randbedingungen verwendet, wo die Funktionswerte der Lösung auf dem Rand des betrachteten Bereichs vorgegeben waren. Die aus derartigen Variationsaufgaben hervorgehenden Randwertprobleme bezeichnet man als *Randwertprobleme erster Art.*

Genausogut können jedoch auch die Werte der Normalableitung der Lösungsfunktion am Bereichsrand vorgegeben sein. Die Variationsaufgaben führen dann auf *Randwertprobleme zweiter Art.*

Außerdem können noch sogenannte *Nebenbedingungen* angegeben sein, die weitere Restriktionen für die Lösungsfunktion $y(x)$ darstellen. Wir gehen auf diese Verallgemeinerungen nicht weiter ein, sondern verweisen auf die entsprechende Literatur ([25], [45]IV).

23.6 Charakteristische Schwierigkeiten der Variationsrechnung

23.6.1 Analogien und Unterschiede zur elementaren Theorie der Maxima und Minima

Wir betrachten folgendes Standardproblem der gewöhnlichen Differentialrechnung:

Gegeben sei eine in einem vorgegebenen abgeschlossenen Gebiet $B \subset \mathbb{R}^n$ stetige Funktion $f(x^1,x^2,\ldots x^n)$ der unabhängigen Veränderlichen $x^1,x^2,\ldots x^n$. Gefragt sind jene Stellen $x^1,x^2,\ldots x^n \in B$, in denen $f(x^1,x^2,\ldots x^n)$ Extremwerte annimmt.

Die Lösbarkeit dieser Aufgabe wird durch den *Satz von Weierstraß* sichergestellt:

Satz A.1.2: *Jede in einem abgeschlossenen Gebiet stetige Funktion besitzt im Inneren oder am Rande des Gebiets ein Maximum oder ein Minimum.*

Falls $f(x^1,x^2,\ldots x^m)$ in B differenzierbar ist und das Extremum im Gebietsinneren angenommen wird, gilt als notwendige Bedingung das Verschwinden des Differentials

$$df = 0.$$

Daß diese Bedingung nicht hinreichend ist, zeigt die Existenz von Wendepunkten oder Sattelpunkten. Die Formulierung hinreichender Bedingungen gelingt (fallweise) mit Hilfe der zweiten Ableitungen.

In der Variationsrechnung steht der obigen Bedingung $df = 0$ das Verschwinden der ersten Variation $\delta J = 0$ als notwendige Bedingung für die Existenz eines Extremums gegenüber. Für einen völlig analogen Aufbau der Variationsrechnung zur elementaren Theorie der Minima und Maxima müßte man

1. Einen dem Satz von Weierstraß analogen Satz für Funktionale formulieren.

2. Hinreichende Bedingungen mit Hilfe einer „zweiten Variation“ angeben.

Die zweite Forderung ist prinzipiell erfüllbar, die erste jedoch nicht. Daraus resultiert die eigentümliche Schwierigkeit, daß für sinnvoll formulierte Probleme der Variationsrechnung keine Lösung existieren muß.

Als Beispiel betrachten wir zwei Punkte auf der x-Achse, die durch eine stetig gekrümmte, möglichst kurze Linie derart verbunden werden sollen, daß der Kurvenzug in den beiden Punkten senkrecht auf die x-Achse steht.

Dieses Problem besitzt keine Lösung! Die Länge jedes Kurvenzuges mit passenden Randbedingungen („Vergleichsfunktion“) ist größer als jene der geradlinigen Verbindung, die als Lösung jedoch nicht in Frage kommt, da sie die Voraussetzungen nicht erfüllt. Es existiert also eine untere Grenze, aber kein Minimum, das von einer zulässigen Kurve angenommen wird.

23.6.2 Hinreichende Bedingungen

Das Aufstellen hinreichender Bedingungen ist nicht ganz einfach und geschieht am elegantesten mit Hilfe des funktionalanalytischen Instrumentariums. An dieser Stelle führen wir ohne Beweis ein einfaches, aber sehr rohes hinreichendes Kriterium für die Lösbarkeit des einfachsten Variationsproblems (23.1.1) an. Dazu betrachten wir die Ungleichung

$$F_{y'y'} > 0. \tag{23.6.1}$$

Ist sie nicht nur längs einer Extremalen sondern für Werte von x und $y(x)$ aus einem vorgegebenen Bereich und beliebige Werte von y' erfüllt, so heißt (23.6.1) eine *starke Legendre-Bedingung*. Gilt zusätzlich noch

$$F_{y'y'}F_{yy} - {F_{yy'}}^2 \geq 0, \tag{23.6.2}$$

so liefert eine im vorgegebenen Bereich verlaufende Extremale sicher ein Minimum.

24 Tensorrechnung

Die Mutter der Tensorrechnung ist die klassische *Differentialgeometrie*, die sich bereits im 18. Jahrhundert mit der Untersuchung von im dreidimensionalen Euklidischen Raum eingebetteten, gekrümmten Flächen beschäftigte.

Einen ersten Höhepunkt erreichte die Differentialgeometrie durch die Beiträge von *C.F. Gauß* (1777–1855). In seiner 1827 veröffentlichten fundamentalen Arbeit *Disquisitiones generales circa superficies curva* führte er die Parameterdarstellung $x^i = f^i(u,v)$, $i = 1,\ldots,3$ einer zweidimensionalen Fläche ein, wobei die Gaußschen Koordinaten u,v in einer Teilmenge des $\mathbb{R}^2$ variieren. In derselben Arbeit stellte Gauß die *Fundamentalgrößen erster und zweiter Ordnung* einer Fläche auf, und entwickelte den Begriff der nach ihm benannten *Gaußschen Krümmung*. Schließlich formulierte er das berühmte *theorema egregium*: Die Gaußsche Krümmung einer Fläche läßt sich allein aus den Fundamentalgrößen erster Ordnung und ihren Ableitungen ausdrücken. Daraus folgt, daß zwei aufeinander abwickelbare Flächen in den einander entsprechenden Punkten dieselbe Gaußsche Krümmung besitzen.

Nach Gauß wurde die Entwicklung der Differentialgeometrie unter anderem durch *O. Bonnet* (1819–1892), *G. Mainardi* (1800–1879), *D. Codazzi* (1824–1873) und *C.G. Jacobi* (1804–1851) vorangetrieben. Man hielt jedoch stets an der Vorstellung einer in den dreidimensionalen Raum eingebetteten zweidimensionalen Fläche fest.

Es war der Gauß-Schüler *B. Riemann* (1826–1866), der 1854 in seinem berühmten Habilitationsvortrag *Über die Hypothesen, welche der Geometrie zu Grunde liegen* einen völlig neuen Standpunkt einnahm: Riemann ließ die Vorstellung der Einbettung fallen, und führte den Begriff der *n-dimensionalen Mannigfaltigkeit* ein. Dabei ordnete er jeder in dieser Mannigfaltigkeit gelegenen Kurve eine Länge derart zu, „daß die Länge der Linien unabhängig von ihrer Lage sei". Diese Konzeption stellt den nach ihm benannten *Riemannschen Raum* dar, dessen Geodätische nun ebenso wie auf einer Fläche definiert werden konnten.

In einer weiteren Arbeit warf Riemann die Frage auf, unter welchen Voraussetzungen der Ausdruck $ds^2 = \sum_{i,j}^{n} g_{ij}\,d\xi^i d\xi^j$ durch einen Koordinatenwechsel in das Bogenelement des Euklidischen Raumes $ds^2 = \sum_{i}^{n}(dx^i)^2$ transformiert werden kann. Als Bedingung erhielt er das Verschwinden einer Schar vierfach indizierter, aus den Fundamentalgrößen erster Ordnung und ihren ersten beiden Ableitungen aufgebauten Größen, die wir heute als Komponenten des *Riemann-Tensors* kennen.

1869 verallgemeinerte *E.B. Christoffel* (1829–1900) die Riemannschen Untersuchungen, wobei er die nach ihm benannten (aber bereits bei Riemann vorgebildeten) *Christoffelsymbole erster und zweiter Art* einführte. Mit ihrer Hilfe konnte er das Transformationsverhalten der Ableitungen von Komponenten eines Vektorfeldes bei einem Koordinatenwechsel bequem darstellen. Bei all diesen Untersuchungen taucht der Tensorbegriff jedoch nur in versteckter Form auf.

Die exakte Definition des Tensors und die Entwicklung des „Tensorkalküls" gelang in den folgenden Jahren *G. Ricci* (1853–1925) und *T. Levi-Civita* (1873–1941). 1887 führte Ricci den Begriff des *ko- bzw. kontravarianten Tensors* und die *kovariante Ableitung* ein, mit deren Hilfe auch der Riemannsche Krümmungstensor in neuer, exakter Form definiert werden konnte. Dieser Kalkül wurde 1917 durch Levi-Civita erweitert, womit die „klassische Tensorrechnung“ fertig vorlag. Sie ist das mathematische Grundgerüst der Allgemeinen Relativitätstheorie, und Gegenstand des vorliegenden Kapitels. Allerdings gehen wir bei ihrer Präsentation nicht den durch die historische Entwicklung vorgezeichneten Weg, sondern stellen die Tensorrechnung zunächst unabhängig von der klassischen Differentialgeometrie dar. Abschließend wird die Differentialgeometrie dann als spezielle Anwendung der allgemeinen Riemannschen Geometrie beschrieben.

24.1 Tensoralgebra im Euklidischen Raum

24.1.1 Der Vektor als Tensor 1. Stufe

In diesem Abschnitt wollen wir die Vektoralgebra etwas weiter ausbauen, wobei wir bereits verschiedene Begriffsbildungen der Tensorrechnung kennenlernen werden.

Kovariante und kontravariante Basen

Wir gehen von einer beliebigen Vektorbasis $\{\boldsymbol{g}_i\}$ des $\mathbb{R}^n$ aus, und ordnen ihr eine andere Vektorbasis $\{\boldsymbol{g}^j\}$ durch die Bedingung

$$\boldsymbol{g}_i \cdot \boldsymbol{g}^j = \delta_i^j, \qquad i,j = 1,\ldots,n \tag{24.1.1}$$

zu. Die unterschiedliche Indexstellung dient zur Unterscheidung der beiden Basen. δ_i^j wird als *Kronecker-Symbol* oder *Kronecker-Delta* bezeichnet.

(24.1.1) bedeutet, daß die Elemente zweier verschiedener Basen für $i \neq j$ zueinander orthogonal sein sollen. Dabei muß keine der beiden Basen eine Orthogonalbasis sein! Wir wollen nun die Basisvektoren $\boldsymbol{g}^j$, $j = 1,\ldots,n$ aus den Bedingungen (24.1.1) berechnen. Dazu machen wir den Ansatz

$$\boldsymbol{g}^i = \sum_{j=1}^{i} g^{ij} \boldsymbol{g}_j, \tag{24.1.2}$$

mit den Entwicklungskoeffizienten g^{ij}. Führen wir für beide Seiten von (24.1.2) eine Skalarproduktbildung mit einem Vektor $\boldsymbol{g}_k$ durch, so folgt

$$\boldsymbol{g}^i \cdot \boldsymbol{g}^k = \left(\sum_{j=1}^{n} g^{ij} \boldsymbol{g}_j \right) \cdot \boldsymbol{g}^k = \sum_{j=1}^{n} g^{ij} (\boldsymbol{g}_j \cdot \boldsymbol{g}^k). \tag{24.1.3}$$

Wegen (24.1.1) gilt dann

$$\boldsymbol{g}^i \cdot \boldsymbol{g}^k = \sum_{j=1}^{n} g^{ij} \delta_j^k = g^{ik}. \tag{24.1.4}$$

Im letzten Rechenschritt „filtert“ das Kronecker-Symbol aus der Schar g^{ij}, $j = 1,\ldots,n$ den Wert g^{ik} heraus, da alle anderen Summanden für $j \neq k$ verschwinden. Man erhält damit die Darstellung

$$\boldsymbol{g}^i = \sum_{j=1}^{n} (\boldsymbol{g}^i \cdot \boldsymbol{g}^j) \boldsymbol{g}_j. \qquad (24.1.5)$$

Für eine Berechnung der Basisvektoren $\boldsymbol{g}_j$, $j = 1, \ldots, n$ aus den $\boldsymbol{g}^j$ folgt in gleicher Weise mit

$$\boldsymbol{g}_i = \sum_{j=1}^{n} g_{ij} \boldsymbol{g}^j \qquad (24.1.6)$$

für die Entwicklungskoeffizienten g_{ij} die Beziehung

$$g_{ij} = \boldsymbol{g}_i \cdot \boldsymbol{g}_j, \qquad (24.1.7)$$

und somit die Darstellung

$$\boldsymbol{g}_i = \sum_{j=1}^{n} (\boldsymbol{g}_i \cdot \boldsymbol{g}_j) \boldsymbol{g}^j. \qquad (24.1.8)$$

Für alles Weitere definieren wir folgende Begriffe:

Def 24.1: Die Basis $\{\boldsymbol{g}_j\}$ heißt *kovariante Basis*, ihre Elemente $\boldsymbol{g}_j$, $j = 1, \ldots, n$ werden als *kovariante Basisvektoren* bezeichnet.

Def 24.2: Die n^2 Größen

$$g_{ij} := \boldsymbol{g}_i \cdot \boldsymbol{g}_j, \qquad i, j = 1, \ldots, n \qquad (24.1.9)$$

heißen *kovariante Metrikkoeffizienten*.

Def 24.3: Die Basis $\{\boldsymbol{g}^j\}$ heißt *kontravariante Basis*, ihre Elemente $\boldsymbol{g}^j$, $j = 1, \ldots, n$ werden als *kontravariante Basisvektoren* bezeichnet.

24.4: Die n^2 Größen

$$g^{ij} := \boldsymbol{g}^i \cdot \boldsymbol{g}^j, \qquad i, j = 1, \ldots, n \qquad (24.1.10)$$

heißen *kontravariante Metrikkoeffizienten.**

Weiter treffen wir zur Vereinfachung des Schriftbildes folgende Vereinbarungen:

- — Summenzeichen werden nicht mehr angeschrieben;
- — über oben und unten gleichlautende Indizes wird automatisch summiert.

Diese Regeln werden als *Einsteinsche Summationskonvention* bezeichnet. Die Beziehungen (24.1.5) und (24.1.8) schreiben sich dann in der Form

$$\boldsymbol{g}^i = g^{ij} \boldsymbol{g}_j, \qquad (24.1.5')$$

$$\boldsymbol{g}^i = g_{ij} \boldsymbol{g}^j. \qquad (24.1.8')$$

---

* Die n^2 Größen $g^i{}_j := \boldsymbol{g}^i \cdot \boldsymbol{g}_j$, $i, j = 1, \ldots, n$ heißen *gemischte Metrikkoeffizienten*. Ein Vergleich mit (24.1.1) zeigt die Gültigkeit der Beziehung $g^i{}_j = g_j{}^i = \delta^i_j$.

Damit sind wir allerdings noch nicht am Ziel! In (24.1.5′) benötigen wir zum Aufbau der kontravarianten Vektoren $\boldsymbol{g}^i$ die kontravarianten Metrikkoeffizienten, die sich gemäß (24.1.10) wiederum aus den unbekannten kontravarianten Vektoren ergeben. Dasselbe gilt sinngemäß für (24.1.8′), wo die Bestimmung der kovarianten Vektoren $\boldsymbol{g}_i$ die aus eben diesen Vektoren gebildeten kovarianten Metrikkoeffizienten als bekannt voraussetzt. Wir können uns erst dann zufriedengeben, wenn es uns gelingt g^{ij} irgendwie durch g_{ij} auszudrücken, und umgekehrt. Dann stehen auf der rechten Seite von (24.1.5′) ausschließlich kovariante Größen, auf der rechten Seite von (24.1.8′) ausschließlich kontravariante Größen. Um dies zu erreichen multiplizieren wir (24.1.5′) skalar mit $\boldsymbol{g}_k$ und erhalten unter Beachtung von (24.1.1) und (24.1.9)

$$\delta^i_k = g^{ij} g_{jk}. \tag{24.1.11}$$

(Über j wird summiert!) Dies ist bereits die gesuchte Beziehung. In Matrixschreibweise bedeutet (24.1.11), daß die durch g^{ij} und g_{ik} definierten Matrizen zueinander invers sind (δ^i_k repräsentiert die Einheitsmatrix).

Für die Konstruktion der kontravarianten Basis $\{\boldsymbol{g}^j\}$ aus einer vorgegebenen kovarianten Basis $\{\boldsymbol{g}_j\}$ gilt daher folgende Vorgangsweise:

1. Konstruktion der kovarianten Metrikkoeffizienten $g_{ij} = \boldsymbol{g}_i \cdot \boldsymbol{g}_j$, $i, j = 1, \ldots, n$.
2. Konstruktion der kontravarianten Metrikkoeffizienten g^{ij} durch Invertierung der Matrix g_{ij}:
$$g^{ij} g_{jk} = \delta^i_k.$$

Der Aufbau der kontravarianten Vektoren erfolgt dann gemäß (24.1.5′). Dieselben Verhältnisse gelten sinngemäß für (24.1.8′).

Kovariante und kontravariante Vektorkomponenten

Wir betrachten einen beliebigen Vektor $\boldsymbol{A}$ und stellen ihn einmal bezüglich einer kovarianten Basis $\{\boldsymbol{g}_i\}$ und einmal bezüglich der zugehörigen kontravarianten Basis $\{\boldsymbol{g}^j\}$ dar:

$$\boldsymbol{A} = a^i \boldsymbol{g}_i, \quad \text{(a)} \qquad \boldsymbol{A} = a_j \boldsymbol{g}^j, \quad \text{(b)} \tag{24.1.12}$$

woraus wegen der Invarianz von $\boldsymbol{A}$ bezüglich einer Basiswahl die Beziehung

$$a^i \boldsymbol{g}_i = a_j \boldsymbol{g}^j \tag{24.1.13}$$

folgt. Wir wollen nun die gegenseitige Abhängigkeit der Entwicklungskoeffizienten a^i und a_j feststellen. Durch Skalarproduktbildung von (24.1.13) mit dem Vektor $\boldsymbol{g}^k$ erhält man

$$a^i \delta^k_i = a_j g^{jk},$$

oder

$$a^k = g^{kj} a_j. \tag{24.1.14}$$

In gleicher Weise folgt aus einer Skalarproduktbildung von (24.1.13) mit dem Vektor $\boldsymbol{g}_k$

$$a^i g_{ik} = a_j \delta^j_k,$$

und somit

$$a_k = g_{kj} a^j. \tag{24.1.15}$$

Vergleichen wir die Beziehungen (24.1.14) und (24.1.15) mit den Beziehungen (24.1.5′) und (24.1.8′), so erkennen wir, daß sich die Vektorkomponenten a^k wie die kontravarianten Basisvektoren $\boldsymbol{g}^k$, die Vektorkomponenten a_k wie die kovarianten Basisvektoren $\boldsymbol{g}_k$ verhalten. Wir definieren daher

Def 24.5: Die Vektorkomponenten a_k werden als *kovariante Komponenten*, die Vektorkomponenten a^k als *kontravariante Komponenten* des Vektors $\boldsymbol{A}$ bezeichnet.

Weiter erkennt man aus den obigen Ausführungen folgende wichtige Rechenregeln:

1. **Das Heraufziehen eines Index:** Durch Multiplikation mit den kontravarianten Metrikkoeffizienten wird ein unterer Index heraufgezogen:

$$a^i = g^{ij} a_j, \qquad \boldsymbol{g}^i = g^{ij} \boldsymbol{g}_j. \tag{24.1.16a}$$

2. **Das Herunterziehen eines Index:** Durch Multiplikation mit den kovarianten Metrikkoeffizienten wird ein oberer Index heruntergezogen:

$$a_i = g_{ij} a^j, \qquad \boldsymbol{g}_i = g_{ij} \boldsymbol{g}^j. \tag{24.1.16b}$$

3. **Der Austausch der Indizes:** Durch Multiplikation mit den gemischten Metrikkoeffizienten wird ein Index ausgetauscht:

$$\begin{aligned} a_i &= \delta^i_j a_j & \boldsymbol{g}_i &= \delta^j_i \boldsymbol{g}_j, \\ a^i &= \delta^i_j a^j, & \boldsymbol{g}^i &= \delta^i_j \boldsymbol{g}^j. \end{aligned} \tag{24.1.16c}$$

Die Transformation der Vektorkomponenten

Bisher haben wir uns mit der Darstellung eines Vektors bezüglich einer kovarianten Basis $\{\boldsymbol{g}_i\}$ und der dazugehörigen kontravarianten Basis $\{\boldsymbol{g}^j\}$ beschäftigt. In diesem Abschnitt erweitern wir diese Untersuchungen für beliebige Basissysteme.

Zunächst betrachten wir zwei beliebige Basissysteme $\{\bar{\boldsymbol{g}}_i\}$ und $\{\boldsymbol{g}_j\}$ mit den dazugehörigen Transformationsgleichungen

$$\bar{\boldsymbol{g}}_i = \underline{c}^j_i \boldsymbol{g}_j, \quad \text{(a)} \qquad \boldsymbol{g}_j = \bar{c}^k_j \bar{\boldsymbol{g}}_k. \quad \text{(b)} \tag{24.1.17}$$

Die Koeffizienten $\underline{c}^j_i$ $i,j = 1,\dots,n$ stellen die Entwicklungskoeffizienten für die Darstellung der Vektoren $\bar{\boldsymbol{g}}_i$ im System $\{\boldsymbol{g}_j\}$ dar, die Koeffizienten $\bar{c}^k_j$ $j,k = 1,\dots,n$ repräsentieren die Entwicklungskoeffizienten für $\boldsymbol{g}_j$ im System $\{\bar{\boldsymbol{g}}_k\}$. Die Transformation (24.1.17) ist eine lineare Transformation. Setzt man (24.1.17b) in (24.1.17a) ein, so folgt

$$\bar{\boldsymbol{g}}_i = \underline{c}^j_i \bar{c}^k_j \bar{\boldsymbol{g}}_k,$$

woraus man durch Skalarproduktbildung mit einem Vektor $\boldsymbol{g}^l$ die Beziehung

$$\underline{c}^j_i \bar{c}^l_j = \delta^l_i \tag{24.1.18}$$

erhält. In Matrixschreibweise bedeutet dies, daß die Matrizen $(\underline{c}^j_i)$ und $(\bar{c}^l_j)$ zueinander invers sind.

Umgekehrt folgt durch Einsetzen von (24.1.17a) in (24.1.17b) die Beziehung

$$\boldsymbol{g}_j = \bar{c}_j^k \underline{c}_k^i \boldsymbol{g}_i,$$

und durch Skalarproduktbildung mit einem Vektor $\boldsymbol{g}^l$

$$\bar{c}_j^k \underline{c}_k^l = \delta_j^l. \tag{24.1.19}$$

Nachdem wir uns die Bedeutung der Transformationskoeffizienten $\underline{c}_i^j$ und $\bar{c}_j^k$ klargemacht haben, stellen wir nun den Vektor $\boldsymbol{A}$ sowohl im System $\{\boldsymbol{g}_i\}$ als auch im System $\{\bar{\boldsymbol{g}}_j\}$ dar:

$$\boldsymbol{A} = a^i \boldsymbol{g}_i = \bar{a}^j \bar{\boldsymbol{g}}_j, \tag{24.1.20}$$

und fragen nach der gegenseitigen Abhängigkeit der Entwicklungskoeffizienten a^i und $\bar{a}^j$. Durch Skalarproduktbildung von (24.1.20) mit $\boldsymbol{g}^k$ erhalten wir unter Berücksichtigung der Transformationsbeziehung (24.1.17a)

$$a^i \delta_i^k = \bar{a}^j \underline{c}_j^l \boldsymbol{g}_l \cdot \boldsymbol{g}_k,$$

und somit

$$a^k = \underline{c}_j^k \bar{a}^j. \tag{24.1.21a}$$

Ebenso folgt aus (24.1.20) durch Skalarproduktbildung mit $\bar{\boldsymbol{g}}^k$ unter Berücksichtigung der Transformationsbeziehung (24.1.17b)

$$a^i \bar{c}_i^l \bar{\boldsymbol{g}}_l \cdot \bar{\boldsymbol{g}}_k = \bar{a}^j \delta_j^k,$$

und daher

$$\bar{a}^k = \bar{c}_i^k a^i. \tag{24.1.21b}$$

Zusammenfassend gilt:

Bei einer linearen Transformation zweier kovarianten Vektorbasen $\{\bar{\boldsymbol{g}}_i\}$ und $\{\boldsymbol{g}_j\}$ gelten für die kontravarianten Komponenten eines Vektors $\boldsymbol{A}$ die beiden Transformationsbeziehungen (24.1.21a,b).

Nun führen wir dieselben Überlegungen für zwei kontravariante Basen $\{\bar{\boldsymbol{g}}^i\}$ und $\{\boldsymbol{g}^j\}$ durch. Die zugehörigen Transformationsgleichungen lauten

$$\bar{\boldsymbol{g}}^i = \bar{b}_j^i \boldsymbol{g}^j, \quad \text{(a)} \qquad \boldsymbol{g}^j = \underline{b}_k^j \bar{\boldsymbol{g}}^k. \quad \text{(b)} \tag{24.1.22}$$

Da die Basen $\{\bar{\boldsymbol{g}}^i\}$ und $\{\bar{\boldsymbol{g}}_i\}$ sowie die Basen $\{\boldsymbol{g}^j\}$ und $\{\boldsymbol{g}_j\}$ voneinander abhängig sind, müssen sich diese Abhängigkeiten auch zwischen den Matrizen $\underline{c}_i^j$ und $\bar{b}_j^i$ einerseits, sowie zwischen $\bar{c}_j^k$ und $\underline{b}_k^j$ andererseits spiegeln. Zur Herleitung dieser Abhängigkeiten setzen wir zunächst in die Beziehung

$$\boldsymbol{g}^i \cdot \boldsymbol{g}_j = \delta_j^i$$

die Basen aus (24.1.17b) und (24.1.22b) ein. Man erhält

$$\underline{b}_k^i \bar{c}_j^l \bar{\boldsymbol{g}}^k \cdot \bar{\boldsymbol{g}}_l = \delta_j^i,$$

und somit

$$\bar{c}_j^k \underline{b}_k^i = \delta_j^i. \tag{24.1.23}$$

Ebenso folgt aus

$$\bar{\boldsymbol{g}}^i \cdot \bar{\boldsymbol{g}}_j = \delta_j^i$$

durch Einsetzen der Basen aus (24.1.17a) und (24.1.22a)

$$\bar{b}^i_l \underline{c}^k_j g^l \cdot g_k = \delta^i_j,$$

und daher

$$\underline{c}^l_j \bar{b}^i_l = \delta^i_j. \qquad (24.1.24)$$

Vergleicht man die Beziehungen (24.1.23), (24.1.24) mit (24.1.18), (24.1.19), so erkennt man die Gültigkeit von

$$\begin{aligned} \bar{b}^i_k &= \bar{c}^i_k, \quad &(a)\\ \underline{b}^i_k &= \underline{c}^i_k. \quad &(b) \end{aligned} \qquad (24.1.25)$$

Damit lauten die Transformationsbeziehungen (24.1.22)

$$\bar{g}^i = \bar{c}^i_j g^j, \quad (a) \qquad g^j = \underline{c}^j_k \bar{g}^k. \quad (b) \qquad (24.1.26)$$

Nun fehlen nur noch die entsprechenden Transformationsgleichungen für die kovarianten Vektorkomponenten a_k und $\bar{a}_k$. Zu ihrer Herleitung stellen wir den Vektor A in den Systemen $\{g^i\}$ und $\{\bar{g}^j\}$ dar:

$$A = a_i g^i = \bar{a}_j \bar{g}^j. \qquad (24.1.27)$$

Daraus folgt durch Skalarproduktbildung mit g_k und Berücksichtigung von (24.1.26a)

$$a_i \delta^i_k = \bar{a}_j \bar{c}^j_l g^l \cdot g_k, \qquad (24.1.28)$$

und daher

$$a_k = \bar{c}^j_k \bar{a}_j. \qquad (24.1.29a)$$

Analog erhalten wir durch Skalarproduktbildung mit $\bar{g}_k$ unter Beachtung von (24.1.26b)

$$a_i \underline{c}^i_l \bar{g}^l \cdot \bar{g}_k = \bar{a}_j \delta^j_k,$$

und somit

$$\bar{a}_k = \underline{c}^i_k a_i. \qquad (24.1.29b)$$

Zusammenfassend ergeben sich daher für die Basisvektoren und die Vektorkomponenten folgende Transformationsregeln

$$\begin{aligned} \bar{g}_i &= \underline{c}^j_i g_j, \qquad & g_i &= \bar{c}^j_i \bar{g}_j, \qquad &(a)\\ \bar{g}^i &= \bar{c}^i_j g^j, \qquad & g^i &= \underline{c}^i_j \bar{g}^j, \qquad &(b) \end{aligned} \qquad (24.1.30)$$

und

$$\begin{aligned} \bar{a}_i &= \underline{c}^j_i a_j, \qquad & a_i &= \bar{c}^j_i \bar{a}_j, \qquad &(a)\\ \bar{a}^i &= \bar{c}^i_j a^j, \qquad & a^i &= \underline{c}^i_j \bar{a}^j. \qquad &(b) \end{aligned} \qquad (24.1.31)$$

Kovariante Komponenten eines Vektors transformieren sich also wie die kovariante Basis, kontravariante Komponenten eines Vektors wie die kontravariante Basis! Dieses gleichartige Transformationsverhalten wird auch als *kogredient* bezeichnet. Entgegengesetztes Verhalten heißt *kontragredient*. Bei der Darstellung eines Vektors

Basis:	Zugehörige Vektorkomponenten:
kovariant	kontravariant
kontravariant	kovariant

transformieren sich Basis und Vektorkomponenten kontragredient zueinander.

24.1.2 Der Tensor 2. Stufe

Das tensorielle Produkt von Vektoren

Im Rahmen der Vektorrechnung haben wir bisher drei verschiedene Produktbildungen kennengelernt:

1. Die Multiplikation eines Vektors $\boldsymbol{u}$ mit einem Skalar α. Das Ergebnis ist wiederum ein Vektor $\boldsymbol{w} = \alpha\boldsymbol{u}$.

2. Das skalare Produkt zweier Vektoren $\boldsymbol{u}$ und $\boldsymbol{v}$. Das Ergebnis ist ein Skalar $\alpha = \boldsymbol{u} \cdot \boldsymbol{v}$.

3. Das äußere Produkt („Exprodukt") zweier Vektoren $\boldsymbol{u}$ und $\boldsymbol{v}$. Das Ergebnis ist ein Vektor $\boldsymbol{w} = \boldsymbol{u} \times \boldsymbol{v}$.

Als Ergebnis dieser Produktbildungen erhält man also durchwegs Vektoren oder Skalare. Wir lernen nun eine Produktbildung von Vektoren kennen, die auf eine komplizierter strukturierte Größe führt. Dazu betrachten wir wieder zwei Vektoren des Euklidischen Raumes $\mathbb{R}^n$. Wir definieren ein Produkt

$$\boldsymbol{T} = \boldsymbol{u}\boldsymbol{v}, \tag{24.1.32}$$

wobei wir die Verknüpfung zwischen $\boldsymbol{u}$ und $\boldsymbol{v}$ zunächst nicht näher festlegen. (24.1.32) ist also weder als skalares Produkt noch als äußeres Produkt zu interpretieren. Als einzige Einschränkung für die Multiplikation in (24.1.32) fordern wir die Gültigkeit folgender Rechengesetze:

$$\begin{aligned} &\boldsymbol{u}(\boldsymbol{v} + \boldsymbol{w}) = \boldsymbol{u}\boldsymbol{v} + \boldsymbol{u}\boldsymbol{w} && \ldots \text{ Distributivgesetz,} && \text{(a)} \\ &(\alpha\boldsymbol{u})\boldsymbol{v} = \alpha(\boldsymbol{u}\boldsymbol{v}) = \boldsymbol{u}(\alpha\boldsymbol{v}) && \ldots \text{ Assoziativgesetz.}^* && \text{(b)} \end{aligned} \tag{24.1.33}$$

Die Gültigkeit des Kommutativgesetzes wird nicht verlangt! Die Rechenregeln (24.1.33) gestatten folgende Umformung des Produktes (24.1.32): Mit

$$\boldsymbol{u} = u^i \boldsymbol{g}_i, \qquad \boldsymbol{v} = v^j \boldsymbol{g}_j, \tag{24.1.34}$$

folgt unter Anwendung von (24.1.33)

$$\boldsymbol{T} = \boldsymbol{u}\boldsymbol{v} = (u^i \boldsymbol{g}_i)(v^j \boldsymbol{g}_j) = u^i v^j (\boldsymbol{g}_i \boldsymbol{g}_j). \tag{24.1.35a}$$

Die Produktbildung von $\boldsymbol{u}$ und $\boldsymbol{v}$ kann somit auf eine Produktbildung der Basisvektoren abgewälzt werden. An Stelle von (24.1.34) kann man natürlich auch ausschließlich kontravariante Basisvektoren $\boldsymbol{g}^i$, $\boldsymbol{g}^j$ oder sowohl ko- als auch kontravariante Basisvektoren verwenden. Neben (24.1.35a) existieren also auch die Darstellungen

$$\boldsymbol{T} = \boldsymbol{u}\boldsymbol{v} = (u_i \boldsymbol{g}^i)(v_j \boldsymbol{g}^j) = u_i v_j (\boldsymbol{g}^i \boldsymbol{g}^j), \tag{24.1.35b}$$

$$\boldsymbol{T} = \boldsymbol{u}\boldsymbol{v} = (u_i \boldsymbol{g}^i)(v^j \boldsymbol{g}_j) = u_i v^j (\boldsymbol{g}^i \boldsymbol{g}_j), \tag{24.1.35c}$$

$$\boldsymbol{T} = \boldsymbol{u}\boldsymbol{v} = (u^i \boldsymbol{g}_i)(v_j \boldsymbol{g}^j) = u^i v_j (\boldsymbol{g}_i \boldsymbol{g}^j). \tag{24.1.35d}$$

* Diese Bezeichnung wird durch die Interpretation von u, v als Tensoren erster, und von α als Tensor nullter Ordnung verständlich (siehe dazu (24.1.50)).

Man sieht, daß $\boldsymbol{T}$ weder einen Skalar noch einen Vektor darstellt. Wir bezeichnen $\boldsymbol{T}$ als einen *Tensor 2. Stufe*. Das Produkt (24.1.32) heißt *tensorielles Produkt* zweier Vektoren. Die tensoriellen Produkte der Basisvektoren in (24.1.35) stellen „Basistensoren" im Raum der Tensoren dar:

$$\begin{aligned} &\boldsymbol{g}_i\boldsymbol{g}_j && \ldots \text{ kovariante Tensorbasis} && \text{(a)} \\ &\boldsymbol{g}^i\boldsymbol{g}^j && \ldots \text{ kontravariante Tensorbasis} && \text{(b)} \\ &\left.\begin{aligned}&\boldsymbol{g}^i\boldsymbol{g}_j \\ &\boldsymbol{g}_i\boldsymbol{g}^j\end{aligned}\right\} && \ldots \text{ gemischte Tensorbasen.} && \begin{aligned}&\text{(c)}\\ &\text{(d)}\end{aligned} \end{aligned} \tag{24.1.36}$$

Die Größen $t^{ij} = u^i v^i$ sind die Komponenten des Tensors $\boldsymbol{T} = \boldsymbol{u}\boldsymbol{v}$.

Die Transformation der Tensorkomponenten

Mit der Definition des tensoriellen Produktes zweier Vektoren haben wir eine spezielle Klasse von Tensoren zweiter Stufe kennengelernt. Im allgemeinen braucht ein Tensor zweiter Stufe nicht als tensorielles Produkt zweier Vektoren darstellbar sein. Ein beliebiger Tensor 2. Stufe besitzt die Form

$$\boldsymbol{T} = t^{ij}\boldsymbol{g}_i\boldsymbol{g}_j = t_{ij}\boldsymbol{g}^i\boldsymbol{g}^j = t^i{}_j\boldsymbol{g}_i\boldsymbol{g}^j = t_i{}^j\boldsymbol{g}^i\boldsymbol{g}_j, \tag{24.1.37}$$

wobei die Tensorkomponenten nicht aus Produkten von Vektorkomponenten gebildet sein müssen. Es gelten folgende Bezeichnungen:

$$\begin{aligned} &t_{ij} && \ldots \text{ kovariante Tensorkomponenten} && \text{(a)} \\ &t^{ij} && \ldots \text{ kontravariante Tensorkomponenten} && \text{(b)} \\ &t^i{}_j && \ldots \text{ gemischt kontravariant – kovariante Tensorkomponenten} && \text{(c)} \\ &t_i{}^j && \ldots \text{ gemischt kovariant – kontravariante Tensorkomponenten.} && \text{(d)} \end{aligned} \tag{24.1.38}$$

Wir leiten nun die Transformationsregeln für die Tensorkomponenten (24.1.38) her. Dazu betrachten wir zunächst zwei kovariante Vektorbasen $\{\boldsymbol{g}_i\}$ und $\{\bar{\boldsymbol{g}}_j\}$ mit den zugehörigen Transformationsgleichungen

$$\bar{\boldsymbol{g}}_i = \underline{c}_i^j\,\bar{\boldsymbol{g}}_j, \qquad \boldsymbol{g}_i = \bar{c}_i^j\,\bar{\boldsymbol{g}}_j. \tag{24.1.39}$$

Ein Tensor $\boldsymbol{T}$ läßt sich sowohl mit Hilfe der Vektoren $\boldsymbol{g}_i$ als auch unter Benützung von $\boldsymbol{g}_j$ darstellen. Es gilt

$$\boldsymbol{T} = t^{ij}\boldsymbol{g}_i\boldsymbol{g}_j = \bar{t}^{kl}\bar{\boldsymbol{g}}_k\bar{\boldsymbol{g}}_l. \tag{24.1.40}$$

Durch Einsetzen der Vektoren $\boldsymbol{g}_i$ aus (24.1.39) erhält man

$$t^{ij}\boldsymbol{g}_i\boldsymbol{g}_j = \bar{t}^{kl}\underline{c}_k^i\underline{c}_l^j\,\boldsymbol{g}_i\boldsymbol{g}_j,$$

woraus das Transformationsgesetz der kontravarianten Tensorkomponenten folgt:

$$t^{ij} = \underline{c}_k^i\underline{c}_l^j\,\bar{t}^{kl}. \tag{24.1.41a}$$

Ersetzt man in (24.1.40) die Vektoren $\boldsymbol{g}_i$ gemäß (24.1.39), so gilt

$$\bar{t}^{ij} = \bar{c}^i_k \bar{c}^j_l t^{kl}. \qquad (24.1.41b)$$

Dies ist die Umkehrung von (24.1.41a). Man erkennt, daß sowohl für den Index i als auch für den Index j der Tensorkomponenten t^{ij} dieselben Transformationsregeln wie für den Index eines kontravarianten Tensors 1. Stufe gelten, womit die Bezeichnung „kontravariante Tensorkomponenten" gerechtfertigt ist.

Eine analoge Vorgangsweise liefert für die übrigen Tensorkomponenten die Transformationsregeln

$$t_{ij} = \bar{c}^k_i \bar{c}^l_j \bar{t}_{kl}, \quad \text{(a)} \qquad \bar{t}_{ij} = \underline{c}^k_i \underline{c}^l_j t_{kl}, \quad \text{(b)} \qquad (24.1.42)$$

$$t^i{}_j = \underline{c}^i_k \bar{c}^l_j \bar{t}^k{}_l, \quad \text{(a)} \qquad \bar{t}^i{}_j = \bar{c}^i_k \underline{c}^l_j t^k{}_l, \quad \text{(b)} \qquad (24.1.43)$$

$$t_i{}^j = \bar{c}^k_i \underline{c}^j_l \bar{t}_k{}^l, \quad \text{(a)} \qquad \bar{t}_i{}^j = \underline{c}^k_i \bar{c}^j_l t_k{}^l. \quad \text{(b)} \qquad (24.1.44)$$

Jeder untere Index transformiert sich wie bei einem kovarianten Vektor, jeder obere Index wie bei einem kontravarianten Vektor.

Bisher haben wir den Tensorbegriff plausibel gemacht, aber nicht exakt definiert. Die Transformationsgleichungen (24.1.41) – (24.1.44) können nun zur Definition eines Tensors 2. Stufe herangezogen werden:

Def 24.6: Gelten für eine doppelt indizierte Größe t^{ij} die Transformationsregeln (24.1.41), so liegt ein Tensor 2. Stufe vor. Die t^{ij} werden als seine kontravarianten Komponenten bezeichnet.

Gleichartige Definitionen gelten natürlich auch für die kovarianten und die gemischten Tensorkomponenten.

Der Metriktensor

Wir wollen nun ein Beispiel für einen Tensor 2. Stufe kennenlernen. Dazu betrachten wir das Transformationsverhalten der Metrikkoeffizienten. Für die Vektorbasen $\{\boldsymbol{g}_i\}, \{\bar{\boldsymbol{g}}_j\}$ gilt definitionsgemäß die Darstellung

$$g_{ij} = \boldsymbol{g}_i \cdot \boldsymbol{g}_j, \qquad \bar{g}_{kl} = \bar{\boldsymbol{g}}_k \cdot \bar{\boldsymbol{g}}_l. \qquad (24.1.45)$$

Unter Beachtung der Transformationsgleichungen (24.1.39) für die kovarianten Basisvektoren $\boldsymbol{g}_i$ und $\bar{\boldsymbol{g}}_j$ folgt aus (24.1.45)

$$\begin{aligned} &\bar{g}_{kl} = \underline{c}^i_k \underline{c}^j_l \boldsymbol{g}_i \cdot \boldsymbol{g}_j = \underline{c}^i_k \underline{c}^j_l g_{ij}, && \text{(a)} \\ \text{bzw.} \quad & && \qquad (24.1.46) \\ &g_{ij} = \bar{c}^k_i \bar{c}^l_j \bar{\boldsymbol{g}}_k \cdot \bar{\boldsymbol{g}}_l = \bar{c}^k_i \bar{c}^l_j \bar{g}_{kl}. && \text{(b)} \end{aligned}$$

Die kovarianten Metrikkoeffizienten erfüllen somit das tensorielle Transformationsgesetz für einen Tensor 2. Stufe, den wir als *Metriktensor* bezeichnen. Die Metrikkoeffizienten g_{ij} sind seine kovarianten Komponenten.

Übungshalber wollen wir die verschiedenen Formulierungsmöglichkeiten des Metriktensors explizit anführen:

$$
\begin{aligned}
G &= g_{ij}g^i g^j &&= (g_i \cdot g_j)g^i g^j && \text{(a)}\\
&= g^{ij} g_i g_j &&= (g^i \cdot g^j) g_i g_j && \text{(b)}\\
&= g^i{}_j g_i g^j &&= (g^i \cdot g_j) g_i g^j = \delta^i_j g_i g^j = g_j g^j && \text{(c)}\\
&= g_i{}^j g^i g_j &&= (g_i \cdot g^j) g^i g_j = \delta_i^j g^i g_j = g^j g_j. && \text{(d)}
\end{aligned}
\qquad (24.1.47)
$$

Man beachte, wie im Metriktensor die beiden Produktbildungen „skalares Produkt“ und „tensorielles Produkt“ verschmolzen sind (24.1.47a,b).

24.1.3 Tensoren höherer Stufe

In diesem Abschnitt wollen wir die bisherigen Ergebnisse zusammenfassen und durch einige neue Gesichtspunkte ergänzen.

Definitionen

In Euklidischen Räumen lassen sich Tensoren auf mehrere Arten definieren.

Def 24.7: Ein Tensor N-ter Stufe ist eine Invariante $\boldsymbol{T}$, deren Basis ein tensorielles Produkt von N Basisvektoren ist:

$$\boldsymbol{T} = t^{i_1 \ldots i_N} g_{i_1} g_{i_2} \ldots g_{i_N}. \qquad (24.1.48)$$

Eine andere Möglichkeit besteht in der Definition eines Tensors durch seine Transformationseigenschaften:

Def 24.8: Gelten für eine N-fach indizierte Größe $t^{i_1 \ldots i_N}$ die Transformationsregeln

$$t^{i_1 \ldots i_N} = \underline{c}^{i_1}_{j_1} \underline{c}^{i_2}_{j_2} \ldots \underline{c}^{i_N}_{j_N} \bar{t}^{j_1 \ldots j_n}, \qquad \text{(a)}$$

bzw. die Umkehrung (24.1.49)

$$\bar{t}^{i_1 \ldots i_N} = \bar{c}^{i_1}_{j_1} \bar{c}^{i_2}_{j_2} \ldots \bar{c}^{i_N}_{j_N} t^{j_1 \ldots j_n}, \qquad \text{(b)}$$

so liegt ein Tensor N-ter Stufe vor. Die Größen $t^{i_1 \ldots i_N}$ werden als seine kontravarianten Komponenten bezeichnet.

Diese Definition stellt eine Verallgemeinerung der Definiton 24.6 für Tensoren beliebiger Stufenzahl dar. Natürlich gelten gleichartige Definitionen auch hier wieder für die kovarianten und die gemischten Tensorkomponenten.

In Euklidischen Räumen sind die Definitionen 24.7 und 24.8 gleichberechtigt. Wie wir in Abschnitt 24.3 sehen werden, ist dies in allgemeinen Riemannschen Räumen nicht mehr der Fall! Aus Gründen der Anschaulichkeit wollen wir nun die Tensoren mit steigender Stufenzahl explizit notieren:

$$
\begin{aligned}
&T^{(0)} = t && \dots \text{ Tensor 0. Stufe = Skalar} \\
&T^{(1)} = t^i g_i && \dots \text{ Tensor 1. Stufe = Vektor} \\
&T^{(2)} = t^{ij} g_i g_j && \dots \text{ Tensor 2. Stufe} \\
&T^{(3)} = t^{ijk} g_i g_j g_k && \dots \text{ Tensor 3. Stufe} \\
&\vdots \\
&T^{(N)} = t^{i_1 i_2 i_3 \dots i_N} g_{i_1} g_{i_2} g_{i_3} \cdots g_{i_N} && \dots \text{ Tensor } N\text{-ter Stufe.}
\end{aligned}
\qquad (24.1.50)
$$

Skalare und Vektoren können mithin als Tensoren nullter bzw. erster Stufe aufgefaßt werden, womit die Gesetze der Vektorrechnung als Spezialisierungen der für Tensoren gültigen Verhältnisse erscheinen.

Das tensorielle Produkt von Tensoren

In 1.2.1 haben wir das tensorielle Produkt von Vektoren eingeführt. Als Ergebnis haben wir einen Tensor 2. Stufe erhalten. Wir verallgemeinern diese Betrachtungen nun für Tensoren beliebiger Stufenzahl.

Def 24.9: U sei ein Tensor N-ter Stufe, V ein Tensor M-ter Stufe. Das tensorielle Produkt $W = UV$ ist ein Tensor $M + N$-ter Stufe, der definiert ist durch

$$
\begin{aligned}
W &= (u^{i_1 \dots i_N} g_{i_1} \dots g_{i_N})(v^{j_1 \dots j_M} g_{j_1} \dots g_{j_M}) \\
&= w^{i_1 i_2 \dots i_N j_1 j_2 \dots j_M} g_{i_1} \dots g_{i_N} g_{j_1} \dots g_{j_M},
\end{aligned}
\qquad (24.1.51a)
$$

mit

$$
w^{i_1 \dots i_N j_1 \dots j_M} = u^{i_1 \dots i_N} v^{j_1 \dots j_M} \qquad (24.1.51b)
$$

Die Multiplikation eines Vektors mit einem Skalar stellt also einen Spezialfall von (24.1.51) dar, weil ein Skalar ein Tensor 0. Stufe ist. Weiter sei darauf hingewiesen, daß das tensorielle Produkt nicht kommutativ ist.

Das verjüngende Produkt von Tensoren

Das verjüngende Produkt stellt eine Verallgemeinerung des für Vektoren definierten skalaren Produktes dar. Es gilt die

Def 24.10: Sei U ein Tensor N-ter Stufe, V ein Tensor M-ter Stufe. Das verjüngende Produkt $W = U \cdot V$ ist ein Tensor $M + N - 2$-ter Stufe, der durch

$$
\begin{aligned}
W &= (u^{i_1 \dots i_N} g_{i_1} \dots g_{i_N})(v^{j_1 \dots j_M} g_{j_1} \dots g_{j_M}) \\
&:= u^{i_1 \dots i_N} v^{j_1 \dots j_M} g_{i_1} \dots g_{i_{N-1}} (g_{i_N} \cdot g_{j_1}) g_{j_2} \cdots g_{j_M} \\
&= u^{i_1 \dots i_N} v^{j_1 \dots j_M} g_{i_1} \dots g_{i_{N-1}} g_{i_N j_1} g_{j_2} \cdots g_{j_M} \\
&= u^{i_1 \dots i_{N-1}}{}_{j_1} v^{j_1 \dots j_M} g_{i_1} \dots g_{i_{N-1}} g_{j_2} \cdots g_{j_M}
\end{aligned}
\qquad (24.1.52a)
$$

definiert ist.

Es wird also für die beiden „benachbarten" Basisvektoren (g_{i_N} und g_{j_1}) eine Skalarproduktbildung durchgeführt. In Komponentenschreibweise lautet (24.1.52a)

$$w^{i_1 \dots i_{N-1} j_2 \dots j_M} = u^{i_1 \dots i_{N-1}}{}_{j_1} v^{j_1 \dots j_M}. \qquad (24.1.52b)$$

Für $N = M = 1$ erhält man aus (24.1.52) die Definition des Skalarproduktes von Vektoren

$$W = U \cdot V = (u^i g_i) \cdot (v^j g_j) = u^i v^j (g_i \cdot g_j) = u^i v^j g_{ij} = u_j v^j = u^i v_i.$$

Aus der Definition (24.1.52) erkennt man, daß mit Ausnahme von $N = M = 1$ das verjüngende Produkt im allgemeinen nicht kommutativ ist, da die „Nachbarschaft" der Basisvektoren verändert wird.

Rechenregeln für Tensoren

Abschließend geben wir eine Zusammenfassung der Rechenregeln für Tensoren, wobei wir uns auf die Komponentendarstellung beschränken.

1. **Die Addition:** Zwei Tensoren gleicher Stufe U und V werden addiert, indem man ihre Komponenten addiert:

$$w^{i_1 \dots i_N} = u^{i_1 \dots i_N} + v^{i_1 \dots i_N}. \qquad (24.1.53)$$

2. **Das tensorielle Produkt:** Das tensorielle Produkt eines Tensors N-ter Stufe U mit einem Tensor M-ter Stufe V ergibt einen Tensor $N + M$-ter Stufe

$$w^{i_1 \dots i_N j_1 \dots j_M} = u^{i_1 \dots i_N} v^{j_1 \dots j_M}. \qquad (24.1.54)$$

Die Multiplikation eines Tensors mit einem Skalar ist in der obigen Definition als Spezialfall enthalten.

3. **Das verjüngende Produkt:** Das verjüngende Produkt eines Tensors N-ter Stufe U mit einem Tensor N-ter Stufe V ergibt einen Tensor $M + N - 2$-ter Stufe

$$w^{i_1 \dots i_{N-1} j_2 \dots j_M} = u^{i_1 \dots i_{N-1}}{}_{j_1} v^{j_1 \dots j_M}. \qquad (24.1.55)$$

(24.1.55) wird als *Überschiebung* bezeichnet. Das skalare Produkt zweier Vektoren ist in der obigen Definition als Spezialfall enthalten.

4. **Herauf- und Herunterziehen der Indizes:** Ein kontravarianter Index kann durch Überschiebung mit dem kovarianten Metriktensor heruntergezogen werden:

$$g_{i_l j_l} u^{i_1 i_2 \dots i_l \dots i_N} = u^{i_1 i_2 \dots i_{l-1}}{}_{j_l}{}^{i_{l+1} \dots i_N}. \qquad (24.1.56a)$$

Ein kovarianter Index kann durch Überschiebung mit dem kontravarianten Metriktensor heraufgezogen werden:

$$g^{i_l j_l} u_{i_1 i_2 \dots i_l \dots i_N} = u_{i_1 i_2 \dots i_{l-1}}{}^{j_l}{}_{i_{l+1} \dots i_N}. \qquad (24.1.56b)$$

5. **Austausch von Indizes:** Durch Überschiebung mit dem gemischten Metriktensor kann ein Index ausgetauscht werden:

$$\delta^{j_l}_{i_l} u^{i_1 i_2 \dots i_l \dots i_N} = u^{i_1 i_2 \dots i_{l-1} j_l i_{l+1} \dots i_N}, \qquad (24.1.57a)$$

bzw.

$$\delta^{i_l}_{j_l} u_{i_1 i_2 \ldots i_l \ldots i_N} = u_{i_1 i_2 \ldots i_{l-1} j_l i_{l+1} \ldots i_N}. \tag{24.1.57b}$$

6. **Die Quotientenregel:** Wir haben gesehen, daß die Überschiebung von Tensoren wieder auf Tensoren führt. Die folgende Regel betont, daß auch die Umkehrung gilt. Wir formulieren sie anhand eines Beispiels:

Sind in der Beziehung

$$u^{ijk}{}_{lmn} v_j{}^{mn} = w^{ik}{}_l \tag{24.1.58}$$

die Größen $w^{ik}{}_l$ und $v_j{}^{mn}$ Tensoren, so ist auch $u^{ijk}{}_{lmn}$ ein Tensor.

24.1.4 Antisymmetrische Tensoren

Ein Tensor 2. Stufe u^{ij} heißt *symmetrisch*, wenn

$$u^{ij} = u^{ji}, \tag{24.1.59}$$

und *antisymmetrisch*, wenn

$$u^{ij} = -u^{ji} \tag{24.1.60}$$

gilt. Für Tensoren allgemeiner Stufenzahl gelten die folgenden Definitionen:

Def 24.11: Ein Tensor m-ter Stufe $u^{i_1 \ldots i_k \ldots i_l \ldots i_m}$ heißt symmetrisch in den Indizes i_k, i_l wenn gilt

$$u^{i_1 \ldots i_k \ldots i_l \ldots i_m} = u^{i_1 \ldots i_l \ldots i_k \ldots i_m}. \tag{24.1.61}$$

Def 24.12: Ein Tensor m-ter Stufe $u^{i_1 \ldots i_k \ldots i_l \ldots i_m}$ heißt antisymmetrisch in den Indizes i_k, i_l wenn gilt

$$u^{i_1 \ldots i_k \ldots i_l \ldots i_m} = -u^{i_1 \ldots i_l \ldots i_k \ldots i_m}. \tag{24.1.62}$$

Gilt die Symmetrie bzw. Antisymmetrie für die Vertauschung beliebiger Indizes, so bezeichnet man den Tensor als *vollständig symmetrisch* bzw. *vollständig antisymmetrisch*. Zwei wichtige vollständig antisymmetrische Tensoren sind der Kronecker-Tensor und der ϵ-Tensor.

Der Kronecker-Tensor

Wir betrachten den Euklidischen Raum $\mathbb{R}^n$ und eine positive ganze Zahl m mit $1 \le m \le n$.

Def 24.13: Tensoren der Gestalt

$$g^{i_1 \ldots i_m}{}_{j_1 \ldots j_m} := \begin{vmatrix} g^{i_1}{}_{j_1} & \cdots & g^{i_1}{}_{j_m} \\ \vdots & & \vdots \\ g^{i_m}{}_{j_1} & \cdots & g^{i_m}{}_{j_m} \end{vmatrix} \tag{24.1.63}$$

heißen *Kronecker-Tensoren*.

Wenn die Folge der Indizes $j_1 \ldots j_m$ eine Permutation der Indexfolge $i_1 \ldots i_m$ ist, nimmt die Tensorkomponente $g^{i_1 \ldots i_m}{}_{j_1 \ldots j_m}$ das Vorzeichen dieser Permutation als Wert an, andernfalls den Wert Null, d.h.

$$g^{i_1\dots i_m}{}_{j_1\dots j_m} = \begin{cases} 1, & \text{wenn die Folge } j_1\dots j_m \text{ eine gerade} \\ & \text{Permutation der Folge } i_1\dots i_m \text{ darstellt,} \\ -1, & \text{wenn die Folge } j_1\dots j_m \text{ eine ungerade} \\ & \text{Permutation der Folge } i_1\dots i_m \text{ darstellt,} \\ 0, & \text{in allen anderen Fällen.} \end{cases} \tag{24.1.64}$$

Man erkennt die vollständige Antisymmetrie des Tensors: die Vertauschung zweier Indizes bewirkt eine Änderung der Permutationsordnung und somit eine Änderung des Vorzeichens. Beim Auftreten zweier gleichlautender Indizes ergibt sich der Wert Null. Zum besseren Verständnis wollen wir die einfachsten Fälle $m = 1,2,3$ explizit anschreiben.

Im Fall $m = 1$ gilt

$$g^i{}_j = \delta^i{}_j, \quad i,j = 1,\dots,n, \tag{24.1.64}$$

und somit

$$\begin{aligned} g^1{}_1 &= g^2{}_2 = 1, \\ g^1{}_2 &= g^2{}_1 = 0. \end{aligned} \tag{24.1.64'}$$

Für $m = 2$ folgt

$$g^{i_1i_2}{}_{j_1j_2} = \begin{vmatrix} \delta^{i_1}{}_{j_1} & \delta^{i_1}{}_{j_2} \\ \delta^{i_2}{}_{j_1} & \delta^{i_2}{}_{j_2} \end{vmatrix} = \delta^{i_1}{}_{j_1}\delta^{i_2}{}_{j_2} - \delta^{i_1}{}_{j_2}\delta^{i_2}{}_{j_1}, \tag{24.1.65}$$

und daher

$$\begin{aligned} g^{12}{}_{12} = g^{21}{}_{21} &= 1, \quad \text{(gerade Permutation)} \\ g^{12}{}_{21} = g^{21}{}_{12} &= -1, \quad \text{(ungerade Permutation)} \\ g^{11}{}_{11} = g^{22}{}_{22} &= 0. \quad \text{(mindestens zwei gleichlautende Indizes)} \end{aligned} \tag{24.1.65'}$$

Im Fall $m = 3$ ist die Berechnung der Determinante bereits mühsam, wogegen die entsprechenden Indexbetrachtungen sofort das gewünschte Ergebnis liefern:

Gerade Permutationen:

$$g^{123}{}_{123} = g^{123}{}_{312} = g^{231}{}_{231} = g^{231}{}_{123} = g^{312}{}_{312} = g^{312}{}_{231} = 1. \tag{24.1.66}$$

Ungerade Permutationen:

$$g^{123}{}_{231} = g^{231}{}_{312} = g^{312}{}_{123} = -1. \tag{24.1.67}$$

Sonstige Elemente: $\dots = 0$.Für spätere Entwicklungen benötigen wir die *Kontraktionsformel*

$$g^{i_1\dots i_m k}{}_{j_1\dots j_m k} = (n-m)g^{i_1\dots i_m}{}_{j_1\dots j_m}, \tag{24.1.68}$$

und den *Laplaceschen Entwicklungssatz*

$$l!(m-1)!g^{i_1\dots i_m}{}_{j_1\dots j_m} = g^{i_1\dots i_m}{}_{k_1\dots k_m}g^{k_1\dots k_l}{}_{j_1\dots j_l}g^{k_{l+1}\dots k_m}{}_{j_{l+1}\dots j_m}, \tag{24.1.69}$$

wobei $l + 1 \leq m$ gelten muß. Bei einer vorgegebenen Zahl m existieren daher $m - 1$ Möglichkeiten für die Anwendung des Entwicklungssatzes. Von dieser Tatsache werden wir bei der Herleitung der Symmetrien des Riemannschen Krümmungstensors Gebrauch machen.

Der ϵ-Tensor

Sei m wieder eine positive ganze Zahl mit $1 \le m \le n$. Wir betrachten die Determinante

$$g := \begin{vmatrix} g_{11} & \cdots & g_{1m} \\ \vdots & & \vdots \\ g_{m1} & \cdots & g_{mm} \end{vmatrix}. \tag{24.1.70}$$

In Anlehnung an die Bezeichnungsweise des vorigen Abschnitt es schreiben wir dafür

$$g := g_{1,\dots,m\,1,\dots,m}. \tag{24.1.71}$$

Ebenso notieren wir die Determinante

$$g^{-1} := \begin{vmatrix} g^{11} & \cdots & g^{1m} \\ \vdots & & \vdots \\ g^{m1} & \cdots & g^{mm} \end{vmatrix} \tag{24.1.72}$$

in der Form

$$g^{-1} := g^{1,\dots,m\,1,\dots,m}. \tag{24.1.73}$$

Def 24.14: Tensoren der Gestalt

$$\epsilon_{j_1\dots j_m} := g^{-\frac{1}{2}} g_{j_1\dots j_m,1,\dots,m} \tag{24.1.74}$$

heißen *kovariante ϵ-Tensoren*, die Tensoren

$$\epsilon^{j_1\dots j_m} := g^{\frac{1}{2}} g^{j_1\dots j_m,1,\dots,m} \tag{24.1.75}$$

heißen *kontravariante ϵ-Tensoren.*

Aus dieser Definition folgt wegen (24.1.64) für einen kontravarianten ϵ-Tensor:

$$\epsilon^{j_1\dots j_m} := \begin{cases} \dfrac{1}{\sqrt{g}}, & \text{wenn die Folge } j_1\dots j_m \text{ eine gerade Permutation} \\ & \text{der Zahlen } 1,\dots,m \text{ darstellt,} \\ \dfrac{-1}{\sqrt{g}}, & \text{wenn die Folge } j_1\dots j_m \text{ eine ungerade Permutation} \\ & \text{der Zahlen } 1,\dots,m \text{ darstellt,} \\ 0, & \text{in allen anderen Fällen.} \end{cases} \tag{24.1.76}$$

Für einen kovarianten ϵ-Tensor gelten analoge Verhältnisse wenn man $\frac{1}{\sqrt{g}}$ durch $\sqrt{g}$ ersetzt. Für $m = n = 4$ erhält man den *Levi-Civita-Tensor*, der in relativistischen Theorien eine bedeutende Rolle spielt.

24.2 Tensoranalysis im Euklidischen Raum

24.2.1 Krummlinige Koordinaten

Bisher haben wir uns ausschließlich mit örtlich unveränderlichen Basissystemen beschäftigt. In diesem Kapitel werden wir unsere Betrachtungen auf örtlich veränderliche Basen ausdehnen.

Örtlich veränderliche Vektorbasen

Zunächst betrachten wir ein krummliniges Koordinatensystem im zweidimensionalen Raum $\mathbb{R}^2$.

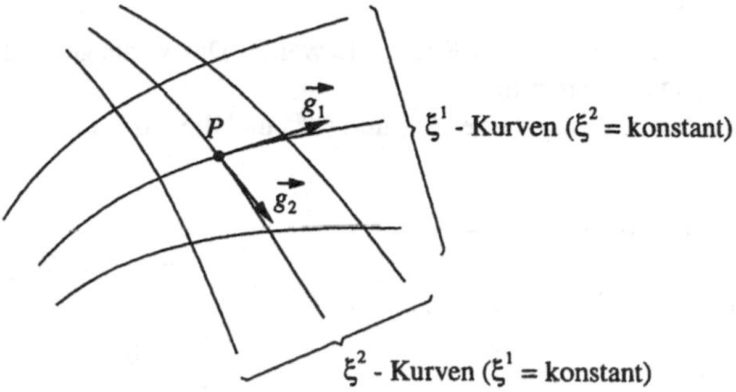

Bild 24.1

Jeder Punkt des Raumes wird durch die Angabe seiner Koordinaten (ζ^1, ζ^2) festgelegt. Erteilt man der Koordinate ζ^2 einen festen Wert, so variiert ζ^1 auf einer Kurve die wir als ζ^1-Kurve bezeichnen. Ebenso bewegt man sich bei konstantem ζ^1 auf einer ζ^2-Kurve. Da diese Kurven i.a. nicht geradlinig sind, spricht man von einem *krummlinigen Koordinatensystem*. Der Leser möge sich als Beispiel das Polarkoordinatensystem $\zeta^1 = r$, $\zeta^2 = \varphi$ vergegenwärtigen.

Wir betrachten nun den Ortsvektor $\boldsymbol{R}$ eines Punktes P. Sein vollständiges Differential lautet

$$d\boldsymbol{R} = \frac{\partial R}{\partial \zeta^i} d\zeta^i = \boldsymbol{R}_{,i} d\zeta^i. \tag{24.2.1}$$

Es beschreibt die differentielle Änderung des Ortsvektors $\boldsymbol{R}$ bei einer differentiellen Koordinatenänderung (Übergang vom Punkt P zum differentiell benachbarten Punkt Q). Wir definieren nun eine Vektorbasis durch

$$\boldsymbol{g}_i := \boldsymbol{R}_{,i}, \quad i = 1,2. \tag{24.2.2}$$

Was bedeutet diese Definition? Hält man z.B. die Koordinate ζ^2 fest und schreitet längs der ζ^1-Kurve fort, so erkennt man, daß der Vektor $\boldsymbol{g}_1 = \boldsymbol{R}_{,1}$ im Punkt P tangential an die ζ^1-Kurve liegt.

Das Gleiche gilt für die ζ^2-Kurve. Die Vektoren $\boldsymbol{g}_i$ liegen also in jedem Punkt P tangential an die ζ^i-Kurven, wie dies in Bild 24.2 dargestellt ist. Somit kann jedem Punkt $P(\zeta^i)$ des zweidimensionalen Raumes eine Vektorbasis $\{\boldsymbol{g}_i\}$ zugeordnet werden. Beim Übergang von einem Punkt P zu einem differentiell benachbarten Punkt wird sich dabei i.a. sowohl die Länge der Basisvektoren als auch der von ihnen eingeschlossene Winkel differentiell ändern. Die Vektoren (24.2.2) repräsentieren somit eine *ortsabhängige Basis*.

Analoge Verhältnisse gelten für den n-dimensionalen Raum $\mathbb{R}^n$. Jeder Punkt $P \in \mathbb{R}^n$ wird durch die Angabe von n Koordinaten $\zeta^i, \ldots \zeta^n$ festgelegt. Hält man $n-1$ Koordinaten ζ^i, $i = 1, \ldots, n$, $i \neq j$ fest, so bewegt man sich auf einer ζ^j-Kurve. Es lassen sich dann durch

$$\boldsymbol{g}_i := \boldsymbol{R}_{,i}, \quad i = 1, \ldots, n \tag{24.2.3}$$

n Basisvektoren definieren, die sämtlich tangential an den entsprechenden ζ^i-Kurven liegen müssen.

Transformation von Tensoren in krummlinigen Koordinatensystemen

Im Rahmen der Tensoralgebra haben wir *lineare Transformationen* örtlich *konstanter Basisvektoren* betrachtet, d.h. es galt

$$\bar{g}^i = \bar{c}^i_k g^k,$$

wobei die Transformationskoeffizienten $\bar{c}^i_k$, $i,k = 1,\dots,n$ Konstante waren. Davon ausgehend haben wir die tensoriellen Transformationsgesetze formuliert.

Wir betrachten nun zwei beliebige Koordinatensysteme $(\bar{\zeta}^j)$ und (ζ^k) und die dazugehörige Koordinatentransformation

$$\begin{aligned} \bar{\zeta}^j &= \bar{\zeta}^j(\zeta^1,\dots,\zeta^n), \qquad j = 1,\dots,n, \\ \zeta^k &= \zeta^k(\bar{\zeta}^1,\dots,\bar{\zeta}^n), \qquad k = 1,\dots,n, \end{aligned} \tag{24.2.4}$$

die wir zukünftig immer in der Kurzform

$$\bar{\zeta}^j = \bar{\zeta}^j(\zeta^k), \qquad \zeta^k = \zeta^k(\bar{\zeta}^l) \tag{24.2.4'}$$

notieren wollen. Die vollständigen Differentiale lauten

$$d\bar{\zeta}^j = \frac{\partial\bar{\zeta}^j}{\partial\zeta^k}\delta\zeta^k, \quad \text{(a)} \qquad d\zeta^k = \frac{\partial\zeta^k}{\partial\bar{\zeta}^j}d\bar{\zeta}^j. \quad \text{(b)} \tag{24.2.5}$$

Wir interessieren uns nun für die Darstellung des Vektors $d\boldsymbol{R}$ in beiden Koordinatensystemen. Im System (ζ^k) gilt gemäß (24.2.1)

$$d\boldsymbol{R} = \boldsymbol{R}_{,k}d\zeta^k,$$

und im System $(\bar{\zeta}^j)$

$$d\boldsymbol{R} = \boldsymbol{R}_{,\bar{j}}d\bar{\zeta}^j.$$

Dabei bezeichnet der überstrichene Index $\bar{j}$ in $\boldsymbol{R}_{,\bar{j}}$, daß die Differentiation nach den Koordinaten $\bar{\zeta}^j$ erfolgt. Gemäß (24.2.2) kann sowohl dem System $(\bar{\zeta}^k)$ durch $\boldsymbol{g}_k = \boldsymbol{R}_{,k}$, als auch dem System $(\bar{\zeta}^j)$ durch $\bar{\boldsymbol{g}}_j = \boldsymbol{R}_{,\bar{j}}$ eine Vektorbasis zugeordnet werden. Unter Beachtung der Invarianz des Vektors $d\boldsymbol{R}$ gegenüber Koordinatentransformationen folgt dann

$$\boldsymbol{g}_k d\zeta^k = \bar{\boldsymbol{g}}_j d\bar{\zeta}^j. \tag{24.2.6}$$

Setzen wir in (24.2.6) die vollständigen Differentiale (24.2.5) ein, so erhalten wir

$$\boldsymbol{g}_k d\zeta^k = \bar{\boldsymbol{g}}_j \frac{\partial\bar{\zeta}^j}{\partial\zeta^k}d\zeta^k,$$

und somit

$$\boldsymbol{g}_k = \frac{\partial\bar{\zeta}^j}{\partial\zeta^k}\bar{\boldsymbol{g}}_j. \tag{24.2.7a}$$

Ebenso folgt durch Einsetzen von (24.2.5b) in (24.2.6)

$$\boldsymbol{g}_k \frac{\partial\zeta^k}{\partial\bar{\zeta}^j}d\bar{\zeta}^j = \bar{\boldsymbol{g}}_j d\bar{\zeta}^j,$$

und daher

$$\bar{g}_j = \frac{\partial \zeta^k}{\partial \bar{\zeta}^j} g_k. \tag{24.2.7b}$$

(24.2.7) stellt die durch eine krummlinige Transformation induzierte Transformation der Basissysteme $\{\bar{g}_j\}$ und $\{g_k\}$ dar. Zur Vereinfachung des Schriftbildes definieren wir

$$\begin{aligned} \bar{c}^j_k &:= \frac{\partial \bar{\zeta}^j}{\partial \zeta^k}, \quad &(a) \\ \underline{c}^k_j &:= \frac{\partial \zeta^k}{\partial \bar{\zeta}^j}, \quad &(b) \end{aligned} \tag{24.2.8}$$

wodurch sich (24.2.7) in der Form

$$\begin{aligned} g_k &= \bar{c}^j_k \bar{g}_j, \quad &(a) \\ \bar{g}_j &= \underline{c}^k_j g_k \quad &(b) \end{aligned} \tag{24.2.7$'$}$$

notieren läßt. Vergleicht man die Beziehungen (24.2.7′) mit den Transformationsformeln (24.1.17), so erkennt man ihre formale Gleichheit. Allerdings besteht ein bedeutsamer Unterschied: die Transformationskoeffizienten in (24.1.17) sind Konstante, die Transformationskoeffizienten in (24.2.7′) sind Funktionen der Koordinaten $\bar{\zeta}^j$ bzw. ζ^k. Nur in einem fest gewählten Punkt P des Raumes $\mathbb{R}^n$ können sie als Konstante aufgefaßt werden. (24.2.7′) erlaubt daher die Anwendung der Tensoralgebra in einem Punkt des Raumes. Alle in Abschnitt 24.1 unter der Voraussetzung linearer Transformationen besprochenen Begriffsbildungen können daher auch für nichtlineare Koordinatentransformationen übernommen werden, solange man sich auf eine lokale Betrachtung beschränkt! Somit bleiben die Transformationsformeln für Tensoren auch bei krummlinigen Koordinatentransformationen gültig.

Die Längenbestimmung von Kurven

Für spätere Untersuchungen benötigen wir die Längenbestimmung eines Kurvenbogens in krummlinigen Koordinaten. Dazu betrachten wir eine beliebige Kurve $\zeta^i(t)$. Das Quadrat des Bogenelementes ist durch

$$dl^2 = d\boldsymbol{R} \cdot d\boldsymbol{R} \tag{24.2.9}$$

gegeben. Für die Bogenlänge einer Kurve zwischen zwei Punkten mit den Parameterwerten $t = t_1, t = t_2$ gilt dann

$$l = \int_{t_1}^{t_2} \sqrt{d\boldsymbol{R} \cdot d\boldsymbol{R}} = \int_{t_1}^{t_2} \sqrt{\frac{d\boldsymbol{R} \cdot d\boldsymbol{R}}{dt\, dt}} dt. \tag{24.2.10}$$

Wegen $d\boldsymbol{R} = g_j d\zeta^j$ folgt bei Differentiation nach t

$$d\dot{\boldsymbol{R}} = g_j \frac{d\zeta^j}{dt},$$

(zeitunabhängige Basis), und somit für das Skalarprodukt der Ableitungen

$$\frac{d\boldsymbol{R}}{dt} \cdot \frac{d\boldsymbol{R}}{dt} = \left(\boldsymbol{g}_j \cdot \frac{d\zeta^j}{dt}\right) \cdot \left(\boldsymbol{g}_k \cdot \frac{d\zeta^k}{dt}\right) = g_{jk}\dot{\zeta}^j\dot{\zeta}^k. \tag{24.2.11}$$

Für die Bogenlänge aus (24.2.10) erhält man damit

$$l = \int_{t_1}^{t_2} \sqrt{g_{jk}\dot{\zeta}^j\dot{\zeta}^k} dt. \tag{24.2.12}$$

24.2.2 Die Christoffelsymbole

Definition der Christoffelsymbole

Wir betrachten die partiellen Ableitungen $\boldsymbol{g}_{k,l}$ der kovarianten Basisvektoren $\boldsymbol{g}_k$. Als Vektoren des $\mathbb{R}^n$ müssen sie sich durch die Basisvektoren $\boldsymbol{g}_k$ darstellen lassen. Wir machen also den Ansatz

$$\boldsymbol{g}_{k,l} = \Gamma^j{}_{kl}\boldsymbol{g}_j. \tag{24.2.13}$$

Die dreifach indizierten Symbole $\Gamma^j{}_{kl}$ heißen *Christoffelsymbole zweiter Art*. Sie stellen die Entwicklungskoeffizienten der Vektoren $\boldsymbol{g}_{k,l}$ nach der kovarianten Vektorbasis $\{\boldsymbol{g}_k\}$ dar. Aus der Definition (24.2.13) erkennt man die Symmetrie von $\Gamma^j{}_{kl}$ in den unteren Indizes:

$$\Gamma^j{}_{kl} = \Gamma^j{}_{lk}. \tag{24.2.14}$$

Die durch Überschiebung mit dem Metriktensor g_{ij} definierten Größen

$$\Gamma_{ikl} := g_{ij}\Gamma^j{}_{kl} \tag{24.2.15}$$

werden als *Christoffelsymbole erster Art* bezeichnet.

Analog zu (24.2.10) entwickeln wir die partiellen Ableitungen $\boldsymbol{g}^k{}_{,l}$ der kontravarianten Basisvektoren $\boldsymbol{g}^k$ gemäß

$$\boldsymbol{g}^k{}_{,l} = \hat{\Gamma}^k{}_{lj}\boldsymbol{g}^j. \tag{24.2.16}$$

Wir untersuchen nun den Zusammenhang zwischen $\Gamma^j{}_{kl}$ und $\hat{\Gamma}^j{}_{kl}$. Dazu bilden wir

$$(\boldsymbol{g}^i \cdot \boldsymbol{g}_j)_{,k} = (\delta^i_j)_{,k} = 0 = \boldsymbol{g}^i{}_{,k} \cdot \boldsymbol{g}_j + \boldsymbol{g}^i \cdot \boldsymbol{g}_{j,k},$$

und setzen die Beziehungen (24.2.13) und (24.2.16) ein:

$$0 = \hat{\Gamma}^i{}_{kl}\boldsymbol{g}_j \cdot \boldsymbol{g}^l + \Gamma^l{}_{jk}\boldsymbol{g}^i \cdot \boldsymbol{g}_l = \hat{\Gamma}^i{}_{kl}\delta^l_j + \Gamma^l_{jk}\delta^i_l = \hat{\Gamma}^i{}_{kj} + \Gamma^i{}_{jk}.$$

Unter Betrachtung der Symmetrieeigenschaft (24.2.14) folgt damit

$$\hat{\Gamma}^i{}_{kj} = -\Gamma^i{}_{kj}, \tag{24.2.17}$$

d.h. auch die Entwicklungskoeffizienten $\hat{\Gamma}^i{}_{kj}$ sind auf die Christoffelsymbole zweiter Art zurückgeführt. Zusammenfassend gelten also folgende Gleichungen für die Ableitung der Basisvektoren:

$$\begin{aligned} \boldsymbol{g}_{k,l} &= \Gamma^j{}_{kl}\boldsymbol{g}_j, \quad &\text{(a)} \\ \boldsymbol{g}^k{}_{,l} &= -\Gamma^k{}_{lj}\boldsymbol{g}^j. \quad &\text{(b)} \end{aligned} \tag{24.2.18}$$

Die Berechnung der Christoffelsymbole

Wir zeigen nun, daß sich die Christoffelsymbole allein durch den Metriktensor und seine ersten beiden Ableitungen ausdrücken lassen. Zunächst gewinnen wir aus (24.2.18) eine explizite Darstellung der Christoffelsymbole durch Skalarproduktbildung mit den geeigneten Basisvektoren:

$$\begin{aligned} \Gamma^n{}_{kl} &= \boldsymbol{g}_{k,l} \cdot \boldsymbol{g}^n, && \text{(a)} \\ -\Gamma^k{}_{ln} &= \boldsymbol{g}^k_{,l} \cdot \boldsymbol{g}_n. && \text{(b)} \end{aligned} \qquad (24.2.19)$$

Differentiation der Basis $\boldsymbol{g}_l = g_{kl}\boldsymbol{g}^k$ liefert

$$\boldsymbol{g}_{l,n} = g_{kl,n}\boldsymbol{g}^k + g_{kl}\boldsymbol{g}^k{}_{,n}.$$

Durch Skalarproduktbildung dieser Gleichung mit $\boldsymbol{g}^p$ erhält man bei Berücksichtigung der Ausgangsgleichung (24.2.18) und ihrer Folgerung (24.2.19)

$$\Gamma^p{}_{ln} = g^{kp} g_{kl,n} - g_{kl} g^{pq} \Gamma^k{}_{nq},$$

und durch Überschiebung mit g_{pm} schließlich

$$g_{lm,n} = g_{pm}\Gamma^p{}_{ln} + g_{kl}\Gamma^k{}_{mn}. \qquad (24.2.20a)$$

Durch zyklische Vertauschung der Indizes l,m,n erhält man weiter die Beziehungen

$$g_{mn,l} = g_{pn}\Gamma^p{}_{ml} + g_{km}\Gamma^k{}_{nl}, \qquad (24.2.20b)$$

und

$$g_{nl,m} = g_{pl}\Gamma^p{}_{nm} + g_{kn}\Gamma^k{}_{lm}. \qquad (24.2.20c)$$

Unter Benützung der Christoffelsymbole erster Art lassen sich die Gleichungen (24.2.20) auch in der Form

$$\begin{aligned} g_{lm,n} &= \Gamma_{mnl} + \Gamma_{lmn}, && \text{(a)} \\ g_{mn,l} &= \Gamma_{nml} + \Gamma_{mnl}, && \text{(b)} \\ g_{nl,m} &= \Gamma_{lnm} + \Gamma_{nlm} && \text{(c)} \end{aligned} \qquad (24.2.20')$$

schreiben. Man erkennt, daß in je zwei der drei Zeilen (24.2.20′a) – (24.2.20′c) ein Christoffelsymbol erster Art mit denselben Indizes auftritt. Multipliziert man (24.2.20′a) mit $-1/2$, (24.2.20′b) und (24.2.20′c) jeweils mit $1/2$, so folgt nach Addition der so entstandenen Gleichungen

$$\Gamma_{nlm} = \frac{1}{2}(g_{mn,l} + g_{nl,m} - g_{lm,n}). \qquad (24.2.21)$$

Die Christoffelsymbole erster Art ergeben sich also aus den ersten partiellen Ableitungen des kovarianten Metriktensors.

Man merkt sich die Beziehung (24.2.21) leichter in der folgenden Formulierung

$$\Gamma_{nlm} = \frac{1}{2}(g_{nl,m} - g_{lm,n} + g_{mn,l}). \qquad (24.2.21')$$

Hier werden die Indizes im Tripel n,l,m fortlaufend zyklisch vertauscht und mit den alternierenden Vorzeichen $+$, $-$, $+$ versehen. Die Christoffelsymbole zweiter Art erhält man aus (24.2.21′) durch Überschiebung mit dem kontravarianten Metriktensor zu

$$\Gamma^k{}_{lm} = g^{kn}\Gamma_{nlm} = \frac{1}{2}g^{kn}(g_{nl,m} - g_{lm,n} + g_{mn,l}). \tag{24.2.22}$$

Man erkennt, daß für kartesische Systeme wegen $g_{ij} = \delta_{ij}$ sämtliche Christoffelsymbole identisch verschwinden.

Abschließend bemerken wir, daß sich die Symbole $\Gamma^j{}_{jk}$ allein aus der Determinante g des kovarianten Metriktensors g_{jk} berechnen lassen. Es gilt die Beziehung

$$\Gamma^j{}_{jk} = \frac{(\sqrt{q})_{,k}}{\sqrt{g}}. \tag{24.2.23}$$

Das Transformationsverhalten der Christoffelsymbole

Wir untersuchen nun, ob die dreifach indizierten Symbole $\Gamma^k{}_{lm}$ einen Tensor 3. Stufe repräsentieren. Dazu betrachten wir zwei beliebige krummlinige Koordinatensysteme (ζ^k) und $(\bar{\zeta}^k)$ mit den zugehörigen Christoffelsymbolen $\Gamma^k{}_{lm}$ und $\bar{\Gamma}^k{}_{lm}$ und den Transformationsmatrizen (24.2.8).

Das *Transformationsgesetz der Christoffelsymbole* lautet dann

$$\bar{\Gamma}^k{}_{lm} = \bar{c}^k_i \underline{c}^j_l \underline{c}^n_m \Gamma^i{}_{jn} - \bar{c}^k_{j,n} \underline{c}^j_l \underline{c}^n_m. \tag{24.2.24}$$

Da wir diese Formel später unter allgemeineren Voraussetzungen herleiten, sei an dieser Stelle auf einen Beweis verzichtet. Der interessierte Leser verifiziert (24.2.24) durch Einsetzen von (24.2.22) unter Beachtung der für den Metriktensor gültigen Transformationsregeln. Man erkennt, daß die Größen $\Gamma^k{}_{lm}$ keinen Tensor darstellen: der zweite Term stört das tensorielle Transformationsverhalten!

24.2.3 Die kovariante Ableitung

Das Transformationsverhalten partieller Ableitungen von Tensoren

Wir betrachten einen Tensor 0. Stufe $\boldsymbol{u}$ in den Systemen (ζ^k) und $(\bar{\zeta}^k)$. Es gilt

$$\bar{u} = u. \tag{24.2.25}$$

Für die partielle Ableitung folgt daraus

$$\bar{u}_{,\bar{l}} = \frac{\partial \bar{u}}{\partial \bar{\zeta}^l} = \frac{\partial \zeta^k}{\partial \bar{\zeta}^l}\frac{\partial u}{\partial \zeta^k} = \underline{c}^k_l u_{,k}. \tag{24.2.26}$$

Die Transformationsgleichung (24.2.26) zeigt, daß die partielle Ableitung eines Skalars einen Tensor 1. Stufe darstellt. Wir untersuchen nun die partielle Ableitung eines kontravarianten Tensors 1. Stufe u^k. Zunächst gilt definitionsgemäß

$$\bar{u}^k = \bar{c}^k_j u^j. \tag{24.2.27}$$

Für die partielle Ableitung folgt daraus

$$\bar{u}^k{}_{,\bar{l}} = (\bar{c}^k_j u^j)_{,\bar{l}} = \frac{\partial \zeta^m}{\partial \bar{\zeta}^l}\frac{\partial}{\partial \zeta^m}(\bar{c}^k_j u^j) = \underline{c}^m_l \bar{c}^k_j u^j{}_{,m} + \underline{c}^m_l \bar{c}^k_{j,m} u^j. \tag{24.2.28}$$

Ohne den zweiten Summanden in (24.2.28) würde $u^k{}_{,l}$ einen gemischten Tensor zweiter Stufe darstellen. Dies ist bei Beschränkung auf kartesische Koordinatensysteme tatsächlich der Fall ($\bar{c}^k{}_{j,m} = 0$!). Bei allgemeinen Koordinatentransformationen ist jedoch die partielle Ableitung eines Tensors 1. Stufe kein Tensor mehr: der zweite Summand in (24.2.28) zerstört das tensorielle Transformationsverhalten!

Analoge Verhältnisse zeigen sich auch bei Tensoren höherer Stufe. Es gilt:

Die partielle Ableitung eines Tensors N-ter Stufe ist für $N > 0$ im allgemeinen kein Tensor!

Die kovariante Ableitung

Wir suchen nun eine Differentialoperation, deren Anwendung auf einen Tensor N-ter Stufe auf einen Tensor $N+1$-ter Stufe führt. Dazu gehen wir zunächst von einem kontravarianten Tensor 1. Stufe u^j aus, und definieren seine *kovariante Ableitung* als

$$u^j{}_{;k} = u^j{}_{,k} + \Gamma^j{}_{kl} u^l. \tag{24.2.29}$$

Diese Definition ist so gewählt, daß das nichttensorielle Transformationsverhalten der Christoffelsymbole gerade das nichttensorielle Transformationsverhalten der partiellen Ableitung kompensiert. Es gilt

$$\bar{u}^j{}_{;\bar{k}} = \bar{c}^j_l \bar{c}^m_k u^l{}_{;m}, \tag{24.2.30}$$

wobei der elementare Nachweis dem Leser überlassen sei. Die kovariante Ableitung eines kovarianten Tensors 1. Stufe ergibt sich zu

$$u_{j;k} = u_{j,k} - \Gamma^l{}_{jk} u_l. \tag{24.2.31}$$

Für die kovariante Ableitung eines Tensors 2. Stufe gelten die Beziehungen

$$\begin{aligned}
u_{ij;k} &= u_{ij,k} - \Gamma^m{}_{ik} u_{mj} - \Gamma^m{}_{jk} u_{im}, && \text{(a)}\\
u^i{}_{j;k} &= u^i{}_{j,k} + \Gamma^i{}_{km} u^m{}_j - \Gamma^m{}_{jk} u^i{}_m, && \text{(b)}\\
u_i{}^j{}_{;k} &= u_i{}^j{}_{,k} - \Gamma^m{}_{ik} u_m{}^j + \Gamma^j{}_{km} u_i{}^m, && \text{(c)}\\
u^{ij}{}_{;k} &= u^{ij}{}_{,k} + \Gamma^i{}_{km} u^{mj} + \Gamma^j{}_{km} u^{im}. && \text{(d)}
\end{aligned} \tag{24.2.32}$$

Die kovariante Ableitung eines Tensors beliebiger Stufe berechnet sich gemäß

$$\begin{aligned}
u^{i_1 \dots i_l}{}_{j_1 \dots j_m;k} &= u^{i_1 \dots i_l}{}_{j_1 \dots j_m,k} + \Gamma^{i_1}{}_{s_1 k} u^{s_1 i_2 \dots i_l}{}_{j_1 \dots j_m} + \dots + \Gamma^{i_l}{}_{s_l k} u^{i_1 \dots i_{l-1} s_l}{}_{j_1 \dots j_m}\\
&- \Gamma^{r_1}{}_{j_1 k} u^{i_1 \dots i_l}{}_{r_1 j_2 \dots j_m} - \dots - \Gamma^{r_m}{}_{j_m k} u^{i_1 \dots i_l}{}_{j_1 \dots j_{m-1} k}.
\end{aligned} \tag{24.2.33}$$

Das Lemma von Ricci

Das Lemma von Ricci lautet:

Die kovarianten Ableitungen des Metriktensors verschwinden, d.h.

$$g^{ij}{}_{;k} = g^{i}{}_{j;k} = g_{ij;k} = 0. \tag{24.2.34}$$

Wir beweisen hier die dritte Gleichung. Dazu gehen wir von der Definitionsgleichung (24.2.32a) aus:

$$g_{ij;k} = g_{ij,k} - \Gamma^{m}{}_{ik} g_{mj} - \Gamma^{m}{}_{jk} g_{im} = g_{ij,k} - (\Gamma_{jik} + \Gamma_{ijk}). \tag{24.2.35}$$

Unter Beachtung von (24.2.21′) erhält man weiter

$$\Gamma_{jik} + \Gamma_{ijk} = \frac{1}{2}(g_{ji,k} - g_{ik,j} + g_{kj,i} + g_{ij,k} - g_{jk,i} + g_{ki,j}) = g_{ij,k},$$

woraus aus (24.2.35)

$$g_{ij;k} = g_{ij,k} - g_{ij,k} = 0$$

folgt, w.z.b.w.

Das Lemma von Ricci erlaubt uns, den Metriktensor als eine Konstante bezüglich der kovarianten Differentiation anzusehen. Für einen beliebigen Tensor $t^{i_1 \dots i_N}{}_{j_1 \dots j_M}$ gilt daher

$$(g^{pq} t^{i_1 \dots i_N}{}_{j_1 \dots j_M})_{;k} = g^{pq} (t^{i_1 \dots i_N}{}_{j_1 \dots j_M})_{;k} \tag{24.2.36}$$

für beliebige Indexverhältnisse.

24.2.4 Die Differentialoperationen Grad, Div, Rot, Δ

Aus der Vektoranalysis wissen wir, daß sich die fundamentalen Differentialoperationen grad, div, rot, Δ mit Hilfe des Nabla-Operators formulieren lassen. Bisher haben wir diese Operationen auf Skalare (Gradientenbildung) und auf Vektoren (Divergenz- und Rotationsbildung) beschränkt.

Wir erweitern den Kalkül nun für Tensoren beliebiger Stufenzahl. Dazu müssen wir zunächst den Nabla-Operator in krummlinigen Koordinaten darstellen.

Der Nabla-Operator in krummlinigen Koordinaten

Wir betrachten ein beliebiges krummliniges Koordinatensystem $(\bar{\zeta}^j)$ und das kartesische Ausgangssystem (x^j), mit den zugehörigen Basissystemen $\{\boldsymbol{e}^k\}$ und $\{\boldsymbol{g}^k\}$. Im kartesischen System gilt

$$\nabla = \boldsymbol{e}^k \frac{\partial}{\partial x^k}. \tag{24.2.37}$$

Mit der Kettenregel

$$\frac{\partial}{\partial x^k} = \frac{\partial \bar{\zeta}^j}{\partial x^k} \frac{\partial}{\partial \bar{\zeta}^j} = \bar{c}^j_k \frac{\partial}{\partial \bar{\zeta}^j}$$

und dem Transformationsgesetz für die kontravarianten Basisvektoren

$$\boldsymbol{e}^k = \frac{\partial x^k}{\partial \bar{\zeta}^l} \bar{\boldsymbol{g}}^l = \underline{c}^k_l \bar{\boldsymbol{g}}^l$$

erhalten wir aus (24.2.37)

$$\nabla = \underline{a}^k_l \bar{a}^j_k \bar{\boldsymbol{g}}^l \frac{\partial}{\partial \bar{\zeta}^j} = \delta^j_l \bar{\boldsymbol{g}}^l \frac{\partial}{\partial \bar{\zeta}^j},$$

und somit

$$\nabla = \boldsymbol{g}^j \frac{\partial}{\partial \bar{\zeta}^j}. \tag{24.2.38}$$

Der Gradient

Wir gehen zunächst von einem Skalar u aus. Sein Gradient $\operatorname{grad} u$ berechnet sich durch Anwendung des vektoriellen Operators ∇ auf u, d.h. als tensorielles Produkt des Tensors 1. Stufe ∇ mit dem Tensor 0. Stufe u:

$$\operatorname{grad} u = \nabla u = g^j \frac{\partial u}{\partial \zeta^j} = u_{,j} g^j.$$

Da für einen Skalar zwischen seiner partiellen Ableitung und seiner kovarianten Ableitung kein Unterschied besteht, kann man auch schreiben:

$$\operatorname{grad} u = \nabla u = u_{;j} g^j. \tag{24.2.39}$$

Nun betrachten wir einen Vektor $\boldsymbol{u}$. Seinen Gradienten definieren wir wiederum als tensorielles Produkt von ∇ mit $\boldsymbol{u}$:

$$\mathbf{Grad}\, \boldsymbol{u} = \nabla \boldsymbol{u}. \tag{24.2.40}$$

Dann gilt

$$\mathbf{Grad}\, \boldsymbol{u} = g^j \frac{\partial}{\partial \zeta^j}(u^k g_k) = g^j (u^k{}_{,j} g_k + u^k g_{k,j}) = g^j (u^k{}_{,j} g_k + u^k \Gamma^l{}_{jk} g_l), \tag{24.2.41}$$

oder nach Umbenennung der Indizes

$$\mathbf{Grad}\, \boldsymbol{u} = g^j (u^k{}_{,j} + \Gamma^k{}_{lj} u^l) g_k = u^k{}_{;j} g^j g_k. \tag{24.2.42}$$

Man erhält also einen Tensor 2. Stufe, dessen Komponenten durch die kovariante Ableitung festgelegt sind. Allgemein gilt:

Der Gradient eines Tensors N-ter Stufe ist als tensorielles Produkt des Vektors ∇ mit dem Tensor definiert:

$$\mathbf{Grad}\, \boldsymbol{u} = \nabla \boldsymbol{u} = \nabla (u^{i_1 \ldots i_N} g_{i_1} \ldots g_{i_N}) := u^{i_1 \ldots i_N}{}_{;k} g^k g_{i_1} \ldots g_{i_N}. \tag{24.2.43}$$

Man erhält also einen Tensor $N+1$-ter Stufe.

Die Divergenz

Wir gehen zunächst von einem Vektor $\boldsymbol{u}$ aus. Seine Divergenz $\operatorname{div} \boldsymbol{u}$ ist definiert als skalares Produkt des Vektors ∇ mit dem Vektor $\boldsymbol{u}$:

$$\operatorname{div} \boldsymbol{u} = \nabla \cdot \boldsymbol{u}.$$

Analog zu (24.2.41) gilt

$$\operatorname{div} \boldsymbol{u} = g^j \frac{\partial}{\partial \zeta^j_k}(u^k g_k) = g^j \cdot (u^k{}_{,j} g_k + u^k g_{k,j}) = g^j \cdot (u^k{}_{,j} g^k + u^k \Gamma^l{}_{kj} g_l), \tag{24.2.44}$$

und nach Umbenennung der Indizes

$$\operatorname{div} \boldsymbol{u} = g^j \cdot (u^k{}_{,j} + \Gamma^k{}_{lj} u^l) g_k = u^k{}_{;j} g^j \cdot g_k = u^k{}_{;j} \delta^j_k = u^k{}_{;k}. \tag{24.2.45}$$

man erhält also einen Tensor 0. Stufe, dessen Komponenten wiederum durch die kovariante Ableitung festgelegt sind. Allgemein gilt:

Die Divergenz eines Tensors N-ter Stufe ist als verjüngendes Produkt des Vektors ∇ mit dem Tensor definiert:

$$\mathbf{Div}\, \boldsymbol{u} = \nabla \cdot \boldsymbol{u} = \nabla \cdot (u^{i_1 \ldots i_N} g_{i_1} \ldots g_{i_N}) = u^{i_1 \ldots i_N}{}_{;i_1} g_{i_2} \ldots g_{i_N}. \tag{24.2.46}$$

Man erhält also einen Tensor $N-1$-ter Stufe.

Die Rotation

Die Rotation eines Tensors N-ter Stufe $\boldsymbol{u} = \boldsymbol{u}_{j_1 \ldots j_N} \boldsymbol{g}^{j_1} \ldots \boldsymbol{g}^{j_N}$ ist definiert als

$$\textbf{Rot}\, \boldsymbol{u} = g_{i_0 i_1 \ldots i_N}{}^{j_0 j_1 \ldots j_N} u_{j_1 \ldots j_N; j_0} \boldsymbol{g}^{i_0} \boldsymbol{g}^{i_1} \ldots \boldsymbol{g}^{i_N}, \tag{24.2.47}$$

wobei $g_{i_0 i_1 \ldots i_N}{}^{j_0 j_1 \ldots j_N}$ den vollständig antisymmetrischen Kronecker-Tensor bezeichnet. Voraussetzung für die Gültigkeit der Definition (24.2.47) ist $N >= 1$.

Die Rotation eines Tensors N-ter Stufe ist also ein Tensor $N+1$-ter Stufe. Die Tensorkomponenten

$$t_{i_0 i_1 \ldots i_N} = g_{i_0 i_1 \ldots i_N}{}^{j_0 j_1 \ldots j_N} u_{j_1 \ldots j_N; j_0}$$

sind wegen der vollständigen Antisymmetrie des Kronecker-Tensors ebenfalls vollständig antisymmetrisch. Weiter folgt aus der totalen Antisymmetrie von $g_{i_0 i_1 \ldots i_N}{}^{j_0 j_1 \ldots j_N}$ und der Symmetrie der Christoffelsymbole in den unteren Indizes, daß sich bei der Berechnung der kovarianten Ableitung in (24.2.47) sämtliche die Christoffelsymbole beinhaltenden Terme wegheben. Es gilt also

$$\textbf{Rot}\, \boldsymbol{u} = g_{i_0 i_1 \ldots i_N}{}^{j_0 j_1 \ldots j_N} u_{j_1 \ldots j_N, j_0} \boldsymbol{g}^{i_0} \boldsymbol{g}^{i_1} \ldots \boldsymbol{g}^{i_N}. \tag{24.2.48}$$

Die Rotation eines Vektors berechnet sich somit unabhängig von der Metrik des verwendeten Koordinatensystems. Die Verallgemeinerung der Rotationsbildung für Tensoren beliebiger Stufe wird auch als *äußere Differentiation* oder als *alternierende Differentiation* bezeichnet.

Nach den bisherigen Ausführungen stellt die Rotation eines Vektors einen Tensor 2. Stufe dar. Wie stimmt dies mit der aus der Vektoranalysis bekannten Aussage überein, daß die Rotation eines Vektors wiederum einen Vektor ergibt?

Zur Beantwortung dieser Frage betrachten wir (24.2.48) für den Fall eines Vektors $\boldsymbol{u}$ im $\mathbb{R}^n$. Dann gilt

$$\textbf{Rot}\, \boldsymbol{u} = g_{lm}{}^{jk} u_{k,j} \boldsymbol{g}^l \boldsymbol{g}^m.$$

Die Tensorkomponenten

$$t_{lm} = g_{lm}{}^{jk} u_{k,j}$$

sind antisymmetrisch, es gilt $t_{lm} = -t_{ml}$. In einem n-dimensionalen Raum existieren daher $\frac{n(n-1)}{2}$ voneinander unabhängige Tensorkomponenten.

Für den speziellen Fall $n = 3$ gilt

$$\frac{n(n-1)}{2} = 3 = n. \tag{24.2.49}$$

Die antisymmetrische Matrix

$$(t_{lm}) = \begin{pmatrix} 0 & t_{12} & t_{13} \\ -t_{12} & 0 & t_{23} \\ -t_{13} & -t_{23} & 0 \end{pmatrix}$$

kann daher in diesem Fall auch als Vektor notiert werden.

Manchmal erscheint es zweckmäßig, vorübergehend von der bisher verwendeten Notation abzugehen und die sogenannte „halbsymbolische Schreibweise“ zu verwenden:

$$\nabla_i(\,) := (\,)_{;i}, \qquad \partial_i := (\,)_{,i}. \tag{24.2.50}$$

Die Beziehungen (24.2.47) und (24.2.48) schreiben sich dann in der Form

$$\begin{aligned} \mathbf{Rot}\, \boldsymbol{u} &= g_{i_0 i_1 \dots i_N}{}^{j_0 j_1 \dots j_N} \nabla_{j_0} u_{j_1 \dots j_N} \boldsymbol{g}^{i_0} \boldsymbol{g}^{i_1} \dots \boldsymbol{g}^{i_N} \\ &= g_{i_0 i_1 \dots i_N}{}^{j_0 j_1 \dots j_N} \partial_{j_0} u_{j_1 \dots j_N} \boldsymbol{g}^{i_0} \boldsymbol{g}^{i_1} \dots \boldsymbol{g}^{i_N}. \end{aligned} \tag{24.2.51}$$

Der Laplace-Operator

Am Anfang dieses Abschnitts haben wir die Darstellung des Nabla-Operators in einem beliebigen krummlinigen Koordinatensystem besprochen. Nun wollen wir einige koordinateninvariante Darstellungen für den Laplace-Operator entwickeln, wobei wir unsere neuerworbenen Kenntnisse über die kovariante Ableitung anwenden können.

Sei u ein Skalar. Der Laplace-Operator ist dann durch

$$\Delta u = \operatorname{div} \operatorname{grad} u = \nabla \cdot (\nabla u) \tag{24.2.52}$$

definiert. Dies läßt sich formal auch in der Form

$$\Delta := \operatorname{div} \operatorname{grad} = \nabla \cdot \nabla \tag{24.2.53}$$

notieren, wobei implizit die Beziehung $\nabla \cdot (\nabla u) = (\nabla \cdot \nabla) u$ verwendet wurde. Der Laplace-Operator ist also ein skalarer Operator, der formal als skalares Produkt des Nabla-Operators mit sich selbst definiert ist. Unter Benützung des kovarianten Formalismus erhalten wir

$$\Delta u = \operatorname{div} \operatorname{grad} u = \nabla \cdot (u_{;k} \boldsymbol{g}^k) = u_{;k}{}^{;k} = \nabla \cdot (u^{;k} \boldsymbol{g}_k) = u^{;k}{}_{;k}.$$

Der Laplace-Operator stellt sich also als zweifache kovariante Ableitung dar:

$$\Delta u = u_{;k}{}^{;k} = u^{;k}{}_{;k}. \tag{24.2.54}$$

In diesem Zusammenhang empfiehlt sich wieder die Verwendung der halbsymbolischen Schreibweise (24.2.50):

$$\Delta u = \nabla^k \nabla_k u = \nabla_k \nabla^k u. \tag{24.2.55}$$

Man beachte die geänderte Reihenfolge in der Indizierung gegenüber (24.2.54)! Wir wollen nun die Beziehung (24.2.55) weiter verfolgen. Zunächst gilt

$$\Delta = \nabla_k \nabla^k = \nabla_k (g^{jk} \nabla_j) = \nabla_k (g^{kj} \partial_j), \tag{24.2.56}$$

wobei wieder berücksichtigt wurde, daß u als Skalar vorausgesetzt ist. (24.2.56) kann auf zweierlei Art weiterverarbeitet werden. Unter Benützung des Lemmas von Ricci gilt einerseits

$$\nabla_k (g^{kj} \partial_j) = g^{kj} \nabla_k (\partial_j) = g^{kj} (\partial_k \partial_j - \Gamma^l{}_{kj} \partial_l),$$

und somit

$$\Delta = g^{jk} \partial_j \partial_k - \Gamma^l{}_{jk} g^{jk} \partial_l. \tag{24.2.57}$$

Berechnet man andererseits in (24.2.56) direkt die kovariante Ableitung des Vektors $g^{ik} \partial_j$, so erhält man

$$\nabla_k (g^{kj} \partial_j) = \partial_k (g^{kj} \partial_j) + \Gamma^k{}_{kl} (g^{lj} \partial_j),$$

und daher

$$\Delta = g^{jk}\partial_j\partial_k + (g^{kj}{}_{,k} + \Gamma^k{}_{kl}g^{lj})\partial_j. \tag{24.2.58}$$

Vergleicht man die beiden Ausdrücke (24.2.57) und (24.2.58), so erkennt man die Gültigkeit der Beziehung

$$g^{kj}{}_{,k} + \Gamma^k{}_{kl}g^{lj} = -\Gamma^j_{lk}g^{lk},$$

bzw.

$$g^{kj}{}_{;k} = 0,$$

was sofort aus dem Ricci-Lemma folgt.

Für kartesische Systeme gilt wegen $g^{jk} = \delta^{jk}, g^{jk}{}_{,k} = 0$, $\Gamma^k{}_{kl} = 0$, $\forall j,k,l$ die vertraute Darstellung

$$\Delta = \delta^{jk}\partial_j\partial_k = \partial_k\partial^k = \partial^k\partial_k. \tag{24.2.59}$$

24.2.5 Das Lemma von Poincaré

Das *Lemma von Poincaré* lautet

$$g_{i_0 i_1 \ldots i_N}{}^{j_0 j_1 \ldots j_N}\nabla_{j_0}\nabla_{j_1}u_{j_2\ldots j_N} = 0. \tag{24.2.60}$$

Es stellt eine Verallgemeinerung der Relation rot grad $=0$ für Tensoren beliebiger Stufenzahl dar. Der Beweis kann mit Hilfe des Laplaceschen Entwicklungssatzes

$$(l-1)!g_{i_1\ldots i_N}{}^{j_1\ldots j_N} = g_{i_1\ldots i_N}{}^{k_1\ldots k_N}g_{k_1}{}^{j_1}g_{k_2\ldots k_N}{}^{j_2\ldots j_N}$$

geführt werden. Es gilt

$$\begin{aligned}
(l-1)!g_{i_1\ldots i_N}{}^{j_1\ldots j_N}\nabla_{j_1}\nabla_{j_2}u_{j_3\ldots j_N} &= g_{i_1\ldots i_N}{}^{k_1\ldots k_N}g_{k_1}{}^{j_1}\nabla_{j_1}(g_{k_2\ldots k_N}{}^{j_2\ldots j_N}\nabla_{j_2}u_{j_3\ldots j_N}) \\
&= g_{i_1\ldots i_N}{}^{k_1\ldots k_N}\nabla_{k_1}(g_{k_2\ldots k_N}{}^{j_2\ldots j_N}\partial_{j_2}u_{j_3\ldots j_N}) \\
&= g_{i_1\ldots i_N}{}^{k_1\ldots k_N}\partial_{k_1}(g_{k_2\ldots k_N}{}^{j_2\ldots j_N}\partial_{j_2}u_{j_3\ldots j_N}) \\
&= (l-1)!g_{i_1\ldots i_N}{}^{j_1\ldots j_N}\partial_{j_1}\partial_{j_2}u_{j_3\ldots j_N} = 0.
\end{aligned}$$

Abschließend wollen wir die Beziehung (24.2.60) für die beiden einfachsten Fälle explizit notieren:

Tensor 0. Stufe:

$$g_{i_1 i_2}{}^{j_1 j_2}\nabla_{j_1}\nabla_{j_2}u = (\nabla_{j_1}\nabla_{j_2} - \nabla_{j_2}\nabla_{j_1})u = 0, \tag{24.2.61a}$$

Tensor 1. Stufe:

$$g_{i_0 i_1 i_2}{}^{j_0 j_1 j_2}\nabla_{j_0}\nabla_{j_1}u_{j_2} = \nabla_{i_0}\nabla_{i_1}u_{i_2} + \nabla_{i_1}\nabla_{i_2}u_{i_0} + \nabla_{i_2}\nabla_{i_0}u_{i_1} = 0. \tag{24.2.61b}$$

In (24.2.61a) erscheint die vertraute Aussage rot grad $u = 0$ in tensorieller Notation. In Gleichung (24.2.61b) ist diese Aussage für Vektoren verallgemeinert. Man beachte den zyklischen Indextausch auf der rechten Seite. Wir werden diesen Strukturen in der Feldphysik wieder begegnen.

24.2.6 Der Riemannsche Krümmungstensor

Definition

Aus der elementaren Differentialrechnung ist der *Satz von Schwarz* bekannt. Er besagt, daß die zweiten partiellen Ableitungen einer skalaren, zweimal stetig differenzierbaren Funktion u vertauschbar sind, d.h.

$$\partial_j \partial_k u = \partial_k \partial_j u. \tag{24.2.62}$$

Wir fragen nun nach der Vertauschbarkeit der zweiten kovarianten Ableitungen eines Tensors beliebiger Stufe. Dabei gehen wir zunächst wieder von einem Skalar u aus, und betrachten den Ausdruck

$$(\nabla_j \nabla_k - \nabla_k \nabla_j) u = g_{jk}{}^{lm} \nabla_l \nabla_m u. \tag{24.2.63}$$

Wie wir in (24.2.61a) gezeigt haben, gilt als Spezialfall des Lemmas von Poincaré

$$g_{jk}{}^{lm} \nabla_l \nabla_m u = 0, \tag{24.2.64}$$

womit die Vertauschbarkeit der kovarianten Ableitungen für einen Skalar sichergestellt ist.

Als Nächstes betrachten wir einen Vektor u_i und bilden den Ausdruck

$$(\nabla_j \nabla_k - \nabla_k \nabla_j) u_i = g_{jk}{}^{lm} \nabla_l \nabla_m u_i. \tag{24.2.65}$$

Hier ist das Lemma von Poincaré nicht anwendbar. Wir rechnen also explizit

$$\nabla_j u_i = u_{i;j} = u_{i,j} - \Gamma^m{}_{ij} u_m, \tag{24.2.66}$$

und

$$\nabla_k \nabla_j u_i = u_{i;j;k} := u_{i;jk} = (u_{i;j})_{,k} - \Gamma^m{}_{ik} u_{m;j} - \Gamma^m{}_{jk} u_{i;m}, \tag{24.2.67}$$

wobei wir in (24.2.67) die Definitionsgleichung (24.2.32a) für die kovariante Ableitung eines kovarianten Tensors 2. Stufe benützt haben. Durch Einsetzen von (24.2.66) in (24.2.67) erhält man

$$\begin{aligned} \nabla_k \nabla_j u_i = u_{i;kj} = u_{i,jk} &- \Gamma^m{}_{ij,k} u_m - \Gamma^m{}_{ij} u_{m,k} \\ &- \Gamma^m{}_{ik} u_{m,j} + \Gamma^m{}_{ik} \Gamma^n{}_{mj} u_n \\ &- \Gamma^m{}_{jk} u_{i,m} + \Gamma^m{}_{jk} \Gamma^n{}_{im} u_n. \end{aligned} \tag{24.2.68}$$

Durch Vertauschen der Indizes j und k folgt daraus

$$\begin{aligned} \nabla_j \nabla_k u_i = u_{i;kj} = u_{i,kj} &- \Gamma^m{}_{ik,j} u_m - \Gamma^m{}_{ik} u_{m,j} \\ &- \Gamma^m{}_{ij} u_{m,k} + \Gamma^m{}_{ij} \Gamma^n{}_{mk} u_n \\ &- \Gamma^m{}_{ij} u_{i,m} + \Gamma^m{}_{ij} \Gamma^n{}_{im} u_n. \end{aligned} \tag{24.2.69}$$

Subtrahiert man (24.2.68) von (24.2.69), so fallen alle Glieder mit Ableitungen von u_i weg, und es ergibt sich

$$(\nabla_j \nabla_k - \nabla_k \nabla_j) u_i = (\Gamma^n{}_{ij,k} - \Gamma^n{}_{ik,j} + \Gamma^m{}_{ij} \Gamma^n{}_{mk} - \Gamma^m{}_{ik} \Gamma^n_{mj}) u_n. \tag{24.2.70}$$

Die Differenz der kovarianten Ableitungen eines Vektors ist daher in der Form

$$(\nabla_j \nabla_k - \nabla_k \nabla_j) u_l = R_{jkl}{}^n u_n \tag{24.2.71}$$

darstellbar, wobei

$$R_{jkl}{}^n = (\Gamma^n{}_{ij,k} - \Gamma^n{}_{ik,j} + \Gamma^m{}_{ij}\Gamma^n{}_{mk} - \Gamma^m{}_{ik}\Gamma^n{}_{mj}) \tag{24.2.72}$$

als *Riemannscher Krümmungstensor* bezeichnet wird. Seine Tensoreigenschaft kann sofort aus der Quotientenregel gefolgert werden: die linke Seite von (24.2.71) repräsentiert einen Tensor 3. Stufe, somit auch die rechte Seite der Gleichung. Da u_n ein Tensor 2. Stufe ist, muß $R_{jkl}{}^n$ ein Tensor 4. Stufe sein.

Das Analogon zu (24.2.71) für einen kontravarianten Vektor lautet

$$(\nabla_j \nabla_k - \nabla_k \nabla_j) u_l = R_{jkl}{}^n u_n. \tag{24.2.73}$$

Die Verallgemeinerung von (24.2.71) und (24.2.73) für einen Tensor beliebiger Stufe lautet

$$\begin{aligned}(\nabla_j \nabla_k - \nabla_k \nabla_j) \quad u^{h_1 \ldots h_N}{}_{l_1 \ldots l_M} &= R_{jk}{}^{h_1}{}_h u^{h \ldots h_N}{}_{l_1 \ldots l_M} \\ &+ \ldots R_{jk}{}^{h_N}{}_h u^{h_1 \ldots h}{}_{l_1 \ldots l_M} + R_{jkl_1}{}^l u^{h_1 \ldots h_N}{}_{l_1 \ldots l_M} \\ &+ \ldots R_{jkl_M}{}^l u^{h_1 \ldots h_N}{}_{l_1 \ldots l}.\end{aligned} \tag{24.2.74}$$

Der Riemannsche Krümmungstensor nimmt in der Riemannschen Geometrie und damit auch in der Allgemeinen Relativitätstheorie eine zentrale Stellung ein. Zunächst zeigen wir, daß er in gewissem Sinn als Maß für die „Abweichung" einer Riemannschen Raumstruktur von der Euklidischen Raumstruktur interpretiert werden kann:

in einem Euklidischen Raum kann man immer ein kartesisches Koordinatensystem wählen. In diesem System verschwinden sämtliche Christoffelsymbole und somit auch alle Komponenten des Riemann-Tensors. Nach dem tensoriellen Transformationsgesetz verschwinden die Komponenten dann aber auch in jedem beliebigen, krummlinigen Koordinantensystem des Euklidischen Raumes, d.h.

$$R_{jkl}{}^n = 0. \tag{24.2.75}$$

Es gilt auch die Umkehrung: Verschwindet der Riemannsche Krümmungstensor, so ist der Raum euklidisch. In einem allgemeinen Riemannschen Raum verschwindet der Krümmungstensor nicht! Im Fall einer zweidimensionalen Fläche wird $R_{jkl}{}^n$ durch das *Gaußsche Krümmungsmaß* beschrieben, womit die Bezeichnung „Krümmungstensor" verständlich wird (siehe dazu Abschnitt 24.4).

Durch Kontraktion des Riemann-Tensors erhalten wir zwei weitere Größen, die in der Allgemeinen Relativitätstheorie eine wichtige Rolle spielen:

$$\begin{aligned} R_{ik} &:= R_{ijk}{}^j \quad \ldots \quad \text{Ricci-Tensor} \quad (a) \\ R &:= g^{ik} R_{ik} \quad \ldots \quad \text{Krümmungs-Skalar} \quad (b) \end{aligned} \tag{24.2.76}$$

Symmetrien und Identitäten

In diesem Abschnitt wollen wir uns mit den Symmetrieeigenschaften des Riemann-Tensors beschäftigen.

1. **Die Antisymmetrie im ersten Indexpaar:** Aus der Definition (24.2.73) folgt sofort

$$R_{ijhk} = -R_{jihk}. \tag{24.2.77}$$

2. **Die Antisymmetrie im zweiten Indexpaar:** Es gilt

$$R_{ijhk} = -R_{ijkh}. \tag{24.2.78}$$

Zum Beweis wenden wir die alternierende Differentialform $g_{ij}{}^{rs}\nabla_r\nabla_s$ auf einen Skalar $u^h u_h$ an. Nach dem Lemma von Poincaré gilt dann

$$\begin{aligned} 0 &= g_{ij}{}^{rs}\nabla_r\nabla_s(u^h u_h) \\ &= g_{ij}{}^{rs}(u^h\nabla_r\nabla_s u_h + \nabla_r u^h\nabla_s u_h + \nabla_r u_h\nabla_s u^h + u_h\nabla_r\nabla_s u^h) \\ &= 2g_{ij}{}^{rs}u^h\nabla_r\nabla_s u_h = 2R_{ijhk}u^h u^k. \end{aligned} \tag{24.2.79}$$

Da dies für einen beliebigen Vektor gelten muß, folgt daraus die Antisymmetrie im zweiten Indexpaar.

Eine wesentliche Konsequenz von (24.2.78) ist die Symmetrie des Ricci-Tensors

$$R_{ik} = R_{ki}. \tag{24.2.80}$$

3. **Die zyklische Symmetrie in den ersten drei Indizes:** Es gelten die Symmetriebeziehungen

$$R_{i_1i_2i_3}{}^k + R_{i_2i_3i_1}{}^k + R_{i_3i_1i_2}{}^k = 0. \tag{24.2.81}$$

Mit Hilfe des Kronecker-Tensors lassen sich diese Beziehungen auch in der Form

$$g_{i_1i_2i_3}{}^{j_1j_2j_3}R_{j_1j_2j_3}{}^k = 0 \tag{24.2.81'}$$

schreiben. Zum Beweis überschieben wir die zyklisch alternierende Differentialform $g_{i_1i_2i_3}{}^{j_1j_2j_3}\nabla_{j_1}\nabla_{j_2}$ mit einem beliebigen Vektor u_j, und erhalten nach dem Lemma von Poincaré und dem Laplaceschen Entwicklungssatz

$$\begin{aligned} 0 &= g_{i_1i_2i_3}{}^{j_1j_2j_3}\nabla_{j_1}\nabla_{j_2}u_{j_3} = g_{i_1i_2i_3}{}^{k_1k_2k_3}g_{k_1k_2}{}^{j_1j_2}\nabla_{j_1}\nabla_{j_2}(g_{k_3}{}^{j_3}u_{j_3}) \\ &= g_{i_1i_2i_3}{}^{k_1k_2k_3}R_{k_1k_2k_3}{}^k u_k, \end{aligned} \tag{24.2.82}$$

woraus wegen der beliebigen Wahl von u_k (24.2.81′) folgt.

4. **Die Symmetrie in den Indexpaaren:** Die bisherigen Symmetriebeziehungen waren sämtlich voneinander unabhängig. Mit ihrer Hilfe läßt sich noch eine weitere Symmetriebeziehung herleiten. Zunächst folgen aus (24.2.81) die Gleichungen

$$\begin{aligned} R_{hkji} + R_{kjhi} + R_{jhki} &= 0, \\ R_{khij} + R_{hikj} + R_{ikhj} &= 0, \\ R_{jikh} + R_{ikjh} + R_{kjih} &= 0, \\ R_{ijhk} + R_{jhik} + R_{hijk} &= 0. \end{aligned} \tag{24.2.83}$$

Addiert man diese Gleichungen unter Berücksichtigung von (24.2.77) und (24.2.78), so erhält man

$$R_{ijhk} = R_{hkij}. \tag{24.2.84}$$

Wegen der Symmetrien 1.–4. existieren in einem n-dimensionalen Raum nur $\frac{n^2(n^2-1)}{12}$ unabhängige Komponenten des Riemannschen-Krümmungstensors.

5. **Die Bianchi-Identitäten:** Die Bianchi-Identitäten lauten

$$\nabla_{i_1} R_{i_2 i_3}{}^h{}_k + \nabla_{i_2} R_{i_3 i_1}{}^h{}_k + \nabla_{i_3} R_{i_1 i_2}{}^h{}_k = 0. \tag{24.2.85}$$

Man vergleiche die zyklische Symmetrie der Indizes mit (24.2.78)! Mit Hilfe des Kronecker-Tensors kann man (24.2.81) auch in der Form

$$g_{i_1 i_2 i_3}{}^{j_1 j_2 j_3} \nabla_{j_1} R_{j_2 j_3}{}^h{}_k = 0 \tag{24.2.85'}$$

schreiben. Zum Beweis wenden wir die Differentialform $2g_{i_1 i_2 i_3}{}^{j_1 j_2 j_3} \nabla_{j_1} \nabla_{j_2} \nabla_{j_3}$ auf einen beliebigen Vektor u^h an, und beachten, daß es bei der Anwendung des Laplaceschen Entwicklungssatzes zwei Zerlegungsmöglichkeiten gibt. Einerseits gilt

$$\begin{aligned} 2g_{i_1 i_2 i_3}{}^{j_1 j_2 j_3} \nabla_{j_1} \nabla_{j_2} \nabla_{j_3} u^h &= g_{i_1 i_2 i_3}{}^{k_1 k_2 k_3} g_{k_1 k_2}{}^{j_1 j_2} \nabla_{j_1} \nabla_{j_2} (g_{k_3}{}^{j_3} \nabla_{j_3} u^h) \\ &= g_{i_1 i_2 i_3}{}^{k_1 k_2 k_3} (R_{k_1 k_2 k_3}{}^k \nabla_k u^h + R_{k_1 k_2}{}^h{}_k \nabla_{k_3} u^k) \\ &= g_{i_1 i_2 i_3}{}^{k_1 k_2 k_3} R_{k_1 k_2}{}^h{}_k \nabla_{k_3} u^k. \end{aligned} \tag{24.2.86}$$

Die zweite Zerlegungsmöglichkeit führt auf

$$\begin{aligned} g_{i_1 i_2 i_3}{}^{j_1 j_2 j_3} \nabla_{j_1} \nabla_{j_2} \nabla_{j_3} u^h &= g_{i_1 i_2 i_3}{}^{k_1 k_2 k_3} g_{k_1}{}^{j_1} \nabla_{j_1} (g_{k_2 k_3}{}^{j_2 j_3} \nabla_{j_2} \nabla_{j_3} u^h) \\ &= g_{i_1 i_2 i_3}{}^{k_1 k_2 k_3} \nabla_{k_1} (R_{k_2 k_3}{}^h{}_k u^k) \\ &= g_{i_1 i_2 i_3}{}^{k_1 k_2 k_3} (R_{k_2 k_3}{}^h{}_k \nabla_{k_1} u^k + u^k \nabla_{k_1} R_{k_2 k_3}{}^h{}_k). \end{aligned} \tag{24.2.87}$$

Durch Gleichsetzen der Beziehungen (24.2.86) und (24.2.87) folgt

$$g_{i_1 i_2 i_3}{}^{k_1 k_2 k_3} \nabla_{k_1} R_{k_2 k_3}{}^h{}_k = 0, \text{ w.z.b.w.}$$

Wie wir sehen, erlaubt der Kalkül der äußeren Differentiation eine bestechend einfache Herleitung aller Symmetrien des Riemannschen Krümmungstensors.

Abschließend sei darauf hingewiesen, daß neben der hier verwendeten Indizierung des Riemann-Tensors noch eine andere existiert. Anstatt der Definitionsgleichung (24.2.71)

$$(\nabla_j \nabla_k - \nabla_k \nabla_j) u_l := R_{jkl}{}^n u_m$$

wird dann die Darstellung

$$u_{l;jk} - u_{l;kj} := R^m{}_{ljk} u_m \tag{24.2.71'}$$

verwendet. Für die Ausführungen des vorliegenden Kapitels war die Formulierung (24.2.71) die günstigere. Die Schreibweise (24.2.71′) wird vornehmlich in den Büchern über Allgemeine Relativitätstheorie angetroffen, was ihre Verwendung in Teil1 rechtfertigt.

24.3 Tensoranalysis im Riemannschen Raum

Bisher haben wir die Tensorrechnung für den Euklidischen Raum formuliert. Wir verallgemeinern nun unsere Betrachtungen für Riemannsche Räume, die in der theoretischen Physik eine große Rolle spielen. Dabei wird sich zeigen, daß der bisher besprochene Formalismus im Wesentlichen ungeändert übertragen werden kann.

24.3.1 Der Riemannsche Raum

Differenzierbare Mannigfaltigkeiten, Tensoren, affiner Tangentialraum.

Def 24.15: Jedes System von n Werten, das den n Veränderlichen $\zeta^1,\dots,\zeta^n$ erteilt wird, heißt *Punkt* oder *Element* einer n-dimensionalen Mannigfaltigkeit $\mathcal{M}_n$. Die Menge aller dieser Punkte bildet die Mannigfaltigkeit, die n Zahlen $\zeta^1,\dots,\zeta^n$ jedes Punktes werden als *Koordinaten des Punktes* bezeichnet.

Dies ist die Definition eines allgemeinen abstrakten Raumes. Als Beispiel betrachten wir die Menge aller reellwertigen Polynome n-ter Ordnung $P_n(x)$ $x \in [a,b]$ mit den $n+1$ reellen Koeffizienten $a_1,a_1,\dots,a_n$. Diese Menge stellt eine $n+1$-dimensionale Mannigfaltigkeit mit den Koordinaten $\zeta^1 = a_0, \zeta^2 = a_1, \dots, \zeta^{n+1} = a_n$ dar. Durch eine bestimmte Festlegung der $n+1$ Zahlen $\zeta^1,\dots,\zeta^{n+1}$ wird ein bestimmtes Polynom $P_n(x)$ festgelegt, d.h. ein „Punkt" der Mannigfaltigkeit.

Als weiteres Beispiel betrachten wir eine zweidimensionale Fläche:

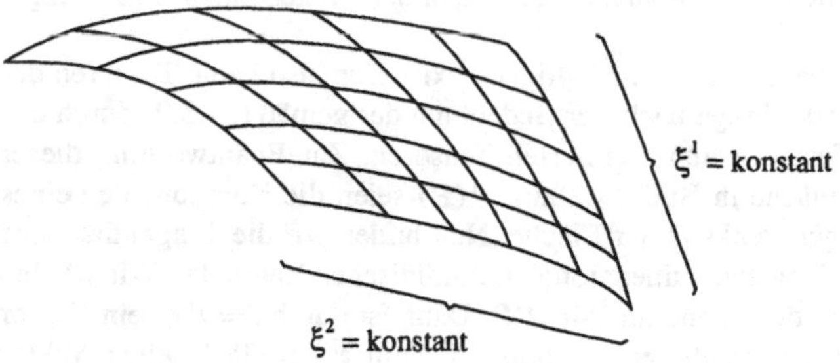

Bild 24.2

Man kann sich die Fläche mit einem Netz von ζ^1-Linien und ζ^2-Linien überzogen denken. Ein bestimmter Wert des Tupels (ζ^1,ζ^2) definiert einen Punkt auf der Fläche. ζ^1 und ζ^2 stellen also die Koordinaten dieser zweidimensionalen Mannigfaltigkeit dar. Sie werden auch als *Gaußsche Flächenparameter* bezeichnet.

Mit diesen beiden Beispielen haben wir allerdings schon sehr spezielle Mannigfaltigkeiten angesprochen. Auf den folgenden Seiten wollen wir nun den Begriff der allgemeinen Mannigfaltigkeit schrittweise spezialisieren.

Zunächst setzen wir für alles Weitere eine differenzierbare Mannigfaltigkeit voraus, d.h. für zwei beliebige Koordinatensysteme

$$\begin{aligned} \bar{\zeta}^i &= \bar{\zeta}^i(\zeta^1,\dots,\zeta^n), \\ \zeta^j &= \zeta^j(\bar{\zeta}^1,\dots,\bar{\zeta}^n) \end{aligned} \qquad (24.3.1)$$

sollen die partiellen Ableitungen $\bar{c}^i_j = \dfrac{\partial \bar{\zeta}^i}{\partial \zeta^j}, \underline{c}^j_i = \dfrac{\partial \zeta^j}{\partial \bar{\zeta}^i}$ (und alle evt. später benötigten höheren Ableitungen) existieren. Ein Beispiel für eine differenzierbare Mannigfaltigkeit ist eine zweidimensionale glatte Fläche, wie sie in Bild 24.2 skizziert ist. Die Differenzierbarkeitseigenschaft der Mannigfaltigkeit erlaubt die Einführung von Tensoren.

Def 24.16: Wir betrachten die Zahlen $t^{i_1 \dots i_l}{}_{j_1 \dots j_m}$, die von den Koordinaten ζ^i, $i = 1, \dots, n$, und die Zahlen $\bar{t}^{i_1 \dots i_l}{}_{j_1 \dots j_m}$, die von den Koordinaten $\bar{\zeta}^i$, $i = 1, \dots, n$, abhängen. Gilt die Transformationsbeziehung

$$\bar{t}^{i_1 \dots i_l}{}_{j_1 \dots j_m} = \bar{c}^{i_1}_{k_1} \dots \bar{c}^{i_l}_{k_l} \underline{c}^{p_1}_{j_1} \dots \underline{c}^{p_m}_{j_m} t^{k_1 \dots k_l}{}_{p_1 \dots p_m}, \tag{24.3.2}$$

so liegt ein Tensor $l + m$-ter Stufe einer n-dimensionalen differenzierbaren Mannigfaltigkeit vor. Die Funktionen $t^{i_1 \dots i_l}{}_{j_1 \dots j_m}(\zeta^1, \dots, \zeta^n)$ sind seine Komponenten.

Mit dieser Definition wird ein Tensor durch das Transformationsverhalten seiner Komponenten definiert, wie wir dies auch schon im Euklidischen Raum getan haben. Allerdings bestand im Euklidischen Raum die Möglichkeit, einen Tensor in der Form

$$\boldsymbol{T} = t^{i_1 \dots i_l}{}_{j_1 \dots j_m} \boldsymbol{g}_{i_1} \dots \boldsymbol{g}_{i_l} \boldsymbol{g}^{j_1} \dots \boldsymbol{g}^{j_m} \tag{24.3.3}$$

anzuschreiben. Diese Möglichkeit ist nun in einer allgemeinen differenzierbaren Mannigfaltigkeit nicht gegeben, da man in ihr keine Vektorbasis definieren kann. Als Beispiel betrachten wir wieder die Fläche in Bild 24.2. Sie enthält im allgemeinen keine Vektoren. Nur im Spezialfall einer Ebene liegt jeder Vektor zur Gänze in der Fläche. In allen anderen Fällen zeigt ein beliebiger, an einen Punkt der Fläche angehefteter Vektor aus der Fläche in den umgebenden Einbettungsraum hinaus.

In einer allgemeinen differenzierbaren Mannigfaltigkeit existieren also keine Tensoren der Form (24.3.3). Es stellt sich daher die Frage nach der Bedeutung der gemäß (24.3.2) durch das Transformationsverhalten ihrer Komponenten definierten Tensoren. Zur Beantwortung dieser Frage gehen wir wieder von der Fläche in Bild 24.2 aus: $t^i(P)$ seien die Komponenten eines Tensors 1. Stufe in einem beliebigen Punkt P der Fläche. Nun bilden wir die Tangentialebene der Fläche im Punkt P. Sie stellt einen zweidimensionalen Euklidischen Raum dar. Wir wählen nun eine beliebige Vektorbasis $\{\boldsymbol{g}_i\}$ der Ebene im Punkt P. Dann ist durch $\mathbf{t} = t^i \boldsymbol{g}_i$ ein Vektor der Ebene im Punkt P definiert. Man kann also einem Tensor 1. Stufe t^i der Fläche einen Vektor $\mathbf{t} = t^i \boldsymbol{g}_i$ der angehefteten Tangentialebene zuordnen:

$$t^i \leftrightarrow \mathbf{t} = t^i \boldsymbol{g}_i. \tag{24.3.4}$$

Diese Zuordnung besteht allerdings nur für jeweils einen bestimmten Punkt P der Fläche.

Dieselben Überlegungen gelten auch für Tensoren höherer Stufe:

$$t^{i_1 \dots i_l}{}_{j_1 \dots j_m} \leftrightarrow \boldsymbol{T} = t^{i_1 \dots i_l}{}_{j_1 \dots j_m} \boldsymbol{g}_{i_1} \dots \boldsymbol{g}_{i_l} \boldsymbol{g}^{j_1} \dots \boldsymbol{g}^{j_m}. \tag{24.3.5}$$

Für höhere Dimensionszahl gelten analoge Verhältnisse. Die „Tangentialebene" wird dann als *Tangentialraum* bezeichnet. Da es sich bei ihm um einen affinen Vektorraum handelt, wird er auch als *affiner Tangentialraum* bezeichnet. Er besitzt dieselbe Dimension wie die Mannigfaltigkeit. Mit der Zuordnung (24.3.5) ist die Frage nach dem Zusammenhang der durch (24.3.2) definierten Tensorkomponenten und der Formulierung (24.3.3) beantwortet.

Objekte des affinen Zusammenhanges in differenzierbaren Mannigfaltigkeiten.

Im vorigen Abschnitt haben wir gesehen, daß in einer differenzierbaren Mannigfaltigkeit Tensoren definiert werden können. Es stellt sich die Frage, ob auch der Begriff der kovarianten Ableitung in differenzierbaren Mannigfaltigkeiten sinnvoll definiert werden kann. Dazu spezialisieren wir die differenzierbare Mannigfaltigkeit wie folgt:

Def 24.17: Eine differenzierbare Mannigfaltigkeit heißt *affin zusammenhängende Mannigfaltigkeit*, wenn in ihr Objekte $\wedge^i{}_{jk}$ existieren, so daß die durch

$$A^i{}_{;j} := A^i{}_{,j} + \wedge^i{}_{jk} A^k \tag{24.3.6}$$

definierte Ableitung des Tensors A^i ein tensorielles Transformationsverhalten aufweist. Die Größen $\wedge^i{}_{jk}$ werden als *Objekte des affinen Zusammenhanges*, die tensorielle Ableitung als *kovariante Ableitung* bezeichnet.

In Euklidischen Räumen sind die Objekte des affinen Zusammenhanges die Christoffelsymbole.

Da durch (24.3.6) $A^i{}_{;j}$ als Tensor festgelegt ist, müssen die $\wedge^i{}_{jk}$ ein geeignetes Transformationsverhalten besitzen, das eine Kompensation des nichttensoriellen Transformationsverhaltens der partiellen Ableitung ermöglicht. Um das Transformationsgesetz der $\wedge^i{}_{jk}$ zu finden, betrachten wir (24.3.6) in den beiden Koordinatensystemen (ζ^i) und $(\bar{\zeta}^j)$:

$$A^i{}_{;j} = A^i{}_{,j} + \wedge^i{}_{jk} A^k, \tag{24.3.7a}$$

$$\bar{A}^i{}_{;\bar{j}} = \bar{A}^i{}_{,\bar{j}} + \bar{\wedge}^i{}_{jk} \bar{A}^k. \tag{24.3.7b}$$

Mit $\bar{A}^i = \bar{c}^i_j A^j$ und $\bar{A}^i{}_{,\bar{j}} = (\bar{A}^i)_{,k} \dfrac{\partial \zeta^k}{\partial \bar{\zeta}^j} = \bar{A}^i{}_{,k} \underline{c}^k_j$ folgt zunächst

$$\bar{A}^i{}_{,\bar{j}} = (\bar{c}^i_l A^l)_{,k} \underline{c}^k_j = \bar{c}^i_{l,k} \underline{c}^k_j A^l + \bar{c}^i_l \underline{c}^k_j A^l{}_{,k},$$

und somit aus (24.3.7b)

$$\bar{A}^i{}_{;\bar{j}} = \bar{c}^i_{l,k} \underline{c}^k_j A^l + \bar{c}^i_l \underline{c}^k_j A^l{}_{,k} + \bar{\wedge}^i{}_{jk} \bar{c}^k_l A^l = \bar{c}^i_l \underline{c}^k_j A^l{}_{,k} + (\bar{c}^i_{l,k} \underline{c}^k_j + \bar{\wedge}^i{}_{jk} \bar{c}^k_l) A^l. \tag{24.3.8}$$

Andererseits muß definitionsgemäß gelten

$$\bar{A}^i{}_{;\bar{j}} = \bar{c}^i_l \underline{c}^m_j A^l{}_{;m} = \bar{c}^i_l \underline{c}^m_j (A^l{}_{,m} + \wedge^l{}_{mk} A^k). \tag{24.3.9}$$

Durch Gleichsetzen von (24.3.8) und (24.3.9) erhält man

$$\bar{\wedge}^i{}_{jk} \bar{c}^k_l A^l = \bar{c}^i_l \underline{c}^m_j \wedge^l{}_{mk} A^k - \bar{c}^i_{l,k} \underline{c}^k_j A^l,$$

und somit unabhängig vom Vektor A^l

$$\bar{\wedge}^i{}_{jk} \bar{c}^k_l = \bar{c}^i_k \underline{c}^m_j \wedge^k{}_{ml} - \bar{c}^i_{l,k} \underline{c}^k_j. \tag{24.3.10}$$

Durch Multiplikation mit $\underline{c}^l_n$ folgt daraus das *Transformationsgesetz der Objekte des affinen Zusammenhanges:*

$$\bar{\wedge}^i{}_{jn} = \bar{c}^i_k \underline{c}^l_n \underline{c}^m_j \wedge^k{}_{ml} - \bar{c}^i_{l,k} \underline{c}^k_j \underline{c}^l_n. \tag{24.3.11}$$

In Abschnitt 24.2 haben wir gesehen, daß die Christoffelsymbole dieses Transformationsgesetz erfüllen. Abschließend wollen wir noch kurz auf die Bezeichnung „affiner Zusammenhang" eingehen: In einer allgemeinen differenzierbaren Mannigfaltigkeit kann in jedem Punkt ein affiner Vektorraum angeheftet werden. Die zwei verschiedenen Punkten zugehörigen Vektorräume stehen dabei zunächst in keinem Zusammenhang. Jede Definition eines Zusammenhanges würde die Mannigfaltigkeit bereits spezialisieren. Es läßt sich nun zeigen, daß die Einführung von Größen $\wedge^i{}_{jk}$ einen Zusammenhang zwischen den in verschiedenen Punkten der Mannigfaltigkeit angehefteten affinen Vektorräumen definiert, woraus sich die Bezeichnungen „affin zusammenhängende Mannigfaltigkeit" und „Objekte des affinen Zusammenhanges" ableiten.

Der Riemannsche Raum.

Def 24.18: Existiert in einer differenzierbaren Mannigfaltigkeit ein symmetrisches Tensorfeld $g_{ij} = g_{ji}$, so daß die Länge einer Kurve $\zeta^i(t)$ zwischen zwei Punkten mit den Parameterwerten t_1 und t_2 durch

$$l = \int_{t_1}^{t_2} \sqrt{g_{ij}\dot{\zeta}^i\dot{\zeta}^j}dt \tag{24.3.12}$$

gegeben wird, so heißt die differenzierbare Mannigfaltigkeit *Riemannscher Raum.*

Ein Beispiel für einen zweidimensionalen Riemannschen Raum ist wieder unsere Fläche in Bild 24.2. Wir wollen nun den affinen Zusammenhang im Riemannschen Raum definieren. Dabei stellt sich die Frage, welche Möglichkeiten der Festlegung es für die Objekte $\wedge^i{}_{jk}$ gibt. Es sind natürlich jene Möglichkeiten von primärem Interesse, die auf „vernünftige" Raumeigenschaften führen. Eine hier nicht durchgeführte Untersuchung zeigt, daß die Voraussetzung vernünftiger Raumeigenschaften auf die Festlegung

$$\wedge^k{}_{lm} = \frac{1}{2}g^{kn}(g_{mn,l} + g_{nl,m} - g_{lm,n}) \tag{24.3.13}$$

führt. Im Euklidischen Raum stellt die rechte Seite von (24.3.13) die Christoffelsymbole dar. Definieren wir die Christoffelsymbole auch im Riemannschen Raum durch

$$\Gamma^k{}_{lm} = \frac{1}{2}g^{kn}(g_{mn,l} + g_{nl,m} - g_{lm,n}), \tag{24.3.14}$$

so lautet die Beziehung (24.3.13)

$$\wedge^k{}_{lm} = \Gamma^k{}_{lm}. \tag{24.3.15}$$

Im Riemannschen Raum werden die Objekte des affinen Zusammenhanges durch die Christoffelsymbole festgelegt.

Wegen der Gültigkeit von (24.3.14) im Riemannschen Raum gelten alle in Abschnitt 24.2 für den Euklidischen Raum auf (24.3.14) aufbauenden Beziehungen auch im Riemannschen Raum: die Definition des Riemannschen Krümmungstensors bleibt ebenso gültig wie das Lemma von Ricci, etc. Anders verhält es sich mit jenen Beziehungen, in denen Vektoren vorkommen! So sind beispielsweise die Gleichungen (24.2.15) die wir im Euklidischen Raum als Definitionsgleichungen für die Christoffelsymbole verwendet haben, im Riemannschen Raum nicht mehr gültig!

24.3.2 Geodätische Linien im Riemannschen Raum

Wir betrachten zwei Punkte P_1 und P_2 in einem n-dimensionalen Riemannschen Raum und fragen nach ihrer kürzesten Verbindungslinie. Diese Kurve wird als *geodätische Linie* bezeichnet. Sei $\zeta^i(t)$, $t \in [t_1,t_2]$ eine Parameterdarstellung dieser Kurve, so müssen die Funktionen $\zeta^i(t)$ wegen (24.3.12) der Bedingung

$$\delta \int_{t_1}^{t_2} \sqrt{g_{ij}\dot{\zeta}^i\dot{\zeta}^j}dt = 0 \tag{24.3.16}$$

genügen. Zu lösen ist somit ein Variationsproblem

$$\delta \int_{t_1}^{t_2} F dt = 0, \tag{24.3.17}$$

mit der Funktion

$$F = \sqrt{g_{ij}\dot{\zeta}^i\dot{\zeta}^j}. \tag{24.3.18}$$

Die notwendigen Bedingungen für die Lösung dieser Variationsaufgabe sind die Eulerschen Differentialgleichungen

$$\frac{d}{dt}\left(\frac{\partial F}{\partial \dot{\zeta}^k}\right) - \frac{\partial F}{\partial \zeta^k} = 0, \quad k = 1, \ldots, n. \tag{24.3.19}$$

Für den vorliegenden Fall gilt

$$\begin{aligned}
\frac{\partial F}{\partial \dot{\zeta}^k} &= \frac{1}{2}(g_{ij}\dot{\zeta}^i\dot{\zeta}^j)^{-\frac{1}{2}}2g_{ik}\dot{\zeta}^i = \frac{1}{F}g_{ik}\dot{\zeta}^i, && \text{(a)}\\
\frac{\partial F}{\partial \zeta^k} &= \frac{1}{2}(g_{ij}\dot{\zeta}^i\dot{\zeta}^j)^{-\frac{1}{2}}\frac{\partial g_{ij}}{\partial \zeta^k}\dot{\zeta}^i\dot{\zeta}^j = \frac{1}{2F}\frac{\partial g_{ij}}{\partial \zeta^k}\dot{\zeta}^i\dot{\zeta}^j, && \text{(b)}
\end{aligned} \tag{24.3.20}$$

womit aus (24.3.19) zunächst die Bedingungen

$$\frac{d}{dt}\left(\frac{1}{F}g_{ik}\dot{\zeta}^i\right) - \frac{1}{2F}\frac{\partial g_{ij}}{\partial \zeta^k}\dot{\zeta}^i\dot{\zeta}^j = 0, \quad k = 1, \ldots, n \tag{24.3.21}$$

folgen. Unter Berücksichtigung der Kettenregel

$$\frac{d}{dt} = \frac{\partial}{\partial t} + \frac{\partial}{\partial \zeta^l}\frac{\partial \zeta^l}{\partial t} + \frac{\partial}{\partial \dot{\zeta}^l}\frac{\partial \dot{\zeta}^l}{\partial t} \tag{24.3.22}$$

erhält man für den ersten Term in (24.3.21)

$$\frac{d}{dt}\left(\frac{1}{F}g_{ik}\dot{\zeta}^i\right) = \dot{\zeta}^l\frac{\partial}{\partial \zeta^l}\left(\frac{1}{F}g_{ik}\dot{\zeta}^i\right) + \ddot{\zeta}^l\frac{\partial}{\partial \dot{\zeta}^l}\left(\frac{1}{F}g_{ik}\dot{\zeta}^i\right) \tag{24.3.23}$$

und daher für (24.3.21)

$$\dot{\zeta}^l\frac{\partial}{\partial \zeta^l}\left(\frac{1}{F}g_{ik}\dot{\zeta}^i\right) + \ddot{\zeta}^l\frac{\partial}{\partial \dot{\zeta}^l}\left(\frac{1}{F}g_{ik}\dot{\zeta}^i\right) - \frac{1}{2F}\frac{\partial g_{ij}}{\partial \zeta^k}\dot{\zeta}^i\dot{\zeta}^j = 0. \tag{24.3.24}$$

Bisher haben wir noch keine Aussage über die Parametrisierung der geodätischen Linie gemacht. Zur Vereinfachung der folgenden Rechnungen verwenden wir nun als Kurvenparameter t die Bogenlänge s. Dann erhält das Ausgangsproblem (24.3.17) die Gestalt

$$\delta \int ds = 0 \tag{24.3.25}$$

und es gilt

$$F = 1. \tag{24.3.26}$$

Damit vereinfachen sich die Gleichungen (24.3.24) zu

$$\dot{\zeta}^l \frac{\partial}{\partial \zeta^l}(g_{ik}\dot{\zeta}^i) + \ddot{\zeta}^l \frac{\partial}{\partial \dot{\zeta}^l}(g_{ik}\dot{\zeta}^i) - \frac{1}{2}\frac{\partial g_{ij}}{\partial \zeta^k}\dot{\zeta}^i\dot{\zeta}^j = 0. \tag{24.3.27}$$

Nun gilt

$$\frac{\partial}{\partial \zeta^l}(g_{ik}\dot{\zeta}^i) = g_{ik,l}\dot{\zeta}^i, \quad \text{(a)} \qquad \frac{\partial}{\partial \dot{\zeta}^l}(g_{ik}\dot{\zeta}^i) = g_{lk}, \quad \text{(b)} \tag{24.3.28}$$

womit (24.3.27) die Gestalt

$$g_{ik,l}\dot{\zeta}^i\dot{\zeta}^j + g_{lk}\ddot{\zeta}^l - \frac{1}{2}g_{ij,k}\dot{\zeta}^i\dot{\zeta}^j = 0 \tag{24.3.29}$$

annimmt. Wegen der Symmetrie des Metriktensors läßt sich diese Beziehung in der Form

$$\frac{1}{2}(g_{ik,j} + g_{ki,j} - g_{ij,k})\dot{\zeta}^i\dot{\zeta}^j + g_{ik}\ddot{\zeta}^i = 0 \tag{24.3.30}$$

schreiben. Durch Überschiebung mit g^{lk} folgt

$$\frac{1}{2}g^{lk}(g_{ik,j} + g_{ki,j} - g_{ij,k})\dot{\zeta}^i\dot{\zeta}^j + \ddot{\zeta}^l = 0. \tag{24.3.31}$$

Die Koeffizienten von $\dot{\zeta}^i\dot{\zeta}^j$ sind gerade die Christoffelsymbole zweiter Art. Wir erhalten daher endgültig

$$\ddot{\zeta}^l + \Gamma^l{}_{ij}\dot{\zeta}^i\dot{\zeta}^j = 0, \quad l = 1, \ldots, n. \tag{24.3.32}$$

Dies sind die *Differentialgleichungen der geodätischen Linie* $\zeta^i(s)$, $i = 1, \ldots, n$.

24.4 Flächentheorie bei euklidischer Einbettung

Historisch gesehen hat sich die Tensorrechnung aus der Flächentheorie entwickelt. Im Unterschied dazu haben wir die Tensorrechnung von der Vektorrechnung her aufgebaut, und wollen nun die Theorie von in den Euklidischen Raum $\mathbb{R}^n$ eingebetteten Flächen als Spezialfall der allgemeinen Theorie darstellen. Dies ist natürlich nur für die „innere Geometrie" der Flächen möglich, da die Riemannsche Geometrie ohne Bezugnahme auf eine konkrete Einbettung entwickelt wurde. Die Kenntnis des Einbettungsraumes erlaubt speziellere Aussagen, mit denen wir uns in den folgenden Abschnitten beschäftigen werden.

Wir betrachten eine in den Euklidischen Raum $\mathbb{R}^n$ eingebettete $(n-1)$-dimensionale Hyperfläche F mit der Parameterdarstellung $\boldsymbol{r} = \boldsymbol{r}(v^1, \ldots, v^{n-1})$, wobei die Flächenkoordinaten $v^1, \ldots, v^{n-1}$ in einem Parameterraum $U \subset \mathbb{R}^{n-1}$ variieren sollen. Für alles Weitere sollen griechische Indizes von $1, \ldots, n-1$, lateinische Indizes von $1, \ldots, n$ laufen.

Durch $\boldsymbol{a}_\alpha := \boldsymbol{r}_{,\alpha}, \quad \alpha = 1, \ldots, n-1$ können in jedem Punkt P von F $n-1$ lokale Basisvektoren definiert werden. Sie liegen in der Tangentialebene* der Fläche F im Punkt P. Die Komponenten $a_{\alpha\beta}$ der Flächenmetrik ergeben sich durch Skalarproduktbildung $a_{\alpha\beta} = \boldsymbol{a}_\alpha \cdot \boldsymbol{a}_\beta$ (siehe dazu auch Abschnitt 24.3.1). F kann mithin als $n-1$-dimensionale Riemannsche Mannigfaltigkeit aufgefaßt werden. Die zugehörigen Christoffelsymbole bezeichnen wir mit $\Gamma^\alpha{}_{\beta\gamma}$. Für den auf 1 normierten Flächennormalvektor $\boldsymbol{n}$ gilt

$$\boldsymbol{n} = \frac{\boldsymbol{g}_1 \times \boldsymbol{g}_2 \times \ldots \boldsymbol{g}_{n-1}}{|\boldsymbol{g}_1 \times \boldsymbol{g}_2 \times \ldots \boldsymbol{g}_{n-1}|}. \tag{24.4.1}$$

Im $\mathbb{R}^n$ stellt das Exprodukt von m Vektoren einen Tensor $(n-m)$-ter Stufe dar. Im vorliegenden Fall gilt $m = n-1$, womit sich $\boldsymbol{n}$ als gewöhnlicher Vektor erweist. Man beachte, daß die Einführung des Normalvektors $\boldsymbol{n}$ die euklidische Einbettung von F voraussetzt, was in der allgemeinen Riemannschen Geometrie nicht gegeben ist.

24.4.1 Die Ableitungsgleichungen von Gauß und Weingarten

Wir interessieren uns für die partiellen Ableitungen der Vektoren $\boldsymbol{a}_\alpha$ und $\boldsymbol{n}$. Da $\boldsymbol{a}_\alpha$ und $\boldsymbol{n}$ im $\mathbb{R}^n$ eine vollständige Basis bilden, müssen die Vektoren $\boldsymbol{a}_{\alpha,\beta}$ und $\boldsymbol{n}_{,\beta}$ als Linearkombination von $\boldsymbol{a}_\alpha$ und $\boldsymbol{n}$ darstellbar sein. Die Berechnung der Entwicklungskoeffizienten ist Aufgabe dieses Abschnitts. In diesem Zusammenhang erinnern wir an die für einen Euklidischen Raum gültigen Beziehungen (24.2.13). Da die betrachtete Mannigfaltigkeit nun i.a. nicht mehr euklidisch ist, werden wir allgemeinere Zusammenhänge erwarten. Zunächst führen wir im $\mathbb{R}^n$ durch

$$\boldsymbol{R}(v^1, \ldots, v^n) = \boldsymbol{r}(v^1, \ldots, v^{n-1}) + v^n \boldsymbol{n}(v^1, \ldots, v^{n-1}) \tag{24.4.2}$$

ein spezielles Koordinatensystem mit den Koordinaten $v^1, \ldots, v^n$ ein. Dabei bezeichnet $\boldsymbol{R}$ den Ortsvektor des $\mathbb{R}^n$. In diesem System stellt sich die Fläche F als Niveaufläche $v^n = 0$ dar. Weiter ist durch $\boldsymbol{g}_j := \boldsymbol{R}_{,j}$ eine Basis des $\mathbb{R}^n$ mit dem zugehörigen Metriktensor $g_{ij} = \boldsymbol{g}_i \cdot \boldsymbol{g}_j$ gegeben. Für die daraus resultierenden Christoffelsymbole des $\mathbb{R}^n$ schreiben wir $\hat{\Gamma}^i{}_{jk}$, um einer Verwechslung mit jenen der Fläche vorzubeugen. Wir wollen nun zunächst die durch (24.4.2) induzierten Zusammenhänge zwischen den Flächengrößen $\boldsymbol{a}_\alpha$, $\boldsymbol{n}$, $a_{\alpha\beta}$, $\Gamma^\alpha{}_{\beta\gamma}$, und den $\mathbb{R}^n$-Größen $\boldsymbol{g}_i$, g_{ij}, $\hat{\Gamma}^i{}_{jk}$ studieren. Zunächst folgt aus (24.4.2) durch Differentiation

$$\boldsymbol{g}_\alpha = \boldsymbol{a}_\alpha + v^n \boldsymbol{n}_{,\alpha}, \quad (a) \qquad \boldsymbol{g}_n = \boldsymbol{n}. \quad (b) \tag{24.4.3}$$

Wegen $\boldsymbol{a}_\alpha \cdot \boldsymbol{n} = 0$, $\boldsymbol{n} \cdot \boldsymbol{n} = 1$ erhält man damit für den $\mathbb{R}^n$-Metriktensor

$$g_{\alpha\beta} = a_{\alpha\beta} + v^n(\boldsymbol{a}_\alpha \cdot \boldsymbol{n}_{,\beta} + \boldsymbol{a}_\beta \cdot \boldsymbol{n}_{,\alpha}) + (v^n)^2 \boldsymbol{n}_{,\alpha} \cdot \boldsymbol{n}_{,\beta}, \quad (a)$$

$$g_{\alpha n} = 0, \quad (b) \qquad g_{nn} = 1. \quad (c) \tag{24.4.4}$$

Die $\mathbb{R}^n$-Metrik g_{ij} läßt sich also mit Hilfe der Flächenmetrik $a_{\alpha\beta}$ und den Vektoren $\boldsymbol{a}_\alpha$, $\boldsymbol{n}_{,\alpha}$ ausdrücken. Man erkennt

$$g_{\alpha\beta}(v^n = 0) = a_{\alpha\beta}. \tag{24.4.5}$$

Wir wenden uns nun den Christoffelsymbolen $\hat{\Gamma}^i{}_{jk}$ zu. Wegen (24.4.5) gilt

$$\hat{\Gamma}^\alpha{}_{\beta\gamma}(v^n = 0) = \Gamma^\alpha{}_{\beta\gamma}, \tag{24.4.6}$$

* Man spricht auch vom Tangentialraum, oder von einer Hyperebene

mit

$$\Gamma^\alpha{}_{\beta\gamma} = \frac{1}{2}a^{\alpha\mu}(a_{\mu\beta,\gamma} + a_{\gamma\mu,\beta} - a_{\beta\gamma,\mu}). \qquad (24.4.7)$$

Weiter betrachten wir die Christoffelsymbole $\hat{\Gamma}^i{}_{jk}$ für Indexkombinationen, wo mindestens ein Index den Wert n annimmt. Aus $\boldsymbol{g}_{j,k} = \hat{\Gamma}^i{}_{jk}\boldsymbol{g}_i$ folgen die Relationen

$$\hat{\Gamma}^\alpha{}_{\beta n} = \boldsymbol{a}^\alpha \cdot \boldsymbol{n}_{,\beta} = a^{\alpha\gamma}\boldsymbol{a}_\gamma \cdot \boldsymbol{n}_{,\beta}, \quad (a) \qquad \hat{\Gamma}^n{}_{\alpha\beta} = \boldsymbol{n} \cdot \boldsymbol{a}_{\alpha,\beta}, \quad (b) \qquad (24.4.8)$$

$$\hat{\Gamma}^n{}_{\alpha n} = \boldsymbol{n} \cdot \boldsymbol{a}_{\alpha,\beta}, \quad (c) \qquad \hat{\Gamma}^\alpha{}_{nn} = \boldsymbol{a}^\alpha \cdot \boldsymbol{n}_{,n}, \quad (d) \qquad \hat{\Gamma}^n{}_{nn} = \boldsymbol{n} \cdot \boldsymbol{n}_{,n}. \quad (e)$$

Durch Differentiation von $\boldsymbol{n} \cdot \boldsymbol{n} = 1$ folgt die Beziehung $\boldsymbol{n} \cdot \boldsymbol{n}_{,\alpha} = 0$. Beachtet man ferner $\boldsymbol{n}_{,n} = 0$, so erhält man aus (24.4.8c-e)

$$\hat{\Gamma}^n{}_{\alpha n} = \hat{\Gamma}^\alpha{}_{nn} = \hat{\Gamma}^n{}_{nn} = 0, \qquad (24.4.9)$$

d.h. die Christoffelsymbole $\hat{\Gamma}^i{}_{jk}$ mit mindestens zwei den Wert n annehmenden Indizes verschwinden in dem durch (24.4.2) gegebenen Koordinatensystem. Wir definieren nun durch

$$b_{\alpha\beta} := \boldsymbol{n} \cdot \boldsymbol{a}_{\alpha,\beta} \qquad (24.4.10)$$

den *Krümmungstensor* der in $\mathbb{R}^n$ eingebetteten Fläche F. Auf den Zusammenhang dieser Größe mit den Krümmungseigenschaften von F und ihrem Riemannschen Krümmungstensor werden wir im nächsten Abschnitt genauer eingehen. Durch Differentiation von $\boldsymbol{n} \cdot \boldsymbol{a}_\alpha = 0$ folgt

$$\boldsymbol{n}_{,\beta} \cdot \boldsymbol{a}_\alpha = -\boldsymbol{n} \cdot \boldsymbol{a}_{\alpha,\beta}, \qquad (24.4.11)$$

weshalb sich (24.4.7) auch in der Form

$$b_{\alpha\beta} = -\boldsymbol{a}_\alpha \cdot \boldsymbol{n}_{,\beta} \qquad (24.4.12)$$

schreiben läßt. Damit nehmen die verbliebenen Gleichungen (24.4.8a,b) die Gestalt

$$\hat{\Gamma}^\alpha{}_{\beta n} = -a^{\alpha\gamma}b_{\gamma\beta} = -b^\alpha{}_\beta, \quad (a) \qquad \hat{\Gamma}^n{}_{\alpha\beta} = b_{\alpha\beta} \quad (b) \qquad (24.4.13)$$

an. Wie eingangs erwähnt wollen wir nun die partiellen Ableitungen von $\boldsymbol{a}_\alpha$ und $\boldsymbol{n}$ durch eben diese Vektoren ausdrücken. Dazu gehen wir wieder von der im $\mathbb{R}^n$ gültigen Beziehung $\boldsymbol{g}_{j,k} = \hat{\Gamma}^i{}_{jk}\boldsymbol{g}_i$ aus. Für die Fläche $v^n = 0$ folgt daraus

$$\boldsymbol{a}_{\alpha,\beta} = \Gamma^\mu{}_{\alpha\beta}\boldsymbol{a}_\mu + \Gamma^n{}_{\alpha\beta}\boldsymbol{n}, \quad \boldsymbol{n}_{,\alpha} = \Gamma^\beta{}_{n\alpha}\boldsymbol{a}_\beta + \Gamma^n{}_{n\alpha}\boldsymbol{n},$$

und weiter unter Berücksichtigung von (24.4.9) und (24.4.13)

$$\boldsymbol{a}_{\alpha,\beta} = \Gamma^\mu{}_{\alpha\beta}\boldsymbol{a}_\mu + b_{\alpha\beta}\boldsymbol{n}, \qquad (24.4.14)$$

$$\boldsymbol{n}_{,\alpha} = -b^\beta{}_\alpha\boldsymbol{a}_\beta. \qquad (24.4.15)$$

Man nennt (24.4.14) die *Ableitungsgleichung von Weingarten*, (24.4.15) die *Ableitungsgleichung von Gauß*. Aus (24.4.14) erkennt man, daß der Vektor $\boldsymbol{a}_{\alpha,\beta}$ bei nichtverschwindendem Krümmungstensor $b_{\alpha\beta}$ nicht in der von den Vektoren $\boldsymbol{a}_\mu$ aufgespannten Tangentialebene von F liegt. Im Unterschied dazu liegen die partiellen Ableitungen von $\boldsymbol{n}$ gemäß (24.4.15) stets in der Tangentialebene.

Def 24.19: Die Komponenten $a_{\alpha\beta}$ des Metriktensors werden als *Fundamentalgrössen 1. Ordnung*, die quadratische Differentialform $a_{\alpha\beta}dv^{\alpha}dv^{\beta}$ als *erste Fundamentalform* des Hyperflächenstückes F bezeichnet. Die Komponenten $b_{\alpha\beta}$ des Krümmungstensors werden als *Fundamentalgrößen 2. Ordnung*, die quadratische Differentialform $b_{\alpha\beta}dv^{\alpha}dv^{\beta}$ als *zweite Fundamentalform* des Hyperflächenstückes F bezeichnet.

Die Ableitungsgleichungen zeigen, daß eine durch $\boldsymbol{r}(v^1 \dots v^{n-1})$ definierte Hyperfläche F bei geeigneten Differenzierbarkeitseigenschaften durch die Komponenten des Metriktensors und des Krümmungstensors sowie deren Ableitungen vollständig bestimmt ist. Daher nennt man $a_{\alpha\beta}$ und $b_{\alpha\beta}$ auch ein *vollständiges Formensystem* von F.

24.4.2 Die Gleichungen von Gauß und Mainardi-Codazzi

Wir wollen nun die Beziehungen zwischen dem Riemann-Tensor $R^{\nu}{}_{\alpha\beta\gamma}$ der Fläche F und dem Riemann-Tensor $\hat{R}^{i}{}_{jkl}$ des einbettenden Raumes $\mathbb{R}^n$ untersuchen. Zunächst gilt

$$\hat{R}^{i}{}_{jkl} = \hat{\Gamma}^{i}{}_{jl,k} - \hat{\Gamma}^{i}{}_{jk,l} + \hat{\Gamma}^{m}{}_{jl}\hat{\Gamma}^{i}{}_{mk} - \hat{\Gamma}^{m}{}_{jk}\hat{\Gamma}^{i}{}_{ml}, \tag{24.4.16}$$

$$R^{\nu}{}_{\alpha\beta\gamma} = \Gamma^{\nu}{}_{\alpha\gamma,\beta} - \Gamma^{\nu}{}_{\alpha\beta,\gamma} + \Gamma^{\mu}{}_{\alpha\gamma}\Gamma^{\nu}{}_{\mu\beta} - \Gamma^{\mu}{}_{\alpha\beta}\Gamma^{\nu}{}_{\mu\gamma}, \tag{24.4.17}$$

und somit

$$\hat{R}^{\nu}{}_{\alpha\beta\gamma} = R^{\nu}{}_{\alpha\beta\gamma} + \hat{\Gamma}^{n}{}_{\alpha\gamma}\hat{\Gamma}^{\nu}{}_{n\beta} - \hat{\Gamma}^{n}{}_{\alpha\beta}\hat{\Gamma}^{\nu}{}_{n\gamma} = 0, \tag{24.4.18}$$

$$\hat{R}^{n}{}_{\alpha\beta\gamma} = \hat{\Gamma}^{n}{}_{\alpha\gamma,\beta} - \hat{\Gamma}^{n}{}_{\alpha\beta,\gamma} + \hat{\Gamma}^{m}{}_{\alpha\gamma}\hat{\Gamma}^{n}{}_{m\beta} - \hat{\Gamma}^{m}{}_{\alpha\beta}\hat{\Gamma}^{n}{}_{m\gamma} = 0. \tag{24.4.19}$$

Aus (24.4.18) folgt bei Berücksichtigung von (24.4.13)

$$R^{\nu}{}_{\alpha\beta\gamma} = -b_{\alpha\beta}b^{\nu}{}_{\gamma} + b_{\alpha\gamma}b^{\nu}{}_{\beta},$$

bzw.

$$R_{\nu\alpha\beta\gamma} = b_{\alpha\gamma}b_{\beta\nu} - b_{\alpha\beta}b_{\gamma\nu}. \tag{24.4.20}$$

Der Riemannsche Krümmungstensor $R^{\nu}{}_{\alpha\beta\gamma}$ der Fläche F ist also durch ihren Krümmungstensor $b_{\alpha\beta}$ eindeutig festgelegt. Andererseits ist $R^{\nu}{}_{\alpha\beta\gamma}$ auch durch den Metriktensor $a_{\alpha\beta}$ und seine ersten beiden partiellen Ableitungen darstellbar. Es existieren also Abhängigkeiten zwischen den Fundamentalgrößen erster Art $a_{\alpha\beta}$ und jenen zweiter Art $b_{\alpha\beta}$. Bevor wir diesen Gedanken weiter verfolgen, wenden wir uns der Gleichung (24.4.19) zu. Unter Beachtung von (24.4.13) folgt

$$b_{\alpha\gamma,\beta} - b_{\alpha\beta,\gamma} + \Gamma^{\nu}{}_{\alpha\gamma}b_{\nu\beta} - \Gamma^{\nu}{}_{\alpha\beta}b_{\nu\gamma} = 0, \tag{24.4.21}$$

was sich auch in der Form

$$b_{\alpha\beta;\gamma} - b_{\alpha\gamma;\beta} = 0 \tag{24.4.22}$$

schreiben läßt. Auch in dieser Gleichung wird also ein Zusammenhang zwischen den Fundamentalgrößen erster Art $a_{\alpha\beta}$ und jenen zweiter Art $b_{\alpha\beta}$ sichtbar. Man bezeichnet (24.4.20) als *Gleichung von Gauß* und (24.4.22) als *Gleichung von Mainardi-Codazzi*. Diese Gleichungen zeigen, daß die Tensorkomponenten $a_{\alpha\beta}$ und $b_{\alpha\beta}$ nicht beliebig vorgegeben werden dürfen, sondern gewissen Bedingungen genügen müssen, die eine Einbettung der Fläche F in den euklidischen Raum $\mathbb{R}^n$ - und somit ihre Existenz - gewährleisten.

Für die Existenz einer in den Euklidischen Raum $\mathbb{R}^n$ eingebetteten $(n-1)$-dimensionalen Fläche F sind die Gleichungen von Gauß und Mainardi-Codazzi notwendig und hinreichend.

Für den Beweis sei auf [37] verwiesen. Die Gleichungen (24.4.20) und (24.4.22) wurden aus dem Verschwinden des Riemann-Tensors des einbettenden Raumes $\mathbb{R}^n$ hergeleitet. Es lassen sich ähnliche Beziehungen für den allgemeinen Fall einer nichteuklidischen Einbettung formulieren, wobei dann zusätzlich der Riemann-Tensor des eingebetteten Raumes auftritt (siehe dazu [37]).

24.4.3 Krümmungsinvarianten

Def 24.20: Die Größen

$$K_\mu := \frac{(n-1-\mu)}{(n-1)!} a^{\alpha_1 \ldots \alpha_\mu}{}_{\beta_1 \ldots \beta_\mu} b_{\alpha_1}{}^{\beta_1} \ldots b_{\alpha_\mu}{}^{\beta_\mu}, \quad 1 \le \mu \le n-1 \tag{24.4.23}$$

heißen *Krümmungsinvarianten* der Hyperfläche F. Speziell bezeichnet man

$$K_1 = \frac{1}{(n-1)} a^\alpha{}_\beta b_\alpha{}^\beta \tag{24.4.24}$$

als *mittlere Krümmung*, und

$$K_{n-1} := \frac{1}{(n-1)!} a^{\alpha_1 \ldots \alpha_{n-1}}{}_{\beta_1 \ldots \beta_{n-1}} b_{\alpha_1}{}^{\beta_1} \ldots b_{\alpha_{n-1}}{}^{\beta_{n-1}}, \quad 1 \le \mu \le n-1 \tag{24.4.25}$$

als *Gauß-Kronecker-Krümmung* von F.

Die Krümmungsinvarianten K_μ lassen sich für geradzahlige Werte μ durch den Riemannschen Krümmungstensor in folgender Form ausdrücken (siehe [32]):

$$K_{2\mu} = \frac{(n-1-2\mu)!}{(n-1)!2^\mu} a^{\alpha_1, \ldots, \alpha_{2\mu}}{}_{\beta_1 \ldots \beta_{2\mu}} R^{\beta_1 \beta_2}{}_{\alpha_1 \alpha_2} \ldots R^{\beta_{2\mu-1} \beta_{2\mu}}{}_{\alpha_{2\mu-1} \alpha_{2\mu}}, \quad 2\mu \le n-1. \tag{24.4.26}$$

Die mittlere Krümmung K_1 kann nicht rein metrisch erklärt werden.

24.4.4 Der Fall $n = 3$

Im dreidimensionalen Fall lauten die Krümmungsinvarianten

$$H := K_1 = \frac{1}{2} b_\alpha{}^\alpha, \quad (a) \qquad K := K_2 = \frac{1}{2} R^{\alpha\beta}{}_{\alpha\beta}. \quad (b) \tag{24.4.27}$$

In diesem Fall bezeichnet man die mittlere Krümmung K_1 mit H, die Gauß-Kronecker Krümmung K_2 als *Gaußsche Krümmung* K. (24.4.27b) stellt das berühmte Gaußsche *theorema egregium* dar:

> *Das Gaußsche Krümmungsmaß einer Fläche ist allein durch den Metriktensor und seine partiellen Ableitungen darstellbar.*

K gehört also zur „inneren Geometrie" der Fläche F. Mit $b := |(b_{\alpha\beta})|$, $a := |(a_{\alpha\beta})|$ läßt sich (24.4.27b) wegen (24.4.20) auch in der Form

$$H = \frac{b}{a}$$

schreiben. K und H können zur Charakterisierung wichtiger Flächentypen verwendet werden:

Def 24.21: Eine reguläre Fläche heißt *abwickelbar*, wenn ihre Gaußsche Krümmung überall verschwindet. Eine reguläre Fläche heißt *Minimalfläche*, wenn ihre mittlere Krümmung überall verschwindet.

Nach dem theorema egregium ist K allein durch die erste Fundamentalform bestimmt, womit zwei Flächen mit gleicher Gaußscher Krümmung dieselbe innere Geometrie aufweisen. Abwickelbare Flächen können daher auf die Ebene abgebildet (=abgewickelt) werden. Die bekanntesten abwickelbaren Flächen sind der Zylinder und der Kegel.

Minimalflächen besitzen die Eigenschaft, daß ihr Flächeninhalt im Vergleich zu anderen Flächen mit derselben Randlinie minimal ist. Die Beziehung $H = 0$ läßt sich als Eulersche Differentialgleichung eines entsprechenden Variationsproblems interpretieren.

25 Reihen- und Integralentwicklungen

Im Zusammenhang mit der Lösung von Integralgleichungen und partiellen Differentialgleichungen tritt das Problem der Darstellung einer Funktion als Reihe bzw. als Integral auf. Anfang des 19. Jahrhunderts versuchte *J.B. Fourier* (1768–1830) eine beliebige stetige Funktion als Überlagerung i.a. unendlich vieler trigonometrischer Funktionen darzustellen. Er kam so auf die nach ihm benannten *Fourierreihen* (im diskreten Fall) und *Fourierintegrale* (im kontinuierlichen Fall). Allerdings kümmerte sich Fourier kaum um die für derartige Entwicklungen notwendigen Eigenschaften der betrachteten Funktionen.

Diese Probleme nahm wenige Jahre später *L. Dirichlet* (1805–1859) in Angriff. 1829 zeigte er, daß für eine stückweise stetige, stückweise monotone Funktion ihre Fourierreihe stets gegen das arithmetische Mittel der Sprungstellen konvergiert.

Mit Hilfe der von ihm geschaffenen Begriffsbildungen war Fourier die Lösung der Wärmeleitungsgleichung für einfache Geometrien gelungen. Diese Ausweitung seiner Methode auf allgemeinere Geometrien und allgemeinere Gleichungen warfen das Problem der Entwicklung einer beliebigen Funktion nach allgemeineren Basisfunktionen auf. Diese Fragestellung griffen *C. Sturm* (1803–1855) und *J. Liouville* (1809–1882) ab 1836 auf. Sie entwickelten eine zur Theorie der Fourierreihen analoge Theorie, wobei die Basisfunktionen nicht mehr trigonometrische Gestalt haben müssen, sondern bloß Eigenfunktionen eines sogenannten *regulären Sturm-Liouville-Operators* sind.

Etwas diffiziler war das Problem, eine zur Theorie der Fourierintegrale analoge Theorie mit allgemeineren Basisfunktionen zu schaffen. Es wurde erst in unserem Jahrhundert von *H. Weyl* (1885–1955) u.a. ausführlich analysiert und beantwortet. Dabei zeigte sich, daß die Basisfunktionen einer derartigen Integraldarstellung Eigenfunktionen eines sogenannten *singulären Sturm-Liouville-Operators* sein müssen.

Neben seiner unmittelbaren praktischen Bedeutung für die Lösung partieller Differentialgleichungen stellt der hier behandelte Problemkreis auch eine der Wurzeln der in Kapitel 26 behandelten Funktionalanalysis dar, wo uns die Verhältnisse in größerer Allgemeinheit und begrifflicher Sauberkeit nochmals begegnen werden. Deshalb begnügen wir uns in diesem Abschnitt mit einer den formalen Aspekt betonenden Präsentation.

25.1 Die Dirac-Funktion

Wir betrachten die um einen Punkt $x_0 \in R$ zentrierte unendliche Folge reeller Intervalle $I_n := [x_0 - \epsilon_n, x_0 + \epsilon_n]$, wobei $\epsilon_n \in R$ eine Nullfolge durchlaufen soll. Weiter bezeichne $\delta_n(x,x_0)$ eine auf I_n gemäß

$$\delta_n(x,x_0) := \frac{1}{2\epsilon_n}, \quad \forall x \in I_n \quad (a) \qquad \delta_n(x,x_0) = 0 \quad \text{sonst}, \quad (b) \qquad (25.1.1)$$

definierte Folge „nadelartiger“ Funktionen:

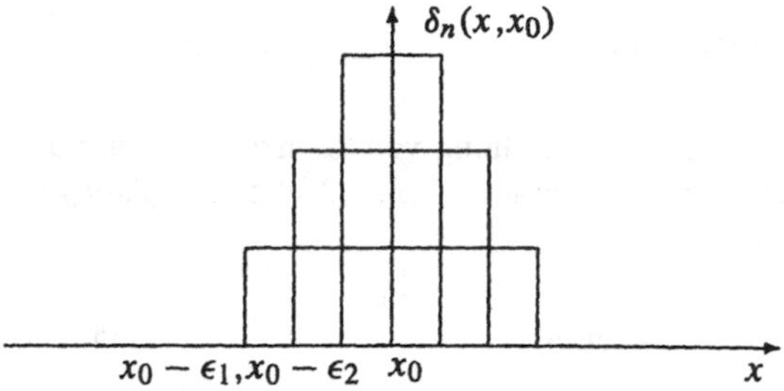

Bild 25.1

Die Breite eines Impulses $\delta_n(x,x_0)$ beträgt somit $2\epsilon_n$, die Höhe $\frac{1}{2\epsilon_n}$, womit sich für alle Werte von n stets die Impulsfläche 1 ergibt. Da ϵ_n eine Nullfolge durchläuft, werden die Impulse bei gleichbleibender Fläche immer schmäler und höher. Fragt man nach dem Grenzwert dieser Folge nadelartiger Funktionen, so ist man versucht, ihn als jene Funktion zu definieren, die für $x \neq x_0$ verschwindet, und im Punkt $x = x_0$ einen unendlich großen Funktionswert besitzt, d.h. es müßte formal

$$\delta(x,x_0) := \lim_{\epsilon_n \to 0} \quad = \begin{cases} 0, & \forall x \neq 0, \\ \infty & x = x_0, \end{cases} \qquad \text{(a)}$$

$$\text{mit} \quad \int_{-\infty}^{\infty} \delta(x,x_0) = 1 \qquad \text{b} \tag{25.1.2}$$

gelten. Die formale Definition (25.1.2) widerspricht jedoch dem klassischen Funktionsbegriff. Wir versuchen daher, den als klassische Funktion nicht existierenden Grenzwert $\delta(x,x_0)$ anders zu beschreiben. Dazu betrachten wir eine beliebige, auf einem Intervall $I \supset I_n$ definierte, stetige Funktion $g(x)$, und bilden den Ausdruck

$$\int_{-\infty}^{\infty} g(x)\delta_n(x,x_0)dx = \int_{x_0-\epsilon_n}^{x_0+\epsilon_n} g(x)\delta_n(x,x_0)dx. \tag{25.1.3}$$

Da jede Funktion $\delta_n(x,x_0)$ außerhalb des Intervalles I_n identisch verschwindet, ist der konkrete Verlauf der Funktion $g(x)$ und ihre qualitativen Eigenschaften außerhalb von I_n für den Wert des Integrals belanglos. Wegen der Stetigkeit von $g(x)$ für $x \in I_n$ können wir auf (25.1.3) den Mittelwertsatz anwenden:

$$\int_{x_0-\epsilon_n}^{x_0+\epsilon_n} g(x)\delta_n(x,x_0)dx = g(\xi_n)\int \delta_n(x,x_0)dx = g(\xi_n), \quad \xi_n \in I_n. \tag{25.1.4}$$

Dabei haben wir im zweiten Rechenschritt die Normierung auf 1 berücksichtigt. Betrachten wir nun (25.1.4) für $n \to \infty$, d.h. für $\epsilon_n \to 0$, so folgt

$$\lim_{\epsilon_n \to 0} \int_{x_0-\epsilon_n}^{x_0+\epsilon_n} g(x)\delta_n(x,x_0)dx = g(x_0). \tag{25.1.5}$$

In (25.1.5) wird also der Wert $g(x_0)$ durch die Funktionenfolge $\delta_n(x,x_0)$ „herausgefiltert". Während der Grenzwert $\lim \delta_n(x,x_0)$ nicht existiert, hat der Grenzwert

$$\lim_{\epsilon_n \to 0} \int g(x)\delta_n(x,x_0)dx$$

einen definierten Wert. Natürlich ist in (25.1.5) eine Vertauschung von Grenzwertbildung und Integration nicht erlaubt. Aus Bequemlichkeitsgründen kann jedoch für (25.1.5) die (strenggenommen nicht zulässige) Schreibweise

$$\int g(x)\delta(x,x_0)dx = g(x_0) \qquad (25.1.5')$$

verwendet werden, wobei man das Symbol $\delta(x,x_0)$ als formalen Grenzwert (25.1.2) versteht. Die „uneigentliche" Funktion $\delta(x,x_0)$ wird als *Delta-Funktion* bzw. *Dirac-Funktion* bezeichnet. Aussagen über dieses von P.A. Dirac eingeführte Symbol haben jedoch nur dann einen wohldefinierten Sinn, wenn es hinter einem Integralzeichen steht. Wir fassen zusammen in der

Def 25.1: Die Delta-Funktion $\delta(x,x_0)$ ist jene (uneigentliche) Funktion, die jeder beliebigen, auf einem Intervall $I \in R$ stetigen Funktion $g(x)$ ihren Funktionswert an der Stelle $x_0 \in I$ gemäß (25.1.5') zuordnet.

Keine gewöhnliche Funktion besitzt diese scharfe „Filterwirkung", die in der extremen Singularität der δ-Funktion an der Stelle $x = x_0$ begründet liegt. Abschließend sei darauf hingewiesen, daß für die Definition der Delta-Funktion die spezielle Rechteckform der Funktionen $\delta_n(x,x_0)$ keine notwendige Voraussetzung darstellt. Wesentlich sind allein die qualitativen Eigenschaften von $\delta_n(x,x_0)$, d.h. ihre Normiertheit und ihre Stetigkeit in I_n. Natürlich lassen sich die bisher eindimensional dargestellten Verhältnisse sofort auf den n-dimensionalen Fall übertragen.

25.2 Abzählbare Funktionensysteme und Reihenentwicklungen

Sei B ein (begrenztes oder unbegrenztes) Gebiet des n-dimensionalen Euklidischen Raumes $\mathbb{R}^n$ mit der Berandung ∂B.

Def 25.2 Eine auf B definierte, komplexwertige Funktion $f : B \to \mathbb{C}$ heißt auf B quadratisch integrierbar, wenn gilt

$$\int_B |f(\boldsymbol{x})|^2 dV < \infty. \qquad (25.2.1)$$

Dabei bedeutet $\boldsymbol{x} := (x^1,x^2,\ldots,x^n)$. Die Menge aller auf B quadratisch integrierbaren, komplexwertigen Funktionen bezeichnen wir mit $L^2(B)$. Wir stellen uns in diesem Abschnitt die Aufgabe, ein beliebig vorgegebenes Element aus $L^2(B)$ in eine Reihe zu entwickeln.

25.2.1 Orthonormalsysteme

Def 25.3: Zwei Funktionen $f,g \in L^2(B)$ mit

$$\int_B f(\boldsymbol{x})g^*(\boldsymbol{x})dV = 0 \qquad (25.2.2)$$

heißen (zueinander) *orthogonal*.

Die Existenz des Integrals (25.2.2) folgt aus der quadratischen Integrierbarkeit von f und g. Weiter betrachten wir ein (endliches oder unendliches) System $(u_1, u_2, \ldots)$ von auf B quadratisch integrierbaren Funktionen $u_k \in L^2(B)$. Dann gilt die

Def 25.4: Ein Funktionensystem $(u_1, u_2, \ldots)$, $u_k \in L^2(B)$ heißt *Orthogonalsystem*, wenn die Beziehungen

$$\int_B u_j(\boldsymbol{x}) u_k^*(\boldsymbol{x}) dV = 0, \quad \forall j \neq k \tag{25.2.3}$$

erfüllt sind.

Def 25.5: Ein Funktionensystem $(u_1, u_2, \ldots)$, $u_k \in L^2(B)$ heißt *normiert*, wenn jedes Element u_k normiert ist, d.h. wenn gilt

$$\int_B |u_k(\boldsymbol{x})|^2 dV = 1, \quad \forall k = 1, 2, \ldots \tag{25.2.4}$$

Def 25.6: Ein normiertes Orthogonalsystem heißt *Orthonormalsystem*.

Für ein Orthonormalsystem gelten also die Relationen (25.2.3) und (25.2.4). Mit Hilfe des Kronecker-Symbols lassen sich diese beiden Beziehungen in der Form

$$\int_B u_j(\boldsymbol{x}) u_k^*(\boldsymbol{x}) dV = \delta_{jk}, \quad \forall j \neq k \tag{25.2.5}$$

zusammenfassen. Man beachte, daß die bisherigen Definitionen sowohl für endliche, als auch unendliche Systeme $(u_1, u_2, \ldots)$ gelten.

25.2.2 Vollständige Orthonormalsysteme

Sei $f \in L^2(B)$ ein beliebiges Element aus $L^2(B)$. Wir versuchen nun, f in eine Funktionenreihe nach den Elementen u_k eines Orthonormalsystems zu entwickeln, d.h. wir suchen eine Darstellung der Form

$$f(\boldsymbol{x}) = \sum_{k=1}^{\infty} a_k u_k(\boldsymbol{x}) \quad \forall \boldsymbol{x} \in B. \tag{25.2.6}$$

Unsere Aufgabe besteht in der Berechnung der Entwicklungskoeffizienten a_k und einer Diskussion der für die Konvergenz von (25.2.6) notwendigen Voraussetzungen. Zunächst nehmen wir an, daß eine Entwicklung der Gestalt (25.2.6) tatsächlich existiert, wobei wir dabei i.a. eine unendliche Reihe voraussetzen müssen. Für die Berechnung von a_k multiplizieren wir (25.2.6) mit einer Funktion $u^j{}^*(\boldsymbol{x})$, und integrieren die so entstandene Gleichung über das Gebiet B:

$$\int_B f(\boldsymbol{x}) u_j^*(\boldsymbol{x}) dV = \int_B u_j^*(\boldsymbol{x}) \sum_{k=1}^{\infty} a_k u_k(\boldsymbol{x}) dV. \tag{25.2.7}$$

Falls auf der rechten Seite von (25.2.7) die Summation mit der Integration vertauscht werden darf, folgt

$$\sum_{k=1}^{\infty} a_k \int_B u_j{}^*(\boldsymbol{x}) u_k(\boldsymbol{x}) dV = \int_B f(\boldsymbol{x}) u_j{}^* dV, \qquad (25.2.8)$$

und bei Benützung der Orthonormalitätsrelation (25.2.5)

$$\sum_{k=1}^{\infty} a_k \delta_{jk} = \int f(\boldsymbol{x}) u_j{}^*(\boldsymbol{x}) dV, \quad \forall j = 1,2,\ldots \qquad (25.2.9)$$

Auf der linken Seite von (25.2.9) „filtert" das Kronecker-Symbol genau den Entwicklungskoeffizienten a_j aus der Summe:

$$a_j = \int_B f(\boldsymbol{x}) u_j{}^*(\boldsymbol{x}) dV. \qquad (25.2.10)$$

Voraussetzung für dieses Ergebnis war die Existenz einer Darstellung (25.2.6), sowie die Vertauschbarkeit von Summation und Integration in (25.2.7). Setzt man (25.2.10) in (25.2.6) ein, so folgt zunächst

$$f(\boldsymbol{x}) = \sum_{k=1}^{\infty} u_k(\boldsymbol{x}) \int_B f(\boldsymbol{x}') u_j{}^*(\boldsymbol{x}') dV', \qquad (25.2.11)$$

und bei Vertauschung von Summation und Integration

$$f(\boldsymbol{x}) = \int_B f(\boldsymbol{x}') \sum_{k=1}^{\infty} u_k(\boldsymbol{x}) u_j{}^*(\boldsymbol{x}') dV'. \qquad (25.2.12)$$

Damit auf der rechten Seite der obigen Gleichung ebenfalls die Funktion $f(\boldsymbol{x})$ erscheint muß

$$\sum_{k=1}^{\infty} u_k(\boldsymbol{x}) u_j{}^*(\boldsymbol{x}') = \delta(\boldsymbol{x},\boldsymbol{x}') \qquad (25.2.13)$$

gelten.

Def 25.7: Ein orthonormales Funktionensystem heißt *vollständig* auf $L^2(B)$, wenn die *Vollständigkeitsrelation* (25.2.13) erfüllt ist.

Bei Herleitung von (25.2.13) haben wir ebenfalls die Existenz einer Darstellung (25.2.6), sowie die Vertauschbarkeit von Summation und Integration in (25.2.11) vorausgesetzt. Es läßt sich nun zeigen, daß die Vollständigkeitsrelation (25.2.13) gerade jene Bedingung ist, die eine Entwicklung eines beliebigen Elementes aus $L^2(B)$ nach einem Orthonormalsystem $(u_1,u_2,\ldots)$ gewährleistet: genau die vollständigen Orthonormalsysteme erlauben eine Darstellung (25.2.6). Wir fassen die Ergebnisse zusammen:

Def 25.8: Ein in $L^2(B)$ definiertes Funktionensystem $(u_1,u_2,\ldots)$ ist genau dann ein vollständiges Orthonormalsystem, wenn es den Bedingungen

$$\int_B u_j(\boldsymbol{x}) u_k{}^*(\boldsymbol{x}) dV = \delta_{jk}, \quad \ldots \text{ Orthonormalitätsbedingungen} \quad \text{(a)}$$

(25.2.14)

$$\sum_{k=1}^{\infty} u_k(\boldsymbol{x}) u_k{}^*(\boldsymbol{x}') = \delta(\boldsymbol{x},\boldsymbol{x}') \quad \ldots \text{ Vollständigkeitsrelation} \quad \text{(b)}$$

genügt.

Formal kann die Orthonormalitätsrelation (25.2.14a) auch als „Integralentwicklung" des diskreten Kronecker-Symbols, die Vollständigkeitsrelation (25.2.14b) hingegen als Reihenentwicklung der kontinuierlichen Delta-Funktion aufgefaßt werden.

Def 25.9: Sei $(u_1, u_2, \ldots)$ ein Orthonormalsystem in $L^2(B)$, f ein beliebiges Element aus $L^2(B)$. Dann heißen die Koeffizienten

$$a_j = \int_B f(\boldsymbol{x}) u_j{}^*(\boldsymbol{x}) dV \tag{25.2.15}$$

die *Fourierkoeffizienten* von f bezüglich $(u_1, u_2, \ldots)$, und die Reihe

$$\sum_{j=1}^{\infty} a_j u_j(\boldsymbol{x}), \quad \boldsymbol{x} \in B \tag{25.2.16}$$

die *Fourierreihe* von f bezüglich $(u_1, u_2, \ldots)$.

Die Begriffe „Fourierkoeffizienten" und „Fourierreihe" sind also für beliebige Orthonormalsysteme definiert, unabhängig davon, ob sie vollständig sind. Für ein unvollständiges System wird die Fourierreihe (25.2.16) i.a. natürlich nicht gegen f konvergieren. Es gilt jedoch der

Satz 25.1: *Sei $(u_1, u_2, \ldots)$ ein in $L^2(B)$ vollständiges Orthonormalsystem, f ein beliebiges Element aus $L^2(B)$. Dann konvergiert die mit den Fourierkoeffizienten (25.2.15) gebildete Fourierreihe (25.2.16) stets gegen f, d.h. es gilt*

$$f(\boldsymbol{x}) = \sum_{j=1}^{\infty} a_j u_j(\boldsymbol{x}), \quad \forall \boldsymbol{x} \in B. \tag{25.2.17}$$

Dabei ist die Konvergenz der Reihe i.a. eine Konvergenz im Mittel, d.h. es gilt

$$\lim_{l \to \infty} \int_B \left| f(\boldsymbol{x}) - \sum_{j=1}^{l} a_j u_j(\boldsymbol{x}) \right|^2 = 0. \tag{25.2.18}$$

Für den Beweis sei auf die mathematische Literatur verwiesen. Das Vollständigkeitskriterium (25.2.13) läßt sich auch noch auf eine etwas andere Art formulieren. Dazu beachten wir den

Satz 25.2: *Sei $(u_1, u_2, \ldots)$ ein Orthonormalsystem in $L^2(B)$, f ein beliebiges Element aus $L^2(B)$. Dann erfüllen die Fourierkoeffizienten stets die* Besselsche Ungleichung

$$\sum_{j=1}^{\infty} |a_j|^2 \le \int_B |f(\boldsymbol{x})|^2 dV. \tag{25.2.19}$$

Dabei gilt das Gleichheitszeichen genau dann, wenn das Orthonormalsystem $(u_1, u_2, \ldots)$ in $L^2(B)$ vollständig ist. Die so entstandene Gleichung heißt Parsevalsche Gleichung.

Die Parsevalsche Gleichung und die Vollständigkeitsrelation (25.2.13) sind äquivalente Formulierungen desselben Sachverhaltes. Für einen Beweis sei wieder auf die Literatur verwiesen.

Wir verifizieren an dieser Stelle nur die Parsevalsche Gleichung. Dazu gehen wir von der Beziehung $|f|^2 = ff^*$ aus, und setzen die Fourierreihen ein: aus

$$|f(x)|^2 = f(x)f^*(x) = \sum_{j=1}^{\infty} a_j u_j(x) \sum_{k=1}^{\infty} a_k{}^* u_k{}^*(x)$$

folgt durch Integration

$$\int_B |f(x)|^2 dV = \int_B \sum_{j=1}^{\infty} \sum_{k=1}^{\infty} a_j a_k{}^* u_j(x) u_k{}^*(x) dV.$$

Vertauschung von Integration und Summation liefert dann unter Berücksichtigung der Orthonormalitätsrelationen

$$\int_B |f(x)|^2 dV = \sum_{j=1}^{\infty} \sum_{k=1}^{\infty} a_j a_k{}^* \delta_{jk},$$

und somit

$$\int_B |f(x)|^2 dV = \sum_{j=1}^{\infty} |a_j|^2. \qquad (25.2.20).$$

Wir geben nun einige Beispiele für eindimensionale, in $L^2(a,b)$ vollständige Orthonormalsysteme.

Beispiel 25.1: Die *trigonometrischen Funktionen*

$$u_n = \frac{1}{\sqrt{2\pi}} e^{int}, \quad n = \pm 1, \pm 2, \ldots \qquad (25.2.21)$$

bilden ein in $L^2(-\pi,\pi)$ vollständiges Orthonormalsystem.

Beispiel 25.2: Die *Legendreschen Funktionen*

$$u_n = \sqrt{\frac{2n+1}{2}} P_n(t) \quad \text{(a)} \quad \text{mit} \quad P_n = \frac{1}{2^n n!} \frac{d^n}{dt^n} (t^2 - 1)^n \quad \text{(b)} \qquad (25.2.22)$$

bilden für $n = 0,1,2,\ldots$ ein in $L^2(-1,1)$ vollständiges Orthonormalsystem. Die Funktionen $P_n(t)$ heißen *Legendresche Polynome*.

Beispiel 25.3: Die *Laguerrschen Funktionen*

$$u_n = \frac{1}{n!} e^{-t/2} L_n(t), \quad \text{(a)} \quad \text{mit} \quad L_n(t) = e^t \frac{d^n}{dt^n} (t^n e^{-t}) \quad \text{(b)} \qquad (25.2.23)$$

bilden für $n = 0,1,2,\ldots$ ein in $L^2(0,\infty)$ vollständiges Orthonormalsystem. Dabei heißen die Funktionen $L_n(t)$ *Laguerrsche Polynome*.

Beispiel 25.4: Die *Hermiteschen Funktionen*

$$u_n(t) = \frac{1}{\sqrt{2^n n! \sqrt{\pi}}} e^{-t^2} H_n(t), \quad \text{(a)} \quad \text{mit} \quad H_n(t) = (-1)^n e^{t^2} \frac{d^n}{dt^n} e^{-t^2} \quad \text{(b)} \qquad (25.2.24)$$

bilden für $n = 0,1,2,\ldots$ ein in $L^2(-\infty,\infty)$ vollständiges Orthonormalsystem. Dabei heißen die Funktionen $H_n(t)$ *Hermitesche Polynome*.

25.3 Kontinuierliche Funktionensysteme und Integralentwicklungen

Für kontinuierliche Funktionensysteme gelten unter gewissen Voraussetzungen weitreichende formale Analogien zu Abschnitt 25.2. Dabei treten Integrale an die Stelle der Reihen, und die Delta-Funktion an die Stelle des Kronecker-Symbols.

25.3.1 Auf die Delta-Funktion normierte Systeme

Wir betrachten ein kontinuierliches System (u) von Funktionen $u(\boldsymbol{x},\boldsymbol{\mu})$, $\boldsymbol{x} \in B$, $\boldsymbol{\mu} \in J$, wobei $J : J_1 \times J_2 \times \ldots J_n$ ein kartesisches Produkt von i.a. unendlich ausgedehnten Intervallen der reellen Zahlungsgeraden bezeichnet. (Für die meisten Anwendungen treten die unendlichen Intervalle $]-\infty,\infty[$ und $[0,\infty[$ auf.) $\boldsymbol{\mu} := \mu_1,\mu_2,\ldots\mu_n$ repräsentiert mithin das kontinuierliche Analogon zu dem diskreten Indextupel $\boldsymbol{k} := k_1,k_2,\ldots k_n$ aus Abschnitt 25.2. Für abzählbare Funktionensysteme war die Orthonormalitätsbedingung durch (25.2.5) gegeben. Es gilt nun die

Def 25.10: Ein Funktionensystem (u) heißt *normiert auf die Delta-Funktion*, wenn die Beziehung

$$\int_B u(\boldsymbol{\mu},\boldsymbol{x}) \overset{*}{u} (\boldsymbol{\nu},\boldsymbol{x}) dV = \delta(\boldsymbol{\mu},\boldsymbol{\nu}) \qquad (25.3.1)$$

gilt.

Für eine Integralentwicklung eines Elementes $f \in L^2(B)$ nach dem System (u) benötigen wir wiederum den Begriff der Vollständigkeit.

25.3.2 Vollständige, auf die Delta-Funktion normierte Systeme

Def 25.11: Ein auf die Delta-Funktion normiertes Funktionensystem (u) heißt *vollständig* auf $L^2(B)$, wenn die *Vollständigkeitsrelation*

$$\int_J u(\boldsymbol{\mu},\boldsymbol{x})u(\boldsymbol{\mu},\boldsymbol{x}')d\mu = \delta(\boldsymbol{x},\boldsymbol{x}') \qquad (25.3.2)$$

gilt.

Man vergleiche die Bedingungen (25.3.1) und (25.3.2) mit (25.2.14a,b)! Es sei erwähnt, daß für (25.3.2) eine allgemeinere Darstellung mit Hilfe des Stieltjes-Integrals existiert, worauf wir hier jedoch nicht näher eingehen wollen. Analog zu Def 25.9 gilt die

Def 25.12: Sei (u) ein auf die Delta-Funktion normiertes Funktionensystem, f ein beliebiges Element aus $L^2(B)$. Dann heißt die Funktion

$$a(\boldsymbol{\mu}) = \int_B f(\boldsymbol{x}) \overset{*}{u} (\boldsymbol{\mu},\boldsymbol{x}) dV \qquad (25.3.3)$$

die *Fouriertransformation* von f bezüglich (u), und das Integral

$$\int_J a(\boldsymbol{\mu})u(\boldsymbol{\mu},\boldsymbol{x})d\mu \quad \boldsymbol{x} \in B \qquad (25.3.4)$$

das *Fourierintegral* von f bezüglich (u).

Im Falle eines in $L^2(B)$ vollständigen Systems konvergiert das Fourierintegral gegen f. Daß auch im kontinuierlichen Fall die Besselsche Ungleichung und die Parsevalsche Gleichung gelten, zeigt der

Satz 25.3: *Sei (u) ein auf die Delta-Funktion normiertes Funktionensystem, $f \in L^2(B)$. Dann gilt für die Fouriertransformierte stets die* Besselsche Ungleichung

$$\int_J |a(\mu)|^2 d\mu \leq \int_B |f(x)|^2 dV. \tag{25.3.5}$$

Dabei gilt das Gleichheitszeichen genau dann, wenn das Funktionensystem (u) in $L^2(B)$ vollständig ist. Die so entstandene Gleichung heißt Parsevalsche Gleichung.

Beispiel 25.5: Die *trigonometrischen Funktionen*

$$u(\mu) = \frac{1}{\sqrt{2\pi}} e^{i\mu t}, \quad \mu \in]-\infty,\infty[\tag{25.3.6}$$

bilden ein in $L^2(-\infty,\infty)$ vollständiges, auf die Delta-Funktion normiertes Funktionensystem.

25.4 Sturm-Liouville-Operatoren

In diesem und den folgenden Abschnitten beschäftigen wir uns mit der Konstruktion vollständiger abzählbarer Orthonormalsysteme $u_k(x)$ und vollständiger kontinuierlicher, auf die Dirac-Funktion normierter Funktionensysteme $u(k,x)$.

25.4.1 Selbstadjungierter und Sturm-Liouville-Differentialausdruck

$I :=]A,B[$ bezeichne ein reelles Intervall,

$$L(y) := a(x)y'' + b(x)y' + c(x), \quad x \in \bar{I} \tag{25.4.1}$$

einen beliebigen Differentialausdruck zweiter Ordnung, mit reellwertigen Koeffizientenfunktionen $a(x) \neq 0$, $b(x)$ und $c(x)$. Falls diese Koeffizientenfunktionen geeignete Differenzierbarkeitsbedingungen aufweisen, kann L ein von ihm abhängiger Differentialausdruck L^+ zugeordnet werden:

Def 25.13: Für einen vorgegebenen Differentialausdruck L der Gestalt (25.4.1) mit $a \in C^2(\bar{I})$, $b \in C^1(\bar{I})$ definieren wir den *zu L adjungierten Differentialausdruck L^+* durch

$$L^+ := \frac{d^2}{dx^2}(a(x)y) - \frac{d}{dx}(b(x)y) + c(x)y, \quad x \in \bar{I}.^* \tag{25.4.2}$$

Um den Sinn dieser Definition einzusehen, bilden wir für zwei beliebige Funktionen $y_1(x)$ und $y_2(x)$ den Term $y_1 L(y_2) - y_2 L^+(y_1)$. Dann gilt

* In der mathematischen Literatur schreibt man meistens L^+, in der physikalischen Literatur $L^\dagger$.

$$y_1 L(y_2) - y_2 L^+(y_1) = \frac{d}{dx} Q(x; y_1, y_2), \tag{25.4.3}$$

mit der von $x, y_1(x)$ und $y_2(x)$ abhängigen Funktion

$$Q(x; y_1, y_2) = a y_1 y_2' + b y_1 y_2 - y_2 (a y_1)'. \tag{25.4.4}$$

Der Differentialausdruck in (25.4.3) führt also auf die Ableitung einer Funktion. Durch Integration erhält man daher

$$\int_{\bar{I}} \left(y_1 L(y_2) - y_2 L^+(y_1) \right) dx = Q(B; y_1, y_2) - Q(A; y_1, y_2). \tag{25.4.5}$$

Def 25.14: Ein Differentialausdruck mit der Eigenschaft

$$L = L^+ \tag{25.4.6}$$

heißt *selbstadjungiert.*

Lemma 25.4: *Notwendig und hinreichend für die Selbstadjungiertheit eines Differentialausdrucks ist die Bedingung*

$$b(x) = a'(x). \tag{25.4.7}$$

Ein selbstadjungierter Differentialausdruck besitzt somit die Gestalt

$$L = \frac{d}{dx} \left(a(x) \frac{d}{dx} \right) + c(x), \quad a \in C^1(\bar{I}). \tag{25.4.8}$$

Zum Nachweis bringt man (25.4.2) zunächst in die Gestalt $L^+ = (a'y + ay')' - (b'y + by') + cy = ay'' + (2a' - b)y' + (a'' - b' + c)y$. Ein Vergleich mit (25.4.1) liefert (25.4.7), und es gilt $L = L^+ = ay'' + a'y' + cy = (ay')' + cy$, w.z.b.w.

Lemma 25.5: *Für einen selbstadjungierten Differentialausdruck gilt*

$$Q(x; y_1, y_2) = a(x) W(x; y_1, y_2), \tag{25.4.9}$$

mit der Wronski-Determinante

$$W(x; y_1, y_2) := \begin{vmatrix} y_1(x) & y_2(x) \\ y_1'(x) & y_2'(x) \end{vmatrix} \tag{25.4.10}$$

der Funktionen $y_1(x)$ *und* $y_2(x)$.

Diese Beziehung folgt sofort aus (25.4.4) mit $b = a'$. Wir wollen nun einen beliebigen Differentialausdruck (25.4.1) mit $b(x) \neq a'(x)$ auf eine zu (25.4.8) ähnliche Form bringen. Dazu machen wir den Ansatz

$$L(y) = ay'' + by' + cy = \frac{1}{p(x)} \left(-\frac{d}{dx} (f(x) y') + g(x) y \right).$$

Dann gelten die Zusammenhänge

$$a(x) = -\frac{f(x)}{p(x)}, \quad b(x) = -\frac{f'(x)}{p(x)}, \quad c(x) = \frac{g(x)}{p(x)}, \quad \text{(a)} \tag{25.4.11}$$

bzw. die Umkehrungen

$$f(x) = e^{\int \frac{b}{a} dx}, \quad p(x) = -\frac{1}{a} e^{\int \frac{b}{a} dx}, \quad g(x) = -\frac{c}{a} e^{\int \frac{b}{a} dx}. \quad \text{(b)} \tag{25.4.11'}$$

Def 25.15: Der Differentialausdruck

$$L := \frac{1}{p(x)}\left(-\frac{d}{dx}\left(f(x)\frac{d}{dx}\right) + g(x)\right) \tag{25.4.12}$$

mit $f \in C^1(\bar{I})$, $f \geq 0$, $p, g \in C(\bar{I})$, $p \geq 0$ heißt Sturm-Liouville-Differentialausdruck.

Ein allgemeiner Differentialausdruck zweiter Ordnung (25.4.1) kann also in eine Gestalt gebracht werden, die abgesehen vom Auftreten der Funktion $p(x)$ mit jener eines selbstadjungierten Differentialausdrucks übereinstimmt. Aus später ersichtlichen Gründen bezeichnet man $p(x)$ als *Belegungsfunktion*. Man beachte, daß $p(x)L$ stets ein selbstadjungierter Differentialausdruck ist!

25.4.2 Sturm-Liouville-Operatoren

Die folgenden Definitionen sind für die Betrachtungen dieses Kapitels ausreichend. In Kapitel 26 werden wir die hier verwendeten Begriffsbildungen wesentlich exakter definieren.

Def 25.16: Sei D eine Klasse von auf $\bar{I}$ definierten Funktionen $y(x)$. Unter einem *Operator* A in D verstehen wir eine Abbildung $D \to W$, d.h. jedem Element $y \in D$ wird ein Element $Ay \in W$ zugeordnet. Die Menge D heißt dann *Definitionsbereich* des Operators A, die Menge $W := AD = \{z | z = Ay, \forall y \in D\}$ heißt *Wertebereich* des Operators A.

Def 25.17: Ein Operator A in D heißt *linear*, wenn D ein linearer Raum ist, und die Beziehungen

$$\begin{aligned} &A(y_1 + y_2) = Ay_1 + Ay_2, \quad y_1, y_2 \in D, && \text{(a)} \\ &A(\mu y) = \mu Ay, \quad \mu \in \mathbb{R}, \quad y \in D && \text{(b)} \end{aligned} \tag{25.4.13}$$

gelten.

Dabei versteht man unter einem linearen (reellen) Raum eine Menge, wo eine Addition von Elementen und die Multiplikation von Elementen mit beliebigen (reellen) Zahlen definiert ist, und die Resultate wieder in der Menge liegen, d.h. aus $y \in D$, $z \in D$, $\mu \in \mathbb{R}$ soll stets $(y + z) \in D$ und $\mu z \in D$ folgen. Weiter sollen Addition und Multiplikation den bekannten elementaren Rechenregeln (Assoziativität, Distributivität etc.) genügen. Wir betrachten nun die Menge

$$D := \{y | y \in C^2(\bar{I}), \quad r_A(y) = r_B(y) = 0\}, \tag{25.4.14}$$

mit

$$r_A(y) := c_1 y(A) + c_2 y'(A), \quad r_B(y) := c_3 y(B) + c_4 y'(B). \tag{25.4.15}$$

D wird also durch alle auf $\bar{I}$ zweimal stetig differenzierbaren Funktionen gebildet, die den *homogenen Randbedingungen* $r_A(y) = 0$ und $r_B(y) = 0$ genügen. Die durch (25.4.14) definierte Funktionenmenge D ist ein linearer Raum: zunächst gilt für die Summe zweier Funktionen $y_1 \in D$ und $y_2 \in D$ wegen $y_1 + y_2 \in C^2$ und $r_A(y_1 + y_2) = r_A(y_1) + r_A(y_2) = 0$, $r_B(y_1 + y_2) = r_B(y_1) + r_B(y_2) = 0$ die Relation $y_1 + y_2 \in D$. Ebenso zeigt man, daß für $y \in D$ auch $\mu y \in D$ ist. Man beachte, daß die Linearität von D in der Homogenität der Randbedingungen begründet liegt. Jene Teilmenge von $C^2(\bar{I})$, deren Elemente inhomogene Randbedingungen $r_A(y) = s_A(x)$, $r_B(y) = s_B(x)$ mit nicht gleichzeitig identisch verschwindenden Funktionen $s_A(x)$ und $s_B(x)$ erfüllen, stellt keinen linearen Raum dar! Auf einer Funktionenmenge mit inhomogenen Randbedingungen kann somit kein linearer Operator definiert werden (beachte Def 25.17!)

Für die weiteren Untersuchungen empfiehlt es sich, die Randbedingungen (25.4.14) mit (25.4.15) in eine handlichere Form zu bringen. Setzt man

$$c_1 = \sigma_1 \cos\alpha, \quad c_2 = \sigma_1 \sin\alpha, \quad c_3 = \sigma_2 \cos\beta, \quad c_4 = \sigma_2 \sin\beta, \tag{25.4.16}$$

so lauten die Bedingungen $r_A = r_B = 0$

$$\begin{aligned} r_A &= y(A)\cos\alpha + y'(A)\sin\alpha = 0, \quad &\text{(a)}\\ r_B &= y(B)\cos\beta + y'(B)\sin\beta = 0. \quad &\text{(b)} \end{aligned} \tag{25.4.17}$$

Diese Gleichungen werden durch

$$\begin{aligned} y(A) &= \sin\alpha, \quad y'(A) = \cos\alpha, \quad &\text{(a)}\\ y(B) &= \sin\beta, \quad y'(B)\cos\beta \quad &\text{(b)} \end{aligned} \tag{25.4.18}$$

gelöst. Man beachte, daß die Zahlen α und β durch die Zahlen c_j, $j = 1, \ldots, 4$ eindeutig bestimmt sind. Der lineare Raum D aus (25.4.14) kann daher auch in der Form

$$D := \{y | y \in C^2(\bar{I}), \quad y \text{ erfüllt } (25.4.18)\,\} \tag{25.4.19}$$

beschrieben werden.

Def 25.18: Der durch den Sturm-Liouvilleschen Differentialausdruck (25.4.12) und den linearen Raum (25.4.19) definierte Operator L in D heißt *Sturm-Liouville-Operator.*

Wir wollen auch in Hinkunft stets zwischen einem Differentialausdruck und einem durch Differentialausdruck+ Definitionsbereich definierten Operator unterscheiden.

Def 25.19: Sei L in D ein Sturm-Liouville-Operator. Dann bezeichnet man das Problem

$$Ly = f, \quad y \in D, \quad f \in W \tag{25.4.20}$$

als *Sturm-Liouvillesches Randwertproblem*, und

$$Ly = ly, \quad y \in D, \quad l \in \mathbb{R} \tag{25.4.21}$$

als *Sturm-Liouvillesches Eigenwertproblem.*

Es zeigt sich, daß das Eigenwertproblem i.a. nur für bestimmte Werte des Parameters l lösbar ist. Diese Werte heißen *Eigenwerte* des Operators L in D, die zugehörigen Lösungen $y(x)$ heißen *Eigenfunktionen* des Operators L in D. Die Existenz von Lösungen hängt natürlich nicht nur von der Struktur des Differentialausdrucks L, sondern auch von den konkreten vorgegebenen Randbedingungen ab!

Wir wollen nun eine fundamentale Eigenschaft der Eigenfunktionen eines Sturm-Liouville-Operators L in D aufzeigen. Seien $y_1(x)$ und $y_2(x)$ zwei beliebige Eigenfunktionen zu den Eigenwerten l_1 und l_2, wobei wir $l_1 \neq l_2$ voraussetzen, d.h. es gelten die Beziehungen $Ly_1 = l_1 y_1$ und $Ly_2 = l_2 y_2$. Multipliziert man die erste Gleichung mit $p(x)y_2(x)$ und die zweite Gleichung mit $p(x)y_1(x)$, so erhält man nach anschließender Subtraktion der neuentstandenen Gleichungen $p(y_2 Ly_1 - y_1 Ly_2) = (l_1 - l_2)py_1 y_2$, und nach Integration

$$\int_A^B p(y_2 Ly_1 - y_1 Ly_2)dx = (l_1 - l_2)\int_A^B py_1 y_2 dx. \tag{25.4.22}$$

Weil $p(x)L$ ein selbstadjungierter Differentialausdruck ist, folgt aus (25.4.5) mit (25.4.9) und (25.4.11a)

$$\int_A^B p(y_2Ly_1 - y_1Ly_2)dx = -f(A)W(A;\, y_1,y_2) + f(B)W(B;\, y_1,y_2). \qquad (25.4.23)$$

Wegen der Randbedingungen (25.4.18) gilt nun

$$W(A;\, y_1,y_2) = \begin{vmatrix} y_1(A) & y_2(A) \\ y_1{}'(A) & y_2{}'(A) \end{vmatrix} = \begin{vmatrix} \sin\alpha & \sin\alpha \\ -\cos\alpha & -\cos\alpha \end{vmatrix} = 0, \qquad \text{(a)}$$

$$W(B;\, y_1,y_2) = \begin{vmatrix} y_1(B) & y_2(B) \\ y_1{}'(B) & y_2{}'(B) \end{vmatrix} = \begin{vmatrix} \sin\beta & \sin\beta \\ -\cos\beta & -\cos\beta \end{vmatrix} = 0. \qquad \text{(b)}$$

(25.4.24)

Damit erhält man aus (25.4.23)

$$\int_A^B p(y_2Ly_1 - y_1Ly_2)dx = 0, \qquad (25.4.25)$$

und somit aus (25.4.22) wegen $l_1 \neq l_2$

$$\int_A^B p(x)y_1(x)y_2(x)dx = 0. \qquad (25.4.26)$$

Satz 25.6: *Die Eigenfunktionen eines Sturm-Liouville-Operators L in D sind bezüglich der Belegungsfunktion $p(x)$ orhogonal.*

Die Orthogonalität bezüglich einer Belegungsfunktion scheint eine Verallgemeinerung des in Def 25.4 eingeführten „gewöhnlichen" Orthogonalitätsbegriffes zu sein. Dies ist allerdings nur dann der Fall, wenn die Volumenintegrale in den Abschnitten 25.2 und 25.3 in kartesischen Koordinaten angeschrieben werden. In einem beliebigen krummlinigen Koordinatensystem $(v^1, \ldots, v^n)$ lautet beispielsweise die Orthogonalitätsbedingung (25.2.3) in ausführlicher Schreibweise

$$\int\int\cdots\int u_{j_1\ldots j_n}(v^1,\ldots,v^n)u_{k_1\ldots k_n}(v^1,\ldots,v^n)\sqrt{g}(v^1,\ldots,v^n)$$

$$dv^1dv^2\ldots dv^n = 0, \quad \forall j_l \neq k_m,\ l,m = 1,\ldots n. \qquad (25.4.27)$$

Es tritt also auch hier eine Belegsfunktion auf, nämlich die Determinante g des kovarianten Metriktensors g_{ij}. Bei der Lösung des Eigenwertproblems für einen selbstadjungierten partiellen Differentialoperator versucht man, das Problem auf n eindimensionale Eigenwertprobleme zurückzuführen. Da man dabei wegen der vorgegebenen Randbedingungen auch die räumliche Geometrie beachten muß, verwendet man krummlinige Koordinatensysteme, deren Niveauflächen mit der Gebietsberandung ∂B übereinstimmen (siehe dazu auch Abschnitt 27.4). Nach der Rückführung auf eindimensionale Eigenwertprobleme tauchen eindimensionale „Anteile" von $\sqrt{g}$ als Belegungsfunktionen in den gewöhnlichen Differentialausdrücken auf. Bei dieser Vorgangsweise führt also die Lösung des Eigenwertproblems für einen selbstadjungierten partiellen Differentialoperator auf die Lösung von N Eigenwertproblemen für gewöhnliche (nicht-selbstadjungierte) Sturm-Liouville-Operatoren. Nach diesen Bemerkungen sollte die

Einführung der Belegungsfunktion p und die Definition des Sturm-Liouville-Operators ausreichend motiviert erscheinen. Näheres dazu findet sich in Kapitel 25. Abschließend sei bemerkt, daß wir bisher ausschließlich reellwertige Funktionen vorausgesetzt haben. Läßt man auch komplexwertige Funktionen zu, so erhält man an Stelle von (25.4.26)

$$\int_A^B p(x) y_1(x) \overset{*}{y_2}(x) dx = 0. \tag{25.4.26'}$$

25.4.3 Die Sturm-Liouvillesche-Transformation

Bezeichne $J :=]C,D[$ ein reelles, von $I =]A,B[$ i.a. verschiedenes Intervall. Wir wollen nun die Eigenwertgleichung (25.4.21) auf die Gestalt

$$-\ddot{Y}(\zeta) + q(\zeta)Y = lY(\zeta), \quad \zeta \in \bar{J} \tag{25.4.28}$$

bringen. Dazu machen wir die Voraussetzungen

$$p, f \in C^2(\bar{I}), \quad \text{(a)} \qquad \frac{f(x)}{p(x)} > 0, \quad \forall x \in I. \quad \text{(b)} \tag{25.4.29}$$

Der Quotient f/p wird also im offenen Intervall I als positiv vorausgesetzt. Man beachte, daß f/p an den Randpunkten A und B verschwinden, oder unendlich groß werden kann. Für alles Weitere sollen die Ableitungen nach der in $[C,D]$ variierenden Veränderlichen ζ durch Punkte, die Ableitungen nach der in $[A,B]$ variierenden Veränderlichen x durch Striche gekennzeichnet sein. Mit dem Ansatz

$$\zeta = h(x), \quad \text{(a)} \qquad y(x) = Y(\zeta)H(x), \quad \text{(b)} \tag{25.4.30}$$

erhält man aus (25.4.21) nach elementarer Rechnung

$$Ly = \frac{1}{p(x)}\left(-\ddot{Y}(\zeta) f h'^2 - \dot{Y}(\zeta)\left((fh')' + 2fh'\frac{H'}{H}\right)\right.$$
$$\left. + Y(\zeta)\left(g - \frac{(fh')'}{H}\right)\right) = lY(\zeta). \tag{25.4.31}$$

Damit (25.4.31) in (25.4.28) übergeht, müssen die Beziehungen

$$\frac{fh'^2}{p} = 1, \qquad H(fh')' + 2fh'H' = 0 \quad \text{(b)} \tag{25.4.32}$$

erfüllt sein. Aus (25.4.32a) erhält man

$$\zeta = h(x) = \pm \int_K^x \sqrt{\frac{p(x')}{f(x')}} dx', \tag{25.4.33}$$

wobei $K \in [A,B]$ eine beliebige Konstante bezeichnet. Wegen der Voraussetzung $f/p > 0$ ist die Wurzel reell. Weiter wird durch diese Festlegung $h(x)$ streng monoton (bei Wahl des Vorzeichens „+“ streng monoton steigend, bei Wahl des Vorzeichens „-“ streng monoton fallend), d.h. die Transformation $\zeta = h(x)$ ist umkehrbar eindeutig.

Setzt man (25.4.33) in (25.4.32b) ein, so folgt als Differentialgleichung für $H(x)$

$$H(\sqrt{pf})' + 2\sqrt{pf}H' = 0, \tag{25.4.34}$$

was sich auch in der Form

$$-\frac{1}{2}\frac{(\sqrt{pf})'}{\sqrt{pf}} = \frac{H'}{H} \tag{25.4.35}$$

schreiben läßt. Die Lösung von (25.4.35) lautet

$$H(x) = (pf)^{-1/4}. \tag{25.4.36}$$

Die Funktion $q(\zeta)$ ergibt sich damit zu

$$q(\zeta) = q(h(x)) = \frac{1}{p}\left(g - \sqrt[4]{pf}\frac{d}{dx}\left(f\frac{d}{dx}\frac{1}{\sqrt[4]{pf}}\right)\right). \tag{25.4.37}$$

Wir betrachten nun das transformierte Intervall $J =]C,D[$. Aus (25.4.33) folgt

$$C = \int\limits_K^A \sqrt{\frac{p(x')}{f(x')}}dx', \quad \text{(a)} \qquad D = \int\limits_K^B \sqrt{\frac{p(x')}{f(x')}}dx'. \quad \text{(b)} \tag{25.4.38}$$

Falls die Funktion $f(x)$ im linken Randpunkt A verschwindet, und $p(x)$ in diesem Punkt nicht von gleicher Ordnung verschwindet, stellt (25.4.38a) ein uneigentliches Integral dar. Dasselbe gilt sinngemäß für den rechten Randpunkt B. In diesen Fällen können die Integrale konvergieren – man erhält dann ein beschränktes Intervall J – oder divergieren, wobei J dann unbeschränkt ist.

Weiter erkennt man aus (25.4.37), daß die Funktion $q(\zeta)$ in J unendlich werden kann. Dieser Fall tritt beispielsweise dann ein, wenn $p(x)$ in den Punkten A oder B verschwindet, womit $q(\zeta)$ in den Punkten C oder D unendlich wird. Nullstellen von f an einem (oder beiden) Randpunkten von $\bar{I}$ können also ein unbeschränktes Bildintervall, Nullstellen von p an einem (oder beiden) Randpunkten von $\bar{I}$ eine in J singuläre Funktion $q(\zeta)$ zur Folge haben.

Def 25.20: Sei L ein Sturm-Liouville-Differentialausdruck der Gestalt (25.4.12), dessen Koeffizientenfunktionen den Bedingungen (25.4.29) genügen. Dann heißt L ein *regulärer* Sturm-Liouville-Differentialausdruck, wenn bei der Sturm-Liouville-Transformation (25.4.30) das Intervall $\bar{I}$ auf ein beschränktes Intervall $\bar{J}$ abgebildet wird, und die Funktion $q(\zeta)$ in $\bar{J}$ stetig ist. Anderenfalls heißt L ein *singulärer* Sturm-Liouville-Dif-ferentialausdruck.

Die entsprechenden Operatoren bezeichnen wir dann als reguläre bzw. singuläre Sturm-Liouville-Operatoren. Die Bedeutung dieser Begriffsbildungen wird uns in den folgenden Abschnitten deutlich werden: Die Lösung des Eigenwertproblems für einen regulären Sturm-Liouville-Operator führt stets auf ein abzählbares, vollständiges Orthonormalsystem von Eigenfunktionen $y_k(x)$, wogegen die Lösung des Eigenwertproblems für einen singulären Sturm-Liouville-Operator sowohl auf ein abzählbares, vollständiges Orthonormalsystem, als auch auf ein kontinuierliches vollständiges, auf die Dirac-Funktion normiertes System von Eigenfunktionen $y(k,x)$ führen kann.

25.5 Das Sturm-Liouvillesche Eigenwertproblem für reguläre Operatoren

Wir wollen nun das Eigenwertproblem (25.4.21) für einen regulären Sturm-Liouville-Operator lösen. Nach Durchführung der Sturm-Liouville-Transformation läßt sich dieses Problem in der Gestalt

$$\begin{aligned} -Y''(x) + q(x)Y(x) &= lY(x), \quad x \in [C,D],\ Y \in C^2(\bar{J}), && \text{(a)} \\ Y(C) = \sin\alpha, &\quad Y'(C) = -\cos\alpha, && \text{(b)} \\ Y(D) = \sin\beta, &\quad Y'(D) = -\cos\beta && \text{(c)} \end{aligned} \tag{25.5.1}$$

schreiben. Weiter setzen wir die Kenntnis eines Fundamentalsystems $u_1(l,x)$ und $u_2(l,x)$ der Differentialgleichungen (25.5.1a) voraus, wobei $u_1(x)$ der linksseitigen (25.5.1b), $u_2(x)$ der rechtsseitigen Randbedingung (25.5.1c) genügen soll, d.h.

$$\begin{aligned} u_1(C) &= \sin\alpha, \quad u_1{}'(C) = -\cos\alpha, && \text{(a)} \\ u_2(D) &= \sin\beta, \quad u_2{}'(D) = -\cos\beta. && \text{(b)} \end{aligned} \tag{25.5.2}$$

Falls nun die Funktionen u_1 und u_2 linear abhängig sind, d.h. falls

$$u_1(l,x) = cu_2(l,x) \tag{25.5.3}$$

mit einer beliebigen reellen Konstanten c gilt, so erfüllt jede der beiden Funktionen beide homogenen Randbedingungen (25.5.1b) und (25.5.1c). Daher ist die Funktion

$$Y(l,x) = u_1(l,x) = cu_2(l,x) \tag{25.5.4}$$

eine Eigenfunktion des Problems (25.5.1) zum Eigenwert l. Wir besitzen somit eine Konstruktionsmöglichkeit für die Eigenfunktion $Y(l,x)$ zu einem vorgegebenen Eigenwert l. Allerdings sagen die obigen Überlegungen nichts über die Eigenwerte aus. Dazu beachten wir den

Satz 25.7: *Sei $u_1(l,x)$ und $u_2(l,x)$ ein Fundamentalsystem der Differentialgleichung (25.5.1), das den Randbedingungen (25.5.2) genügt. Dann werden die Eigenwerte des Problems (25.5.1) durch die Nullstellen der Wronski-Determinante des Fundamentalsystems u_1 und u_2 gegeben.*

Zum Beweis dieses Satzes beachten wir das

Lemma 25.8: *Sei L ein beliebiger linearer Differentialausdruck zweiter Ordnung der Gestalt (25.4.1). Dann gilt für die Wronski-Determinante zweier Lösungen y_1 und y_2 der Differentialgleichungen $Ly = 0$ die Darstellung*

$$W(x; y_1, y_2) = K e^{\int \frac{b(x)}{a(x)} dx}, \tag{25.5.5}$$

mit einer beliebigen Konstanten K.

Schreibt man die Eigenwertgleichung (25.5.1a) in der Gestalt $-Y''(x)(q(x) - l)Y(x) = 0$, so folgt für die Wronksi-Determinante des Fundamentalsystems u_1 und u_2 wegen $a = -1, b = 0$

$$W(x; u_1(l,x), u_2(l,x)) = K(l). \tag{25.5.6}$$

$W(l,u_1,u_2)$ ist also von x unabhängig, es existiert nur eine Abhängigkeit vom Parameter l, weshalb wir in Zukunft nur mehr $W(l)$ schreiben wollen. Falls nun $u_1(l,x)$ eine Eigenfunktion zum Eigenwert l sein soll, muß $u_1(l,x) = cu_2(l,x)$ gelten. Da aber $W(x;u_1,u_2)$ bei Existenz einer linearen Abhängigkeit zwischen u_1 und u_2 verschwindet, gilt $W(l) = 0$ für den betrachteten Eigenwert l. Die Eigenwerte errechnen sich somit alle aus der Bedingung

$$W(l) = 0. \tag{25.5.7}$$

Satz 25.9: *$W(l)$ besitzt abzählbar unendlich viele, ausschließlich reelle, einfache Nullstellen, die sich im Endlichen nirgends häufen, d.h. es gilt*

$$\begin{aligned} & l_1 < l_2 < l_3 < \cdots < l_n < \dots && \text{(a)} \\ \text{mit}\quad & \lim_{n\to\infty} l_n = \infty && \text{(b)} \\ \text{und}\quad & W'(l_n) \neq 0, \quad n = 1,2,\dots && \text{(c)} \end{aligned} \tag{25.5.8}$$

Auf den Beweis dieses Satzes gehen wir nicht ein (siehe [44]). Die Aussage (25.5.8b) folgt aus der Tatsache, daß im Endlichen kein Häufungspunkt der Eigenwerte existiert, (25.5.8c) bringt die Einfachheit der Nullstellen zum Ausdruck.

Nachdem die Eigenwerte l_n, $n = 1,2\dots$ bekannt sind, erhält man die zugehörigen Eigenfunktionen durch

$$Y_n(x) := u_1(l_n,x), \quad n = 1,2\dots \tag{25.5.9}$$

Man beachte, daß die Eigenfunktionen des Problems (25.5.1) nicht eindeutig festgelegt sind: Da (25.5.1) durch eine homogene Differentialgleichung mit homogenen Randbedingungen gebildet wird, sind für jede beliebige Konstante d die Funktionen $d\,Y_n(x)$ ebenfalls Eigenfunktionen des Problems (25.5.1). Man legt diese Konstante üblicherweise derart fest, daß die Eigenfunktionen normiert sind. In diesem Zusammenhang beachten wir das

Lemma 25.10: *Die Funktionen $u_1(l_n,x) = c_n u_2(l_n,x)$ besitzen die Eigenschaft*

$$\int_C^D (u_1(l_n,x))^2 dx = \frac{W'(l_n)}{c_n}. \tag{25.5.10}$$

Zum Beweis gehen wir von einer Folgerung der Gleichungen (25.4.22) und (25.4.23) für $f = p = 1$ im transformierten Intervall aus:

$$(l - l_n) \int_C^D u_1(l_n,x)u_1(l,x)dx = \frac{W(l) - W(l_n)}{c_n}. \tag{25.5.11}$$

Division durch $(l - l_n)$ und anschließender Grenzübergang $l \to l_n$ ergibt

$$\lim_{l_n\to l} \int_C^D u_1(l_n,x)u_1(l,x)dx = \frac{1}{c_n} \lim \frac{W(l) - W(l_n)}{l - l_n} = \frac{W'(l_n)}{c_n},$$

w.z.b.w. Es gilt also der

Satz 25.11: *Die normierten Eigenfunktionen des Problems (25.5.1) sind durch*

$$Y_n(x) = \sqrt{\frac{c_n}{W'(l_n)}} u_1(l_n,x), \quad x \in J \tag{25.5.12}$$

eindeutig festgelegt. Daraus folgt für die auf die Belegungsfunktion $p(x)$ normierten Eigenfunktionen des nichttransformierten Ausgangsproblems (25.4.21)

$$y_n(x) = Y_n\left(\int_K^x \sqrt{\frac{p(x')}{f(x')}}dx'\right)(p(x)f(x))^{-1/4}, \quad x \in I. \tag{25.5.13}$$

Die Eigenwerte des Ausgangsproblems (25.4.21) sind natürlich dieselben wie jene des transformierten Problems (25.5.1). Wir fassen die Vorgangsweise zur Bestimmung der Eigenwerte und Eigenfunktionen des regulären Problems (25.5.1) nochmals zusammen:

Zunächst konstruiert man ein Fundamentalsystem $u_1(l,x)$ und $u_2(l,x)$ der Differentialgleichung (25.5.1a), das den homogenen einseitigen Randbedingungen (25.5.2a) bzw. (25.5.2b) genügt. Anschließend konstruiert man die ausschließlich von l abhängige Wronski-Determinante $W(x; u_1(l,x), u_2(l,x)) = W(l)$ und berechnet ihre Nullstellen l_n, $n = 1,2,\ldots$. Sie stellen die Eigenwerte des Problems (25.5.1) dar. Die normierten Eigenfunktionen ergeben sich dann gemäß (25.5.12) bzw. (25.5.13).

Abschließend beschäftigen wir uns mit der Frage, welche Funktionen als Reihe nach den Eigenfunktionen eines regulären Sturm-Liouville-Operators dargestellt werden können.

Def 25.21: Man sagt, eine Funktion $f(x)$, $x \in J$ erfüllt in x eine *Dirichletbedingung*, wenn sich $f(x)$ in einer Umgebung von x als Differenz monoton steigender oder monoton fallender Funktionen darstellen läßt.

Eine derartige Funktion kann Sprungstellen besitzen. Wir wollen an einer Sprungstelle den linksseitigen Grenzwert von f durch $f(x_-)$ und den rechtsseitigen Grenzwert mit $f(x_+)$ bezeichnen.

Satz 25.12: *Wenn $f(x)$ in jedem Punkt $x \in J$ einer Dirichlet-Bedingung genügt, gilt die Darstellung*

$$\frac{1}{2}(f(x_-) + f(x_+)) = \sum_n Y_n(x) \int_C^D f(x')Y_n(x')dx', \quad \forall x \in J. \tag{25.5.14}$$

An den Stetigkeitsstellen von f nimmt die rechts stehende Reihe ebenfalls den Wert f an, an den Unstetigkeitsstellen ergibt sich der arithmetische Mittelwert der Funktionswerte $f(x_-)$ und $f(x_+)$. Für die Entwicklung nach den Eigenfunktionen des Ausgangsproblems (25.5.21) folgt daraus der

Satz 25.13: *Wenn $f(x)$ in jedem Punkt $x \in I$ einer Dirichlet-Bedingung genügt, gilt die Darstellung*

$$\frac{1}{2}(f(x_-) + f(x_+)) = \sum_n y_n(x) \int_A^B p(x')f(x')y_n(x')dx', \quad \forall x \in I. \tag{25.5.15}$$

Analoge Überlegungen lassen sich für das Eigenwertproblem singulärer Sturm-Liouville-Operatoren anstellen.

26 Funktionalanalysis

Anfang des 20. Jahrhunderts erkannte man, daß zwischen einzelnen Disziplinen der Mathematik (linearer Algebra, Topologie) tiefe Gemeinsamkeiten bestehen, und entwickelte daraufhin einen Formalismus, der auf jenen gemeinsamen Wurzeln aufbauend, als theoretischer Überbau der Teildisziplinen verstanden werden kann, d.h. die Teilgebiete erscheinen als spezielle Realisierungen der allgemeinen Theorie. Grob gesagt kann die Funktionalanalysis als Verallgemeinerung der klassischen Analysis auf Mengen sehr allgemeiner Struktur angesehen werden. Eine faszinierende Darstellung der werdenden Funktionalanalysis findet der interessierte Leser in [21]. Wir wollen uns hier mit einer Angabe der markantesten Punkte begnügen.

Am Anfang der funktionalanalytischen Entwicklung stehen die Italiener *V. Volterra* (1860–1940), *G. Peano* (1858–1932) und *S. Pincherle* (1853–1936). Volterra kann als Schöpfer des Funktionalbegriffes angesehen werden. 1887 veröffentlichte er drei Noten über „Funktionen, die von anderen Funktionen abhängen." 1896 erschienen dann einige bahnbrechende Arbeiten, die sich mit der Lösung von nach ihm benannten Integralgleichungen beschäftigen. Volterra sah diese Integralgleichungen als „kontinuierlichen Grenzfall" linearer Gleichungssysteme an.

Auf Peano geht der Begriff des Vektorraumes zurück, während Pincherle erstmals Funktionen als „Punkte" eines Funktionenraumes auffaßte, und damit die fruchtbare Idee einer Geometrisierung funktionalanalytischer Begriffsbildungen einführte. Leider fanden seine Erkenntnisse in den folgenden zwanzig Jahren wenig Beachtung, und die weitere Entwicklung der Funktionalanalysis fand zunächst auf dem konkreten Boden der speziellen Räume L^2 und l^2 statt.

Es war der Schwede *I. Fredholm* (1866–1927), der um die Jahrhundertwende den „funktionalanalytischen Urknall" (Heuser) auslöste. Ausgehend von der Volterraschen Vorstellung entwickelte er in den Jahren 1900-1903 die nach ihm benannte *Fredholmsche Theorie der Integralgleichungen*, die ein Energiespender für die weiteren Entwicklungen werden sollte.

Während sich Fredholm vorwiegend mit der Lösung inhomogener Integralgleichungen beschäftigte, widmete sich *D. Hilbert* (1862–1943) u.a. dem korrespondierenden Eigenwertproblem. 1904-1910 veröffentlichte er die berühmten sechs „Mitteilungen", worin die konkrete Gestalt der Integralgleichungen langsam in den Hintergrund, und die abstraktere Operatorgleichung zögernd in den Vordergrund tritt. Der Hilbert-Schüler *E. Schmidt* (1876–1959) entwickelte Hilberts Vorstellungen weiter, wobei er den von Pincherle eingeführten und in Vergessenheit geratenen Geometrisierungsgedanken wieder aufgriff.

Einen weiteren funktionalanalytischen Meilenstein stellt das Werk des Ungarn *F. Riesz* (1880–1956) dar. Er verallgemeinerte die Arbeiten Fredholms und Hilberts für kompakte Operatoren, womit er eine der fruchtbarsten funktionalanalytischen Begriffsbildungen einführte. Im Unterschied zu seinen Vorgängern verwendete er auch die Begriffe des Funktionenraumes und der Norm erstmals in moderner Weise.

Die Verschmelzung der linearen Vektorraumstruktur und der metrischen Normstruktur zum normierten Raum blieb jedoch dem Polen *S. Banach* (1892–1945) vorbehalten. 1920 legte er der Universität Lemberg seine Dissertation *Sur les óperations dans les ensembles abstraits et leur application aux équations intégrales* vor, worin erstmals eine axiomatische Formulierung der funktionalanalytischen Grundlagen aufscheint. 1932 erschien sein Buch *Theorie des operations líneaires*, womit die Funktionalanalysis den Rang einer selbständigen mathematischen Disziplin erhielt.

Die abstrakte Formulierung des Hilbertschen Raumes gelang 1928 *J.v. Neumann* (1903–1957). Diese Arbeit ist die Grundlage der in der theoretischen Physik so wichtigen *Spektraltheorie selbstadjungierter Operatoren.* Kurz vorher hatten *E. Schrödinger* und *W. Heisenberg* ihre fundamentalen Arbeiten zur neugebackenen Quantenmechanik veröffentlicht. Von Neumanns Spektraltheorie stellte die dort entwickelten, mathematisch teilweise unklaren Begriffsbildungen auf eine solide Basis.

Einen weiteren Höhepunkt erreichte die Funktionalanalysis mit der durch *I.M. Gelfand* 1941 entwickelten *Darstellungstheorie kommutativer Banachalgebren*, die zu den Virtuosenstücken der neueren Mathematik gerechnet wird. Dasselbe gilt für die von *L. Schwartz* geschaffene *Theorie der Distributionen* (siehe Kapitel 28), die z.B. in den modernen Theorien über partielle Differentialgleichungen eine wichtige Rolle spielt.

Für den Physiker ist vor allem ein spezielles Teilgebiet der Funktionalanalysis sehr wichtig – die für ein tieferes Verständnis der Quantentheorie unerläßliche *Theorie linearer Operatoren im Hilbertraum.* Daher beschränken wir uns im ersten Abschnitt auf eine Darlegung der wichtigsten funktionalanalytischen Begriffsbildungen, und widmen uns dann beinahe ausschließlich dem angesprochenen Teilgebiet. Dabei folgen wir stellenweise den Darstellungen von [23] und [24].

Viele Beweisführungen grundlegender Sätze machen Gebrauch von den Hölderschen, Cauchy-Schwarzschen und Minkowskischen Ungleichungen in diskreter und kontinuierlicher Gebrauch. Obwohl wir in den meisten Fällen auf Beweise verzichten, sollen diese Ungleichungen hier zusammengefaßt werden:

Seien p,q reelle Zahlen, mit $p > 1$ und $1/p + 1/q = 1$, so gelten die *Hölderschen Ungleichungen*

$$\sum_k |a_k b_k| \leq \left(\sum_k |a_k|^p\right)^{1/p} \left(\sum_k |b_k|^q\right)^{1/q} , \tag{26.0.1a}$$

$$\int_b^a |f(x)g(x)|dx \leq \left(\int_b^a |f(x)|^p dx\right)^{1/p} \left(\int_a^b |g(x)|^q dx\right)^{1/q} . \tag{26.0.1b}$$

Im Falle $p = q = 2$ erhält man daraus die *Cauchy-Schwarzschen Ungleichungen*

$$\sum_k |a_k b_k| \leq \left(\sum_k |a_k|^2\right)^{1/2} \left(\sum_k |b_k|^2\right)^{1/2} . \tag{26.0.2a}$$

$$\int_a^b |f(x)g(x)|dx \leq \left(\int_a^b |f(x)|^2 dx\right)^{1/2} \left(\int_a^b |g(x)|^2 dx\right)^{1/2} . \tag{26.0.2b}$$

Weiter gelten die *Minkowskischen Ungleichungen*

$$\left(\sum_k |a_k + b_k|^p\right)^{1/p} \leq \left(\sum_k |a_k|^p\right)^{1/p} + \left(\sum_k |b_k|^p\right)^{1/p} , \tag{26.0.3a}$$

$$\left(\int_a^b |f(x) + g(x)|^p dx\right)^{1/p} \leq \left(\int_a^b |f(x)|^p dx\right)^{1/p} \left(\int_a^b |g(x)|^p dx\right)^{1/p} . \tag{26.0.3b}$$

26.1 Abstrakte Räume und Operatoren

Die in der theoretischen Physik wichtigen Räume sind Hilberträume: in ihnen verschmilzt die lineare Struktur des Vektorraumes mit der metrischen Struktur gleichnamiger Räume. Darüber hinaus besitzen sie ein fundamentales Strukturelement – das Skalarprodukt. In der folgenden Darstellung tragen wir dieser Tatsache Rechnung, indem wir von metrischen Räumen ausgehend Vektorräume, normierte Räume, Prähilbert- und Hilberträume, und die wesentlichsten Eigenschaften der auf diesen Räumen definierten Abbildungen (Operatoren) besprechen.

26.1.1 Metrische Räume

Sei E eine beliebige, nichtleere Menge von Elementen. Dann läßt sich auf E ein „Abstandsbegriff" definieren:

Def 26.1: Eine Funktion d, die je zwei Elementen x,y aus E eine reelle Zahl $d(x,y)$ zuordnet, heißt *Metrik* auf E, wenn folgende Relationen erfüllt sind:

$$\begin{aligned} d(x,y) &\geq 0, && \text{(a)} \\ d(x,y) &= 0 \leftrightarrow x = y, && \text{(b)} \\ d(x,y) &= d(y,x) && \text{(c)} \\ d(x,y) &\leq d(x,z) + d(z,y). && \text{(d)} \end{aligned} \tag{26.1.1}$$

Eine Menge E, die mit einer Metrik d ausgestattet ist, bezeichnen wir als *metrischen Raum* (E,d).

(26.1.1d) wird als „Dreiecksungleichung" bezeichnet: der Abstand zwischen zwei festen Elementen muß stets kleiner sein, als die Summe der Abstände bei einem „Umweg" über ein drittes Element. Die folgenden Beispiele zeigen, daß auf einer Menge E verschiedene Metriken definiert werden können, so daß man für eine und dieselbe Grundmenge verschiedene metrische Räume erhält.

Beispiel 26.1: Wir betrachten die Menge $\mathbb{K}^n$, die aus allen n-Tupel $x := (x^1, \ldots x^n)$, $x \in \mathbb{K}$ besteht. Weiter sei $p \geq 1$ eine feste reelle Zahl. Dann läßt sich auf $\mathbb{K}^n$ die Metrik

$$d_p(x,y) := \left(\sum_{k=1}^{n} |x_k - y_k|^p \right)^{1/p} \tag{26.1.2}$$

definieren (die Dreiecksungleichung folgt sofort aus der Minkowski-Ungleichung). Den dadurch erzeugten metrischen Raum bezeichnen wir mit $l^p(n)$. Da p beliebig wählbar ist, lassen sich durch (26.1.2) aus $\mathbb{K}^n$ unendlich viele metrische Räume konstruieren.

Beispiel 26.2: Wir gehen nun von der Menge aller auf einem reellen Intervall $[a,b]$ stetigen, komplexwertigen Funktionen $C[a,b]$ aus. Für $p \geq 1$ läßt sich dann eine Metrik

$$d_p(x,y) := \left(\int_a^b |x(t) - y(t)|^p \right)^{1/p} \tag{26.1.3}$$

definieren (die Dreiecksungleichung folgt wieder sofort aus der Minkowski-Integralungleichung). Je nach Wahl von p erhält man also auch in diesem Fall unendlich viele metrische Räume. Eine weitere Möglichkeit zur Metrisierung von $C[a,b]$ ist die Festlegung

$$d(x,y) := \max_{a \leq t \leq b} |x(t) - y(t)|. \tag{26.1.4}$$

Beispiel 26.3: Gegeben sei eine zweidimensionale (beliebig geformte) Fläche. Definiert man $d(x,y)$ als kürzesten Abstand zwischen $x := (x^1,x^2,x^3)$ und $y := (y^1,y^2,y^3)$, so sind die Axiome (26.1.1) erfüllt, die Punkte der Fläche bilden mithin einen metrischen Raum. Mit Hilfe des Abstandsbegriffes können wir auf abstrakten metrischen Räumen die Konvergenz von Folgen definieren.

Def 26.2: Die Folge (x_n), $x_n \in (E,d)$ konvergiert gegen den Punkt $x \in (E,d)$, wenn $d(x_n,x) \to 0$ strebt, d.h. wenn es zu jedem $\varepsilon > 0$ einen Index $n_0(\varepsilon)$ gibt, so daß $d(x_n,x) < \varepsilon$, $\forall n > n_0(\varepsilon)$. x heißt der Grenzwert der Folge (x_n).

In ähnlicher Weise läßt sich der Begriff der Cauchyfolge für abstrakte, metrische Räume verallgemeinern:

Def 26.3: Die Folge (x_n), $x_n \in (E,d)$ heißt *Cauchyfolge*, wenn es jedem $\varepsilon > 0$ einen Index $n_0(\varepsilon)$ gibt, so daß $d(x_n,x_m) < \varepsilon$, $\forall n,m > n_0(\varepsilon)$ gilt.

In $\mathbb{R}$ gilt bekanntlich das *Cauchysche Konvergenzkriterium:* Eine Folge konvergiert genau dann, wenn sie eine Cauchyfolge ist. In abstrakten metrischen Räumen muß dies nicht mehr gelten. Aus den Definitionen II.2 und II.3 folgt zwar, daß jede konvergente Folge eine Cauchyfolge ist, aber die Umkehrung trifft i.a. nicht zu! Um den Problemen, die mit der möglichen Divergenz von Cauchyfolgen verbunden sind, auszuweichen, beschränkt man sich bei vielen Untersuchungen auf vollständige metrische Räume:

Def 26.4: Ein metrischer Raum (E,d) heißt *vollständig*, wenn jede Cauchyfolge in E gegen ein Element in E konvergiert.

Es sind also gerade die vollständigen metrischen Räume, in denen das Cauchysche Konvergenzkriterium gilt.

Wir beschäftigen uns nun mit den Abbildungen (Transformationen) metrischer Räume. Dabei wollen wir im Anschluß an die Standardliteratur die aus einer Grundmenge E durch Metrisierung hervorgegangenen metrischen Räume (E,d) ebenfalls mit E bezeichnen.

Def 26.5: Seien E,F zwei metrische Räume. Eine Abbildung $A : E \to F$ heißt *stetig im Punkt* $x \in E$, wenn aus $x_n \to x$ stets $Ax_n \to Ax$ folgt. A heißt *stetig* in E, wenn A in jedem Punkt von E stetig ist.

Def 26.6: Eine bijektive Abbildung $A : E \to F$ mit der Eigenschaft

$$d(Ax,Ay) = d(x,y) \tag{26.1.5}$$

heißt *Isometrie*. Die beiden Räume E,F bezeichnet man in diesem Fall als *isometrisch*.

Die Beziehung (26.1.5) besagt, daß A abstandserhaltend (längentreu) ist. In F herrschen somit dieselben metrischen Verhältnisse wie in E, weshalb isometrische Räume identifiziert werden können.

Def 26.7: Die Selbstabbildung $A : E \to E$ eines metrischen Raumes E heißt *kontrahierend* in E, wenn für ein festes $q < 1$ die folgende Beziehung erfüllt ist:

$$d(Ax,Ay) \leq q d(x,y), \quad \forall x,y \in E. \tag{26.1.6}$$

Satz 26.1: *Sei A eine kontrahierende Selbstabbildung eines vollständigen metrischen Raumes E. Dann gelten die folgenden Aussagen:*

i) A ist stetig;

ii) Die Gleichung $Ax = x$ besitzt genau eine Lösung x. Sie kann als Grenzwert der Iterationsfolge

$$x_{n+1} = A^n x_0, \qquad n = 0,1,2,\ldots \tag{26.1.7}$$

mit einem beliebigen Startelement x_0 gewonnen werden, d.h. es gilt $x = \lim x_n$.

iii) Es gilt die Fehlerabschätzung

$$d(x,x_n) \leq \frac{q^n}{1-q} d(x_1,x_0). \tag{26.1.8}$$

Die Lösung x der Gleichung $Ax = x$ wird als *Fixpunkt* von A in E, und Satz 26.1 als *Banachscher Fixpunktsatz* bezeichnet. Für den Beweis sei auf die Literatur verwiesen.

26.1.2 Vektorräume

Def 26.8: Eine nichtleere Menge E heißt Vektorraum über $\mathbb{K}$ (linearer Raum über $\mathbb{K}$), wenn für je zwei Elemente $x,y \in E$ und für jedes $a,b \in \mathbb{K}$ eine Summe $x + y \in E$ und ein Produkt $ax \in E$ mit folgenden Eigenschaften existieren:

$x + (y + z) = (x + y) + z,$	(Assoziativgesetz)	(a)	(26.1.9)
$x + y = y + x,$	(Kommutativgesetz)	(b)	
in E existiert ein Nullelement 0, so daß $x + 0 = x, \quad \forall x \in E$ gilt,		(c)	
zu jedem $x \in E$ existiert ein inverses Element $-x \in E$, so daß $x + (-x) = 0$ gilt,		(d)	
$(ab)x = a(bx),$	(Assoziativgesetz bez. Produkt)	(e)	
$1x = x,$	(neutrales Element bez. Produkt)	(f)	
$a(x + y) = ax + ay,$	(1. Distributivgesetz)	(g)	
$(a + b)x = ax + bx,$	(2. Distributivgesetz)	(h)	

Die Elemente von E bezeichnen wir als Punkte oder Vektoren. Man überprüft sofort, daß die in den Beispielen 26.1 und 26.2 angeführten Mengen $\mathbb{K}^n$ bzw. $C[a,b]$ nicht nur metrische Räume, sondern auch Vektorräume sind, wogegen die Fläche aus Beispiel 26.3 nur im Fall einer Ebene einen Vektorraum darstellt.

Def 26.9: Seien E, F zwei Vektorräume über $\mathbb{K}$. Eine Abbildung $A : E \to F$ heißt *linear*, wenn gilt

$$\begin{aligned} A(x+y) &= Ax + Ay \quad \forall x,y \in E, \quad \text{(a)} \\ A(ax) &= aAx \quad \forall a \in \mathbb{K}, x \in E. \quad \text{(b)} \end{aligned} \tag{26.1.10}$$

Man bezeichnet lineare Abbildungen auch als *lineare Transformationen, lineare Operatoren* oder *Homomorphismen*. Eine lineare Selbstabbildung $A : E \to E$ heißt *Endomorphismus*. Weitere wichtige Begriffsbildungen sind der *Bildraum* $A(E) := \{Ax | x \in E\}$, und der *Nullraum* $N(A) := \{x \in E | Ax = 0\}$. Mit ihrer Hilfe läßt sich eine Aussage über die Lösungsmannigfaltigkeit der Gleichung

$$Ax = y \tag{26.1.11}$$

einer linearen Abbildung $A : E \to F$ machen. Es gilt der

Satz 26.2: *Die Lösungsgesamtheit von (26.1.11) läßt sich mit Hilfe einer beliebigen partikulären Lösung x_0 in der Form*

$$x = x_0 + N(A) \tag{26.1.12}$$

darstellen.

Eine eindeutige Lösbarkeit von (26.1.11) ist also genau im Fall $N(A) = 0$ gegeben, d.h. die homogene Gleichung $Ax = 0$ darf nur die triviale Lösung $x = 0$ besitzen. Genau dann ist A injektiv, und es kann auf $A(E)$ die Inverse A^{-1} definiert werden. Diese aus der Theorie linearer Gleichungssysteme wohlbekannten Aussagen gelten also auch für allgemeine lineare Operatorgleichungen in abstrakten Vektorräumen.

Def 26.10: Eine bijektive lineare Abbildung $A : E \to F$ heißt *Isomorphismus*. Die Räume E und F bezeichnet man in diesem Fall als *isomorph*.

Ähnlich wie bei isometrischen Räumen können auch isomorphe Räume identifiziert werden, da alle mit Hilfe linearer Operationen für Elemente von E formulierten Beziehungen in gleicher Weise für die Bilder in F gelten. So folgt beispielsweise aus $a_1x_1 + a_2x_2 \ldots a_nx_n$, $x_k \in E$ in F die Gültigkeit von $a_1Ax_1 + a_2Ax_2 + \ldots a_nAx_n$, $Ax_k \in F$.

26.1.3 Normierte Räume

Def 26.11: Ein Vektorraum E über $\mathbb{K}$ heißt *normierter Raum*, wenn jedem $x \in E$ eine reelle Zahl $||x||$ derart zugeordnet ist, daß die folgenden Normaxiome gelten:

$$\begin{aligned} &||x|| \geq 0, && \text{(a)} \\ &||x|| = 0 \leftrightarrow x = 0, && \text{(b)} \\ &||ax|| = |a| \, ||x||, \quad a \in \mathbb{K}, && \text{(c)} \\ &||x+y|| \leq ||x|| + ||y||. && \text{(d)} \end{aligned} \tag{26.1.13}$$

Vergleicht man (26.1.13) mit (26.1.1), so erkennt man, daß auf einem normierten Raum durch

$$d(x,y) := ||x - y|| \tag{26.1.14}$$

eine Metrik definiert wird. Sie wird als *kanonische Metrik* bezeichnet. In einem normierten Raum verschmelzen somit die linearen mit den metrischen Strukturen.

Def 26.12: Ein bezüglich seiner kanonischen Metrik vollständiger normierter Raum heißt *Banachraum.*

Beispiel 26.4: Wir betrachten den Vektorraum $\mathbb{K}^n$. Mit $p \geq 1$ läßt sich auf $\mathbb{K}^n$ die Norm

$$||x|| := \left(\sum_{k=1}^{n} |x_k|^p\right)^{1/p} \tag{26.1.15}$$

definieren, womit $\mathbb{K}^n$ zu einem normierten Raum wird. Die zugehörige kanonische Metrik wird durch (26.1.2) dargestellt. Wir verwenden daher auch in diesem Fall die Bezeichnung $l^p(n)$. Man kann leicht zeigen, daß es sich bei den $l^p(n)$-Räumen sogar um Banachräume handelt.

Beispiel 26.5: Für den Vektorraum $C[a,b]$ läßt sich mit $p \geq 1$ die Norm

$$||x|| := \left(\int_a^b |x(t)|^p\right)^{1/p} \tag{26.1.16}$$

definieren, womit $C[a,b]$ zu einem normierten Raum wird. Die zugehörige kanonische Metrik wird durch (26.1.3) dargestellt. Allerdings ist $C[a,b]$ bezüglich (26.1.16) nicht vollständig, d.h. es handelt sich um keinen Banachraum. Normiert man den Vektorraum $C[a,b]$ jedoch durch

$$||x|| := \max_{a \leq t \leq b} |x(t)|, \tag{26.1.17}$$

so erhält man einen Banachraum. (26.1.17) wird als *Maximumsnorm* bezeichnet, und die daraus abgeleitete kanonische Metrik (26.1.4) als *Maximumsmetrik*.

Beispiel 26.6: Sei $p \geq 1$. Mit $L^p(a,b)$ bezeichnen wir die Menge aller auf $[a,b]$ meßbaren Funktionen, für die

$$\int_a^b |x(t)|^p dt < \infty \tag{26.1.18}$$

im Lebesgueschen Sinn gilt. Man überzeugt sich sofort, daß es sich dabei um einen Vektorraum handelt. Durch die Definition

$$||x|| := \left(\int_a^b |x(t)|^p\right)^{1/p} \tag{26.1.19}$$

wird $L^p(a,b)$ zu einem Banachraum.

Beispiel 26.7: Sei $p \geq 1$. Wir betrachten die Menge l^p aller i.a. unendlichen Zahlenfolgen $x := (x^1, x^2, \dots)$ mit

$$\sum_k |x_k|^p < \infty. \tag{26.1.20}$$

Durch die Normierung

$$||x|| := \left(\sum_k |x_k|^p \right)^{1/p} \tag{26.1.21}$$

wird l^p zu einem Banachraum. Vergleicht man (26.1.20), (26.1.21) mit (26.1.18), (26.1.19), so ist man versucht, l^p als „kontinuierliches Analogon" von $L^p(a,b)$ aufzufassen. Wie wir weiter unten sehen werden, können die beiden Räume sogar identifiziert werden. Weiter kann man L^p in gewissem Sinne als eine mögliche Verallgemeinerung des $\mathbb{K}^n$ ins Unendliche auffassen. In metrischen Räumen haben wir uns mit stetigen, in Vektorräumen mit linearen Abbildungen beschäftigt. Es ist daher naheliegend, in normierten Räumen stetige lineare Abbildungen zu betrachten.

Def 26.13: Eine lineare Abbildung $A : E \to F$ des normierten Raumes E in den normierten Raum F heißt *beschränkt*, wenn eine Konstante $c \geq 0$ existiert, so daß gilt:

$$||Ax|| \leq c||x||, \quad \forall x \in E. \tag{26.1.22}$$

Satz 26.3: *Eine lineare Abbildung $A : E \to F$ des normierten Raumes E in den normierten Raum F ist genau dann stetig, wenn sie beschränkt ist.*

Def 26.14: Seien E und F normierte Räume. Die Menge aller stetigen Homomorphismen bezeichnen wir mit $\mathcal{L}(E,F)$, die Menge aller stetigen Endomorphismen mit $\mathcal{L}(E) := \mathcal{L}(E,E)$.

Man überzeugt sich sofort, daß $\mathcal{L}(E,F)$ und $\mathcal{L}(E)$ Vektorräume sind. Um auf diesen Vektorräumen eine Norm definieren zu können beachten wir, daß wegen der vorausgesetzten Stetigkeit der Abbildungen gemäß (26.1.22) eine kleinste Zahl c existieren muß. Für die Norm $||A||$ eines Elementes $A \in \mathcal{L}(E,F)$ setzen wir diese kleinste Zahl an, d.h. es gelte

$$||A|| = \sup \frac{||Ax||}{||x||} = \sup_{||x|| \leq 1} ||Ax|| = \sup_{||x||=1} ||Ax||. \tag{26.1.23}$$

Diese Festlegung erfüllt alle Normaxiome, womit $\mathcal{L}(E,F)$ zu einem normierten Raum wird. Die Frage nach der Vollständigkeit von $\mathcal{L}(E,F)$ klärt der

Satz 26.4: *Ist E ein normierter Raum und F ein Banachraum, so ist auch $\mathcal{L}(E,F)$ ein Banachraum.*

In Abschnitt 26.1.1 haben wir gesehen, daß zwei metrische Räume E,F bei Existenz einer bijektiven, abstandserhaltenden Abbildung $A : E \to F$ identifiziert werden dürfen. Eine ähnliche Aussage haben wir in Abschnitt 26.1.2 für zwei Vektorräume E,F bei Existenz einer linearen, bijektiven Abbildung $A : E \to F$ gemacht. Dies legt folgende Difinition nahe:

Def 26.15: Seien E,F normierte Räume. Eine lineare bijektive Abbildung $A : E \to F$ mit der Eigenschaft

$$||Ax|| = ||x||, \quad \forall x \in E \tag{26.1.24}$$

heißt *Normisomorphismus*, die Räume E und F bezeichnet man als *normisomorph*.

Normisomorphe Räume sind also als Vektorräume identifizierbar. Sie sind aber auch als metrische Räume identifizierbar, denn aus (26.1.23) folgt $||Ax - Ay|| = ||A(x-y)|| = ||x-y||$, d.h. A ist abstandserhaltend. Normisomorphe Räume stellen also perfekte „Kopien" dar, sie besitzen dieselbe lineare und metrische Struktur.

Satz 26.5: *Die Räume l^p und $L^p(a,b)$ sind normisomorph.*

26.1.4 Die Neumannsche Reihe

Viele Probleme der mathematischen Physik lassen sich durch Gleichungen der Gestalt $Ax = y$, bzw. $(A - \mu I)x = y$, $x, y \in F$, $\mu \in \mathbb{K}$ beschreiben, wobei E einen normierten Raum bezeichnet. Falls die Lösungen dieser Gleichungen eindeutig bestimmt sind, stellt sich das Problem der Konstruktion von A^{-1} bzw. $(A - \mu I)^{-1}$. Diese Konstruktion gelingt unter gewissen Voraussetzungen mit Hilfe der Neumannschen Reihe, die wir in diesem Abschnitt besprechen wollen. Als Voraussetzung für die folgenden Untersuchungen benötigen wir den Begriff der Konvergenz unendlicher Reihen in abstrakten normierten Räumen.

Def 26.16: Die unendliche Reihe $\sum_k x_k$, $x_k \in E$ heißt konvergent mit der Summe s, wenn die Partialsummenfolge $s_n := \sum_k^n x_k$ gegen s konvergiert.

Satz 26.6: *Ist K ein stetiger Endomorphismus des Banachraumes E, so besitzt $I - K$ immer dann eine stetige Inverse auf ganz E, wenn die Neumannsche Reihe*

$$\sum_{n=0}^{\infty} K^n$$

gleichmäßig konvergiert. In diesem Fall läßt sich die Inverse $(I - K)^{-1}$ durch

$$(I - K)^{-1} = \sum_{n=0}^{\infty} K^n \tag{26.1.25}$$

darstellen. Die Neumannsche Reihe konvergiert genau dann gleichmäßig, wenn

$$\lim ||K^n||^{1/n} < 1 \tag{26.1.26}$$

gilt. Die Operatorgleichung $(I - K)x = y$ besitzt dann für jedes $y \in E$ die eindeutige und stetig von y abhängende Lösung

$$x = \sum_{n=0}^{\infty} K^n y. \tag{26.1.27}$$

Für praktische Anwendungen ist also der Nachweis der gleichmäßigen Konvergenz der Neumannschen Reihe wesentlich. Ein hinreichendes Kriterium liefert der

Satz 26.7: *Die Neumannsche Reihe konvergiert sicher dann gleichmäßig, wenn*

$$||K|| < 1 \tag{26.1.28}$$

ist. In diesem Fall existiert die Fehlerabschätzung

$$||(I - K)^{-1}|| \leq \frac{1}{1 - ||K||}. \tag{26.1.29}$$

Wir stellen uns nun die Frage nach der Lösbarkeit der allgemeineren Gleichung

$$(\mu I - A)x = y, \tag{26.1.30}$$

wobei A wieder ein stetiger Endomorphismus, μ ein beliebiger Parameter aus $\mathbb{K}$ sein soll. Für die Frage nach der Existenz der Inversen beachten wir die

Def 26.17: Sei E ein Banachraum. Die Menge aller Skalare μ, für die $\mu I - A$ eine Inverse $R_\mu := (\mu I - A)^{-1} \in \mathcal{L}(E)$ besitzt, heißt *Resolventenmenge* $\rho(A)$ des stetigen Endomorphismus $A \in \mathcal{L}(E)$. Die Komplementärmenge $\sigma(A) := \mathbb{K} - \rho(A)$ heißt *Spektrum* von A.

Die Punkte der Resolventenmenge $\rho(A)$ werden also genau durch jene Werte des Parameters μ gebildet, für die die homogene Gleichung

$$Ax = \mu x \tag{26.1.31}$$

nur die triviale Lösung besitzt, während das Spektrum $\sigma(A)$ genau jene Werte enthält, für die (26.1.31) nichttriviale Lösungen aufweist. (26.1.31) wird als *Eigenwertgleichung*, die diskreten Werte von μ (falls solche existieren) als *Eigenwerte* bezeichnet. Neben diskreten Werten können fallweise auch kontinuierliche Wertebereiche für μ existieren. Das Spektrum $\sigma(A)$ setzt sich somit i.a. aus einem diskreten Anteil (Eigenwerte) und einem kontinuierlichen Anteil zusammen. Bezeichnet man die Menge der Eigenwerte als *Punktspektrum* $\sigma_p(A)$, so läßt sich der kontinuierliche Anteil durch $\sigma(A) - \sigma_p(A)$ charakterisieren.

Das Studium der Spektren von auf Banachräumen definierten Operatoren ist Gegenstand der Spektraltheorie in Banachräumen. Für den Physiker ist hingegen die Spektraltheorie in Hilberträumen maßgeblich, die wir in Abschnitt 26.2 entwickeln werden.

26.1.5 Hilberträume

Def 26.18: Ein Vektorraum E über $\mathbb{K}$ heißt *Innenproduktraum* oder *Prähilbertraum*, wenn jedem Paar $x, y \in E$ eine Zahl $(x|y)$ aus $\mathbb{K}$ derart zugeordnet werden kann, daß die folgenden Axiome gelten:

$$(x + y|z) = (x|z) + (y|z), \quad \text{(a)}$$

$$(ax|y) = a(x|y), \quad a \in \mathbb{K}, \quad \text{(b)}$$

$$(x|y) = (y|x)^*, \quad \text{(c)} \qquad (26.1.32)$$

$$(x|x) \geq 0, \quad \text{(d)}$$

$$(x|x) = 0 \leftrightarrow x = 0. \quad \text{(e)}$$

Satz 26.8: *Sei E ein Innenproduktraum. Dann gilt*

$$|(x|y)|^2 \leq (x|x)(y|y). \tag{26.1.33}$$

(26.1.33) heißt *Schwarzsche Ungleichung*. Sie ist die abstrakte Formulierung der Cauchy--Schwarzschen Ungleichung. Wie wir bereits gesehen haben, kann aus einer beliebig vorgegebenen Norm eine spezielle Metrik – die kanonische Metrik – abgeleitet werden. Es zeigt sich nun, daß aus einem beliebig vorgegebenen Innenprodukt stets eine spezielle Norm – die kanonische Norm – abgeleitet werden kann:

Satz 26.9: *Sei E ein Innenproduktraum. Dann wird durch*

$$||x|| := \sqrt{(x|x)} \tag{26.1.34}$$

eine Norm – die kanonische Norm – definiert.

Der Beweis der Dreiecksungleichung wird dabei mit Hilfe der Schwarzschen Ungleichung geführt. Mit Hilfe der kanonischen Norm läßt sich die Schwarzsche Ungleichung in der Form

$$|(x|y)| \leq ||x|| \, ||y|| \tag{26.1.35}$$

schreiben. Daraus erkennt man die Stetigkeit des Innenproduktes:

Satz 26.10: *Sei E ein Innenproduktraum. Dann folgt aus* $x_n \to x$, $y_n \to y$ *stets* $(x_n|y_n) \to (x|y)$, $\forall x_n, y_n, x, y \in E$.

Für den Beweis beachte man die Abschätzung

$$|(x_n|y_n) - (x|y)| = |(x_n - x|y) + (x_n|y_n - y)| \leq ||x_n - x|| \, ||y|| + ||x_n|| \, ||y_n - y||.$$

Der quadratische Charakter der kanonischen Norm zeitigt spezielle Eigenschaften, die wir in den beiden folgenden Sätzen festhalten:

Satz 26.11: *In einem Produktraum E gilt für die kanonische Norm stets*

$$||x+y||^2 + ||x-y||^2 = 2||x||^2 + 2||y||^2, \quad \forall x, y \in E. \tag{26.1.36}$$

(26.1.36) wird als *Parallelogrammgleichung* bezeichnet. Durch (26.1.34) wurde eine Norm mit Hilfe eines Innenproduktes definiert. Daß umgekehrt auch ein Innenprodukt zweier Elemente durch die kanonische Norm definiert werden kann, zeigt der

Satz 26.12: *In einem Innenproduktraum E gilt stets*

$$\begin{aligned} (x|y) &= \frac{1}{4}(||x+y||^2 - ||x-y||^2), && \textit{für } \mathbb{K} = \mathbb{R}, \quad \text{(a)} \\ (x|y) &= \frac{1}{4}(||x+y||^2 - ||x-y||^2 \\ &\quad + i||x+iy||^2 - i||x-iy||^2), && \textit{für } \mathbb{K} = \mathbb{C}. \quad \text{(b)} \end{aligned} \tag{26.1.37}$$

Def 26.19: Ein Innenproduktraum, der als normierter Raum vollständig ist, heißt *Hilbertraum*.

Hilberträume sind also Innenprodukträume, die bezüglich ihrer kanonischen Norm Banachräume darstellen.

Beispiel 26.8: $l^2(n)$ mit dem Innenprodukt

$$(x|y) := \sum_{k=1}^{n} x_k y_k{}^* \tag{26.1.38}$$

ist ein Hilbertraum, denn aus (26.1.38) ergibt sich als kanonische Norm (26.1.15) mit $p = 2$.

Beispiel 26.9: l^2 mit dem Innenprodukt

$$(x|y) := \sum_{k=1}^{\infty} x_k y_k{}^* \tag{26.1.39}$$

ist ein Hilbertraum, denn aus (26.1.39) ergibt sich als kanonische Norm (26.1.20) mit $p = 2$.

Beispiel 1.10: $L^2(a,b)$ mit dem Innenprodukt

$$(x|y) := \int_a^b x(t) \overset{*}{y}(t)dt \tag{26.1.40}$$

ist ein Hilbertraum. Die zu (26.1.40) gehörige kanonische Norm wird durch (26.1.19) mit $p = 2$ definiert.

Beispiel 26.11: Im Unterschied zu $L^2(a,b)$ ist $C(a,b)$ mit dem Innenprodukt (26.1.40) ein unvollständiger Innenproduktraum.

Bekanntlich können zwei normierte Räume E,F identifiziert werden, wenn ein Normisomorphismus $A : E \to F$ existiert. Es stellt sich nun die Frage nach identifizierbaren Hilberträumen. Dafür würde man Normisomorphismen benötigen, die zusätzlich das Innenprodukt erhalten, d.h. für die

$$(Ax|Ay) = (x|y), \quad \forall x,y \in E \tag{26.1.41}$$

gilt. Nun läßt sich gemäß Satz 26.12 das Innenprodukt allein durch die Norm darstellen, d.h. (26.1.41) wird bereits von einem gewöhnlichen Normisomorphismus erfüllt. Es gilt somit der

Satz 26.13: *Zwei Innenprodukträume sind identifizierbar, wenn sie bezüglich der kanonischen Norm normisomorph sind.*

Daraus ergibt sich als verblüffende Konsequenz der

Satz 26.14: *Jeder n-dimensionale Hilbertraum ist normisomorph zu $l^2(n)$, jeder unendlichdimensionale separable Hilbertraum ist normisomorph zu l^2.*

Dabei bezeichnet man einen metrischen Raum E als separabel, wenn eine höchstens abzählbare, in E dicht liegende Menge existiert. Gemäß Satz II.14 gibt es also nur einen einzigen n-dimensionalen Hilbertraum, und nur einen einzigen unendlichdimensionalen separablen Hilbertraum. Es läßt sich unschwer zeigen, daß $L^2(a,b)$ separabel ist, womit aus dem obigen Satz die Tatsache folgt, daß der Raum $L^2(a,b)$ nur eine Verkleidung des l^2 ist. Dieser Normisomorphismus ist der tiefere Grund für die mathematische Äquivalenz der Schrödingerschen Wellenmechanik und der Heisenbergschen Matrizenmechanik: Schrödinger formulierte seine Theorie „kontinuierlich" im $L^2(a,b)$, Heisenberg die seinige „diskret" im l^2.

Def 26.20: Sei E ein Innenproduktraum, $z \in E$ ein fest gewähltes Element. Dann heißt die durch

$$f(x) := (x|z), \quad \forall x \in E \tag{26.1.42}$$

auf E definierte lineare Abbildung $f : E \to \mathbb{K}$ eine *Linearform* oder ein *lineares Funktional.*

Aus der Stetigkeit des Innenproduktes folgt sofort die Stetigkeit der Linearformen. Es stellt sich nun die Frage, ob man umgekehrt jede stetige Linearform in der Gestalt (26.1.42) darstellen kann. Daß dies bei vollständigem E tatsächlich möglich ist, zeigt der

Satz 26.15: *Sei E ein Hilbertraum, f eine beliebige stetige Linearform $f : E \to K$. Dann existiert genau ein Vektor $z \in E$, so daß (26.1.42) gilt. Darüber hinaus ist stets*

$$||f|| = ||z||. \tag{26.1.43}$$

Satz 26.15 wird als *Darstellungssatz von Fréchet-Riesz* bezeichnet.

26.1.6 Orthogonalreihen

In diesem Abschnitt entwickeln wir eine Theorie abstrakter Fourierreihen. Für alles Folgende bezeichne E stets einen Innenproduktraum.

Def 26.21: Zwei Vektoren $x, y \in E$ heißen orthogonal, wenn gilt:

$$(x|y) = 0, \quad \forall x, y \in E. \tag{26.1.44}$$

Def 26. 22: Eine nichtleere Teilmenge S von E heißt *Orthogonalsystem*, wenn zwei verschiedene Elemente aus S stets orthogonal sind. S heißt *Orthonormalsystem*, wenn S ein Orthogonalsystem ist, dessen Elemente $u \in S$ sämtlich normiert sind, d.h. wenn $||u|| = 1$ gilt. Ein abzählbares Orthogonalsystem heißt *Orthogonalfolge*, ein abzählbares Orthonormalsystem *Orthonormalfolge*.

Satz 26.16: *Sei $(u_1, \ldots, u_n)$ eine endliche Orthogonalfolge. Dann gilt*

$$\left\|\sum_{k=1}^{n} u_k\right\|^2 = \sum_{k=1}^{n} ||u_k||^2. \tag{26.1.45}$$

Dies ist der *Satz von Phytagoras* für abstrakte Innenprodukträume. Zum Beweis rechnet man

$$\left\|\sum_{k=1}^{n} u_k\right\|^2 = \left(\sum_{k=1}^{n} u_k \middle| \sum_{l=1}^{n} u_l\right) = \sum_{k=1}^{n}\sum_{l=1}^{n}(u_k|u_l) = \sum_{k=1}^{n}(u_k|u_k) = \sum_{k=1}^{n} ||u_k||^2.$$

Wegen der Stetigkeit des Innenproduktes folgt aus Satz 26.16 sofort seine erweiterte Gültigkeit für unendliche Systeme:

Satz 26.17: *Sei $(u_1, u_2, \ldots)$ eine Orthogonalfolge. Dann gilt*

$$\left\|\sum_{k=1}^{\infty} u_k\right\|^2 = \sum_{k=1}^{\infty} ||u_k||^2. \tag{26.1.46}$$

Dies ist der *verallgemeinerte Satz von Phytagoras.*

Def 26.23: Sei E ein Innenproduktraum, S ein beliebiges Orthonormalsystem in E. Dann heißen die Zahlen $(x|u)$, $u \in S, x \in E$ die *Fourierkoeffizienten* des Elementes x bezüglich der Basis S, und

$$\sum_{u \in S}(x|u)u \tag{26.1.47}$$

die *Fourierreihe* von x bezüglich der Basis S.

Natürlich kann man nicht annehmen, daß die Fourierreihe von x ohne weitere einschränkende Aussagen über S gegen x konvergiert.

Satz 26.18: *Ist S ein Orthonormalsystem in E, so gilt die Besselsche Ungleichung*

$$\sum_{u \in S} |(x|u)|^2 \leq ||x||^2, \quad \forall x \in E. \tag{26.1.48}$$

Im Zusammenhang mit der Konvergenz von Fourierreihen beachten wir die

Def 26.24: Ein Orthonormalsystem S in E heißt *Orthonormalbasis* im Innenproduktraum E, wenn

$$x = \sum_{u \in S} (x|u)u, \quad \forall x \in E \tag{26.1.49}$$

gilt.

Wir benötigen nun ein Kriterium für Orthogonalsysteme, das erkennen läßt, ob es sich dabei um eine Orthogonalbasis handelt.

Satz 26.19: *Ein Orthogonalsystem S im Innenproduktraum E ist genau dann eine Orthogonalbasis in E, wenn die Parsevalsche Gleichung*

$$\sum_{u \in S} |(x|u)|^2 = ||x||^2, \quad \forall x \in E \tag{26.1.50}$$

erfüllt ist.

Es stellt sich die Frage, ob ein jeder Innenproduktraum eine Orthonormalbasis besitzt. Falls E vollständig ist, kann diese Frage positiv beantwortet werden. Es gilt der

Satz 26.20: *Ein Hilbertraum besitzt stets eine Orthonormalbasis.*

26.2 Theorie linearer Operatoren im Hilbertraum

In der Quantenmechanik werden mechanischen Größen Operatoren zugeordnet, wobei die möglichen Meßwerte der Größen durch das Spektrum der Operatoren gegeben sind. Es handelt sich dabei um selbstadjungierte Operatoren, die (wie es die physikalische Situation erfordert) ein reellwertiges Spektrum besitzen. Daneben spielt auch noch ein anderer Operatortyp – der des unitären Operators – eine bedeutsame Rolle: unitäre Operatoren lassen physikalische Aussagen invariant, und können zur Transformation mathematischer Formulierungen auf die einfachstmögliche Gestalt verwendet werden. Das Studium selbstadjungierter und unitärer Operatoren im Zusammenhang mit ihren Spektraleigenschaften ist Gegenstand des vorliegenden Abschnitt es.

26.2.1 Beschränkte und kompakte Operatoren

In Abschnitt 26.1.3 haben wir bereits lineare, beschränkte (stetige) Operatoren auf einem normierten Raum untersucht. Wir betrachten nun Endomorphismen A, die zunächst nur auf einer in einem Hilbertraum E dicht liegenden Teilmenge D_A definiert sein müssen. Dazu beachten wir die

Def 26.25: Sei E ein metrischer Raum, M eine beliebige Teilmenge von E. Man sagt, M liegt dicht in E, wenn sich jedes Element aus E als Grenzwert einer Folge von Elementen aus M darstellen läßt.

Sei nun E ein Hilbertraum, A eine auf $D_A \subset E$ definierte beschränkte, lineare Abbildung, wobei D_A in E dicht liegen soll. Wir bezeichnen D_A als *Definitionsbereich* des Operators A. Da A beschränkt ist, muß eine Konstante $c > 0$ existieren, so daß $||Ax|| \leq c||x||$ ist.

Satz 26.21: *Sei A in D_A stetig, $||Ax|| \leq c||x||$, $\forall x \in D_A$. Dann existiert ein eindeutig festgelegter Operator B in E, der Fortsetzung von A in D_A ist, und für den $||Bx|| \leq c||x||$, $\forall x \in E$ gilt.*

Damit können wir in Hinkunft einen stetigen Operator A, der auf einer in E dicht liegenden Teilmenge D_A definiert ist, stets auf ganz E gegeben annehmen. Daraus folgt aber sofort, daß die für die mathematische Physik wichtigen Differentialoperatoren nicht stetig sein können, da sie nicht in ganz E definiert werden können.

Nun spielen in der Physik nicht nur Differentialoperatoren eine Rolle. Viele Operatoren der Quantenmechanik haben die Gestalt von Matrizen (z.B. die Pauli-Spinmatrizen). Die Quantenmechanik fordert für nichtvertauschbare Operatoren A und B die Gültigkeit der *Heisenbergschen Vertauschungsrelation*

$$[A,B]x := (AB - BA)x = \frac{\hbar}{i}x, \quad x \in D_A \cap D_B. \tag{26.2.1}$$

Es zeigt sich nun, daß der obigen Relation genügende Operatoren nicht stetig sein können:

Satz 26.22: *Sind A in D_A und B in D_B zwei beschränkte Operatoren mit $W_A \subset D_B, W_B \subset D_A$, und liegt $D_A \cap D_B$ dicht in H, so kann die Heisenbergsche Vertauschungsrelation (26.2.1) nicht bestehen.*

Diese Aussage macht deutlich, daß viele Operatoren der mathematischen Physik keine „gemütlichen“ stetigen Operatoren sind.

Def 26.26: Sei E ein Hilbertraum, D_A eine in E dicht liegende Teilmenge. Dann heißt ein Operator A in D_A *kompakt*, wenn die Bildfolge $Au_1, Au_2, \ldots$ jeder beschränkten unendlichen Folge $u_1, u_2, \ldots \in D_A$ eine konvergente Teilfolge enthält.

Satz 26.23: *Ist A in D_A kompakt, so ist A in D_A stetig.*

Zum Beweis nehmen wir an, daß A in D_A nicht stetig wäre. Dann würde eine Folge $u_1, u_2, \dots \in D_A$ mit $||u_j|| = 1$ und $||Au_j|| > j$, $j = 1,2,\ldots$ existieren. Diese Folge kann aber keine in D_A konvergierende Teilfolge enthalten, womit sich ein Widerspruch ergibt.

Differentialoperatoren und Operatoren, die der Vertauschungsrelation (26.2.1) genügen, sind also nicht kompakt. Trotzdem besitzt der Begriff des kompakten Operators in der theoretischen Physik eine große Bedeutung, da die zu einer großen Klasse von Differentialoperatoren inversen Operatoren kompakt sind.

Beispiel 26.12: Sei (a_{ik}) eine unendliche Matrix mit

$$\sum_{i,k} |a_{ik}|^2 < \infty \tag{26.2.2}$$

Dann stellt die durch

$$A(x_1, x_2, \ldots) = \left(\sum_k a_{1k}x_k, \sum_k a_{2k}x_k, \ldots \right) \tag{26.2.3}$$

definierte Transformation $y = Ax$, $x \in l^2$ einen kompakten Operator $A : l^2 \to l^2$ dar. Zum Beweis beachten wir, daß aus der Cauchy-Schwarzschen Ungleichung die Konvergenz der Reihen

$$\sum_k a_{ik}x_k, \quad i = 1,2,\ldots$$

folgt, und weiter

$$\sum_i \left|\sum_k a_{ik}x_k\right|^2 \le \sum_{i,k} |a_{ik}|^2 \sum_k |x_k|^2$$

gilt. Diese Beziehung läßt sich auch in der Gestalt

$$||Ax|| \le \left(\sum_{i,k} |a_{ik}|^2\right)^{1/2} ||x||, \quad x \in l^2 \tag{26.2.4}$$

schreiben, woraus man die Stetigkeit von A in l^2 erkennt. Wir definieren nun die stetigen Operatoren $A_n : l^2 \to l^2, n = 1,2,\ldots$ durch

$$A_n(x_1,x_2,\ldots) = \left(\sum_k a_{1k}x_k, \cdots \sum_k a_{nk}x_k, 0,0,\ldots\right).$$

Dann gilt

$$||A - A_n|| \le \left(\sum_{i\ge n+1} \sum_k |a_{ik}|^2\right)^{1/2},$$

und somit

$$\lim_{n\to\infty} A_n = A,$$

da die rechte Seite der Ungleichung für $n \to \infty$ gegen 0 konvergiert. Nach Def 26.23 ist A also kompakt.

Beispiel 26.13: Sei $I := [a,b]$ ein reelles Intervall, $K(s,t)$ eine auf $I \times I$ definierte Funktion, mit

$$\int_a^b\int_a^b |K(s,t)|^2 ds\, dt < \infty. \tag{26.2.5}$$

Dann stellt die durch

$$(Ax)(s) := \int_a^b K(s,t)x(t)dt \tag{26.2.6}$$

definierte Transformation $y = Ax$, $x \in L^2(I)$ einen kompakten Operator $A : L^2(I) \to L^2(I)$ dar.

Der Beweis verläuft analog zu jenem von Beispiel 26.12. Die Funktion $K(s,t)$ wird als *Kern* des Integraloperators (26.2.6) bezeichnet. Man beachte die Ähnlichkeit der Bedingungen (26.2.2) und (26.2.5): Im einen Fall wird die Konvergenz der Doppelsumme über das Betragsquadrat der Matrixelemente verlangt, im anderen Fall die Konvergenz des Doppelintegrals über das Betragsquadrat der Kernfunktion. Wir haben bereits früher darauf hingewiesen, daß die Räume l^2 und $L^2(I)$ bezüglich der kanonischen Norm normisomorph sind, und somit identifiziert werden können (Satz 26.13). Daher kann man einen vorgegebenen kompakten Operator sowohl durch eine in l^2 wirkende Matrix mit der Eigenschaft (26.2.2), als auch durch einen in $L^2(I)$ wirkenden Integraloperator mit der Eigenschaft (26.2.5) darstellen. Um den Übergang zwischen den beiden Darstellungen einzusehen, projizieren wir in (26.2.6) die Funktionen x und $y = Ax$ auf eine in $L^2(I)$ vollständige, abzählbare Orthonormalbasis $\{u_i\}$. Mit

$$x(t) = \sum_i x_i u_i(t), \quad x_i = (x|u_i),$$

$$y(t) = \sum_i y_i u_i(t), \quad y_i = (y|u_i),$$

erhält man aus (26.2.6) wegen der Stetigkeit von A

$$\sum_i y_i u_i(s) = \sum_i x_i (Au_i)(s),$$

und nach Skalarproduktbildung mit u_k wegen der Stetigkeit des Skalarproduktes

$$y_k = \sum_i (Au_i|u_k) x_i, \quad k = 1,2,\ldots \tag{26.2.7}$$

Dies ist gerade die in Beispiel 26.12 besprochene Matrixtransformation $A : l^2 \to l^2$. Die Erfüllung der Bedingung (26.2.2) folgt direkt aus (26.2.5) und der Parsevalschen Gleichung

$$\sum_{i,k} |(Au_i|u_k)|^2 = \int_a^b \int_a^b |K(s,t)|^2 ds\, dt. \tag{26.2.8}$$

26.2.2 Symmetrische Operatoren

E sei in diesem Abschnitt stets ein Hilbertraum, D_A eine in E dicht liegende Teilmenge.

Def 26.21: Eine lineare Abbildung $A : D_A \to E$ heißt *symmetrisch*, wenn

$$(Ax|y) = (x|Ay), \quad \forall x,y \in D_A. \tag{26.2.9}$$

gilt.

Das Operatorsymbol A kann quasi durch das Skalarprodukt „hindurchgeschoben“ werden.

Beispiel 2.3: Wir betrachten den Matrixoperator aus Beispiel 26.12. Falls

$$a_{ik} = \overset{*}{a}_{ki} \tag{26.2.10}$$

gilt, so stellt A einen kompakten symmetrischen Operator auf l^2 dar. Zum Beweis beachten wir die aus der Innenproduktdefinition (26.1.38) und (26.2.3) folgenden Beziehungen

$$(Ax|y) = \sum_k (Ax)_k \overset{*}{y}_k = \sum_k \sum_l a_{kl} x_l \overset{*}{y}_k,$$

$$(x|Ay) = \sum_l x_l (Ay)_k^* = \sum_l x_l \left(\sum_k a_{lk} y_k\right)^* = \sum_l \sum_k x_l \overset{*}{a}_{lk} \overset{*}{y}_k .$$

Die Gleichsetzung liefert daher (26.2.10). Für einen in l^2 symmetrischen, nicht kompakten Operator braucht die Bedingung (26.2.2) nur derart abgeschwächt zu werden, daß $W_A \subset l^2$ sichergestellt ist.

Beispiel 26.15: Wir betrachten den Integraloperator aus Beispiel 26.13. Falls

$$K(s,t) = \overset{*}{K}(t,s) \tag{26.2.11}$$

gilt, so stellt A einen kompakten symmetrischen Operator auf L^2 dar. Zum Beweis beachten wir die aus der Innenproduktdefinition (26.1.40) und (26.2.5) folgenden Beziehungen

$$(Ax|y) = \int_a^b \overset{*}{y}(s) \int_a^b K(s,t)x(t)\,dt\,ds = \int_a^b\int_a^b \overset{*}{y}(s)K(s,t)x(t)\,dt\,ds,$$

$$(x|Ay) = \int_a^b x(t)\left(\int_a^b K(s,t)y(s)ds\right)^* dt = \int_a^b\int_a^b \overset{*}{y}(s)\,\overset{*}{K}(s,t)x(t)\,dt\,ds.$$

Die Gleichsetzung liefert dann die Bedingung (26.2.11). Für einen in $L^2([a,b])$ symmetrischen, nicht kompakten Operator braucht die Bedingung (26.2.5) nur derart abgeschwächt zu werden, daß $W_A \subset L^2[a,b])$ sichergestellt ist.

Symmetrische Operatoren besitzen eine Reihe bemerkenswerter Eigenschaften, die wir nun zusammenfassen wollen:

Satz 26.24: *Sei A in D_A symmetrisch. Dann gilt*

i) $(Ax|x) \in \mathbb{R}, \quad \forall x \in D_A$; (a)

ii) *das Spektrum $\sigma(A)$ ist reell;* (b) (26.2.12)

iii) *die zu verschiedenen Punkten des Spektrums gehörigen Eigenelemente sind orthogonal.* (c)

Beweis: (26.2.12a) folgt aus (26.2.9) und der Symmetrie des Skalarproduktes: $(Ax|x) = (x|Ax) = (Ax|x)^*$. Für (26.2.12b) gehen wir von der Eigenwertgleichung $Ax = \mu x$ aus. Für ein beliebiges Eigenelement $x \neq 0$ gilt dann $(Ax|x) = (\mu x|x) = \mu||x||^2$. Wegen $||x|| \in \mathbb{R}$, $||x|| \neq 0$ folgt dann

$$\mu = \frac{(Ax|x)}{||x||^2}, \tag{26.2.13}$$

und somit $\mu \in \mathbb{R}$. Für den Nachweis von (26.2.12c) betrachten wir zwei Elemente $\mu_1 \neq \mu_2$ des Spektrums, und die zugehörigen nichttrivialen Eigenelemente x_1,x_2, d.h. es gelten die Gleichungen $Ax_i = \mu_i x_i$, $i = 1,2$. Bildet man für die erste Gleichung das Innenprodukt mit x_2, für die zweite Gleichung das Innenprodukt mit x_1, so folgt $(Ax_1|x_2) = \mu_1(x_1|x_2)$ und $(Ax_2|x_1) = \mu_2(x_2|x_1)$. Wegen der Symmetrie von A läßt sich die zweite Gleichung in der Gestalt $(x_2|Ax_1) = \mu_2(x_1|x_2)^*$, bzw. $(Ax_1|x_2) = \mu_2(x_1|x_2)$ schreiben. Subtraktion von der ersten Gleichung ergibt schließlich $0 = (x_1|x_2)(\mu_1 - \mu_2)$, woraus wegen $\mu_1 \neq \mu_2$ die Behauptung $(x_1|x_2) = 0$ folgt.

Die Operatoren der mathematischen Physik sind symmetrisch. Dies ist nicht verwunderlich, wenn man sich vergegenwärtigt, daß Eigenwerte durchwegs physikalische Bedeutung haben: in der Quantenphysik beschreiben sie Energien, in der Elektrotechnik Frequenzen, etc ... Man wird somit auf Operatoren mit reellwertigem Spektrum geführt, und dies sind gerade die symmetrischen Operatoren.

Def 26.28: Das durch einen symmetrischen Operator A in D_A durch $(Ax|x)$ definierte Funktional $f : D_A \to \mathbb{R}$ heißt *Hermitesche Form.*

Wir betrachten nun einen symmetrischen beschränkten Operator A in D_A, den wir nach den obigen Ausführungen auf ganz E gegeben annehmen können. Aus der Schwarzschen Ungleichung folgt zunächst $|(Ax|x)| \leq ||A||\,||x||^2$, und wegen der Reellwertigkeit von $(Ax|x)$:

$$m||x||^2 \leq (Ax|x) \leq M||x||^2, \qquad (26.2.14)$$

wobei definitionsgemäß $||A||$ durch die größere der beiden Zahlen $|m|$ und $|M|$ dargestellt wird. Weiter erkennt man aus (26.2.13), daß die Grenzen des Spektrums $\sigma(A)$ durch die beiden Zahlen m und M gegeben sind. Es läßt sich unschwer zeigen, daß $\sigma(A)$ eine abgeschlossene Menge sein muß, woraus man sofort die Zugehörigkeit von m und M zum Spektrum folgert. Wir fassen zusammen:

Def 26.29: Sei $A : E \to E$ ein stetiger symmetrischer Endomorphismus. Dann heißen die Zahlen

$$m = \inf_{||x||=1} (Ax|x), \qquad M = \sup_{||x||=1} |(Ax|x) \quad \text{(b)} \qquad (26.2.15)$$

die *untere* bzw. *obere Grenze* von A.

Satz 26.25: *Sei $A : E \to E$ ein stetiger symmetrischer Endomorphismus. Dann liegt das Spektrum $\sigma(A)$ im Intervall $[m, M]$, wobei die Randpunkte m, M Elemente des Spektrums sind. Weiter ist $||A||$ durch die größere der beiden Zahlen $|m|$, $|M|$ gegeben.*

Def 26.30: Ein symmetrischer Operator A in D_A heißt *halbbeschränkt* nach unten, wenn eine reelle Zahl m mit

$$(Ax|x) \geq m||x||^2, \quad \forall x \in D_A \qquad (26.2.16)$$

existiert.

Es existiert also nur eine Grenze des Spektrums nach unten, die Elemente des Spektrums wachsen unbegrenzt. Im Einklang damit kann nun A in D_A auch nicht normierbar sein, da $||A||$ divergiert.

Wir haben bereits darauf hingewiesen, daß die in der mathematischen Physik wichtigen Operatoren nicht beschränkt sind. Es zeigt sich nun, daß die physikalische Grundgesetze beschreibenden Differentialoperatoren symmetrisch und halbbeschränkt nach unten sind, während ihre Inversen durch symmetrische, kompakte Integraloperatoren dargestellt werden können (siehe Kapitel 27). Diese Tatsache unterstreicht die Bedeutung der bisherigen Begriffsbildungen für die mathematische Physik. Sowohl die symmetrischen halbbeschränkten, als auch die symmetrischen kompakten Operatoren sind spezielle Manifestationen eines noch fundamentaleren Operatorbegriffes, dem wir uns im nächsten Abschnitt widmen werden.

26.2.3 Adjungierte, selbstadjungierte und normale Operatoren

E sei wieder ein Hilbertraum, D_A eine in E dicht liegende Teilmenge. Wir fassen nun diejenigen Elemente $y, y^+ \in E$ ins Auge, für die

$$(Ax|y) = (x|y^+), \quad \forall x \in E \qquad (26.2.17)$$

gilt. Dabei bestimmt jedes vorgegebene Element y das zugehörige Element y^+ eindeutig. Wäre dies nämlich nicht der Fall, so würde $(Ax|y) = (x|y^+) = (x|z^+)$, $y^+ \neq z^+$, $\forall x \in E$ gelten, und somit $(x|y^+ - z^+) = 0$. Da D_A dicht in E angenommen wurde, hätte diese Beziehung $y^+ = z^+$ zur Folge, im Widerspruch zur Annahme. Wir definieren nun den Operator A^+ durch die Zuordnung $y^+ = A^+y$, $y \in D_{A^+}$. Dabei besteht der Definitionsbereich $D_{A^+} \subset E$ von A^+ aus jenen Elementen $y \in E$, zu denen es ein y^+ gibt, so daß (26.2.17) für alle $x \in D_A$ gilt. Wir fassen zusammen in der

Def 26.31: Der durch

$$(Ax|y) = (x|A^+y), \quad \forall x \in E, y \in D_{A^+} \tag{26.2.18}$$

definierte Operator $A^+ : D_{A^+} \to E$ heißt der zu A *adjungierte Operator.*

Man überzeugt sich sofort, daß A^+ linear ist.

Def 26.32: Ein Operator A in D_A heißt *selbstadjungiert*, falls

$$A = A^+. \tag{26.2.19}$$

Diese Gleichheit bedeutet

$$Ax = A^+x, \quad \forall x \in D_A, \quad \text{(a)} \quad \text{und} \quad D_A = D_{A^+}. \quad \text{(b)} \tag{26.2.20}$$

Man erkennt, daß die Forderung nach Selbstadjungiertheit einschränkender ist, als jene nach Symmetrie: für Symmetrie wäre allein die Eigenschaft (26.2.20a) ausreichend, während (26.2.20b) noch eine zusätzliche Einschränkung bedeutet. Es gilt also der

Satz 26.26: *Ein selbstadjungierter Operator A in D_A ist symmetrisch.*

Die Umkehrung gilt im allgemeinen nicht. Wenn allerdings A in D_A beschränkt und symmetrisch ist, so kann A gemäß Satz 26.21 auf ganz H bei Erhaltung der Norm fortgesetzt werden, wobei auch die Symmetrie erhalten bleibt. In diesem Fall ist der Operator A in H selbstadjungiert.

Da selbstadjungierte Operatoren symmetrisch sind, gelten für ihr Spektrum die Aussagen von Satz 26.24. Darüber hinaus existieren Reihen- bzw. Integraldarstellungen nach den Eigenelementen eines selbstadjungierten Operators. Wir werden darauf in den Abschnitt en 26.3 und 26.4 näher eingehen.

Def 26.33: Ein Operator $A \in \mathcal{L}(E)$ mit

$$AA^+ = A^+A \tag{26.2.21}$$

heißt *normal.*

Normalität von A bedeutet also Kommutierung von A mit seiner Adjungierten. Aus (26.2.21) folgt

$$||A^+x||^2 = (A^+x|A^+x) = (AA^+x|x) = (A^+Ax|x) = (Ax|Ax) = ||Ax||^2,$$

und somit

$$||A^+x|| = ||Ax||, \quad \forall x \in E. \tag{26.2.22}$$

Diese Bedingung repräsentiert eine Abschwächung der für die Symmetrie maßgeblichen Bedingung $A^+x = Ax$. Die Normalität kann somit als Verallgemeinerung der Symmetrie aufgefaßt werden.

26.2.4 Unitäre Operatoren

Def 26.34: Ein Operator $U \in \mathcal{L}(E)$ mit

$$UU^+ = U^+U = I \tag{26.2.23}$$

heißt *unitär*.

Ein unitärer Operator ist normal und bijektiv mit

$$U^{-1} = U^+, \tag{26.2.24}$$

und U^+ ist ebenfalls unitär. Weiter folgt aus der obigen Definition die Eigenschaft

$$(Ux|Uy) = (x|y), \quad \forall x, y \in E, \tag{26.2.25}$$

d.h. U erhält das Innenprodukt. (26.2.25) kann auch als Definitionsgleichung aufgefaßt werden. Man vergleiche (26.2.25) mit der Symmetriebedingung (26.2.9): Sowohl die Unitarität als auch die Symmetrie eines linearen Operators wird durch eine spezielle Symmetrie des Operatorsymbols bezüglich des Innenproduktes induziert. Aus (26.2.25) folgt die Isometrie von U:

$$||Ux|| = ||x||, \quad \forall x \in E, \tag{26.2.26}$$

und somit

$$||U|| = 1. \tag{26.2.27}$$

Eine unitäre Transformation erhält also sowohl das Innenprodukt, als auch die Norm, d.h. „Winkel" und „Längen" im Hilbertraum. Man erkennt daraus, daß ein unitärer Operator jedes Orthonormalsystems wieder auf ein Orthonormalsystem abbildet.

Satz 26.27: *Das Spektrum eines unitären Operators U liegt auf der Peripherie des Einheitskreises.*

Beweis: Wegen $||U|| \leq 1$ muß $|\lambda| \leq 1$ für jedes Element des Spektrums gelten, d.h. $\sigma(U)$ liegt im abgeschlossenen Einheitskreis. Wegen der Bijektivität von U ist der Nullpunkt jedoch nicht in $\sigma(U)$ enthalten, d.h. es gilt $0 < |\lambda| \leq 1$. Wir betrachten nun die offene, punktierte Einheitskreisscheibe $0 < |\lambda| < 1$. Dann ist $|1/\lambda| > 1$, und wegen der Unitarität von U^+ gilt $1/\lambda \in \rho(U^+)$. Weiter betrachten wir den bijektiven Operator $(1/\lambda)I - U^+$ und multiplizieren ihn mit dem bijektiven Operator $-\lambda U$. Als Ergebnis erhält man den bijektiven Operator $\lambda I - U$, d.h. λ liegt in $\rho(U)$, weshalb das gesamte Spektrum von U auf dem Rand des Einheitskreises $|\lambda| = 1$ liegen muß.

26.3 Spektraltheorie symmetrischer kompakter Operatoren

Eine große Klasse von Randwertproblemen läßt sich auf Gleichungen der Gestalt

$$(\lambda I - A)x = y, \quad \lambda \in \mathbb{C}, y \in E \tag{26.3.1}$$

überführen, wobei A einen Integraloperator mit symmetrischem, quadratisch integrierbarem Kern bezeichnet (siehe dazu auch Kap. VII/5). Derartige Operatoren haben wir anhand der Beispiele 26.13 und 26.15 als symmetrisch und kompakt erkannt. Eine Lösungstheorie der Gleichung (26.3.1) für einen abstrakten symmetrischen kompakten Operator A erlaubt also unter anderem die Lösung bestimmter, durch Differentialoperatoren definierter Randwertprobleme. In Abschnitt 26.3.1 werden wir uns zunächst mit den Eigenschaften des Spektrums symmetrischer, kompakter Operatoren auseinandersetzen, und einen Entwicklungssatz nach dem Vorbild der klassischen Fourierreihe formulieren. Dieser Entwicklungssatz wird sich dann in Abschnitt 26.3.2 als Schlüssel zur Lösung des Problems (26.3.1) erweisen. Für alles Weitere bezeichne D_A wieder eine im Hilbertraum E dicht liegende Teilmenge.

26.3.1 Der Entwicklungssatz für symmetrische kompakte Operatoren

Satz 26.28: *Sei A in D_A symmetrisch und kompakt, $A \neq 0$. Dann gelten folgende Aussagen:*

1. *A in D_A besitzt wenigstens einen und höchstens abzählbar viele Eigenwerte, die alle reell sind, und der Größe nach angeordnet werden können:*

$$\lambda_1| \geq |\lambda_2| \geq |\lambda_3| \geq \ldots \tag{26.3.2}$$

2. *Sind unendlich viele Eigenwerte vorhanden, so bilden sie eine Nullfolge, d.h. es gilt*

$$\lim_{j\to\infty} \lambda_j = 0. \tag{26.3.3}$$

3. *Die Eigenvektoren $u_1, u_2, \ldots$ können derart gewählt werden, daß sie ein Orthonormalsystem bilden:*

$$(u_j|u_k) = \delta_{jk}. \tag{26.3.4}$$

4. *Die Eigenwerte und Eigenvektoren berechnen sich aus den Variationsproblemen*

$$|\lambda_j| = \max|(Ax|x)|, \quad x \in D_A \tag{26.3.5a}$$

mit den Nebenbedingungen

$$||x|| = 1, \quad (26.3.5b) \qquad (x|u_k) = 0, \quad k = 1, \ldots, j-1. \qquad (26.3.5c)$$

5. *Es gilt die Entwicklung*

$$Ax = \sum_j (Ax|u_j)u_j = \sum_j \lambda_j (x|u_j)u_j, \quad \forall x \in D_A. \tag{26.3.6}$$

Ein Beweis dieses Satzes findet sich in jedem Lehrbuch über Funktionalanalysis (siehe z.B. [21]), weshalb wir uns mit einigen Bemerkungen begnügen wollen. Zunächst stellen wir fest, daß für symmetrische kompakte Operatoren in Hilberträumen analoge Verhältnisse wie bei den Hermiteschen Transformationen des endlichdimensionalen $\mathbb{C}^n$ gelten. Nur können im vorliegenden Fall unendliche Summen und eine unendliche Schar von Eigenwerten aufteten, wobei (26.3.3) gelten muß. Die Bedingung (26.3.3) legt fest, daß jeder Eigenwert nur von endlicher Vielfachheit sein kann. Die Folge (26.3.2) ist so zu verstehen, daß jeder Eigenwert der Vielfachheit r r-mal angeschrieben werden muß. Die Orthogonalität der Eigenvektoren folgt gemäß Satz 26.24 aus der Symmetrie. Als Lösung einer homogenen Gleichung sind Eigenfunktionen nur bis auf einen multiplikativen Faktor eindeutig festgelegt (siehe dazu auch Kap. V/5). Daher kann dieser Faktor stets so festgelegt werden, daß die Orthonormalitätsbedingungen (26.3.4) gelten. Die Konstruktionsvorschrift (26.3.5) führt i.a. auf eine numerische Berechnung, da Variationsprobleme ebenso wie Randwertprobleme für gewöhnlich nicht auf analytischem Wege gelöst werden können. (26.3.6) ist der angekündigte Entwicklungssatz. Er stellt eine spezielle Formulierung des in Abschnitt 26.4 gegebenen Spektralsatzes für selbstadjungierte Operatoren dar.

26.3.2 Die Lösung der Gleichung $(\lambda I - A)x = y$

Satz 26.29: *Sei A in D_A symmetrisch und kompakt. Dann ist die Gleichung*

$$(\lambda I - A)x = y, \quad \lambda \in \mathbb{C}, \quad \lambda \neq 0, \quad y \in E \tag{26.3.7}$$

genau dann lösbar, wenn y orthogonal zum Nullraum $N(\lambda I - A)$ ist. In diesem Fall erhält man die Gesamtheit der Lösungen von (26.3.7) durch

$$x = x_p + N(\lambda I - A), \tag{26.3.8}$$

mit der partikulären Lösung

$$x_p = \frac{y}{\lambda} + \frac{1}{\lambda}\sum_j \frac{\lambda_j}{\lambda - \lambda_j}(y|u_j)u_j. \tag{26.3.9}$$

Unter den obigen Voraussetzungen ergibt sich also die Gesamtlösung der Gleichung (26.3.7) als Summe der Lösungen der homogenen Gleichung $(\lambda I - A)x = 0$ und einer partikulären Lösung x_p der inhomogenen Gleichung $(\lambda I - A)x_p = y$. Satz 26.29 wird auch als *Hilbertsche Methode der Eigenlösungen* bezeichnet. Ihre praktische Anwendbarkeit setzt die Kenntnis der Eigenvektoren und Eigenwerte des Operators A in D_A voraus.

Beweis: Wir schreiben (26.3.7) in der Gestalt $x = y + Ax$, woraus wegen $\lambda \neq 0$ unter Benützung des Entwicklungssatzes (26.3.6) die Beziehung

$$x = \frac{y}{\lambda} + \frac{1}{\lambda}\sum_j \lambda_j (x|u_j)u_j \tag{26.3.10}$$

folgt. Durch Skalarproduktbildung mit dem Vektor u_k erhält man dann

$$(x|u_k) = \frac{1}{\lambda}(y|u_k) + \frac{\lambda_k}{\lambda}(x|u_k),$$

und somit

$$(\lambda - \lambda_k)(x|u_k) = (y|u_k). \tag{26.3.11}$$

Wir betrachten zunächst den Fall, daß λ mit keinem Eigenwert von A in D_A übereinstimmt. Dann gilt $\lambda - \lambda_k \neq 0$, und aus (26.3.11) folgt

$$(x|u_k) = \frac{(y|u_k)}{\lambda - \lambda_k}. \tag{26.3.12}$$

Damit nimmt (26.3.10) die Gestalt

$$x = \frac{y}{\lambda} + \frac{1}{\lambda}\sum_j \frac{\lambda_j}{\lambda - \lambda_j}(y|u_j)u_j \tag{26.3.13}$$

an. Um zu erkennen, daß x die einzige Lösung ist, setzen wir (26.3.13) in (26.3.7) ein, und erhalten bei einer nochmaligen Verwendung des Entwicklungssatzes

$$\begin{aligned}(\lambda I - Ax) &= \frac{1}{\lambda}(\lambda I - A)y + \frac{1}{\lambda}\sum_j \frac{\lambda_j}{\lambda - \lambda_j}(y|u_j)(\lambda I - A)u_j \\ &= y - \frac{1}{\lambda}Ay + \frac{1}{\lambda}\sum_j \lambda_j(y|u_j)u_j = y - \frac{1}{\lambda}Ay + \frac{1}{\lambda}Ay = y.\end{aligned}$$

Zu klären bleibt, ob die Reihe in (26.3.13) konvergiert. Dazu brauchen wir bloß zu zeigen, daß es sich dabei um eine Cauchyreihe handelt. Aus der Vollständigkeit von E folgt dann die Konvergenz der Reihe. Dazu setzen wir

$$s_n := \sum_{k=1}^{n} \frac{\lambda_k}{\lambda - \lambda_k}(y|u_k)u_k. \tag{26.3.14}$$

Bezeichne M wieder die obere Grenze des Spektrums von A in D_A, so gilt wegen $\lambda \neq \lambda_k$, und $\lim_{k\to\infty} \lambda_k \to 0$ mit einer geeigneten Konstante $a > 0$

$$\left|\frac{1}{\lambda - \lambda_k}\right| \leq a, \quad \text{und} \quad \left|\frac{\lambda_k}{\lambda - \lambda_k}\right| \leq aM.$$

Mit Hilfe des phytagoräischen Satzes (26.1.45) folgert man für $n > i$

$$||s_n - s_m||^2 = \sum_{k=m+1}^{n} \left|\frac{\lambda_k}{\lambda - \lambda_k}\right|^2 |(y|u_k)|^2 \leq (aM)^2 \sum_{k=m+1}^{n} |(y|u_k)|^2.$$

Für $m \to \infty$ konvergiert die rechte Seite der Ungleichung gegen Null, d.h. es handelt sich bei (26.3.14) tatsächlich um eine Cauchyreihe, womit die Konvergenz von (26.3.12) sichergestellt ist. Damit ist Satz 26.29 für den Fall, daß λ kein Eigenwert von A in D_A ist, bewiesen.

Wir untersuchen nun den Fall, daß λ mit einem Eigenwert von A in D_A der Vielfachheit r übereinstimmt, d.h. es soll $\lambda = \lambda_{s+1} = \lambda_{s+2} = \ldots \lambda_{s+r}$ gelten, aber $\lambda \neq \lambda_k$ für $k < s + 1$ und $k > s + r$ sein. Aus (26.3.11) erkennt man dann

$$(y|u_j) = 0, \quad j = s+1, \ldots, s+r \tag{26.3.15}$$

als notwendige Bedingung für die Lösung von (26.3.7). Diese Bedingung zeitigt eine Lösung der Gestalt

$$x_p = \frac{y}{\lambda} + \frac{1}{\lambda}\sum_{\lambda_j \neq \lambda} \frac{\lambda_j}{\lambda - \lambda_j}(y|u_j)u_j, \tag{26.3.16}$$

ist somit auch hinreichend. Nun repräsentiert (26.3.16) natürlich nicht die einzige Lösung von (26.3.7): jede Lösung der homogenen Gleichung kann zu der Lösung (26.3.16) addiert werden. Die Gesamtheit der Lösungen von (26.3.7) errechnet sich somit gemäß $x = x_p + N(\lambda I - A)$, wobei $N(\lambda I - A)$ durch eine beliebige Linearkombination der r Eigenvektoren $u_{s+1}, u_{s+2}, \ldots u_{s+r}$ gegeben ist.

26.4 Spektraltheorie selbstadjungierter Operatoren

26.4.1 Die Umformulierung des Entwicklungssatzes für symmetrische kompakte Operatoren

In diesem Abschnitt geben wir eine Formulierung des Entwicklungssatzes für symmetrische kompakte Operatoren, die sich direkt auf selbstadjungierte Operatoren übertragen läßt. Dabei wollen wir für den Rest des Kapitels Hilberträume mit H statt mit E bezeichnen, um einer Verwechslung mit der zu definierenden Spektralschar E_λ vorzubeugen.

Zunächst beachten wir, daß wegen der Beschränktheit von A in H für die Intervallgrenzen m und M des Spektrums $\sigma(A) m \leq \lambda_j \leq M$ gilt. Wir wollen diese Ungleichung für alles Weitere in der Gestalt

$$m - 0 < \lambda_j \leq M \tag{26.4.1}$$

schreiben. Wir betrachten nun für $-\infty < \lambda < \infty$ die Operatorenschar

$$E_\lambda u := \sum_{\lambda_j \leq \lambda} (u|u_j)u_j, \quad u \in H, \tag{26.4.2}$$

wobei $\{u_j\}$ das in H vollständige System der Eigenvektoren von A in H bezeichnet. In (26.4.2) ist über jene Indizes j zu summieren, für die $\lambda_j \leq \lambda$ gilt. Man erkennt, daß für $\lambda < m$ E_λ den Nulloperator, für $\lambda \geq M$ den Einheitsoperator I darstellt. Diese Tatsache motiviert die

Def 26.35: Die Operatorenschar aus (26.4.1) heißt *Zerlegung der Einheit.*

Satz 26.30: *Die Operatoren E_λ in H sind linear und symmetrisch.*

Beweis: Sei $x, y \in H, \alpha, \beta \in \mathbb{C}$, so gilt

$$\begin{aligned} E_\lambda(\alpha x + \beta y) &= \sum_{\lambda_j \leq \lambda} (\alpha x + \beta y|u_j)u_j = \alpha \sum_{\lambda_j \leq \lambda} (x|u_j)u_j + \\ &+ \beta \sum_{\lambda_j \leq \lambda} (y|u_j)u_j = \alpha E_\lambda x + \beta E_\lambda y, \end{aligned}$$

$$\begin{aligned} (E_\lambda x|y) &= \left(\sum_{\lambda_j \leq \lambda} (x|u_j)u_j \,\middle|\, y \right) = \left(\sum_{\lambda_j \leq \lambda} (x|u_j)u_j \,\middle|\, \sum_j (y|u_j)u_j \right) = \\ &= \left(\sum_{\lambda_j \leq \lambda} (x|u_j)u_j \,\middle|\, \sum_{\lambda_j \leq \lambda} (y|u_j)u_j + \sum_{\lambda_j > \lambda} (y|u_j)u_j \right) = \\ &= \left(\sum_{\lambda_j \leq \lambda} (x|u_j)u_j \,\middle|\, \sum_{\lambda_j \leq \lambda} (y|u_j)u_j \right). \end{aligned}$$

Dabei haben wir im letzten Schritt die Tatsache berücksichtigt, daß die zu $\lambda_j > \lambda$ gehörigen Eigenelemente zu den zu $\lambda_j \leq \lambda$ gehörigen Eigenelementen orthogonal sind. Daher gilt weiter

$$(E_\lambda x|y) = \left(\sum_{\lambda_j \le \lambda}(x|u_j)u_j + \sum_{\lambda_j > \lambda}(x|u_j)u_j \middle| \sum_{\lambda_j \le \lambda}(y|u_j)u_j\right) =$$

$$= \left(\sum_j (x|u_j)u_j \middle| \sum_{\lambda_j \le \lambda}(y|u_j)u_j\right) = (x|E_\lambda y).$$

Satz 26.31:

$$E_\lambda E_\lambda x = E_\lambda x, \quad \forall x \in H. \tag{26.4.3}$$

Beweis: Zunächst folgt

$$E_\lambda E_\lambda x = E_\lambda(E_\lambda x) = \sum_{\lambda_j \le \lambda}(E_\lambda x|u_j)u_j = \sum_{\lambda_j \le \lambda}(x|E_\lambda u_j)u_j.$$

Weiters gilt wegen $\lambda_j < \lambda$

$$E_\lambda u_j = \sum_{\lambda_j \le \lambda}(u_j|u_i)u_i = \sum_{\lambda_j \le \lambda}\delta_{ji}u_i = u_j,$$

und somit

$$E_\lambda(E_\lambda x) = \sum_{\lambda_j \le \lambda}(x|u_j)u_j = E_\lambda x.$$

Wir betrachten nun die für jedes $x \in H$ definierte Funktion

$$\rho(\lambda) := (E_\lambda x|x), \quad x \in H. \tag{26.4.4}$$

Satz 26.32: $\rho(\lambda)$ *ist in* $-\infty < \lambda < \infty$ *monoton wachsend und rechtsstetig, d.h.*

$$\lim_{\substack{\lambda \to \mu \\ \lambda > \mu}} \rho(\lambda) = \rho(\mu), \quad -\infty < \mu < \infty. \tag{26.4.5}$$

Weiters gelten die Relationen

$$\rho(\lambda) = 0, \quad \lambda < m, \quad \text{(a)} \qquad \rho(\lambda) = (x|x), \quad \lambda \ge M. \quad \text{(b)} \tag{26.4.6}$$

Beweis:

$$\rho(\lambda) = (E_\lambda x|x) = \left(\sum_{\lambda_j \le \lambda}(x|u_j)u_j \middle| \sum_j (x|u_j)u_j\right) = \sum_{\lambda_j \le \lambda}|(x|u_j)|^2, \quad \forall x \in H. \tag{26.4.7}$$

Aus (26.4.7) erkennt man alle Aussagen des obigen Satzes. Verstärkt gilt sogar, daß $\rho(\lambda)$ eine Treppenfunktion mit höchstens abzählbar unendlich vielen Sprungstellen ist. Dabei sind die Sprungstellen durch die Eigenwerte λ_j gegeben, d.h. sie liegen genau an jenen Stellen, wo $\rho(\lambda)$ für mindestens ein Element $x \in H$ springt. Es ist nun naheliegend, die Darstellung der Treppenfunktion durch ein Stieltjes-Integral vorzunehmen. Man erhält so die angekündigte Neufassung des Entwicklungssatzes für symmetrische kompakte Operatoren:

Satz 26.33: *Für jedes $x \in H$ gilt die Darstellung*

$$(Ax|x) = \int_{m-0}^{M} \lambda d\rho(\lambda) = \int_{m-0}^{M} \lambda d(E_\lambda x|x), \tag{26.4.8}$$

was man auch in der Form

$$Ax = \int_{m-0}^{M} \lambda d E_\lambda x \tag{26.4.8'}$$

bzw.

$$A = \int_{m-0}^{M} \lambda d E \tag{26.4.8''}$$

schreiben kann.

Beweis:

$$\left(\sum_j \lambda_j (x|u_j)u_j \Big| \sum_k (x|u_k)u_k\right) = \sum_j \lambda_j (x|u_j)(x|u_j)^* = \sum_j \lambda_j |(x|u_j)|^2.$$

Weiters ist $\rho(\lambda)$ bezüglich λ monoton wachsend, d.h. es existiert das Stieltjes-Integral

$$\int_{m-0}^{M} \lambda d\rho(\lambda) = \int_{m-0}^{M} \lambda d(E_\lambda x|x), \quad x \in H.$$

Wir zerlegen nun das Intervall $[m, M]$ gemäß $\mu_0 < m < \mu_1 < \mu_2 < \cdots < \mu_n = M$, und stellen das Stieltjes Integral als Grenzwert einer Riemann-Stieltjes-Summe dar:

$$\begin{aligned}
\int_{m-0}^{M} \lambda d\rho(\lambda) &= \lim R_n = \lim_{n\to\infty} \sum_{k=1}^{n} \zeta_k (\rho(\mu_k) - \rho(\mu_{k-1})) \\
&= \lim_{n\to\infty} \sum_{k=1}^{n} \zeta_k \left(\sum_{\lambda_j \le \mu_k} |(x|u_j)|^2 - \sum_{\lambda_j \le \mu_{k-1}} |(x|u_j)|^2 \right) \\
&= \lim_{n\to\infty} \sum_{k=1}^{n} \zeta_k \left(\sum_{\mu_{k-1} < \lambda_j \le \mu_k} |(x|u_j)|^2 \right) \\
&= \lim_{n\to\infty} \sum_{k=1}^{n} \left(\sum_{\mu_{k-1} < \lambda_j \le \mu_k} \lambda_j |(x|u_j)|^2 \right) \\
&= \sum_j \lambda_j |(x|u_j|^2 = (Ax|x), \quad \text{w.z.b.w.}
\end{aligned}$$

Die Schreibweisen (26.4.8′) bzw. (26.4.8″) wurden hier bloß als Abkürzungen für (26.4.8) eingeführt. Sie lassen sich allerdings auch streng begründen, worauf wir aber nicht eingehen wollen. In der obigen Form kann der Entwicklungssatz auf selbstadjungierte Operatoren A in D_A übertragen werden. Vorher wollen wir jedoch die Rolle der Operatoren E_λ noch etwas genauer betrachten.

26.4.2 Projektionsoperatoren

Sei F ein abgeschlossener Teilraum von H. Dann gilt die

Def 26.36: Wir bezeichnen mit $F^\perp$ die Menge aller $x \in H$, die orthogonal zu F sind. $F^\perp$ heißt *orthogonales Komplement* von F.

Satz 26.34: *Jedes Element $x \in H$ läßt sich eindeutig in der Form*

$$x = y + z, \quad y \in F, z \in F^\perp \tag{26.4.9}$$

darstellen.

Man schreibt daher auch $H = F + F^\perp$, und spricht von einer *Orthogonalzerlegung* von H. Das Element $y \in F$ heißt die *Projektion* von u auf F.

Def 26.37: Ein Operator P in H, der jedem $x \in H$ seine Projektion $y \in F$ zuordnet, heißt *Projektionsoperator*.

Es gilt also $Px = y, x \in H, y \in F$.

Satz 26.35: *P ist in H linear, symmetrisch, beschränkt mit $||P|| = 1$, $P^2 = P$, und positiv.*

Beweis: Wir betrachten zwei beliebige Elemente $x_1,x_2 \in H$ und stellen sie in der Form $x_i = y_i + z_i$, $y_i \in F$, $z_i \in F^\perp$, $i = 1,2$ dar. Dann folgt $x_1 + x_2 = (y_1 + y_2) + (z_1 + z_2)$, und somit $P(x_1 + x_2) = y_1 + y_2 = Px_1 + Px_2$. Weiters gilt für $\beta \in \mathbb{C}$ $P\beta x_1 = \beta P x_1$, womit die Linearität nachgewiesen ist. Für den Nachweis der Symmetrie beachtet man

$$(Px_1|x_2) = (y_1|y_2 + z_2) = (y_1|y_2) + (y_1|z_2) = (y_1|y_2) = (y_1 + z_1|y_2) = (x_1|y_2) = (x_1|Px_2).$$

Ferner erhält man für $x = y + z$, $y \in F$, $z \in F^\perp ||u||^2 = (x|x) = (y+z|y+z) = ||y||^2 + ||z||^2$, und somit $||x|| \geq ||y|| = ||Px||$, woraus man zunächst $||P|| \leq 1$ folgert. Im Falle $x \in F$ existiert die Zerlegung $x = x + 0$, und somit $||x|| = ||Px||$, d.h. in der obigen Ungleichung $||P|| \leq 1$ gilt das Gleichheitszeichen.

Für den Nachweis der beiden letzten Aussagen beachtet man $P^2x = P(Px) = Py = Px$, sowie $(Px|x) = (PPx|x) = (Px|Px) = ||Px||^2 \geq 0$, womit alles bewiesen ist.

Es stellt sich nun die Frage, unter welchen Voraussetzungen ein vorgegebener Operator A in H ein Projektionsoperator ist. Die Antwort gibt der

Satz 26.36: *Sei A in H symmetrisch mit $A^2 = A$, so ist A ein Projektionsoperator mit $F = W_A = AH$.*

Der Beweis ist in [23] nachzulesen. Nach diesem Satz erkennt man die Operatoren E_λ als Projektionsoperatoren, wobei H auf den von den Eigenvektoren u_j mit $\lambda_j \leq \lambda$ aufgespannten Teilraum $F \subset H$ projiziert wird.

26.4.3 Der Spektralsatz für selbstadjungierte Operatoren

Satz 26.37: *Zu jedem selbstadjungierten Operator A in D_A gibt es eine Schar von Projektionsoperatoren E_λ in H (Spektralschar), $-\infty < \lambda < \infty$, mit folgenden Eigenschaften:*

$$
\begin{array}{lll}
1. & E_\lambda E_\mu = E_\mu E_\lambda = E_\beta, \text{ mit } \beta := \min(\lambda,\mu); & \text{(a)} \\
2. & E_{\lambda+\epsilon} \to E_\lambda, \text{ für } \epsilon \to 0_+; & \text{(b)} \\
3. & \lim_{\lambda\to-\infty} E_\lambda = 0, \quad \lim_{\lambda\to\infty} E_\lambda = I; & \text{(c)} \\
4. & A = \int_{-\infty}^{\infty} \lambda dE_\lambda. & \text{(d)}
\end{array}
\tag{26.4.10}
$$

Dies ist der *Spektralsatz für selbstadjungierte Operatoren*. Der Beweis ist in der Literatur nachzulesen. Die Aussagen (26.4.10a-c) über die Spektralschar sind uns für symmetrische kompakte Operatoren mit $m \leq \lambda \leq M$ schon aus dem vorigen Abschnitt geläufig ((26.4.10a) wurde bisher nur für $\lambda = \mu$ gezeigt). Während dort jedoch die Funktion $\rho(\lambda) = (E_\lambda x|x)$ stets eine Treppenfunktion war, muß dies für einen allgemeinen selbstadjungierten Operator nicht mehr gelten. $\rho(\lambda)$ kann nun auch teilweise oder streng monoton wachsend und stetig sein. Man beachte in diesem Zusammenhang Abb. V.4 aus Kap V: Für kompakte symmetrische Operatoren besitzt $\rho(\lambda)$ die Gestalt aus Abb. V.4a ($\rho(\lambda)$ Treppenfunktion / rein diskretes Sprektrum $\sigma(A)$), für einen allgemeinen selbstadjungierten Operator sind hingegen entweder Abb. V.4b ($\rho(\lambda)$ streng monoton steigend / rein kontinuierliches Spektrum $\rho(A)$), oder Abb. V.4c (gemischer Fall, $\sigma(A)$ enthält sowohl Eigenwerte, als auch kontinuierliche Anteile) maßgeblich. Die Aussage des Spektralsatzes ist eine Wendung der dortigen Verhältnisse ins Abstrakte.

Bisher haben wir die Monotonie von $\rho(\lambda)$ nur für symmetrische, kompakte Operatoren nachgewiesen (Satz 26.32). Für den allgemeinen Fall gilt der

Satz 26.38: $\rho(\lambda) = (E_\lambda x|x)$ *ist in* $-\infty < \lambda < \infty$ *monoton wachsend und rechtsstetig, mit*

$$
\lim_{\lambda\to-\infty} \rho(\lambda) = 0, \quad \text{(a)} \qquad \lim_{\lambda\to+\infty} \rho(\lambda) = ||x||^2. \quad \text{(b)} \tag{26.4.11}
$$

Beweis: Unter Verwendung von (26.4.10a) gilt für $\mu \leq \lambda$

$$
\begin{aligned}
\rho(\mu) &= (E_\mu x|x) = (E_\mu E_\mu x|x) = (E_\mu x|E_\mu x) = ||E_\mu x||^2 \\
&= ||E_\mu E_\lambda x||^2 \leq ||E_\mu||^2 ||E_\lambda x||^2 = ||E_\lambda x||^2 = (E_\lambda x|E_\lambda x) \\
&= (E_\lambda E_\lambda x|x) = (E_\lambda x|x) = \rho(\lambda),
\end{aligned}
$$

womit die Monotonie von $\rho(\lambda)$ auch für selbstadjungierte Operatoren nachgewiesen ist. Die Eigenschaften (26.4.11) folgen aus den entsprechenden Eigenschaften der Spektralschar. Abschließend beachten wir den

Satz 26.39: *Sei* $A \in \mathcal{L}(H)$ *symmetrisch mit* $\sigma(A) \in [m,M]$, $f(\lambda) : [m,M] \to \mathbb{K}$ *eine stetige Funktion. Dann wird durch*

$$
f(A) := \int_{m-0}^{M} f(\lambda) dE_\lambda \tag{26.4.12}
$$

ein Operator $f(A) \in \mathcal{L}(H)$ *definiert. Für* $\mathbb{K} = \mathbb{R}$ *ist* $f(A)$ *wieder symmetrisch. Gilt zusätzlich* $f(\lambda) \geq 0$, $\forall\lambda \in [m,M]$, *so ist* $f(A)$ *positiv.*

Durch (26.4.12) wird also eine Operatorfunktion für symmetrische Elemente aus $\mathcal{L}(H)$ definiert. Zum Beweis wird das Integral durch eine Riemann-Stieltjes-Summe und $f(\lambda)$ durch ein Polynom nach dem Weierstraßschen Approximationssatz ersetzt. Der anschließende Grenzübergang liefert dann (26.4.12).

26.5 Spektraltheorie unitärer Operatoren

Wir vergleichen das Spektrum eines beschränkten symmetrischen Operators A in H und eines unitären Operators U in H: $\sigma(A)$ liegt im reellen Intervall $[m,M]$, während $\sigma(U)$ auf der Peripherie des Einheitskreises liegt.

Nun läßt sich bekanntlich jede komplexe Zahl $u \in \mathbb{C}$ mit $|u| = 1$ in der Form

$$u = \mathrm{e}^{ia}, \quad a \in [-\pi,\pi] \tag{26.5.1}$$

darstellen. Da die Spektren $\sigma(A)$ und $\sigma(U)$ diesem Zusammenhang genügen, ist man versucht, auf einen entsprechenden Zusammenhang zwischen den Abbildungen A und U zu schließen. Die kühne Vermutung wird bestätigt durch den

Satz 26.40: *Zu einem unitären Operator U gibt es einen symmetrischen, beschränkten Operator A mit*

$$\sigma(A) \in [-\pi,\pi], \quad \text{(a)} \quad \textit{und} \quad U = \mathrm{e}^{iA}. \quad \text{(b)} \tag{26.5.2}$$

In $\mathcal{L}(H)$ spielen also die symmetrischen, beschränkten Operatoren tatsächlich die Rolle der reellen Zahlen in $\mathbb{C}$, während die unitären Operatoren jene der komplexen Zahlen mit Betrag 1 übernehmen. Es ist nun nahelegend, den *Spektralsatz für unitäre Operatoren* aus jenem für beschränkte symmetrische Operatoren herzuleiten:

Satz 26.41: *Zu jedem unitären Operator U in H gibt es eine Schar von Projektionsoperatoren E_λ in H, $-\pi \le \lambda < \pi$, mit folgenden Eigenschaften:*

1. $E_\lambda E_\mu = E_\mu E_\lambda = E_\beta$, *mit* $\beta := \min(\lambda,\mu)$; (a)
2. $E_{\lambda+\epsilon} \to E_\lambda$, *für* $\epsilon \to 0_+$; (b)
3. $E_\lambda = 0$, *für* $\lambda < -\pi$, $\quad E_\lambda = I$, *für* $\lambda \ge \pi$; (c) (26.5.3)
4. $U = \int_{-\pi}^{\pi} \mathrm{e}^{i\lambda} dE_\lambda = \int_{-\pi}^{\pi} \cos\lambda dE_\lambda + i \int_{-\pi}^{\pi} \sin\lambda dE_\lambda.$ (d)

Beweis: Nach Satz 26.40 gilt $U = \mathrm{e}^{iA} = \cos A + i \sin A$, wobei A symmetrisch und beschränkt mit $\sigma(A) \in [-\pi,\pi]$ ist. Aus Satz 26.37 folgen dann mit der Spektralschar E_λ von A sofort die obigen Aussagen.

26.6 Anwendungen: Lineare Gleichungssysteme und Integralgleichungen

Das Studium linearer Gleichungssysteme und linearer Integralgleichungen hat wesentliche Impulse zur Entwicklung der Funktionalanalysis geliefert (siehe Einleitung). In diesem Abschnitt wollen wir die neu entwickelten Begriffsbildungen und Methoden zur Lösung derartiger Gleichungen verwenden.

26.6.1 Die Lösung linearer Gleichungssysteme

Wir betrachten ein lineares Gleichungssystem mit n Unbekannten

$$x_i - \sum_{j=1}^{n} a_{ij} x_j = y_j, \quad i = 1, \ldots n, \tag{26.6.1}$$

mit x_i, y_i, $a_{ij} \in \mathbb{K}$. Schreibt man (26.6.1) in der Form

$$(I - A)x = y, \tag{26.6.1'}$$

mit $x, y \in \mathbb{K}^n$, $x := (x^1, \ldots x^n)$, $y := (y^1, \ldots y^n)$, und dem durch die Matrix definierten Operator $A : \mathbb{K}^n \to \mathbb{K}^n$, so liegt die Behandlung durch die in Abschnitt 26.1.4 besprochene Methode der Neumannschen Reihe nahe. Dazu muß zunächst eine geeignete Norm eingeführt werden, so daß $\mathbb{K}^n$ ein Banachraum wird. Weiters muß die durch diese Normierung induzierte Norm von A der Bedingung (26.1.26): $\lim_{m\to\infty} ||A^m||^{1/m} < 1$ genügen. Wir betrachten dafür die drei Fälle

$$\begin{aligned} ||x|| &= \sum_{i=1}^{n} |x_i|, && \ldots l^1\text{-Norm}, \quad (a) \\ ||x|| &= \sqrt{\sum_{i=1}^{n} |x_i|^2}, && \ldots l^2\text{-Norm}, \quad (b) \\ ||x|| &= \max_{i=1,\ldots n} |x_i|, && \ldots l^\infty\text{-Norm}. \quad (c) \end{aligned} \tag{26.6.2}$$

Dann gilt in allen drei Fällen $A \in \mathcal{L}(\mathbb{K}^n)$. Die durch (26.6.2) induzierten Operatornormen lauten

$$\begin{aligned} ||A|| &= \sum_{i=1}^{n} \max_{j=1,\ldots m} |a_{ij}|, && (a) \\ ||A|| &= \sqrt{\sum_{i=1}^{n}\sum_{j=1}^{n} |a_{ij}|^2}, && (b) \\ ||A|| &= \max_{i=1,\ldots n} \sum_{j=1}^{n} |a_{ij}|. && (c) \end{aligned} \tag{26.6.3}$$

Falls für eine der drei Normierungen die Bedingung (26.1.2) erfüllt ist, so besitzt (26.6.2') gemäß Satz 26. 6 die eindeutig bestimmte Lösung

$$x = \sum_{i=0}^{\infty} A^i y. \tag{26.6.4}$$

Die Überprüfung der Bedingung (26.1.26) kann für konkrete Problemstellungen sehr mühsam sein. Dagegen ist die wesentlich einschränkendere Bedingung (26.1.28): $||A|| < 1$ sofort überprüfbar.

Die Bildung der Matrizenprodukte in (26.6.4) ist natürlich sehr aufwendig. Daher kommt dieser Lösungsformel nur in jenen Fällen praktische Bedeutung zu, wo die Reihe (26.6.4) extrem rasch konvergiert, und die Kenntnis einer Näherungslösung ausreichend ist. In allen anderen Fällen wird man auf die numerischen Standardverfahren zur Lösung eines linearen Gleichungssystems zurückgreifen.

26.6.2 Die Lösung Fredholmscher Integralgleichungen

Def 26.38 Sei B ein beschränktes Normalgebiet des $\mathbb{R}^n$, $K(x,y) \in L^2(B) \times L^2(B)$, $g \in L^2(B)$, $\mu, \nu \in \mathbb{K}$, $\nu \neq 0$. Dann heißt die Integralgleichung

$$\mu f(x) - \nu \int_B K(x,y) f(y) dy = g(x) \tag{26.6.5}$$

für $\mu = 0$ *Fredholmsche Integralgleichung erster Art*, und für $\mu \neq 0$ *Fredholmsche Integralgleichung zweiter Art.*

In diesem Abschnitt beschäftigen wir uns mit der Fredholmschen Integralgleichung zweiter Art, die wir in der Gestalt

$$f(x) - \int_B K(x,y) f(y) dy = g(x) \tag{26.6.6}$$

schreiben wollen. Unter gewissen Voraussetzungen kann sie wieder mit Hilfe der Neumannschen Reihe gelöst werden. In Operatorform lautet (26.6.6)

$$(I - A) f = g, \tag{26.6.6'}$$

mit dem Integraloperator

$$A := \int_B K(x,y) \cdot dy. \tag{26.6.7}$$

Nach den Ausführungen von Abschnitt 26.2.1 ist A kompakt und besitzt die Norm

$$||A|| = \int_B \int_B |K(x,y)|^2 dx dy. \tag{26.6.8}$$

Im Fall $||A|| < 1$ ist Satz 26.6 also bequem anwendbar, und man erhält

$$f = \sum_{n=0}^{\infty} A^n g, \tag{26.6.9}$$

bzw. in ausführlicher Schreibweise

$$
\begin{aligned}
f(x) = g(x) \quad &+ \int\limits_B K(x,x_1)g(x_1)dx_1 + \\
&+ \int\limits_B \int\limits_B K(x,x_1)K(x_1,x_2)g(x_2)dx_1dx_2 + \\
&+ \int\limits_B \int\limits_B \int\limits_B K(x,x_1)K(x_1,x_2)K(x_2,x_3)g(x_3)dx_1dx_2dx_3 + \\
&\dots
\end{aligned}
\tag{26.6.9'}
$$

Hinsichtlich des Aufwandes gilt auch hier das bereits in früher Gesagte: Die Lösungsformel (26.6.9') hat nur in jenen Fällen praktische Bedeutung, wo die Reihe sehr rasch konvergiert und die Kenntnis einer Näherungslösung ausreichend ist. In speziellen Fällen können die Integrationen auch analytisch durchgeführt werden, womit (26.6.9') natürlich auch in seiner vollen Gestalt praktisch interessant ist. In den meisten Fällen wird man die Integralgleichung (26.6.6) (durch Diskretisierung oder Projektion auf eine Hilbertraumbasis) näherungsweise in ein lineares Gleichungssystem überführen, das dann mit Hilfe numerischer Methoden gelöst werden kann.

Eine Ausnahme bildet der Fall $B = \mathbb{R}^n$, $K(x,y) = K(x-y)$, wo die Integralgleichung (26.6.6') bei geeigneten Voraussetzungen über die Funktionen f, g auf analytischem Weg mit Hilfe von Faltungsoperationen gelöst werden kann (siehe dazu Kapitel 28).

Ähnlich wie bei den linearen Gleichungssystemen läßt sich auch die Integralgleichung (26.6.6) unter Umständen auf variable Art behandeln. Falls $f,g \in C(B)$, $K(x,y) \in C(B)\times C(B)$ gilt, so repräsentiert (26.6.6') eine Operatorgleichung mit der linearen Abbildung $A : C(B) \to C(B)$. Normiert man $C(B)$ mit der Maximumsnorm

$$||f|| = \max_{x\in B} |f(x)|, \tag{26.6.10}$$

so wird $C(B)$ zu einem Banachraum (siehe Beispiel 26.16), und es gilt $A \in \mathcal{L}(C(B))$ mit

$$||A|| = \max_{x\in B} \int |K(x,y)|dy. \tag{26.6.11}$$

Die Bedingung $||A|| < 1$ ist also für

$$\max_{x\in B} \int |K(x,y)|dy < 1 \tag{26.6.12}$$

und noch spezieller für

$$V \max_{x,y\in B} |K(x,y)| < 1 \tag{26.6.13}$$

erfüllt, wobei V das Volumen von B angibt. In diesen Fällen gilt ebenfalls die Lösungsformel (26.6.9) bzw. (26.6.9'), wobei nun allerdings die Konvergenz der Reihe im Sinne der andersartigen Normierung zu deuten ist.

Natürlich kann man auch die allgemeinere Bedingung $\lim\limits_{m\to\infty} ||A^m||^{1/m} < 1$ vorgeben, deren Diskussion bei praktischen Problemstellungen allerdings wieder ziemlich schwierig sein kann.

26.6.3 Die Lösung Volterrascher Integralgleichungen

Def 26.39: Sei $J := [a,b]$ ein Intervall der reellen Achse, $g \in C(J)$ und $K(x,y)$ auf dem Dreieck $a \leq y \leq x \leq b$ stetig, $\mu, \nu \in \mathbb{K}$, $\nu \neq 0$. Dann heißt die Integralgleichung

$$\mu f(x) - \nu \int_a^x K(x,y) f(y) dy = g(x) \tag{26.6.14}$$

für $\mu = 0$ (eindimensionale) *Volterrasche Integralgleichung erster Art*, und für $\mu \neq 0$ (eindimensionale) *Volterrasche Integralgleichung zweiter Art*.

Diese Gleichungen unterscheiden sich also von Fredholmschen Gleichungen durch die variable obere Grenze, womit die Funktionswerte des Kernes $K(x,y)$ nur im Dreiecksgebiet $a \leq y \leq x \leq b$ von Bedeutung sind. Analog zu (26.6.14) lassen sich natürlich auch Volterrasche Integralgleichungen mehrerer Veränderlicher definieren.

Wir untersuchen hier wieder Volterrasche Integralgleichungen zweiter Art, die wir in der Gestalt

$$f(x) - \int_a^x K(x,y) f(y) dy = g(x) \tag{26.6.15}$$

bzw. als

$$(I - A) f = g, \tag{26.6.15'}$$

mit dem Integraloperator

$$A := \int_a^x K(x,y) \cdot dy \tag{26.6.16}$$

schreiben. Dabei gilt $A \in \mathcal{L}(C(J))$. Mit der Maximumsnorm (26.6.10) wird $C(J)$ wieder zu einem Banachraum. Nun gilt

$$|Af| = \left| \int_a^x K(x,y) f(y) dy \right| \leq \mu (x-a) \| f \|, \tag{26.6.17}$$

mit

$$\mu := \max_{a \leq y \leq x \leq b} |K(x,y)|, \tag{26.6.18}$$

und für die Operatoren

$$\begin{aligned} |A^2 f| &= \left| \int_a^x K(x,x_1) \int_a^{x_1} K(x_1,x_2) f(x_2) dx_2 \right| \leq \\ &\leq \int_a^x \mu^2 \| f \| (x_1 - a) dx_1 = \mu^2 \frac{(x-a)^2}{2} \| f \|, \end{aligned} \tag{26.6.19}$$

$$\dots$$

$$|A^n f| \leq \mu^n \frac{(x-a)^n}{n!} \| f \|. \tag{26.6.20}$$

Daraus folgt

$$||A^n f|| = \max_{a \le x \le b} |A^n f| \le \mu^n \frac{(b-a)^n}{n!} ||f||, \tag{26.6.21}$$

und somit

$$||A^n|| \le \mu^n \frac{(b-a)^n}{n!}. \tag{26.6.22}$$

Wegen $\lim\limits_{n\to\infty} \sqrt[n]{n!} = \infty$ erhält man

$$\lim_{n\to\infty} ||A^n||^{\frac{1}{n}} = 0, \tag{26.6.23}$$

womit nach Satz 26.6 die Gleichung (26.6.15') die eindeutige Lösung

$$f = \sum_{n=0}^{\infty} A^n g, \tag{26.6.24}$$

bzw in ausführlicher Schreibweise

$$\begin{aligned} f(x) = g(x) \quad &+ \int_a^x K(x,x_1) g(x_1) dx_1 + \\ &+ \int_a^x \int_a^x K(x,x_1) K(x_1,x_2) g(x_2) dx_1 dx_2 + \\ &+ \int_a^x \int_a^x \int_a^x K(x,x_1) K(x_1,x_2) K(x_2,x_3) g(x_3) dx_1 dx_2 dx_3 + \\ &\dots \end{aligned} \tag{26.6.24'}$$

besitzt. Bemerkenswert ist, daß die Bedingung (26.1.26) wegen (26.6.24) immer erfüllt ist, d.h.

> *die Volterrasche Integralgleichung zweiter Art ist für jede beliebige stetige Inhomogenität g, und jede beliebige, im Bereich $a \le y \le x \le b$ stetige Kernfunktion $K(x, y)$ stets eindeutig lösbar.*

Dies ist ein fundamentaler Unterschied zu der Fredholmschen Integralgleichung zweiter Art, die durchaus nicht immer lösbar sein muß. Physikalisch bedeutsam ist die Volterrasche Integralgleichung unter anderem in der Quantenfeldtheorie (siehe dazu die Dyson-Reihe Kapitel 19.2).

27 Partielle Differentialgleichungen

Die Grundgleichungen der theoretischen Physik sind partielle Differentialgleichungen zweiter Ordnung. Die Darstellung der zu ihrer Integration entwickelten Begriffsbildungen und Methoden ist Gegenstand des vorliegenden Kapitels.

Die Beschäftigung mit partiellen Differentialgleichungen zweiter Ordnung datiert bis in den Anfang des 18. Jahrhunderts zurück, wo man sich mit der Mechanik deformierbarer Körper (Kontinuumsmechanik), Elastizitätstheorie und Hydrodynamik auseinandersetzte. In den folgenden zweihundert Jahren zeitigte die Entwicklung verschiedener Lösungsansätze weitere interessante mathematische Disziplinen, wie die Theorie der Fourierreihen und Fourierintegrale, die Sturm-Liouville-Theorie für gewöhnliche Differentialgleichungen (siehe dazu Kap. III), die Theorie des Newtonschen Potentials und die Integralgleichungstheorie. Im ersten Drittel unseres Jahrhunderts mündeten diese Einzeltheorien in die abstrakte Hilbertraumtheorie (siehe Kap. IV). Einige Jahre später schuf *L. Schwartz* mit seiner Distributionstheorie eine neue Basis für die Behandlung von Differentialgleichungen (vgl. dazu Kapitel 28), auf der *Hörmander, Malgrange* und *Ehrenpreis* aufbauen konnten.

Für den Physiker sind vor allem die Randwertaufgaben bzw. Anfangs-Randwertaufgaben interessant. Dabei handelt es sich um Problemstellungen, wo die gesuchte Funktion eine partielle Differentialgleichung zweiter Ordnung erfüllt, und zusätzlich noch bestimmten Randbedingungen (bei Randwertaufgaben) bzw. Randbedingungen + Anfangsbedingungen (bei Anfangs-Randwertaufgaben) genügt.

Eine wichtige Methode zur Lösung derartiger Probleme geht auf *J.B. Fourier* zurück. In seiner 1822 veröffentlichten *Théorie analytique de la chaleur* löst er die Wärmeleitungsgleichung mit Hilfe der von ihm zu diesem Zweck entwickelten Fourierreihen und Fourierintegrale. Die Verallgemeinerung dieser Methode gelang wenige Jahre darauf *C. Sturm* und *J. Liouville* (siehe Kapitel 25).

Eine weitere elegante Methode zur Lösung von Randwert- bzw. Anfangs-Randwertproblemen ist die von *G. Green* (1793–1841) entwickelte *Methode der Greenschen Funktion*. Eine Reihen- bzw. Integraldarstellung der Greenschen Funktion zeigt die formale Äquivalenz der Fourierschen und der Greenschen Vorgangsweise. Allerdings treten im Zusammenhang mit der Greenschen Methode Größen auf, die den Rahmen der klassischen Analysis sprengen. Eine begrifflich saubere Analyse ist erst im Rahmen der Distributionstheorie möglich (Kapitel 28).

Neben diesen analytischen Methoden mit ziemlich beschränktem Anwendungsbereich existiert eine Vielzahl numerischer Verfahren zur Lösungskonstruktion. Dabei wird das vorgegebene kontinuierliche Problem auf ein lineares (fallweise auch nichtlineares) Gleichungssystem übergeführt, das anschließend numerisch gelöst wird.

Die folgende Darstellung unterscheidet sich stark von jener der gängigen Lehrbuchliteratur. Während dort den speziellen Funktionen und speziellen Problemen (Laplacegleichung und Wellengleichung für Zylinder, Kugel, etc.) ein breiter Raum gewidmet ist, liegt im vorliegenden Kapitel das Schwergewicht auf einer übersichtlichen Darstellung der Lösungsstrukturen bei Vorgabe allgemeiner Differentialoperatoren und allgemeiner Geometrien. Dagegen bleibt die konkrete Gestalt der verwendeten Funktionen im Hintergrund. (Die Konstruktion dieser Funktionen gelingt (wenn überhaupt) mit Hilfe der in Kapitel 25 gezeigten Methoden.) Bei der praktischen

Bedeutung der Thematik muß es seltsam anmuten, daß die oben angesprochenen Lösungsformeln in den meisten Standardwerken nur in ihrer speziellen Einkleidung aufscheinen.

27.1 Grundlagen

Def 27.1: Unter einer partiellen Differentialgleichung (PD) n-ter Ordnung im $\mathbb{R}^m$ versteht man eine Gleichung der Gestalt

$$F(u, u_{,j_1}, u_{,j_1 j_2}, \dots u_{,j_1 \dots j_n}) = 0, \tag{27.1.1}$$

für die Lösungsfunktion $u(x) := u(x^1, \dots, x^m)$.

Dabei bezeichnet F einen beliebigen funktionalen Zusammenhang zwischen der Funktion u und ihren Ableitungen. Wir wollen unter u nicht nur eine skalare Funktion verstehen, sondern auch Vektoren, Tensoren oder Spinoren zulassen, wobei (27.1.1) dann als System partieller Differentialgleichungen für die einzelnen Komponenten zu verstehen ist.

Die Grundgleichungen der Physik sind partielle Differentialgleichungen zweiter Ordnung, und mit Ausnahme der Einsteinschen Gravitationsgleichungen bei Vernachlässigung von Wechselwirkungen linear. In diesem Fall lassen sie sich auf die Gestalt

$$(A + L)\phi(x) = f(x), \tag{27.1.2}$$

mit $(x) := (ct, x^1, x^2, x^3)$ und einer skalaren Lösungsfunktion $\phi(x)$ bringen. Dabei bezeichnet A einen ausschließlich partielle Zeitableitungen aufweisenden Differentialausdruck

$$A = a\frac{\partial}{\partial t} + b\frac{\partial^2}{\partial t^2}, \quad a,b \in C, \tag{27.1.3}$$

und

$$L = (g^{ij}\nabla_i)_{;j} + q \tag{27.1.4}$$

einen kovarianten Differentialausdruck des $\mathbb{R}^3$. Im Fall $b = q = f = 0$ stellt (27.1.2) die Wärmeleitungsgleichung, Diffusionsgleichung und Schrödingergleichung dar. Im Falle $a = f = 0$ besitzt (27.1.2) die Gestalt der Klein-Gordon-Gleichung, woraus für $q = 0$ die klassische Wellengleichung folgt.

Eine PD besitzt im allgemeinen eine unendlich große Lösungsvielfalt. Für ein konkretes physikalisches Problem, das durch eine PD beschrieben wird, existieren jedoch Zusatzbedingungen, deren Erfüllung unter gewissen Voraussetzungen die Existenz und Eindeutigkeit der Lösung garantiert. Es sind dies sogenannte *Randbedingungen* und *Anfangsbedingungen*. Die Notwendigkeit dieser Zusatzbedingungen ist unmittelbar einsichtig, da in vielen Fällen die Inhomogenität f und somit die Lösung ϕ von (27.1.2) nicht im gesamten Raumgebiet $\mathbb{R}^4$, sondern nur in einem Teilgebiet des $\mathbb{R}^4$ definiert ist. Dieses Teilgebiet setzt sich aus einer (beschränkten oder unbeschränkten) Teilmenge B des dreidimensionalen Euklidischen Raumes $\mathbb{R}^3$, und einem einseitig unbeschränkten Intervall $[t_0, \infty[$ der Zeitachse zusammen. Man benötigt sowohl Aussagen über das Verhalten der Lösungsfunktion ϕ am Rand des räumlichen Bereiches B (Randbedingung), als auch über das Verhalten von ϕ zum „Startzeitpunkt" t_0 (Anfangsbedingung). Das Gesamtproblem: Differentialgleichung (27.1.2) + Randbedingung + Anfangsbedingung(en) bezeichnet man als *Anfangs-Randwertproblem* (ARWP). Wie diese Zusatzbedingungen beschaffen sein müssen, um im Zusammenhang mit den Differenzierbarkeitseigenschaften von ϕ die Existenz und Eindeutigkeit des ARWP's zu garantieren, werden wir in den nächsten Abschnitten besprechen.

Bei der Betrachtung stationärer Vorgänge erhält man aus einem ARWP mit $\partial/\partial t = 0$ ein *Randwertproblem* (RWP). Die Differentialgleichung (27.1.2) lautet in diesem Fall

$$L\phi(x) = f(x), \quad x \in B, \tag{27.1.5}$$

mit $x := (x^1, x^2, x^3)$. Wegen der fehlenden Zeitabhängigkeit existieren keine Anfangsbedingungen, und das RWP stellt sich in der Form: Differentialgleichung (27.1.5) + Randbedingung dar.

In engem Zusammenhang mit der Lösung von ARWPen und RWPen steht die Eigenwertgleichung

$$Lu(x) = lu(x), \quad x \in B. \tag{27.1.6}$$

Fordert man von u die Erfüllung homogener Randbedingungen (Verschwinden von u oder der Normalableitung von u am Gebietsrand), erhält man ein sogenanntes *Eigenwertproblem* (EWP). Es gilt also: Eigenwertproblem = Differentialgleichung (27.1.6) + homogene Randbedingung. Es zeigt sich, daß die Lösungen von ARWPen und RWPen aus den Lösungen des zugeordneten EWPs aufgebaut werden können.

27.2 Randwertprobleme

Da RWPe gegenüber ARWPen einfacher aufgebaut sind, wollen wir sie an erster Stelle behandeln. Dabei betrachten wir verallgemeinernd zu (27.1.4) den Differentialausdruck

$$L = (p^{ij}\nabla_i)_{;j} + q, \tag{27.2.1}$$

wobei p^{ij} einen symmetrischen Tensor des $\mathbb{R}^n$ darstellt. Für die weiteren Ausführungen nehmen wir zunächst einen formalen Standpunkt ein: In den Abschnitten 27.2.1–27.2.4 stellen wir den konstruktiven Aspekt der Lösungskonstruktion in den Vordergrund, während die nicht ganz einfachen qualitativen Lösungsverhältnisse in Abschnitt 26.2.5 unter Verwendung der Theorie symmetrischer kompakter bzw. selbstadjungierter Operatoren besprochen werden.

Zunächst benötigen wir einige neue Begriffsbildungen:

Def 27.2: Eine offene, einfach zusammenhängende Teilmenge des $\mathbb{R}^n$ heißt *Normalgebiet* B, wenn B die Anwendung des Gaußschen Integralsatzes gestattet.

B kann also beschränkt oder unbeschränkt sein. Die Berandung von B bezeichnen wir mit S, das abgeschlossene Gebiet $B + S$ mit $\bar{B}$. Für den Normalvektor von S schreiben wir $\boldsymbol{n}$ mit den Komponenten n_j.

Def 27.3: Sei $p^{ij}(x)$, $x \in B$ ein fest vorgegebenes, symmetrisches Tensorfeld. Dann definieren wir für $u \in C^1(B)$ die „Randoperatoren" R_1 und R_2 durch

$$R_1 u = u\Big|_S, \quad R_2 u = (p^{ij} n_i u_{,j})\Big|_S.$$

Def 27.4: Sei B ein Normalgebiet, f eine auf B und h eine auf S definierte, eindeutige Funktion. Dann bezeichnen wir das Problem

$$L\phi = f, \quad x \in B, \quad (a) \qquad R_i\phi = h, \quad (b) \tag{27.2.2}$$

für $i = 1$ als *Randwertproblem erster Art*, und für $i = 2$ als *Randwertproblem zweiter Art*.

Für $L = \Delta (p^{ij} = g^{ij})$ spricht man auch vom *Dirichletschen* bzw. *Neumannschen Randwertproblem.* Natürlich hängen die Lösungsverhältnisse von RWPen empfindlich von den „Glattheitseigenschaften" der Funktionen f, h und der Fläche S ab. Weiter ist zu beachten, daß im Falle eines unbeschränkten Gebietes B die Funktionen f und h im Unendlichen geeignet verschwinden müssen, was schon aus physikalischen Überlegungen plausibel ist. Für genauere Aussagen sei auf Abschnitt 27.2.5 verwiesen. Im Fall $B = \mathbb{R}^n$ bezeichnen wir die RWPe (27.2.2) als *freie Randwertprobleme* oder *Freiraumprobleme erster* bzw. *zweiter Art.*

27.2.1 Die verallgemeinerten Greenschen Formeln

Aus dem Kapitel Vektorrechnung sind uns die für den Laplaceschen Differentialausdruck gültigen Greenschen Formeln geläufig. Wir wollen diese Beziehungen nun für beliebige kovariante Differentialausdrücke verallgemeinern. Mit Hilfe dieser Beziehungen gestaltet sich dann die Lösung der Randwertprobleme (27.2.2) höchst einfach.

Wir gehen wieder vom Gaußschen Integralsatz aus, den wir nun tensoriell formulieren:

$$\int_B f^j{}_{;j} dV = \int_S f^j n_j dS. \tag{27.2.3}$$

In Erwartung des gewünschten Ergebnisses setzen wir für das Vektorfeld

$$f^j = up^{ij} v_{,i}, \tag{27.2.4}$$

mit zwei beliebigen Funktionen u und v geeigneter Differenzierbarkeits- und Integrierbarkeitseigenschaften. Berücksichtigt man die aus der Produktregel folgende Beziehung

$$f^j{}_{;j} = u_{,j} p^{ij} v_{,i} + u(p^{ij} v_{,i})_{;j}, \tag{27.2.5}$$

so erhält man aus (27.2.3)

$$\int_B \Big(u_{,j} p^{ij} v_{,i} + u(p^{ij} v_{,i})_{;j}\Big) dV = \int_S up^{ij} v_{,i} n_j dS, \tag{27.2.6}$$

und bei Verwendung von L, R_1 und R_2

$$\int_B (u_{,j} p^{ij} v_{,i} + uLv) dV = \int_S (R_1 u)(R_2 v) dS. \tag{27.2.6'}$$

(27.2.6) ist die *verallgemeinerte erste Greensche Integralformel* für einen kovarianten Differentialausdruck der Gestalt (27.2.1). Vertauschung der Funktionen u und v in (27.2.6) liefert

$$\int_B \Big(v_{,j} p^{ij} u_{,i} + v(p^{ij} u_{,i})_{;j}\Big) dV = \int_S vp^{ij} u_{,i} n_j dS, \tag{27.2.7}$$

Subtrahiert man (27.2.7) von (27.2.6), so erhält man die *verallgemeinerte zweite Greensche Integralformel:*

$$\int_B \Big(u(p^{ij} v_{,i})_{;j} - v(p^{ij} u_{,i})_{;j}\Big) dV = \int_S p^{ij} n_j (uv_{,i} - vu_{,i}) dS, \tag{27.2.8}$$

bzw.

$$\int_B (uLv - vLu) dV = \int_S \Big((R_1 u)(R_2 v) - (R_2 u)(R_1 v)\Big) dS. \tag{27.2.8'}$$

27.2.2 Die Lösungskonstruktion mit Hilfe der Greenschen Funktionen

(27.2.8') stellt die Grundlage für die Lösung der Randwertprobleme (27.2.2) dar. Sei beispielsweise u die gesuchte Lösungsfunktion ϕ eines der Probleme (27.2.2). Dann nimmt (27.2.8') die Form

$$\int_B (\phi L v - v f) dV = \int_S \Big((R_1\phi)(R_2 v) - (R_2\phi)(R_1 v)\Big) dS \tag{27.2.9}$$

an. Die gesuchte Lösungsfunktion ϕ erscheint also ebenso wie ihre partiellen Ableitungen hinter dem Bereichs- bzw. Flächenintegral. Um eine Darstellung für ϕ zu erhalten, muß ϕ vor das Bereichsintegral gebracht werden. Da wir über die Funktion v bisher noch nicht verfügt haben, versuchen wir, dieses „Herausfiltern" von ϕ aus dem Bereichsintegral durch eine geeignete Spezialisierung von v zu erreichen. Dazu setzen wir v als eine von den beiden Variablen $x,\, x' \in B$ abhängige Funktion $G(x,x')$, mit

$$LG(x,x') = \delta(x,x'), \quad x,x' \in B \tag{27.2.10}$$

an. Die Dirac-Funktion filtert nun im Bereichsintegral von (27.2.9) die Funktion ϕ heraus, und man erhält

$$\phi(x') = \int_B G(x,x') f(x) dV + \int_S \Big((R_1\phi)(R_2 G) - (R_2\phi)(R_1 G)\Big) dS. \tag{27.2.11}$$

Dabei haben die Integrationen und die durch R_2 bedingte Differentiation bezüglich der Variablen x durchgeführt zu werden, während x' die Rolle eines Parameters spielt. Aus der Beziehung (27.2.12) kann die Lösung der RWPe (27.2.2) unmittelbar abgelesen werden:

Für das RWP erster Art gilt $R_1\phi = h$. Damit (27.2.11) eine explizite Lösungsformel für ϕ darstellt, muß im Flächenintegral der Integrand $(R_2\phi)(R_1 G)$ zum Verschwinden gebracht werden, da der Term $R_2\phi$ nicht bekannt ist. Dies kann nur durch die Festlegung $R_1 G = 0$ geschehen. Die Funktion $G(x,x')$ muß also dem *Randwertproblem erster Art mit homogener Randbedingung*

$$LG(x,x') = \delta(x,x'), \quad x \in B \quad (a) \qquad R_1 G = 0 \quad (b) \tag{27.2.12}$$

genügen. Man bezeichnet die durch (27.2.12) definierte Funktion $G(x,x')$ als die *zum Randwertproblem erster Art gehörige Greensche Funktion* oder auch als *Greensche Funktion erster Art*. Mit dieser Greenschen Funktion folgt aus (27.2.11) als Lösung des Ausgangsproblems (27.2.2) für $i = 1$:

$$\phi(x') = \int_B G(x,x') f(x) dV + \int_S h R_2 G dS. \tag{27.2.13}$$

Zur Lösung des Randwertproblems zweiter Art kann man völlig analog vorgehen. Definitionsgemäß gilt $R_2\phi = h$. Damit (27.2.11) eine explizite Lösungsformel für ϕ darstellt, muß im Flächenintegral der Integrand $(R_1\phi)(R_2 G)$ zum Verschwinden gebracht werden, da der Term $R_1\phi$ nicht bekannt ist. Dies kann nur durch die Festlegung $R_2 G = 0$ geschehen. Die Funktion $G(x,x')$ muß also dem *Randwertproblem zweiter Art mit homogener Randbedingung*

$$LG(x,x') = \delta(x,x'), \quad x \in B \quad (a) \qquad R_2 G = 0 \quad (b) \tag{27.2.14}$$

genügen. Man bezeichnet die durch (27.2.14) definierte Funktion $G(x,x')$ als die *zum Randwertproblem zweiter Art gehörige Greensche Funktion* oder auch als *Greensche Funktion zweiter Art*. Mit dieser Greenschen Funktion folgt aus (27.2.11) als Lösung des Ausgangsproblems (27.2.2) für $i = 2$:

$$\phi(x') = \int_B G(x,x')f(x)dV - \int_S GhdS. \qquad (27.2.15)$$

Die Lösung eines inhomogenen Randwertproblems (27.2.2) für eine beliebige Inhomogenität f und eine beliebige Randfunktion h kann also auf die Lösung eines durch die spezielle Inhomogenität $\delta(x,x')$ und eine homogene Randbedingung definierten speziellen Randwertproblems zurückgeführt werden. Die entsprechende, von f und h unabhängige Greensche Funktion hängt ausschließlich von der Gestalt des Differentialausdruckes L und dem Gebiet B ab. Natürlich ist diese Vorgangsweise nur dann sinnvoll, wenn die eindeutige Lösbarkeit von (27.2.2) ebenso wie die Existenz der zugehörigen Greenschen Funktion garantiert ist.

Lemma 27.1: *Die Greenschen Funktionen der Randwertprobleme (27.2.2) sind symmetrisch in ihren Argumenten, d.h. es gilt*

$$G(x,x') = G(x',x) \qquad (27.2.16)$$

Diese Eigenschaft folgt aus der Symmetrie des Tensors p^{ij}.

27.2.3 Die Konstruktion der Greenschen Funktion

Def 27.5: Sei B ein Normalgebiet, L ein Differentialoperator der Gestalt (27.2.1). Dann bezeichnen wir das Problem

$$Lu = lu, \quad x \in B, l \in \mathbb{R}, \quad (a) \qquad R_i u = 0 \quad (b) \qquad (27.2.17)$$

für $i = 1$ als *Eigenwertproblem* (EWP) *erster Art* und für $i = 2$ als *Eigenwertproblem zweiter Art.*

Im Fall eines unendlich ausgedehnten Gebietes müssen die Randbedingungen $R_i = 0$ natürlich wieder derart interpretiert werden, daß u bzw. $u_{,i}$ im Unendlichen mit geeigneter Ordnung verschwinden.

In Kapitel VI haben wir uns mit dem Eigenwertproblem für symmetrische kompakte und selbstadjungierte Operatoren beschäftigt, wobei diese Operatoren auf einem Hilbertraum bzw. auf einem im Hilbertraum dicht liegenden Teilraum definiert waren. Um dieses funktionalanalytische Rüstzeug auf die Probleme (27.2.17) anwenden zu können, muß eine geeignete Funktionenmenge als zugrundeliegende Struktur definiert werden, d.h. es müssen die Differentiations- bzw. Integrationseigenschaften von u geeignet festgelegt werden (siehe Abschnitt 2.5 und 2.6). An dieser Stelle setzen wir voraus, daß das diskrete und kontinuierliche Funktionensystem u für $i = 1,2$ umfassend genug für eine Entwicklung der „Funktionen" G und δ ist.

Wir betrachten zunächst den auf eine Reihenentwicklung führenden, diskreten Fall

$$Lu_k(x) = l_k u_k(x), \quad x \in B, l \in \mathbb{R}, \quad (a) \qquad R_i u = 0, \quad (b) \qquad (27.2.18)$$

und entwickeln $G(x,x')$ und $\delta(x,x')$ gemäß

$$G(x,x') = \sum_{k=1}^{\infty} a_k(x')u_k(x), \quad (a) \qquad \delta(x,x') = \sum_{k=1}^{\infty} \overset{*}{u}_k(x')u_k(x), \quad (b) \qquad (27.2.19)$$

mit den zunächst unbekannten Entwicklungskoeffizienten $a_k(x')$. Die Entwicklung (27.2.19b) ist die Vollständigkeitsrelation für das Funktionensystem u_k. Da die Eigenfunktionen von der Wahl des Index i abhängig sind, trifft dies auch auf die Entwicklungen (27.2.19) zu. Strenggenommen müßte man diesen Sachverhalt durch eine zusätzliche Indizierung betonen, worauf wir aber aus Gründen einer übersichtlichen Schreibweise verzichten. Setzt man (27.2.19) in die Definitionsgleichung (27.2.12) bzw. (27.2.14) ein, so erhält man nach formaler Vertauschung von Differentiation und Summation

$$\sum_k a_k(x')l_k u_k(x) = \sum_k \overset{*}{u}_k (x')u_k(x),$$

bzw.

$$\sum_k \left(a_k(x')l_k - \overset{*}{u}_k (x')\right)u_k(x) = 0.$$

Wegen der linearen Unabhängigkeit des Funktionensystems $u_k(x)$ gilt

$$a_k(x') = \frac{\overset{*}{u}_k (x')}{l_k}, \tag{27.2.20}$$

womit die Greensche Funktion die Gestalt

$$G(x,x') = \sum_k \frac{\overset{*}{u}_k (x')u_k(x)}{l_k} \tag{27.2.21}$$

annimmt. Im Falle eines kontinuierlichen Spektrums schreiben wir (27.2.17) als

$$Lu(k,x) = l(k)u(k,x), \quad x \in B, l \in \mathbb{R}, \quad (a) \qquad R_i u = 0. \quad (b) \tag{27.2.22}$$

Für die Greensche Funktion erhält man dann an Stelle der Reihenentwicklung (27.2.21) die Integralentwicklung

$$G(x,x') = \int_K \frac{\overset{*}{u} (k,x')u(k,x)}{l(k)} dk. \tag{27.2.23}$$

Dabei bezeichnet K den von L und B abhängigen kontinuierlichen Parameterbereich für k.

Die Konstruktion der Greenschen Funktion eines Randwertproblems läßt sich somit auf die Konstruktion des Spektrums und der Eigenfunktionen des zugeordneten Eigenwertproblems zurückführen. Leider lassen sich die Eigenwertprobleme (27.2.17) für einen Differentialausdruck der Gestalt (27.2.1) bei beliebig vorgegebenem Tensor p^{ij} und beliebig vorgegebenem Gebiet B im allgemeinen nicht auf analytischem Weg lösen. Eine derartige Berechnung ist nur für Differentialausdrücke und Gebiete möglich, die sich durch eine hohe „Symmetrie" auszeichnen (siehe Abschnitt 27.3.2), während man in allen anderen Fällen auf numerische Methoden angewiesen ist.

27.2.4 Die Lösungskonstruktion mit Hilfe von Reihen- und Integralentwicklungen

Die bisherigen Überlegungen gingen vom zweiten verallgemeinerten Greenschen Integralsatz aus. Nun läßt sich die Lösungskonstruktion auch ohne den Umweg über den Greenschen Satz durch direkte Reihen- bzw. Integralentwicklung durchführen. Dazu muß allerdings die Aufgabenstellung (27.2.2) für jeden festen Wert von i in zwei Teilaufgaben gemäß

$$L\phi_1 = f, \quad (a) \qquad R_i\phi_1 = 0, \quad (b) \tag{27.2.24}$$

$$L\phi_2 = 0, \quad (a) \qquad R_i\phi_2 = h, \quad (b) \tag{27.2.25}$$

$$\phi = \phi_1 + \phi_2 \tag{27.2.26}$$

zerlegt werden. Das aus einer inhomogenen Differentialgleichung und einer inhomogenen Randbedingung bestehende RWP (27.2.2) kann also wegen der Linearität des Differentialausdruckes in ein aus einer inhomogenen Differentialgleichung und einer homogenen Randbedingung bestehendes RWP (27.2.24) und ein aus einer homogenen Differentialgleichung und einer inhomogenen Randbedingung bestehendes RWP (27.2.25) zerlegt werden. Nun läßt sich das Problem (27.2.25) seinerseits wieder auf ein Problem vom Typ (27.2.24) zurückführen. Dazu betrachten wir eine beliebige, auf B definierte Funktion $v(x)$, mit der Eigenschaft

$$R_i v = -h. \tag{27.2.27}$$

Eine derartige Funktion kann für jedes konkrete Problem sofort angegeben werden. Die Funktion

$$\phi_3(x) = \phi_2(x) + v(x) \tag{27.2.28}$$

genügt dem RWP

$$L\phi_3 = L(\phi_2 + v) = Lv, \quad (a) \qquad R_i\phi_3 = R_i\phi_2 + R_i v = 0, \quad (b) \tag{27.2.29}$$

d.h. es ergibt sich wieder ein RWP vom Typ (27.2.24). Die Aufgabe (27.2.2) läßt sich also nicht nur durch die beiden Teilaufgaben (27.2.24) und (27.2.25), sondern auch durch die beiden Teilaufgaben (27.2.24) und (27.2.29) äquivalent ersetzen. Letztlich ist also nur ein RWP vom Typ (27.2.24) mit einer inhomogenen Differentialgleichung und einer homogenen Randbedingung zu lösen.

Zunächst setzen wir voraus, daß das (27.2.24) zugeordnete Eigenwertproblem auf ein System abzählbarer Eigenfunktionen führt. Für ϕ_1 und f gelten dann die Reihenentwicklungen

$$\phi_1(x) = \sum_k a_k u_k(x), \tag{27.2.30}$$

$$f(x) = \sum_k b_k u_k(x), \quad (a) \quad \text{mit} \quad b_k = \int_B f(x') \overset{*}{u}_k (x')dx'. \quad (b) \tag{27.2.31}$$

Die Reihenentwicklung (27.2.30) garantiert im Fall ihrer Konvergenz für ϕ_1 die Erfüllung der geforderten Randbedingungen (27.2.24b). Zur Bestimmung der unbekannten Entwicklungskoeffizienten setzt man (27.2.30) und (27.2.31) in die Differentialgleichung (27.2.24a) ein, und erhält nach formaler Vertauschung von Differentiation und Summation

$$\sum_k a_k l_k u_k(x) = \sum_k b_k u_k(x),$$

bzw.

$$\sum_k (a_k l_k - b_k) u_k(x) = 0.$$

Wegen der linearen Unabhängigkeit des Funktionensystems $u_k(x)$ gilt

$$a_k = \frac{b_k}{l_k}, \tag{27.2.32}$$

und somit für ϕ_1

$$\phi_1(x) = \sum_k \frac{b_k}{l_k} u_k(x). \tag{27.2.33}$$

Die Vorgangsweise verläuft völlig identisch zu jener bei der Konstruktion der Greenschen Funktion. Allerdings erscheinen im vorliegenden Fall die Reihenentwicklungen und die vorgenommene Vertauschung von Differentiation und Summation legitimer als im Zusammenhang mit der Greenschen Funktion und der Dirac-Funktion, da S keine Funktion im eigentlichen Sinne, und extrem singulär ist.

Natürlich muß sich ϕ_1 auch mit Hilfe der Greenschen Funktion ausdrücken lassen. Um den Übergang zwischen den beiden Darstellungen zu finden, setzen wir in (27.2.33) die Entwicklungskoeffizienten b_k aus (27.2.31b) ein. Dann folgt

$$\phi_1(x) = \sum_k \frac{u_k(x)}{l_k} \int_B f(x') \overset{*}{u}_k (x') dx', \tag{27.2.34}$$

und nach Vertauschung von Summation und Integration

$$\phi_1(x) = \int_B f(x') \sum_k \frac{\overset{*}{u}_k (x') u_k(x)}{l_k} dx'. \tag{27.2.35}$$

Es tritt hinter dem Integralzeichen also die Greensche Funktion (27.2.21) auf, d.h. es gilt

$$\phi_1(x) = \int_B f(x') G(x,x') dx', \tag{27.2.36}$$

in Übereinstimmung mit den Lösungsformeln (27.2.13) bzw. (27.2.15) für $h = 0$.

Im Fall eines kontinuierlichen Systems von Eigenfunktionen $u(k,x)$ geht man völlig analog vor. An Stelle der Reihenentwicklungen (27.2.30) und (27.2.31) treten die Integralentwicklungen

$$\phi_1(x) = \int_K a(k) u(k,x) dx \tag{27.2.30'}$$

$$f(x) = \int_K b(k) u(k,x) dx, \quad (a) \qquad b(k) = \int_B f(x') \overset{*}{u} (k,x') dx', \quad (b) \tag{27.2.31'}$$

auf. Das kontinuierliche Analogon zu (27.2.33) lautet dann

$$\phi_1(x) = \int_K \frac{b(k)}{l(k)} u(k,x) dk. \tag{27.2.33'}$$

Setzt man in (27.2.33') die Fourierkoeffizienten (27.2.31'b) ein, so kommt man nach Vertauschung von Orts- und k-Integration und Verwendung der kontinuierlichen Darstellung der Greenschen Funktion (27.2.23) wieder auf die Beziehung (27.2.36).

Für die Lösung $\phi_3(x)$ der Teilaufgabe (27.2.29) erhält man in gleicher Weise

$$\phi_3(x) = \int_B Lv(x') G(x,x') dx', \tag{27.2.37}$$

woraus die Lösung des Gesamtproblems (27.2.2) gemäß $\phi(x) = \phi_1(x) + \phi_3(x) - v(x)$ folgt. Nach längerer Rechnung zeigt sich, daß diese Darstellung mit den Lösungsformeln (27.2.13) bzw. (27.2.15) übereinstimmt.

27.2.5 Sturm-Liouville-Operatoren

Bisher sind wir weitgehend formal vorgegangen: Es wurden Lösungen konstruiert, deren Existenz und Eindeutigkeit nicht gesichert waren, Reihenentwicklungen und Vertauschungen von Summationen, Differentiationen und Integrationen vorgenommen, etc. In den nächsten beiden Abschnitten werden wir uns mit den qualitativen Lösungsverhältnissen der Probleme (27.2.2) auf funktionalanalytischer Basis beschäftigen, und die Voraussetzungen für die Gültigkeit der obigen Operationen angeben. Die folgende Darstellung orientiert sich an [23], wo auch die hier großteils fehlenden Beweise nachzulesen sind. Wir betrachten den reellen Hilbertraum

$$H := \{u(x) | u : B \to \mathbb{R}, \int_B |u(x)|^2 s(x) dx < \infty\}, \tag{27.2.38}$$

mit

$$< u|v > := \int_B u(x)v(x)s(x)dx, \tag{27.2.39}$$

und der Belegungsfunktion $s \in C^0(B)$. Dabei wurzelt die Einführung der Funktion $s(x)$ in der Tatsache, daß bei Verwendung krummliniger Koordinaten $(w) := (w^1, w^2, \dots w^n)$ das Volumselement dV die Form $dV = \sqrt{g} dw^1 dw^2 \dots dw^n$ annimmt, und somit in krummlinigen Koordinaten

$$< u|v > := \int_B u(w)v(w)\sqrt{g} dw,$$

gilt. Da die im folgenden zu besprechenden Sturm-Liouville-Operatoren reelle Koeffizientenfunktionen besitzen, beschränken wir uns in diesem Abschnitt auf reelle Hilberträume. Weiter betrachten wir den Differentialausdruck

$$L := \frac{1}{s(x)}(-p^{ij}\partial_j)_{,i} + q, \tag{27.2.40}$$

wobei die Funktionen $s(x)$, $p^{ij}(x)$ und $q(x)$ folgende Eigenschaften aufweisen sollen:

$$\begin{aligned}
&s(x),\ p^{ij}(x) \text{ und } q(x) \text{ sind reellwertig; } p^{ij} = p^{ji}; && (a)\\
&p^{ij} \in C^1(\bar{B}); \quad s, q \in C^0(\bar{B}); && (b)\\
&s > 0, \forall x \in \bar{B}; && (c)\\
&p^{ij} d_i d_j > c \sum_{i=1}^{n} d_i^2, \forall x \in \bar{B}, \quad \text{mit } c > 0 \text{ und}\\
&\text{beliebigen reellen Zahlen } d_1, \dots, d_n. && (d)
\end{aligned} \tag{27.2.41}$$

Def 27.6: Ein Differentialausdruck der Gestalt (27.2.40), dessen Koeffizienten die Eigenschaften (27.2.41) besitzen, heißt *Sturm-Liouvillescher Differentialausdruck.*

Def 27.7: Bezeichne

$$D_{L_1} := \{u(x) | u \in C^2(B), R_1 u = 0\}, \tag{27.2.42}$$

$$D_{L_2} := \{u(x) | u \in C^2(B), R_2 u = 0\}, \tag{27.2.43}$$

zwei in H dicht liegende Teilräume. Dann heißen die durch Zuordnung der Teilräume D_{L_i} zu einem Sturm-Liouvilleschen Differentialausdruck erzeugten Operatoren *Sturm-Liouville-Operatoren L in D_{L_i}*.

Satz 27.1: *Die Operatoren L in D_{L_1} und L in D_{L_2} sind symmetrisch.*

Zum Beweis gehen wir vom zweiten verallgemeinerten Greenschen Integralsatz (27.2.8') aus. Für jeden Wert $i = 1,2$ verschwindet das Flächenintegral auf der rechten Seite, und man erhält unter Beachtung von (27.2.39)

$$< Lu|v > = < u|Lv > . \tag{27.2.44}$$

Satz 27.2: *Die Operatoren L in D_{L_1} und L in D_{L_2} sind halbbeschränkt nach unten.*

Satz 27.3: *L in D_{L_1} ist streng positiv, falls $q(x) \geq 0$ in B gilt. L in D_{L_2} ist streng positiv, falls $q(x) > 0$ in B gilt.*

Aus Satz 27.3 folgt unmittelbar eine Aussage über die eindeutige Lösbarkeit der Randwertprobleme (27.2.24) für $i = 1,2$. Nach Satz 27.3 besitzt das Problem $L\phi = 0$, $R_i\phi = 0$ für $i = 1$ im Falle $q \geq 0$, für $i = 2$ im Falle $q > 0$ nur die triviale Lösung $\phi = 0$. Daher muß die inhomogene Gleichung $L\phi = f$ mit der homogenen Randbedingung $R_i\phi = 0$ eindeutig lösbar sein, wenn überhaupt eine Lösung existiert. Falls f also im Wertebereich $W_{L_i} := \{v|\, v = L(u), u \in D_{L_i}\}$ des Operators L in D_{L_i} liegt, ist (27.2.24) unter den obigen Voraussetzungen für den gewählten Index i eindeutig lösbar. Es gilt somit der

Satz 27.4: *Das Randwertproblem (27.2.24) ist für $i = 1$ eindeutig lösbar, falls $f \in W_{L_1}$ und $q(x) \geq 0$ in B gilt. Das Randwertproblem (27.2.24) ist für $i = 2$ eindeutig lösbar, falls $f \in W_{L_2}$ und $q(x) > 0$ in B gilt.*

Auf eine explizite Charakterisierung von W_{L_i} gehen wir hier nicht weiter ein. Da die Lösung des allgemeinen Randwertproblems (27.2.2) auf jene des Problems (27.2.24) zurückgeführt werden kann, lassen sich die obigen Aussagen auch auf die Lösungsverhältnisse von (27.2.2) anwenden.

Speziell für den Laplaceschen Differentialausdruck gilt $p^{ij} = g^{ij}$, $k = 1$, $q = 0$. Aus Satz 27.4 folgt daher die eindeutige Lösbarkeit des Randwertproblems

$$\Delta\phi = f, \quad (a) \qquad R_1\phi = 0, \quad (b) \tag{27.2.45}$$

(Dirichletproblem mit homogenen Randbedingungen) für $f \in W_{L_1}$, während die Eindeutigkeit des Problems

$$\Delta\phi = f, \quad (a) \qquad R_2\phi = 0, \quad (b) \tag{27.2.46}$$

(Neumannproblem mit homogenen Randbedingungen) für $f \in W_{L_2}$ nicht gewährleistet ist.

Abschließend wollen wir eine Aussage über das Spektrum von Sturm-Liouville-Operatoren machen. Dazu betrachten wir den aus (27.2.40) durch die Festlegungen

$$p^{ij} = g^{ij}, \quad (a) \qquad g^{ij} \in C^3(\bar{B}), \quad (b) \qquad s,q \in C^1(\bar{B}) \quad (c) \tag{27.2.47}$$

hervorgehenden Differentialausdruck

$$L = \frac{1}{s(x)}\Big(- \Delta + q(x)\Big). \tag{27.2.48}$$

Für den zugeordneten Operator L in D_{L_1} gilt der

Satz 27.5: *L in D_{L_1} hat abzählbar unendlich viele, ausschließlich reelle Eigenwerte $0 < l_1 \leq l_2 \leq \ldots$, die höchstens endliche Vielfachheit haben, und als einzigen Häufungspunkt $+\infty$ besitzen. Die dazugehörigen Eigenfunktionen $u_k(x)$, $k = 1, 2, \ldots$ bilden ein Orthogonalsystem. Für jedes Element $\phi | \phi \in C^3(B)$, $R_1\phi = 0$ gilt die konvergente Reihenentwicklung*

$$\phi(x) = \sum_k a_k u_k(x). \tag{27.2.49}$$

Für $n \leq 3$ ist die Konvergenz in B gleichmäßig absolut.

27.2.6 Schrödingeroperatoren

Im vorigen Abschnitt haben wir für den Differentialausdruck reelle Koeffizientenfunktionen und ein beschränktes Gebiet B vorausgesetzt. Diese Problemstellung trifft man z.B. bei Feldberechnungen im Rahmen der klassischen Elektrodynamik häufig an. Dagegen wird bei Problemstellungen der Quantenmechanik B meistens durch den gesamten unendlichen Raum gegeben, und es treten fallweise Differentialausdrücke mit komplexwertigen Koeffizientenfunktionen auf.

Wir betrachten also den komplexen Hilbertraum

$$H := \{u(x) | u : \mathbb{R}^n \to C, \int_{\mathbb{R}^n} |u(x)|^2 dx < \infty\}, \tag{27.2.50}$$

mit

$$< u|v > := \int_{\mathbb{R}^n} u(x) \overset{*}{v}(x) dx. \tag{27.2.51}$$

Def 27.8: Die durch

$$L := -\Delta + q(x),\ q \text{ reell},\ q \in C^0(\mathbb{R}^n), \tag{27.2.52}$$

$$D_L := \{u(x) | u \in C^2(\mathbb{R}^n), u \in H, Lu \in H\} \tag{27.2.53}$$

definierten Differentialoperatoren heißen *Schrödinger-Operatoren.*

Die Forderung $Lu \in H$ muß deshalb explizit angeführt werden, da aus $u \in C^2(\mathbb{R}^n)$, $u \in H$ nicht automatisch $Lu \in H$ folgt. Die verschiedenen Schrödinger-Operatoren unterscheiden sich also ausschließlich im Aufbau der eine Wechselwirkung beschreibenden Funktion q.

Wie im vorigen Abschnitt interessieren wir uns wieder für die Symmetrie, Halbbeschränktheit und das Spektrum von L in D_L:

Satz 27.6: *Genügt $q(x)$ für hinreichend große $|x|$ der Abschätzung $q(x) \geq -q_0|x|^2$, mit $q_0 > 0$, so ist L in D_L symmetrisch.*

Satz 27.7: *Im Fall $q(x) \geq 0$ ist L in D_L positiv.*

Satz 27.8: *Im Fall $q = 0$, $\forall x \in \mathbb{R}^n$ ist das Punktspektrum von L in D_L leer.*

27.2.7 Die Greensche Funktion für $L = -\Delta$, $B = \mathbb{R}^3$

Im Fall $L = -\Delta$, $B = \mathbb{R}^3$ können die Eigenfunktionen des Operators $-\Delta$ im Teilraum D_L aus (27.2.53) explizit berechnet werden. Darüber hinaus läßt sich auch die zur Bildung der Greenschen Funktion notwendige Integration auf analytischem Wege durchführen.

Als Lösung der Gleichung $Lu = lu$ erhält man das kontinuierliche Funktionensystem $u(\boldsymbol{k},\boldsymbol{r})$ und das Spektrum $l(\boldsymbol{k})$ gemäß

$$u(\boldsymbol{k},\boldsymbol{r}) = (2\pi)^{-3/2}\mathrm{e}^{i\boldsymbol{k}\cdot\boldsymbol{r}}, \quad (a) \qquad l(\boldsymbol{k}) = \boldsymbol{k}^2, \quad (b) \tag{27.2.54}$$

wie man sich sofort durch Einsetzen überzeugen kann. Für die folgenden Rechnungen erweist es sich von Vorteil, den vektoriellen Charakter von $\boldsymbol{r} := (x^1,x^2,x^3)$ und $\boldsymbol{k} := (k^1,k^2,k^3)$ durch Fettdruck zu unterstreichen. Die Integraldarstellung der Greenschen Funktion (27.2.23) lautet

$$G(\boldsymbol{r}-\boldsymbol{r}') = \frac{1}{(2\pi)^3}\int\limits_{-\infty}^{\infty} \frac{\mathrm{e}^{i\boldsymbol{k}\cdot(\boldsymbol{r}-\boldsymbol{r}')}}{\boldsymbol{k}^2} d^3k. \tag{27.2.55}$$

Zur Berechnung dieses Integrals verwendet man Kugelkoordinaten im $\boldsymbol{k}$-Raum, wobei man die z-Achse in die $(\boldsymbol{r}-\boldsymbol{r}')$-Richtung legt. Mit

$$\boldsymbol{k}\cdot(\boldsymbol{r}-\boldsymbol{r}') = k|\boldsymbol{r}-\boldsymbol{r}'|\cos\theta, \quad d^3k = k^2\sin\theta\, dk d\theta d\varphi$$

erhält man

$$G(\boldsymbol{r}-\boldsymbol{r}') = \frac{2\pi}{(2\pi)^3}\int\limits_0^\infty\int\limits_0^\pi \sin\theta\, \mathrm{e}^{ik|\boldsymbol{r}-\boldsymbol{r}'|\cos\theta} d\theta dk,$$

und nach der Substitution $\cos\theta = v$, $-\sin\theta\, d\theta = dv$

$$G(\boldsymbol{r}-\boldsymbol{r}') = \frac{1}{(2\pi)^2}\int\limits_0^\infty\int\limits_{-1}^1 \mathrm{e}^{ik|\boldsymbol{r}-\boldsymbol{r}'|v} dv\, dk = \frac{2}{(2\pi)^2}\int\limits_0^\infty \frac{\sin k|\boldsymbol{r}-\boldsymbol{r}'|}{k|\boldsymbol{r}-\boldsymbol{r}'|}dk.$$

Beachtet man die Gültigkeit der Beziehung

$$\int\limits_0^\infty \frac{\sin ax}{x}dx = \frac{\pi}{2}, \tag{27.2.56}$$

so folgt schließlich

$$G(\boldsymbol{r}-\boldsymbol{r}') = \frac{1}{4\pi}\frac{1}{|\boldsymbol{r}-\boldsymbol{r}'|}. \tag{27.2.57}$$

27.3 Anfangs-Randwertprobleme

Sei B wieder ein (beschränktes oder unbeschränktes) Normalgebiet des $\mathbb{R}^n$, $I := [t_0,\infty[$ ein reelles Intervall. Wir betrachten den auf $B \times I \subset \mathbb{R}^{n+1}$ definierten linearen Differentialausdruck

$$D := A + L, \tag{27.3.1}$$

mit A aus (27.1.3) und L aus (27.2.1).

Def 27.9: Bezeichne $f(x,t)$ eine auf $B \times I$, $h(x,t)$ eine auf $S \times I$ definierte Funktion, sowie $\phi_0(x)$ und $\dot{\phi}_0(x)$ zwei auf B definierte Funktionen. Dann heißt das Problem

$$\begin{aligned} &D\phi = f, \quad x \in B, t \in I, \quad (a) \quad R_i\phi = h(t), \quad (b) \\ &\phi(x,t_0) = \phi_0(x), \quad [\dot{\phi}(x,t_0) = \dot{\phi}_0(x),] \quad x \in B \quad (c) \end{aligned} \tag{27.3.2}$$

für $i = 1$ *Anfangs-Randwertproblem erster Art*, und für $i = 2$ *Anfangs-Randwertproblem zweiter Art.*

Als Zusatzbedingungen zu der Differentialgleichung (27.3.2a) treten also neben der Randbedingung (27.3.2b) auch die Anfangsbedingungen (27.3.2c) auf. Falls A ein Differentialausdruck zweiter Ordnung ist ($b \neq 0$), müssen zwei Anfangsbedingungen erfüllt werden. Falls A hingegen ein Differentialausdruck erster Ordnung ist ($b = 0$), entfällt die zweite Anfangsbedingung, was durch die obige Klammerung verdeutlicht wurde. Unter geeigneten Voraussetzungen über die Berandung S und die beteiligten Funktionen f, h, ϕ_0, $\dot{\phi}_0$ läßt sich die Existenz und Eindeutigkeit der Lösung von (27.3.2) beweisen. Die Lösungsverhältnisse orientieren sich dabei weitgehend an jenen in den Abschnitten 27.2.5 und 27.2.6 besprochenen, weshalb wir auf eine neuerliche Diskussion verzichten wollen.

27.3.1 Die Lösungskonstruktion mit Hilfe von Reihen- und Integralentwicklungen

Wegen der Linearität des Differentialausdruckes D kann man nach dem Vorbild von Abschnitt 27.2.4 das Gesamtproblem (27.3.2) wieder in Teilaufgaben zerlegen, wobei jedes Teilproblem nur eine einzige inhomogene Bedingung enthalten soll. Man erhält

$$\text{(I)} \quad \begin{aligned} &D\phi_1 = f, \quad x \in B, t \in I, \quad (a) \qquad R_i\phi_1 = 0, \quad (b) \\ &\phi_1(x,t_0) = 0, \quad [\dot{\phi}_1(x,t_0) = 0,] \quad x \in B, \quad (c) \end{aligned} \tag{27.3.3}$$

$$\text{(II)} \quad \begin{aligned} &D\phi_2 = 0, \quad x \in B, t \in I, \quad (a) \qquad R_i\phi_2 = 0, \quad (b) \\ &\phi_2(x,t_0) = \phi_0(x), \quad [\dot{\phi}_2(x,t_0) = \dot{\phi}_0(x),] \quad x \in B, \quad (c) \end{aligned} \tag{27.3.4}$$

$$\text{(III)} \quad \begin{aligned} &D\phi_3 = 0, \quad x \in B, t \in I, \quad (a) \qquad R_i\phi_3 = h, \quad (b) \\ &\phi_3(x,t_0) = 0, \quad [\dot{\phi}_3(x,t_0) = 0,] \quad x \in B. \quad (c) \end{aligned} \tag{27.3.5}$$

Die Lösung ϕ des Ausgangsproblems (27.3.2) ergibt sich gemäß

$$\phi(x,t) = \phi_1(x,t) + \phi_2(x,t) + \phi_3(x,t). \tag{27.3.6}$$

Nun läßt sich die Lösung der Teilaufgabe (III) ihrerseits auf die Lösung der beiden Teilaufgaben (I) und (II) zurückführen. Dazu betrachten wir eine beliebige, auf $B \times I$ definierte Funktion $v(x,t)$ mit der Eigenschaft

$$R_i v = -h(t). \tag{27.3.7}$$

Eine derartige Funktion kann für jedes konkrete Problem sofort angegeben werden. Die Funktion

$$\phi_4(x,t) = \phi_3(x,t) + v(x) \tag{27.3.8}$$

genügt dem Anfangs-Randwertproblem

$$D\phi_4(x,t) = Dv(x,t), \quad (a) \quad R_i\phi_4 = R_i\phi_3 + R_i v = 0, \quad (b)$$
$$\phi_4(x,0) = v(x,0), \qquad [\dot{\phi}_4(x,0) = \dot{v}(x,0),]. \quad (c) \tag{27.3.9}$$

(27.3.9) kann wiederum in zwei Teilaufgaben der Gestalt (I) und (II) zerlegt werden. Die Lösung des Anfangs-Randwertproblems (27.2.2) läßt sich also auf die Lösung der beiden Teilaufgaben (I) und (II) mit homogenen Randbedingungen zurückführen. Wir wollen diese beiden Teilaufgaben nun mit Hilfe von Reihen- bzw. Integralentwicklungen lösen.

Die Lösung des Teilproblems (I)

Wir nehmen zunächst an, daß L in einem passend gewählten Teilraum $D_L = \{u | u \in \ldots, R_i(u) = 0\}$ ein vollständiges diskretes Eigenfunktionensystem $u_k(x)$, $x \in B$ besitzt, und entwickeln die gesuchte Lösungsfunktion $\phi_1(x,t)$ in der Gestalt

$$\phi_1(x,t) = \sum_k a_k(t) u_k(x), \quad t \in I, x \in B, \tag{27.3.10}$$

mit den zeitabhängigen Entwicklungskoeffizienten $a_k(t)$, $t \in I$. Der Ansatz (27.3.10) erfüllt automatisch die geforderte homogene Randbedingung (27.3.3b). Die Funktionen $a_k(t)$ müssen nun derart bestimmt werden, daß sowohl die inhomogene Differentialgleichung (27.3.3a), als auch die homogenen Anfangsbedingungen (27.3.3c) erfüllt werden. Dazu entwickeln wir auch die Inhomogenität $f(x,t)$ gemäß

$$f(x,t) = \sum_k b_k(t) u_k(x), \quad t \in I, x \in B, \tag{27.3.11}$$

mit

$$b_k(t) = \int_B f(x',t) \overset{*}{u}_k(x') s(x') dx', \quad t \in I, \tag{27.3.12}$$

und setzen die Darstellungen (27.3.10) und (27.3.11) in die Differentialgleichung (27.3.3a) ein. Nach Vertauschung von Differentiation und Summation erhält man

$$\sum_k u_k(x) A a_k(t) + a_k(t) L u_k(x) =$$

$$= \sum_k \Big(A a_k(t) + l_k a_k(t) \Big) u_k(x) = f(x,t) = \sum_k b_k(t) u_k(x),$$

bzw.

$$\sum_k \Big(A a_k(t) + l_k a_k(t) - b_k(t) \Big) u_k(x) = 0.$$

Die lineare Unabhängigkeit des Funktionensystems $u_k(x)$ impliziert daher

$$A a_k(t) + l_k a_k(t) = b_k(t), \quad t \in I, \quad k = 1,2,\ldots \tag{27.3.13}$$

Dies sind gewöhnliche, lineare Differentialgleichungen für die Funktionen $a_k(t)$. Zur Erfüllung der Anfangsbedingungen (27.3.3c) setzen wir (27.3.10) in (27.3.3c) ein, und erhalten wegen der linearen Unabhängigkeit von $u_k(x)$ die Bedingungen

$$a_k(0) = 0 \quad \dot{a}_k(0) = 0. \tag{27.3.14}$$

Mit dem Ansatz (27.3.10) läßt sich die Lösung des Teilproblems (I) also auf die Lösung der gewöhnlichen Differentialgleichung (27.3.13) mit den Anfangsbedingungen (27.3.14) zurückführen! In diesem Zusammenhang beachten wir den

Satz 27.9: *Gegeben sei eine gewöhnliche, lineare, inhomogene Differentialgleichung m-ter Ordnung*

$$u^{(m)}(t) + c_1 u^{(m-1)}(t) + \ldots c_m u(t) = f(t), \tag{27.3.15}$$

mit den konstanten Koeffizienten c_i, $i = 1, \ldots, m$, und den homogenen Anfangsbedingungen

$$u^{(i)} = 0, \quad i = 1, \ldots, m-1. \tag{27.3.16}$$

Dann läßt sich die Lösung in der Gestalt

$$u(t) = \int_0^t v(t-t')f(t')dt' \tag{27.3.17}$$

darstellen, wobei $v(t)$ die Lösung der homogenen Differentialgleichung

$$v^{(m)}(t) + c_1 v^{(m-1)}(t) + \ldots c_m v(t) = 0, \tag{27.3.18}$$

mit den Anfangsbedingungen

$$v^{(i)} = 0, \quad i = 1, \ldots, m-2, \quad v^{(m-1)} = 1 \tag{27.3.19}$$

ist.

Um den Satz auf die Lösung des Problems (27.3.13), (27.3.14) anwenden zu können, suchen wir eine Funktion $v_k(t)$, die den Bedingungen

$$\begin{aligned} Av_k(t) + l_k v_k(t) = 0, t \in I, \quad &(a) \\ v_k(0) = 0, \dot{v}_k(0) = 1 \quad &(b) \end{aligned} \tag{27.3.20}$$

genügt. Sei ${w_k}^{(1)}$, ${w_k}^{(2)}$, $t \in I$ ein Fundamentalsystem der homogenen Differentialgleichung (27.3.20a). Dann kann $v_k(t)$ in der Form

$$v_k(t) = A_k {w_k}^{(1)}(t) + B_k {w_k}^{(2)}(t), \quad t \in I \tag{27.3.21}$$

geschrieben werden. Die Koeffizienten A_k, B_k sind nun so zu bestimmen, daß die Anfangsbedingungen (27.3.20b) erfüllt sind, d.h. es muß

$$\begin{aligned} A_k {w_k}^{(1)}(0) + B_k {w_k}^{(2)}(0) = 0, \\ A_k {\dot{w}_k}^{(1)}(0) + B_k {\dot{w}_k}^{(2)}(0) = 1 \end{aligned} \tag{27.3.22}$$

gelten. (27.3.22) stellt ein lineares Gleichungssystem zur Berechnung der Koeffizienten A_k, B_k dar. Es ist genau dann eindeutig lösbar, wenn das zugehörige homogene Gleichungssystem nur die triviale Lösung besitzt, d.h. wenn seine Determinante Δ nicht verschwindet. Nun gilt

$$\Delta = \begin{vmatrix} w_k{}^{(1)}(0) & w_k{}^{(2)}(0) \\ \dot{w}_k{}^{(1)}(0) & \dot{w}_k{}^{(2)}(0) \end{vmatrix}. \qquad (27.3.23)$$

Dies ist genau die *Wronski-Determinante* $W_k(t)$ des Fundamentalsystems $w_k{}^{(1)}(t)$, $w_k{}^{(2)}(t)$ an der Stelle $t = 0$. Da $W_k(t)$ wegen der linearen Unabhängigkeit dieser Funktionen an keiner Stelle $t \in I$ verschwinden kann, gilt

$$\Delta = W_k(0) \neq 0, \qquad (27.3.24)$$

womit die eindeutige Lösbarkeit von (27.3.22) sichergestellt ist. Für die Koeffizienten A_k und B_k erhält man daher

$$A_k = \frac{1}{W_k(0)} \begin{vmatrix} 0 & w_k{}^{(2)}(0) \\ 1 & \dot{w}_k{}^{(2)}(0) \end{vmatrix} = -\frac{w_k{}^{(2)}(0)}{W_k(0)}, \quad (a)$$

$$B_k = \frac{1}{W_k(0)} \begin{vmatrix} w_k{}^{(1)}(0) & 0 \\ \dot{w}_k{}^{(1)}(0) & 1 \end{vmatrix} = \frac{w_k{}^{(1)}(0)}{W_k(0)}. \quad (b) \qquad (27.3.25)$$

Wegen Satz 27.9 folgt dann für die Lösung des Problems (27.3.13), (27.3.14) die Darstellung

$$a_k(t) = \int_0^t v_k(t-t')b_k(t')dt' =$$
$$= \int_0^t b_k(t')\Big(A_k w_k{}^{(1)}(t-t') + B_k w_k{}^{(2)}(t-t')\Big)dt', \qquad (27.3.26)$$

mit den Koeffizienten A_k und B_k aus (27.3.25). die Lösung $\phi_1(x,t)$ des Teilproblems (I) lautet somit im diskreten Fall

$$\phi_1(x,t) = \sum_k u_k(x) \int_0^t b_k(t') \frac{-w_k{}^{(2)}(0)w_k{}^{(1)}(t-t') + w_k{}^{(1)}(0)w_k{}^{(2)}(t-t')}{W_k(0)} dt'. \qquad (27.3.27)$$

Für den kontinuierlichen Fall erhält man völlig analog die Integraldarstellung

$$\phi_1(x,t) = \int_K u(k,x) \int_0^t b(k,t') \frac{-w^{(2)}(k,0)w^{(1)}(k,t-t') + w^{(1)}(k,0)w^{(2)}(k,t-t')}{W(k,0)} dt'dk, \qquad (27.3.28)$$

mit

$$b(k,t) = \int_B f(x',t) \overset{*}{u}(k,x')s(x')dx', \quad t \in I, \qquad (27.3.29)$$

wobei die Funktionen $w^{(j)}(k,t)$, $j = 1,2$ ein Fundamentalsystem der Differentialgleichung

$$Av(k,t) + l(k)v(k,t) = 0 \quad t \in I, k \in K \qquad (27.3.30)$$

bezeichnen.

Die Lösung des Teilproblems (II)

Wir machen für die Lösungsfunktion $\phi_2(x,t)$ aus (27.3.4a) den Produktansatz

$$\phi_2(x,t) = u(x)v(t), \quad x \in B, t \in I, \tag{27.3.31}$$

mit zunächst nicht näher bestimmten Funktionen u und v. Damit erhält man aus (27.3.4a)

$$u(x)Av(t) + v(t)Lu(x) = 0,$$

und nach Division durch ϕ_2

$$\frac{Av(t)}{v(t)} + \frac{Lu(x)}{u(x)}. \tag{27.3.32}$$

Da in (27.3.32) beide Summanden Funktionen verschiedener Variablen sind, kann diese Beziehung nur dann erfüllt werden, wenn jeder der beiden Summanden konstant ist. Bei willkürlicher Vorzeichenwahl gilt

$$Lu(x) = lu(x), \quad x \in B, \quad (27.3.33) \qquad Av(t) = -lv(t), \quad t \in I, \quad (27.3.34)$$

mit einer beliebigen Konstanten $l \in \mathbb{C}$. Der Produktansatz (27.3.31) erlaubt wegen der speziellen Struktur von D (A besitzt keine ortsabhängigen, L keine zeitabhängigen Koeffizientenfunktionen) die Aufspaltung des raumzeitlichen Problems (27.3.4a) in zwei Differentialgleichungen, wobei die eine die räumlichen, die andere die zeitlichen Verhältnisse beschreibt. Die Randbedingung (27.3.4b) geht wegen (27.3.31) in die gleichartige Bedingung

$$R_i u = 0 \tag{27.3.35}$$

für die Funktion $u(x)$ über. Die räumlichen Verhältnisse werden also durch das Eigenwertproblem (27.3.33) und (27.3.35) beschrieben, dessen Lösung wir wieder als bekannt voraussetzen wollen.

Im Fall eines diskreten Spektrums lautet dann die Gleichung (27.3.34)

$$Av_k(t) + l_k v_k(t) = 0. \tag{27.3.36}$$

Dies ist genau die homogene Gleichung (27.3.20a), deren allgemeine Lösung wir wieder in der Form

$$v_k(t) = C_k {w_k}^{(1)}(t) + D_k {w_k}^{(2)}(t), \quad t \in I, \tag{27.3.37}$$

mit den zunächst nicht näher festgelegten Koeffizienten C_k und D_k ansetzen. Gemäß (27.3.31) erhalten wir dann Lösungen der Gestalt

$$\phi_{2k}(x,t) = u_k(x)v_k(t) = \Big(C_k {w_k}^{(1)}(t) + D_k {w_k}^{(2)}(t)\Big)u_k(x), \tag{27.3.38}$$

$$x \in B, t \in I, k = 1,2,\ldots$$

Jede dieser Lösungen erfüllt die homogene Differentialgleichung (27.3.4a) und die homogene Randbedingung (27.3.4b). Die inhomogenen Anfangsbedingungen (27.3.4c) werden hingegen i.a. nicht erfüllt sein. Wir beachten nun, daß jede Linearkombination von Lösungen der Form (27.3.38) ebenfalls wieder die homogene Differentialgleichung (27.3.4a) und die homogene Randbedingung (27.3.4b) erfüllt. Wir setzen daher die gesuchte Lösung $\phi_2(x,t)$ in der Form

$$\phi_2(x,t) = \sum_k \Big(C_k {w_k}^{(1)}(t) + D_k {w_k}^{(2)}(t)\Big)u_k(x), \quad x \in B, t \in I \tag{27.3.39}$$

an, und versuchen eine Bestimmung der Koeffizienten C_k, D_k derart, daß $\phi_2(x,t)$ auch die inhomogenen Anfangsbedingungen erfüllt. Setzt man (27.3.39) in (27.3.4c) ein, so folgt nach Vertauschung von Differentiation und Summation

$$\begin{aligned} &\sum_k \Big(C_k w_k{}^{(1)}(t) + D_k w_k{}^{(2)}(t)\Big) u_k(x) = \phi_0(x), \quad x \in B, \quad (a) \\ &\sum_k \Big(C_k \dot{w}_k{}^{(1)}(t) + D_k \dot{w}_k{}^{(2)}(t)\Big) u_k(x) = \dot{\phi}_0(x), \quad x \in B. \quad (b) \end{aligned} \tag{27.3.40}$$

Wir entwickeln nun die Funktionen $\phi_0(x)$ und $\dot{\phi}_0(x)$ nach den Eigenfunktionen $u_k(x)$:

$$\begin{aligned} \phi_0(x) &= \sum_k c_k u_k(x), \quad c_k = \int_B \phi_0(x') \overset{*}{u}_k (x') s(x') dx', \quad (a) \\ \dot{\phi}_0(x) &= \sum_k d_k u_k(x), \quad d_k = \int_B \dot{\phi}_0(x') \overset{*}{u}_k (x') s(x') dx'. \quad (b) \end{aligned} \tag{27.3.41}$$

Ein Koeffizientenvergleich von (27.3.40) und (27.3.41) führt dann auf ein lineares Gleichungssystem zur Bestimmung der Entwicklungskoeffizienten C_k, D_k:

$$\begin{aligned} C_k w_k{}^{(1)}(0) + D_k w_k{}^{(2)}(0) &= c_k, \quad (a) \\ C_k \dot{w}_k{}^{(1)}(0) + D_k \dot{w}_k{}^{(2)}(0) &= d_k. \quad (b) \end{aligned} \tag{27.3.42}$$

Die Determinante des zugehörigen homogenen Systems ist wiederum durch

$$\Delta = W_k(0) \neq 0 \tag{27.3.43}$$

gegeben, woraus die eindeutige Lösbarkeit von (27.3.42) folgt:

$$\begin{aligned} C_k &= \frac{1}{W_k(0)} \begin{vmatrix} c_k & w_k{}^{(2)}(0) \\ d_k & \dot{w}_k{}^{(2)}(0) \end{vmatrix} = \frac{1}{W_k(0)} \Big(c_k \dot{w}_k{}^{(2)}(0) - d_k w_k{}^{(2)}(0)\Big), \quad (a) \\ D_k &= \frac{1}{W_k(0)} \begin{vmatrix} w_k{}^{(1)}(0) & c_k \\ \dot{w}_k{}^{(1)}(0) & d_k \end{vmatrix} = \frac{1}{W_k(0)} \Big(d_k w_k{}^{(1)}(0) - c_k \dot{w}_k{}^{(1)}(0)\Big). \quad (b) \end{aligned} \tag{27.3.44}$$

Für die Lösungsfunktion $\phi_2(x,t)$ erhalten wir somit aus (27.3.39) für den Fall eines diskreten Spektrums

$$\begin{aligned} \phi_2(x,t) = \sum_k u_k(x) \Bigg(&\frac{c_k \Big(w_k{}^{(1)}(t) \dot{w}_k{}^{(2)}(0) - w_k{}^{(2)}(t) \dot{w}_k{}^{(1)}(0)\Big)}{W_k(0)} - \\ &- \frac{d_k \Big(w_k{}^{(1)}(t) w_k{}^{(2)}(0) - w_k{}^{(2)}(t) w_k{}^{(1)}(0)\Big)}{W_k(0)} \Bigg), \end{aligned} \tag{27.3.45}$$

woraus man sofort auf die Integraldarstellung im Fall eines kontinuierlichen Spektrums schließen kann. Es gilt

$$\phi_2(x,t) = \int\limits_K u(k,x)\left(\frac{c(k)\Big(w^{(1)}(k,t)\dot{w}^{(2)}(k,0) - w^{(2)}(k,t)\dot{w}^{(1)}(k,0)\Big)}{W(k,0)} - \right.$$
$$\left. - \frac{d(k)\Big(w^{(1)}(k,t)w^{(2)}(k,0) - w^{(2)}(k,t)w^{(1)}(k,0)\Big)}{W(k,0)}\right) dk, \tag{27.3.46}$$

mit

$$c(k) = \int\limits_B \phi_0(x') \overset{*}{u}(k,x')s(x')dx', \quad d(k) = \int\limits_B \dot{\phi}_0(x') \overset{*}{u}(k,x')s(x')dx', \tag{27.3.47}$$

und dem Fundamentalsystem $w^{(j)}(k,t)$, $j = 1,2$ der Differentialgleichung (27.3.30).

27.3.2 Die Lösungskonstruktion mit Hilfe der retardierten Greenschen Funktion

Wir betrachten zunächst die Lösung ϕ_1 des Teilproblems (I) im diskreten Fall. Um den Einfluß der Inhomogenität f auf die Lösung stärker zu verdeutlichen, ersetzen wir in (27.3.27) die Entwicklungskoeffizienten $b_k(t)$ durch die entsprechenden Integrale (27.3.12). Nach Vertauschung von Summation und Integration erhält man dann

$$\phi_1(x,t) = \int\limits_0^t \int\limits_B G(x,x',t,t')f(x',t')dx'dt', \quad x \in B, t \in I, \tag{27.3.48}$$

mit der Funktion

$$G(x,x',t,t') = \sum_k u_k(x) \overset{*}{u}_k(x')s(x')$$

$$\frac{w_k{}^{(1)}(0)w_k{}^{(2)}(t-t') - w_k{}^{(2)}(0)w_k{}^{(1)}(t-t')}{W_k(0)}, \quad \text{für } t > t', \tag{27.3.49a}$$

$$G(x,x',t,t') = 0 \qquad \text{für } t < t'. \tag{27.3.49b}$$

Die Bedingung $t > t'$ aus (27.3.49a) resultiert aus der Tatsache, daß bei der Zeitintegration in (27.3.27) bzw. (27.3.48) t' im Intervall $[0,t]$ variiert. Die Festlegung (27.3.49b) garantiert, daß keine Wirkungen von der Zukunft in die Vergangenheit existieren. Man erkennt dies, indem man in (27.3.48) für $f(x',t')$ die $n+1$-dimensionale Dirac-Funktion $\delta(x',x'')\delta(t',t'')$ einsetzt. In diesem Fall erhält man

$$\phi_1(x,t) = G(x,x'',t,t'').$$

Die Singularität des Dirac-Impulses zur Zeit $t = t''$ darf natürlich nicht als Wirkung zu einer Zeit $t < t''$ in Erscheinung treten, d.h. es muß $G(x,x'',t,t'') = 0$ für $t < t''$ gelten, in Übereinstimmung mit der Forderung (27.3.49b). Im kontinuierlichen Fall gilt ungeändert (27.3.48) mit

$$G(x,x',t,t') = \int_K u(k,x) \overset{*}{u}(k,x')s(x')$$

$$\frac{w^{(1)}(k,0)w^{(2)}(k,t-t') - w^{(2)}(k,0)w^{(1)}(k,t-t')}{W(k,0)}dk, \quad \text{für } t > t', \tag{27.3.50a}$$

$$G(x,x',t,t') = 0 \quad \text{für } t < t'. \tag{27.3.50b}$$

Def 27.10: Die durch (27.3.49) bzw. (27.3.50) definierte Funktion $G(x,x',t,t')$ mit $x,x' \in B$, $t,t' \in I$ heißt *retardierte Greensche Funktion* des Anfangs-Randwertproblems (27.3.2). Im Fall $i = 1$ spricht man auch von einer *retardierten Greenschen Funktion erster Art*, im Fall $i = 2$ von einer *retardierten Greenschen Funktion zweiter Art.*

Auch die Lösung ϕ_2 des Teilproblems (II) läßt sich mit Hilfe der retardierten Greenschen Funktion ausdrücken. Dazu ersetzen wir in den Lösungsformeln (27.3.45) bzw. (27.3.46) die Entwicklungskoeffizienten c_k, d_k, bzw. $c(k)$, $d(k)$ durch die Integraldarstellungen (27.3.41) bzw. (27.3.47). Vertauschung von Summation bzw. k-Integration mit der Ortsintegration liefert dann die Beziehung

$$\phi_2(x,t) = \int_B G(x,x',t,0)\dot{\phi}_0(x')dx' - \int_B \frac{\partial}{\partial t'}G(x,x',t,0)\phi_0(x')dx', \quad x \in B, t \in I. \tag{27.3.51}$$

Die Lösung $\phi_4(x,t)$ des Anfangs-Randwertproblems (27.3.9) lautet somit

$$\begin{aligned}\phi_4(x,t) \;=\; & \int_0^t \int_B G(x,x',t,t')Dv(x',t')dx'dt' + \\ & + \int_B G(x,x',t,0)\dot{v}(x',0)dx' - \int_B \frac{\partial}{\partial t'}G(x,x',t,0)v(x',0)dx',\end{aligned} \tag{27.3.52}$$

mit einer beliebigen, die homogene Randbedingung $R_i v = 0$ erfüllenden Hilfsfunktion $v(x,t)$. Die Lösung $\phi(x,t)$ des Gesamtproblems (27.3.2) ergibt sich dann wegen (27.3.6) und (27.3.8) zu

$$\phi(x,t) = \phi_1(x,t) + \phi_2(x,t) + \phi_4(x,t) - v(x,t), \quad x \in B, t \in I. \tag{27.3.53}$$

27.3.3 Greensche Funktionen und verwandte Funktionen

Die Greenschen Funktionen von Randwertproblemen erfüllen eine formale Differentialgleichung mit der Dirac-Funktion als Quellterm, und wir können ähnliche Verhältnisse im Zusammenhang mit Anfangs-Randwertproblemen erwarten. Wenden wir auf die Funktion $\phi_1(x,t)$ aus (27.3.48) den Differentialausdruck D an, so erhalten wir nach Vertauschung von Differentiation und Integration wegen $L\phi_1 = f$ die Gleichung

$$\int_0^t \int_B LG(x,x',t,t')f(x',t')dx'dt' = f(x,t),$$

und somit $LG(x,x',t,t') = \delta(x,x')\delta(t,t')$, $x,x' \in B$, $t,t' \in I$. Weiter erkennt man aus den Darstellungen (27.3.49) bzw. (27.3.50), daß $R_i G = 0$ sowohl bezüglich x als auch x' gilt. Die retardierte Greensche Funktion genügt also den Beziehungen

$$
\begin{aligned}
LG(x,x',t,t') &= \delta(x,x')\delta(t,t'), \quad x,x' \in B, t,t' \in I, && (a)\\
R_i G &= 0. && (b)
\end{aligned}
\qquad (27.3.54)
$$

Def 27.11: Jede Lösung der Gleichungen (27.3.54) bezeichnet man als *Greensche Funktion erster* bzw. *zweiter Art* des Anfangs-Randwertproblems (27.3.2).

Man beachte, daß die derart definierte Greensche Funktion nicht eindeutig festgelegt ist, da in (27.3.54) keinerlei Aussage über die Anfangsbedingungen gemacht wurde. Die gesamte Lösungsvielfalt von (27.3.54) errechnet sich also aus der Summe einer partikulären Lösung (z.B. der retardierten Greenschen Funktion) und einer beliebigen Lösung des Teilproblems (II)! Die Situation ist hier also etwas anders als bei den Randwertproblemen. Dort ist die Lösung der Definitionsgleichung $LG(x,x') = f(x,x')$, $R_i G = 0$ eindeutig bestimmt, da das homogene Problem $LG(x,x') = 0$, $R_i G = 0$ bei geeigneten Voraussetzungen über L nur die triviale Lösung besitzt.

Bei der Behandlung des Anfangs-Randwertproblems (27.3.2) haben wir gesehen, daß man mit der die zeitliche Vorwärtsentwicklung beschreibenden retardierten Greenschen Funktion das Auslangen findet. In der Quantenelektrodynamik sind jedoch auch die zeitliche Rückwärtsentwicklung sowie gemischte Darstellungen von Interesse. Daher beschäftigen wir uns in diesem Abschnitt mit dem Studium von Lösungen der Gleichung (27.3.54) ohne Berücksichtigung von Anfangsbedingungen. Wie schon bemerkt, sind diese Lösungen als Summe der retardierten Greenschen Funktion und einer beliebigen Lösung ϕ_2 des Teilproblems (II) darstellbar. Es existiert jedoch auch noch eine andere Berechnungsmöglichkeit nach dem Muster von Abschnitt 27.2.3. Zunächst betrachten wir den Fall, daß L ein diskretes Spektrum besitzt. Dann kann die n-dimensionale Dirac-Funktion $\delta(x,x')$ in üblicher Weise als Reihe nach den Eigenfunktionen $u_k(x)$ dargestellt werden. Für die eindimensionale Dirac-Funktion $\delta(t,t')$ verwenden wir hingegen wegen des unendlichen Zeitintervalls die kontinuierlichen Funktionen $\exp(i\omega t)$ als Basisfunktionen. Wir erhalten damit die Entwicklungen

$$\delta(x,x') = \sum_k u_k(x) \overset{*}{u}_k(x')s(x'), \quad \delta(t,t') = \frac{1}{2\pi} \int_{-\infty}^{\infty} e^{i\omega(t-t')} d\omega, \qquad (27.3.55)$$

und somit

$$\delta(x,x')\delta(t,t') = \frac{1}{2\pi} \sum_k \int_{-\infty}^{\infty} u_k(x) \overset{*}{u}_k(x')s(x')e^{i\omega(t-t')} d\omega. \qquad (27.3.56)$$

Man beachte, daß die Funktionen $u_k(x)\exp(i\omega t)$ eine gemischt diskret/kontinuierliche Basis für die Entwicklung von auf $B \times I \subset \mathbb{R}^{n+1}$ definierten Funktionen mit geeigneten Differenzierbarkeits- bzw. Integrierbarkeitsbedingungen repräsentieren. Daher können wir $G(x,x',t,t')$ in der Form

$$G(x,x',t,t') = \sum_k \int_{-\infty}^{\infty} c_k(\omega; x',t')u_k(x)e^{i\omega t} d\omega, \qquad (27.3.57)$$

mit den Entwicklungskoeffizienten $c_k(\omega)$ ansetzen. (27.3.57) ist völlig analog zu (27.2.19a), nur daß neben der n-fachen Summe noch ein Integral auftritt. Die homogene Randbedingung (27.3.54b) ist durch (27.3.57) automatisch erfüllt. Setzt man (27.3.56) und (27.3.57) in die Definitionsgleichung (27.3.54a) ein, so folgt nach Vertauschung von Differentiation mit der Summation bzw. Integration

$$\begin{aligned} DG(x,x',t,t') &= \sum_k \int_{-\infty}^{\infty} c_k(\omega; x',t')\Big(u_k(x)A\mathrm{e}^{i\omega t} + \mathrm{e}^{i\omega t} Lu_k(x)\Big)d\omega = \\ &= \sum_k \int_{-\infty}^{\infty} c_k(\omega; x',t')u_k(x)\mathrm{e}^{i\omega t}(ai\omega - b\omega^2 + l_k)d\omega = \\ &= \delta(x,x')\delta(t,t') = \frac{1}{2\pi}\sum_k \int_{-\infty}^{\infty} u_k(x)\mathrm{e}^{i\omega t}\overset{*}{u}_k(x')s(x')\mathrm{e}^{-i\omega t'}d\omega, \end{aligned}$$

bzw.

$$\sum_k \int_{-\infty}^{\infty} u_k(x)\mathrm{e}^{i\omega t}\Big(c_k(\omega; x',t')(ai\omega - b\omega^2 + l_k) - \frac{1}{2\pi}\overset{*}{u}_k(x')s(x')\mathrm{e}^{-i\omega t'}\Big)d\omega = 0.$$

Wegen der linearen Unabhängigkeit des Systems $u_k(x)\exp(i\omega t)$ gilt daher

$$c_k(\omega; x',t') = \frac{1}{2\pi}\left(\frac{\overset{*}{u}_k(x')s(x')\mathrm{e}^{-i\omega t}}{-b\omega^2 + ai\omega + l_k}\right), \tag{27.3.58}$$

womit für G die Darstellung

$$G(x,x',t,t') = \frac{1}{2\pi}\sum_k u_k(x)\overset{*}{u}_k(x')s(x')\int_{-\infty}^{\infty}\frac{\mathrm{e}^{i\omega(t-t')}}{-b\omega^2 + ia\omega + l_k}d\omega \tag{27.3.59}$$

folgt. Im Fall eines kontinuierlichen Spektrums von L erhält man völlig analog

$$G(x,x',t,t') = \frac{1}{2\pi}\int_K u(k,x)\overset{*}{u}(k,x')s(x')\int_{-\infty}^{\infty}\frac{\mathrm{e}^{i\omega(t-t')}}{-b\omega^2 + ia\omega + l(k)}d\omega dk. \tag{27.3.60}$$

Wir stehen nun vor der Aufgabe, die auftretenden Integrale und Summen zu berechnen. Zunächst betrachten wir die ω-Integration, die sowohl in (27.3.59) als auch in (27.3.60) auftritt. Sie kann mit Hilfe des Residuensatzes durchgeführt werden. Dazu beachten wir, daß der Nenner des Integranden in der komplexen ω-Ebene i.a. zwei Nullstellen, der Integrand als Funktion der komplexen Veränderlichen ω also i.a. zwei Pole erster Ordnung aufweist. Für die Anwendung des Residuensatzes ist nun die Lage der Pole von Bedeutung. Wir wollen hier die beiden für die Physik wichtigen Fälle $a \neq 0$, $b = 0$, und $a = 0$, $b \neq 0$ betrachten: im ersten Fall ist A ein Differentialausdruck erster Ordnung. Die Nullstelle des Nenners lautet somit

$$\omega_0 = i\frac{l_k}{a}. \tag{27.3.61}$$

Für $a \in \mathbb{R}$ liegt ω_0 wegen $l_k \in \mathbb{R}$, $l_k \neq 0$ auf der imaginären Achse, aber nicht im Nullpunkt. Dieser Fall ist bei der Wärmeleitungsgleichung, der Diffusionsgleichung und der Schrödinger-gleichung gegeben. Es handelt sich dabei durchwegs um nichtrelativistische Gleichungen, wie man am ausschließlichen Auftreten der ersten Zeitableitung erkennt. Im zweiten Fall ist A ein Differentialausdruck zweiter Ordnung. Die beiden Nullstellen des Nenners lauten

$$\omega_1 = -\sqrt{\frac{l_k}{b}}, \qquad \omega_2 = +\sqrt{\frac{l_k}{b}}. \tag{27.3.62}$$

Sie liegen spiegelbildlich zum Nullpunkt auf der reellen Achse. Dieser Fall tritt z.B. bei der Klein-Gordon-Gleichung und somit auch bei der klassischen Wellengleichung auf. Die Existenz zweier auf der reellen Achse liegenden Singularitäten des Integranden ist ein Hinweis auf den relativistischen Charakter der Gleichungen. Bild 27.1 faßt die Verhältnisse nochmals zusammen:

$$A = a\frac{\partial}{\partial t}, \quad a \in \mathbb{R}: \qquad\qquad A = b\frac{\partial^2}{\partial t^2}, \quad b \in \mathbb{R}:$$

(a)   (b)

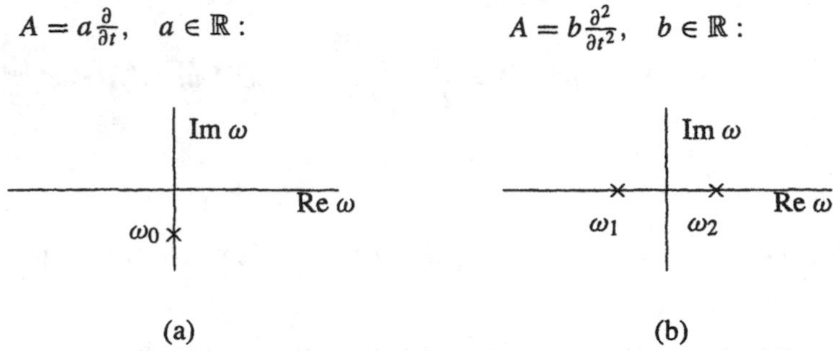

Bild 27.1

Bei der Durchführung der ω-Integration gibt es verschiedene Möglichkeiten, die Pole aus Bild 27.1b zu umgehen: Jeder spezielle Integrationsweg liefert ein spezielles Ergebnis. Dagegen ist die Situation aus Bild 27.1a eindeutig, da der Pol nicht auf der reellen Achse liegt. Die Durchführung der k-Integration bzw. Summation gelingt im Fall $L = \Delta$ und $B = \mathbb{R}^3$ ebenfalls auf analytischem Weg, während dies in allgemeineren Fällen nicht möglich ist. Wir werden auf diese Verhältnisse im Rahmen der Quantenelektrodynamik näher eingehen.

27.4 Eigenwertprobleme

Die bisherigen Überlegungen zeigen, daß sich die Lösungskonstruktion beliebiger Randwert- und Anfangs-Randwertprobleme auf die Lösung des zugeordneten Eigenwertproblems

$$Lu = lu, \quad x \in B, l \in \mathbb{R}, \quad (a) \quad R_i u = 0 \quad (b) \tag{27.4.1}$$

zurückführen läßt. Es läuft also alles darauf hinaus, wie man sich der Eigenwerte und der Eigen-funktionen tatsächlich bemächtigen kann.

27.4.1 Numerische Lösungskonstruktion

Zur Lösung von (27.4.1) existieren verschiedene Lösungsverfahren, die letztlich alle auf die Lösung eines linearen Gleichungssystems führen (siehe z.B. [25]). Die folgende Methode enthält die wesentlichen gemeinsamen Züge dieser Verfahren. Zunächst projizieren wir eine beliebige Lösung u von (27.4.1) auf ein abzählbares, vollständiges Orthonormalsystem $v_j(x)$, $x \in B$:

$$u(x) = \sum_j a_j v_j(x). \tag{27.4.2}$$

Einsetzen von (27.4.2) in (27.4.1) liefert nach Vertauschung von Differentiation und Summation

$$\sum_j a_j(Lv_j - lv_j) = 0. \tag{27.4.3}$$

Multipliziert man diese Gleichung fortlaufend mit $v_k(x)$, $k = 1,2,\ldots$, so erhält man bei anschließender Integration über B wegen der Orthonormalität des Systems $\{v_j\}$

$$\sum_j a_j(L_{jk} - \delta_{jk}l) = 0, \quad k = 1,2,\ldots, \tag{27.4.4}$$

mit der den Operator L charakterisierenden hermiteschen Matrix

$$L_{jk} := \int_B Lv_j(x) \overset{*}{v}_k(x)dx. \tag{27.4.5}$$

(27.4.4) repräsentiert ein unendliches, lineares Gleichungssystem mit der hermiteschen Matrix

$$D_{jk} := L_{jk} - \delta_{jk}l. \tag{27.4.5'}$$

Die Matrix (D_{jk}) unterscheidet sich von (L_{jk}) also nur in den Hauptdiagonalelementen, wo stets der Wert l subtrahiert wird. Das System (27.4.4) ist genau dann nichttrivial lösbar, wenn die Koeffizientendeterminante $|(D_{jk})|$ verschwindet. Das Problem dabei ist die unendliche Größe der Determinante. Für eine näherungsweise Berechnung der Determinante betrachten wir die Säkulardeterminanten $|(D_{jk}{}^{|n|})|$, die das Gleichungssystem bis zum Index n umfassen:

$$\begin{aligned} |(D_{jk}{}^{|n|})| \quad &:= \begin{vmatrix} L_{11}-l & L_{12} & L_{13} & L_{14} & \ldots & L_{1n} \\ L_{12}^* & L_{22}-l & L_{23} & L_{24} & \ldots & L_{2n} \\ L_{13}^* & L_{23}^* & L_{33}-l & L_{34} & \ldots & L_{3n} \\ \vdots & \vdots & \vdots & \vdots & & \vdots \\ L_{1n}^* & L_{2n}^* & L_{3n}^* & L_{4n}^* & \ldots & L_{nn}-l \end{vmatrix} = \\ &= c_0{}^{|n|} + c_1{}^{|n|}l + c_2{}^{|n|}l^2 + \ldots (-1)^n l^n = 0. \end{aligned} \tag{27.4.6}$$

Nach dem Fundamentalsatz der Algebra erhalten wir n Eigenwerte $l_m{}^{|n|}$, $m = 1,\ldots,n$, die wegen der Hermitizität der Matrix $(D_{jk}{}^{|n|})$ sämtlich reell sind. Falls die Konvergenz der Eigenwertfolge $l_m{}^{|n|}$ gewährleistet ist, d.h. wenn

$$\lim_{n\to\infty} l_m{}^{|n|} = l_m, \quad m = 1,\ldots,n \tag{27.4.7}$$

gilt, so können die n Eigenwerte $l_m{}^{|n|}$, $m = 1,\ldots,n$ als Näherung der ersten n exakten Eigenwerte l_m, $m = 1,\ldots,n$ angesehen werden.

Für jeden festen Wert von m erhält man nun eine Matrix $(D_{jk(m)}{}^{|n|})$. Das Gleichungssystem (27.4.4) nimmt daher für jeden festen Wert von m die Gestalt

$$\sum_{j=1}^{n} a_{j(m)}{}^{|n|} D_{jk(m)}{}^{|n|} = 0, \quad k = 1, \ldots, n \tag{27.4.8}$$

an, wobei $a_{j(m)}{}^{|n|}$, $j = 1 \ldots n$ die Entwicklungskoeffizienten der zum Eigenwert $l_m{}^{|n|}$ gehörigen genäherten Eigenfunktion

$$u_m{}^{|n|}(x) = \sum_{j=1}^{n} a_{j(m)}{}^{|n|} v_j(x) \tag{27.4.9}$$

bezeichnet. Löst man (27.4.8) für alle Werte von $m = 1, \ldots, n$, so sind damit alle genäherten Eigenfunktionen $u_m{}^{|n|}$, $m = 1, \ldots, n$ bestimmt.

Geht man von einem kontinuierlichen, auf die Dirac-Funktion normierten Funktionensystem $v(k,x)$ gemäß

$$u(x) = \int_K a(k) v(k,x) dk \tag{27.4.9'}$$

aus, so erhält man an Stelle des linearen, homogenen Gleichungssystems (27.4.4) die homogene Fredholmsche Integralgleichung 2. Art

$$\int_K L(k,k') a(k') dk' - a(k) l(k) = 0, \tag{27.4.10}$$

deren Kern durch die kontinuierliche Matrix

$$L(k,k') = \int_B L v(k,x) \overset{*}{v} (k',x) dx \tag{27.4.11}$$

gebildet wird.

27.4.2 Analytische Lösungskonstruktion

Für $L = \Delta$ und einige spezielle Gebietsformen B können die Eigenwerte und Eigenfunktionen auch auf analytischem Weg ermittelt werden. Der Grundgedanke besteht darin, die partielle Differentialgleichung (27.4.1) für die von n Veränderlichen abhängige Funktion auf n gewöhnliche Differentialgleichungen für eindimensionale Funktionen U_j, $j = 1 \ldots n$ zurückzuführen. Dieser *Separationsansatz* ist jedoch nur dann sinnvoll, wenn sich auch die Randbedingung $R_i u$ in n Randbedingungen r_{ij}, $j = 1 \ldots n$ für die Funktionen U_j überführen läßt. Um dies zu erreichen, benötigt man ein i.a. krummliniges Koordinatensystem $(v^1, \ldots, v^n)$ des $\mathbb{R}^n$, dessen Niveauflächen mit den die Berandung S von B beschreibenden Randflächen übereinstimmen. Dabei werden die einzelnen Koordinaten v^j in den vom Gebiet B und dem gewählten Koordinatensystem abhängigen (beschränkten oder unbeschränkten) Intervallen I_j variieren. Falls man ein derartiges System $(v^1, \ldots, v^n)$ zur Verfügung hat, versucht man die Separation in der Form

$$u(v^1, \ldots, v^n) = \prod_{j=1}^{n} U_j(v^j), \quad v^j \in I_j. \tag{27.4.12}$$

Ob dieser Ansatz tatsächlich imstande ist, die PD (27.4.1) in ein System von n gewöhnlichen Differentialgleichungen überzuführen, hängt natürlich von der Struktur der Metrikkoeffizienten in L ab, die ihrerseits durch das gewählte Koordinatensystem festgelegt werden. Zusammenfassend kann man sagen, daß das Koordinatensystem $(v^1, \ldots, v^n)$ zweierlei Forderungen erfüllen muß:

i) Die Niveauflächen des Koordinatensystems sollen eine Beschreibung der Berandung S des Gebietes B erlauben;

ii) Die Metrik des Koordinatensystems soll in Verbindung mit dem Separationsansatz (27.4.12) die Überführung der partiellen Differentialgleichung (27.4.1) auf n gewöhnliche Differentialgleichungen erlauben.

Eine notwendige Bedingung für die Erfüllung der Forderung (ii) ist die *Orthogonalität* des verwendeten Koordinatensystems! Man benötigt daher orthogonale Koordinatensysteme mit beliebig vorgebbaren Niveauflächen und passenden Strukturen der restlichen Metrikkoeffizienten $g_{11}, \dots g_{nn}$. Nun ist es leider nicht möglich, auf analytischem Weg ein orthogonales Koordinatensystem mit den obigen Eigenschaften zu konstruieren. Die Lösung dieses Problems verlangt ihrerseits wieder die auf analytischem Weg nicht mögliche Lösung partieller Differentialgleichungen. Daher können nur die wenigen bekannten Orthogonalsysteme des $\mathbb{R}^3$ (bzw. des $\mathbb{R}^2$) verwendet werden, die allerdings sehr einfach geformte Niveauflächen haben. Im $\mathbb{R}^3$ sind dies Kartesische Koordinaten, Zylinderkoordinaten, Kugelkoordinaten, allgemeine Elliptische Koordinaten, Sphärische Koordinaten, Elliptische Zylinderkoordinaten, Konische Koordinaten, Parabolische Koordinaten, Parabolische Zylinderkoordinaten, Bipolare Koordinaten und Toruskoordinaten. Die Niveauflächen dieser Koordinatensysteme sind Ebenen, Zylinder mit kreisförmiger Grundfläche, Kugeln, Kegel, Ellipsoide, Hyperboloide, Paraboloide und Torusse.

Wir wollen einige dieser Koordinatensysteme und den dazugehörigen Laplaceschen Differentialausdruck explizit anschreiben. Dabei erweist es sich von Vorteil, in der Beziehung $\Delta = (g^{ij}\partial_j)_{;i}$ die kovariante Ableitung zu eliminieren. In diesem Zusammenhang gilt das

Lemma 27.10: *Für skalare Operanden läßt sich der Differentialausdruck $L = (p^{ij}\partial_i)_{;j}$ in die Gestalt*

$$L = \frac{1}{\sqrt{g}} L^-, \quad (a) \text{ mit } L^- := (\sqrt{g}\, p^{ij}\partial_j)_{,i} \quad (b) \qquad (27.4.13)$$

bringen.

Für den Beweis beachten wir, daß bei Anwendung auf skalare Operanden $t^i := p^{ij}\partial_j$ einen Vektor mit der Divergenz

$$t^i{}_{;i} = L = p^{ij}\partial_{ij} + \left(p^{ij}{}_{,i} + \Gamma^k{}_{ki}\, p^{ij}\right)\partial_j$$

repräsentiert. Berücksichtigt man $\Gamma^k{}_{ki} = (\sqrt{g})_{,i}/\sqrt{g}$, so folgt aus der obigen Beziehung bei elementarer Umformung und zweimaliger Anwendung von $(uv)' = u'v + uv'$ die Darstellung

$$\begin{aligned} L &= p^{ij}\partial_{ij} + \left(p^{ij}{}_{,i} + \frac{(\sqrt{g})_{,i}}{\sqrt{g}}\, p^{ij}\right)\partial_j = p^{ij}\partial_{ij} + \frac{1}{\sqrt{g}}\left(\sqrt{g}\, p^{ij}{}_{,i} + (\sqrt{g})_{,i}\, p^{ij}\right)\partial_j = \\ &= p^{ij}\partial_{ij} + \frac{1}{\sqrt{g}}(\sqrt{g}\, p^{ij})_{,i}\partial_j = \frac{1}{\sqrt{g}}\left(\sqrt{g}\, p^{ij}\partial_{ij} + (\sqrt{g}\, p^{ij})_{,i}\partial_j\right) = \frac{1}{\sqrt{g}}(\sqrt{g}\, p^{ij}\partial_j)_{,i}, \end{aligned}$$

w.z.b.w.

Der Laplacesche Differentialausdruck läßt sich also in einem beliebigen krummlinigen Koordinatensystem bei ausschließlicher Verwendung partieller Ableitungen in der Form

$$\Delta = \frac{1}{\sqrt{g}}(\sqrt{g}\, g^{ij}\partial_j)_{,i} \qquad (27.4.14)$$

schreiben. Speziell für orthogonale Koordinatensysteme folgt daraus wegen $g^{jj} = 1/g_{jj}$ bei Verzicht auf die Einsteinsche Summationskonvention

$$\Delta = \frac{1}{\sqrt{g}} \sum_{j=1}^{n} \partial_j \left(\frac{\sqrt{g}}{g_{jj}} \partial_j \right). \tag{27.4.15}$$

Damit verifiziert man sofort die folgenden Beziehungen (siehe dazu auch [28]):

Kartesische Koordinaten x, y, z:

$$g_{11} = g_{22} = g_{33} = 1. \qquad \Delta = \frac{\partial^2}{\partial x^2} + \frac{\partial^2}{\partial y^2} + \frac{\partial^2}{\partial z^2}. \tag{27.4.16}$$

Zylinderkoordinaten r, φ, z:

$$x = r\cos\varphi, \quad y = r\sin\varphi, \quad z = z.$$

$$g_{11} = 1, \quad g_{22} = r^2, \quad g_{33} = 1.$$

$$\Delta = \frac{1}{r}\frac{\partial}{\partial r}\left(r\frac{\partial}{\partial r}\right) + \frac{1}{r^2}\frac{\partial^2}{\partial \varphi^2} + \frac{\partial^2}{\partial z^2}. \tag{27.4.17}$$

Kugelkoordinaten r, θ, φ:

$$x = r\sin\theta\cos\varphi, \quad y = r\sin\theta\sin\varphi, \quad z = r\cos\theta.$$

$$g_{11} = 1, \quad g_{22} = r^2, \quad g_{33} = r^2\sin^2\theta.$$

$$\Delta = \frac{1}{r^2}\frac{\partial}{\partial r}\left(r^2\frac{\partial}{\partial r}\right) + \frac{1}{r^2\sin^2\theta}\frac{\partial}{\partial\theta}\left(\sin\theta\frac{\partial}{\partial\theta}\right) + \frac{1}{r^2\sin^2\theta}\frac{\partial^2}{\partial\varphi^2}. \tag{27.4.18}$$

Allgemeine Elliptische Koordinaten λ, μ, ν:

$$x^2 = \frac{(a^2+\lambda)(a^2+\mu)(a^2+\nu)}{(a^2-b^2)(a^2-c^2)}, \quad y^2 = \frac{(b^2+\lambda)(b^2+\mu)(b^2+\nu)}{(b^2-a^2)(b^2-c^2)},$$

$$z^2 = \frac{(c^2+\lambda)(c^2+\mu)(c^2+\nu)}{(c^2-a^2)(c^2-b^2)}, \quad \text{mit } \lambda > -c^2, \mu > -b^2, \nu > -a^2.$$

$$g_{11} = \frac{(\lambda-\mu)(\lambda-\nu)}{4f(\lambda)}, \quad g_{22} = \frac{(\mu-\lambda)(\mu-\nu)}{4f(\mu)}, \quad g_{33} = \frac{(\nu-\lambda)(\nu-\mu)}{4f(\nu)},$$

mit

$$f(t) := (a^2+t)(b^2+t)(c^2+t).$$

$$\begin{aligned}\Delta = {} & \frac{4\sqrt{f(\lambda)}}{(\lambda-\mu)(\lambda-\nu)}\frac{\partial}{\partial\lambda}\left(\sqrt{f(\lambda)}\frac{\partial}{\partial\lambda}\right) + \frac{4\sqrt{f(\mu)}}{(\mu-\lambda)(\mu-\nu)} \\ & \frac{\partial}{\partial\mu}\left(\sqrt{f(\mu)}\frac{\partial}{\partial\mu}\right) + \frac{4\sqrt{f(\nu)}}{(\nu-\lambda)(\nu-\mu)}\frac{\partial}{\partial\nu}\left(\sqrt{f(\nu)}\frac{\partial}{\partial\nu}\right).\end{aligned} \tag{27.4.19}$$

In diesen und den anderen oben zitierten orthogonalen Koordinatensystemen ist der Separationsansatz (27.4.12) zielführend. Als Ergebnis erhält man n eindimensionale Eigenwertprobleme der Gestalt

$$L_j U_j(v^j) = \mu_j U(v^j), \quad v^j \in I_j, \quad (a) \qquad r_{ij} U_j = 0, \quad (b) \tag{27.4.20}$$

wobei die eindimensionalen Differentialausdrücke L_j durch

$$L_j := \frac{1}{p_j(v^j)}\left(-\frac{d}{dv^j}\left(f(v^j)\frac{d}{dv^j} + h(v^j)\right)\right), \quad v^j \in I_j \tag{27.4.21}$$

gegeben sind. (27.4.20) mit (27.4.21) repräsentiert also die in Kapitel 25 besprochenen eindimensionalen Sturm-Liouvilleschen Eigenwertprobleme. Dabei sind die Randbedingungen (27.4.20b) im Sinne von Kapitel 25 zu verstehen, d.h. sie können auch qualitativer Natur sein. Nach einer Sturm-Liouville-Transformation erhält man dann die Eigenwertprobleme

$$\begin{aligned} -\bar{U}_j''(\bar{v}^j) + q(\bar{v}^j)\bar{U}(v^j) &= \mu_j \bar{U}_j(\bar{v}^j), \quad \bar{v}^j \in J_j, \quad (a) \\ r_{ij}\bar{U}_j &= 0, \qquad\qquad\qquad\qquad (b) \end{aligned} \tag{27.4.22}$$

deren Lösungstheorie wir in Kapitel III ausführlich besprochen haben. Die Lösungen $U_j(v^j)$ der Differentialgleichungen (27.4.20a) werden als *Spezielle Funktionen der mathematischen Physik* bezeichnet. Je nach verwendetem Koordinatensystem erhält man trigonometrische Funktionen, Zylinderfunktionen (Bessel-, Neumann, Hankelfunktionen), Kugelflächenfunktionen, Laméschen Funktionen, etc. Diese Funktionen sind in nahezu jedem Buch über partielle Differentialgleichungen ausführlich beschrieben, weshalb wir auf ihre Darstellung verzichten wollen.

27.5 Differential- und Integralgleichungen

Viele wichtige RWPe und ARWPe können in Integralgleichungen umgeformt werden. Dies ist dann von Vorteil, wenn die zugeordneten Integraloperatoren kompakte Operatoren sind, deren Spektraleigenschaften wir in Kapitel 26 ausführlich studiert haben.

Wir betrachten das RWP

$$L\phi = f \quad \phi \in D_{L_1}, \quad f \in W_{L_1}, \tag{27.5.1}$$

mit dem Sturm-Liouville-Operator L in D_{L_1} aus Abschnitt 2.5. Gemäß Satz 27.3 ist L in D_{L_1} streng positiv, womit (27.5.1) eindeutig lösbar ist. Vergleicht man die formale Lösung

$$\phi = L^{-1} f$$

mit der aus (27.2.13) für die vorliegenden homogenen Randbedingungen folgenden Lösungsformel

$$\phi(x) = \int_B G(x,x')f(x')dx', \tag{27.5.2}$$

so erkennt man, daß der zu L inverse Operator L^{-1} durch

$$L^{-1}u := \int_B G(x,x')u(x')dx', \quad u \in W_{L_1}$$

dargestellt wird. Es handelt sich also um einen *Integraloperator*, dessen Kernfunktion durch die Greensche Funktion des Operators L in D_{L_1} gebildet wird. Nun gilt der

Satz 27.11: *Für die Greensche Funktion des Operators L in D_{L_1} gilt*

$$G \in L^2(B) \times L^2(B). \qquad (27.5.3)$$

Aus der quadratischen Integrierbarkeit der Kernfunktion folgt, daß L^{-1} auf ganz $L^2(B)$ definiert ist, und dort einen kompakten Operator darstellt. Außerdem folgt aus der Symmetrie der Greenschen Funktion die Symmetrie von L^{-1} auf $L^2(B)$. Wir fassen zusammen:

Satz 27.12: *Bezeichne $G(x,x')$ die Greensche Funktion des Operators L in D_{L_1}. Dann ist*

$$L^{-1}u := \int_B G(x,x')u(x')dx', \quad u \in L^2(B) \qquad (27.5.4)$$

in $L^2(B)$ symmetrisch und kompakt.

Wie hängen nun die Spektraleigenschaften von L in D_{L_1} mit jenen von L^{-1} in $L(B)$ zusammen? Zur Beantwortung betrachten wir das Eigenwertproblem

$$Lu = lu, \quad u \in D_{L_1}, \qquad (27.5.5)$$

für dessen Lösung wir in (27.5.2) $f = lu$ setzen. Damit erhalten wir

$$u(x) = l \int_B G(x,x')u(x')dx', \qquad (27.5.6)$$

d.h. die Eigenfunktionen von L in D_{L_1} sind Lösungen einer homogenen Fredholmschen Integralgleichung. Mit Hilfe von L^{-1} schreibt sich (27.5.6) als

$$L^{-1}u = \frac{1}{l}u, \quad u \in D_{L_1}. \qquad (27.5.7)$$

Die Eigenwerte μ von L^{-1} in $L^2(B)$ werden also durch die Kehrwerte der Eigenwerte l von L in D_{L_1} gebildet, während die Eigenfunktionen für L^{-1} und L dieselben sind. Diesen Sachverhalt erkennt man auch durch den Vergleich der Sätze 26.28 und 25.5: Die Eigenwerte von L^{-1} in $L^2(B)$ bilden eine Nullfolge, während sich die Eigenwerte des Sturm-Liouville-Operators L in D_{L_1} nur im Unendlichen häufen können.

Für eine Diskussion der Lösungsverhältnisse von Randwertproblemen, die durch Sturm-Liouville-Operatoren L in D_{L_1} definiert werden, ist somit die Kenntnis der Spektraltheorie symmetrischer, kompakter Operatoren ausreichend.

28 Distributionen

Für die mathematische Beschreibung konkreter Naturvorgänge ist die Vorstellung einer stetigen bzw. stetig differenzierbaren Funktion ausreichend. In vielen Fällen erweist es sich jedoch als vorteilhaft, die physikalische Problemstellung zu idealisieren. Ein Beispiel hierfür ist das Konzept einer in einem Punkt konzentrierten Masse oder Ladung. Die entsprechende Dichtefunktion wird durch die höchst singuläre Deltafunktion dargestellt, die im klassischen Sinn gar nicht existiert. In der Theorie der partiellen Differentialgleichungen tritt sie als Quellterm einer Differentialgleichung zur Bestimmung der Greenschen Funktion auf (siehe Kapitel 27), weshalb auch dieser wichtigen Gleichung im Rahmen der klassischen Analysis nur formaler Charakter zukommt.

Zur Umgehung dieser und ähnlicher Schwierigkeiten gibt es zwei Möglichkeiten: Einerseits könnte man auf Idealisierungen verzichten und ausschließlich mit Funktionen arbeiten, die jene im Rahmen der klassischen Theorien erforderlichen Glattheitseigenschaften besitzen. Diese Vorgangsweise würde also eine geeignete „Verschmierung" der idealisierten Problemstellung erfordern, was weder mathematisch elegant, noch rechentechnisch leicht durchführbar ist. Der zweite Weg wäre durch eine Verallgemeinerung des Funktionsbegriffes vorgezeichnet, die zur Beschreibung von Idealisierungen tauglich ist, und eine entsprechende Verallgemeinerung der klassischen Theorien erlaubt.

Diese Vorstellung wird durch die auf *L. Schwartz* u.a. zurückgehende *Theorie der Distributionen* (=verallgemeinerte Funkionen) realisiert. Sie entwickelt Begriffsbildungen, mit deren Hilfe die oben angedeuteten Probleme elegant umgangen werden können. Darüberhinaus bildet sie die Grundlage einer allgemeinen Theorie der linearen, partiellen Differentialgleichungen. Die folgende Darstellung orientiert sich an [52], wo auch die fallweise fehlenden Beweise nachzulesen sind.

28.1 Testfunktionen

Def 28.1: Eine Funktion $\phi : \mathbb{R}^n \to \mathbb{C}$ heißt *finit*, wenn sie außerhalb einer beschränkten Menge verschwindet. Die Menge

$$\operatorname{Tr} \phi := \overline{\{x \,|\, \phi(x) \neq 0\}} \tag{28.1.1}$$

heißt der *Träger* von ϕ.

Der Träger einer Funktion ist also als die abgeschlossene Hülle jener Teilmenge des $\mathbb{R}^n$ definiert, auf der ϕ nicht verschwindet.

Def 28.2: Die Menge $C_0^\infty(\mathbb{R}^n)$ aller in $\mathbb{R}^n$ finiten, beliebig oft differenzierbaren Funktionen bezeichnen wir als *Grundraum* oder *Testfunktionenraum* ϑ, jedes Element dieser Menge als *Testfunktion*.

Die Vektorraumeigenschaft von ϑ ist unmittelbar einsichtig. Als Beispiel einer Testfunktion betrachten wir

$$\phi(x) = \begin{cases} 0, & |x| \geq 1, \\ \exp\left(-\frac{1}{1-x^2}\right), & |x| < 1. \end{cases} \tag{28.1.2}$$

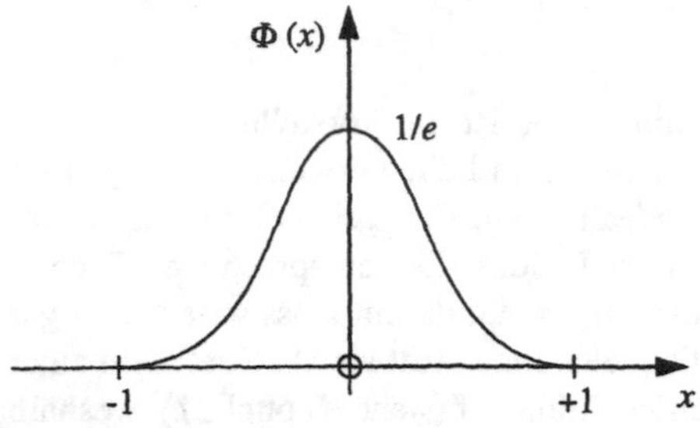

Bild 28.1

Der Leser überzeuge sich, daß $\phi(x)$ in den Punkten ± 1 tatsächlich unendlich oft differenzierbar ist.

28.2 Distributionen

Def 28.3: Ein stetiges, lineares Funktional $F : \vartheta \to \mathbb{C}$ heißt *Distribution* oder *verallgemeinerte Funktion*.

Wir betrachten nun eine in $\mathbb{R}^n$ definierte, lokal integrierbare Funktion $f(x)$, d.h. $f(x)$ soll über jede Kugel $|x| \leq R$ integrierbar sein. Einer lokal integrierbaren Funktion kann man durch

$$F(\phi) = \int f(x)\phi(x)dx, \quad \forall \phi \in \vartheta \tag{28.2.1}$$

eine Distribution zuordnen. Da ϕ definitionsgemäß finit ist, braucht das Integral nur über den Träger von ϕ erstreckt werden. Linearität und Stetigkeit von (28.2.1) sind evident.

Def 28.4: Eine Distribution heißt *regulär* oder *vom Typ der erzeugenden Funktion*, wenn sie durch eine lokal integrierbare Funktion gemäß (28.2.1) erzeugt wird. Andernfalls bezeichnet man sie als *singulär*.

Es stellt sich nun die Frage, ob man bei Kenntnis von $F(\phi)$ im Falle einer regulären Distribution die erzeugende Funktion f zurückgewinnen kann. Dazu betrachten wir die aus (28.1.2) hervorgehende Testfunktionenfolge

$$\phi_\alpha(x - x_0) = \begin{cases} 0, & |x - x_0| \geq \alpha, \\ N_\alpha \exp\left(-\frac{\alpha}{\alpha-(x-x_0)^2}\right), & |x - x_0| < \alpha, \end{cases} \tag{28.2.2}$$

wobei N_α einen Normierungsfaktor bezeichnet, der

$$\int \phi_\alpha(x - x_0)dx = 1 \tag{28.2.3}$$

erzwingt.

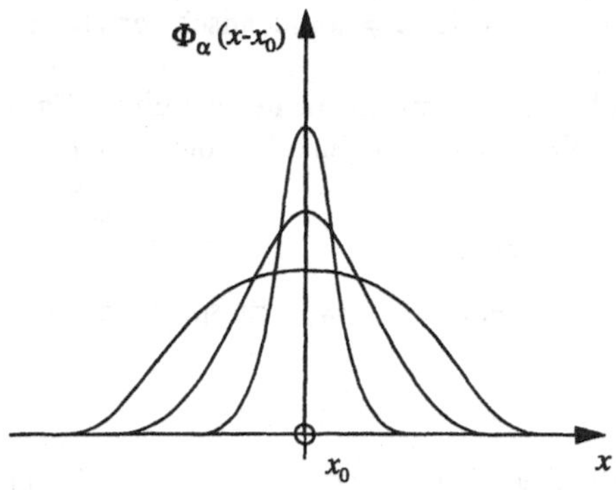

Bild 28.2

Die obigen Testfunktionen besitzen also stets dieselbe Fläche 1, und sind für $\alpha \to 0$ immer stärker um den Punkt x_0 lokalisiert. Für diese spezielle Testfunktionenfolge $\phi_\alpha(x - x_0)$ lautet das Funktional (28.2.1)

$$F(\phi_\alpha) = \int f(x)\phi_\alpha(x - x_0)dx.$$

Mit Hilfe des Mittelwertsatzes der Integralrechnung und der Normierungsbedingung (28.2.3) folgt daraus

$$F(\phi_\alpha) = f(\xi),$$

wobei ξ in einer α-Umgebung von x_0 variiert. Wir setzen nun f in einer beliebig kleinen Umgebung von x_0 als stetig voraus, und lassen α eine Nullfolge durchlaufen. Damit ergibt sich

$$\lim_{\alpha \to 0} F(\phi_\alpha) = f(x_0). \tag{28.2.4}$$

Es gilt also: Der Wert einer lokal integrierbaren Funktion f läßt sich an jeder Stetigkeitsstelle aus dem Funktional $F(\phi)$ gewinnen, wenn man die Testfunktion eine Folge „nadelartiger" Funktionen durchlaufen läßt. Daher kann man eine lokal integrierbare stetige Funktion und die dadurch erzeugte reguläre Distribution als zwei verschiedene Seiten ein und desselben Sachverhaltes ansehen:

> *In der klassischen Analysis charakterisiert man f als Abbildung $f : \mathbb{R}^n \to \mathbb{C}$; in der Distributionstheorie charakterisiert man f durch ein reguläres Funktional $F : \vartheta \to \mathbb{C}$.*

Nun existieren jedoch gemäß Def. 26.4 auch singuläre Distributionen, die nicht durch (28.2.1) beschrieben werden. Die bekannteste ist die durch

$$\delta(\phi) = \phi(0), \quad \forall \phi \in \vartheta \tag{28.2.5}$$

definierte *Delta-Funktion* (Dirac-Funktion) δ: sie ordnet jeder Testfunktion $\phi \in \vartheta$ ihren Funktionswert an der Stelle $x = 0$ zu. Man überzeugt sich sofort, daß durch (28.2.5) tatsächlich ein lineares, stetiges Funktional auf ϑ definiert ist. Weiter erkennt man, daß δ keine reguläre Distribution darstellt: es existiert keine lokal integrierbare Funktion $\delta(x)$ mit der Eigenschaft

$$\int \delta(x)\phi(x)dx = \phi(0), \quad \forall \phi \in \vartheta. \tag{28.2.6}$$

Eine derartige Funktion müßte auf 1 normiert sein, an jeder Stelle $x \neq x_0$ identisch verschwinden, und in $x = x_0$ einen unendlich großen Wert besitzen.

Für Funktionale kann eine Addition und eine Multiplikation mit Elementen aus einem Zahlenkörper erklärt werden (siehe dazu Kapitel 26). Mit diesen Operationen bildet die Menge der stetigen linearen Funktionale einen Vektorraum.

Def 28.5: Wir bezeichnen den Vektorraum der Distributionen mit ϑ'.

Natürlich ist es sinnlos, vom Wert einer Distribution F an der Stelle $x = x_0$ zu sprechen, da F auf ϑ definiert ist. Es gilt aber die

Def 28.6: Man schreibt $F = 0$ in $G \subset \mathbb{R}^n$, falls

$$F(\phi) = 0 \quad \forall \phi \text{ mit } \operatorname{Tr} \phi \subset G. \tag{28.2.7}$$

Die Komplementärmenge von G wird als *Träger von F* bezeichnet:

$$\operatorname{Tr} F := \mathbb{R}^n - G. \tag{28.2.8}$$

Für die weiteren Untersuchungen empfiehlt sich eine Änderung der bisherigen Notation $F(\phi)$. Dazu beachten wir die aus der Vektorraumeigenschaft folgende Gültigkeit von

$$\begin{aligned} F(\lambda\phi + \mu\psi) &= \lambda F(\phi) + \mu F(\psi), \quad (a) \\ (\lambda F + \mu G)(\phi) &= \lambda F(\phi) + \mu G(\phi). \quad (b) \end{aligned} \tag{28.2.9}$$

Die Linearitätseigenschaft besteht also sowohl für F als auch für ϕ, man spricht daher bei $F(\phi)$ auch von einer *Bilinearform*. Dies rechtfertigt die symmetrische Schreibweise (F,ϕ). Da bei regulären Distributionen F und die erzeugende Funktion f identifiziert werden können, wird in diesem Fall manchmal auch das Symbol (f,ϕ) verwendet. Wenn man explizit auf die in $\mathbb{R}^n$ variierende unabhängige Veränderliche x der Testfunktionen hinweisen möchte, schreibt man auch $(F(x),\phi(x))$, bzw. bei regulären Distributionen $(f(x),\phi(x))$.

In den nächsten Abschnitten werden wir die für klassische Funktionen bekannten Operationen wie Differentiation, Integration und Faltung für Distributionen zu verallgemeinern suchen. Diese Verallgemeinerung wird unter folgendem Gesichtspunkt vorgenommen: Die Distributionen sind neue Strukturen, die eine Untermenge bekannter Strukturen, nämlich die mit lokal integrierbaren Funktionen identifizierbaren regulären Distributionen enthält. Daher müssen die entsprechenden Operationen für beliebige Distributionen derart definiert werden, daß sie für reguläre Distributionen die bekannten klassischen Operationen implizieren. Diese Vorgangsweise wird als *Permanenzprinzip* bezeichnet.

28.3 Lineartransformationen

Für eine klassische Funktion $f : \mathbb{R}^n \to \mathbb{C}$ läßt sich eine Substitution der Veränderlichen zu $f(x) = f(Ay+b)$ durchführen, wobei $A := (a_{nm})$ eine reelle, reguläre $n \times n$-Matrix, und x, y, b Vektoren des $\mathbb{R}^n$ bezeichnen. Geeignete Spezialisierungen von A und b führen auf Translationen, Spiegelungen, Drehungen des $\mathbb{R}^n$.

Wir versuchen nun eine Verallgemeinerung dieser Operationen für Distributionen. Dazu betrachten wir zunächst eine durch eine lokal integrierbare Funktion f definierte reguläre Distribution. Dann ist die Funktion $g(y) := f(Ax + b)$ wiederum lokal integrierbar. g erzeugt nun eine reguläre Distribution gemäß

$$\begin{aligned}(g(y),\phi(y)) &= \int f(Ax+b)\phi(y)dy = \int \frac{1}{|A|} f(x)\phi\Big(A^{-1}(x-b)\Big)dx = \\ &= \frac{1}{|A|}\Big(f(x),\phi(A^{-1}(x-b))\Big),\end{aligned} \tag{28.3.1}$$

wobei wir $y = A^{-1}(x-b)$, $dy/dx = |A|$ berücksichtigt haben. Die Lineartransformation des Argumentes von f läßt sich also auf eine Lineartransformation des Argumentes der Testfunktionen ϕ überwälzen. Entsprechend dem Permanenzprinzip verallgemeinert man die Eigenschaft (28.3.1) für beliebige Distributionen. Man kommt so zum

Satz 28.1: *Bezeichne $(F(x),\phi(x))$ eine beliebige Distribution. Dann ist durch*

$$(F(Ax+b),\phi(x)) := \frac{1}{|A|}\Big(F(x),\phi(A^{-1}(x-b))\Big) \tag{28.3.2}$$

ebenfalls eine Distribution definiert.

Die Linearität dieses Funktionals ist unmittelbar einsichtig. Für den Nachweis der Stetigkeit beachte man, daß aus $\phi_k \to 0$ in ϑ auch $\phi_k(A^{-1}(x-b)) \to 0$ in ϑ folgt.

Die obige Vorgangsweise wird auch bei allen weiteren Verallgemeinerungen von Rechenoperationen beibehalten: Zunächst wird die für klassische Funktionen f gültige Operation für reguläre Distributionen angeschrieben (was f als lokal integrierbar voraussetzt), und anschließend im Sinne des Permanenzprinzips für beliebige Distributionen verallgemeinert (wobei f nicht mehr auftritt). Für den speziellen Fall (28.3.2) zeigt sich, daß eine Überwälzung der für F definierten Operation auf den Testfunktionenraum ϑ stattfindet. Dieses „Überwälzen“ von Operationen in ϑ' auf solche in ϑ wird auch im weiteren Verlauf eine große Rolle spielen. Dabei wird sich die bisher nicht motivierte Wahl von ϑ als $C_0^\infty(\mathbb{R}^n)$ als sehr glücklich herausstellen.

28.4 Differentiation von Distributionen

Die Definition einer Ableitung von Elementen aus ϑ' setzt einen Konvergenzbegriff in ϑ' voraus:

Def 28.7: Sei $F_k \in \vartheta'$ eine unendliche Folge. Dann bedeutet $F_k \to F$

$$\lim_{k\to\infty} (F_k,\phi) = (F,\phi), \quad \forall\phi \in \vartheta. \tag{28.4.1}$$

Es stellt sich die Frage, ob der Grenzwert F in ϑ liegt, d.h. ob es sich bei F wiederum um eine Distribution handelt. Zur Beantwortung erinnern wir an Satz 28.4, wonach $\mathcal{L}(G,H)$ ein Banachraum ist, falls G ein normierter Raum und H ein Banachraum ist. Für den vorliegenden Fall $F = \mathbb{C}$ erkennt man die Gültigkeit von

Satz 28.2: *Der Raum ϑ' ist vollständig.*

Die Grenzwerte von in ϑ' konvergenten Folgen liegen also ebenfalls in ϑ'.

28.4.1 Gewöhnliche Ableitung

Zur Definition der gewöhnlichen Ableitung betrachten wir zunächst eine in $\mathbb{R}$ stetig differenzierbare, lokal integrierbare Funktion $f(x)$. Ihre Ableitung $f'(x)$ erzeugt die reguläre Distribution (f',ϕ). Da die Testfunktionen definitionsgemäß finit sind, existiert eine reelle Zahl c mit $\phi = 0$, $\forall x \geq c$. Daher gilt bei Anwendung der u-v-Regel

$$\begin{aligned}(f',\phi) &= \int\limits_{\mathrm{Tr}\,\phi} f'(x)\phi(x)dx = f(x)\phi(x)\Big|_{-c}^{c} - \int f(x)\phi'(x)dx = \\ &= -\int f(x)\phi'(x)dx = -(f,\phi'), \quad \forall\phi \in C_0^\infty(\mathbb{R}).\end{aligned} \tag{28.4.2}$$

Die Ableitung der Funktion f läßt sich also auf eine Ableitung der Testfunktion $\phi \in C_0^\infty(\mathbb{R})$ überwälzen. Die Anwendung des Permanenzprinzips führt uns schließlich zu der

Def 28.8: Sei $F' \in \vartheta'$. Dann wird durch

$$(F',\phi) := -(F,\phi'), \quad \forall\phi \in \vartheta = C_0^\infty(\mathbb{R}) \tag{28.4.3}$$

wieder eine Distribution definiert, die wir als *Ableitung von F* bezeichnen.

In diesem Zusammenhang spricht man auch von einer D-Ableitung. Aus der Def 28.8 folgt unmittelbar der

Satz 28.3: *Jede Distribution $F \in \vartheta'$ besitzt eine Ableitung F'.*

Man beachte den Unterschied zu den klassischen Funktionen, wo nur stetig differenzierbare Funktionen eine Ableitung besitzen.

Wir kennen nun zwei Ableitungsbegriffe: Die für klassische, stetig differenzierbare Funktionen definierte gewöhnliche Ableitung, und die für beliebige Distributionen definierte D-Ableitung. Für reguläre Distributionen, die von einer differenzierbaren Funktion f erzeugt werden, ist die D-Ableitung identisch mit der klassischen Ableitung, wie dies auch in der Herleitung von (28.4.2) zum Ausdruck kommt. Natürlich stellt sich nun sofort die Frage, wie die D-Ableitung einer gewöhnlichen Distribution aussieht, wenn $f(x)$ im klassischen Sinn nicht differenzierbar ist. Dazu betrachten wir die *Sprungfunktion* bzw. *Heaviside-Funktion*

$$h(x) = \begin{cases} 0, & x \leq 0, \\ 1, & x > 0. \end{cases} \tag{28.4.4}$$

Sie ist lokal integrierbar und es gilt $h' = 0$, $\forall x \neq 0$. Im Punkt $x = 0$ existiert die Ableitung jedoch nicht, d.h. $h(x)$ ist im klassischen Sinn nicht überall differenzierbar. Dagegen berechnet sich die D-Ableitung zu

$$(h',\phi) = -(h,\phi') = -\int_0^\infty \phi'(x)dx = \phi(0). \tag{28.4.5}$$

Nun gilt definitionsgemäß $(\delta,\phi) = \phi(0)$, und somit $(h',\phi) = (\delta,\phi)$. Als Funktionalgleichung erhält man daher

$$h' = \delta. \tag{28.4.6}$$

Als nächstes wollen wir die D-Ableitung der Distribution δ berechnen:

$$(\delta',\phi) = -(\delta,\phi') = -\phi'(0), \quad \forall \phi \in \vartheta. \tag{28.4.7}$$

δ' bezeichnet also jene Distribution, die jeder Testfunktion ϕ den negativen Wert ihrer Ableitung im Nullpunkt zuordnet.

Satz 28.4: *Seien F_k, F, $G \in \vartheta'$. Dann gilt*

$$F_k \to F \Longrightarrow F_k' \to F', \tag{28.4.8}$$

$$G = \sum_k F_k \Longrightarrow G' = \sum_k F_k'. \tag{28.4.9}$$

Folgen und Reihen von Distributionen dürfen also stets gliedweise differenziert werden, im Unterschied zur klassischen Analysis, wo dies nur unter zusätzlichen Voraussetzungen möglich ist. Zum Beweis beachten wir, daß aus $F_k \to F$ $(F_k',\phi) = -(F_k,\phi') \to -(F,\phi') = (F',\phi)$, und somit $F_k' \to F'$ folgt.

Für die höheren Ableitungen kann man ganz analog vorgehen. Man kommt so zum

Satz 28.5: *Jede Distribution $F \in \vartheta'$ besitzt Ableitungen beliebiger Ordnung mit*

$$(F^{(n)},\phi) := (-1)^n(F,\phi^{(n)}). \tag{28.4.10}$$

Man erkennt die Notwendigkeit der Festlegung $\vartheta = C_0^\infty(\mathbb{R})$.

28.4.2 Partielle Ableitungen

Für $\vartheta = C_0^\infty(\mathbb{R}^n)$ gilt die

Def 28.9: Sei $F \in \vartheta'$. Dann werden durch

$$(F_{x_\mu},\phi) := -(F,\phi_{x_\mu}), \quad \mu = 1,\ldots,n, \quad \phi \in \vartheta \tag{28.4.11}$$

Distributionen F_{x_μ} definiert, die wir als *partielle Ableitungen von F* bezeichnen.

Es besitzt also jede Distribution $F \in \vartheta'$ sämtliche partielle Ableitungen. Ganz analog zu Satz 28.4 gilt der

Satz 28.6: *Folgen und Reihen von Distributionen dürfen stets gliedweise partiell differenziert werden.*

Wir betrachten nun die Verallgemeinerung der Kettenregel für Distributionen. Im Unterschied zur klassischen Analysis kann sie nur für lineare Substitutionen erklärt werden, da $F(G(x))$ nur für lineares $G(x)$ erklärbar ist:

Satz 28.7: *Sei $(A) := (a_{kl})$ eine reelle, reguläre $n \times n$-Matrix, $x = Ay + b$, x, y, $b \in \mathbb{R}^n$. Dann gilt*

$$\frac{\partial}{\partial y_\nu} F(Ay+b) = \sum_{\mu=1}^{n} a_{\mu\nu} F_{x_\mu}(Ay+b). \tag{28.4.12}$$

Zum Beweis bezeichnen wir zunächst die inverse Matrix (A^{-1}) durch $(B) := (b_{kl})$, und beachten die Relation

$$\sum_{l=1}^{n} b_{kl} a_{lj} = \delta_{kj}.$$

Wir wenden nun beide Seiten von (28.4.12) auf $\phi(y) \in \vartheta$ an. Die linke Seite liefert

$$-\left(F(Ay+b), \frac{\partial \phi}{\partial y_\nu}\right) = -\left(F(x), \frac{\partial \phi}{\partial y_\nu}\Big(B(x-b)\Big)\right) |B|,$$

die rechte Seite ergibt

$$\begin{aligned} &\sum_{\mu=1}^{n} a_{\mu\nu}\Big(F_{x_\mu}(x), \phi\Big(B(x-b)\Big)\Big)|B| = \\ &= -\sum_{\mu=1}^{n} a_{\mu\nu}\left(F(x), \sum_{k=1}^{n} b_{k\mu}\frac{\partial \phi}{\partial y_k}\Big(B(x-b)\Big)\right)|B| = \\ &= -\sum_{k=1}^{n} \delta_{\nu k}\left(F(x), \frac{\partial \phi}{\partial y_k}\Big(B(x-b)\Big)\right)|B| = \\ &= -\left(F(x), \frac{\partial \phi}{\partial y_\nu}\Big(B(x-b)\Big)\right)|B|, \end{aligned}$$

womit die Gültigkeit von (28.4.12) nachgewiesen ist.

Wir betrachten nun den partiellen Differentialausdruck

$$D^p := \left(\frac{\partial}{\partial x_1}\right)^{p_1} + \left(\frac{\partial}{\partial x_2}\right)^{p_2} + \ldots \left(\frac{\partial}{\partial x_n}\right)^{p_n} = \frac{\partial^{|p|}}{(\partial x_1)^{p_1}(\partial x_2)^{p_2}\ldots(\partial x_n)^{p_n}},$$

mit

$$|p| := \sum_{i=1}^{n} p_i. \tag{28.4.13}$$

Satz 28.8: *Jede Distribution $F \in \vartheta'$ besitzt partielle Ableitungen beliebiger Ordnung mit*

$$(D^p F, \phi) = (-1)^{|p|}(F, D^p \phi). \tag{28.4.14}$$

Man beweist diese Aussage durch wiederholte Anwendung von Def. 26.9. Wegen $\phi \in C_0^\infty(\mathbb{R}^n)$ ist die Reihenfolge der Differentiationen gleichgültig.

28.5 Integration von Distributionen

Es soll zu $F \in \vartheta'$ ein $G \in \vartheta'$ gefunden werden, mit $G' = F$. Nun haben wir die Ableitung einer Distribution durch Überwälzen der Operation von ϑ' auf ϑ definiert. Wir versuchen daher für das eindimensionale Integrationsproblem den Ansatz

$$(G,\phi) := -\left(F, \int_{-\infty}^{x} \phi(x)dx\right). \tag{28.5.1}$$

Bildet man die Ableitung von G, so erhält man

$$(G',\phi) = -(G,\phi') = \left(F, \int_{-\infty}^{x} \phi'(x)dx\right) = (F,\phi).$$

Leider hat diese Überlegung einen Schönheitsfehler: Für $\phi \in \vartheta$ ist i.a.

$$\int_{-\infty}^{x} \phi(x)dx \notin \vartheta. \tag{28.5.2}$$

Da das Integral einer Testfunktion keine Testfunktion mehr sein muß, ist die rechte Seite in (28.5.1) nicht definiert! Zur Umgehung dieser Schwierigkeit definieren wir den Unterraum $\vartheta_0 \subset \vartheta$ als Menge aller Testfunktionen, deren Integral wieder eine Testfunktion darstellt: $\phi \in \vartheta_0 \Rightarrow \int_{-\infty}^{x} \phi(x)dx \in \vartheta$. Die Elemente aus ϑ_0 können durch die Bedingung

$$\int \phi(x)dx = 0 \tag{28.5.3}$$

charakterisiert werden. Wir betrachten nun eine spezielle Testfunktion $\psi \in \vartheta$ mit der Eigenschaft

$$\int \psi(x)dx = 1, \tag{28.5.4}$$

und zerlegen jedes Element $\phi \in \vartheta$ durch

$$\phi(x) = \phi_0(x) + \psi(x) \int \phi(x)dx. \tag{28.5.5}$$

Diese Zerlegung ist eindeutig festgelegt. Integriert man (28.5.5) über $\mathbb{R}$, so erkennt man unter Beachtung von (28.5.4)

$$\int \phi_0(x)dx = 0,$$

es gilt also

$$\phi_0 \in \vartheta. \tag{28.5.6}$$

Durch die Zuordnung $P : \phi \to \phi_0$ wird der Raum ϑ auf den Raum ϑ_0 abgebildet. Man erkennt sofort $P^2 = P$, d.h. P ist ein Projektionsoperator (siehe dazu auch Kapitel 26). Mit Hilfe der Projektion von ϑ auf ϑ_0 läßt sich die Integration von Distributionen nun sehr einfach definieren:

Def 28.10: Sei $F \in \vartheta'$. Dann wird durch

$$(G,\phi) := -\left(F(x), \int_{-\infty}^{x} P\phi(x)dx\right), \quad \phi \in \vartheta \tag{28.5.7}$$

eine *Stammfunktion* $G \in \vartheta'$ mit $G' = F$ definiert.

Linearität und Stetigkeit von G sind evident. Für die Ableitung G' erhält man wegen $P\phi' = \phi'$ tatsächlich

$$(G',\phi) = -(G,\phi') = \left(F(x), \int_{-\infty}^{x} P\phi'(x)dx \right) = (F,\phi).$$

In Analogie zur Analysis gilt der

Satz 28.9: *Jede Stammfunktion ist von der Gestalt* $G + K$, $K \in \mathbb{C}$

Zum Beweis zeigen wir, daß die Differentialgleichung $F' = 0$ außer den klassischen Lösungen $F = K$ mit beliebigem komplexen K keine weiteren distributionellen Lösungen hat. Dabei ist $F = K$ natürlich als $(F,\phi) = \int K\phi(x)dx$ zu verstehen. Zunächst zeigen wir $F' = 0 \Rightarrow F = K$: für beliebiges ϕ erhält man aus (28.5.5)

$$(F,\phi) = (F,\phi_0) + \int \phi(x)dx(F,\phi) = (F,\phi_0) + (1,\phi)(F,\phi). \tag{28.5.8}$$

Wegen $F' = 0$ verschwindet F auf ϑ_0, denn es gilt für beliebige $\chi = \alpha'$, $\alpha \in \vartheta'$, $\chi \in \vartheta_0$:

$$(F,\chi) = (F,\alpha') = -(F',\alpha) = 0.$$

Damit folgt aus (28.5.8)

$$(F,\phi) = (1,\phi)(F,\phi) = K(1,\phi) = (K,\phi),$$

mit $K := (F,\phi)$, und somit

$$F = K. \tag{28.5.9}$$

Umgekehrt gilt natürlich auch $F = K \Rightarrow F' = 0$, womit alles bewiesen ist.

Die Verallgemeinerung auf mehrere Dimensionen kann ganz analog erfolgen. Wir wollen hier darauf nicht näher eingehen (siehe z.B. [52]).

28.6 Das Tensorprodukt von Distributionen

Eine zum gewöhnlichen Produkt $f(x)g(x)$ zweier Funktionen f und g des $\mathbb{R}^n$ analoge Produktbildung kann für Distributionen nicht erklärt werden. So sind beispielsweise Ausdrücke der Gestalt δ^k sowohl im klassischen als auch im Rahmen der Distributionstheorie sinnlos. Es existiert jedoch für Distributionen eine andere wichtige Produktbildung, die in engem Zusammenhang mit der Faltungsoperation steht.

Wir setzen abkürzend $X := \mathbb{R}^n$, $Y := \mathbb{R}^m$, und betrachten zwei beliebige Teilmengen $A \subset X$, $B \subset Y$.

Def 28.11: Die Menge

$$C := \{(x,y) | \, x \in A, y \in B\} \tag{28.6.1}$$

heißt *kartesisches Produkt* der Mengen A und B. Wir schreiben dafür

$$C = A \times B. \tag{28.6.2}$$

Seien nun $f(x)$ und $g(x)$ in X und Y lokal integrierbare Funktionen. Dann ist auch $h(z) := f(x)g(y)$ in $Z := X \times Y$ lokal integrierbar und erzeugt eine reguläre Distribution H durch

$$\Big(H(z),\phi(z)\Big) = \int\int f(x)g(y)\phi(x,y)dx\,dy. \tag{28.6.3}$$

Wir wollen diese Operation nun für beliebige Distributionen verallgemeinern. Die Anwendung des Permanenzprinzips legt die Definition

$$\Big(H(z),\phi(z)\Big) := \Big(F(x),\Big(G(y),\phi(x,y)\Big)\Big)$$

nahe. Dies ist allerdings nur dann sinnvoll, wenn $(G(y),\phi(x,y))$ eine Testfunktion $\phi(x)$ repräsentiert. In diesem Zusammenhang braucht man den

Satz 28.10: *Sei $G(y) \in \vartheta'(Y)$, $\phi(z) \in \vartheta(Z)$, so gilt*

$$\phi(x) := \Big(G(y),\phi(x,y)\Big) \in \vartheta(X). \tag{28.6.4}$$

Def 28.12: Sei $F(x) \in \vartheta'(X)$, $G(y) \in \vartheta'(Y)$. Dann heißt das durch

$$\Big(H(z),\phi(z)\Big) = \Big(F(x),\Big(G(y),\phi(x,y)\Big)\Big) \tag{28.6.5}$$

definierte Funktional das *Tensorprodukt* oder das *direkte Produkt* von F und G, und wir schreiben

$$H = F \otimes G. \tag{28.6.6}$$

Satz 28.11: *Mit den Voraussetzungen von Def. 26.12 gilt*

$$H(z) \in \vartheta'(Z), \tag{28.6.7}$$

$$\mathrm{Tr}\, H = \mathrm{Tr}\, F \times \mathrm{Tr}\, G. \tag{28.6.8}$$

Das Tensorprodukt zweier Distributionen ist also wieder eine Distribution, deren Träger sich als kartesisches Produkt der einzelnen Trägermengen ergibt. Die Linearität und Stetigkeit von (28.6.6) ist unmittelbar einsichtig: aus $\phi_k \to 0$ folgt $\phi_k(x) = (G(y),\phi_k(x,y)) \to 0$, und somit $(H,\phi_k) = (F,\phi_k) \to 0$. Die Eigenschaft (28.6.8) ist für reguläre Distributionen trivial. Daß sie auch für singuläre Distributionen Gültigkeit hat, kann in [52] nachgelesen werden.

Das Tensorprodukt besitzt die Eigenschaften

$$\begin{aligned}
&F(x) \otimes G(y) = G(y) \otimes F(x), && \text{Kommutativität} \quad (a)\\
&F(x) \otimes \Big(G(y) \otimes H(z)\Big) = \Big(F(x) \otimes G(y)\Big) \otimes H(z) && \text{Assoziativität} \quad (b)\\
&F_k \to F \Longrightarrow F_k(x) \otimes G(y) \to F(x) \otimes G(y), && \text{Stetigkeit} \quad (c)\\
&D_x D_y\Big(F(x) \otimes G(y)\Big) = D_x F(x) \otimes D_y G(y), && (d)
\end{aligned} \tag{28.6.9}$$

wobei D_x, D_y partielle Differentialausdrücke mit Ableitungen nach x_μ bzw. y_μ bezeichnen.

Mit Hilfe des Tensorproduktes läßt sich die in Mathematik und Physik gleichermaßen wichtige Faltungsoperation für Distributionen definieren. Als Vorbereitung dazu besprechen wir im folgenden Abschnitt zunächst die klassische Faltung für gewöhnliche Funktionen.

28.7 Faltung klassischer Funktionen

28.7.1 Definition und Eigenschaften

Def 28.13: Seien $f, g : \mathbb{R}^n \to \mathbb{R}$ zwei stetige, finite Funktionen. Dann heißt

$$h(x) := \int f(\xi)g(x-\xi)d\xi \tag{28.7.1}$$

das *Faltungsprodukt* der Funktionen f und g. Man schreibt dafür kurz

$$h = f * g.$$

Dieses Produkt existiert auch unter schwächeren Voraussetzungen über f und g. Beispielsweise gilt für $f, g \in L^1(\mathbb{R}^n)$

$$||h||_{L^1} = \int |h(x)|dx \leq \int\int |f(\xi)g(x-\xi)|d\xi dx = ||f||_{L^1}||g||_{L^1}.$$

Man überprüft sofort die folgenden Rechenregeln:

$$\begin{aligned} f*g &= g*f, && \text{Kommutativität } (a) \\ f*(g*h) &= (f*g)*h, && \text{Assoziativität } (b) \\ f*(\lambda g+\mu h) &= \lambda(f*g)+\mu(f*h), \quad \lambda,\mu \in \mathbb{R}., && \text{Distributivität } (c) \end{aligned} \tag{28.7.2}$$

Satz 28.12: *Seien $f, g : \mathbb{R}^n \to \mathbb{R}$ Funktionen mit existierenden Fouriertransformierten $F(\omega) = \mathcal{F}(f(x))$, $G(\omega) = \mathcal{F}(g(x))$, und existierendem Faltungsprodukt $f*g$. Falls auch $\mathcal{F}(f*g)$ existiert, so gilt*

$$\mathcal{F}(f*g) = \mathcal{F}(f)\cdot\mathcal{F}(g). \tag{28.7.3}$$

Die Fouriertransformierte des Faltungsproduktes wird also durch das gewöhnliche Produkt der entsprechenden Fouriertransformierten gebildet. Für den Beweis setzen wir der Einfachheit halber $n = 1$. Aus

$$F(\omega) = \int_{-\infty}^{\infty} f(x_1)\mathrm{e}^{-i\omega x_1}dx_1, \quad G(\omega) = \int_{-\infty}^{\infty} g(x_2)\mathrm{e}^{-i\omega x_2}dx_2$$

folgt

$$\begin{aligned} F(\omega)G(\omega) &= \int_{-\infty}^{\infty}\int_{-\infty}^{\infty} f(x_1)g(x_2)\mathrm{e}^{-i\omega(x_1+x_2)}dx_1dx_2 \\ &= \int_{-\infty}^{\infty} \mathrm{e}^{-i\omega x} \int_{-\infty}^{\infty} f(x-\xi)g(\xi)d\xi dx = \\ &= \int_{-\infty}^{\infty} (f*g)\mathrm{e}^{-i\omega x}dx = \mathcal{F}(f*g), \end{aligned}$$

wobei wir die Substitution $x_2 = \xi$, $x_1 + x_2 = x$ benützt haben.

28.7.2 Integralgleichung vom Faltungstyp

Die Beziehung (28.7.3) erlaubt die Lösung einer speziellen Gattung von Integralgleichungen in bestechend einfacher Form. Dazu betrachten wir die beiden Gleichungstypen

$$\int_{-\infty}^{\infty} k(x-\xi)u(\xi)d\xi = f(x), \tag{28.7.4}$$

$$u(x) + \int_{-\infty}^{\infty} k(x-\xi)u(\xi)d\xi = f(x). \tag{28.7.5}$$

Sie gehen aus den in Kapitel 26.2.2 definierten allgemeinen Fredholmschen Integralgleichungen durch die Spezialisierung $B = \mathbb{R}$, $K(x,\xi) = k(x-\xi)$ hervor. Die Tatsache, daß der Kern des Integraloperators nur von der Differenz $x - \xi$ abhängt, erlaubt die Formulierung von (28.7.4) und (28.7.5) mit Hilfe der Faltungsoperation. Man bezeichnet sie deshalb als *Integralgleichungen vom Faltungstyp*. Für die folgenden Rechnungen wollen wir die Existenz aller auftretenden Fouriertransformierten, Faltungsprodukte, etc. pauschal voraussetzen. Zunächst schreiben wir (28.7.4) als Faltungsprodukt

$$k * u = f. \tag{28.7.6}$$

Die Fouriertransformierte dieser Gleichung lautet wegen (28.7.3)

$$K(\omega)U(\omega) = F(\omega), \tag{28.7.7}$$

mit der Lösung

$$U(\omega) = \frac{F(\omega)}{K(\omega)}. \tag{28.7.8}$$

Die Anwendung der inversen Fouriertransformation liefert somit

$$u(x) = \mathcal{F}^{-1}\Big(U(\omega)\Big) = \frac{1}{2\pi}\int_{-\infty}^{\infty} \frac{F(\omega)}{K(\omega)} e^{i\omega x} d\omega. \tag{28.7.9}$$

Die Lösung der Gleichung (28.7.5) geschieht in gleicher Weise. Zunächst formuliert man sie als Faltungsgleichung in der Gestalt

$$u + k * u = f. \tag{28.7.10}$$

Fouriertransformation ergibt wegen (28.7.3)

$$U(\omega) + K(\omega)U(\omega) = F(\omega), \tag{28.7.11}$$

mit der Lösung

$$U(\omega) = \frac{F(\omega)}{1 + K(\omega)}. \tag{28.7.12}$$

Durch Anwendung der inversen Fouriertransformation findet man daher

$$u(x) = \mathcal{F}^{-1}\Big(U(\omega)\Big) = \frac{1}{2\pi}\int_{-\infty}^{\infty} \frac{F(\omega)}{1 + K(\omega)} e^{i\omega x} d\omega. \tag{28.7.13}$$

28.7.3 Differentialgleichungen und Faltung

Wir betrachten die Poissongleichung

$$-\Delta\phi(x) = f(x), \quad x \in \mathbb{R}^3. \tag{28.7.14}$$

Die durch die formale Differentialgleichung

$$-\Delta G(x,x_0) = \delta(x,x_0), \quad x, x_0 \in \mathbb{R}^3 \tag{28.7.15}$$

definierte Greensche Funktion dieses Problems lautet (siehe dazu Kapitel 27)

$$G(x,x_0) = \frac{1}{4\pi}\frac{1}{|x-x_0|}, \tag{28.7.16}$$

womit sich die Lösung von (28.7.14) in der Gestalt

$$\psi(x) = \int G(x,x_0) f(x_0) d^3x_0 = \frac{1}{4\pi}\int \frac{1}{|x-x_0|} f(x_0) d^3x_0 \tag{28.7.17}$$

darstellen läßt. Mit Hilfe der Faltungsoperation kann man diese Gleichung auch in der Form

$$\psi = \frac{1}{4\pi}\frac{1}{|x|} * f \tag{28.7.18}$$

schreiben. Ersetzt man formal f durch δ, so liefert (28.7.18)

$$G = \frac{1}{4\pi}\frac{1}{|x|} * \delta, \tag{28.7.19}$$

und man wird wegen $G = (4\pi|x-x_0|)^{-1}$ die uneigentlichte δ-Funktion als „Einselement" der Faltung erkennen. Natürlich sind diese Operationen im Rahmen der klassischen Analysis strenggenommen nicht erlaubt: Die Differentialgleichung (28.7.15) hat bloß formalen Charakter, ebenso die Gleichung (28.7.19), da die Faltung für die Delta-Funktion gar nicht definiert ist. Im Rahmen der Distributionstheorie läßt sich diese Vorgangsweise jedoch mathematisch einwandfrei begründen. Wir werden darauf im nächsten Abschnitt zurückkommen.

28.8 Faltung von Distributionen

28.8.1 Definition und Eigenschaften

Für die Übertragung der Faltungsoperation von gewöhnlichen Funktionen auf Distributionen gehen wir zunächst wieder von regulären Distributionen aus. Seien f, g Funktionen des $\mathbb{R}^n$, für die $h = f * g$ existiert. Wir betrachten nun die zugeordnete reguläre Distribution

$$\begin{aligned}(H,\phi) &= \int h(x)\phi(x)dx = \int\left(\int f(\xi)g(x-\xi)d\xi\right)\phi(x)dx = \\ &= \int\int f(\xi)g(\eta)\phi(\xi+\eta)d\xi d\eta,\end{aligned} \tag{28.8.1}$$

wobei wir die Substitution $\eta = x - \xi$ vorgenommen haben. Mit Hilfe des Tensorproduktes läßt sich (28.8.1) als

$$(H,\phi) = \Big(F(x) \otimes G(y), \phi(x+y)\Big) \tag{28.8.2}$$

schreiben. Entsprechend dem Permanenzprinzip wird man dann die Gültigkeit von (28.8.2) auch für allgemeine Distributionen F und G postulieren. Dabei stellt sich allerdings das Problem, daß mit $\phi \in \vartheta(X)$ die Funktion $\phi(x,y) = \phi(x+y)$ i.a. kein Element aus $\vartheta(X \times X)$ ist, da sie keinen kompakten Träger besitzt. Diese Schwierigkeit läßt sich allerdings umgehen. Dazu betrachten wir die Menge

$$C = \mathrm{Tr}\,(F \otimes G). \tag{28.8.3}$$

Wegen $\mathrm{Tr}\,(F \otimes G) = \mathrm{Tr}\,F \times \mathrm{Tr}\,G$ ist $C \subset \mathbb{R}^{2n}$. Definitionsgemäß verschwindet ϕ außerhalb einer Kugel $|x| < a$, bei geeigneter Festlegung von a. Dann verschwindet $\phi(x+y)$ außerhalb des Streifens $T_a : |x+y| < a$.

Def 28.14: Wir sagen, die Distributionen F, G erfüllen die *Streifenbedingung*, wenn $C \cap T_a$ für jedes $a > 0$ beschränkt ist.

Falls F und G die Streifenbedingung erfüllen, kann die Faltung für beliebige Distributionen durch (28.8.2) definiert werden:

Def 28.15: $F, G \in \vartheta'$ genügen der Streifenbedingung. Dann heißt das durch

$$(H,\phi) := \Big(F(x), \big(G(y), \phi(x+y)\big)\Big) \tag{28.8.4}$$

definierte Funktional das *Faltungsprodukt* bzw. die *Faltung* von F und G, und wir schreiben

$$H = F * G. \tag{28.8.5}$$

Satz 28.13: *Mit den Voraussetzungen von Def. 26.15 gilt*

$$H \in \vartheta', \tag{28.8.6}$$

$$\mathrm{Tr}\,H \subset \mathrm{Tr}\,F + \mathrm{Tr}\,\mathrm{G}. \tag{28.8.7}$$

Linearität und Stetigkeit von H sind leicht zu zeigen. Der Beweis der Aussage (28.8.7) kann in [52] nachgelesen werden. Bei Erfüllung aller notwendigen Streifenbedingungen genügt die Faltungsoperation den Rechenregeln

$$\begin{aligned}
F * G &= G * F, && (a)\\
F * (G * H) &= (F * G) * H, && (b)\\
(\lambda F + \mu G) * H &= \lambda(F * H) + \mu(G * H), && (c)\\
F_k \to F &\Longrightarrow F_k * G \to F * G, && (d)\\
D^p(F * G) &= D^p F * G = F * D^p G, && (e)\\
\delta * F &= F * \delta = F. && (f)
\end{aligned} \tag{28.8.8}$$

Die Aussagen (28.8.8a-e) sind uns schon vom Tensorprodukt her geläufig. Die Eigenschaft (28.8.8f) zeigt, daß die δ-Distribution das Einselement bezüglich der Faltungsoperation ist. In etwas allgemeinerer Form kann man auch

$$\delta(x-c) * F(x) = F(x-c) \qquad (28.8.8f')$$

schreiben. Man überzeugt sich davon anhand

$$\Big(F(x) * \delta(x-c), \phi(x)\Big) = \Big(F(x), \big(\delta(y-c), \phi(x+y)\big)\Big) =$$

$$= \Big(F(x), \phi(x+c)\Big) = \Big(F(x-c), \phi(x)\Big).$$

28.8.2 Differentialgleichungen und Faltung

Wir wollen nun die formale Vorgangsweise von Abschnitt 7.3 in neuer Einkleidung wiederholen. Sei

$$P(D) := \sum_{|p|=0}^{k} a_p D^p \qquad (28.8.9)$$

ein linearer partieller Differentialoperator des $\mathbb{R}^n$ mit konstanten Koeffizienten, wobei D^p durch (28.4.13) definiert ist.

Def 28.15: Die Distribution γ mit der Eigenschaft

$$P(D)\gamma = \delta \qquad (28.8.10)$$

heißt *Grundlösung* der distributionellen Differentialgleichung

$$P(D)u = 0. \qquad (28.8.11)$$

Die Frage, ob jeder Differentialoperator mit konstanten Koeffizienten eine Grundlösung besitzt, wurde von *Malgrange* und *Ehrenpreis* 1954/55 positiv beantwortet.

Satz 28.14: *Sei f eine Distribution mit kompaktem Träger. Dann ist*

$$u = \gamma * f \qquad (28.8.12)$$

eine Lösung der inhomogenen Differentialgleichung

$$P(D)u = f. \qquad (28.8.13)$$

Der Beweis dieser fundamentalen Aussage ist denkbar einfach:

$$P(D)(\gamma * f) = P(D)\gamma * f = \delta * f = f. \qquad (28.8.14)$$

Im distributionellen Rahmen läßt sich die formale Vorgangsweise von Abschnitt 28.7.3 also glänzend rechtfertigen. Bei Verwendung regulärer Distributionen γ und f ist die Gleichung (28.8.13) für hölderstetiges f auch im klassischen Sinn gültig.

Literaturverzeichnis

[1] Achieser, N.I.; Glasmann, I.M.: Theorie der linearen Operatoren im Hilbertraum. Berlin, Akademie-Verlag 1968.

[2] Becker, R.; Sauter, F.: Theorie der Elektrizität. Stuttgart 1973.

[3] Behnke, H.; Sommer, F.: Theorie der analytischen Funktionen einer komplexen Veränderlichen. Berlin, Göttingen, Heidelberg: Springer-Verlag 1962.

[4] Bjørken, J.; Drell, S.: Relativistische Quantenmechanik. Mannheim: BI-Hochschultaschenbücher 98, 1966.

[5] Bjørken, J.; Drell, S.: Relativistische Quantenfeldtheorie. Mannheim: BI-Hochschultaschenbücher 101, 1966.

[6] Cartan, H.: Differentialformen. B.I. Mannheim, 1974.

[7] Davies, P.: Die Urkraft. Dtv, 1987.

[8] Davydov, A.S.: Quantenmechanik. Berlin 1967.

[9] Dunford, N.; Schwartz, J.T.: Linear Operators I,II. New York: Interscience Publ. 1958, 1963.

[10] Fock, W.: Theorie von Raum, Zeit und Gravitation. Berlin: Akademie-Verlag 1960.

[11] French, A.P.: Die spezielle Relativitätstheorie. Braunschweig: Vieweg, 1971.

[12] Goldstein, H.: Klassische Mechanik. Frankfurt, 1963.

[13] Grawert, G.: Quantenmechanik. Braunschweig, Wiesbaden, Darmstadt: Vieweg, 1977.

[14] Greiner, W.: Theoretische Physik, Bd. 4. Verlag Harri Deutsch, 1979.

[15] Greiner, W.; Müller,B.: Theoretische Physik, Bd. 5. Verlag Harri Deutsch, 1990.

[16] Greiner, W.: Theoretische Physik, Bd. 6. Verlag Harri Deutsch, 1981.

[17] Greiner, W.; Reinhardt, J.: Theoretische Physik, Bd. 7A. Verlag Harri Deutsch, 1984.

[18] Greiner, W.; Reinhardt, J.: Theoretische Physik, Bd. 8. Verlag Harri Deutsch.

[19] Greiner, W.; Neise, L.; Stöcker, H.: Theoretische Physik, Bd. 9. Verlag Harri Deutsch, 1993.

[20] Greiner, W.; Schäfer, A.: Theoretische Physik, Bd. 10. Verlag Harri Deutsch, 1989.

[21] Heber, G.; Weber, G.: Grundlagen der Quantenphysik 1,2. B.G. Teubner Stuttgart, 1971.

[22] Hellwig, G.: Partielle Differentialgleichungen. Stuttgart 1960.

[23] Hellwig, G.: Differentialoperatoren der mathematischen Physik. Springer-Verlag 1964.

[24] Heuser, H.: Funktionalanalysis. B.G. Teubner Stuttgart, 1986.

[25] Hilbert, D; Courant, R.: Methoden der mathematischen Physik I,II. Springer, 1968.

[26] Jackson, J.D.: Classical Electrodynamics. New York, 1967: dt. Übersetzung: de Gruyter.

[27] Klingbeil, E.: Tensorrechnung für Ingenieure. Mannheim: B.I., 1988.

[28] Korn, G.A.; Korn, A.: Mathematical Handbook for scientists and engineers. McGraw-Hill Book Company.

[29] Landau, L.D.; Lifschitz, E.M.: Mechanik. Berlin: Akademie-Verlag, 1992.

[30] Landau, L.D.; Lifschitz, E.M.: Klassische Feldtheorie. Berlin: Akademie-Verlag, 1992.

[31] Landau, L.D.; Lifschitz, E.M.: Quantenmechanik. Berlin: Akademie-Verlag, 1992.

[32] Landau, L.D.; Lifschitz, E.M.: Quantenelektrodynamik. Berlin: Akademie-Verlag, 1992.

[33] Leech, J.W.: Classical Mechanics. London, 1963.

[34] Longair, M.: Theoretische Konzepte der Physik. Springer, 1991.

[35] Nolting, W.: Grundkurs Theoretische Physik, Bd. 5/1. Verlag Vieweg, 1997.

[36] Nolting, W.: Grundkurs Theoretische Physik, Bd. 5/2. Verlag Vieweg, 1994.

[37] Peschl, E.: Differentialgeometrie. Mannheim: B.I. 1973.

[38] Petrow, A.S.: Einstein-Räume. Berlin: Akademie-Verlag, 1964.

[39] Rindler, W.: Special Relativity. Edinburgh und London: Oliver and Boyd, 1966.

[40] Segré, E.: Von den fallenden Körpern zu den elektromagnetischen Wellen. München und Zürich: Piper, 1986.

[41] Segré, E.: Die großen Physiker und ihre Entdeckungen. München und Zürich: Piper, 1981.

[42] Sexl, R.U.; Urbantke, H.K.: Gravitation und Kosmologie. Mannheim: B.I., 1983.

[43] Sexl, R.U.: Relativität/Gruppen/Teilchen. Springer, 1982.

[44] Sommerfeld, A.: Theoretische Physik III, Elektrodynamik. Verlag Harri Deutsch, 1987.

[45] Smirnow, W.F.: Lehrgang der höheren Mathematik, III, IV, V. Berlin, 1979.

[46] Sulanke, R.; Wintgen, P.: Differentialgeometrie und Faserbündel. Berlin: VEB Deutscher Verlag der Wissenschaften, 1972.

[47] Thirring, W.: Klassische Feldtheorie. Springer Verlag Wien/New York, 1978.

[48] Tipler, F.: Die Physik der Unsterblichkeit. Piper, 1994.

[49] Titchmarsh, C.: Eigenfunction expansions. Vol. I, II. Oxford University Press, 1946, 1958.

[50] Triebel, H.: Analysis und mathematische Physik. Basel/Boston/Berlin: Birkhäuser Verlag, 1989.

[51] Wagner, M.: Elemente der Theoretischen Physik, 1,2. Vieweg/Rowohlt Taschenbuch Verlag, 1977.

[52] Walter, W.: Einführung in die Theorie der Distributionen. B.I., 1974.

Namen- und Sachwortverzeichnis

L

M

N